합격Easy 한 권으로 끝내는
건설안전기사

성영선 저

2025 최신판

필기

기본서

▶ 무료 강의

- 2025년 최신 출제기준 완벽 반영
- 출제 빈도 높은 **항목별 우선순위 문제** 수록
- CBT 온라인 과년도 기출문제 무료 제공(2018~2022년)
- 실전 모의고사 10회 제공
  (CBT 최종모의고사 5회 + CBT 온라인 모의고사 5회)
- CBT 최종모의고사 무료 동영상 강의 제공

미디어몬 검색
CBT 온라인 모의고사 5회분 무료 제공

산업자격증을 단기에 끝내는
산단기
다양한 콘텐츠를 제공하는
학습지원센터
https://cafe.naver.com/anjeun

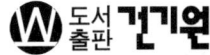

일러두기

본 교재의 구성은 기존 약 15년간의 기출문제의 내용들을 한국산업인력공단에서 제시된 출제기준의 순서에 따라 체계적인 이론으로 정리하고, 반드시 공부해야 하는 기출문제는 우선순위 문제로 구성하였으며, 기출문제에서 선별된 문제와 신유형의 문제로 모의고사를 만들어 자체적으로 실력을 확인 할 수 있도록 하였습니다.

❶ 교재내용 : 출제기준을 완벽하게 반영한 기출문제 중심의 이론과 문제로, 수험생의 합격을 위한 최적의 교재
- 약 15년간의 과년도 가출문제를 기반으로 하여 이론과 문제를 구성함으로 수험서로서 최적화 하였습니다.
- 한국산업인력공단의 출제기준의 주요 항목과 세부 항목들을 주요 장으로 하여 편집하였습니다.

❷ 이론부문 편성 : 가능한 한 간단하고 최소화할 수 있도록 편성
- 출제기준 내용을 이론으로 정리하여 체계적으로 구성함으로써 안전을 전공하지 않은 수험생에게도 쉽게 공부할 수 있도록 하였습니다.
- 이론 설명은 가능한 한 간단하면서도 명확하게 하고, 최소화하여 공부 시간을 줄일 수 있도록 차별화하였습니다.

❸ 우선순위 문제 : 가장 출제 빈도가 높은 기출 문제를 우선순위 문제로 선별
- 우선순위 문제는 항목별로 출제 빈도가 높은 문제를 선정하였습니다.
- 출제기준과 과년도의 문제를 비교 분석하여 동일문제, 유사문제가 반복되는 출제유형의 빈도수를 바탕으로 우선순위를 선별하였습니다.

❹ 계산 문제 : 반복하여 출제되는 계산문제는 별도로 정리하여 공부하도록 함
- 계산문제는 대부분 공식만 알면 풀 수 있는 문제이므로 이론부문에서 예문으로 두거나 별도로 수록함으로써 종합적으로 정리하여 공부할 수 있도록 하였습니다.
- 문제풀이도 쉽게 이해할 수 있도록 상세히 하였습니다.

일러두기

❺ **모의고사 문제 : 기출문제에서 선별된 문제로 자체적으로 실력을 확인**
- 가장 최근의 과년도 기출문제에서 선별된 문제로 모의고사를 만들어 자체적으로 실력을 확인 할 수 있게 하였습니다.
- 본 교재에서는 5회분의 모의고사를 수록하였으며, 추가 5회분은 미디어몬 홈페이지 (www.mediamon.co.kr)에서 무료로 공부할 수 있습니다.

  ※ 「과년도 기출문제」는 "미디어몬 홈페이지" → "온라인 모의고사"에서 무료로 응시할 수 있습니다.

  ※ 최근 과년도 동영상(해설 풀이) 2회분 무료로 제공합니다.

❻ **법령관련 문제 : 관련 법령은 이론과 문제 해설에서 가능한 한 상세히 수록**
- 대다수 많은 문제가 산업안전보건법과 관련법령에서 출제됩니다.
- 법령 조문을 가능한 한 상세히 수록하여 이해도를 높이고, 유사한 문제가 나와도 틀리지 않게 공부할 수 있도록 하였습니다.

본 교재는 안전을 전공하지 않은 수험생에게도 쉽게 이해될 수 있도록 편성하고, 가능한 한 간단하면서도 명확하게 하여 쉽게 공부할 수 있도록 차별화하였습니다. 필기 공부는 반복 학습이 최선입니다. 본 교재는 쉽게 반복해서 공부할 수 있도록 편성하였으므로 본 교재를 수험서로 활용하여 합격의 영광을 누리시길 바랍니다.

편저자 성영선

시험의 기본정보

❶ 건설안전기사 시험 기본정보
- 건설안전기사(Engineer Construction Safety),
- 건설안전산업기사(Industrial Engineer Construction Safety)

가. 시험일정(해당 연도 전년 12월에 시험일정 공고)
- 매년 3회 실시 : 제1회, 제2회, 제3회차 실시

나. 시험시행기관명 : 한국산업인력공단
- 실시기관 홈페이지 : http://www.q-net.or.kr

다. 취득방법
(1) 건설안전기사

관련학과			대학과 전문대학의 산업안전공학, 건설안전공학, 토목공학, 건축공학 관련학과
시험과목	필기(6과목)		1. 산업안전관리론 2. 산업심리 및 교육 3. 인간공학 및 시스템안전공학 4. 건설시공학 5. 건설재료학 6. 건설안전기술
	실기		건설안전실무
검정방법 및 합격기준	필기	문제문항	객관식 4지 택일형 과목당 20문항(전체 120문제)
		시험시간	시험시간 전체 180분(3시간, 과목당 30분) - 컴퓨터 시험(CBT)으로 시행
		합격기준	과목당 100점을 만점으로 하여 40점 이상, 전과목 평균 60점 이상 합격 (6과목중 40점 미만 과락 과목이 있으면 불합격 됨)
	실기	시험방법	복합형 100점[필답형(60점) + 작업형(40점)]
		필답형	주관식 시험으로 14문항 정도이며 1문항이 3~6점 배점(부분 점수 있음) - 시험시간 1시간 30분
		작업형	컴퓨터 영상자료를 이용하여 시행(말, 글 없음)하며 8문항 정도 - 시험시간 50분 정도
		합격기준	필답과 작업형 시험을 합하여 100점을 만점으로 60점 이상이면 최종 합격

(2) 건설안전산업기사

관련학과			대학과 전문대학의 산업안전공학, 건설안전공학, 토목공학, 건축공학 관련학과
시험과목	필기(5과목)		1. 산업안전관리론 2. 인간공학 및 시스템안전공학 3. 건설시공학 4. 건설재료학 5. 건설안전기술
	실기		건설안전실무
검정방법 및 합격기준	필기	문제문항	객관식 4지 택일형 과목당 20문항(전체 100문제)
		시험시간	시험시간 전체 150분(2시간 30분, 과목당 30분) – 컴퓨터 시험(CBT)으로 시행
		합격기준	과목당 100점을 만점으로 하여 40점 이상, 전과목 평균 60점 이상 합격 (5과목 중 40점 미만 과락 과목이 있으면 불합격 됨)
	실기	시험방법	복합형 100점[필답형(60점) + 작업형(40점)]
		필답형	주관식 시험으로 13문항 정도이며 1문항이 3~6점 배점(부분 점수 있음) – 시험시간 1시간
		작업형	컴퓨터 영상자료을 이용하여 시행(말, 글 없음)하며 8문항 정도 – 시험시간 50분 정도
		합격기준	필답과 작업형 시험을 합하여 100점을 만점으로 60점 이상이면 최종 합격

❷ 응시절차

순서	응시절차	절차안내
1	원서접수	인터넷접수(www.Q-net.or.kr)
2	필기원서 접수	필기 접수 기간 내 수험원서 인터넷 제출 사진(6개월 이내에 촬영한 반명함판 사진파일(.jpg), 수수료 : 정액 시험장소 본인 선택(선착순)
3	필기시험	수험표, 신분증, 필기구(흑색 싸인펜 등) 지참 – 별도 문제풀이용 연습지 제공(퇴실시 반납)
4	합격자 발표	인터넷(www.Q-net.or.kr) – 시험 당일 응시 종료 즉시 득점 및 합격(예정) 여부 확인 가능
5	실기원서접수	실기접수기간 내 수험원서 인터넷 제출 사진(6개월 이내에 촬영한 반명함판 사진파일(.jpg), 수수료 : 정액 시험일시, 장소 본인 선택 (선착순)
6	실기시험	수험표, 신분증, 필기구, 수험지참준비물 준비
7	최종합격자발표	인터넷(www.Q-net.or.kr)
8	자격증발급	증명사진 1매, 수험표, 신분증, 수수료

❸ 기사 응시자격 〈국가기술자격법 시행령〉

등급	응시자격
기 사	1. 산업기사 등급 이상의 자격을 취득한 후 응시하려는 종목이 속하는 동일 및 유사 직무 분야에서 1년 이상 실무에 종사한 사람 2. 기능사 자격을 취득한 후 응시하려는 종목이 속하는 동일 및 유사 직무 분야에서 3년 이상 실무에 종사한 사람 3. 응시하려는 종목이 속하는 동일 및 유사 직무 분야의 다른 종목의 기사 등급 이상의 자격을 취득한 사람 4. 관련학과의 대학졸업자 등 또는 그 졸업예정자 5. 3년제 전문대학 관련학과 졸업자 등으로서 졸업 후 응시하려는 종목이 속하는 동일 및 유사 직무 분야에서 1년 이상 실무에 종사한 사람 6. 2년제 전문대학 관련학과 졸업자 등으로서 졸업 후 응시하려는 종목이 속하는 동일 및 유사 직무 분야에서 2년 이상 실무에 종사한 사람 7. 동일 및 유사 직무 분야의 기사 수준 기술훈련과정 이수자 또는 그 이수예정자 8. 동일 및 유사 직무 분야의 산업기사 수준 기술훈련과정 이수자로서 이수 후 응시하려는 종목이 속하는 동일 및 유사 직무 분야에서 2년 이상 실무에 종사한 사람 9. 응시하려는 종목이 속하는 동일 및 유사 직무 분야에서 4년 이상 실무에 종사한 사람 10. 외국에서 동일한 종목에 해당하는 자격을 취득한 사람
산업기사	1. 기능사 등급 이상의 자격을 취득한 후 응시하려는 종목이 속하는 동일 및 유사 직무 분야에 1년 이상 실무에 종사한 사람 2. 응시하려는 종목이 속하는 동일 및 유사 직무 분야의 다른 종목의 산업기사 등급 이상의 자격을 취득한 사람 3. 관련학과의 2년제 또는 3년제 전문대학졸업자 등 또는 그 졸업예정자 4. 관련학과의 대학졸업자 등 또는 그 졸업예정자 5. 동일 및 유사 직무분야의 산업기사 수준 기술훈련과정 이수자 또는 그 이수예정자 6. 응시하려는 종목이 속하는 동일 및 유사 직무 분야에서 2년 이상 실무에 종사한 사람 7. 고용노동부령으로 정하는 기능경기대회 입상자 8. 외국에서 동일한 종목에 해당하는 자격을 취득한 사람

❹ 연도별 합격 현황

종목명	년도	필기			실기		
		응시	합격	합격률(%)	응시	합격	합격률(%)
건설안전 기사	2023	34,908	17,932	51.4	19,937	12,564	63
	2022	26,556	12,837	48.3	14,674	10,321	70.3
	2021	17,526	8,044	45.9	10,653	5,539	52
	2020	12,389	6,607	53.3	8,995	4,694	52.2
건설안전 산업기사	2023	10,908	3,831	35.1	4,509	3,027	67.1
	2022	9,134	3,298	36.1	4,016	2,299	57.2
	2021	6,473	2,316	35.8	2,751	1,514	55
	2020	4,535	1,696	37.4	1,898	1,104	58.2

출제기준

건설안전기사[필기] 출제기준

가. 적용기간 : 2021. 1. 1. ~ 2025. 12. 31.
나. 직무내용 : 건설현장의 생산성 향상과 인적·물적 손실을 최소화하기 위한 안전계획을 수립하고, 그에 따른 작업환경의 점검 및 개선, 현장 근로자의 교육계획 수립 및 실시, 작업환경 순회감독 등 안전관리 업무를 통해 인명과 재산을 보호하고, 사고 발생 시 효과적이며 신속한 처리 및 재발 방지를 위한 대책 안을 수립, 이행하는 등 안전에 관한 기술적인 관리 업무를 수행하는 직무이다.

필기과목명	문제수	주요항목	세부항목	
산업안전 관리론	20	1. 안전보건관리 개요	1. 기업경영과 안전관리 및 안전의 중요성 2. 산업재해 발생 메커니즘 3. 사고예방 원리 4. 안전보건에 관한 제반이론 및 용어해설 5. 무재해운동 등 안전활동 기법	
		2. 안전보건관리 체제 및 운영	1. 안전보건관리조직 형태 2. 안전업무 분담 및 안전보건관리규정과 기준 3. 안전보건관리 계획수립 및 운영 4. 안전보건 개선계획	
		3. 재해 조사 및 분석	1. 재해조사 요령 3. 재해 통계 및 재해 코스트	2. 원인분석
		4. 안전점검 및 검사	1. 안전점검	2. 안전검사·인증
		5. 보호구 및 안전보건표지	1. 보호구	2. 안전보건표지
		6. 안전 관계 법규	1. 산업안전보건법령 3. 시설물안전관리특별법령	2. 건설기술관리법령 4. 관련 지침
산업심리 및 교육	20	1. 산업심리이론	1. 산업심리 개념 및 요소 3. 직업적성과 인사심리	2. 인간관계와 활동 4. 인간행동 성향 및 행동과학
		2. 인간의 특성과 안전	1. 동작특성 3. 집단관리와 리더십	2. 노동과 피로 4. 착오와 실수
		3. 안전보건교육	1. 교육의 필요성 3. 교육의 분류	2. 교육의 지도 4. 교육심리학
		4. 교육방법	1. 교육의 실시방법 3. 안전보건교육	2. 교육대상
인간공학 및 시스템 안전공학	20	1. 안전과 인간공학	1. 인간공학의 정의 3. 체계설계와 인간 요소	2. 인간-기계체계
		2. 정보입력표시	1. 시각적 표시 장치 3. 촉각 및 후각적 표시장치	2. 청각적 표시장치 4. 인간요소와 휴먼에러
		3. 인간계측 및 작업 공간	1. 인체계측 및 인간의 체계제어 2. 신체활동의 생리학적 측정법 3. 작업 공간 및 작업자세 4. 인간의 특성과 안전	
		4. 작업환경관리	1. 작업조건과 환경조건	2. 작업환경과 인간공학

필기과목명	문제수	주요항목	세부항목	
		5. 시스템위험분석	1. 시스템 위험분석 및 관리	2. 시스템 위험 분석 기법
		6. 결함수 분석법	1. 결함수 분석	2. 정성적, 정량적 분석
		7. 위험성평가	1. 위험성 평가의 개요 3. 유해위험방지 계획서	2. 신뢰도 계산
		8. 각종 설비의 유지 관리	1. 설비관리의 개요 3. 보전성 공학	2. 설비의 운전 및 유지관리
건설재료학	20	1. 건설재료 일반	1. 건설재료의 발달 2. 건설재료의 분류와 요구 성능 3. 새로운 재료 및 재료 설계 4. 난연재료의 분류와 요구 성능	
		2. 각종 건설재료의 특성, 용도, 규격에 관한 사항	1. 목재 3. 시멘트 및 콘크리트 5. 미장재 7. 도료 및 접착제 9. 기타재료	2. 점토재 4. 금속재 6. 합성수지 8. 석재 10. 방수
건설시공학	20	1. 시공일반	1. 공사시공방식 3. 공사현장관리	2. 공사계획
		2. 토공사	1. 흙막이 가시설 3. 흙파기	2. 토공 및 기계 4. 기타 토공사
		3. 기초공사	1. 지정 및 기초	
		4. 철근콘크리트공사	1. 콘크리트공사 3. 거푸집공사	2. 철근공사
		5. 철골공사	1. 철골작업공작	2. 철골세우기
		6. 조적공사	1. 벽돌공사 3. 석공사	2. 블록공사
건설안전기술	20	1. 건설공사 안전개요	1. 공정계획 및 안전성 심사 2. 지반의 안정성 3. 건설업산업 안전보건관리비 4. 사전안전성검토(유해위험방지 계획서)	
		2. 건설공구 및 장비	1. 건설공구 3. 안전수칙	2. 건설장비
		3. 양중 및 해체공사의 안전	1. 해체용 기구의 종류 및 취급안전 2. 양중기의 종류 및 안전 수칙	
		4. 건설재해 및 대책	1. 떨어짐(추락)재해 및 대책 2. 무너짐(붕괴)재해 및 대책 3. 떨어짐(낙하), 날아옴(비래)재해대책	
		5. 건설 가시설물 설치 기준	1. 비계 3. 거푸집 및 동바리	2. 작업통로 및 발판 4. 흙막이
		6. 건설 구조물공사 안전	1. 콘크리트 구조물공사 안전 2. 철골 공사 안전 3. PC(Precast Concrete) 공사 안전	
		7. 운반, 하역작업	1. 운반작업	2. 하역공사

건설안전산업기사[필기] 출제기준

가. 적용기간 : 2021. 1. 1. ~ 2025. 12. 31.
나. 직무내용 : 건설현장의 생산성 향상과 인적·물적 손실을 최소화하기 위한 안전계획을 수립하고, 그에 따른 작업환경의 점검 및 개선, 현장 근로자의 교육계획 수립 및 실시, 작업환경 순회감독 등 안전관리 업무를 통해 인명과 재산을 보호하고, 사고 발생 시 효과적이며 신속한 처리 및 재발 방지를 위한 대책 안을 수립, 이행하는 등 안전에 관한 기술적인 관리 업무를 수행하는 직무이다.

필기과목명	문제수	주요항목	세부항목
산업안전 관리론	20	1. 안전보건관리 개요	1. 안전과 생산 2. 안전보건관리 체제 및 운용
		2. 재해 및 안전 점검	1. 재해조사 2. 산재분류 및 통계 분석 3. 안전점검·검사·인증 및 진단
		3. 무재해 운동 및 보호구	1. 무재해 운동 등 안전활동 기법 2. 보호구 및 안전보건표지
		4. 산업안전심리	1. 인간의 특성과 안전과의 관계
		5. 인간의 행동과학	1. 조직과 인간행동 2. 재해 빈발성 및 행동과학 3. 집단관리와 리더십
		6. 안전보건교육의 개념	1. 교육심리학
		7. 교육의 내용 및 방법	1. 교육내용 2. 교육방법
인간공학 및 시스템 안전공학	20	1. 안전과 인간공학	1. 인간공학의 정의 2. 인간-기계체계 3. 체계설계와 인간 요소
		2. 정보입력표시	1. 시각적 표시 장치 2. 청각적 표시장치 3. 촉각 및 후각적 표시장치 4. 인간요소와 휴먼에러
		3. 인간계측 및 작업 공간	1. 인체계측 및 인간의 체계제어 2. 신체활동의 생리학적 측정법 3. 작업 공간 및 작업자세 4. 인간의 특성과 안전
		4. 작업환경관리	1. 작업조건과 환경조건 2. 작업환경과 인간공학
		5. 시스템위험분석	1. 시스템 안전 및 안전성 평가
		6. 결함수 분석법	1. 결함수 분석 2. 정성적, 정량적 분석
		7. 각종 설비의 유지 관리	1. 설비관리의 개요 2. 설비의 운전 및 유지관리 3. 보전성 공학

필기과목명	문제수	주요항목	세부항목
건설재료학	20	1. 건설재료 일반	1. 건설재료의 발달 2. 건설재료의 분류와 요구 성능 3. 새로운 재료 및 재료 설계 4. 난연재료의 분류와 요구 성능
		2. 각종 건설재료의 특성, 용도, 규격에 관한 사항	1. 목재　　　　　　　2. 점토재 3. 시멘트 및 콘크리트　4. 금속재 5. 미장재　　　　　　6. 합성수지 7. 도료 및 접착제　　　8. 석재 9. 기타재료　　　　　10. 방수
건설시공학	20	1. 시공일반	1. 공사시공방식 2. 공사계획 3. 공사현장관리
		2. 토공사	1. 흙막이 가시설 2. 토공 및 기계 3. 흙파기 4. 기타 토공사
		3. 기초공사	1. 지정 및 기초
		4. 철근콘크리트공사	1. 콘크리트공사 2. 철근공사 3. 거푸집공사
		5. 철골공사	1. 철골작업공작 2. 철골세우기
건설안전 기술	20	1. 건설공사 안전개요	1. 공정계획 및 안전성 심사 2. 지반의 안정성 3. 건설업 산업안전보건관리비 4. 사전안전성검토(유해위험방지계획서)
		2. 건설공구 및 장비	1. 건설공구 2. 건설장비 3. 안전수칙
		3. 건설재해 및 대책	1. 떨어짐(추락)재해 및 대책 2. 무너짐(붕괴)재해 및 대책 3. 떨어짐(낙하), 날아옴(비래)재해대책 4. 화재 및 대책
		4. 건설 가시설물 설치 기준	1. 비계 2. 작업통로 및 발판 3. 거푸집 및 동바리 4. 흙막이
		5. 건설구조물공사안전	1. 콘크리트 구조물공사 안전 2. 철골 공사 안전 3. PC (Precast Concrete)공사안전
		6. 운반, 하역작업	1. 운반작업 2. 하역작업

차례

* 일러두기 ··· ii
* 시험의 기본정보 ·· iv
* 건설안전기사 필기 출제기준 ··· vi
* 건설안전산업기사 필기 출제기준 ·· ix

제1부 산업안전관리론

제1장 안전보건관리개요
1. 안전 및 안전관리 개요 ··· 1-3
   ❖ 항목별 우선순위 문제 및 해설 ·· 1-9

제2장 안전보건관리 체제 및 운영
1. 안전보건관리 조직 ·· 1-11
2. 산업안전보건법상의 법적 체제 ·· 1-15
3. 안전보건개선계획의 수립 등 ·· 1-19
4. 기타 안전관련 법령 ·· 1-22
   ❖ 항목별 우선순위 문제 및 해설 ······································ 1-30

제3장 재해조사 및 분석
1. 재해조사 ··· 1-33
2. 산재 분류 및 통계분석 ··· 1-38
   ❖ 항목별 우선순위 문제 및 해설 ······································ 1-48

제4장 안전점검 및 검사
1. 안전점검・인증 및 진단 ·· 1-52
   ❖ 항목별 우선순위 문제 및 해설 ······································ 1-64

제5장 무재해운동
1. 무재해운동 등 안전활동 기법 ·· 1-66
   ❖ 항목별 우선순위 문제 및 해설 ······································ 1-71

제6장 보호구 및 안전보건표지
  1. 보호구 및 안전보건표지 ·· 1-74
   ❖ 항목별 우선순위 문제 및 해설 ··· 1-94

제2부 산업심리 및 교육

제1장 산업안전심리
  1. 산업심리와 직업적성 ·· 2-3
  2. 인간의 특성과 안전과의 관계 ·· 2-8
   ❖ 항목별 우선순위 문제 및 해설 ·· 2-17

제2장 인간의 행동과학
  1. 조직과 인간행동 ·· 2-20
  2. 재해빈발성 및 행동과학 ·· 2-24
  3. 집단관리와 리더십 ·· 2-29
  4. 생체 리듬과 피로 ·· 2-35
   ❖ 항목별 우선순위 문제 및 해설 ·· 2-39

제3장 안전보건교육의 개념
  1. 교육의 필요성과 목적 ·· 2-43
  2. 교육심리학 ·· 2-47
  3. 안전보건교육계획 수립 및 실시 ·· 2-52
   ❖ 항목별 우선순위 문제 및 해설 ·· 2-53

제4장 교육의 내용 및 방법
  1. 교육내용 ·· 2-55
  2. 교육방법 ·· 2-58
  3. 교육실시 방법 ·· 2-63
   ❖ 항목별 우선순위 문제 및 해설 ·· 2-68

제3부 인간공학 및 시스템안전공학

제1장 안전과 인간공학
1. 인간공학의 정의 ········· 3-3
2. 인간-기계 체계 ········· 3-5
3. 체계설계와 인간요소 ········· 3-10
   ❖ 항목별 우선순위 문제 및 해설 ········· 3-14

제2장 정보입력표시
1. 시각적 표시장치 ········· 3-17
2. 청각적 표시장치 ········· 3-22
3. 촉각 및 후각적 표시장치 등 ········· 3-26
4. 관련 법칙 ········· 3-27
5. 인간 요소와 휴먼 에러 ········· 3-29
   ❖ 항목별 우선순위 문제 및 해설 ········· 3-34

제3장 인간계측 및 작업공간
1. 인간계측 및 인간의 체계제어 ········· 3-38
2. 신체활동의 생리학적 측정법 ········· 3-43
3. 작업공간 및 작업자세 ········· 3-47
4. 인간의 특성과 안전 ········· 3-51
   ❖ 항목별 우선순위 문제 및 해설 ········· 3-56

제4장 작업환경관리
1. 작업환경조건과 인간공학 ········· 3-60
   ❖ 항목별 우선순위 문제 및 해설 ········· 3-72

제5장 시스템 위험분석
1. 시스템 안전 ········· 3-75
2. 시스템 위험분석기법 ········· 3-77
   ❖ 항목별 우선순위 문제 및 해설 ········· 3-82

제6장 결함수 분석법
1. 결함수 분석(FTA : Fault Tree Analysis) ········· 3-84
2. 컷셋(cut set)과 패스셋(path set) ········· 3-88
   ❖ 항목별 우선순위 문제 및 해설 ········· 3-92

제7장 위험성 평가

1. 위험성 평가 …………………………………………………… 3-95
2. 화학설비에 대한 안전성 평가 ………………………………… 3-104
3. 신뢰도 계산 …………………………………………………… 3-107
4. 유해위험방지계획서(제조업) ………………………………… 3-108
   ❖ 항목별 우선순위 문제 및 해설 ……………………………… 3-111

제8장 각종 설비의 유지관리

1. 기계설비의 고장 유형 ………………………………………… 3-113
2. 보전성 공학 …………………………………………………… 3-114
   ❖ 항목별 우선순위 문제 및 해설 ……………………………… 3-120

제4부 건설시공학

제1장 시공일반

1. 공사시공방식 …………………………………………………… 4-3
2. 공사계획 ……………………………………………………… 4-21
3. 공사현장관리 ………………………………………………… 4-23
   ❖ 항목별 우선순위 문제 및 해설 ……………………………… 4-29

제2장 토공사

1. 흙의 성질 및 구성요소 ……………………………………… 4-32
2. 지반조사 ……………………………………………………… 4-35
3. 히빙(heaving)현상과 보일링(boiling)현상 ………………… 4-40
4. 연약지반의 개량공법 ………………………………………… 4-43
5. 흙파기 공법 …………………………………………………… 4-45
6. 흙막이 공법 …………………………………………………… 4-46
7. 계측관리 및 계측기 설치 …………………………………… 4-52
8. 토공기계 ……………………………………………………… 4-53
9. 흙파기량(토량) 산출 ………………………………………… 4-56
   ❖ 항목별 우선순위 문제 및 해설 ……………………………… 4-60

제3장 기초공사

1. 지정의 종류 및 특징 ………………………………………… 4-64
2. 기초 구조 ……………………………………………………… 4-73
   ❖ 항목별 우선순위 문제 및 해설 ……………………………… 4-76

제4장 철근콘크리트공사

1. 콘크리트공사 ·· 4-79
2. 철근공사 ·· 4-102
3. 거푸집공사 ·· 4-110
    ❖ 항목별 우선순위 문제 및 해설 ································· 4-119

제5장 철골공사

1. 철골작업 ·· 4-125
2. 철골세우기 ·· 4-136
    ❖ 항목별 우선순위 문제 및 해설 ································· 4-141

제6장 조적공사

1. 벽돌공사 ·· 4-144
2. 블록공사 ·· 4-153
3. 석공사 ·· 4-156
    ❖ 항목별 우선순위 문제 및 해설 ································· 4-161

제5부 건설재료학

제1장 목재

1. 목재일반 ·· 5-3
2. 목재의 관리 ·· 5-9
3. 목재의 가공제품 ·· 5-14
    ❖ 항목별 우선순위 문제 및 해설 ································· 5-18

제2장 점토재 및 석재

1. 점토재 ·· 5-21
2. 석재 ·· 5-28
    ❖ 항목별 우선순위 문제 및 해설 ································· 5-36

제3장 시멘트 및 콘크리트

1. 시멘트 ·· 5-39
2. 콘크리트용 골재 ·· 5-48
3. 혼화재료 종류 및 특성 ··· 5-54
4. 콘크리트 ·· 5-58
    ❖ 항목별 우선순위 문제 및 해설 ································· 5-71

제4장 금속재

1. 금속재의 특징 ·· 5-76
2. 금속재의 종류 ·· 5-82
3. 금속철물 ·· 5-86
   ❖ 항목별 우선순위 문제 및 해설 ·· 5-88

제5장 합성수지, 도료 및 접착제

1. 합성수지 ·· 5-90
2. 도료 ·· 5-95
3. 접착제 ·· 5-100
   ❖ 항목별 우선순위 문제 및 해설 ······································ 5-104

제6장 미장재 및 방수, 기타재료(*건설재료 일반)

1. 미장재 ·· 5-108
2. 방수 ·· 5-114
3. 기타재료 ·· 5-119
4. 건설재료 일반 ·· 5-125
   ❖ 항목별 우선순위 문제 및 해설 ······································ 5-128

제6부 건설안전기술

제1장 건설공사 안전개요

1. 지반의 안전성 ·· 6-3
2. 건설업 산업안전보건관리비 계상 및 사용기준 ············· 6-12
3. 사전안전성검토(유해위험방지계획서) ····························· 6-19
   ❖ 항목별 우선순위 문제 및 해설 ·· 6-21

제2장 건설공구 및 장비

1. 건설장비 ·· 6-24
2. 안전수칙 ·· 6-27
   ❖ 항목별 우선순위 문제 및 해설 ·· 6-34

제3장 양중 및 해체공사의 안전

1. 해체용 기구의 종류 및 취급안전 ···································· 6-37
2. 양중기의 종류 및 안전수칙 ··· 6-40
   ❖ 항목별 우선순위 문제 및 해설 ·· 6-50

제4장 건설재해 및 대책

1. 추락재해 및 대책 ··· 6-52
2. 낙하, 비래재해 대책 ····································· 6-58
   ❖ 항목별 우선순위 문제 및 해설 (1) ··········· 6-59
3. 붕괴재해 및 대책 ··· 6-61
   ❖ 항목별 우선순위 문제 및 해설 (2) ··········· 6-79

제5장 건설 가(假) 시설물 설치 기준

1. 가설구조물의 특징 ······································· 6-83
2. 비계 ··· 6-83
   ❖ 항목별 우선순위 문제 및 해설 (1) ··········· 6-91
3. 작업통로 ·· 6-94
4. 거푸집 및 동바리 ··· 6-98
   ❖ 항목별 우선순위 문제 및 해설 (2) ········· 6-105

제6장 건설 구조물공사 안전

1. 건설 구조물공사 안전 ································ 6-107
2. 철골공사 안전 ·· 6-115
3. 프리캐스트 콘크리트(PC: Precast Concrete) ··· 6-123
   ❖ 항목별 우선순위 문제 및 해설 ················ 6-125

제7장 운반, 하역작업

1. 운반작업 ·· 6-128
2. 하역작업 ·· 6-129
   ❖ 항목별 우선순위 문제 및 해설 ················ 6-134

제7부 CBT 최종모의고사

- 제1회 CBT 최종모의고사 ······························· 7-2
- 제2회 CBT 최종모의고사 ····························· 7-31
- 제3회 CBT 최종모의고사 ····························· 7-61
- 제4회 CBT 최종모의고사 ····························· 7-89
- 제5회 CBT 최종모의고사 ··························· 7-117

건설안전기사 필기 합격을 향한 합격이지의 Easy한 사용법

STEP 1 | 합격이지 건설안전기사 필기 교재 인증

① QR 코드로 [합격이지 교재 인증] 빠른 이동
② [글쓰기] 클릭
③ 양식에 맞춰 글 작성

STEP 2 | CBT 온라인 기출문제 및 모의고사 이용법

① 미디어몬에서 건설안전기사 필기 온라인 기출문제 무료 응시
② 미디어몬에서 가입한 이메일 주소로 쿠폰 전달
③ 쿠폰 확인 후 CBT 온라인 실전 모의고사 무료 구매
　※ CBT 온라인 모의고사 이용 시 **로그인 및 PC 사용 권장**

STEP 3 | 미디어몬 쿠폰 사용법

① 온라인 강의 쿠폰 사용법
② 미디어몬 CBT 온라인 실전 모의고사 쿠폰 사용법

STEP 4 | 합격이지 건설안전기사 필기 무료 강의

① QR 코드로 스캔하여 [건설안전기사 필기] 빠른 이동
② 합격이지 건설안전기사 필기의
　무료 강의로 모두 다 함께 학습!

미디어몬
CBT 온라인 실전 모의고사 응시방법

인터넷 주소창에 https://mediamon.co.kr/을 입력하여 미디어몬 홈페이지에 접속

❶ 홈페이지 우측 상단에 있는 **[회원가입]** 또는 **[로그인]**을 클릭하여 네이버 로그인

❷ 우측 상단에 있는 **[온라인모의고사]**를 클릭

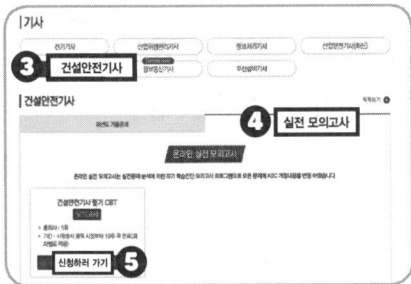

❸ **[기사] – [건설안전기사]** 선택 후

❹ **[실전 모의고사]** 탭 클릭

❺ 건설안전기사 필기 CBT **[모의고사] – [신청하러 가기]** 클릭

❻ **[전체선택]** 클릭

❼ **[주문하기]** 클릭

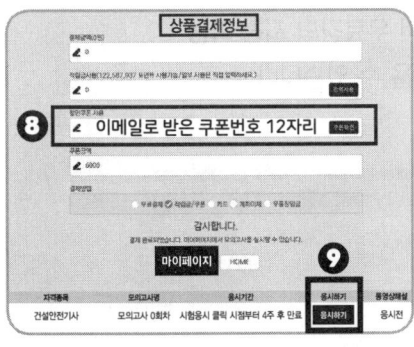

❽ **[상품결제정보]** 창의 → 할인 쿠폰 사용에서
   → **[이메일로 받은 쿠폰번호 12자리]** 쿠폰번호 입력 후
   → 쿠폰확인 클릭 → **[사용가능한 쿠폰입니다]** 안내 확인 후 **[결제]** 클릭

❾ **[마이페이지]**로 접속하여 원하는 회차에 **[응시하기]** 클릭

합격Easy
건설안전기사 필기

🔒 교재 인증[등업] 방법

01 산단기 안전 학습지원센터 카페에 가입
(https://cafe.naver.com/anjeun)

02 아래 공란에 닉네임 기입 후 **QR-코드 촬영**

03 게시판 목록 중 **[합격이지 교재 인증]**에 게시

카페 닉네임

- 중고도서 지운 흔적 등 중복기입(인증) 불가
- 볼펜, 네임펜 등 지워지지 않는 펜으로 크게 기입

📌 주의 사항

✅ 교재 인증 시 CBT 온라인 실전 모의고사 5회를 볼 수 있습니다.
✅ 교재 인증 시 [산단기] – [무료강의] 게시판 목록에서 무료강의 시청 가능
✅ 카페 닉네임 변경 시 등급 변경에 대한 불이익을 받을 수 있습니다.
✅ 카페 내 공지사항은 반드시 필독해 주세요!

PART 01

산업안전관리론

✏️ **항목별 이론 요약 및 우선순위 문제**
1. 안전보건관리개요
2. 안전보건관리 체제 및 운영
3. 재해조사 및 분석
4. 안전점검 및 검사
5. 무재해운동
6. 보호구 및 안전보건표지

Chapter 01 안전보건관리개요

1. 안전 및 안전관리 개요

(1) 안전과 위험의 개념

(가) **위험** : 인적·물적 손상이나 손실을 가져 올 수 있는 불안전 상태 또는 상황
  - 잠재적인 손실이나 손상을 가져올 수 있는 상태나 조건

> **리스크(risk)**
> 리스크는 재해 발생가능성과 재해 발생 시 그 결과의 크기의 조합(combination)으로 위험의 크기나 정도를 의미한다.

(나) **사고** : 불안전한 행동이나 상태가 선행되어 작업 능률을 저하시키며, 직접 또는 간접적으로 인명의 손상이나 재산상의 손실을 가져올 수 있는 사건

(다) **아차사고(near accident)** : 인명상해(인적 피해)·재산손실(물적 피해)이 없는 사고
  - 사고가 일어나더라도 손실을 전혀 수반하지 않는 재해

(라) **재해** : 사고의 결과로서 생긴 인명의 상해를 말함. 때론 재해가 사고를 포함하여 인명의 상해와 재산상의 손실을 함께 하는 경우

(마) **산업재해** : 노무를 제공하는 자가 업무나 작업에 기인하여 사망 또는 부상하거나 질병에 걸리는 것

> **산업안전보건법상 산업재해의 정의(법 제2조 제1호)**
> 산업재해 : 노무를 제공하는 자가 업무에 관계되는 건설물·설비·원재료·가스·증기·분진 등에 의하거나 작업 또는 그 밖의 업무로 인하여 사망 또는 부상하거나 질병에 걸리는 것

(바) **중대재해** : 산업재해 중 사망 등 재해의 정도가 심하거나 다수의 재해자가 발생한 경우로서 다음의 어느 하나에 해당하는 재해 〈시행규칙 제3조〉

---

memo

(예문) 안전관리를 "안전은 ( )을(를) 제어하는 기술"이라 정의할 때 다음 중 ( )에 들어갈 용어로 예방 관리적 차원과 가장 가까운 용어는?
① 위험 ② 사고
③ 재해 ④ 상해
(풀이) 안전: 사고가 없는 상태 또는 사고의 위험이 없는 상태(안전은 위험을 제어하는 기술)
➡ 정답: ①

하인리히의 안전론
① 안전은 사고예방(accidenent prevention)이다.
② 사고 예방은 물리적 환경과 인간 및 기계의 관계를 통제하는 과학이자 기술이다.

중대산업재해: 산업재해 중 다음의 어느 하나에 해당하는 결과를 야기한 재해

〈중대재해 처벌 등에 관한 법률〉
가. 사망자가 1명 이상 발생
나. 동일한 사고로 6개월 이상 치료가 필요한 부상자가 2명 이상 발생
다. 동일한 유해요인으로 급성중독 등 대통령령으로 정하는 직업성 질병자가 1년 이내에 3명 이상 발생

1) 사망자가 1명 이상 발생한 재해
2) 3개월 이상의 요양이 필요한 부상자가 동시에 2명 이상 발생한 재해
3) 부상자 또는 직업성 질병자가 동시에 10명 이상 발생한 재해

> **참고**
>
> ※ 중대재해 발생 보고〈산업안전보건법 시행규칙 제67조〉
>   ① 사업주는 중대재해가 발생한 사실을 알게 된 경우에는 지체 없이 관할지방고용노동관서의 장에게 보고
>   ② 보고방법 : 전화, 팩스 또는 그 밖의 적절한 방법
>   ③ 보고내용 : 발생개요 및 피해사항, 조치 및 전망, 그 밖의 중요한 사항
> ※ 산업재해 발생 보고〈산업안전보건법 시행규칙 제73조〉
>   사업주는 산업재해로 사망자가 발생하거나 <u>3일 이상</u>의 휴업이 필요한 부상을 입거나 질병에 걸린 사람이 발생한 경우에는 해당 산업재해가 발생한 날부터 1개월 이내에 산업재해조사표를 작성하여 관할 지방고용노동관서의 장에게 제출(전자문서에 의한 제출을 포함)

(사) 안 전 : 사고가 없는 상태 또는 사고의 위험이 없는 상태

(아) 안전관리(safety management)의 정의 : 재해예방대책 추진 → 생산성 향상, 손실방지
재해로부터 인간의 생명과 재산을 보호하기 위한 계획적이고 체계적인 제반 활동(안전은 위험을 제어하는 기술)

안전보건관리계획 수립 시 고려 사항
① 타 관리계획과 균형이 되어야 한다.
② 안전보건의 저해요인을 확실히 파악해야 한다.
③ 계획의 목표는 점진적으로 높은 수준의 것으로 한다.
④ 경영층의 기본 방침을 명확하게 근로자에게 나타내야 한다.
⑤ 수립된 계획은 안전보건관리활동의 근거로 활용된다.

[그림] 안전관리의 정의

※ 안전제일(safety first) : 게리(E. H. Gary)는 1900년대 초 미국 U.S.스틸의 회장으로서 "안전제일(safety first)"이란 구호를 내걸고 사고예방활동을 전개한 후 안전의 투자가 결국 경영상 유리한 결과를 가져온다는 사실을 알게 하는 데 공헌함.

※ 위험물 제어(control)
재해는 물론 일체의 위험요소를 사전에 발견, 파악, 해결함으로써 근원적으로 산업재해를 예방, 근본적 위험 요소의 제거를 위하여 노력함.

✱ 안전관리의 PDCA 사이클 : 계획(Plan)-실행(Do)-확인(Check)-조처(Action)
  ① Plan : 목표달성을 위한 계획
  ② Do : 계획에 따라 실시
  ③ Check : 실시 결과의 확인, 분석, 검토
  ④ Action : 확인 결과 적절한 조처
✱ 안전사고와 생산공정과의 관계 : 안전사고란 생산공정이 잘못되었다는 것을 암시하는 잠재적 정보지표이다.
✱ fail-safe의 정의 : 작업방법이나 기계·설비의 결함으로 인하여 사고가 발생치 않도록 설계 시부터 안전하게 하는 것(작업방법이나 기계설비에 결함이 발생되더라도 사고가 발생되지 않도록 이중, 삼중으로 제어하는 것)
✱ fool proof 기능 : 작업자의 오동작 등 조작하는 순서의 잘못에 대응하여 사고나 재해를 방지하는 기능(인간의 착각, 착오, 실수 등 인간과오의 방지 목적)
✱ risk taking : 객관적인 위험을 작업자 나름대로 판정하여 위험을 수용하고 행동에 옮기는 것(위험을 알면서도 시도하는 것)

> 제조물 책임
> 제조업자가 제조한 제조물의 결함으로 인하여 생명·신체 또는 재산에 손해를 입은 자에게 그 손해를 배상하여야 하는 책임
>
> ※ 제조물책임법상 결함의 종류
>   ① 설계상의 결함
>   ② 제조상의 결함
>   ③ 경고 표시상의 결함

〈※ 산업안전보건법에서 정의한 용어 – 산업안전보건법〉
제2조(정의)
1. "산업재해"란 노무를 제공하는 자가 업무에 관계되는 건설물·설비·원재료·가스·증기·분진 등에 의하거나 작업 또는 그 밖의 업무로 인하여 사망 또는 부상하거나 질병에 걸리는 것을 말한다.
2. "중대재해"란 산업재해 중 사망 등 재해 정도가 심하거나 다수의 재해자가 발생한 경우로서 고용노동부령으로 정하는 재해를 말한다.
3. "근로자"란 「근로기준법」에 따른 근로자를 말한다.
   (*「근로기준법」: "근로자"란 직업의 종류와 관계없이 임금을 목적으로 사업이나 사업장에 근로를 제공하는 자를 말한다.)
4. "사업주"란 근로자를 사용하여 사업을 하는 자를 말한다.
5. "근로자대표"란 근로자의 과반수로 조직된 노동조합이 있는 경우에는 그 노동조합을, 근로자의 과반수로 조직된 노동조합이 없는 경우에는 근로자의 과반수를 대표하는 자를 말한다.
12. "안전·보건진단"이란 산업재해를 예방하기 위하여 잠재적 위험성을 발견하고 그 개선대책을 수립할 목적으로 조사·평가하는 것을 말한다.
13. "작업환경측정"이란 작업환경 실태를 파악하기 위하여 해당 근로자 또는 작업장에 대하여 사업주가 유해인자에 대한 측정계획을 수립한 후 시료(試料)를 채취하고 분석·평가하는 것을 말한다.

> 도급인과 수급인 정의
> 7. "도급인"이란 물건의 제조·건설·수리 또는 서비스의 제공, 그 밖의 업무를 도급하는 사업주를 말한다. 다만, 건설공사발주자는 제외한다.
> 8. "수급인"이란 도급인으로부터 물건의 제조·건설·수리 또는 서비스의 제공, 그 밖의 업무를 도급받은 사업주를 말한다.

(2) 안전보건에 관한 이론

▷ 하인리히(H.W. Heinrich)
▷ 버드(F.E. Bird Jr.)
▷ 아담스(E. Adams), 웨버(D.A. Weaver)

(가) 하인리히와 버드의 재해구성비율

1) 하인리히의 1 : 29 : 300 재해법칙

사고 330건이 발생했을 때 무상해사고 300건, 경상해 29건, 중상해 1건의 재해가 발생한다는 이론

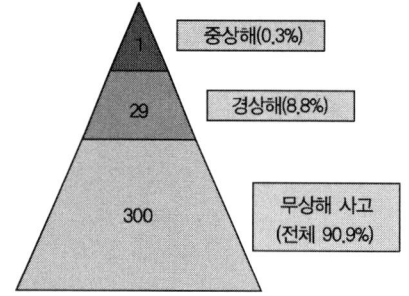

1 : 29 : 300 법칙
[중상해 : 경상해 : 무상해사고]

※ 중상해비율＝(1건/전체 330건)×100＝0.3%

[예문] 하인리히의 재해구성비율에 따라 경상사고가 87건 발생하였다면 무상해사고는 몇 건이 발생하였겠는가?

[해설] 하인리히의 1 : 29 : 300 재해법칙[중상해 : 경상해 : 무상해사고]
경상사고 87건/29 = 3배 ⇨ 무상해사고 300×3배 = 900건

---

2) 버드의 1 : 10 : 30 : 600 법칙

하인리히 이론을 수정하고, 사고 641건 중 중상해, 경상해(물적, 인적 사고), 물적손실 사고, 무상해·무손해 아차사고가 1 : 10 : 30 : 600 비율로 발생한다는 이론

하인리히 법칙(Herbert William Heinrich, 1886~1962)

① 1920년대 미국 여행자 보험회사에 근무하면서 약 7,500건의 사고 분석
② 1명의 사상자의 발생 이전에 경상자 29명이 발생하고, 또 그 이전에 무상해 사고 300건이 발생한다는 이론
③ 큰 재해는 우연히 발생하는 것이 아니라 그 전에 징후가 있음으로, 아무리 사소한 문제일지라도 방치하면 중대재해로 이어질 수 있다는 이론

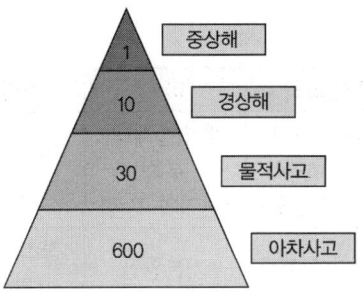

1 : 10 : 30 : 600 법칙
[중상해 : 경상해 : 물적만의 사고 : 무상해·무손실 사고]

(나) 재해발생 모형(mechanism)

  1) 하인리히의 도미노 연쇄 이론(domino sequence)

    산업재해는 사회적 환경, 개인적 결함, 불안전 상태 등 5단계의 요소가 상관적·연쇄적으로 작용하여 발생하게 되며, 어느 한 가지만 제거해도 재해가 예방된다는 이론

    ① 제1단계 : 사회적 환경, 유전적 요소(선천적 결함) – 기초원인(간접원인)

    ② 제2단계 : 개인적인 결함(인간의 결함) – 2차 원인

    ③ 제3단계 : 불안전행동 및 불안전상태 – 직접원인

    ④ 제4단계 : 사고

    ⑤ 제5단계 : 상해 – 재해

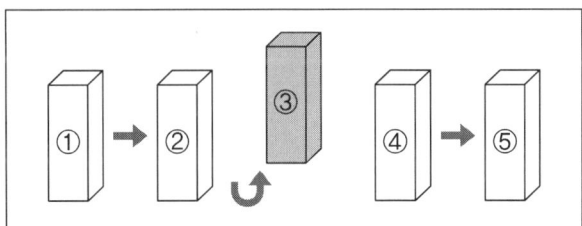

  2) 버드의 도미노 연쇄 이론

    ① 제1단계 : 제어(통제)의 부족(관리의 부족)

    ② 제2단계 : 기본원인(기원)

    ③ 제3단계 : 직접원인(징후 – 인적, 물적 원인)

    ④ 제4단계 : 사고(접촉)

    ⑤ 제5단계 : 상해(손실)

    ※ 버드(Bird)가 사건을 방지하기 위해 제기한 직전의 사상 : 기준 이하의 행동(substandard acts, 불안전행동) 및 기준 이하의 조건(substandard conditions, 불안전상태)

작전과 전술
① 작전: 군사적 목적을 이루기 위해 필요한 조치나 방법을 강구함
② 전술: 작전 목적을 수행함에 있어 병력 등을 운영하는 기술

3) 이론별 분류

구 분	하인리히	버드	아담스	웨버
제1단계	사회적 환경, 유전적 요소 (선천적 결함)	제어(통제)의 부족 (관리의 부족)	관리구조요인 (관리적 결함)	유전과 환경요인
제2단계	개인적인 결함 (인간의 결함)	기본원인 (기원)	작전적 에러 (경영자, 감독자 행동)	인간의 결함
제3단계	불안전행동 및 불안전상태 (직접원인)	직접원인 (징후 - 인적, 물적 원인)	전술적 에러 (불안전한 행동, 조작)	불안전한 행동과 상태
제4단계	사고	사고(접촉)	사고	사고
제5단계	상해	상해(손실)	상해 또는 손실	재해(상해)

CHAPTER 01 항목별 우선순위 문제 및 해설

01 안전관리를 "안전은 ( )을(를) 제어하는 기술"이라 정의할 때 다음 중 ( )에 들어갈 용어로 예방 관리적 차원과 가장 가까운 용어는?

① 위험　　② 사고
③ 재해　　④ 상해

해설 안전 : 사고가 없는 상태 또는 사고의 위험이 없는 상태 (안전은 위험을 제어하는 기술)

02 다음 중 잠재적인 손실이나 손상을 가져올 수 있는 상태나 조건을 무엇이라 하는가?

① 위험　　② 사고
③ 상해　　④ 재해

해설 위험 : 인적·물적 손상이나 손실을 가져올 수 있는 불안전상태 또는 상황(잠재적인 손실이나 손상을 가져올 수 있는 상태나 조건)

03 다음 중 "Near Accident"에 관한 내용으로 가장 적절한 것은?

① 사고가 일어난 인접지역
② 사망사고가 발생한 중대재해
③ 사고가 일어난 지점에 계속 사고가 발생하는 지역
④ 사고가 일어나더라도 손실을 전혀 수반하지 않는 재해

해설 아차사고(near accident) : 인명상해(인적 피해)·재산손실(물적 피해)이 없는 사고

04 위험을 제어(control)하는 방법 중 가장 우선적으로 고려되어야 하는 사항은?

① 개인용 보호장비를 지급하여 사용하게 한다.
② 근본적 위험요소의 제거를 위하여 노력한다.
③ 안전교육을 실시하고, 주의사항과 위험표지를 부착한다.
④ 위험을 줄이기 위하여 보다 개선된 기술과 방법을 도입한다.

해설 위험을 제어(control)
근본적 위험요소를 사전에 제거함으로써 위험을 제어함.

05 다음 ( )안에 알맞은 것은?

> 사업주는 산업재해로 사망자가 발생하거나 ( )일 이상의 휴업이 필요한 부상을 입거나 질병에 걸린 사람이 발생한 경우 해당 산업재해가 발생한 날부터 1개월 이내에 산업재해조사표를 작성하여 관할 지방고용노동관서의 장에게 제출하여야 한다.

① 3　　② 4
③ 5　　④ 7

해설 산업재해 발생 보고
산업재해로 사망자가 발생하거나 3일 이상의 휴업이 필요한 부상을 입거나 질병에 걸린 사람이 발생한 경우에는 산업재해가 발생한 날부터 1개월 이내에 산업재해조사표를 작성하여 관할 지방고용노동관서의 장에게 제출(전자문서에 의한 제출을 포함)

정답 01.① 02.① 03.④ 04.② 05.①

06 산업안전보건법령상 중대재해에 해당하지 않는 것은?

① 사망자가 2명 발생한 재해
② 부상자가 동시에 7명 발생한 재해
③ 직업성질병자가 동시에 11명 발생한 재해
④ 3개월 이상의 요양이 필요한 부상자가 동시에 3명 발생한 재해

[해설] 중대재해
1) 사망자가 1명 이상 발생한 재해
2) 3개월 이상의 요양이 필요한 부상자가 동시에 2명 이상 발생한 재해
3) 부상자 또는 직업성 질병자가 동시에 10명 이상 발생한 재해

07 어느 사업장에서 해당 연도에 600건의 무상해 사고가 발생하였다. 하인리히의 재해발생 비율 법칙에 의한다면 경상해의 발생 건수는 몇 건이 되겠는가?

① 29건   ② 58건
③ 300건 ④ 330건

[해설] 하인리히의 1 : 29 : 300 재해법칙[중상해 : 경상해 : 무상해사고]
무상해사고 600건/300=2배
⇨ 경상해 29×2배=58건

08 다음 중 버드(Bird)의 사고 발생 도미노 이론에서 직접 원인은 무엇이라고 하는가?

① 통제   ② 징후
③ 손실   ④ 위험

[해설] 버드의 도미노 이론
① 제1단계 : 제어(통제)의 부족(관리의 부족)
② 제2단계 : 기본원인(기원)
③ 제3단계 : 직접 원인(징후)
     - 인적, 물적 원인
④ 제4단계 : 사고(접촉)
⑤ 제5단계 : 상해(손실)

09 다음은 재해발생에 관한 이론이다. 각각의 재해발생 이론의 단계를 잘못 나열한 것은?

① Heinrich 이론 : 사회적 환경 및 유전적 요소→개인적 결함→불안전한 행동 및 불안전한 상태→사고→재해
② Bird 이론 : 제어(관리)의 부족→기본 원인(기원)→직접 원인(징후)→접촉(사고)→재해(손실)
③ Adams 이론 : 기초원인→작전적 에러→전술적 에러→사고→재해
④ Weaver 이론 : 유전과 환경→인간의 결함→불안전한 행동과 상태→사고→재해(상해)

[해설] 재해발생 모형(mechanism)

구분	하인리히	버드	아담스	웨버
제1단계	사회적 환경, 유전적 요소 (선천적 결함)	제어(통제)의 부족 (관리의 부족)	관리구조요인	유전과 환경요인
제2단계	개인적인 결함	기본 원인 (기원)	작전적 에러 (경영자, 감독자 행동)	인간의 결함
제3단계	불안전 행동 및 불안전 상태	직접 원인 (징후)	전술적 에러 (불안전한 행동, 조작)	불안전한 행동과 상태
제4단계	사고	사고	사고	사고
제5단계	상해	상해	상해 또는 손실	재해 (상해)

정답 06. ② 07. ② 08. ② 09. ③

Chapter 02 안전보건관리 체제 및 운영

1. 안전보건관리 조직

(1) 안전관리 조직 형태

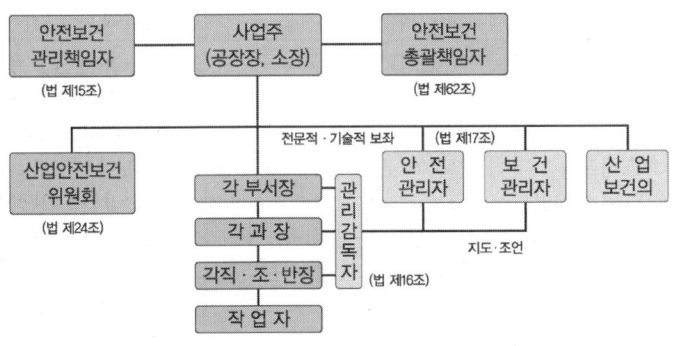

[그림] 안전보건관리 조직체계

❋ "Line"과 "Staff"의 주요 직책명
① Line : 안전보건관리책임자, 관리감독자, 안전보건총괄책임자
② Staff : 안전관리자, 보건관리자, 산업보건의

(가) 라인형(Line) – 직계식

안전보건관리 업무가 계획에서부터 실시에 이르기까지 생산 라인을 통하여 이루어지도록 편성된 조직
(※ 근로자 100인 미만 사업장에 적합)

(나) 스태프형(Staff) – 참모식

안전보건 업무를 관장하는 스태프를 별도로 구성하여 운영하는 조직
(※ 근로자 100인 이상~1,000인 미만 사업장에 적합)

(다) 라인-스태프 혼합형(Line-staff) – 직계 참모식

라인이 안전보건 업무를 주관·수행하고, 전문 스태프를 별도로 구성하여 안전보건대책수립 및 라인의 안전보건업무지도·지원(안전스태프가 안전에 관한 업무를 수행하고 라인의 관리 감독자에게도 안전에 관한 책임과 권한이 부여 – 우리나라 산업안전보건법에 의해 권장)

(※ 근로자 1,000인 이상 사업장에 적합)
① 라인형과 스태프형의 장점을 취한 절충식 조직 형태이며 대규모(1,000명 이상) 사업장에 적용
② 단점 : 명령계통과 조언, 권고적 참여가 혼동되기 쉬움

[표] 라인/스태프형 조직의 장단점

구 분	장 점	단 점
라인형 (100인 미만 사업장에 적합)	① 안전에 대한 지시, 전달이 용이(신속히 수행) ② 명령계통이 간단, 명료 ③ 참모식보다 경제적	① 안전에 관한 전문지식이 부족하고 기술의 축적이 미흡(안전에 대한 정보 불충분) ② 안전정보 및 신기술 개발이 어려움 ③ 라인에 과중한 책임이 물림
스태프형 (100~1,000인 미만 사업장에 적합)	① 안전에 관한 전문지식, 기술 축적 용이 ② 안전정보 수집 신속, 용이 ③ 경영자의 조언 및 자문역할	① 안전과 생산을 별개로 취급(안전지시가 용이하지 않음-생산부서와 유기적인 협조 필요) ② 생산라인은 안전에 대한 책임, 권한 미미(거의 없음) ③ 생산부서와 마찰이 일어나기 쉬움(권한 다툼이나 조정 때문에 통제수속이 복잡해지며 시간과 노력이 소모됨)
라인-스태프 혼합형 (1,000인 이상 사업장에 적합)	① 안전지식 및 기술 축적 가능 ② 안전지시 및 전달이 신속·정확 ③ 안전에 대한 신기술의 개발 및 보급이 용이 ④ 안전활동이 생산과 분리되지 않으므로 운용이 쉬움(조직원 전원을 자율적으로 안전활동에 참여시킬 수 있다.)	① 명령계통과 지도·조언 및 권고적 참여가 혼동되기 쉬움 ② 스태프의 힘이 커지면 라인이 무력해짐 ③ 스태프의 월권행위의 경우가 있으며, 라인이 스태프에 의존 또는 활용치 않는 경우가 있다.

(2) **사업주의 의무**〈산업안전보건법 제5조〉

사업주는 다음의 사항을 이행함으로써 근로자의 안전 및 건강을 유지·증진 시키고 국가의 산업재해 예방정책을 따라야 함
① 산업안전보건법령으로 정하는 산업재해 예방을 위한 기준
② 근로자의 신체적 피로와 정신적 스트레스 등을 줄일 수 있는 쾌적한 작업환경의 조성 및 근로조건 개선
③ 해당 사업장의 안전 및 보건에 관한 정보를 근로자에게 제공

(3) 산업안전보건법의 안전관리자〈산업안전보건법 제17조〉

1) 산업안전보건법의 안전관리자의 업무〈시행령 제18조〉
   ① 산업안전보건위원회 또는 안전·보건에 관한 노사협의체에서 심의·의결한 업무와 해당 사업장의 안전보건관리규정 및 취업규칙에서 정한 업무
   ② 위험성평가에 관한 보좌 및 지도·조언
   ③ 안전인증대상기계 등과 자율안전확인대상기계 등 구입 시 적격품의 선정에 관한 보좌 및 지도·조언
   ④ 해당 사업장 안전교육계획의 수립 및 안전교육 실시에 관한 보좌 및 지도·조언
   ⑤ 사업장 순회점검·지도 및 조치의 건의
   ⑥ 산업재해 발생의 원인 조사·분석 및 재발 방지를 위한 기술적 보좌 및 지도·조언
   ⑦ 산업재해에 관한 통계의 유지·관리·분석을 위한 보좌 및 지도·조언
   ⑧ 법 또는 법에 따른 명령으로 정한 안전에 관한 사항의 이행에 관한 보좌 및 지도·조언
   ⑨ 업무수행 내용의 기록·유지
   ⑩ 그 밖에 안전에 관한 사항으로서 고용노동부장관이 정하는 사항

2) 사업장 종류, 규모에 따른 안전관리자 수

사업장 종류	규모(상시근로자)	안전관리자 수
제조업, 운수업 등	500명 이상	2명 이상
	50명 이상 500명 미만	1명 이상
통신업, 도매 및 소매업, 서비스업 등	1,000명 이상	2명 이상
	50명 이상 1,000명 미만	1명 이상

3) 안전관리자 등(안전보건관리담당자)의 증원·교체임명 명령(지방고용노동관서의 장)
   〈시행규칙 제12조〉
   ① 해당 사업장의 연간재해율이 같은 업종의 평균재해율의 2배 이상인 경우
   ② 중대재해가 연간 2건 이상 발생한 경우(전년도 사망만인율이 같은 업종의 평균 사망만인율 이하인 경우는 제외)
   ③ 관리자가 질병이나 그 밖의 사유로 3개월 이상 직무를 수행할 수 없게 된 경우
   ④ 법령에 규정된 화학적 인자로 인한 직업성질병자가 연간 3명 이상 발생한 경우

안전관리자 업무
안전에 관한 기술적인 사항에 관하여 사업주 또는 안전보건관리책임자를 보좌하고 관리감독자에게 지도·조언하는 업무

건설업 규모에 따른 안전관리자 수

규모	수
50억 원 이상(관계수급인은 100억 원 이상)~120억 원 미만(토목공사업 150억 원)	1명
120억 원 이상(토목공사업 150억 원)~800억 원 미만	1명
800억 원 이상~1,500억 원 미만	2명
1,500억 원 이상~2,200억 원 미만	3명
2,200억 원 이상~3,000억 원 미만	4명
3,000억 원 이상~3,900억 원 미만	5명
3,900억 원 이상~4,900억 원 미만	6명
4,900억 원 이상~6,000억 원 미만	7명
6,000억 원 이상~7,200억 원 미만	8명
7,200억 원 이상~8,500억 원 미만	9명
8,500억 원 이상~1조원 미만	10명
1조원 이상 [매 2,000억 원(2조 원 이상부터는 매 3,000억 원)마다 1명씩 추가]	11명 이상

안전관리자 선임 보고
선임하거나 안전관리전문기관에 위탁한 날부터 14일 이내(안전관리자를 늘리거나 교체한 경우에도 동일)

안전보건관리담당자 〈법 제19조〉: 안전 및 보건에 관하여 사업주를 보좌하고 관리감독자에게 지도·조언하는 업무를 수행(안전관리자 또는 보건관리자가 있거나 선임해야 하는 경우 제외)

(1) 안전보건관리담당자의 선임 : 상시근로자 20명 이상 50명 미만인 다음의 사업장에 1명 이상 선임
  ① 제조업
  ② 임업
  ③ 하수, 폐수 및 분뇨 처리업
  ④ 폐기물 수집, 운반, 처리 및 원료 재생업
  ⑤ 환경 정화 및 복원업

(2) 안전보건관리담당자의 업무
  ① 안전보건교육 실시에 관한 보좌 및 지도·조언
  ② 위험성 평가에 관한 보좌 및 지도·조언
  ③ 작업환경측정 및 개선에 관한 보좌 및 지도·조언
  ④ 각종 건강진단에 관한 보좌 및 지도·조언
  ⑤ 산업재해 발생의 원인 조사, 산업재해 통계의 기록 및 유지를 위한 보좌 및 지도·조언
  ⑥ 산업 안전·보건과 관련된 안전장치 및 보호구 구입 시 적격품 선정에 관한 보좌 및 지도·조언

(4) 안전보건관리책임자의 업무〈산업안전보건법 제15조〉

사업주는 사업장을 실질적으로 총괄하여 관리하는 사람에게 해당 사업장의 다음의 업무를 총괄하여 관리하도록 하여야 함

① 사업장의 산업재해 예방계획의 수립에 관한 사항
② 안전보건관리규정의 작성 및 변경에 관한 사항
③ 안전보건교육에 관한 사항
④ 작업환경측정 등 작업환경의 점검 및 개선에 관한 사항
⑤ 근로자의 건강진단 등 건강관리에 관한 사항
⑥ 산업재해의 원인 조사 및 재발 방지대책수립에 관한 사항
⑦ 산업재해에 관한 통계의 기록 및 유지에 관한 사항
⑧ 안전장치 및 보호구 구입 시 적격품 여부 확인에 관한 사항
⑨ 그 밖에 근로자의 유해·위험 방지조치에 관한 사항으로서 고용노동부령으로 정하는 사항(위험성평가의 실시에 관한 사항과 안전보건규칙에서 정하는 근로자의 위험 또는 건강장해의 방지에 관한 사항 : 시행규칙 제9조)

(5) 안전보건총괄책임자 직무〈법62조, 시행령 제53조〉

도급인은 관계수급인 근로자가 도급인의 사업장에서 작업을 하는 경우, 안전보건관리책임자를 도급인의 근로자와 관계수급인 근로자의 산업재해를 예방하기 위한 업무를 총괄하여 관리하는 안전보건총괄책임자로 지정하여야 함(안전보건관리책임자를 두지 아니하여도 되는 사업장에서는 그 사업장에서 사업을 총괄하여 관리하는 사람을 안전보건총괄책임자로 지정하여야 함)

① 위험성 평가의 실시에 관한 사항
② 작업의 중지
③ 도급 시 산업재해 예방조치
④ 산업안전보건관리비의 관계수급인 간의 사용에 관한 협의·조정 및 그 집행의 감독
⑤ 안전인증대상기계 등과 자율안전확인대상기계 등의 사용 여부 확인

> **안전보건총괄책임자 지정대상사업〈시행령 제52조〉**
>
> 관계수급인에게 고용된 근로자를 포함한 상시 근로자가 100명(선박 및 보트 건조업, 1차 금속 제조업 및 토사석 광업의 경우에는 50명) 이상인 사업 및 관계수급인의 공사금액을 포함한 해당 공사의 총공사금액이 20억 원 이상인 건설업을 말한다.

(6) 관리감독자의 업무 내용〈산업안전보건법 시행령 제15조〉

① 사업장 내 관리감독자가 지휘·감독하는 작업과 관련된 기계·기구 또는 설비의 안전·보건 점검 및 이상 유무의 확인
② 관리감독자에게 소속된 근로자의 작업복·보호구 및 방호장치의 점검과 그 착용·사용에 관한 교육·지도
③ 해당 작업에서 발생한 산업재해에 관한 보고 및 이에 대한 응급조치
④ 해당 작업의 작업장 정리·정돈 및 통로확보에 대한 확인·감독
⑤ 사업장의 안전관리자, 보건관리자, 안전보건관리담당자, 산업보건의의 지도·조언에 대한 협조(전문기관 위탁인 경우 해당 사업장 담당자에 대한 협조)
⑥ 위험성평가에 관한 업무(유해·위험요인의 파악에 대한 참여, 개선조치의 시행에 대한 참여)
⑦ 그 밖에 해당 작업의 안전·보건에 관한 사항으로서 고용노동부령으로 정하는 사항

> **관리감독자의 업무**
> 사업주는 사업장의 생산과 관련되는 업무와 그 소속 직원을 직접 지휘·감독하는 직위에 있는 사람에게 산업 안전 및 보건에 관한 업무를 수행하도록 함

2. 산업안전보건법상의 법적 체제

(1) 산업안전보건위원회〈법 제24조〉

1) 구성대상 사업〈산업안전보건법 시행령[별표 9]〉
   산업안전보건위원회를 구성해야 할 사업의 종류 및 사업장의 상시 근로자 수

사업의 종류	상시 근로자 수
1. 토사석 광업 2. 목재 및 나무제품 제조업: 가구 제외 3. 화학물질 및 화학제품 제조업: 의약품 제외(세제, 화장품 및 광택제 제조업과 화학섬유 제조업은 제외한다) 4. 비금속 광물제품 제조업 5. 1차 금속 제조업 6. 금속가공제품 제조업: 기계 및 가구 제외 7. 자동차 및 트레일러 제조업 8. 기타 기계 및 장비 제조업(사무용 기계 및 장비 제조업은 제외한다) 9. 기타 운송장비 제조업(전투용 차량 제조업은 제외한다)	50명 이상
10. 농업 11. 어업 12. 소프트웨어 개발 및 공급업 13. 컴퓨터 프로그래밍, 시스템 통합 및 관리업 14. 정보서비스업	300명 이상

> **산업안전보건위원회**
> 사업주는 사업장의 안전 및 보건에 관한 중요 사항을 심의·의결하기 위하여 사업장에 근로자위원과 사용자위원이 같은 수로 구성되는 산업안전보건위원회를 구성·운영하여야 함

사업의 종류	상시 근로자 수
15. 금융 및 보험업 16. 임대업: 부동산 제외 17. 전문, 과학 및 기술 서비스업(연구개발업은 제외한다) 18. 사업지원 서비스업 19. 사회복지 서비스업	
20. 건설업	공사금액 120억 원 이상 (「건설산업기본법 시행령」 [별표 1]에 따른 토목공사업에 해당하는 공사의 경우에는 150억 원 이상)
21. 제1호부터 제20호까지의 사업을 제외한 사업	100명 이상

2) 구성(노사 동수로 구성)〈시행령 제35조〉

구성	내용
근로자 위원	1. 근로자대표 2. 근로자대표가 지명하는 1명 이상의 명예산업안전감독관 (위촉되어 있는 사업장의 경우) 3. 근로자대표가 지명하는 9명 이내의 근로자 (명예감독관이 지명되어 있는 경우 그 수를 제외)
사용자 위원	1. 해당 사업의 대표자(사업장의 최고책임자) 2. 안전관리자 1명 (안전관리전문기관에 위탁 시 해당 사업장 담당자) 3. 보건관리자 1명 (보건관리전문기관에 위탁 시 해당 사업장 담당자) 4. 산업보건의(선임되어 있는 경우) 5. 해당 사업의 대표자가 지명하는 9명 이내의 사업장 부서의 장

명예산업안전감독관〈산업안전보건법 제23조〉
산업재해 예방활동에 대한 참여와 지원을 촉진하기 위하여 근로자, 근로자 단체, 사업주 단체 및 산업재해 예방 관련 전문 단체에 소속된 사람 중에서 명예산업안전감독관을 위촉할 수 있음
(사업장의 재해예방활동에 대한 근로자의 참여를 활성화하기 위하여 소속 근로자 등에서 장관이 임명)

산업안전보건위원회의 위원장
위원 중에서 호선(互選)하며, 근로자위원과 사용자위원 중 각 1명을 공동위원장으로 선출할 수 있음

3) 산업안전보건 위원회의 심의 또는 의결사항

① 사업장의 산업재해 예방계획의 수립에 관한 사항
② 안전보건관리규정의 작성 및 변경에 관한 사항
③ 안전보건교육에 관한 사항
④ 작업환경측정 등 작업환경의 점검 및 개선에 관한 사항
⑤ 근로자의 건강진단 등 건강관리에 관한 사항
⑥ 산업재해의 원인 조사 및 재발 방지대책수립에 관한 사항 중 중대재해에 관한 사항
⑦ 산업재해에 관한 통계의 기록 및 유지에 관한 사항
⑧ 유해하거나 위험한 기계·기구·설비를 도입한 경우 안전 및 보건 관련 조치에 관한 사항

⑨ 그 밖에 해당 사업장 근로자의 안전 및 보건을 유지·증진시키기 위하여 필요한 사항

4) 회의 결과 등의 주지

산업안전보건위원회의 위원장은 산업안전보건위원회에서 심의·의결된 내용 등 회의 결과와 중재 결정된 내용 등을 사내방송이나 사내보, 게시 또는 자체 정례조회, 그 밖의 적절한 방법으로 근로자에게 신속히 알려야 함.

(2) 건설공사 안전 및 보건에 관한 협의체(노사협의체)〈법 제75조〉

1) 설치 대상 : 공사금액이 120억 원(토목공사업은 150억 원) 이상인 건설업
2) 노사협의체의 구성 : 근로자위원과 사용자위원이 같은 수로 구성〈시행령 제64조〉
    ① 근로자위원
        ㉠ 도급 또는 하도급 사업을 포함한 전체 사업의 근로자대표
        ㉡ 근로자대표가 지명하는 명예산업안전감독관 1명. 다만, 명예산업안전감독관이 위촉되어 있지 않은 경우에는 근로자대표가 지명하는 해당 사업장 근로자 1명
        ㉢ 공사금액이 20억 원 이상인 공사의 관계수급인의 각 근로자대표
    ② 사용자위원
        ㉠ 도급 또는 하도급 사업을 포함한 전체 사업의 대표자
        ㉡ 안전관리자 1명
        ㉢ 보건관리자 1명(보건관리자 선임대상 건설업으로 한정)
        ㉣ 공사금액이 20억 원 이상인 공사의 관계수급인의 각 대표자
    ③ 노사협의체의 근로자위원과 사용자위원은 합의하여 노사협의체에 공사금액이 20억 원 미만인 공사의 관계수급인 및 관계수급인 근로자대표를 위원으로 위촉할 수 있음
    ④ 노사협의체의 근로자위원과 사용자위원은 합의하여 「건설기계관리법」에 따라 등록된 건설기계를 직접 운전하는 사람을 노사협의체에 참여하도록 할 수 있음

3) 노사협의체의 운영 등

노사협의체의 회의는 정기회의와 임시회의로 구분하되, 정기회의는 2개월마다 노사협의체의 위원장이 소집하며, 임시회의는 위원장이 필요하다고 인정할 때에 소집(회의 결과를 회의록으로 작성하여 보존)

＊ 공사도급인이 노사협의체를 구성·운영하는 경우에는 산업안전보건위원회

산업안전보건위원회의 회의
① 회의는 정기회의와 임시회의로 구분하되, 정기회의는 분기마다 산업안전보건위원회의 위원장이 소집하며, 임시회의는 위원장이 필요하다고 인정할 때에 소집
② 회의는 근로자위원 및 사용자위원 각 과반수의 출석으로 시작하고 출석위원 과반수의 찬성으로 의결

노사협의체 협의사항
① 산업재해 예방방법 및 산업재해가 발생한 경우의 대피방법
② 작업의 시작시간 및 작업 및 작업장 간의 연락방법
③ 그 밖의 산업재해 예방과 관련된 사항

및 도급사업안전 및 보건에 관한 협의체를 각각 구성·운영하는 것으로 본다. 〈법 제75조〉

(3) 도급사업에 있어서 협의체 구성(도급사업 안전 및 보건에 관한 협의체) 〈시행규칙 제79조〉

1) 구성 및 운영

① 협의체는 도급인인 사업주 및 그의 수급인인 사업주 전원으로 구성

② 협의체는 매월 1회 이상 정기적으로 회의를 개최하고, 결과를 기록·보존하여야 함.

③ 협의사항
  ㉠ 작업의 시작 시간
  ㉡ 작업 또는 작업장 간의 연락 방법
  ㉢ 재해발생 위험이 있는 경우 대피 방법
  ㉣ 작업장 위험성평가의 실시에 관한 사항
  ㉤ 사업주와 수급인 또는 수급인 상호간의 연락 방법 및 작업공정의 조정

(4) 안전보건관리규정 작성, 게시·비치

1) 작성 대상 : 상시 근로자 100명 이상(농업, 어업, 정보서비스업 등 10개 업종은 상시 근로자 300명 이상)

- 안전보건관리규정을 작성하여야 할 사업의 종류 및 상시 근로자 수

[별표 2]〈산업안전보건법 시행규칙 제25조〉

사업의 종류	상시 근로자 수
1. 농업 2. 어업 3. 소프트웨어 개발 및 공급업 4. 컴퓨터 프로그래밍, 시스템 통합 및 관리업 5. 정보서비스업 6. 금융 및 보험업 7. 임대업: 부동산 제외 8. 전문, 과학 및 기술 서비스업(연구개발업은 제외한다) 9. 사업지원 서비스업 10. 사회복지 서비스업	300명 이상
11. 제1호부터 제10호까지의 사업을 제외한 사업	100명 이상

2) 작성내용〈산업안전보건법 제25조〉

① 안전·보건 관리조직과 그 직무에 관한 사항

② 안전·보건교육에 관한 사항

도급사업 시의 작업장의 순회점검 〈시행규칙〉

제80조(도급사업 시의 안전·보건조치 등)

도급인은 작업장을 다음의 구분에 따라 순회점검하여야 함

1. 다음의 사업: 2일에 1회 이상
   가. 건설업
   나. 제조업
   다. 토사석 광업
   라. 서적, 잡지 및 기타 인쇄물 출판업
   마. 음악 및 기타 오디오물 출판업
   바. 금속 및 비금속 원료 재생업
2. 제1호의 사업을 제외한 사업: 1주일에 1회 이상

도급사업 시의 작업장에 대한 정기 안전·보건점검 〈시행규칙〉

제82조(도급사업의 합동 안전·보건점검)

정기 안전·보건점검의 실시 횟수는 다음의 구분과 같다.

1. 다음의 사업의 경우: 2개월에 1회 이상
   가. 건설업
   나. 선박 및 보트 건조업
2. 제1호의 사업을 제외한 사업: 분기에 1회 이상

③ 작업장 안전 및 보건관리에 관한 사항
④ 사고 조사 및 대책수립에 관한 사항
⑤ 그 밖에 안전・보건에 관한 사항

3) 안전보건관리규정의 작성 기한〈산업안전보건법 시행규칙 제25조〉
① 사업주는 안전보건관리규정을 작성하여야 할 사유가 발생한 날부터 30일 이내에 안전보건관리규정을 작성하여야 함(변경할 사유가 발생한 경우에도 같음)
② 사업주가 안전보건관리규정을 작성하는 경우에는 소방・가스・전기・교통 분야 등의 다른 법령에서 정하는 안전관리에 관한 규정과 통합하여 작성할 수 있음

4) 안전보건관리규정의 작성・변경 절차〈산업안전보건법 제26조〉
안전보건관리규정을 작성하거나 변경할 때에는 산업안전보건위원회의 심의・의결을 거쳐야 한다(산업안전보건위원회가 설치되어 있지 아니한 사업장의 경우에는 근로자대표의 동의를 받아야 함).

3. 안전보건개선계획의 수립 등

(1) 안전보건개선계획의 수립・시행 명령〈산업안전보건법 제49조〉

고용노동부장관은 산업재해 예방을 위하여 종합적인 개선조치를 할 필요가 있다고 인정할 때에는 사업주에게 그 사업장, 시설, 그 밖의 사항에 관한 안전보건개선계획의 수립・시행을 명할 수 있음.

1) 대상 사업장
① 산업재해율이 같은 업종의 규모별 평균 산업재해율보다 높은 사업장
② 사업주가 필요한 안전조치 또는 보건조치를 이행하지 아니하여 중대재해가 발생한 사업장
③ 연간 직업병 질병자가 2명 이상 발생한 사업장
④ 법령(법 제106조)에 따른 유해인자의 노출 기준을 초과한 사업장

2) 안전보건개선계획을 수립할 때에의 심의
안전보건개선계획을 수립할 때에는 산업안전보건위원회의 심의를 거쳐야 함(산업안전보건위원회가 설치되어 있지 아니한 사업장의 경우에는 근로자대표의 의견을 들어야 함)

3) 제출 및 검토 : 사업주는 안전보건개선계획서 수립・시행 명령을 받은 날부터 60일 이내에 관할 지방고용노동관서의 장에게 제출(전자문서에 의한 제

출을 포함)하여야 함(지방노동관서의 장이 안전보건개선계획서를 접수한 경우에는 접수일부터 15일 이내에 심사하여 사업주에게 그 결과를 알려야 함)

4) 안전보건개선계획서 내용 : 시설, 안전·보건관리체제, 안전·보건교육, 산업재해 예방 및 작업환경의 개선을 위하여 필요한 사항이 포함

5) 안전보건진단을 받아 안전보건개선계획 수립·시행명령을 할 수 있는 사업장 〈산업안전보건법 시행령 제49조〉
   ① 산업재해율이 같은 업종 평균 산업재해율의 2배 이상인 사업장
   ② 사업주가 필요한 안전조치 또는 보건조치를 이행하지 아니하여 중대재해가 발생한 사업장
   ③ 직업성 질병자가 연간 2명 이상(상시근로자 1천 명 이상 사업장의 경우 3명 이상) 발생한 사업장
   ④ 작업환경 불량, 화재·폭발 또는 누출사고 등으로 사회적 물의를 일으킨 사업장

(2) 근로시간 연장의 제한으로 인한 임금저하 금지(유해·위험작업에 대한 근로시간 제한)〈산업안전보건법 제139조〉

유해하거나 위험한 작업으로서 높은 기압에서 하는 작업 등(잠함(潛艦) 또는 잠수작업 등 높은 기압에서 하는 작업)에 종사하는 근로자에게는 1일 6시간, 1주 34시간을 초과하여 근로하게 해서는 안 됨

(3) 유해·위험작업에서의 근로자의 건강 보호를 위한 조치〈산업안전보건법 시행령 제99조〉

다음의 유해하거나 위험한 작업에 종사하는 근로자에게 필요한 안전조치 및 보건조치 외에 작업과 휴식의 적정한 배분 및 근로시간과 관련된 근로조건의 개선을 통하여 근로자의 건강 보호를 위한 조치를 하여야 함

1. 갱(坑) 내에서 하는 작업
2. 다량의 고열물체를 취급하는 작업과 현저히 덥고 뜨거운 장소에서 하는 작업
3. 다량의 저온물체를 취급하는 작업과 현저히 춥고 차가운 장소에서 하는 작업
4. 라듐방사선이나 엑스선, 그 밖의 유해 방사선을 취급하는 작업
5. 유리·흙·돌·광물의 먼지가 심하게 날리는 장소에서 하는 작업
6. 강렬한 소음이 발생하는 장소에서 하는 작업
7. 착암기 등에 의하여 신체에 강렬한 진동을 주는 작업

8. 인력으로 중량물을 취급하는 작업
9. 납·수은·크롬·망간·카드뮴 등의 중금속 또는 이황화탄소·유기용제, 그 밖에 고용노동부령으로 정하는 특정 화학물질의 먼지·증기 또는 가스가 많이 발생하는 장소에서 하는 작업

(4) 서류의 보존〈법 제164조〉

보존 연수	보존 서류
3년	① 산업재해의 발생원인 등 기록 ② 관리책임자·안전관리자·보건관리자 및 산업보건의의 선임에 관한 서류 ③ 안전·보건상의 조치 사항으로서 고용노동부령으로 정하는 사항을 적은 서류 ④ 화학물질의 유해성·위험성 조사에 관한 서류 ⑤ 작업환경측정에 관한 서류 ⑥ 건강진단에 관한 서류
2년	산업안전보건위원회, 노사협의체의 회의록

(5) 산업재해가 발생한 때에 사업주가 기록·보존하여야 하는 사항
〈산업안전보건법 시행규칙 제72조〉

산업재해가 발생한 때에는 다음의 사항을 기록·보존하여야 한다(산업재해조사표 사본을 보존하거나 요양신청서의 사본에 재해 재발방지 계획을 첨부하여 보존한 경우에는 제외함).
1. 사업장의 개요 및 근로자의 인적사항
2. 재해 발생의 일시 및 장소
3. 재해 발생의 원인 및 과정
4. 재해 재발방지 계획

(6) 건강진단의 실시〈시행규칙 제197조 등〉

사무직 2년에 1회(그 외 1년에 1회), 특수건강진단 대상업무는 유해인자별 정한 시기 및 주기에 따라 정기적으로 실시

1) 일반건강진단 : 상시 사용하는 근로자의 건강관리를 위하여 사업주가 주기적으로 실시하는 건강진단. 사무직 2년에 1회(그 외 1년에 1회)

공정안전보고서의 안전운전계획에 포함하여야 할 세부내용〈시행규칙 제50조〉
① 안전운전지침서
② 설비점검·검사 및 보수계획, 유지계획 및 지침서
③ 안전작업허가
④ 도급업체 안전관리계획
⑤ 근로자 등 교육계획
⑥ 가동 전 점검지침
⑦ 변경요소 관리계획
⑧ 자체감사 및 사고조사 계획
⑨ 그 밖에 안전운전에 필요한 사항

2) 특수건강진단 : 다음에 해당하는 근로자의 건강관리를 위하여 사업주가 실시하는 건강진단.
  ① 특수건강진단 대상 유해인자에 노출되는 업무에 종사하는 근로자
  ② 건강진단 실시 결과 직업병 소견이 있는 근로자로 판정받아 작업 전환을 하거나 작업장소를 변경하여도, 해당 판정의 원인이 된 유해인자에 대한 건강진단이 필요하다는 의사의 소견이 있는 근로자

3) 배치전건강진단 : 특수건강진단 대상업무에 종사할 근로자에 대하여 배치 예정업무에 대한 적합성 평가를 위하여 사업주가 실시하는 건강진단.

4) 수시건강진단 : 특수건강진단 대상업무로 인하여 해당 유해인자에 의한 직업성 천식, 직업성 피부염, 그 밖에 건강장해를 의심하게 하는 증상을 보이거나 의학적 소견이 있는 근로자에 대하여 사업주가 실시하는 건강진단.

5) 임시건강진단 : 다음에 해당하는 경우에 특수건강진단 대상 유해인자 또는 그 밖의 유해인자에 의한 중독 여부, 질병에 걸렸는지 여부 또는 질병의 발생 원인 등을 확인하기 위하여 지방고용노동관서의 장의 명령에 따라 사업주가 실시하는 건강진단.
  ① 같은 부서에 근무하는 근로자 또는 같은 유해인자에 노출되는 근로자에게 유사한 질병의 자각·타각 증상이 발생한 경우
  ② 직업병 유소견자가 발생하거나 여러 명이 발생할 우려가 있는 경우
  ③ 그 밖에 지방고용노동관서의 장이 필요하다고 판단하는 경우

4. 기타 안전관련 법령

가. 공정안전보고서〈산업안전보건법 제44조(공정안전보고서의 작성·제출)〉

(1) 공정안전보고서에 포함되어야 할 사항〈산업안전보건법시행령〉

제44조(공정안전보고서의 내용)
공정안전보고서에 포함사항
1. 공정안전자료
2. 공정위험성 평가서
3. 안전운전계획
4. 비상조치계획
5. 그 밖에 공정상의 안전과 관련하여 고용노동부장관이 필요하다고 인정하여 고시하는 사항

(2) 공정안전자료의 세부 내용〈산업안전보건법 시행규칙〉

제50조(공정안전보고서의 세부 내용 등)
공정안전보고서에 포함하여야 할 세부 내용
1. 공정안전자료
   가. 취급·저장하고 있거나 취급·저장하려는 유해·위험물질의 종류 및 수량
   나. 유해·위험물질에 대한 물질안전보건자료
   다. 유해·위험설비의 목록 및 사양
   라. 유해·위험설비의 운전방법을 알 수 있는 공정도면
   마. 각종 건물·설비의 배치도
   바. 폭발위험장소 구분도 및 전기단선도
   사. 위험설비의 안전설계·제작 및 설치 관련 지침서

(3) 공정안전보고서의 제출 시기〈산업안전보건법 시행규칙〉

제51조(공정안전보고서의 제출 시기)
유해하거나 위험설비의 설치·이전 또는 주요 구조부분의 변경공사의 착공일(기존 설비의 제조·취급·저장 물질이 변경되거나 제조량·취급량·저장량이 증가하여 법령에 따른 유해·위험물질 규정량에 해당하게 된 경우에는 그 해당 일을 말함) 30일 전까지 공정안전보고서를 2부 작성하여 공단에 제출하여야 함

나 건설기술진흥법상 안전관리계획을 수립해야 하는 건설공사

〈건설기술진흥법 시행령 제98조〉

1. 「시설물의 안전 및 유지관리에 관한 특별법」에 따른 1종 시설물 및 2종 시설물의 건설공사
2. 지하 10미터 이상을 굴착하는 건설공사
3. 폭발물을 사용하는 건설공사로서 20미터 안에 시설물이 있거나 100미터 안에 사육하는 가축이 있어 해당 건설공사로 인한 영향을 받을 것이 예상되는 건설공사
4. 10층 이상 16층 미만인 건축물의 건설공사
4의2. 다음의 리모델링 또는 해체공사
   가. 10층 이상인 건축물의 리모델링 또는 해체공사
   나. 「주택법」에 따른 수직증축형 리모델링

5. 「건설기계관리법」에 따라 등록된 다음의 어느 하나에 해당하는 건설기계가 사용되는 건설공사
   가. 천공기(높이가 10미터 이상인 것만 해당한다)
   나. 항타 및 항발기
   다. 타워크레인

5의2. 법령의 가설구조물을 사용하는 건설공사

> 〈※ 법령의 가설구조물〉
> 1. 높이가 31미터 이상인 비계
> 2. 작업발판 일체형 거푸집 또는 높이가 5미터 이상인 거푸집 및 동바리
> 3. 터널의 지보공(支保工) 또는 높이가 2미터 이상인 흙막이 지보공
> 4. 동력을 이용하여 움직이는 가설구조물

6. 제1호부터 제4호까지, 제4호의2, 제5호 및 제5호의2의 건설공사 외의 건설공사로서 다음의 어느 하나에 해당하는 공사
   가. 발주자가 안전관리가 특히 필요하다고 인정하는 건설공사
   나. 해당 지방자치단체의 조례로 정하는 건설공사 중에서 인·허가 기관의 장이 안전관리가 특히 필요하다고 인정하는 건설공사

다 시설물의 안전 및 유지관리에 관한 특별법

(1) 시설물의 안전 및 유지관리에 관한 특별법상의 용어

제2조(정의)
1. '시설물'이란 건설공사를 통하여 만들어진 교량·터널·항만·댐·건축물 등 구조물과 그 부대시설로서 제1종 시설물, 제2종 시설물 및 제3종 시설물을 말한다.
2. '관리주체'란 관계 법령에 따라 해당 시설물의 관리자로 규정된 자나 해당 시설물의 소유자를 말한다. 이 경우 해당 시설물의 소유자와의 관리계약 등에 따라 시설물의 관리책임을 진 자는 관리주체로 보며, 관리주체는 공공관리주체와 민간관리주체로 구분한다.
7. '긴급안전점검'이란 시설물의 붕괴·전도 등으로 인한 재난 또는 재해가 발생할 우려가 있는 경우에 시설물의 물리적·기능적 결함을 신속하게 발견하기 위하여 실시하는 점검을 말한다.
8. '내진성능평가(耐震性能評價)'란 지진으로부터 시설물의 안전성을 확보하고 기능을 유지하기 위하여 「지진·화산재해대책법」에 따라 시설물별로 정하는 내진설계기준(耐震設計基準)에 따라 시설물이 지진에 견딜 수 있는 능력을 평가하는 것을 말한다.

11. '유지관리'란 완공된 시설물의 기능을 보전하고 시설물이용자의 편의와 안전을 높이기 위하여 시설물을 일상적으로 점검·정비하고 손상된 부분을 원상복구하며 경과시간에 따라 요구되는 시설물의 개량·보수·보강에 필요한 활동을 하는 것을 말한다.
12. '성능평가'란 시설물의 기능을 유지하기 위하여 요구되는 시설물의 구조적 안전성, 내구성, 사용성 등의 성능을 종합적으로 평가하는 것을 말한다.

(2) 시설물의 안전 및 유지관리에 관한 특별법상 안전점검 등의 실시

(가) 안전점검 등의 실시〈시설물의 안전 및 유지관리에 관한 특별법〉

1) 안전점검 등: ① 안전점검(정기, 정밀)의 실시 ② 정밀안전진단의 실시 ③ 긴급안전점검의 실시

제11조(안전점검의 실시)
① 관리주체는 소관 시설물의 안전과 기능을 유지하기 위하여 정기적으로 안전점검을 실시하여야 한다.

제12조(정밀안전진단의 실시)
① 관리주체는 제1종 시설물에 대하여 정기적으로 정밀안전진단을 실시하여야 한다.

제13조(긴급안전점검의 실시)
① 관리주체는 시설물의 붕괴·전도 등이 발생할 위험이 있다고 판단하는 경우 긴급안전점검을 실시하여야 한다.

2) 안점점검 등의 정의

제2조(정의)
5. '안전점검'이란 경험과 기술을 갖춘 자가 육안이나 점검기구 등으로 검사하여 시설물에 내재(內在)되어 있는 위험요인을 조사하는 행위를 말하며, 점검목적 및 점검수준을 고려하여 국토교통부령으로 정하는 바에 따라 정기안전점검 및 정밀안전점검으로 구분한다.
6. '정밀안전진단'이란 시설물의 물리적·기능적 결함을 발견하고 그에 대한 신속하고 적절한 조치를 하기 위하여 구조적 안전성과 결함의 원인 등을 조사·측정·평가하여 보수·보강 등의 방법을 제시하는 행위를 말한다.
7. '긴급안전점검'이란 시설물의 붕괴·전도 등으로 인한 재난 또는 재해가 발생할 우려가 있는 경우에 시설물의 물리적·기능적 결함을 신속하게 발견하기 위하여 실시하는 점검을 말한다.

3) 안전점검의 종류〈시설물의 안전 및 유지관리에 관한 특별법 시행규칙〉

제2조(안전점검의 종류)

안전점검은 다음과 같이 구분한다.
1. 정기안전점검: 시설물의 상태를 판단하고 시설물이 점검 당시의 사용요건을 만족시키고 있는지 확인할 수 있는 수준의 외관조사를 실시하는 안전점검
2. 정밀안전점검: 시설물의 상태를 판단하고 시설물이 점검 당시의 사용요건을 만족시키고 있는지 확인하며 시설물 주요부재의 상태를 확인할 수 있는 수준의 외관조사 및 측정·시험 장비를 이용한 조사를 실시하는 안전점검

(나) 안전점검의 실시 시기〈시설물의안전및유지관리에관한특별법 시행령〉

제8조(안전점검의 실시 등)

① 안전점검의 수준은 시설물의 종류에 따라 다음 각호의 구분에 따른다.
1. 제1종 시설물 및 제2종 시설물: 정기안전점검 및 정밀안전점검
2. 제3종 시설물: 정기안전점검

② 안전점검의 실시시기는 별표 3과 같다.

제10조 (정밀안전진단의 실시)

① 시설물의 정밀안전진단의 시기는 별표 3과 같다.

[별표 3] 안전점검, 정밀안전진단 및 성능평가의 실시시기

안전등급		A등급	B·C 등급	D·E 등급
정기안전점검		반기에 1회 이상		1년에 3회 이상
정밀안전점검	건축물	4년에 1회 이상	3년에 1회 이상	2년에 1회 이상
	건축물 외 시설물	3년에 1회 이상	2년에 1회 이상	1년에 1회 이상
정밀안전진단		6년에 1회 이상	5년에 1회 이상	4년에 1회 이상
성능평가		5년에 1회 이상		

시설물의 종류 및 시설물의 안전등급 기준

1) 시설물의 종류〈시설물의 안전 및 유지관리에 관한 특별법〉
제7조(시설물의 종류) 시설물의 종류는 다음과 같다.
1. 제1종 시설물: 공중의 이용편의와 안전을 도모하기 위하여 특별히 관리할 필요가 있거나 구조상 안전 및 유지관리에 고도의 기술이 필요한 대규모 시설물로서 다음 각 목의 어느 하나에 해당하는 시설물 등 대통령령으로 정하는 시설물

가. 고속철도 교량, 연장 500미터 이상의 도로 및 철도 교량
나. 고속철도 및 도시철도 터널, 연장 1000미터 이상의 도로 및 철도 터널
다. 갑문시설 및 연장 1000미터 이상의 방파제
라. 다목적댐, 발전용 댐, 홍수전용 댐 및 총 저수용량 1천만 톤 이상의 용수전용 댐
마. 21층 이상 또는 연면적 5만 제곱미터 이상의 건축물
바. 하구둑, 포용저수량 8천만 톤 이상의 방조제
사. 광역상수도, 공업용수도, 1일 공급능력 3만 톤 이상의 지방상수도

2. 제2종 시설물: 제1종 시설물 외에 사회기반시설 등 재난이 발생할 위험이 높거나 재난을 예방하기 위하여 계속적으로 관리할 필요가 있는 시설물로서 다음 각 목의 어느 하나에 해당하는 시설물 등 대통령령으로 정하는 시설물
가. 연장 100미터 이상의 도로 및 철도 교량
나. 고속국도, 일반국도, 특별시도 및 광역시도 도로터널 및 특별시 또는 광역시에 있는 철도터널
다. 연장 500미터 이상의 방파제
라. 지방상수도 전용 댐 및 총 저수용량 1백만 톤 이상의 용수전용 댐
마. 16층 이상 또는 연면적 3만 제곱미터 이상의 건축물
바. 포용저수량 1천만 톤 이상의 방조제
사. 1일 공급능력 3만 톤 미만의 지방상수도

3. 제3종 시설물: 제1종 시설물 및 제2종 시설물 외에 안전관리가 필요한 소규모 시설물로서 지정·고시된 시설물
(*시설물의 안전 및 유지관리에 관한 특별법 시행령 [별표 1] 제1종 시설물 및 제2종 시설물의 종류 참조)

2) 시설물의 안전등급 기준(시설물의 안전 및 유지관리에 관한 특별법 시행령) 제12조(시설물의 안전등급 기준) 별표 8의 기준을 말한다.

[별표 8] 시설물의 안전등급 기준(제12조 관련)

안전등급	시설물의 상태
1. A(우수)	문제점이 없는 최상의 상태
2. B(양호)	보조부재에 경미한 결함이 발생하였으나 기능 발휘에는 지장이 없으며, 내구성 증진을 위하여 일부의 보수가 필요한 상태
3. C(보통)	주요부재에 경미한 결함 또는 보조부재에 광범위한 결함이 발생하였으나 전체적인 시설물의 안전에는 지장이 없으며, 주요부재에 내구성, 기능성 저하 방지를 위한 보수가 필요하거나 보조부재에 간단한 보강이 필요한 상태
4. D(미흡)	주요부재에 결함이 발생하여 긴급한 보수·보강이 필요하며 사용제한 여부를 결정하여야 하는 상태
5. E(불량)	주요부재에 발생한 심각한 결함으로 인하여 시설물의 안전에 위험이 있어 즉각 사용을 금지하고 보강 또는 개축을 하여야 하는 상태

(3) 시설물의 안전 및 유지관리계획의 수립·시행 등

(가) 시설물의 안전과 유지관리에 관한 기본계획을 수립·시행〈시설물의 안전 및 유지관리에 관한 특별법〉

제5조(시설물의 안전 및 유지관리 기본계획의 수립·시행)

① 국토교통부장관은 시설물이 안전하게 유지 관리될 수 있도록 하기 위하여 5년마다 시설물의 안전 및 유지관리에 관한 기본계획을 수립·시행하여야 한다.

② 기본계획에는 다음의 사항이 포함되어야 한다.
1. 시설물의 안전 및 유지관리에 관한 기본목표 및 추진방향에 관한 사항
2. 시설물의 안전 및 유지관리체계의 개발, 구축 및 운영에 관한 사항
3. 시설물의 안전 및 유지관리에 관한 정보체계의 구축·운영에 관한 사항
4. 시설물의 안전 및 유지관리에 필요한 기술의 연구·개발에 관한 사항
5. 시설물의 안전 및 유지관리에 필요한 인력의 양성에 관한 사항
6. 그 밖에 시설물의 안전 및 유지관리에 관하여 대통령령으로 정하는 사항

(나) 시설물의 안전 및 유지관리계획의 수립·시행〈시설물의 안전 및 유지관리에 관한 특별법〉

제6조(시설물의 안전 및 유지관리계획의 수립·시행)

① 관리주체는 기본계획에 따라 소관 시설물에 대한 안전 및 유지관리계획을 수립·시행하여야 한다.

② 시설물관리계획에는 다음의 사항이 포함되어야 한다.
1. 시설물의 적정한 안전과 유지관리를 위한 조직·인원 및 장비의 확보에 관한 사항
2. 긴급상황 발생 시 조치체계에 관한 사항
3. 시설물의 설계·시공·감리 및 유지관리 등에 관련된 설계도서의 수집 및 보존에 관한 사항
4. 안전점검 또는 정밀안전진단의 실시에 관한 사항
5. 보수·보강 등 유지관리 및 그에 필요한 비용에 관한 사항

〈시설물의안전및유지관리에관한특별법시행령〉
제3조(시설물의 안전 및 유지관리계획의 수립)
① 시설물의 안전 및 유지관리계획을 소관 시설물별로 매년 수립·시행하여야 한다.

> 참고
>
> **건설사고조사위원회** 〈건설기술진흥법〉
> 제68조(건설사고조사위원회)
> ① 국토교통부장관, 발주청 및 인·허가기관의 장은 중대건설현장사고의 조사를 위하여 필요하다고 인정하는 경우에는 건설사고조사위원회를 구성·운영할 수 있다.
>
> **건설사고조사위원회의 구성·운영** 〈건설기술진흥법 시행령〉
> 제106조(건설사고조사위원회의 구성·운영 등)
> ① 건설사고조사위원회는 위원장 1명을 포함한 12명 이내의 위원으로 구성한다.
> ② 건설사고조사위원회의 위원은 다음 각호의 어느 하나에 해당하는 사람 중에서 해당 건설사고조사위원회를 구성·운영하는 국토교통부장관, 발주청 또는 인·허가기관의 장이 임명하거나 위촉한다.
>   1. 건설공사 업무와 관련된 공무원
>   2. 건설공사 업무와 관련된 단체 및 연구기관 등의 임직원
>   3. 건설공사 업무에 관한 학식과 경험이 풍부한 사람
> ③ 제2항제2호 및 제3호에 따른 위원의 임기는 2년으로 하며, 위원의 사임 등으로 새로 위촉된 위원의 임기는 전임위원 임기의 남은 기간으로 한다.

CHAPTER 02 항목별 우선순위 문제 및 해설

01 다음 중 일반적으로 사업장에 안전관리조직을 구성할 때 고려할 사항과 가장 거리가 먼 것은?

① 조직 구성원의 책임과 권한을 명확하게 한다.
② 회사의 특성과 규모에 부합되게 조직되어야 한다.
③ 생산조직과는 동떨어진 독특한 조직이 되도록 하여 효율성을 높인다.
④ 조직의 기능이 충분히 발휘될 수 있는 제도적 체계가 갖추어져야 한다.

해설 사업장에 안전관리조직을 구성할 때 고려할 사항
생산조직과 밀접한 조직이 되어야 한다.

02 다음 중 안전관리조직의 특성에 관한 설명으로 옳은 것은?

① 라인형 조직은 중·대규모 사업장에 적합하다.
② 스태프형 조직은 권한 다툼의 해소나 조정이 용이하여 시간과 노력이 감소된다.
③ 라인형 조직은 안전에 대한 정보가 불충분하지만 안전지시나 조치에 대한 실시가 신속하다.
④ 라인·스태프형 조직은 대규모 사업장에 적합하나 조직원 전원의 자율적 참여가 어려운 단점이 있다.

해설 안전관리조직의 특성
① 라인형 조직은 100인 미만 사업장에 적합
② 스태프형 조직은 생산부서와 마찰이 일어나기 쉽고 권한다툼이나 조정 때문에 시간과 노력이 소모됨
③ 라인-스태프형 조직은 대규모 사업장에 적합하고 조직원 전원을 자율적으로 안전활동에 참여시킬 수 있음

03 다음 중 산업안전보건법령상 안전관리자의 업무에 해당하지 않는 것은?

① 해당 사업장 안전교육계획의 수립 및 안전교육 실시에 관한 보좌 및 조언·지도
② 안전분야의 산업재해에 관한 통계의 유지·관리·분석을 위한 보좌 및 조언·지도
③ 도급 사업에 있어 수급인의 산업안전보건관리비의 집행 감독과 그 사용에 관한 수급인 간의 협의·조정
④ 안전보건관리규정 및 취업규칙 중 안전에 관한 사항을 위반한 근로자에 대한 조치의 건의

해설 안전관리자 업무
① 산업안전보건위원회 또는 안전·보건에 관한 노사협의체에서 심의·의결한 업무와 해당 사업장의 안전보건관리규정 및 취업규칙에서 정한 업무
② 위험성평가에 관한 보좌 및 지도·조언
③ 안전인증대상기계 등과 자율안전확인대상기계 등 구입 시 적격품의 선정에 관한 보좌 및 지도·조언
④ 해당 사업장 안전교육계획의 수립 및 안전교육 실시에 관한 보좌 및 지도·조언
⑤ 사업장 순회점검·지도 및 조치의 건의
⑥ 산업재해 발생의 원인 조사·분석 및 재발 방지를 위한 기술적 보좌 및 지도·조언
⑦ 산업재해에 관한 통계의 유지·관리·분석을 위한 보좌 및 지도·조언
⑧ 법 또는 법에 따른 명령으로 정한 안전에 관한 사항의 이행에 관한 보좌 및 지도·조언
⑨ 업무수행 내용의 기록·유지
⑩ 그 밖에 안전에 관한 사항으로서 고용노동부장관이 정하는 사항

정답 01. ③ 02. ③ 03. ③

04 다음 중 산업안전보건법령상 안전보건총괄책임자의 직무에 해당하지 않는 것은?

① 중대재해발생 시 작업의 중지
② 도급사업 시의 안전·보건 조치
③ 해당 사업장 안전교육계획의 수립 및 실시
④ 수급인의 산업안전보건관리비의 집행 감독 및 그 사용에 관한 수급인 간의 협의·조정

해설 안전보건총괄책임자의 직무
① 위험성평가의 실시에 관한 사항
② 작업의 중지
③ 도급 시 산업재해 예방조치
④ 산업안전보건관리비의 관계수급인 간의 사용에 관한 협의·조정 및 그 집행의 감독
⑤ 안전인증대상기계 등과 자율안전확인대상기계 등의 사용 여부 확인

05 산업안전보건법상 지방고용노동관서의 장이 사업주에게 안전관리자나 보건관리자를 정수 이상으로 증원하게 하거나 교체하여 임명할 것을 명령할 수 있는 사유에 해당되는 것은?

① 사망재해가 연간 1건 발생한 경우
② 중대재해가 연간 1건 발생한 경우
③ 관리자가 질병의 사유로 3개월 이상 해당직무를 수행할 수 없게 된 경우
④ 해당 사업장의 연간재해율이 같은 업종의 평균재해율의 1.5배 이상인 경우

해설 안전관리자 등의 증원·교체임명 명령(지방노동관서의 장)
① 해당 사업장의 연간재해율이 같은 업종의 평균재해율의 2배 이상인 경우
② 중대재해가 연간 2건 이상 발생한 경우(전년도 사망만인율이 같은 업종의 평균 사망만인율 이하인 경우는 제외)
③ 관리자가 질병이나 그 밖의 사유로 3개월 이상 직무를 수행할 수 없게 된 경우
④ 법령에 규정된 화학적 인자로 인한 직업성 질병자가 연간 3명 이상 발생한 경우

06 다음 중 산업안전보건법령상 안전보건관리규정에 포함 되어 있지 않는 내용은? (단, 기타 안전보건관리에 관한 사항은 제외한다.)

① 작업자 선발에 관한 사항
② 안전·보건교육에 관한 사항
③ 사고 조사 및 대책수립에 관한 사항
④ 작업장 보건관리에 관한 사항

해설 안전보건관리규정작성 내용
① 안전·보건 관리조직과 그 직무에 관한 사항
② 안전·보건교육에 관한 사항
③ 작업장 안전관리에 관한 사항
④ 작업장 보건관리에 관한 사항
⑤ 사고 조사 및 대책수립에 관한 사항
⑥ 위험성 평가에 관한 사항
⑦ 그 밖에 안전·보건에 관한 사항

07 산업안전보건법상 산업안전보건위원회의 구성에 있어 사용자 위원에 해당하지 않는 것은?

① 안전관리자
② 명예산업안전감독관
③ 해당 사업의 대표자가 지명한 9인 이내 해당 사업장 부서의 장
④ 보건관리자의 업무를 위탁한 경우 대행기관의 해당 사업장 담당자

해설 구성(노사 동수로 구성)

구성	내용
근로자 위원	1. 근로자대표 2. 근로자대표가 지명하는 1명 이상의 명예산업안전감독관(위촉되어 있는 사업장의 경우) 3. 근로자대표가 지명하는 9명 이내의 근로자(명예산업안전감독관이 지명되어 있는 경우 그 수를 제외)
사용자 위원	1. 사업의 대표자(사업장의 최고책임자) 2. 안전관리자 1명(안전관리전문기관에 위탁 시 해당 사업장 담당자) 3. 보건관리자 1명(보건관리전문기관에 위탁 시 해당 사업장 담당자) 4. 산업보건의(선임되어 있는 경우) 5. 사업의 대표자가 지명하는 9명 이내의 사업장 부서의 장

정답 04.③ 05.③ 06.① 07.②

08 다음 중 산업안전보건위원회의 심의 또는 의결사항이 아닌 것은?

① 산업재해 예방계획의 수립에 관한 사항
② 근로자의 건강진단 등 건강관리에 관한 사항
③ 안전장치 및 보호구 구입 시의 적격품 여부 확인에 관한 사항
④ 중대재해의 원인조사 및 재발방지대책의 수립에 관한 사항

해설 **산업안전보건위원회 심의 · 의결사항**
① 사업장의 산업재해 예방계획의 수립에 관한 사항
② 안전보건관리규정의 작성 및 변경에 관한 사항
③ 안전보건교육에 관한 사항
④ 작업환경측정 등 작업환경의 점검 및 개선에 관한 사항
⑤ 근로자의 건강진단 등 건강관리에 관한 사항
⑥ 산업재해의 원인 조사 및 재발 방지대책수립에 관한 사항 중 중대재해에 관한 사항
⑦ 산업재해에 관한 통계의 기록 및 유지에 관한 사항
⑧ 유해하거나 위험한 기계 · 기구 · 설비를 도입한 경우 안전 및 보건 관련 조치에 관한 사항
⑨ 그 밖에 해당 사업장 근로자의 안전 및 보건을 유지 · 증진시키기 위하여 필요한 사항

09 다음 중 산업안전보건법령상 안전보건 총괄책임자 지정 대상사업으로 상시근로자 50명 이상 사업의 종류에 해당하는 것은?

① 서적, 잡지 및 기타 인쇄물 출판업
② 음악 및 기타 오디오물 출판업
③ 금속 및 비금속 원료 재생업
④ 선박 및 보트 건조업

해설 **안전보건 총괄책임자 지정 대상사업**
수급인과 하수급인에게 고용된 근로자를 포함한 상시근로자가 100명(선박 및 보트 건조업, 1차 금속 제조업 및 토사석 광업의 경우에는 50명) 이상인 사업 및 수급인과 하수급인의 공사금액을 포함한 해당 공사의 총공사금액이 20억 원 이상인 건설업을 말한다.

10 다음 중 산업안전보건법상 사업주가 안전 · 보건조치의무를 이행하지 아니하여 발생한 중대재해가 연간 1건이 발생하였을 경우 조치하여야 하는 사항에 해당하는 것은?

① 보건관리자 선임
② 안전보건개선계획의 수립
③ 안전관리자의 증원
④ 물질안전보건자료의 작성

해설 **안전보건개선계획의 수립 · 시행 명령**
고용노동부장관은 산업재해 예방을 위하여 종합적인 개선조치를 할 필요가 있다고 인정할 때에는 사업주에게 그 사업장, 시설, 그 밖의 사항에 관한 안전보건 개선계획의 수립 · 시행을 명할 수 있음
1) 대상 사업장
  ① 산업재해율이 같은 업종의 규모별 평균 산업재해율보다 높은 사업장
  ② 사업주가 필요한 안전조치 또는 보건조치를 이행하지 아니하여 중대재해가 발생한 사업장
  ③ 연간 직업병 질병자가 2명 이상 발생한 사업장
  ④ 법령(법 제106조)에서 정하여 고시한 유해인자의 노출기준을 초과한 사업장

정답 08. ③ 09. ④ 10. ②

Chapter 03 재해조사 및 분석

1. 재해조사

(1) 재해발생 및 재해발생 조치 순서

① 산업재해발생
▼
② 긴급처리
- ㉮ 피재기계의 정지
- ㉯ 재해자의 구조
- ㉰ 재해자의 응급조치
- ㉱ 관계자에게 통보
- ㉲ 2차재해 방지
- ㉳ 현장보존

▼
③ 재해조사
- ㉮ 육하원칙(5W1H) 사상자보고
- ㉯ 잠재위험요인 색출

▼
④ 원인강구
- ㉮ 원인분석 – 사람, 물체, 관리

▼
⑤ 대책수립
- ㉮ 동종재해의 방지
- ㉯ 유사재해의 방지

▼
⑥ 대책실시계획
- ㉮ 육하원칙(5W1H)

▼
⑦ 실시
▼
⑧ 평가

(2) 사고조사

(가) 사고조사의 목적

재해발생의 원인 규명으로 동종 및 유사재해 예방 → 재발 방지
① 재해발생 원인 및 결함 규명
② 재해예방 자료수집
③ 동종 및 유사재해 재발방지

(나) 재해조사의 원칙

1) 3E, 4M에 따라 상세히 조사

① 3E : 관리적 원인, 기술적 원인, 교육적 원인
② 4M : 인적 요인, 기계적 요인, 작업적 요인, 관리적 요인
  ㉠ 인적 요인(Man) : 동료나 상사, 본인 이외의 사람
  ㉡ 기계적 요인(Machine) : 기계설비의 고장, 결함
  ㉢ 작업적 요인(Media) : 작업 정보, 작업 환경, 작업 방법, 작업 순서
  ㉣ 관리적 요인(Management) : 법규 준수, 단속, 점검

2) 6하원칙(5W1H)에 의거 과학적 조사

누가(Who), 언제(When), 어디서(Where), 왜(Why), 어떻게 하여(How), 무엇(What)을 하였는가?

3) 재해조사 시 유의사항

① 가급적 재해 현장이 변형되지 않은 상태에서 실시하여 사실을 있는 그대로 수집한다.
② 객관적인 입장에서 공정하게 조사하며, 조사는 2인 이상이 한다.
③ 사람, 기계설비 양면의 재해요인을 모두 도출한다.
④ 과거 사고발생 경향 등을 참고하여 조사한다.
⑤ 목격자의 증언 등 사실 이외의 추측의 말은 참고로만 한다.
⑥ 조사는 신속하게 행하고, 긴급 조치하여 2차 재해의 방지를 도모한다.

> **사고조사의 본질적 특성**
> ① 사고의 시간성 : 사고는 공간적이 아니라 시간적이다.
> ② 우연 중의 법칙성 : 사고는 우연히 발생한 것 같으나 법칙성이 있다.
> ③ 필연 중의 우연성 : 우연성이 사고발생의 원인을 제공하기도 한다.
> ④ 사고의 재현 불가능성

사고(accident)의 정의
① 원하지 않는 사상 (undesired event)
② 비효율적인 사상 (ineffcient event)
③ 변형된 사상 (strained event)
④ 비계획적인 사상 (unplaned event)

3E
① 관리적(Enforcement)
② 기술적(Engineering)
③ 교육적(Education)

(3) 재해의 직접 원인 및 간접 원인

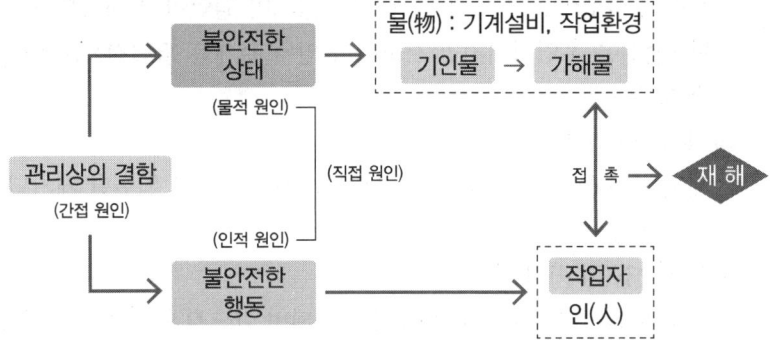

(가) 직접 원인 : 불안전한 행동 · 불안전한 상태

1) 불안전한 행동(인적 원인)
   ① 위험장소 접근
   ② 안전장치 기능 제거
   ③ 복장·보호구의 잘못 사용
   ④ 기계·기구의 잘못 사용
   ⑤ 운전 중인 기계장치 손질
   ⑥ 불안전한 속도 조작
   ⑦ 유해·위험물 취급부주의
   ⑧ 불안전한 상태 방치
   ⑨ 불안전한 자세·동작
   ⑩ 감독 및 연락 불충분

2) 불안전한 상태(물적 원인)
   ① 물 자체의 결함
   ② 안전방호장치의 결함
   ③ 복장, 보호구의 결함
   ④ 기계의 배치, 작업장소의 결함
   ⑤ 작업환경의 결함
   ⑥ 생산공정의 결함
   ⑦ 경계표시 및 설비의 결함

(나) 간접 원인(관리적인 면에서 분류)
   ① 기술적 원인
   ② 교육적 원인
   ③ 신체적 원인
   ④ 정신적 원인
   ⑤ 작업관리상 원인 : 안전관리조직 결함, 설비 불량, 안전수칙 미제정, 작업준비 불충분(정리정돈 미실시), 인원배치 부적당, 작업지시 부적당(작업량 과다)

   ✱ 재해의 간접 원인 중 기초원인(1차 원인) : 관리적 원인

(4) 하인리히의 재해예방 4원칙

① 손실우연의 원칙
   재해발생 결과 손실(재해)의 유무, 형태와 크기는 우연적이다.(사고의 발생과 손실의 발생에는 우연적 관계임. 손실은 우연에 의해 결정되기 때문에 예측할 수 없음. 따라서 예방이 최선)

간접 원인 중 2차 원인
① 기술적 원인
② 교육적 원인
③ 신체적 원인
④ 정신적 원인
● 교육적 원인: 안전수칙의 오해, 경험훈련의 미숙, 안전지식의 부족

재해의 간접 원인 중 기술적 원인
① 구조, 재료의 부적합
② 점검, 정비, 보존 불량
③ 건물, 기계장치의 설계 불량

② 원인연계(연쇄, 계기)의 원칙

재해의 발생에는 반드시 그 원인이 있으며 원인이 연쇄적으로 이어진다.(손실은 우연적이지만 사고와 원인의 관계는 필연적으로 인과관계가 있다.).

③ 예방가능의 원칙

재해는 사전 예방이 가능하다.(재해는 원칙적으로 원인만 제거되면 예방이 가능하다.)

④ 대책선정(강구)의 원칙

사고의 원인이나 불안전 요소가 발견되면 반드시 안전대책이 선정되어 실시되어야 한다.(재해예방을 위한 가능한 안전대책은 반드시 존재하고 대책선정은 가능하다. 안전대책이 강구되어야 함.)

(5) 사고예방 대책의 5단계(하인리히의 이론)

① 제1단계 : 안전관리조직(organization)
 - 안전조직을 통한 안전업무 수행 : 경영자의 안전목표 설정, 안전관리자의 선임, 안전활동의 방침 및 계획수립

② 제2단계 : 사실의 발견(fact finding)
 - 현상파악 : 사고조사, 사고 및 활동 기록검토, 작업분석, 안전점검, 진단, 직원의 건의 등을 통한 불안전한 상태, 행동 발견, 안전회의 및 토의(자료수집, 점검, 검사 및 조사 실시, 작업분석, 위험확인)

③ 제3단계 : 분석 평가(analysis)
 - 원인규명 : 재해분석, 안전성 진단 및 평가, 사고보고서 및 현장조사, 사고기록, 인적, 물적 조건의 분석, 작업공정의 분석 등을 통한 사고의 원인 규명(직접, 간접 원인 규명), 교육과 훈련의 분석

④ 제4단계 : 대책의 선정(수립)(selection of remedy)
 - 기술개선, 교육 및 훈련의 개선, 수칙개선, 인사조정 등

⑤ 제5단계 : 대책의 적용(application of remedy)
 - 3E를 통한 대책 적용

> **3E를 통한 대책의 적용(하비, 하베이, Harvey)**
> ㉮ 교육적(Education) 대책 : 교육, 훈련
> ㉯ 기술적(Engineering) 대책 : 기술적 조치(작업환경, 설비 개선, 안전기준의 설정, 점검보존의 확립)
> ㉰ 독려적(단속)(Enforcement) 대책 : 감독, 규제, 관리 등(적합한 기준 선정, 안전규정 및 규칙 준수, 근로자의 기준 이해)

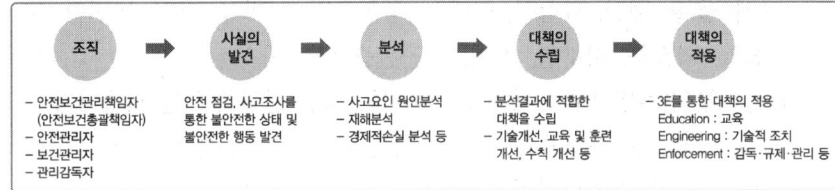

(6) 산업재해조사표 작성(* 주요항목 숙지)〈산업안전보건법 시행규칙 별지 30호 서식〉

① 근로자 수: 사업장의 최근 근로자 수를 적습니다(정규직, 일용직·임시직 근로자, 훈련생 등 포함).

② 같은 종류 업무 근속기간: 과거 다른 회사의 경력부터 현직 경력(동일·유사 업무 근무경력)까지 합하여 적습니다(질병의 경우 관련 작업 근무기간).

③ 고용 형태: 근로자가 사업장 또는 타인과 명시적 또는 내재적으로 체결한 고용계약 형태를 적습니다.

　가. 상용: 고용계약기간을 정하지 않았거나 고용계약기간이 1년 이상인 사람

　나. 임시: 고용계약기간을 정하여 고용된 사람으로서 고용계약기간이 1개월 이상 1년 미만인 사람

　다. 일용: 고용계약기간이 1개월 미만인 사람 또는 매일 고용되어 근로의 대가로 일급 또는 일당제 급여를 받고 일하는 사람

　라. 자영업자: 혼자 또는 그 동업자로서 근로자를 고용하지 않은 사람

　마. 무급가족종사자: 사업주의 가족으로 임금을 받지 않는 사람

　바. 그 밖의 사항: 교육·훈련생 등

④ 근무 형태 : 평소 근로자의 작업 수행시간 등 업무를 수행하는 형태를 적습니다.

　가. 정상: 사업장의 정규 업무 개시시각과 종료시각(통상 오전 9시 전후에 출근하여 오후 6시 전후에 퇴근하는 것) 사이에 업무수행하는 것을 말합니다.

　나. 2교대, 3교대, 4교대: 격일제 근무, 같은 작업에 2조, 3조, 4개 조로 순환하면서 업무수행하는 것을 말합니다.

　다. 시간제 : 가목의 '정상' 근무 형태에서 규정하고 있는 주당 근무시간보다 짧은 근로시간 동안 업무수행하는 것을 말합니다.

　다. 그 밖의 사항: 고정적인 심야(야간)근무 등을 말합니다.

⑤ 상해 종류(질병명): 재해로 발생된 신체적 특성 또는 상해 형태를 적습니다.

> 산업재해조사표 작성
> Ⅰ. 사업장 정보
> Ⅱ. 재해정보: 재해자 정보
> Ⅲ. 재해발생개요 및 원인: 재해발생 정보
> Ⅳ. 재발방지계획

[예: 골절, 절단, 타박상, 찰과상, 중독·질식, 화상, 감전, 뇌진탕, 고혈압, 뇌졸중, 피부염, 진폐, 수근관증후군 등]

⑥ 상해부위(질병부위): 재해로 피해가 발생된 신체 부위를 적습니다.
  [예: 머리, 눈, 목, 어깨, 팔, 손, 손가락, 등, 척추, 몸통, 다리, 발, 발가락, 전신, 신체내부기관(소화·신경·순환·호흡배설) 등]
  ※ 상해 종류 및 상해 부위가 둘 이상이면 상해 정도가 심한 것부터 적습니다.

⑦ 휴업예상일 수: 재해발생일을 제외한 3일 이상의 결근 등으로 회사에 출근하지 못한 일수를 적습니다(추정 시 의사의 진단 소견을 참조).

⑧ **재해발생 원인**: 재해가 발생한 사업장에서 재해발생 원인을 **인적 요인**(무의식 행동, 착오, 피로, 연령, 커뮤니케이션 등), **설비적 요인**(기계·설비의 설계상 결함, 방호장치의 불량, 작업표준화의 부족, 점검·정비의 부족 등), **작업·환경적 요인**(작업정보의 부적절, 작업자세·동작의 결함, 작업방법의 부적절, 작업환경 조건의 불량 등), **관리적 요인**(관리조직의 결함, 규정·매뉴얼의 불비·불철저, 안전교육의 부족, 지도감독의 부족 등)을 적습니다.

2. 산재 분류 및 통계분석

(1) 재해율의 종류 및 계산

(가) 목적

　재해정보를 통하여 동종재해 및 유사재해의 재발방지

(나) 통계의 활용 용도

　① 제도의 개선 및 시정
　② 재해의 경향 파악
　③ 동종업종과의 비교

(다) 연천인율

　① 연천인율은 근로자 1,000명을 1년간 기준으로 한 재해자 수의 비율
　② 연천인율 = $\dfrac{\text{연간 재해자 수}}{\text{연평균 근로자 수}} \times 1,000$
　③ 연천인율 = 도수율×2.4(도수율과 상관관계) ← 근로시간 1일 8시간, 연 300일인 경우에 적용됨.(재해 건수와 재해자 수가 동일한 경우 적용)
　(* 도수율 = 연천인율 ÷ 2.4)

연천인율
① 산출이 용이하고 알기 쉬우나 재해발생빈도와 근로시간이 반영이 안 됨
② 산업재해자 수는 근로시간과 비례하기 때문에 국제적으로 도수율 사용

(라) 도수율(빈도율, F.R : Frequency Rate of Injury)

① 도수율(빈도율)은 연 100만 근로시간당 재해발생 건수

② 도수율(빈도율) = $\dfrac{\text{재해 건수}}{\text{연근로시간 수}} \times 1,000,000$

③ 환산도수율 : 한 사람의 작업자가 평생작업 시 발생할 수 있는 재해 건수

환산도수율 = 도수율 × $\dfrac{\text{평생근로시간}(100,000)}{1,000,000}$

= 도수율 × $\dfrac{1}{10}(0.1)$

* 평생근로시간은 별도 시간 제시가 없는 경우는 100,000시간으로 함(잔업 4,000시간 포함)
  {100,000시간 = (8시간×300일×40년) + 잔업 4,000시간}
  ① 평생근로시간 제시가 없는 경우 또는 평생근로시간이 10만 시간 제시
    ㉮ 환산도수율 = 도수율×0.1   ㉯ 환산강도율 = 강도율×100
  ② 평생근로시간이 12만 시간 제시
    ㉮ 환산도수율 = 도수율×0.12   ㉯ 환산강도율 = 강도율×120
* 근로자 1명당 연간 근로시간 수(2,400시간) : 1일 8시간, 1월 25일, 1년 300일

(마) 강도율(S.R ; Severity Rate of Injury)

① 강도율은 근로시간 합계 1,000시간당 재해로 인한 근로손실일수를 나타냄(재해발생의 경중, 즉 강도를 나타냄.)

② 강도율 = $\dfrac{\text{근로손실일수}}{\text{연근로 시간수}} \times 1,000$

[표] 근로손실일수 산정요령

구분	사망	신체장해자 등급											
		1~3	4	5	6	7	8	9	10	11	12	13	14
근로손실일수(일)	7,500	7,500	5,500	4,000	3,000	2,200	1,500	1,000	600	400	200	100	50

 참고

* 사망, 장해등급 1~3급의 근로손실일수는 7,500일(보통 25년 기준으로 산정)
* 입원 등으로 휴업시의 근로손실일수 = 휴업일수(요양일수)×300/365

(예문) 500명의 근로자가 근무하는 사업장에서 연간 30건이 재해가 발생하여 35명의 재해자로 인해 250일의 근로손실이 발생한 경우의 재해율은?

(풀이)
① 연천인율
= $\dfrac{\text{연간 재해자 수}}{\text{연평균 근로자 수}} \times 1,000$
= (35/500)×1,000 = 70

② 도수율(빈도율)
= $\dfrac{\text{재해 건수}}{\text{연근로시간 수}} \times 1,000,000$
= {30/(500×2400)} × 1,000,000
= 25

③ 강도율
= $\dfrac{\text{근로손실일수}}{\text{연근로시간 수}} \times 1,000$
= {250/(500×2400)} × 1,000
= 0.21

7500일 산정기준 = 25년 × 300일
① 근로가능 연도(30세~55세) : 25년
② 연간 근로일수 : 300일

③ 환산강도율 : 한 사람의 작업자가 평생작업 시 발생할 수 있는 근로손실일

$$환산강도율 = 강도율 \times \frac{평생근로시간(100,000)}{1,000}$$
$$= 강도율 \times 100$$

> **참고**
>
> * 평생근로시간은 별도 시간 제시가 없는 경우는 100,000시간으로 함(잔업 4,000시간 포함).
>   {100,00시간 = (8시간×300일×40년) + 잔업 4000시간}
>   ① 평생근로시간 제시가 없는 경우 또는 평생근로시간이 10만 시간 제시
>   ㉮ 환산도수율 = 도수율×0.1
>   ㉯ 환산강도율 = 강도율×100
>   ② 평생근로시간이 12만 시간 제시
>   ㉮ 환산도수율 = 도수율×0.12
>   ㉯ 환산강도율 = 강도율×120

(바) 종합재해지수(F.S.I: Frequency Severity Indicator)

① 재해의 빈도와 강도를 혼합하여 집계하는 지표(도수율과 강도율을 동시에 비교)

② 종합재해지수$(F.S.I) = \sqrt{도수율 \times 강도율}$

> **예문** 상시 근로자 수가 100명인 사업장에서 1일 8시간씩 연간 280일 근무하였을 때, 1명의 사망사고와 4건의 재해로 인하여 180일을 휴업일수가 발생하였다. 이 사업장의 종합재해지수는 약 얼마인가?
>
> **해설** ① 도수율 = {5건/(100명×8시간×280일)}×1,000,000 = 22.32
> ② 강도율 = {(7,500일+180일×280/365)/(100명×8시간×280일)}×1,000
>   = 34.1
> ③ 종합재해지수 = $\sqrt{22.32 \times 34.1}$ = 27.59

> **참고**
>
> * safe-T-score : 기업의 산업재해에 대한 과거와 현재의 안전성적을 비교, 평가한 점수로 단위가 없으며, 안전관리의 수행도를 평가하는 데 유용하다.
>   ① Safe-T-score = $\dfrac{현재의\ 빈도율 - 과거의\ 빈도율}{\sqrt{\dfrac{과거의\ 빈도율}{근로총시간(현재)} \times 1,000,000}}$
>   ② 판정기준(+면 과거에 비해 나쁜 기록, -면 좋은 기록을 나타냄)
>   ㉠ +2.00 이상: 과거보다 심각하다
>   ㉡ +2.00~-2.00: 과거와 차이가 없다.
>   ㉢ -2.00 이하: 과거보다 좋아졌다.

✱ 평균강도율 : 재해 1건당 평균손실일수를 표시
  평균강도율 = (강도율/도수율)×1,000
✱ 안전활동률 : 기업의 안전관리활동의 결과를 정량적으로 표현. 사고가 일어나기 전의 안전관리의 수준을 평가하는 사전평가활동이다.
  안전활동률 = {안전활동 건수/(근로시간 수×평균근로자 수)}×1,000,000
✱ 사업장의 안전준수 정도를 알아보기 위한 안전평가의 사전평가와 사후평가
  ① 사전평가 : 안전샘플링, 안전활동률 ② 사후평가 : 재해율 등

(예문) 강도율 1.25, 도수율 10인 사업장의 평균 강도율은?
(풀이)
평균강도율
=(강도율/도수율)×1,000
=(1.25/10)×1,000=125

(2) 재해손실비의 종류 및 계산

(가) 하인리히 방식에 의한 재해코스트 산정법

1) 총재해코스트 : 직접비 + 간접비

   [직접비(산재보상금)의 5배(= 직접비용×5)]

2) 직접비 : 간접비 = 1 : 4

3) 직접비 : 산재보험급여(산업재해보상보험법상 보험급여의 종류)

   ① 요양급여-병원비용   ② 휴업급여-평균임금의 70%
   ③ 장해급여-1~14급   ④ 간병급여
   ⑤ 유족급여-사망 시   ⑥ 상병보상연금
   ⑦ 장례비   ⑧ 직업재활급여

4) 간접비 = 인적 손실 + 생산 손실 + 물적 손실 + 기타 손실

   (직접비를 제외한 모든 비용)

(나) 시몬즈(R.H. Simonds) 방식에 의한 재해코스트 산정법

1) 총재해코스트 : 보험코스트 + 비보험코스트

2) 보험코스트 : 사업장에서 지출한 산재보험료

3) 비보험코스트 = (A × 휴업상해 건수) + (B × 통원상해 건수) + (C × 구급조치 건수) + (D × 무상해사고 건수)

   ✱ A, B, C, D는 장해 정도에 따라 결정(상해의 정도별 비보험코스트의 평균금액을 나타내는 일정한 값)
   ① 휴업상해 : 영구 부분노동 불능, 일시 전노동 불능
   ② 통원상해 : 일시 부분노동 불능, 의사의 조치를 필요로 하는 통원상해
   ③ 구급조치 : 20달러 미만의 손실 또는 8시간 미만의 휴업이 되는 정도의 의료 조치 상해

버드(Frank Bird)의 재해손실비 산정방식의 구성비율
보험비: 비보험 재산비용: 기타 재산비용=1 : 5~50 : 1~3

시몬즈 방식의 재해의 종류
(비보험 코스트의 선정항목)
① 휴업 상해
② 통원 상해
③ 구급(응급) 조치
④ 무상해 사고

재해 발생 형태 분류 시 유의사항〈산업재해 기록·분류에 관한 지침〉

1) 두 가지 이상의 발생형태가 연쇄적으로 발생된 재해의 경우는 상해결과 또는 피해를 크게 유발한 형태로 분류한다.
① 재해자가 '넘어짐'으로 인하여 기계의 동력전달 부위 등에 끼이는 사고가 발생하여 신체부위가 '절단'된 경우에는 '끼임'으로 분류한다.
② 재해자가 구조물 상부에서 '넘어짐'으로 인하여 사람이 떨어져 두개골 골절이 발생한 경우에는 '떨어짐'으로 분류한다.
③ 재해자가 '넘어짐' 또는 '떨어짐'으로 물에 빠져 익사한 경우에는 '유해·위험물질 노출·접촉'으로 분류한다.
④ 재해자가 전주에서 작업 중 '감전'으로 떨어진 경우 상해결과가 골절인 경우에는 '떨어짐'으로 분류하고, 상해결과가 전기쇼크인 경우에는 '감전(전류접촉)'으로 분류한다.

2) '떨어짐'과 '넘어짐'의 분류는 다음과 같이 적용한다.
① 재해 당시 바닥면과 신체가 떨어진 상태로 더 낮은 위치로 떨어진 경우에는 '떨어짐'으로, 바닥면과 신체가 접해있는 상태에서 더 낮은 위치로 떨어진 경우에는 '넘어짐'로 분류한다.
② 신체가 바닥면과 접해 있었는지 여부를 알 수 없는 경우에는 작업발판 등 구조물의 높이가 보폭(약 60㎝) 이상인 경우에는 신체가 구조물과 바닥면에서 떨어진 것으로 판단하여 '떨어짐'으로 분류하고, 그 보폭 미만인 경우는 '넘어짐'로 분류한다.

3) '폭발'과 '화재'의 분류 폭발과 화재, 두 현상이 복합적으로 발생된 경우에는 발생형태를 '폭발'로 분류한다.

④ 무상해 사고 : 의료조치를 필요로 하지 않는 정도의 극미한 상해 사고나 무상해 사고(20달러 이상의 손실 또는 8시간 이상의 시간 손실을 가져온 사고)

4) 시몬즈 비보험코스트 : 하인리히 간접비와 동일
① 제3자가 작업을 중지한 시간에 대하여 지불한 임금손실
② 손상 받은 재료 및 설비수선, 교체, 철거를 한 순손실
③ 재해보상이 행하여지지 않은 부상자의 작업하지 않은 시간에 지불한 임금 코스트
④ 재해에 의한 시간 외 근로에 대한 특별지불임금
⑤ 신입 작업자의 교육 훈련비
⑥ 산재에서 부담하지 않은 회사의료 부담 비용
⑦ 재해발생으로 인한 감독자 및 관계근로자가 소모한 시간 비용
⑧ 부상자의 직장복귀 후의 생산감소로 인한 임금 비용
⑨ 기타 특수비용(소송관계비용, 대체 근로자 모집 비용, 계약해제로 인한 손해)

(3) 근로 불능 상해의 정도별 분류(ILO의 국제 노동 통계의 구분)

① 사망 : 노동손실일수 7,500일
② 영구 전노동 불능상해 : 부상결과 노동기능을 완전히 잃은 부상(신체장해 등급 제1급~제3급, 노동손실일수 7,500일)
③ 영구 일부노동 불능상해 : 부상결과 신체의 일부가 영구히 노동기능을 상실한 부상(신체장해등급 제4급~제14급)
④ 일시 전노동 불능상해 : 의사의 진단으로 일정 기간 정규노동에 종사할 수 없는 상해(신체장해가 남지 않는 일반적인 휴업재해)
⑤ 일시 일부노동 불능상해 : 의사의 의견에 따라 부상 다음날 정규근로에 종사할 수 없는 휴업재해 이외의 경우

(4) 재해 발생 형태〈산업재해 기록·분류에 관한 지침, 산업재해 현황 분석〉

종류	세부내용
떨어짐(추락)	사람이 인력(중력)에 의하여 건축물, 구조물, 가설물, 수목, 사다리 등의 높은 장소에서 떨어지는 것
넘어짐(전도)	사람이 거의 평면 또는 경사면, 층계 등에서 구르거나 넘어지는 경우

종류	세부내용
부딪힘(충돌)	재해자 자신의 움직임·동작으로 인하여 기인물에 접촉 또는 부딪히거나, 물체가 고정부에서 이탈하지 않은 상태로 움직임(규칙, 불규칙) 등에 의하여 부딪히거나, 접촉한 경우
(물체에) 맞음 (낙하·비래)	구조물, 기계 등에 고정되어 있던 물체가 중력, 원심력, 관성력 등에 의하여 고정부에서 이탈하거나 또는 설비 등으로부터 물질이 분출되어 사람을 가해하는 경우
무너짐(붕괴·도괴)	토사, 적재물, 구조물, 건축물, 가설물 등이 전체적으로 허물어져 내리거나 또는 주요부분이 꺾어져 무너지는 경우
끼임(협착·감김)	두 물체 사이의 움직임에 의하여 일어난 것으로 직선 운동하는 물체 사이의 협착, 회전부와 고정체 사이의 끼임, 룰러 등 회전체 사이에 물리거나 또는 회전체·돌기부 등에 감긴 경우

(가) 기인물 : 재해가 일어난 원인이 되었던 기계, 장치, 기타물건 또는 환경 (불안전한 상태에 있는 물체, 환경)

(나) 가해물 : 직접 사람에게 접촉되어 위해를 가한 물체

(다) 사고의 형태 : 물체(가해물)와 사람과의 접촉 현상(재해 형태)

　✲ 예 보행 중 작업자가 바닥에 미끄러지면서 주변의 상자와 머리를 부딪침.
　　　① 기인물 : 바닥
　　　② 가해물 : 상자
　　　③ 사고 유형 : 넘어짐(전도)

상해 종류

골절, 절단, 타박상, 찰과상, 중독·질식, 화상, 감전, 뇌진탕, 고혈압, 뇌졸중, 피부염, 진폐, 수근관 증후군 등
① 골절 : 뼈가 부러진 상해
② 동상 : 저온물 접촉
③ 부종 : 국부의 혈액순환의 이상(몸이 붓는 상태)
④ 중독 및 질식 : 음식, 약물, 가스 등에 의한 상해
⑤ 찰과상 : 스치거나 문질러서 벗겨진 상해(마찰력에 의하여 피부표면이 벗겨진 상해)
⑥ 화상 : 고온물에 접촉
⑦ 뇌진탕 : 머리를 세게 맞았을 때
⑧ 청력장애 : 직업과 연관된 모든 질환
⑨ 시력장애 : 시력의 감쇠 및 실명
⑩ 찔림(자상) : 칼날 등 날카로운 물건에 찔린 상해
⑪ 타박상(좌상) : 타박, 충돌, 떨어짐(추락) 등으로 피부 표면보다는 피하 조직 또는 근육부를 다친 상해(뻰 것 포함)
⑫ 절상 : 신체 부위가 절단된 상해
⑬ 베임(창상) : 창, 칼 등에 베인 상해

(5) 재해 사례 연구의 순서

(가) 전제조건 : 재해상황의 파악(5단계일 때)

사례연구의 전제조건인 재해상황 파악

(나) 제1단계 : 사실의 확인

작업의 개시에서 재해의 발생까지의 경과 가운데 재해와 관계있는 사실 및 재해요인으로 알려진 사실을 객관적으로 확인(이상 시, 사고 시 또는 재해 발생 시의 조치도 포함)

(다) 제2단계 : 문제점의 발견

파악된 사실로부터 각종 기준에서의 차이에 따른 문제점을 발견(직접원인)

(라) 제3단계 : 근본 문제점의 결정

문제점 가운데 재해의 중심이 된 근본적인 문제점을 결정하고 재해원인을 판단(기본원인)

- 재해의 중심이 된 문제점에 관하여 어떤 관리적 책임의 결함이 있는지를 여러 가지 안전보건의 키(key)에 대하여 분석한다.

(마) 제4단계 : 대책수립

재해 사례를 해결하기 위한 대책을 세움

✱ 재해사례연구의 주된 목적
① 재해요인을 체계적으로 규명하여 이에 대한 대책을 세우기 위함.
② 재해 방지의 원칙을 습득해서 이것을 일상 안전 보건활동에 실천하기 위함.
③ 참가자의 안전보건활동에 관한 견해나 생각을 깊게 하고, 태도를 바꾸게 하기 위함.

> **재해사례연구에 대한 내용**
> ① 신뢰성 있는 자료수집이 있어야 한다.
> ② 현장 사실을 분석하여 논리적이어야 한다.
> ③ 재해사례연구의 기준으로는 법규, 사내규정, 작업표준 등이 있다.
> ④ 객관적 판단을 기반으로 현장조사 및 대책을 설정한다.

(6) 재해통계 분석기법 : 통계화된 재해별로 원인분석

파레토도(pareto chart), 특성요인도, 크로스분석, 관리도(control chart)

(가) 파레토도(pareto chart)

① 관리대상이 많은 경우 최소의 노력으로 최대의 효과를 얻을 수 있는 방법

파레토도
데이터를 크기 순서로 나열하고 막대그래프와 누계치의 꺾은 선 그래프로 나타냄.(이탈리아 경제학자 파레토)

② 사고의 유형, 기인물 등 분류 항목을 큰 순서대로 도표화하는 데 편리
③ 그 크기를 막대그래프로 나타냄.

(나) **특성요인도**(cause & effect diagram) : 사실의 확인 단계에서 사용하기 가장 적절한 분석기법
① 특성과 요인 관계를 어골상(魚骨象: 물고기 뼈 모양)으로 세분하여 연쇄 관계를 나타내는 방법
② 원인요소와의 관계를 상호의 인과관계만으로 결부(재해의 원인과 결과를 연계하여 상호 관계를 파악하기 위해 도표화하는 분석방법)

(다) **크로스 분석도**(close analysis)
① 두 가지 이상의 요인이 서로 밀접한 상호관계를 유지할 때 사용하는 방법
② 데이터를 집계하고 표로 표시하여 요인별 결과 내역을 교차한 크로스 그림을 작성하여 분석

(라) **관리도**(control chart) : 재해 발생 건수 등의 추이를 파악하여 목표 관리를 행하는 데 필요한 월별 재해발생 수를 그래프화하여 관리선(한계선)을 설정 관리하는 방법

> **특성요인도의 작성법**
> ① 특성(문제점)을 정한다.
>   무엇에 대한 특성요인도를 작성하는가를 분명히 한다.
> ② 등뼈를 기입한다.
>   특성을 오른쪽에 작성하고, 왼쪽에서 오른쪽으로 굵은 화살표(등뼈)를 기입한다.
> ③ 큰뼈를 기입한다.
>   특성이 생기는 원인이라고 생각되는 것을 크게 분류하면 어떤 것이 있는가를 찾아내어 그것을 큰뼈로서 화살표로 기입한다.
> ④ 중뼈, 잔뼈를 기입한다.
>   큰뼈의 하나하나에 대해서 특성이 발생하는 원인이 되는 것을 생각하여 중뼈를 화살표로 기입하고, 같은 방법으로 잔뼈를 기입한다.
> ⑤ 기입누락이 없는가를 체크한다.
> ⑥ 영향이 큰 것에 표시를 한다.
> ⑦ 필요한 이력을 기입한다.

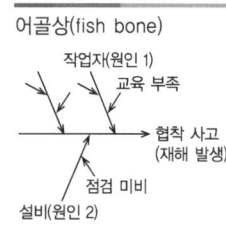

어골상(fish bone)

(7) **재해를 분석하는 방법**
① 개별분석(개별적 원인분석) : 재해 건수가 비교적 적은 사업장의 적용에 적합하고, 특수재해나 중대재해의 분석에 사용하는 방법. 통계적 원인분석의 기초자료로 활용(ETA, FTA, 문답법)

② 통계분석(통계적 원인분석) : 재해발생 경향, 유형, 요인 등을 파악하여 재해예방 대책을 강구하고 동종재해 예방(파레토도, 크로스도, 관리도)

(8) 산업 재해의 발생 유형(재해발생 3형태)
(등치성이론 : 재해가 여러 가지 사고요인의 결합에 의해 발생)

① 집중형 : 상호 자극에 의해 순간적으로 재해가 발생(단순자극형)
 - 일어난 장소나 그 시점에 일시적으로 사고요인이 집중하여 재해가 발생하는 경우

② 연쇄형 : 요소들 간에 연쇄적으로 진전해 나가는 형태(Ex. 도미노 이론)
  ㉠ 단순연쇄형
  ㉡ 복합연쇄형

③ 복합형 : 집중형과 연쇄형이 복합된 것이며 현대사회의 산업재해는 대부분 복합형

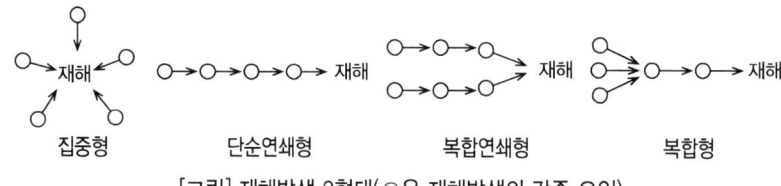

[그림] 재해발생 3형태(○은 재해발생의 각종 요인)

(9) 재해분류방법

① 상해 정도별 분류 : 사망, 영구 전노동 불능, 영구 일부 노동불능, 일시 전노동 불능, 일시 일부 노동불능, 구급처치상해
② 통계적 분류 : 사망, 중상해, 경상해, 경미상해
③ 상해 종류에 의한 분류 : 골절, 부종, 동상 등
④ 재해 형태별 분류 : 추락, 전도, 협착 등

(10) 사업장의 산업재해 발생 건수 등 공표

(가) 산업재해 발생 건수 등의 공표 〈법 제10조〉

고용노동부장관은 산업재해를 예방하기 위하여 사업장의 근로자 산업재해 발생 건수, 재해율 또는 그 순위 등을 공표하여야 한다.

(나) 공표대상 사업장 〈시행령 제10조〉

① 산업재해로 인한 사망자(사망재해자)가 연간 2명 이상 발생한 사업장
② 사망만인율이 규모별 같은 업종의 평균 사망만인율 이상인 사업장
③ 중대산업사고가 발생한 사업장
④ 산업재해 발생 사실을 은폐한 사업장

⑤ 산업재해의 발생에 관한 보고를 최근 3년 이내 2회 이상 하지 않은 사업장
⑥ 도급인이 관계수급인 근로자의 산업재해 예방을 위한 조치의무를 위반하여 관계수급인의 근로자가 산업재해를 입은 경우에는 도급인의 사업장에 대한 산업재해 발생 건수 등을 함께 공표하여야 한다.(관계 수급인의 사업장이 ①, ②, ③에 해당하는 경우)

재해통계 작성 시 유의사항

① 재해통계를 활용하여 방지대책의 수립이 가능할 수 있어야 한다.
② 재해통계는 구체적으로 표시되고, 그 내용은 용이하게 이해되며 이용할 수 있는 것이어야 한다.
③ 재해통계는 항목 내용 등 재해요소가 정확히 파악될 수 있도록 하여야 한다.

※ 건설업체 상시 근로자 수 산출 〈산업안전보건법 시행규칙 [별표 1]〉

1. 건설업체의 산업재해발생률은 다음의 계산식에 따른 업무상 사고사망만인율로 산출하되, 소수점 셋째 자리에서 반올림한다.

$$\text{사고사망만인율}(‱) = \frac{\text{사고사망자 수}}{\text{상시 근로자 수}} \times 10{,}000$$

2. 상시 근로자 수는 다음과 같이 산출한다.

$$\text{상시 근로자 수} = \frac{\text{연간 국내공사 실적액} \times \text{노무비율}}{\text{건설업 월평균임금} \times 12}$$

산업재해통계업무처리규정상 재해 통계 관련 용어

- "재해자 수"는 근로복지공단의 유족급여가 지급된 사망자 및 근로복지공단에 최초요양신청서(재진요양신청이나 전원 요양신청서는 제외한다)를 제출한 재해자 중 요양승인을 받은 자(지방고용노동관서의 산재 미보고 적발 사망자 수를 포함한다)를 말함. 다만, 통상의 출퇴근으로 발생한 재해는 제외함.
- "사망자 수"는 근로복지공단의 유족급여가 지급된 사망자(지방고용노동관서의 산재미보고 적발 사망자를 포함한다)수를 말함. 다만, 사업장 밖의 교통사고(운수업, 음식숙박업은 사업장 밖의 교통사고도 포함)·체육행사·폭력행위·통상의 출퇴근에 의한 사망, 사고발생일로부터 1년을 경과하여 사망한 경우는 제외함.
- "휴업재해자 수"란 근로복지공단의 휴업급여를 지급받은 재해자 수를 말함. 다만, 질병에 의한 재해와 사업장 밖의 교통사고(운수업, 음식숙박업은 사업장 밖의 교통사고도 포함)·체육행사·폭력행위·통상의 출퇴근으로 발생한 재해는 제외함.
- "임금근로자 수"는 통계청의 경제활동인구조사상 임금근로자 수를 말함.

CHAPTER 03 항목별 우선순위 문제 및 해설

01 재해발생 시 조치순서로 가장 적절한 것은?
① 산업재해발생 → 재해조사 → 긴급처리 → 대책수립 → 원인강구 → 대책 실시 계획 → 실시 → 평가
② 산업재해발생 → 긴급처리 → 재해조사 → 원인강구 → 대책수립 → 대책 실시 계획 → 실시 → 평가
③ 산업재해발생 → 재해조사 → 긴급처리 → 원인강구 → 대책수립 → 대책 실시 계획 → 실시 → 평가
④ 산업재해발생 → 긴급처리 → 재해조사 → 대책수립 → 원인강구 → 대책 실시 계획 → 실시 → 평가

해설 재해발생 시 조치 순서
① 산업재해발생 ② 긴급처리 ③ 재해조사 ④ 원인강구 ⑤ 대책수립 ⑥ 대책 실시 계획 ⑦ 실시 ⑧ 평가

02 다음 중 재해조사 시 유의사항으로 적절하지 않은 것은?
① 조사는 현장이 변경되기 전에 실시한다.
② 사람과 설비 양면의 재해요인을 모두 도출한다.
③ 목격자 증언 이외의 추측의 말은 참고로만 한다.
④ 조사는 혼란을 방지하기 위하여 단독으로 실시하며, 주관적 판단을 반영하여 신속하게 한다.

해설 재해조사 시 유의사항
① 가급적 재해 현장이 변형되지 않은 상태에서 실시하여 사실을 있는 그대로 수집한다.
② 객관적인 입장에서 공정하게 조사하며, 조사는 2인 이상이 한다.
③ 사람, 기계설비, 양면의 재해요인을 모두 도출한다.
④ 과거 사고 발생 경향 등을 참고하여 조사한다.
⑤ 목격자의 증언 등 사실 이외의 추측의 말은 참고로만 한다.
⑥ 조사는 신속하게 행하고, 긴급 조치하여 2차 재해의 방지를 도모한다.

03 다음 중 재해발생의 주요 원인에 있어 불안전한 행동에 해당하지 않는 것은?
① 불안전한 속도 조작
② 안전장치 기능 제거
③ 보호구 미착용 후 작업
④ 결함 있는 기계설비 및 장비

해설 불안전한 행동(인적 원인)
① 위험장소 접근
② 안전장치 기능 제거
③ 복장·보호구의 잘못 사용
④ 기계·기구의 잘못 사용
⑤ 운전 중인 기계장치 손질
⑥ 불안전한 속도 조작
⑦ 유해·위험물 취급부주의
⑧ 불안전한 상태 방치
⑨ 불안전한 자세·동작
⑩ 감독 및 연락 불충분

04 재해예방의 4원칙에 해당하지 않는 것은?
① 예방가능의 원칙
② 원인계기의 원칙
③ 손실필연의 원칙
④ 대책선정의 원칙

해설 하인리히의 재해예방 4원칙
① 손실우연의 원칙
② 원인연계(연쇄)의 원칙
③ 예방가능의 원칙
④ 대책선정(강구)의 원칙

정답 01.② 02.④ 03.④ 04.③

05 재해사례연구의 진행단계로 옳은 것은?

① 재해 상황의 파악→사실의 확인→문제점 발견→근본적 문제점 결정→대책수립
② 사실의 확인→재해 상황의 파악→근본적 문제점 결정→문제점 발견→대책수립
③ 문제점 발견→사실의 확인→재해 상황의 파악→근본적 문제점 결정→대책수립
④ 재해 상황의 파악→문제점 발견→근본적 문제점 결정→대책수립→사실의 확인

해설 재해 사례 연구의 순서
(가) 전제조건 : 재해상황의 파악(5단계일 때)
(나) 제1단계 : 사실의 확인
(다) 제2단계 : 문제점의 발견
(라) 제3단계 : 근본 문제점의 결정
(마) 제4단계 : 대책수립

06 하비(Harvey)가 제창한 3E 대책은 하인리히(Heinrich)의 사고예방대책의 기본원리 5단계 중 어느 단계와 연관되는가?

① 조직
② 사실의 발견
③ 분석 및 평가
④ 시정책의 적용

해설 사고예방 대책의 5단계(하인리히의 이론)
① 제1단계 : 안전관리조직(organization)
② 제2단계 : 사실의 발견(fact finding)
③ 제3단계 : 분석(analysis)
④ 제4단계 : 대책의 선정(수립)(selection of remedy)
⑤ 제5단계 : 대책의 적용(application of remedy)
〈3E를 통한 대책의 적용(하비, Harvey)〉
㉮ 교육적(Education) 대책 : 교육
㉯ 기술적(Engineering) 대책 : 기술적 조치
㉰ 독려적(단속)(Enforcement) 대책 : 감독, 규제, 관리 등

07 다음과 같은 재해사례의 분석 내용으로 옳은 것은?

> 작업자가 벽돌을 손으로 운반하던 중 떨어뜨려 벽돌이 발등에 부딪쳐 발을 다쳤다.

① 사고유형 : 낙하, 기인물 : 벽돌, 가해물 : 벽돌
② 사고유형 : 충돌, 기인물 : 손, 가해물 : 벽돌
③ 사고유형 : 비래, 기인물 : 사람, 가해물 : 벽돌
④ 사고유형 : 추락, 기인물 : 손, 가해물 : 벽돌

해설 재해사례의 분석
(가) 기인물 : 재해가 일어난 원인이 되었던 기계, 장치, 기타물건 또는 환경(불안전한 상태에 있는 물체, 환경)
(나) 가해물 : 직접 사람에게 접촉되어 위해를 가한 물체
  * 예) 보행 중 작업자가 바닥에 미끄러지면서 주변의 상자와 머리를 부딪침
    ① 기인물 : 바닥
    ② 가해물 : 상자
    ③ 사고유형 : 전도
(다) 사고의 형태 : 물체(가해물)와 사람과의 접촉현상(재해 형태)

08 다음 중 상해 종류에 대한 설명으로 옳은 것은?

① 찰과상 : 창, 칼 등에 베인 상해
② 창상 : 스치거나 문질러서 피부가 벗겨진 상해
③ 자상 : 칼날 등 날카로운 물건에 찔린 상해
④ 좌상 : 국부의 혈액순환의 이상으로 몸이 퉁퉁 부어오르는 상해

정답 05.① 06.④ 07.① 08.③

해설 상해 종류
① 찰과상 : 스치거나 문질러서 벗겨진 상해
② 찔림(자상) : 칼날 등 날카로운 물건에 찔린 상해
③ 타박상(좌상) : 타박, 충돌, 추락 등으로 피부 표면 보다는 피하 조직 또는 근육부를 다친 상해(삔 것 포함)
④ 베임(창상) : 창, 칼 등에 베인 상해

09 500명의 근로자가 근무하는 사업장에서 연간 30건의 재해가 발생하여 35명의 재해자로 인해 250일의 근로손실이 발생한 경우 이 사업장의 재해 통계에 관한 설명으로 틀린 것은?

① 이 사업장의 도수율은 25이다.
② 이 사업장의 강도율은 약 0.21이다.
③ 이 사업장의 연천인율은 7이다.
④ 근로시간이 명시되지 않을 경우에는 연간 1인당 2400시간을 적용한다.

해설 재해율의 종류 및 계산
(가) 연천인율

$$연천인율 = \frac{연간\ 재해자\ 수}{연평균\ 근로자\ 수} \times 1,000$$
$$= (35/500) \times 1,000 = 70$$

(나) 도수율(빈도율, Frequency Rate of Injury : F.R)

$$도수율(빈도율) = \frac{재해\ 건수}{연근로시간\ 수} \times 1,000,000$$
$$= \{30/(500 \times 2400)\} \times 1,000,000 = 25$$

* 근로자 1명당 근로시간 수: 1일 8시간, 1월 25일, 1년 300일(2,400시간)

(다) 강도율(S.R ; Severity Rate of Injury)

$$강도율 = \frac{근로손실일수}{연근로시간\ 수} \times 1,000$$
$$= \{250/(500 \times 2400)\} \times 1,000 = 0.21$$

10 전년도 A건설기업의 재해발생으로 인한 산업재해보상보험금의 보상비용이 5천만 원이었다. 하인리히 방식을 적용하여 재해손실비용을 산정할 경우 총재해손실비용은 얼마이겠는가?

① 2억 원
② 2억 5천만 원
③ 3억 원
④ 3억 5천만 원

해설 하인리히 방식에 의한 재해코스트 산정법
1) 총재해코스트 : 직접비 + 간접비
  [직접비(산재보상금)의 5배(= 직접비용×5)]
2) 직접비 : 간접비 = 1 : 4
⇨ 총손실비용 = 직접비용×5 = 5000만 원×5
   = 25,000만 원

11 재해 손실비의 평가방식 중에서 시몬즈(Simonds) 방식에서 재해의 종류에 관한 설명으로 틀린 것은?

① 무상해 사고는 의료조치를 필요로 하지 않은 상해사고를 말한다.
② 휴업상해는 영구 일부 노동불능 및 일시 전노동 불능 상해를 말한다.
③ 응급조치상해는 응급조치 또는 8시간 이상의 휴업의료 조치 상해를 말한다.
④ 통원상해는 일시 일부 노동불능 및 의사의 통원 조치를 요하는 상해를 말한다.

해설 시몬즈(R.H. Simonds) 방식에 의한 재해코스트 산정법
1) 총재해코스트 : 보험코스트 + 비보험코스트
2) 보험코스트 : 사업장에서 지출한 산재보험료
3) 비보험코스트
① 휴업상해 : 영구 부분노동 불능, 일시 전노동 불능
② 통원상해 : 일시 부분노동 불능, 의사의 조치를 필요로 하는 통원상해
③ 구급조치 : 20달러 미만의 손실 또는 8시간 미만의 휴업이 되는 정도의 의료 조치 상해
④ 무상해 사고 : 의료조치를 필요로 하지 않는 정도의 극미한 상해사고나 무상해 사고(20달러 이상의 손실 또는 8시간 이상의 시간 손실을 가져온 사고)

정답 09. ③ 10. ② 11. ③

12 상해 정도별 분류에서 의사의 진단으로 일정 기간 정규노동에 종사할 수 없는 상해에 해당하는 것은?

① 영구 일부노동 불능상해
② 일시 전노동 불능상해
③ 영구 전노동 불능상해
④ 응급 조치상해

해설 **일시 전노동 불능상해**
의사의 진단으로 일정 기간 정규노동에 종사할 수 없는 상해(신체장해가 남지 않는 일반적인 휴업재해)

13 다음 설명에 해당하는 재해의 통계적 원인분석 방법은?

> 2개 이상의 문제 관계를 분석하는데 사용하는 것으로 데이터를 집계하고, 표로 표시하여 요인별 결과내역을 교차한 그림을 작성, 분석하는 방법

① 파레토도   ② 특성요인도
③ 관리도   ④ 클로스 분석

해설 **크로스 분석**
1) 두 가지 이상의 요인이 서로 밀접한 상호관계를 유지할 때 사용하는 방법
2) 데이터를 집계하고 표로 표시하여 요인별 결과 내역을 교차한 크로스 그림을 작성하여 분석

정답 12. ② 13. ④

Chapter 04 안전점검 및 검사

1. 안전점검·인증 및 진단

(1) 안전점검

불안전한 상태와 불안전한 상태를 발생시키는 결함을 사전에 발견하거나 안전상태를 확인하는 행동
- 설비의 안전확보, 안전상태 유지
- 인적인 안전행동 상태의 유지

(가) 안전점검의 목적

1) 사고원인을 찾아 재해를 미연에 방지하기 위함.
2) 재해의 재발을 방지하여 사전대책을 세우기 위함.
3) 현장의 불안전 요인을 찾아 계획에 적절히 반영시키기 위함.
4) 기기 및 설비의 결함 제거로 사전 안전성 확보
5) 인적 측면에서의 안전한 행동 유지
6) 기기 및 설비의 본래성능 유지

(나) 안전점검의 종류

1) 점검 시기에 따른 구분

① 정기점검 : 일정시간마다 정기적으로 실시하는 점검으로 기계, 기구, 시설 등에 대하여 주, 월 또는 분기 등 지정된 날짜에 실시하는 점검

② 일상점검 : 매일 작업 전, 중, 후에 해당 작업설비에 대하여 계속적으로 실시하는 점검

> **작업전 점검**
> ① 주변의 정리정돈 ② 설비의 본체 ③ 구동부분 ④ 전기 스위치부분
> ⑤ 주유상태 ⑥ 설비의 방호장치 ⑦ 주변의 청소상태

③ 수시점검 : 일정기간을 정하여 실시하지 않고 비정기적으로 실시하는 점검

④ 임시점검 : 임시로 실시하는 점검의 형태(정기점검과 정기점검사이에 실시하는 점검)

작업 중 점검
① 품질의 이상 유무
② 안전수칙의 준수 여부
③ 이상소음 발생 여부
④ 정리정돈
⑤ 작업방법

⑤ 특별점검 : 비정기적인 특정 점검으로 안전강조 기간, 방화점검 기간에 실시하는 점검. 신설, 변경내지는 고장, 수리 등을 할 경우의 부정기 점검
⑥ 정밀점검 : 사고 발생 이후 곧바로 외부 전문가에 의하여 실시하는 점검

2) 안전점검 방법에 따른 구분
　가) 육안점검 ; 기기의 적당한 배치, 설치 상태, 변형, 균열, 손상, 부식, 볼트의 여유 등의 유무를 시각 및 촉각 등에 의해 점검
　　① 외관오염 상황의 점검
　　② 부식·마모의 점검
　　③ 깨어짐 균열의 점검
　　④ 가스 누출의 점검
　　⑤ 윤활유의 점검
　　⑥ 이상한 음의 발생 유무의 점검
　　⑦ 볼트·너트의 풀림 및 탈락·파손의 점검 등
　나) 기기점검 : 각종 측정기기에 의한 점검
　다) 기능검사
　라) 시험에 의한 검사

> ※ **작동점검** : 누전차단장치 등과 같은 안전장치를 정해진 순서에 따라 동작시키고 동작상황의 양부를 확인하는 점검
> ※ **종합점검** : 정해진 기준에 따라 측정·검사를 행하고 정해진 조건하에서 운전시험을 실시하여 그 기계의 전체적인 기능을 판단하고자하는 점검

(다) 안전점검보고서에 수록될 주요 내용
1) 안전점검 개요 : 안전점검의 목적, 안전점검방법 및 범위, 안전점검에 적용한 기준
2) 작업현장 배치상황에 따른 문제점
3) 재해다발요인과 유형분석 및 비교 데이터 제시
4) 안전교육계획과 실시 현황 및 추진 방향
5) 안전방침과 중점개선계획 작성 실시 방향 제시
6) 보호구, 방호장치, 작업환경실태와 개선 제시
7) 작업방법 및 작업행동의 안전상태 제시

특별점검
태풍, 폭우 등에 의한 침수, 지진 등의 천재지변이 발생한 경우나 이상사태 발생 시 관리자나 감독자가 기계·기구, 설비 등의 기능상 이상 유무에 대하여 점검하는 것(천재지변 발생 직후 기계설비의 수리 등을 할 경우 또는 중대재해 발생 직후 등에 행하는 안전점검)

자체 검사의 종류
(1) 검사 대상에 의한 분류
　① 기능(성능) 검사
　② 형식 검사
　③ 규격 검사
(2) 검사 방법에 의한 분류
　① 육안 검사
　② 기능 검사
　③ 검사기기에 의한 검사
　④ 시험에 의한 검사

외관점검
기기의 적정한 배치, 변형, 균열, 손상, 부식 등의 유무를 육안, 촉수 등으로 조사 후 그 설비별로 정해진 점검기준에 따라 양부를 확인하는 점검

(라) 안전점검 시 유의사항

1) 안전점검은 안전수준의 향상을 위한 본래의 취지에 어긋나지 않아야 함.
2) 점검자의 능력을 판단하고 그 능력에 상응하는 내용의 점검을 시키도록 함.
3) 과거에 재해가 발생한 곳은 그 요인이 없어졌는가를 확인함.
4) 하나의 설비에서 불안전상태의 발견 시 다른 동종의 설비도 점검함.
5) 여러 가지 점검방법을 병용함.
6) 발견된 불량부분은 원인을 조사하고 필요한 대책 강구
7) 강평을 할 때에는 결함만을 지적하지 말고 장점을 찾아 칭찬도 함.

> **안전점검 시 담당자의 자세**
> ① 안전점검은 점검자의 객관적 판단에 의하여 점검하거나 판단한다.
> ② 잘못된 사항은 수정이 될 수 있도록 점검결과에 대하여 통보한다.
> ③ 점검 중 사고가 발생하지 않도록 위험요소를 제거한 후 실시한다.
> ④ 사전에 점검대상 부서의 협조를 구하고, 관련 작업자의 의견을 청취한다.
> ⑤ 안전점검 시에는 체크리스트 항목을 충분히 이해하고 점검에 임하도록 한다.
> ⑥ 안전점검 시에는 과학적인 방법으로 사고의 예방차원에서 점검에 임해야 한다.
> ⑦ 안전점검 실시 후 체크리스트의 수정사항이 발생할 경우 현장의 의견을 반영하여 개정·보완하도록 한다.

(마) 안전점검 체크리스트 작성 시 유의해야 할 사항

① 사업장에 적합한 독자적인 내용으로 작성한다.(사업장 내 점검기준을 기초로 하여 점검자 자신이 점검목적, 사용시간 등을 고려하여 작성할 것)
② 점검표는 이해하기 쉽게 표현하고 구체적으로 작성한다.(점검표 내용은 구체적이고 재해방지에 효과가 있을 것)
③ 관계자의 의견을 통하여 정기적으로 검토·보안 작성한다.
④ 위험성이 높고, 긴급을 요하는 순으로 작성한다.(중요도가 높은 순서대로 만들 것)
⑤ 현장감독자용의 점검표는 쉽게 이해할 수 있는 내용이어야 할 것

  ✱ 안전점검표(check list)에 포함되어야 할 사항
    점검 시기, 점검대상, 점검부분, 점검항목, 점검방법, 판정기준, 조치사항

(바) 안전점검기준의 작성 시 유의사항

① 점검대상물의 위험도를 고려한다.
② 점검대상물의 과거 재해사고 경력을 참작한다.
③ 점검대상물의 기능적 특성을 충분히 감안한다.
④ 점검자의 기능수준을 고려한다.

> **STOP기법(안전관찰제도)**
>
> 불안전한 작업관행을 개선하여 근본적인 안전을 확보하고 자율적인 안전작업 태도 습관화로 지속적인 안전의 확보(관리감독자의 안전관찰 훈련으로 현장에서 주로 실시한다.)
> ① 안전관찰제도 운영 사이클 : 결심, 정지(STOP), 관찰, 행동, 보고(기본 5단계)
> ② 안전관찰은 관리감독자가 수행
> ③ 듀퐁사에서 실시하여 실효를 거둔 기법

STOP기법(안전관찰제도)
각 계층의 관리감독자들이 숙련된 안전관찰을 행할 수 있도록 훈련을 실시함으로써 사고를 미연에 방지하여 안전을 확보하는 안전관찰훈련기법

(2) 산업안전보건법령상 작업 시작 전 점검사항〈산업안전보건기준에 관한 규칙〉

[별표 3] 작업 시작 전 점검사항

작업의 종류	점검내용
1. 프레스 등을 사용하여 작업을 할 때	가. 클러치 및 브레이크의 기능 나. 크랭크축・플라이휠・슬라이드・연결봉 및 연결 나사의 풀림 여부 다. 1행정 1정지기구・급정지장치 및 비상정지장치의 기능 라. 슬라이드 또는 칼날에 의한 위험방지 기구의 기능 마. 프레스의 금형 및 고정볼트 상태 바. 방호장치의 기능 사. 전단기(剪斷機)의 칼날 및 테이블의 상태
2. 로봇의 작동 범위에서 그 로봇에 관하여 교시 등(로봇의 동력원을 차단하고 하는 것은 제외)의 작업을 할 때	가. 외부 전선의 피복 또는 외장의 손상 유무 나. 매니퓰레이터(manipulator) 작동의 이상 유무 다. 제동장치 및 비상정지장치의 기능
3. 공기압축기를 가동할 때	가. 공기저장 압력용기의 외관 상태 나. 드레인밸브(drain valve)의 조작 및 배수 다. 압력방출장치의 기능 라. 언로드밸브(unloading valve)의 기능 마. 윤활유의 상태 바. 회전부의 덮개 또는 울 사. 그 밖의 연결 부위의 이상 유무
4. 크레인을 사용하여 작업을 하는 때	가. 권과방지장치・브레이크・클러치 및 운전장치의 기능 나. 주행로의 상측 및 트롤리(trolley)가 횡행하는 레일의 상태 다. 와이어로프가 통하고 있는 곳의 상태

작업의 종류	점검내용
5. 이동식 크레인을 사용하여 작업을 할 때	가. 권과방지장치나 그 밖의 경보장치의 기능 나. 브레이크·클러치 및 조정장치의 기능 다. 와이어로프가 통하고 있는 곳 및 작업장소의 지반상태
6. 리프트(간이리프트를 포함)를 사용하여 작업을 할 때	가. 방호장치·브레이크 및 클러치의 기능 나. 와이어로프가 통하고 있는 곳의 상태
7. 곤돌라를 사용하여 작업을 할 때	가. 방호장치·브레이크의 기능 나. 와이어로프·슬링와이어(sling wire) 등의 상태
8. 양중기의 와이어로프·달기체인·섬유로프·섬유벨트 또는 훅·샤클·링 등의 철구(이하 "와이어로프 등"이라 한다)를 사용하여 고리걸이작업을 할 때	와이어로프 등의 이상 유무
9. 지게차를 사용하여 작업을 하는 때	가. 제동장치 및 조종장치 기능의 이상 유무 나. 하역장치 및 유압장치 기능의 이상 유무 다. 바퀴의 이상 유무 라. 전조등·후미등·방향지시기 및 경보장치 기능의 이상 유무
10. 구내운반차를 사용하여 작업을 할 때	가. 제동장치 및 조종장치 기능의 이상 유무 나. 하역장치 및 유압장치 기능의 이상 유무 다. 바퀴의 이상 유무 라. 전조등·후미등·방향지시기 및 경음기 기능의 이상 유무 마. 충전장치를 포함한 홀더 등의 결합상태의 이상 유무
11. 고소작업대를 사용하여 작업을 할 때	가. 비상정지장치 및 비상하강 방지장치 기능의 이상 유무 나. 과부하 방지장치의 작동 유무(와이어로프 또는 체인구동방식의 경우) 다. 아웃트리거 또는 바퀴의 이상 유무 라. 작업면의 기울기 또는 요철 유무 마. 활선작업용 장치의 경우 홈·균열·파손 등 그 밖의 손상 유무
12. 화물자동차를 사용하는 작업을 하게 할 때	가. 제동장치 및 조종장치의 기능 나. 하역장치 및 유압장치의 기능 다. 바퀴의 이상 유무

작업의 종류	점검내용
13. 컨베이어 등을 사용하여 작업을 할 때	가. 원동기 및 풀리(pulley) 기능의 이상 유무 나. 이탈 등의 방지장치 기능의 이상 유무 다. 비상정지장치 기능의 이상 유무 라. 원동기·회전축·기어 및 풀리 등의 덮개 또는 울 등의 이상 유무
14. 차량계 건설기계를 사용하여 작업을 할 때	브레이크 및 클러치 등의 기능
15. 이동식 방폭구조(防爆構造) 전기기계·기구를 사용할 때	전선 및 접속부 상태
16. 근로자가 반복하여 계속적으로 중량물을 취급하는 작업을 할 때	가. 중량물 취급의 올바른 자세 및 복장 나. 위험물이 날아 흩어짐에 따른 보호구의 착용 다. 카바이드·생석회(산화칼슘) 등과 같이 온도상승이나 습기에 의하여 위험성이 존재하는 중량물의 취급방법 라. 그 밖에 하역운반기계 등의 적절한 사용방법
17. 양화장치를 사용하여 화물을 싣고 내리는 작업을 할 때	가. 양화장치(揚貨裝置)의 작동상태 나. 양화장치에 제한하중을 초과하는 하중을 실었는지 여부
18. 슬링 등을 사용하여 작업을 할 때	가. 훅이 붙어 있는 슬링·와이어슬링 등이 매달린 상태 나. 슬링·와이어슬링 등의 상태(작업 시작 전 및 작업 중 수시로 점검)

> **양화장치**
> 항만 하역작업을 실시하기 위해 선박에 부착되어 있는 데릭 또는 크레인

(3) 안전인증 및 자율안전확인

(가) 안전인증대상 기계 등〈산업안전보건법 제84조〉

유해·위험기계 및 방호장치, 보호구 등은 근로자의 안전보건을 위하여 제조자나 수입자가 안전인증 기준에 맞는 안전인증을 받아야 함.

[그림] 안전인증 및 자율안전확인의 표시

> 안전인증대상 기계 등이 아닌 유해·위험기계 등의 안전인증의 표시

1) 안전인증대상 기계 등〈시행령 제74조〉

① 기계 및 설비
  ㉠ 프레스
  ㉡ 전단기(剪斷機) 및 절곡기(折曲機)
  ㉢ 크레인
  ㉣ 리프트
  ㉤ 압력용기
  ㉥ 롤러기
  ㉦ 사출성형기(射出成形機)

　　　　ⓞ 고소(高所) 작업대
　　　　㉢ 곤돌라
　② 방호장치
　　　㉠ 프레스 및 전단기 방호장치
　　　㉡ 양중기용(揚重機用) 과부하방지장치
　　　㉢ 보일러 압력방출용 안전밸브
　　　㉣ 압력용기 압력방출용 안전밸브
　　　㉤ 압력용기 압력방출용 파열판
　　　㉥ 절연용 방호구 및 활선작업용(活線作業用) 기구
　　　㉦ 방폭구조(防爆構造) 전기기계・기구 및 부품
　　　ⓞ 추락・낙하 및 붕괴 등의 위험 방지 및 보호에 필요한 가설기자재로서 고용노동부장관이 정하여 고시하는 것
　　　㉢ 충돌・협착 등의 위험 방지에 필요한 산업용 로봇 방호장치로서 고용노동부장관이 정하여 고시하는 것
　③ 안전인증 대상 보호구의 종류
　　　㉠ 추락 및 감전 위험방지용 안전모
　　　㉡ 안전화
　　　㉢ 안전장갑
　　　㉣ 방진마스크
　　　㉤ 방독마스크
　　　㉥ 송기마스크
　　　㉦ 전동식 호흡보호구
　　　ⓞ 보호복
　　　㉢ 안전대
　　　㉺ 차광(遮光) 및 비산물(飛散物) 위험방지용 보안경
　　　㉠ 용접용 보안면
　　　㉣ 방음용 귀마개 또는 귀덮개

2) 안전인증 심사의 종류 및 방법〈시행규칙 제110조〉

　유해・위험 기계 등이 안전인증기준에 적합한지를 확인하기 위하여 안전인증기관이 하는 심사

　① 예비심사 : 기계 및 방호장치・보호구가 유해・위험 기계 등 인지를 확인하는 심사(안전인증대상이 아닌 유해・위험 기계 등을 안전인증 신청한 경우만 해당)
　② 서면심사 : 유해・위험 기계 등의 종류별 또는 형식별로 설계도면 등 유해・위험 기계 등의 제품 기술과 관련된 문서가 안전인증기준

에 적합한지에 대한 심사

③ 기술능력 및 생산체계 심사 : 유해·위험 기계 등의 안전성능을 지속적으로 유지·보증하기 위하여 사업장에서 갖추어야 할 기술능력과 생산체계가 안전인증기준에 적합한지에 대한 심사

④ 제품심사 : 유해·위험 기계 등이 서면심사 내용과 일치하는지 유해·위험 기계 등의 안전에 관한 성능이 안전인증기준에 적합한지에 대한 심사(다음의 심사는 유해·위험 기계 등 별로 고용노동부장관이 정하여 고시하는 기준에 따라 어느 하나만을 받는다)

㉠ 개별 제품심사 : 서면심사 결과가 안전인증기준에 적합할 경우에 유해·위험 기계 등 모두에 대하여 하는 심사(안전인증을 받으려는 자가 서면심사와 개별 제품심사를 동시에 할 것을 요청하는 경우 병행하여 할 수 있다)

㉡ 형식별 제품심사 : 서면심사와 기술능력 및 생산체계 심사 결과가 안전인증기준에 적합할 경우에 유해·위험 기계 등의 형식별로 표본을 추출하여 하는 심사(안전인증을 받으려는 자가 서면심사, 기술능력 및 생산체계 심사와 형식별 제품심사를 동시에 할 것을 요청하는 경우 병행하여 할 수 있다)

> **보호구 안전인증 제품표시의 붙임<보호구 안전인증 고시>**
>
> 안전인증제품에는 안전인증 표시(마크) 외에 다음의 사항을 표시
> ① 형식 또는 모델명 ② 규격 또는 등급 등 ③ 제조자명 ④ 제조번호 및 제조연월
> ⑤ 안전인증 번호

(나) 자율안전확인신고대상 기계 등<산업안전보건법 제89조, 시행령 제77조>

안전인증대상 기계 등이 아닌 유해·위험기계 등을 제조하거나 수입하는 자가 안전에 관한 성능이 자율안전기준에 맞는지 확인하여 신고

> **자율안전확인표시의 사용 금지 등<산업안전보건법 제91조>**
>
> 고용노동부장관은 신고된 자율안전확인대상 기계 등의 안전에 관한 성능이 자율안전기준에 맞지 아니하게 된 경우에는 신고한 자에게 6개월 이내의 기간을 정하여 자율안전확인표시의 사용을 금지하거나 자율안전기준에 맞게 개선하도록 명할 수 있다.

1) 기계 및 설비

① 연삭기 또는 연마기(휴대형은 제외한다)
② 산업용 로봇
③ 혼합기

④ 파쇄기 또는 분쇄기
⑤ 식품가공용기계(파쇄·절단·혼합·제면기만 해당한다)
⑥ 컨베이어
⑦ 자동차정비용 리프트
⑧ 공작기계(선반, 드릴기, 평삭·형삭기, 밀링만 해당한다)
⑨ 고정형 목재가공용기계(둥근톱, 대패, 루타기, 띠톱, 모떼기 기계만 해당한다)
⑩ 인쇄기

2) 방호장치
① 아세틸렌 용접장치용 또는 가스집합 용접장치용 안전기
② 교류 아크용접기용 자동전격방지기
③ 롤러기 급정지장치
④ 연삭기(研削機) 덮개
⑤ 목재 가공용 둥근톱 반발 예방장치와 날 접촉 예방장치
⑥ 동력식 수동대패용 칼날 접촉 방지장치
⑦ 추락·낙하 및 붕괴 등의 위험 방지 및 보호에 필요한 가설기자재(안전인증대상 가설기자재는 제외한다)로서 고용노동부장관이 정하여 고시하는 것

3) 보호구(안전인증대상 보호구 제외)
① 안전모(추락 및 감전 위험방지용 안전모는 제외한다)
② 보안경(차광 및 비산물 위험방지용 보안경은 제외한다)
③ 보안면(용접용 보안면은 제외한다)

(4) 안전검사〈산업안전보건법 제93조〉

유해하거나 위험한 기계·기구·설비를 사용하는 사업주는 고용노동부장관이 정하는 안전검사를 받아야 함(사업주와 소유자가 다른 경우에는 소유자가 안전검사를 받아야 함)

(가) 안전검사 대상 유해·위험기계〈산업안전보건법 시행령 제78조〉
① 프레스
② 전단기
③ 크레인(정격 하중이 2톤 미만인 것은 제외)
④ 리프트
⑤ 압력용기
⑥ 곤돌라

⑦ 국소 배기장치(이동식은 제외)
⑧ 원심기(산업용만 해당)
⑨ 롤러기(밀폐형 구조는 제외)
⑩ 사출성형기[형 체결력(型 締結力) 294킬로뉴턴(KN) 미만은 제외]
⑪ 고소작업대[화물자동차 또는 특수자동차에 탑재한 고소작업대(高所作業臺)로 한정]
⑫ 컨베이어
⑬ 산업용 로봇
⑭ 혼합기
⑮ 파쇄기 또는 분쇄기

(나) 안전검사의 주기〈산업안전보건법시행규칙 제126조〉

안전검사대상 유해·위험기계 등의 검사 주기
1. 크레인(이동식 크레인은 제외), 리프트(이삿짐운반용 리프트는 제외) 및 곤돌라 : 사업장에 설치가 끝난 날부터 3년 이내에 최초 안전검사를 실시하되, 그 이후부터 2년마다(건설현장에서 사용하는 것은 최초로 설치한 날부터 6개월마다)
2. 이동식 크레인, 이삿짐운반용 리프트 및 고소작업대 : 「자동차관리법」에 따른 신규등록 이후 3년 이내에 최초 안전검사를 실시하되, 그 이후부터 2년마다
3. 프레스, 전단기, 압력용기, 국소 배기장치, 원심기, 롤러기, 사출성형기, 컨베이어 및 산업용 로봇, 혼합기, 파쇄기 또는 분쇄기 : 사업장에 설치가 끝난 날부터 3년 이내에 최초 안전검사를 실시하되, 그 이후부터 2년마다(공정안전보고서를 제출하여 확인을 받은 압력용기는 4년마다)

(다) 안전검사의 신청 및 실시〈시행규칙 제124조〉
① 안전검사를 받아야 하는 자는 안전검사 신청서를 검사 주기 만료일 30일 전에 안전검사 업무를 위탁받은 기관(안전검사기관)에 제출(전자문서에 의한 제출을 포함)하여야 한다.
② 안전검사기관은 안전검사 신청을 받은 날로부터 30일 이내에 해당 기계·기구 및 설비별로 안전검사를 하여야 한다.

(라) 자율검사프로그램에 따른 안전검사〈법 제98조〉

안전검사를 받아야 하는 사업주가 근로자대표와 협의하여 검사기준, 검사 주기 등을 충족하는 자율검사프로그램을 정하고 고용노동부장관의 인정을 받아 법령에서 정한 자격 및 경험을 가진 사람으로부터 안전에 관한 성능검사를 받으면 안전검사를 받은 것으로 봄

안전검사 실적보고〈안전검사 절차에 관한 고시〉
① 안전검사기관은 분기마다 다음 달 10일까지 분기별 실적과 매년 1월 20일까지 전년도 실적을 고용노동부장관에게 제출
② 공단은 분기마다 다음 달 10일까지 분기별 실적과, 매년 1월 20일까지 전년도 실적을 고용노동부장관에게 제출

자율검사프로그램의 유효기간 : 2년

1) 자율검사프로그램의 인정 요건〈시행규칙 제132조〉
   가) 검사원을 고용하고 있을 것
   나) 검사장비를 갖추고 이를 유지·관리할 수 있을 것
   다) 검사 주기의 2분의 1에 해당하는 주기(크레인 중 건설현장 외에서 사용하는 크레인의 경우에는 6개월)마다 검사를 할 것
   라) 자율검사프로그램의 검사기준이 안전검사기준을 충족할 것

2) 자율검사프로그램의 인정 등〈시행규칙 제132조〉

   자율검사프로그램을 인정받으려는 자는 자율검사프로그램 인정신청서에 다음 각호의 내용이 포함된 자율검사프로그램을 확인할 수 있는 서류 2부를 첨부하여 공단에 제출하여야 한다.
   1. 안전검사대상 기계 등의 보유 현황
   2. 검사원 보유 현황과 검사를 할 수 있는 장비 및 장비 관리방법(자율안전검사기관에 위탁한 경우에는 위탁을 증명할 수 있는 서류를 제출한다)
   3. 안전검사대상 기계 등의 검사 주기 및 검사기준
   4. 향후 2년간 안전검사대상 기계 등의 검사수행계획
   5. 과거 2년간 자율검사프로그램 수행 실적(재신청의 경우만 해당한다)

(5) 안전보건진단 등

(가) 안전보건진단〈법 제47조〉

① 고용노동부장관은 추락·붕괴, 화재·폭발, 유해하거나 위험한 물질의 누출 등 산업재해 발생의 위험이 현저히 높은 사업장의 사업주에게 법령에 따라 지정받은 안전보건진단기관이 실시하는 안전보건진단을 받을 것을 명할 수 있다.

② 안전보건진단결과보고서에는 산업재해 또는 사고의 발생원인, 작업조건·작업방법에 대한 평가 등의 사항이 포함되어야 하며, 고용노동부장관은 안전보건진단 명령을 할 경우 기계·화공·전기·건설 등 분야별로 한정하여 진단을 받을 것을 명할 수 있다.〈시행령 제46조〉

③ 안전보건진단 의뢰 및 결과 보고: 안전보건진단 명령을 받은 사업주는 15일 이내에 안전보건진단기관에 의뢰하여야 하며, 안전보건진단을 실시한 안전보건진단기관은 법령의 진단내용에 해당하는 사항에 대한 조사평가 및 측정 결과와 그 개선방법이 포함된 보고서를 진단을 의뢰받은 날로부터 30일 이내에 해당 사업장의 사업주 및 관할 지방노동관서의 장에게 제출(전자문서에 의한 제출을 포함한다)하여야 한다.〈시행규칙 제57, 58조〉

(나) 안전보건진단을 받아 안전보건개선계획 수립·시행명령을 할 수 있는 사업장
 〈산업안전보건법 시행령 제49조〉
① 산업재해율이 같은 업종 평균 산업재해율의 2배 이상인 사업장
② 사업주가 필요한 안전조치 또는 보건조치를 이행하지 아니하여 중대재해가 발생한 사업장
③ 직업성 질병자가 연간 2명 이상(상시근로자 1천 명 이상 사업장의 경우 3명 이상) 발생한 사업장
④ 작업환경 불량, 화재·폭발 또는 누출사고 등으로 사회적 물의를 일으킨 사업장

CHAPTER 04 항목별 우선순위 문제 및 해설

01 다음 중 안전점검의 직접적 목적과 관계가 먼 것은?

① 결함이나 불안전 조건의 제거
② 합리적인 생산관리
③ 기계설비의 본래 성능 유지
④ 인간 생활의 복지 향상

해설 안전점검의 목적
① 기기 및 설비의 결함제거로 사전 안전성 확보
② 인적 측면에서의 안전한 행동 유지
③ 기기 및 설비의 본래성능 유지
④ 사고원인을 찾아 재해를 미연에 방지하기 위함.
⑤ 재해의 재발을 방지하여 사전대책을 세우기 위함.
⑥ 현장의 불안전 요인을 찾아 계획에 적절히 반영시키기 위함.

02 작업현장에서 매일 작업 전, 작업 중, 작업 후에 실시하는 점검으로서 현장 작업자 스스로가 정해진 사항에 대하여 이상 여부를 확인하는 안전점검의 종류는?

① 정기점검   ② 임시점검
③ 일상점검   ④ 특별점검

해설 안전점검의 종류(점검 시기에 따른 구분)
• 일상점검 : 매일 작업 전, 중, 후에 해당 작업설비에 대하여 계속적으로 실시하는 점검(현장 작업자 스스로가 정해진 사항에 대하여 이상 여부를 확인)
  * 작업 전 점검 : ① 주변의 정리정돈 ② 설비의 본체 ③ 구동부분 ④ 전기 스위치부분 ⑤ 주유상태 ⑥ 설비의 방호장치 ⑦ 주변의 청소상태

03 다음 중 안전점검을 실시할 때 유의 사항으로 옳지 않은 것은?

① 안전점검은 안전수준의 향상을 위한 본래의 취지에 어긋나지 않아야 한다.
② 점검자의 능력을 판단하고 그 능력에 상응하는 내용의 점검을 시키도록 한다.
③ 안전점검이 끝나고 강평을 할 때는 결함만을 지적하여 시정 조치토록 한다.
④ 과거에 재해가 발생한 곳은 그 요인이 없어졌는가를 확인한다.

해설 안전점검 시 유의사항
③ 강평을 할 때에는 결함만을 지적하지 말고 장점을 찾아 칭찬도 함

04 다음 중 산업안전보건법령상 안전인증 대상 기계·기구 및 설비에 해당하지 않는 것은?

① 연삭기
② 압력용기
③ 롤러기
④ 고소(高所) 작업대

해설 안전인증대상 기계·기구 등
1) 기계·기구 및 설비
 ① 프레스
 ② 전단기(剪斷機) 및 절곡기(折曲機)
 ③ 크레인
 ④ 리프트
 ⑤ 압력용기
 ⑥ 롤러기
 ⑦ 사출성형기(射出成形機)
 ⑧ 고소(高所) 작업대
 ⑨ 곤돌라

05 다음 중 산업안전보건법상 안전검사 대상 유해·위험 기계의 종류가 아닌 것은?

① 곤돌라
② 압력 용기
③ 리프트
④ 아크 용접기

정답   01.④ 02.③ 03.③ 04.① 05.④

해설 안전검사 대상 유해 · 위험기계〈산업안전보건법 시행령 제78조〉
① 프레스
② 전단기
③ 크레인(정격 하중이 2톤 미만인 것은 제외)
④ 리프트
⑤ 압력용기
⑥ 곤돌라
⑦ 국소 배기장치(이동식은 제외)
⑧ 원심기(산업용만 해당)
⑨ 롤러기(밀폐형 구조는 제외)
⑩ 사출성형기[형 체결력(型 締結力) 294킬로뉴턴(KN) 미만은 제외]
⑪ 고소작업대[화물자동차 또는 특수자동차에 탑재한 고소작업대(高所作業臺)로 한정]
⑫ 컨베이어
⑬ 산업용 로봇

06 다음 중 산업안전보건법령상 자율안전확인 대상에 해당하는 방호장치는?

① 압력용기 압력방출용 파열판
② 보일러 압력방출용 안전밸브
③ 교류 아크용접기용 자동전격방지기
④ 방폭구조(防爆構造) 전기기계 · 기구 및 부품

해설 자율안전확인대상 기계 · 기구 등(방호장치)
① 아세틸렌 용접장치용 또는 가스집합 용접장치용 안전기
② 교류 아크 용접기용 자동전격방지기
③ 롤러기 급정지장치
④ 연삭기(研削機) 덮개
⑤ 목재 가공용 둥근톱 반발 예방장치와 날 접촉 예방장치
⑥ 동력식 수동대패용 칼날 접촉 방지장치
⑦ 추락 · 낙하 및 붕괴 등의 위험 방지 및 보호에 필요한 가설기자재(안전인증대상 가설기자재는 제외한다)로서 고용노동부장관이 정하여 고시하는 것

07 안전검사 대상 유해 · 위험기계 중 크레인의 경우 사업장에 설치가 끝난 날부터 몇 년 이내에 최초 안전검사를 실시하여야 하는가?

① 6개월
② 1년
③ 2년
④ 3년

해설 안전검사의 주기〈산업안전보건법시행규칙 제131조〉
1. 크레인(이동식 크레인은 제외한다), 리프트(이삿짐 운반용 리프트는 제외한다) 및 곤돌라 : 사업장에 설치가 끝난 날부터 3년 이내에 최초 안전검사를 실시하되, 그 이후부터 2년마다(건설현장에서 사용하는 것은 최초로 설치한 날부터 6개월마다)

08 산업안전보건법상 공기압축기를 가동하는 때의 작업 시작 전 점검사항의 점검내용에 해당하지 않는 것은?

① 비상정지장치 기능의 이상 유무
② 압력방출장치의 기능
③ 회전부의 덮개 또는 울
④ 윤활유의 상태

해설 공기압축기 작업 시작 전 점검사항〈산업안전보건기준에 관한 규칙 [별표 3]〉
① 공기저장 압력용기의 외관 상태
② 드레인밸브(drain valve)의 조작 및 배수
③ 압력방출장치의 기능
④ 언로드밸브(unloading valve)의 기능
⑤ 윤활유의 상태
⑥ 회전부의 덮개 또는 울
⑦ 그 밖의 연결 부위의 이상 유무

정답 06. ③ 07. ④ 08. ①

Chapter 05 무재해운동

1. 무재해운동 등 안전활동 기법

(1) **무재해운동의 이념** : 인간존중의 이념에서 출발

(2) **무재해운동의 (이념) 3대 원칙**

 (가) 무(zero)의 원칙 : 재해는 물론 일체의 잠재요인을 적극적으로 사전에 발견, 파악, 해결함으로써 산업재해의 근원적인 요소들을 제거(근본적으로 위험 요인 제거, 뿌리에서부터 산업재해를 제거)

 (나) 선취(안전제일, 선취해결)의 원칙 : 잠재위험요인을 사전에 미리 발견하고 파악, 해결하여 재해를 예방(위험요인을 행동하기 전에 예지하여 해결)

 (다) 참가의 원칙 : 근로자 전원이 참가하여 문제해결 등을 실천

(3) **무재해운동 추진의 3요소(3기둥)**

 ① 최고경영자의 안전경영자세
 ② 관리감독자의 적극적인 안전보건 활동
    (안전관리의 라인화)
 ③ 직장 자주 안전보건활동의 활성화
    (근로자)

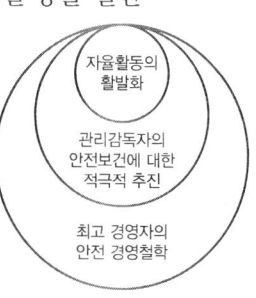

[그림] 무재해운동 추진의 3요소(3기둥)

(4) **무재해운동 개시**〈사업장 무재해운동 추진 및 운영에 관한 규칙〉

 (가) 무재해의 정의 : 무재해운동 시행 사업장에서 근로자가 업무에 기인하여 사망 또는 4일 이상의 요양을 요하는 부상 또는 질병에 이환되지 않는 것
    * 요양 : 부상 등의 치료를 말하며 재가, 통원 및 입원의 경우를 모두 포함.

 (나) 무재해운동 추진에 있어 무재해로 보는 경우(무재해로 인정)〈사업장 무재해운동 추진 및 운영에 관한 규칙〉

    ① 업무수행 중의 사고 중 천재지변 또는 돌발적인 사고로 인한 구조행위 또는 긴급피난 중 발생한 사고
    ② 출·퇴근 도중에 발생한 재해
    ③ 운동경기 등 각종 행사 중 발생한 재해

④ 천재지변 또는 돌발적인 사고 우려가 많은 장소에서 사회통념상 인정되는 업무수행 중 발생한 사고
⑤ 제3자의 행위에 의한 업무상 재해
⑥ 업무상 질병에 대한 구체적인 인정기준 중 뇌혈관질병 또는 심장질병에 의한 재해
⑦ 업무시간 외에 발생한 재해. 다만, 사업주가 제공한 사업장 내의 시설물에서 발생한 재해 또는 작업개시전의 작업준비 및 작업종료 후의 정리정돈과정에서 발생한 재해는 제외한다.
⑧ 도로에서 발생한 사업장 밖의 교통사고, 소속 사업장을 벗어난 출장 및 외부기관으로 위탁교육 중 발생한 사고, 회식중의 사고, 전염병 등 사업주의 법 위반으로 인한 것이 아니라고 인정되는 재해

(다) 무재해 1배수 목표시간 계산(재해율 기준)

$$\text{무재해 목표시간(1배수)} = \frac{\text{연간 총근로시간}}{\text{연간 총재해자 수}} = \frac{\text{연평균 근로자 수} \times \text{1인당 연평균 근로시간}}{\text{연간 총재해자 수}} = \frac{\text{1인당 연평균 근로시간} \times 100}{\text{재해율}}$$

＊ 연평균 근로시간은 고용노동부 사업체 임금근로시간 조사자료를, 재해율은 최근 5년간 평균 재해율을 적용

(5) 안전활동 기법

(가) 지적 확인 : 작업 전에 작업공정 요소요소의 안전 여부를 인체의 오감을 모두 동원하여 확인하고 "…, 좋아!" 등의 구호를 외침으로 안전을 확인하는 활동
(작업자가 위험작업에 임하여 무재해를 지향하겠다는 뜻을 큰소리로 호칭하면서 안전 의식수준을 제고하는 기법)
- 인간의 실수를 없애기 위해 눈, 손, 입 그리고 귀를 이용하여 작업 시작 전에 뇌를 자극시켜 안전을 확보하기 위한 기법)

[그림] 지적 확인

> 지적 확인
> 오관의 감각기관을 총동원하여 작업의 정확성과 안전을 확인

> 지적 확인과 정확도(인간실수의 발생률) : 지적 확인을 할 경우 하지 않는 것보다 3배 이상 인간 실수를 줄일 수 있음.
> ① 지적 확인한 경우 : 0.8%
> ② 확인만 하는 경우 : 1.25%
> ③ 지적만 하는 경우 : 1.5%
> ④ 아무 것도 하지 않은 경우 : 2.85%

"지적 확인"이 불안전 행동 방지에 효과가 있는 이유

① 긴장된 의식의 강화
② 대상에 대한 집중력의 향상
③ 자신과 대상의 결합도 증대
④ 인지(cognition) 확률의 향상

(나) 터치 앤드 콜(touch and call)

피부를 맞대고 같이 소리치는 것으로 전원의 스킨쉽(skinship)이라 할 수 있음. 팀의 일체감, 연대감을 조성할 수 있고 대뇌 구피질에 좋은 이미지를 불어 넣어 안전활동을 하도록 하는 것임.
(현장에서 팀 전원이 각자의 왼손을 맞잡아 원을 만들어 팀 행동목표를 지적 확인하는 것을 말함)

[그림] 터치 앤드 콜(touch and call)

위험예지훈련
① 직장이나 작업의 상황 속 잠재 위험요인을 도출한다.(자신의 작업으로 실시)
② 직장 내에서 소수 인원의 단위로 토의하고 생각하며 이해한다.
③ 행동하기에 앞서 위험요소를 예측하고 해결하는 것을 습관화하는 훈련이다.(반복 훈련)
④ 위험의 포인트나 중점 실시 사항을 지적 확인한다.(사전에 준비)

위험예지훈련
① 감수성 훈련
② 집중력 훈련
③ 문제해결 훈련

Brain storming
6~12명의 구성원으로 타인의 비판 없이 자유로운 토론을 통하여 다량의 독창적인 아이디어를 이끌어 내고, 대안적 해결안을 찾기 위한 집단적 사고기법

본질추구
문제점을 발견하고 중요 문제를 결정

(다) 위험예지훈련

1) 브레인스토밍(brain-storming)으로 아이디어 개발

① 브레인스토밍(brain-storming) : 다수의 팀원이 마음 놓고 편안한 분위기 속에서 공상과 연상의 연쇄반응을 일으키면서 자유롭게 아이디어를 대량으로 발언하여 나가는 방법(토의식 아이디어 개발 기법)

② 브레인스토밍 4원칙

㉠ 비판금지 : 타인의 의견에 대하여 장·단점을 비판하지 않음.
㉡ 자유분방 : 지정된 표현방식을 벗어나 자유롭게 의견을 제시
㉢ 대량발언 : 사소한 아이디어라도 가능한 한 많이 제시하도록 함.
㉣ 수정발언 : 타인의 의견에 대하여는 수정하여 발표할 수 있음

2) 위험예지훈련 제4단계(4라운드) - 문제해결 4단계

① 제1단계(1R) : 현상파악 - 위험요인 항목 도출
② 제2단계(2R) : 본질추구 - 위험의 포인트 결정 및 지적 확인
③ 제3단계(3R) : 대책수립 - 결정된 위험 포인트에 대한 대책수립
④ 제4단계(4R) : 목표설정 - 팀의 행동 목표 설정 및 지적 확인(가장 우수한 대책에 합의하고, 행동계획을 결정)

* 위험예지훈련의 방법 : ① 사전에 준비한다. ② 단위 인원수를 적게 한다. ③ 자신의 작업으로 실시한다. ④ 반복 훈련한다.

《(예시) 위험예지훈련 4라운드》
〈도해〉 사다리 사용하여 도장작업
  • 3명 중 2명은 2개의 사다리에서 각자 작업
  • 1명은 지상에서 보조 작업
(1) 1R 현상파악: brain storming으로 잠재위험요인 찾음(5~7가지)
  ① 사다리 작업 시 사다리가 넘어져서 떨어진다.
  ② 바닥에 흩어져 있는 자재 때문에 걸려서 넘어진다.
  ③ ---

(2) 2R 본질추구: 중요 위험요인을 골라 빨간색으로 ○표하고, 그중에 더 위험한 요인(2~3가지)에 대해 ◎표하여 밑줄 친 후 지적 확인함(~해서 ~ㄴ다. ~때문에 ~된다. 좋아!)
(3) 3R 대책수립: ◎의 위험에 대해 2~3가지 대책수립(중요대책은 ※표, 밑줄)
　1-① 2인 1조로 하여 작업한다.(※)
　　② ---
　2-① 정리·정돈하여 통로 확보한다.(※)
　　② ---
(4) 4R 목표설정: 팀의 행동 목표 설정 및 지적 확인
　사다리 작업 시 2인 1조로 하여 작업하고, 자재는 정리정돈하여 작업하자. 좋아! (1회)(~해서, ~하여, ~하자. 좋아!)
(5) 원 포인트 지적 확인: 2인 1조, 정리·정돈. 좋아! (3회)
(6) 터치 앤드 콜: 무재해로 나가자. 좋아! (1회)
(7) 박수

(라) 위험예지 응용기법의 종류

1) 원 포인트(one point) 위험예지훈련

위험예지 4R중 2R, 3R, 4R을 모두 one point로 요약하여 실시하는 TBM 위험예지훈련. 흑판이나 용지를 사용하지 않고 기호나 메모를 사용하지 않고 구두로 실시.

2) T.B.M 위험예지훈련 : 현장에서 그때 그 장소의 상황에서 즉응하여 실시하는 위험예지활동으로 즉시즉응법이라고도 함(Tool Box Meeting).

① 현장에서 그때 그 장소의 상황에 즉응하여 실시한다(작업 장소에서 원형의 형태를 만들어 실시한다).
② 10명 이하의 소수가 적합하며, 통상 작업 시작 전, 후 시간은 10분 정도가 바람직하다.
③ 사전에 주제를 정하고 자료 등을 준비한다.
④ 결론은 가급적 서두르지 않는다.
⑤ 근로자 모두가 말하고 스스로 생각하고 "이렇게 하자"라고 합의한 내용이 되어야 한다.

> **TBM 활동의 5단계 추진법**
> ① 제1단계 : 도입 - 인사, 건강 확인, 체조 등
> ② 제2단계 : 점검정비 - 복장, 보호구, 공구, 자재 등
> ③ 제3단계 : 작업지시 - 작업 내용과 작업 지시사항 전달
> ④ 제4단계 : 위험예지훈련 - one point 위험 예지 훈련 실시
> ⑤ 제5단계 : 확인 - 지적 확인, touch and call

3) 삼각 위험예지훈련 : 보다 빠르고 보다 간편하게, 명실공히 전원 참여로 말하거나 쓰는 것이 미숙한 작업자를 위하여 개발한 것

4) 1인 위험예지훈련 : 한 사람 한 사람의 위험에 대한 감수성 향상을 도모하기 위한 삼각 및 원 포인트 위험예지훈련을 통합한 활용기법

5) 자문자답 위험예지훈련 : 한 사람, 한 사람이 스스로 위험요인을 발견, 파악하여 단시간에 행동목표를 정하여 지적 확인을 하며, 특히 비정상적인 작업의 안전을 확보

6) 시나리오 역할연기 훈련 : 작업 전 5분간 미팅의 시나리오를 작성하여 멤버가 그 시나리오에 의하여 역할연기를 함으로써 체험 학습하는 기법

> **안전행동 실천운동(5C 운동)**
> ① 복장단정(Correctness) ② 정리정돈(Clearance)
> ③ 청소청결(Cleaning) ④ 점검확인(Checking)
> ⑤ 전심전력(Concentration)

CHAPTER 05 항목별 우선순위 문제 및 해설

01 무재해운동에 관한 설명으로 틀린 것은?
① 제3자의 행위에 의한 업무상 재해는 무재해로 본다.
② "요양"이란 부상 등의 치료를 말하며 입원은 포함되나 재가, 통원은 제외한다.
③ "무재해"란 무재해운동 시행사업장에서 근로자가 업무에 기인하여 사망 또는 4일 이상의 요양을 요하는 부상 또는 질병에 이환되지 않는 것을 말한다.
④ 업무수행 중의 사고 중 천재지변 또는 돌발적인 사고로 인한 구조행위 또는 긴급피난 중 발생한 사고는 무재해로 본다.

해설 **무재해의 정의** : 근로자가 업무로 인하여 사망 또는 4일 이상의 휴업을 요하는 부상 또는 질병에 이환되지 않는 것
* 요양 : 부상 등의 치료를 말하며 재가, 통원 및 입원의 경우를 모두 포함

02 다음 중 무재해운동의 기본이념의 3원칙과 가장 거리가 먼 것은?
① 무(zero)의 원칙
② 관리의 원칙
③ 참가의 원칙
④ 선취의 원칙

해설 **무재해운동의 (이념) 3대원칙**
(가) 무(zero)의 원칙 : 재해는 물론 일체의 잠재요인을 사전에 발견하고 파악, 해결함으로써 산업재해의 근원적인 요소들을 제거
(나) 선취(안전제일, 선취해결)의 원칙 : 잠재위험요인을 사전에 미리 발견하고 파악, 해결하여 재해를 예방
(다) 참가의 원칙 : 근로자 전원이 참가하여 문제해결 등을 실천

03 무재해운동 추진의 3대 기둥으로 볼 수 없는 것은?
① 최고경영자의 경영자세
② 노동조합의 협의체 구성
③ 직장 소집단 자주 활동의 활발화
④ 관리감독자에 의한 안전보건의 추진

해설 **무재해운동 추진의 3요소(3기둥)**
(가) 최고경영자의 안전경영자세
(나) 관리감독자의 적극적인 안전보건 활동(안전관리의 라인화)
(다) 직장 자주 안전보건활동의 활성화(근로자)

04 다음 중 TBM(Tool Box Meeting) 위험예지훈련의 진행방법으로 가장 적절하지 않은 것은?
① 인원은 10명 이하로 구성한다.
② 소요시간은 10분 정도가 바람직하다.
③ 리더는 주제의 주안점에 대하여 연구해 둔다.
④ 오전 작업 시작 전과 오후 작업 종료 시 하루 2회 실시한다.

해설 **T.B.M 위험예지훈련** : 현장에서 그때 그 장소의 상황에서 즉응하여 실시하는 위험예지활동으로 즉시즉응법이라고도 함(Tool Box Meeting).
① 현장에서 그때 그 장소의 상황에 즉응하여 실시한다(작업 장소에서 원형의 형태를 만들어 실시한다).
② 10명 이하의 소수가 적합하며, 통상 작업 시작 전, 후 시간은 10분 정도가 바람직하다.
③ 사전에 주제를 정하고 자료 등을 준비한다.
④ 결론은 가급적 서두르지 않는다.
⑤ 근로자 모두가 말하고 스스로 생각하고 "이렇게 하자"라고 합의한 내용이 되어야 한다.

정답 01. ② 02. ② 03. ② 04. ④

05 다음 중 위험예지훈련의 기법으로 활용하는 브레인스토밍(Brain Storming)에 관한 설명으로 틀린 것은?

① 발언은 누구나 자유분방하게 하도록 한다.
② 타인의 아이디어는 수정하여 발언할 수 없다.
③ 가능한 한 무엇이든 많이 발언하도록 한다.
④ 발표된 의견에 대하여는 서로 비판을 하지 않도록 한다.

해설 브레인스토밍(brain-storming)으로 아이디어 개발
: 다수의 팀원이 마음 놓고 편안한 분위기 속에서 공상과 연상의 연쇄 반응을 일으키면서 자유롭게 아이디어를 대량으로 발언하여 나가는 방법(토의식 아이디어 개발 기법)
〈브레인스토밍 4원칙〉
① 비판금지 : 타인의 의견에 대하여 장·단점을 비판하지 않음
② 자유분방 : 지정된 표현방식을 벗어나 자유롭게 의견을 제시
③ 대량발언 : 사소한 아이디어라도 가능한 한 많이 제시하도록 함.
④ 수정발언 : 타인의 의견에 대하여는 수정하여 발표할 수 있음

06 위험예지훈련 4라운드(Round) 중 목표설정 단계의 내용으로 가장 적당한 것은?

① 위험 요인을 찾아내고, 가장 위험한 것을 합의하여 결정한다.
② 가장 우수한 대책에 대하여 합의하고, 행동계획을 결정한다.
③ 브레인스토밍을 실시하여 어떤 위험이 존재하는가를 파악한다.
④ 가장 위험한 요인에 대하여 브레인스토밍 등을 통하여 대책을 세운다.

해설 위험예지훈련 제4단계(4라운드) - 문제해결 4단계
① 제1단계(1R) : 현상파악 - 위험요인 항목 도출
② 제2단계(2R) : 본질추구 - 위험의 포인트 결정 및 지적 확인
③ 제3단계(3R) : 대책수립 - 결정된 위험 포인트에 대한 대책수립
④ 제4단계(4R) : 목표설정 - 팀의 행동 목표 설정 및 지적 확인(가장 우수한 대책에 합의하고, 행동계획을 결정)

07 다음 중 안전관리에 있어 5C 운동(안전행동 실천운동)에 해당하지 않는 것은?

① 정리정돈(Clearance)
② 통제관리(Control)
③ 청소청결(Cleaning)
④ 전심전력(Concentration)

해설 안전행동 실천운동(5C 운동)
① 복장단정(Correctness)
② 정리정돈(Clearance)
③ 청소청결(Cleaning)
④ 점검확인(Checking)
⑤ 전심전력(Concentration)

08 위험예지훈련에 대한 설명으로 옳지 않은 것은?

① 직장이나 작업의 상황 속 잠재 위험요인을 도출한다.
② 행동하기에 앞서 위험요소를 예측하는 것을 습관화하는 훈련이다.
③ 직장 내에서 최대 인원의 단위로 토의하고 생각하며 이해한다.
④ 위험의 포인트나 중점실시 사항을 지적 확인한다.

해설 위험예지훈련에 대한 설명
③ 직장 내에서 소수 인원의 단위로 토의하고 생각하며 이해한다.

정답 05. ② 06. ② 07. ② 08. ③

09 T.B.M 활동의 5단계 추진법의 진행순서로 옳은 것은?

① 도입 → 위험예지훈련 → 작업지시 → 점검정비 → 확인
② 도입 → 작업지시 → 위험예지훈련 → 점검정비 → 확인
③ 도입 → 확인 → 위험예지훈련 → 작업지시 → 점검정비
④ 도입 → 점검정비 → 작업지시 → 위험예지훈련 → 확인

해설 TBM 활동의 5단계 추진법
① 제1단계 : 도입 – 인사, 건강 확인, 체조 등
② 제2단계 : 점검정비 – 복장, 보호구, 공구, 자재 등
③ 제3단계 : 작업지시 – 작업 내용과 작업 지시사항 전달
④ 제4단계 : 위험예지훈련 – one point 위험예지훈련 실시
⑤ 제5단계 : 확인 – 지적 확인, Touch And Call

정답 09. ④

Chapter 06 보호구 및 안전보건표지

1. 보호구 및 안전보건표지

가 보호구

(1) 안전보호구

(가) 안전인증 대상 보호구의 종류〈산업안전보건법 시행령 제74조〉

① 추락 및 감전 위험방지용 안전모
② 안전화
③ 안전장갑
④ 방진마스크
⑤ 방독마스크
⑥ 송기마스크
⑦ 전동식 호흡보호구
⑧ 보호복
⑨ 안전대
⑩ 차광(遮光) 및 비산물(飛散物) 위험방지용 보안경
⑪ 용접용 보안면
⑫ 방음용 귀마개 또는 귀덮개

[표] 보호구의 종류

보호구의 종류	구분	적용 작업 및 작업장
머리보호구	안전모	물체의 낙하 또는 비래, 추락 및 감전에 의한 머리의 위험이 있는 작업장
발 보호구	안전화	물체의 낙하·충격 또는 물·기름·화학약품 등으로부터 발 또는 발등에 위험이 있는 작업장
호흡용 보호구	방진마스크	분체작업, 연마작업, 광택작업, 배합작업
	방독마스크	유기용제, 유해가스, 미스트, 흄발생작업장
	송기마스크	저장조, 하수구 등 청소 및 산소결핍 위험작업장
	전동식 호흡보호구	전동기 작동에 의해 여과된 공기를 안면부에 공급하는 보호구

보호구의 종류	구분	적용 작업 및 작업장
방음 보호구	귀마개, 귀덮개	소음발생작업장
눈 및 안면 보호구	보안경	눈에 해로운 자외선, 적외선 또는 강렬한 가시광선이 노출되는 작업장
	보안면	유해한 자외선, 강렬한 가시광선 또는 적외선의 노출과 열에 의한 화상, 또는 용접 파편에 의한 안면, 머리부 및 목 부분 등의 위험이 노출된 작업장
보호복	화학물질용 보호복	화학물질이 피부를 통하여 인체에 흡수의 위험이 있는 사업장
	방열복	고열발생 작업장
손 보호구	안전장갑	전기에 따른 감전위험이 있거나 액체상태의 유기화합물이 피부를 통하여 인체에 흡수되는 노출되어 있는 작업장
추락 보호구	안전대	추락의 위험이 있는 고소 작업장

(나) 자율 안전확인 대상 보호구〈산업안전보건법 시행령 제77조〉

1) 안전모, 보안경, 보안면(안전인증대상은 제외)

2) 자율안전확인 제품표시의 붙임〈보호구 자율안전확인 고시 제11조〉

자율안전확인 제품에는 자율안전확인 표시(마크) 외에 다음의 사항을 표시한다.
① 형식 또는 모델명　　② 규격 또는 등급 등
③ 제조자명　　　　　　④ 제조번호 및 제조연월
⑤ 자율안전확인 번호

> **보호구 안전인증 제품표시의 붙임〈보호구 안전인증 고시〉**
> 안전인증제품에는 안전인증 표시(마크) 외에 다음의 사항을 표시
> ① 형식 또는 모델명　　② 규격 또는 등급 등　　③ 제조자명
> ④ 제조번호 및 제조연월　　⑤ 안전인증 번호

방열두건의 사용 구분
〈보호구 안전인증 고시 [별표 2]〉

차광도 번호	사용 구분
#2~#3	고로강판가열로, 조괴(造塊) 등의 작업
#3~#5	전로 또는 평로 등의 작업
#6~#8	전기로의 작업

※ 방열두건: 내열원단으로 제조되어 안전모와 안면렌즈가 일체형으로 부착되어 있는 형태의 두건

(다) 보호구가 갖추어야 할 구비 요건

① 착용이 간편할 것
② 작업에 방해가 안 될 것
③ 유해·위험 요소에 대한 방호성능이 충분할 것
④ 재료 품질의 우수할 것
⑤ 구조와 끝마무리 양호할 것
⑥ 외관상 보기가 좋을 것
⑦ 금속부에는 적절한 방청처리를 하고 내식성일 것

(2) 안전보호구의 종류 및 특성

(가) 안전모〈보호구 안전인증 고시〉

1) 안전모의 종류

안전모 종류 구분
① A: 낙하, 비래
② B: 추락
③ E: 감전(전기)

종류	사용구분	내전압성
AB	물체의 낙하, 비래, 추락에 의한 위험을 방지 또는 경감	비내전압성
AE	물체의 낙하, 비래에 의한 위험을 방지 또는 경감하고 머리부위 감전에 의한 위험을 방지	내전압성
ABE	물체의 낙하, 비래, 추락에 의한 위험을 방지 또는 경감하고 머리부위 감전에 의한 위험을 방지	내전압성

* 낙하방지용(A) : 물체의 낙하/비래
* 내전압성이란 7,000V 이하의 전압에 견디는 것을 말함.

2) 안전모의 성능시험(기준)

내관통성 시험
질량 450g의 철체 추를 높이 3m에서 자유낙하 시켜 관통거리 측정

항목	시험성능기준
내관통성	AE, ABE종 안전모는 관통거리가 9.5mm 이하이고, AB종 안전모는 관통거리가 11.1mm 이하이어야 한다.
충격흡수성	최고전달충격력이 4,450N을 초과해서는 안 되며, 모체와 착장체의 기능이 상실되지 않아야 한다.
내전압성	AE, ABE종 안전모는 교류 20kV에서 1분간 절연파괴 없이 견뎌야 하고, 이때 누설되는 충전전류는 10mA 이하이어야 한다.
내수성	AE, ABE종 안전모는 질량증가율이 1% 미만이어야 한다. $$질량\ 증가율(\%) = \frac{담근\ 후의\ 질량 - 담그기\ 전의\ 질량}{담그기\ 전의\ 질량} \times 100$$
난연성	모체가 불꽃을 내며 5초 이상 연소되지 않아야 한다.
턱끈풀림	150N 이상 250N 이하에서 턱끈이 풀려야 한다.

* 안전모의 시험성능기준의 항목(자율안전확인대상 안전모의 시험성능기준 항목)
  ① 내관통성 시험   ② 충격흡수성 시험
  ③ 난연성 시험   ④ 턱끈풀림

3) 안전모 각부의 명칭

[그림] 안전모의 명칭

번호	명 칭	
①		모체
②	착	머리받침끈
③	장	머리고정대
④	체	머리받침고리
⑤		충격 흡수재
⑥		턱끈
⑦		챙(차양)

4) 안전모의 일반구조

① 안전모는 모체, 착장체 및 턱끈을 가질 것
② 착장체의 머리고정대는 착용자의 머리부위에 적합하도록 조절할 수 있을 것
③ 착장체의 구조는 착용자의 머리에 균등한 힘이 분배되도록 할 것
④ 모체, 착장체 등 안전모의 부품은 착용자에게 상해를 줄 수 있는 날카로운 모서리 등이 없을 것
⑤ 모체에 구멍이 없을 것(착장체 및 턱끈의 설치 또는 안전등, 보안면 등을 붙이기 위한 구멍은 제외한다)
⑥ 턱끈은 사용 중 탈락되지 않도록 확실히 고정되는 구조일 것
⑦ 안전모의 착용높이는 85mm 이상이고 외부수직거리는 80mm 미만일 것
⑧ 안전모의 내부수직거리는 25mm 이상 50mm 미만일 것
⑨ 안전모의 수평간격은 5mm 이상일 것
⑩ 머리받침끈이 섬유인 경우에는 각각의 폭이 15mm 이상이어야 하며, 교차지점 중심으로부터 방사되는 끈폭의 총합은 72mm 이상일 것
⑪ 턱끈의 폭은 10mm 이상일 것

(나) 호흡용 보호구

1) 방진마스크 : 일반분진, 미스트, 용접흄 등에 의한 호흡기 보호
   ① 구비조건
      ㉠ 흡기밸브는 미약한 호흡에 대하여 확실하고 예민하게 작동하도록 할 것
      ㉡ 쉽게 착용되어야 하고 착용하였을 때 안면부가 안면에 밀착되어 공기가 새지 않을 것
      ㉢ 여과재는 여과성능이 우수하고 인체에 장해를 주지 않을 것
      ㉣ 분진포집효율(여과효율)이 높고 흡기·배기 저항이 낮을 것
      ㉤ 가볍고 시야가 넓을 것
      ㉥ 사용적(사용 용적 : 유효공간)이 적을 것
      ㉦ 안면부 여과식 마스크는 여과재를 안면에 밀착시킬 수 있어야 할 것
      ㉧ 머리끈은 적당한 길이 및 탄력성을 갖고 길이를 쉽게 조절할 수 있을 것
   ② 사용조건 : 산소농도 18% 이상인 장소에서 사용

안전모의 거리

1. 착용높이 : 안전모를 머리모형에 장착하였을 때 머리고정대의 하부와 머리모형 최고점과의 수직거리
2. 외부수직거리 : 안전모를 머리모형에 장착하였을 때 모체외면의 최고점과 머리모형 최고점과의 수직거리
3. 내부수직거리 : 안전모를 머리모형에 장착하였을 때 모체내면의 최고점과 머리모형 최고점과의 수직거리
4. 수평간격 : 모체 내면과 머리모형 전면 또는 측면간의 거리

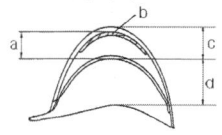

(a) 내부수직거리
(b) 충격흡수재
(c) 외부수직거리
(d) 착용높이

[그림] 안전모의 거리 및 간격 상세도

방진마스크 여과재분진 등 포집효율〈보호구 안전인증 고시〉

형태 및 등급		염화나트륨(NaCl) 및 파라핀오일(Paraffin oil) 시험(%)
분리식	특급	99.95 이상
	1급	94.0 이상
	2급	80.0 이상
안면부 여과식	특급	99.0 이상
	1급	94.0 이상
	2급	80.0 이상

- 전면형 : 안면부 전체(눈, 코, 입)를 덮을 수 있는 구조
- 반면형 : 입, 코를 덮을 수 있는 구조

③ 사용장소에 따른 방진마스크의 등급

등급	특급	1급	2급
사용 장소	• 베릴륨등과 같이 독성이 강한 물질들을 함유한 분진 등 발생장소 • 석면 취급장소	• 특급마스크 착용장소를 제외한 분진 등 발생장소 • 금속 흄 등과 같이 열적으로 생기는 분진 등 발생장소 • 기계적으로 생기는 분진 등 발생장소(규소등과 같이 2급 방진마스크를 착용하여도 무방한 경우는 제외)	• 특급 및 1급 마스크 착용장소를 제외한 분진 등 발생장소

배기밸브가 없는 안면부 여과식 마스크는 특급 및 1급 장소에 사용해서는 안 된다.

④ 방진마스크 성능기준(시야)

형태		시야(%)	
		유효시야	겹침시야
전면형	1안식	70 이상	80 이상
	2안식		20 이상

⑤ 방진마스크의 형태(반면형)

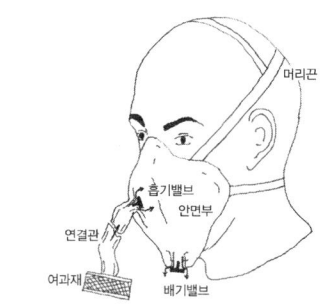

[그림] 격리식 반면형

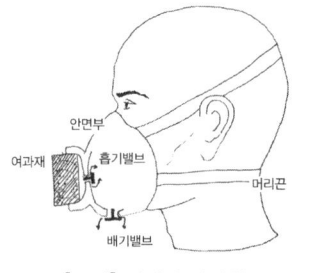

[그림] 직결식 반면형

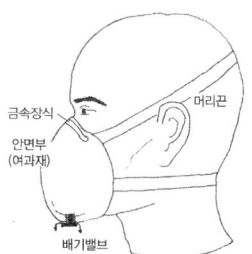

[그림] 안면부 여과식

2) 방독마스크

① 등급 및 사용장소(성능기준)

등급	사용장소
고농도	가스 또는 증기의 농도가 100분의 2(암모니아에 있어서는 100분의 3) 이하의 대기 중에서 사용하는 것
중농도	가스 또는 증기의 농도가 100분의 1(암모니아에 있어서는 100분의 1.5) 이하의 대기 중에서 사용하는 것
저농도 및 최저농도	가스 또는 증기의 농도가 100분의 0.1 이하의 대기 중에서 사용하는 것으로서 긴급용이 아닌 것

※ 비고 : 방독마스크는 산소농도가 18% 이상인 장소에서 사용하여야 하고, 고농도와 중농도에서 사용하는 방독마스크는 전면형(격리식, 직결식)을 사용해야 한다.

방독마스크의 시험성능기준 항목

① 안면부 흡기저항　② 정화통의 제독능력　③ 안면부 배기저항
④ 안면부 누설률　⑤ 배기밸브 작동　⑥ 시야
⑦ 불연성　⑧ 강도, 신장률 및 영구변형률　⑨ 불연성
⑩ 음성 전달판　⑪ 투시부의 내충격성　⑫ 정화통 질량
⑬ 정화통 호흡저항　⑭ 안면부 내부의 이산화탄소 농도

② 방독마스크 정화통(흡수관)종류와 시험가스

종류	시험가스	정화통 외부측면 표시 색
유기화합물용	시클로헥산(C_6H_{12})	갈색
할로겐용	염소가스 또는 증기(Cl_2)	회색
황화수소용	황화수소가스(H_2S)	회색
시안화수소용	시안화수소가스(HCN)	회색
아황산용	아황산가스(SO_2)	노란색
암모니아용	암모니아가스(NH_3)	녹색

> 유기화합물용 방독마스크 시험가스의 종류
> 시클로헥산, 디메틸에테르, 이소부탄

※ 복합용의 정화통은 해당가스 모두 표시(2층 분리), 겸용은 백색과 해당가스 모두 표시(2층 분리)

※ 방독마스크의 흡수제(정화제)의 종류와 사용조건
　① 유기용제용(유기화합물용, 유기가스용) 방독마스크 : 활성탄
　② 일산화탄소용 방독마스크 : 호프카라이트
　③ 암모니아용 방독마스크 : 큐프라마이트
　④ 할로겐가스용 방독마스크 : 소다라임

③ 방독마스크에 관한 용어의 설명〈보호구 안전인증 고시 제13조〉

1. 파과 : 대응하는 가스에 대하여 정화통 내부의 흡착제가 포화상태가 되어 흡착능력을 상실한 상태

2. 파과시간 : 어느 일정농도의 유해물질 등을 포함한 공기를 일정 유량으로 정화통에 통과하기 시작부터 파과가 보일 때까지의 시간
3. 파과곡선 : 파과시간과 유해물질 등에 대한 농도와의 관계를 나타낸 곡선
4. 전면형 방독마스크 : 유해물질 등으로부터 안면부 전체(입, 코, 눈)를 덮을 수 있는 구조의 방독마스크
5. 반면형 방독마스크 : 유해물질 등으로부터 안면부의 입과 코를 덮을 수 있는 구조의 방독마스크
6. 복합용 방독마스크 : 두 종류 이상의 유해물질 등에 대한 제독능력이 있는 방독마스크
7. 겸용 방독마스크 : 방독마스크(복합용 포함)의 성능에 방진마스크의 성능이 포함된 방독마스크

④ 방독마스크의 선정 방법
  ㉠ 가볍고 시야를 가리지 않을 것
  ㉡ 착용자 자신이 스스로 안면과 방독마스크 안면부와의 밀착성 여부를 수시로 확인할 수 있을 것
  ㉢ 머리끈은 적당한 길이 및 탄력성을 갖고 길이를 쉽게 조절할 수 있는 것
  ㉣ 정화통 내부의 흡착제는 견고하게 충진되고 충격에 의해 외부로 노출되지 않을 것

3) 송기마스크와 공기호흡기
  ① 송기마스크 : 산소농도가 18% 미만, 유독가스, 고농도의 분진, 작업강도가 크거나, 장시간 작업에 의한 질식, 중독 예방
  ② 공기호흡기 : 격리된 장소, 행동반경이 크거나 공기의 공급장소가 멀리 떨어진 경우에는 공기호흡기를 지급함.

[그림] 송기마스크

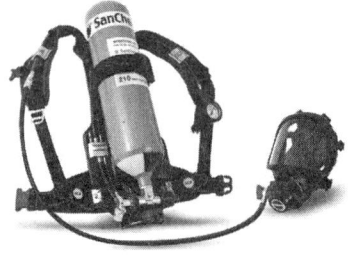

[그림] 공기호흡기

(다) 귀마개와 귀덮개

1) 구비조건

① 귀의 구조상 외이도에 잘 맞을 것(내이도 아님)
② 귀마개를 착용할 때 귀마개의 모든 부분이 착용자에게 물리적인 손상을 유발시키지 않을 것
③ 사용 중에 쉽게 빠지지 않을 것
④ 귀마개는 사용수명 동안 피부자극, 피부질환, 알레르기반응 혹은 그 밖에 다른 건강상의 부작용을 일으키지 않을 것
⑤ 귀마개 사용 중 재료에 변형이 생기지 않을 것
⑥ 귀마개를 착용할 때 밖으로 돌출되는 부분이 외부의 접촉에 의하여 귀에 손상이 발생하지 않을 것
⑦ 사용 중 심한 불쾌함이 없을 것

2) 종류 및 등급 등

종류	등급	기호	성능
귀마개	1종	EP-1	저음부터 고음까지를 차음하는 것
	2종	EP-2	주로 고음을 차음하고, 저음(회화음 영역)은 차음하지 않음
귀덮개		EM	

3) 방음용 귀마개 또는 귀덮개와 관련된 용어의 정의(보호구 안전인증 고시 제32조)

1. 방음용 귀마개(ear-plugs) : 외이도에 삽입 또는 외이 내부·외이도 입구에 반 삽입함으로써 차음 효과를 나타내는 1회용 또는 재사용 가능한 방음용 귀마개
2. 방음용 귀덮개(ear-muff) : 양쪽 귀 전체를 덮을 수 있는 컵(머리띠 또는 안전모에 부착된 부품을 사용하여 머리에 압착될 수 있는 것)
3. 음압수준 : 음압을 다음 식에 따라 데시벨(dB)로 나타낸 것을 말하며 적분평균소음계(KS C 1505) 또는 소음계(KS C 1502)에 규정하는 소음계의 "C" 특성을 기준으로 함

(라) 보안경

유해광선이나 비산물, 분진 등으로부터 눈을 보호하기 위한 것

1) 차광보안경 : 자외선, 적외선 및 강렬한 가시광선 등으로부터 눈을 보호

※ 〈보호구 의무안전인증 고시〉

〈표〉 사용구분에 따른 차광보안경의 종류

종류	사용구분
자외선용	자외선이 발생하는 장소
적외선용	적외선이 발생하는 장소
복합용	자외선 및 적외선이 발생하는 장소
용접용	산소용접작업에서처럼 자외선, 적외선, 강렬한 가시광선이 발생하는 장소

※ 〈보호구 자율안전확인 고시〉

〈표〉 사용구분에 따른 보안경의 종류

종류	사용구분
유리보안경	비산물로부터 눈을 보호하기 위한 것으로 렌즈의 재질이 유리인 것
플라스틱보안경	비산물로부터 눈을 보호하기 위한 것으로 렌즈의 재질이 플라스틱인 것
도수렌즈보안경	비산물로부터 눈을 보호하기 위한 것으로 도수가 있는 것

2) 일반보안경 : 작업 중 발생되는 비산물로부터 눈을 보호

(마) 절연장갑

1) 절연장갑의 등급별 색상(* 등급별 사용전압 참조)

등급	00급	0급	1급	2급	3급	4급
색상	갈색	빨간색	흰색	노란색	녹색	등색

2) 절연장갑의 등급별 최대사용전압

등급	최대사용전압		비고
	교류(V, 실효값)	직류(V)	
00	500	750	
0	1,000	1,500	
1	7,500	11,250	
2	17,000	25,500	
3	26,500	39,750	
4	36,000	54,000	

* 직류는 교류값에 1.5를 곱해준다.

(바) 안전대

1) 안전대의 종류

종류	사용구분
벨트식	1개 걸이용
안전그네식	U자 걸이용
안전그네식	안전블록
	추락방지대

* 비고 : 추락방지대 및 안전블록은 안전그네식에만 적용함.

2) 안전대의 일반구조 등

① 안전블록이란 안전그네와 연결하여 추락발생 시 추락을 억제할 수 있는 자동잠김 장치가 갖추어져 있고 죔줄이 자동적으로 수축되는 장치를 말한다.
② 안전대 벨트의 두께는 2mm 이상일 것
③ 안전블록의 줄은 합성섬유로프, 웨빙, 와이어로프이어야 하며, 와이어로프인 경우 최소지름이 4mm 이상일 것
④ 고정된 추락방지대의 수직구명줄은 와이어로프 등으로 하며 최소지름이 8mm 이상일 것

3) 안전대의 각 부품(용어)에 관한 설명〈보호구 안전인증 고시 제26조〉

안전대에서 사용하는 용어의 뜻은 다음과 같다.

1. 벨트 : 신체지지의 목적으로 허리에 착용하는 띠 모양의 부품
2. 안전그네 : 신체지지의 목적으로 전신에 착용하는 띠 모양의 것으로서 상체 등 신체 일부분만 지지하는 것은 제외
4. 죔줄 : 벨트 또는 안전그네를 구명줄 또는 구조물 등 그 밖의 걸이설비와 연결하기 위한 줄모양의 부품
5. D링 : 벨트 또는 안전그네와 죔줄을 연결하기 위한 D자형의 금속 고리
6. 각링 : 벨트 또는 안전그네와 신축조절기를 연결하기 위한 사각형의 금속 고리
7. 버클 : 벨트 또는 안전그네를 신체에 착용하기 위해 그 끝에 부착한 금속장치
8. 추락방지대 : 신체의 추락을 방지하기 위해 자동잠김 장치를 갖추고 죔줄과 수직구명줄에 연결된 금속장치
9. 훅 및 카라비너 : 죔줄과 걸이설비 등 또는 D링과 연결하기 위한 금속장치

추락방지대가 부착된 안전대의 구조〈보호구 안전인증 고시〉
1) 추락방지대를 부착하여 사용하는 안전대는 신체지지의 방법으로 안전그네만을 사용하여야 하며 수직구명줄이 포함될 것
2) 수직구명줄에서 걸이설비와의 연결부위는 훅 또는 카라비너 등이 장착되어 걸이설비와 확실히 연결될 것
3) 유연한 수직구명줄은 합성섬유로프 또는 와이어로프 등이어야 하며, 구명줄이 고정되지 않아 흔들림에 의한 추락방지대의 오작동을 막기 위하여 적절한 긴장수단을 이용, 팽팽히 당겨질 것
4) 죔줄은 합성섬유로프, 웨빙, 와이어로프 등일 것
5) 고정된 추락방지대의 수직구명줄은 와이어로프 등으로 하며 최소지름이 8mm 이상일 것
6) 고정 와이어로프에는 하단부에 무게추가 부착되어 있을 것

10. 보조훅 : U자걸이를 위해 훅 또는 카라비너를 지탱벨트의 D링에 걸거나 떼어낼 때 추락을 방지하기 위한 훅
11. 신축조절기 : 죔줄의 길이를 조절하기 위해 죔줄에 부착된 금속의 조절장치
13. 안전블록 : 안전그네와 연결하여 추락발생시 추락을 억제할 수 있는 자동잠김장치가 갖추어져 있고 죔줄이 자동적으로 수축되는 장치
15. 수직구명줄 : 로프 또는 레일 등과 같은 유연하거나 단단한 고정줄로서 추락발생시 추락을 저지시키는 추락방지대를 지탱해 주는 줄 모양의 부품
16. 충격흡수장치 : 추락 시 신체에 가해지는 충격하중을 완화시키는 기능을 갖는 죔줄에 연결되는 부품
19. U자걸이 : 안전대의 죔줄을 구조물 등에 U자 모양으로 돌린 뒤 훅 또는 카라비너를 D링에, 신축조절기를 각링 등에 연결하는 걸이 방법
20. 1개걸이 : 죔줄의 한쪽 끝을 D링에 고정시키고 훅 또는 카라비너를 구조물 또는 구명줄에 고정시키는 걸이 방법

안전대의 완성품 및 각 부품의 동하중 시험 성능기준
〈보호구 안전인증고시〉
• 충격흡수장치
① 최대전달충격력은 6.0kN 이하이어야 함
② 감속거리는 1,000mm 이하이어야 함

4) 안전대의 죔줄(로프)의 구비조건
1. 충격, 인장강도에 강할 것
2. 내마모성이 높을 것
3. 내열성이 높을 것
4. 완충성이 높을 것
5. 습기나 약품류에 침범 당하지 않을 것
6. 부드럽고, 되도록 매끄럽지 않을 것

(사) 안전화〈보호구 안전인증 고시 제5조〉

1) 안전화 구분
안전화에서 사용하는 용어의 뜻
1. 중작업용 안전화 : 1,000밀리미터의 낙하높이에서 시험했을 때 충격과 (15.0 ±0.1)킬로뉴턴(KN)의 압축하중에서 시험했을 때 압박에 대하여 보호해 줄 수 있는 선심을 부착하여, 착용자를 보호하기 위한 안전화
2. 보통작업용 안전화 : 500밀리미터의 낙하높이에서 시험했을 때 충격과 (10.0 ±0.1)킬로뉴턴(KN)의 압축하중에서 시험했을 때 압박에 대하여 보호해 줄 수 있는 선심을 부착하여, 착용자를 보호하기 위한 안전화

3. 경작업용 안전화 : 250밀리미터의 낙하높이에서 시험했을 때 충격과 (4.4 ±0.1)킬로뉴턴(KN)의 압축하중에서 시험했을 때 압박에 대하여 보호해 줄 수 있는 선심을 부착하여, 착용자를 보호하기 위한 안전화

2) 안전화 종류〈보호구 안전인증 고시〉: 가죽제 안전화, 고무제 안전화, 정전기 안전화, 발등안전화, 절연화, 절연장화, 화학물질용안전화
  - 고무제안전화의 사용 장소에 따른 구분 : 일반용, 내유용

3) 고무제 안전화의 구비조건〈보호구 성능검정 규정 제37조〉

  안전화의 일반구조는 다음에서 규정하는 조건을 만족하여야 함
  1. 안전화는 방수 또는 내화학성의 재료(고무, 합성수지 등)를 사용하여 견고하게 만들어지고 가벼우며 또한 착용하기에 편안하고, 활동하기 쉬워야 함
  2. 안전화는 물, 산 또는 알칼리 등이 안전화 내부로 쉽게 들어가지 않도록 되어 있어야 하며, 또한 겉창, 뒷굽, 테이프 기타 부분의 접착이 양호하여 물, 기름, 산 또는 알칼리 등이 새어 들지 않도록 하여야 함
  3. 안전화 내부에 부착하는 안감, 안창포 및 심지포(안감 및 기타포)에 사용되는 메리야스, 융 등은 사용목적에 따라 적합한 조직의 재료를 사용하고 견고하게 제조하여 모양이 균일하도록 할 것(분진발생 및 고온작업장소에서 사용되는 안전화는 안감 및 기타를 부착하지 아니할 수 있음)
  4. 겉창(굽포함), 몸통, 신울 기타 접합부분 또는 부착부분은 밀착이 양호하며, 물이 새지 않고 고무 및 포에 부착된 박리고무의 부풀음 등 흠이 없도록 할 것
  5. 선심의 안쪽은 포, 고무 또는 플라스틱 등으로 붙이고 특히, 선심 뒷부분의 안쪽은 보강되도록 할 것
  6. 안쪽과 골씌움이 완전하도록 할 것
  7. 부속품의 접착은 견고하도록 할 것

가죽제 안전화의 성능시험 방법〈보호구 안전인증 고시〉
은면결렬시험, 인열강도시험, 내부식성시험, 인장강도시험 및 신장률, 내유성시험, 내압박성시험, 내충격성시험, 박리저항시험, 내답발성시험
* 절연화 시험방법 : 내전압실험

나 안전보건표지〈산업안전보건법 시행규칙〉

(1) 안전·보건 표지의 종류와 형태

안전·보건표지의 종류와 형태

1. 금지표지	101 출입금지	102 보행금지	103 차량통행금지	104 사용금지	105 탑승금지	106 금연
107 화기금지	108 물체이동금지	2. 경고표지	201 인화성 물질경고	202 산화성 물질경고	203 폭발성 물질경고	204 급성 독성 물질경고
205 부식성 물질경고	206 방사성 물질경고	207 고압 전기경고	208 매달린 물체경고	209 낙하물경고	210 고온경고	211 저온경고
212 몸균형 상실경고	213 레이저광선 경고	214 발암성·변이원성·생식독성·전신독성·호흡기 과민성 물질경고	215 위험장소 경고	3. 지시표지	301 보안경 착용	302 방독마스크 착용
303 방진마스크 착용	304 보안면 착용	305 안전모 착용	306 귀마개 착용	307 안전화 착용	308 안전장갑 착용	309 안전복 착용
4. 안내표지	401 녹십자 표지	402 응급구호 표지	403 들것	404 세안장치	405 비상용 기구	406 비상구

407 좌측 비상구	408 우측 비상구	5. 관계자 외 출입금지	501 허가대상물질 작업장	502 석면취급/해체 작업장	501 금지대상물질의 취급 실험실 등
			관계자 외 출입금지 (허가물질명칭) 제조/사용/보관 중 보호구/보호복 착용 흡연 및 음식물 섭취 금지	**관계자 외 출입금지** 석면 취급/해체 중 보호구/보호복 착용 흡연 및 음식물 섭취 금지	**관계자 외 출입금지** 발암물질 취급 중 보호구/보호복 착용 흡연 및 음식물 섭취 금지
6. 문자추가시 예시문			▶ 내 자신의 건강과 복지를 위하여 안전을 늘 생각한다. ▶ 내 가정의 행복과 화목을 위하여 안전을 늘 생각한다. ▶ 내 자신의 실수로써 동료를 해치지 않도록 안전을 늘 생각한다. ▶ 내 자신이 일으킨 사고로 인한 회사의 재산과 손실을 방지하기 위하여 안전을 늘 생각한다. ▶ 내 자신의 방심과 불안전한 행동이 조국의 번영에 장애가 되지 않도록 하기 위하여 안전을 늘 생각한다.		

(2) 안전·보건표지의 종류별 색채

안전·보건표지의 종류별 용도, 사용 장소, 형태 및 색채

분류	종류	용도 및 사용 장소	사용 장소 예시	형태 기본 모형 번호	형태 안전·보건표지 일람표 번호	색채
금지표지	1. 출입금지	출입을 통제해야할 장소	조립·해체 작업장 입구	1	101	바탕은 흰색, 기본 모형은 빨간색, 관련 부호 및 그림은 검은색
	2. 보행금지	사람이 걸어 다녀서는 안 될 장소	중장비 운전 작업장	1	102	
	3. 차량통행금지	제반 운반기기 및 차량의 통행을 금지시켜야 할 장소	집단보행 장소	1	103	
	4. 사용금지	수리 또는 고장 등으로 만지거나 작동시키는 것을 금지해야 할 기계·기구 및 설비	고장난 기계	1	104	
	5. 탑승금지	엘리베이터 등에 타는 것이나 어떤 장소에 올라가는 것을 금지	고장난 엘리베이터	1	105	
	6. 금연	담배를 피워서는 안 될 장소		1	106	
	7. 화기금지	화재가 발생할 염려가 있는 장소로서 화기 취급을 금지하는 장소	화학물질 취급 장소	1	107	
	8. 물체이동금지	정리 정돈 상태의 물체나 움직여서는 안 될 물체를 보존하기 위하여 필요한 장소	절전스위치 옆	1	108	
경고표지	1. 인화성 물질 경고	휘발유 등 화기의 취급을 극히 주의해야 하는 물질이 있는 장소	휘발유 저장탱크	2	201	바탕은 노란색, 기본모형, 관련 부호 및 그림은 검은색
	2. 산화성 물질 경고	가열·압축하거나 강산·알칼리 등을 첨가하면 강한 산화성을 띠는 물질이 있는 장소	질산 저장탱크	2	202	

	3. 폭발성 물질 경고	폭발성 물질이 있는 장소	폭발물 저장실	2	203	다만, 인화성 물질 경고, 산화성물질 경고, 폭발성물질 경고, 급성독성물질 경고, 부식성물질 경고 및 발암성·변이원성·생식독성·전신독성·호흡기과민성 물질 경고의 경우 바탕은 무색, 기본 모형은 빨간색(검은색도 가능)
	4. 급성독성 물질 경고	급성독성 물질이 있는 장소	농약 제조·보관소	2	204	
	5. 부식성 물질 경고	신체나 물체를 부식시키는 물질이 있는 장소	황산 저장소	2	205	
	6. 방사성 물질 경고	방사능물질이 있는 장소	방사성 동위원소 사용실	2	206	
	7. 고압전기 경고	발전소나 고전압이 흐르는 장소	감전우려지역 입구	2	207	
	8. 매달린 물체 경고	머리 위에 크레인 등과 같이 매달린 물체가 있는 장소	크레인이 있는 작업장 입구	2	208	
	9. 낙하물체 경고	돌 및 블록 등 떨어질 우려가 있는 물체가 있는 장소	비계 설치 장소 입구	2	209	
	10. 고온 경고	고도의 열을 발하는 물체 또는 온도가 아주 높은 장소	주물작업장 입구	2	210	
	11. 저온 경고	아주 차가운 물체 또는 온도가 아주 낮은 장소	냉동작업장 입구	2	211	
	12. 몸균형 상실 경고	미끄러운 장소 등 넘어지기 쉬운 장소	경사진 통로 입구	2	212	
	13. 레이저 광선 경고	레이저광선에 노출될 우려가 있는 장소	레이저실험실 입구	2	213	
	14. 발암성·변이원성·생식독성·전신독성·호흡기 과민성물질 경고	발암성·변이원성·생식독성·전신독성·호흡기과민성 물질이 있는 장소	납 분진 발생 장소	2	214	
	15. 위험장소 경고	그 밖에 위험한 물체 또는 그 물체가 있는 장소	맨홀 앞 고열금속 찌꺼기 폐기장소	2	215	
지시 표지	1. 보안경 착용	보안경을 착용해야만 작업 또는 출입을 할 수 있는 장소	그라인더작업장 입구	3	301	바탕은 파란색, 관련 그림은 흰색
	2. 방독마스크 착용	방독마스크를 착용해야만 작업 또는 출입을 할 수 있는 장소	유해물질작업장 입구	3	302	
	3. 방진마스크 착용	방진마스크를 착용해야만 작업 또는 출입을 할 수 있는 장소	분진이 많은 곳	3	303	

	4. 보안면 착용	보안면을 착용해야만 작업 또는 출입을 할 수 있는 장소	용접실 입구	3	304	
	5. 안전모 착용	헬멧 등 안전모를 착용해야만 작업 또는 출입을 할 수 있는 장소	갱도의 입구	3	305	
	6. 귀마개 착용	소음장소 등 귀마개를 착용해야만 작업 또는 출입을 할 수 있는 장소	판금작업장 입구	3	306	
	7. 안전화 착용	안전화를 착용해야만 작업 또는 출입을 할 수 있는 장소	채탄작업장 입구	3	307	
	8. 안전장갑 착용	안전장갑을 착용해야 작업 또는 출입을 할 수 있는 장소	고온 및 저온 물 취급작업장 입구	3	308	
	9. 안전복 착용	방열복 및 방한복 등의 안전복을 착용해야만 작업 또는 출입을 할 수 있는 장소	단조작업장 입구	3	309	
안내 표지	1. 녹십자표지	안전의식을 북돋우기 위하여 필요한 장소	공사장 및 사람들이 많이 볼 수 있는 장소	1 (사선 제외)	401	바탕은 흰색, 기본 모형 및 관련 부호는 녹색, 바탕은 녹색, 관련 부호 및 그림은 흰색
	2. 응급구호 표지	응급구호설비가 있는 장소	위생구호실 앞	4	402	
	3. 들것	구호를 위한 들것이 있는 장소	위생구호실 앞	4	403	
	4. 세안장치	세안장치가 있는 장소	위생구호실 앞	4	404	
	5. 비상용기구	비상용기구가 있는 장소	비상용기구 설치장소 앞	4	405	
	6. 비상구	비상출입구	위생구호실 앞	4	406	
	7. 좌측비상구	비상구가 좌측에 있음을 알려야 하는 장소	위생구호실 앞	4	407	
	8. 우측비상구	비상구가 우측에 있음을 알려야 하는 장소	위생구호실 앞	4	408	
출입 금지 표지	1. 허가대상 유해물질 취급	허가대상유해물질 제조, 사용 작업장	출입구 (단, 실외 또는 출입구가 없을 시 근로자가 보기 쉬운 장소)	5	501	글자는 흰색 바탕에 흑색 다음 글자는 적색 -○○○제조/ 사용/보관 중
	2. 석면취급 및 해체·제거	석면 제조, 사용, 해체 ·제거 작업장		5	502	-석면취급/ 해체 중
	3. 금지유해 물질 취급	금지유해물질 제조·사용설비가 설치된 장소		5	503	-발암물질 취급 중

※ 안전보건표지 종류
  (1) 금지표지 : 1. 출입금지 2. 보행금지 3. 차량통행금지 4. 사용금지 5. 탑승금지 6. 금연 7. 화기금지 8. 물체이동금지
  (2) 경고표지 : 1. 인화성물질 경고 2. 산화성물질 경고 3. 폭발성물질 경고 4. 급성독성물질 경고 5. 부식성물질 경고 6. 방사성물질 경고 7. 고압전기 경고 8. 매달린물체 경고 9. 낙하물 경고 10. 고온 경고 11. 저온 경고 12. 몸균형 상실 경고 13. 레이저광선 경고 14. (생략) 15. 위험장소 경고
  (3) 지시표지 : 1. 보안경 착용 2. 방독마스크 착용 3. 방진마스크 착용 4. 보안면 착용 5. 안전모 착용 6. 귀마개 착용 7. 안전화 착용 8. 안전장갑 착용 9. 안전복 착용
  (4) 안내표지 : 1. 녹십자표지 2. 응급구호표지 3. 들것 4. 세안장치 5. 비상용 기구 6. 비상구 7. 좌측비상구 8. 우측비상구

※ 안전보건표지 분류 및 색채

분류	색채
금지표지	바탕은 흰색, 기본 모형은 빨간색, 관련 부호 및 그림은 검은색
경고표지	• 바탕은 노란색, 기본 모형, 관련 부호 및 그림은 검은색 • 바탕은 무색, 기본 모형은 빨간색(검은색도 가능) : 인화성물질 경고, 산화성물질 경고, 폭발성물질 경고, 급성독성물질 경고, 부식성물질 경고 및 발암성·변이원성·생식독성·전신독성·호흡기과민성 물질 경고의 경우
지시표지	바탕은 파란색, 관련 그림은 흰색
안내표지	바탕은 흰색, 기본 모형 및 관련 부호는 녹색 바탕은 녹색, 관련 부호 및 그림은 흰색
관계자외 출입금지표지	글자는 흰색바탕에 흑색 다음 글자는 적색 – ○○○제조/사용/보관 중 – 석면취급/해체 중 – 발암물질 취급 중

(3) 안전·보건표지의 색채, 색도기준 및 용도

안전·보건표지의 색채, 색도기준 및 용도

색채	색도기준	용도	사용례
빨간색	7.5R 4/14	금지	정지신호, 소화설비 및 그 장소, 유해행위의 금지
		경고	화학물질 취급장소에서의 유해·위험 경고
노란색	5Y 8.5/12	경고	화학물질 취급장소에서의 유해·위험경고 이외의 위험경고, 주의표지 또는 기계방호물
파란색	2.5PB 4/10	지시	특정 행위의 지시 및 사실의 고지
녹색	2.5G 4/10	안내	비상구 및 피난소, 사람 또는 차량의 통행표지
흰색	N9.5		파란색 또는 녹색에 대한 보조색
검은색	N0.5		문자 및 빨간색 또는 노란색에 대한 보조색

먼셀기호
• 7.5R(색상) 4(명도)/14(채도)
  – 읽기 : 4의 14
• R: Red, Y: Yellow, PB: Purple Brown, G: Green, N: Neutral(무채색)

※ 안전·보건표지의 제작〈산업안전보건법 시행규칙 제40조〉
  ① 안전·보건표지는 그 표시내용을 근로자가 빠르고 쉽게 알아볼 수 있는 크기로 제작하여야 한다.
  ② 안전·보건표지 속의 그림 또는 부호의 크기는 안전·보건표지의 크기와 비례하여야 하며, 안전·보건표지 전체 규격의 30퍼센트 이상이 되어야 한다.
  ③ 안전보건표지는 쉽게 파손되거나 변형되지 않는 재료로 제작해야 한다.
  ④ 야간에 필요한 안전·보건표지는 야광물질을 사용하는 등 쉽게 알아볼 수 있도록 제작하여야 한다.

(4) 안전·보건표지의 기본모형

<u>안전·보건표지의 기본모형</u>

번호	기본 모형	규격 비율(크기)	표시사항
1	(원형에 사선)	$d \geq 0.025L$ $d_1 = 0.8d$ $0.7d < d_2 < 0.8d$ $d_3 = 0.1d$	금지
2	(정삼각형)	$a \geq 0.034L$ $a_1 = 0.8a$ $0.7a < a_2 < 0.8a$	경고
2	(마름모)	$a \geq 0.025L$ $a1 = 0.8a$ $0.7a < a_2 < 0.8a$	경고
3	(원형)	$d \geq 0.025L$ $d_1 = 0.8d$	지시

번호	기본 모형	규격 비율(크기)	표시사항
4		$b \geqq 0.0224L$ $b_2 = 0.8b$	안내
5		$h < l$ $h_2 = 0.8h$ $l \times h \geqq 0.0005L_2$ $h - h_2 = l - l_2 = 2e_2$ $l/h = 1, 2, 4, 8$ (4종류)	안내
6	A B C 모형 안쪽에는 A, B, C로 3가지 구역으로 구분하여 글씨를 기재한다.	1. 모형 크기(가로 40cm, 세로 25cm 이상) 2. 글자크기(A: 가로 4cm, 세로 5cm 이상, B: 가로 2.5cm, 세로 3cm 이상, C: 가로 3cm, 세로 3.5cm 이상)	관계자외 출입금지
7	A B C 모형 안쪽에는 A, B, C로 3가지 구역으로 구분하여 글씨를 기재한다.	1. 모형 크기(가로 70cm, 세로 50cm 이상) 2. 글자크기(A: 가로 8cm, 세로 10cm 이상, B, C: 가로 6cm, 세로 6cm 이상)	관계자외 출입금지

(참고)
1. L=안전·보건표지를 인식할 수 있거나 인식해야 할 안전거리를 말한다(L과 a, b, d, e, h, l은 같은 단위로 계산해야 한다).
2. 점선 안쪽에는 표시사항과 관련된 부호 또는 그림을 그린다.

CHAPTER 06 항목별 우선순위 문제 및 해설

01 안전모의 성능시험에 해당하지 않는 것은?
① 내수성 시험 ② 내전압성 시험
③ 난연성 시험 ④ 압박 시험

해설 안전모의 성능시험(기준)

항 목	시험성능기준
내관통성	AE, ABE종 안전모는 관통거리가 9.5mm 이하이고, AB종 안전모는 관통거리가 11.1mm 이하이어야 한다.
충격흡수성	최고전달충격력이 4,450N을 초과해서는 안 되며, 모체와 착장체의 기능이 상실되지 않아야 한다.
내전압성	AE, ABE종 안전모는 교류 20kV에서 1분간 절연파괴 없이 견뎌야 하고, 이때 누설되는 충전전류는 10mA 이하이어야 한다.
내수성	AE, ABE종 안전모는 질량증가율이 1% 미만이어야 한다.
난연성	모체가 불꽃을 내며 5초 이상 연소되지 않아야 한다.
턱끈풀림	150N 이상 250N 이하에서 턱끈이 풀려야 한다.

02 방독마스크의 선정 방법으로 적합하지 않은 것은?
① 전면형은 되도록 시야가 좁을 것
② 착용자 자신이 스스로 안면과 방독마스크 안면부와의 밀착성 여부를 수시로 확인할 수 있을 것
③ 머리끈은 적당한 길이 및 탄력성을 갖고 길이를 쉽게 조절할 수 있는 것
④ 정화통 내부의 흡착제는 견고하게 충전되고 충전에 의해 외부로 노출되지 않을 것

해설 방독마스크의 선정 방법
① 가볍고 시야가 넓을 것

03 다음 중 산소결핍이 예상되는 맨홀 내에서 작업을 실시할 때 사고 방지 대책으로 적절하지 않은 것은?
① 작업 시작 전 및 작업 중 충분한 환기 실시
② 작업 장소의 입장 및 퇴장 시 인원점검
③ 방독마스크의 보급과 착용 철저
④ 작업장과 외부와의 상시 연락을 위한 설비 설치

해설 방독마스크 : 산소농도 18% 이상인 장소에서 사용
– 공기호흡기나 송기마스크 등의 착용

04 다음 중 보호구에 관한 설명으로 옳은 것은?
① 차광용 보안경의 사용구분에 따른 종류에는 자외선용, 적외선용, 복합용, 용접용이 있다.
② 귀마개는 처음에는 저음만을 차단하는 제품부터 사용하며, 일정 기간이 지난 후 고음까지를 모두 차단할 수 있는 제품을 사용한다.
③ 유해물질이 발생하는 산소결핍지역에서는 필히 방독마스크를 착용하여야 한다.
④ 선반작업과 같이 손에 재해가 많이 발생하는 작업장에서는 장갑 착용을 의무화한다.

해설 귀마개 종류

형식	종류	기호	적요
귀마개	1종	EP-1	저음부터 고음까지를 차음하는 것
	2종	EP-2	고음만을 차음하는 것

* 방독마스크 : 산소농도 18% 이상인 장소에서 사용
* 선반작업 중 장갑이 말려들 위험이 있어 장갑 착용 금지

정답 01.④ 02.① 03.③ 04.①

05 벨트식, 안전그네식 안전대의 사용구분에 따른 분류에 해당하지 않는 것은?
① U자 걸이용 ② D링 걸이용
③ 안전블록   ④ 추락방지대

해설 안전대의 종류

종류	사용구분
벨트식	1개 걸이용
안전그네식	U자 걸이용
안전그네식	안전블록
	추락방지대

* 비고 : 추락방지대 및 안전블록은 안전그네식에만 적용함.

06 다음 중 산업안전보건법령상 안전·보건표지에 있어 금지 표지의 종류가 아닌 것은?
① 금연   ② 접촉금지
③ 보행금지   ④ 차량통행금지

해설 안전·보건 표지의 종류와 형태
(1) 금지표지 : 출입금지, 보행금지, 차량통행금지, 사용금지, 탑승금지, 금연, 화기금지, 물체이동금지

07 산업안전보건법령에 따라 작업장 내에 사용하는 안전·보건표지의 종류에 관한 설명으로 옳은 것은?
① "위험장소"는 경고표지로서 바탕은 노란색, 기본모형은 검은색, 그림은 흰색으로 한다.
② "출입금지"는 금지표지로서 바탕은 흰색, 기본모형은 빨간색, 그림은 검은색으로 한다.
③ "녹십자표지"는 안내표지로서 바탕은 흰색, 기본모형과 관련 부호는 녹색, 그림은 검은색으로 한다.
④ "안전모착용"은 경고표지로서 바탕은 파란색, 관련 그림은 검은색으로 한다.

해설 안전·보건표지의 종류
① 금지표지(출입금지 등) : 바탕은 흰색, 기본 모형은 빨간색, 관련 부호 및 그림은 검은색
② 경고표지 : 바탕은 노란색, 기본 모형, 관련 부호 및 그림은 검은색
③ 지시표지(안전모착용 등) : 바탕은 파란색, 관련 그림은 흰색
④ 안내표지(녹십자표지 등) : 바탕은 흰색, 기본 모형 및 관련 부호는 녹색, 바탕은 녹색, 관련 부호 및 그림은 흰색
⑤ 출입금지표지(허가대상유해물질 취급) : 글자는 흰색, 바탕에 흑색

08 산업안전보건법령상 안전·보건표지의 색채별 색도기준이 올바르게 연결된 것은? (단, 순서는 색상 명도/채도이며, 색도기준은 KS에 따른 색의 3속성에 의한 표시방법에 따른다.)
① 빨간색 – 5R 4/13
② 노란색 – 2.5Y 8/12
③ 파란색 – 7.5PB 2.5/7.5
④ 녹색 – 2.5G 4/10

해설 안전·보건표지의 색채별 색도기준
① 빨간색 – 7.5R 4/14(금지, 경고)
② 노란색 – 5Y 8.5/12(경고)
③ 파란색 – 2.5PB 4/10(지시)
④ 녹색 – 2.5G 4/10(안내)

정답 05. ② 06. ② 07. ② 08. ④

PART 02

산업심리 및 교육

✎ **항목별 이론 요약 및 우선순위 문제**
1. 산업안전심리
2. 인간의 행동과학
3. 안전보건교육의 개념
4. 교육의 내용 및 방법

Chapter 01 산업안전심리

1. 산업심리와 직업적성

(1) 모럴 서베이(morale survey)

근로자의 근로 의욕·태도 등에 대한 측정 - 근로의욕조사, 사기조사(士氣調査), 태도(態度)조사

① 근로자의 심리, 욕구를 파악하여 불만을 해소하고 노동의욕 고취(주로 질문지나 면접에 의한 태도, 의견조사가 중심)
② 근로자의 사기 및 근로의욕 저해요인, 불평불만 원인, 조직의 불건전성의 원인을 파악하고 대책수립하여 발전 방향 모색

(가) 모럴 서베이의 방법

① 통계에 의한 방법 : 사고 상해율, 생산성, 지각, 조퇴, 이직 등을 분석하여 파악하는 방법
② 사례 연구법 : 경영 관리상의 여러 가지 제도에 나타나는 사례에 대해 연구함으로써 현상을 파악하는 방법
③ 관찰법 : 근로자의 근무 실태를 계속 관찰함으로써 문제점을 찾아내는 방법
④ 실험연구법 : 실험 그룹과 통제 그룹으로 나누고 정황, 자극을 주어 태도 변화를 조사하는 방법
⑤ 태도조사법(의견조사) : 질문지법, 면접법, 집단토의법, 문답법, 투사법에 의해 의견을 조사하는 방법

> **투영법(투사법)**
> 직접질문이 아닌 우회질문을 통해 응답자의 태도를 추정하는 조사방법

(나) 모럴 서베이의 효용

① 근로자의 정화(catharsis)작용을 촉진시킨다.
② 경영관리를 개선하는 데에 대한 자료를 얻는다.
③ 근로자의 심리 또는 욕구를 파악하여 불만을 해소하고, 노동의욕을 높인다.

> **카운슬링(counseling)의 순서**
> 장면 구성 → 내담자와의 대화 → 의견 재분석 → 감정 표출 → 감정의 명확화
> • 개인적 카운슬링의 방법 : ① 직접적인 충고 ② 설득적 방법 ③ 설명적 방법

> **면접 결과에 영향을 미치는 요인**
> ① 지원자에 대한 긍정적 정보보다 부정적 정보가 더 중요하게 영향을 미친다.
> ② 면접자는 면접 초기와 마지막에 제시된 정보에 의해 많은 영향을 받는다.
> ③ 한 지원자에 대한 평가는 바로 앞의 지원자에 의해 영향을 받는다.
> ④ 지원자의 성(性)과 직업에 있어서 전통적 고정관념은 지원자와 면접자 간의 성(性)의 일치 여부보다 더 많은 영향을 미친다.

작업자들에게 적성검사를 실시하는 가장 큰 목적: 작업자의 생산능률을 높이기 위함.

(2) 적성 및 직업 적성(직업적성검사)

(가) 적성의 요인(적성의 기본요소)

① 지능 ② 직업 적성(기계적 적성과 사무적 적성) ③ 흥미 ④ 인간성(성격)

(* 인간의 적성을 발견하는 방법 : ① 적성 검사 ② 계발적 경험 ③ 자기이해)

> **시스템 설계자가 통상적으로 하는 평가방법**
> * 적성 : 일에 대한 잠재적 능력
> * 직업 적성(기계적 적성과 사무적 적성)
>   ① 기계적 적성 : 기계적 이해, 공간의 시각화, 손과 팔의 솜씨(단순한 운동적 섬세성, 지각적, 공간적 적성, 기계적 추리)
>   ② 사무적 적성 : 지각의 정확도(단어나 수를 다루는 능력으로서 지각적 속도와 정확성)

(나) 직업 적성과 관련된 설명(직업적성검사)

① 사원선발용 적성검사는 작업행동을 예언하는 것을 목적으로도 사용한다.
② 직업 적성검사는 직무 수행에 필요한 잠재적인 특수능력을 측정하는 도구이다.
③ 직업 적성검사를 이용하여 훈련 및 승진대상자를 평가하는 데 사용할 수 있다.
④ 직업 적성은 장기적 직업훈련을 통해서 개발이 가능하므로 신중하게 사용해야 한다.

- 표준화: 검사의 실시, 채점, 해석까지의 과정과 절차의 표준화(외적 변인들에 영향을 받지 않도록 하는 것)
- 신뢰성: 검사가 정확하게 측정되고 있으며 일관성을 가지고 있는지의 여부
- 규준: 의미해석을 위한 기준이 되는 자료

(다) 직무 적성검사의 특징(심리검사의 구비조건, 심리검사의 특징)

① 타당성(validity) : 검사도구가 측정하고자 하는 것을 실제로 측정하는 것
② 객관성(objectivity) : 채점자의 편견, 주관성 배제(측정의 결과에 대해 누가 보아도 일치되는 의견이 나올 수 있는 성질 : 채점의 객관성)
③ 표준화(standardization) : 검사자체의 일관성과 통일성을 표준화
④ 신뢰성(reliability) : 검사응답의 일관성(반복성) – 측정하고자 하는

심리적 개념을 일관성 있게 측정하는 정도

⑤ 규준(norms) : 검사결과를 해석하기위한 비교의 틀

(라) 타당도(타당성)

① 준거관련 타당도(criterion-related validity) : "예측변인이 준거변인과 얼마나 관련되어 있느냐"를 나타낸 타당도(검사도구의 측정결과가 준거가 되는 다른 측정결과와 관련이 있는 정도)-기준 타당도(경험)

㉠ 예측 타당도(예언적 타당도) : 미래의 측정결과와 연관성(수능점수와 대학입학 후 학과점수)

㉡ 동시 타당도(공인(共因) 타당도) : 현재의 다른 측정결과와 연관성(유전자검사와 새로운 유전자 검사)

② 내용 타당도(content validity) : 평가도구가 그것이 평가하려고 하는 내용(목표)을 얼마나 충실히 측정하고 있는가를 논리적으로 분석·측정하려는 것

③ 구성개념 타당도(construct validity)(구인 타당도) : 인간의 정의적 특성을 이루고 있다고 가정한 구인(구성요인)들이 실제로 그 특성을 나타내고 있는지의 여부를 타당성 검증하는 것(수렴 타당도, 변별 타당도) - 측정하고자 하는 추상적 개념(이론)이 측정도구에 의해 제대로 측정되는지의 여부

④ 안면 타당도(face validity) : 피검사자들이 검사문항을 얼마나 친숙하게 느끼느냐에 의해 판단되는 것

(* 합리적 타당성을 얻는 방법 : 구인 타당도, 내용 타당도/경험적 타당성 : 준거관련 타당도)

(마) 직업적성검사 항목

① 지능(IQ) ② 형태식별능력 ③ 운동속도 ④ 시각과 수동작의 적응력
⑤ 손작업 능력

※ 측정된 행동에 의한 심리검사로 미네소타 사무직 검사, 개정된 미네소타 필기형 검사, 벤 니트 기계 이해검사가 측정하려고 하는 심리검사의 유형 – 적성검사(aptitude test)

(바) 노동부 일반직업적성검사 구성요소(11가지 검사종목)

검사종목(11개)	검출되는 적성(7개)		측정방식
공구비교검사	(P)형태지각		
형태비교검사			
명칭비교검사	(Q)사무지각		지필검사

예측(예언)변인과 준거변인
예 대학은 수능점수로 선발: 수능점수가 높은 학생이 추후 학과점수도 높을 것으로 봄.
⇨ 수능점수: 예언변인, 학과점수: 준거변인
① 예언변인: 다른 변인의 값을 예언하는 용도로 사용되는 변인
② 준거변인: 예언변인으로 예측하고자 하는 변인

구인(구성요인): 측정하려고 하는 것의 심리적 특성에 있을 것이라고 가정하는 심리적 요인
예 리더십 측정
- 리더십의 심리적 특성을 이루는 심리적 요인: 목표달성능력, 통솔력, 인간관계능력, 목적의식 등

안면 타당도: 수검자가 검사내용을 얼마나 타당하게 생각하고 있는지의 정도
- 전문가가 아닌 수검자에게 검사내용의 타당도를 알아보는 것(*내용 타당도: 전문가에 의해 타당성 결정)

검사종목(11개)	검출되는 적성(7개)		측정방식
종선기입검사	(K)운동조절		
타점속도검사			
기호기입검사			
평면도 판단검사	(S)공간판단력	(G)일반지능: 학습능력	
입체도 판단검사			
어휘검사	(V)언어능력		
산수응용검사	(N)산수능력		
계산검사			

✱ 시각적 판단검사 : 형태 비교검사, 공구 판단검사, 명칭 판단검사, 평면도 판단검사, 입체도 판단검사

(사) 심리검사 종류와 내용에 관한 설명

① 기계적성 검사 : 기계적 원리들을 얼마나 이해하고 있는지와 제조 및 생산 직무에 적합한지를 측정한다.

② 성격 검사 : 제시된 진술문에 대하여 어느 정도 동의하는지에 관해 응답하고, 이를 척도점수로 측정한다.

③ 지능 검사 : 인지능력이 직무수행을 얼마나 예측하는지 측정한다.

④ 신체능력 검사 : 근력, 순발력, 전반적인 신체 조정 능력, 체력 등을 측정한다.

⑤ 정직성검사 : 정직성이나 진실성을 나타내는 지필검사이다.

⑥ 상황판단검사 : 피검사자가 직면할 문제의 상황에 대해 판단 능력을 측정하기 위한 검사이다.

> 적성배치 시 작업자의 특성: 연령, 태도, 업무경력, 성별 등

(아) 적성배치 시 기본적으로 고려할 사항 : 자아실현의 기회 부여로 근무의욕 고취와 재해사고의 예방에 기여하는 효과를 높이기 위해 적성배치가 필요

① 적성검사를 실시하여 개인의 능력파악
② 직무평가를 통하여 자격수준 결정
③ 인사관리의 기준에 원칙을 준수
④ 객관적인 감정요소 따름

> 직무평가의 방법
> 직무에 대한 내용과 특징, 난이도, 책임 등을 평가하여 등급을 정하는 일.
> ① 서열법: 직무를 평가하여 직위에 서열을 정하여 나열하는 방법
> ② 분류법: 미리 정해진 등급기준표에 따라 등급을 분류하는 방법
> ③ 요소비교법: 기준 직무의 적정 보수액을 정하여 비교 평가하는 방법
> ④ 점수법: 직무의 구성요소에 점수를 정하여 평가하는 방법

(3) **직무분석**

① 직무확대 : 직무영역의 양적 확대, 수행하는 과제수의 증가

② 직무확충(직무와 개인 간의 관계에 관심) : 통제, 재량권의 질적 확대, 자유, 독립성, 책임의 증대(수직적 직무권한 확대)

③ 직무분석(job analysis) : 직무에서 수행하는 과업과 직무를 수행하는데 요구되는 인적 자질에 의해 직무의 내용을 정의하는 공식적 절차(직무수행에 관련된 직무분석 정보가 직무확대와 직무확충을 위해 활용)

(가) 직무분석 방법 : 면접법, 관찰법, 설문지법, 중요사건법
　① 면접법 : 자료의 수집에 많은 시간과 노력이 들고, 정량화된 정보를 얻기가 힘들다.
　② 관찰법 : 직무의 시작에서 종료까지 많은 시간이 소요되는 직무에는 적용이 곤란하다.
　③ 설문지법 : 많은 사람들로부터 짧은 시간 내에 정보를 얻을 수 있고, 관찰법이나 면접법과는 달리 양적인 정보를 얻을 수 있다.
　④ 중요사건법 : 중요사건에 대한 정보를 수집하므로 해당 직무에 대한 단편적인 정보를 얻을 수 있다.(직무 행동 중 중요하거나 가치 있는 것에 대한 정보를 수집하여 분석)

(나) 직무기술서와 직무명세서

직무분석에서 직무기술서와 직무명세서를 작성하며 직무기술서는 직무에 대한 정보를 기술한 문서이고 직무명세서는 직무를 수행하기 위해 요구되는 인적 요건을 작성한 문서임.

　1) 직무기술서 : 분석대상이 되는 직무에서 어떤 활동이나 과제가 이루어지고 작업조건이 어떠한지를 기술한 문서
　　- 직무의 직종, 수행되는 과업, 직무수행 방법, 직무수행에 필요한 장비 및 도구

　2) 직무명세서 : 직무를 성공적으로 수행하는 데 필요한 인적 요건들을 명시한 문서
　　- 작업자에게 요구되는 적성, 지식, 기술, 능력, 성격, 흥미, 가치, 태도, 경험, 자격요건 등

(다) 허즈버그(Herzberg)의 직무확충 원리
　① 자신의 일에 대해서 책임을 더 지도록 한다.
　② 직무에서 자유를 제공하기 위하여 부가적 권위를 부여 한다.
　③ 전문가가 될 수 있도록 전문화된 과제들을 부과한다.

(라) 직무수행에 대한 예측변인 개발 시 작업표본(work sample)의 제한점
　① 주로 기계를 다루는 직무에 효과적이다.
　② 훈련생보다 경력자 선발에 적합하다.
　③ 실시하는데 시간과 비용이 많이 든다.

> **직무수행 준거가 갖추어야 할 바람직한 3가지 일반적인 특성**
> ① 적절성　② 안정성　③ 실용성

직무수행평가에 대한 효과적인 피드백의 원칙
① 직무수행 성과에 대한 피드백의 효과가 항상 긍정적이지는 않다.
② 피드백은 개인의 수행 성과뿐만 아니라 집단의 수행 성과에도 영향을 준다.
③ 긍정적 피드백을 먼저 제시하고 그 다음에 부정적 피드백을 제시하는 것이 효과적이다.
④ 직무수행 성과가 낮을 때, 그 원인을 능력 부족의 탓으로 돌리는 것보다 노력 부족 탓으로 돌리는 것이 더 효과적이다.

작업표준의 구비조건
① 작업의 실정에 적합할 것
② 생산성과 품질의 특성에 적합할 것
③ 표현은 구체적으로 나타낼 것
④ 다른 규정 등에 위배되지 않을 것
⑤ 이상 시의 조치에 대해 기준을 정해 둘 것

- 동작 실패의 원인이 되는 조건 중 작업 강도와 관련된 것: 작업량, 작업속도, 작업시간
- 특정 과업에서 에너지 소비수준에 영향을 미치는 인자: 작업방법, 작업속도, 도구 등

> **행동기준평정척도(Behaviorally-Anchored Rating Scale, BARS)**
> 직무수행평가를 위해 개발된 척도로 직무상에 나타나는 행동을 평가의 기준(anchor)으로 제시하여 피평가자의 행동을 평가하는 방법(척도상의 점수에 그 점수를 설명하는 구체적 직무행동 내용이 제시)

(4) 인사관리

(가) 목적 : 사람과 일과의 관계

(나) 인사관리의 주요기능

① 조직과 리더십
② 선발(시험 및 적성검사)
③ 배치
④ 작업분석 및 업무평가
⑤ 상담 및 노사 간의 이해

2. 인간의 특성과 안전과의 관계

(1) 사고요인이 되는 정신적인 요소
(정신상태 불량으로 일어나는 안전사고 요인)

① 안전의식의 부족
② 주의력 부족
③ 방심과 공상
④ 그릇됨과 판단력 부족
⑤ 개성적 결함
  ㉠ 지나친 자존심과 자만심
  ㉡ 다혈질 및 인내력의 부족
  ㉢ 약한 마음
  ㉣ 감정의 장기 지속성(감정의 불안정)
  ㉤ 경솔성
  ㉥ 과도한 집착성 또는 고집
  ㉦ 배타성
  ㉧ 태만(나태)
  ㉨ 도전적 성격
  ㉩ 사치성과 허영심

 * 생리적 현상 : 극도의 피로, 근육운동의 부적합, 육체적 능력의 초과, 신경계통의 이상, 시력 및 청각의 이상

(2) 안전심리의 5대 요소 : 동기(motive), 기질(temper), 감정(feeling), 습성(habit), 습관(custom)

① 동기 : 능동적인 감각에 의한 자극에서 일어난 사고의 결과로서 사람의 마음을 움직이는 원동력이 되는 것
② 기질 : 감정적인 경향이나 반응에 관계되는 성격의 한 측면
③ 감정 : 생활체가 어떤 행동을 할 때 생기는 주관적인 동요를 뜻함.

생활체
독립생활을 하는 생물

④ 습성 : 한 종에 속하는 개체의 대부분에서 볼 수 있는 일정한 생활양식으로 본능, 학습, 조건반사 등에 따라 형성
⑤ 습관 : 성장과정을 통해 형성된 특성 등

> **망상인격**
> 자기 주장이 강하고 빈약한 대인관계를 가지고 있는 성격의 소유자로 사소한 일에 있어서도 타인이 자신을 제외했다고 여겨 악의를 나타내는 인격(편집성 인격)

(3) 인간의 착오요인

인지과정 착오	판단과정 착오	조치과정 착오
① 생리·심리적 능력의 한계	① 자기 합리화	① 잘못된 정보의 입수
② 정보량 저장의 한계	② 정보부족	② 합리적 조치의 미숙
③ 감각 차단 현상	③ 능력부족	
④ 정서적 불안정	④ 작업조건 불량	

대뇌의 human error로 인한 착오요인
① 인지과정 착오
② 판단과정 착오
③ 조치과정 착오

* 착오의 메커니즘(mechanism) : ① 위치의 착오 ② 패턴의 착오 ③ 형(形)의 착오 ④ 순서의 착오 ⑤ 기억의 틀림
* 감각차단현상 : 단조로운 업무가 장시간 지속될 때 작업자의 감각기능 및 판단능력이 둔화 또는 마비되는 현상
* 안전수단이 생략되어 불안전행위를 나타내는 경우
  ① 의식과잉이 있을 때 ② 피로하거나 과로했을 때 ③ 주변의 영향이 있을 때

인간의 오류 모형에서 착오(mistake)의 발생원인 및 특성
상황을 잘못 해석하거나 목표에 대한 이해가 부족한 경우 발생한다.

(4) 인간의 착각

(가) 착각에 관한 설명(* 착각을 일으키는 조건 : 인간 측의 결함, 기계 측의 결함, 환경조건이 나쁨, 정보의 결함)
① 착각은 인간 측의 결함에 의해서 발생한다.
② 착각은 기계 측의 결함에 의해서 발생한다.
③ 환경조건이 나쁘면 착각은 쉽게 일어난다.
④ 정보의 결함이 있으면 착각이 일어난다.
⑤ 착각은 인간의 노력으로 고칠 수 없다.

착오, 착각, 착시
① 착오(mistake): 사람의 인식과 객관적 사실이 일치하지 않는 것. 착각하여 잘못함.
② 착각(illusion): 사물이나 사실을 실제와 다르게 지각하거나 생각함.
③ 착시: 착각 중 시각에 일어나는 것

(나) 인간의 착각현상(운동의 시지각)

1) 가현운동(β 운동) : 객관적으로 정지하고 있는 대상물이 급속히 나타나거나 소멸하는 것으로 인하여 일어나는 운동으로 마치 대상물이 운동하는 것처럼 인식되는 현상(영화 영상의 방법)
   - 객관적으로는 움직이지 않는데도 움직이는 것처럼 느껴지는 심리적인 현상

유도운동
실제로 움직이지 않지만, 어느 기준의 이동에 의하여 움직이는 것처럼 느껴지는 착각 현상

2) 유도운동 : 두 대상 사이의 거리가 변화할 때 움직이지 않는 것이 움직이는 것처럼 느껴지는 현상

(플랫폼의 열차가 출발할 때 정지된 반대편 열차가 움직이는 것 같은 현상)

3) 자동운동 : 암실에서 정지된 소광점을 응시하면 광점이 움직이는 것 같이 보이는 현상

- 자동운동이 생기기 쉬운 조건 : ① 광점이 작을 것 ② 대상이 단순할 것 ③ 광의 강도가 작을 것 ④ 시야의 다른 부분이 어두울 것

(5) 부주의

* 부주의 : 목적수행을 위한 행동전개과정 중 목적에서 벗어나는 심리적, 신체적 변화의 현상

(가) 의식의 레벨(Phase) 5단계 : 의식의 수준 정도

1) Phase 0 : 무의식 상태로 행동이 불가능한 상태 – 수면

2) Phase Ⅰ : 의식수준의 저하로 인한 피로와 단조로움의 생리적 상태(사고발생 가능성이 높음) – 피로, 졸음, 술취함.
   - 심신이 피로하거나 단조로운 작업을 반복할 경우 나타나는 의식수준의 저하 현상(의식이 몽롱한 상태)

3) Phase Ⅱ : 의식은 정상이며 때때로 의식의 이완상태 – 안정, 휴식, 정상적 작업
   - 의식수준이 정상적 상태이지만 생리적 상태가 휴식

4) Phase Ⅲ : 의식의 신뢰도가 가장 높은 상태(명료한 상태) – 적극 활동
   - 의식수준이 정상이지만 생리적 상태가 적극적일 때에 해당

5) Phase Ⅳ : 과긴장 상태. 주의의 작용은 한곳에 집중되어서 판단이 불가능 – 패닉
   - 돌발사태의 발생으로 인하여 주의의 일점 집중 현상이 일어나는 경우

주의(attention)의 일점집중현상에 대한 대책 : 위험예지훈련

(나) 부주의의 원인

1) 의식의 단절 : 지속적인 의식의 흐름에 단절이 생기고 공백의 상태가 나타나는 것. 특수한 질병이 있는 경우(의식수준 : Phase 0 상태)

2) 의식의 우회 : 의식의 흐름이 옆으로 빗나가 발생하는 경우로 작업 도중의 걱정, 고뇌, 욕구 불만 등에 의해 발생(의식수준 : Phase 0 상태)

3) 의식수준의 저하 : 혼미한 정신 상태에서 심신이 피로나 단조로운 반복작

업 등의 경우에 일어나는 현상(의식수준 : Phase Ⅰ 상태 이하)

4) 의식의 과잉 : 작업을 하고 있을 때 긴급 이상상태 또는 돌발사태가 되면 순간적으로 긴장하게 되어 판단능력의 둔화 또는 정지상태가 되는 것 (의식이 한 방향으로만 집중). 지나친 의욕에 의해서 생기는 부주의 현상(의식수준 : Phase Ⅳ 상태)

(다) 인간의식의 레벨(level)에 관한 설명
① 24시간의 생리적 리듬의 계곡에서 tension level은 낮에는 높고 밤에는 낮다.
② 피로 시의 tension level은 저하 정도가 크지 않다.
③ 졸았을 때는 의식상실의 시기로 tension level은 0이다.

(라) 부주의의 발생 원인과 대책
1) 외적 원인과 대책
① 작업 환경조건 불량 : 환경정비
② 작업 순서의 부적합 : 작업 순서의 정비, 인간공학적 접근
③ 기상조건
④ 높은 작업강도

2) 내적 원인과 대책
① 소질적 문제 : 적성배치
② 의식의 우회 : 상담(counseling)
③ 경험, 미경험자 : 안전교육

> **부주의에 의한 사고방지대책**
> ① 정신적 측면의 대책 사항 : 안전의식제고, 주의력 집중 훈련, 스트레스 해소, 작업의욕 고취
> ② 기능 및 작업측면의 대책 : 적성배치, 표준 작업의 습관화, 안전작업 방법의 습득, 작업조건의 개선과 적응력 향상
> ③ 설비 및 환경 측면의 대책 : 표준작업 제도 도입, 설비 및 작업환경의 안전화, 긴급 시 안전작업 대책 수립

(마) 부주의에 대한 설명
① 부주의라는 말은 불안전한 행위뿐만 아니라 불안전한 상태에도 통용된다.
② 부주의라는 말은 결과를 표현한다.
③ 부주의는 무의식적 행위나 의식의 주변에서 행해지는 행위에 나타난다.

인간의 행동의 내적 요인과 외적 요인
① 외적 요인(지각선택에 영향을 미침):
 대비(contrast),
 재현(repetition),
 강조(intensity)
② 내적 요인:
 개성(personality)

억측판단
자동차를 운전할 때 신호가 바뀌기 전에 신호가 바뀔 것을 예상하고 자동차를 출발시키는 행동

(바) 억측판단 : 부주의가 발생하는 경우로 경보기가 울려도 기차가 오기까지 아직 시간이 있다고 판단하여 건널목을 건너가는 행동
  ① 정보가 불확실할 때
  ② 희망적인 관측이 있을 때
  ③ 과거의 성공한 경험이 있을 때
  ④ 초조한 심정

(6) 주의(attention)

(가) 주의(attention)에 관한 설명
  ① 의식작용이 있는 일에 집중하거나 행동의 목적에 맞추어 의식수준이 집중되는 심리상태를 말한다.
  ② 주의력의 특성은 선택성, 변동성, 방향성으로 표현된다.
  ③ 여러 종류의 자극을 지각할 때 소수의 특정한 것을 선택하여 집중하는 특성을 갖는다.
  ④ 주의는 장시간에 걸쳐 집중을 지속할 수 없다.
  ⑤ 주의는 동시에 2개 이상의 방향에 집중하지 못한다.
  ⑥ 주의의 방향과 시선의 방향이 일치할수록 주의의 정도가 높다.

(나) 주의의 특성
  ① 방향성 : 한 지점에 주의를 집중하면 다른 곳에의 주의는 약해짐(동시에 2개 이상의 방향에 집중하지 못함)
  ② 변동성(단속성) : 장시간 주의를 집중하려 해도 주기적으로 부주의와의 리듬이 존재(장시간 동안 집중을 지속할 수 없음)
  ③ 선택성 : 여러 자극을 지각할 때 소수의 특정 자극에 선택적 주의를 기울이는 경향(인간은 한 번에 여러 종류의 자극을 지각·수용하지 못함을 말함.)

선택성
인간의 주의력은 한계가 있어 여러 작업에 대해 선택적으로 배분된다.

(다) 인간의 vigilance현상에 영향을 미치는 조건(주의상태, 긴장상태, 경계상태)
  ① 검출능력은 작업 시작 후 빠른 속도로 저하된다.(30~40분 후 검출능력은 50으로 저하)
  ② 오래 지속되는 신호는 검출률이 높다.
  ③ 발생빈도가 높은 신호일수록 검출률이 높다.
  ④ 불규칙적인 신호에 대한 검출률이 낮다.

(7) 착시현상(Illusions)

① 헤링(Hering)의 착시 ② 헬홀츠(Helmholz)의 착시

 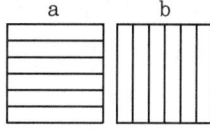

③ 쾰러(Köhler)의 착시 ④ 뮬러-라이어(Müller-Lyer)의 착시

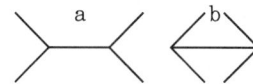

⑤ 졸러(Zöller)의 착시 ⑥ 포겐도르프(Poggendorf)의 착시

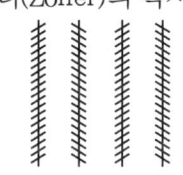 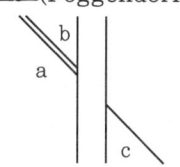

착시현상
① Hering의 착시: 중앙이 벌어져 보임(휘어져 보임)
② Helmholz의 착시: a는 세로로 길어 보이고 b는 가로로 길어 보임(쪼개진 길이의 선에 의해 직사각형으로 보임)
③ Köhler의 착시: 우선 평행의 호를 보고 이어 직선을 본 경우에 직선은 호와의 반대방향에 보이는 현상
④ Müller-Lyer의 착시: 선 a와 b는 그 길이가 동일한 것이지만, 시각적으로는 선 a가 선 b보다 길어 보임
⑤ Zöller의 착시: 수직선인 세로의 선이 굽어보임
⑥ Poggendorf의 착시: a와 c가 일직선이지만 b와 c가 일직선으로 보임

(8) 지각 조직화, 집단화 원리

(군화의 법칙(群化의 法則)-게슈탈트(Gestalt)의 법칙 : 형태를 지각하는 방법 혹은 그 법칙)

1) 지각 조직화(perceptual organization) : 주의집중 과정을 통해 관심의 대상이 선정되면 그 대상을 구성하는 요소를 보다 큰 단위로 조직화하는 과정이 전개됨.

2) 지각 집단화의 원리 : 관심 대상의 구성요소를 묶어 하나의 통합된 형태로 지각하려는 강한 경향성을 가지고 있으며 일정한 원리를 따라 전개

① 근접성의 원리(law of proximity) : 서로 가까이 위치한 것끼리 묶는 경향성
   - 사물을 인지할 때, 가까이에 있는 물체들을 하나의 그룹으로 묶어 인지한다는 법칙(근접의 법칙)

② 유사성의 원리(law of similarity) : 비슷한 속성을 가진 요소끼리 묶는 경향성
   - 서로 비슷한 것끼리는 떨어져 있더라도 하나로 묶어서 인지한다는 법칙. 사각형은 사각형끼리, 원은 원끼리 묶어서 지각(동류의 법칙)

③ 연속성의 원리(law of continuation) : 부드럽게 연속된 형태로 지각하는 경향성

게슈탈트(Gestalt)의 법칙
감각 현상이 하나의 전체적이고 의미 있는 내용으로 체계화되는 과정을 의미하는 것

- 어떤 형상들이 방향성을 가지고 연속되어 있을 때 이것을 연속을 따라 함께 인식된다는 원리(연속의 법칙)
④ 폐쇄성의 원리(law of closure) : 불완전한 형태를 하나의 통합된 완전한 형태로 지각하는 경향성(완결성의 원리)
- 불완전한 형태를 완전한 형태로 인지하려는 심리(폐합의 법칙)
⑤ 단순성의 원리(law of simplicity) : 특정 대상을 지각할 때 가능한 한 가장 '좋은(good)' 형태로 지각(최선의 법칙)

(9) 기타 이론과 해설

가) 간결성의 원리 : 작업장의 정리정돈 태만 등 생략행위를 유발하는 심리적 요인

나) 리스크 테이킹(risk taking)의 빈도가 가장 높은 사람 : 안전태도가 불량한 사람
- 리스크 테이킹(risk taking) : 객관적인 위험을 자기 나름대로 판단하고 결정하여 행동에 옮기는 것(위험을 알면서도 시도하는 것)

다) 인간이 환경을 지각(perception)하여 행동으로 실천되기까지의 과정 : 선택(감지) → 조직화(의미 부여) → 해석(의미 해석)

라) ECRS의 원칙(작업방법의 개선원칙) : 작업자 자신이 자기의 부주의 이외에 제반 오류의 원인을 생각함으로써 개선하도록 하는 과오원인 제거 기법
① 제거(Eliminate)
② 결합(Combine)
③ 재조정(Rearrange) - 재배치
④ 단순화(Simplify)

마) 호손(Hawthorne) 연구 : 물리적 작업환경 이외의 심리적 요인(인간관계)이 생산성에 영향을 미친다는 것을 알아냈다.
① 조명강도를 높이니 생산성이 향상되었으나 이후 조명강도를 낮추어도 생산성은 계속 증가하는 것을 확인함.
② 작업자의 작업능률(생산성 향상)은 물리적인 작업조건보다 심리적 요인(인간관계)에 의해 영향을 미치게 된다는 것

바) 인간의 착상심리
① 얼굴을 보면 지능 정도를 알 수 있다.
② 아래턱이 마른 사람은 의지가 약하다.
③ 인간의 능력은 태어날 때부터 동일하다.
④ 눈동자가 자주 움직이는 사람은 정직하지 못하다.

사) **후광 효과** : 한 가지 특성에 기초하여 그 사람의 모든 측면을 판단하는 인간의 경향성(용모가 좋은 사람은 능력도 뛰어나고 성격도 좋을 것이라고 생각하게 되는 경향)

아) **테일러(F. W. Taylor)의 과학적 관리법**
① 시간 – 동작 연구를 적용하였다.
② 생산의 효율성을 상당히 향상시켰다.
③ 인센티브를 도입함으로써 작업자들을 동기화시킬 수 있다.
* 테일러 : 시간연구를 통해서 근로자들에게 차별성과급제를 적용하면 효율적이라고 주장한 과학적 관리법의 창시자

자) **휴먼에러에 관한 분류**

1) 심리적 행위에 의한 분류(Swain의 독립행동에 관한 분류)
① omission error(생략 에러) : 필요한 작업 또는 절차를 수행하지 않는데 기인한 에러 – 부작위 오류
② commission error(실행 에러) : 필요한 작업 또는 절차를 불확실하게 수행함으로써 기인한 에러 – 작위 오류
③ extraneous error(과잉행동 에러) : 불필요한 작업 또는 절차를 수행함으로써 기인한 에러
④ sequential error(순서 에러) : 필요한 작업 또는 절차의 순서 착오로 인한 에러
⑤ time error(시간 에러) : 필요한 직무 또는 절차의 수행의 지연(혹은 빨리)으로 인한 에러

2) 원인의 수준(level)적 분류
① primary error(1차 에러) : 작업자 자신으로부터 발생한 과오
② secondary error(2차 에러) : 작업 형태나 조건의 문제에서 발생한 에러. 어떤 결함으로부터 파생 하여 발생
③ command error(지시 에러) : 요구된 기능을 실행하고자 하여도 필요한 물건, 정보, 에너지 등의 공급이 없기 때문에 작업자가 움직이려고 해도 움직일 수 없으므로 발생하는 과오

후광 오류: 직무수행평가 시 평가자가 특정 피평가자에 대해 구체적으로 잘 모름에도 불구하고 모든 부분에 대해 좋게 평가하는 오류

대상물에 대해 지름길을 사용하여 판단할 때 발생하는 지각의 오류

* **휴리스틱(Heuristics)**: 제한된 정보만으로 즉흥적·직관적으로 판단·선택하는 의사결정 방식(판단의 지름길을 택함)
① 초두 효과(Primacy effect): 가장 처음의 정보가 기억에 오래 남는 현상(첫인상)
② 최근 효과(Recency effect): 가장 최근의 정보가 기억에 오래 남는 현상(최빈 효과, 마지막 효과)
③ 후광효과(halo effect): 한 가지 특성에 기초하여 그 사람의 모든 측면을 판단하는 인간의 경향성(용모가 좋은 사람은 능력도 뛰어나고 성격도 좋을 것이라고 생각하게 되는 경향)

차) 라스무센(Rasmussen)의 인간행동 세 가지 분류

1) 지식 기반 행동(knowledge-based behavior) – 부적절한 분석이나 비정형적인 의사 결정 형태

    여러 종류의 자극과 정보에 대해 심사숙고하여 의사를 결정하고 행동을 수행하는 것. 문제를 해결할 수 있는 행동수준의 의식수준
    ① 생소하거나 특수한 상황에서 발생하는 행동이다.
    ② 부적절한 추론이나 의사결정에 의해 오류가 발생한다.

2) 규칙 기반 행동(rule-based behavior) – 행동 규칙에 의거한 형태

    경험에 의해 판단하고 행동규칙 등에 따라 반응하여 수행하는 의식수준

3) 숙련 기반 행동(skill-based behavior) : 반사 조작 수준 – 가장 숙련도가 높은 자동화된 형태

    오랜 경험이나 본능에 의하여, 의식하지 않고 행동으로 생각 없이 반사운동처럼 수행하는 의식수준

CHAPTER 01 항목별 우선순위 문제 및 해설

01 모럴 서베이(morale survey)의 주요 방법 중 태도조사법에 해당하는 것은?

① 사례연구법 ② 관찰법
③ 실험연구법 ④ 문답법

해설 모럴 서베이의 방법
① 통계에 의한 방법 : 사고 상해율, 생산성, 지각, 조퇴, 이직 등을 분석하여 파악하는 방법
② 사례 연구법 : 경영 관리상의 여러 가지 제도에 나타나는 사례에 대해 연구함으로써 현상을 파악하는 방법
③ 관찰법 : 근로자의 근무 실태를 계속 관찰함으로써 문제점을 찾아내는 방법
④ 실험연구법 : 실험 그룹과 통제 그룹으로 나누고 정황, 자극을 주어 태도 변화를 조사하는 방법
⑤ 태도조사법(의견조사) : 질문지법, 면접법, 집단토의법, 문답법, 투사법에 의해 의견을 조사하는 방법

02 다음 중 직무분석을 위한 자료수집 방법에 대한 설명으로 틀린 것은?

① 관찰법은 직무의 시작에서 종료까지 많은 시간이 소요되는 직무에는 적용이 곤란하다.
② 면접법은 자료의 수집에 많은 시간과 노력이 들고, 정량화된 정보를 얻기가 힘들다.
③ 설문지법은 많은 사람들로부터 짧은 시간 내에 정보를 얻을 수 있고, 관찰법이나 면접법과는 달리 양적인 정보를 얻을 수 있다.
④ 중요사건법은 일상적인 수행에 관한 정보를 수집하므로 해당 직무에 대한 포괄적인 정보를 얻을 수 있다.

해설 중요사건법
중요사건에 대한 정보를 수집하므로 해당 직무에 대한 단편적인 정보를 얻을 수 있음

03 다음 중 안전심리의 5대 요소에 관한 설명으로 틀린 것은?

① 동기는 능동적인 감각에 의한 자극에서 일어난 사고의 결과로서 사람의 마음을 움직이는 원동력이 되는 것이다.
② 기질이란 감정적인 경향이나 반응에 관계되는 성격의 한 측면이다.
③ 감정은 생활체가 어떤 행동을 할 때 생기는 객관적인 동요를 뜻한다.
④ 습성은 한 종에 속하는 개체의 대부분에서 볼 수 있는 일정한 생활양식으로 본능, 학습, 조건반사 등에 따라 형성된다.

해설 안전심리의 5대 요소
③ 감정 : 생활체가 어떤 행동을 할 때 생기는 주관적인 동요를 뜻한다.

04 다음 중 부주의에 의한 사고 방지에 있어서 정신적 측면의 대책 사항과 가장 거리가 먼 것은?

① 적응력 향상
② 스트레스 해소
③ 작업의욕 고취
④ 주의력 집중 훈련

해설 정신적 측면의 대책 사항
① 주의력 집중 훈련
② 스트레스 해소
③ 작업의욕 고취

정답 01.④ 02.④ 03.③ 04.①

05 부주의 발생현상 중 질병의 경우에 주로 나타나는 것은?

① 의식의 우회
② 의식의 단절
③ 의식의 과잉
④ 의식 수준의 저하

해설 의식의 단절
지속적인 의식의 흐름에 단절이 생기고 공백의 상태가 나타나는 것. 특수한 질병이 있는 경우(의식수준 : Phase 0 상태)

06 다음 중 주의(attention)에 대한 설명으로 틀린 것은?

① 의식작용이 있는 일에 집중하거나 행동의 목적에 맞추어 의식수준이 집중되는 심리상태를 말한다.
② 주의력의 특성은 선택성, 변동성, 방향성으로 표현된다.
③ 여러 종류의 자극을 지각할 때 소수의 특정한 것을 선택하여 집중하는 특성을 갖는다.
④ 한 자극에 주의를 집중하여도 다른 자극에 대한 주의력은 약해지지 않는다.

해설 주의(attention)에 관한 설명
① 주의는 장시간에 걸쳐 집중을 지속할 수 없다.
② 주의는 동시에 2개 이상의 방향에 집중하지 못한다.
③ 주의의 방향과 시선의 방향이 일치할수록 주의의 정도가 높다.

07 주의(attention)의 특징 중 여러 종류의 자극을 자각할 때, 소수의 특정한 것에 한하여 주의가 집중되는 것을 무엇이라 하는가?

① 선택성   ② 방향성
③ 변동성   ④ 검출성

해설 주의의 특성
① 방향성 : 한 지점에 주의를 집중하면 다른 곳에의 주의는 약해짐.

② 변동성(단속성) : 장시간 주의를 집중하려 해도 주기적으로 부주의의 리듬이 존재
③ 선택성 : 여러 자극을 지각할 때 소수의 현란한 자극에 선택적 주의를 기울이는 경향

08 인지과정 착오의 요인이 아닌 것은?

① 정서 불안정
② 감각차단 현상
③ 작업자의 기능미숙
④ 생리·심리적 능력의 한계

해설 인간의 착오요인

인지과정 착오	판단과정 착오	조치과정 착오
① 생리·심리적 능력의 한계 ② 정보량 저장의 한계 ③ 감각 차단 현상 ④ 정서적 불안정	① 자기 합리화 ② 정보부족 ③ 능력부족 ④ 작업조건 불량	① 잘못된 정보의 입수 ② 합리적 조치의 미숙

09 인간의 특성에 관한 측정검사에 대한 과학적 타당성을 갖기 위하여 반드시 구비해야 할 조건에 해당하지 않는 것은?

① 주관성   ② 신뢰도
③ 타당도   ④ 표준화

해설 직무 적성검사의 특징(심리검사의 구비조건)
(가) 타당성(validity) : 측정하고자 하는 것을 실제로 측정하는 것
(나) 객관성(objectivity) : 채점자의 편견, 주관성 배제
(다) 표준화(standardization) : 검사자체의 일관성과 통일성의 표준화
(라) 신뢰성 : 검사응답의 일관성(반복성)
(마) 규준(norms) : 검사결과를 해석하기위한 비교의 틀

10 인간의 착각현상 중 버스나 전동차의 움직임으로 인하여 자신이 승차하고 있는 정지된 자가용이 움직이는 것 같은 느낌을 받거나 구름 사이의 달 관찰시 구름이 움직일 때 구름은 정지되어 있고, 달이 움직이는 것처럼 느껴지는 현상을 무엇이라 하는가?

정답 05. ② 06. ④ 07. ① 08. ③ 09. ① 10. ②

① 자동운동 ② 유도운동
③ 가현운동 ④ 플리커현상

해설 유도운동
두 대상 사이의 거리가 변화할 때 움직이지 않는 것이 움직이는 것처럼 느껴지는 현상(플랫폼의 열차가 출발할 때 정지된 반대편 열차가 움직이는 것 같은 현상)

11 의식수준 5단계 중 의식수준의 저하로 인한 피로와 단조로움의 생리적 상태가 일어나는 단계는?

① Phase I ② Phase II
③ Phase III ④ Phase IV

해설 의식의 레벨(Phase) 5단계 : 의식의 수준 정도
1) Phase 0 : 무의식 상태로 행동이 불가능한 상태
2) Phase I : 의식수준의 저하로 인한 피로와 단조로움의 생리적 상태(사고발생 가능성이 높음)
3) Phase II : 의식은 정상이며 때때로 의식의 이완 상태
4) Phase III : 의식의 신뢰도가 가장 높은 상태(명료한 상태)
5) Phase IV : 과긴장 상태. 주의의 작용은 한곳에 집중되어서 판단이 불가능

12 신호등이 녹색에서 적색으로 바뀌어도 차가 움직이기까지 아직 시간이 있다고 생각하여 건널목을 건넜을 경우 이는 어떠한 부주의에 속하는가?

① 억측판단
② 의식의 우회
③ 생략행위
④ 의식수준의 저하

해설 억측판단
부주의가 발생하는 경우로 경보기가 울려도 기차가 오기까지 아직 시간이 있다고 판단하여 건널목을 건너가는 행동

정답 11. ① 12. ①

Chapter 02 인간의 행동과학

1. 조직과 인간행동

(1) 집단 내 인간관계 관리기법

(가) 소시오메트리(sociometry) : 구성원 상호간의 선호도(호감과 혐오)를 기초로 집단 내부의 동태적 상호관계를 분석하는 방법. 집단의 구조, 동료관계, 인간관계, 집단구성원의 사기 등 측정(사회측정법)
(집단 구성원들 간의 공식적 관계가 아닌 비공식적인 관계를 파악하기 위한 방법)

① 소시오메트리 연구조사에서 수집된 자료들은 소시오그램과 소시오매트릭스 등으로 분석한다.
② 소시오그램(sociogram)은 집단 내의 하위 집단들과 내부의 세부집단과 비세력집단을 구분하여 도표로 알기 쉽게 표시한다(집단 내의 친소관계, 소집단분포분석-집단 내의 인간관계 측정).
③ 소시오매트릭스(sociomatrix)는 소시오그램에서 나타나는 집단 구성원들 간의 관계를 수치에 의하여 계량적으로 분석(표)할 수 있다.

(나) 그리드 훈련(grid training) : 경영자의 리더십을 함양시킴으로써 인간관계의 개선을 도모할 수 있도록 개발된 훈련 기법(인간관계, 관리능력 육성)

(다) 집단역학, 집단역동(group dynamics) : 조직의 정체성을 탈피하여 동태적으로 상호 작용 하는 집단의 특성을 설명하고, 집단행동의 유효성을 높이기 위해 등장한 개념

(라) 감수성 훈련(sensitivity training) : 소집단 모임의 상호작용을 통하여 인간관계에 대한 이해와 기술을 향상시키고자 하는 사회성 훈련기법

> **참고**
>
> ※ 인간의 행동 변화에 있어 가장 변화시키기 어려운 것 : 집단의 행동 변화
>   - 집단의 행동 변화 > 개인의 행동 변화 > 개인의 태도 변화 > 지식의 변화
> ※ 테크니컬 스킬즈(technical skills) : 사물을 인간에게 유리하게 처리하는 능력
> ※ 소시얼 스킬즈(social skills) : 인간과 인간의 의사소통을 원활히 처리하는 능력

---

memo

(예문) 어느 부서의 직원 6명의 선호관계를 분석한 결과 다음과 같은 소시오그램이 작성되었다. 이 부서의 집단응집성 지수는 얼마인가? (단, 그림에서 실선은 선호관계, 점선은 거부 관계를 나타낸다.)

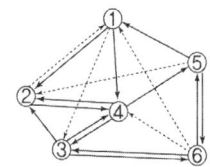

(풀이) 소시오그램(sociogram) 집단 내 구성원들 간의 선호, 무관심, 거부 관계를 나타낸 도표
⇨ 집단응집성 지수: 집단 내에서 가능한 두 사람 간의 상호관계의 수와 실제의 수를 비교하여 구함.
$= \dfrac{\text{실제 상호관계의 수}}{\text{가능한 상호관계의수}(= {}_nC_2)}$
$= 4/{}_6C_2 = 4/15 = 0.27$

(* 6명으로 구성된 집단에서 소시오그램을 사용하여 조사한 결과, 긍정적인 상호관계를 맺고 있는 4쌍이 있고, 가능한 총수는 ${}_6C_2$이다.)

(2) 집단에서의 인간관계 메커니즘(mechanism)

(가) 일체화 : 심리적 결합

(나) 동일화(Identification) : 타인의 행동 양식이나 태도를 투입시키거나 타인에게서 자기와 비슷한 점을 발견

(다) 공감 : 동정과 구분

(라) 커뮤니케이션(communication) : 언어, 몸짓, 신호, 기호

(마) 모방(imitation) : 인간관계 메커니즘 중에서 남의 행동이나 판단을 표본으로 하여 그것과 같거나 또는 그것에 가까운 행동 또는 판단을 취하려는 것(직접모방, 간접모방, 부분모방)

(바) 암시(suggestion) : 타인으로부터 판단이나 행동을 무비판적으로 근거 없이 받아들이는 것

(사) 역할학습 : 유희(시장놀이 등)

(아) 투사(projection 투출) : 자기 속에 억압된 것을 타인의 것으로 생각하는 것 (안 되면 조상 탓)

> **참고**
>
> * 집단행동
>   ① 비통제의 집단행동 : 모브(mob), 패닉(panic), 모방(imitation), 심리적 전염(mental epidemic)
>   ㉠ 패닉(panic)─공황(恐慌) : 두려움이나 공포로 어찌할 바를 모르는 심리적 불안 상태(이상적인 상황 하에서 방어적인 행동 특징을 보이는 집단행동)
>   ㉡ 모브(mob) : 폭동 등 범죄적 양상을 띠게 되는 군중의 심리적 특성(공격적인 행동 특징을 보이는 집단행동 – 합의성이 없고, 감정에 의해서만 행동하는 특성)
>   ② 통제가 있는 집단행동 : 관습, 유행, 제도적 행동
> * 동조 효과 : 집단의 압력에 의해 다수의 의견을 따르게 되는 현상

집단과 인간관계에서 집단의 효과: ① 동조 효과 ② 견물(見物) 효과 ③ 시너지 효과

* 시너지 효과: 집단이 가지는 효과로 두 개 이상의 서로 다른 개체가 힘을 합쳐 둘이 지닌 힘 이상의 효과를 내는 현상

(3) 집단(group)의 특성

① 1차 집단과 2차 집단 : 사회 구성원 간에 맺어진 인간관계 특성에 따라 구분(쿨리)

㉠ 1차 집단 : 구성원 간에 친밀한 접촉을 토대로 자연스럽게 이루어진 집단(가족, 친구, 놀이 집단 등)

조직 형태의 특성
1) 매트릭스형 조직: 기능에 따라 수직적으로 편성된 직능조직과 별개로 주요 과업을 전담 수행하는 수평조직을 두는 이중 조직체계
① 기업 환경의 변화가 다양해지고 급속해짐에 따라 능동적으로 대응할 수 있는 조직 형태
② 중규모 형태의 기업에서 시장 상황에 따라 인적 자원을 효과적으로 활용하기 위한 형태
2) 프로젝트(Project) 조직: 특정한 사업목표를 달성하기 위하여 일시적으로 필요 자원을 동원하는 조직형태
① 과제별로 조직을 구성하며 혁신적·비일상적인 과제의 해결을 위한 시간적 유한성을 가진 일시적이고 잠정적인 조직
② 목적 지향적이고 목적 달성을 위해 기존의 조직에 비해 효율적이며 유연하게 운영될 수 있음
③ 플랜트, 도시개발 등 특정한 건설 과제를 처리(특정 과제를 수행하기 위해 필요한 자원과 재능을 여러 부서로부터 임시로 집중시켜 문제를 해결하고, 완료 후 다시 본래의 부서로 복귀하는 형태)
3) 위원회 조직: 조직 내에 의견을 수렴하고 조정하기 위해 설치
4) 사업부제 조직: 사업부별로 독립성을 인정하고 권한과 책임을 위양함으로써 책임 경영하는 조직 형태

ⓒ 2차 집단 : 어떤 목적을 위해 인위적으로 형성된 집단(회사, 정당, 이익 집단 등)

② 공식집단(formal group)과 비공식집단(informal group)

㉠ 공식집단 : 공통목표를 지향하며 성문화(成文化)된 규범에 의해 공적으로 정해져 있는 집단(회사나 관공서, 군대처럼 의도적으로 설립되어 능률성과 과학적 합리성을 강조하는 집단)

㉡ 비공식집단 : 자연적으로 성립되고 형식화되어 있지 않은 집단(친구 그룹 등)

③ 성원집단(membership group) : 개인이 구성원으로 소속하여 있는 집단

④ 준거집단 : 특정 개인이 어떤 상태의 지위나 조직 내 신분을 원하는데 아직 그 위치에 있지 않은 사람들이 표준으로 삼는 집단(자신이 실제로 소속된 집단이 아닌 개인의 행동이나 판단의 기준이 되는 집단)

⑤ 세력집단 : 집단에서 중요한 역할을 하는 핵심구성원들의 집단

(4) 집단의 기능과 갈등

(가) 집단의 기능 : ① 응집력 발생 ② 집단의 목표 설정 ③ 집단 의사결정 ④ 행동의 규범 존재

1) 집단 내에 머물도록 하는 내부의 힘을 응집력이라 한다.
2) 규범은 집단을 유지하고 집단의 목표를 달성하기 위해 만들어진 것이며 불변적인 것은 아니다.
3) 집단이 하나의 집단으로서의 역할을 수행하기 위해서는 집단 목표가 있어야 한다.

(나) 집단의 응집성이 높아지는 조건 : 함께 보내는 시간이 많을수록

(다) 집단 간의 갈등 요인

1) 깁슨(Gibson) : ① 상호의존성 ② 목표의 차이 ③ 인식의 차이
2) 듀브린(A.J.Dubrin) : ① 상호의존성 ② 목표의 차이 ③ 제한된 자원에의 경쟁 ④ 역할갈등 ⑤ 개인적인 차이

(라) 집단 간 갈등의 해소방안

① 공동의 문제 설정 ② 상위 목표의 설정 ③ 집단간 접촉 기회의 증대 ④ 사회적 범주화 편향의 최소화(범주화가 진행되지 못하게 함)

(마) 인간의 집단행동 가운데 통제적 집단행동 : 관습, 유행, 제도적 행동

– 비통제적 집단행동 : 패닉, 모브, 모방, 심리적 전염

(5) 조직 내 의사소통망의 유형
① 수레바퀴형(wheel type) : 조직 내의 중심인물에 정보가 집중되는 의사소통망(가장 구조화되고 집중화된 유형)
② 사슬형(연쇄형, chain type) : 수직적으로 의사소통이 이루어지는 유형(엄격한 계층 관계가 존재하는 의사소통망)
③ Y형(Y type) : 대다수 구성원을 대표하는 리더가 있는 경우의 유형(라인과 스태프의 혼합집단)
④ 원형(circle type) : 구성원 사이에 정보가 자유롭게 전달되는 유형(수평적이고 분산된 의사소통망)
⑤ 완전연결형(상호연결형, all channel type) : 원형이 확장된 유형. 모든 구성원들과 자유롭게 의사소통을 할 수 있는 유형(가장 바람직한 유형)

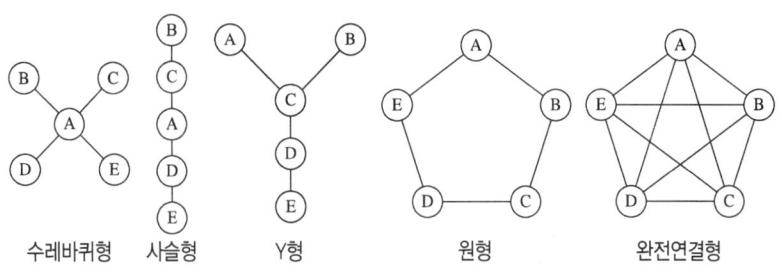

[그림] 의사소통망의 유형

> **조하리의 창(Johari's Windows)**
> 나와 타인과의 관계 속에서 내가 처한 상태와 개선점을 보여주는 분석틀 (의사소통의 심리구조를 4영역)
> ① 나도 알고 다른 사람도 아는 – 열린 창(open area)
> ② 나는 알지만 다른 사람은 모르는 – 숨겨진 창(hidden area)
> ③ 나는 모르지만 다른 사람은 아는 – 보이지 않는 창(blind area)
> ④ 나도 모르고 다른 사람도 모르는 – 미지의 창(unknown area)

(6) 인간의 사회적 행동의 기본 형태
(가) 협력(cooperation) : 조력, 분업
(나) 대립(opposition) : 공격, 경쟁
(다) 도피(escape) : 고립, 정신병, 자살
(라) 융합(accomodation) : 강제, 타협, 통합

(7) 인간의 행동특성
(가) 레윈(Lewin.K)의 법칙 : 인간행동은 사람이 가진 자질, 즉 개체와 심리학적 환경과의 상호 함수관계에 있다고 정의함

태도(attitude)의 3가지 구성요소: 조직 구성원의 태도는 조직성과와 밀접한 관계가 있음
① 인지적(cognitive) 요소: 특정대상에 대한 주관적 지식, 신념요소
② 정서적(affective) 요소: 대상에 대한 선호도를 표현하는 감정적인 요소(느낌)
③ 행동 경향(behavioral) 요소: 행동하려는 의도, 행동 성향

레윈의 3단계 조직변화모델: 조직의 변화가 해빙(unfreeze), 변화(change), 재동결(refreeze)단계 과정을 통해서 이루어지는 3단계 모델 제시
① 해빙(unfreeze)단계: 조직 변화 준비단계로 변화의 필요성을 인식하고 수용하는 단계
② 변화(change)단계: 새로운 변화를 시도하고 발전하는 단계
③ 재동결(refreeze)단계: 변화가 조직 내에 안정화되고 강화시키는 단계

(나) B = f(P · E)

　　B : Behavior(인간의 행동)

　　P : Person(개체 : 연령, 경험, 심신 상태, 성격, 지능, 소질 등)

　　E : Environment(심리적 환경 : 인간관계, 작업환경 등)

　　f : function(함수관계 : P와 E에 영향을 주는 조건)

2. 재해빈발성 및 행동과학

야다베-길퍼드(知田部-Guilford) 성격검사(Y-G검사)
질문지법으로 120개 항목의 질문을 통해 외적 조건에 대해 어떤 반응을 나타내는지 판정

(1) Y · G 성격검사(Yatabe-Guilford) : 질문에 대하여 3지선다(예, 아니오, 어느쪽도 아님)로 회답하는 방식

(가) A형(평균형) : 조화적, 적응적

(나) B형(우편형) : 정서불안정, 활동적, 외향적(부적응, 적극형)

(다) C형(좌편형) : 안전, 비활동적, 내향적(소극형)

(라) D형(우하형) : 안전, 적응, 적극형(활동적, 사회적응)

(마) E형(좌하형) : 불안정, 부적응, 수동형

(2) 재해 누발자의 유형

(가) 상황성 누발자 – 주변 상황

　① 작업이 어렵기 때문에

　② 기계·설비의 결함이 있기 때문에

　③ 심신에 근심이 있기 때문에

　④ 환경상 주의력의 집중 혼란

(나) 습관성 누발자 – 재해의 경험, 슬럼프(slump)상태

(다) 소질성 누발자 – 개인의 능력(지능, 성격, 시각기능)

(라) 미숙성 누발자 – 기능미숙, 환경에 익숙지 못함

사고 경향성 이론
통계적인 사실로서 사고 발생에 연결되기 쉬운 개인적인 성격(지속적인 개인의 심리적 특성)을 가지고 있는 사람이 있다는 이론

> **사고 경향성 이론**
> ① 어떠한 사람이 다른 사람보다 사고를 더 잘 일으킨다는 이론이다.
> ② 사고를 많이 내는 여러 명의 특성을 측정하여 사고를 예방하는 것이다.
> ③ 검증하기 위한 효과적인 방법은 다른 두 시기 동안에 같은 사람의 사고기록을 비교하는 것이다.

> **안전사고와 관련하여 소질적 사고 요인**
> ① 지능
> ② 성격
> ③ 시각기능(시각기능에 결함이 있는 자에게 재해가 많으며 시각기능은 반응속도보다 반응의 정확도에 관계가 있음)

(3) 동기부여 이론

(가) 데이비스(K. Davis)의 동기부여 이론(등식)

(동기부여 등식이론 : 동기부여를 등식으로 표시)

① 인간의 성과×물질의 성과 = 경영의 성과
② 지식(knowledge)×기능(skill) = 능력(ability)
③ 주위상황(situation)×인간태도(attitude) = 동기유발(motivation)
④ 인간의 능력(ability)×동기유발(motivation) = 인간의 성과(human performance)

(나) 맥그리거(Douglas McGregor)의 X 이론과 Y 이론

1) X · Y 이론 : 상반되는 인간본질을 가정하여 X · Y 이론 제시

X 이론	Y 이론
인간은 본래 게으르고 태만하여 남의 지배 받기를 즐긴다.	인간은 부지런하고 근면, 적극적이며 자주적이다
인간불신감	상호신뢰감
성악설	성선설
물질욕구(저차원 욕구)	정신욕구(고차원 욕구)
명령통제에 의한 관리	목표통합과 자기통제의 의한 자율관리
저개발국형	선진국형

2) X · Y 이론의 관리처방

X 이론	Y 이론
경제적 보상 체제의 강화 권위주의적 리더십의 확립 면밀한 감독과 엄격한 통제 상부 책임제도의 강화 조직구조의 고층성	민주적 리더십의 확립 분권화와 권한의 위임 목표의 의한 관리 직무확장 자체평가제도의 활성화 비공식적 조직의 활용

> **Y 이론의 가정**
> ① 현대 산업사회와 같은 여건 하에서 일반 사람의 지적 잠재력은 부분적으로 밖에 활용되지 못하고 있다.
> ② 대부분 사람들은 조건만 적당하면 책임뿐만 아니라 그것을 추구할 능력이 있다.
> ③ 목적에 투신하는 것은 성취와 관련된 보상과 함수 관계에 있다.
> ④ 근로에 육체적, 정신적 노력을 쏟는 것은 놀이나 휴식만큼 자연스럽다.

(다) 매슬로우(Abraham Maslow)의 욕구 5단계 이론

1) 1단계 : 생리적 욕구(physiological needs) - 인간의 가장 기본적인 욕구(의식주 및 성적 욕구 등)
   - 인간이 충족시키고자 추구하는 욕구에 있어 가장 강력한 욕구

2) 2단계 : 안전의 욕구(safety needs) - 자기 보전적 욕구(안전과 보호, 경제적 안정, 질서 등)

3) 3단계 : 사회적 욕구(love and belonging needs) - 소속감, 애정욕구 등

4) 4단계 : 존경의 욕구(esteem needs) - 다른 사람들로부터도 인정받고자 하는 욕구(존경받고 싶은 욕구, 자존심, 명예, 지위 등에 대한 욕구)

5) 5단계 : 자아실현의 욕구(self-actualization needs) - 잠재적 능력을 실현하고자 하는 욕구
   - 편견 없이 받아들이는 성향, 타인과의 거리를 유지하며 사생활을 즐기거나 창의적 성격으로 봉사, 특별히 좋아하는 사람과 긴밀한 관계를 유지하려는 인간의 욕구에 해당

> **매슬로우(Maslow)의 욕구 5단계 이론**
> ① 욕구의 발생은 단계별 구분이 명확하게 나누어지는 것이 아니고 서로 중첩되어 나타난다.
> ② 각 단계의 욕구는 "만족 또는 충족 후 진행"의 성향을 갖는다.
> ③ 대체적으로 인생이나 경력의 초기에는 안전의 욕구가 우세하게 나타난다.
> ④ 궁극적으로는 자기의 잠재력을 최대한 발휘하여 하고 싶은 일을 실현하고자 한다.
> ⑤ 인간의 생리적 욕구에 대한 의식적 통제가 어려운 것(순서) : 호흡의 욕구 → 안전의 욕구 → 해갈의 욕구 → 배설의 욕구

> **매슬로우(Maslow)의 욕구이론에 관한 설명**
> ① 행동은 충족되지 않은 욕구에 의해 결정되고 좌우된다.
> ② 위계(位階)에서 생존을 위해 기본이 되는 욕구들이 우선적으로 충족되어야 한다.
> ③ 개인은 가장 기본적인 욕구로부터 시작하여 위계상 상위 욕구로 올라가면서 자신의 욕구를 체계적으로 충족시킨다.

(라) 알더퍼(Alderfer)의 ERG 이론

1) 생존(Existence) 욕구(존재 욕구) : 매슬로우의 생리적 욕구, 물리적 측면의 안전 욕구

2) 관계(Relation) 욕구 : 매슬로우의 대인관계 측면의 안전 욕구, 사회적 욕구, 존경의 욕구

3) 성장(Growth) 욕구 : 매슬로우의 자아실현의 욕구

(마) 허츠버그(Herzberg)의 위생·동기이론

1) 위생요인(유지 욕구) : 인간의 동물적 욕구, 매슬로우의 생리적, 안전, 사회적 욕구와 유사

2) 동기요인(만족 욕구) : 자아실현. 매슬로우의 자아실현 욕구와 유사

> **동기·위생이론에서 직무동기를 높이는 방법**
> ① 위생요인 : 급여의 인상, 감독, 관리규칙, 기업의 정책, 작업조건, 승진, 지위
> ① 동기요인 : 상사로부터의 인정, 자율성 부여와 권한 위임, 직무에 대한 개인적 성취감, 책임감, 존경, 작업자체

(바) 강화이론(스키너) : 인간의 동기에 대한 이론 중 자극, 반응, 보상의 세 가지 핵심변인을 가지고 있으며, 표출된 행동에 따라 보상을 주는 방식에 기초한 동기이론

(* 그 외 아담스의 형평이론, 브룸의 기대이론, 로크의 목표설정이론)

(4) 로스(Ross)의 동기유발요인

① 안정(security)
② 기회(opportunity)
③ 참여(participation)
④ 인정(recognition)
⑤ 경제(economic)
⑥ 성과(accomplishment)
⑦ 부여권한(power)
⑧ 적응도(conformity)
⑨ 독자성(independence)

허즈버그(Herzberg)의 위생·동기이론
1) 위생요인: 직무 불만족의 요인과 관계가 있으며, 위생요인의 충족은 직무에 대해 불만족이 감소되지만 직무 만족을 가져 오지는 못함
2) 동기요인: 직무에 대한 만족의 요인이며, 동기요인이 충족하게 되면 직무에 대해 만족하고 일에 대한 긍정적인 태도를 갖게 함
① 인정은 상사 등으로 부터의 칭찬, 신임, 수용, 보상 등
② 성취는 목표의 달성 등
③ 책임은 간섭 없이 재량권을 가지며 결과에 대해 책임을 짐
④ 발전은 지위나 직위의 변화 등

아담스(Adams)의 형평이론(equity theory) : 자신의 노력과 그 결과로 얻는 보상이 준거가 되는 다른 사람과 비교하여 불공정하다고 인식될 때 동기가 유발된다고 주장함. 처우의 공평성에 대한 사람들의 지각과 신념이 직무형태에 영향을 미친다고 봄.
① 작업동기는 자신의 투입대비 성과 결과와 준거인물의 투입대비 성과 결과을 비교한다.
② 투입(input)이란 보상을 기대하면서 기여하는 것으로 일반적인 자격, 교육수준, 노력 등을 의미한다.
③ 성과(outcome)란 보상으로 받게되는 급여, 지위, 인정 및 기타 부가 보상 등을 의미한다.
④ 지각에 기초한 이론이므로 자기 자신을 지각하고 있는 사람을 개인(person)이라 한다.
(개인이 다른 사람과 비교하여 자신을 어떻게 지각하는지에 따라 동기가 결정됨)

브룸의 기대이론

기대감(Expectancy, 열심에 따른 높은 성과의 기대), 수단성(Instrumentality, 직무 수행 결과로써 보상), 유의성(Valence, 직무 결과에 대해 개인의 가치)의 세 가지 요인이 동기 부여를 결정

자기효능감(self-efficacy)과 자아 존중감(self-esteem)

① 자기 효능감(self-efficacy): 어떤 과업을 성취할 수 있는 자신의 능력에 대한 스스로의 믿음, 평가. 자신의 능력으로 성공적 수행이 가능하다는 자기 자신에 대한 신념이나 기대감 (특정한 과업에 대한 스스로의 믿음과 관련된 개념)
② 자아 존중감(self-esteem): 자신이 가치가 있는 소중한 존재이고 긍정적인 존재로 평가(자기 자신에 대한 광범위하고 포괄적인 평가를 의미)

역할 과부하

조직에 의한 스트레스 요인으로 역할 수행자에 대한 요구가 개인의 능력을 초과하거나 주어진 시간과 능력이 허용하는 것 이상을 달성하도록 요구받고 있다고 느끼는 상황

욕구이론

구분	Maslow의 욕구단계이론	Herzberg의 2요인	Alderfer의 ERG이론
제1단계	생리적 욕구	위생 요인	생존 욕구(Existence)
제2단계	안전의 욕구		
제3단계	사회적 욕구		관계 욕구(Relation)
제4단계	존경의 욕구	동기 요인	
제5단계	자아실현의 욕구		성장 욕구(Growth)

* 성취동기이론 : 맥클레랜드(McClelland)

* Tiffin의 동기유발요인에 있어 공식적 자극 : ① 소극적 – 해고, 특권박탈 / ② 적극적 – 승진, 작업계획의 선택

* 동기부여(motivation)에 있어 동기가 가지는 성질
  ① 행동을 촉발시키는 개인의 힘을 뜻하는 활성화
  ② 일정한 강도와 방향을 지닌 행동을 유지시키는 지속성
  ③ 노력의 투입을 선택적으로 한 방향으로 지향하도록 하는 통로화

* 동기부여 요인 : 직무만족이 긍정적인 영향을 미칠 수 있고, 그 결과 개인 생산 능력의 증대를 가져오는 인간의 특성을 의미하는 용어

* 직무동기 이론 중 기대이론에서 성과를 나타냈을 때 보상이 있을 것이라는 수단성을 높이려면 유의해야 할 점
  ① 보상의 약속을 철저히 지킨다.
  ② 신뢰할만한 성과의 측정방법을 사용한다.
  ③ 보상에 대한 객관적인 기준을 사전에 명확히 제시한다.

* 인간의 동작에 영향을 주는 요인(인간의 동작특성)
  ① 외적 조건
    ㉠ 대상물의 동적 성질에 따른 조건(동적 조건)
    ㉡ 높이, 폭, 길이, 크기 등의 조건(정적 조건)
    ㉢ 기온, 습도 조명, 소음 등의 조건(환경 조건)
  ② 내적 조건 : 근무경력(경험), 적성, 개성, 생리적 조건(피로, 긴장 등) 등의 조건

* 작업동기에 있어 행동의 3가지 결정 요인 : ① 능력 ② 동기 ③ 상황적 제약조건

* Super. D. E의 역할이론 : ① 역할 연기(role playing) ② 역할 기대(role expectation) ③ 역할 조성(role shaping) ④ 역할 갈등(role conflict)
  – 역할 갈등 : 작업에 대하여 상반된 역할이 기대되는 경우(원인 : 역할 부적합, 역할 마찰, 역할 모호성)
  – 역할 연기(role playing) : 자아탐구의 수단인 동시에 자아실현의 수단이라 할 수 있는 것

3. 집단관리와 리더십

(1) 리더십(leadership) : 집단구성원에 의해 선출된 지도자의 지위·임무
① 어떤 특정한 목표달성을 지향하고 있는 상황하에서 행사되는 대인간의 영향력
② 공통된 목표달성을 지향하도록 사람에게 영향을 미치지는 것
③ 주어진 상황 속에서 목표 달성을 위해 개인 또는 집단 의 활동을 미치는 과정

> **리더십(leadership)의 특성**
> ① 민주주의적 지휘 형태
> ② 부하와의 좁은 사회적 간격
> ③ 밑으로부터의 동의에 의한 권한 부여
> ④ 개인적 영향에 의한 부하와의 관계유지

(2) 리더십의 이론

(가) 특성이론 : 리더의 성격 특성을 연구. 리더의 기능수행과 지위, 획득 유지가 리더 개인의 성격·자질에 의존한다고 주장(특질접근법)
  - 성공적인 리더는 어떤 특성을 가지고 있는가를 연구 : ① 육체적 특성 ② 지능 ③ 성격 ④ 관리능력

> **특성이론(특질접근법)**
> 통솔력이 리더 개인의 특별한 성격과 자질에 의존한다고 설명하는 이론

(나) 행동이론 : 리더가 취하는 행동에 역점을 두고 설명하는 이론(행동접근법)
  - 리더와 부하와의 관계를 중심으로 리더의 행동 형태를 연구

(다) 상황이론 : 리더가 처해있는 상황을 강조하고 분석하는 것으로 상황에 근거해 리더의 가치가 판단(상황접근법)
  - 상황에 적합한 효과적인 리더십 행동을 개념화한 연구

(3) 리더십(leadership) 과정에서의 구성요소와의 함수관계
  - 리더십의 유효성(有效性)을 증대시키는 1차적 요소와 관계

$$L = f(l \cdot f_1 \cdot s)$$

L : 리더십(Leadership), f : 함수(function), l : 리더(leader), f_1 : 멤버, 추종자 집단(follower), s : 상황적 변수(situational variables)

> **리더십을 결정하는 주요한 3가지 요소**
> ① 리더의 특성과 행동
> ② 부하의 특성과 행동
> ③ 리더십이 발생하는 상황의 특성

> **성공적인 리더가 가지는 중요한 관리기술**
> ① 집단의 목표를 구성원과 함께 정한다.
> ② 구성원이 집단과 어울리도록 협조한다.
> ③ 자신이 아니라 집단에 대해 많은 관심을 가진다.

(4) 리더가 가지고 있는 세력(권한)의 유형(French와 Raven)

- 조직이 지도자에게 부여한 권한 : 강압적 권한, 보상적 권한, 합법적 권한
- 지도자 자신이 자신에게 부여한 권한 : 전문성의 권한, 준거적 권한

① 강압적 세력(coercive power): 부하들이 바람직하지 않은 행동을 했을 때 처벌할 수 있는 권한
② 보상적 세력(reward power): 보상을 줄 수 있는 권한(승진, 휴가, 보너스 등)
③ 합법적 세력(legitimate power): 조직의 공식적 권력구조에 의해 주어진 권한을 의미
④ 전문적 세력(expert power): 리더가 전문적 기술, 독점적 정보 정도에 의해 전문적 권한이 결정
⑤ 참조적 세력, 준거적 세력(referent power, attraction power): 리더의 생각과 목표를 동일시하거나 존경하고자 할 때의 권한

※ 위임된 권한 : 지도자가 추구하는 계획과 목표를 부하직원이 자신의 것으로 받아들여 자발적으로 참여하게 하는 리더십의 권한

(5) 리더십의 유형

(가) 리더의 행동스타일 리더십

1) 직무 중심적 리더십 : 생산과업을 중시, 공식권한과 권력에 의존, 부하들을 치밀하게 감독

2) 부하 중심적 리더십 : 부하와의 관계를 중시, 부하에게 권한을 위임, 자유재량을 많이 줌

(나) 민주적 리더와 독재적 리더

1) 민주적 리더십의 리더 : 민주적, 인간적이며 집단중심. 조직구성원들의 의사를 종합하여 결정한다.
   - 조직구성원들과의 사회적 간격이 좁다(유대관계 원활).

2) 독재적 리더십의 리더 : 권위주의적, 개인중심. 리더가 단독으로 의사결정한다.
   - 조직구성원들과의 사회적 간격 넓다(유대관계 원활하지 못함).

(다) 허시(Hersey)와 브랜차드(Blanchard)의 상황적 리더십의 4가지 종류

1) 지시적 리더십(telling leadership) : 관계↓, 과업↑(주도적 리더)
   일방적 의사소통, 리더 중심의 의사결정

레윈의 리더십의 유형

① 독재적 리더십(authoritative): 일 중심형으로 업적에 대한 관심은 높지만 인간관계에 무관심한 리더십 타입(권위적, 권력형)
② 민주적 리더십(democratic): 이상형
  • 구성원들과 조직체의 공동목표, 상호의존관계 강조
  • 상호신뢰적이고 상호존경적 관계에서 구성원을 통한 과업달성
③ 자유방임적 리더십(laissez-faire): 업적보다는 부하들의 의사결정

교환적 리더십과 변혁적 리더십

① 교환적 리더십(transactional leadership, 거래적 리더십): 목표를 실행하고 그에 따르는 보상를 약속함으로써 부하를 동기화하려는 리더십(리더와 구성원 간의 교환 거래 관계에 바탕을 둔 리더십)
② 변혁적 리더십(transformational leadership, 변환적 리더십): 리더가 부하에게 비전(vision)을 제시하고, 목표 달성을 위한 성취 의지와 자신감을 고취시키므로 부하의 가치관과 태도의 변화를 통해 성과를 이끌어내려는 리더십

2) 설득적 리더십(selling leadership) : 관계↑, 과업↑
   쌍방적 의사소통, 공동의사결정
3) 참여적 리더십(participating leadership) : 관계↑, 과업↓
   부하와의 원만한 관계 유지, 부하의 의견을 의사결정에 반영
4) 위임적 리더십(delegating leadership) : 관계↓, 과업↓ (위양적(유도적) 리더십)
   부하들 자신의 자율적 행동, 자기 통제에 의존하는 리더
   ※ 셀프 리더십 : 부하들의 역량을 개발하여 부하들로 하여금 자율적으로 업무를 추진하게 하고, 스스로 자기조절 능력을 갖게 만드는 리더십

(라) 경로-목표이론(R. J. House's Path-goal theory) : 리더의 행동이 어떻게 구성원의 동기를 유발하는지 설명하는 이론

1) 리더가 취할 수 있는 행동
   ① 지시적(directive) 리더 : 구체적인 지침, 작업 일정을 제공하고 직무를 명확히 해주는 리더 행동
   ② 지원적(supportive) 리더 : 부하와의 상호 만족스러운 인간관계를 강조하면서 지원적 분위기 조성하는 리더 행동
   ③ 참여적(participative) 리더 : 부하에게 자문을 구하고 의견을 반영하며 정보를 공유하는 리더 행동
   ④ 성취지향적(achievement oriented) 리더 : 도전적인 작업 목표를 설정하고 성취동기를 유도하는 리더 행동

2) 상황적 변수
   ① 부하의 특성에 따라
      ㉠ 능력(ability) : 부하의 능력이 우수하면 지시적 리더행동은 효율적이지 못하다.
      ㉡ 통제위치(locus of control) : 내적 통제성향을 갖는 부하는 참여적 리더행동을 좋아하고, 외적 통제성향인 부하는 지시적 리더행동을 좋아한다.
      ㉢ 욕구 및 동인(needs and motives) : 부하의 내면을 지배하는 욕구의 유형에 따라 리더의 행동은 영향 받게 된다.
   ② 과업 환경요소에 따라
      ㉠ 부하의 과업(task) : 과업이 구조화되어 있으면 지원적, 참여적 행동이 효율적이고, 비구조적일 때는 지시적 리더가 효과적이다.
      ㉡ 작업집단(work group) : 집단이 미성숙 단계일 경우 지시적 리더, 성숙된 경우 집단의 규범에 따른 지원적, 참여적 리더가 효과적이다.

상황적 리더십
① 지시적 리더십(지시형, directing) : 지시와 명령을 내리고 과업수행 감독
② 설득적 리더십(코치형, coaching) : 지시·명령 및 감독하고 결정사항을 설명하며, 제안을 받아들이는 리더십
③ 참여적 리더십(지원형, supporting) : 과업에 대한 노력을 지원하고 의견을 반영하여 책임을 나누는 리더십
④ 위임적 리더십(위임형, delegating) : 의사결정과 책임을 위임하는 리더십

부하의 행동에 영향을 주는 리더십 : 모범, 제언, 설득, 강요
① 모범 : 리더의 모범에 의해 부하로 하여금 자신의 행위에 영향을 가져오게 하는 것
② 제언 : 의견을 제시하여 부하로 하여금 자신의 행위에 영향을 가져오게 하는 것
③ 설득 : 제언보다 더 직접적인 방법. 조언, 설명, 보상조건 등의 제시를 통한 적극적인 방법
④ 강제 : 상벌을 중심으로 강제성을 수반하는 것. 승진 또는 해임을 이용하여 부하로 하여금 자신의 행위에 영향을 가져오게 하는 강제적 방법

(마) 피들러(Fiedler)의 상황리더십 이론 : 리더의 특성이나 행위가 주어진 상황조건에 따라 달라진다는 상황이론으로 리더의 성격적 특성과 리더십 상황의 호의도 와의 적합성(match) 정도에 따라 집단의 성과가 나타난다는 이론

1) 리더십 스타일 : LPC척도(Least Preferred Co-worker. 설문지)로 리더의 특성을 과업동기와 관계동기로 나누어 측정함.
   ① 관계지향적 리더(relationship-oriented style) : LPC점수가 높을수록 관계지향형 리더
      - 집단구성원들과 긴밀한 인간관계를 통한 과업목표 달성에 관심을 가짐.
      ㉠ 우호적이며 가까이 하기 쉽다.
      ㉡ 어떤 결정에 대해 자세히 설명해 준다.
      ㉢ 집단구성원들을 동등하게 대한다.)
   ② 과업지향적 리더(task-oriented style) : LPC 점수가 낮을수록 과업지향형 리더
      ㉠ 직무 수행에 우선적인 관심을 가지며 집단구성원들에게 과업지향적 행동을 강조
      ㉡ 과업을 수행하기 위하여 리더는 권위적, 지시적, 성취 지향적인 특성을 가짐

2) 상황적 요인 : 리더십 상황을 측정하는 상황변수
   ① 리더-구성원 관계(Leader Member-Relations : LMR)
   ② 과업구조(Task Structure : TS) : 과업의 목표, 달성방법 및 성과 기준 등이 분명하게 명시되어 있는 정도
   ③ 직위 권력(Position Power : PP)

(바) 관리그리드(managerial grid) 이론에서의 리더의 행동유형과 경향

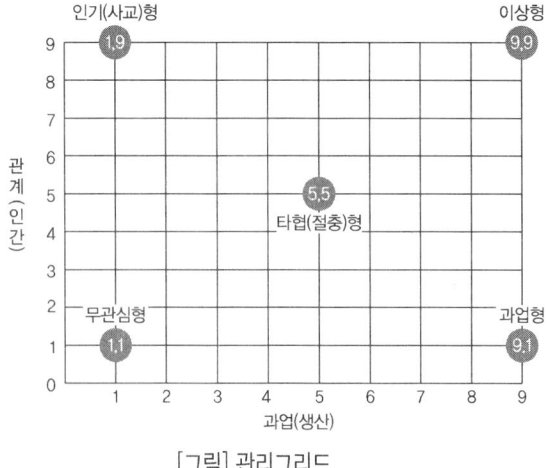

[그림] 관리그리드

관리그리드(관리격자이론)는 관리격자(바둑판 모양)를 활용하여 두 가지 (인간, 과업) 차원에 기초하여 리더십 이론을 전개
- 리더의 인간(=관계)에 대한 관심도와 생산(=과업)에 대한 관심에 따라 리더의 행동유형을 분류

1) (1.1)형 : 무관심형
  ① 생산과 인간에 대한 관심이 모두 낮은 무관심 유형
  ② 리더 자신의 직분을 유지하는 데 필요한 최소 노력만 투입

2) (1.9)형 : 인기형
  ① 인간에 대한 관심은 매우 높고, 생산에 대한 관심은 낮은 유형
  ② 구성원 간의 만족한 관계와 친밀한 분위기 조성에 역점

3) (9.1)형 : 과업형
  ① 생산에 대한 관심은 매우 높고, 인간에 대한 관심은 낮음 유형
  ② 인간적 요소보다 과업 수행의 능력을 최고로 중시

4) (5.5)형 : 타협형
  ① 과업이 능률과 인간적 요소를 절충(중간형)
  ② 적당한 수준의 성과를 지향하는 유형

5) (9.9)형 : 이상형
  ① 구성원들에게 조직체의 공동목표, 상호의존관계를 강조
  ② 상호신뢰적이고 상호존경적 관계에서 구성원을 통한 과업달성

(6) 헤드십(head-ship)

(가) 헤드십 : 임명된 지도자로서 권위주의적이고 지배적임

(나) 헤드십(head-ship)의 특성
  1) 권한의 근거는 공식적이다(공식적인 규정에 의거하여 권한의 귀속 범위가 결정된다).
  2) 권한행사는 임명된 헤드이다.(권한의 부여는 조직으로부터 위임받음)
  3) 지휘 형태는 권위주의적이다.
  4) 상사와 부하와의 관계는 지배적이다.
  5) 부하와의 사회적 간격은 넓다(관계 원활하지 않음).

리더십(leadship)과 헤드십(headship)

구분	리더십(leadership)	헤드십(headship)
권한 근거	개인능력	법적 또는 공식적
권한 행사	선출된 리더	임명된 헤드
지휘 형태	민주주의적	권위주의적
권한 귀속	집단목표에 기여한 공로 인정	공식적인 규정에 의거 결정

관료주의의 기본적 특성

피라미드 구조의 명령계통(상명하복(上命下服)의 질서정연한 체제)
① 사전에 설정된 절차와 규칙(모든 직위의 권한과 임무는 문서화된 법규에 의하여 규정)
② 전문화에 기초한 노동의 분업(관료로서의 직업은 잠정적인 직업이 아니라 일생 동안 종사하는 전임직업)
③ 기술적 능력에 기초한 승진과 선정(임무수행에 필요한 전문적 훈련을 받은 사람들이 관료로 채용)
④ 인간관계에 있어서는 비인격성으로 구성(법규의 적용에 있어서 공평무사한 비개인성(非個人性)을 유지)

기업조직의 원칙

㉠ 책임과 권한의 원칙 : 지시에 따라 최선을 다해서 주어진 임무나 기능을 수행하는 것
㉡ 권한위양의 원리 : 책임을 완수하는데 필요한 수단을 상사로 부터 위임 받은 것
 - 조직의 권한과 책임, 기능의 한계를 명확히 하는 데 기여
㉢ 지시 일원화의 원리 : 언제나 직속 상사에게서만 지시를 받고 특정 부하직원들에게만 지시하는 것
㉣ 전문화의 원리 : 조직의 각 구성원이 가능한 한 가지 특수 직무만을 담당하도록 하는 것
 - 불필요한 절차의 생략과 신속한 의사 결정에 기여

(7) 비공식 집단

① 비공식 집단은 조직구성원의 태도, 행동 및 생산성에 지대한 영향력을 행사한다.
② 가장 응집력이 강하고 우세한 비공식 집단은 수평적 동료 집단이다.
③ 혼합적 혹은 우선적 동료집단은 각기 상이한 부서에 근무하는 직위가 다른 성원들로 구성된다.
④ 비공식 집단은 관리영역 밖에 존재하고 조직도상에 나타나지 않는다.
✻ 비공식 집단의 활동 및 특성 : 직접적이고 빈번한 개인 간의 접촉을 필요로 한다.

친구를 선택하는 일반적인 기준에 대한 경험적 연구에서 검증된 사실

(Dickens & Perlman, 1981)
① 우리는 우리를 좋아하는 사람을 좋아한다.
② 우리는 우리와 유사한 태도를 지닌 사람을 좋아한다.
③ 우리는 우리와 유사한 성격을 지닌 사람을 좋아한다.
④ 우리는 신체적으로 매력적인 사람을 좋아한다.
⑤ 우리는 우리 곁에 가까이 사는 사람을 좋아한다.
⑥ 우리는 우리와 나이가 비슷한 사람을 좋아한다.
⑦ 우리는 같은 성(性)을 가진 사람과 친구가 된다.

4. 생체 리듬과 피로

(1) 피로(fatigue)

(가) 피로(fatigue) : 신체의 변화, 스스로 느끼는 권태감 및 작업 능률의 저하 등을 총칭
  ① 급성 피로란 피로 증상이 1개월 이내 지속된 경우이며, 대부분 생리적인 피로 증상이거나 일시적인 경우들이 많아서 저절로 회복되는 경우(정상피로, 건강피로)
  ② 정신피로는 정신적 긴장에 의해 일어나는 중추신경계의 피로로 사고활동, 정서 등의 변화가 나타난다.
  ③ 만성피로(chronic fatigue, 慢性疲勞) : 피로가 매일 조금씩 장기간 축적되어 일어나는 피로이며, 축적(蓄積)피로라고도 함(* 정상피로 : 축적되지 않은 피로).

> 피로에 의한 정신적 증상 주의력이 감소 또는 경감된다.

(나) 피로의 종류
  ① 육체적 피로와 정신적 피로(피로의 현상 – 근육피로, 중추신경의 피로, 반사운동신경피로)
    ㉠ 육체적 피로 : 육체적인 운동의 결과로 나타나는 피로(근육피로)
    ㉡ 정신적 피로 : 단순한 작업의 반복이나 고도의 지적(知的) 작업을 장시간 계속할 때 생기는 피로
  ② 주관적 피로, 객관적 피로, 생리적 피로
    ㉠ 주관적 피로 : 스스로 피곤하다고 느끼는 자각증상
    ㉡ 객관적 피로 : 작업량 또는 질의 저하로 나타남
    ㉢ 생리적 피로 : 생리 상태를 검사. 인체 각 기능이나 물질 변화에 의해 나타남

> **생리적 피로와 심리적 피로**
> ① 생리적 피로는 근육조직의 산소고갈로 발생하는 신체능력 감소 및 생리적 손상이다.
> ② 심리적 피로는 계속되는 작업에서 수행감소를 주관적으로 지각하는 것을 의미 한다.
> ③ 작업 수행이 감소하더라도 피로를 느끼지 않을 수 있고, 수행이 잘 되더라도 피로를 느낄 수 있다.

피로 단계

잠재기, 현재기, 진행기, 축적피로기 등 대체로 4단계로 구분
① 잠재기 : 외적으로 능력이 저하되고 지각하지 못하는 시기
② 현재기 : 능력 저하, 피로증상 지각, 이상발한, 구갈, 두통, 탈력감(허탈감)이 있고, 특히 관절이나 근육통이 수반되어 신체를 움직이기 귀찮아지는 단계
③ 진행기 : 회복 곤란, 본인 의지와 관계없이 작업 중단(수일간 휴식 필요)
④ 축적피로기 : 만성피로, 일종의 질환으로 발전(수개월, 수년 요양 필요)

심폐검사 방법의 피로 판정 검사
① 스텝 테스트(step test): 일정한 높이의 발판을 이용하여 운동한 후에 맥박, 혈압을 측정하는 심폐기능 검사
② 슈나이더 테스트(Schneider's test): 누운 자세에서 직립 자세로 옮겼을 경우 등의 맥박, 혈압의 변화 등에 의해서 검사하는 것

(다) 피로(fatigue)의 측정 방법(검사항목)

1) 생리학적 방법 : 근력, 근활동, 인지역치(認知閾值), 반사역치(反射閾值), 대뇌피질 활동, 호흡순환 기능
   − 피로의 검사방법에 있어 인지억제를 이용한 생리적 방법 : 점멸융합주파수(flicker fusion frequency)

2) 심리학적 방법 : 변별역치(辨別閾值), 동작분석, 행동기록, 정신작업, 연속반응시간, 피부저항, 전신자각 증상, 집중 자각증상

3) 생화학적 방법 : 혈색소 농도, 혈액 수분, 응혈 시간, 부신피질 등

4) 자각적 방법과 타각적 방법

작업자의 정신적 피로를 관찰할 수 있는 변화

작업동작 경로의 변화, 작업태도의 변화, 사고활동의 변화
− 육체적 피로를 관찰할 수 있는 변화 : 대사기능의 변화, 감각기능, 순환기능, 반사기능 등의 변화

점멸융합주파수(Flicker Fusion Frequency, 플리커 검사)

CFF(Critical Flicker Fusion Frequency) 값. 빛이 점멸하는데도 연속으로 켜있는 것 같아 보이는 주파수. 정신적 피로도, 휘도, 암조응 상태인지 여부에 영향을 받음.
① 피로의 정도를 측정하는 검사. 정신적으로 피로하면 주파수 값이 내려감(중추신경계의 정신적 피로도의 척도로 사용).
② 피로의 측정 분류 시 감각기능검사(정신·신경기능검사)의 측정대상 항목으로 가장 적합

(라) 피로회복 대책

① 휴식과 수면(가장 효과적인 방법)
② 충분한 영양(음식)섭취
③ 산책 및 가벼운 운동

④ 음악감상, 오락 등으로 기분 전환
⑤ 목욕, 마사지 등 물리적 요법

> **허세이(Alfred Bay Hershey)의 피로회복법**
> ① 신체의 활동에 의한 피로 : 기계의 사용을 배제한다.
> ② 단조감·권태감에 의한 피로 : 작업의 가치를 부여 한다. 동작의 교대방법을 가르친다. 휴식 부여한다.
> ③ 질병에 의한 피로 : 보건상 유해한 작업환경을 개선한다.
> ④ 환경과의 관계에 의한 피로 : 작업장에서의 부적절한 관계를 배제한다.

(2) 생체 리듬(바이오리듬) : 인간의 생리적 주기 또는 리듬에 관한 이론

(가) 생체 리듬 구분

종류	곡선표시	영역	주기
육체 리듬 (physical)	P, 청색, 실선	식욕, 소화력, 활동력, 지구력 등이 증가 (신체적 컨디션의 율동적 발현)	23일
감성 리듬 (sensitivity)	S, 적색, 점선	감정, 주의력, 창조력, 예감, 희로애락 등이 증가	28일
지성 리듬 (intellectual)	I, 녹색, 일점쇄선	상상력, 사고력, 판단력, 기억력, 인지력, 추리능력 등이 증가	33일

(나) 생체 리듬의 곡선표시방법 : 구체적으로 통일되어 있으며 색 또는 선으로 표시하는 두 가지 방법이 사용

(다) 위험일 : 안정기(+)와 불안정기(−)의 교차점

(라) 생체 리듬과 피로현상
① 생체상의 변화는 하루 중에 일정한 시간간격을 두고 교환된다.
② 혈액의 수분과 염분량 : 주간에 감소하고 야간에 증가
③ 체온, 혈압, 맥박수 : 주간에 상승하고 야간에 저하
④ 야간에는 소화분비액 불량, 체중이 감소
⑤ 야간에는 말초운동 기능이 저하, 피로의 자각증상이 증가
⑥ 생체 리듬에서 중요한 점은 낮에는 신체활동이 유리하며, 밤에는 휴식이 더욱 효율적이라는 것이다.
⑦ 몸이 흥분한 상태일 때는 교감신경이 우세하고 수면을 취하거나 휴식을 할 때는 부교감신경이 우세하다.

> 생체 리듬의 위험일
> (+)리듬에서 (−)리듬으로 또는 (−)리듬에서 (+)리듬으로 변화하는 점을 0 또는 위험일이며 이 시점이 가장 위험한 시기

스트레스의 요인

1) 내부적 자극요인: 스트레스 주요 원인 중 마음 속에서 일어나는 내적 자극요인
① 자존심의 손상
② 업무상 죄책감
③ 현실에서의 부적응
2) 외부적 자극 요인
① 대인관계 갈등
② 가족의 죽음, 질병
③ 경제적 어려움

스트레스(stress) 중 환경이나 외부를 통해서 영향을 주는 요인: 직장에서의 대인관계 갈등과 대립
① 대인관계 갈등
② 죽음, 질병
③ 경제적 어려움

스트레스의 반응에 대하여 개인적 차이가 이유가 되는 것: 성(性)의 차이, 강인성의 차이, 자기 존중감의 차이 등
(* 작업시간의 차이는 개인적 차이의 이유가 아님.)

개인적 차원에서의 스트레스 관리 대책
① 긴장 이완법
② 적절한 운동
③ 적절한 시간관리

NIOSH의 직무 스트레스 모형에서 직무스트레스 요인
① 작업요인 – 작업속도
② 조직요인 – 관리유형
③ 환경요인 – 조명과 소음
④ 완충작용요인 – 대응능력
* NIOSH(National Institute for Occupational Safety and Health): 미국국립산업안전보건연구원

(3) 스트레스

1) 스트레스에 대한 설명

① 스트레스는 환경의 요구가 지나쳐 개인의 능력한계를 벗어날 때 발생한다(개인과 환경과의 불균형, 부적합 상태).
② 스트레스 요인에는 소음, 진동, 열 등과 같은 환경 영향뿐만 아니라 개인적인 심리적 요인(불안, 피로, 좌절 및 분노)들도 포함한다.
③ 사람이 스트레스를 받게 되면 감각기관과 신경이 예민해진다(맥박, 혈압, 혈류, 혈당, 호흡 등도 증가).
④ 순기능 스트레스는 스트레스의 반응이 긍정적이고, 건전한 결과로 나타나는 현상이다.
⑤ 스트레스는 직무 몰입과 생산성 감소의 직접적인 원인이 된다.

2) 직무로 인한 스트레스 : 동기부여의 저하, 정신적 긴장 그리고 자신감 상실과 같은 부정적 반응을 초래

3) 산업스트레스의 요인 중 직무특성과 관련된 요인 : 작업속도, 근무시간, 업무의 반복성, 작업교대

4) 작업스트레스에 대한 연구 결과

① 조직에서 스트레스를 일으키는 대부분의 원인들은 역할 속성과 관련되어 있다.
② 스트레스는 분노, 좌절, 적대, 흥분 등과 같은 보다 강렬하고 격앙된 정서 상태를 일으킨다.
③ 내적통제형의 근로자들이 외적통제형의 근로자들보다 스트레스를 덜 받는다.
④ A유형의 근로자들이 B유형의 근로자들보다 스트레스를 많이 받는다.

* A형 행동유형(TABP : Type A Behavior Pattern) : 시간의 절박감과 경쟁적 성취욕이 강하고 공격적, 경쟁적, 적대적이고 참을성이 없는 유형(B형 행동유형 : A형 유형과 반대되는 행동유형)
① 직무스트레스의 주요 원천이다. 관상동맥성 심장병(CHD)에 걸릴 확률이 높다.
② 미국의 프리드먼(Friedman)과 로젠만(Rosenman)이 분류한 3가지 행동유형(A형, B형, C형 행동유형)

CHAPTER 02 항목별 우선순위 문제 및 해설

01 매슬로우의 욕구단계이론에서 편견 없이 받아들이는 성향, 타인과의 거리를 유지하며 사생활을 즐기거나 창의적 성격으로 봉사, 특별히 좋아하는 사람과 긴밀한 관계를 유지하려는 인간의 욕구에 해당하는 것은?

① 생리적 욕구
② 사회적 욕구
③ 자아실현의 욕구
④ 안전에 대한 욕구

해설 자아실현의 욕구(self-actualization needs)
잠재적 능력을 실현하고자 하는 욕구

02 데이비스(K. Davis)의 동기부여이론 등식으로 옳은 것은?

① 지식 × 기능 = 태도
② 지식 × 상황 = 동기유발
③ 능력 × 상황 = 인간의 성과
④ 능력 × 동기유발 = 인간의 성과

해설 데이비스(K. Davis)의 동기부여이론(등식)
① 인간의 성과×물질의 성과 = 경영의 성과
② 지식(knowledge)×기능(skill) = 능력(ability)
③ 상황(situation)×태도(attitude) = 동기유발(motivation)
④ 능력(ability)×동기유발(motivation) = 인간의 성과(human performance)

03 헤드십(headship)의 특성에 관한 설명으로 틀린 것은?

① 상사와 부하의 사회적 간격은 넓다.
② 지휘형태는 권위주의적이다.
③ 상사와 부하의 관계는 지배적이다.
④ 상사의 권한 근거는 비공식적이다.

해설 헤드십(head-ship)의 특성
① 권한의 근거는 공식적이다.
② 부하와의 사회적 간격은 넓다(관계 원활하지 않음).

04 ERG(Existence Relation Growth)이론을 주장한 사람은?

① 매슬로우(Maslow)
② 맥그리거(McGregor)
③ 테일러(Taylor)
④ 알더퍼(Alderfer)

해설 알더퍼(Alderfer)의 ERG 이론
1) 생존(Existence) 욕구 : 매슬로우의 생리적 욕구, 물리적 측면의 안전 욕구
2) 관계(Relation) 욕구 : 매슬로우의 대인관계 측면의 안전 욕구, 사회적 욕구, 존경의 욕구
3) 성장(Growth) 욕구 : 매슬로우의 자아실현의 욕구

05 다음 중 리더십(Leadership)에 관한 설명으로 틀린 것은?

① 각자의 목표를 위해 스스로 노력하도록 사람에게 영향력을 행사하는 활동
② 어떤 특정한 목표달성을 지향하고 있는 상황하에서 행사되는 대인간의 영향력
③ 공통된 목표달성을 지향하도록 사람에게 영향을 미치지는 것
④ 주어진 상황 속에서 목표 달성을 위해 개인 또는 집단 의 활동을 미치는 과정

해설 리더십(Leadership)
조직에서 공동의 목표달성을 위해 사람에게 영향을 미치지는 것

정답 01. ③ 02. ④ 03. ④ 04. ④ 05. ①

06 리더십에 있어서 권한의 역할 중 조직이 지도자에게 부여한 권한이 아닌 것은?

① 보상적 권한　② 강압적 권한
③ 합법적 권한　④ 전문성의 권한

해설 조직이 지도자에게 부여한 권한 : 강압적 권한, 보상적 권한, 합법적 권한
　- 지도자 자신이 자신에게 부여한 권한 : 전문성의 권한, 준거적 권한

07 다음 중 레윈(Lewin.K)에 의하여 제시된 인간의 행동에 관한 식을 올바르게 표현한 것은? (단, B는 인간의 행동, P는 개체, E는 환경, f는 함수관계를 의미한다.)

① $B = f(P \cdot E)$　② $B = f(P+1)B$
③ $P = E \cdot f(B)$　④ $E = f(B+1)P$

해설 레윈(Lewin.K)의 법칙 : 인간행동은 사람이 가진 자질, 즉 개체와 심리학적 환경과의 상호 함수관계에 있다고 정의함

$$B = f(P \cdot E)$$

B : Behavior(인간의 행동)
P : Person(개체 : 연령, 경험, 심신 상태, 성격, 지능, 소질 등)
E : Environment(심리적 환경 : 인간관계, 작업환경 등)
f : function(함수관계 : P와 E에 영향을 주는 조건)

08 다음 중 맥그리거(Douglas McGregor)의 X 이론과 Y 이론 에 관한 관리 처방으로 가장 적절한 것은?

① 목표에 의한 관리는 Y 이론의 관리 처방에 해당된다.
② 직무의 확장은 X 이론의 관리 처방에 해당된다.
③ 상부책임제도의 강화는 Y 이론의 관리 처방에 해당 된다.
④ 분권화 및 권한의 위임은 X 이론의 관리 처방에 해당

해설 X · Y 이론의 관리처방

X 이론	Y 이론
• 경제적 보상 체제의 강화	• 민주적 리더십의 확립
• 권위주의적 리더십의 확립	• 분권화와 권한의 위임
• 면밀한 감독과 엄격한 통제	• 목표의 의한 관리
• 상부 책임제도의 강화	• 직무확장
• 조직구조의 고층성	• 자체평가제도의 활성화
	• 비공식적 조직의 활용

09 다음 중 인간관계 관리기법에 있어 구성원 상호간의 선호도를 기초로 집단 내부의 동태적 상호관계를 분석하는 방법으로 가장 적절한 것은?

① 소시오메트리(sociometry)
② 그리드 훈련(grid training)
③ 집단역할(group dynamic)
④ 감수성 훈련(sensitivity training)

해설 소시오메트리(sociometry)
집단의 구조, 동료관계, 인간관계, 집단구성원의 사기 등 측정(사회측정법)
(집단 구성원들 간의 공식적 관계가 아닌 비공식적인 관계를 파악하기 위한 방법)

10 집단에 있어서의 인간관계를 하나의 단면(斷面)에서 포착하였을 때 이러한 단면적(斷面的)인 인간관계가 생기는 기제(機制)와 가장 거리가 먼 것은?

① 모방　② 암시
③ 습관　④ 커뮤니케이션

해설 집단에서의 인간관계 메커니즘(mechanism)
(가) 일체화 : 심리적 결합
(나) 동일화(identification) : 타인의 행동 양식이나 태도를 투입시키거나 타인에게서 자기와 비슷한 점을 발견
(다) 공감 : 동정과 구분
(라) 커뮤니케이션(communication) : 언어, 몸짓, 신호, 기호
(마) 모방 : 직접 모방, 간접 모방, 부분 모방

(바) 암시 : 타인으로부터 판단이나 행동을 무비판적으로 근거 없이 받아들이는 것
(사) 역할학습 : 유희
(아) 투사(Projection 투출) : 자기 속에 억압된 것을 타인의 것으로 생각 하는 것

③ 심신에 근심이 있기 때문에
④ 환경상 주의력의 집중 혼란
(나) 습관성 누발자 – 재해의 경험, 슬럼프(slump) 상태
(다) 소질성 누발자 – 개인의 능력
(라) 미숙성 누발자 – 기능미숙, 환경에 익숙지 못함

11 다음 중 집단(group)의 특성에 대하여 올바르게 설명한 것은?

① 1차 집단(primary group) – 사교집단과 같이 일상생활에서 임시적으로 접촉하는 집단
② 공식 집단(formal group) – 회사나 군대처럼 의도적으로 설립되어 능률성과 과학적 합리성을 강조하는 집단
③ 성원 집단(membership group) – 특정 개인이 어떤 상태의 지위나 조직 내 신분을 원하는데 아직 그 위치에 있지 않은 사람들의 집단
④ 세력 집단 – 혈연이나 지연과 같이 장기간 육체적, 정서적으로 매우 밀접한 집단

해설 집단(group)의 특성
① 1차 집단 : 구성원 간에 친밀한 접촉을 토대로 자연스럽게 이루어진 집단(가족, 친구, 놀이 집단 등)
② 성원집단(membership group) : 개인이 구성원으로 소속하여 있는 집단
③ 세력집단 : 집단에서 중요한 역할을 하는 핵심구성원들의 집단

12 다음 중 상황성 누발자 재해유발원인과 거리가 먼 것은?

① 작업이 어렵기 때문
② 주의력이 산만하기 때문
③ 기계설비에 결함이 있기 때문
④ 심신에 근심이 있기 때문

해설 재해 누발자의 유형
(가) 상황성 누발자 – 주변 상황
  ① 작업이 어렵기 때문에
  ② 기계·설비의 결함이 있기 때문에

13 다음 중 피로(fatigue)에 관한 설명으로 가장 적절하지 않은 것은?

① 피로는 신체의 변화, 스스로 느끼는 권태감 및 작업 능률의 저하 등을 총칭하는 말이다.
② 급성피로란 보통의 휴식으로는 회복이 불가능한 피로를 말한다.
③ 정신피로는 정신적 긴장에 의해 일어나는 중추신경계의 피로로 사고활동, 정서 등의 변화가 나타난다.
④ 만성피로란 오랜 기간에 걸쳐 축적되면 일어나는 피로를 말한다.

해설 급성 피로
피로 증상이 1개월 이내 지속된 경우이며, 대부분 생리적인 피로 증상이거나 일시적인 경우들이 많아서 저절로 회복되는 경우(정상피로, 건강피로)

14 다음 중 피로검사 방법에 있어 심리적인 방법의 검사항목에 해당하는 것은?

① 호흡순환기능
② 연속반응시간
③ 대뇌피질 활동
④ 혈색소 농도

해설 피로(fatigue)의 측정 방법(검사항목)
1) 생리학적 방법 : 근력, 근활동, 인지역치(認知閾値), 반사역치(反射閾値), 대뇌피질 활동, 호흡순환기능
2) 심리학적 방법 : 변별역치(辨別閾値), 동작분석, 행동기록, 정신작업, 연속반응시간, 피부저항, 전신자각 증상, 집중자각증상
3) 생화학적 방법 : 혈색소농도, 혈액수분, 응혈시간, 부신피질 등

15 다음 중 생체 리듬(Biorhythm)의 종류에 해당하지 않는 것은?

① 지적 리듬　② 신체 리듬
③ 감성 리듬　④ 신경 리듬

해설 **생체 리듬(바이오리듬)** : 인간의 생리적 주기 또는 리듬에 관한 이론

〈생체 리듬 구분〉

종류	곡선표시	영역	주기
육체 리듬 (Physical)	P, 청색, 실선	식욕, 소화력, 활동력, 지구력 등이 증가(신체적 컨디션의 율동적 발현)	23일
감성 리듬 (Sensitivity)	S, 적색, 점선	감정, 주의력, 창조력, 예감, 희로애락 등이 증가	28일
지성 리듬 (Intellectual)	I, 녹색, 일점쇄선	상상력, 사고력, 판단력, 기억력, 인지력, 추리능력 등이 증가	33일

정답 15. ④

Chapter 03 안전보건교육의 개념

1. 교육의 필요성과 목적

(1) 학습(교육)지도의 원리

① 직관의 원리 : 구체적 사물을 제시하거나 경험시킴으로써 효과를 볼 수 있다는 원리(사물을 직접 접하고 실제로 해보는 것)
② 자기활동의 원리(자발성의 원리) : 학습자 자신이 자발적으로 학습에 참여하는 데 중점을 둔 원리
③ 개별화의 원리 : 학습자 각자의 요구와 능력 등에 알맞은 학습활동의 기회를 마련하여 주어야 한다는 원리
④ 사회화의 원리 : 학교에서 배운 것과 사회에서 경험한 것을 교류시키고 공동 학습을 통해서 협력적이고 우호적인 학습을 진행하는 원리
⑤ 통합의 원리 : 학습을 총합적인 전체로서 지도하는 원리. 동시학습원리

(2) 교육지도의 8원칙(안전교육의 원칙)

(가) 피교육자 중심의 교육 : 상대방의 입장에서 교육

(나) 동기부여 : 동기부여를 위주로 한 교육을 실시

(다) 반복 : 지식은 반복에 의해 기억되고 신속 정확한 동작 가능케 함.

(라) 쉬운 것부터 어려운 것을 중심으로 실시하여 이해를 도움.

(마) 한 번에 하나씩을 교육

(바) 인상의 강화 : 중요점의 재강요 등 인상을 강화시키는 수단 강구

(사) 오감(5관)의 활용

  1) 오감의 교육효과
   ① 시각효과 : 60%   ② 청각효과 : 20%
   ③ 촉각효과 : 15%   ④ 미각효과 : 3%
   ⑤ 후각효과 : 2%

2) 이해도

① 귀 : 20%   ② 눈 : 40%   ③ 귀 + 눈 : 60%
④ 입 : 80%   ⑤ 머리 + 손, 발 : 90%

3) 감각 기능별 반응시간

① 청각 : 0.17초   ② 촉각 : 0.18초   ③ 시각 : 0.2초
④ 미각 : 0.29초   ⑤ 통각 : 0.7초

(아) 기능적인 이해를 돕도록 함 : 기술교육과정에서 가장 중요한 것은 기능적인 이해를 증진시키는 것임.

> 작업 시 정보 회로의 순서
> 표시 → 감각 → 지각 → 판단 → 응답 → 출력 → 조작

참고

* 의사소통 과정의 4가지 구성요소 : 발신자(sender), 수신자(receiver), 메시지(message), 채널(channel)
* 학습에 대한 동기유발 방법
  ① 내적동기 유발방법
     ㉠ 학습자의 요구 수준에 맞는 적절한 교재의 제시
     ㉡ 지적호기심의 제고
     ㉢ 목표의 인식
     ㉣ 성취의욕의 고취
     ㉤ 흥미 등의 방법
  ② 외적동기 유발방법
     ㉠ 학습결과를 알게 하고 성공감, 만족감을 갖게 할 것
     ㉡ 적절한 상벌에 의하여 학습의욕을 환기시킬 것
     ㉢ 경쟁심을 이용할 것
* 안전교육방법 중 동기유발 요인에 영향을 미치는 요소(데이비스 동기부여이론 참조)
  ① 책임 ② 참여 ③ 성과 ④ 안정 ⑤ 기회 ⑥ 인정
* 인간행동변화의 전개과정 : ① 자극 ② 욕구 ③ 판단 ④ 행동

(3) 학습의 목적과 성과

(가) 학습목적의 3요소 : 학습목적에 반드시 포함 사항

① 목표
② 주제
③ 학습정도 : 인지, 지각, 이해, 적용(학습 정도의 4요소)

1) 교육목적에 관한 설명

① 교육목적은 교육이념에 근거한다.
② 교육목적은 개념상 이념이나 목표보다 광범위하고 포괄적이다.
③ 교육목적의 기능으로는 방향의 제시, 교육활동의 통제 등이 있다.

> 교육의 목적: 교육을 통해 이루고자 하는 것(예: 자아실현, 안전의식 고취)
> 〈교육목적의 기능〉
> ① 교육과정 방향 제시(교육내용, 방법)
> ② 교육행위의 의미와 가치 인식
> ③ 교육 결과 평가 기준

④ 교육목적은 교육목표의 상위 개념으로 전체적인 경우의 방향 제시를 의미한다.
* 안전교육의 목적 : ① 기계설비의 안전화(설비와 물자) ② 작업환경의 안전화 ③ 인간행동의 안전화 ④ 의식의 안전화(인간정신)
* 안전교육의 목적 : ① 생산성 및 품질향상 기여 ② 직·간접적 경제적 손실방지 ③ 작업자를 산업재해로부터 미연방지

> 교육이란 "인간행동의 계획적 변화"로 정의할 때 인간의 행동을 의미하며 내현적, 외현적 행동 모두 포함

교육의 본질적 면에서 본 교육의 기능
① 개인 완성으로서의 기능 : 개인의 발전을 돕는 기능
② 문화전달과 창조적 기능 : 문화유산을 전달하고 창조하는 기능
③ 사회적 기능 : 사회의 유지와 존속(보수적 기능) 및 사회 진보와 혁신의 기반을 조성(진보적 기능)하는 기능

목표설정 이론에서 밝혀진 효과적인 목표의 특징
① 목표는 측정 가능해야 한다.
② 목표는 구체적이어야 한다.
③ 목표는 그 달성에 필요한 시간의 제한을 명시해야 한다.
* 안전교육의 목표 : 작업에 의한 안전행동의 습관화

(나) 학습성과 : 학습목적을 세분하여 구체적으로 세부목적을 결정
① 주제와 학습정도가 포함
② 학습목적에 적합하고 타당
③ 구체적으로 서술
④ 수강자의 입장에서 기술

(4) **학습의 전개** : 주제를 논리적으로 적용하여 체계화함.
① 쉬운 것부터 어려운 것으로 실시
② 간단한 것에서 복잡한 것으로 실시
③ 많이 사용하는 것에서 적게 사용하는 순으로 실시
④ 전체적인 것에서 부분적인 것으로 실시
⑤ 미리 알려진 것에서 점차 미지의 것으로 실시
⑥ 과거에서 현재, 미래의 순으로 실시

(5) **학습 정도(level of learning)의 4단계(4요소)**
① 인지(to acquaint)   ② 지각(to know)
③ 이해(to understand)   ④ 적용(to apply)

(6) 교육형태별 분류

분류구분	교육형태
교육의도별 분류	형식적 교육, 비형식적 교육
교육성격별 분류	일반교육, 교양교육, 특수교육
교육방법별 분류	시청각교육, 실습교육, 방송통신교육
교육장소별 분류	가정교육, 학교교육, 사회교육
교육내용별 분류	실업교육, 직업교육, 고등교육

타일러(Tyler)의 학습경험선정의 원리
① 동기유발(흥미)의 원리
② 기회의 원리
③ 가능성의 원리
④ 일경험 다목적 달성의 원리
⑤ 전이(파급효과)의 원리

✱ 존 듀이(John Dewey)가 주장하는 대표적인 형식적 교육 : 학교안전교육
  〈존 듀이〉: 실제 생활의 문제해결 과정에 관심을 두는 실용주의에 기초한 교육이론과 방법을 주장
  ① 교육이란 경험의 끊임없는 개조(改造)이며 미숙한 경험을 지적인 기술과 습관을 갖춘 경험으로 발전시키는 것
  ② 학생들에게 여러 가지 경험에 참여시킴으로서 창조력을 발휘할 수 있도록 하고
  ③ 학교는 이 일을 위한 현실사회의 모델이고 사회개조의 모체가 되는 것임.

✱ 창의력을 발휘하기 위한 3가지 요소 : ① 전문지식 ② 상상력 ③ 내적 동기
  - 창의력 : 문제를 해결하기 위하여 정보나 지식을 독특한 방법으로 조합하여 참신하고 유용한 아이디어를 생성해 내는 능력

✱ 학업 성취에 직접적인 영향을 미치는 요인 : 준비도(readiness), 동기유발(motivating), 기억과 망각(memory, forgetting), 개인차

✱ 인지(cognition)학습 : 의식을 전환시키는 것
  - 보호구의 중요성을 전혀 인식하지 못하는 근로자를 교육을 통해 의식을 전환시켜 보호구 착용을 습관화하도록 함.

교육의 3요소

① 교육의 주체(교육자) - 강사
② 교육의 객체(피교육자) - 수강자(학습의 주체)
③ 교육의 매개체(교육 내용) - 교재, 시청각 매체

교육계획서의 수립 단계
① 1단계: 교육의 요구사항 파악
② 2단계: 교육내용의 결정
③ 3단계: 교육실행을 위한 순서, 방법, 자료의 검토
④ 4단계: 실행 교육계획서 작성

교육훈련 프로그램을 만들기 위한 단계

① 분석단계 : 요구분석을 실시, 근로자가 자신의 직무에 대하여 어떤 생각을 갖고 있는지 조사, 직무평가를 실시한다.
  - 가장 우선 실시 : 요구분석 실시
② 설계단계 : 분석과정에서의 결과물로 설계
③ 개발단계 : 프로그램 제작
④ 실행단계 : 개발된 프로그램 적용 및 관리
⑤ 평가단계 : 프로그램 평가

> **엔드라고지 모델에 기초한 학습자로서의 성인의 특징**
>
> ✱ 엔드라고지(andragogy) : 성인들의 학습을 돕기 위한 기술과 과학
> ① 성인들은 왜 배워야 하는지에 대해 알고자 하는 욕구를 가지고 있다.
> ② 성인들은 자기 주도적으로 학습하고자 한다.
> ③ 성인들은 많은 다양한 경험을 가지고 학습에 참여한다.
> ④ 성인들은 학습을 하려는 강한 내·외적 동기를 가지고 있다.
> ⑤ 성인들은 문제 중심적으로 학습하고자 한다.
> ⑥ 성인들은 과제 중심적으로 학습하고자 한다.
> (✱ 성인학습의 원리 : ① 자발학습의 원리 ② 상호학습의 원리 ③ 참여교육의 원리)

2. 교육심리학

> **교육심리학의 연구방법**
>
> ① 투사법 : 의식적으로 의견을 발표하도록 하여 인간의 내면에서 일어나고 있는 심리적 상태를 사물과 연관시켜 인간의 성격을 알아보는 방법
> ② 관찰법 : 자연적 관찰법, 계통적 관찰법, 실험적 관찰법
> ③ 실험법 : 자연적 실험법, 교육실험법, 임상적 실험법, 실험실적 실험법
> ④ 검사법 : 발달검사, 지능검사, 적성검사 등
> ⑤ 면접법
> ⑥ 질문지조사법

(1) 파지와 망각

(가) 파지(retention) : 과거의 학습경험을 통해서 학습된 행동이 현재와 미래에 지속되는 것(획득된 행동이나 내용이 지속되는 것: 간직, 보존되는 것)

(나) 망각 : 경험한 내용이나 학습된 행동을 다시 생각하여 작업에 적용하지 아니하고 방치함으로써 경험의 내용이나 인상이 약해지거나 소멸되는 현상
   - 에빙하우스(Ebbinghaus)의 연구결과 : 망각률이 50%를 초과하게 되는 최초의 경과시간은 1시간

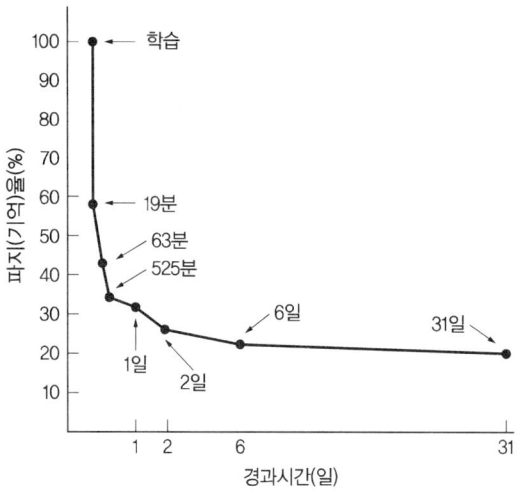

[그림] 에빙하우스의 망각곡선

(다) 인간이 기억하는 과정 : 기명 → 파지 → 재생 → 재인(재생이나 재인이 안되면 망각)

① 기명(memorizing) : 사물의 인상을 마음속에 간직하는 것

② 파지(retention) : 과거의 학습경험을 통해서 학습된 행동이 현재와 미래에 지속되는 것

③ 재생(recall) : 사물의 보존된 인상을 다시 의식으로 떠오르는 것

④ 재인(recognition) : 과거에 경험하였던 것과 비슷한 상태에 부딪쳤을 때 떠오르는 것

(2) 자극과 반응(Stimulus & Response)이론 : S-R 이론

(가) 파블로프(Pavlov)의 조건반사설(반응설) : 후천적으로 얻게 되는 반사작용으로 행동을 발생시키는 것

〈조건반사설에 의한 학습이론의 원리〉

① 시간의 원리 : 조건자극(파블로프의 개 실험의 종소리)은 무조건자극(음식물)과 시간적으로 동시에 혹은 조금 앞서서 주어야 한다는 것

② 강도의 원리 : 나중의 자극이 먼저의 자극보다 강도가 강하거나 동일하여야만 조건반사가 성립

③ 일관성의 원리 : 조건자극은 일관된 자극이어야 함.

④ 계속성의 원리: 자극과 반응 간에 반복되는 횟수가 많을수록 효과가 있음.

파블로프(Ivan Pavlov, 1849~1936. 러시아의 심리학자)

조건반사에 관한 개의 실험
① 종소리와 함께 먹이 주는 것을 반복하면, 먹이를 주지 않고 종소리(조건)만으로도 개가 침(반응)을 흘림
  - 무조건 반사(반응): 개에게 주어지는 먹이(본능적 반응: 침을 흘리는 것)
  - 조건반사: 종소리
② 어떤 조건을 형성함으로써 반응을 유발시킬 수 있음
③ 환경을 조성하고 적절한 강화를 제공하면 학습된 행동을 유발시킬 수 있음

(나) 손다이크(Thorndike)의 시행착오설 : 시행과 착오의 과정을 통해 특정한 자극과 반응이 결합됨으로써 학습이 발생하는 것(맹목적 시행을 반복하는 가운데 자극과 반응이 결합하여 행동하는 것)

1) 상자 안의 고양이 : 우연히 지렛대를 밟아 문이 열림(시행반복으로 습득).
2) 학습의 법칙
   ① 효과의 법칙(결과의 법칙) : 학습은 단순한 반복으로가 아닌 학습의 성취에 보상을 줌으로써 강화
   ② 준비성의 법칙 : 학습할 준비가 되어 있어야 함
   ③ 연습의 법칙(빈도의 법칙) : 학습은 연습을 통해 향상되고 행동변화되며 장시간 유지됨.

> **참고**
>
> * 스키너(Skinner)의 조작적 조건형성이론, 거스리(Guthrie : 구뜨리에)의 접근적 조건화설
> * Skinner의 "강화의 원리" : 적극적 강화(정적 강화)는 어떤 자극에 대하여 유쾌한 자극을 주어서 반응을 촉진시키는 것이며 소극적 강화(부적 강화)는 어떤 자극에 대한 불쾌한 자극을 제거하여 반응을 촉진시켜 것을 의미한다.
> (* 강화 : 어떤 자극에 대한 반응이 일어나는 확률을 증가시키는 과정)
>   ① 정적강화란 반응 후 음식이나 칭찬 등의 이로운 자극을 주었을 때 반응발생률이 높아지는 것이다.
>   ② 부적강화란 반응 후 처벌이나 비난 등의 해로운 자극이 주어져서 반응발생률이 감소하는 것이다.
>   ③ 처벌은 더 강한 처벌에 의해서만 그 효과가 지속되는 부작용이 있다.

(3) 형태이론 : 인지적 학습이론

(가) 퀼러(Kohler)의 통찰설(insight theory) : 학습목표를 포함하는 문제 사태를 전체적으로 이해하고 그것을 분석하여 인지함으로써(통찰) 목표달성을 위한 행동과 결부시켜 재구성, 재구조화 하는 것(문제해결은 해결과정에서 생기는 통찰에 의해 이루어지는 것)

(나) 레윈(Lewin)의 장설(場 이론, field theory) : 학습에 해당하는 인지구조(인식형태, 사고방식)의 성립 및 변화는 심리적 생활공간에 의함(생활공간: 환경 영역, 내적, 개인적 영역, 내적 욕구동기 등)

(다) 톨만(Tolman)의 기호형태설(sign-gestalt theory) : 학습자의 머릿속에 인지적 지도 같은 인지구조를 바탕으로 학습하려는 것

손다이크의 고양이 실험: 레버를 누르면 탈출할 수 있는 상자에 고양이를 가두고, 탈출 시간을 확인하는 실험(상자 밖에는 먹이를 둠)
- 처음 실험에서는 고양이가 우연히 레버를 밟고 나오는 시간이 많이 소요했으나, 실험이 반복될수록 시간이 짧아짐

인지적 학습이론
학습은 인지구조의 성립 또는 반응으로 보는 견해

퀼러의 통찰설: 〈침팬지 실험〉
① 천장에 바나나가 매달려 있는 우리 안의 침팬지에게 가는 것과 굵은 대나무 막대기 제시
② 막대기로 바나나를 따 먹으려고 여러 번 시도하나 실패
③ 포기한 듯이 막대기를 가지고 놀다가 어느 순간에 가는 막대기를 굵은 것에 꼽아 길게 만들어 성공함
④ 내적, 외적의 잔체구조를 새로운 시점에서 파악하여 행동(아하 현상)

생활공간: 행동을 일으키는 요인, 개체 내에 성립하고 있는 주관적 공간

* 교육심리학의 정신분석학적 대표 이론
  ① Freud의 심리 성적발달 이론
  ② Jung의 성격 양향설
  ③ Erikson의 심리 사회적 발달 이론

(4) 학습의 전이

(가) 학습의 전이 : 학습한 결과가 다른 학습이나 반응에 영향을 주는 것으로 특히 학습효과를 설명할 때 많이 쓰이는 용어

(나) 학습 전이의 조건
① 학습자의 태도 요인 : 학습자의 태도에 따라
② 학습자의 지능 요인 : 학습자의 지능에 따라
③ 학습 자료 등의 유사성의 요인 : 선행학습과 후행학습의 유사성에 따라
   (* 훈련 상황이 실제 작업장면과 유사할 때)
④ 학습 정도의 요인 : 선행학습의 정도에 따라
⑤ 시간적 간격의 요인 : 선행학습과 후행학습의 시간 간격에 따라

(다) 교육훈련의 전이 타당도를 높이기 위한 방법
① 훈련 상황과 직무상황 간의 유사성을 최대화한다.
② 훈련 내용과 직무내용 간에 튼튼한 고리를 만든다.
③ 피훈련자들이 배운 원리를 완전히 이해할 수 있도록 해 준다.
④ 피훈련자들이 훈련에서 배운 기술, 과제 등을 가능한 풍부하게 경험할 수 있도록 해 준다.

(라) 훈련 전이(transfer of training) : 훈련 기간에 학습된 내용이 실무 상황으로 옮겨져서 사용되는 정도
① 훈련생은 훈련 과정에 대해서 사전정보가 많을수록 왜곡된 반응을 보이지 않을 것이다.
② 훈련 상황이 가급적 실제 상황과 유사할수록 전이 효과는 높아진다.
③ 실제 직무수행에서 훈련된 행동이 나타날 때 보상이 따르면 전이 효과는 더 높아진다.

(5) 적응기제(適應機制, adjustment mechanism)의 종류 : 자기 방어를 통해 내적 긴장을 감소시켜 환경에 적응토록 함.

(가) 방어적 기제(행동)
① 보상 ② 합리화 ③ 투사 ④ 승화

(나) 도피적 기제(행동)
① 고립 ② 억압 ③ 퇴행 ④ 백일몽

학습 전이의 이론
① 형식도야설: 두뇌기능의 능력을 길러 주는 수학, 논리학 등을 학습함으로 전이를 증진
② 동일요소설: 선행과 후행학습에 동일 요소가 있을 때 전이를 증진
③ 일반화설: 일반적 원리(개념)가 유사할 때 전이를 증진
④ 형태이조설: 인지구조의 상태가 유사할 때 전이를 증진

적응기제의 종류

(1) 방어적 기제(행동)
  ① 보상 : 자신의 결함을 다른 것으로 보상받기위해 자신의 감정을 지나치게 강조(작은 고추가 맵다)
    – 자신의 결함과 무능에 의하여 생긴 열등감이나 긴장을 해소시키기 위하여 장점과 같은 것으로 그 결함을 보충하려는 행동
  ② 합리화 : 현실왜곡을 통해 현재 자신의 처지에 적합한 구실을 찾아내어 정당성(합리성)의 근거로 삼으려는 무의식적 노력(부적응행동이나 실패를 정당화함)
  ③ 투사(projection) : 스트레스와 불안을 일으키는 자신의 감정, 사고를 타인에게 있는 것처럼 전가시킴으로써 자신을 방어하는 방법(안 되면 조상 탓)
    – 자신조차도 승인할 수 없는 욕구를 타인이나 사물로 전환시켜 바람직하지 못한 욕구로부터 자신을 지키려는 것
  ④ 승화 : 원초적이며 용납될 수 없는 충동을 허용하는 방향으로 나타내는 방법(열등감을 극복하여 훌륭한 학자가 됨)

(2) 도피적 기제(행동)
  ① 고립 : 실제 감정으로부터 자신을 고립시키는 것(사랑하는 사람의 죽음을 친구와 기쁘게 지내면서 슬픔을 느끼지 않는 것)
    – 키가 작은 사람이 키 큰 친구들과 같이 사진을 찍으려 하지 않는다.
  ② 억압 : 의식에서 용납하기 어려운 충동 등을 무의식속에 눌러 놓는 것. 무엇을 잊고 더 이상 행하지 않겠다는 통속적인 해결(실수, 기억상실)
  ③ 퇴행 : 심한 스트레스 등에 의해 현재의 발달단계 보다 후퇴하는 것(동생이 태어난 후 대소변을 못 가림)
    – 동생이 태어나자 형이 된 아이가 말을 더듬는다.
  ④ 백일몽 : 비현실 세계를 상상하는 것. 헛된 공상

∗ 동일화(identification) : 다른 사람의 행동 양식이나 태도를 투입시키거나 다른 사람 가운데 자기의 비슷한 점을 발견하는 것(과부 사정은 과부가 안다. 아버지의 성공을 자신의 성공인 것처럼 자랑하며 거만한 태도를 보인다.)

∗ 합리화의 유형 중 투사형 : 자기의 실패나 결함을 다른 대상에게 책임을 전가시키는 유형으로 자신의 잘못에 대해 조상 탓을 하거나 축구 선수가 공을 잘못 찬 후 신발 탓을 하는 등에 해당하는 것

3. 안전보건교육계획 수립 및 실시

(1) 안전교육 계획수립 및 추진에 있어 진행 순서
교육의 필요점 발견 → 교육 대상 결정 → 교육 준비(내용, 방법, 강사, 교재 등) → 교육 실시 → 교육의 성과를 평가

(2) 안전교육의 기본방향
① 안전 작업(표준안전작업)을 위한 안전교육
② 사고 사례 중심의 안전교육
③ 안전 의식 향상을 위한 안전교육

(3) 안전·보건교육계획의 수립 시 고려할 사항
① 현장의 의견을 충분히 반영
② 대상자의 필요한 정보를 수집
③ 안전교육시행체계와의 연관성을 고려
④ 정부 규정에 의한 교육에 한정하지 않음.

(4) 안전교육계획 수립 시 포함하여야 할 사항
① 교육목표(교육 및 훈련의 범위)
② 교육의 종류 및 교육대상
③ 교육의 과목 및 교육내용
④ 교육기간 및 시간
⑤ 교육장소와 방법
⑥ 교육담당자 및 강사
⑦ 소요예산 산정

> **안전교육의 필요성**
> ① 재해현상은 무상해사고를 제외하고, 대부분이 물건과 사람과의 접촉점에서 일어난다.
> ② 재해는 물건의 불안전한 상태에서 의해서 일어날 뿐만 아니라 사람의 불안전한 행동에 의해서도 일어날 수 있다.
> ③ 현실적으로 생긴 재해는 그 원인 관련요소가 매우 많아 반복적 실험을 통하여 재해환경을 복원하는 것이 불가능하다.
> ④ 재해의 발생을 보다 많이 방지하기 위해서는 인간의 지식이나 행동을 변화시킬 필요가 있다.

CHAPTER 03 항목별 우선순위 문제 및 해설

01 안전보건교육의 교육지도 원칙에 해당하지 않는 것은?
① 피교육자 중심의 교육을 실시한다.
② 동기부여를 한다.
③ 5관을 활용한다.
④ 어려운 것부터 쉬운 것으로 시작한다.

해설 안전보건교육의 교육지도 원칙
쉬운 것부터 어려운 것을 중심으로 실시하여 이해를 도움

02 다음 중 학습을 자극(Stimulus)에 의한 반응(Response)으로 보는 이론에 해당하는 것은?
① 손다이크(Thorndike)의 시행착오설
② 퀠러(Kohler)의 통찰설
③ 톨만(Tolman)의 기호형태설
④ 레윈(Lewin)의 장설 이론(Field theory)

해설 자극과 반응(Stimulus & Response) 이론 : S-R 이론
① 파블로프(Pavlov)의 조건반사설(반응설)
② 손다이크(Thorndike)의 시행착오설
③ 스키너(Skinner)의 조작적 조건형성이론
④ 거스리(Guthrie : 구뜨리에)의 접근적 조건화설
〈형태이론 : 인지적 학습이론〉
① 퀠러(Kohler)의 통찰설(insight theory)
② 레윈(Lewin)의 장설(field theory)
③ 톨만(Tolman)의 기호형태설(sign-gestalt theory)

03 다음 중 학습목적을 세분하여 구체적으로 결정한 것을 무엇이라 하는가?
① 주제
② 학습목표
③ 학습 정도
④ 학습성과

해설 학습성과 : 학습목적을 세분하여 구체적으로 세부목적을 결정
① 주제와 학습 정도가 포함
② 학습목적에 적합하고 타당
③ 구체적으로 서술
④ 수강자의 입장에서 기술

04 학습 정도(level of learning)란 주제를 학습시킬 범위와 내용의 정도를 뜻한다. 다음 중 학습정도의 4단계에 포함되지 않는 것은?
① 인지(to recognize)
② 이해(to understand)
③ 회상(toto recall)
④ 적용(to apply)

해설 학습 정도(level of learning)의 4단계(4요소)
① 인지(to acquaint)
② 지각(to know)
③ 이해(to understand)
④ 적용(to apply)

05 자신에게 약점이나 무능력, 열등감을 위장하여 유리하게 보호함으로써 안정감을 찾으려는 방어적 적응기제에 해당하는 것은?
① 보상   ② 고립
③ 퇴행   ④ 억압

해설 보상 : 자신의 결함을 다른 것으로 보상받기 위해 자신의 감정을 지나치게 강조(작은 고추가 맵다)
* 고립 : 실제 감정으로부터 자신을 고립시키는 것(사랑하는 사람의 죽음을 친구와 기쁘게 지내면서 슬픔을 느끼지 않는 것)
* 억압 : 의식에서 용납하기 어려운 충동 등을 무의식 속에 눌러 놓는 것. 무엇을 잊고 더 이상 행하지 않겠다는 통속적인 해결(실수, 기억상실)
* 퇴행 : 심한 스트레스 등에 의해 현재의 발달단계보다 후퇴하는 것(동생이 태어난 후 대소변을 못 가림)

정답 01. ④ 02. ① 03. ④ 04. ③ 05. ①

06 다음 중 학습 전이의 조건과 가장 거리가 먼 것은?

① 학습자의 태도 요인
② 학습자의 지능 요인
③ 학습 자료의 유사성의 요인
④ 선행학습과 후행학습의 공간적 요인

해설 학습의 전이
(가) 학습의 전이 : 학습한 결과가 다른 학습이나 반응에 영향을 주는 것으로 특히 학습효과를 설명할 때 많이 쓰이는 용어
(나) 학습 전이의 조건
① 학습자의 태도 요인 : 학습자의 태도에 따라
② 학습자의 지능 요인 : 학습자의 지능에 따라
③ 학습 자료 등의 유사성의 요인 : 선행학습과 후행학습의 유사성에 따라
④ 학습 정도의 요인 : 선행학습의 정도에 따라
⑤ 시간적 간격의 요인 : 선행학습과 후행학습의 시간 간격에 따라

07 학습지도의 원리에 있어 다음 설명에 해당하는 것은? (학습자가 지니고 있는 각자의 요구와 능력 등에 알맞은 학습활동의 기회를 마련해주어야 한다는 원리)

① 직관의 원리
② 자기활동의 원리
③ 개별화의 원리
④ 사회화의 원리

해설 학습(교육)지도의 원리
① 직관의 원리 : 구체적 사물을 제시하거나 경험시킴으로써 효과를 볼 수 있다는 원리
② 자기활동의 원리(자발성의 원리) : 학습자 자신이 스스로 자발적으로 스스로 학습에 참여하는 데 중점을 둔 원리
③ 개별화의 원리 : 학습자 각자의 요구와 능력 등에 알맞은 학습활동의 기회를 마련하여 주어야 한다는 원리
④ 사회화의 원리 : 학교에서 배운 것과 사회에서 경험한 것을 교류시키고 공동 학습을 통해서 협력적이고 우호적인 학습을 진행하는 원리
⑤ 통합의 원리 : 학습을 총합적인 전체로서 지도하는 원리. 동시학습원리

08 기억과정에 있어 "파지(retention)"에 대한 설명으로 가장 적절한 것은?

① 사물의 인상을 마음속에 간직하는 것
② 사물의 보존된 인상을 다시 의식으로 떠오르는 것
③ 과거의 경험이 어떤 형태로 미래의 행동에 영향을 주는 작용
④ 과거의 학습 경험을 통하여 학습된 행동이나 내용이 지속되는 것

해설 파지(retention) : 과거의 학습경험을 통해서 학습된 행동이 현재와 미래에 지속되는 것(획득된 행동이나 내용이 지속되는 것 : 간직, 보존되는 것)
* 재인 : 과거에 경험하였던 것과 비슷한 상태에 부딪쳤을 때 떠오르는 것
* 재생 : 사물의 보존된 인상을 다시 의식으로 떠오르는 것
* 기명 : 사물의 인상을 마음속에 간직하는 것

정답 06.④ 07.③ 08.④

Chapter 04 교육의 내용 및 방법

1. 교육내용〈산업안전보건법 시행규칙〉

(1) 산업안전·보건 관련 교육과정별 교육시간 [별표 4]

(가) 근로자 안전·보건교육

교육과정	교육대상		교육시간
가. 정기교육	1) 사무직 종사 근로자		매반기 6시간 이상
	2) 그 밖의 근로자	가) 판매업무에 직접 종사하는 근로자	매반기 6시간 이상
		나) 판매업무에 직접 종사하는 근로자 외의 근로자	매반기 12시간 이상
나. 채용 시 교육	1) 일용근로자 및 근로계약기간이 1주일 이하인 기간제근로자		1시간 이상
	2) 근로계약기간이 1주일 초과 1개월 이하인 기간제근로자		4시간 이상
	3) 그 밖의 근로자		8시간 이상
다. 작업내용 변경 시 교육	1) 일용근로자 및 근로계약기간이 1주일 이하인 기간제근로자		1시간 이상
	2) 그 밖의 근로자		2시간 이상
라. 특별교육	1) 타워크레인 신호작업을 제외한 특별교육대상 작업에 종사하는 일용근로자 및 근로계약기간이 1주일 이하인 기간제근로자		2시간 이상
	2) 타워크레인 신호작업에 종사하는 일용근로자 및 근로계약기간이 1주일 이하인 기간제근로자		8시간 이상
	3) 일용근로자 및 근로계약기간이 1주일 이하인 기간제근로자를 제외한 근로자		가) 16시간 이상(최초 작업에 종사하기 전 4시간 이상 실시하고 12시간은 3개월 이내에서 분할하여 실시 가능) 나) 단기간 작업 또는 간헐적 작업인 경우에는 2시간 이상
마. 건설업 기초안전·보건교육	건설 일용근로자		4시간 이상

memo

관리감독자 안전보건교육

교육과정	교육시간
가. 정기교육	연간 16시간 이상
나. 채용 시 교육	8시간 이상
다. 작업내용 변경 시 교육	2시간 이상
라. 특별교육	16시간 이상 (최초 작업에 종사하기 전 4시간 이상 실시하고, 12시간은 3개월 이내에서 분할하여 실시 가능) 단기간 작업 또는 간헐적 작업인 경우에는 2시간 이상

(나) 안전보건관리책임자 등에 대한 교육

교육대상	교육시간	
	신규교육	보수교육
가. 안전보건관리책임자	6시간 이상	6시간 이상
나. 안전관리자, 안전관리전문기관의 종사자	34시간 이상	24시간 이상
다. 보건관리자, 보건관리전문기관의 종사자	34시간 이상	24시간 이상
라. 재해예방 전문지도기관의 종사자	34시간 이상	24시간 이상
마. 석면조사기관의 종사자	34시간 이상	24시간 이상
바. 안전보건관리담당자	–	8시간 이상
사. 안전검사기관, 자율안전검사기관의 종사자	34시간 이상	24시간 이상

(다) 검사원 성능검사교육

교육과정	교육대상	교육시간
성능검사교육	–	28시간 이상

(2) 교육대상별 교육내용 [별표 5]

1. 근로자 안전보건교육

   가. 근로자 정기교육

교육내용
• 산업안전 및 사고 예방에 관한 사항 • 산업보건 및 직업병 예방에 관한 사항 • 위험성 평가에 관한 사항 • 건강증진 및 질병 예방에 관한 사항 • 유해·위험 작업환경 관리에 관한 사항 • 산업안전보건법령 및 산업재해보상보험 제도에 관한 사항 • 직무스트레스 예방 및 관리에 관한 사항 • 직장 내 괴롭힘, 고객의 폭언 등으로 인한 건강장해 예방 및 관리에 관한 사항

   나. 관리감독자 정기교육(※)

교육내용
• 산업안전 및 사고 예방에 관한 사항 • 산업보건 및 직업병 예방에 관한 사항 • 위험성 평가에 관한 사항 • 유해·위험 작업환경 관리에 관한 사항 • 산업안전보건법령 및 산업재해보상보험 제도에 관한 사항 • 직무스트레스 예방 및 관리에 관한 사항 • 직장 내 괴롭힘, 고객의 폭언 등으로 인한 건강장해 예방 및 관리에 관한 사항 • 작업공정의 유해·위험과 재해 예방대책에 관한 사항 • 사업장 내 안전보건관리체제 및 안전·보건조치 현황에 관한 사항 • 표준안전 작업방법 결정 및 지도·감독 요령에 관한 사항 • 현장근로자와의 의사소통능력 및 강의능력 등 안전보건교육 능력 배양에 관한 사항 • 비상시 또는 재해 발생 시 긴급조치에 관한 사항 • 그 밖의 관리감독자의 직무에 관한 사항

다. 채용 시 교육 및 작업내용 변경 시 교육

교육내용	• 산업안전 및 사고 예방에 관한 사항 • 산업보건 및 직업병 예방에 관한 사항 • 위험성 평가에 관한 사항 • 산업안전보건법령 및 산업재해보상보험 제도에 관한 사항 • 직무 스트레스 예방 및 관리에 관한 사항 • 직장 내 괴롭힘, 고객의 폭언 등으로 인한 건강장해 예방 및 관리에 관한 사항 • 기계·기구의 위험성과 작업의 순서 및 동선에 관한 사항 • 작업 개시 전 점검에 관한 사항 • 정리정돈 및 청소에 관한 사항 • 사고 발생 시 긴급조치에 관한 사항 • 물질안전보건자료에 관한 사항

라. 특별교육 대상 작업별 교육〈[별표 5] 제1호 라목〉

	작업명	교육내용
공통 내용	제1호부터 제39호까지의 작업	다목과 같은 내용
개별 내용	1. 고압실 내 작업(잠함공법이나 그 밖의 압기공법으로 대기압을 넘는 기압인 작업실 또는 수갱 내부에서 하는 작업만 해당한다)	• 고기압 장해의 인체에 미치는 영향에 관한 사항 • 작업의 시간·작업 방법 및 절차에 관한 사항 • 압기공법에 관한 기초지식 및 보호구 착용에 관한 사항 • 이상 발생 시 응급조치에 관한 사항 • 그 밖에 안전·보건관리에 필요한 사항
	2. 아세틸렌 용접장치 또는 가스집합 용접장치를 사용하는 금속의 용접·용단 또는 가열작업(발생기·도관 등에 의하여 구성되는 용접장치만 해당한다)	• 용접 흄, 분진 및 유해광선 등의 유해성에 관한 사항 • 가스용접기, 압력조정기, 호스 및 취관두 등의 기기점검에 관한 사항 • 작업방법·순서 및 응급처치에 관한 사항 • 안전기 및 보호구 취급에 관한 사항 • 화재예방 및 초기대응에 관한사항 • 그 밖에 안전·보건관리에 필요한 사항
	34. 밀폐공간에서의 작업	• 산소농도 측정 및 작업환경에 관한 사항 • 사고 시의 응급처치 및 비상 시 구출에 관한 사항 • 보호구 착용 및 사용방법에 관한 사항 • 밀폐공간작업의 안전작업방법에 관한 사항 • 그 밖에 안전·보건관리에 필요한 사항

(* 제3호~제39호 중 부분 생략)
5. 액화석유가스·수소가스 등 인화성 가스 또는 폭발성 물질 중 가스의 발생장치 취급 작업
6. 화학설비 중 반응기, 교반기·추출기의 사용 및 세척작업
7. 화학설비의 탱크 내 작업

특별안전보건교육 내용

3. 밀폐된 장소(탱크 내 또는 환기가 극히 불량한 좁은 장소를 말한다)에서 하는 용접작업 또는 습한 장소에서 하는 전기용접 작업
   • 작업순서, 안전작업방법 및 수칙에 관한 사항
   • 환기설비에 관한 사항
   • 전격 방지 및 보호구 착용에 관한 사항
   • 질식 시 응급조치에 관한 사항
   • 작업환경 점검에 관한 사항
   • 그 밖에 안전·보건관리에 필요한 사항

15. 건설용 리프트·곤돌라를 이용한 작업
   • 방호장치의 기능 및 사용에 관한 사항
   • 기계, 기구, 달기체인 및 와이어 등의 점검에 관한 사항
   • 화물의 권상·권하 작업방법 및 안전작업 지도에 관한 사항
   • 기계·기구에 특성 및 동작원리에 관한 사항
   • 신호방법 및 공동작업에 관한 사항
   • 그 밖에 안전·보건관리에 필요한 사항

22. 굴착면의 높이가 2미터 이상이 되는 암석의 굴착작업
   • 폭발물 취급 요령과 대피 요령에 관한 사항
   • 안전거리 및 안전기준에 관한 사항
   • 방호물의 설치 및 기준에 관한 사항
   • 보호구 및 신호방법 등에 관한 사항
   • 그 밖에 안전·보건관리에 필요한 사항

39. 타워크레인을 사용하는 작업에서 신호업무를 하는 작업
   • 타워크레인의 기계적 특성 및 방호장치 등에 관한 사항
   • 화물의 취급 및 안전작업방법에 관한 사항
   • 신호방법 및 요령에 관한 사항
   • 인양 물건의 위험성 및 낙하·비래·충돌재해 예방에 관한 사항
   • 인양물이 적재될 지반의 조건, 인양 하중, 풍압 등이 인양물과 타워크레인에 미치는 영향
   • 그 밖에 안전·보건관리에 필요한 사항

25. 거푸집 동바리의 조립 또는 해체작업
- 동바리의 조립방법 및 작업 절차에 관한 사항
- 조립재료의 취급방법 및 설치기준에 관한 사항
- 조립 해체 시의 사고 예방에 관한 사항
- 보호구 착용 및 점검에 관한 사항
- 그 밖에 안전·보건관리에 필요한 사항

11. 동력에 의하여 작동되는 프레스기계를 5대 이상 보유한 사업장에서 해당 기계로 하는 작업
12. 목재가공용 기계(둥근톱기계, 띠톱기계, 대패기계, 모떼기기계 및 라우터만 해당하며, 휴대용은 제외한다)를 5대 이상 보유한 사업장에서 해당 기계로 하는 작업
14. 1톤 이상의 크레인을 사용하는 작업 또는 1톤 미만의 크레인 또는 호이스트를 5대 이상 보유한 사업장에서 해당기계로 하는 작업
15. 건설용 리프트·곤돌라를 이용한 작업
17. 전압이 75V 이상인 정전 및 활선작업
18. 콘크리트 파쇄기를 사용하여 하는 파쇄작업(2미터 이상인 구축물의 파쇄작업만 해당한다)
19. 굴착면의 높이가 2미터 이상이 되는 지반 굴착(터널 및 수직갱 외의 갱 굴착은 제외한다)작업
20. 흙막이 지보공의 보강 또는 동바리를 설치하거나 해체하는 작업
22. 굴착면의 높이가 2미터 이상이 되는 암석의 굴착작업
38. 가연물이 있는 장소에서 하는 화재위험작업
39. 타워크레인을 사용하는 작업 시 신호업무를 하는 작업

2. 교육방법

(1) 안전보건교육의 3단계

(가) 지식-기능-태도교육

1) 지식교육(제1단계) : 강의, 시청각교육을 통한 지식의 전달과 이해

2) 기능교육(제2단계) : 시범, 견학, 실습, 현장실습교육을 통한 경험 체득과 이해(작업방법, 취급 및 조작행위를 몸으로 숙달시키는 단계)
   ① 교육대상자가 그것을 스스로 행함으로 얻어짐.
   ② 개인의 반복적 시행착오에 의해서만 얻어짐.
   ※ 기능교육의 3원칙 : ① 준비 ② 위험 작업의 규제 ③ 안전작업 표준화

3) 태도교육(제3단계) : 작업동작지도, 생활지도 등을 통한 안전의 습관화 (올바른 행동의 습관화 및 가치관을 형성)

> **참고**
>
> ※ 태도교육을 통한 안전태도 형성요령(안전태도교육 과정의 올바른 순서)
> ① 청취한다.   ② 이해, 납득시킨다.
> ③ 모범(시범)을 보인다.   ④ 평가(권장)한다.
> ⑤ 칭찬한다.   ⑥ 벌을 준다.
> ※ 인간의 안전교육 형태에서 행위의 난이도가 높아지는 순서(시간의 소요가 짧은 시간부터 장시간 소요되는 순서) : 지식→태도 변형→개인 행위→집단 행위
> ※ 안전교육 훈련기법에 있어 태도 개발 측면에서 가장 적합한 기본교육 훈련방식 : 참가방식

(나) 단계별 교육내용

1) 지식교육(제1단계)

① 안전의식의 향상
② 안전에 대한 책임감 주입
③ 안전규정의 숙지
④ 기능, 태도교육에 필요한 기초 지식을 주입

✱ 지식교육 : 작업의 종류나 내용에 따라 교육 범위나 정도가 달라지는 이론교육 방법

2) 기능교육(제2단계)

① 전문적 기술기능　　② 안전 기술기능
③ 방호장치 관리기능　　④ 점검·검사장비기능

3) 태도교육(제3단계)

① 작업동작 및 표준작업방법의 습관화(직장규율과 안전규율)
② 공구·보호구 등의 관리 및 취급태도의 확립
③ 작업 전후의 점검, 검사요령의 정확화 및 습관화
④ 작업지시·전달·확인 등의 언어태도의 습관화 및 정확화

> **인간의 행동특성에 있어 태도에 관한 설명**
> ① 인간의 행동은 태도에 따라 달라진다.
> ② 한번 태도가 결정되면 장시간 동안 유지된다.
> ③ 태도의 기능에는 작업적응, 자아방어, 자기표현 등이 있다.
> ④ 태도는 행동결정을 판단하고 지시하는 내적 행동체계라고 할 수 있다.
> ⑤ 개인의 심적 태도교정보다 집단의 심적 태도교정이 용이하다.

(2) 교육진행

(가) 교육진행 4단계

(강의안 구성 4단계, 안전교육 지도안의 4단계, 교육방법의 4단계, 교육훈련의 4단계, 작업지도교육 단계)

① 제1단계 : 도입(준비) – 학습할 준비를 시킨다(동기유발).
관심과 흥미를 가지고 심신의 여유를 주는 단계(강의법에서의 내용 : ㉠ 주제의 단원을 알려준다. ㉡ 수강생의 주의를 집중시킨다. ㉢ 동기를 유발한다.)

② 제2단계 : 제시(설명) – 작업을 설명한다(강의식 교육지도에서 가장 많은 시간이 할당되는 단계).

새로운 기술과 학습에서의 연습 방법

① 교육훈련과정에서는 학습자료를 한꺼번에 묶어서 일괄적으로 연습하는 방법을 집중연습이라고 한다.
② 충분한 연습으로 완전 학습한 후에도 일정량 연습을 계속하는 것을 초과학습이라고 한다.
③ 기술을 배울 때는 적극적 연습과 피드백이 있어야 부적절하고 비효과적 반응을 제거할 수 있다.
④ 새로운 기술을 학습하는 경우에는 일반적으로 집중연습보다 배분연습이 더 효과적이다.

※ 연습방법: 전습법(whole method, 全習法)과 분습법(分習法)

(1) 전습법(집중 연습): 기술 과제를 한 번에 전체적으로 학습하는 방법
① 망각이 적다.
② 반복이 적다.
③ 연합이 생긴다.
④ 시간과 노력이 적다

(2) 분습법(배분 연습): 기술요소를 몇 부분으로 나누어 학습하는 방법
① 길고 복잡한 학습에 알맞다.
② 학습이 빠르다.
③ 주의의 범위가 적어서 적당하다.

적용단계
과제를 주어 문제해결을 시키거나 습득시키는 단계. 지식을 실제의 상황에 맞추어 문제를 해결해 보고 그 수법을 이해시키는 단계(토의식 교육지도에 있어서 가장 시간이 많이 소요되는 단계)

상대의 능력에 따라 교육하고 내용을 확실하게 이해시키고 납득시키는 설명 단계
③ 제3단계 : 적용(응용) – 작업을 시켜본다.
  과제를 주어 문제해결을 시키거나 습득시키는 단계
④ 제4단계 : 확인(총괄, 평가) – 가르친 뒤 살펴본다.
  교육내용을 정확하게 이해하였는가를 테스트하는 단계

(나) 교육진행 4단계별 시간

교육진행 4단계	강의식(1시간)	토의식(1시간)
제1단계 : 도입(준비)	5분	5분
제2단계 : 제시(설명)	40분	10분
제3단계 : 적용(응용)	10분	40분
제4단계 : 확인(총괄, 평가)	5분	5분

＊ 기술 교육(교시법)의 4단계
  ① preparation → ② presentation → ③ performance → ④ follow up
＊ 강의계획의 4단계 : 학습목적과 학습성과의 선정 → 학습자료의 수집 및 체계화 → 교수방법의 선정 → 강의안 작성
＊ 안전 교육 시 강의안의 작성 원칙 : ① 구체적 ② 논리적 ③ 실용적 ④ 용이성

안전교육 시 강의안 작성의 5원칙
① 구체성 ② 논리성
③ 명확성 ④ 실용성
⑤ 독창성

강의안 작성 방법

① 조목열거식 : 안전교육의 강의안 작성에 있어서 교육할 내용을 항목별로 구분하여 핵심 요점사항만을 간결하게 정리하여 기술하는 방법
② 시나리오식
③ 혼합형 방식

학습경험(교육내용) 조직의 원리

① 계속성의 원리 : 학습자의 경험 속에 정착되기 위해서는 일정기간 반복학습이 이루어져야 한다는 원리
② 계열성의 원리 : 선행경험에 기초하여 다음의 교육내용이 전개되면서 점차적으로 심화되도록 조직하는 것이며, 계열성은 수준을 달리한 동일 교육내용의 반복적 학습을 뜻함.
③ 통합성의 원리 : 여러 영역에서 학습하는 내용들이 학습과정에서 서로 통합되어 학습이 되도록 해야 한다는 원리
④ 균형성의 원리 : 여러 가지 학습경험들 사이에 균형이 유지되어야 한다는 원리
⑤ 다양성의 원리 : 학습자의 요구가 충분히 반영되어 다양하고 융통성 있는 학습활동을 할 수 있도록 조직
⑥ 건전성의 원리(보편성의 원리) : 건전한 민주시민으로서 가치관, 이해, 태도, 기능을 가질 수 있는 학습경험을 조직

(3) 교육훈련 평가

(가) 교육훈련 평가의 목적
① 작업자의 적정배치를 위하여
② 지도 방법을 개선하기 위하여
③ 학습지도를 효과적으로 하기 위하여

(나) 교육훈련 평가의 4단계(커크패트릭, kirkpatrick) : 반응(만족도) → 학습(학업성취도) → 행동(현업적용도) → 결과(성과도)

(※ 교육훈련 평가방법의 종류 : ① 관찰법 ② 면접법 ③ 자료분석법 ④ 테스트법)

(다) 교육프로그램의 타당도를 평가하는 항목 : 교육 타당도, 전이 타당도, 조직 내 타당도, 조직 간 타당도
① 교육 타당도 : 교육목표의 달성을 나타내는 것
② 전이 타당도 : 교육에 의해 작업자들의 직무수행이 어느 정도나 향상되었는지를 나타내는 것(훈련에 참가한 사람들이 직무에 복귀한 후에 실제 직무수행에서 훈련효과를 보이는 정도를 나타내는 것)
③ 조직내 타당도 : 같은 조직의 다른 집단에서도 교육효과를 나타내는 것
④ 조직 간 타당도 : 다른 조직에서도 교육효과를 나타내는 것

(라) 학습평가의 기본적인 기준(학습평가 도구의 기준) : 타당성, 객관도, 실용성, 신뢰도
① 타당성 : 측정하고자 하는 것을 실제로 측정하는 것
② 객관도 : 측정의 결과에 대해 누가 보아도 일치되는 의견이 나올 수 있는 성질
③ 실용성 : 쉽게 적용
④ 신뢰도 : 응답의 일관성(반복성) – 정확한 응답

(4) 기술교육 진행방법(기술교육의 형태)

(가) 하버드학파의 5단계 교수법
1) 제1단계 : 준비시킨다(preparation).
2) 제2단계 : 교시한다(presentation).
3) 제3단계 : 연합한다(association).
4) 제4단계 : 총괄한다(generalization).
5) 제5단계 : 응용시킨다(application).

(나) 존 듀이(J.Dewey)의 사고 과정 5단계

1) 제1단계 : 시사를 받는다(suggestion).
2) 제2단계 : 머리(지식화)로 생각한다(intellectualization).
3) 제3단계 : 가설을 설정한다(hyphothesis).
4) 제4단계 : 추론한다(reasoning).
5) 제5단계 : 행동에 의하여 가설을 검토한다(preparation).

> **교육지도의 5단계**
> ① 제1단계 : 원리의 제시
> ② 제2단계 : 관련된 개념의 분석
> ③ 제3단계 : 가설의 설정
> ④ 제4단계 : 자료의 평가
> ⑤ 제5단계 : 결론

교육훈련을 통하여 기업의 차원에서 기대할 수 있는 효과
① 리더십과 의사소통기술이 향상된다.
② 작업시간이 단축되어 노동비용이 감소된다.
③ 직무만족과 직무충실화로 인하여 직무태도가 개선된다.

(5) 교육훈련방법

(가) OJT(On the Job Training) 교육 : 코칭, 직무순환, 멘토링 등

현장중심교육으로 직속상사가 현장에서 일상업무를 통하여 개별교육이나 지도훈련을 하는 형태

(나) Off JT(Off the Job Training) 교육 : 강의법 등

계층별 또는 직능별 등과 같이 공통된 교육대상자를 현장 외의 한 장소에서 집체교육훈련을 실시하는 교육형태

(다) OJT 교육과 Off JT 교육의 특징

OJT 교육의 특징	Off JT 교육의 특징
㉮ 개개인에게 적절한 지도훈련이 가능하다.	㉮ 다수의 근로자에게 조직적 훈련이 가능하다
㉯ 직장의 실정에 맞는 실제적 훈련이 가능하다.	㉯ 훈련에만 전념할 수 있다.
㉰ 즉시 업무에 연결될 수 있다.	㉰ 외부 전문가를 강사로 초빙하는 것이 가능하다.
㉱ 훈련에 필요한 업무의 지속성이 유지된다.	㉱ 특별교재, 교구, 시설을 유효하게 활용할 수 있다
㉲ 효과가 곧 업무에 나타나며 결과에 따른 개선이 쉽다.	㉲ 타 직장의 근로자와 지식이나 경험을 교류할 수 있다.
㉳ 훈련 효과에 의해 상호 신뢰 및 이해도가 높아진다(상사와 부하간의 의사소통과 신뢰감이 깊게 된다).	㉳ 교육 훈련 목표에 대하여 집단적 노력이 흐트러질 수도 있다.

※ 집합교육 : 교육 전용 시설 또는 그 밖에 교육을 실시하기에 적합한 시설에서 실시하는 교육 방법

(6) 기업 내 정형교육

(가) TWI(Training Within Industry)

직장에서 제일선 감독자(관리감독자)에 대해서 감독능력을 높이고 부하 직원과의 인간관계를 개선해서 생산성을 높이기 위한 훈련방법

〈교육내용〉

① 작업방법 훈련(Job Method Training : JMT) – 작업개선 방법
② 작업지도훈련(Job Instruction Training : JIT)
　- 작업지도, 지시(작업 가르치는 기술)
　: 직장 내 부하 직원에 대하여 가르치는 기술과 관련이 가장 깊은 기법
③ 인간관계 훈련(Job Relations Training: JRT)
　- 인간관계 관리(부하통솔)
④ 작업안전 훈련(Job Safety Training: JST) – 작업안전

(나) MTP(Management Training Program) : TWI보다 약간 높은 계층의 관리자를 대상으로 하며 관리부분에 더 중점을 둠.
　- FEAF(Far East Air Forces)라고도 하며, 10~15명을 한 반으로 2시간씩 20회(총 40시간)에 걸쳐 훈련하고, 관리의 기능, 조직의 원칙, 조직의 운영, 시간관리, 훈련의 관리 등을 교육 내용으로 한다.

(다) ATT(American Telephone & Telegram)

대상 계층이 한정되어 있지 않고 진행 방법은 토의식으로 유도자가 결론을 내려가는 방식
　- ATT 교육 훈련 기법의 내용 : ① 인사관계 ② 고객관계 ③ 근로자의 향상

> ATT: 한 번 훈련을 받은 관리자는 그 부하인 감독자에 대해 지도원이 될 수 있는 교육방법

(라) ATP(Administration Training Program) : CCS(Civil Communication Section)

정책의 수립, 조직, 통제 및 운영으로 되어 있으며, 강의법에 토의법이 가미됨.

3. 교육실시 방법

(1) **강의법** : 다수의 수강자를 짧은 교육시간에 비교적 많은 교육내용을 전수하기 위한 방법

① 많은 내용을 체계적으로 전달할 수 있다(난해한 문제에 대하여 평이하게 설명이 가능하다).

② 다수를 대상으로 동시에 교육할 수 있다(다수의 인원에서 동시에 많은 지식과 정보의 전달이 가능하다).
③ 전체적인 전망을 제시하는 데 유리하다.
④ 강의 시간에 대한 조정이 용이하다.
⑤ 수업의 도입이나 초기단계에 유리하다.
⑥ 다른 방법에 비해 경제적이다.

> **강의식의 단점**
> ① 학습내용에 대한 집중이 어렵다.(집중도나 흥미의 정도가 낮다.)
> ② 학습자의 참여가 제한적일 수 있다.(강사의 일방적인 교육으로 피교육자는 참여 불가능).
> ③ 학습자 개개인의 이해도를 파악하기 어렵다.(기능적, 태도적 내용 교육이 어렵다.)
> ④ 강사의 일방적인 교육내용을 수동적 입장에서 습득하게 된다.
> ⑤ 교육 대상 집단 내 수준차로 인해 교육의 효과가 감소할 가능성이 있다.
> ⑥ 상대적으로 피드백이 부족하다.

※ 강의법에서 도입단계의 내용 : ① 주제의 단원을 알려준다. ② 수강생의 주의를 집중시킨다. ③ 동기를 유발한다.

(2) 토의식 교육방법

(가) 토의식 교육방법

- forum discussion: 한 사람 또는 여러 사람이 의견을 제시 또는 발표한 후 청중과 토론하는 방식 (자유토론)
- symposium: 특정한 주제에 대해 몇 사람의 전문가가 다른 측면에서 강연식으로 의견을 발표하고 토론하는 방식

1) 포럼(forum) : 새로운 자료나 교재를 제시하고, 문제점을 피교육자로 하여금 제기하도록 하거나 의견을 여러 가지 방법으로 발표하게 하여 청중과 토론자 간 활발한 의견 개진과 합의를 도출해가는 토의방법(깊이 파고들어 토의하는 방법)

2) 심포지엄(symposium) : 몇 사람의 전문가에 의하여 과제에 관한 견해를 발표한 뒤 참가자로 하여금 의견이나 질문을 하게하는 토의법

3) 패널 디스커션(panel discussion) : 패널 멤버(해당분야에 정통한 전문가 4~5명)가 피교육자 앞에서 자유로이 토의하고 뒤에 피교육자 전원이 참가하여 사회자의 사회에 따라 토의하는 방법

- 버즈 세션: 6-6 회의라고도 하며, 6명씩 소집단으로 구분하고, 집단별로 각각의 사회자를 선발하여 6분간씩 자유토의를 행하여 의견을 종합하는 방법

4) 버즈 세션(buzz session) : 6-6 회의라고도 하며, 참가자가 다수인 경우에 전원을 토의에 참가시키기 위한 방법으로 소집단을 구성하여 회의를 진행시키는 방법(소집단으로 구분하고, 각각 자유토의를 행하여 의견을 종합하는 방식)

5) 사례연구법(case method, case study) : 먼저 사례를 제시하고 문제적 사실들과 상호관계에 대하여 검토하고 대책을 토의하는 방법

> **사례연구법의 장점**
> ① 의사소통 기술이 향상된다.
> ② 문제를 다양한 관점에서 바라보게 된다.
> ③ 현실적인 문제에 대한 학습이 가능하다.
> ④ 흥미가 있고 학습동기를 유발할 수 있다.
> ⑤ 강의법에 비해 실제 업무 현장에의 전이를 촉진한다.

6) 자유토의법(free discussion method) : 참가자는 고정적인 규칙이나 리더에게 얽매이지 않고 자유로이 의견이나 태도를 표명하며, 지식이나 정보를 상호 제공, 교환함으로써 참가자 상호간의 의견이나 견해의 차이를 상호작용으로 조정하여 집단으로 의견을 요약해 나가는 방법

(나) 토의법의 특징
① 개방적인 의사소통과 협조적인 분위기 속에서 학습자의 적극적 참여가 가능하다.
② 집단 활동의 기술을 개발하고 민주적 태도를 배울 수 있다.
③ 준비와 계획 단계뿐만 아니라 진행 과정에서도 많은 시간이 소요된다.

(다) 교육방법 중 토의법이 효과적으로 활용되는 경우
① 피교육생들의 태도를 변화시키고자 할 때
② 인원이 토의를 할 수 있는 적정 수준(10~20명 정도)일 때
③ 피교육생들 간에 학습능력의 차이가 비슷하고 학습능력이 높을 때 효과적임.
④ 피교육생들이 토의 주제를 어느 정도 인지하고 있을 때

  ✽ 현장의 관리감독자(안전지식과 안전관리에 대한 경험을 갖고 있는 사람)교육을 위한 적절한 교육방식이다.
  ✽ 팀워크가 필요한 경우에 적합하다.

(3) **프로그램 학습법**(programmed self- instruction method) : 학생이 자기 학습속도에 따른 학습이 허용되어 있는 상태에서 학습자가 프로그램 자료를 가지고 단독으로 학습하도록 하는 교육방법(Skinner의 조작적 조건형성 원리에 의해 개발된 것으로 자율적 학습이 특징이다.)

(가) 장점
① 학습자의 학습 과정을 쉽게 알 수 있다.

토의법
안전교육의 방법 중 전개단계에서 가장 효과적인 수업방법

토의식(discussion method)
알고 있는 지식을 심화시키거나 어떠한 자료에 대해 보다 명료한 생각을 갖도록 하는 경우 실시하는 가장 적절한 교육방법

② 지능, 학습속도 등 개인차를 충분히 고려할 수 있다.
③ 매 반응마다 피드백이 주어지기 때문에 학습자가 흥미를 가질 수 있다.
④ 수업의 모든 단계에서 적용이 가능하다.
⑤ 수강자들이 학습이 가능한 시간대의 폭이 넓다.
⑥ 한 강사가 많은 수의 학습자를 지도할 수 있다.

(나) 단점
① 여러 가지 수업 매체를 동시에 다양하게 활용할 수 없다.
② 한 번 개발된 프로그램 자료는 개조하기 어렵다.
③ 교육 내용이 고정화되어 있다.
④ 개발비가 많이 들어 쉽게 적용할 수 없다.
⑤ 수강생의 사회성이 결여되기 쉽다.

역할연기법
인간관계 훈련에 주로 이용되고, 관찰능력을 높이므로 감수성이 향상되며, 자기의 태도에 반성과 창조성이 생기고, 의견 발표에 자신이 생기며 표현력이 풍부해진다.

(4) **역할연기법(role playing)** : 참가자에 일정한 역할을 주어 실제적으로 연기를 시켜봄으로써 자기의 역할을 보다 확실히 인식할 수 있도록 체험학습을 시키는 교육방법(절충능력이나 협조성을 높여 태도의 변용에도 도움)
① 집단 심리요법의 하나로서 자기 해방과 타인 체험을 목적으로 하는 체험활동을 통해 대인관계에 있어서의 태도변용이나 통찰력, 자기이해를 목표로 개발된 교육기법
② 관찰에 의한 학습, 실행에 의한 학습, 피드백에 의한 학습, 분석과 개념화를 통한 학습

실연법
안전교육방법 중 학습자가 이미 설명을 듣거나 시범을 보고 알게 된 지식이나 기능을 강사의 감독 아래 직접적으로 연습하여 적용할 수 있도록 하는 교육방법

(5) **실연법** : 수업의 중간이나 마지막 단계에 행하는 것으로써 언어학습이나 문제해결 학습에 효과적인 학습법(학습한 것을 실제에 적용)

(6) **모의법(simulation method) 교육** : 실제의 장면이나 유사한 상황을 만들어 놓고 학습토록 하는 교육방법
① 시간의 소비가 많다.
② 시설의 유지비가 높다.
③ 학생 대 교사의 비율이 높다.
④ 단위시간당 교육비가 많다

(7) **문제법(problem method)** : 생활하고 있는 현실적인 장면에서 해결방법을 찾아내는 것으로 지식, 기능, 태도, 기술 등을 종합적으로 획득하도록 하는 학습방법

(8) **면접(interview)** : 파악하고자 하는 연구과제에 대해 언어를 매개로 구조화된 질의응답을 통하여 교육하는 기법

(9) **시청각 교육** : 교육 대상자 수가 많고, 교육 대상자의 학습능력의 차이가 큰 경우 집단안전 교육방법으로서 가장 효과적인 방법

> 👆 **시청각적 교육방법의 특징**
> ① 교재의 구조화를 기할 수 있다.
> ② 대규모 수업체제의 구성이 쉽다.
> ③ 학습의 다양성과 능률화를 기할 수 있다.
> ④ 학습자에게 공통경험을 형성시켜 줄 수 있다.
> ⑤ 교수의 평준화를 기할 수 있다.

(10) **킬페트릭의 구안법(project method)** : 학습자 스스로 계획하고 구상하여 문제를 해결하고 지식과 경험을 종합적으로 체득시키려는 학습 지도 방법

① 학습 목표 설정(목적) → ② 계획 수립 → ③ 실행(활동) 또는 수행 → ④ 평가

구안법의 장·단점
① 창조력이 생긴다.
② 동기부여가 충분하다.
③ 현실적인 학습방법이다.
④ 시간과 에너지가 많이 소비된다.

(11) **컴퓨터 보조수업(computer assisted instruction, CAI)** : 컴퓨터를 수업매체로 활용하여 학습 내용을 제시하며, 상호작용적으로 학습하고 결과를 평가하는 수업 형태

① 학습과정이 개별화되어 개인차를 최대한 고려할 수 있다.(학습자의 반응에 따라 적합한 과제를 선정하여 제시할 수 있다.)
② 흥미롭고 다양한 학습경험을 제공할 수 있어 학습자가 능동적으로 참여하고, 실패율이 낮다.
③ 교사와 학습자가 시간을 효과적으로 이용할 수 있다.
④ 학생의 학습과 과정의 평가를 과학적으로 할 수 있다.

> 👆 **브레인스토밍(brain-storming)(집중발상법)으로 아이디어 개발**
>
> 가) 브레인스토밍(brain-storming) : 다수(6~12명)의 팀원이 마음 놓고 편안한 분위기 속에서 공상과 연상의 연쇄반응을 일으키면서 자유분망하게 아이디어를 대량으로 발언하여 나가는 방법(토의식 아이디어 개발 기법)
> 나) 브레인스토밍 4원칙
>   ① 비판금지 : 타인의 의견에 대하여 장·단점을 비판하지 않음.
>   ② 자유분방 : 지정된 표현방식을 벗어나 자유롭게 의견을 제시
>   ③ 대량발언 : 사소한 아이디어라도 가능한 한 많이 제시하도록 함.
>   ④ 수정발언 : 타인의 의견에 대하여는 수정하여 발표할 수 있음.

CHAPTER 04 항목별 우선순위 문제 및 해설

01 안전교육 방법 중 강의식 교육을 1시간 하려고 할 경우 가장 시간이 많이 소비되는 단계는?
① 도입 ② 제시
③ 적용 ④ 확인

해설 교육진행 4단계 : 도입 – 제시 – 적용 – 확인
* 제시(설명) : 강의식 교육지도에서 가장 많은 시간이 할당되는 단계

02 안전교육 중 제2단계로 시행되며 같은 것을 반복하여 개인의 시행착오에 의해서만 점차 그 사람에게 형성되는 교육은?
① 안전기술의 교육
② 안전지식의 교육
③ 안전기능의 교육
④ 안전태도의 교육

해설 지식 – 기능 – 태도교육
1) 지식교육(제1단계) : 강의, 시청각교육을 통한 지식의 전달과 이해
2) 기능교육(제2단계) : 시범, 견학, 실습, 현장실습교육을 통한 경험 체득과 이해
  ① 교육대상자가 그것을 스스로 행함으로 얻어짐.
  ② 개인의 반복적 시행착오에 의해서만 얻어짐.
3) 태도교육(제3단계) : 작업동작지도, 생활지도 등을 통한 안전의 습관화(올바른 행동의 습관화 및 가치관을 형성)

03 인간의 안전교육 형태에서 행위의 난이도가 점차적으로 높아지는 순서를 올바르게 표현한 것은?
① 지식 → 태도변형 → 개인행위 → 집단행위
② 태도변형 → 지식 → 집단행위 → 개인행위
③ 개인행위 → 태도변형 → 집단행위 → 지식
④ 개인행위 → 집단행위 → 지식 → 태도변형

해설 인간의 안전교육 형태에서 행위의 난이도가 높아지는 순서 : 지식 → 태도변형 → 개인행위 → 집단행위

04 다음 중 존 듀이(Jone Dewey)의 5단계 사고과정을 올바른 순서대로 나열한 것은?

① 행동에 의하여 가설을 검토한다.
② 가설(hypothesis)을 설정한다.
③ 지식화(intellectualization)한다.
④ 시사(suggestion)를 받는다.
⑤ 추론(reasoning)한다

① ④ → ① → ② → ③ → ⑤
② ⑤ → ② → ④ → ① → ③
③ ④ → ③ → ② → ⑤ → ①
④ ⑤ → ③ → ② → ④ → ①

해설 존 듀이(J.Dewey)의 사고과정 5단계
1) 제1단계 : 시사를 받는다(suggestion).
2) 제2단계 : 머리(지식화)로 생각한다(intellectualization).
3) 제3단계 : 가설을 설정한다(hyphothesis).
4) 제4단계 : 추론한다(reasoning).
5) 제5단계 : 행동에 의하여 가설을 검토한다(preparation).

05 OFF J.T(Off the Job Training) 교육방법의 장점으로 옳은 것은?
① 개개인에게 적절한 지도훈련이 가능하다.
② 훈련에 필요한 업무의 계속성이 끊어지지 않는다.
③ 다수의 대상자를 일괄적, 조직적으로 교육할 수 있다.
④ 효과가 곧 업무에 나타나며, 훈련의 좋고 나쁨에 따라 개선이 용이하다.

정답 01. ② 02. ③ 03. ① 04. ③ 05. ③

해설 OJT 교육과 Off JT 교육의 특징

OJT 교육의 특징	Off JT 교육의 특징
㉮ 개개인에게 적절한 지도훈련이 가능하다.	㉮ 다수의 근로자에게 조직적 훈련이 가능하다
㉯ 직장의 실정에 맞는 실제적 훈련이 가능하다.	㉯ 훈련에만 전념할 수 있다.
㉰ 즉시 업무에 연결될 수 있다.	㉰ 외부 전문가를 강사로 초빙하는 것이 가능하다.
㉱ 훈련에 필요한 업무의 지속성이 유지된다.	㉱ 특별교재, 교구, 시설을 유효하게 활용할 수 있다.
㉲ 효과가 곧 업무에 나타나며 결과에 따른 개선이 쉽다.	㉲ 타 직장의 근로자와 지식이나 경험을 교류할 수 있다.
㉳ 훈련 효과에 의해 상호 신뢰 이해도가 높아진다.(상사와 부하 간의 의사소통과 신뢰감이 깊게 된다.)	㉳ 교육 훈련 목표에 대하여 집단적 노력이 흐트러질 수도 있다.

06 주로 관리감독자를 교육대상자로 하며 직무에 관한 지식, 작업을 가르치는 능력, 작업방법을 개선하는 기능 등을 교육 내용으로 하는 기업 내 정형교육은?

① TWI(Training Within Industry)
② MTP(Management Training Program)
③ ATT(American Telephone Telegram)
④ ATP(Administration Training Program)

해설 TWI(Training Within Industry)
직장에서 제일선 감독자(관리감독자)에 대해서 감독 능력을 높이고 부하 직원과의 인간관계를 개선해서 생산성을 높이기 위한 훈련방법

07 안전교육의 방법 중 TWI(Training Within Industry for supervisor)의 교육내용에 해당하지 않는 것은?

① 작업지도기법(JIT)
② 작업개선기법(JMT)
③ 작업환경 개선기법(JET)
④ 인간관계 관리기법(JRT)

해설 TWI(Training Within Industry)
① 작업방법(개선)훈련(Job Method Training: JMT)
 – 작업개선 방법
② 작업지도훈련(Job Instruction Training: JIT)
 – 작업지도, 지시(작업을 가르치는 기술)
 직장 내 부하 직원에 대하여 가르치는 기술과 관련이 가장 깊은 기법
③ 인간관계 훈련(Job Relations Training: JRT)
 – 인간관계 관리(부하통솔)
④ 작업안전 훈련(Job Safety Training: JST) – 작업안전

08 강의법의 장점으로 볼 수 없는 것은?

① 강의 시간에 대한 조정이 용이하다.
② 학습자의 개성과 능력을 최대화할 수 있다.
③ 난해한 문제에 대하여 평이하게 설명이 가능하다.
④ 다수의 인원에서 동시에 많은 지식과 정보의 전달이 가능하다.

해설 강의법
다수의 수강자를 짧은 교육시간에 비교적 많은 교육내용을 전수하기 위한 방법

09 프로그램 학습법(programmed self-instruction method)의 단점에 해당되는 것은?

① 보충학습이 어렵다.
② 수강생의 시간적 활용이 어렵다.
③ 수강생의 사회성이 결여되기 쉽다.
④ 수강생의 개인적인 차이를 조절할 수 없다.

해설 프로그램 학습법(programmed self-instruction method) : 학생이 자기 학습속도에 따른 학습이 허용되어 있는 상태에서 학습자가 프로그램 자료를 가지고 단독으로 학습하도록 하는 교육방법

정답 06.① 07.③ 08.② 09.③

10 다음 중 현장의 관리감독자 교육을 위하여 가장 바람직한 교육방식은?

① 강의식(lecture method)
② 토의식(discussion method)
③ 시범(demonstration method)
④ 자율식(self-instruction method)

해설 토의식(discussion method)
현장의 관리감독자(안전지식과 안전관리에 대한 경험을 갖고 있는 사람)교육을 위한 적절한 교육방식

11 학습지도의 형태 중 토의법에 해당하지 않는 것은?

① 패널 디스커션(panel discussion)
② 포럼(forum)
③ 구안법(project method)
④ 버즈 세션(buzz session)

해설 토의식 교육방법
(가) 포럼(forum) : 새로운 자료나 교재를 제시하고, 문제점을 피교육자로 하여금 제기하도록 하거나 의견을 여러 가지 방법으로 발표하게 하여 청중과 토론자 간 활발한 의견 개진과 합의를 도출해 가는 토의방법(깊이 파고들어 토의하는 방법)
(나) 심포지엄(symposium) : 몇 사람의 전문가에 의하여 과정에 관한 견해를 발표한 뒤 참가자로 하여금 의견이나 질문을 하게하는 토의법
(다) 패널 디스커션(panel discussion) : 패널 멤버(교육과제에 정통한 전문가 4~5명)가 피교육자 앞에서 자유로이 토의하고 뒤에 피교육자 전원이 참가하여 사회자의 사회에 따라 토의하는 방법
(라) 버즈 세션(buzz session) : 6-6 회의라고도 하며, 참가자가 다수인 경우에 전원을 토의에 참가시키기 위한 방법으로 소집단을 구성하여 회의를 진행 시키는 방법

12 산업안전보건법령상 사업 내 안전·보건 교육 중 채용 시의 교육 내용에 해당하지 않는 것은? (단, 기타 산업안전보건법 및 일반관리에 관한 사항은 제외한다.)

① 사고 발생 시 긴급조치에 관한 사항
② 산업보건 및 직업병 예방에 관한 사항
③ 기계·기구의 위험성과 작업의 순서 및 동선에 관한 사항
④ 작업공정의 유해·위험과 재해 예방대책에 관한 사항

해설 채용 시의 교육 및 작업내용 변경 시의 교육 내용
- 산업안전 및 사고 예방에 관한 사항
- 산업보건 및 직업병 예방에 관한 사항
- 위험성 평가에 관한 사항
- 산업안전보건법령 및 산업재해보상보험 제도에 관한 사항
- 직무스트레스 예방 및 관리에 관한 사항
- 직장 내 괴롭힘, 고객의 폭언 등으로 인한 건강장해 예방 및 관리에 관한 사항
- 기계·기구의 위험성과 작업의 순서 및 동선에 관한 사항
- 작업 개시 전 점검에 관한 사항
- 정리정돈 및 청소에 관한 사항
- 사고 발생 시 긴급조치에 관한 사항
- 물질안전보건자료에 관한 사항

13 다음 중 산업안전보건법령상 사업 내 안전·보건교육에 있어 관리감독자의 정기안전보건 교육 내용에 해당하는 것은? (단, 기타 산업안전보건법 및 일반관리에 관한 사항은 제외한다.)

① 작업 개시 전 점검에 관한 사항
② 정리정돈 및 청소에 관한 사항
③ 작업공정의 유해·위험과 재해 예방대책에 관한 사항
④ 기계·기구의 위험성과 작업의 순서 및 동선에 관한 사항

해설 관리감독자 정기교육 : 교육 내용
- 산업안전 및 사고 예방에 관한 사항
- 산업보건 및 직업병 예방에 관한 사항
- 위험성 평가에 관한 사항
- 유해·위험 작업환경 관리에 관한 사항
- 산업안전보건법령 및 산업재해보상보험 제도에 관한 사항
- 직무스트레스 예방 및 관리에 관한 사항

정답 10. ② 11. ③ 12. ④ 13. ③

- 직장 내 괴롭힘, 고객의 폭언 등으로 인한 건강장해 예방 및 관리에 관한 사항
- 작업공정의 유해·위험과 재해 예방대책에 관한 사항
- 사업장 내 안전보건관리체제 및 안전·보건조치 현황에 관한 사항
- 표준안전 작업방법 결정 및 지도·감독 요령에 관한 사항
- 현장근로자와의 의사소통능력 및 강의능력 등 안전보건교육 능력 배양에 관한 사항
- 비상시 또는 재해 발생 시 긴급조치에 관한 사항
- 그 밖의 관리감독자의 직무에 관한 사항

14 산업안전보건법령상 사업 내 안전·보건교육에서 근로자 정기 안전·보건교육의 교육내용에 해당하지 않은 것은? (단, 기타 산업안전보건법 및 일반관리에 관한 사항은 제외한다.)

① 건강증진 및 질병 예방에 관한 사항
② 산업보건 및 직업병 예방에 관한 사항
③ 유해·위험 작업환경 관리에 관한 사항
④ 작업공정의 유해·위험과 재해 예방대책에 관한 사항

해설 근로자 정기교육 : 교육 내용
- 산업안전 및 사고 예방에 관한 사항
- 산업보건 및 직업병 예방에 관한 사항
- 위험성 평가에 관한 사항
- 건강증진 및 질병 예방에 관한 사항
- 유해·위험 작업환경 관리에 관한 사항
- 산업안전보건법령 및 산업재해보상보험 제도에 관한 사항
- 직무스트레스 예방 및 관리에 관한 사항
- 직장 내 괴롭힘, 고객의 폭언 등으로 인한 건강장해 예방 및 관리에 관한 사항

15 산업안전보건법령상 사업 내 안전·보건교육의 교육시간에 관한 설명으로 옳은 것은?

① 사무직에 종사는 근로자의 정기교육은 매반기 6시간 이상이다.
② 관리감독자의 정기교육은 연간 8시간 이상이다.
③ 일용근로자의 작업내용 변경시의 교육은 2시간 이상이다.
④ 일용근로자의 채용 시의 교육은 4시간 이상이다.

해설 근로자안전보건교육
① 관리감독자의 지위에 있는 사람의 정기교육 : 연간 16시간 이상
② 일용근로자의 작업내용 변경시의 교육 : 1시간 이상
③ 일용근로자의 채용 시의 교육 : 1시간 이상

정답 14. ④ 15. ①

PART 03

인간공학 및 시스템안전공학

✏️ 항목별 이론 요약 및 우선순위 문제

1. 안전과 인간공학
2. 정보입력표시
3. 인간계측 및 작업공간
4. 작업환경관리
5. 시스템 위험분석
6. 결함수 분석법
7. 위험성 평가
8. 각종 설비의 유지관리

Chapter 01 안전과 인간공학

1. 인간공학의 정의

(1) 정의 : 인간의 특성과 한계, 능력을 공학적으로 분석, 평가하여 이를 복잡한 체계의 설계에 응용함으로써 효율을 최대로 활용할 수 있도록 하는 학문 분야

　　– 인간공학이란 인간이 사용할 수 있도록 설계하는 과정(차파니스)
① 편리성, 쾌적성, 효율성을 높일 수 있다.
② 사고를 방지하고 안전성과 능률성을 높일 수 있다.
③ 인간의 특성과 한계점을 고려하여 제품을 설계한다.

> **참고**
>
> ※ 인간공학(ergonomics)의 기원
> 　– ergonomics : 자스트러제보스키(Wojciech Jastrzebowski. 19세기 중반 폴란드의 교육자, 과학자)에 의해 처음 사용
> 　– 희랍어 "ergon(작업) + nomos(법칙) + ics(학문)"의 조합된 단어이다.
> ※ 인간공학을 나타내는 용어
> 　① ergonomics ② human factors ③ human engineering

(2) 인간공학의 목표(차파니스. A.Chapanis)
① 첫째 : 안전성 향상과 사고방지(에러 감소)
② 둘째 : 기계조작의 능률성과 생산성 증대
③ 셋째 : 쾌적성(안락감 향상)

(3) 인간공학에 있어 기본적인 가정
① 인간에게 적절한 동기부여가 된다면 좀더 나은 성과를 얻게 된다.
② 인간 기능의 효율은 인간-기계 시스템의 효율과 연계 된다.
③ 장비, 물건, 환경 특성이 인간의 수행도와 인간-기계 시스템의 성과에 영향을 준다.

(4) 인간공학적 설계 대상
① 물건(objects)

---

memo

알폰스 차파니스(Alphonse Chapanis. 1917~2002. 미국): 산업 디자인 분야의 개척자이며, 인간의 특성들을 설계에 응용하는 학문인 인간공학의 선구자 중 한 사람. 특히 항공기 안전의 발전에 기여를 많이 했음.

인간공학에 대한 설명
① 인간공학의 목표는 기능적 효과, 효율 및 인간 가치를 향상시키는 것이다.
② 제품의 설계 시 사용자를 고려한다.
③ 환경과 사람이 격리된 존재가 아님을 인식한다.
④ 인간의 능력 및 한계에는 개인차가 있다고 인지한다.

인간공학을 기업에 적용 시 기대효과
① 작업자의 건강 및 안전 향상
② 제품과 작업의 질 향상
③ 작업손실시간의 감소
④ 노사 간의 신뢰 강화

산업안전 분야에서의 인간공학을 위한 제반 언급사항
① 안전관리자와의 의사소통 원활화
② 인간과오 방지를 위한 구체적 대책
③ 인간행동 특성자료의 정량화 및 축적

② 기계(machinery)
③ 환경(environment)

(5) 인간기준의 종류 (인간공학의 연구를 위한 수집자료 중 분류 유형)
: 인간성능기준(측정기준)

> **시스템의 평가척도 유형 : 효율적 목표 수행에 대한 척도**
> ① 시스템기준 : 시스템의 의도에 따른 달성 여부, 시스템 성능
> ② 작업성능기준 : 작업결과에 대한 효율
> ③ 인간기준(human criteria) : 작업수행 중의 인간의 행동 등을 다룸.

(가) 인간의 성능척도(performance measure) : 감각활동, 정신활동, 근육활동 등에 의해 판단

① 빈도수 척도(frequency) ② 강도척도(intensity) ③ 지연성 척도(latency) ④ 지속성 척도(duration)

(나) 주관적 반응(subjective response) : 개인성능의 평점, 체계설계의 대안들의 평점 등

– 피 실험자의 개별적 의견, 판단, 평가(사용편의성, 의자의 안락도, 도구 손잡이 길이에 대한 선호도등의 의견, 판단)

(다) 생리적 지표(physiological index) : 혈압, 맥박수, 동공확장 등이 척도

– 신체활동에 관한 육체적, 정신적 활동 정도, 심장활동지표, 호흡지표, 신경지표, 감각지표

(라) 사고와 과오의 빈도 : 사고 발생빈도가 적절한 기준이 될 수 있음

(6) 인간공학 연구조사에 사용하는 기준의 요건

(가) 적절성 : 평가척도가 시스템의 의도된 목적에 부합하여야 한다.

(나) 신뢰성 : 반복 실험 시 재현성이 있어야 한다.

(다) 무오염성 : 측정하고자 하는 변수 이외의 다른 변수의 영향을 받아서는 안 된다.

(라) 민감도 : 피실험자 사이에서 볼 수 있는 예상 차이점에 비례하는 단위로 측정해야 한다.(피실험자에게 나타나는 민감한 반응에 대해 정확히(세밀히) 반영)

(7) 실험실 연구와 현장 연구

(조사연구자가 특정한 연구를 수행하기 위해서는 어떤 상황(환경)에서 실시할 것인가를 선택하여야 함)

(가) 실험실 연구(환경)

1) 장점 : ① 비용절감 ② 정확한 자료수집 가능 ③ 실험 조건의 조절 용이

2) 단점 : ① 일반화가 불가능 ② 현실성 부족

(나) 현장 연구

1) 장점 : ① 일반화가 가능 ② 현실성이 있음.

2) 단점 : ① 실험비용 많이 소요
② 실험의 같은 조건의 어려움(정확한 자료 수집이 어려움)

> **참고**
> * 평가연구 : 인간공학 연구방법 중 실제의 제품이나 시스템이 추구하는 특성 및 수준이 달성되는지를 비교하고 분석하는 것
> * 사업장에서 인간공학 적용 분야 : 재해 및 질병예방, 작업환경 개선, 제품설계, 장비 및 공구의 설계(원가절감 및 생산성 향상)

2. 인간-기계 체계

(1) 인간-기계 체계(man-machine system)의 연구 목적

안전을 극대화시키고 생산능률을 향상 (연구목적에 우선순위)

* 시스템(system, 체계) : 특정한 기능을 수행하기 위하여 조화있는 상호작용을 하거나 상호 관련되어서 어떤 공통된 목표에 의해 통합된 사물들의 집단
* 인간-기계 시스템(man-machine system)은 한 명 이상의 사람과 한 가지 이상의 기계, 그리고 이들의 환경으로 구성되어 인간만으로 또는 기계만으로 발휘하는 그 이상의 큰 능력을 나타내는 시스템

시스템의 정의에 포함되는 조건
① 요소의 집합에 의해 구성 ② 시스템 상호간에 관계를 유지 ③ 어떤 목적을 위하여 작용하는 집합체

(2) 인간-기계 기능계에서 수행하는 기본 기능(임무 및 기본 기능)

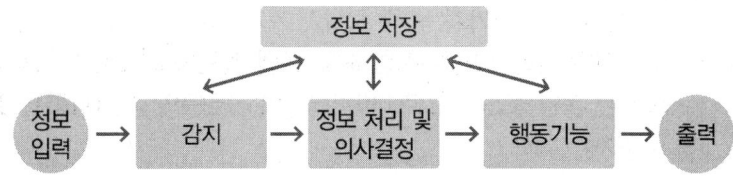

인간-기계시스템에 관련된 정의
① 시스템: 전체목표를 달성하기 위한 유기적인 결합체
② 인간-기계시스템: 인간과 물리적 요소가 주어진 입력에 대해 원하는 출력을 내도록 결합되어 상호작용하는 집합체

(가) 감지(sensing) : 인간의 감각기관(시각, 청각, 후각 등)에 해당하는 부분으로 기계는 전자장치 또는 기계장치로 감지

(나) 정보 저장(information storage)

(다) 정보처리 및 의사 결정(information processing and decision)
① 심리적 정보처리단계 : 회상(recall, 재생), 인식(recognition, 재인), 정리(retention, 파지)
② 인간의 정보처리 시간 : 0.5초(인간의 정보처리능력 한계)

> **정보량**
>
> 정보량$(H) = \log_2 n = \log_2 \dfrac{1}{p} \left(p = \dfrac{1}{n}\right)$
>
> [정보량의 단위는 bit(binary digit), n : 대안의 수 n개, p : 어느 사항이 발생할 확률]
> ※ 대안의 수 n개, n개의 대안이 발생할 확률이 동일한 경우 ⇨ 대안의 수 2개가 발생확률 동일할 경우 정보량 1bit($\log_2 2=1$)
> - 동전을 던질 때 앞면과 뒷면 정보량 1bit
> - 주사위 6가지 수 무작위 선택 시 정보량 2.6bit($\log_2 6$)
> - 알파벳 A~Z 무작위 선택 시 정보량 4.7bit($\log_2 26$)

〈발생확률이 동일한 경우〉

예문 빨강, 노랑, 파랑, 화살표 등 모두 4종류의 신호등이 있다. 신호등은 한 번에 하나의 등만 켜지도록 되어 있다. 1시간 동안 측정한 결과 4가지 신호등이 모두 15분씩 켜져 있었다. 이 신호등의 총 정보량은 얼마인가?

해설 정보량$(H) = \log_2 n = \log_2 \dfrac{1}{p}$ $\left(p = \dfrac{1}{n}\right)$ (n : 대안의 수, p : 확률)

$H = \log_2 4 = \dfrac{\log 4}{\log 2} = 2\text{bit}$

(※ 대안의 수 n개, n개의 대안이 발생할 확률이 동일한 경우 ⇨ 대안의 수 4개가 발생확률 동일할 경우 정보량 2bit($\log_2 4 = 2$))

〈발생확률이 다른 경우〉

예문 빨강, 노랑, 파랑의 3가지 색으로 구성된 교통 신호등이 있다. 신호등은 항상 3가지 색 중 하나가 켜지도록 되어 있다. 1시간 동안 조사한 결과, 파란등은 총 30분 동안, 빨간등과 노란등은 각각 총 15분 동안 켜진 것으로 나타났다. 이 신호등의 총 정보량은 몇 bit인가?

> **[해설]** 정보량$(H) = \log_2 n = \log_2 \dfrac{1}{p}$ $\left(p = \dfrac{1}{n}\right)$ (n : 대안의 수, p : 확률)
> ① 점등확률 : 파란등(A) = 30분/60분(1시간) = 0.5, 빨간등(B))과 노란등(C)은 각각 0.25(15분/60분)
> ② 각각의 정보량 : $A = \log_2 \dfrac{1}{0.5} = 1$, $B = \log_2 \dfrac{1}{0.25} = 2$, $C = 2$
> ③ 총정보량$(H) = (A \times 0.5) + (B \times 0.25) + (C \times 0.25)$
> $\quad\quad\quad\quad\quad = (1 \times 0.5) + (2 \times 0.25) + (2 \times 0.25) = 1.5\text{bit}$

> 전달정보량 = (자극정보량 + 반응정보량) − 자극반응정보량
>
> **[예문]** 자극과 반응의 실험에서 자극 A가 나타날 경우 1로 반응하고 자극 B가 나타날 경우 2로 반응하는 것으로 하고, 100회 반복하여 표와 같은 결과를 얻었다. 제대로 전달된 정보량을 계산하면 약 얼마인가?
>
> | 자극＼반응 | 1 | 2 |
> |---|---|---|
> | A | 50 | − |
> | B | 10 | 40 |
>
> **[해설]** 정보량$(H) = \log_2 n = \log_2 \dfrac{1}{p}$ $\left(p = \dfrac{1}{n}\right)$ (n : 대안의 수, p : 확률)
>
> 〈자극반응표〉
>
> | 자극(x) ＼ 반응(y) | 1 | 2 | 계 $H(x)$ |
> |---|---|---|---|
> | A | 50 | − | 50 |
> | B | 10 | 40 | 50 |
> | 계 $H(y)$ | 60 | 40 | 100 |
>
> ① 자극정보량 $H(x) = \left(\log_2 \dfrac{1}{0.5} \times 0.5\right) + \left(\log_2 \dfrac{1}{0.5} \times 0.5\right) = 1\,\text{bit}$
> ② 반응정보량 $H(y) = \left(\log_2 \dfrac{1}{0.6} \times 0.6\right) + \left(\log_2 \dfrac{1}{0.4} \times 0.4\right) = 0.971\,\text{bit}$
> ③ 자극반응정보량
> $H(x, y) = \left(\log_2 \dfrac{1}{0.5} \times 0.5\right) + \left(\log_2 \dfrac{1}{0} \times 0\right) + \left(\log_2 \dfrac{1}{0.1} \times 0.1\right) + \left(\log_2 \dfrac{1}{0.4} \times 0.4\right)$
> $\quad\quad\quad = 1.361\,\text{bit}$
> ⇨ 전달정보량 $T(x, y) = H(x) + H(y) - H(x, y) = 1 + 0.971 - 1.361 = 0.610\,\text{bit}$

(라) 행동 기능(acting function) : 결정된 사항의 실행과 조정을 하는 과정
  − 음성(사람의 경우), 신호, 기록 등의 방법을 사용하여 통신

> **참고**
>
> ※ 인간−기계시스템의 작동 순서도표(Operational Sequence Diagram : OSD) 기호
>
> | 수신 | 기억 | 결정 | 행동 |
> |---|---|---|---|
> | ○ | ▽ | ◇ | □ |
>
> ※ 인식과 자극의 정보처리 과정에서 3단계 : ① 인지단계 ② 인식단계 ③ 행동단계

(3) 인간-기계 시스템의 구분

(가) **수동 시스템** (manual system) : 작업자가 수공구 등을 사용하여 신체적인 힘을 동력원으로 작업을 수행하는 것. 인간의 역할은 힘을 제공하고 기계를 제어하는 것(목수와 수공구)
  - 다양성(융통성)이 많음 : 다양성 있는 체계로, 역할을 할 수 있는 능력을 충분히 활용하는 인간과 기계 통합 체계

(나) **기계화 시스템** (mechanical system, 반자동 시스템) : 기계는 동력원을 제공하고 인간의 통제하에서 제품을 생산(인간의 역할은 제어 기능, 조정 장치로 기계를 통제)
  - 동력 기계화 체계와 고도로 통합된 부품으로 구성

(다) **자동 시스템** (automatic system) : 인간은 감시(monitoring), 경계(vigilance), 정비유지, 프로그램 등의 작업을 담당 (설비 보전, 작업계획 수립, 모니터로 작업 상황 감시)
  - 인간요소를 고려해야 함
  ※ 인간-기계 시스템의 구성요소에서 일반적으로 신뢰도가 가장 낮은 요소 : 작업자

(4) 인간과 기계의 기능 비교

인간과 기계의 비교의 한계점(인간과 기계의 능력에 대한 실용성 한계)
① 기능의 수행이 유일한 기준은 아니다.
② 상대적인 비교는 항상 변하기 마련이다.
③ 일반적인 인간과 기계의 비교가 항상 적용되지 않는다.
④ 최선의 성능을 마련하는 것이 항상 중요한 것은 아니다.
⑤ 기능의 할당에서 사회적인 것과 이에 관련된 가치들을 고려해 넣어야 한다.

인간이 우수한 기능	기계가 우수한 기능
• 낮은 수준의 시각, 청각, 촉각, 후각, 미각적인 자극을 감지 • 상황에 따라 변화하는 복잡 다양한 자극의 형태 식별 • 다양한 경험을 통한 의사결정 • 주위가 이상하거나 예기치 못한 사건을 감지하여 대처하는 업무를 수행 • 배경 잡음이 심한 경우에도 신호를 인지	• 인간 감지 범위 밖의 자극 감지 • 인간 및 기계에 대한 모니터 감지 • 드물게 발생하는 사상 감지
• 많은 양의 정보를 장기간 보관 • 관찰을 통한 일반화하여 귀납적 추리 • 과부하 상황에서는 중요한 일에만 전념 • 원칙을 적용하여 다양한 문제를 해결하는 능력	• 암호화된 정보를 신속하게 대량 보관 • 관찰을 통해서 특수화하고 연역적으로 추리 • 과부하 시에도 효율적으로 작동 • 명시된 절차에 따라 신속하고, 정량적 정보처리
• 임기응변, 융통성, 원칙적용, 주관적 추산, 독창력 발휘 등의 기능 • 주관적인 추산과 평가 작업을 수행 • 어떤 운용방법이 실패할 경우 완전히 새로운 해결책(방법) 찾을 수 있음.	• 장시간 중량 작업, 반복 작업, 동시 작업 수행 기능 • 장시간 일관성이 있는 작업을 수행 • 소음, 이상온도 등의 환경에서 수행

(5) 인간-기계 시스템의 신뢰도

(가) **신뢰도(reliability)** : 체계 또는 부품이 주어진 운용 조건하에서 의도하는 사용기간 중에 의도한 목적에 만족스럽게 작동할 확률(시스템 신뢰도 : 시스템의 성공적 수행(performance)을 확률로 나타낸 것)

(나) **직렬체계 (serial system)** : 직접 운전 작업

신뢰도 $Rs = r_1 \times r_2$(인간 : r_1, 기계 : r_2)

$r_1 < r_2$ 이면 $Rs \leq r_1$

(다) **병렬체계 (parallel system)** : 병렬체계의 신뢰도는 기계 단독이나 직렬 작업보다 높아짐.

신뢰도 $Rs = r_1 \times r_2(1-r_1)$(인간 : r_1, 기계 : r_2)

$\rightarrow Rs = 1 - \{(1-r_1)(1-r_2)\}$

$r_1 < r_2$ 이면 $Rs > r_2$

(라) **록 시스템(lock system)의 종류**

1) 인터록 시스템(interlock system) : 인간과 기계 사이에 두는 안전 장치 또는 기계에 두는 안전장치
   - 기계설계 시 불안전한 요소에 대하여 통제를 가함.

2) 인터라록 시스템(intralock system) : 인간내면에 존재하는 통제 장치
   - 인간의 불안전한 요소에 대하여 통제를 가함.

3) 트랜스록 시스템(translock system) : 인터록과 인터록 사이에 두는 안전 장치

(6) 설비의 신뢰도

시스템의 성공적 수행(performance)을 확률로 나타낸 것

(가) **직렬연결** : 시스템의 어느 한 부품이 고장나면 시스템이 고장나는 구조
  - 각 부품이 동일한 신뢰도를 가질 경우 직렬 구조의 신뢰도는 병렬 구조에 비해 신뢰도가 낮음.

신뢰도 $Rs = r_1 \cdot r_2 \cdot r_3 \cdots r_n$

─[1]─[2]····[n]─

(나) **병렬연결** : 시스템의 어느 한 부품만 작동해도 시스템이 작동하는 구조 (열차, 항공기의 제어 장치)

인간-기계 시스템에서의 신뢰도 유지 방안
① fail-safe system
② fool-proof system
③ lock system

인터록 시스템: 작동 중인 전자레인지 문을 열면 작동이 자동적으로 멈추는 기능

시스템의 수명 및 신뢰성: 병렬설계 및 디레이팅 기술로 시스템의 신뢰성을 증가시킬 수 있다.
(디레이팅(derating): 기계나 장치에서 신뢰성을 향상시키기 위해서 계획적으로 부하(내부 스트레스)를 정격 이하로 내려서 사용하게 하는 것)

제품의 설계단계에서 고유 신뢰성의 증대 방법
① 병렬 및 대기 리던던시의 활용
② 부품과 조립품의 단순화 및 표준화
③ 부품의 전기적, 기계적, 열정 및 기타 작동조건의 경감

- 페일세이프(fail safe)시스템
- 직렬 구조에 비해 신뢰도가 높음
① 요소의 수가 많을수록 고장의 기회는 줄어든다.
② 요소의 중복도가 늘어날수록 시스템의 수명은 길어진다.
③ 요소의 어느 하나라도 정상이면 시스템은 정상이다.
④ 시스템의 수명은 요소 중에서 수명이 가장 긴 것으로 정해진다.

1) 신뢰도 $Rs = 1 - \{(1-r_1)(1-r_2)\cdots(1-r_n)\}$

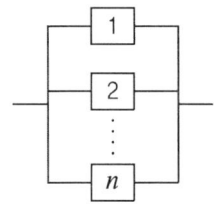

2) n 중 k구조 : n 중 k구조는 n개의 부품으로 구성된 시스템에서 k개 이상의 부품이 작동하면 시스템이 정상적으로 가동되는 구조

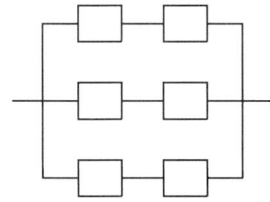

(7) **병렬 모델과 중복설계 : fail safe system**

(가) 리던던시(redundancy) : 일부에 고장이 발생하더라도 전체가 고장이 나지 않도록 기능적으로 여력(redundant)를 부가해서 신뢰도를 향상시키는 중복설계의 의미

(리던던시 방식 : 병렬, 대기 리던던시, 스페어에 의한 교환, fail-safe)

(나) 구조적 fail safe 종류 : 기계 또는 설비에 이상이나 오동작이 발생하여도 안전사고를 발생시키지 않도록 2중 또는 3중으로 통제를 가하도록 한 체계
① 다경로하중구조 ② 하중경감구조 ③ 교대구조 ④ 분할구조

- 다경로하중구조: 다수의 부재로 구성하여 하나의 부재가 파괴되더라도 다른 부재들이 하중을 부담하는 구조
- 하중경감구조: 주 부재에 보강재를 설치하여 주 부재에 균열이 발생하면 하중이 보강재로 이동하게 하여 주 부재의 하중을 경감하는 구조

3. 체계설계와 인간요소

(1) **시스템 분석 및 설계에 있어서 인간공학의 가치**

(체계분석 및 설계에 있어서 인간공학적 노력의 효능을 산정하는 척도의 기준)

① 사고 및 오용으로부터의 손실 감소
② 생산 및 보전의 경제성 증대
③ 성능의 향상
④ 훈련 비용의 절감
⑤ 인력 이용률의 향상
⑥ 사용자의 수용도 향상

(2) 인간 – 기계 시스템의 설계 6단계 및 고려사항
① 제1단계 : 시스템의 목표 및 성능 명세 결정
② 제2단계 : 시스템의 정의
③ 제3단계 : 기본설계
④ 제4단계 : 인터페이스(계면) 설계
⑤ 제5단계 : 보조물(촉진물) 설계
⑥ 제6단계 : 시험 및 평가

(가) 인간 – 기계 시스템에 관한 내용
① 인간 성능의 고려는 개발의 첫 단계에서부터 시작되어야 한다.
② 기능 할당 시에 인간 기능에 대한 초기의 주의가 필요하다.
③ 평가 초점은 인간 성능의 수용가능한 수준이 되도록 시스템을 개선하는 것이다.
④ 인간 – 컴퓨터 인터페이스 설계는 기계보다 인간의 효율이 우선적으로 고려되어야 한다.

(나) 인간 – 기계 시스템을 설계 위한 고려 사항
① 시스템 설계 시 동작 경제의 원칙이 만족되도록 고려하여야 한다.
② 대상이 되는 시스템이 위치할 환경조건이 인간에 대한 한계치를 만족하는가의 여부를 조사한다.
③ 인간이 수행해야 할 조작이 연속적인가 불연속적 인가를 알아보기 위해 특성조사를 실시한다.

> **인간-기계시스템의 설계원칙**
> ① 양립성이 클수록 정보처리에 재코드화 과정은 적어진다.
> ② 사용빈도, 사용순서, 기능에 따라 배치가 이루어져야 한다.
> ③ 인간의 기계적 성능에 부합되도록 설계해야 한다.
> ④ 인체 특성에 적합해야 한다.

(3) 인간-기계 시스템의 설계 단계별 내용

(가) 제1단계 – 시스템의 목표 및 성능 명세 결정

시스템이 설계되기 전에 우선 목표 및 성능 명세 결정

(나) 제2단계 – 시스템의 정의

목표, 성능의 결정 후 이것을 달성하기 위한 필요한 기본적 기능 결정 – 시스템의 기능을 정의하는 단계

(다) 제3단계 – 기본설계

1) 인간 · 하드웨어 · 소프트웨어의 기능 할당

2) 인간 성능 요건 명세

 – 인간의 성능 특성(human performance requirements)
  ① 속도
  ② 정확성
  ③ 사용자 만족
  ④ 유일한 기술을 개발하는 데 필요한 시간

3) 직무 분석

4) 작업 설계

(라) 제4단계 – 인터페이스(계면) 설계

인간-기계의 경계를 이루는 면과 인간-소프트웨어 경계를 이루는 면의 특성에 초점 둠(작업공간, 표시장치, 조종장치, 제어, 컴퓨터 대화 등이 포함).

* 인간-기계의 계면(interface) : 인간과 기계가 만나는 면(面)
* 인간 요소 : 상식과 경험, 정량적 자료집, 수학적 함수와 등식, 원칙, 도식적 설명물, 설계표준 및 기준, 전문가 판단
* 인간-기계 인터페이스(human-machine interface)의 조화성
  ① 인지적 조화성
  ② 신체적 조화성
  ③ 감성적 조화성
* 인터페이스(계면)를 설계할 때 감성적인 부문을 고려하지 않으면 진부감(陳腐感)이 나타나는 결과가 됨.
* 이동전화의 설계에서 사용성 개선을 위해 인터페이스 설계
  ① 사용자의 인지적 특성이 가장 많이 고려되어야 하는 사용자 인터페이스 요소: 한글 입력 방식
  ② 제품 인터페이스: 버튼의 크기, 버튼의 간격, 전화기의 색깔

---

man-machine interface : 인간이 기계를 조작하거나 이용할 때 인간과 기계 사이의 연결부분으로 상호 간의 의사전달이 이루어짐

(마) 제5단계 – 보조물(촉진물) 설계

인간의 능력을 증진시킬 수 있는 보조물에 대한 계획에 초점 (지시수첩, 성능보조자료 및 훈련도구와 계획)

(바) 제6단계 – 시험 및 평가

> 👍 **시스템 설계자가 통상적으로 하는 평가방법**
> ① 기능 평가 : 시스템의 목표와 목적을 만족시키는 기능 여부
> ② 성능 평가 : 성능목표의 만족여부
> ③ 신뢰성 평가 : MTBF(평균고장간격)와 MTTR(평균수리시간)으로 평가

> 👍 **참고**
> * 인간의 신뢰성 요인 : 주의력, 긴장수준, 의식수준(경험연수, 지식수준, 기술수준)
>   – 기계의 신뢰성 요인 : 재질, 기능, 작동방법
> * System 요소 간의 link 중 인간 커뮤니케이션 link : 방향성, 통신계, 시각장치 link
> * 감시제어(supervisory control) 시스템에서 인간의 주요 기능
>   ① 간섭(intervene)
>   ② 계획(plan)
>   ③ 교시(teach)
> * 작업만족도를 얻기 위한 수단
>   ① 작업확대(job enlargement)
>   ② 작업윤택화(job enrichment)
>   ③ 작업순환(job rotation)
> * 안전가치분석의 특징
>   ① 기능위주로 분석한다.
>   ② 왜 비용이 드는가를 분석한다.
>   ③ 그룹 활동은 전원의 중지를 모은다.
> * 인간 – 기계 체계에서 시스템 활동의 흐름과정을 탐지 분석하는 방법
>   ① 가동분석(analysis of operation) : 작업자와 기계의 가동상황을 알기 위한 분석
>   ② 운반공정분석(process analysis of material handling) : 화물, 운반 작업자, 운반설비 등 운반 공정을 분석
>   ③ 사무공정분석 : 사무흐름의 상태를 파악

인간-기계시스템에 대한 평가에서 사용되는 변수

① 독립 변수(independent variable) : 다른 변수의 변화로부터는 영향을 받지 않고 영향을 주는 변수이며, 관찰하고자 하는 현상의 주원인에 해당한다고 추측되는 변수 (원인 변수, 실험 변수)

② 종속 변수(dependent variable) : 인간-기계 시스템에 대한 평가에서 평가 척도나 기준(criteria)으로서 관심의 대상이 되는 변수(기준). 보통 기준이라고도 부름. 독립 변수의 영향을 받아 변화될 것이라고 보는 변수(결과 변수)

③ 통제 변수(control variable) : 독립 변수에 포함되지 아니하면서 종속 변수에 영향을 미칠 수 있는 변수. 실험 시 제거되어야 하는 변수

CHAPTER 01 항목별 우선순위 문제 및 해설

01 인간공학에 대한 설명으로 틀린 것은?
① 인간이 사용하는 물건, 설비, 환경의 설계에 작용된다.
② 인간의 생리적, 심리적인 면에서의 특성이나 한계점을 고려한다.
③ 인간을 작업과 기계에 맞추는 실제 철학이 바탕이 된다.
④ 인간 기계 시스템의 안전성과 편리성, 효율성을 높인다.

해설 인간공학에 대한 설명 : 인간의 특성과 한계 능력을 공학적으로 분석, 평가하여 이를 복잡한 체계의 설계에 응용함으로써 효율을 최대로 활용할 수 있도록 하는 학문 분야
– 인간공학이란 인간이 사용할 수 있도록 설계하는 과정(차파니스)

02 다음 중 인간공학을 나타내는 용어로 적절하지 않은 것은?
① ergonomics
② human factors
③ human engineering
④ customize engineering

해설 인간공학을 나타내는 용어
① ergonomics ② human factors ③ human engineering

03 조사연구자가 특정한 연구를 수행하기 위해서는 어떤 상황에서 실시할 것인가를 선택하여야 한다. 즉, 실험실 환경에서도 가능하고, 실제 현장 연구도 가능한데 다음 중 현장 연구를 수행했을 경우 장점으로 가장 적절한 것은?
① 비용 절감
② 정확한 자료수집 가능
③ 일반화가 가능
④ 실험조건의 조절 용이

해설 실험실 연구와 현장 연구
(조사연구자가 특정한 연구를 수행하기 위해서는 어떤 상황(환경)에서 실시할 것인가를 선택하여야 함)
(가) 실험실 연구(환경)
 1) 장점 : ① 비용절감 ② 정확한 자료수집 가능 ③ 실험 조건의 조절 용이
 2) 단점 : ① 일반화가 불가능 ② 현실성 부족
(나) 현장 연구
 1) 장점 : ① 일반화가 가능 ② 현실성이 있음
 2) 단점 : ① 실험비용 많이 소요 ② 실험의 같은 조건의 어려움(정확한 자료 수집이 어려움)

04 다음 중 연구 기준의 요건에 대한 설명으로 옳은 것은?
① 적절성 : 반복 실험 시 재현성이 있어야 한다.
② 신뢰성 : 측정하고자 하는 변수 이외의 다른 변수의 영향을 받아서는 안 된다.
③ 무오염성 : 의도된 목적에 부합하여야 한다.
④ 민감도 : 피실험자 사이에서 볼 수 있는 예상 차이점에 비례하는 단위로 측정해야 한다.

해설 인간공학 연구조사에 사용하는 기준의 요건
(가) 적절성 : 의도된 목적에 부합하여야 한다.
(나) 신뢰성 : 반복 실험 시 재현성이 있어야 한다.
(다) 무오염성 : 측정하고자 하는 변수 이외의 다른 변수의 영향을 받아서는 안 된다.
(라) 민감도 : 피실험자 사이에서 볼 수 있는 예상 차이점에 비례하는 단위로 측정해야 한다.

정답 01. ③ 02. ④ 03. ③ 04. ④

05 인간공학의 연구를 위한 수집자료 중 동공확장 등과 같은 것은 어느 유형으로 분류되는 자료라 할 수 있는가?

① 생리지표   ② 주관적 자료
③ 강도 척도   ④ 성능 자료

해설 인간기준의 종류(인간공학의 연구를 위한 수집자료 중 분류 유형)
(가) 인간의 성능척도 : 감각활동, 정신활동, 근육활동 등에 의해 판단
(나) 주관적 반응 : 개인성능의 평점, 체계설계의 대안들의 평점 등
(다) 생리적 지표 : 혈압, 맥박수, 동공확장 등이 척도
(라) 사고와 과오의 빈도 : 사고 발생빈도가 적절한 기준이 될 수 있음

06 다음 중 시스템 신뢰도에 관한 설명으로 옳지 않은 것은?

① 시스템의 성공적 퍼포먼스를 확률로 나타낸 것이다.
② 각 부품이 동일한 신뢰도를 가질 경우 직렬 구조의 신뢰도는 병렬 구조에 비해 신뢰도가 낮다.
③ 시스템의 병렬구조는 시스템의 어느 한 부품이 고장나면 시스템이 고장나는 구조이다.
④ n 중 k구조는 n개의 부품으로 구성된 시스템에서 k개 이상의 부품이 작동하면 시스템이 정상적으로 가동되는 구조이다.

해설 설비의 신뢰도
(가) **직렬연결** : 시스템의 어느 한 부품이 고장나면 시스템이 고장나는 구조(자동차 운전)
  ① 각 부품이 동일한 신뢰도를 가질 경우 직렬 구조의 신뢰도는 병렬 구조에 비해 신뢰도가 낮음.
(나) **병렬연결** : 시스템의 어느 한 부품만 작동해도 시스템이 작동하는 구조(열차, 항공기의 제어 장치)
  ① 페일세이프(fail safe)시스템
  ② 직렬 구조에 비해 신뢰도가 높음

* n중 k 구조 : n 중 k 구조는 n개의 부품으로 구성된 시스템에서 k개 이상의 부품이 작동하면 시스템이 정상적으로 가동되는 구조

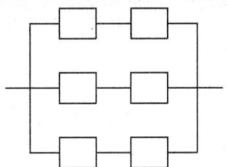

07 인간-기계 시스템에서 시스템의 설계를 다음과 같이 구분할 때 제3단계인 기본설계에 해당하지 않는 것은?

> 1단계 : 시스템의 목표와 성능 명세 결정
> 2단계 : 시스템의 정의
> 3단계 : 기본설계
> 4단계 : 인터페이스설계
> 5단계 : 보조물 설계
> 6단계 : 시험 및 평가

① 화면 설계   ② 작업 설계
③ 직무 분석   ④ 기능 할당

해설 제3단계 - 기본설계
1) 인간·하드웨어·소프트웨어의 기능 할당
2) 인간 성능 요건 명세
3) 직무 분석
4) 작업 설계

08 다음 중 인간-기계 시스템에 관한 설명으로 틀린 것은?

① 수동시스템에서 기계는 동력원을 제공하고 인간의 통제하에서 제품을 생산한다.
② 기계시스템에서는 고도로 통합된 부품들로 구성되어 있으며, 일반적으로 변화가 거의 없는 기능들을 수행한다.
③ 자동시스템에서 인간은 감시, 정비, 보전 등의 기능을 수행한다.
④ 자동시스템에서 인간요소를 고려하여야 한다.

정답 05.① 06.③ 07.① 08.①

[해설] **수동 시스템(manual system)**
작업자가 수공구등을 사용하여 신체적인 힘을 동력원으로 작업을 수행하는 것, 인간의 역할은 힘을 제공하고 기계를 제어하는 것(목수와 수공구)

09 다음 중 작동 중인 전자레인지의 문을 열면 작동이 자동으로 멈추는 기능과 가장 관련이 깊은 오류 방지 기능은?

① lock-in ② lock-out
③ inter-lock ④ shift-lock

[해설] **인터록 시스템(interlock system)**
인간과 기계 사이에 두는 안전장치 또는 기계에 두는 안전장치
- 기계설계 시 불안전한 요소에 대하여 통제를 가함

10 다음 중 인간-기계 체계에서 인간실수가 발생하는 원인으로 적절하지 않은 것은?

① 학습착오 ② 처리착오
③ 출력착오 ④ 입력착오

[해설] **인간-기계 기능계에서 기능(임무 및 기본 기능)**

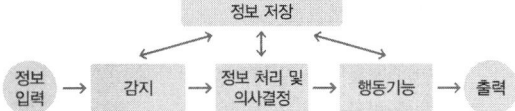

11 빨강, 노랑, 파랑, 화살표 등 모두 4종류의 신호등이 있다. 신호등은 한 번에 하나의 등만 켜지도록 되어 있다. 1시간동안 측정한 결과 4가지 신호등이 모두 15분씩 켜져 있었다. 이 신호등의 총 정보량은 얼마인가?

① 1bit ② 2bit
③ 3bit ④ 4bit

[해설] **신호등의 총 정보량**
정보량$(H) = \log_2 n = \log_2 \frac{1}{p}$ $(p = \frac{1}{n})$
(n : 대안의 수, p : 확률)
$H = \log_2 4 = \frac{\log 4}{\log 2} = 2\text{bit}$

12 다음 중 인간이 현존하는 기계보다 우월한 기능이 아닌 것은?

① 귀납적으로 추리한다.
② 원칙을 적용하여 다양한 문제를 해결한다.
③ 다양한 경험을 토대로 하여 의사 결정을 한다.
④ 명시된 절차에 따라 신속하고, 정량적인 정보처리를 한다.

[해설] **인간과 기계의 기능 비교**

인간이 우수한 기능	기계가 우수한 기능
• 다양한 경험을 통한 의사결정	• 암호화된 정보를 신속하게 대량 보관
• 관찰을 통한 일반화하여 귀납적 추리	• 관찰을 통해서 특수화하고 연역적으로 추리
• 과부하 상황에서는 중요한 일에만 전념	• 과부하 시에도 효율적으로 작동
• 원칙을 적용하여 다양한 문제를 해결하는 능력	• 명시된 절차에 따라 신속하고, 정량적 정보처리

13 페일 세이프(fail-safe)의 원리에 해당하지 않는 것은?

① 교대 구조
② 다경로하중 구조
③ 배타설계 구조
④ 하중경감 구조

[해설] **병렬모델과 중복설계 : fail safe system**
(가) 리던던시(redundancy) : 일부에 고장이 발생하더라도 전체가 고장이 나지 않도록 기능적으로 여력(redundant)를 부가해서 신뢰도를 향상시키는 중복설계의 의미
  (리던던시 방식 : 병렬, 대기 리던던시, 스페어에 의한 교환, fail-safe)
(나) 구조적 fail safe 종류 : 기계 또는 설비에 이상이나 오동작이 발생하여도 안전사고를 발생시키지 않도록 2중 또는 3중으로 통제를 가하도록 한 체계
  ① 다경로하중구조 ② 하중경감구조
  ③ 교대구조 ④ 분할구조

정답 09.③ 10.① 11.② 12.④ 13.③

Chapter 02 정보입력표시

1. 시각적 표시장치

(1) 시각과정

(가) 시각(visual angle)과 시력(visual acuity) : 시력은 대상이 되는 존재와 형태를 인식하는 눈의 능력

① 시력의 단위는 국제협정에 의하며, 굵기 1.5mm, 지름 7.5mm인 란돌트(landolt) 고리의 1.5mm 틈간격을 5m 떨어진 곳에서 분간할 수 있는 시력을 1.0으로 함.

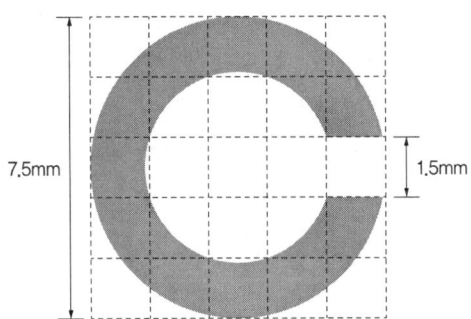

[그림] 란돌트(landolt) 고리

② 물체의 한 점과 눈을 연결하는 선이 방향선이며, 2개의 방향선 사이의 각을 시각이라 하고, 시각의 역수를 시력이라 함.(시각 : 보는 물체에 대한 눈의 대각).

㉠ 시각[분] = $\dfrac{H \times 57.3 \times 60}{D}$

{H : 란돌트 고리의 틈 간격(시각자극의 높이), D : 거리}

㉡ 시력 = $\dfrac{1}{시각}$

---

memo

눈의 구조

① 각막(cornea) : 인간의 눈에서 빛이 가장 먼저 접촉하는 부분. 눈의 바깥쪽 표면 중 가운데에 위치하고 눈을 외부로부터 보호하며 빛의 굴절과 전달에 주요한 기능을 한다.

② 수정체(lens) : 눈 안의 앞부분에 위치하고 볼록한 렌즈 모양이며 빛을 모아주는 역할을 하여 물체의 초점이 망막에 정확하게 맺히도록 해 준다.(카메라의 렌즈에 해당)
  - 수정체의 두께를 조절하여 초점을 맞추며, 멀리 있는 물체를 볼 때에는 두께가 얇아져서 빛의 굴절이 작아지고, 가까운 물체를 볼 때는 수정체가 두꺼워지고 빛의 굴절이 커져서 망막에 상이 정확하게 맺히도록 해준다(조절, accommodation).

③ 망막(retina) : 빛이 망막의 적절한 위치에 상을 맺도록 초점을 맞추는 역할을 하며 인간의 눈의 분위 중에서 실제로 빛을 수용하여 두뇌로 전달하는 역할을 하는 부분 (안구 벽의 가장 안쪽에 위치한 얇고 투명한 막, 카메라의 필름과 같은 역할)

> 입체시력(stereoscopic acuity): 거리가 있는 한 물체에 대한 약간 다른 상이 두 눈의 망막에 맺힐 때 이것을 구별하는 능력(이로 인해 입체감을 느낌)

> **참고**
> * 최소분간시력(minimum separable acuity) : 눈이 식별할 수 있는 과녁(target)의 최소 특징이나 과녁 부분들 간의 최소 공간을 의미하는 것
> * 디옵터(diopter) : 렌즈의 굴절력을 나타내는 단위로 초점거리(m)의 역수
>   D = 1/단위초점거리

> 시력과 대비 감도에 영향을 미치는 인자
> ① 휘도 수준
> ② 노출 시간
> ③ 연령

(나) 순응(adaption, 조응) : 갑자기 어두운 곳에 들어가거나 밝은 곳에 노출되면 어느 정도 시간이 지나야 사물의 형상을 알 수 있는데, 이러한 광도수준에 대한 적응을 말함.

1) 암조응 : 인간의 눈이 일반적으로 완전암조응에 걸리는 데 소요되는 시간은 30~40분 정도

2) 명조응 : 1~3분

(2) 정량적, 정성적 표시장치

(가) 정량적 표시장치 : 온도, 속도 등 같은 동작으로 변하는 변수나 자로 재는 길이 같은 계량치에 관한 정보를 제공하는 데 사용(전력계에서와 같이 기계적 혹은 전자적으로 숫자가 표시)

* 아날로그 표시장치 : 동침형, 동목형 / 디지털 표시장치 : 계수형

> 동침형
> 표시값의 변화 방향이나 변화 속도를 나타내어 전반적인 추이의 변화를 관측할 필요가 있는 경우에 가장 적합한 표시장치 유형

1) 정목 동침(moving pointer)형 : 눈금이 고정되고 지침이 움직임.

① 측정값의 변화방향이나 변화속도를 나타내는 데 가장 유리
② 대략적인 편차나 변화를 빨리 파악
③ 아날로그 선택 시 적합
④ 정성적으로도 사용
⑤ 속도계, 고도계

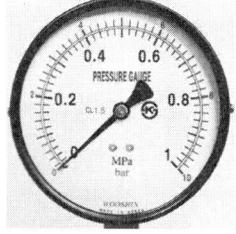

[그림] 동침형(위), 동목형(아래)

2) 정침 동목(moving scale)형 : 지침이 고정되고 눈금이 움직임.

① 눈금의 증가는 불규칙적
② 표시장치의 공간을 적게 차지하는 장점
③ 빠른 인식을 요구하는 작업장에서 사용 불편
④ 체중계, 나침반

3) 계수형(digital display) : 전자적으로 숫자 표시
   ① 숫자로 바로 표시되기 때문에 판독오차가 적음(관측하고자 하는 측정값을 가장 정확하게 읽을 수 있는 표시 장치)
   ② 수치를 정확히 읽어야 하는 경우
   ③ 짧은 판독 시간을 필요로 할 경우
   ④ 판독 오차가 적은 것을 필요로 할 경우
   ⑤ 표시장치에 나타나는 값들이 계속적으로 변하는 경우에는 부적합하며 인접한 눈금에 대한 지침의 위치를 파악할 필요가 없는 경우의 표시장치 형태로 가장 적합
   ⑥ 수도계량기의 경우 계수형과 아날로그형을 혼합해서 사용

4) 아날로그 표시장치를 선택하는 일반적인 요구사항
   ① 일반적으로 동목형보다 동침형을 선호 : 눈금이 고정되고 지침이 움직이는 동침형을 선호
   ② 일반적으로 동침과 동목은 혼용하여 사용하지 않음 : 혼란이 가중되어 같이 혼용하지 않음.
   ③ 움직이는 요소에 대한 수동 조절을 설계할 때는 바늘(pointer)을 조정하는 것이 눈금을 조정하는 것보다 좋음 : 대략적인 편차나 변화를 빨리 파악할 수 있음.
   ④ 중요한 미세한 움직임이나 변화에 대한 정보를 표시할 때는 동침형을 사용 : 동침형은 미세 조정이 가능

5) 정량적 표시장치에 관한 설명
   ① 연속적으로 변화하는 양을 나타내는 데에는 일반적으로 디지털보다 아날로그 표시장치가 유리
   ② 정확한 값을 읽어야 하는 경우 일반적으로 디지털 표시장치가 유리
   ③ 동침(moving pointer)형 아날로그 표시장치는 바늘의 진행 방향과 증감 속도에 대한 인식적인 암시 신호를 얻는 것도 가능(색 암호화가 가능)
   ④ 동목(moving scale)형 아날로그 표시장치는 표시장치의 면적을 최소화할 수 있는 장점이 있음(체중계는 표시부분이 적음).

(나) 정성적 표시장치 : 온도, 압력, 속도 같이 연속적으로 변화하는 변수의 대략적인 값이나 변화추세, 변화율 등을 알고자 할 때 사용
 ① 정성적 표시장치의 근본 자료 자체는 정량적인 것
 ② 색체 부호가 부적합한 경우에는 계기판 표시 구간을 형상 부호화하여 나타냄.

③ 변수의 상태나 조건이 미리 정해 놓은 몇 개의 범위 중 어디에 속하는가를 판정할 때
④ 바람직한 어떤 범위의 값을 대략 유지하고자 할 때
⑤ 정성적 표시 장치의 색채 암호화 및 상태 점검

[그림] 정성적 표시장치

(다) 정량적 자료를 정성적 판독의 근거로 사용하는 경우
① 미리 정해 놓은 몇 개의 한계범위에 기초하여 변수의 상태나 조건을 판정할 때
② 목표로 하는 어떤 범위의 값을 유지할 때(자동차 시속 60~70km 유지)
③ 변화 경향이나 변화율을 조사하고자 할 때(비행고도의 변화율)

(라) 아날로그 표시장치에서 눈금 간의 간격
일반적인 조건에서 정량적 표시장치의 두 눈금 사이의 간격인 눈금단위 길이는 정상 가시거리인 71cm(28inch)를 기준으로 정상조명에서 0.13cm 이상 권장

(3) 경고등 : 실제 또는 잠재적 위험 상황을 경고하는 데 사용
① 정상등과 점멸등 중의 선택 : 진행 중(정상등), 일시적 위급상황이나 새로운 상황(점멸등)
② 경고등의 수는 보통 하나가 좋음.
③ 점멸속도는 초당 3~10회, 지속시간 0.05초 이상이 적당
④ 크기 : 경고등에 대한 시각이 최소한 1도 이상이어야 함.
⑤ 경고등의 밝기 : 바로 뒤의 배경보다 2배 이상의 밝기를 사용
⑥ 위치 : 조작자의 정상 시선의 30° 안에 있어야 함.
⑦ 색깔 : 경고등(적색)

(4) 시각적 암호, 부호, 기호

(가) 구분

1) 묘사적 부호 : 사물이나 행동을 단순하고 정확하게 묘사한 것
 - 유해물질의 해골과 뼈, 도로표지판의 보행신호(보도 표지판의 걷는 사람), 소방안전표지판의 소화기

2) 추상적 부호 : 전언의 기본 요소를 도식적으로 압축한 부호, 원래의 개념과는 약간의 유사성만 존재
 - 별자리를 나타내는 12궁도

3) 임의적 부호 : 부호가 이미 고안되어 있어 이를 배워야 하는 부호
  - 교통표지판에서 삼각형(주의를 나타내는 삼각형), 원형, 사각형 표시

(나) 시각적 암호의 효능(가장 성능이 우수한 암호 순)

  숫자 및 색 암호(가장 우수) - 영자와 형상 암호 - 구성 암호

(다) 시각적 암호, 부호, 기호를 사용할 때에 고려사항(좋은 코딩 시스템의 요건)

  ① 암호(code)의 검출성 ② 암호의 판별성 ③ 부호의 양립성
  ④ 부호의 의미 ⑤ 암호의 표준화 ⑥ 다차원 암호의 사용

✻ 암호화(Coding) 방법 : 식별의 혼동을 최소화 하기 위함(작업자가 용이하게 기계·기구를 식별할 수 있도록 암호화)
  ① 형상, 크기, 색채, 위치, 라벨(보편적), 촉감, 조작방법
  ② 코딩 : 원래의 신호 정보를 새로운 형태로 변화시켜 표시하는 것

✻ 원추세포(cone cell, 圓錐細胞)-추상세포 : 눈의 망막에 있는 시세포로 색상을 감지하는 기능
  - 원추세포의 기능 결함이 발생할 경우 색맹 또는 색약이 되는 세포로 회색이 민감도가 가장 낮다.

✻ 시각에 관한 설명
  ① vernier acuity(버니어 시력, 배열시력) - 하나의 수직선이 중간에서 끊겨 아래 부분이 옆으로 옮겨진 경우에 미세한 치우침을 구별하는 능력(두개의 선이 어긋나 있는지 인식하는 능력)
  ② minimum separable acuity(최소 가분 시력) - 눈이 식별할 수 있는 표적의 최소 모양(눈의 해상력, 최소분간시력)
  ③ stereoscopic acuity(입체시력) - 거리가 있는 한 물체의 상이 두눈의 망막에 맺힐 때 그 상의 차이를 구별하는 능력(입체감)
  ④ minimum perceptible acuity(최소지각시력) - 배경과 구별하여 탐지할 수 있는 최소의 점

✻ 표시장치(display) - 가독성(readability)
  ① 획폭비(劃幅比 : stroke width ratio) : 문자의 높이에 대한 획 굵기의 비
    ㉠ 문자의 해독성(legibility)에 영향을 미치며, 숫자는 검은 바탕에 흰 숫자의 경우(음각) 1 : 13.3, 흰 바탕에 검은 숫자의 경우(양각) 1 : 8 정도가 최적 해독성을 주는 획폭비임.
    ㉡ 글자와 설계 요소에 있어 검은 바탕에 쓰여진 흰 글자가 번지어 보이는 현상과 가장 관련성이 높음.
  ② 종횡비(Width-Height ratio) : 문자의 폭과 높이의 관계를 나타낸 것으로 1:1의 비가 적당하며 3:5 정도까지 줄더라도 독해성에는 큰 영향이 없으며 숫자의 경우에는 3:5를 표준으로 권장하고 있음.
  ③ 광삼현상(Irradiation) : 빛의 번짐으로 그것이 본래 차지하고 있는 면적보다 크게 보이는 현상(배경을 어둡게 하고 사물을 강하게 비추면 사물이 실물보다 더 커보이는 현상)

정보수용을 위한 작업자의 시각 영역

① 판별시야 : 시력, 색판별 등의 시각 기능이 뛰어나며 정밀도가 높은 정보를 수용할 수 있는 범위
② 유효시야 : 안구운동만으로 정보를 주시하고 순간적으로 특정정보를 수용할 수 있는 범위
③ 보조시야(주변시야) : 시감 색채계의 관측 시야 주위의 시야
④ 유도시야 : 제시된 정보의 존재를 판별할 수 있는 정도의 식별능력 밖에 없지만 인간의 공간 좌표 감각에 영향을 미치는 범위
(✻ 시야(Visual field) : 머리와 안구를 움직이지 않고 볼 수 있는 범위)

정성적 시각 표시장치에서 형태성

복잡한 구조 그 자체를 완전한 실체로 자각하는 경향이 있기 때문에, 이 구조와 어긋나는 특성은 즉시 눈에 띈다는 특성

안전색채와 표시사항

① 빨강 - 방화, 금지, 정지, 고도의 위험
② 황색 - 위험, 경고
③ 노랑 - 주의
④ 녹색 - 안전, 유도, 안내
⑤ 파랑 - 지시

※ 텍스트 정보를 표현하는 방법의 설명
① 영문 소문자는 대문자보다 읽기 쉽다.
② 행간은 넓을수록 읽기가 편하다.
③ 문장은 수동문이나 부정문보다 능동문이나 긍정문이 더 이해하기 쉽다.

※ 작업장 내의 색채조절이 적합하지 못한 경우에 나타나는 상황
① 안전표지가 너무 많아 눈에 거슬린다.
② 현란한 색배합으로 물체 식별이 어렵다.
③ 무채색으로만 구성되어 중압감을 느낀다.
④ 다양한 색채를 사용하면 작업의 집중도가 낮아진다.

2. 청각적 표시장치

(1) 귀에 대한 구조(외이, 중이, 내이)

(가) 외이(external ear)는 귓바퀴와 외이도로 구성

(나) 중이(middle ear)는 고막, 중이소골, 유스타키오관으로 구성
① 고막은 외이와 중이의 경계부위에 위치해 있으며 음파를 진동으로 바꿈(외이와 중이는 고막을 경계로 분리)
② 중이에는 인두와 서로 교통하고 고실 내압을 조절하며, 중이와 내이에 연결되어 있는 유스타키오관이 존재
③ 고막 안쪽의 중이에는 중이소골(ossicle)이라 불리는 3개의 작은 뼈들(추골, 침골, 등골)이 서로 연결되어 있음.
④ 중이소골은 고막의 진동을 내이의 난원창으로 전달하는 역할
⑤ 등골은 난원창막 바깥쪽에 있는 내이액에 음압 변화를 전달하며, 전달 과정에서 고막에 가해지는 미세한 압력변화는 22배로 증폭되어 내이로 전달

(다) 내이(inner ear)는 신체의 균형을 담당하는 평형기관인 반규관(반고리관)과 전정기관 및 청각을 담당하는 와우관(달팽이관)으로 구성

(2) 음의 특징 및 측정

(가) 음파의 진동수 : 인간이 감지하는 음의 높낮이(Hz)

(나) 음의 강도 : 음의 진폭 또는 강도의 측정은 기압의 변화를 이용하여 측정. 그러나 음에 대한 기압차는 범위가 너무 넓어 음압수준(SPL : Sound Pressure Level)을 음의 강도에 대한 척도로 사용하는 것이 일반적

소리의 전달과정: 소리 → 귓바퀴 → 외이도 → 고막 → 중이소골 → 달팽이관(청각 세포) → 청각 신경 → 대뇌
① 귓바퀴: 소리를 모아 외이도로 보냄
② 외이도: 소리가 지나가는 통로
③ 고막: 소리에 의해 진동
④ 중이소골(귓속뼈): 고막의 진동을 증폭시켜 달팽이관으로 전달
⑤ 달팽이관: 분포된 청각 세포가 소리의 자극을 받아들임
* 유스타키오관(이관, 귀관): 중이와 인두(코인두, 비인강)를 연결하는 관으로 고막 안쪽의 압력을 바깥쪽(외이)과 동일하게 조절
* 난원창: 등골로 부터의 진동을 달팽이관 안으로 전달

주파수(진동수): 인간이 느끼는 소리의 높고 낮은 정도를 나타내는 물리량. 단위는 헤르츠(Hertz, Hz)

$$SPL(dB) = 20\log\left(\frac{P_1}{P_0}\right)$$

(P_0 : 1000Hz 순음의 가청 최소 음압(기준 음압), P_1 : 해당 음의 음압)

> **참고**
>
> ※ 거리에 따른 음의 변화(d_1, d_2) : $dB_2 = dB_1 - 20\log\left(\frac{d_2}{d_1}\right)$ (d : 거리)

> **예문** 경보사이렌으로부터 10m 떨어진 곳에서 음압수준이 140dB이면 100m 떨어진 곳에서 음의 강도는 얼마인가?
>
> **해설** 거리에 따른 음의 변화(d_1, d_2) $dB_2 = dB_1 - 20\log\left(\frac{d_2}{d_1}\right)$
>
> ⇨ $dB_2 = 140 - 20\log\left(\frac{100}{10}\right) = 120dB$

(다) 소음이 합쳐질 경우 음압수준

$$SPL(dB) = 10\log(10^{A_1/10} + 10^{A_2/10} + 10^{A_3/10} + \cdots)$$

(A_1, A_2, A_3 : 소음)

> **음의 크기의 수준**
>
> - Phon : 1,000Hz 순음의 음압수준(dB)을 나타냄.
> - sone : 40dB의 음압수준을 가진 순음의 크기를 1sone이라 함.
> - sone와 Phon의 관계식 : sone = $2^{(Phon-40)/10}$

음량 수준을 측정할 수 있는 3가지 척도
① phon
② sone
③ 인식소음 수준
* 인식소음 수준(perceived noise level): 소음의 측정에 이용되는 척도로 소음 음압 수준
* 1sone: 1,000Hz의 순음이 40dB일 때

> **예문** 음량수준이 60phon일 때 sone의 값은?
>
> **해설** sone = $2^{\frac{phon-40}{10}} = 2^{\frac{60-40}{10}} = 2^2 = 4$[sone]

(3) **사람이 음원의 방향을 결정하는 주된 암시신호(cue)** : 인간이 음원의 방향을 결정할 때의 기본 실마리(cue)는 소리의 강도와 위상차
- 음파의 방향을 추정하는 능력을 입체음향효과(stereophony)

dB(decibel)
소음의 크기를 나타내는 단위(음의 강약을 나타내는 기본 단위)

(4) **은폐효과(masking)**
① 음의 한 성분이 다른 성분에 대한 귀의 감수성을 감소시키는 상황
② 사무실의 자판 소리 때문에 말소리가 묻히는 경우에 해당
 - 두 가지 음이 동시에 들릴 때 한 가지 음 때문에 다른 음이 작게 들리는 현상(배경음악에 실내소음이 묻히는 것)

은폐효과
유의적 신호와 배경 소음의 차이를 신호/소음(S/N) 비로 나타낸다.

역치(threshold)
어떤 자극을 탐지할 수 있는 최소한의 기준

③ 피 은폐된 한 음의 가청역치가 다른 은폐된 음 때문에 높아지는 현상
 – 다른 소리에 의해 소리의 가청역치가 높아진 상태(최저가청한계가 상승하여 잘 들리지 않음)
④ 두 소리의 주파수가 비슷하면 은폐 효과가 가장 크다.

(5) 청각적 표시장치의 설계(경계 및 경보신호 선택 시 지침)

① 경보는 청취자에게 위급 상황에 대한 정보를 제공하는 것이 바람직함.
② 귀는 중음역에 가장 민감하므로 500~3000Hz의 진동수를 사용(가청 주파수 내에서 사람의 귀가 가장 민감하게 반응하는 주파수 대역)
③ 고음은 멀리 가지 못하므로 장거리(300m 이상) 용으로는 1000Hz 이하의 진동수를 사용(신호를 멀리 보내고자 할 때에는 낮은 주파수를 사용하는 것이 바람직함.)
④ 신호가 장애물을 돌아가거나 칸막이를 통과해야 할 때는 500Hz 이하의 진동수를 사용

음의 세기가 가장 큰 것과 가장 높은 음
진폭이 크면 음의 세기가 크고, 파형의 주기가 짧으면 음이 높다

⑤ 주의를 끌기 위해서는 초당 1~8번 나는 소리 또는 초당 1~3번의 오르내리는 소리같이 변조된 신호를 사용
⑥ 경보 효과를 높이기 위해서 개시 시간이 짧은 고감도 신호를 사용
⑦ 배경 소음의 주파수와 다른 주파수의 신호를 사용하는 것이 바람직
⑧ 가능하다면 다른 용도에 쓰이지 않는 확성기, 경적 등과 같은 별도의 통신 계통을 사용
⑨ 귀 위치에서 신호의 강도는 110dB과 은폐 가청역치의 중간정도가 적당
⑩ JND(Just Noticeable Difference)가 작을수록 차원의 변화를 쉽게 검출할 수 있음.

변화감지역(JND: Just noticeable difference): 자극 사이의 변화 여부를 감지할 수 있는 최소의 자극 범위

⑪ 다차원암호시스템을 사용할 경우 일반적으로 차원의 수가 적고 수준의 수가 많을 때보다 차원의 수가 많고 수준의 수가 적을 때 식별이 수월
⑫ 귀에는 음에 대해서 즉시 반응하지 않으므로 순음의 경우에는 최소한 0.3초 지속해야 하며, 이보다 짧아질 경우에는 가청성의 감소를 보상하기 위해서 강도를 증가시킴(신호는 최소한 0.5~1초 동안 지속한다.)
⑬ 소음은 양쪽 귀에, 신호는 한쪽 귀에 들리게 한다.

> **청각에 관한 설명**
> ① 인간에게 음의 높고 낮은 감각을 주는 것은 음의 진동수(frequency)이다.
>   – Hz(Hertz)
> ② 1000Hz 순음의 가청최소음압을 음의 강도 표준치로 사용한다.
> ③ 일반적으로 음이 한 옥타브 높아지면 진동수는 2배 높아진다.
> ④ 복합음은 여러 주파수대의 강도를 표현한 주파수별 분포를 사용하여 나타낸다.

> **청각적 표시의 원리**
> ① 양립성(compatibility)이란 가능한 한 사용자가 알고 있거나 자연스러운 신호 차원과 코드를 선택하는 것을 말한다.
>   – 체계에 주어지는 자극, 반응 등 이들 간의 관계가 인간의 기대와 모순되지 않는 성질
> ② 근사성(approximation)이란 복잡한 정보를 나타내고자 할 때 2단계의 신호를 고려하는 것을 말한다.
> ③ 분리성(dissociability)이란 두 가지 이상의 채널을 듣고 있다면 각 채널의 주파수가 분리되어야 한다는 것을 말한다.
> ④ 검약성(parsimony)이란 조작자에 대한 입력신호는 꼭 필요한 정보만을 제공하는 것을 말한다.

(6) 시각적 표시장치와 청각적 표시장치의 비교(정보전달)

시각적 표시장치 사용 유리	청각적 표시장치 사용 유리
① 정보의 내용이 복잡한 경우 ② 정보의 내용이 긴 경우 ③ 정보가 후에 다시 참조되는 경우 ④ 정보가 공간적인 위치를 다루는 경우 ⑤ 정보의 내용이 즉각적인 행동을 요구하지 않는 경우 ⑥ 수신자의 청각 계통이 과부하 상태일 때 ⑦ 수신 장소가 너무 시끄러울 때 ⑧ 직무상 수신자가 한곳에 머무르는 경우	① 정보의 내용이 간단한 경우 ② 정보의 내용이 짧은 경우 ③ 정보가 후에 다시 참조되지 않는 경우 ④ 정보의 내용이 시간적인 사상(event 사건)을 다루는 경우 ⑤ 정보의 내용이 즉각적인 행동을 요구하는 경우 ⑥ 수신자의 시각 계통이 과부하 상태일 때 ⑦ 수신 장소가 너무 밝거나 암조응 유지가 필요할 때 ⑧ 직무상 수신자가 자주 움직이는 경우

(7) 명료도 지수(articulation index)

통화이해도를 추정할 수 있는 근거로 명료도 지수를 사용하는데, 각 옥타브 대의 음성과 소음의 dB값에 가중치를 곱하여 합계를 구한 것
– 음성통신 계통의 명료도지수가 약 0.3 이하인 음성통신계통은 음성통신자료로 전송하기에는 부적당한 것으로 봄.

* 통신 악조건 하에서 전달 확률이 높아지도록 전언을 구성하는 방법
  ① 표준 문장의 구조를 사용한다.
  ② 독립적인 음절을 사용하는 것보다 문장을 사용하는 것이 전달확률이 높다(단어보다 문맥의 정보를 전달).
  ③ 사용하는 어휘수를 가능한 적게 한다.
  ④ 수신자가 사용하는 단어와 문장구조에 친숙해지도록 한다.
  ⑤ 짧은 단어보다 긴 단어가 이해도가 크다.

> 검파: 변조된 신호파에서 변조된 성분만을 뽑아내는 조작

✱ 음성통신 시스템의 구성 요소에서 우수한 화자(speaker)의 조건
  ① 큰 소리로 말한다.
  ② 음절 지속시간이 길다.
  ③ 전체 발음시간이 길고, 쉬는 시간이 짧다.

✱ 청각적 신호의 수신에 관계되는 인간의 기능 : ① 검출(detection, 검응, 검파) ② 위치 판별(directional judgement) ③ 상대적 분간 ④ 절대적 식별(absolute judgement)

✱ 화재 발생 시 대피 안내방송을 음성 합성기로 전달하고자 할 때 활용할 수 있는 음성 합성 체계유형
  – 경고안내문을 낭독하는 본인의 실제 음성 파형을 모형화하는 음성 정수화 방법을 활용
  (* 음성합성 : 주로 컴퓨터를 활용하여 음성을 합성하는 방법 – 음성파형의 처리에 의한 방법과, 음성의 생성 모델에 의한 처리의 방법)

3. 촉각 및 후각적 표시장치 등

(1) 피부감각

(가) 통각 : 아픔을 느끼는 감각

(나) 압각 : 압박이나 충격이 피부에 주어질 때 느끼는 감각

(다) 인체의 피부감각에 있어 민감한 순서 : 통각 – 압각 – 냉각 – 온각

감각점의 분포량

감각	분포밀도(개/cm^2)	감각	분포밀도(개/cm^2)
통각	100~200	냉각	6~23
압각	50	온각	3
촉각	25		

(2) 반응시간(reaction time) : 동작을 개시할 때까지의 총시간

– 총반응시간 = 단순반응시간 + 동작시간 = 0.2초 + 0.3초 = 0.5초

1) 단순반응시간(simple reaction time) : 하나의 특정한 자극만이 발생할 수 있을 때 반응에 걸리는 시간
  ① 흔히 실험에서와 같이 자극을 예상하고 있을 때 반응시간 : 0.15~0.2초 정도(자극의 특성, 연령, 개인차에 따라 차이가 있음)
  ② 자극을 예상하지 못할 경우 일반적 반응시간 : 0.1초

2) 동작시간 : 신호에 따라 동작을 실행하는 데 걸리는 시간으로 최소한 0.3초는 걸림(조종활동에서의 최소치)

(3) 감각기관별 반응시간

감각	반응시간	감각	반응시간
청각	0.17초	미각	0.29초
촉각	0.18초	통각	0.7초
시각	0.2초		

(4) 정보의 촉각적 암호화 방법

① 표면 촉감을 사용하는 경우 - 점자, 진동, 온도
② 형상을 구별하여 사용하는 경우
③ 크기를 구별하여 사용하는 경우

※ 촉각적 표시장치에서 기본 정보 수용기
 - 촉각적 표시장치에서 기본 정보 수용기로 주로 사용되는 것 : 손

(5) 후각적 표시장치

보편적으로 사용하지 않고 몇 가지 특정용도에 사용 : 가스누출경보(천연가스에 냄새나는 물질 첨가), 광산에서의 비상경보(긴급대피 상황시 악취)
① 냄새의 확산을 통제하기 힘들다.
② 코가 막히면 민감도가 떨어진다.
③ 냄새에 대한 민감도의 개인차가 있다.
④ 복잡한 정보를 전달하는데 유용하지 않다.

※ 절대적 식별 능력이 가장 좋은 감각기관 : 후각
※ 반복적 노출에 따라 민감성이 가장 쉽게 떨어지는 표시장치 : 후각 표시장치

4. 관련 법칙

(1) **웨버(Weber)의 법칙(Weber비)** : 인간이 감지할 수 있는 외부의 물리적 자극 변화의 최소 범위는 기준이 되는 자극의 크기에 비례하는 현상을 설명한 이론(음의 높이, 무게 등 물리적 자극을 상대적으로 판단하는 데 있어 특정감각기관의 변화감지역은 표준자극(기준자극)에 비례한다.)

① 특정 감각기관의 기준 자극과 변화감지역과 연관관계 실험
② 물리적 자극을 상대적으로 판단하는데 있어 특정감각의 변화감지역은 사용되는 기준자극 크기에 비례

웨버의 법칙

〈10kg의 역기를 들고 있는 사람이 100g의 추가된 무게를 감지할 수 없고, 500g의 무게는 감지할 수 있다면〉

① 10kg에서 변화감지역(JND)은 500g이고, 20kg에서의 변화감지역은 1kg이 됨
② 두 자극의 변화를 감지할 수 있는 변화감지역은 기준자극의 크기에 비례하고, 비는 일정함
③ Weber비 = $\Delta I/I$
  = 0.5kg/10kg
  = 1kg/20kg
  = 0.05
④ 초기(기준)자극의 강도가 크면 변화감지역도 커야만 그 변화의 차이를 인식할 수 있다. (20kg에서 0.5kg은 쉽게 인식하지 못함)
⑤ Weber비가 작을수록 분별력이 좋고, 클수록 둔감함
⑥ Weber비는 기준자극에 대해 변화를 인식할 수 있는 최소한의 변량을 의미함

변화감지역: 차이역, 최소식별 차이, 차이식역, 상대적 문턱
- 두 자극 사이의 변화 여부를 감지할 수 있는 정도만큼의 자극의 차이

피츠 법칙: 자동차 가속 페달과 브레이크 페달과의 간격, 브레이크 폭등을 결정하는 데 사용할 수 있는 가장 적합한 인간공학 이론

$$\text{Weber비} = \frac{\Delta I}{I} \quad (\Delta I : \text{변화감지역}, \ I : \text{기준자극크기})$$

③ 기준자극이 클수록 차이를 느끼는 데 필요한 자극량의 변화가 더 커야 하며, 기준자극이 작으면 약간의 변화만으로도 차이를 느낄 수 있다는 의미
④ 감각의 감지에 대한 민감도(Weber비는 분별의 질을 나타냄)
⑤ Weber비가 작을수록 분별력 뛰어난 감각(분별력이 좋음)
⑥ 변화감지역(JND)이 작을수록 그 자극차원의 변화를 쉽게 검출할 수 있음.

(2) 변화감지역(JND: Just noticeable difference): 최소한의 감지 가능한 차이(신호의 강도, 진동수에 의한 신호의 상대 식별등 물리적 자극의 변화 여부를 감지할 수 있는 최소의 자극 범위)

① 작을수록 감각변화 검출 용이
② 사람이 50% 이상을 검출할 수 있는 자극차원의 최소 변화
③ 주파수 변화에 대한 식별
④ 변화감지역(JND)이 가장 작은 음 : 낮은 주파수와 큰 강도를 가진 음
  – 주파수가 1000Hz 이하(특히 음의 강도가 높을 때)의 순음들에 대하여 JND는 작음.
⑤ 주파수가 1000Hz 이상되면 JND는 급격히 커짐.

(3) 기타 법칙

(가) **힉-하이만(Hick-Hyman) 법칙** : 운전원이 신호를 보고 어떤 장치를 조작해야 할지를 결정하기까지 걸리는 시간을 예측하기 위해서 사용할 수 있는 이론(반응시간과 자극-반응 대안 간의 관계를 나타내는 법칙)

(나) **피츠(Fitts) 법칙** : 인간의 손이나 발을 이동시켜 조작장치를 조작하는 데 걸리는 시간을 표적까지의 거리와 표적 크기의 함수로 나타내는 모형
  – 표적의 크기가 작고 이동 거리(움직이는 거리)가 증가할수록 운동 시간(이동 시간)이 증가함. 정확성이 많이 요구될수록 운동 속도가 느려지고, 속도가 증가하면 정확성이 줄어듦.

$$\text{동작시간}(MT) = a + b\log_2 \frac{2D}{W}$$

a, b : 작업의 난이도(index of difficulty)
W : 표적의 너비
D : 시작점에서 표적까지의 거리

(다) **신호검출이론(SDT : Signal Detection Theory)** : 소음(noise)이 신호 검출에 미치는 영향을 다루는 이론
- 소음이 정규분포(nomal distribution)를 따른다고 가정함. 기준점에서 두곡선의 높이의 비 (신호/소음)를 β라고 하며 두 정규분포 곡선이 교차하는 부분에 판별기준이 놓였을 경우 $\beta = 1$로 나타남.
① 신호와 소음을 쉽게 식별할 수 없는 상황에 적용된다.
- 신호검출 이론의 응용분야 : 품질검사, 의료진단, 교통통제 분야 등
② 일반적인 상황에서 신호 검출을 간섭하는 소음이 있다.
③ 통제된 실험실에서 얻은 결과를 현장에 그대로 적용 가능하지 않다.
④ 신호와 소음이 중첩될 때 혼동이 일어나기 쉬우며, 신호의 유무를 판정함에 있어 4가지가 있다.
- 긍정(hit), 허위(false alarm), 누락(miss), 부정(correct rejection)의 네 가지 결과로 나눌 수 있다.

(4) **2점 문턱값(two-point threshold)** : 촉감의 일반적인 척도의 하나(손에 두점을 눌렀을 때 다르게 느끼는 점 사이의 최소거리)
- 2점 문턱값이 감소하는 순서 : 손바닥 → 손가락 → 손가락 끝

> 참고
> ※ 역치(threshold value, 문턱값) : 자극에 대해 어떤 반응을 일으키는 데 필요한 최소량의 에너지
> - 표적 물체나 관측자 또는 모두가 움직이는 경우에는 시력의 역치(threshold)가 감소

> 암호체계 사용상의 일반적인 지침
> ① 암호의 검출: 검출이 가능해야 함
> ② 암호의 변별성: 다른 암호 표시와 구별되어야 함
> ③ 부호의 양립성: 자극-반응 조합의 관계가 인간의 기대와 모순되지 않아야 함
> ④ 부호의 의미: 사용자가 그 뜻을 분명히 알 수 있어야 함

> 신호의 검출성: 통신에서 잡음 중의 일부를 제거하기 위해 필터(filter)를 사용하였다면 이는 신호의 검출성의 성능을 향상시키는 것

5. 인간 요소와 휴먼 에러

(1) **휴먼 에러(human error)의 요인**

심리적 요인(내적 요인)	물리적 요인(외적 요인)
① 일에 대한 지식이 부족할 경우	① 일이 단조로운 경우
② 의욕이나 사기가 결여되어 있을 경우	② 일이 너무 복잡한 경우
③ 서두르거나 절박한 상황에 놓여 있을 경우	③ 일의 생산성이 너무 강조되는 경우
④ 무엇인가의 체험이 습관적으로 되어 있을 경우	④ 동일 형상의 것이 나란히 있는 경우
⑤ 선입관, 주의소홀, 과다·과소 자극, 피로 등의 경우	⑤ 공간적 배치원칙에 위배되는 경우 (스위치를 반대로 설치하는 경우)
	⑥ 양립성에 맞지 않는 경우

> 인간실수의 주원인: 인간 고유의 변화성

(2) 휴먼 에러에 관한 분류

(가) 심리적 행위에 의한 분류 (Swain의 독립행동에 관한 분류)

1) omission error(생략 에러) : 필요한 작업 또는 절차를 수행하지 않는 데 기인한 에러 – 부작위 오류

2) commission error(실행 에러) : 필요한 작업 또는 절차를 불확실하게 수행함으로써 기인한 에러 – 작위 오류

3) extraneous error(과잉행동 에러) : 불필요한 작업 또는 절차를 수행함으로써 기인한 에러

4) sequential error(순서 에러) : 필요한 작업 또는 절차의 순서 착오로 인한 에러

5) time error(시간 에러) : 필요한 직무 또는 절차의 수행의 지연(혹은 빨리)으로 인한 에러

(나) 원인의 수준(level)적 분류

1) primary error(1차 에러) : 작업자 자신으로부터 발생한 과오

2) secondary error(2차 에러) : 작업 형태나 조건의 문제에서 발생한 에러. 어떤 결함으로부터 파생하여 발생

3) command error(지시 에러) : 요구된 기능을 실행하고자 하여도 필요한 물건, 정보, 에너지 등의 공급이 없기 때문에 작업자가 움직이려고 해도 움직일 수 없으므로 발생하는 과오

(3) 인간의 오류 모형

(가) 착오(mistake) : 상황 해석을 잘못하거나 목표를 잘못 이해하고 착각하여 행하는 경우

(나) 실수(slip) : 상황이나 목표의 해석을 제대로 했으나 의도와는 다른 행동을 하는 경우

(다) 건망증(lapse) : 여러 과정이 연계적으로 일어나는 행동에서 일부를 잊어버리고 하지 않거나 또는 기억의 실패에 의하여 발생하는 오류

(라) 위반(violation) : 정해진 규칙을 알고 있음에도 고의로 따르지 않거나 무시하는 행위

휴먼 에러의 배후 요소 4M
① 인적 요인(Man): 동료나 상사, 본인 이외의 사람
② 기계적 요인(Machine): 기계설비의 고장, 결함
③ 작업적 요인(Media): 작업정보, 작업환경, 작업방법, 작업순서
④ 관리적 요인(Management): 법규준수, 단속, 점검

휴먼 에러 예방 대책 중 인적 요인에 대한 대책
① 소집단 활동의 활성화
② 작업에 대한 교육 및 훈련
③ 전문 인력의 적재적소 배치

* 착각 : 감각적으로 물리현상을 왜곡하는 지각현상
* 가현운동 : 물리적으로 일정한 위치에 있는 물체가 착각(착시)에 의해 움직이는 것처럼 보이는 현상으로 영화 영상의 방법
* 방향감각혼란과 착각은 신체의 방향 및 평형감각기관으로부터 위치와 운동에 관한 암시신호가 뇌에 전달되어 인식될 때 암시신호들이 서로 일치하지 않아 발생
  〈해결방법〉
  ① 주위의 다른 물체에 주의
  ② 여러 가지의 착각의 성질과 발생상황을 이해
  ③ 정확한 방향 감각 암시신호를 의존하는 것을 익힘.
* 불안전한 행동을 유발하는 요인
  ① 인간의 생리적 요인 : 근력, 반응시간, 감지능력, 의식수준
  ② 심리적 요인 : 주의력

(4) 인간오류 확률(HEP: Human Error Performance) : 특정 직무에서 하나의 오류가 발생할 확률

– 직무의 내용이 시간에 따라 전개되지 않고 명확한 시작과 끝을 가지고 미리 잘 정의되어 있는 경우 인간신뢰도의 기본단위

$$HEP = \frac{\text{인간 오류의 수}}{\text{오류발생 전체기회 수}}$$

인간의 신뢰도(R) = 1−HEP = 1−P

> **예문** 5000개 베어링을 품질 검사하여 400개의 불량품을 처리하였으나 실제로는 1000개의 불량 베어링이 있었다면 이러한 상황의 HEP(Human Error Probability)는 얼마인가?
>
> **해설** 인간오류 확률(Human Error Performance : HEP)
> $HEP = \frac{\text{인간 오류의 수}}{\text{오류발생 전체기회 수}} = 600 / 5000 = 0.12$
> (* 인간오류의 수 = 실제 1000개의 불량 − 400개 처리 = 600개)

(5) 라스무센(rasmussen)의 인간행동 세 가지 분류

(가) 지식 기반 행동(knowledge-based behavior) – 부적절한 분석이나 비정형적인 의사 결정 형태

여러 종류의 자극과 정보에 대해 심사숙고하여 의사를 결정하고 행동을 수행하는 것. 문제를 해결할 수 있는 행동수준의 의식수준

원인적 휴먼에러 종류(James Reason) 중 mistake(착오)

① 규칙 기반 착오(rule based mistake): 잘못된 규칙을 적용하거나 옳은 규칙이라도 잘못 적용하는 경우(한국의 자동차 우측통행을 좌측통행하는 일본에서 적용하는 경우)
② 지식 기반 착오(knowledge based mistake): 관련 지식이 없어서 지식처리 과정이 어려운 경우(외국에서 교통표지의 문자를 몰라서 교통규칙을 위반한 경우)

(나) 규칙 기반 행동(rule-based behavior) – 행동 규칙에 의거한 형태
경험에 의해 판단하고 행동규칙 등에 따라 반응하여 수행하는 의식수준

(다) 숙련 기반 행동(skill-based behavior) : 반사조작 수준 – 가장 숙련도가 높은 자동화된 형태
오랜 경험이나 본능에 의하여 의식하지 않고 행동으로 생각없이 반사운동처럼 수행하는 의식수준

(6) fail-safe

작업방법이나 기계설비에 결함이 발생되더라도 사고가 발생되지 않도록 이중, 삼중으로 제어하는 것(항공기 엔진)

(가) fail passive : 부품의 고장시 정지상태로 옮겨감.

(나) fail operational : 병렬 또는 여분계의 부품을 구성한 경우. 부품의 고장이 있어도 다음 정기점검까지 운전이 가능한 구조(운전상 제일 선호하는 방법)

(다) fail active : 부품이 고장나면 경보가 울리는 가운데 짧은 시간동안 운전이 가능

> **참고**
> * foolproof : 기계장치의 설계단계에서부터 안전화를 도모하는 기본적 개념(인간의 착각, 착오, 실수 등 인간과오의 방지 목적)
>   – 사용자(인간)가 조작 실수하더라도 피해주지 않도록 설계(세탁기 덮개 열면 멈춤)
> * temper proof : 안전장치를 제거시 작동하지 않는 예방 설계 개념(임의 변경 금지, 위변조 금지)

(7) 인간이 과오를 범하기 쉬운 성격의 상황

(가) 공동작업 : 다수의 작업자와 같이 작업하므로 집중도가 많이 떨어짐.

(나) 장시간 감시 : 의식수준이 저하

(다) 다경로 의사결정 : 의사결정에 혼선을 가져옴.

 ※ 단독작업 : 과오율이 낮음.

(8) 인간 오류 대책

(가) 배타설계(exclusive design) : 오류를 범할 수 없도록 사물을 설계. 설계단계에서 모든 면의 인간 오류 요소를 근원적으로 제거하도록 설계(유아용 완구의 도료)

(나) 예방설계(prevent design) – 보호설계, fool proof 디자인

인간 오류에 관한 설계기법에 있어 전적으로 오류를 범하지 않게는 할 수 없으므로 오류를 범하기 어렵도록 사물을 설계하는 방법

* fool proof : 사용자가 조작 실수를 하더라도 사용자에게 피해를 주지 않도록 설계하는 개념

(다) 안전설계(fail-safe design)

안전장치의 장착을 통한 사고예방. 병렬체계설계나 대기체계설계와 같은 중복설계를 함.

> **고령자의 정보처리 과업을 설계할 경우 지켜야 할 지침**
> ① 표시 신호를 더 크게 하거나 밝게 한다.
> ② 개념, 공간, 운동 양립성을 높은 수준으로 유지한다.
> ③ 정보처리 능력에 한계가 있으므로 시분할요구량을 줄인다.
> * 시분할(時分割, time division) : 주어진 시간을 나누어 필요한 작업에 분배하는 방식
> ④ 제어표시장치를 설계할 때 불필요한 세부내용을 줄인다.

* ECRS의 원칙(작업방법의 개선원칙) : 작업자 자신이 자기의 부주의 이외에 제반 오류의 원인을 생각함으로써 개선하도록 하는 과오원인 제거 기법
    ① 제거(Eliminate)
    ② 결합(Combine)
    ③ 재조정(Rearrange)–재배치
    ④ 단순화(Simplify)

* 인간 에러(human error)를 예방하기 위한 기법
    ① 작업상황의 개선
    ② 작업자의 변경
    ③ 시스템의 영향 감소

* 작업 기억(working memory) : 감각기관을 통해 입력된 정보를 일시적으로 보유하여 단기적으로 기억하며 능동적으로 이해하고 조작하는 기능을 수행하는 단기적 기억
    ① 단기기억이라고도 한다.
    ② 리허설(rehearsal, 암송)은 정보를 작업기억 내에 유지하는 유일한 방법이다.
    ③ 작업기억 내의 정보는 시간이 흐름에 따라 쇠퇴할 수 있다.
    ④ 인간의 정보처리 기능 중 그 용량이 7개 내외로 작아, 순간적 망각 등 인적 오류의 원인이 됨.

작업 기억(working memory) 새로 습득된 정보는 단기 기억에 저장되어 짧은 시간 유지되며, 이를 공고화 시키면 장기 기억에서 긴 시간 동안 저장된다. 장기 기억은 정보가 처리되고 코드화된 상태로 저장된다. 작업 기억은 현재의 입력된 정보를 과거의 저장된 정보와 비교하여 미래의 행동을 계획할 수 있게 해준다.
• 작업 기억에서 일어나는 정보코드화: ① 의미 코드화, ② 음성 코드화, ③ 시각 코드화

CHAPTER 02 항목별 우선순위 문제 및 해설

01 다음 설명에서 ( ) 안에 들어갈 단어를 순서적으로 올바르게 나타낸 것은?

> ㉠ 필요한 직무 또는 절차를 수행하지 않는 데 기인한 과오
> ㉡ 필요한 직무 또는 절차를 수행하였으나 잘못 수행한 과오

① ㉠ Sequential Error
  ㉡ Extraneous Error
② ㉠ Extraneous Error
  ㉡ Omission Error
③ ㉠ Omission Error
  ㉡ Commission Error
④ ㉠ Commission Error
  ㉡ Omission Error

해설 휴먼 에러에 관한 분류 : 심리적 행위에 의한 분류 (Swain의 독립행동에 관한 분류)
1) omission error(생략 에러) : 필요한 작업 또는 절차를 수행하지 않는 데 기인한 에러 - 부작위 오류
2) commission error(실행 에러) : 필요한 작업 또는 절차를 불확실하게 수행함으로써 기인한 에러 - 작위 오류
3) extraneous error(과잉행동 에러) : 불필요한 작업 또는 절차를 수행함으로써 기인한 에러
4) sequential error(순서 에러) : 필요한 작업 또는 절차의 순서 착오로 인한 에러
5) time error(시간 에러) : 필요한 직무 또는 절차의 수행의 지연(혹은 빨리)으로 인한 에러

02 다음 설명에 해당하는 인간의 오류모형은?

> 상황이나 목표의 해석은 정확하나 의도와는 다른 행동을 한 경우

① 실수(Slip)   ② 착오(Mistake)
③ 위반(Violation) ④ 건망증(Lapse)

해설 인간의 오류모형
(가) 착오(mistake) : 상황해석을 잘못하거나 목표를 잘못 이해하고 착각하여 행하는 경우
(나) 실수(slip) : 상황이나 목표의 해석을 제대로 했으나 의도와는 다른 행동을 하는 경우
(다) 건망증(lapse) : 여러 과정이 연계적으로 일어나는 행동에서 일부를 잊어버리고 하지 않거나 또는 기억의 실패에 의하여 발생하는 오류
(라) 위반(violation) : 정해진 규칙을 알고 있음에도 고의로 따르지 않거나 무시하는 행위

03 5000개 베어링을 품질 검사하여 400개의 불량품을 처리하였으나 실제로는 1000개의 불량 베어링이 있었다면 이러한 상황의 HEP(Human Error Probability)는 얼마인가?

① 0.04 ② 0.08
③ 0.12 ④ 0.16

해설 인간오류 확률(Human Error Performance : HEP) : 특정 직무에서 하나의 오류가 발생할 확률
 - 직무의 내용이 시간에 따라 전개되지 않고 명확한 시작과 끝을 가지고 미리 잘 정의되어 있는 경우 인간신뢰도의 기본단위

$$HEP = \frac{인간\ 오류의\ 수}{오류발생\ 전체기회\ 수} = 600/5000 = 0.12$$

(* 인간오류의 수 = 실제 1000개의 불량 - 400개 처리 = 600개)

04 안전·보건표지에서 경고표지는 삼각형, 안내표지는 사각형, 지시표지는 원형 등으로 부호가 고안되어 있다. 이처럼 부호가 이미 고안되어 이를 사용자가 배워야 하는 부호를 무엇이라 하는가?

① 묘사적 부호 ② 추상적 부호
③ 임의적 부호 ④ 사실적 부호

정답 01.③ 02.① 03.③ 04.③

해설 **시각적 암호, 부호, 기호**
1) 묘사적 부호 : 사물이나 행동을 단순하고 정확하게 묘사한 것
   - 유해물질의 해골과 뼈, 도로표지판의 보행신호, 소방안전표지판의 소화기
2) 추상적 부호 : 전언의 기본 요소를 도식적으로 압축한 부호, 원래의 개념과는 약간의 유사성만 존재
3) 임의적 부호 : 부호가 이미 고안되어 있어 이를 배워야 하는 부호
   - 교통표지판에서 삼각형, 원형, 사각형 표시

05 다음 중 시각적 표시장치에 관한 설명으로 옳은 것은?

① 정량적 표시장치는 연속적으로 변하는 변수의 근사값, 변화경향 등을 나타냈을 때 사용한다.
② 계기가 고정되어 있고, 지침이 움직이는 표시장치를 동목형(moving scale) 장치라고 한다.
③ 계수형(digital) 장치는 수치를 정확하게 읽어야 할 경우에 사용한다.
④ 정량적 표시장치의 눈금은 2 또는 3의 배수로 배열을 사용하는 것이 좋다.

해설 **시각적 표시장치에 관한 설명**
(가) 정량적 표시장치 : 온도, 속도 등 같은 동작으로 변하는 변수나 자로 재는 길이 같은 계량치에 관한 정보를 제공하는 데 사용 (전력계에서와 같이 기계적 혹은 전자적으로 숫자가 표시)
   * 아날로그 표시장치 : 동침형, 동목형, 디지털 표시장치 : 계수형
1) 정목 동침(moving pointer)형 : 눈금이 고정되고 지침이 움직임(속도계, 고도계)
2) 정침 동목(moving scale)형 : 지침이 고정되고 눈금이 움직임(체중계, 나침반)
3) 계수형(digital display) : 전자적으로 숫자 표시 (관측하고자 하는 측정값을 가장 정확하게 읽을 수 있는 표시장치)
(나) 정성적 표시장치 : 온도, 압력, 속도 같이 연속적으로 변하는 변수의 대략적인 값이나 변화추세, 변화율 등을 알고자 할 때 사용

06 다음 중 청각적 표시장치보다 시각적 표시장치를 이용하는 경우가 더 유리한 경우는?

① 메시지가 간단한 경우
② 메시지가 추후에 재참조되지 않는 경우
③ 직무상 수신자가 자주 움직이는 경우
④ 메시지가 즉각적인 행동을 요구하지 않는 경우

해설 **시각적 표시장치와 청각적 표시장치의 비교(정보전달)**

시각적 표시장치 사용 유리	청각적 표시장치 사용 유리
① 정보의 내용이 복잡한 경우	① 정보의 내용이 간단한 경우
② 정보가 후에 다시 참조되는 경우	② 정보가 후에 다시 참조되지 않는 경우
③ 정보의 내용이 즉각적인 행동을 요구하지 않는 경우	③ 정보의 내용이 즉각적인 행동을 요구하는 경우
④ 직무상 수신자가 한 곳에 머무르는 경우	④ 직무상 수신자가 자주 움직이는 경우

07 자동생산라인의 오류 경보음을 3단계로 설계하였다. 1단계 경보음이 1000Hz, 60dB라 할 때 3단계 오류 경보음이 1단계 경보음보다 4배 더 크게 들리도록 하려면, 다음 중 경보음의 주파수와 음압수준으로 가장 적절한 것은?

① 1000Hz, 80dB   ② 1000Hz, 120dB
③ 2000Hz, 60dB   ④ 2000Hz, 80dB

해설 **음의 크기의 수준**
   - Phon : 1,000Hz 순음의 음압수준(dB)을 나타냄.
   - sone : 40dB의 음압수준을 가진 순음의 크기를 1sone이라 함.
   - sone와 Phon의 관계식 : $sone = 2^{\frac{phon-40}{10}}$

① 1단계 경보음이 1000Hz, 60dB은 60phon. 음량수준이 60phon인 음을 sone으로 환산
   $sone = 2^{\frac{phon-40}{10}} = 2^{\frac{60-40}{10}} = 4sone$
② 3단계 오류 경보음이 1단계 경보음보다 4배 더 크게 함 : 4sone×4배=16sone

정답 05.③ 06.④ 07.①

③ 16sone을 phon으로 환산

$16 = 2^{\frac{phon-40}{10}} \rightarrow 2^4 = 2^{\frac{phon-40}{10}} \rightarrow Phon = 80$

④ 따라서 80phon은 1,000Hz, 순음에 80dB

08 다음 중 청각적 표시장치의 설계에 관한 설명으로 가장 거리가 먼 것은?

① 신호를 멀리 보내고자 할 때에는 낮은 주파수를 사용하는 것이 바람직하다.
② 배경 소음의 주파수와 다른 주파수의 신호를 사용하는 것이 바람직하다.
③ 신호가 장애물을 돌아가야 할 때에는 높은 주파수를 사용하는 것이 바람직하다.
④ 경보는 청취자에게 위급 상황에 대한 정보를 제공하는 것이 바람직하다.

해설 청각적 표시장치의 설계(경계 및 경보신호 선택 시 지침)
① 경보는 청취자에게 위급 상황에 대한 정보를 제공하는 것이 바람직
② 귀는 중음역에 가장 민감하므로 500~3000Hz의 진동수를 사용
③ 고음은 멀리 가지 못하므로 장거리(300m 이상)용으로는 1000Hz 이하의 진동수를 사용(신호를 멀리 보내고자 할 때에는 낮은 주파수를 사용하는 것이 바람직)

09 Rasmussen은 행동을 세 가지로 분류하였는데, 그 분류에 해당하지 않는 것은?

① 숙련 기반 행동(skill-based behavior)
② 지식 기반 행동(knowledge-based behavior)
③ 경험 기반 행동(experience-based behavior)
④ 규칙 기반 행동(rule-based behavior)

해설 라스무센(Rasmussen)의 인간행동 세 가지 분류
(가) 지식 기반 행동(knowledge-based behavior)
(나) 규칙 기반 행동(rule-based behavior)
(다) 숙련 기반 행동(skill-based behavior) : 반사조작 수준

10 "음의 높이, 무게 등 물리적 자극을 상대적으로 판단하는 데 있어 특정 감각기관의 변화감지역은 표준자극에 비례한다"라는 법칙을 발견한 사람은?

① 핏츠(Fitts)
② 드루리(Drury)
③ 웨버(Weber)
④ 호프만(Hofmann)

해설 웨버(Weber)의 법칙(Weber비)
인간이 감지할 수 있는 외부의 물리적 자극 변화의 최소 범위는 기준이 되는 자극의 크기에 비례하는 현상을 설명한 이론(음의 높이, 무게 등 물리적 자극을 상대적으로 판단하는 데 있어 특정감각기관의 변화감지역은 표준자극(기준자극)에 비례한다.)

11 다음 중 자동차 가속 페달과 브레이크 페달 간의 간격, 브레이크 폭 등을 결정하는 데 사용할 수 있는 가장 적합한 인간공학 이론은?

① Miller의 법칙
② Fitts의 법칙
③ Weber의 법칙
④ Wickens의 법칙

해설 피츠(Fitts)의 법칙 : 인간의 손이나 발을 이동시켜 조작장치를 조작하는 데 걸리는 시간을 표적까지의 거리와 표적 크기의 함수로 나타내는 모형
① 표적이 작고 이동거리가 증가할수록 이동시간(운동시간)이 증가함. 정확성이 많이 요구될수록 운동 속도가 느려지고, 속도가 증가하면 정확성이 줄어듦.
② 자동차 가속 페달과 브레이크 페달 간의 간격, 브레이크 폭 등을 결정하는 데 사용할 수 있는 가장 적합한 인간공학 이론

12 다음 중 인간 오류에 관한 설계기법에 있어 전적으로 오류를 범하지 않게는 할 수 없으므로 오류를 범하기 어렵도록 사물을 설계하는 방법은?

① 배타설계(exclusive design)
② 예방설계(prevent design)
③ 최소설계(minimum design)
④ 감소설계(reduction design)

정답 08. ③ 09. ③ 10. ③ 11. ② 12. ②

해설 **예방설계**(prevent design) – 보호설계, fool proof 디자인
인간 오류에 관한 설계기법에 있어 전적으로 오류를 범하지 않게는 할 수 없으므로 오류를 범하기 어렵도록 사물을 설계하는 방법
* fool proof : 사용자가 조작 실수를 하더라도 사용자에게 피해를 주지 않도록 설계하는 개념

13 다음 중 반응시간이 가장 느린 감각은?
① 청각　　② 시각
③ 미각　　④ 통각

해설 감각기관별 반응시간

감각	반응시간
청각	0.17초
촉각	0.18초
시각	0.2초
미각	0.29초
통각	0.7초

14 단순반응시간(simple reaction time)이란 하나의 특정한 자극만이 발생할 수 있을 때 반응에 걸리는 시간으로서 흔히 실험에서와 같이 자극을 예상하고 있을 때이다. 자극을 예상하지 못할 경우 일반적으로 반응시간은 얼마정도 증가되는가?
① 0.1초　　② 0.5초
③ 1.5초　　④ 2.0초

해설 단순반응시간(simple reaction time)
하나의 특정한 자극만이 발생할 수 있을 때 반응에 걸리는 시간
① 흔히 실험에서와 같이 자극을 예상하고 있을 때 반응시간 : 0.15~0.2초 정도(자극의 특성, 연령, 개인차에 따라 차이가 있음)
② 자극을 예상하지 못할 경우 일반적 반응시간 : 0.1초

15 다음 중 작업방법의 개선원칙(ECRS)에 해당하지 않는 것은?
① 교육(Education)
② 결합(Combine)
③ 재배치(Rearrange)
④ 단순화(Simplify)

해설 **ECRS의 원칙(작업방법의 개선원칙)** : 작업자 자신이 자기의 부주의 이외에 제반 오류의 원인을 생각함으로써 개선하도록 하는 과오원인 제거 기법
① 제거(Eliminate)
② 결합(Combine)
③ 재조정(Rearrange)-재배치
④ 단순화(Simplify)

정답 13. ④　14. ①　15. ①

Chapter 03 인간계측 및 작업공간

1. 인간계측 및 인간의 체계제어

(1) 인체계측

(가) 인간공학에 있어 인체측정의 원칙 : 인간공학적 설계를 위한 자료

(나) 인체측정 방법

1) 구조적 인체 치수(정적 인체계측) : 정지상태에서의 기본자세에 관한 신체의 각부를 계측(마틴식 인체계측기 활용)

2) 기능적 인체치수(동적 인체계측) : 운전 또는 워드 작업과 같이 인체의 각 부분이 서로 조화를 이루며 움직이는 자세에서의 인체치수를 측정하는 것
   ① 신체적 기능을 수행할 때에 각 신체부위는 독립적으로 움직이는 것이 아니라 조화를 이루어 움직이기 때문
   ② 기능적 인체 치수는 제품의 구체적인 활용에 따라 다양한 상황이 요구되기 때문에 설계자의 응용력이 필요함.

(다) 인체계측자료의 응용원칙

1) 최대치수와 최소치수(극단치 설계) : 최대치수(거의 모든 사람이 수용할 수 있는 경우 : 문, 통로, 그네의 지지하중, 위험 구역 울타리 등)와 최소치수(선반의 높이, 조정 장치까지의 거리, 조작에 필요한 힘)를 기준으로 설계
   ① 최소치수: 하위 백분위수(percentile 퍼센타일) 기준 1, 5, 10%(여성 5 백분위수를 기준으로 설계)
   ② 최대치수: 상위 백분위수(percentile 퍼센타일) 기준 90, 95, 99%(남성 95 백분위수를 기준으로 설계)

2) 조절 범위(가변적, 조절식 설계) : 체격이 다른 여러 사람들에게 맞도록 조절하게 만든 것(의자의 상하 조절, 자동차 좌석의 전후 조절)
   - 조절 범위 5~95 백분위수(%tile)

---

memo

백분위수(percentile): 표본의 분포를 크기순으로 배열하여 100등분으로 분할했을 때의 분할량
예) 20백분위수: 100명 중 20번째 순서에 해당하는 수치

3) 평균치를 기준으로 한 설계(평균치 설계) : 최대치수와 최소치수, 조절식으로 하기 어려울 때 평균치를 기준으로 하여 설계
   - 은행 창구나 슈퍼마켓의 계산대에 적용하기 적합한 인체 측정 자료의 응용원칙
   * 인체측정치 응용원칙 중 가장 우선적으로 고려해야 하는 원칙 : 조절식 설계(조절가능 여부)
     - 인체측정자료의 응용원리를 설계에 적용하는 순서 : 조절식 설계 → 극단치 설계 → 평균치 설계

(2) 조종-반응비율(통제비, C/R비(control response ratio), C/D비(control display ratio))

(가) 통제표시비(선형조종장치) : 통제기기(제어·조종장치)와 표시장치의 관계를 나타낸 비율(C/D비)

$$\frac{C}{D} = \frac{X}{Y}$$

X : 통제기기의 변위량(cm)
Y : 표시계기 지침의 변위량(cm)

> **예문** 조종장치를 3cm 움직였을 때 표시장치의 지침이 5cm 움직였다면 C/R비는?
> **해설** 통제표시비(선형조종장치) C/D비 = 3/5 = 0.6

(나) 조종구(ball control)에서의 C/D비(통제표시비)

$$\frac{C}{D} = \frac{\frac{\alpha}{360} \times 2\pi L}{\text{표시장치 이동거리}}$$

α : 조종장치가 움직인 각도
L : 반경(지레의 길이)

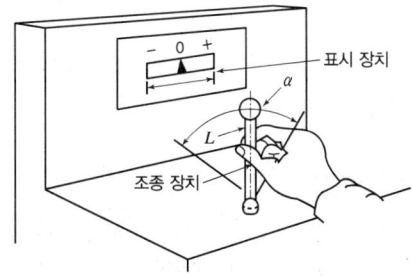

[그림] 조종구(ball control)에서의 C/D비

> [예문] 레버를 10° 움직이면 표시장치는 1cm 이동하는 조종 장치가 있다. 레버의 길이가 20cm라고 하면 이 조종 장치의 통제표시비(C/D비)는 약 얼마인가?
>
> [해설] 조종구(ball control)에서의 통제표시비(C/D)
> $= \dfrac{\dfrac{10}{360} \times 2\pi \times 20}{1} = 3.49$

(다) 최적의 C/D비 : 1.18 ~ 2.42

(* 최적 통제비는 이동시간과 조종시간의 교차점이다.)

① C/D비가 작을수록 이동시간이 짧고 조종이 어려워 조종장치가 민감함(미세한 조종이 어려움).
  - C/D비가 크면 미세한 조종은 쉽지만 이동시간은 길다(둔감함).
② 노브(knob) C/D비는 손잡이 1회전 시 움직이는 표시장치 이동 거리의 역수로 나타냄.
③ 최적의 C/D비는 제어장치의 종류나 표시장치의 크기, 허용오차 등에 의해 달라짐.

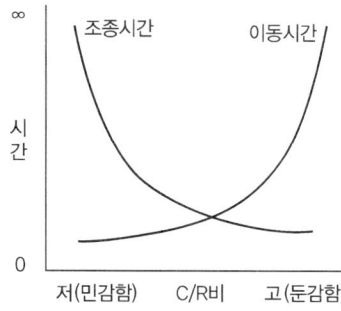

> **참고**
>
> ✽ 통제표시비(control/display ratio)를 설계할 때 고려사항 : 계기의 크기, 조작시간, 공차, 방향성, 목측 거리
>   ① 계기의 크기를 작게 설계하면 오차가 발생할 수 있다
>   ② 짧은 주행 시간 내에 공차의 인정범위를 초과하지 않는 계기를 마련한다.
>   ③ 목시거리(目示距離)가 길면 길수록 조절의 정확도는 떨어진다.
>   ④ 통제표시비가 낮다는 것은 민감한 장치라는 것을 의미한다.
> ✽ 일반적인 지침의 설계 요령
>   ① 뽀족한 지침의 선각(先角)은 약 20° 정도를 사용한다.
>   ② 지침의 끝은 눈금과 맞닿되 겹치지 않게 한다.
>   ③ 원형눈금의 경우 지침의 색은 선단에서 지침의 중심까지 칠한다.
>   ④ 시차(視差)를 없애기 위해 지침을 눈금 면에 밀착시킨다.

(라) 조종장치

1) 통제용 조종장치의 형태

① 연속적 조절 : 노브(knob), 레버(lever), 핸들, 크랭크, 페달(pedal)
② 불연속적 조절 : 토글 스위치(toggle switch), 푸시 버튼(push button), 로터리선택스위치(rotary select switch)

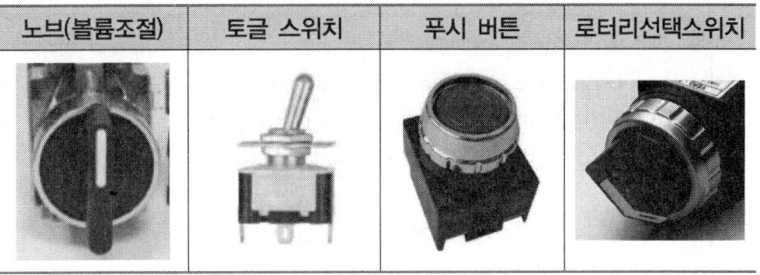

2) 형상 암호화된 조종장치

단회전(單回專)용으로 형상 암호화된 조종장치	다회전용으로 형상 암호화된 조종장치	이산 멈춤 위치용으로 형상 암호화된 조종장치

3) 크기를 이용한 조종 장치의 암호화 : 크기의 차이로 쉽게 구분해야 함.
   - 구별이 가능한 최소의 직경 차이와 최소의 두께 차이 : 직경은 1.3cm, 두께는 0.95cm 차이(촉감에 의해서 구별할 수 있음)

✱ 조종 장치의 촉각적 암호화를 위하여 고려하는 특성
   ① 형상 ② 크기 ③ 표면촉감

4) 조종 장치의 우발작동을 방지하는 방법 : 오목한 곳에 두기, 덮개사용, 적당한 저항 제공, 잠금장치사용, 위치와 방향, 신속한 운용, 내부조종장치 등의 방법
   ① 오목한 곳에 둔다.
   ② 조종장치에 덮개를 사용한다.
   ③ 작동을 위해서 힘이 요구되는 조종장치에는 저항을 제공한다.
   ④ 순서적 작동이 요구되는 작업일 때 순서를 지나치지 않도록 잠김장치를 설치한다.

5) 일반적인 조종장치을 켤 때 기대되는 운동 방향
   ① 레버를 앞으로 민다.
   ② 버튼을 우측으로 민다.
   ③ 스위치를 위로 올린다.
   ④ 다이얼을 반시계 방향으로 돌린다.

6) 인간공학적으로 조종구(ball control)를 설계할 때 고려하여야 할 사항
   ① 마찰력 ② 탄성력 ③ 점성력 ④ 관성력

> **항공기 위치 표시장치의 설계원칙**
> ① 양립적 이동(principle of compatibility motion): 항공기의 경우 일반적으로 이동 부분의 영상은 고정된 눈금이나 좌표계에 나타내는 것이 바람직하다.
> ② 통합(principle of integration): 관련된 모든 정보를 통합하여 상호관계를 바로 인식할 수 있도록 한다.
> ③ 추종표시(principle of pursuit presentation): 원하는 목표와 실제 지표가 공통 눈금이나 좌표계에서 이동하도록 한다.
> ④ 표시의 현실성(principle of pictorial realism): 표시장치에 묘사되는 이미지는 기준틀에 상대적인 위치 등이 현실 세계의 공간과 어느 정도 일치하여 표시가 나타내는 것을 쉽게 알 수 있어야 한다.

> **점성저항**
>
> 출력과 반대 방향으로 그 속도에 비례해서 작용하는 힘 때문에 생기는 항력으로 원활한 제어를 도우며, 특히 규정된 변위 속도를 유지하는 효과를 가진 조종장치의 저항력(운동하는 물체의 표면에 작용하는 마찰력이 합쳐져서 나타나는 저항)
> - 조종장치의 저항 중 갑작스런 속도의 변화를 막고 부드러운 제어동작을 유지하게 해주는 저항

(3) 양립성(compatibility)

외부의 자극과 인간의 기대가 서로 모순되지 않아야 하는 것으로 제어장치와 표시장치 사이의 연관성이 인간의 예상과 어느 정도 일치하는가 여부

(가) 공간적 양립성 : 표시장치나 조정장치의 물리적 형태나 공간적인 배치의 양립성
- 오른쪽 버튼을 누르면, 오른쪽 기계가 작동하는 것

(나) 운동적 양립성 : 표시장치, 조정장치 등의 운동방향 양립성
- 자동차 핸들 조작 방향으로 바퀴가 회전하는 것

(다) 개념적 양립성 : 어떠한 신호가 전달하려는 내용과 연관성이 있어야 하는 것
① 위험신호는 빨간색, 주의신호는 노란색, 안전신호는 파란색으로 표시
② 온수 손잡이는 빨간색, 냉수 손잡이는 파란색의 경우

(라) 양식 양립성 : 청각적 자극 제시와 이에 대한 음성응답 과업에서 갖는 양립성(청각적 자극 제시에 대한 음성응답과 관련된 양립성)
- 기계가 특정 음성에 대해 정해진 반응을 하는 경우

양립성: 인간의 기대하는 바와 자극 또는 반응들이 일치하는 관계(조작과 반응과의 관계, 사용자의 의도와 실제 반응과의 관계, 조종장치와 작동결과에 관한 관계 등 사람들이 기대하는 바와 일치하는 관계)

(4) 수공구 설계의 기본원리

① 손잡이의 단면이 원형 또는 타원형의 형태를 가짐
② 손잡이의 직경은 일반적으로 지름 30~45mm, 정밀작업은 5~12mm, 회전력들이 필요한 대형의 스크류 드라이버 같은 공구는 50~60mm 크기의 지름이 적합
③ 일반적으로 손잡이의 길이는 95%tile 남성의 손 폭을 기준으로 함.
④ 동력공구의 손잡이는 두 손가락 이상으로 작동하도록 함.
⑤ 손목은 곧게 유지되도록 설계한다.
⑥ 손가락 동작의 반복을 피하도록 설계한다.
⑦ 엄지와 검지 사이의 덜 민감한 부위로 힘이 가해지도록 손잡이를 설계한다.

⑧ 손잡이는 접촉면적을 가능하면 크게 한다.
⑨ 공구의 무게를 줄이고 사용 시 균형이 유지되도록 한다.
⑩ 양손잡이를 모두 고려하여 설계 한다.

(5) 사정효과(range effect)
① 눈으로 보지 않고 손을 수평면상에서 움직이는 경우 짧은 거리는 지나치고 긴 거리는 못 미치는 경향이 있는데 이를 사정효과라 함.
② 조작자는 작은 오차에는 과잉 반응을, 큰 오차에는 과소 반응하는 경향이 있음.

2. 신체활동의 생리학적 측정법

(1) 신체부위의 운동
① 외전(abduction) : 몸의 중심선으로부터 밖으로 이동하는 신체 부위의 동작
② 내전(adduction) : 몸의 중심으로 이동하는 동작
③ 외선(lateral rotation) : 몸의 중심선으로 부터의 회전
④ 내선(medial rotation) : 몸의 중심선으로 회전
⑤ 굴곡(flexion) : 신체 부위 간의 각도의 감소(팔꿈치 굽히기)
⑥ 신전(extension) : 신체 부위 간의 각도의 증가(굽혔던 팔꿈치를 펴는 동작을 나타내는 용어)

(2) 생리학적 측정방법 : 인체에 작용한 스트레스의 영향으로 발생된 신체 반응의 결과인 스트레인(strain)을 측정하는 척도

(가) 근전도(EMG, Electromyogram)
근육활동의 전위차를 기록한 것(국부적 근육 활동) – 운동기능의 이상을 진단
– 간헐적인 페달을 조작할 때 다리에 걸리는 부하를 평가하기에 가장 적당한 측정 변수

✱ 심전도(ECG, Electrocardiogram) – 심장
– 심근의 흥분으로 인한 심장의 주기적 박동에 따른 전기변화를 기록한 것(심장 근육의 활동정도를 측정하는 전기 생리신호로 신체적 작업 부하 평가 등에 사용할 수 있는 것)

스트레인: 과도한 스트레스로 인해 무리를 주어 생체기능에 이상이 생기는 것(물체에서는 외력이 있으면 저항력이 생겨 변형이 발생하게 되며 그 변형의 정도)

육체적 활동에 대한 생리학적 측정방법 : 근전도(EMG), 심박수, 에너지소비량

* 뇌전도(EEG, Electroencephalography) – 대뇌피질 : 인지적 활동
  – 신경계에서 뇌신경 사이에 신호가 전달될 때 생기는 전기의 흐름. 뇌의 활동 상황을 측정하는 가장 중요한 지표
* 안전도, 안구전도(EOG, Electro-Oculogram) – 안구 운동 : 정신 운동적 활동
  – 어떤 일정한 거리의 2점을 교대로 보게 하면서 안구 운동에 의한 뇌파를 기록하는 방법
* 신경전도(ENG, Electroneurogram) – 신경 활동 전위차의 기록
  – 말초 신경에 전기 자극을 주어 신경 또는 근육에서 형성되는 활동을 기록하는 검사방법. 크게 운동신경전도 검사와 감각신경전도 검사, 그리고 혼합신경전도 검사로 나누어짐.

(나) 피부전기반사(GSR : Galavanic Skin Relex)

작업부하의 정신적 부담도가 피로와 함께 증대하는 양상을 전기저항 변화로 측정하는 것(피부전기저항, 정신전류현상) – 손바닥 안쪽의 전기저항의 변화를 이용해 측정

(다) 플리커 검사(Flicker test, 점멸융합주파수: Flicker Fusion Frequency)

1) 플리커 검사 : 빛이 점멸하는데도 연속으로 켜있는 것 같아 보이는 주파수. 정신적 피로도, 휘도, 암조응 상태인지 여부에 영향을 받음.
   ① 피로의 정도를 측정하는 검사. 정신적으로 피로하면 주파수 값이 내려감(중추신경계의 정신적 피로도의 척도로 사용)
   ② 빛의 검출성에 영향을 주는 인자 중의 하나이다.
   ③ 점멸효과를 얻기 위한 점멸속도는 불빛이 계속 켜진 것처럼 보이게 되는 점멸융합주파수 30Hz보다 적어야 한다.
   ④ 점멸속도가 약 30Hz 이상이면 불이 계속 켜진 것처럼 보인다.

근육의 피로도와 활성도
일정한 부하가 주어진 상태에서 측정한 근육의 수축작용에 대한 전기적인 신호 데이터들을 이용하여 분석

스트레스의 주요 척도
① 생리적 긴장의 화학적 척도: 혈액 정보, 산소소비량, 열량
② 생리적 긴장의 전기적 척도: 심전도, 뇌전도, 근전도, 안전도, 피부전기반사
③ 생리적 긴장의 신체적 척도: 혈압, 호흡수, 부정맥, 심박수

생리적(physiological) 척도
정신작업 부하를 측정하는 척도를 크게 4가지로 분류할 때 심박수의 변동, 뇌 전위, 동공반응 등 정보처리에 중추신경계 활동이 관여하고 그 활동이나 징후를 측정하는 것

> **참고**
> * 정신활동의 부담을 측정하는 방법 : 부정맥 점수, 점멸융합주파수, JND, 눈 깜박임률(blink rate)
> * 정신작업의 생리적 척도 : 심전도(ECG), 뇌전도(EEG), 플리커 검사(점멸융합주파수), 심박수, 부정맥, 호흡수
> * 정신적 작업의 스트레인 척도 : 뇌전도, 부정맥지수, 심박수의 변화, 호흡률, 체액의 화학적 성질, 동공반응
> * 신체 반응의 척도 중 생리적 스트레인의 척도로 신체적 변화의 측정 대상 : 혈압, 부정맥지수, 심박수의 변화, 호흡률, 체온
>   – 화학적 변화의 측정 대상 : 혈액성분의 변화, 산소소비량
>   – 전기적 변화의 측정 대상 : 근전도, 심전도, 뇌전도, 안전도, 피부전기반사

2) 중추신경계 피로(정신 피로)의 척도로 사용할수 있는 시각적 점멸융합주파수(VFF)를 측정할 때 영향을 주는 변수
   ① 휘도만 같으면 색상은 영향을 주지 않음
   ② 표적과 주변의 휘도가 같을 때에 VFF는 최대로 됨.
   ③ VFF는 조명강도의 대수치에 선형적으로 비례
   ④ VFF는 사람들 간에는 큰 차이가 있으나, 개인의 경우 일관성이 있음.
   ⑤ 암조응시는 VFF가 감소
   ⑥ 연습의 효과는 아주 적음.

(3) 신체활동의 에너지 소비

(가) 에너지 대사율(RMR : Relative Metabolic Rate)

1) 에너지 대사율 : 작업강도의 단위로서 산소호흡량을 측정하여 에너지 소모량을 결정하는 방식

$$R = \frac{운동대사량}{기초대사량} = \frac{운동시\ 산소소모량 - 안정시\ 산소소모량}{기초대사량(산소소모량)}$$

2) 작업강도 구분
   ① 경(輕)작업 : 0~2RMR   ② 보통(中)작업 : 2~4RMR
   ③ 중(重)작업 : 4~7RMR   ④ 초중(超重)작업 : 7RMR 이상

3) 산소소비량 측정

산소소비량 = (흡기 시 산소농도 21%×흡기량) - (배기 시 산소농도 %× 배기량)

   ① 공기의 성분은 질소 78.08%와 산소 20.95%, 그 외 이산화탄소 등으로 구성(일반적으로 공기 중 질소는 79%, 산소는 21%로 계산)
   ② $N_2\% = 100 - O_2\% - CO_2\%$

$$흡기량 = 배기량 \times \frac{(100 - O_2 - CO_2)}{79}$$

* 에너지소비량, 에너지 가(價)(kcal/min) = 분당산소소비량(L)×5kcal
  (산소 1리터가 몸속에서 소비될 때 5kcal 의 에너지가 소모됨)
* BMR(Basal Metabolic Rate) : 사람이 생명을 유지하기 위한 최소한의 에너지 대사량
* 산소소모량 측정 : 근로자가 작업 중에 소모하는 에너지의 량을 측정하는 방법 중 가장 먼저 측정하는 것은 작업 중에 소비한 산소소모량으로 측정한다.

에너지대사(energy metabolism)
체내에서 유기물을 합성하거나 분해하는 데 필요한 에너지의 전환(생명을 유지하는 데 필수적인 에너지를 생산하여, 신체에 필요한 물질을 합성하고 소비하는 일련의 모든 화학 과정)

> **[예문]** 중량물 들기 작업을 수행하는데, 5분간의 산소소비량을 측정한 결과 90L의 배기량 중에 산소가 16%, 이산화탄소가 4%로 분석되었다. 해당 작업에 대한 분당 산소소비량은 얼마인가? (단, 공기 중 질소는 79vol%, 산소는 21vol%이다.)
>
> **[해설]** 분당 산소소비량[L/분] = (분당 흡기량×21%) − (분당 배기량×16%)
> $$= (18.23 \times 0.21) - (18 \times 0.16)$$
> $$= 0.948 [L/분]$$
> ① 분당 흡기량 = $\frac{(100-16-4)}{79} \times 18 = 18.227 = 18.23 [L/분]$
> ② 분당 배기량 = $\frac{\text{총배기량}}{\text{시간}} = \frac{90}{5} = 18 [L/분]$

(나) 휴식시간

$$R(분) = \frac{60(E-5)}{E-1.5} (60분 기준)$$

E : 평균에너지소비량(kcal/min)
작업 시 평균에너지 소비량 5(kcal/min)
휴식 시 평균에너지 소비량 1.5(kcal/min)

> **[예문]** 건강한 남성이 8시간 동안 특정 작업을 실시하고, 산소소비량이 1.2L/분으로 나타났다면 8시간동안 총작업시간에 포함되어야 할 최소 휴식시간은?(단 남성의 권장 평균에너지소비량은 5kcal/분, 안정 시에너지 소비량은 1.5kcal/분으로 가정한다.)
>
> **[해설]** 휴식시간 = {60×(6 − 5)}/(6 − 1.5) = 13.3분,
> ⇨ 13.3분×8시간 = 106.6 = 107분
> ※ 에너지소비량, 에너지 가(價)(kcal/min) = 분당산소소비량(ℓ)×5kcal
> = 1.2×5 = 6
> (산소 1리터가 몸속에서 소비될 때 5kcal의 에너지가 소모됨)

(4) 근력 : 근육이 낼 수 있는 최대 힘. 정적 조건에서 힘을 낼 수 있는 근육의 능력

− 근력에 영향을 주는 요인 : ① 연령 ② 성별 ③ 활동력 ④ 부하훈련 ⑤ 동기의식

* Type S 근섬유 : 근섬유의 직경이 작아서 큰 힘을 발휘하지 못하지만 장시간 지속시키고 피로가 쉽게 발생하지 않는 골격근의 근섬유

* 근력발휘 : 인간은 자기의 최대근력을 잠시 동안만 낼 수 있으며 근력의 15% 이하의 힘은 상당히 오래 유지할 수 있음

근섬유: 근육을 구성하는 기본 단위로 수축성을 가진 섬유상 세포이며 여러 개의 근원섬유로 이루어져 있음.

• 근섬유의 수축단위는 근원섬유라 하는데, 이것은 두 가지 기본형의 단백질 필라멘트로 구성되어 있으며, 액틴이 마이오신 사이로 미끄러져 들어가는 현상으로 근육의 수축을 설명하기도 한다.

(5) 인체 관련 자료

작업자세로 인한 부하를 분석하기 위하여 인체 주요 관절의 힘과 모멘트를 정역학적으로 분석하려고 할 때, 분석에 반드시 필요한 인체 관련 자료
① 관절 각도
② 분절(segment) 무게
③ 분절(segment) 무게 중심

> **산소부채**
>
> 작업종료 후에도 체내에 쌓인 젖산을 제거하기 위하여 추가로 요구되는 산소량
> – 작업이나 운동이 격렬해져서 근육에 생성되는 젖산의 제거속도가 생성속도에 미치지 못하면, 활동이 끝난 후에도 남아있는 젖산을 제거하기 위하여 산소가 더 필요하게 되는데 이를 산소부채라 함.

3. 작업공간 및 작업자세

(1) 부품(공간)배치의 원칙

(가) 중요성(기능성)의 원칙 : 부품의 작동성능이 목표 달성에 긴요한 정도에 따라 우선순위를 결정

(나) 사용빈도의 원칙 : 부품이 사용되는 빈도에 따라 우선순위를 결정

(다) 기능별 배치의 원칙 : 기능적으로 관련된 부품을 모아서 배치

(라) 사용순서의 배치 : 사용순서에 맞게 배치

  (* 부품의 일반적 위치 내에서의 구체적인 배치를 결정하기 위한 기준 : 기능별 배치의 원칙과 사용 순서의 원칙)

(비교 1) 기계설비의 layout : 라인화, 집중화, 기계화, 중복부분 제거

  (가) 작업의 흐름에 따라 기계를 배치(작업공정 검토)
  (나) 기계 설비 주위의 충분한 공간 확보
  (다) 공장 내외에는 안전한 통로를 확보하고 항상 유효하도록 관리
  (라) 원자재, 제품 등의 저장소 공간을 충분히 확보
  (마) 기계 설비의 보수 점검이 용이 할 수 있도록 배치
  (바) 비상시에 쉽게 대비할 수 있는 통로를 마련하고 사고 진압을 위한 활동통로가 반드시 마련되어야 함

동작의 합리화를 위한 물리적 조건
① 고유 진동(본래의 진동)을 이용한다.
② 접촉 면적을 작게 한다.
③ 대체로 마찰력을 감소시킨다.
④ 인체표면에 가해지는 힘을 적게 한다.

(비교 2) 동작경제의 3원칙(barnes)

(가) 신체의 사용에 관한 원칙(use of the human body)

1) 두 손의 동작은 동시에 시작해서 동시에 끝나도록 한다.
2) 휴식시간을 제외하고는 양손이 동시에 쉬지 않도록 한다.
3) 두 팔의 동작은 동시에 서로 반대 방향으로 대칭적으로 움직이도록 한다.
4) 손과 신체의 동작은 작업을 원만하게 처리할 수 있는 범위 내에서 가장 낮은 동작 등급을 사용하도록 한다.
5) 가능한 한 관성(momentum)을 이용하여 작업을 하도록 하되, 작업자가 관성을 억제하여야 하는 경우에는 발생되는 관성을 최소한으로 줄인다.
6) 손의 동작은 유연하고 연속적인 동작이 되도록 하며, 방향이 급작스럽게 크게 바뀌는 직선동작은 피해야 한다.
7) 탄도동작은 제한되거나 통제된 동작보다 더 신속하고 용이하며 정확하다.

　※ 탄도동작(ballistic movement) : 목수가 못을 박을 때 망치 괘적이 포물선을 그리면서 작업하는 동작

8) 가능하면 쉽고 자연스러운 리듬이 작업동작에 생기도록 작업을 배치한다.
9) 눈의 초점을 모아야 작업을 할 수 있는 경우는 가능하면 없애고, 불가피한 경우에는 눈의 초점이 모아지는 두 작업 지점간의 거리를 짧게 한다.

(나) 작업장의 배치에 관한 원칙(arrangement of workplace)

1) 모든 공구나 재료는 정해진 위치에 있도록 한다.
2) 공구, 재료 및 제어장치는 사용하기 가까운 곳에 배치해야 한다.
3) 중력이송원리를 이용한 부품상자(gravity feed Bath)나 용기를 활용하여 부품을 제품 사용장소에 가까이 보낼 수 있도록 한다.
4) 가능하다면 낙하식 운반(drop delivery)방법을 사용한다.
5) 공구나 재료는 작업동작이 원활하게 수행되도록 위치를 정해 준다.
6) 작업자가 잘 보면서 작업할 수 있도록 적절한 조명을 비추어 준다.
7) 작업자가 작업 중 자세를 변경, 즉 앉거나 서는 것을 임의로 할 수 있도록 작업대와 의자 높이가 조절되도록 한다.
8) 작업자가 좋은 자세를 취할 수 있도록 의자는 높이 및 디자인도 좋아야 한다.

(다) 공구 및 설비의 설계에 관한 원칙(design of tools and equipment)
1) 치공구나 족답 장치(foot-operated device)를 효과적으로 사용할 수 있는 작업에서는 이 장치를 활용하여 양손이 다른 일을 할 수 있도록 한다.
2) 공구의 기능을 결합하여서 사용하도록 한다.
3) 공구와 자재는 가능한 한 사용하기 쉽도록 미리 위치를 잡아 준다.
4) 각 손가락에 서로 다른 작업을 할 때에는 작업량을 각 손가락의 능력에 맞도록 분배해야 한다(타자작업).
5) 레버(lever), 핸들, 제어장치는 작업자가 몸의 자세를 크게 바꾸지 않더라도 조작하기 쉽도록 배열한다.

> **유연생산 시스템(FMS, Flexible Manufacturing System)**
> ① 생산 시스템을 다품종 소량 또는 중량 생산에 유연하게 대응할 수 있도록 한 시스템
> ② 유연생산 시스템의 통상적인 기계배치는 U 자형 배치, U자형 배치는 작업자의 작업 범위를 늘이거나 줄이는 것이 용이하나 이 배치가 충분히 기능을 발휘하기 위해서는 여러 기계를 능숙하게 다룰 수 있는 다기능작업자가 필요함.

(2) 작업공간

(가) 작업공간 포락면(work space envelope) : 한 장소에 앉아서 수행하는 작업 활동에서 사람이 작업하는 데 사용되는 공간

> 작업공간 포락면: 작업의 성질에 따라 포락면의 경계가 달라진다.

(나) 파악한계(grasping reach) : 앉은 작업자가 특정한 수작업을 편안히 수행할 수 있는 공간의 외곽한계

(다) 수평작업대의 정상 작업역과 최대 작업역
1) 정상 작업역 : 수평 작업대에서의 정상작업영역은 상완(위팔)을 수직으로 자연스럽게 늘어뜨린 상태에서 전완(아래팔)을 편하게 뻗어 파악할 수 있는 영역(34~45cm)
2) 최대 작업역 : 전완(아래팔)과 상완(윗팔)을 곧게 펴서 파악할 수 있는 영역(56~65cm)

※ 보통 작업자의 정상적인 시선 : 수평선을 기준으로 아래쪽 15° 정도

(3) 입식 작업대의 높이 : 팔꿈치 높이 기준

① 일반(경, 輕)작업의 경우 팔꿈치 높이보다 5~10cm 낮게 설계
② 정밀작업의 경우 팔꿈치 높이보다 5~20cm 높게 설계
③ 중(重)작업의 경우 팔꿈치 높이보다 20~40cm 낮게 설계

작업자의 작업공간
① 서서 작업하는 작업공간에서 발바닥을 높이면 뻗침 길이가 늘어난다.
② 서서 작업하는 작업공간에서 신체의 균형에 제한을 받지 않으면 뻗침 길이가 늘어난다.
③ 앉아서 작업하는 작업공간은 동적 팔 뻗침에 의해 포락면(reach envelpoe)의 한계가 결정된다.
④ 앉아서 작업하는 작업공간에서 기능적 팔 뻗침에 영향을 주는 제약이 적을수록 뻗침 길이가 늘어난다.

> **참고**
>
> ✽ 입식 작업을 위한 작업대의 높이를 결정위한 고려사항(요소)
>   ① 작업자의 신장 ② 작업물의 무게 ③ 작업물의 크기 ④ 작업의 정밀도
>   ⑤ 인체측정자료 ⑥ 무게중심의 결정
> ✽ 착석식 작업대의 높이 설계할 경우 고려 사항 : ① 의자의 높이 ② 작업의 성질(작업에 따라 작업대의 높이가 다름) ③ 대퇴 여유

(4) 의자 설계의 원칙

(가) 의자 설계의 일반원칙 : 의자를 설계하는 데 있어 적용할 수 있는 일반적인 인간공학적 원칙

① 조절을 용이하게 함.
② 요부 전만(腰部前灣)을 유지할 수 있도록 함. : 허리 S라인 유지
③ 등근육의 정적 부하를 줄이는 구조
④ 추간판(디스크)에 가해지는 압력을 줄일 수 있도록 함.
⑤ 고정된 자세로 장시간 유지 되지 않도록 함(자세 고정 줄임).

(나) 의자의 설계 원칙에서 고려해야 할 사항 : ① 체중 분포 ② 좌판의 높이 ③ 좌판의 깊이와 폭 ④ 몸통의 안정

1) 체중분포 : 의자에 앉았을 때 엉덩이의 좌골(궁둥뼈)융기(ischial tuberosity)에 일차적인 체중 집중이 이루어지도록 한다.
2) 의자 좌판의 높이 : 좌판 앞부분은 오금 높이보다 높지 않아야 한다.
3) 의자 좌판의 깊이와 폭 : 일반적으로 의자 좌판의 깊이는 몸이 작은 사람을 기준으로 결정하고 의자 좌판의 폭은 몸이 큰 사람을 기준으로 결정한다.
4) 몸통의 안정 : 의자에 앉아 있을 때 몸통에 안정을 주어야 한다(의자의 좌판 각도는 3°, 등판 각도는 100°).

(다) 의자의 등받이 설계

① 등받이 폭은 최소 30.5cm가 되게 한다.
② 등받이 높이는 최소 50cm가 되게 한다.
③ 의자의 좌판과 등받이 각도는 90~105°를 유지한다.(120°까지 가능)
④ 요부(허리)받침의 높이는 15.2~22.9cm 로 하고 폭은 30.5cm, 두께는 등받이로부터 5cm 정도로 한다.
⑤ 좌판의 앞 모서리 부분은 5cm 정도 낮아야 한다.

> **공정분석(process analysis)**
> ① 공정 자체의 개선 또는 배제 및 공정 순서 대체에 의한 개선
> ② 레이아웃 개선
> ③ 공정관리(process control) 시스템의 문제점 발견 및 기초 자료 제공
>   - 공정분석의 기본분석 기호 : 가공(작업) ○, 운반 ⇨(또는 ○), 검사(수량) □ (품질검사 ◇), 저장 ▽, 정체 D

4. 인간의 특성과 안전

(1) 근골격계질환

(가) 근골격계부담작업〈근골격계부담작업의 범위 및 유해요인조사방법에 관한 고시〉

제3조(근골격계부담작업) 근골격계부담작업이란 다음의 어느 하나에 해당하는 작업을 말한다(단기간작업 또는 간헐적인 작업은 제외한다).

1. 하루에 4시간 이상 집중적으로 자료입력 등을 위해 키보드 또는 마우스를 조작하는 작업
2. 하루에 총 2시간 이상 목, 어깨, 팔꿈치, 손목 또는 손을 사용하여 같은 동작을 반복하는 작업
3. 하루에 총 2시간 이상 머리 위에 손이 있거나, 팔꿈치가 어깨 위에 있거나, 팔꿈치를 몸통으로부터 들거나, 팔꿈치를 몸통뒤쪽에 위치하도록 하는 상태에서 이루어지는 작업
4. 지지되지 않은 상태이거나 임의로 자세를 바꿀 수 없는 조건에서, 하루에 총 2시간 이상 목이나 허리를 구부리거나 트는 상태에서 이루어지는 작업
5. 하루에 총 2시간 이상 쪼그리고 앉거나 무릎을 굽힌 자세에서 이루어지는 작업
6. 하루에 총 2시간 이상 지지되지 않은 상태에서 1kg 이상의 물건을 한손의 손가락으로 집어 옮기거나, 2kg 이상에 상응하는 힘을 가하여 한손의 손가락으로 물건을 쥐는 작업
7. 하루에 총 2시간 이상 지지되지 않은 상태에서 4.5kg 이상의 물건을 한손으로 들거나 동일한 힘으로 쥐는 작업
8. 하루에 10회 이상 25kg 이상의 물체를 드는 작업

작업유형에 따른 작업 자세
〈근골격계질환 예방을 위한 작업환경 개선 지침〉
① 서서하는 작업형태(입식 작업형태): 작업 시 빈번하게 이동해야 하는 경우, 제한된 공간에서의 작업 중 힘을 쓰는 작업
② 입·좌식 작업형태: 제한된 공간에서의 가벼운 작업 중 빈번하게 일어나야 하는 경우
③ 앉아서 하는 작업형태(좌식 작업형태): 제한된 공간에서의 가벼운 작업 중 일어나기가 거의 없는 경우

9. 하루에 25회 이상 10kg 이상의 물체를 무릎 아래에서 들거나, 어깨 위에서 들거나, 팔을 뻗은 상태에서 드는 작업
10. 하루에 총 2시간 이상, 분당 2회 이상 4.5kg 이상의 물체를 드는 작업
11. 하루에 총 2시간 이상 시간당 10회 이상 손 또는 무릎을 사용하여 반복적으로 충격을 가하는 작업

> **참고**
>
> * 근골격계 질환 유발 작업 및 자세
>   ① 부적절한 작업자세 ② 과도한 힘이 필요한 작업 ③ 반복적인 작업
>   ④ 접촉 스트레스 발생작업 ⑤ 진동공구 취급작업(손과 손가락)
> * 손·손목 부위의 근골격계질환〈단순반복작업근로자작업관리지침〉
>   가. Guyon 골관에서의 척골신경 포착 신경병증
>   나. DeQuervain's Disease
>   다. 수근관 터널 증후군
>   라. 무지 수근 중수관절의 퇴행성 관절염
>   마. 수부의 퇴행성 관절염
>   바. 방아쇠 수지 및 무지
>   사. 결절종
>   아. 수완·완관절부의 건염·건활막염
>   (* 수완진동증후군)
>   (* 요부염좌(허리 부위))
> * 수근(손목)관증후군(capal tunnel syndrome) : 손목을 반복적이고 지속적으로 사용하면 걸릴 수 있는 것으로 손목 앞쪽의 작은 통로인 수근관의 정중신경(median nerve)이 눌려서 이상 증상이 나타남. 손을 많이 사용하는 직장인, 주부들이 걸림.
> * 레이노드(raynaud) 증후군 : 전동 공구와 같은 진동이 발생하는 수공구를 장시간 사용하여 손과 손가락 통제 능력의 훼손, 동통, 마비 증상 등을 유발하는 근골격계 질환

근골격계 질환을 예방하기 위한 관리적 대책
작업순환 배치, 직무전환, 적절한 운동 실시

레이노드 증후군(레이노병, Raynaud's phenomenon)
국소진동에 지속적으로 노출된 근로자에게 발생할 수 있으며, 말초혈관장해로 손가락이 창백해지고 동통을 느끼는 질환

OWAS 기법
작업 자세에 의하여 발생하는 작업자 신체의 유해한 정도를 허리(back), 상지(arms), 하지(legs), 손으로 움직이는 대상의 무게 또는 힘(load/use of force)의 4개의 요소를 평가

(나) 작업유해요인 분석평가법

1) OWAS(Ovako Working-posture Analysis System)

분석자가 특별한 기구없이 관찰만으로 작업자세를 분석(관찰적 작업자세 평가 기법)
① 작업자의 자세를 일정간격으로 관찰하여 분석
② 몸통과 팔의 자세분류가 상세하지 못함.
③ 자세의 지속시간, 팔목과 팔꿈치에 관한 정보가 반영되지 못함.

2) RULA(Rapid Upper Limb Assessment)

어깨, 팔목, 손목, 목등 상지(upper limb)에 초점을 맞추어서 작업자세로 인한 근육 부하를 평가하기 위해 만들어진 기법

- 컴퓨터 입력 작업같은 상자 중심 작업의 근골격계질환 작업유해요인 분석평가법으로 가장 적당

(다) 작업관련 근골격계 질환 관련 유해요인조사

1) 유해요인 조사 시기
① 정기 유해요인 조사 : 매 3년마다 주기적으로 실시
② 수시 유해요인 조사 : 근골격계질환자가 발생, 근골격계부담작업에 해당하는 새로운 작업·설비를 도입한 경우, 작업환경을 변경한 경우

2) 유해요인 조사 방법
① 유해요인 조사는 근골격계부담작업 전체에 대한 전수조사를 원칙으로 함. 동일한 작업형태와 동일한 작업 조건의 근골격계부담작업이 존재하는 경우에는 일부 작업에 대해서만 단계적 유해요인 조사를 수행할 수 있음.
② 근골격계부담작업 유해요인조사에는 유해 요인 기본 조사와 근골격계질환 증상조사가 포함.

> **참고**
>
> ※ 제657조(유해요인 조사) 〈산업안전보건기준에 관한 규칙〉
> ① 근로자가 근골격계부담작업을 하는 경우에 3년마다 다음의 사항에 대한 유해요인조사를 하여야 한다(신설되는 사업장의 경우에는 신설일부터 1년 이내에 최초의 유해요인 조사를 하여야 한다).
>   1. 설비·작업공정·작업량·작업속도 등 작업장 상황
>   2. 작업시간·작업자세·작업방법 등 작업조건
>   3. 작업과 관련된 근골격계질환 징후와 증상 유무 등
> ② 다음의 어느 하나에 해당하는 사유가 발생하였을 경우에 제1항에도 불구하고 1개월 이내에 조사대상 및 조사방법 등을 검토하여 유해요인 조사를 해야 한다.
>   1. 법에 따른 임시건강진단 등에서 근골격계질환자가 발생하였거나 근로자가 근골격계질환으로「산업재해보상보험법 시행령」에 따라 업무상 질병으로 인정받은 경우
>   2. 근골격계부담작업에 해당하는 새로운 작업·설비를 도입한 경우
>   3. 근골격계부담작업에 해당하는 업무의 양과 작업공정 등 작업환경을 변경한 경우
> ③ 유해요인 조사에 근로자 대표 또는 해당 작업 근로자를 참여시켜야 한다.

(라) 근로자가 근골격계 부담작업을 하는 경우에 사업주가 근로자에게 알려야 하는 사항
제661조(유해성 등의 주지) 〈산업안전보건기준에 관한 규칙〉
① 근로자가 근골격계부담작업을 하는 경우에 다음의 사항을 근로자에게 알려야 한다.
　1. 근골격계부담작업의 유해요인
　2. 근골격계질환의 징후와 증상
　3. 근골격계질환 발생 시의 대처요령
　4. 올바른 작업자세와 작업도구, 작업시설의 올바른 사용방법
　5. 그 밖에 근골격계질환 예방에 필요한 사항
② 유해요인 조사 및 그 결과, 조사방법 등을 해당 근로자에게 알려야 한다.

경첩관절: 경첩과 같은 구조로 한쪽 방향으로만 구부리고 펼 수 있는 관절. 손가락, 팔꿈치 관절 등

(2) 뼈의 주요 기능
① 인체의 지주
② 장기의 보호
③ 골수의 조혈
④ 신체기능에 필요한 미네랄 저장

NIOSH(National Institute for Occupational Safety and Health): 미국국립산업안전보건연구원

(3) NIOSH lifting guideline에서 제시하는 권장무게한계(RWL, Recommended Weight Limit) : : 건강한 작업자가 어떤 작업조건에서 작업을 최대 8시간 계속해도 요통의 발생위험이 증대되지 않는 취급물 중량의 한계값

$$RWL = LC \times HM \times VM \times DM \times AM \times FM \times CM$$

(LC : 부하상수(23kg), HM : 수평계수, VM : 수직계수, DM : 거리계수, AM : 비대칭계수, FM : 빈도계수, CM : 커플링계수)

NIOSH 지침에서의 최대허용한계(MPL)와 활동한계(AL): 최대허용한계(MPL)는 활동한계(AL)의 3배
- 최대허용한계(MPL: Maximum Permissible Limit): 들어 올림에서의 최대한 허용되는 한도
- 활동한계(AL: Action Limit): 들어올리기 작업의 실행한도

① 수평계수 : 몸에서 붙어 있는 정도
② 수직계수 : 들기 작업에서의 적절한 높이
③ 거리계수 : 물건을 수직이동시킨 거리
④ 비대칭계수 : 신체중심에서 물건중심까지의 각도
⑤ 빈도계수 : 1분 동안 반복된 회수
⑥ 커플링(결합)계수 : 붙잡기 편한 손잡이의 형태

> **참고**
>
> ※ **누적외상성질환**(CTDs, Cumulative Trauma Disorders) : 누적손상장애. 외부의 스트레스에 의해(Trauma), 오랜 시간을 두고 반복 발생하는(Cumulative), 육체적인 질환(Disorders)들을 말함(일종의 만성적인 근골격계 질환)
> ① 특정 신체 부위 및 근육의 과도한 사용으로 인해 근육, 관절, 혈관, 신경 등에 미세한 손상이 발생하여 목, 어깨, 팔, 손 및 손가락 등 상지에 만성적 건강장애인 누적외상성질환이 발생
> ② 원인 : ㉠ 부자연스러운 작업자세 ㉡ 과도한 힘의 발휘
>   ㉢ 높은 반복 및 작업 빈도 ㉣ 부적절한 휴식
>   ㉤ 기타 진동, 저온
>
> ※ **진전**(떨림, tremor) : 진전은 근육의 불수의적 수축에 의해 일어나는 떨림을 말하며, 이는 몸의 어느 부분에서도 일어날 수 있으나 주로 목, 팔, 손 등에서 나타남.
> ① 정적인 자세를 유지할 때 손의 진전(tremor)이 가장 적게 일어나는 위치 : 심장 높이
> ② 진전이 많이 일어나는 경우 : 수직운동

정적자세 유지 시, 진전(tremor)을 감소시킬 수 있는 방법
① 시각적인 참조가 있도록 한다.
② 손이 심장 높이에 있도록 유지한다.
③ 작업 대상물에 기계적 마찰이 있도록 한다.
④ 손을 떨지 않으려고 힘을 주어 노력할수록 진전이 더 심하게 일어난다.

CHAPTER 03 항목별 우선순위 문제 및 해설

01 의자 설계의 일반적인 원리로 가장 적절하지 않은 것은?

① 등근육의 정적 부하를 줄인다.
② 디스크가 받는 압력을 줄인다.
③ 요부전만(腰部前彎)을 유지한다.
④ 일정한 자세를 계속 유지하도록 한다.

해설 의자 설계의 일반원칙 : 의자를 설계하는 데 있어 적용할 수 있는 일반적인 인간공학적 원칙
(가) 조절을 용이하게 함
(나) 요부 전만(腰部前彎)을 유지할 수 있도록 함 : 허리 S라인 유지
(다) 등근육의 정적 부하를 줄이는 구조
(라) 추간판(디스크)에 가해지는 압력을 줄일 수 있도록 함
(마) 고정된 자세로 장시간 유지 되지 않도록 함(자세 고정 줄임)

02 여러 사람이 사용하는 의자의 좌면높이는 어떤 기준으로 설계하는 것이 가장 적절한가?

① 5[%] 오금높이
② 50[%] 오금높이
③ 75[%] 오금높이
④ 95[%] 오금높이

해설 여러 사람이 사용하는 의자의 좌면높이
5[%] 오금높이

03 다음 중 일반적인 수공구의 설계원칙으로 볼 수 없는 것은?

① 손목을 곧게 유지한다.
② 반복적인 손가락 동작을 피한다.
③ 사용이 용이한 검지만을 주로 사용한다.
④ 손잡이는 접촉면적을 가능하면 크게 한다.

해설 수공구 설계의 기본원리
① 손잡이는 접촉면적을 가능하면 크게 한다.
② 공구의 무게를 줄이고 사용시 균형이 유지되도록 한다.
③ 엄지와 검지사이의 덜 민감한 부위로 힘이 가해지도록 손잡이를 설계한다.
④ 동력공구의 손잡이는 두 손가락 이상으로 작동하도록 함.
⑤ 손목은 곧게 유지되도록 설계한다.
⑥ 손가락 동작의 반복을 피하도록 설계한다.

04 건강한 남성이 8시간 동안 특정 작업을 실시하고, 산소소비량이 1.2L/분으로 나타났다면 8시간동안 총작업시간에 포함되어야 할 최소 휴식시간은? (단 남성의 권장 평균에너지 소비량은 5kcal/분, 안정 시 에너지 소비량은 1.5kcal/분으로 가정한다.)

① 107분 ② 117분
③ 127분 ④ 137분

해설 휴식시간
$$R(분) = \frac{60(E-5)}{E-1.5} (60분 기준)$$
E : 평균에너지 소비량(kcal/min)
　작업 시 평균에너지 소비량 5kcal/min
　휴식 시 평균에너지 소비량 1.5kcal/min
⇨ {(6 − 5)/(6 − 1.5)}×60 = 13.3분
　13.3분×8시간 = 106.6 = 107분
※ 에너지소비량, 에너지 가(價)(kcal/min)
　= 분당산소소비량(L)×5kcal = 1.2×5 = 6
　(산소 1리터가 몸속에서 소비될 때 5kcal의 에너지가 소모됨)

05 어떤 작업을 수행하는 작업자의 배기량을 5분간 측정하였더니 100L이었다. 가스미터를 이용하여 배기 성분을 조사한 결과 산소가 20%, 이산화탄소가 3%이었다. 이때 작업자의

정답 01.④ 02.① 03.③ 04.① 05.④

분당 산소소비량(A)과 분당 에너지소비량(B)은 약 얼마인가? (단, 흡기 공기 중 산소는 21vol%, 질소는 79vol%를 차지하고 있다.)

① A : 0.038L/min, B : 0.77kcal/min
② A : 0.058L/min, B : 0.57kcal/min
③ A : 0.073L/min, B : 0.36kcal/min
④ A : 0.093L/min, B : 0.46kcal/min

해설 **산소소비량 측정** : 산소소비량 = (흡기시 산소농도 21%×흡기량) − ((배기시 산소농도%×배기량)
* 공기의 성분은 질소 78.08%와 산소 20.95%, 그 외 이산화탄소 등으로 구성(일반적으로 공기 중 질소는 79%, 산소는 21%로 계산)
* $N_2\% = 100 - O_2\% - CO_2\%$
− 흡기량 = 배기량 × $\dfrac{(100 - O_2 - CO_2)}{79}$

※ 에너지소비량, 에너지 가(價)(kcal/min) = 분당산소소비량(L) × 5kcal
(산소 1리터가 몸속에서 소비될 때 5kcal의 에너지가 소모됨)

1) 분당 산소소비량[L/분]
 = (분당 흡기량×21%) − (분당 배기량×20%)
 = (19.49×0.21) − (20×0.2)
 = 0.0929 ≒ 0.093[L/분]
 ① 분당 흡기량 = {(100 − 20 − 3)/79}×20 = 19.49 [L/분]
 ② 분당 배기량 = $\dfrac{총배기량}{시간}$ = 100/5 = 20[L/분]

2) 에너지소비량, 에너지 가(價)(kcal/min)
 = 분당산소소비량(L)×5kcal
 = 0.0929×5kcal
 = 0.4645 ≒ 0.46kcal/min

06 중량물을 반복적으로 드는 작업의 부하를 평가하기 위한 방법이 NIOSH 들기지수를 적용할 때 고려되지 않는 항목은?

① 들기빈도　　② 수평이동거리
③ 손잡이 조건　④ 허리 비틀림

해설 NIOSH lifting guideline에서 권장무게한계(RWL, Recommended Weight Limit)의 적용 항목
① 수평계수 : 몸에서 붙어 있는 정도
② 수직계수 : 들기 작업에서의 적절한 높이
③ 거리계수 : 물건을 수직이동 시킨 거리
④ 비대칭계수 : 신체중심에서 물건중심까지의 각도
⑤ 빈도계수 : 1분 동안 반복된 회수
⑥ 커플링(결합)계수 : 붙잡기 편한 손잡이의 형태

07 반경 10cm의 조종구(ball control)를 30° 움직였을 때 표시장치는 1cm 이동하였다. 이때 통제표시비(C/D)는 약 얼마인가?

① 2.56　　② 3.12
③ 4.05　　④ 5.24

해설 통제표시비(C/D)

$$\dfrac{C}{D} = \dfrac{\dfrac{\alpha}{360} \times 2\pi L}{\text{표시장치 이동거리}}$$

$$= \dfrac{\dfrac{30}{360} \times 2\pi \times 10}{1} = 5.24$$

여기서, α : 조종장치가 움직인 각도
　　　　L : 반경(지레의 길이)

08 다음 중 조종-반응비율(C/R비)에 관한 설명으로 틀린 것은?

① C/R비가 클수록 민감한 제어장치이다.
② "X"가 조종 장치의 변위량, "Y"가 표시장치의 변위량일때 X/Y로 표현된다.
③ Knob C/R비는 손잡이 1회전시 움직이는 표시장치 이동 거리의 역수로 나타낸다.
④ 최적의 C/R비는 제어장치의 종류나 표시장치의 크기, 허용오차 등에 의해 달라진다.

해설 최적의 C/D비 : 1.18~2.42
① C/D비가 작을수록 이동시간이 짧고 조종이 어려워 조종장치가 민감함
　* C/D비가 크면 미세한 조종은 쉽지만 이동시간은 길다.
② Knob C/D비는 손잡이 1회전 시 움직이는 표시장치 이동 거리의 역수로 나타냄.
③ 최적의 C/D비는 제어장치의 종류나 표시장치의 크기, 허용오차 등에 의해 달라짐.

정답 06. ③ 07. ④ 08. ①

09 어떠한 신호가 전달하려는 내용과 연관성이 있어야 하는 것으로 정의되며, 예로써 위험신호는 빨간색, 주의신호는 노란색, 안전신호는 파란색으로 표시하는 것은 다음 중 어떠한 양립성(compatibility)에 해당하는가?

① 공간양립성
② 개념양립성
③ 동작양립성
④ 형식양립성

해설 **개념적 양립성**
어떠한 신호가 전달하려는 내용과 연관성이 있어야 하는 것
① 위험신호는 빨간색, 주의신호는 노란색, 안전신호는 파란색으로 표시
② 온수 손잡이는 빨간색, 냉수 손잡이는 파란색의 경우

10 다음 중 동작경제의 원칙으로 틀린 것은?

① 가능한 한 관성을 이용하여 작업을 한다.
② 공구의 기능을 결합하여 사용하도록 한다.
③ 휴식시간을 제외하고는 양손이 같이 쉬도록 한다.
④ 작업자가 작업 중에 자세를 변경할 수 있도록 한다.

해설 **동작경제의 3원칙(barnes)**
(가) 신체의 사용에 관한 원칙(use of the human body)
 1) 두 손의 동작은 동시에 시작해서 동시에 끝나도록 한다.
 2) 휴식시간을 제외하고는 양손이 동시에 쉬지 않도록 한다.
 3) 두 팔의 동작은 동시에 서로 반대 방향으로 대칭적으로 움직이도록 한다.
 4) 가능한 한 관성(momentum)을 이용하여 작업을 하도록 하되, 작업자가 관성을 억제하여야 하는 경우에는 발생되는 관성을 최소한으로 줄인다.
(나) 작업장의 배치에 관한 원칙(arrangement of workplace)
(다) 공구 및 설비의 설계에 관한 원칙(design of tools and equipment)

11 다음 중 부품배치의 원칙에 해당하지 않는 것은?

① 중요성의 원칙
② 사용빈도의 원칙
③ 다각능률의 원칙
④ 기능별 배치원칙

해설 **부품(공간)배치의 원칙**
(가) 중요성(기능성)의 원칙 : 부품의 작동성능이 목표 달성에 긴요한 정도에 따라 우선순위를 결정
(나) 사용빈도의 원칙 : 부품이 사용되는 빈도에 따라 우선순위를 결정
(다) 기능별 배치의 원칙 : 기능적으로 관련된 부품을 모아서 배치
(라) 사용순서의 배치 : 사용순서에 맞게 배치

12 다음 중 신체 동작의 유형에 관한 설명으로 틀린 것은?

① 내선(medial rotation) : 몸의 중심선으로의 회전
② 외전(abduction) : 몸의 중심선으로의 이동
③ 굴곡(flexion) : 신체 부위 간의 각도의 감소
④ 신전(extension) : 신체 부위 간의 각도의 증가

해설 **신체부위의 운동**
① 외전(abduction) : 몸의 중심선으로부터 밖으로 이동하는 신체 부위의 동작
② 내전(adduction) : 몸의 중심으로 이동하는 동작

13 단순반복 작업으로 인하여 발생되는 건강장애 즉, CTDs의 발생요인이 아닌 것은?

① 긴 작업주기
② 과도한 힘의 요구
③ 장시간의 진동
④ 부적합한 작업자세

정답 09. ② 10. ③ 11. ③ 12. ② 13. ①

해설 누적외상성질환(CTDs, Cumulative Trauma Disorders)
- 누적손상장애
① 특정 신체 부위 및 근육의 과도한 사용으로 인해 근육, 관절, 혈관, 신경 등에 미세한 손상이 발생하여 목, 어깨, 팔, 손 및 손가락 등 상지에 만성적 건강장해인 누적외상성 질환이 발생
② 원인
 ㉠ 부자연스러운 작업자세
 ㉡ 과도한 힘의 발휘
 ㉢ 높은 반복 및 작업 빈도
 ㉣ 부적절한 휴식
 ㉤ 기타 진동, 저온

14 다음 중 점멸융합주파수에 대한 설명으로 옳은 것은?

① 암조응시에는 주파수가 증가한다.
② 정신적으로 피로하면 주파수 값이 내려간다.
③ 휘도가 동일한 색은 주파수 값에 영향을 준다.
④ 주파수는 조명강도의 대수치에 선형 반비례한다.

해설 점멸융합주파수(Flicker Fusion Frequency, 플리커 검사)
1) 빛이 점멸하는 데도 연속으로 켜있는 것 같아 보이는 주파수. 정신적 피로도, 휘도, 암조응 상태인지 여부에 영향을 받음.
 - 피로의 정도를 측정하는 검사. 정신적으로 피로하면 주파수 값이 내려감.
2) 중추신경계 피로(정신 피로)의 척도로 사용할수 있는 시각적 점멸융합주파수(VFF)를 측정할 때 영향을 주는 변수
 ① 휘도만 같으면 색상은 영향을 주지 않음.
 ② 표적과 주변의 휘도가 같을 때에 VFF는 최대로 됨.
 ③ VFF는 조명강도의 대수치에 선형적으로 비례
 ④ VFF는 사람들 간에는 큰 차이가 있으나, 개인의 경우 일관성이 있음.
 ⑤ 암조응시는 VFF가 감소
 ⑥ 연습의 효과는 아주 적음

15 작업이나 운동이 격렬해져서 근육에 생성되는 젖산의 제거속도가 생성속도에 미치지 못하면, 활동이 끝난 후에도 남아있는 젖산을 제거하기 위하여 산소가 더 필요하게 되는데 이를 무엇이라 하는가?

① 호기산소   ② 혐기산소
③ 산소잉여   ④ 산소부채

해설 산소부채 : 작업종료 후에도 체내에 쌓인 젖산을 제거하기 위하여 추가로 요구되는 산소량
 - 작업이나 운동이 격렬해져서 근육에 생성되는 젖산의 제거속도가 생성속도에 미치지 못하면, 활동이 끝난 후에도 남아있는 젖산을 제거하기 위하여 산소가 더 필요하게 되는데 이를 산소부채라 함.

정답 14. ② 15. ④

Chapter 04 작업환경관리

1. 작업환경조건과 인간공학

(1) 조명

(가) 조도 : 어떤 물체나 표면에 도달하는 빛의 단위면적당 밀도(빛 밝기의 정도, 대상면에 입사하는 빛의 양)

1) 조도 단위

① fc(foot-candle) : 1촉광(cd-촛불 1개)의 점광원으로부터 1 foot 떨어진 구면에 비추는 빛의 밀도[1 (lumen/ft^2)]

② lux(meter-candle) : 1촉광(cd)의 점광원으로부터 1m 떨어진 구면에 비추는 빛의 밀도[1(lumen/m^2)]

⇨ 1(fc) = 1(lumen/ft^2) ≒ 10(lux) = 10(lumen/m^2)

* 1(fc) = 10.76391(lux)

용어

① foot-candle(fc) : 1루멘(lm)의 광속으로 1제곱피트(ft^2)의 면을 균일하게 비치는 조도(照度)이며, 1루멘 매(每) 제곱 피트[1 (lm/ft^2)]
② lumen(lm) : 광속 측정의 국제 단위계(SI). 1루멘은 모든 방향에 대하여 1칸델라(candela)의 광도를 갖는 표준점 광원에서, 단위 입체각(1 steradian, sr)당 방출하는 광속량 (1lm=1cd/sr)
③ lux(lx) : 조도의 단위로, 계량법의 정의는 「1루멘의 광속으로 볼 때 m^2를 비추는 경우의 조도를 1럭스로 함[1(lumen/m^2)]
④ candela(cd, 칸델라) : 광도의 단위. 광원에서, 단위입체각(구의 입체각 4π의 역수, 단위 sr[스테라디안])당 방사되는 광속량(1lm=1cd/sr)
⑤ foot-Lambert(fL) : 1제곱 피트당 1루멘의 광속(光束) 발산도(發散度)를 지닌 완전 확산면의 휘도
⑥ Lambert(람베르트) : 1람베르트는 1cm^2의 표면에서 1lm(루멘)의 광속을 복사하거나 반사하는 밝기로 정의

2) **조도의 관계식** : 광원의 밝기에 비례하고, 거리의 제곱에 반비례하며, 반사체의 반사율과는 상관없이 일정한 값을 갖는 것

---

memo

빛의 밝기

1) 광속(luminous flux, 단위: lm(루멘, lumen)) : 광원에서 나오는 빛의 총량(광원 전체의 밝기) (1lm : 1미터에서 촛불 하나의 빛의 양)

2) 조도(illumination, 단위: Lx(럭스, Lux)) : 물체의 표면에 도달하는 빛의 단위면적당 밀도(빛 밝기의 정도, 대상 면에 입사하는 빛의 양, 장소의 밝기) [1Lux=1lm/m^2 (단위 면적당 루멘]

3) 광도(luminous intensity, 단위: cd(칸델라)) : 광원에서 어느 방향(특정 방향)으로 나오는 빛의 세기(광원에서 어떤 방향에 대한 밝기, 광원의 밝기)
(*candela는 광도의 단위로서 단위 시간당 한 발광점으로부터 투광되는 빛의 에너지양)

4) 휘도(luminance, 단위: nt 니트, cd 칸델라, sb 스틸브) : 단위 면적당 표면을 떠나는 빛의 양(빛이 어떤 물체에서 반사되어 나오는 양, 눈부심의 정도, 대상 면(단위 면적)에서 반사되는 빛의 양, 면의 밝기, 특정 방향에서 본 물체의 밝기) [1nt=1cd/m^2]

$$조도 = \frac{광도}{(거리)^2}$$

예문 1cd의 점광원에서 1m 떨어진 곳에서의 조도가 3lux이었다. 동일한 조건에서 5m 떨어진 곳에서의 조도는 약 몇 lux인가?

해설 조도 : 광원의 밝기에 비례하고, 거리의 제곱에 반비례하며, 반사체의 반사율과는 상관없이 일정한 값을 갖는 것

$조도 = \frac{광도}{(거리)^2}$, 광도 = 조도×(거리)^2

⇨ ① 광도 = 3×1^2 = 3
② 조도 = 3 / 5^2 = 0.12lux

3) 조명수준

① 추천조명수준

작업조건	조명	비고
아주 힘든 검사작업	500(fc)	
세밀한 조립작업	300(fc)	
보통 기계작업	100(fc)	일반적으로 보통 기계작업이나 편지 고르기
드릴, 리벳, 줄질작업	50(fc)	

② 근로자가 상시 작업하는 장소의 작업면 조도(산업안전보건기준에 관한 규칙 제8조)

초정밀작업	정밀작업	보통작업	그 밖의 작업
750럭스(lux) 이상	300럭스(lux) 이상	150럭스(lux) 이상	75럭스(lux) 이상

✱ 수술실 내 작업면에서의 조도〈KS(한국산업규격) 조도기준〉
  - 수술실 조도 : 600(최저) - 1000(표준) - 1500Lux(최고)
  - 수술 시의 조도는 수술대 위의 지름 30cm 범위에서 무영등에 의하여 20000Lux 이상으로 한다.

(나) 광도 : 광원에서 어느 방향으로 나오는 빛의 세기를 나타내는 양, 광원의 밝기

(다) 휘도 : 빛이 어떤 물체에서 반사되어 나오는 양(눈부심의 정도, 대상면에서 반사되는 빛의 양, 면의 밝기, 특정 방향에서 본 물체의 밝기)

(라) 광속발산도 : 단위면적당 표면에서 반사(방출)되는 빛의 양(밝음의 분포)
  - 완전 확산면에서의 광속발산도 = 휘도

(예문) 반사율이 60%인 작업 대상물에 대하여 근로자가 검사작업을 수행할 때 휘도(luminance)가 90fL 이라면 이 작업에서의 소요조명(fc)은 얼마인가?

(풀이) 소요조명(fc)

반사율(%) = $\dfrac{휘도}{소요조명} \times 100$

→ 소요조명 = $\dfrac{휘도}{반사율} \times 100$

⇨ 소요조명 = (90/60)×100 = 150[fc]

(마) 반사율(%)

① 반사율(%) = $\dfrac{광도(fL)}{조도(fc)} \times 100$

 = $\dfrac{광속발산도(휘도)}{소요조명} \times 100$

 반사율 = $\dfrac{휘도(cd/m^2) \times \pi}{조도(lux)}$

 (* 휘도(cd/m^2) = (반사율×조도) / π)

② 옥내 추천 반사율

천장	벽	가구	바닥
80~90%	40~60%	25~45%	20~40%

* 천장과 바닥의 반사비율은 최소한 3:1 이상 유지
* IES(Illuminating Engineering Society. 조명 공학 협회)의 권고에 따른 작업장 내부의 추천 반사율이 가장 높아야 하는 곳 : 천장

(바) 대비 : 표적의 광속발산도와 배경의 광속발산도의 차

$$대비 = \dfrac{L_b - L_t}{L_b} \times 100$$

(L_b : 배경의 광속발산도, L_t : 표적의 광속발산도)

> **예문** 종이의 반사율이 50%이고, 종이상의 글자 반사율이 10%일 때 종이에 의한 글자의 대비는 얼마인가?
>
> **해설** 대비 : 표적의 광속발산도와 배경의 광속발산도의 차
> 대비 = $\dfrac{L_b - L_t}{L_b} \times 100$ (L_b : 배경의 광속발산도, L_t : 표적의 광속발산도)
> ⇨ 종이의 대비 = {(50 − 10) / 50}×100 = 80%

(사) 조명방법

− 간접조명 : 강한 음영 때문에 근로자의 눈 피로도가 큰 조명방법

* 국소조명과 전반조명
  ① 국소조명 : 작업면상의 필요한 장소만 높은 조도를 취하는 조명 방법
  ② 전반조명 : 실내 전체를 일률적으로 밝히는 조명방법으로 실내 전체가 밝아지므로 기분이 명랑해지고 눈의 피로가 적어져서 사고나 재해가 적어지는 조명 방식

(아) 시성능기준함수(VLB)의 일반적인 수준 설정(조명수준의 판단 기준)

① 현실상황에 적합한 조명수준(현실상황에서 가시역치보다는 좀 더 높은 수준의 조명이 적절)

② 표적 탐지 활동은 50%에서 99%임.

③ 표적(target)은 정적인 과녁에서 동적인 과녁으로 함.
④ 언제, 시계 내의 어디에 과녁이 나타날지 모르는 경우

(자) 작업장의 조명 수준에 대한 설명
  ① 작업환경의 추천 광도비는 3 : 1(천정 : 바닥) 정도이다.
  ② 천장은 80~90%(벽 : 40~60%, 가구 : 25~45%, 바닥 : 20~40%) 정도의 반사율을 가지도록 한다.
  ③ 휘도를 균등하게 한다.
  ④ 실내표면에 반사율은 바닥 → 가구 → 벽 → 천장의 순으로 증가시킨다.
  ✱ 작업장 인공조명 설계 시 고려사항
      ① 조도는 작업상 충분할 것 ② 광색은 주광색에 가까울 것 ③ 취급이 간단하고 경제적일 것 ④ 유해가스를 발생하지 않고, 폭발성이 없을 것

(차) 광원으로부터의 직사휘광을 처리하는 방법(glare, 눈부심. 성가신 느낌과 불쾌감을 줌)
  ① 광원을 시선에서 멀리 위치시킨다.
  ② 차양(visor) 혹은 갓(hood) 등을 사용한다.
  ③ 광원의 휘도를 줄이고 광원의 수를 늘린다.
  ④ 휘광원의 주위를 밝게 하여 광속발산(휘도)비를 줄인다.

> 참고
> ✱ 40세 이후 노화에 의한 인체의 시지각 능력 변화
>   ① 근시력 저하 ② 대비에 대한 민감도 저하 ③ 망막에 이르는 조명량 감소 ④ 수정체 변색
> ✱ 시 식별에 영향을 미치는 인자 : 과녁 이동 – 자동차를 운전하면서 도로변의 물체를 보는 경우에 주된 영향을 미치는 것
> ✱ Hawthorne 실험(호손)
>   조명강도를 높인 결과 작업자들의 생산성이 향상되었고, 그 후 다시 조명강도를 낮추어도 생산성의 변화는 거의 없었다. 이는 작업자들이 받게 된 주의에 대한 반응에 기인한 것으로 이것은 인간관계가 작업 및 공간 설계에 큰 영향을 미친다는 것을 암시한다(작업자의 작업능률은 물리적인 작업조건보다는 심리적 요인에 의해서 좌우).

(카) 영상표시단말기(VDT) 취급 근로자를 위한 조명과 채광〈영상표시단말기(VDT) 취급근로자 작업관리지침〉
  <u>제7조(조명과 채광)</u>
  ① 작업실 내의 창·벽면 등을 반사되지 않는 재질로 하여야 하며, 조명은 화면과 명암의 대조가 심하지 않도록 하여야 한다.

② 영상표시단말기를 취급하는 작업장 주변환경의 조도를 화면의 바탕 색상이 검정색 계통일 때 300럭스(Lux) 이상 500럭스 이하, 화면의 바탕 색상이 흰색 계통일 때 500럭스 이상 700럭스 이하를 유지하도록 하여야 한다.
③ 화면을 바라보는 시간이 많은 작업일수록 화면 밝기와 작업대 주변 밝기의 차이를 줄이도록 하고, 작업 중 시야에 들어오는 화면·키보드·서류 등의 주요 표면 밝기를 가능한 한 같도록 유지하여야 한다.
④ 창문에는 차광망 또는 커텐 등을 설치하여 직사광선이 화면·서류 등에 비치는 것을 방지하고 필요에 따라 언제든지 그 밝기를 조절할 수 있도록 하여야 한다.
⑤ 작업대 주변에 영상표시단말기작업 전용의 조명등을 설치할 경우에는 영상표시단말기 취급근로자의 한쪽 또는 양쪽 면에서 화면·서류면·키보드 등에 균등한 밝기가 되도록 설치하여야 한다.

VDT(Visual Display Terminal) 작업을 위한 조명의 일반 원칙

① 영상표시단말기(VDT) 취급 작업장의 조명수준(작업장 주변환경의 밝기)

화면의 바탕색	검정색	흰색
조명수준	300~500Lux	500~700Lux

② 화면반사를 줄이기 위해 산란식 간접조명을 사용한다.
③ VDT 화면과 종이 문서 간의 밝기의 비(화면과 화면에서 먼 주위의 휘도비)
 = 1 : 10
④ 작업영역은 보기에 적당한 밝기로 하고 실내와 작업대의 밝기 차이를 가능한 한 작게 한다.
⑤ 조명의 수준이 높으면 자주 주위를 둘러봄으로써 수정체의 근육을 이완시키는 것이 좋다.
⑥ 조명영역을 조명기구 바로 아래 두지 않고 조명기구들 사이에 둔다.

(2) 소음(noise)에 대한 정의 : 원치 않은 소리(unwanted sound))

① 소음이란 주어진 작업의 존재나 완수와 정보적인 관련이 없는 청각적 자극이며 강한 소음에 노출되면 부신 피질의 기능이 저하된다.
② 소음의 허용한계(우리나라 및 미국의 OSHA기준)는 90dB(A)로 1일 8시간 정도이며, 안락한계는 45~65dB(A), 불쾌 한계는 65~120dB(A)이다.

(가) 가청주파수 : 20~20,000Hz(인간이 들을 수 있는 가청주파수)
 ① 소음에 의한 청력손실은 3,000~6,000Hz의 범위에서 일어나며 4,000Hz에서 가장 크게 나타남.

② 노출한계 : 20,000Hz 이상에서 110dB로 노출 한정
   (* 소음의 단위 : phon, dB)
③ 가청주파수내에서 사람의 귀가 가장 민감하게 반응하는 주파수대역 :
   귀는 중음역에 가장 민감하므로 500~3,000Hz의 진동수를 사용

(나) 소음의 1일 노출시간과 소음강도의 기준

〈산업안전보건기준에 관한 규칙〉
제512조(정의)
1. "소음작업"이란 1일 8시간 작업을 기준으로 85데시벨 이상의 소음이 발생하는 작업을 말한다.
2. "강렬한 소음작업"이란 다음 각목의 어느 하나에 해당하는 작업을 말한다.
   가. 90데시벨 이상의 소음이 1일 8시간 이상 발생하는 작업
   나. 95데시벨 이상의 소음이 1일 4시간 이상 발생하는 작업
   다. 100데시벨 이상의 소음이 1일 2시간 이상 발생하는 작업
   라. 105데시벨 이상의 소음이 1일 1시간 이상 발생하는 작업
   마. 110데시벨 이상의 소음이 1일 30분 이상 발생하는 작업
   바. 115데시벨 이상의 소음이 1일 15분 이상 발생하는 작업
3. "충격소음작업"이란 소음이 1초 이상의 간격으로 발생하는 작업으로서 다음 각 목의 어느 하나에 해당하는 작업을 말한다.
   가. 120데시벨을 초과하는 소음이 1일 1만회 이상 발생하는 작업
   나. 130데시벨을 초과하는 소음이 1일 1천회 이상 발생하는 작업
   다. 140데시벨을 초과하는 소음이 1일 1백회 이상 발생하는 작업

✱ 소음의 크기에 대한 설명
   ① 저주파 음은 고주파 음만큼 크게 들리지 않는다.
   ② 사람의 귀는 고음과 저음에 따라 세기가 틀려 다르게 반응한다.
   ③ 크기가 같아지려면 저주파 음은 고주파 음보다 강해야 한다.
   ④ 일반적으로 낮은 주파수(100Hz 이하)에 덜 민감하고, 높은 주파수에 더 민감하다.

(다) 소음대책
① 음원에 대한 대책(소음원 통제) – 소음방지대책 중 가장 효과적
   ㉠ 설비의 격리 ㉡ 적절한 재배치 ㉢ 저소음 설비 사용
② 소음의 격리
③ 차폐장치 및 흡음재 사용
④ 음향처리재 사용
⑤ 적절한 배치(layout)

소음성난청의 판정분류: A, C, C_1, C_2, D_1, D_2로 구분
• A(정상자), C_1(직업병 요관찰자), C_2(일반질병 요관찰자), D_1(직업병 유소견자), D_2(일반질병 유소견자)
* 소음성 난청의 업무상 재해 인정기준: 연속으로 85데시벨 이상 소음에 3년 이상 노출되어 한 귀의 청력손실이 40데시벨 이상인 경우(내이병변에 의한 감각신경성 난청의 경우에만 인정)

우리나라의 소음 노출 기준: 소음강도 90dB(A)의 8시간 노출로 규정하고 있으며, 8시간 기준으로 하여 5dB 증가할 때 노출 시간은 1/2로 감소되는 5dB 교환율(exchange rate)이 적용

소음으로 인하여 생기는 생리적 변화
혈압상승, 심장박동수 증가, 동공팽창, 혈액 성분의 변화

통화간섭수준(speech interference level) 통화이해도 척도로서 통화이해도에 영향을 주는 잡음의 영향을 추정하는 지수. 통화이해도에 끼치는 소음의 영향을 추정하는 지수	⑥ 배경음악(BGM, Back Ground Music) ⑦ 방음보호구 사용 : 귀마개, 귀덮개 (라) 음성통신에 있어 소음환경과 관련한 지수 1) AI(Articulation Index, 명료도지수) : 음성레벨과 암소음레벨의 비율인 신호 대 잡음비에 기본을 두고 음성의 명료도를 측정하는 방법 2) NC(Noise Criteria) : 소음을 1/1 옥타브밴드로 분석한 결과에 따라 실내 소음을 평가하는 지표 3) PNC(Preferred Noise Criteria Curves) : NC 곡선 중 저주파 부위를 낮게 수정한 것(선호 소음판단 기준 곡선) 4) PSIL(Preferred-Octave Speech Interference Level, 우선 회화 방해 레벨) : 1/1 옥타브 밴드로 분석한 중심주파수 500, 1000, 2000Hz 대역의 산술평균치로 계산(음성 간섭 수준) 5) SIL(Sound Interference Level, 대화 방해 레벨) : 소음에 의해 대화가 방해되는 정도를 표시하기 위하여 사용 6) NRN(Noise Rating Number, 소음평가지수) : 소음을 청력장애, 회화장애, 시끄러움의 3개의 관점에서 평가하는 것으로 하며 1/1 옥타브밴드로 분석한 음압 레벨을 NR-CHART에 표기하여 가장 높은 NR 곡선에 접하는 것을 판독한 NR 값에 보정치를 가감한 것 7) PNL(감각소음레벨) : 항공기 소음 연구에서 소음의 크기가 아닌 시끄러움의 정도 평가 ✽ 청각신호의 위치를 식별하는 척도 : MAMA(Minimum Audible Movement Angle)
누적 소음 노출지수 D(%) $= \left(\dfrac{C_1}{T_1} + \dfrac{C_2}{T_2} + \cdots + \dfrac{C_n}{T_n}\right)$ $\times 100$ (C : 노출된 총시간, T : 허용 노출 기준시간) 시간 가중 평균(TWA) $= 16.61\log(D/100) + 90\text{dB(A)}$	(마) 시간가중평균(TWA)과 (누적)소음 노출지수 **예문** 어떤 사람이 자동차를 생산하는 공장에서 95dB(A)의 소음수준에서 하루 8시간 작업하며 매 시간 조용한 휴게실에서 20분씩 휴식을 취한다고 가정하였을 때 8시간 시간가중평균(TWA)은 약 얼마인가? (단, 소음은 누적 소음 노출량 측정기로 측정하였으며, OSHA에서 정한 95dB(A)의 허용시간은 4시간이다.) **해설** 시간가중평균(TWA) : 누적소음 노출지수를 8시간 동안의 평균 소음수준값으로 변환 ① (누적)소음 노출지수 $D(\%) = \left(\dfrac{C_1}{T_1} + \dfrac{C_2}{T_2} + \cdots + \dfrac{C_n}{T_n}\right) \times 100$ 　[C : 노출된 총시간, T : 허용 노출 기준시간] 　⇒ 누적소음 노출지수 $D(\%) = (5.333/4) \times 100 = 133\%$ 　　[$C = (40분 \times 8)/60분 = 5.333$, $T = 4$] ② TWA $= 16.61 \log(D/100) + 90\text{dB(A)} = 16.61 \log(133/100) + 90 = 92\text{dB(A)}$

> **예문** 어느 작업장에서 8시간 근무 동안 소음측정결과 85dB에서 2시간, 90dB에서 4시간, 95dB에서 2시간이 소요될 때 소음 노출지수(%)을 구하고 소음노출기준 초과 여부를 쓰시오.
>
> **해설** 소음 노출지수(%) [총 소음 투여량(%), 총 소음량(TND)]
> (누적)소음 노출지수 $D(\%) = \left(\dfrac{C_1}{T_1} + \dfrac{C_2}{T_2} + \cdots + \dfrac{C_n}{T_n}\right) \times 100$
> [C : 노출된 총시간, T : 허용 노출 기준시간]
> ⇨ 누적소음 노출지수 $D(\%) = (2/16 + 4/8 + 2/4) \times 100 = 112.5\%$
> 적합성 : 112.5%로 기준 초과(기준 100% 이하)
> (* 우리나라의 소음 노출 기준 : 소음강도 90dB(A)의 8시간 노출로 규정하고 있으며, 8시간 기준으로 하여 5dB 증가할 때 노출 시간은 1/2로 감소되는 5dB 교환율(exchange rate)이 적용)

(3) 열교환 과정과 열압박

(가) 신체의 열교환과정

$$S(\text{열축적}) = M(\text{대사열}) - W(\text{일}) \pm R(\text{복사}) \pm C(\text{대류}) - E(\text{증발})$$
(S는 열이득 및 열손실량. 열평행상태에서는 0임)

$$\Delta S = (M - W) \pm R \pm C - E$$

(ΔS는 신체열함량변화, M은 대사열발생량, W는 수행한 일, R는 복사 열교환량, C는 대류열교환량, E는 증발열발산량을 의미)

> **예문** A 작업장에서 1시간 동안에 480Btu의 일을 하는 근로자의 대사량은 900Btu이고, 증발 열손실이 2250Btu, 복사 및 대류로부터 열이득이 각각 1900Btu 및 80Btu라 할 때 열축적은 얼마인가?
>
> **해설** 신체의 열교환과정
> $S(\text{열축적}) = M(\text{대사열}) - W(\text{일}) \pm R(\text{복사}) \pm C(\text{대류}) - E(\text{증발})$
> ⇨ $S = (900 - 480) + 1900 + 80 - 2250 = 150$

* BTU(Btu) : 영미(英美)에서 사용되고 있는 피트, 파운드법에 의한 열량(熱量) 단위. 1파운드의 물을 1°F 만큼 높이는 데 소요되는 열량(1BTU = 252g/cal)

1) 대사열 : 인체는 대사활동의 결과로 열을 발생

2) 대류 : 고온의 액체나 기체가 고온대에서 저온대로 이동하여 일어나는 열전달

3) 복사(radiation, 輻射) : 열의 세 가지 이동방법인 전도, 복사, 대류 가운데 하나. 열복사는 전자기파로 전해지므로 별도의 매질이 필요하지 않고 빛의 속도로 전달(한 겨울에 햇볕을 쬐면 기온은 차지만 따스함을 느끼는 것)

환경요소의 조합에 의한 스트레스나 개인에 유발되는 긴장(strain)을 나타내는 환경요소 복합지수 : Oxford 지수(wet-dry index), 실효온도(Effective Temperature), 열 스트레스 지수(heat stress index)

* 열 스트레스(열압박): 인체에 미치는 내·외적 열 인자의 총체적인 합. 내적 열 인자는 신진대사열, 열 적응의 정도, 신체온도 등이며, 외적 열 인자는 대기온도, 복사열, 공기온도, 습도 등 (열압박 지수(HSI : Heat Stress Index))

건구온도와 습구온도의 단위: 섭씨온도

✱ 열손실률(R) = 증발에너지(Q)/증발시간(T)
✱ 열교환(heat exchange)의 경로
  ① 전도(conduction)는 고체나 유체의 직접 접촉에 의한 열전달이다.
  ② 대류(convection)는 고온의 액체나 기체의 흐름에 의한 열전달이다.
  ③ 복사(radiation)는 물체 사이에서 전자파의 복사에 의한 열전달이다.
  ④ 증발(evaporation)은 공기 온도가 피부 온도보다 낮을 때 발생하는 열전달이다.

(나) Oxford 지수 : 습건(WD)지수. 습구, 건구 가중 평균치(습구온도와 건구온도의 단순가중치를 나타냄)

$$WD = 0.85 \cdot W(습구온도) + 0.15 \cdot D(건구온도)$$

> **예문** 건구온도 30℃, 습구온도 35℃일 때의 옥스포드(Oxford) 지수는 얼마인가?
>
> **해설** Oxford 지수 : WD = 0.85 · W(습구온도) + 0.15 · D(건구온도)
> = (0.85×35) + (0.15×30) = 34.25℃

※ 불쾌지수(不快指數, discomfort index) = 0.72(건구온도 + 습구온도) + 40.6

불쾌지수 수준	불쾌감의 정도
70~75	약 10%의 사람이 불쾌감을 느낌
76~80	약 50%의 사람이 불쾌감을 느낌
81~85	대부분의 사람이 불쾌감을 느낌
86 이상	견딜 수 없는 정도의 불쾌감을 느낌

(다) 실효온도(effective temperature)
  ① 온도, 습도 및 공기 유동이 인체에 미치는 열효과를 나타낸 것
  ② 실제로 인체에 감각되는 온도로서 실감온도(감각온도)라고 함.
  ③ 상대습도 100%일 때의 건구온도에서 느끼는 것과 동일한 온감(상대습도가 100%일 때 건구와 습구의 온도는 같다.)
  ④ 측정 기준은 무풍상태, 습도 100%일 때의 건구온도계가 가리키는 눈금을 기준

1) 실효 온도(effective temperature) 지수 개발 시 고려한 인체에 미치는 열효과의 조건 (실효온도에 영향을 주는 인자)
  ① 온도 ② 습도 ③ 공기유동(대류)
  비교 1) 공기의 온열조건의 4요소 : ① 대류 ② 전도 ③ 복사 ④ 증발

2) 보온율(clo) : 보온효과는 clo 단위로 측정
   * 클로(Clo) : 옷을 입었을 때의 의복의 보온력의 단위. 1clo는 2면(面) 사이의 온도 구배(勾配)가 0.18℃일 때 1시간 1m²에 대하여 1cal의 열통과를 허용하는 것 같은 열의 절연도(絶緣度)에 해당

> **습구흑구온도(WBGT : Wet Bulb Globe Temperature) 지수**
>
> 수정감각온도를 지수로 간단하게 표시한 온열지수(실내외에서 활동하는 사람의 열적 스트레스를 나타내는 지수-여름철 운동, 훈련)
> ① 실외(태양광선이 있는 장소) : WBGT = 0.7WB + 0.2GT + 0.1DB
> ② 실내 또는 태양광선이 없는 실외 : WBGT = 0.7WB + 0.3GT
> [WB(Wet Bulb) : 습구온도(습도계로 측정된 온도), GT(Globe Temperature) : 흑구온도(지표면의 복사 온도), DB(Dry Bulb) : 건구온도(일반온도계의 온도)]

(라) 온도변화에 따른 인체의 적응

1) 적정온도에서 추운 환경으로 바뀔 때의 현상
   ① 피부 온도가 내려간다.
   ② 피부를 경유하는 혈액 순환량이 감소한다.(혈액의 많은 양이 몸의 중심부를 순환한다.)
   ③ 직장(直腸) 온도가 약간 올라간다.
   ④ 몸이 떨리고 소름이 돋는다.

2) 적정온도에서 더운 환경으로 바뀔 때의 현상
   ① 피부 온도가 올라간다.
   ② 많은 양의 혈액이 피부를 경유한다.
   ③ 직장 온도가 내려간다.
   ④ 발한이 시작한다.

> **고온 작업자의 고온 스트레스로 인해 발생하는 생리적 영향**
>
> ① 고온 하에서는 피부 혈관 확대가 일어나 피부 온도를 높임으로써, 복사에 의한 체열 방출을 크게 하려는 생체 반응이 나타난다.
> ② 심장에서는 피부 표면의 순환 혈액량을 증가시키기 위해 맥박이 빨라지고 심박출량을 증가시키게 된다.
> ③ 사람이 40℃ 이상의 고온 환경에 갑자기 노출되면 땀의 분비 속도는 느리나 피부 온도, 직장 온도 및 심장 박동 수는 증가한다. 이러한 상태에서 계속 활동을 하게 되면 내성과 작업 능력이 한계에 이르게 된다.
> ④ 그러나 이러한 환경에 계속적으로 노출되면 심장 박동 수, 직장 온도 및 피부 온도는 다시 정상으로 돌아오고, 반면에 땀의 분비 속도만 증가한다. 이러한 적응 현상을 순응 또는 순화(acclimatization)라고 한다.

스트레스에 반응하는 신체의 변화
① 외상을 입었을 때 출혈을 방지하기 위하여 혈소판이나 혈액응고 인자가 증가한다.
② 더 많은 산소를 얻기 위해 호흡이 빨라진다.
③ 중요한 장기인 뇌·심장·근육으로 가는 혈류가 증가하고(맥박과 혈압의 증가), 혈액이 적게 요구되는 피부, 소화기관, 신장, 간으로 가는 혈류가 감소한다.
④ 상황 판단과 빠른 행동 대응을 위해 감각기관은 더 예민해진다.

> 큐텐 값(Q10 value, temperature quotient)
> 생체 반응이 온도에 의존하는 정도를 말하며, 온도가 10℃ 상승하였을 때에 반응 속도를 비교하는 변수. Q10 효과에 직접적인 영향을 미치는 인자는 고온임.

(마) 열중독증(heat illness)의 강도〈고열작업환경 관리 지침-안전보건공단〉

열발진 < 열경련 < 열소모 < 열사병

1) **열발진(heat rash)** : 작업환경에서 가장 흔히 발생하는 피부장해로서 땀띠(prickly heat)라고도 말함.

2) **열경련(heat cramp)** : 고온환경 하에서 심한 육체노동을 함으로써 수의근에 통증이 있는 경련을 일으키는 고열장해(고열환경에서 심한 육체노동 후에 탈수와 체내 염분농도 부족으로 근육의 수축이 격렬하게 일어나는 장해)

3) **열소모, 열탈진(heat exhaustion)** : 땀을 많이 흘려 수분과 염분손실이 많을 때 발생하며 두통, 구역감, 현기증, 무기력증, 갈증 등의 증상이 발생(열사병 전단계)

4) **열사병(heat stroke)** : 땀을 많이 흘려 수분과 염분손실이 많을 때 발생함. 갑자기 의식상실에 빠지는 경우가 많음.
   ① 고온 환경에 노출될 때 발한에 의한 체열방출이 장해됨으로써 체내에 열이 축적되어 발생한다.
   ② 뇌 온도의 상승으로 체온조절중추의 기능이 장해를 받게 된다.
   ③ 치료를 하지 않을 경우 100%, 43℃ 이상일 때에는 80%, 43℃ 이하일 때에는 40% 정도의 치명률을 가진다.

5) **열허탈(heat collapse)** : 고온 노출이 계속되어 심박수 증가가 일정 한도를 넘었을 때 일어나는 순환장해(열 때문에 잠깐 쓰러지는 것)

6) **열피로(heat fatigue)** : 고열에 순화되지 않은 작업자가 장시간 고열환경에서 정적인 작업을 할 경우 발생

> **고열에 의한 건강장해 예방 대책**
> ① 작업조건 및 환경개선 두 가지 모두 관계되는 요소 : 착의상태
> ② 작업조건 관계요소 : 열에 노출되는 횟수 및 노출시간
> ③ 작업조건 관계요소 : 휴식처에서의 온열조건, 온열환경에서 작업할 때의 체열교환

(4) 진동과 가속도

(가) 진동작업

〈산업안전보건기준에 관한 규칙 제512조〉

4. "진동작업"이란 다음 각 목의 어느 하나에 해당하는 기계·기구를 사용하는 작업을 말한다.

　가. 착암기(鑿巖機)
　나. 동력을 이용한 해머
　다. 체인 톱
　라. 엔진 커터(engine cutter)
　마. 동력을 이용한 연삭기
　바. 임팩트 렌치(impact wrench)
　사. 그 밖에 진동으로 인하여 건강장해를 유발할 수 있는 기계·기구

(나) 진동 : 진동이란 물체의 전후운동을 가리키며 전신진동과 국소진동으로 구분

1) 전신진동 : 지게차, 대형운송차량 등의 운전자

2) 국소진동 : 연마기, 착암기, 목재용 치퍼(chippers) 등의 운전자

　(* 목재용 치퍼 : 나무를 분쇄하는 장치)

3) 진동이 인간성능에 끼치는 일반적인 영향

　① 진동은 진폭에 비례하여 시력이 손상된다.
　② 진동은 진폭에 비례하여 추적 능력이 손상된다.
　③ 정확한 근육 조절을 요하는 작업은 진동에 의해 저하된다.
　④ 주로 중앙 신경 처리에 관한 임무(감시, 형태식별 등의 인간성능)는 진동의 영향을 덜 받는다.

　✱ 60~90Hz 정도에서 나타날 수 있는 전신진동 장해 : 안구 공명

(다) 가속도

1) 가속도란 물체의 운동 변화율(기본단위는 G로 사용)
2) 중력에 의해 자유 낙하하는 물체의 가속도인 $9.8m/s^2$을 1G로 함.
3) 운동 방향이 전후방인 선형가속의 영향은 수직 방향보다 덜함.

시력손상에 가장 크게 영향을 미치는 전신진동의 주파수: 10~25Hz

국제표준화기구의 피로-저감숙달경계(피로-감소능률한계, 피로 기준)
① 국제표준화기구(ISO)에서는 인체에 전달되는 진동을 쾌적기준, 피로기준, 노출한계 등의 세 단계로 구분
② 수직진동에 대한 피로-저감숙달경계(Fatigue-Decreased Proficiency Boundary)표준 중 내구 수준이 가장 낮은 범위는 4~8Hz
* 진동에서 인체가 느끼는 감각레벨은 수평진동은 1~2Hz에서, 수직진동은 4~8Hz에서 가장 민감하게 느낌

CHAPTER 04 항목별 우선순위 문제 및 해설

01 작업장의 소음문제를 처리하기 위한 적극적인 대책이 아닌 것은?

① 소음의 격리
② 소음원을 통제
③ 방음보호 용구 사용
④ 차폐장치 및 흡음재 사용

해설 소음대책
1) 음원에 대한 대책(소음원 통제)
   ① 설비의 격리
   ② 적절한 재배치
   ③ 저소음 설비 사용
2) 소음의 격리
3) 차폐장치 및 흡음재 사용
4) 음향처리재 사용
5) 적절한 배치(layout)
6) 배경음악(BGM, Back Ground Music)
7) 방음보호구 사용 : 귀마개, 귀덮개 – 소극적 대책

02 다음 중 소음에 관한 설명으로 틀린 것은?

① 강한 소음에 노출되면 부신 피질의 기능이 저하된다.
② 소음이란 주어진 작업의 존재나 완수와 정보적인 관련이 없는 청각적 자극이다.
③ 가청 범위에서의 청력손실은 15000Hz 근처의 높은 영역에서 가장 크게 나타난다.
④ 90dB(A) 정도의 소음에서 오랜 시간 노출되면 청력 장애를 일으키게 된다.

해설 소음(noise)에 관한 설명
③ 소음에 의한 청력손실은 3,000~6,000Hz의 범위에서 일어나며 4,000Hz에서 가장 크게 나타남

03 광원으로부터 직사휘광을 처리하기 위한 방법으로 틀린 것은?

① 광원의 휘도를 줄인다.
② 가리개나 차양을 사용한다.
③ 광원을 시선에서 멀리 한다.
④ 광원의 주위를 어둡게 한다.

해설 광원으로부터의 직사휘광을 처리하는 방법
① 광원을 시선에서 멀리 위치시킨다.
② 차양(visor) 혹은 갓(hood) 등을 사용한다.
③ 광원의 휘도를 줄이고 광원의 수를 늘린다.
④ 휘광원의 주위를 밝게 하여 광속발산(휘도)비를 줄인다.

04 다음 중 실효온도(Effective Temperature)에 대한 설명으로 틀린 것은?

① 체온계로 입안의 온도를 측정하여 기준으로 한다.
② 실제로 감각되는 온도로서 실감온도라고 한다.
③ 온도, 습도 및 공기 유동이 인체에 미치는 열효과를 나타낸 것이다.
④ 상대습도 100%일 때의 건구온도에서 느끼는 것과 동일한 온감이다.

해설 실효온도(Effective Temperature)
① 온도, 습도 및 공기 유동이 인체에 미치는 열효과를 나타낸 것
② 실제로 인체에 감각되는 온도로서 실감온도(감각온도)라고 함.
③ 상대습도 100%일 때의 건구온도에서 느끼는 것과 동일한 온감
④ 측정 기준은 무풍상태, 습도 100%일 때의 건구온도계가 가리키는 눈금을 기준

정답 01. ③ 02. ③ 03. ④ 04. ①

05 산업안전보건법상 근로자가 상시로 정밀작업을 하는 장소의 작업면 조도기준으로 옳은 것은?

① 75럭스(lux) 이상
② 150럭스(lux) 이상
③ 300럭스(lux) 이상
④ 750럭스(lux) 이상

해설 근로자가 상시 작업하는 장소의 작업면 조도 (산업안전보건기준에 관한 규칙 제8조)

초정밀 작업	정밀작업	보통작업	그 밖의 작업
750럭스 (lux) 이상	300럭스 (lux) 이상	150럭스 (lux) 이상	75럭스 (lux) 이상

06 옥내 조명에서 최적 반사율의 크기가 작은 것부터 큰 순서대로 나열된 것은?

① 벽 < 천장 < 가구 < 바닥
② 바닥 < 가구 < 천장 < 벽
③ 가구 < 바닥 < 천장 < 벽
④ 바닥 < 가구 < 벽 < 천장

해설 옥내 추천 반사율

천장	벽	가구	바닥
80~90%	40~60%	25~45%	20~40%

* 천장과 바닥의 반사비율은 최소한 3 : 1 이상 유지

07 다음 중 반사형 없이 모든 방향으로 빛을 발하는 점광원에서 2m 떨어진 곳의 조도가 150lux라면 3m 떨어진 곳의 조도는 약 얼마인가?

① 37.5lux   ② 66.67lux
③ 337.5lux   ④ 600lux

해설 조도
광원의 밝기에 비례하고, 거리의 제곱에 반비례하며, 반사체의 반사율과는 상관없이 일정한 값을 갖는 것

$$조도 = \frac{광도}{(거리)^2}, \quad 광도 = 조도 \times (거리)^2$$

⇨ ① 광도 = 150×2^2 = 600
② 조도 $\times 3^2$ = 600
조도 = 600/9 = 66.67lux

08 반사율이 60%인 작업 대상물에 대하여 근로자가 검사작업을 수행할 때 휘도(luminance)가 90fL이라면 이 작업에서의 소요조명(fc)은 얼마인가?

① 75   ② 150
③ 200   ④ 300

해설 소요조명(fc)

$$반사율(\%) = \frac{휘도}{소요조명} \times 100$$

$$소요조명 = \frac{휘도}{반사율} \times 100$$

⇨ 소요조명 = $\frac{90}{60} \times 100$ = 150fc

09 종이의 반사율이 50%이고, 종이상의 글자 반사율이 10%일 때 종이에 의한 글자의 대비는 얼마인가?

① 10%   ② 40%
③ 60%   ④ 80%

해설 대비 : 표적의 광속발산도와 배경의 광속발산도의 차

$$대비 = \frac{L_b - L_t}{L_b} \times 100$$

(L_b : 배경의 광속발산도, L_t : 표적의 광속발산도)
⇨ 종이의 대비 = {(50 − 10)/50}×100 = 80

10 건구온도 38°C, 습구온도 32°C일 때의 Oxford 지수는 몇 °C인가?

① 30.2°C   ② 32.9°C
③ 35.0°C   ④ 37.1°C

해설 Oxford 지수 : 습건(WD)지수. 습구, 건구 가중 평균치(습구온도와 건구온도의 단순가중치를 나타냄)
WD = 0.85 · W(습구온도) + 0.15 · D(건구온도)
= (0.85×32) + (0.15×38) = 32.9°C

정답 05. ③ 06. ④ 07. ② 08. ② 09. ④ 10. ②

11 3개 공정의 소음수준 측정 결과 1공정은 100dB에서 1시간, 2공정은 95dB에서 1시간, 3공정은 90dB에서 1시간이 소요될 때 총 소음량(TND)과 소음설계의 적합성을 올바르게 나열한 것은? (단, 90dB에 8시간 노출할 때를 허용기준으로 하며, 5dB 증가할 때 허용시간은 1/2로 감소되는 법칙을 적용한다.)

① TND = 0.78, 적합
② TND = 0.88, 적합
③ TND = 0.98, 적합
④ TND = 1.08, 부적합

해설 총 소음량(TND)
① 3공정은 90dB에서 1시간(허용기준 90dB에서 8시간 노출)
② 2공정은 95dB에서 1시간(허용기준 95dB에서 4시간 노출)
③ 1공정은 100dB에서 1시간(허용기준 100dB에서 2시간 노출)
⇨ 총 소음량(TND) = $\frac{1}{8} + \frac{1}{4} + \frac{1}{2} = 0.875 = 0.88$
적합성 : 0.88로 적합(기준 1 이하)

12 A 작업장에서 1시간 동안에 480Btu의 일을 하는 근로자의 대사량은 900Btu이고, 증발 열손실이 2250Btu, 복사 및 대류로부터 열이득이 각각 1900Btu 및 80Btu라 할 때 열축적은 얼마인가?

① 100
② 150
③ 200
④ 250

해설 신체의 열교환과정
S(열축적) = M(대사열) – W(일) ± R(복사) ± C(대류) – E(증발)
⇨ S = (900 – 480) + 1900 + 80 – 2250 = 150

13 주변 환경이 알맞은 온도에서 더운 환경으로 바뀔 때 인체의 적응 현상으로 틀린 것은?

① 발한이 시작된다.
② 직장 온도가 올라간다.
③ 피부 온도가 올라간다.
④ 피부를 경유하는 혈액량이 증가한다.

해설 온도변화에 따른 인체의 적응
1) 적정온도에서 추운 환경으로 바뀔 때의 현상
 ① 피부 온도가 내려간다.
 ② 피부를 경유하는 혈액 순환량이 감소한다.
 ③ 직장(直腸) 온도가 약간 올라간다.
 ④ 몸이 떨리고 소름이 돋는다.
2) 적정온도에서 더운 환경으로 바뀔 때의 현상
 ① 피부 온도가 올라간다.
 ② 많은 양의 혈액이 피부를 경유한다.
 ③ 직장 온도가 내려간다.
 ④ 발한이 시작한다(발한(sweating)의 증가).
 ⑤ 심박출량(cardiac output)의 증가

14 고열환경에서 심한 육체노동 후에 탈수와 체내 염분농도 부족으로 근육의 수축이 격렬하게 일어나는 장해는?

① 열경련(heat cramp)
② 열사병(heat stroke)
③ 열쇠약(heat prostration)
④ 열피로(heat exhaustion)

해설 열경련(heat cramp)
고온환경 하에서 심한 육체 노동을 함으로써 수의근에 통증이 있는 경련을 일으키는 고열장해(고열환경에서 심한 육체노동 후에 탈수와 체내 염분농도 부족으로 근육의 수축이 격렬하게 일어나는 장해)

정답 11. ② 12. ② 13. ② 14. ①

Chapter 05 시스템 위험분석

1. 시스템 안전

(1) **시스템 안전(system safety)** : 시스템 전체에 대하여 종합적이고 균형이 잡힌 안전성을 확보하는 것(정해진 제약 조건하에서 시스템이 받는 상해나 손상을 최소화하는 것)
   ① 위험을 파악, 분석, 통제하는 접근방법
   ② 수명주기 전반에 걸쳐 안전을 보장하는 것을 목표로 함.
   ③ 처음에는 국방과 우주항공 분야에서 필요성이 제기되었음.
   ④ 시스템 내의 위험성을 적시에 식별하고 예방 또는 필요한 조치함.

(2) **시스템 안전관리의 주요 업무(시스템 안전 위한 업무 수행 요건)**
   ① 시스템 안전에 필요한 사항의 식별(시스템 안전에 필요한 사람의 동일성 식별)
   ② 안전 활동의 계획, 조직과 관리
   ③ 다른 시스템 프로그램 영역과 조정
   ④ 시스템 안전에 대한 목표를 실현시키기 위한 프로그램의 해석, 검토 및 평가(시스템 안전활동 결과의 평가 등)

(3) **시스템 안전 프로그램 계획(SSPP, System Safety Program Plan)**
   : 시스템 안전을 확보하기 위한 기본지침

   (가) 시스템 안전 프로그램 계획
      ① 계획의 개요
      ② 안전조직
      ③ 계약조건
      ④ 관련부문과의 조정
      ⑤ 안전기준
      ⑥ 안전해석
      ⑦ 안전성 평가
      ⑧ 안전자료의 수집과 갱신
      ⑨ 경과 및 결과의 분석

   (나) 시스템안전프로그램계획(SSPP)을 이행하는 과정 중 최종분석단계에서 위험의 결정인자
      ① 가능 효율성
      ② 피해가능성
      ③ 폭발빈도
      ④ 비용산정

> memo
>
> 시스템 안전프로그램계획(SSPP)에서 완성해야 할 시스템 안전업무
> ① 정성 해석
> ② 정량 해석
> ③ 운용 해석
> ④ 프로그램 심사와 참가
> ⑤ 설계 심사에의 참가
> ⑥ 계약업자의 감사활동

(4) 위험관리에 있어 위험조정기술

(가) 위험 회피(avoidance) : 손실발생의 가능성이 있는 것을 회피함으로써 손실에 대한 불확실성을 제거

(나) 위험 감축, 경감(reduction) : 가능한 모든 방법을 이용해 위험의 발생 가능성을 저감시켜 위험을 감축하는 것
- 위험방지, 분산, 결합, 제한

(다) 위험 보류, 보유(retention) : 위험을 회피하거나 전가될 수 없는 위험을 감수하는 전략

(라) 위험 전가(transfer) : 보험으로 위험 조정(제3자에게 손실에 대한 책임을 전가)

> **위험관리의 4단계**
> ① 제1단계 : 위험의 파악 ② 제2단계 : 위험의 분석
> ③ 제3단계 : 위험의 평가 ④ 제4단계 : 위험의 처리
> - 위험의 분석 및 평가 단계 : 위험관리 단계에서 발생빈도보다는 손실에 중점을 두며, 기업 간 의존도, 한 가지 사고가 여러 가지 손실을 수반하는 것에 대해 유의하여 안전에 미치는 영향의 강도를 평가하는 단계

> **위험처리 방법에 관한 설명**
> ① 위험처리 대책 수립 시 비용문제가 포함된다.
> ② 위험처리 방법에는 위험을 제어하는 방법과 재정적으로 처리하는 방법이 있다.
> ③ 위험의 제어 방법에는 회피, 손실제어, 위험분리, 책임 전가 등이 있다.
> ④ 재정적으로 처리하는 방법에는 보유와 전가 방법이 있다.

(5) 시스템 안전달성을 위한 프로그램 진행단계(시스템의 수명주기 5단계)

(가) 제1단계 : 구상단계 - 시스템의 수명주기 중 PHA기법이 최초로 사용되는 단계(* 예비 위험요인 분석(PHA))

(나) 제2단계 : 정의단계(사양결정단계) - 생산물의 적합성을 검토하는 단계
- 예비설계와 생산기술을 확인하는 단계

(다) 제3단계 : 개발단계(설계단계)

(* 결함 위험요인 분석(FHA))
① 위험분석으로 주로 FMEA(고장형태와 영향분석)가 적용
② 설계의 수용가능성을 위해 보다 완벽한 검토를 함.
③ 개발 단계의 모형분석과 검사결과는 OHA(운영위험성 분석)의 입력자료로 사용

(라) 제4단계 : 생산(제작, 제조)단계
 - 교육훈련을 시작

(마) 제5단계 : 운전(운영, 조업) - 시스템 안전 프로그램에 대하여 안전점검 기준에 따른 평가를 내리는 시점

① 사고 조사에의 참여 ② 기술 변경의 개발(설계변경 검토) ③ 교육훈련의 진행 ④ 고객에 의한 최종 성능 검사 ⑤ 시스템의 보수 및 폐기

(* 제6단계 : 폐기)

> 제5단계(운전, 운영, 조업) : 이전 단계들에서 발생되었던 사고 또는 사건으로부터 축적된 자료에 대해 실증을 통한 문제를 규명하고 이를 최소화하기 위한 조치를 마련하는 단계)

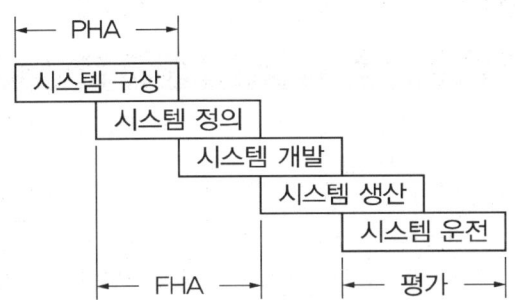

[그림] 시스템 수명주기(PHA와 FHA기법의 사용 단계)

(6) 시스템 안전기술관리를 정립하기 위한 절차

안전분석 → 안전사양 → 안전설계 → 안전확인

구상단계	사양결정단계	설계단계	제작단계	조업단계
안전분석	안전사양	안전설계	안전확인	

2. 시스템 위험분석기법

(1) **예비위험분석(PHA : Preliminary Hazards Analysis)**

모든 시스템 안전 프로그램에서의 최초단계 분석방법으로 시스템의 위험 요소가 어떤 위험 상태에 있는가를 정성적으로 평가하는 분석방법

(가) 예비위험분석(PHA)의 목적 : 시스템의 구상단계에서 시스템 고유의 위험상태를 식별하여 예상되는 위험수준을 결정하기 위한 것

(나) 예비위험분석(PHA)의 식별된 4가지 사고 카테고리(category)

1) **파국적(catastropic)** : 사망, 시스템 손실

시스템의 성능을 현저히 저하시키며 그 결과 인한 시스템의 손실, 인원의 사망 또는 다수의 부상자를 내는 상태

2) 중대(위기적, critical) : 심각한 상해, 시스템 중대 손상

작업자의 부상 및 시스템의 중대한 손해를 초래하거나 작업자의 생존 및 시스템의 유지를 위하여 즉시 수정 조치를 필요로 하는 상태

3) 한계적(marginal) : 경미한 상해, 시스템 성능 저하

작업자의 경미한 상해 및 시스템의 중대한 손해를 초래하지 않고 대처 또는 제어할 수 있는 상태

4) 무시(negligible) : 무시할 수 있는 상처, 시스템 저하 없음.

시스템의 성능, 기능이나 인적 손실이 없는 상태

> **미국방성 위험성 평가 중 위험도(MIL-STD-882B)**
>
> ① category Ⅰ : 파국적 ② category Ⅱ : 위기적 ③ category Ⅲ : 한계적
> ④ category Ⅳ : 무시가능
>
> | 분류 | 범주(category) | 해당 재난 |
> |---|---|---|
> | 파국적(catastrophic) | category Ⅰ | 사망 또는 시스템 상실 |
> | 위기적(critical) | category Ⅱ | 중상, 직업병 또는 중요 시스템 손상 |
> | 한계적(marginal) | category Ⅲ | 경상, 경미한 직업병 또는 시스템의 가벼운 손상 |
> | 무시가능(negligible) | category Ⅳ | 사소한 상처, 직업병 또는 사소한 시스템 손상 |
>
> * MIL-STD-882B에서 시스템 안전 필요사항을 충족시키고 확인된 위험을 해결하기 위한 우선권을 정하는 순서 : 최소리스크를 위한설계 → 안전장치설치 → 경보장치설치 → 절차 및 교육훈련 개발

FMEA : 서브 시스템, 구성요소, 기능 등의 잠재적 고장 형태에 따른 시스템의 위험을 파악하는 위험 분석 기법

FMECA(Failure modes, effects, and criticality analysis)
시스템 부분의 모든 가능성 있는 고장 유형과 고장이 시스템에 미치는 영향을 평가하여 잠재적 고장 발생의 기회를 제거하고 시스템에서 고장 영향성을 줄이는 조치를 파악하는 것(고장형태 및 영향분석(FMEA)에서 치명도 해석을 포함시킨 분석 방법)

(2) 결함 위험요인 분석(FHA : Fault Hazards Analysis)

분업에 의해 분담 설계한 서브 시스템(subsystem) 간의 안전성 또는 전체 시스템의 안전성에 미치는 영향을 분석하는 방법

(3) 고장형태와 영향분석(FMEA : Failure Mode and Effect Analysis)

(가) FMEA : 시스템에 영향을 미치는 모든 요소의 고장을 형태별로 분석하고 영향을 검토하는 것. 전형적인 정성적, 귀납적 분석방법

① 발생 가능 고장 형태 미리 예상 – 영향 분석 – 대책 수립 – 문제 발생 사전 차단

② FMEA가 가장 유효한 경우 : 고장 발생을 최소로 하고자 하는 경우

(나) FMEA의 표준적인 실시 절차

1) 제1단계 : 대상 시스템의 분석

① 기기·시스템의 구성 및 기능을 파악(시스템 구성의 기본적 파악)

② FMEA 실시를 위한 기본방침 결정

③ 기능 블록(block)과 신뢰성 블록 작성(신뢰도 블록 다이어그램 작성)
2) 제2단계: 고장의 유형과 그 영향의 해석
① 고장 형태의 예측과 설정, 고장 원인의 상정
② 상위 항목의 고장영향 검토(상위 체계에의 고장 영향 분석), 고장에 대한 보상법이나 대응법 검토, FMEA 워크시트에의 기입
③ 고장등급의 평가
3) 제3단계 : 치명도 해석과 개선책의 검토

> 고장형태 및 영향분석(FMEA)에서 고장 등급의 평가요소(고장평점법) – 고장 평점을 결정하는 5가지 평가요소
> ① 영향을 미치는 시스템의 범위
> ② 기능적 고장 영향의 중요도
> ③ 고장발생의 빈도
> ④ 고장방지의 가능성
> ⑤ 신규설계여부

※ FMEA의 위험성 분류

표시	위험성 분류
category Ⅰ	생명 또는 가옥의 상실
category Ⅱ	작업 수행의 실패
category Ⅲ	활동의 지연
category Ⅳ	영향 없음

※ 고장의 발생확률과 고장의 영향 – 고장의 발생확률은 β

고장의 발생확률	고장의 영향
$\beta = 0$	영향 없음
$0 < \beta < 0.10$	가능한 손실(가능성 있음)
$0.10 \leq \beta < 1.00$	예상되는 손실(실제로 예상됨)
$\beta = 1.00$	실제의 손실(손실 발생)

(다) FMEA의 장단점
① 양식이 간단하여 특별한 훈련 없이 해석이 가능(서식이 간단하고 비교적 적은 노력으로 분석이 가능)
② 논리성이 부족하고 각 요소 간 영향의 해석이 어렵기 때문에 동시에 2가지 이상의 요소가 고장 나는 경우에 해석 곤란
③ 해석의 영역이 물체에 한정되기 때문에 인적 원인의 해석이 곤란
④ 시스템 해석의 기법은 정성적, 귀납적 분석법 등이 사용
* 시스템 수명주기에서 FMEA가 적용되는 단계 : 개발단계

(4) **THERP**(인간 과오율 예측기법; Technique for Human Error Rate Prediction)
인간의 과오(human error)에 기인된 원인분석, 확률을 계산함으로써 제품의 결함을 감소시키고, 인간 공학적 대책을 수립하는데 사용되는 분석기법(인간의 과오율 추정법 등 5개의 스텝으로 되어 있는 기법)
① 작업자의 실수 확률을 예측하는 데 가장 적합한 기법
② 인간의 과오를 정량적으로 평가하고 분석

> THERP : 가지처럼 갈라지는 형태의 논리구조와 나무형태의 그래프를 이용

(5) ETA, CA, MORT, OHA 등

(가) **MORT(Management Oversight And Risk Tree)** : FTA와 동일의 논리적 방법을 사용하여 관리, 설계, 생산, 보전 등에 대한 넓은 범위에 걸쳐 안전성을 확보하려는 시스템안전 프로그램(원자력 산업에 활용)

(나) **ETA(Event Tree Analysis)** : 사고 시나리오에서 연속된 사건들의 발생경로를 파악하고 평가하기 위한 귀납적이고 정량적인 시스템안전 프로그램(디시젼 트리를 재해사고의 분석에 이용할 경우의 분석법)
 - 사고의 발단이 되는 초기 사상이 발생할 경우 그 영향이 시스템에서 어떤 결과(정상 또는 고장)로 진전해 가는지를 나뭇가지가 갈라지는 형태로 분석하는 방법

(다) **CA(Criticality Analysis, 위험도 분석)** : 항공기의 안정성 평가에 널리 사용되는 기법으로서 각 중요 부품의 고장률, 운용 형태, 보정계수, 사용시간 비율 등을 고려하여 정량적, 귀납적으로 부품의 위험도를 평가하는 분석기법
① 고장이 시스템의 손실과 인명의 사상에 연결되는 높은 위험도를 가진 요소나 고장의 형태에 따른 분석법
② 높은 고장 등급을 갖고 고장 모드가 기기 전체의 고장에 어느 정도 영향을 주는가를 정량적으로 평가하는 해석 기법

(라) **운용위험성분석(OHA : Operating Hazard Analysis)** : 시스템의 운용과 함께 발생할 수 있는 위험성을 분석하는 방법이며 시스템 수명 전반에 걸쳐 사람과 설비에 관련된 위험을 발견하고 제어하기 위한 것이다.
 - 시스템이 저장되고 이동되고, 실행됨에 따라 발생하는 작동시스템의 기능이나 과업, 활동으로부터 발생되는 위험에 초점을 맞추어 진행하는 위험분석방법(시스템의 정의 및 개발 단계에서 실행)
① 운용위험분석(OHA)은 시스템이 저장되고 실행됨에 따라 발생하는 작동시스템의 기능 등의 위험에 초점을 맞춘다.
② 안전방호구 혹은 안전장치의 제공, 위험을 제거하기 위한 설계변경이 준비되어야 한다.
③ 안전의 기본적 관련사항으로 시스템의 서비스, 훈련, 취급, 저장, 수송하기 위한 특수한 절차가 준비되어야 한다.
④ 운용상의 경고, 주의, 특별한 지시, 긴급조치 등이 결정되어야 한다.
⑤ 안전장치 및 설비의 필요조건과 고장검출을 위한 보전순서가 결정되어야 한다.

MORT(Management Oversight And Risk Tree)
원자력 산업과 같이 상당한 안전이 확보되어 있는 장소에서 추가적인 고도의 안전달성을 목적으로 하고 있으며, 관리, 설계, 생산, 보전 등 광범위한 안전을 도모하기 위하여 개발된 분석기법(1970년 이후 미국 ERDA(미국 에너지연구개발청)의 W. G. Johnson 등에 의해 개발)

ETA: '화재 발생'이라는 시작(초기) 사상에 대하여, 화재감지기, 화재 경보, 스프링클러 등의 성공 또는 실패 작동여부와 그 확률에 따른 피해 결과를 분석하는 데 가장 적합한 위험 분석 기법

인간실수확률에 대한 추정 기법
① THERP(인간 과오율 예측기법, Technique for Human Error Rate Prediction)
② 위급사건기법(CIT: Critical Incident Technique)
③ 조작자 행동 나무(OAT: Operator Action Tree)
④ 인간실수 자료은행(Human Error Rate Bank)
⑤ 직무 위급도 분석(TCRAM: Task Criticality Rating Analysis Method)

디시젼 트리(DT, Decision Tree)
① 나무의 뿌리에서 줄기, 가지, 잎과 같은 원리로 표현
② 상호 배반적인 상황의 전개와 발생확률을 가시적으로 표현
③ 다수의 변수와 한 변수와의 관계를 파악하는 데 적합함

(마) 조작자 행동 나무(OAT : Operator Action Tree) : 재해사고 발생과정에서의 재해요인들을 연쇄적으로 파악하여 재해발생의 초기사상으로부터 재해사고까지를 나뭇가지 형태로 표현하는 귀납적인 안전성 분석기법
- 인간의 신뢰도 분석기법 중 조작자 행동나무 접근방법이 환경적 사건에 대한 인간의 반응(대응)을 위해 인정하는 활동 3가지 : 감지, 진단, 반응

(6) 안전해석 분석법 적용

구분	정량적	정성적	연역적	귀납적
PHA		○		
FHA		○		
FMEA		○		○
THERP	○			
ETA	○			○
CA	○			
MORT			○	
DT	○			○
FTA	○		○	

안전성의 관점에서 시스템을 분석 평가하는 접근방법
① "어떻게 하면 무슨 일이 발생할 것인가?"의 연역적인 방법
② "어떤 일이 발생하였을 때 어떻게 처리하여야 안전한가?"의 귀납적인 방법
③ "어떤 일은 하면 안 된다."라는 점검표를 사용하는 직관적인 방법
④ "이런 일은 금지한다."의 상식과 사회기준에 따른 객관적인 방법

✽ Chapanis의 위험분석
　① 발생이 불가능한 경우의 위험 발생률 : impossible $> 10^{-8}$/day
　② 거의 가능성이 없는 위험 발생률 : extremely unlikely $> 10^{-6}$/day
　③ 아주 적은 위험 발생률 : remote $> 10^{-5}$/day
　④ 가끔, 때때로의 위험 발생률 : occasional $> 10^{-4}$/day
　⑤ 꽤 가능성이 있는 위험 발생률 : reasonably probable $> 10^{-3}$/day

✽ 공장설비의 고장원인 분석 방법
　① 고장원인 분석은 언제, 누가, 어떻게 행하는가를 그때의 상황에 따라 결정한다.
　② 고장 근본원인분석(RCA : Root Cause Analysis)에 의한 고장대책으로 빈도가 높은 고장에 대하여 근본적인 대책을 수립한다.
　③ 동일 기종이 다수 설치되었을 때는 공통된 고장 개소, 원인 등을 규명하여 개선하고 자료를 작성한다.
　④ 발생한 고장에 대하여 그 개소, 원인, 수리상의 문제점, 생산에 미치는 영향 등을 조사하고 재발 방지계획을 수립한다.

✽ 위급사건기법(Critical Incident Technique) : 사고나 위험, 오류 등의 정보를 근로자의 직접 면접, 조사 등을 사용하여 수집하고, 인간-기계 시스템 요소들의 관계 규명 및 중대 작업 필요조건 확인을 통한 시스템 개선을 수행하는 기법(면접법)

✽ 위험(risk)의 3가지 기본요소(3요소(triplets))
　① 사고 시나리오(S_i) ② 사고 발생 확률(P_i) ③ 파급효과 또는 손실(X_i)

CHAPTER 05 항목별 우선순위 문제 및 해설

01 다음 중 복잡한 시스템을 설계, 가공하기 전의 구상단계에서 시스템의 근본적인 위험성을 평가하는 가장 기초적인 위험도 분석기법은?

① 예비위험분석(PHA)
② 결함수 분석법(FTA)
③ 운용 안전성 분석(OSA)
④ 고장의 형과 영향분석(FMEA)

해설 예비위험분석(PHA : Preliminary Hazards Analysis)
모든 시스템 안전 프로그램에서의 최초단계 분석 방법으로 시스템의 위험요소가 어떤 위험 상태에 있는가를 정성적으로 평가하는 분석방법
* 예비위험분석(PHA)의 목적 : 시스템의 구상단계에서 시스템 고유의 위험상태를 식별하여 예상되는 위험수준을 결정하기 위한 것

02 시스템 안전분석 방법 중 예비위험분석(PHA) 단계에서 식별하는 4가지 범주에 속하지 않는 것은?

① 위기상태   ② 무시가능상태
③ 파국적상태   ④ 예비조치상태

해설 예비위험분석(PHA)의 식별된 4가지 사고 카테고리(category)
1) 파국적(catastropic) : 사망, 시스템 손상
2) 중대(위기적, critical) : 심각한 상해, 시스템 중대 손상
3) 한계적(marginal) : 경미한 상해, 시스템 성능 저하
4) 무시(negligible) : 경미상해, 시스템 저하 없음

03 다음 중 인간 신뢰도(Human Reliability)의 평가 방법으로 가장 적합하지 않은 것은?

① HCR   ② THERP
③ SLIM   ④ FMECA

해설 FMECA(Failure Modes, Effects, And Criticality Analysis) : 시스템 부분의 모든 가능성 있는 고장 유형과 고장이 시스템에 미치는 영향을 평가하여 잠재적 고장 발생의 기회를 제거하고 시스템에서 고장 영향성을 줄이는 조치를 파악하는 것

04 FMEA에서 고장의 발생확률 β가 다음 값의 범위일 경우 고장의 영향으로 옳은 것은?

$$[\ 0.10 \leq \beta < 1.00\ ]$$

① 손실의 영향이 없음
② 실제 손실이 예상됨
③ 실제 손실이 발생됨
④ 손실 발생의 가능성이 있음

해설 고장의 발생확률과 고장의 영향 – 고장의 발생확률은 β

고장의 발생확률	고장의 영향
$\beta = 0$	영향 없음
$0 < \beta < 0.10$	가능한 손실
$0.10 \leq \beta < 1.00$	실제 예상되는 손실
$\beta = 1.00$	실제의 손실

05 작업자가 계기판의 수치를 읽고 판단하여 밸브를 잠그는 작업을 수행한다고 할 때, 다음 중 이 작업자의 실수 확률을 예측하는 데 가장 적합한 기법은?

① THERP   ② FMEA
③ OSHA   ④ MORT

해설 THERP(인간과오율 예측기법) : Technique for Human Error Rate Prediction)
인간의 과오(Human error)에 기인된 원인분석, 확률을 계산함으로써 제품의 결함을 감소시키고, 인간 공학적 대책을 수립하는데 사용되는 분석기법
① 작업자의 실수 확률을 예측하는 데 가장 적합한 기법
② 인간의 과오를 정량적으로 평가하고 분석

정답 01.① 02.④ 03.④ 04.② 05.①

06 다음 중 시스템 안전 프로그램 계획(SSPP)에 포함되지 않아도 되는 사항은?

① 안전 조직
② 안전 기준
③ 안전 종류
④ 안전성 평가

해설 시스템 안전 프로그램 계획(SSPP, System Safety Program Plan)
(가) 시스템 안전을 확보하기 위한 기본지침
(나) 프로그램 계획에 포함할 사항
① 계획의 개요 ② 안전조직 ③ 계약조건 ④ 관련부문과의 조정 ⑤ 안전기준 ⑥ 안전해석 ⑦ 안전성 평가 ⑧ 안전자료의 수집과 갱신 ⑨ 경과 및 결과의 분석

07 다음 중 위험 조정을 위해 필요한 방법(위험조정기술)과 가장 거리가 먼 것은?

① 위험 회피(avoidance)
② 위험 감축(reduction)
③ 보류(retention)
④ 위험 확인(confirmation)

해설 위험관리에 있어 위험조정기술
(가) 위험 회피(avoidance)
(나) 위험 감축, 경감(reduction) : 가능한 모든 방법을 이용해 위험의 발생 가능성을 저감시켜 위험을 감축하는 것
 – 위험방지, 분산, 결합, 제한
(다) 위험 보류, 보유(retention) : 위험을 회피하거나 전가될 수 없는 위험을 감수하는 전략
(라) 위험 전가(transfer) : 보험으로 위험 조정

08 시스템 안전 프로그램에 있어 시스템의 수명주기를 일반적으로 5단계로 구분할 수 있는데 다음 중 시스템 수명주기의 단계에 해당하지 않는 것은?

① 구상단계
② 생산단계
③ 운전단계
④ 분석단계

해설 시스템 안전달성을 위한 프로그램 진행단계(시스템의 수명주기 5단계)
(가) 제1단계 : 구상단계 – 시스템의 수명주기 중 PHA 기법이 최초로 사용되는 단계
  * 예비 위험요인 분석(PHA)
(나) 제2단계 : 정의단계(사양결정단계)
(다) 제3단계 : 개발단계(설계단계)
  * 결함 위험요인 분석(FHA)
(라) 제4단계 : 생산(제작, 제조)단계
(마) 제5단계 : 운전(운영 · 조업) – 단계시스템 안전 프로그램에 대하여 안전점검 기준에 따른 평가를 내리는 시점

09 다음 중 MIL-STD-882A에서 분류한 위험 강도의 범주에 해당하지 않는 것은?

① 위기(critical)
② 무시(negligible)
③ 경계(precautionary)
④ 파국(catastrophic)

해설 미국방성 위험성 평가 중 위험도(MIL-STD-882B)
① category Ⅰ : 파국적
② category Ⅱ : 위기적
③ category Ⅲ : 한계적
④ category Ⅳ : 무시가능

10 Chapanis의 위험분석에서 발생이 불가능한(Impossible) 경우의 위험 발생률은?

① 10^{-2}/day
② 10^{-4}/day
③ 10^{-6}/day
④ 10^{-8}/day

해설 Chapanis의 위험분석
① 발생이 불가능한 경우의 위험 발생률 : impossible > 10^{-8}/day
② 거의 가능성이 없는 위험 발생률 : extremely unlikely > 10^{-6}/day
③ 아주 적은 위험 발생률 : remote > 10^{-5}/day
④ 가끔, 때때로의 위험 발생률 : occasional > 10^{-4}/day
⑤ 꽤 가능성이 있는 위험 발생률 : reasonably probable > 10^{-3}/day

정답 06. ③ 07. ④ 08. ④ 09. ③ 10. ④

Chapter 06 결함수 분석법

memo

FTA의 발생확률 값 계산
FTA를 수행함에 있어 기본사상들의 발생이 서로 독립인가 아닌가의 여부를 파악하기 위해서는 발생확률의 값을 계산해 보는 것이 가장 적합

1. 결함수 분석(FTA : Fault Tree Analysis)

(1) FTA의 특징 : 정상사상인 재해현상으로부터 기본사상인 재해 원인을 향해 연역적으로 분석하는 방법
(* 연역적 평가기법 : 일반적 원리로부터 논리의 절차를 밟아서 각각의 사실이나 명제를 이끌어내는 것)
① 톱 다운(top-down) 접근방법
② 정량적, 연역적 분석방법(정량적 평가보다 정성적 평가를 먼저 실시한다.)
③ 논리기호를 사용한 특정사상에 대한 해석
④ 기능적 결함의 원인을 분석하는 데 용이
⑤ 잠재위험을 효율적으로 분석
⑥ 복잡하고 대형화된 시스템의 신뢰성 분석에 사용(소프트웨어나 인간의 과오 포함한 고장해석 가능)
* 최초 Watson이 군용으로 고안하였다.
* FMEA(고장 형태와 영향 분석)
   ① 버텀-업(Bottom-Up) 방식
   ② 정성적, 귀납적 해석방법
   ③ 표를 사용, 총합적, 하드웨어의 고장 해석

결함수 분석이 필요한 경우
① 여러 가지 지원 시스템이 관련된 경우
② 시스템의 강력한 상호작용이 있는 경우
③ 바람직하지 않은 사상 때문에 하나 이상의 시스템이나 기능이 정지될 수 있는 경우

(2) 결함수 분석의 기대효과(결함수 분석기법(FTA)의 활용으로 인한 장점)
① 사고원인 규명의 간편화
② 사고원인 분석의 일반화
③ 사고원인 분석의 정량화
④ 노력, 시간의 절감
⑤ 시스템의 결함 진단
⑥ 안전점검 체크리스트 작성
⑦ 사고원인 규명의 연역적 해석가능

(3) 결함수분석(FTA) 절차(FTA에 의한 재해사례의 연구 순서)
① 제1단계 : TOP 사상의 선정

② 제2단계 : 사상의 재해 원인 규명
③ 제3단계 : FT(Fault Tree)도 작성
④ 제4단계 : 개선 계획 작성
⑤ 제5단계 : 개선안 실시계획
* FTA 기법의 절차 : 시스템의 정의 → FT의 작성 → 정성적 평가 → 정량적 평가

(4) 중요도 해석 : 중요도에는 사고의 방식에 따라 구조 중요도, 확률 중요도(요소 중요도), criticality(치명) 중요도 등이 있으나 중요도의 종류에 따라서 평가결과가 일치하지 않는다.
① 구조 중요도 : 시스템 구조에 따른 시스템 고장의 영향을 평가
② 확률 중요도 : 기본사상의 발생확률이 증감하는 경우 정상사상의 발생확률에 어느 정도 영향을 미치는가를 반영하는 지표(수리적으로는 편미분계수와 같은 의미)
③ criticality 중요도(치명 중요도) : 부품개선 난이도가 시스템 고장확률에 미치는 부품고장확률의 기여도 평가
* FTA 분석을 위한 기본적인 가정
  ① 중복사상은 불 대수를 이용하여 간소화한다.
  ② 기본사상들의 발생은 독립적이다.
  ③ 모든 기본사상은 정상사상과 관련되어 있다.
  ④ 기본사상의 조건부 발생확률은 이미 알고 있다.

(5) 논리기호
① 사상(Event)기호 : 현상을 설명하는 기호로서 각종 사상이나 전이기호를 말함.
② 게이트(Gate) : 논리기호로서 AND, OR 및 억제, 부정게이트 등을 말함.
③ 수정(조건)기호 : 게이트기호에 일정한 조건을 첨가하여 좀 더 상세한 정보와 분석 가능
④ FT를 효과적으로 수행하기 위한 기타의 기호

> 결함사상: 두 가지 상태 중 하나가 고장 또는 결함으로 나타나는 비정상적인 사상

구분	기호	명칭	설명
1	□	결함사상	시스템 분석에서 좀 더 발전시켜야 하는 사상(개별적인 결함사상)
2	○	기본사상	더 이상 전개되지 않는 기본 사상(더 이상의 세부적인 분류가 필요 없는 사상)

구분	기호	명칭	설명
3	(점선 원)	기본사상 (인간의 실수)	
4	(오각형)	통상사상	시스템의 정상적인 가동상태에서 일어날 것이 기대되는 사상(통상 발생이 예상되는 사상)-정상적인 사상
5	(마름모)	생략사상	불충분한 자료로 결론을 내릴 수 없어 더 이상 전개할 없는 사상
5-1	(점선 마름모)	생략사상 (인간의 실수)	
6	(삼각형)	전이기호 (전입)	다른 부분에 있는 게이트와의 연결 관계를 나타내기 위한 기호 (삼각형의 상부에 선이 나오는 경우는 타부분에서의 전입을 의미)
7	(삼각형)	전이기호 (전출)	다른 부분에 있는 게이트와의 연결 관계를 나타내기 위한 기호 (측면에 선이 나오는 경우는 타부분으로의 전출을 나타내는 것)
8	(역삼각형)	전이기호 (수량이 다르다)	전입하는 부분이 전출하는 부분과 내용적으로는 같지만 수량적으로 다른 경우는 전이기호로 해서 역삼각기호가 사용
9	(AND 게이트)	AND 게이트	하위의 모든 사상이 만족하여 발생될 때 논리전개가 가능. 기호는 [·]을 붙임.
10	(OR 게이트)	OR 게이트	하위사상 중 한 가지만 만족하여 발생되어도 논리전개가 가능. 기호는 [+]를 붙임.

구분	기호	명칭	설명
11		억제(제어) 게이트	입력이 게이트 조건에 만족할 때 출력 발생 (조건부 사건이 발생하는 상황 하에서 입력현상이 발생할 때 출력현상이 발생하는 것)
12		부정게이트	입력에 반대현상으로 출력
13		우선적 AND 게이트	여러 개의 입력 사상이 정해진 순서에 따라 순차적으로 발생해야만 결과가 출력이 생김.
14		조합 AND 게이트	3개의 입력현상 중 임의의 시간에 2개가 발생하면 출력이 생김.
15		배타적 OR 게이트	OR 게이트이지만 2개 또는 2 이상의 입력이 동시에 존재하는 경우에는 출력이 생기지 않음.
16		위험지속기호	입력사상이 생겨서 어떤 일정시간 지속될 때에 출력사상이 생김.

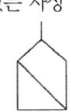

공사상(zero event) : 발생할 수 없는 사상

(6) FT의 순서(작성방법) : 연역적 추적에 의한 FTA

① 정상사상(Top Event) 설정 : 발생 가능성이 있는 재해의 상정
② 상정된 재해와 관계되는 기계, 재료, 작업대상물, 작업자, 환경, 기타의 결함상태 및 요인, 원인에 대한 조사
  - FT를 작성하려면, 먼저 분석대상 시스템을 완전히 이해하여야 함.
③ FT도 작성 : 정상사상과의 관계는 논리게이트를 이용하여 도해
  - 정상(Top)사상과 기본사상과의 관계는 논리게이트를 이용해 도해

④ 작성된 FT의 수식화하고 수학적 처리에 의한 간소화
 - 정성·정량적으로 해석·평가하기 전에는 FT를 간소화
⑤ 각종 결함상태의 발생확률을 조사나 자료에 의해 정하고 FT에 표시
⑥ FT의 정량적 평가 : FT를 수식화한 식에 발생확률을 대입하여 최초로 상정된 재해 확률을 구함
⑦ 종결(평가 및 개선권고)

2. 컷셋(cut set)과 패스셋(path set)

(1) 컷셋(cut set) : 특정 조합의 모든 기본사상들이 동시에 결함을 발생하였을 때 정상사상(결함사상)을 일으키는 기본 사상의 집합(정상사상이 일어나기위한 기본사상의 집합)

(2) 최소 컷셋(minimal cut set) : 컷셋 가운데 그 부분집합만으로 정상사상(결함 발생)을 일으키기 위한 최소의 컷셋(정상사상이 일어나기 위한 기본사상의 필요한 최소의 것)
 ① 컷셋 중에 타 컷셋을 포함하고 있는 것을 배제하고 남은 컷셋들을 의미
 ② 중복되는 사상의 컷셋 중 다른 컷셋에 포함되는 셋을 제거한 컷셋과 중복되지 않는 사상의 컷셋을 합한 것이 최소 컷셋

> **참고**
>
> ※ 최소 컷셋의 특징
> ① 시스템의 위험성을 표시하는 것(약점 표현)
> ② 정상사상(top event)을 일으키기 위한 최소한의 컷셋(top 사상을 발생시키는 조합)
> ③ 일반적으로 fussell algorithm을 이용
> ④ 반복되는 사건이 많은 경우 Limnios와 Ziani Algorithm을 이용하는 것이 유리하다.
> ※ 최소 컷셋의 설명
> ① 일반적으로 시스템에서 최소 컷셋의 개수가 늘어나면 위험수준이 높아짐.
> ② 최소 컷셋은 사상 개수와 무관하게 위험수준은 높음.
> ③ 동일한 시스템에서 패스셋의 개수와 컷셋의 개수는 틀림.

(3) 패스셋(path set) : 시스템이 고장 나지 않도록 하는 사상의 조합
 ① 최초로 정상사상이 일어나지 않는 기본사상의 집합(일정 조합 안에 포함되어 있는 기본사상들이 모두 발생하지 않으면 틀림없이 정상사상(top event)이 발생되지 않는 조합)
 ② 시스템 신뢰도 측면에서 시스템을 성공적으로 작동시키는 경로의 집합

(4) 최소 패스셋(minimal path set) : 어떤 고장이나 실수를 일으키지 않으면 재해가 발생하지 않는 것으로 시스템의 신뢰성을 표시하는 것
- 시스템이 기능을 살리는데 필요한 최소 요인의 집합

(5) 컷셋과 최소 컷셋 정리

(가) X_1, X_2, X_3, X_4

> **참고**
>
> ✱ AND 게이트 : 2개의 값이 모두 입력되어야 출력이 발생
>   - 계산 : 곱셈→A · A
> ✱ OR 게이트 : 1개만 입력되어도 출력 발생
>   - 계산 : 덧셈→A+A

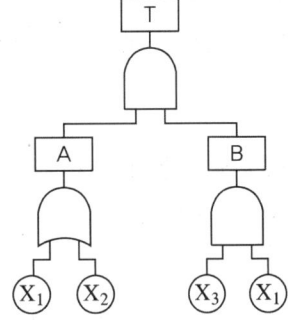

$T = A \cdot B$ ($A = X_1 + X_2$, $B = X_3 \cdot X_1$)

$T = (X_1 + X_2) \cdot (X_3 \cdot X_1)$

$= (X_1 X_1 X_3) + (X_1 X_2 X_3)$ ← 불 대수 $A \cdot A = A$ [✱ $(X_1 X_1 X_3)$은 $(X_1 X_3)$]

따라서 컷셋은 $(X_1 X_3)$

$(X_1 X_2 X_3)$

미니멀 컷셋은 $(X_1 X_3)$

(나) $(X_1 X_1 X_2) (X_2 X_1 X_2)$ → 컷셋과 미니멀 컷셋은 $(X_1 X_2)$

(다) $(X_1 X_2) (X_1 X_2 X_3) (X_1 X_2 X_4)$ → 미니멀 컷셋은 $(X_1 X_2)$

  ✱ 최소 패스셋(minimal path set) : 최소 패스셋은 최소 컷셋과 최소 패스셋의 쌍대성을 이용하여 구함
  ① 어떤 결함수의 쌍대결함수를 구하고, 컷셋을 찾아내어 결함(사고)을 예방할 수 있는 최소의 조합
  ② 쌍대 FT도의 최소 컷셋이 최소 패스셋이 됨(쌍대 FT도는 AND 게이트를 OR로, OR 게이트를 AND로 치환시킨 FT도).

패스셋이 $(X_2, X_3, X_4) (X_1, X_3, X_4) (X_3, X_4)$ 경우
→ 최소 패스셋은 (X_3, X_4)

(6) T사상의 발생확률

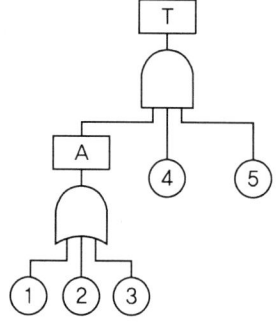

$T = A \cdot ④ \cdot ⑤$, $A = ① + ② + ③$

$T = (① + ② + ③) \cdot ④ \cdot ⑤$

따라서 T 사상의 발생확률은 $T = \{1-(1-①)(1-②)(1-③)\} \cdot ④ \cdot ⑤$

만일 ① ~ ⑤ 사상의 발생확률이 모두 0.06이라면

$T = \{1-(1-0.06)(1-0.06)(1-0.06)\} \times 0.06 \times 0.06 = 0.00061$

(7) 불(G. Boole)대수

영국의 수학자 G. Boole에 의해 창시된 논리수학, 논리 대수를 사용한 연산과정이 정의되어 있는 대수계임.

- 불 대수의 기본지수

$A+0=A$	$A+A=A$	$\overline{\overline{A}}=A$
$A+1=1$	$A+\overline{A}=1$	$A+AB=A$
$A \cdot 0 = 0$	$A \cdot A = A$	$A+\overline{A}B=A+B$
$A \cdot 1 = A$	$A \cdot \overline{A}=0$	$(A+B) \cdot (A+C)=A+BC$

※ 불 대수(Boolean Alebra)의 기본연산

1) 논리곱(AND 연산)			2) 논리합(OR 연산)			3) 배타적 논리합(XOR 연산)			4) 논리부정(NOT 연산)	
입력		출력	입력		출력	입력		출력	입력	출력
A	B	A·B	A	B	A+B	A	B	A⊕B	A	$\overline{A}$
0	0	0	0	0	0	0	0	0	0	1
0	1	0	0	1	1	0	1	1	1	0
1	0	0	1	0	1	1	0	1		
1	1	1	1	1	1	1	1	0		

※ 배타적 논리합: A≠B일 때 A⊕B=1이고, A=B일 때 A⊕B=0이다.

불대수의 흡수법칙
① $A+A \cdot B = A$
② $A+\overline{A} \cdot B = A+B$
③ $A \cdot (A+B) = A$
④ $A \cdot (\overline{A}+B) = A \cdot B$

드모르간의 법칙
① $\overline{A \cdot B} = \overline{A} + \overline{B}$
② $\overline{A+B} = \overline{A} \cdot \overline{B}$

🔒 FTA의 최소 컷셋을 구하는 알고리즘

① Fussell 알고리즘 : 미니멀 컷셋은 일반적으로 Fussell 알고리즘을 이용
② Boolean Algorithm : 불 대수(Boolean algebra) 기본 연산
③ MOCUS Algorithm : 쌍대 FT(Dual FT)를 작성 후 MOCUS 알고리즘 적용
　- 쌍대 FT(Dual FT) : 모든 사상 부정, OR→AND, AND→OR로 바꾼 FT
④ Limnios & Ziani Algorithm

✱ monte carlo 시뮬레이션(몬테카를로 기법) : 시스템이 복잡해지면 확률론적인 분석기법만으로는 분석이 어려워 computer simulation을 이용한다.

CHAPTER 06 항목별 우선순위 문제 및 해설

01 다음 FT도에서 최소 컷셋(Minimal cut set)으로만 올바르게 나열한 것은?

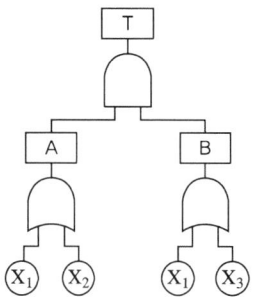

① [X_1]
② [X_1], [X_2]
③ [X_1, X_2, X_3]
④ [X_1, X_2], [X_1, X_3]

해설 최소 컷셋(Minimal cut set)
T = A · B (A = X_1 + X_2, B = X_1 + X_3)
T = (X_1 + X_2) · (X_1 + X_3)
= (X_1 X_1) + (X_1 X_3) + (X_1 X_2) + (X_2 X_3)
  ← 불대수 A · A = A
= X_1(1 + X_3 + X_2) + (X_2 X_3)
  ← 불대수 A + 1 = 1 : 1 + X_3 + X_2 = 1
= (X_1) + (X_2 X_3)
따라서 컷셋은 (X_1), (X_2 X_3)
미니멀 컷셋은 (X_1), (X_2 X_3)

02 다음 FT도에서 각 사상이 발생할 확률이 B_1은 0.1, B_2는 0.2, B_3는 0.3일 때 사상 A가 발생할 확률은 약 얼마인가?

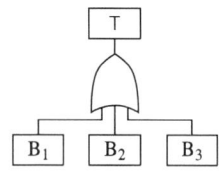

① 0.006   ② 0.496
③ 0.604   ④ 0.804

해설 사상 A가 발생할 확률
A = 1 − (1 − B_1)(1 − B_2)(1 − B_3)
  = 1 − (1 − 0.1)(1 − 0.2)(1 − 0.3)
A = 0.496

03 그림과 같이 FT도에서 활용하는 논리 게이트의 명칭으로 옳은 것은?

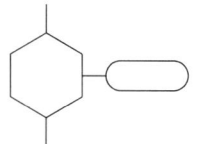

① 억제 게이트
② 제어 게이트
③ 배타적 OR 게이트
④ 우선적 AND 게이트

해설 억제(제어) 게이트 : 입력이 게이트 조건에 만족할 때 출력이 발생

04 다음 중 FTA(Fault Tree Analysis)에 관한 설명으로 가장 적절한 것은?

① 복잡하고, 대형화된 시스템의 신뢰성 분석에는 적절하지 않다.
② 시스템 각 구성요소의 기능을 정상인가 또는 고장인가로 점진적으로 구분 짓는다.
③ "그것이 발생하기 위해서는 무엇이 필요한가?"라는 것은 연역적이다.
④ 사건들을 일련의 이분(binary) 의사 결정 분기들로 모형화한다.

해설 FTA의 특징 : 정상사상인 재해현상으로부터 기본사상인 재해원인을 향해 연역적으로 분석하는 방법
(* 연역적 평가기법 : 일반적 원리로부터 논리의 절차를 밟아서 각각의 사실이나 명제를 이끌어내는 것)

정답 01. ① 02. ② 03. ①, ② 04. ③

① 톱다운(top-down) 접근방법
② 정량적, 연역적 분석방법(정량적 평가보다 정성적 평가를 먼저 실시한다.)
③ 논리기호를 사용한 특정사상에 대한 해석
④ 기능적 결함의 원인을 분석하는 데 용이
⑤ 잠재위험을 효율적으로 분석
⑥ 복잡하고 대형화된 시스템의 신뢰성 분석에 사용 (소프트웨어나 인간의 과오 포함한 고장해석 가능)

05 다음 중 FTA에 의한 재해사례 연구 순서에서 가장 먼저 실시하여야 하는 사항은?

① FT도의 작성
② 개선 계획의 작성
③ 톱(TOP)사상의 선정
④ 사상의 재해 원인의 규명

해설 결함수분석(FTA) 절차 (FTA에 의한 재해사례의 연구 순서)
(가) 제1단계 : TOP 사상의 선정
(나) 제2단계 : 사상의 재해 원인 규명
(다) 제3단계 : FT(Fault Tree)도 작성
(라) 제4단계 : 개선 계획 작성
(마) 제5단계 : 개선안 실시계획

06 다음 중 FT의 작성방법에 관한 설명으로 틀린 것은?

① 정성·정량적으로 해석·평가하기 전에는 FT를 간소화해야 한다.
② 정상(Top)사상과 기본사상과의 관계는 논리게이트를 이용해 도해한다.
③ FT를 작성하려면, 먼저 분석대상 시스템을 완전히 이해하여야 한다.
④ FT 작성을 쉽게 하기 위해서는 정상(Top)사상을 최대한 광범위하게 정의한다.

해설 FT의 순서(작성방법)
(가) 정상사상(Top Event) 설정 : 발생 가능성이 있는 재해의 상정
(나) 상정된 재해와 관계되는 기계, 재료, 작업대상물, 작업자, 환경, 기타의 결함상태 및 요인, 원인에 대한 조사
 – FT를 작성하려면, 먼저 분석대상 시스템을 완전히 이해하여야 함.
(다) FT도 작성 : 정상사상과의 관계는 논리게이트를 이용하여 도해
 – 정상(Top)사상과 기본사상과의 관계는 논리게이트를 이용해 도해
(라) 작성된 FT의 수식화하고 수학적 처리에 의한 간소화
 – 정성·정량적으로 해석·평가하기 전에는 FT를 간소화

07 결함수 분석의 컷셋(cut set)과 패스셋(path set)에 관한 설명으로 틀린 것은?

① 최소 컷셋은 시스템의 위험성을 나타낸다.
② 최소 패스셋은 시스템의 신뢰도를 나타낸다.
③ 최소 패스셋은 정상사상을 일으키는 최소한의 사상 집합을 의미한다.
④ 최소 컷셋은 반복사상이 없는 경우 일반적으로 퍼셀(Fussell) 알고리즘을 이용하여 구한다.

해설 최소컷셋과 최소패스셋
(1) 최소 컷셋(Minimal cut set) : 컷셋 가운데 그 부분집합만으로 정상사상을 일으키기 위한 최소의 컷셋 (정상사상이 일어나기 위한 기본사상의 필요 최소한의 것) – 최소 컷셋은 시스템의 위험성을 나타낸다.
 * 일반적으로 Fussell Algorithm을 이용
(2) 최소 패스셋(minimal path set) : 어떤 고장이나 실수를 일으키지 않으면 재해가 발생하지 않는 것으로 시스템의 신뢰성을 표시하는 것(최소 패스셋은 시스템의 신뢰도를 나타낸다.)
 – 시스템이 기능을 살리는데 필요한 최소 요인의 집합

08 다음 중 FTA의 기대효과로 볼 수 없는 것은?

① 사고 원인 규명의 간편화
② 사고 원인분석의 정량화
③ 시스템의 결함 진단
④ 사고 결과의 분석

정답 05. ③ 06. ④ 07. ③ 08. ④

해설 **결함수 분석의 기대효과**
① 사고원인 규명의 간편화
② 사고원인 분석의 일반화
③ 사고원인 분석의 정량화
④ 노력, 시간의 절감
⑤ 시스템의 결함 진단
⑥ 안전점검 체크리스트 작성

09 다음 중 불(Bool) 대수의 정리를 나타낸 관계식으로 틀린 것은?

① $A \cdot A = A$ ② $A + \overline{A} = 0$
③ $A + AB = A$ ④ $A + A = A$

해설 **불(Bool) 대수**
1. $A + 0 = A$ 2. $A + 1 = 1$
3. $A \cdot 0 = 0$ 4. $A \cdot 1 = A$
5. $A + A = A$ 6. $A + \overline{A} = 1$
7. $A \cdot A = A$ 8. $A \cdot \overline{A} = 0$
9. $\overline{\overline{A}} = A$ 10. $A + AB = A$
11. $A + \overline{A}B = A + B$
12. $(A + B) \cdot (A + C) = A + BC$

10 다음 중 반복되는 사건이 많이 있는 경우에 FTA의 최소 컷셋을 구하는 알고리즘과 관계가 가장 적은 것은?

① MOCUS Algorithm
② Boolean Algorithm
③ Monte Carlo Algorithm
④ Limnios & Ziani Algorithm

해설 **FTA의 최소 컷셋을 구하는 알고리즘**
① boolean algorithm : 불 대수(boolean algebra) 기본 연산
② MOCUS Algorithm : 쌍대 FT(Dual FT)를 작성 후 MOCUS 알고리즘 적용
   - 쌍대 FT (Dual FT) : 모든 사상 부정, OR→AND, AND→OR로 바꾼 FT
③ Limnios & Ziani Algorithm
* monte carlo 시뮬레이션(몬테카를로 기법) : 시스템이 복잡해지면 확률론적인 분석기법만으로는 분석이 어려워 computer simulation을 이용

정답 09. ② 10. ③

Chapter 07 위험성 평가

1. 위험성평가〈사업장 위험성평가에 관한 지침〉

(1) 위험성평가 실시 〈산업안전보건법 제36조〉

① 사업주는 건설물, 기계·기구·설비, 원재료, 가스, 증기, 분진, 근로자의 작업행동 또는 그 밖의 업무로 인한 유해·위험 요인을 찾아내어 부상 및 질병으로 이어질 수 있는 위험성의 크기가 허용 가능한 범위인지를 평가하여야 함

② 그 결과에 따라 법령에 따른 조치를 하여야 하며, 근로자에 대한 위험 또는 건강장해를 방지하기 위하여 필요한 경우에는 추가적인 조치를 하여야 함

(2) 용어의 정의

(가) 위험성평가(Risk Assessment)

사업주가 스스로 유해·위험요인을 파악하고 해당 유해·위험요인의 위험성 수준을 결정하여, 위험성을 낮추기 위한 적절한 조치를 마련하고 실행하는 과정

  ※ 위험성평가(risk assessment) : 위험 분석(risk alalysis)과 위험 평가(risk evaluation)로 구성되는 전체적인 과정

(나) 유해·위험요인(Hazard)

유해·위험을 일으킬 잠재적 가능성이 있는 것의 고유한 특징이나 속성

  ※ 위해요인(Hazard) : 잠재적인 위해(harm) 원인(source)

(다) 위험성(Risk)

유해·위험요인이 사망, 부상 또는 질병으로 이어질 수 있는 가능성과 중대성 등을 고려한 위험의 정도

  ※ 위험성(risk) : 위해 발생 확률과 해당 위해 심각성의 조합

(3) 위험성평가 실시주체

(가) 사업주

사업주는 스스로 사업장의 유해·위험요인을 파악하고 이를 평가하여 관리 개선하는 등 위험성평가를 실시

- 사업주가 주체가 되어 ① 안전보건관리책임자 ② 관리감독자 ③ 안전·보건관리자 또는 안전보건관리담당자 ④ 대상 작업의 근로자가 참여하여 각자의 역할에 따라 위험성평가를 실시

(나) 도급사업주와 수급사업주

작업의 일부 또는 전부를 도급에 의하여 행하는 사업의 경우는 도급을 준 도급인(도급사업주)과 도급을 받은 수급인(수급사업주)은 각각 위험성평가를 실시

* 수급인의 위험성평가 결과 도급인이 이행해야 할 개선대책과 필요한 경우에는 도급인이 개선

(4) 위험성평가의 대상

(가) 사업장 내의 모든 유해·위험요인을 파악

위험성평가의 대상이 되는 유해·위험요인은 업무 중 근로자에게 노출된 것이 확인되었거나 노출될 것이 합리적으로 예견 가능한 모든 유해·위험요인

(나) 아차사고

사업장 내 부상 또는 질병으로 이어질 가능성이 있었던 상황(아차사고)을 확인한 경우에는 해당 사고를 일으킨 유해·위험요인을 위험성평가의 대상에 포함

(다) 중대재해가 발생할 때

사업장 내에서 중대재해가 발생할 때에는 지체 없이 중대재해의 원인이 되는 유해·위험요인에 대해 위험성평가를 실시하고, 그 밖의 사업장 내 유해·위험요인에 대해서는 위험성평가 재검토를 실시

(5) 근로자 참여

위험성평가를 실시할 때 다음에 해당하는 경우 해당 작업에 종사하는 근로자를 참여시켜야 함

① 유해·위험요인의 위험성 수준을 판단하는 기준을 마련하고, 유해·위험요인별로 허용 가능한 위험성 수준을 정하거나 변경하는 경우
② 해당 사업장의 유해·위험요인을 파악하는 경우
③ 유해·위험요인의 위험성이 허용 가능한 수준인지 여부를 결정하는 경우
④ 위험성 감소대책을 수립하여 실행하는 경우
⑤ 위험성 감소대책 실행 여부를 확인하는 경우

※ 다양한 근로자 참여방법
　가. 근로자 안전보건 제안제도 : 근로자가 발견한 유해·위험요인에 대해 조치하고, 우수 제안자에게는 시상 등 인센티브를 제공
　나. 아차사고 발굴 신고제도 : 아차사고 발생 사실을 근로자들이 자유롭게 신고 할 수 있도록 하고, 아차사고가 발생한 유해·위험요인에 대해서는 위험성평가를 통해 관리
　다. 근로자 안전 소통채널 운영 : 문자메시지등을 활용해 근로자가 유해·위험요인 등을 신고할 수 있도록 하고, 조치결과를 알려주며, SNS에서는 안전보건 이슈 사항, 안전보건 조치 사항 등에 관해 근로자들에게 알려줌

(6) 위험성평가의 수행체계

(가) 위험성평가 수행체계의 운영방법

① 안전보건관리책임자 등 해당 사업장에서 사업의 실시를 총괄 관리하는 사람에게 위험성평가의 실시를 총괄 관리하게 할 것
② 사업장의 안전관리자, 보건관리자 등이 위험성평가의 실시에 관하여 안전보건관리책임자를 보좌하고 지도·조언하게 할 것
③ 유해·위험요인을 파악하고 그 결과에 따른 개선조치를 시행할 것
④ 기계·기구, 설비 등과 관련된 위험성평가에는 해당 기계·기구, 설비 등에 전문 지식을 갖춘 사람을 참여하게 할 것
⑤ 안전·보건관리자의 선임의무가 없는 경우에는 업무를 수행할 사람을 지정하는 등 그 밖에 위험성평가를 위한 체제를 구축할 것

(나) 교육 실시

사업주는 위험성평가를 실시하기 위해 필요한 교육을 실시함(위험성평가에 대해 외부에서 교육을 받았거나, 관련학문을 전공하여 관련 지식이 풍부한 경우에는 필요한 부분만 교육을 실시하거나 교육을 생략할 수 있음)

(다) 전문가 위탁

사업장이 스스로 위험성평가를 실시하기 어려운 경우에는 외부 전문가(기관)의 컨설팅을 전체적으로 또는 부분적으로 받을 수 있음

✱ 위험성평가를 갈음하는 조치 : 다음의 어느 하나에 해당하는 제도를 이행한 경우에는 그 부분에 대하여 위험성평가를 실시한 것으로 봄
　① 위험성평가 방법을 적용한 안전·보건진단
　② 공정안전보고서(공정안전보고서의 내용 중 공정위험성평가서가 최대 4년 범위 이내에서 정기적으로 작성된 경우에 한함)
　③ 근골격계부담작업 유해요인조사
　④ 그 밖에 법령에서 정하는 위험성평가 관련 제도

(7) 위험성평가의 방법

사업장 여건과 유해·위험요인의 특성을 고려하여 효과적인 방법을 선택하여 활용할 수 있음

(가) 위험 가능성과 중대성을 조합한 빈도·강도법

위험성의 빈도(가능성)와 강도(중대성)를 곱셈, 덧셈, 행렬 등의 방법으로 조합하여 위험성의 크기(수준)를 산출해 보고, 이 위험성의 크기가 허용 가능한 수준인지 여부를 살펴보는 방법

(나) 체크리스트(Checklist)법

유해·위험요인을 파악하고, 유해·위험요인별로 체크리스트를 만들어 위험성을 줄이기 위한 현재 조치가 적정한지 아닌지 "○" 또는 "×"으로 표시하는 방법

(다) 위험성 수준 3단계(저·중·고) 판단법

위험성 결정을 위해 유해·위험요인의 위험성을 가늠하고 판단할 때, 위험성 수준을 상·중·하 또는 저·중·고와 같이 간략하게 구분하고, 직관적으로 이해할 수 있도록 위험성의 수준을 표시하는 방법

(라) 핵심요인 기술(One Point Sheet)법

영국 산업안전보건청(HSE), 국제노동기구(ILO)에서 중·소규모 사업장의 위험성평가를 위해 안내하는 내용에 따라 단계적으로 핵심 질문에 답변하는 방법

(마) 그 외 산업안전보건법 시행규칙에서 정한 방법

(8) 위험성평가의 실시 시기

(가) 최초평가

사업장이 성립된 날(사업개시일·실착공일)로부터 1개월 이내에 착수, 1개월 미만의 기간이 걸리는 작업이나 공사를 실시하는 경우에는 작업 개시 이후 지체 없이 시행

(나) 수시평가

사업장에 추가적인 유해·위험요인이 생기거나, 기존 유해·위험요인의 위험성이 높아진 경우
① 사업장 건설물의 설치·이전·변경 또는 해체
② 기계·기구, 설비, 원재료 등의 신규 도입 또는 변경

③ 건설물, 기계·기구, 설비 등의 정비 또는 보수(주기적·반복적 작업으로서 이미 위험성평가를 실시한 경우에는 제외)
④ 작업방법 또는 작업절차의 신규 도입 또는 변경
⑤ 중대산업사고 또는 산업재해(휴업 이상의 요양을 요하는 경우에 한정한다) 발생
⑥ 그 밖에 사업주가 필요하다고 판단한 경우

(다) 정기평가

최초평가와 수시평가의 결과의 적정성을 1년마다 정기적으로 재검토
① 기계·기구, 설비 등의 기간 경과에 의한 성능 저하
② 근로자의 교체 등에 수반하는 안전·보건과 관련되는 지식 또는 경험의 변화
③ 안전·보건과 관련되는 새로운 지식의 습득
④ 현재 수립되어 있는 위험성 감소대책의 유효성 등

(라) 상시평가

매월 1회 이상 근로자가 참여하는 사업장 순회점검을 실시하고, 근로자 제안제도, 아차사고 결과 확인 등을 통해 유해·위험요인 파악하여 위험성평가 실시, 매주 위험성평가의 결과를 관계자 논의·공유 및 이행상황 점검, 매일 작업 전 안전점검회의(TBM) 등을 통해 작업에 투입되는 근로자에게 상시적으로 주지(상시평가를 실시하는 경우 수시평가와 정기평가를 실시한 것으로 봄)

(9) 위험성평가의 절차

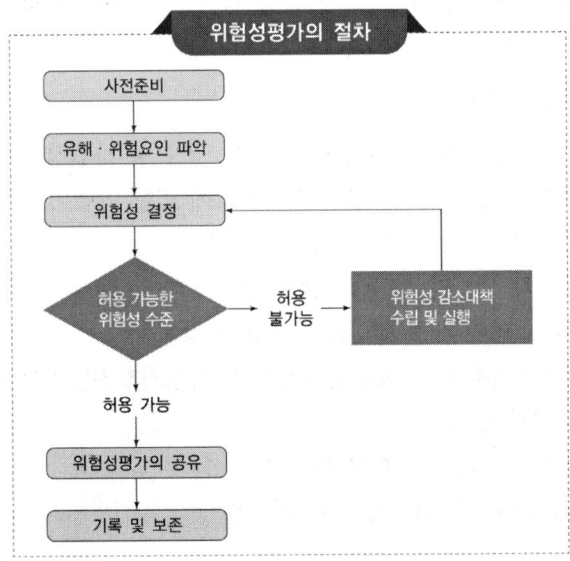

(가) 사전준비

1) 위험성평가 실시규정의 작성 : 사업장의 안전보건방침과 목표, 위험성평가 실시 조직의 구성과 역할, 평가절차, 근로자에 대한 공유 방법 등이 포함
   ① 평가의 목적 및 방법
   ② 평가담당자 및 책임자의 역할
   ③ 평가시기 및 절차
   ④ 근로자에 대한 참여·공유방법 및 유의사항
   ⑤ 결과의 기록·보존

2) 위험성 수준과 그 판단 기준 등의 설정 : 사업장에서는 위험성의 수준과 그 수준을 판단하는 기준을 마련하여야 함
   ① 위험성의 수준과 그 수준을 판단하는 기준
   ② 허용 가능한 위험성의 수준

3) 안전보건정보에 대한 사전 조사 : 위험성평가에 활용
   ① 작업표준, 작업절차 등에 관한 정보
   ② 기계·기구, 설비 등의 사양서, 물질안전보건자료(MSDS) 등의 유해·위험요인에 관한 정보
   ③ 기계·기구, 설비 등의 공정 흐름과 작업 주변의 환경에 관한 정보
   ④ 도급사업장이 있는 경우 혼재 작업의 위험성 및 작업 상황 등에 관한 정보
   ⑤ 재해사례, 재해통계 등에 관한 정보
   ⑥ 작업환경측정결과, 근로자 건강진단결과에 관한 정보
   ⑦ 그 밖에 위험성평가에 참고가 되는 자료 등

(나) 유해·위험요인 파악

유해·위험요인을 파악하는 방법은 업종, 규모 등 사업장의 실정에 맞게 다양한 방법을 활용하되 사업장 순회점검에 의한 방법이 포함되어야 함
① 사업장 순회점검에 의한 방법
② 근로자들의 상시적 제안에 의한 방법
③ 설문조사·인터뷰 등 청취조사에 의한 방법
④ 물질안전보건자료, 작업환경측정결과, 특수건강진단결과 등 안전보건자료에 의한 방법
⑤ 안전보건 체크리스트에 의한 방법
⑥ 그 밖에 사업장의 특성에 적합한 방법

(다) 위험성 결정

파악된 유해·위험요인이 근로자에게 노출 되었을 때의 위험성을 사전준비 단계의 위험성 수준의 판단 기준에 의해 판단하고, 위험성이 허용 가능한 수준인지를 결정

(라) 위험성 감소대책 수립 및 실행

유해·위험요인에 대해 하나하나 위험성을 결정하고, 허용 가능하지 않은 수준의 위험성을 가진 유해·위험요인들에 대해서는 허용 가능한 수준으로 위험성을 낮추는 대책의 수립 및 실행

① 위험한 작업의 폐지·변경, 유해·위험물질 대체 등의 조치 또는 설계나 계획 단계에서 위험성을 제거 또는 저감하는 조치
② 연동장치, 환기장치 설치 등의 공학적 대책
③ 사업장 작업절차서 정비 등의 관리적 대책
④ 개인용 보호구의 사용

(마) 위험성평가의 공유

1) 게시, 주지 등의 방법 : 위험성평가를 실시한 결과 중 다음에 해당하는 사항을 근로자에게 게시, 주지 등의 방법으로 알려야 함

① 근로자가 종사하는 작업과 관련된 유해·위험요인
② 유해·위험요인의 위험성 결정 결과
③ 유해·위험요인의 위험성 감소대책과 그 실행 계획 및 실행 여부
④ 위험성 감소대책에 따라 근로자가 준수하거나 주의하여야 할 사항

2) 안전점검회의 등을 통해 상시적으로 주지 : 위험성평가 결과 중대재해로 이어질 수 있는 유해·위험 요인에 대해서는 작업 전 안전점검회의(TBM : Tool Box Meeting) 등을 통해 근로자 에게 상시적으로 주지시키도록 노력

(바) 기록 및 보존

1) 위험성평가 실시내용 및 결과의 기록·보존 〈산업안전보건법 시행규칙 제37조〉

① 위험성평가 대상의 유해·위험요인
② 위험성 결정의 내용
③ 위험성 결정에 따른 조치의 내용
④ 그 밖에 위험성평가의 실시내용을 확인하기 위하여 필요한 사항으로서 고용노동부장관이 정하여 고시하는 사항〈사업장 위험성평가에 관한 지침〉

③ 위험성평가를 위해 사전조사 한 안전보건정보
⑥ 그 밖에 사업장에서 필요하다고 정한 사항

2) 자료 보존기간 : 3년

(10) 정부의 책무

정부는 사업장 위험성평가가 효과적으로 추진되도록 하기 위하여 다음의 사항을 강구하여야 함
① 정책의 수립·집행·조정·홍보
② 위험성평가 기법의 연구·개발 및 보급
③ 사업장 위험성평가 활성화 시책의 운영
④ 위험성평가 실시의 지원
⑤ 조사 및 통계의 유지·관리
⑥ 그 밖에 위험성평가에 관한 정책의 수립 및 추진

(11) 위험성평가 인정

소규모 사업장의 위험성평가를 활성화하기 위하여 위험성평가 우수 사업장에 대해 인정해 주는 제도를 운영

(가) 인정 신청 가능 사업장
① 상시 근로자 수 100명 미만 사업장(건설공사를 제외).
② 총 공사금액 120억 원(토목공사는 150억 원) 미만의 건설공사

(나) 인정심사 항목
① 사업주의 관심도
② 위험성평가 실행수준
③ 구성원의 참여 및 이해 수준
④ 재해발생 수준

(다) 인정심사위원회의 구성·운영
① 공단은 각 광역본부·지역본부·지사에 위험성평가 인정심사위원회를 두어야 함
② 인정심사위원회는 공단 광역본부장·지역본부장·지사장을 위원장으로 하고, 관할 지방고용노동관서 산재예방지도과장(산재예방지도과가 설치되지 않은 관서는 근로개선지도과장)을 당연직 위원으로 하여 10명 이내의 내·외부 위원으로 구성

(라) 위험성평가의 인정
① 공단은 인정신청 사업장에 대한 현장심사를 완료한 날부터 1개월 이내에 인정심사위원회의 심의·의결을 거쳐 인정여부를 결정
② 인정 충족 기준
㉠ 법령에서 정한 방법, 절차 등에 따라 위험성평가 업무를 수행한 사업장
㉡ 현장심사 결과 인정심사 항목의 평가점수가 100점 만점에 50점을 미달하는 항목이 없고 종합점수가 100점 만점에 70점 이상인 사업장
③ 유효기간 : 인정이 결정된 날부터 3년(재인정 유효기간 3년)

(마) 인정의 취소
① 거짓 또는 부정한 방법으로 인정을 받은 사업장
② 직·간접적인 법령 위반에 기인하여 다음의 중대재해가 발생한 사업장
㉠ 사망재해
㉡ 3개월 이상 요양을 요하는 부상자가 동시에 2명 이상 발생
㉢ 부상자 또는 직업성질병자가 동시에 10명 이상 발생
③ 근로자의 부상(3일 이상의 휴업)을 동반한 중대산업사고 발생사업장
④ 법에 따른 산업재해 발생건수, 재해율 또는 그 순위 등이 공표된 사업장
⑤ 사후심사 결과 인정기준을 충족하지 못한 사업장
⑥ 사업주가 자진하여 인정 취소를 요청한 사업장
⑦ 그 밖에 인정취소가 필요하다고 공단 광역본부장·지역본부장 또는 지사장이 인정한 사업장

(바) 인정사업장 등에 대한 혜택
① 인정 유효기간 동안 사업장 안전보건 감독을 유예할 수 있음
② 정부 포상 또는 표창의 우선 추천 및 그 밖의 혜택을 부여할 수 있음

2. 화학설비에 대한 안전성 평가(safety assessment)

(1) 안전성 평가의 6단계

① 제1단계 : 관계 자료의 작성 준비(관계 자료의 정비검토)
② 제2단계 : 정성적 평가
③ 제3단계 : 정량적 평가
④ 제4단계 : 안전 대책
⑤ 제5단계 : 재해 정보에 의한 재평가
⑥ 제6단계 : FTA에 의한 재평가

> **안전성 평가(safety assessment)**
>
> 신기술, 신공법을 도입함에 있어서 설계, 제조, 사용의 전 과정에 걸쳐서 위험성의 여부를 사전에 검토하는 관리기술(모든 공정에 대한 안전성을 사전 평가하는 기술)
> - 설비나 공법 등에서 나타날 위험에 대하여 정성적 또는 정량적인 평가를 행하고 그 평가에 따른 대책을 강구하는 것

Technology Assessment
기술개발과정에서 효율성과 위험성을 종합적으로 분석·판단할 수 있는 평가 방법

위험성평가
유해·위험요인을 파악하고 해당 유해·위험요인에 의한 부상 또는 질병의 발생 가능성(빈도)과 중대성(강도)을 추정·결정하고 감소대책을 수립하여 실행하는 일련의 과정

(2) 평가의 진행 방법

(가) 제1단계 : 관계 자료의 작성 준비

1) 안전성의 사전평가를 위해 필요한 자료의 작성준비를 실시

2) 관계 자료의 조사항목

① 입지에 관한 도표 (입지조건) : 입지조건과 관련된 지질도 등의 입지에 관한 도표
② 화학설비 배치도
③ 건조물의 평면도, 입면도 및 단면도
④ 기계실 및 전기실의 평면도, 단면도 및 입면도
⑤ 제조 공정의 개요
⑥ 공정계통도
⑦ 공정기기목록
⑧ 배관, 계장 등의 계통도
⑨ 제조공정상 일어나는 화학반응
⑩ 원재료, 중간제품 등의 물리적, 화학적 성질 및 인체에 미치는 영향
⑪ 안전설비의 종류와 설치장소
⑫ 운전요령, 인원배치 계획, 안전·보건교육 훈련계획 등

(나) 제2단계 : 정성적 평가
  - 준비된 기초자료를 항목별로 구분하여 관계법규와 비교, 위반사항을 검토하고 세부적으로 여러 항목의 가부를 살피는 단계

  1) 설계 관계
      ① 공장 내 배치 ② 공장의 입지 조건 ③ 건조물 ④ 소방설비

  2) 운전 관계
      ① 원재료, 중간제품 등 ② 수송, 저장 등 ③ 공정기기 ④ 공정, 공정 작업을 위한 작업규정 유무 등

(다) 제3단계 : 정량적 평가

  1) 평가 항목
      ① 취급물질 ② 화학설비 용량 ③ 온도 ④ 압력 ⑤ 조작

  2) 평가 방법
      ① 화학설비의 평가 5항목에 대해 A, B, C, D급으로 분류
      ② 점수를 부여하여 합산 : A급 10점, B급 5점, C급 2점, D급 0점
      ③ 합산 결과에 따라 위험 등급 구분

등급	점수	내용
위험등급 Ⅰ	합산점수 16점 이상	위험도가 높음
위험등급 Ⅱ	합산점수 11~15점	
위험등급 Ⅲ	합산점수 10점 이하	위험도가 낮음

(라) 제4단계 : 안전대책 수립

  1) 설비에 관한대책 : 안전장치, 방재장치 등 설치

  2) 관리적 대책 : 적정한 인원배치, 안전교육훈련, 보전

(마) 제5단계 : 재해 정보(사례)에 의한 재평가

(바) 제6단계 : FTA에 의한 재평가

  ※ 평점척도법 : 활동의 내용마다 "우·양·가·불가"로 평가하고 이 평가내용을 합하여 다시 종합적으로 정규화하여 평가하는 안전성 평가 기법

위험성평가 시 위험의 크기를 결정하는 방법(위험성 추정방법) : 행렬법, 곱셈법, 덧셈법, 분기법

• 곱셈법 : 재해발생 가능성과 중대성을 일정한 척도에 의해 수치화하여 곱셈하여 추정함(가능성×중대성)

HAZOP 분석기법 장점
① 학습(배우기 쉬움) 및 적용(활용)이 쉽다.
② 기법 적용에 큰 전문성을 요구하지 않는다.
③ 다양한 관점을 가진 팀 단위 수행이 가능하고, 팀 단위 수행으로 다른 기법보다 정확하고 포괄적이다.
④ 시스템에서 발생 가능한 알려지지 않은(모든) 위험을 파악하는 데 용이하다.
※ 단점 : 수행 시간이 많이 걸릴 수 있으며, 많은 노력이 요구된다.

(3) 위험 및 운전성 검토(HAZOP : Hazard and Operability Study)

(가) HAZOP : 각각의 장비에 대해 잠재된 위험이 미칠 수 있는 영향 등을 평가하기 위해 공정이나 설계도 등에 체계적이고 비판적인 검토를 행하는 것

- 가이드워드(유인어)를 사용하고 작업표 양식은 일탈(편차) → 원인 → 결과 → 조치의 순서로 작성한다.

＊ 위험 및 운전성 검토(HAZOP)
① 화학공정의 위험성을 평가하는 방법이다.
② 처음에는 과거의 경험이 부족한 새로운 기술을 적용한 공정설비에 대하여 실시할 목적으로 개발되었다.
③ 설비 전체보다 단위별 또는 부분별로 나누어 검토하고 위험요소가 예상되는 부문에 상세하게 실시한다.
④ 장치 자체는 설계 및 제작사양에 맞게 제작된 것으로 간주하는 것이 전제조건이다.

(나) 위험 및 운전성 검토(HAZOP)에서의 전제조건
① 동일 기능의 두 개 이상의 기기 고장이나 사고는 일어나지 않는다.
② 조작자는 위험상황이 일어났을 때 그것을 인식하고 필요한 조치를 취하는 것으로 한다.
③ 안전장치는 필요할 때 정상 동작하는 것으로 간주한다.
④ 장치 자체는 설계 및 제작사양에 맞게 제작된 것으로 간주한다.
⑤ 위험의 확률이 낮으나 고가설비를 요구할 시는 운전원 안전교육 및 직무교육으로 대체한다.
⑥ 사소한 사항이라도 간과하지 않는다.

＊ 위험 및 운전성 검토(HAZOP) 수행에 가장 좋은 시점 : 개발단계

(다) HAZOP 기법에서 사용하는 가이드워드와 의미

＊ 유인어(guide word) : 간단한 말로서 창조적 사고를 유도하고 자극하여 이상(deviation)을 발견하고 의도를 한정하기 위해 사용하는 것

가이드 워드(유인어)	의미
No 또는 Not	설계의도의 완전한 부정
As Well As	성질상의 증가
Part of	성질상의 감소
More/Less	정량적인(양) 증가 또는 감소
Other Than	완전한 대체의 사용
Reverse	설계의도의 논리적인 역

3. 신뢰도 계산

(1) 직렬연결
시스템의 어느 한 부품이 고장나면 시스템이 고장나는 구조

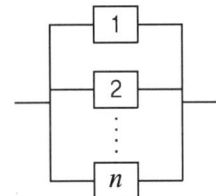

신뢰도 $Rs = r_1 \cdot r_2 \cdot r_3 \cdots r_n$

(2) 병렬연결
시스템의 어느 한 부품만 작동해도 시스템이 작동하는 구조

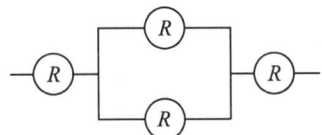

신뢰도 $Rs = 1 - (1-r_1)(1-r_2)\cdots(1-r_n)$

(3) 신뢰도 계산

신뢰도 $= R \cdot R \cdot [1 - \{(1-R)(1-R)\}]$
$= R \cdot R \cdot \{1 - (1 - 2R + R^2)\}$
$= R^2 \cdot (1 - 1 + 2R - R^2)$
$= R^2 \cdot (2R - R^2)$
$= 2R^3 - R^4$

※ AND나 OR조합으로 연결된 시스템을 FTA로 분석하였을 때 이 시스템의 신뢰도를 구하는 경우 : 신뢰도 = 1 - 발생확률

> **예문** 발생확률이 각각 0.05, 0.08인 두 결함사상이 AND 조합으로 연결된 시스템을 FTA로 분석하였을 때 이 시스템의 신뢰도는 약 얼마인가?
>
> **해설** ① AND 조합으로 연결된 시스템 = 0.05 × 0.08 = 0.004
> ② 신뢰도 = 1 - 0.004 = 0.996

4. 유해위험방지계획서(제조업)

(1) 유해 · 위험방지계획서 제출 대상 사업장

(가) 해당 제품의 생산 공정과 직접적으로 관련된 건설물 · 기계 · 기구 및 설비 등 일체를 설치 · 이전하거나 그 주요 구조부분을 변경하려는 경우 〈산업안전보건법 시행령 제42조〉
다음에 해당하는 사업으로서 전기 계약용량이 300킬로와트 이상인 사업
1. 금속가공제품 제조업 : 기계 및 가구 제외
2. 비금속 광물제품 제조업
3. 기타 기계 및 장비 제조업
4. 자동차 및 트레일러 제조업
5. 식료품 제조업
6. 고무제품 및 플라스틱제품 제조업
7. 목재 및 나무제품 제조업
8. 기타 제품 제조업
9. 1차 금속 제조업
10. 가구 제조업
11. 화학물질 및 화학제품 제조업
12. 반도체 제조업
13. 전자부품 제조업

(나) 유해하거나 위험한 작업 또는 장소에서 사용하거나 건강장해를 방지하기 위하여 사용하는 기계 · 기구 및 설비로서 설치 · 이전하거나 그 주요 구조부분을 변경하려는 경우 〈산업안전보건법 시행령 제42조〉
다음에 해당하는 기계 · 기구 및 설비
1. 금속이나 그 밖의 광물의 용해로
2. 화학설비
3. 건조설비
4. 가스집합 용접장치
5. 법에 따른 제조 등 금지물질 또는 허가 대상 물질 관련 설비
6. 분진작업 관련 설비

(2) 제출서류 등〈산업안전보건법 시행규칙 제42조〉 (※ (1)에 (가)의 경우 제출서류)
유해 · 위험방지계획서에 다음의 서류를 첨부하여 해당 작업 시작 15일 전까지 공단에 2부를 제출
1. 건축물 각 층의 평면도

2. 기계·설비의 개요를 나타내는 서류

3. 기계·설비의 배치도면

4. 원재료 및 제품의 취급, 제조 등의 작업방법의 개요

5. 그 밖에 고용노동부장관이 정하는 도면 및 서류

※ 건설공사 유해·위험방지계획서 제출 : 해당 공사의 착공 전날까지 공단에 2부를 제출

(3) 심사 결과의 구분〈시행규칙 제45조〉

공단은 유해·위험방지계획서의 심사 결과에 따라 다음과 같이 구분·판정

1. 적정: 근로자의 안전과 보건을 위하여 필요한 조치가 구체적으로 확보되었다고 인정되는 경우

2. 조건부 적정: 근로자의 안전과 보건을 확보하기 위하여 일부 개선이 필요하다고 인정되는 경우

3. 부적정: 건설물·기계·설비 또는 건설공사가 심사기준에 위반되어 공사착공 시 중대한 위험발생의 우려가 있거나 계획에 근본적 결함이 있다고 인정되는 경우

(4) 확인〈시행규칙 제46조〉

(*제조업) 유해·위험방지계획서를 제출한 사업주는 해당 건설물·기계·기구 및 설비의 시운전단계에서, (*건설업) 건설공사 중 6개월 이내마다 다음의 사항에 관하여 공단의 확인을 받아야 함.

1. 유해·위험방지계획서의 내용과 실제공사 내용이 부합하는지 여부

2. 유해·위험방지계획서 변경내용의 적정성

3. 추가적인 유해·위험요인의 존재 여부

(5) 유해·위험방지계획서 작성자〈제조업 유해·위험방지계획서 제출·심사·확인에 관한 고시 제7조〉

사업주는 계획서를 작성할 때에 다음에 해당하는 자격을 갖춘 사람 또는 공단이 실시하는 관련교육을 20시간 이상 이수한 사람 중 1명 이상을 포함시켜야 함

1. 기계, 재료, 화학, 전기·전자, 안전관리 또는 환경 분야 기술사 자격을 취득한 사람

2. 기계안전·전기안전·화공안전 분야의 산업안전지도사 또는 산업보건지도사 자격을 취득한 사람

3. 제1호 관련분야 기사 자격을 취득한 사람으로서 해당 분야에서 3년 이상 근무한 경력이 있는 사람

4. 제1호 관련분야 산업기사 자격을 취득한 사람으로서 해당 분야에서 5년 이상 근무한 경력이 있는 사람
5. 「고등교육법」에 따른 대학 및 산업대학(이공계 학과에 한정한다)을 졸업한 후 해당 분야에서 5년 이상 근무한 경력이 있는 사람 또는 「고등교육법」에 따른 전문대학(이공계 학과에 한정한다)을 졸업한 후 해당 분야에서 7년 이상 근무한 경력이 있는 사람
6. 「초·중등교육법」에 따른 전문계 고등학교 또는 이와 같은 수준 이상 의학교를 졸업하고 해당 분야에서 9년 이상 근무한 경력이 있는 사람

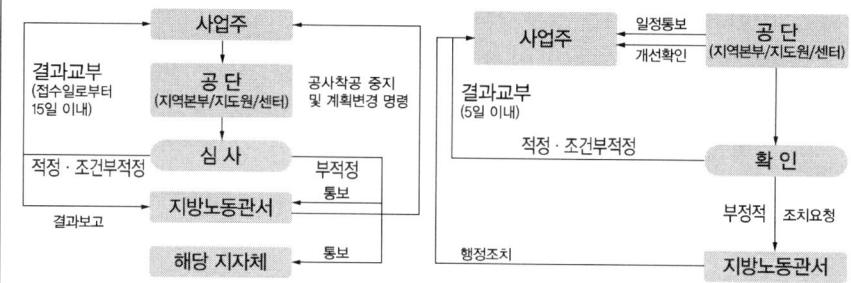

[그림] 제조업 유해·위험방지계획서 심사 및 확인 절차

> ※ 공정안전관리(process safety management: PSM)의 적용대상 사업장 〈산업안전보건법 시행령〉
> 제43조(공정안전보고서의 제출 대상)
> 1. 원유 정제처리업
> 2. 기타 석유정제물 재처리업
> 3. 석유화학계 기초화학물질 제조업 또는 합성수지 및 기타 플라스틱물질 제조업
> 4. 질소 화합물, 질소·인산 및 칼리질 화학비료 제조업 중 질소질 화학비료 제조업
> 5. 복합비료 및 기타 화학비료 제조업 중 복합비료 제조업(단순혼합 또는 배합에 의한 경우는 제외한다)
> 6. 화학 살균·살충제 및 농업용 약제 제조업(농약 원제 제조만 해당한다)
> 7. 화약 및 불꽃제품 제조업

CHAPTER 07 항목별 우선순위 문제 및 해설

01 다음 그림과 같이 7개의 기기로 구성된 시스템의 신뢰도는 약 얼마인가?

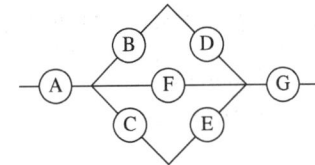

[신뢰도] A = G : 0.75
B = C = D = E : 0.8, F : 0.9

① 0.5427　　② 0.6234
③ 0.5552　　④ 0.9740

해설 시스템의 신뢰도
= A · [1 − {(1 − B · D)(1 − F)(1 − C · E)}] · G
= 0.75 · [1 − {(1 − 0.64)(1 − 0.9)(1 − 0.64)}] · 0.75
= 0.5552

02 날개가 2개인 비행기의 양 날개에 엔진이 각각 2개씩 있다. 이 비행기는 양 날개에서 각각 최소한 1개의 엔진은 작동을 해야 추락하지 않고 비행할 수 있다. 각 엔진의 신뢰도가 각각 0.9이며, 각 엔진은 독립적으로 작동한다고 할 때 이 비행기가 정상적으로 비행할 신뢰도는 약 얼마인가?

① 0.89　　② 0.91
③ 0.94　　④ 0.98

해설 비행기가 정상적으로 비행할 신뢰도
① 엔진이 있는 2개의 날개는 직렬연결, 각 날개의 엔진 2개는 병렬연결
② 날개 A = 1 − (1 − ①)(1 − ②)
　　　　 = 1 − (1 − 0.9)(1 − 0.9) = 0.99
③ 날개 B = 1 − (1 − ③)(1 − ④)
　　　　 = 1 − (1 − 0.9)(1 − 0.9) = 0.99
⇨ 신뢰도 T = A · B = 0.99×0.99 = 0.9801
　　　　　 = 0.98

03 발생확률이 각각 0.05, 0.08인 두 결함사상이 AND 조합으로 연결된 시스템을 FTA로 분석하였을 때 이 시스템의 신뢰도는 약 얼마인가?

① 0.004　　② 0.126
③ 0.874　　④ 0.996

해설 AND나 OR조합으로 연결된 시스템을 FTA로 분석하였을 때 이 시스템의 신뢰도를 구하는 경우 :
신뢰도 = 1 − 발생확률
① AND 조합으로 연결된 시스템 = 0.05×0.08
　　　　　　　　　　　　　　　　= 0.004
② 신뢰도 = 1 − 0.004 = 0.996

04 화학설비에 대한 안전성 평가방법 중 공장의 입지조건이나 공장 내 배치에 관한 사항은 어느 단계에서 하는가?

① 제1단계 : 관계 자료의 작성 준비
② 제2단계 : 정성적 평가
③ 제3단계 : 정량적 평가
④ 제4단계 : 안전대책

해설 안전성평가의 6단계
(가) 제1단계 : 관계 자료의 작성 준비(관계 자료의 정비검토)
(나) 제2단계 : 정성적 평가
　1) 설계 관계
　　① 공장 내 배치 ② 공장의 입지 조건 ③ 건조물 ④ 소방설비
　2) 운전 관계
　　① 원재료, 중간제품 등 ② 수송, 저장 등 ③ 공정기기 ④ 공정(공정 작업을 위한 작업규정 유무 등)
(다) 제3단계 : 정량적 평가
(라) 제4단계 : 안전 대책
(마) 제5단계 : 재해 정보에 의한 재평가
(바) 제6단계 : FTA에 의한 재평가

 01. ③　02. ④　03. ④　04. ②

05 다음 중 화학설비에 대한 안전성 평가에 있어 정량적 평가 항목에 해당하지 않는 것은?

① 공정
② 취급물질
③ 압력
④ 화학설비용량

해설 안전성평가의 제3단계 : 정량적 평가
1) 평가 항목
   ① 취급물질
   ② 화학설비 용량
   ③ 온도
   ④ 압력
   ⑤ 조작

06 다음 중 위험과 운전성 연구(HAZOP)에 대한 설명으로 틀린 것은?

① 전기설비의 위험성을 주로 평가하는 방법이다.
② 처음에는 과거의 경험이 부족한 새로운 기술을 적용한 공정설비에 대하여 실시할 목적으로 개발되었다.
③ 설비전체보다 단위별 또는 부분별로 나누어 검토하고 위험요소가 예상되는 부문에 상세하게 실시한다.
④ 장치 자체는 설계 및 제작사양에 맞게 제작된 것으로 간주하는 것이 전제 조건이다.

해설 위험과 운전성 연구(HAZOP)
① 화학공정의 위험성을 평가하는 방법이다.
② 처음에는 과거의 경험이 부족한 새로운 기술을 적용한 공정설비에 대하여 실시할 목적으로 개발되었다.
③ 설비 전체보다 단위별 또는 부분별로 나누어 검토하고 위험요소가 예상되는 부문에 상세하게 실시한다.
④ 장치 자체는 설계 및 제작사양에 맞게 제작된 것으로 간주하는 것이 전제 조건이다.

07 다음 중 산업안전보건법에 따른 유해·위험방지계획서 제출대상 사업은 기계 및 가구를 제외한 금속가공제품 제조업으로서 전기 계약용량이 얼마 이상인 사업을 말하는가?

① 50kW   ② 100kW
③ 200kW   ④ 300kW

해설 유해·위험방지계획서 제출대상 사업
다음에 해당하는 사업으로서 전기 계약용량이 300킬로와트 이상인 사업
1. 금속가공제품 제조업 : 기계 및 가구 제외

정답 05. ① 06. ① 07. ④

Chapter 08 각종 설비의 유지관리

1. 기계설비의 고장 유형

(1) 초기 고장(감소형 고장)

설계상, 구조상 결함, 불량제조·생산과정 등의 품질관리 미비로 생기는 고장

① 점검 작업이나 시운전 작업 등으로 사전에 방지(물품을 일정시간 가동시켜 결함을 찾아내고 제거하여 고장률을 안전시키는 기간)
② 디버깅 기간(debugging) : 기계의 결함을 찾아내 고장률을 안정시키는 기간
③ 번인기간(burn-in) : 장시간 가동하면서 고장을 제거하는 기간

(2) 우발 고장(일정형)

예측할 수 없을 때 생기는 고장으로 점검 작업이나 시운전 작업으로 재해를 방지할 수 없음.

✱ 우발고장기간에 발생하는 고장의 원인
　① 사용자의 과오 때문에
　② 안전계수가 낮기 때문에
　③ 최선의 검사방법으로도 탐지되지 않는 결함 때문에
　④ 설계강도 이상의 급격한 스트레스가 축적되어 높기 때문에

(3) 마모 고장(증가형)

장치의 일부가 수명을 다 해서 생기는 고장으로, 안전진단 및 적당한 보수에 의해서 방지

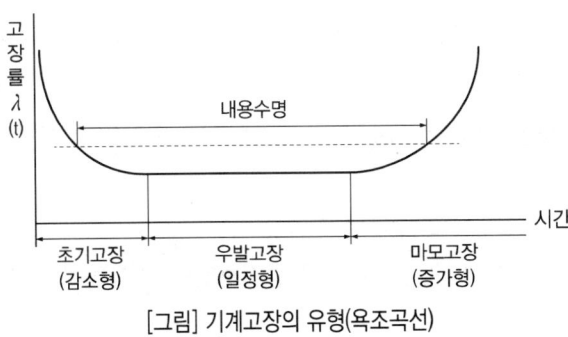

[그림] 기계고장의 유형(욕조곡선)

2. 보전성 공학

(1) 보전(maintenance) : 수리 가능한 부품이나 시스템을 사용 가능한 상태로 유지시키고 고장이나 결함을 회복시키기 위한 제반조치 및 활동

- 보전(maintenance)을 행하기 위한 주요 작업
    ① 점검 및 검사 ② 청소, 급유 등의 서비스 ③ 조정, 수리 교환 등의 시정조치

(2) 설비보전방식의 유형 등

(가) 일상보전 : 설비의 열화를 방지하고 그 진행을 지연시켜 수명을 연장하기 위한 설비의 점검, 청소, 주유 및 교체 등의 활동을 위한 보전

(나) 사후보전(breakdown M) : 경제성을 고려하여 고장정지 또는 유해한 성능 저하를 가져온 후에 수리하는 보전방식(돌발고장 및 보전비의 감소)

(다) 예방보전(preventive M) : 설비의 정상상태를 유지하고 고장이 일어나지 않도록 열화를 방지하기 위한 일상보전, 열화를 측정하기 위한 정기검사 또는 설비진단, 열화를 조기에 복원시키기 위한 정비 등을 하는 것(교체주기와 가장 밀접한 관련성이 있는 보전방식)

- 예방보전을 수행함으로써 기대되는 이점 : ① 정지시간 감소로 유휴손실 감소 ② 신뢰도 향상으로 인한 제조원가의 감소 ③ 납기엄수에 따른 신용 및 판매기회 증대

(라) 개량보전(corrective M) : 기기 부품의 수명연장이나 고장 난 경우의 수리시간 단축 등 설비에 개량 대책을 세우는 방법

(마) 보전예방(M preventive) : 설비보전 정보와 신기술을 기초로 신뢰성, 조작성, 보전성, 안전성, 경제성 등이 우수한 설비의 선정, 조달 또는 설계를 통하여 궁극적으로 설비의 설계, 제작 단계에서 보전활동이 불필요한 체제를 목표로 한 설비보전 방법

(마) 조직형태에 따른 집중보전(central maintenance)과 부문보정(departmental maintenance)

1) 집중보전(central maintenance) : 모든 보전요원을 한 사람의 관리자 밑에 집중

① 기동성, 인원 배치의 유연성
② 전 공장에 대한 판단으로 중점보전이 수행될 수 있음.

③ 분업/전문화가 진행되어 전문적으로서 고도의 기술을 갖게 됨.
④ 직종 간의 연락이 좋고, 공사 관리가 쉬움.

2) 부문보전(departmental maintenance) : 공장의 보전요원을 각 제조 부문의 감독자 밑에 배치되어 있음.
① 보전요원은 각 현장에 배치되어 있어 재빠르게 작업할 수 있음.
② 현장과의 일체감
③ 작업장 이동시간이 절약
④ 작업요청에서 완료까지의 업무가 신속하게 처리
⑤ 보전요원이 특정설비에 대한 기술 습득이 용이

> **참고**
>
> ※ 생산보전 : 미국의 GE사가 처음으로 사용한 보전으로, 설계에서 폐기에 이르기까지 기계설비의 전과정에서 소요되는 설비의 열화손실과 보전비용을 최소화하여 생산성을 향상시키는 보전방법(설비의 생산성을 높이는 가장 효과적인 보전방식)
> ※ 예지보전(豫知保全, condition based maintenance) – 상태보전(狀態保全) : 설비의 상태를 기준으로 해서 보전 시기를 정하는 방법으로 설비의 구성부품에 대한 열화의 진행을 정량적으로 예지·예측하여 보수, 교체를 계획·실시하는 것
> – 설비의 이상상태 여부를 감시하여 열화의 정도가 사용 한도에 이른 시점에서 부품교환 및 수리하는 설비보전 방법
> ※ 신뢰성과 보전성 개선을 목적으로 한 효과적인 보전기록자료
> ① MTBF분석표 : 설비의 고장(건수, 시간 등)과 보전내역 등을 기록한 서류
> ② 설비이력카드 : 설비의 이력 등을 기록한 카드
> ③ 고장원인대책표 : 설비의 고장과 원인, 대책을 기록한 서류
> ※ TPM(Total Productive Maintenance) 추진단계 : 설비관리 효율화
> (TPM : 전사적 생산보전. 전종업원이 설비의 보전업무에 참가, 설비고장의 원천적 봉쇄는 물론 불량제로·재해 제로를 추구해 기업의 체질을 변화시키고자 하는 기업혁신운동)
> ① 자주보전활동단계 : 사업장에 불합리한 점을 개선하여 생산성 향상
>   – 작업자가 직접 운전하는 설비의 마모율 저하를 위하여 설비의 윤활관리를 일상에서 직접 행하는 활동 등
> ② 개별개선활동단계 : 프로젝트팀 활동과 소집단활동
> ③ 계획보전활동단계 : 개량보전, 정기보전, 예지보전

가속수명시험
사용조건을 정상사용조건보다 강화하여 적용함으로써 고장 발생시간을 단축하고, 검사비용의 절감효과를 얻고자 하는 수명시험

(3) 보전성 척도

(가) MTBF(평균고장간격, Mean Time Between Failure) : 고장 간의 동작 시간 평균치(무고장 시간의 평균) – MTBF가 길수록 신뢰성 높음.

MTBF/MTTF

① MTBF(평균고장간격) : 고장들 사이 가동시간 들의 평균
  - 일반적 수리가능 시스템에 사용

② MTTF(평균고장시간) : 고장날 때까지의 평균시간
  - 일반적으로 수리가 불가능한 시스템에 사용(예 : 전구)

$$\text{MTBF} = \frac{1}{\lambda}, \quad \lambda(\text{평균고장률}) = \frac{\text{고장건수}}{\text{가동시간}}$$

$$\text{MTBF} = \frac{\text{가동시간}}{\text{고장건수}} = \frac{\text{총가동시간} - \text{총고장수리시간}}{\text{고장건수(횟수)}}$$

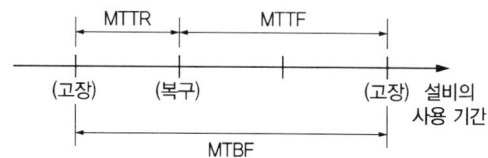

> **예문** 한 대의 기계를 100시간 동안 연속 사용한 경우 6회의 고장이 발생하였고, 이때의 총고장수리시간이 15시간이었다. 이 기계의 MTBF(Mean Time Between Failure)는 약 얼마인가?
>
> **해설** MTBF(Mean Time Between Failure)
> $= \dfrac{\text{가동시간}}{\text{고장건수}} = \dfrac{\text{총가동시간} - \text{총고장수리시간}}{\text{고장건수(횟수)}} = \dfrac{100-15}{6} = 14.17$

(나) MTTF(평균고장시간 Mean Time To Failure) : 고장 발생까지의 평균시간, 평균수명

$$\text{MTTF} = \frac{1}{\lambda}, \quad \lambda(\text{고장률}) = \frac{\text{고장건수}}{\text{가동시간}}, \quad \text{MTTF} = \frac{\text{총가동시간}}{\text{고장건수}}$$

> **예문** 한 화학공장에는 24개의 공정제어회로가 있으며, 4000시간의 공정가동 중 이 회로에는 14번의 고장이 발생하였고, 고장이 발생하였을 때마다 회로는 즉시 교체되었다. 이 회로의 평균고장시간(MTTF)은 얼마인가?
>
> **해설** 평균고장시간(MTTF)
> MTTF = 총가동시간/고장건수 = (24×4000)/14 = 6857.142 ≒ 6857시간

1) 직렬계인 경우 체계(system)의 수명 $= \dfrac{\text{MTTF}}{n}$

2) 병렬계인 경우 체계(system)의 수명 $= \text{MTTF}\left(1 + \dfrac{1}{2} + \dfrac{1}{3} + \cdots + \dfrac{1}{n}\right)$

> **[예문]** 평균고장시간이 4×10^8시간인 요소 4개가 직렬 체계를 이루었을 때 이 체계의 수명은 몇 시간인가?
>
> **[해설]** 평균고장시간(MTTF)
> 직렬계인 경우 체계(system)의 수명 = $\frac{MTTF}{n}$ = $(4 \times 10^8)/4 = 1 \times 10^8$

> **[예문]** 각각 10000시간의 평균수명을 가진 A, B 두 부품이 병렬로 이루어진 시스템의 평균수명은 얼마인가? (단, 요소 A, B의 평균수명은 지수분포를 따른다.)
>
> **[해설]** 병렬계인 경우 체계(system)의 수명 = $MTTF\left(1 + \frac{1}{2} + \frac{1}{3} + \cdots + \frac{1}{n}\right)$
> = $(1 + 1/2) \times 10000 = 15000$ 시간

(다) MTTR (평균수리시간 Mean Time To Repair) : 수리시간의 평균치
  - 사후보전에 필요한 평균수리시간을 나타냄.

(4) 가용도(Availability 이용률) : 일정기간에 시스템이 고장 없이 가동될 확률

가용도(A) = $\frac{MTTF}{NTTF + MTTR} = \frac{MTTF}{MTBF}$

가용도(A) = $\frac{MTBF}{MTBF + MTTR}$

가용도(A) = $\frac{평균수리율}{평균고장률(\lambda) + 평균수리율}$

가용도(A) = $\frac{동작가능시간}{동작가능시간 + 수리시간}$

(예문) 수리가 가능한 어떤 기계의 가용도(availability)는 0.9이고, 평균수리시간 (MTTR)이 2시간일 때, 이 기계의 평균수명(MTBF)은?
(풀이)
가용도(A)
= $\frac{MTBF}{MTBF + MTTR}$
→ $0.9 = \frac{MTBF}{MTBF + 2}$
⇨ MTBF = 18시간

• 가용도 = $\frac{실질가동시간}{총운용시간}$

> **[예문]** A 공장의 한 설비는 평균수리율이 0.5/시간이고, 평균고장률은 0.001/시간이다. 이 설비의 가동성은 얼마인가? (단, 평균수리율과 평균고장률은 지수분포를 따름)
>
> **[해설]** 가용도(A) = $\frac{평균수리율}{평균고장률(\lambda) + 평균수리율}$ = $0.5/(0.001 + 0.5) = 0.998$

(5) 기계의 신뢰도

$$R = e^{-\lambda t} = e^{-\frac{t}{t_0}}$$

λ : 고장률, t : 가동시간, t_0 : 평균수명
(평균고장시간 t_0인 요소가 t시간 동안 고장을 일으키지 않을 확률)

> **참고**
>
> ※ 1시간 가동 시 고장발생확률이 0.004일 경우
> - MTBF(평균고장간격)= $\frac{1}{\lambda}$ =1/0.004=250시간
> - 100시간 가동 시 신뢰도 : $R(t) = e^{-\lambda t} = e^{-0.004 \times 100} = e^{-0.4}$
> - 고장 발생확률(불신뢰도) : $F(t) = 1-R(t)$

> **예문** 프레스에 설치된 안전장치의 수명은 지수분포를 따르며 평균수명은 100시간이다. 새로 구입한 안전장치가 50시간 동안 고장 없이 작동할 확률(A)과 이미 100시간 이상 견딜 확률(B)은 약 얼마인가?
>
> **해설** 기계의 신뢰도(고장 없이 작동할 확률)
> $R = e^{-\lambda t} = e^{-\frac{t}{t_0}}$ (λ : 고장률, t : 가동시간, t_0 : 평균수명)
> (평균고장시간 t_0인 요소가 t시간 동안 고장을 일으키지 않을 확률)
> ⇨ R(A) = $e^{-\lambda t} = e^{-\frac{t}{t_0}} = e^{-\frac{50}{100}} = 0.607$, R(B) = $e^{-\lambda t} = e^{-\frac{t}{t_0}} = e^{-\frac{100}{100}} = 0.368$

- 양품 : 불량 없는 제품
- 속도가동률 : 생산의 표준(기준)속도에 따른 실제속도의 비율
- 실제주기 : 실제생산주기
- 기준(기초)주기 : 기준이 되는 주기

(6) 설비보전을 평가하기 위한 산식(보전효과의 평가)

설비종합효율＝시간가동률×성능가동률×양품률

① 시간가동률＝$\frac{부하시간-정지시간}{부하시간}$

② 성능가동률＝속도가동률×정미(실질)가동률

㉠ 속도가동률＝$\frac{기준(기초)주기시간}{실제주기시간}$

㉡ 정미가동률＝$\frac{생산량 \times 실제\ 주기시간}{부하시간-정지시간}$

③ 양품률＝$\frac{양품수량}{총생산량}$

(* 부하시간 : 생산의 목표 달성을 위하여 설비를 가동해야만 하는 시간)

> **기업에서 보전효과 측정을 위해 일반적으로 사용되는 평가요소 등**
>
> - 설비고장 도수율＝(설비고장건수(횟수)/설비가동시간)×100
> - 설비고장 강도율 : 전체 생산시간 중 설비가 고장 난 시간을 백분율로 표시한 것
>   설비고장 강도율＝(설비고장 정지시간/설비가동시간)×100
> - 제품단위당 보전비＝총보전비/제품수량
> - 운전 1시간당 보전비＝총보전비/설비운전시간
> - 계획공사율＝(계획공사공수(工數)/전공수(全工數)) × 100

(7) 지수 분포와 푸아송 분포

(가) 지수 분포(exponential distribution)

어떤 설비의 시간당 고장률이 일정하다고 할 때 이 설비의 고장간격을 나타내는 확률분포

(나) 푸아송 분포(poisson distribution)

설비의 고장과 같이 특정시간 또는 구간에 어떤 사건의 발생확률이 적은 경우 그 사건의 발생횟수를 측정하는데 가장 적합한 확률분포

> **적정 윤활의 원칙(윤활관리시스템에서의 준수원칙)**
> ① 필요로 하는 윤활유 선정
> ② 적량의 규정(적정량 준수)
> ③ 윤활기간의 올바른 준수
> ④ 올바른 윤활법의 채용

푸아송 과정(Poisson Process)
① t 시간 동안 발생하는 사건의 수를 나타내는 확률과정이며, 정상성과 독립성을 만족하고, 초기 사건의 수가 0이면서, 발생할 사건의 수가 푸아송(Poisson) 분포를 따르는 경우
② 일반적으로 재해 발생 간격은 지수분포를 따르며, 일정기간 내에 발생하는 재해발생 건수는 푸아송(Poisson) 분포를 따른다고 알려져 있고, 이러한 확률변수들의 발생과정

CHAPTER 08 항목별 우선순위 문제 및 해설

01 다음 중 시스템의 수명곡선에서 고장의 발생 형태가 일정하게 나타나는 기간은?

① 초기고장기간 ② 우발고장기간
③ 마모고장기간 ④ 피로고장기간

해설 기계설비의 고장유형
(1) 초기 고장(감소형 고장)
(2) 우발 고장(일정형)
  예측할 수 없을 때 생기는 고장으로 점검 작업이나 시운전 작업으로 재해를 방지할 수 없음
(3) 마모 고장(증가형)

02 다음 중 설비보전의 조직 형태에서 집중보전(Central Maintenance)의 장점이 아닌 것은?

① 보전요원은 각 현장에 배치되어 있어 재빠르게 작업할 수 있다.
② 전 공장에 대한 판단으로 중점보전이 수행될 수 있다.
③ 분업/전문화가 진행되어 전문적으로서 고도의 기술을 갖게 된다.
④ 직종 간의 연락이 좋고, 공사 관리가 쉽다.

해설 조직형태에 따른 집중보전(central maintenance)과 부문보정(departmental maintenance)
1) 집중보전(central maintenance) : 한사람이 관리자 밑에 집중
  ① 기동성, 인원 배치의 유연성
  ② 전 공장에 대한 판단으로 중점보전이 수행될 수 있음.
  ③ 분업/전문화가 진행되어 전문적으로서 고도의 기술을 갖게 됨.
  ④ 직종 간의 연락이 좋고, 공사 관리가 쉬움.
2) 부문보전(departmental maintenance) : 공장의 보전요원을 각 제조 부문의 감독자 밑에 배치되어 있음.
  ① 보전요원은 각 현장에 배치되어 있어 재빠르게 작업할 수 있음.
  ② 현장과의 일체감
  ③ 작업장 이동시간이 절약
  ④ 작업요청에서 완료까지의 업무가 신속하게 처리
  ⑤ 보전요원이 특정설비에 대한 기술 습득이 용이

03 설비관리 책임자 A는 동종 업종의 TPM 추진사례를 벤치마킹하여 설비관리 효율화를 꾀하고자 한다. 설비관리 효율화 중 작업자 본인이 직접 운전하는 설비의 마모율 저하를 위하여 설비의 윤활관리를 일상에서 직접 행하는 활동과 가장 관계가 깊은 TPM 추진단계는?

① 개별개선활동단계
② 자주보전활동단계
③ 계획보전활동단계
④ 개량보전활동단계

해설 TPM(Total Productive Maintenance) 추진단계 : 설비관리 효율화
(TPM : 전사적 생산보전. 전 종업원이 설비의 보전업무에 참가, 설비고장의 원천적 봉쇄는 물론 불량제로·재해 제로를 추구해 기업의 체질을 변화시키고자 하는 기업혁신운동)
① 자주보전활동단계 : 사업장에 불합리한 점을 개선하여 생산성 향상
  - 작업자가 직접 운전하는 설비의 마모율 저하를 위하여 설비의 윤활관리를 일상에서 직접 행하는 활동 등
② 개별개선활동단계 : 프로젝트팀 활동과 소집단활동
③ 계획보전활동단계 : 개량보전, 정기보전, 예지보전

04 한 대의 기계를 100시간 동안 연속 사용한 경우 6회의 고장이 발생하였고, 이때의 총 고장수리시간이 15시간이었다. 이 기계의 MTBF(Mean Time Between Failure)는 약 얼마인가?

① 2.51 ② 14.17
③ 15.25 ④ 16.67

정답 01.② 02.① 03.② 04.②

해설 MTBF(Mean Time Between Failure)

$$= \frac{가동시간}{고장건수} = \frac{총가동시간 - 총고장수리시간}{고장건수(회수)}$$

$$= \frac{100-15}{6} = 14.17$$

05 각각 1.2×10^4시간의 수명을 가진 요소 4개가 병렬계를 이룰 때 이 계의 수명은 얼마인가?

① 3.0×10^3 시간
② 1.2×10^4 시간
③ 2.5×10^4 시간
④ 4.8×10^4 시간

해설 병렬계인 경우 체계(system)의 수명

$$= \text{MTTF}\left(1 + \frac{1}{2} + \frac{1}{3} \cdots + \frac{1}{n}\right)$$

$$= (1 + 1/2 + 1/3 + 1/4) \times 1.2 \times 10^4$$

$$= 2.5 \times 10^4 \text{ 시간}$$

06 다음 중 설비의 고장과 같이 특정시간 또는 구간에 어떤 사건의 발생확률이 적은 경우 그 사건의 발생횟수를 측정하는데 가장 적합한 확률분포는?

① 와이블 분포(Weibull distribution)
② 푸아송 분포(Poisson distribution)
③ 지수 분포(exponential distribution)
④ 이항 분포(binomial distribution)

해설 푸아송 분포(Poisson distribution)
설비의 고장과 같이 특정시간 또는 구간에 어떤 사건의 발생확률이 적은 경우 그 사건의 발생횟수를 측정하는데 가장 적합한 확률분포

정답 05. ③ 06. ②

PART 04

건설시공학

✏️ 항목별 이론 요약 및 우선순위 문제
1. 시공일반
2. 토공사
3. 기초공사
4. 철근콘크리트 공사
5. 철골공사
6. 조적공사

Chapter 01 시공일반

1. 공사시공방식

(1) 건설시공 일반

(가) 현대 건축시공의 변화에 따른 특징
    ① 인공지능 빌딩의 출현
    ② 건축 구성재 및 부품의 PC화 – 규격화
    ③ 도심지 지하 심층화에 따른 신기술 발달
    ④ 재료의 건식화, 건식공법화

(나) 건축시공의 현대화 방안 3S system
    ① 작업의 표준화(standardization)
    ② 단순화(simplification)
    ③ 전문화(specialization)

(다) 가치공학(Value Engineering)
    건축 전 과정에서 최저의 cost(LCC, Life Cycle Cost, 생애주기비용)로 최대의 function(기능, 효과)을 얻기 위한 원가 절감기법이며 기획, 설계 단계에서 매우 효과적(value=function/cost)-기능은 올리고 비용은 내린다.

  1) V.E.의 절차
    ① 정보수집 및 기능분석 ② 아이디어 창출
    ③ 대체안 평가 및 개발 ④ 제안 및 실시

  2) 가치공학적 사고방식
    ① 기능 중심의 사고 ② 사용자 중심의 사고
    ③ 생애비용을 고려한 최소의 총비용

  3) 원가절감을 실현할 수 있는 대상 선정
    ① 수량이 많은 것
    ② 반복효과가 큰 것
    ③ 장시간 사용으로 숙달된 것
    ④ 내용이 복잡한 것

---

memo

건설시공분야의 향후 발전 방향
① 친환경 시공화
② 시공의 기계화
③ 공법의 건식화
④ 재료의 프리패브(pre-fab)화

> **린 건설(Lean Construction)**
> ① 낭비를 최소화하는 가장 효율적인 건설생산 시스템을 의미하는 것
> ② 건설생산 시스템의 효율성을 증대시키기 위해 최소비용, 최소기간, 무결점, 무사고를 지향

(라) 건축시공의 관리

1) 건축시공의 3대 관리 : ① 원가관리 ② 공정관리 ③ 품질관리
2) 건축시공관리 항목에서 중요한 시공의 5대 관리 : ① 품질관리 ② 안전관리 ③ 공정관리 ④ 원가관리 ⑤ 환경관리

(마) 건설현장 예식 행사

1) 착공식(着工式) : 공사를 착수할 때 행하는 의식(기공식)
2) 정초식(定礎式) : 기초공사를 완료한 후에 행하는 의식
3) 상량식(上梁式) : 철골조와 목조건축에서는 지붕대들보를 올릴 때 행하는 의식이며, 철근콘크리트조에서는 최상층의 거푸집 혹은 철근배근 시 또는 콘크리트를 타설한 후 행하는 식
4) 준공식(竣工式) : 공사를 완료한 후에 행하는 의식(낙성식)

(2) 공사관계자

(가) 공사관계자

건축주, 설계자, 공사관리자, 공사감리자 등

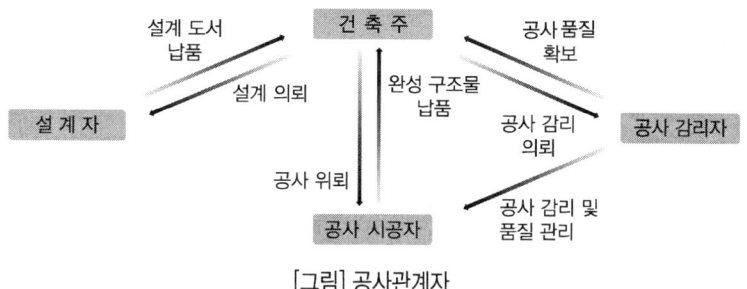

[그림] 공사관계자

(나) 공사관계자의 정의

> ※ **건축법**
> 제2조(정의)
> 13. 설계자 : 자기의 책임(보조자의 도움을 받는 경우를 포함)으로 설계도서를 작성하고 그 설계도서에서 의도하는 바를 해설하며, 지도하고 자문에 응하는 자

14. 설계도서 : 건축물의 건축 등에 관한 공사용 도면, 구조 계산서, 시방서(示方書), 그 밖에 국토교통부령으로 정하는 공사에 필요한 서류
15. 공사감리자 : 자기의 책임(보조자의 도움을 받는 경우를 포함)으로 이 법으로 정하는 바에 따라 건축물, 건축설비 또는 공작물이 설계도서의 내용대로 시공되는지를 확인하고, 품질관리·공사관리·안전관리 등에 대하여 지도·감독하는 자
16. 공사시공자 : 「건설산업기본법」에 따른 건설공사를 하는 자

※ 건축공사 감리세부기준
1.3 용어의 정의
1. 공사감리 : 법에서 정하는 바에 따라 건축물 및 건축설비 또는 공작물이 설계도서의 내용대로 시공되는지 여부를 확인하고, 품질관리·공사관리 및 안전관리 등에 대하여 지도·감독하는 행위로서 비상주감리, 상주감리, 책임상주감리로 구분
2. 공사감리자 : 자기 책임하에(보조자의 조력을 받는 경우를 포함) 법이 정하는 바에 의하여 건축물·건축설비 또는 공작물이 설계도서의 내용대로 시공되는지의 여부를 확인하고 품질관리·공사관리 및 안전관리 등에 대하여 지도·감독하는 자
3. 공사시공자 : 건설산업기본법에 따른 건설공사를 하는 자, 주택법에 따른 등록업자, 착공신고서에 명기된 공사시공자로서 건축물의 건축 등에 관한 공사를 행하는 자
4. 현장관리인 : 건축주로부터 위임 등을 받아 건설산업기본법이 적용되지 아니하는 공사를 관리하는 자
5. 비상주감리 : 법에서 정하는 바에 따라 공사감리자가 당해 공사의 설계도서, 기타 관계서류의 내용대로 시공되는지의 여부를 확인하고, 수시로 또는 필요할 때 시공과에서 건축 공사현장을 방문하여 확인하는 행위를 함

※ 건설산업기본법
제2조(정의)
10. 발주자 : 건설공사를 건설업자에게 도급하는 자를 말한다. 다만, 수급인으로서 도급받은 건설공사를 하도급하는 자는 제외
11. 도급 : 원도급, 하도급, 위탁 등 명칭에 관계없이 건설공사를 완성할 것을 약정하고, 상대방이 그 공사의 결과에 대하여 대가를 지급할 것을 약정하는 계약
12. 하도급 : 도급받은 건설공사의 전부 또는 일부를 다시 도급하기 위하여 수급인이 제3자와 체결하는 계약
13. 수급인 : 발주자로부터 건설공사를 도급받은 건설업자를 말하고, 하도급의 경우 하도급하는 건설업자를 포함
14. 하수급인 : 수급인으로부터 건설공사를 하도급받은 자

(다) 공사감리업무〈건축법시행규칙 제19조의2〉

① 공사감리자는 다음의 업무를 수행
1. 건축물 및 대지가 관계법령에 적합하도록 공사시공자 및 건축주를 지도
2. 시공계획 및 공사관리의 적정 여부의 확인
3. 공사현장에서의 안전관리의 지도
4. 공정표의 검토
5. 상세시공도면의 검토・확인
6. 구조물의 위치와 규격의 적정 여부의 검토・확인
7. 품질시험의 실시 여부 및 시험성과의 검토・확인
8. 설계변경의 적정 여부의 검토・확인
9. 기타 공사감리계약으로 정하는 사항

(3) 입찰

(가) 입찰순서
① 입찰공고(지명서통지)
② 참가등록
③ 설계도서교부
④ 현장설명 및 질의응답
⑤ 적산 및 견적기간
⑥ 입찰등록 및 입찰
⑦ 개찰, 낙찰
⑧ 계약

(나) 입찰공고에 포함되는 주요항목
① 공사의 명칭과 장소
② 발주자와 설계자의 명칭과 주소
③ 개략적인 공사의 특성과 유형 및 규모
④ 입찰의 일시와 장소
⑤ 입찰도서의 입수방법과 장소
⑥ 계약도서 열람 장소의 명칭과 소재지
⑦ 입찰조건, 입찰보증 등
⑧ 낙찰의 공개 여부
⑨ 낙찰, 또는 입찰거부에 관한 발주자의 권한 이외에도 필요에 따라 응찰자의 자격 심사에 관한 사항이 포함되기도 함

(다) 입찰방식

1) **특명입찰(individual negotiation)** : 단일의 시공업자를 선정하여 계약하는 방식 – 수의계약(隨意契約)
   ① 장점 : 기밀유지가 필요한 특수공사나 기밀공사에 적합하며 기밀유지 가능, 양질의 시공 기대, 간단한 입찰과정
   ② 단점 : 부적격업체 선정의 우려, 공사비 과다 우려, 공사금액 결정이 불명확, 공사금액 책정에 있어서 비리가 발생 가능성

2) **공개경쟁입찰(general open bid)** : 일정한 자격을 갖춘 다수의 시공자가 동일한 계약조건을 기준으로 경쟁 입찰하는 방식
   ① 장점 : 자유경쟁 의도에 부합되고 담합 가능성을 줄임, 균등한 기회, 경쟁으로 인해 공사비 절감
   ② 단점 : 부적격업자 낙찰 우려, 부실공사 우려, 입찰사무 번잡, 과열경쟁으로 건설업의 건전한 발전 저해

3) **제한경쟁입찰(limited open bid)** : 시공자의 실적, 능력, 경영실태에 따라 입찰참가자의 범위를 제한하고 경쟁 입찰하는 방식
   ① 장점 : 중소건설업체 및 지방건설업체 보호, 공사수주 편중방지, 담합 우려 감소
   ② 단점 : 경쟁원리 위배, 균등기회 부여 무시, 업체의 신용과 양질의 공사 확보 곤란

4) **지명경쟁입찰(limited bid)** : 계약의 성질 또는 목적에 비추어 특수한 설비, 기술, 실적이 있는 자가 아니면 계약 목적을 달성하기 곤란할 경우 특정 다수를 지명하여 경쟁하는 입찰방식(건설도급회사의 공사실적 및 기술능력에 적합한 3~7개 정도의 시공회사를 선택한 후 그 시공회사로 하여금 입찰에 참여시키는 방법)
   ① 장점 : 공사특성에 맞는 적격업체를 선정 가능, 시공의 질 향상 도모, 시공 신뢰성이 높음
   ② 단점 : 소수 업체 입찰 시 담합 우려, 입찰참가자 선정 문제 발생 가능성

5) **P.Q(Pre-Qualification)제도(입찰참가자격 사전심사제도)** : 공공(公共) 공사 입찰에 있어서 입찰 전에 입찰참가자격을 부여하기 위한 사전자격심사제도로서 발주자가 각 건설업자의 시공능력을 파악하여 이에 상응하는 수주기회를 부여하는 제도
   ① 장점 : 부적격자 사전 제거, 우수 업체 보호, 시간 및 비용 감소
   ② 단점 : 신규참여 업체 참여기회 제한, 담합 우려

> **특명입찰**: 건축주가 시공회사의 신용, 자산, 공사경력, 보유기술 등을 고려하여 그 공사에 가장 적격한 단일 업체에게 입찰시키는 방법

6) 비교견적입찰 : 해당 공사에 가장 적합하다고 판단하는 소수업체를 선정하여 견적 제출을 의뢰하고 그 중에서 선정하는 방식(일종의 특명입찰에 해당)

7) 내역입찰제도 : 입찰자로 하여금 입찰시 단가가 기입된 물량 내역서를 입찰서에 첨부하여 입찰하는 제도

8) 부대입찰제도 : 발주처에서 입찰참가자에게 하도급 할 공종별로 일정 비율의 하도급 금액을 미리 정하고 계약될 하도급 계약서를 입찰시 입찰 서류에 첨부하여 입찰하는 제도(불공정 하도급거래 예방)

9) 대안입찰제도 : 발주자가 제시한 기본설계를 바탕으로 동등 이상의 기능 및 효과를 가진 공법으로 대안을 도급자가 제시하는 입찰제도

(4) 견적의 종류

1) 개산견적(approximate estimates) : 설계가 시작되기 전에 프로젝트의 실행 가능성을 알아보거나 설계의 초기단계 또는 진행단계에서 여러 설계대안의 경제성을 평가하기 위하여 수행되는 것
   ① 개략적인 공사금액을 예측한다는 의미에서 개념견적(conceptual estimates), 기본견적(preliminary estimates), 예산견적(budget estimates) 등으로 표현
   ② 설계도면과 시방서가 준비되지 않는 상태에서 공사비를 예측하는 것이기 때문에 이전의 유사한 공사와 참여자로부터의 정보를 토대로 견적자의 경험과 판단에 의해 수행

2) 상세견적(detailed estimates) : 일련의 완성된 도면과 시방서에 근거하여 건설공사를 수행하는 데 소요되는 재료, 노무, 장비 등에 대한 상세한 수량과 비용을 결정하는 것(건축공사 견적방법 중 가장 정확한 공사비의 산출이 가능한 견적방법)
   ① 보통 설계의 최종단계 또는 공사입찰이나 시공계획단계에서 수행되기 때문에 최종견적(final estimates), 명세견적(definitive estimates), 입찰견적(bid estimates) 등으로 표현
   ② 상세설계단계에서 견적기술자가 공사예정가격을 결정하기 위하여 수행하거나 계약자(시공자)가 입찰서를 제출하고 시공계획을 수립하기 위하여 수행

(5) 공사도급방식

(가) 공사방식

1) **직영공사** : 건축주가 일체의 공사를 자기책임으로 직접 시공하는 방식
   ① 공사의 내용이 단순하고 시공과정도 용이하며 시급한 준공을 요하지 않을 때 많이 채용
   ② 장점 : 발주 및 계약의 수속이 절감되며 임기응변의 처리가 가능하고 영리를 도외시한 확실성 있는 공사를 할 수 있다.(영리목적의 도급공사에 비해 저렴하고 재료선정이 자유로움)
   ③ 단점 : 사무가 번잡, 예산상의 차질 발생, 공사비의 증대, 재료의 낭비 또는 잉여, 시공관리 능력부족 등으로 경제상 불리하며 또한 공사 기일도 연장되기 쉽다.

> **직영공사의 채택**
> ① 공사 중 설계변경이 빈번한 공사
> ② 아주 중요한 시설물공사
> ③ 군비밀상 부득이한 공사

2) **도급공사** : 건축주가 도급으로 맡겨 수급자가 시공하는 방식

> **도급(都給, contract)**
> ① 수급인(受給人)이 건설공사를 완성할 것을 약정하고 도급인(都給人)이 그 일의 결과에 대하여 보수를 지급할 것을 약정하는 계약
> ② 하도급(下都給, subcontracting) : 도급받은 건설공사의 전부 또는 일부를 다시 도급하기 위하여 수급인이 제3자와 체결하는 계약

(나) 공사실시방식

1) **일식도급(총도급)** : 하나의 공사 전부를 수급자에게 일괄하여 시행하게 하는 도급방식
   - 계약 및 감독이 간단하고 전체 공사의 진척이 원활하며 공사의 시공 및 책임한계가 명확하여 공사관리가 쉽고 하도급의 선택이 용이하나 공사비 증대와 재하도급 등으로 공사부실 우려

2) **분할도급** : 한 공사를 분할하여 도급하는 것(분할도급은 보통 부대설비공사와 일반 공사로 나누어 도급을 준다.)
   ① 전문공종별 분할도급 : 설비공사를 개별공사로 분리하여 발주하는 도급방식(전기, 난방 등)
   ② 공정별 분할도급 : 공정별로 나누어 발주하는 도급방식
   ③ 공구별 분할도급 : 아파트, 지하철공사, 고속도로공사 등 대규모 공사에서 지역별로 공사를 구분하여 발주하는 도급방식
      - 중소업자에게 균등기회를 주고 또는 업자 상호간의 경쟁으로 공사기일단축, 시공기술향상 및 공사의 높은 성과를 기대할 수 있어 유리한 도급방법

④ 직종별·공종별 분할도급 : 직영공사방식에 가까운 것으로 전문적인 공사를 직종이나 공종별로 나누어 발주하는 도급방식

[표] 분할도급의 장·단점

구분	장점	단점
전문공종별 분할도급	설비업자의 자본, 기술이 강화되어 능률이 향상되며 공사 내용이 전문화되어 기업주와 시공자의 의사소통이 잘 되므로 공사의 우수성과 확실성 기대	공사 전체 관리가 복잡하고, 가설이나 시공 장비의 사용이 중복되어 공사비 증대의 우려
공정별 분할도급	예산배정이 편리하며 분할 발주도 가능	후속공사를 다른 업자로 바꾸거나 후속공사 금액의 결정이 곤란하며 도급자의 교체가 까다로움
공구별 분할도급	중소업자에 균등기회를 주고 업자 상호간 경쟁으로 공사기일 단축, 시공 기술향상에 유리하다.	공구마다 총괄도급으로 하므로 등록사무소가 복잡
직종별·공종별 분할도급	전문 직종으로 분할하여 도급을 주는 것으로 건축주의 의도를 철저하게 반영 가능	현장 종합관리가 어렵고 경비가 가산

3) **공동도급** : 1개 회사가 단독으로 도급을 수행하기에는 규모가 큰 공사일 경우 2개 이상의 회사가 임시로 결합하여 연대책임으로 공사를 하고 공사 완성 후 해산하는 방식

① 공동이행방식(sponsor ship) : 같은 업종을 가진 2개 이상의 업체가 시공비율을 나눠서 공동으로 공사를 진행하는 방식
② 분담이행방식(consortium) : 서로 다른 업종을 가진 2개 이상의 업체가 각각의 업종을 가지고 분담하여 참여 방식(각 업체가 공사를 분할하여 시공하는 방식)
③ 주계약자형 방식(partner ship) : 공사를 진행하는 여러 업체 중 한 업체가 주계약자가 되어 전체 공사를 관리하는 방식

> **의무 공동도급**
> 타지역 업체가 입찰에 참여할 경우 당해 공사현장의 지역 업체가 공동수급체의 구성원으로 반드시 참가라는 방식

[표] 공동도급 장·단점

구분	장점	단점
공동도급 (joint venture)	기술력 강화, 확충 및 경험의 증대, 기술, 자본 및 위험부담분산, 융자력 확대, 신용도 증대, 공사도급경쟁 완화, 공사시공이행 확실	현장관리의 어려움(책임소재 불명확), 경비증대가능

(다) 공사비 지불방식에 따른 계약

1) **정액도급(定額都給)** : 공사비 총액을 확정하고 경쟁입찰에 의해 최저입찰자와 계약하는 방식
   ① 장점 : 공사관리 업무가 간편, 경쟁입찰로 공사비가 저렴하고 자금, 공사계획의 수립이 명확
   ② 단점 : 공사설계변경에 따른 도급액 증감이 곤란하고 이로 인하여 건축주와 도급자 사이에 분쟁이 일어나기 쉬우며 이윤관계로 공사가 조잡해질 우려가 있음

2) **단가도급(單價都給)** : 공사종류마다 단가를 정하고 공사수량에 따라 도급 총급액을 산출하는 방식
   ① 장점 : 시급한 공사인 경우 계약을 간단히 할 수 있고 공사를 빨리 착공할 수 있음
   ② 단점 : 총공사비를 예측하기 힘들고 공사수량에 대한 관념이 희박하여 공사비가 높아질 염려가 있음

3) **실비청산보수가산도급(實費淸算報酬加算都給)** : 발주자는 시공자에게 시공을 위임하고 실제로 시공에 소요된 비용, 즉 공사실비(cost)와 미리 정해 놓은 보수(fee)를 시공자가 받는 방식으로 발주자, 컨설턴트 또는 엔지니어 및 시공자 3자가 협의하여 공사비를 결정하는 도급 계약 방식
   – 설계도와 시방서가 명확하지 않거나 또는 설계는 명확하지만 공사비 총액을 산출하기 곤란하고 발주자가 양질의 공사를 기대할 때에 채택될 수 있는 가장 타당한 방식
   ① 실비비율 보수가산식 도급 : 공사 진척에 따라 정해진 시기에 실비와 실비에 미리 계약된 비율을 곱한 금액을 보수로 시공자에게 지불하는 방식

   $$[총공사비 = 실비 + (실비 \times 비율보수)]$$

   ② 실비한정비율 보수가산식 도급 : 실비에 제한을 두고 시공자에게 제한된 금액 내에서 공사를 완성시키게 하는 방식

   $$[총공사비 = 한정된 실비 + (한정된 실비 \times 비율보수)]$$

③ 실비 준동률 보수가산식 도급 : 실비를 미리 여러 단계로 분할하여 공사비가 각 단계의 금액보다 증가될 때는 비율보수를 체감하는 방식

[총공사비 = 실비 + (실비×변환 비율보수)]

④ 실비정액 보수가산식 도급 : 실비의 여하를 막론하고 미리 계약된 일정액의 보수만을 지불하는 방식

[총공사비 = 실비 + 정액보수]

(6) 건설공사수행 방식

1) PM방식(Project Management) : 토지주나 발주자, 조합을 대신하여 개발 프로젝트의 기획, 설계단계에서부터 발주, 시공, 유지관리 단계에 이르기까지 프로젝트를 종합으로 관리

> PM방식: 건설 전반에 대하여 management service (관리, 자문 등)를 수행하는 방식(우리나라에서는 순수 PM계약 방식은 거의 없음)

2) CM(Construction Management, 건설사업관리) 제도 : 건설공사의 기획단계, 설계단계, 구매 및 입찰단계, 시공단계, 유지관리단계 전체의 종합적 관리시스템을 의미(전문가 집단에 의해 효율적으로 관리)

> CM: 건설의 전 과정에 걸쳐 프로젝트를 보다 효율적이고 경제적으로 수행하기 위하여 각 부문의 전문가들로 구성된 통합 관리 기술을 발주자에서 서비스하는 것

순수형 CM의 공사단계별 기본업무 중 시공단계의 업무
① 품질검사
② 작업변화 승인 및 계약변경
③ 시공자와 발주자간 분쟁 해결

가) 종류

① CM for Fee(대리인형, agency형) : CM업자가 발주자의 대리인(agency)인 역할로서 시공에 대한 책임은 없으며, 기획·설계·시공단계의 총괄적 관리업무만을 수행한다.

  ㉠ 대리인형 CM(CM for fee) 방식은 프로젝트 전반에 걸쳐 발주자의 컨설턴트 역할을 수행한다.

② CM at risk(시공자형) : 위험형 CM은 CM업자가 관리적 업무 외에 시공까지 책임지는 형태로서 부실시공에 대한 위험을 책임져야 하는 계약방식이다.

  ㉠ 시공자형 CM(CM at risk) 방식은 공사관리자의 능력에 의해 사업의 성패가 좌우된다.

  ㉡ 시공자형 CM(CM at risk) 방식에 있어서 독립된 공종별 수급자는 공사관리자와 공사계약을 한다.

  ㉢ 시공자형 CM(CM at risk) 방식에 있어서 CM조직이 직접공사를 수행하기도 한다.

[그림] 공사발주방식

나) 건설사업관리계약(construction management contract)방식의 장·단점
  ① 장점
    ㉠ 시공 시 단계별 시공법을 적용할 수 있어 설계 및 시공 기간을 단축시킬 수 있다.
    ㉡ 설계과정에서 설계가 시공에 미치는 영향을 예측할 수 있어 설계도서의 현실성을 향상시킬 수 있다.
    ㉢ 기획 및 설계과정에서 발주자와 설계자 간의 의견 대립 없이 설계대안 및 특수공법의 적용이 가능하다(설계와 시공의 의사소통 개선).
    ㉣ 전 과정에 걸쳐 공사비, 공기, 시공성 및 설계변경에 대한 평가가 가능하고 건축주의 의사결정에 도움을 줄 수 있다.
    ㉤ 공기 단축이 가능하다.
  ② 단점
    ㉠ 시공자의 의견이 설계 전과정에 걸쳐 충분히 반영될 수 없다.
    ㉡ 성공여부가 CM(건설사업관리자)의 능력에 좌우되고 공사비가 상승될 우려가 있다
    ㉢ 대리인형의 경우 문제 발생시 책임소재가 불명확하다.
    ㉣ 시공자형의 경우 CM(건설사업관리자)이 이익추구 및 사업 위험을 부담하므로 이해관계 존재한다.
3) 파트너링 방식(partnering) : 발주자가 직접 설계와 시공에 참여하고 프로젝트 관련자들이 상호 신뢰를 바탕으로 team을 구성해서 프로젝트의

성공과 상호이익 확보를 공동 목표로 하여 프로젝트를 추진하는 공사수행 방식

- 파트너링을 통해 설계와 시공의 의사소통 개선, 능률향상, 비용절감, 공기단축 등의 효과를 볼수 있음.

> **턴키계약방식**
> ① 공기, 품질 등의 결함이 생길 때 발주자는 계약자에게 쉽게 책임을 추궁할 수 있다.
> ② 설계와 시공이 일괄로 진행된다.
> ③ 공사비의 절감과 공기단축이 가능하다.

4) 턴키계약방식(turn-key contract) : 주문받은 건설업자가 대상계획의 기업·금융, 토지조달, 설계, 시공, 기계기구 설치 등 주문자가 필요로 하는 모든 것을 조달하여 인도하는 방식. 설계와 시공을 일괄적으로 맡기는 방식이며 주로 대규모 공사에 채택

① 설계와 시공의 의사소통이 우수하고 책임이 명확하고 공기가 단축되는 장점과 대규모 회사에게만 유리하거나 공사비의 사전 파악이 어려운 점 등의 단점을 가지고 있음.

② 최저가 낙찰제일 경우 공사품질이 저하될 수 있고 시공사가 주체가 되어 공사를 진행하기 때문에 건축주의 의도가 반영되기 어려움

> **설계·시공 일괄계약제도**
> ① 단계별 시공의 적용으로 전체 공사기간의 단축이 가능하다.
> ② 설계와 시공의 책임 소재가 일원화된다.
> ③ 발주자의 의도가 충분히 반영되기 어렵다.
> ④ 계약 체결 시 총비용이 결정되지 않으므로 공사비용이 상승할 우려가 있다.

5) 개발계약방식 – 사회간접자본(SOC) 등

① BOT방식(Build Operate Transfer)(건설-운영-양도) : 공공 혹은 공익 프로젝트에 있어서 자금을 조달하고, 설계, 엔지니어링 및 시공 전부를 도급받아 시설물을 완성하고 그 시설을 일정기간 운영하여 투자금을 회수한 후 발주자(국가 또는 지방자치단체)에게 시설을 인도하는 공사계약방식

② BTO(Build Transfer Operate)(건설-양도-운영) : 사회 기반 시설의 준공과 동시에 해당 시설의 소유권이 국가 또는 지 방 자치 단체에 귀속되며, 사업 시행자에게 일정 기간의 시설 관리 운영권을 인정하여 투자금을 회수하게 방식

③ BOO(Build Operate Own)(건설-운영-소유) : 민간사업자가 사회간접자본시설을 건설한 후 운영하고 소유하는 방식

④ BTL(Build Transfer Lease)(건설-양도-임대) : 민간사업자가 사회간접자본시설을 건설한 후 발주자(국가 또는 지방자치단체)에게 소유권을 이전하고 발주자로부터 임대료를 받아 투자비를 회수하는 방식

> **EC(Engineering Construction)**
> 건설사업이 대규모화, 고도화, 다양화, 전문화 되어감에 따라 종래의 단순 기술에 의한 시공만이 아닌 고부가가치를 추구하기 위하여 업무영역의 확대를 의미(사업발굴에서 유지관리까지 종합, 계획관리하는 업무영역 확대)
> – 종래의 단순한 시공업과 비교하여 건설사업 전반에 걸쳐 종합, 기획, 관리하는 업무 영역의 확대를 말한다.

(7) 공사낙찰자 선정방식

① 부찰제 (제한적 평균가격 낙찰제) : 예정가격의 85% 이상 금액의 입찰자 사이에서 평균가격을 산정하고 이 평균 입찰금액 밑으로 가장 접근되게 입찰한 입찰자를 낙찰자로 선정하는 방식(단합 가능성)

② 최저가 낙찰제 : 입찰자 중 예정가격 범위 내에서 최저 가격으로 입찰한 자를 선정하는 방식
 – 최저가격으로 낙찰됨으로써 시공능력에 문제가 있는 부적격 업체가 낙찰되는 경우 부실시공의 우려가 있어 입찰참가자격 사전심사제도 등을 통하여 이 제도의 문제점을 보완

③ 제한적 최저가 낙찰제 : 예정가격 대비 90% 이상 입찰자 중 가장 낮은 금액으로 입찰한 자를 선정하는 방식으로, 최저가 낙찰자를 통한 덤핑의 우려를 방지할 목적

④ 최적격 낙찰제 (PQ제) : 단순히 금액만 고려하는 방식이 아닌 시공능력, 경영상태, 기술능력, 공법, 품질관리 능력 등을 고려하여 낙찰자를 결정 하는 방식(종합 낙찰제)

(8) 공사계약방식

① 단년도 계약방식 : 이행기간이 1회계연도로 사업내용도 확정되고 총예산도 확보되어 해당 연도 예산 범위 안에서 입찰과 계약을 하는 경우의 계약

② 계속비 계약방식 : 이행에 수년을 요하는 공사로서 계약을 체결할 때에는 낙찰 등에 의하여 결정된 총공사금액을 부기하고 당해 연도 예산의 범위 안에서 제1차 공사를 이행하도록 계약을 체결하는 공사(전체 금액으로 1회 계약, 최종 준공 시 1회 준공))

③ 장기계속 계약방식 : 총공사 금액을 부기(附記)한 뒤 당해 연도 예산 범위 내에서 차수별로 계약을 체결하여 수년에 걸쳐서 공사를 이행하는 계약방식(차수계약마다 계약서 작성, 차수별로 준공))

> 계속비 계약방식: 전체 예산으로 계약서 1회 작성(착공계 착공 시 1회, 준공계 준공 시 1회)

(9) 도급계약 서류

(가) 공사 도급계약 체결시 첨부 서류(계약문서)
① 계약서
② 설계서 : 공사시방서, 설계도면, 현장설명서(공사추정가격이 1억 원 이상인 경우에는 공종별 목적물 물량내역서 포함)
③ 공사입찰유의서
④ 공사계약일반조건
⑤ 공사계약특수조건
⑥ 산출내역서

(나) 공사계약서에 포함해야 할 사항
도급계약서는 공사도급금액, 공사기간(착수시기 및 완공시기), 공사금액 지불방법 및 시기, 건물 인도 시기, 손해 부담에 대한 사항 등을 기재

〈건설산업기본법〉
제22조(건설공사에 관한 도급계약의 원칙)
② 건설공사에 관한 도급계약의 당사자는 계약을 체결할 때 도급금액, 공사기간, 그 밖에 대통령령으로 정하는 사항을 계약서에 분명하게 적어야 하고, 서명 또는 기명날인한 계약서를 서로 주고받아 보관하여야 한다.

〈건설산업기본법시행령〉 : 대통령령으로 정하는 사항
제25조(공사도급계약의 내용)
① 공사의 도급계약에 명시하여야 할 사항은 다음과 같다.
1. 공사내용
2. 도급금액과 도급금액중 노임에 해당하는 금액
3. 공사착수의 시기와 공사완성의 시기
4. 도급금액의 선급금이나 기성금의 지급에 관하여 약정을 한 경우에는 각각 그 지급의 시기·방법 및 금액
5. 공사의 중지, 계약의 해제나 천재·지변의 경우 발생하는 손해의 부담에 관한 사항
6. 설계변경·물가변동 등에 기인한 도급금액 또는 공사내용의 변경에 관한 사항
7. 하도급대금지급보증서의 교부에 관한 사항(하도급계약의 경우에 한한다)
8. 하도급대금의 직접지급사유와 그 절차
9. 「산업안전보건법」에 따른 산업안전보건관리비의 지급에 관한 사항

10. 건설근로자퇴직공제에 가입하여야 하는 건설공사인 경우에는 건설근로자퇴직공제가입에 소요되는 금액과 부담방법에 관한 사항
11. 「산업재해보상보험법」에 의한 산업재해보상보험료, 「고용보험법」에 의한 고용보험료 기타 당해 공사와 관련하여 법령에 의하여 부담하는 각종 부담금의 금액과 부담방법에 관한 사항
12. 당해 공사에서 발생된 폐기물의 처리방법과 재활용에 관한 사항
13. 인도를 위한 검사 및 그 시기
14. 공사완성후의 도급금액의 지급시기
15. 계약이행지체의 경우 위약금·지연이자의 지급 등 손해배상에 관한 사항
16. 하자담보책임기간 및 담보방법
17. 분쟁발생시 분쟁의 해결방법에 관한 사항
18. 「건설근로자의 고용개선 등에 관한 법률」에 따른 고용 관련 편의시설의 설치 등에 관한 사항

(다) 시방서(specification, 示方書) - 사양서

건물을 설계하거나 시공할 시 도면상에서 나타낼 수 없는 세부 사항을 명시한 문서

1) 시방서 종류
   가) 표준 및 특기시방서
      ① 표준시방서 : 대한건축학회에서 발행한 공통시방서(공통시방서)
      ② 특기시방서 : 표준시방서에 기재하지 않은 현장여건, 특수한 재료, 공법 등 작성
         - 당해 공사의 특수한 조건에 따라 표준시방서에 대하여 추가, 변경, 삭제를 규정한 시방서(각 부위별 시공방법, 각 부위별 사용재료, 사용재료의 품질 기재)
   나) 일반 및 기술시방서
      ① 일반시방서 : 공통적으로 적용될 수 있는 공사전반에 관한 비기술적인 사항 규정한 시방서
      ② 기술시방서 : 직종별로 기술적 내용을 규정한 시방서
   다) 공사시방서 등
      ① 공사시방서 : 특정공사별로 건설공사 시공에 필요한 사항을 규정한 시방서
      ② 안내시방서 : 공사시방서를 작성하는 데 안내 및 지침이 되는 시방서

③ 자료시방서 : 재료나 자료의 제조업자가 생산제품에 대해 작성한 시방서

④ 성능시방서 : 구조물의 요소나 전체에 대해 필요한 성능만을 명시해 놓은 시방서

⑤ 개략 시방서 : 설계자가 발주자에 대해 설계초기단계에 설명용으로 제출하는 시방서로서, 기본설계도면이 작성된 단계에서 사용되는 재료나 공법의 개요에 관해 작성한 시방서

2) 시방서 기재사항

① 일반적으로 시방서에는 사용재료의 재질, 품질, 치수, 시공방법, 공법, 일반총칙사항(一般總則事項) 등을 표시

② 사용재료의 품질시험방법, 각 부위별 시공방법, 각 부위별 사용재료, 각 부위별 사용 재료의 품질

③ 재료, 장비, 설비의 유형과 품질, 조립, 설치, 세우기의 방법, 시험 및 코드 요건

④ 시공방법 및 시공정밀도, 시방서의 적용 범위 및 사전준비 사항

3) 시방서의 작성원칙

① 시공자가 정확하게 시공하도록 설계자의 의도를 상세히 기술

② 공사 전반에 대한 지침을 세밀하고 간단명료하게 서술

③ 재료의 성능, 성질, 품질의 허용 범위 등을 명확하게 규명

④ 간결하며 누락, 중복되지 않고 오자, 오기가 없도록 함

⑤ 지정 고시된 신재료 또는 신기술을 적극 활용함

(라) 건축법상 설계도서

공사용 설계도면, 시방서, 구조계산서, 토질 및 지질 관련 서류

〈건축법〉

제2조 (정의)

14. 설계도서 : 건축물의 건축 등에 관한 공사용 도면, 구조 계산서, 시방서(示方書), 그 밖에 국토교통부령으로 정하는 공사에 필요한 서류

1) 설계도서 해석의 우선순위

〈건축물의 설계도서 작성기준(국토해양부고시)〉

설계도서법령해석감리자의 지시 등이 서로 일치하지 아니하는 경우에 있어 계약으로 그 적용의 우선순위를 정하지 아니한 때에는 다음의 순서를 원칙으로 한다.

시방서

① 시방서 작성 시에는 공사 전반에 걸쳐 시공 순서에 맞게 빠짐없이 기재한다.

② 시방서에는 사용재료의 시험검사방법, 시공의 일반사항 및 주의사항, 시공정밀도, 성능의 규정 및 지시 등을 기술한다.

③ 성능시방서란 목적하는 결과, 성능의 판정기준, 이를 판별할 수 있는 방법을 규정한 시방서이다.

1. 공사시방서
2. 설계도면
3. 전문시방서
4. 표준시방서
5. 산출내역서
6. 승인된 상세시공도면
7. 관계법령의 유권해석
8. 감리자의 지시사항

〈주택의 설계도서 작성기준(국토해양부고시)〉
제10조(설계도서의 해석)
① 설계도서의 내용이 서로 일치하지 아니하는 경우에는 관계법령의 규정에 적합한 범위 내에서 감리자의 지시에 따라야 하며, 그 내용이 설계상 주요한 사항인 경우에 감리자는 설계자와 협의하여 지시내용을 결정하여야 한다.
② 제1항의 경우로서 감리자 및 설계자의 해석이 곤란한 경우에는 당해 공사계약의 내용에 따라 적용의 우선순위 등을 결정하여야 하며, 계약으로 그 적용의 우선순위를 정하지 아니한 경우에는 다음의 순서를 원칙으로 한다.
 1. 특별시방서
 2. 설계도면
 3. 일반시방서 · 표준시방서
 4. 수량산출서
 5. 승인된 시공도면

(10) 건설공사에서 발생하는 클레임 유형
① 계약문서의 결함에 따른 클레임
② 현장조건 변경에 따른 클레임
③ 현장조건의 상이에 관한 클레임
④ 공사 지연에 의한 클레임
⑤ 작업범위 관련 클레임
⑥ 작업 기간 단축에 대한 클레임
⑦ 공사변경에 관한 클레임

공사시방서 〈건설기술 진흥법 시행규칙〉
제40조(설계도서의 작성)
3. 공사시방서(건설공사의 계약도서에 포함된 시공기준)는 표준시방서 및 전문시방서를 기본으로 하여 작성하되, 공사의 특수성, 지역여건, 공사방법 등을 고려하여 기본설계 및 실시설계 도면에 구체적으로 표시할 수 없는 내용과 공사 수행을 위한 시공방법, 자재의 성능·규격 및 공법, 품질시험 및 검사 등 품질관리, 안전관리, 환경관리 등에 관한 사항을 기술할 것

공사계약 중 재계약 조건
① 설계도면 및 시방서(specification)의 중대 결함 및 오류에 기인한 경우
② 계약상 현장조건 및 시공조건이 상이(difference)한 경우
③ 계약사항에 중대한 변경이 있는 경우

건설공사의 공사비 절감요소 중에서 집중분석하여야 할 부분
① 단가가 높은 공종
② 지하공사 등의 어려움이 많은 공종
③ 공사비 금액이 큰 공종

(11) 하자보증금

건설공사 완료 후 부실시공 부분에 재시공을 보장하기 위하여 공사발주처 등에 예치하는 공사금액

① 입찰보증금 : 입찰에 참가한 자에 대하여 계약의 체결 등 의무이행을 담보하기 위한 보증금

② 계약보증금 : 계약의 이행을 보장받기 위하여 계약 당사자 가운데 한쪽이 상대편에게 미리 제공하는 금액

(12) 공사원가계산 구성항목

1) 순공사원가 : 재료비+노무비+경비

① 재료비 : 직접재료비, 간접재료비, 가설재료비, 작업설(作業屑)·부산물처리

> **작업설(作業屑)·부산물처리**
> 계약목적물의 제조 또는 시공 중에 발생하는 작업설, 부산물, 연산품 등은 매각액 또는 이용가치를 추상하여 재료비로부터 공제하여 계산)

• 작업설: 수익이 되는 폐기물 등
• 부산물: 주산물을 생산할 때 부수적으로 생기는 산물
• 연산품: 동일한 원재료를 사용하여 생산되는 둘 이상의 생산물

② 노무비 : 직접 노무비, 간접 노무비

③ 경비 : 계약목적물 완성하기 위하여 소요되는 원가 중 재료비, 노무비를 제외한 원가

- 기계경비, 안전관리비, 보험료, 전력비, 운송비, 품질관리비, 가설비, 폐기물처리비, 안전점검비, 수도광열비, 특허권 사용료, 기술료, 연구개발비, 지급임차료, 복리후생비, 보관비, 외주가공비, 소모품비, 여비, 교통, 통신비, 세금과공과, 도서인쇄비, 지급수수료, 환경보전비, 보상비, 건설근로자 퇴직공제부금비, 기타법정경비

2) 일반관리비 : (재료비 + 노무비 + 경비) × ( )%

3) 이윤 : (노무비 + 경비 + 일반관리비) × ( )%

가설비: 공사 실시에 있어서 일시적으로 사용하는 재료, 시설, 설비 등의 비용
① 직접 가설비: 직접적인 공사에만 필요한 가설비
② 공통(간접)가설비: 공사 전체에 관련하여 필요하며 종목별로 구분하기 어려운 가설비

4) 총원가 : 공사원가(재료비 + 노무비 + 경비) + 일반관리비 + 이윤

5) 공사손해보험료 : 보험가입대상 공사부분의 총원가 × ( )%

6) VAT : (총원가 + 공사손해보험료) × 10%

7) 예정가격 : 총원가 + 공사손해보험료 + VAT

※ 직접공사비 : 재료비 + 노무비 + 외주비 + 경비
※ 간접공사비 : 공통가설비 + 일반관리비
※ 사후원가 : 건물이 완성된 뒤에 실제로 발생한 공사비

총공사비 : 직접공사비와 간접공사비

2. 공사계획

(1) 공사도급계약 체결 후 공사의 순서

① 가설공사   ② 토공사   ③ 기초공사
④ 구체공사   ⑤ 방수공사   ⑥ 지붕공사
⑦ 외벽공사   ⑧ 창호공사   ⑨ 내부공사

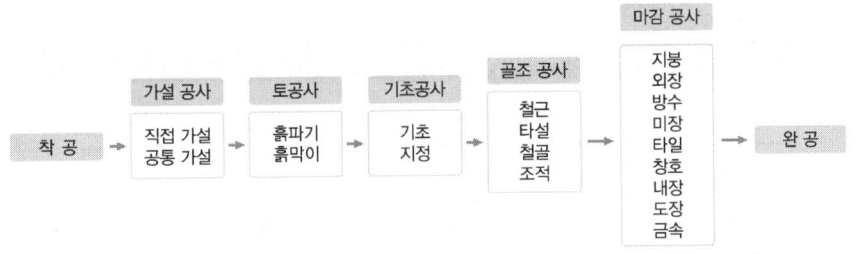

[그림] 공사의 순서

(2) 착공을 위한 공사계획에 필요한 것

① 설계도면, 공사시방서 숙지 : 설계도서를 숙지하여 건물의 특징, 공사의 규모·내용 등을 충분히 인지
② 현장 여건 조사 : 토질, 지형, 인접건물, 노동력 공급, 공사 현장과 주위의 관계 등을 상세하게 조사
③ 공사의 특성과 공종별 공사 수량파악

(3) 현장에서의 시공 준비사항 중 대지상황 확인 내용

① 공사 착공 전 대지경계선을 확인하고 표시나 사진을 남긴다.
② 대지의 형상 및 높이를 설계도와 대비하여 실측하고 벤치마크(bench mark)를 설치한다.
③ 공사에 영향을 미칠 수 있는 지하매설물이나 지상 장애물을 조사한다.
④ 지질조사가 충실한지를 확인하고 지층의 경사, 지하수 등의 자료를 조사한다.

(4) 시공계획

(가) 시공계획 순서

① 계약조건 확인 → ② 설계도서 파악 → ③ 현지조사 → ④ 주요수량 파악 → ⑤ 시공계획 입안

자동식 세륜 시설을 설치할 경우에의 측면살수시설 설치

① 측면살수시설은 수송차량의 바퀴부터 적재함 하단부 높이까지 살수할 수 있어야 한다.
② 측면살수시설의 살수 길이는 수송차량 전장의 1.5배 이상이어야 한다.
③ 살수압 $3kgf/cm^2$ 이상의 측면살수시설을 설치하여야 한다.
④ 측면살수시설의 슬러지는 컨베이어에 의한 자동 배출이 가능한 시설을 설치하여야 한다.
⑤ 용수공급은 우수 또는 공사용수를 활용함을 원칙으로 하되, 기 개발된 지하수를 이용하고, 부족한 경우는 상수도를 이용하며, 용수는 자체 순환식으로 이용하여야 한다.

건축공사의 착수 시 대지에 설정하는 기준점(bench mark): 공사 중 건축물 각 부위의 높이에 대한 기준을 삼고자 설정하는 것

① 기준점은 대개 지정 지반면에서 0.5~1m의 위치에 두고 그 높이를 적어둔다.
② 건축물의 그라운드 레벨(Ground level, 지반면)은 현지에 지정되거나 입찰 전 현장설명 시에 지정된다.
③ 기준점은 바라보기 좋고, 공사에 지장이 없는 곳에 설정한다.
④ 기준점은 2개소 이상 여러 곳에 표시해 두는 것이 좋고, 공사기간 중에 이동될 우려가 없는 곳에 한다.

* 지반면(ground level, 地盤面): 건축물의 높이나 층수 등에 기준이 되는 지표면. 경사지의 경우는 가중평균 수평면을 지반면으로 함

벤치 마크: (측량)수준점, 수준기표

시공계획에 미포함	(나) 시공계획의 내용 및 순서

시공계획에 미포함
- 현치도(원척도, 原尺圖): 실물과 같은 치수의 도면

(나) 시공계획의 내용 및 순서
① 현장원 편성
② 공정표 작성
③ 실행예산 편성
④ 하도급자 선정
⑤ 자재, 설비 운반(가설준비물), 자재계획(공종별 재료량 및 품셈)
⑥ 노무계획
⑦ 재해방지대책

> **시공계획서에 기재되어야 할 사항**
> ① 시공계획도의 작성 ② 작업의 질과 양 ③ 시공조건 ④ 사용재료

공사계획을 수립할 때의 유의사항
① 마감공사는 구체공사가 끝나는 부분부터 순차적으로 착공하는 것이 좋다.
② 재료입수의 난이, 부품 제작 일수, 운반조건 등을 고려하여 발주시기를 조절한다.
③ 방수공사, 도장공사, 미장공사 등과 같은 공정에는 일기를 고려하여 충분한 공기를 확보한다.

(다) 공사계획에 있어서 공법 선택 시 고려할 사항
① 품질의 확보
② 공기의 준수
③ 작업의 안전확보와 제3자 재해의 방지

(5) 현장개설 후 자재수급 계획 시 필요조건
① 자재 명세서
② 납입 계획서
③ 발주·구입시기

비용구배(Cost Slope)
작업 1일 단축할 때 추가되는 직접비용

비용구배
$= \dfrac{특급공비 - 정상공비}{정상공기 - 특급공기}$

① 특급공비 : 공기를 최대로 단축할 때의 비용
② 특급공기 : 공기의 최대 단축 가능 시간
③ 정상공비 : 정상 소요 일수의 비용
④ 정상공기 : 정상 소요 시간

> **자재수급계획을 수립하는 데 유의할 점**
> ① 자재의 품목, 규격, 품질
> ② 사용 목적
> ③ 총수량 또는 기간별 소요수량
> ④ 사용 시기
> ⑤ 사용현장의 상황에 따라 사용 후의 재사용 여부
> ⑥ 재고품, 대체품 또는 다른 현장으로부터 전용 여부

> **참고**
>
> 〈가설공사〉
> (1) 직접(전용) 가설공사 : 본건물 축조에 직접 필요한 시설
> ① 수평보기, 규준틀 설치
> ② 비계설치
> ③ 먹 매김
> ④ 건축물 보양설비
> ⑤ 양중, 운반, 타설시설

⑥ 안전시설 중 낙하물 방지설비
(2) 간접(공통) 가설공사 : 운영, 관리상 필요한 가설시설(가설건물, 가설울타리, 임시동력 등)

〈일반적인 공사의 시공속도에 관한 설명〉
① 시공속도를 빠르게 하면 직접공사비는 증가하고 간접공사비는 감소한다.
② 급속공사를 강행할수록 품질은 나빠진다.
③ 경제적 시공속도는 간접비와 직접비의 합이 최소가 되도록 함이 가장 적절하다.
  ✽ **직접공사비** : 재료비+노무비+외주비+경비
  ✽ **간접공사비** : 공통가설비+일반관리비

〈건축 공사관리에 관한 설명〉
① 공사현장의 관리에는 산업안전보건법령의 적용을 받는다.
② 지급재료는 검수 후 도급자가 보관하되 다른 자재와 구분하여 보관한다.
③ 정기안전점검은 정해진 시기에 반드시 실시한다.
④ 현장에 반입한 재료는 모두 검사를 받아야 하나, KS표준에 의하여 제작된 합격품은 검사를 생략할 수 있다.

3. 공사현장관리

(1) 공사 및 공정관리

〈공정계획에 관한 설명〉
① 공정표의 종류는 횡선식공정표, 네트워크공정표 등이 있다.
② 지정된 공사기간 안에 완성시키기 위한 통제수단이다.
③ 사업성과 원가관리와는 관계가 있다.
④ 우기와 혹한기, 명절 등은 공정계획 시 반영한다.

〈공정계획에서 공정표 작성 시 주의사항〉
① 기초공사는 옥외 작업이기 때문에 기후에 좌우되기 쉽고 공정변경이 많다.
② 노무, 재료, 시공기기는 적절하게 준비할 수 있도록 계획한다.
③ 공기를 단축하기 위하여 다른 공사와 중복하여 시공할 수 있다.
④ 마감공사는 기후에 좌우되는 것이 적으나 공정단계가 많으므로 충분한 공기(工期)가 필요하다.

비산먼지 발생사업 신고 적용대상〈대기환경보전법시행규칙〉

제57조(비산먼지 발생사업)(건설업의 신고대상 사업)
가. 건축물축조공사(건축물의 증·개축 및 재축을 포함하며, 연면적 1,000제곱미터 이상인 공사만 해당한다. 다만, 굴정공사는 총연장 200미터 이상 또는 굴착토사량 200세제곱미터 이상인 공사만 해당한다)
나. 토목공사(구조물의 용적 합계가 1,000세제곱미터 이상이거나 공사면적이 1,000제곱미터 이상 또는 총연장이 200미터 이상인 공사만 해당한다)
다. 조경공사(면적의 합계가 5,000제곱미터 이상인 공사만 해당한다)
라. 지반조성공사 중 건축물해체공사(연면적이 3,000제곱미터 이상인 공사만 해당한다), 토공사 및 정지공사(공사면적의 합계가 1,000제곱미터 이상인 공사만 해당하되, 농지정리를 위한 공사는 제외한다)
마. 그 밖에 공사(가목부터 라목까지의 공사에 준하는 공사로서 해당 가목부터 라목까지의 공사 규모 이상인 공사만 해당한다)

철거작업 시 지중장애물 사전조사항목

부지 내에 매설된 가스관, 상하수도관, 지하케이블, 건축물의 기초 등 지하매설물에 대한 조사
① 기존 건축물의 설계도, 시공기록 확인
② 가스, 수도, 전기 등 공공매설물 확인
③ 시험굴착, 탐사 확인

LOB(Line of Balance) 기법: 반복 작업에서 각 작업조의 생산성을 유지시키면서 그 생산성을 기울기(scope)로 하는 직선으로 각 반복 작업의 진행을 표시하여 전체 공사를 도식화하는 기법
- 도표의 세로축은 단위작업의 반복수, 가로축은 공사기간을 나타냄
- 반복 작업이 많은 공사에 효율적이며 작성이 간단하고 세부일정을 정확히 나타낼 수 있다.

- **횡선식공정표**: 막대 모양(바)으로 표현
- **사선식공정표**: 기울기로 작업 생산성(작업속도) 파악
- **열기식공정표**: 단순 나열하여 표현
- **네트워크 공정표**: 작업 상호관계를 네트워크로 표현

PERT & CPM
① PERT: 미해군 특별기획실 개발. 시간을 기본으로 하는 관리법으로 작업의 구성요소들을 적절하게 조정하여 효율적으로 작업순서 결정
② CPM: 듀폰사 개발. 소요시간은 주경로를 기준으로 작성하며 최소비용으로 최적의 공기가 되도록 작성

〈공정관리에 있어서 자원배당의 대상〉
① 내구성 자원 : 인력, 장비, 공법, 경험
② 소모성 자원 : 자재, 자금

(가) 공정표의 종류

횡선식(橫線式) 공정표, 사선식(斜線式) 공정표, 곡선그래프식 공정표, 열기식(列記式) 공정표 등이 있고 이를 병용하여 사용하였으나 최근에는 네트워크 시스템(network system)에 의한 공정표를 사용하고 있음.

(나) 네트워크 공정표(network scheduling)

건설공사에 수반되는 작업 사이의 전후관계를 표현하고 작업에 필요한 일수를 기입하여 전체 공정을 파악할 수 있는 공정표

- 미국의 PERT(Program Evaluation Review Technique) 및 CPM(Critical Path Method)방식을 채택한 것으로서, 공사 진척의 능률화와 경제성을 추구하고 공사 진척의 조정을 도모함.

1) PERT & CPM (* 네트워크식 공정표를 PERT & CPM로 분류)
① PERT : Program Evaluation & Review Technique
② CPM : Critical Path Method

구분	PERT	CPM
주목적	공기단축	원가절감
대상	신규사업, 비반복사업 – 경험이 없는 사업	반복사업 – 경험이 있는 사업
소요시간추정	3점추정(O : 낙관치, P : 비관치, M : 일반치)	1점 추정
일정계산	event(결합점) 중심으로 일정계산	activity(활동) 중심으로 일정계산
여유시간	slack	float(TF, FF, DF)

2) ADM & PDM (* CPM을 ADM & PDM로 분류)
① ADM : Arrow Diagram Method
 - 각 작업을 화살표로 표시하는 방법
② PDM : Precedence Diagram Method
 - 한 공종의 작업이 하나의 숫자로 표기되고 컴퓨터에 적용하기 용이한 이점 때문에 많이 사용되고 있다. 각 작업은 node로 표기하고 더미(dummy)의 사용이 불필요하며 화살표는 단순히 작업의 선후관계 만을 나타낸다.

구분	ADM	PDM
표시형태	화살표에 activity(활동) 표시 (AOA : Activity On Arrow)	Event(결합점)에 activity(활동) 표시(AON : Activity On Node)
연결관계	FS	FS, FF, SF, SS
Dummy	있음	없음

PERT/CPM의 장점

PERT(program evaluation review technique) 및 CPM(critical path method)방식을 채택한 것으로서, 프로젝트의 각 분야를 세부화된 작업으로 분할하고 작업순서, 소요시간 등을 네트워크 형태로 표시하여 작업일정 관리와 비용관리 등을 효율적으로 할 수 있게 함.
① 변화에 대한 신속한 대책수립이 가능하다.
② 비용과 관련된 최적안 선택이 가능하다.
③ 작업 선후 관계가 명확하고 책임소재 파악이 용이하다.
④ 정확한 계획 분석이 가능하고 정보교환이 용이하다.

(다) 네트워크 공정표의 용어

용어	설명	용어	설명
Event, Node(○)	작업의 결합점, 개시점 또는 종료점을 나타냄	Activity(→) (작업, 활동)	프로젝트를 구성하는 하나의 개별단위 작업
Dummy(⇢) (가상적 작업)	더미는 점선화살표. 작업은 아님(가공작업). 결합점 사이를 연결해 주며 공정표 작성에 도움	Duration	소요시간. 작업을 수행하는데 필요한 시간
Path	네트워크 중 둘 이상의 작업을 잇는 경로	Critical Path	주공정선. 최초작업 개시부터 최종작업 완료의 경로 중 소요일수가 가장 긴 경로
Float	작업의 여유시간	Slack	결합점이 가지는 여유시간

※ 디펜던트 플로트(dependent float) : 후속 작업의 토탈 플로트에 영향을 주는 플로트

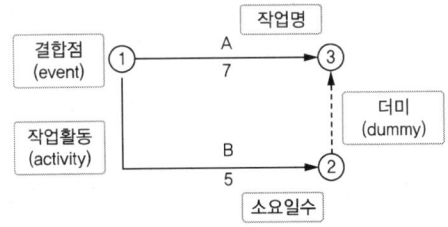

[그림] 공정표의 구성요소

(라) 네트워크 공정표의 주공정(critical path)
① 전체 여유(total float)가 0(zero)인 작업을 주공정작업이라 하고, 이들을 연결한 공정을 주공정이라고 한다.
② 총 공기는 공사착수에서부터 공사완공까지의 소요시간의 합계이며, 최장시간이 소요되는 경로이다.
③ 주공정은 고정적이거나 절대적인 것이 아니고 공사 진행상황에 따라 가변적이다.

예문 다음 네트워크 공정표에서 결합점 ②에서의 가장 늦은 완료 시각은?

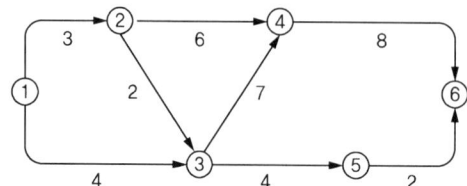

해설 결합점 ②에서의 가장 늦은 완료 시각(LFT) : 3일
※ 총 소요공기(일수) : 20일
⇨ 착공 ① → ② → ③ → ④ → ⑥ 완공(작업일수 : 3일+2일+7일+8일)

※ 네트워크 공정표의 부주공정(semi-critical path)
① 여유시간이 상대적으로 적은 공정을 의미한다.
② 공정이 부분적 또는 불연속적으로 발생한다.
③ 주공정화 할 가능성이 많은 공정이다.

(마) 네트워크 공정표 작성 시 작업의 여유시간(float) 계산

1) 네트워크 공정표 작성 시 용어
① EST(Earlist Starting Time) : 가장 빠른 시작 시간(작업의 가장 빠른 시작 시간)
② EFT(Earlist Finishing Time) : 가장 빠른 종료 시간(작업을 종료할 수 있는 가장 빠른 시간)
③ LST(Latest Starting Time) : 가장 늦은 시작 시간(공기에 영향이 없는 범위에서 작업을 가장 늦게 시작하여도 가능한 시간)
④ LFT(Latest Finishing Time) : 가장 늦은 종료 시간(공기에 영향이 없는 범위에서 작업을 가장 늦게 종료하여도 가능한 시간)

여유시간
① 전체 여유(TF): 가장 여유 있게 한 작업 상황으로 하나의 작업 활동 내에서 지연 가능한 시간
② 자유 여유(FF): 작업 활동 간의 지연 가능한 시간(작업 활동과 활동 사이의 여유)
 • 작업을 가장 일찍 시작하여 후속작업이 가장 일찍 시작해도 남는 여유(후속작업에 영향 없음)
③ 종속 여유(DF): FF와 반대의 여유(후속작업의 TF가 줄어드는 여유)

2) 여유시간(float) 계산
① 전체 여유(TF : Total Float) : 최초 작업 개시에서 최종 작업 완료할 때 생기는 최대 여유시간(EST로 시작하고 LFT로 완료할 때 생기는 여유시간)

$$TF = LFT - EFT$$

② 자유 여유(FF : Free Float) : 후속작업의 가장 빠른 개시시간(EST)에 영향을 주지 않는 범위 내에서 한 작업이 가질 수 있는 여유시간(EST로 작업을 시작하고 후속작업도 EST로 시작할 때 생기는 여유시간)

$$FF = 후속작업의\ EST - 그\ 작업의\ EFT$$

③ 종속 여유(DF : Dependant Float) : 후속작업의 TF에 영향을 주는 여유시간 (전체 공기을 지연시키지 않는 범위에서 하나의 작업이 가질 수 있는 여유시간) – 간섭 여유(IF)

(바) 네트워크 공정표에서 얻을 수 있는 정보
① 작업순서와 상호관계의 파악
② 주공정(critical path)과 중점작업의 파악
③ Float의 종류와 특성의 파악
④ 계획단계에서 만든 여러 데이터의 수집
⑤ 변경이 있을 때 전체에 대한 영향의 파악
⑥ 네트워크에서 경험자료의 정리와 장래를 위한 피드백

(사) 네트워크공정표의 장·단점

장점	단점
① 개개의 작업 관련이 도시되어 있어 프로젝트 전체 및 부분파악이 쉽다. ② 작업순서 관계가 명확하여 공사담당자 간의 정보전달이 원활하다. ③ 효과적인 예산 통제가 가능하고 자원의 효율화를 기할 수 있다. ④ 작업 상호간의 관련성이 명확해지고 전체 활동을 종합적으로 파악할 수 있으며 중점관리가 가능하다. ⑤ 작성자 이외의 사람도 이해가 용이하다. ⑥ 정확한 계획분석이 가능하고 계획관리면에서 신뢰도가 높다. ⑦ 진도 관리 정확성과 관리통제를 강화할 수 있다.	① 다른 공정표에 비하여 작성시간이 많이 필요하다. ② 작성 및 검사에 특별한 기능이 요구된다. ③ 진척관리에 있어서 특별한 연구가 필요하다. ④ 네트워크 기법의 표기상 제약으로 작업의 세분화 정도에는 한계가 있다. ⑤ 공정표의 표기법이나 공기변동 시 수정하기가 어렵고 수정시간이 요구된다.

> 네트워크 공정표 장단점
> ① 장점: 상호간의 작업관계 명확, 작업 문제점 예측가능, 최적의 비용으로 공기단축 가능
> ② 단점: 공정표 작성에 숙련 요함, 수정 변경에 많은 시간 소요
> ③ 대형공사, 복잡하고 중요한 공사, 공사기간이 엄수되어야 할 공사에 적용

(아) 공정계획 및 관리에 있어 작업의 집약화
① 부분공사로서 이미 자료화 되어 있는 작업군
② 현시점에서 관리상의 중요도가 적은 작업군
③ 관리 외의 작업군

(자) 최소비용 계획법(MCX : Minimum Cost Expedition)
건축공사의 일정 내지 공기(工期) 단축에 사용하는 기법
– 주 공정을 중심으로 활동 소요 시간의 단축에 따른 최소비용의 일정계획을 수립하는 것

> EVMS(Earned Value Management System)
> 계획과 실제의 작업 상황을 지속적으로 측정하여 현재의 문제점과 대책을 수립하고, 최종 사업비용과 공정을 예측하는 기법
> - 건설공사의 원가관리(cost), 공사관리(schedule) 등을 종합적으로 통합관리하는 시스템
> * PMIS(Project Management Information System) : 건설공사 단계에서 생성되는 정보를 통합적으로 관리하고, 필요한 정보를 공유하기 위한 시스템

- MCX 외에 지멘스 개선법(SAM : Simens Approximation Method), 선형계획법(LP) 등의 기법이 있다.

(2) 전사적 품질관리 – T.Q.C(Total Quality Control)

제품의 설계단계부터 전 단계에 걸쳐 품질에 영향을 주는 모든 부분에 전사적으로 품질관리를 추진하는 활동

1) 전사적 품질관리(T.Q.C) 도구

① 히스토그램(histogram) : 자료의 분포 상태를 보기 쉽게 직사각형으로 나타낸 것으로 제품의 품질상태가 만족한 상태에 있는가의 여부를 판단하는 데 사용(분포도)

② 파레토도(파레토그램) : 불량품, 결점, 고장 등의 발생건수를 현상과 원인별로 분류하고, 여러 가지 데이터를 항목별로 분류해서 문제의 크기 순서로 나열하여, 그 크기를 막대그래프로 표기한 품질관리 도구(영향도)

- 결함부나 기타 시공불량 등 항목을 구분하여 크기순으로 나열한 것으로, 결함항목을 집중적으로 감소시키는 데 효과적으로 사용

③ 특성요인도 : 결과에 원인이 어떻게 관계되고 있는가를 알아보기 위하여 작성하는 것이다.(원인결과도)

④ 체크시트 : 불량 수, 결점 수 등 셀 수 있는 데이터를 분류하여 항목별로 나누었을 때 어디에 집중되어 있는가를 알기 쉽도록 한 그림 또는 표

⑤ 산점도 : 서로 대응되는 두 개의 짝으로 된 데이터를 그래프용지에 점으로 나타낸 것이다(산포도).

⑥ 층별 : 집단을 구성하고 있는 자료를 어떤 특징에 따라 몇 개의 부분집단으로 구분하는 것

⑦ 관리도 : 공정을 나타내는 그래프로서 공정을 관리 상태로 유지하기 위하여 사용

CHAPTER 01 항목별 우선순위 문제 및 해설

01 V.E(Value Engineering)에서 원가절감을 실현할 수 있는 대상 선정이 잘못된 것은?

① 수량이 많은 것
② 반복효과가 큰 것
③ 장시간 사용으로 숙달된 것
④ 내용이 간단한 것

해설 가치공학(Value Engineering)에서 원가절감을 실현할 수 있는 대상 선정
① 수량이 많은 것
② 반복효과가 큰 것
③ 장시간 사용으로 숙달된 것
④ 내용이 복잡한 것

02 도급업자의 선정방식 중 공개경쟁입찰에 대한 설명으로 틀린 것은?

① 입찰참가자가 많아지면 사무가 번잡하고 경비가 많이 든다.
② 부적격업자에게 낙찰될 우려가 없다.
③ 담합의 우려가 적다.
④ 경쟁으로 인해 공사비가 절감된다.

해설 공개경쟁입찰(general open bid)
일정한 자격을 갖춘 다수의 시공자가 동일한 계약조건을 기준으로 경쟁 입찰하는 방식
① 장점 : 자유경쟁 의도에 부합되고 담합 가능성을 줄임, 균등한 기회, 경쟁으로 인해 공사비 절감
② 단점 : 부적격업자 낙찰 우려, 부실공사 우려, 입찰사무 번잡, 과열경쟁으로 건설업의 건전한 발전 저해

03 건설공사의 원가관리에 대한 설명으로 옳지 않은 것은?

① 원가관리는 원가수치를 이용하여 원가절감을 목적으로 원가통계를 하는 것이다.
② 경비란 직접 물건을 만드는데 필요한 자재나 노무비용을 말한다.
③ 총원가는 공사원가와 일반관리비로 구성된다.
④ 사후원가란 건물이 완성된 뒤에 실제로 발생한 공사비이다.

해설 경비
계약목적물 완성하기 위하여 소요되는 원가 중 재료비, 노무비를 제외한 원가
* 총원가 : 공사원가(재료비 + 노무비 + 경비) + 일반관리비 + 이윤
* 사후원가 : 건물이 완성된 뒤에 실제로 발생한 공사비

04 다음 설명에 해당하는 공사낙찰자 선정방식은?

> 예정가격 대비 90% 이상 입찰자 중 가장 낮은 금액으로 입찰한 자를 선정하는 방식으로, 최저가 낙찰자를 통한 덤핑의 우려를 방지할 목적을 지니고 있다.

① 부찰제
② 최저가 낙찰제
③ 제한적 최저가 낙찰제
④ 최적격 낙찰제

해설 제한적 최저가 낙찰제
예정가격 대비 90% 이상 입찰자 중 가장 낮은 금액으로 입찰한 자를 선정하는 방식으로, 최저가 낙찰자를 통한 덤핑의 우려를 방지할 목적
* 최적격 낙찰제(PQ제) : 단순히 금액만 고려하는 방식이 아닌 기술능력, 공법, 품질관리 능력 등을 고려하여 낙찰자를 결정 하는 방식(종합 낙찰제)

정답 01. ④ 02. ② 03. ② 04. ③

05 다음 중 공사계약방식에서 공사실시 방식에 의한 계약 제도가 아닌 것은?

① 일식도급
② 분할도급
③ 실비정산보수가산도급
④ 공동도급

해설 **공사실시방식에 의한 계약**
(가) 일식도급(총도급) : 하나의 공사 전부를 수급자에게 일괄하여 시행하게 하는 도급방식
(나) 분할도급 : 한 공사를 분할하여 도급하는 것
(다) 공동도급 : 1개 회사가 단독으로 도급을 수행하기에는 규모가 큰 공사일 경우 2개 이상의 회사가 임시로 결합하여 연대책임으로 공사를 하고 공사 완성 후 해산하는 방식
* 실비청산보수가산도급 : 공사비 지불방식에 따른 계약

06 다음 중 공사관리계약(construction management contract)방식의 장점이 아닌 것은?

① 시공 시 단계별 시공법을 적용할 수 있어 설계 및 시공 기간을 단축시킬 수 있다.
② 설계과정에서 설계가 시공에 미치는 영향을 예측할 수 있어 설계도서의 현실성을 향상시킬 수 있다.
③ 기획 및 설계과정에서 발주자와 설계자 간의 의견 대립 없이 설계대안 및 특수공법의 적용이 가능하다.
④ 시공자의 의견이 설계 전 과정에 걸쳐 충분히 반영될 수 있다.

해설 **건설사업관리계약(construction management contract)방식의 단점**
① 시공자의 의견이 설계 전 과정에 걸쳐 충분히 반영될 수 없다.
② 성공여부가 CM(건설사업관리자)의 능력에 좌우되고 공사비가 상승될 우려가 있다.
③ 대리인형의 경우 문제 발생 시 책임소재가 불명확하다.
④ 시공자형의 경우 CM(건설사업관리자)와 이익추구 및 사업 위험을 부담하므로 이해관계 존재한다.

07 공공 혹은 공익 프로젝트에 있어서 자금을 조달하고, 설계, 엔지니어링 및 시공 전부를 도급받아 시설물을 완성하고 그 시설을 일정기간 운영하여 투자금을 회수한 후 발주자에게 시설을 인도하는 공사계약방식은?

① CM계약방식
② 공동도급방식
③ 파트너링방식
④ BOT방식

해설 **BOT방식(Build Operate Transfer)(건설-운영-양도)**
공공 혹은 공익 프로젝트에 있어서 자금을 조달하고, 설계, 엔지니어링 및 시공 전부를 도급받아 시설물을 완성하고 그 시설을 일정기간 운영하여 투자금을 회수한 후 발주재(국가 또는 지방자치단체)에게 시설을 인도하는 공사계약방식

08 설계 · 시공 일괄계약제도에 대한 설명 중 옳지 않은 것은?

① 단계별 시공의 적용으로 전체 공사기간의 단축이 가능 하다.
② 설계와 시공의 책임 소재가 일원화된다.
③ 발주자의 의도가 충분히 반영될 수 있다.
④ 계약 체결 시 총비용이 결정되지 않으므로 공사비용이 상승할 우려가 있다.

해설 **설계 · 시공 일괄계약제도**
① 단계별 시공의 적용으로 전체 공사기간의 단축이 가능하다.
② 설계와 시공의 책임 소재가 일원화된다.
③ 발주자의 의도가 충분히 반영되기 어렵다.
④ 계약 체결 시 총비용이 결정되지 않으므로 공사비용이 상승할 우려가 있다.

09 공사 도급계약 체결시 첨부하지 않아도 좋은 서류는?

① 도급계약서
② 설계도
③ 공사시방서
④ 공사 공정표

정답 05. ③ 06. ④ 07. ④ 08. ③ 09. ④

해설 **공사 도급계약 체결 시 첨부서류(계약문서)**
① 계약서
② 설계서 : 공사시방서, 설계도면, 현장설명서(공사 추정가격이 1억 원 이상인 경우에는 공종별 목적물 물량내역서 포함)
③ 공사입찰유의서
④ 공사계약일반조건
⑤ 공사계약특수조건
⑥ 산출내역서

10 건축공사를 수행하기 위하여 필요한 서류 중 시방서에 기재하지 않아도 되는 사항은?

① 사용재료의 품질시험방법
② 건물의 인도시기
③ 각 부위별 시공방법
④ 각 부위별 사용 재료의 품질

해설 **시방서 기재 사항**
① 일반적으로 시방서에는 사용재료의 재질, 품질, 치수, 시공 방법, 공법, 일반총칙사항(一般總則事項) 등을 표시
② 사용재료의 품질시험방법, 각 부위별 시공방법, 각 부위별 사용 재료의 품질

11 시공계획서에 기재되어야 할 사항으로 부적합한 것은?

① 작업의 질과 양
② 시공조건
③ 사용재료
④ 마감시공도

해설 **시공계획서에 기재되어야 할 사항**
시공계획도의 작성, 작업의 질과 양, 시공조건, 사용재료

12 네트워크 공정표의 용어에 관한 설명으로 옳지 않은 것은?

① Event : 작업의 결합점, 개시점 또는 종료점
② Activity : 네트워크 중 둘 이상의 작업을 잇는 경로
③ Slack : 결합점이 가지는 여유시간
④ Float : 작업의 여유시간

해설 **네트워크 공정표의 용어**

용어	설명	용어	설명
Event, Node(○)	작업의 결합점, 개시점 또는 종료점	Activity (→)	프로젝트를 구성하는 하나의 개별 단위 작업
Float	작업의 여유시간	Slack	결합점이 가지는 여유시간

13 품질관리(TQC)를 위한 7가지 도구 중에서 불량 수, 결점 수 등 셀 수 있는 데이터를 분류하여 항목별로 나누었을 때 어디에 집중되어 있는가를 알기 쉽도록 한 그림 또는 표를 무엇이라 하는가?

① 히스토그램
② 파레토도
③ 체크 시트
④ 산포도

해설 **체크 시트(check sheet)**
불량 수, 결점 수 등 셀 수 있는 데이터를 분류하여 항목별로 나누었을 때 어디에 집중되어 있는가를 알기 쉽도록 한 그림 또는 표(셀 수 있는 데이터를 기입할 수 있게 작성된 용지)

정답 10. ② 11. ④ 12. ② 13. ③

Chapter 02 토공사

1. 흙의 성질 및 구성요소

가 흙의 성질

① 점착력이 강한 점토층은 투수성이 적고 또한 압밀되기도 한다.
② 외력에 의하여 간극 내의 물이 밖으로 유출하여 입자의 간격이 좁아지며 침하하는 것을 압밀침하라고 한다.
③ 흙에서 토립자 이외의 물과 공기가 점유하고 있는 부분을 간극이라 한다.
④ 모래층은 점착력이 비교적 적거나 무시할 수 있는 정도이며 투수가 잘 된다.
⑤ 투수량이 큰 것일수록 침투량이 크며 모래는 투수계수가 크다.
⑥ 함수량은 흙속에 포함되어 있는 물의 중량을 나타낸 것이다.
⑦ 흙의 예민비(sensitivity)는 자연시료를 함수율을 변화시키지 않고 흙의 비빔(이김)으로 인하여 약해지는 정도를 표시한 것으로 자연시료에 대한 이긴시료의 강도비(자연시료의 강도/이긴시료의 강도)이다.

(예문) 자연 상태로서의 흙의 강도가 1Mpa이고, 이긴 상태로의 강도는 0.2MPa라면 이 흙의 예민비는?
① 0.2   ② 2
③ 5   ④ 10
(풀이) 흙의 예민비=자연시료의 강도/이긴시료의 강도 =1/0.2=5
⇨정답: ③

나 흙의 구성요소

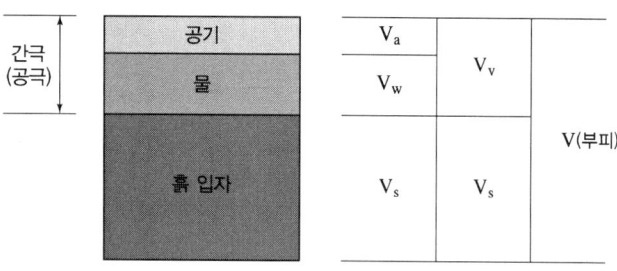

(1) 간극비(void ration)와 간극률(porosity)

① 흙의 공극비(간극비, void ratio) : 흙 입자의 부피(체적)에 대한 공극(간극)의 체적의 비(간극은 물과 공기로 구성)

흙의 간극비(e) = V_v / V_s = 공기와 물의 부피/흙 입자의 부피
= 간극의 부피/흙 입자의 부피

② 간극률(n) = (V_v / V)×100 = (간극의 부피/전체의 부피)×100

(2) 포화도(degree saturation)
간극의 용적에 대한 간극 속의 물의 용적비

포화도(S) = (V_w / V_v)×100 = (물의 부피/간극의 부피)×100

* 흙의 포화도에 따른 흙의 비중과 함수비의 관계
  : G_s(흙의 비중) × w(함수비) = S(흙의 포화도) × e(공극비)
  공극비 = (함수비×비중)/포화도

(3) 흙의 함수비, 함수율
① 흙의 함수비(含水比, moisture content) : 흙의 수분량을 건조중량에 대한 백분율로 나타낸 것.(흙 입자 무게에 대한 물 무게의 비)
  - 함수비(W) = (W_w / W_s)×100
  (물의 중량 W_w, 흙 입자(토립자)의 중량(건조중량) W_s)
② 함수율 : 흙 전체의 무게(토립자 + 물의 중량)에 대한 물 무게의 비
  - 함수율 = (W_w / W)×100
  (물의 중량 W_w, 흙 전체의 중량(토립자 + 물의 중량) W)

(4) 아터버그 한계(atterberg limit)시험
토질시험 으로 액체 상태의 흙이 건조되어 가면서 액성, 소성, 반고체, 고체 상태로의 변화하는 한계와 관련된 시험(세립토의 성질을 나타내는 지수로 활용)

- 흙의 연경도(consistency) : 점착성이 있는 흙의 함수량을 변화시킬 때 액성, 소성, 반고체, 고체의 상태로 변화하는 흙의 성질을 말하며 각각의 변화 한계를 애터버그(atterberg) 한계라고 한다.

① 액성한계 : 소성 상태와 액체 상태의 경계가 되는 함수비
② 소성한계 : 반고체 상태와 소성상태의 경계가 되는 함수비
③ 수축한계 : 반고체 상태와 고체 상태의 경계가 되는 함수비
  * 소성한계시험 : 토질시험 중 흙 속에 수분이 거의 없고 바삭바삭한 상태의 정도를 알아보기 위한 것
  * 점토지반이 가장 안전한 자연 함수비의 상태 : 수축한계

(5) 소성지수(I_p)
소성상태를 갖는 함수비 범위

소성지수(I_p) = 액성한계(W_L) − 소성한계(W_p)

토공사와 관련된 용어
① 겔타임(gel-time): 약액을 혼합한 후 시간이 경과하여 유동성을 상실하게 되기까지의 시간
② 동결심도: 지표면에서 지하 동결선까지의 길이
③ 수동활동면: 수동토압에 의한 파괴 시 토체의 활동면

용적(volume): 용기 내 공간부분의 부피(체적)

- 흙의 소성 : 점성토 등이 수분을 흡수하여 흐트러지지 않고 모양을 쉽게 변형할 수 있는 상태(여기에 수분이 첨가 되면 액성상태가 되며 액성상태는 "유효응력=0"가 되는 상태로서 지지력이 거의 없어 죽과 같은 상태)

(6) 액상화현상(liquefaction)

포화된 느슨한 모래가 진동이나 지진 등의 충격을 받으면 입자들이 재배열되어 약간 수축하며 큰 과잉간극수압을 유발하게 되고 그 결과로 유효응력과 전단강도가 크게 감소되어 모래가 유체처럼 흐르는 현상(모래질 지반에서 포화된 가는 모래에 충격을 가하면 모래가 약간 수축하여 정(+)의 공극수압이 발생하며, 이로 인하여 유효응력이 감소하여 전단강도가 떨어져 순간침하가 발생하는 현상)

① 포화된 느슨한 모래가 진동과 같은 동하중을 받으면 부피가 감소되어 간극수압이 상승하여 유효응력이 감소하는 것
② 액상화 현상방지를 위한 안전대책
 ㉠ 입도가 불량한 재료를 입도가 양호한 재료로 치환
 ㉡ 지하수위를 저하시키고 포화도를 낮추기 위해 deep well을 사용
 ㉢ 밀도를 증가하여 한계간극비 이하로 상대밀도를 유지하는 방법 강구

(7) 흙의 전단방정식

흙의 내부마찰각(Φ)과 점착력(C)을 흙의 전단강도(τ)라 함.
Coulomb의 전단방정식 $\tau = C + \sigma \tan \Phi$

(σ는 수직응력, $\sigma \tan \Phi$ 는 마찰력)

> **예문** 수직응력 $\sigma = 0.2$MPa, 점착력 $C = 0.05$MPa, 내부마찰각 $\Phi = 20°$의 흙으로 구성된 사면의 전단강도는?
>
> **해설** 전단강도 $\tau = 0.05 + 0.2\tan20 = 0.12$MPa

다 흙의 안식각

(1) 흙의 안식각(安息角, angle of repose) – 자연 경사각, 자연구배, 흙의 휴식각

흙의 흘러내림이 자연 정지될 때 흙의 경사면과 수평면이 이루는 각도를 말한다(흙 입자의 응집력, 부착력을 무시하고 마찰력만으로 중력에 대하여 안정된 흙의 비탈면과 수평면이 이루는 사면각도).

① 흙의 휴식각은 흙의 마찰력, 응집력, 부착력 등에 관계되고 함수량에 따라 변화한다.
② 습윤 상태에서 휴식각은 모래 30~45°, 흙 25~45° 정도이다(일반적으로 안식각은 30~35°임).
③ 터파기의 경사는 휴식각의 2배 정도로 한다.

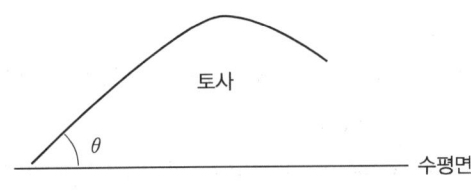

[그림] 흙의 안식각

(2) 파내기 경사각이 가장 큰 토질 : 건조한 진흙

흙의 종류		중량 (kg/m³)	안식각	파내기 경사각
모 래	건조 상태	1500~1800	20~35	40~70
	습윤 상태	1600~1800	30~45	60~90
흙	건조 상태	1300~1600	20~45	40~90
	습윤 상태	1300~1600	25~45	50~90
진 흙	건조 상태	1600	40~50	80 이상
	습윤 상태	2000	20~25	40~50
자 갈		1600~2200	30~48	60~96
모래와 진흙 섞인 자갈		1600~1900	20~37	40~74

2. 지반조사

가 지반조사에 관한 설명

① 지반조사 전 기존의 조사 자료를 충분히 파악한다.
② 과거 또는 현재의 지층 표면의 변천사항을 조사한다.
③ 상수면의 위치와 지하 유수 방향을 조사한다.
④ 지하 매설물 유무와 위치를 파악한다.

나 지반조사 시험방법

(1) 보링(boring)

대상구간의 지층확인, 시료채취, 지하수위 관측 등을 목적으로 지반에 구멍을 뚫는 지반조사 방법
- 보링은 지질이나 지층의 상태를 비교적 깊은 곳까지도 정확하게 확인할 수 있다.

① 오거 보링(auger boring) : 어스 오거(earth auger)사용. 깊이 10m이내의 점토층에 적합하다.
② 충격식 보링(percussion boring) : 경질층을 깊이 천공 가능(암반에 적용 가능)하며 비트(percussion bit)의 상하충격으로 파쇄, 천공한다.
③ 회전식보링(rotary boring) : 불교란시료 채취, 암석 채취 등에 많이 쓰이고 토사를 분쇄하지 않고 연속적으로 채취할 수 있으므로 가장 정확한 방법이다(비교적 자연상태로 채취).
④ 수세식 보링(세척식. wash boring) : 30m까지의 연질층에 주로 쓰인다. 물을 뿜어 파진 흙으로 토질판별

- 오거(auger): 흙속에 구멍을 뚫는 도구. 여러 모양의 비트를 로드 선단에 부착, 회전하여 흙을 지상으로 끌어올리면서 천공(주로 스쿠르식)
- 비트(bit): 와이어로프 또는 로드의 선단에 부착하여 굴착, 천공하는 공구
- 로드(rod): 비트에 회전을 주는 전도체로서 파이프 모양의 것(강봉)

불교란시료: 흙을 자연퇴적 상태로 채취한 시료

(2) 사운딩(sounding)

보링이나 지표면에서 시험기구로 흙의 저항을 측정하고 물리적 성질을 측정하는 일련의 방법
① 사운딩 시험은 일반적으로 로드선단에 부착한 저항체를 지중에 매입하여 관입, 압입, 회전, 인발 등의 힘을 가하여 그 저항치에서 지반의 특성을 조사하는 방법
② 종류 : 표준관입시험, 콘관입시험, 베인전단시험 등

(3) 샘플링(sampling, 시료채취)

① 교란시료 : 흐트러진 상태의 시료 채취로서 입도분석시험, 비중시험 등과 같은 물리적 특성 파악(표준관입시험)
② 불교란시료 : 흐트러지지 않은 상태의 시료 채취로서 단위중량, 전단강도 등과 같은 역학적 특성 파악

다 지반조사 종류(현장실험)

(1) 표준관입시험(SPT : Standard Penetration Test)

보링공을 이용하여 로드 끝에 표준샘플러를 설치하고 무게 63.5kg의

해머를 76cm의 높이에서 자유낙하시킨 타격으로 30cm 관입시키는 데 필요로 하는 타격횟수 N을 측정하여 토층의 경연을 조사하는 원위치 시험임.
① N치(N-value)는 지반을 30cm 굴진하는 데 필요한 타격횟수를 의미한다.
  - N값이 클수록 밀실한 토질이다.
② 63.5kg 무게의 추를 76cm 높이에서 자유낙하하여 타격하는 시험이다.
③ 50/3의 표기에서 50은 타격횟수, 3은 굴진수치를 의미 한다.
④ 사질지반에 적용하며, 점토지반에서는 편차가 커서 신뢰성이 떨어진다.
  - 사질토 이외에 연약점성토층, 자갈층, 풍화암층을 대상으로 적용할 때 주의 필요

> 표준관입시험
> 점성토 지반의 투수 계수와 예민비는 표준관입시험의 N치에서 추정이 곤란하다.

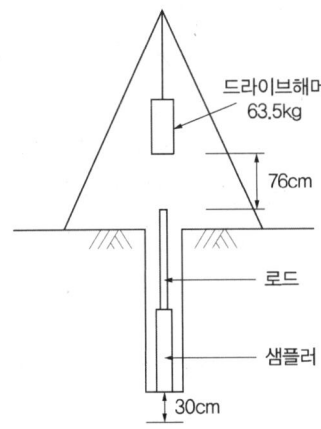

[그림] 표준관입시험

⑤ N치는 지반특성을 판별 또는 결정하거나 지반구조물을 설계하고 해석하는 데 활용된다.
  - N치가 클수록 토질이 밀실

사질토에서의 N값	모래의 상대밀도	사질토에서의 N값	모래의 상대밀도
0~4	매우 느슨	30~50	조밀
4~10	느슨	50 이상	대단히 조밀
10~30	보통		

토질시험 중 사질토 시험에서 얻을 수 있는 값
① 내부마찰각 ② 액상화 평가 ③ 탄성계수
④ 지반의 상대밀도 ⑤ 간극비 ⑥ 침하에 대한 허용지지력

(2) 베인테스트(vane test)

로드의 선단에 설치한 +자형 날개를 지반 속에 삽입하고 이것을 회전시켜 점토의 전단강도를 측정하는 시험

① 토질시험 중 연약한 점토 지반의 점착력을 판별하기 위하여 실시하는 현장시험
② 흙의 전단강도, 흙 moment를 측정하는 시험

(3) 평판재하시험

평판재하시험용 시험기구:
① 잭(Jack)
② 로드셀(Load cell)-하중계
③ 다이얼 게이지(Dial gauge)
④ 재하판 등

시공 중인 건축물 부지의 기초가 설치될 지반을 대상으로 직접 하중을 가하여 시험대상 부지의 허용지지력 및 예상침하량을 측정하기 위해 실시
- 지내력시험 : 지반의 지내력을 시험하기 위하여 기초 바닥면에 재하판을 설치하고 하중을 가하여 침하량을 측정(재하판에 하중을 가하여 20mm(2cm) 침하될 때까지의 하중을 구함)

① 시험은 예정 기초 저면에서 행한다.
② 재하판은 정방형(각형) 또는 원형으로 크기는 45×45cm로 하며, 면적 2,000cm²(0.2m²)의 것을 표준으로 한다.
③ 매 회의 재하는 1톤 이하 또는 예정 파괴 하중의 1/5 이하로 한다.
④ 침하 증가가 2시간 동안 0.1mm 이하일 때는 침하가 정지된 것으로 보고 재하중를 가한다.
⑤ 단기 하중에 대한 허용 지내력은 총 침하량이 20mm에 도달하였을 때까지의 하중을 적용한다.
　㉠ 침하량이 20mm 이하라도 하중-침하량 곡선이 항복상태를 보이면 항복하중을 단기 하중에 대한 허용 지내력으로 한다.
　㉡ 항복하중은 원칙적으로 하중-침하량 곡선의 변곡점(최대곡률점)에 대한 하중으로 한다.
⑥ 장기 하중에 대한 허용 지내력은 단기 하중 허용 지내력의 절반(1/2)이다.
　㉠ 장기 하중 허용지내력은 단기 하중 허용 지내력의 1/2, 총 침하 하중의 1/2, 침하 정지상태의 하중 1/2, 파괴(극한) 하중의 1/3 중 작은 값으로 한다.

(예문) 지내력시험을 한 결과 침하곡선이 그림과 같이 항복 상황을 나타냈을 때 이 지반의 단기하중에 대한 허용 지내력은 얼마인가? (단, 허용지내력은 ㎡당 하중의 단위를 기준으로 함)

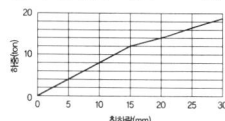

① 6ton/m²
② 7ton/m²
③ 12ton/m²
④ 14ton/m²
　　　⇨정답: ③

(4) 전기 저항식 지하탐사(electric resistivity prospecting)

지중에 전류를 통하여 전기 저항을 측정하고, 지층의 변화상태를 탐지하여 지표의 토질, 암반, 지하수의 깊이 등을 판별하는 것으로서 광산 등에 사용
- 지층의 변화 심도(深度)를 측정하는 데 가장 적합한 지반 조사 방법

(5) 딘월 샘플링(thin wall sampling)

샘플링 튜브가 얇은 살로 된 것을 사용하여 시료를 채취하는 방법으로 연약 점토질의 시료 채취에 적합하다.

(6) 3축압축시험

흙의 전단강도를 알아보기 위한 시험
- 토질시험 중 흙의 강도 및 변형계수를 결정하는 시험으로 고무막에 넣은 원통형의 시료를 일정한 측압을 가함과 동시에 수직하중을 서서히 증대시켜 파괴하는 시험

> **참고**
>
> ※ 말뚝기초 재하시험 : 말뚝의 안정성 검토를 위해 하중을 가하여 지지력을 확인하는 시험
>   1) **정재하시험** : 하중-침하관계로부터 지지력을 평가
>   - 수직재하시험, 수평재하시험
>   2) **동재하시험**(end of initial driving test) : 말뚝 머리에 변형률계(strain transducer)와 가속도계(accelerometer)를 부착하고 말뚝 머리에 타격력을 가함으로써 발생하는 응력파(stress wave)를 분석하여 말뚝의 지지력을 측정하는 기술
>   - 말뚝 항타 시 말뚝과 지반 간의 상호작용, 말뚝 재료의 건전도, 항타장비의 적합성, 말뚝의 정적 지지력

라 시추주상도(試錐柱狀圖, drill log)-토질주상도

시추과정에서 얻어진 지질정보와 관찰결과를 정리한 도표(지층의 층별, 포함물질 및 층두께 등을 그림으로 나타낸 것)

① 흙파기, 흙막이 등의 공법선정, 기초의 설계, 형식 및 시공에 있어서 안전하고 경제적인 공사를 위한 설계도서
② 지반의 층서(層序), 지층의 두께, 지질상태, 지하수위 등을 표시
③ 토질주상도에 나타내는 항목
   ㉠ 지반조사일자 및 작성자, 지반조사지역
   ㉡ 보링방법
   ㉢ 지층의 확인
   ㉣ 지층두께 및 구성 상태
   ㉤ 심도에 따른 토질 상태
   ㉥ 지하수위 확인
   ㉦ N값의 확인
   ㉧ 시료채취
   ㉨ 기타 시추작업 중 나타나는 관찰사항

마 토질시험(土質試驗, soil test)

실험실에서 실시하는 시험(현장에서 실시하는 토질조사와 구분)

〈토질시험 항목〉

① 물리적인 시험항목 : 비중, 함수량(含水量), 단위체적중량, 입도분포(粒度分布), 액성한계(液性限界), 소성한계(塑性限界), 원심함수당량(遠心含水當量), 수축상수(收縮常數)시험 등

② 화학적 시험 : pH, 강열감량(强熱減量), 유기물함유량, 염화물(鹽化物)함유량, 황산염함유량, 점토광물종류 등

③ 역학시험 : 다지기 시험, CBR시험, 투수시험(透水試驗), 압밀시험(壓密試驗), 전단시험(剪斷試驗), 삼축압축시험, 일축압축시험 등

 ＊ 흙의 액성한계시험 : 토질시험 항목 중 흙속에 수분이 있어 끈기가 있는 상태의 정도를 알아내기 위해 실시하는 시험항목

3. 히빙(heaving)현상과 보일링(boiling)현상

가 히빙(heaving)현상

(1) 히빙현상

연약한 점토지반의 토공사에서 흙막이 밖에 있는 흙이 안으로 밀려 들어와 내측 흙이 부풀어 오르는 현상.(흙막이 벽체 내외의 토사의 중량차에 의해 발생)

① 배면의 토사가 붕괴된다.
② 지보공이 파괴된다.
③ 굴착저면이 솟아오른다.

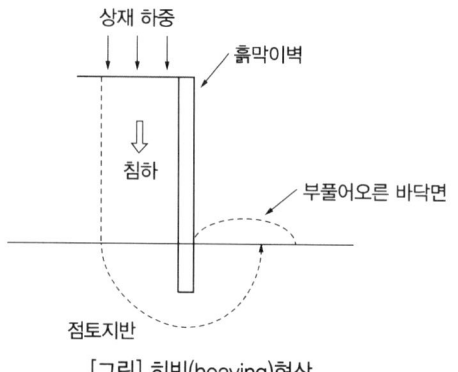

[그림] 히빙(heaving)현상

(2) 히빙(heaving)현상 방지대책

① 흙막이 벽체의 근입깊이를 깊게 한다(경질지반까지 연장).
② 흙막이 배면의 표토를 제거하여 토압을 경감시킨다.
③ 흙막이 벽체 배면의 지반을 개량하여 흙의 전단강도를 높인다.
④ 소단(비탈면의 중간에 설치하는 작은 계단)굴착을 실시하여 소단부 흙의 중량이 바닥을 누르게 한다.
⑤ 굴착면에 토사 등으로 하중을 가한다.
⑥ 시멘트, 약액주입공법으로 Grounting 실시한다.
⑦ 굴착방식을 개선한다.
⑧ 아일랜드 컷 공법을 적용하여 중량을 부여한다.

나 보일링(boiling) 현상

(1) 보일링(boiling) 현상

투수성이 좋은 사질지반에서 흙파기 공사를 할 때 흙막이벽 배면의 지하 수위가 굴착저면보다 높아 굴착저면 위로 모래와 지하수가 부풀어 오르는 현상

① 사질지반일 경우 지반 저부에서 상부를 향하여 흐르는 물의 압력이 모래의 자중 이상으로 되면 모래입자가 심하게 교란되는 현상
② 사질지반에 널말뚝을 박고 배수하면서 기초파기를 행할 때, 널말뚝 흙파기 저면의 지하수가 용출하여 모래지반의 지지력이 상실되는 현상

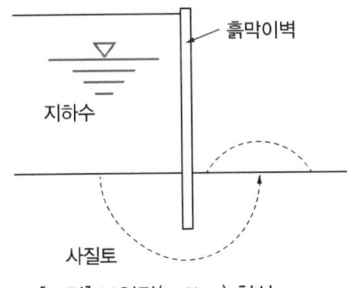

[그림] 보일링(boiling) 현상

(2) 형상 및 발생 원인

① 이 현상이 발생하면 흙막이 벽의 지지력이 상실된다.
② 연약 사질토 지반에서 주로 발생한다.
③ 지반을 굴착 시, 굴착부와 지하수위 차가 있을 때 주로 발생한다.
  - 지하수위가 높은 지반을 굴착할 때 주로 발생한다.
④ 흙막이벽의 근입장 깊이가 부족할 경우 발생한다.

⑤ 굴착저면에서 액상화 현상에 기인하여 발생한다.
⑥ 시트파일(sheet pile) 등의 저면에 분사 현상이 발생한다.

> **참고**
>
> ✽ 분사(quick sand) 현상 : 주로 모래지반에서 일어나는 현상으로 상향침투수압에 의해 흙 입자가 물과 함께 유출되는 현상
>   ① 분사, 보일링, 파이핑 현상은 연속적으로 일어나는 현상으로 분사현상이 진행되어 심해지면 보일링 현상. 보일링 현상이 더 진행되면 파이핑 현상이 나타남.
>   ② 점토에서 분사 현상(Quick Sand)이 잘 일어나지 않는 직접적이 이유 : 점착력이 있기 때문
> ✽ 파이핑(piping) 현상 : 보일링 현상이 진전되어 물의 통로가 생기면서 파이프 모양으로 구멍이 뚫려 흙이 세굴되면서 지반이 파괴되는 현상

(3) 보일링(boiling) 현상 방지대책

① 흙막이벽의 근입장 깊이 연장
  ㉠ 토압에 의한 근입깊이보다 깊게 설치
  ㉡ 경질지반까지 근입장 도달
② 차수성 높은 흙막이 설치
  ㉠ Sheet Pile, 지하연속벽 등의 차수성이 높은 흙막이 설치
  ㉡ 흙막이벽 배면 그라우팅
③ 지하수위 저하
  ㉠ well point, deep well 공법으로 지하수위 저하
  ㉡ 시멘트, 약액주입공법 등으로 지수벽 형성

> **참고**
>
> ✽ 벌킹(bulking) : 비점성의 사질토가 건조상태에서 물을 흡수할 경우 표면장력에 의해 입자배열이 변화하여 체적이 팽창하는 현상
>   – 표면장력이 흙 입자의 이동을 막고 조밀하게 다져지는 것을 방해하는 현상
> ✽ 피압수 : 지형과 지반의 상태에 따라 지하수가 펌프사용 없이 솟아나는 자분 샘물

피압수: 불투수층(점토지반) 사이에 높은 압력을 갖는 지하수
① 압력의 수두 차에 의해 건물의 기초저면이 뜨는 부력발생
② 굴착 시 흙이 제거되므로 지하수 용출
③ 굴착벽면의 부풀음으로 공벽붕괴 발생(제자리 콘크리트 말뚝 등)

4. 연약지반의 개량공법

가 지반 개량공법

(1) 점성토 개량공법

① 치환공법
② 재하공법(압밀공법) : 여성토(pre loading)공법, 압성토(surcharge)공법, 사면재하선단공법
③ 탈수공법 : 샌드드레인(sand drain) 공법, 페이퍼드레인(paper drain) 공법, 팩드레인공법, 생석회 말뚝(chemico pile) 공법
④ 배수공법 : (웰포인트공법), deep well 공법
⑤ 고결공법 : 동결공법, 소결공법
  ※ 지반을 강제 압밀하는 방법은 재하방법과 드레인 방법이 있음.
  ※ 지반개량 공법 중 투수성이 나쁜 점토질 연약지반에 적용하기 어려운 공법 : 웰포인트(well point) 공법

- 여성토 공법: 예상 하중보다 많은 양을 사전에 성토하여 침하를 촉진하고 전단강도를 증가시켜 잔류 침하를 적게 하는 공법
- 압성토 공법: 지지력이 부족한 연약지반에 성토를 하면 과다한 침하를 일으켜 성토부의 측방에 융기가 되므로 융기하는 부위에 하중을 가하여 균형을 취하는 공법

(2) 사질토 개량공법

① 진동다짐(vibro flotation) 공법
② 모래다짐말뚝공법
③ 동다짐(압밀)공법
⑤ 약액주입공법
⑥ 그라우팅공법
⑦ 웰 포인트공법

  ※ 점토질 지반에서 지반개량의 목적
    ① 연약지반 강화
    ② 부등침하 방지
    ③ 지반의 지지력 증대

나 주요 지반개량공법

(1) 그라우팅(grouting) 공법

지반의 누수방지 또는 지반개량을 위하여 지반 내부의 공극에 시멘트 페이스트 또는 교질규산염이 생기는 약액 등을 주입하여 흙의 투수성을 저하시키는 공법

(2) 배수공법

지하수를 처리하는 데 사용

동다짐(Dynamic Compaction)공법: 지반개량공법 중의 하나로 무거운 추를 상당 높이에서 자유낙하시켜 발생되는 충격 에너지와 진동에 의해 지반을 상당 깊이까지 강제다짐하여 밀도를 증가시켜 지반을 개량하는 공법
1) 장점
  ① 특별한 약품이나 자재를 필요로 하지 않는다.
  ② 깊은 심도까지 개량 가능하다
  ③ 잡석, 모래, 세립토, 폐기물 등 광범위한 토질에 적용할 수 있다.
  ④ 지반 내에 암괴 등의 장애물이 있어도 적용이 가능하다.
2) 단점
  ① 시공 시 지반진동에 의한 공해문제가 발생하기도 한다.
  ② 깊은 심도의 지반개량에 대해서는 초대형 장비가 필요하다.

진동다짐(Vibro Flotation) 공법: 대형봉상진동기를 진동과 워터젯에 의해 소정의 깊이까지 삽입하고 모래를 진동시켜 지반을 다지는 연약지반 개량공법

웰 포인트 공법: 기초파기 저면보다 지하수위가 높을 때의 배수공법으로 가장 적합한 것이다.
① 강제배수공법의 일종이다.
② 투수성이 비교적 낮은 사질실트층까지도 배수가 가능하다.
③ 흙의 안전성을 대폭 향상시킨다.
④ 인근 건축물의 침하에 영향을 주는 경우가 있다.

1) 깊은 우물(deep well)공법 : 깊이 7m 정도의 우물을 파고 이곳에 수중 모터펌프를 설치하여 지하수를 양수하는 배수 공법으로 지하용수량이 많고 투수성이 큰 사질지반에 적합한 것(지름 0.3~1.5m 정도의 우물을 굴착)
2) 집수정(sump pit)공법 : 집수정을 설치하여(2~4m) 지하수가 고이게 한 다음 수중 펌프를 사용하여 외부로 배수시키는 방법
3) 웰포인트(well point)공법 : 사질토 지반 탈수공법
   ① 파이프를 지중에 박아 지상의 집수장에 연결하고 펌프로 지중의 물을 배수한다.
   ② 지중에 필터가 달린 흡수기를 1~2m 간격으로 설치하고 펌프를 통해 강제로 지하수를 빨아 올림으로써 지하수위를 낮추는 공법
   ③ 사질지반, 모래 지반에서 사용하는 가장 경제적인 지하수위 저하 공법
   ④ 모래 지반에 이용 시 샌드파일을 사용한다.
   ⑤ 인접지반의 침하를 일으키는 경우가 있다.
4) 전기침투공법 : 지중에 전기를 통하여 대전한 지하수를 전류의 이동과 함께 배수하는 공법

(3) 샌드 드레인(sand drain)공법

점토지반의 물이 샌드파일을 통해 지상에 배수되어 지반을 강화(개량)하는 공법
① 점토지반에 모래를 깔고 그 위에 성토에 의해 하중을 가하면 장기간에 걸쳐 점토 중의 물이 샌드파일을 통하여 지상에 배수되어 지반을 압밀·강화시키는 공법
② 연약한 점토질 지층의 수분을 모래말뚝을 이용하여 배수시킴으로써 지반의 경화개량을 도모하는 공법

(4) 동결공법의 특징

지중에 일정간격(약 0.8m)으로 동결관을 매설하고 관 속으로 냉각액(푸레온 또는 저온 액화가스)을 보내 흙속의 간극수를 동결하여 지반을 고화시키는 공법으로는 푸레온 방식과 저온 액화가스 방식으로 분류된다.
① 동토의 역학적 강도가 우수하다.
② 지하수 오염과 같은 공해 우려가 적다.
③ 동토의 차수성과 부착력이 크다.
④ 동토형성에는 일정 기간이 필요하다.
⑤ 함수비가 작은 지반이나 특수한 토질을 제외한 모든 토질에 적용 가능하다.

⑥ 약액주입공법에 비하여 단위당 공사비가 비싸다.

* 지반을 개량하여 형성되는 지정공사에 사용되는 공법 : 다짐공법, 압밀공법, 응결공법, 치환공법
* 지반개량 지정공사 중 응결공법 : 시멘트 처리공법, 석회 처리공법, 심층혼합 처리공법
* L.W(Labiles Wasserglass)공법
  ① 물유리용액과 시멘트 현탁액을 혼합하면 규산수화물을 생성하여 겔(gel)화하는 특성을 이용한 공법이다.
  ② 지반강화와 차수목적을 얻기 위한 약액주입공법의 일종이다.
  ③ 미세공극의 지반에서도 그 효과가 불확실하다.
  ④ 배합비 조절로 겔타임 조절이 가능하다.

> 지반개량 지정공사 중 응결공법
> (1) 생석회 파일공법: 연약한 점토층에 생석회 파일을 박아 생석회가 물을 흡수하여 지반을 고결시키는 공법
> (2) 그라우팅 공법(시멘트액 주입공법): 사질지반의 지중에 시멘트페이스트 등의 주입재를 압입하여 지반을 고결시켜 지내력을 증가시키는 공법
> (3) 심층혼합 처리공법: 연약지반(점성토, 사질토, 유기질토) 내에 석회나 시멘트 등을 심층의 지반 속에 교반·혼합하여 심층부까지 고결시키는 공법

5. 흙파기 공법

(1) 경사 오픈컷(open cut) 공법

굴착사면의 안정구배에 따른 굴착
- 흙막이 벽이나 가설구조물 없이 굴착하는 공법

(2) 흙막이 오픈컷(open cut) 공법

자립공법, earth anchor공법, strut공법

(3) 아일랜드 컷(island cut) 공법

중앙부를 선굴착하여 구조물을 축조하고 주변부를 굴착하여 구조물을 완성하는 공법
① 아일랜드 컷 공법은 실트층에서 부적당하다.
② 토압의 대부분을 저항하는 것은 중앙부 구조물로 중앙부 구조물에 의지하여 시공한다.

(4) 트렌치 컷(trench cut) 공법

아일랜드 컷(island cut) 공법과 반대로 시공하는 공법
① 트렌치 컷 공법은 공사기간이 길어지고 널말뚝을 이중으로 박아야 한다.
② 온통파기를 할 수 없을 때, 히빙현상이 예상될 때 효과적이다.
③ 시공 깊이는 20m 내외로 한다.

* 용기잠함은 용수량이 극히 많을 때 사용한다.

6. 흙막이 공법

가 흙막이 공법 선정 시 검토해야 할 사항

① 주변 구조물의 지하 매설물 상태
② 지하수의 배수 및 차수공법 검토
③ 공사기간과 경제성 검토
④ 지하 굴착심도 및 토질상태
⑤ 주변지반의 침하에 따른 영향

나 흙막이 공법의 종류

(1) 흙막이 지지방식에 의한 분류

① 자립공법
② 버팀대식 공법
③ 어스앵커공법
④ 타이로드공법
⑤ 탑다운공법(top down method)

※ 개착식 굴착방법 : ① 버팀대식 공법 ② 어스앵커공법 ③ 타이로드공법

(2) 구조방식에 의한 분류

① H-Pile 공법
② 널말뚝 공법-강재널말뚝 공법(sheet pile 공법)
③ 지하연속벽 공법(벽식, 주열식)
④ S.C.W공법(Soil Cement Wall)
⑤ 경사 오픈 컷 공법

> **흙막이 공법의 적용**
> ① 수평버팀대식 흙막이 공법을 적용하는 것이 가장 타당한 경우 : 좁은 면적에서 깊은 기초파기를 할 경우
> ② 트렌치 컷 공법 : 폭이 넓고 길이가 긴 기초파기를 할 경우
> ③ 자립공법 : 파낸 지반이 단단하고 넓은 대지인 경우
> ④ 경사버팀대식(빗버팀대식) 공법 : 기초파기 깊이가 얕고 근접 건물도 없는 경우

다 주요 흙막이 공법

(1) 자립식 공법
흙막이벽 자체의 휨 강성과 밑넣기 부분의 가로저항에 의해 주동토압을 부담시키고 굴착하는 흙막이 공법

* 토압의 분류
  ① 주동토압 : 흙막이 벽체가 전면(前面)으로 변위가 발생할 때의 토압
  ② 수동토압 : 흙막이벽체가 배면(背面)으로 변위가 발생할 때의 토압
  ③ 정지토압 : 흙막이벽체의 변위가 발행하지 않을 때의 토압

(2) 수평버팀대(strut) 공법
굴착하고자 하는 부지의 외곽에 흙막이벽을 설치하고 양측 토압의 균형을 이용하여 수평버팀대, 띠장 등의 강재(鋼材)로 흙막이벽을 지지하는 공법

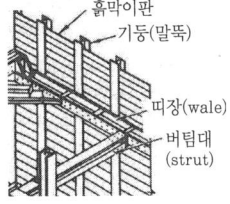

장점	단점
① 토질에 대해 영향을 적게 받는다. ② 인근 대지로 공사 범위가 넘어가지 않는다. ③ 강재를 전용함에 따라 재료비가 비교적 적게 든다. ④ 시가지 근접시공 등 적용성이 좋다. ⑤ 굴착깊이에 제한이 적다.	① 가설구조물(Strut 등)이 중장비작업이나 토량제거 작업에 장해가 되어 능률를 저하시킨다. ② 버팀대 부재의 변형 우려가 있다. ③ 고저차가 크거나 상이한 구조일 경우 균형 잡기가 어렵다.

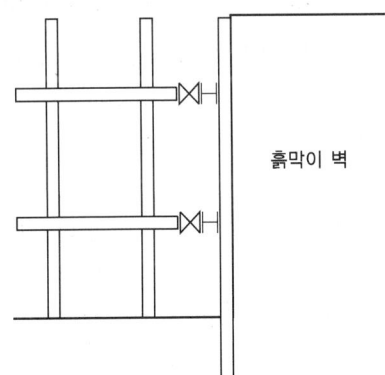

[그림] 수평버팀대(Strut) 공법

엄지말뚝공법
H-Pile+토류판 공법이라고도 하며 비교적 시공이 용이하나, 지하수위가 높고 투수성이 큰 지반에서는 차수공법을 병행해야 하고, 연약한 지층에서는 히빙 현상이 생길 우려가 있음.

(3) S.C.W공법(Soil Cement Wall)
주열식 흙막이 벽체로서 천공 시 시멘트유액을 주입하면서 screw rod를 회전시켜 토사와 혼합하여 벽체를 형성한 후 일정한 간격으로 H-Pile(또는 강관)을 삽입하여 흙막이벽체를 형성시키는 공법

S.C.W공법 : 지하 연속벽 공법의 하나로 토사에 직접 시멘트 페이스트를 혼합하여 지중 연속벽을 완성시키는 공법

(4) 주열식공법(CIP공법 : Cast In Concrete Pile)

현장타설말뚝 또는 기성말뚝 등을 연속적으로 배치하여 주열식 벽체를 형성하는 공법(어스오거, earth auger)으로 천공 후 철근망과 자갈을 채운 후 모르타르를 주입하여 제자리말뚝을 형성하는 공법)

① 주열식 강성체로서 토류벽 역할을 한다.
② 소음 및 진동이 적다.
③ 협소한 장소에도 시공이 가능하다.
④ 거의 모든 지반에 적용이 가능하다.
⑤ 굴착을 깊게 할 경우 수직도가 떨어진다.

(5) 지하연속벽공법(slurry wall method)

안정액(slurry)을 사용하여 굴착한 뒤 지중(地中)에 연속된 철근 콘크리트 벽을 형성하는 현장 타설 말뚝 공법(흙막이 벽의 강성이 가장 강한 공법)

— 지상에서 일정 두께의 폭과 길이로 대지를 굴착하고 지반안정액으로 공벽의 붕괴를 방지하면서 철근콘크리트벽을 만들어 이를 가설 흙막이벽 또는 본 구조물의 옹벽으로 사용하는 공법

가) 지하연속벽공법(slurry wall)의 특징

① 진동과 소음이 적어 도심지 공사에 적합
  ㉠ 소음과 진동은 항타, 인발 등을 동반하는 공법에 비해 낮다.
  ㉡ 도심지 공사에서 탑다운 공법과 같이 병행할 수 있다.
② 높은 차수성과 벽체의 강성이 큼. (단면강성이 높고 지수성이 뛰어나다.)
  — 시공 조인트의 처리를 잘하면 높은 차수성을 기대할 수 있다.
③ 지반조건에 좌우되지 않음. (시공 중 주위지반에 지장이 없다.)
④ 임의의 벽두께와 형상을 선택할 수 있다. (벽 두께를 자유로이 설계할 수 있다.)
⑤ 기계, 부대설비가 대형이어서 대규모 현장의 시공에 적당하다.
⑥ 인접건물의 경계선까지 시공이 가능하다.
⑦ 장비가 고가이고 고도의 경험과 기술이 필요로 한다.
  — 공사비가 비교적 높고 공기가 불리한 편이다.

나) 지하연속벽공법의 시공순서

① 가이드월(guide wall) 설치
② 굴착 및 안정액 주입 : 굴착벽의 안전성 향상을 위하여 벤토나이트(bentonite)용액 주입

지하연속벽(Slurry wall) 굴착 공사 중 공벽 붕괴의 원인
① 지하수위의 급격한 상승
② 안정액의 급격한 점도 변화
③ 물다짐하여 매립한 지반에서 시공

가이드 월: 굴착구의 양측에 설치하는 가설 벽(굴착구의 붕괴방지, 안정 액의 수위 유지, 우수 유입 방지, 굴착 시 기준선 역할)

＊ 안정액 : 굴착 구멍 측벽의 붕괴를 방지할 목적
③ 슬라임(slime) 제거 : 굴착 시 침전된 슬라임 제거(desanding)하고 새로운 안정액을 채움.
  ＊ 슬라임 : 안정액에 혼합된 모래나 암석 부스러기등이 침전, 퇴적된 것)
④ 인터로킹파이프(stop end pipe) 설치
⑤ 지상조립 철근 삽입 : 현장에서 조립된 철근망(steel cage)을 굴착공 내에 설치
⑥ 트레미 관(tremie pipe) 설치
  ＊ 트레미 관 : 수중 콘크리트 타설용의 수송관)
⑦ 콘크리트 타설 : 굴착 부분 하단부터 콘크리트를 타설하면서 안정액을 회수
⑧ 인터로킹파이프 제거
＊ 흙막이 공법 중 지하연속벽 공법 : 이코스공법, 오거파일공법, 슬러리월공법

> 인터로킹 파이프: 판넬과 판넬 간의 차수성을 높이기 위한 역할

(6) 어스앵커(earth anchor)공법

널말뚝 후면부를 천공하고 인장재를 삽입하여 경질지반에 정착시킴으로써 흙막이널을 지지시키는 공법
① 지하 4층 상가건물 터파기공사 시 흙막이 오픈 컷 방식을 적용하여 지보공 없이 넓은 작업공간을 확보하고 기계화 시공을 실시하여 공기단축을 하고자 할 때 가장 적합한 공법
② 어스앵커 내부에서 인장응력을 받는 가장 중요한 역할을 하는 재료 : PC강선
③ 어스앵커의 PC강선에 가하는 힘의 종류 : 인장력
가) 앵커의 구조 : 두부, 자유부, 정착부로 구성
  ① 앵커 두부(anchor head) : 앵커의 높은 하중을 고정하기 위한 장치로 앵커의 집중적인 힘을 분산하며 방향을 조정하여 고정하는 역할을 함(정착구, 지압판, 대좌로 구성).
    ㉠ 앵커의 스트랜드는 anchor head에 장착
    ㉡ 브라켓(angle bracket) : 지반에 삽입된 앵커체(anchor body)의 자유장을 고정하기 위해 토류벽의 측면에 결합된 수평보에 의해 지지되는 브라켓(흙막이벽과 어스앵커를 연결)
  ② 자유장(free anchor length) : 인장력을 도입하기 위해 주변에 부착강도가 없도록 설치하는 부분. 자유장은 쉬스 또는 케이싱으로 지반과 구조물을 절연하여 자유롭게 신축 가능한 구조로 되어 있음.

- 피폭(sheath) : 흙과의 마찰이 없도록 하기위해 설치
③ 정착장(fixed anchor length) : 자유장에 전달된 앵커력을 지반에 정착시키기 위한 부분
 - 패커(packer) : 정착부 grout 밀봉을 목적으로 설치. 팩커의 외부로 주입재가 누출되지 않아야 함.

나) 어스앵커 공법의 장단점

장 점	단 점
① 앵커체가 각각의 구조체이므로 적용성이 좋다. ② 앵커에 프리스트레스를 주기 때문에 흙막이벽의 변형을 방지하고 주변 지반의 침하를 최소한으로 억제할 수 있다. ③ 본 구조물의 바닥과 기둥의 위치에 관계없이 앵커를 설치할 수도 있다. ④ 넓은 작업 공간을 확보할 수 있다.(작업 공간에 대형기계의 반입이 용이하다.) ⑤ 공기단축과 동시에 안전관리도 용이하다. ⑥ 지반조건 변화에 대해 설계변경이 쉽다.	① 인근구조물이나 지중매설물에 따라 시공이 어려운 경우가 있다. (시가지 공사 시 매설물에 주의해야 한다.) ② 주변대지 사용에 의한 동의 필요하다. ③ 비교적 고가이다.

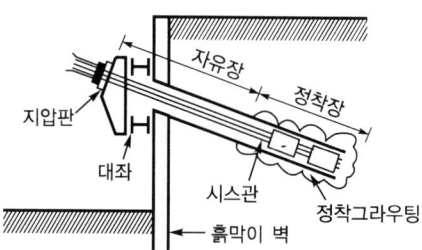

[그림] 어스앵커(earth anchor)공법

다) 어스앵커(earth anchor)공법에 의한 기초 흙막이에 대한 설명
① 하중을 산정할 때 예상되는 수위는 항상 최고 수위로 고려하여야 한다.
② 앵커체는 수평에서 하향 10°~ 45° 범위 내에서 경제성과 안정성을 고려하여 경사각을 결정한다.
③ 앵커의 내력을 확인하기 위하여 각 앵커에 작용하는 설계하중의 1.2배로 긴장하여 그 지지력을 확인한 후 설계하중으로 정착한다.
④ 정착부의 해체는 채택된 공법에 맞는 것으로 하고, 긴장력을 급격히 푸는 것은 피한다.

(7) 탑다운공법(top-down method)

지상에서부터 지하로 굴착하면서 구축물을 구축하는 공법

① 역타공법이라고도 하며 완전역타, 부분역타, 보 및 거더식 역타공법 등이 있다.
② 지상과 지하를 동시에 시공할 수 있으므로 공기를 절감할 수 있다.
③ 건물의 지하구조체에 시공이음이 많아 건물방수에 대한 우려가 크다
　- 기둥·벽 등 수직부재의 구조이음에 기술적 어려움이 있다.
④ 굴토작업이 슬래브 하부에서 진행되므로 작업능률 및 작업환경 조건이 저하된다.
⑤ 지하굴착공사장에는 중장비 때문에 급배기환기시설이 필요하다.
⑥ 기둥천공 시 슬라임 처리가 완벽해야 한다.
⑦ 한 현장에 지하연속벽과 강성이 같은 흙막이벽을 병행 조성하는 것이 안전상 유리하다.
⑧ 지하연속벽과 구조체와의 연결철근의 위치가 정확히 유지되어 있어야 한다.
⑨ 건물 슬래브가 지하 연속벽을 지지하는 역할을 하므로 설계변경을 최소화한다.
⑩ 도심지 공사에서 1층 작업장을 활용하고자 할 때 적용한다.
　- 1층 바닥을 조기에 완성하여 작업장 등으로 사용할 수 있다.

> **탑다운공법**
> ① 타 공법 대비 주변 지반 및 인접 건물에 미치는 영향이 적다.
> ② 소음 및 진동이 적어 도심지 공사로 적합하다.

> 🔖 **참고**
>
> ※ 아일랜드공법 : 지하 흙막이 공법 중 중앙부에서 주변부로 지하구조물이 2단계로 시공되어 이음부 처리에 불리하고 공사기간이 길어질 수 있는 공법
> ※ 개방잠함(open caisson)공법 : 지하 구조체를 지상에서 구축하여 하부 중앙 흙을 파내어 구체의 자중으로 침하시키는 공법(잠함의 외주벽이 흙막이 역할을 하므로 공기단축을 기대할 수 있다.)
> ※ 이코스 파일공법(ICOS pile method) : 지하 흙막이 벽을 시공할때 말뚝구멍을 하나 걸러 뚫고 콘크리트를 부어 넣어 만든 후, 말뚝과 말뚝 사이에 다음 말뚝구멍을 뚫어 흙막이 벽을 완성하는 공법
> 　- 지수벽을 만드는 공법, 흙막이 효과가 좋음, 소음방지, 인접건물 침하우려가 있을 때 유리
> ※ 어스드릴공법 : 표토붕괴를 방지하기 위하여 스탠드 파이프를 박고 그 이하는 케이싱을 사용하지 않고 회전식 버킷을 이용하여 굴착하는 공법

(8) 강재 널말뚝(steel sheet pile)공법

강재의 널말뚝을 연속해서 박아 수밀성 있는 흙막이벽을 만들어 띠장, 버팀대로 지지하는 공법

시트 파일(steel sheet pile) 공법의 이점(추가)
① 몇 회씩 재사용이 가능하다.
② 적당한 보호처리를 하면 물 위나 아래에서 수명이 길다.

① 용수가 많고 토압이 크고 기초가 깊을 때 적합하다. (지하수위가 높은 연약지반에 적합)
② 이음구조로 된 U형, Z형, I형 등의 강널말뚝을 연속하여 지중에 관입한다.
③ 무소음 설치가 어렵다. (타입시 직타로 인한 소음, 진동공해 발생 때문에 도심지에서는 무진동 유압장비에 의해 실시해야 한다.)
④ 타입 시에는 지반의 체적변형이 작아 항타가 쉽고, 이음부를 볼트나 용접접합에 의해서 말뚝의 길이를 자유로이 늘일 수 있다.

7. 계측관리 및 계측기 설치

가 계측관리

흙막이 붕괴, 지반침하, 인근구조물 균열 등을 예방하기 위한 계측관리(계측관리는 인적이 많고 위험이 큰 곳에 설치하여 주기적으로 실시한다.)

(1) 계측관리의 목적
① 계측관리의 목적은 위험의 징후를 발견하는 것이다.
② 경제적이고 안전한 시공, 공법 개선, 유지보수위한 정보 파악
③ 설계 보완 및 검토자료 축적
④ 민원을 대비한 계측자료 수집

(2) 계측관리의 중점관리사항
① 흙막이 변위에 따른 배면지반의 침하
② 굴착저면의 히빙 및 보일링
③ 흙막이 배면 지하수와 함께 유출되는 지반손실 문제 및 압밀 침하

(3) 일일점검항목
흙막이벽체, 주변지반, 지하수위 및 배수량 등

나 흙막이 가시설 공사 시 사용되는 각 계측기 설치 및 사용목적

① strain gauge(변형률계) : 흙막이 가시설의 버팀대(strut)의 변형을 측정하는 계측기(응력 변화를 측정하여 변형을 파악)
  - 토류구조물의 각 부재와 인근 구조물의 각 지점 등의 응력변화를 측정하여 이상변형을 파악하는 계측기

② water level meter(지하수위계) : 토류벽 배면지반에 설치하여 지하수 위의 변화를 측정하는 계측기
③ piezometer(간극수압계) : 배면 연약지반에 설치하여 굴착에 따른 과잉 간극수압의 변화를 측정하여 안정성 판단
④ load cell(하중계) : rock bolt 또는 earth anchor에 하중계를 설치하여 토류벽의 하중을 계측하고 시공설계조사와 안정도 예측(부재의 안정성 여부 판단)-지보공 버팀대에 작용하는 축력을 측정
⑤ 지중경사계(inclino meter) : 토류벽 또는 배면지반에 설치하여 기울기 측정(지중의 수평 변위량 측정)-주변 지반의 변형 측정, 중간부 변형
⑥ 토압계(earth pressure mete) : 토류벽 배면에 설치하여 하중으로 인한 토압의 변화를 측정(측압·수동토압)
⑦ 지중침하계(extension meter) : 토류벽 배면에 설치하여 지층의 침하상태를 파악(지중의 수평 변위량 측정-토류벽 기울기 측정)
⑧ 지표침하계(level and staff) : 토류벽 배면에 설치하여 지표면의 침하량 절대치의 변화를 측정(지표면 침하량 측정)
⑨ 기울기 측정기(tilt meter) : 인접건축물 벽면에 설치하여 구조물의 경사 변형상태를 측정
⑩ 균열측정기(crack gauge) : 구조물의 균열을 측정
⑪ 응력계
✽ 레벨 : 레벨(높낮이)을 측정
✽ 트랜싯(transit) : 각도 측정(삼각측량, 다각측량 등에 사용)-두부변형·침하

> 기울기 측정기(Tilt meter) 주변 건물이나 옹벽, 철탑 등 터파기 주위의 주요 구조물에 설치하여 구조물의 경사 변형상태를 측정하는 장비

8. 토공기계

가 굴착장비

(1) 파워셔블(power shovel)

장비 자체보다 높은 장소의 땅을 굴착하는 데 적합한 장비. 적재, 석산작업에 편리(산지에서의 토공사 및 암반으로부터의 점토질까지 굴착할 수 있는 건설장비)
- 굴착은 디퍼(dipper)가 행하는 토공사용 기계

> 파워셔블: 디퍼(dipper, 준설기 등에서 토사를 담는 버킷)를 아래에서 위로 조작하여 굴착하는 셔블계 굴착기의 종류

(2) 백호우(backhoe)-드래그셔블(drag shovel)

장비가 위치한 지면보다 낮은 장소를 굴착하는 데 적합한 장비
① 단단한 토질의 굴착이 가능하고 trench, ditch, 배관작업 등에 편리(토질의 구멍파기나 도랑파기에 이용)
② 지반보다 6m 정도 깊은 경질 지반의 기초파기에 적합한 굴착 기계

드래그라인: 모래 채취나 수중의 흙을 퍼 올리는 데 가장 적합한 기계장비

(3) 드래그라인(dragline)

셔블계 굴착기의 일종. 긴 붐 상단에 매달린 버킷을 와이어로 끌어당겨 흙을 끌어내리거나 굴착, 싣기를 하는 기계

[그림] 드래그라인(dragline)

- 기계의 설치 지반보다 낮은 곳을 파는데 적합하고 백호우처럼 단단한 토질을 굴착할 수 없으나(연질 지반에 굴착에 사용) 긴 붐(boom)과 로프를 이용해 굴착반경이 크므로 넓은 범위의 굴착이 가능하고 수중굴착(수로, 하천 개수), 모래(골재) 채취 등에 많이 사용

클램쉘: 양개식(兩開式) 버킷을 로프에 매달아 낙하시켜 토사를 굴착하는 기계

(4) 클램쉘(clam shell)

(가) 좁은 장소의 깊은 굴착에 효과적. 정확한 굴착과 단단한 지반의 작업은 어려움(좁은 곳의 수직파기를 할 때 사용)

[그림] 클램쉘(clam shell)

① 수중굴착 공사에 가장 적합한 건설기계. 수직굴착, 수중굴착 등 일반적으로 협소한 장소의 깊은 굴착에 적합한 것으로 자갈 등의 적재에도 사용

② 수직굴착, 수중굴착 등 일반적으로 협소한 장소의 깊은 굴착에 적합한 것으로 자갈 등의 적재에도 사용하는 토공장비

③ 위치한 지면보다 낮은 우물통과 같은 협소한 장소의 흙을 퍼올리는 장비로서 연한 지반에는 가능하나 경질층에는 부적당한 장비

(나) 클램쉘(clam shell)의 용도

① 잠함 안의 굴착에 사용된다.

② 수면하의 자갈, 실트 혹은 모래를 굴착하고 준설선에 많이 사용한다.

③ 건축구조물의 기초 등 정해진 범위의 깊은 굴착에 적합하다.

④ 교량 하부공사의 정통(井筒)침하 작업에 사용하면 유리하다.

배치 플랜트(batch plant): 여러 가지 재료를 혼합하는 설비

⑤ 높은 깔대기에 재료를 투입할 때, 콘크리트 배치 플랜트 등에 사용한다.

(5) 캐리올 스크레이퍼(carry all scraper)

토공사용 기계로서 흙을 깎으면서 동시에 기체 내에 담아 운반하고 깔기 작업을 겸할 수 있으며, 작업거리는 100~1,500m 정도의 중장거리용으로

쓰이는 것
① 토공기계 중 흙의 적재, 운반, 정지의 기능을 가지고 있고 일반적으로 중거리 정지공사에 많이 사용되는 장비
② 굴착, 상차, 운반, 정지 작업 등을 할 수 있는 기계로, 대량의 토사를 고속으로 운반하는 데 적당한 기계

(6) 트렌처(trencher)
일정한 폭의 구덩이를 연속으로 파며, 좁고 깊은 도랑파기에 가장 적당한 토공장비
① 장비 앞에 톱날같이 생긴 연속식 버켓을 회전시켜 흙을 파내 컨베이어로 내보내는 기계
② 주로 하수관, 가스관, 수도관, 석유 송유관, 암거 등의 도랑 굴착 시 사용

나 기타장비

(1) 정지 및 배토기계
불도저, 모터그레이더, 스크레이퍼
* 트렉터셔블 : 굴착

(2) 토공사용 장비
불도저(bulldozer), 그레이더(grader), 스크레이퍼(scraper)

(3) 로더(loader)
파해쳐진 흙을 담아 올리거나 이동하는데 사용하는 기계로 셔블, 버킷을 장착한 트랙터 또는 크롤러 형태의 기계

> **참고**
>
> * 디젤해머(diesel hammer) : 말뚝박기 기계
> ① 박는 속도가 빠르다.
> ② 타격음(소음, 진동)이 크다.
> ③ 타격에너지가 크다.
> ④ 운전이 용이하다.
> ⑤ 타격 정밀도가 높다.
> ⑥ 램의 낙하 높이 조정이 곤란하다.
> ⑦ 타격 시의 압축 · 폭발 타격력을 이용하는 공법이다.
> * 건설공사에서 래머(rammer)의 용도 : 지반을 다지는 장비, 잡석 다짐
> * 이동식 양중장비 : 크롤러 크레인, 트럭 크레인, 휠 크레인(wheel crane), 카고 크레인(cargo crane)

러핑형 크레인: 상하로 움직이면서 물건이동(고공권 침해에 자유로움)
• 상하기복형으로 협소한 공간에서 작업이 용이하고 장애물이 있을 때 효과적인 장비로서 초고층 건축물 공사에 많이 사용되는 장비

9. 흙파기량(토량) 산출

가 굴착기 작업량 산정식(셔블계 굴착기 포함)-굴착토량

작업량 $Q = \dfrac{3600 \times q \times K \times f \times E}{C_m}$ (m³/hr) (작업량 1시간 : 3600초)

여기서, Q : 시간당 작업량(m³/hr)
q : 버켓용량(m³)
K : 굴착계수
f : 굴착토의 용적변화계수
E : 작업효율
C_m : 사이클 타임(초)

> **예문** 다음 조건에 따른 백호의 단위시간당 추정 굴착량으로 옳은 것은?
>
> 버켓용량 0.5m³, 사이클타임 20초, 작업효율 0.9, 굴착계수 0.7, 굴착토의 용적변화계수 1.25
>
> ① 94.5m³   ② 80.5m³   ③ 76.3m³   ④ 70.9m³
>
> **해설** 굴착기 작업량 산정식(셔블계 굴착기 포함)
>
> 작업량 $Q = \dfrac{3600 \times q \times K \times f \times E}{C_m}$ (m³/hr) (작업량 1시간 : 3600초)
>
> 여기서, Q : 시간당 작업량(m³/hr), q : 버켓용량(m³),
> K : 굴착계수, f : 굴착토의 용적변화계수,
> E : 작업효율, C_m : 사이클 타임(초)
>
> ⇨ $Q = (3600초 \times 0.5 \times 0.7 \times 1.25 \times 0.9)/20 = 70.87 = 70.9$m³
>
> ⇨ 정답 ④

나 줄기초 흙파기량(토량) 산출

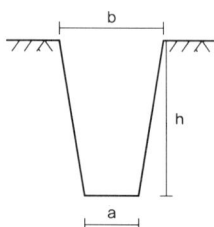

$V = (\dfrac{a+b}{2}) \times h \times L(줄기초길이)(\times 토량환산계수)$

[예문] 그림과 같은 줄기초 파기에서 파낸 흙을 한 번에 운반 하고자 할 때 4ton 트럭 약 몇 대가 필요한가? (단, 파낸 흙의 부피증가율은 20%, 파낸 흙의 단위중량은 1.8t/m³)

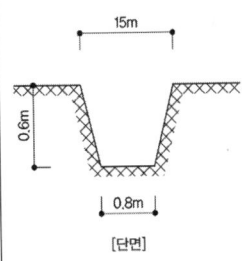
[단면]

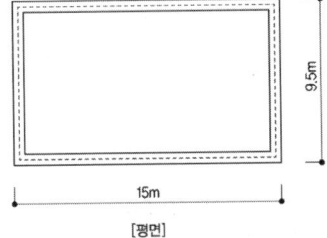
[평면]

① 10대 ② 16대
③ 20대 ④ 25대

[해설] 줄기초 파기 토량 산출

$$V = (\frac{a+b}{2}) \times h \times L(줄기초길이)(\times *토량환산계수)$$

$V = (0.8 + 1.2)/2 \times 0.6 \times 49 = 29.4\text{m}^3$
① 파낸 흙의 단위중량은 1.8t/m³ → 29.4 × 1.8 = 52.9
② 파낸 흙의 부피증가율은 20% → 52.9 + (52.9 × 20%) = 63.504
⇨ 4ton 트럭으로 운반 : 63.504 ÷ 4 = 15.874 = 16대

⇨ 정답 ②

다 독립기초 흙파기량(토량) 산출

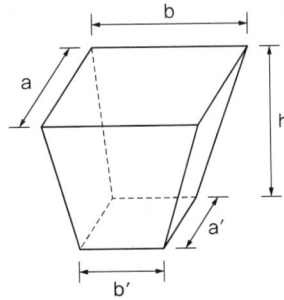

$$V = \frac{h}{6}[(2a + a')b + (2a' + a)b']$$

> **예문** 그림과 같은 독립기초의 흙파기량으로 적당한 것은?
>
>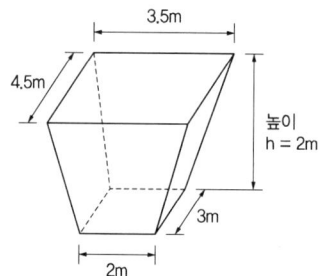
>
> ① $19.5m^3$ ② $21.0m^3$
> ③ $23.7m^3$ ④ $25.4m^3$
>
> **해설** 독립기초 흙파기량(토량) 산출
> $$V = \frac{h}{6}[(2a+a')b + (2a'+a)b']$$
> $$V = (2/6) \times [(2\times4.5+3)3.5 + (2\times3+4.5)2 = 21.0m^3]$$
>
> ⇨ 정답 ②

* 잔토처리량
    (1) 흙을 되메우고 잔토처리
        잔토처리량 = (흙파기체적 − 되메우기체적) × 토량환산계수(흙의 부피증가계수)
    (2) 흙파기량을 전부 잔토처분
        잔토처리량 = 흙파기체적 × 토량환산계수(흙의 부피증가계수)

> **예문** 모래의 부피증가계수(L)가 15%이고, 굴토량이 $261m^3$라면 잔토처리량은?
>
> ① $300m^3$ ② $250m^3$
> ③ $231m^3$ ④ $200m^3$
>
> **해설** 잔토 처리량 = 흙파기 체적 × 토량환산계수(흙의 부피증가계수)
>   = 261 × 1.15 = $300m^3$
>
> ⇨ 정답 ①

라 토량변화율 L값과 C값

① L(Loose) : 흐트러진 상태로의 토량변화율
② C(Compact) : 다져진 상태로의 토량변화율
　＊ 토량변화율 : L > 1 > C

(1) 토공작업 시 흙의 상태
① 자연상태의 토량
② 흐트러진 상태의 토량 : 운반할 수 있도록 굴착해 놓은 상태
③ 다져진 상태의 토량 : 성토된 상태

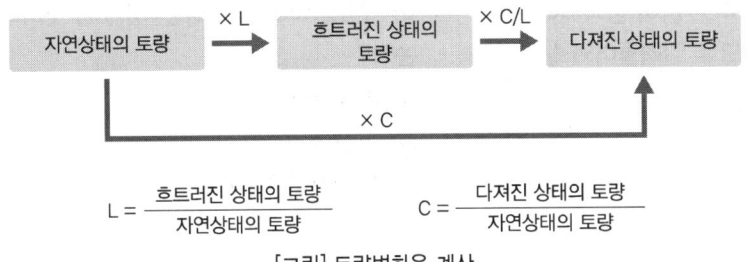

$$L = \frac{흐트러진\ 상태의\ 토량}{자연상태의\ 토량} \qquad C = \frac{다져진\ 상태의\ 토량}{자연상태의\ 토량}$$

[그림] 토량변화율 계산

(2) 토량변화율 계산
① 자연상태의 토량(굴착토량) = $\dfrac{다져진\ 상태의\ 토량}{C}$

② 흐트러진 상태의 토량(운반토량) = 굴착토량 × L

③ 다져진 상태의 토량(다짐) = $\dfrac{C}{L}$, 굴착토량 × C

예문 토공사에서 토량 변화율 L = 1.3, C = 0.8인 사질토를 가지고 성토하여 다진 후에 40,000m³를 만들기 위한 굴착 및 운반 토량은?

① 굴착토량 50,000m³, 운반토량 65,000m³
② 굴착토량 65,000m³, 운반토량 70,000m³
③ 굴착토량 70,000m³, 운반토량 75,000m³
④ 굴착토량 75,000m³, 운반토량 80,000m³

해설 굴착 및 운반 토량
① 굴착토량 = 다져진 상태의 토량/C = 40,000/08 = 50,000m³
② 운반토량 = 굴착토량 × L = 50,000 × 1.3 = 65,000m³

➪ 정답 ①

CHAPTER 02 항목별 우선순위 문제 및 해설

01 하부 지반이 연약한 경우 흙파기 저면선에 대하여 흙막이 바깥에 있는 흙의 중량과 지표 적재하중을 이기지 못하고 흙이 붕괴되어서 흙막이 바깥 흙이 안으로 밀려들어와 불룩하게 되는 현상은?

① 히빙(heaving)
② 보일링(boiling)
③ 퀵샌드(quick sand)
④ 오픈컷(open cut)

해설 히빙(heaving) 현상
연약한 점토지반의 토공사에서 흙막이 밖에 있는 흙이 안으로 밀려 들어와 내측 흙이 부풀어 오르는 현상(흙막이 벽체 내·외의 토사의 중량차에 의해 발생)
① 배면의 토사가 붕괴된다.
② 지보공이 파괴된다.
③ 굴착저면이 솟아오른다.

02 사질지반에 널말뚝을 박고 배수하면서 기초파기를 행할 때, 널말뚝 흙파기 저면의 지하수가 용출하여 모래지반의 지지력이 상실되는 현상을 무엇이라 하는가?

① 틱소트로피(thixotropy)
② 오픈컷(open cut)
③ 히빙(heaving)
④ 보일링(boiling)

해설 보일링(boiling) 현상
투수성이 좋은 사질지반에서 흙파기 공사를 할 때 흙막이벽 배면의 지하 수위가 굴착저면보다 높아 굴착저면 위로 모래와 지하수가 부풀어 오르는 현상
① 사질지반일 경우 지반 저부에서 상부를 향하여 흐르는 물의 압력이 모래의 자중 이상으로 되면 모래입자가 심하게 교란되는 현상

03 포화된 느슨한 모래가 진동과 같은 동하중을 받으면 부피가 감소되어 간극수압이 상승하여 유효응력이 감소하는 것을 무엇이라 하는가?

① 액상화 현상
② 원형 Slip
③ 부동침하 현상
④ Negative friction

해설 액상화 현상(liquefaction)
포화된 느슨한 모래가 진동이나 지진 등의 충격을 받으면 입자들이 재배열되어 약간 수축하며 큰 과잉간극수압을 유발하게 되고 그 결과로 유효응력과 전단강도가 크게 감소되어 모래가 유체처럼 흐르는 현상(사질층에서 진동등에 의한 간극수압의 상승으로 전단강도가 감소되어 액체와 같이 변형되는 현상)

04 지반조사방법 중 로드에 붙인 저항체를 지중에 넣고, 관입, 회전, 빼올리기 등의 저항력으로 토층의 성상을 탐사, 판별하는 방법이 아닌 것은?

① 표준관입시험   ② 화란식 관입시험
③ 지내력 시험   ④ 베인 테스트

해설 지반조사 종류(현장실험)
(가) 표준관입시험(SPT, Standard Penetration Test)
보링공을 이용하여 로드 끝에 중공의 표준샘플러를 장치하여 무게 63.5kg의 해머를 76cm의 높이에서 자유낙하시키는 타격에 의하여 30cm 관입시키는 데 요하는 타격횟수 N을 측정하여 토층의 경연을 조사하는 원위치 시험임.
(나) 베인테스트(vane test)
로드의 선단에 설치한 +자형 날개를 지반 속에 삽입하고 이것을 회전시켜 점토의 전단강도를 측정하는 시험
* 지내력시험 : 지반의 지내력을 시험하기 위하여 기초 바닥면에 재하판을 설치 하중을 가하여 침하량을 측정

정답 01. ① 02. ④ 03. ① 04. ③

05 흙이 소성 상태에서 반고체 상태로 바뀔 때 함수비를 의미하는 용어는?

① 예민비 ② 액성한계
③ 소성한계 ④ 소성지수

해설 아터버그 한계(atterberg limit)시험
토질시험으로 액체 상태의 흙이 건조되어 가면서 액성, 소성, 반고체, 고체 상태로의 변화하는 한계와 관련된 시험(세립토의 성질을 나타내는 지수로 활용)
① 액성한계 : 소성 상태와 액체상태의 경계가 되는 함수비
② 소성한계 : 반고체상태와 소성상태의 경계가 되는 함수비
③ 수축한계 : 반고체상태와 고체상태의 경계가 되는 함수비

06 다음 중 흙막이벽 버팀대의 응력변화를 측정하여 이상변화파악 및 대책을 수립하는 데 사용되는 계측기는?

① 경사계(inclino meter)
② 변형률계(strain gauge)
③ 토압계(soil pressure gauge)
④ 진동측정계(vibro meter)

해설 strain gauge(변형률계)
흙막이 가시설의 버팀대(strut)의 변형을 측정하는 계측기(응력 변화를 측정하여 변형을 파악)

07 지질조사를 하는 지역의 지층순서를 결정하는데 이용하는 토질주상도에 나타내지 않아도 되는 항목은?

① 보링방법 ② 지하수위
③ N값 ④ 지내력

해설 시추주상도(試錐柱狀圖, drill log)-토질주상도
시추과정에서 얻어진 지질정보와 관찰결과를 정리한 도표(지층의 층별, 포함물질 및 층두께 등을 그림으로 나타낸 것)
① 토질주상도에 나타내는 항목
  ㉠ 지반조사일자 및 작성자, 지반조사지역
  ㉡ 보링방법
  ㉢ 지층의 확인
  ㉣ 지층두께 및 구성상태
  ㉤ 심도에 따른 토질 상태
  ㉥ 지하수위 확인
  ㉦ N값의 확인
  ㉧ 시료채취
  ㉨ 기타 시추작업 중 나타나는 관찰사항

08 지반개량공법 중 강제압밀공법에 해당하지 않는 것은?

① 프리로딩공법 ② 페이퍼드레인공법
③ 고결공법 ④ 샌드드레인공법

해설 연약지반의 개량공법
(가) 점성토 개량공법
① 치환공법
② 재하공법(압밀공법) : 여성토(Pre loading)공법, 압성토(surcharge)공법, 사면재하선단공법
③ 탈수공법 : 샌드드레인(sand drain)공법, 페이퍼드레인(paper drain)공법, 팩드레인공법, 생석회 말뚝(chemico pile) 공법
④ 배수공법 : (웰포인트공법), deep well 공법
⑤ 고결공법 : 동결공법, 소결공법
※ 지반을 강제 압밀하는 방법은 재하방법과 드레인 방법이 있음

09 지반개량 공법 중 동다짐(dynamic compaction) 공법의 장·단점으로 틀린 것은?

① 시공 시 지반진동에 의한 공해문제가 발생하기도 한다.
② 지반 내에 암괴 등의 장애물이 있으면 적용이 불가능 하다.
③ 특별한 약품이나 자재를 필요로 하지 않는다.
④ 깊은 심도의 지반개량에 대해서는 초대형 장비가 필요 하다.

해설 동다짐(dynamic compaction)공법
지반개량공법 중의 하나로 무거운 추를 상당 높이에서 자유낙하시켜 발생되는 충격 에너지와 진동에 의해 지반을 상당깊이까지 강제다짐하여 밀도를 증가시켜 지반을 개량하는 공법

정답 05.③ 06.② 07.④ 08.③ 09.②

1) 장점
   ① 특별한 약품이나 자재를 필요로 하지 않는다.
   ② 깊은 심도까지 개량 가능하다
   ③ 잡석, 모래, 세립토, 폐기물 등 광범위한 토질에 적용할 수 있다.
   ④ 지반 내에 암괴 등의 장애물이 있어도 적용이 가능하다.
2) 단점
   ① 시공 시 지반진동에 의한 공해문제가 발생하기도 한다.
   ② 깊은 심도의 지반개량에 대해서는 초대형 장비가 필요 하다.

10 점토지반에 모래를 깔고 그 위에 성토에 의해 하중을 가하면 장기간에 걸쳐 점토 중의 물이 샌드파일을 통하여 지상에 배수되어 지반을 압밀·강화시키는 공법은?

① 샌드드레인 공법
② 바이브로플로테이션 공법
③ 웰포인트 공법
④ 그라우팅공법

해설 **샌드 드레인(sand drain)공법**
점토지반의 물이 샌드파일을 통해 지상에 배수되어 지반을 강화(개량)하는 공법

11 지하수를 처리하는 데 사용되는 배수공법이 아닌 것은?

① 집수정 공법
② 웰포인트 공법
③ 전기침투 공법
④ 샌드드레인 공법

해설 **배수공법** : 지하수를 처리하는 데 사용
1) 깊은 우물(deep well)공법 : 깊이 7m 정도의 우물을 파고 이곳에 수중 모터펌프를 설치하여 지하수를 양수하는 배수 공법
2) 집수정(sump pit)공법 : 집수정을 설치하여(2~4m) 지하수가 고이게 한 다음 수중 펌프를 사용하여 외부로 배수시키는 방법

3) 웰포인트(well point)공법 : 사질토 지반 탈수공법으로 파이프를 지중에 박아(1~3m의 간격) 지상의 집수장에 연결하고 펌프로 지중의 물을 배수
4) 전기침투공법 : 지중에 전기를 통하여 대전한 지하수를 전류의 이동과 함께 배수하는 공법

12 흙막이 공법 중 슬러리월(slurry wall) 공법에 관한 설명으로 옳지 않는 것은?

① 진동, 소음이 적다.
② 인접건물의 경계선까지 시공이 가능하다.
③ 차수효과가 확실하다.
④ 기계, 부대설비가 소형이어서 소규모 현장의 시공에 적당하다.

해설 **지하연속벽공법(slurry wall method)**
안정액(slurry)을 사용하여 굴착한 뒤 지중(地中)에 연속된 철근 콘크리트 벽을 형성하는 현장 타설 말뚝 공법
① 진동과 소음이 적어 도심지 공사에 적합
② 높은 차수성과 벽체의 강성이 큼.
③ 지반조건에 좌우되지 않음.
④ 임의의 벽두께와 형상을 선택할 수 있다.
⑤ 기계, 부대설비가 대형이어서 대규모 현장의 시공에 적당하다.
⑥ 인접건물의 경계선까지 시공이 가능하다.
⑦ 장비가 고가이고 고도의 경험과 기술이 필요로 한다.

13 Earth Anchor 시공에서 정착부 Grout 밀봉을 목적으로 설치하는 것은?

① Angle Bracket ② Sheath
③ Packer   ④ Anchor Head

해설 **어스앵커(earth anchor)공법**
널말뚝 후면부를 천공하고 인장재를 삽입하여 경질지반에 정착시킴으로써 흙막이널을지지시키는 공법
(앵커의 구조 : 두부, 자유부, 정착부로 구성)
* 정착장(fixed anchor length) : 자유장에 전달된 앵커력을 지반에 정착시키기 위한 부분
  – 패커(packer) : 정착부 Grout 밀봉을 목적으로 설치. 팩커의 외부로 주입재가 누출되지 않아야 함

정답 10.① 11.④ 12.④ 13.③

14 다음 중 탑다운공법(top-down)에 관한 설명으로 옳지 않은 것은?

① 역타공법이라고도 한다.
② 굴토작업이 슬래브 하부에서 진행되므로 작업능률 및 작업환경 조건이 저하된다.
③ 건물의 지하구조체에 시공이음이 적어 건물방수에 대한 우려가 적다.
④ 지상과 지하를 동시에 시공할 수 있으므로 공기를 절감할 수 있다.

해설 탑다운공법(top-down)
지상에서부터 지하로 굴착하면서 구축물을 구축하는 공법
- 건물의 지하구조체에 시공이음이 많아 건물방수에 대한 우려가 크다.

15 강재 널말뚝(steel sheet pile)공법에 관한 설명으로 옳지 않은 것은?

① 도심지에서는 소음, 진동 때문에 무진동 유압장비에 의해 실시해야 한다.
② 강제 널말뚝에는 U형, Z형, H형, 박스형 등이 있다.
③ 타입 시에는 지반의 체적변형이 작아 항타가 쉽고, 이음부를 볼트나 용접접합에 의해서 말뚝의 길이를 자유로이 늘일 수 있다.
④ 비교적 연약지반이며 지반수가 많은 지반에는 적용이 불가능하다.

해설 강재 널말뚝(steel sheet pile) 공법
강재의 널말뚝을 연속해서 박아 수밀성 있는 흙막이벽을 만들어 띠장, 버팀대로 지지하는 공법
① 용수가 많고 토압이 크고 기초가 깊을 때 적합하다(지하수위가 높은 연약지반에 적합).
② 이음구조로 된 U형, Z형, I형 등의 강널말뚝을 연속하여 지중에 관입한다.
③ 무소음 설치가 어렵다(타입시 직타로 인한 소음, 진동공해 발생 때문에 도심지에서는 무진동 유압장비에 의해 실시해야 한다).

④ 타입 시에는 지반의 체적변형이 작아 항타가 쉽고, 이음부를 볼트나 용접접합에 의해서 말뚝의 길이를 자유로이 늘일 수 있다.

16 다음과 같은 조건일 때 백호의 단위시간당 추정 굴착량으로 적당한 것은?

> 버켓용량 0.5m³, 사이클타임 20초, 작업효율 0.9, 굴착계수 0.7, 굴착토의 용적변화계수 1.25

① 94.5m³   ② 80.5m³
③ 76.3m³   ④ 70.9m³

해설 굴착기 작업량 산정식(셔블계 굴착기 포함)

작업량 $Q = \dfrac{3600 \times q \times K \times f \times E}{C_m}$ (m³/hr)

(작업량 1시간 : 3600초)

Q : 시간당 작업량(m³/hr), q : 버켓용량(m³),
K : 굴착계수, f : 굴착토의 용적변화계수,
E : 작업효율, C_m : 사이클 타임(초)

⇨ $Q = (3600초 \times 0.5 \times 0.7 \times 1.25 \times 0.9)/20$
   $= 70.87 = 70.9$m³

17 지반보다 6m 정도 깊은 경질지반의 기초파기에 가장 적합한 굴착 기계는?

① Drag line
② Tractor shovel
③ Back hoe
④ Power shovel

해설 백호우(backhoe)
장비가 위치한 지면보다 낮은 장소를 굴착하는 데 적합한 장비
① 단단한 토질의 굴착이 가능하고 trench, ditch, 배관작업등에 편리(토질의 구멍파기나 도랑파기에 이용)
② 지반보다 6m 정도 깊은 경질 지반의 기초파기에 적합한 굴착 기계

정답 14. ③   15. ④   16. ④   17. ③

Chapter 03 기초공사

1. 지정의 종류 및 특징

가. 지정 및 기초공사의 이해

① 지정(地定, soil ground) : 기초를 안전하게 지지하거나 지반의 내력을 보강하기 위하여 기초 하부에 제공되는 지반 다짐. 지반개량 및 말뚝박기 등을 한 부분

② 기초(foundation) : 기둥, 벽 등 구조물로부터 작용하는 하중을 지반 또는 지정에 전달시키기 위해 설치된 건축물 최하단부의 구조부

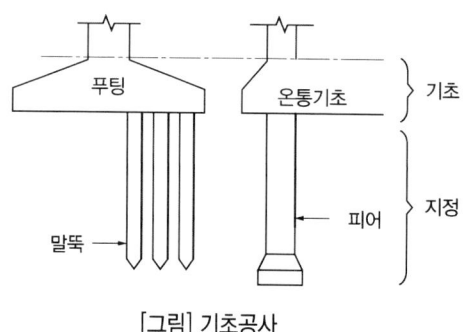

[그림] 기초공사

③ 말뚝(pile) : 기초판으로부터의 하중을 지반에 전달하기 위해 기초판 아래의 지반 중에 설치하는 기둥 모양의 지정

④ 피어(pier) : 상부의 하중을 지중에 전달하기 위하여 푸팅, 기둥 등의 밑에 설치한 독립 원통기둥 모양의 구조체

⑤ 푸팅(footing) : 기둥 또는 벽의 힘을 지중에 전달하기 위하여 기초가 펼쳐진 부분

⑥ 시험말뚝(test pile) : 공사착수 전에 지반이나 시공법 확인을 위해 시공되는 말뚝

⑦ 원위치시험 : 대상 현장의 위치에서 지반의 특성을 직접 조사하는 시험

⑧ 재하시험(loading test) : 흙의 지지력이나 지반내력 확인을 위해 행하는 원위치시험

⑨ 히빙(heaving) : 굴착면 저면이 부풀어 오르는 현상

⑩ 동결심도 : 지반이 동결되는 깊이
⑪ 드레인 재료 : 지반개량을 목적으로 간극수 유출을 촉진하는 수로로서의 역할을 하는 재료
⑫ 슬라임(slime) : 지반을 천공할 때 천공벽 또는 공저에 모인 침전물
⑬ 견칫돌 : 크고 작은 2개의 면을 가진 네모뿔(四角柱) 모양으로 가공한 돌. 석축에 쓰이며, 치수는 앞면(큰 면)이 30cm×30cm 미만이고, 뒷굄길이(큰 면과 작은 면 사이의 길이)는 큰 면의 약 1.5배(45cm 안팎)임. 돌의 종류는 화강암질이나 안산암질(安山巖質) 등의 경암(硬岩)을 씀.
⑭ 자갈(ballast, gravel) : 암석(岩石)이 풍화나 침식 등의 자연 작용으로 인해 입자상(粒子狀)으로 된 것. 채취 장소에 따라 강자갈, 산자갈, 바닷자갈 등이 있으며, 콘크리트에 쓰는 굵은 골재를 가리킴.
⑮ 막자갈(pit run gravel) : 산 등에서 채취된 그대로의 상태 혹은 쇄석장에서 분쇄된 그대로의 골재
⑯ 잡석(rubble) : 지름이 15cm 안팎의 모양이 고르지 않은 막 생긴 돌. 잡석지정 등에 쓰임.

나 지정의 종류

① 직접기초지정(보통지정, 얕은기초지정) : 잡석지정, 모래지정, 자갈지정, 밑창(버림) 콘크리트 지정
② 말뚝지정 : 나무말뚝, 기성콘크리트말뚝, 제자리콘크리트말뚝, 강재말뚝
③ 깊은기초지정 : 피어기초지정-우물통식 지정(Well공법), 잠함기초 지정(Caisson공법)

다 보통지정

(1) 잡석지정

① 15~30cm 정도의 막돌 또는 호박돌을 옆세워 깐다(전단력 유지 목적).
② 잡석 사이에 사춤자갈를 넣고 다진다(사춤자갈량은 30% 정도).
③ 견고한 자갈층이나 굳은 모래층에서는 잡석지정이 불필요하다.
④ 잡석지정을 사용하면 콘크리트 두께를 절약할 수 있다.
⑤ 잡석지정은 지내력을 증진시키기 위해서 가장자리에서 중앙으로 다진다.
⑥ 잡석지정 주요목적
　㉠ 구조물의 안정을 유지하게 한다.

• 호박돌: 직경이 약 20~30cm 정도의 둥글고 넓적한 돌
• 사춤: 담이나 벽의 갈라진 틈을 메우는 일

(예문) 잡석지정의 다짐량이 5m³일 때 틈막이로 넣는 자갈의 양은?

(풀이) 틈막이로 넣는 자갈의 양 = 잡석지정의 다짐량이 5m³ × 30% = 1.5m³

※ 잡석지정의 잡석 사이에 사춤자갈을 넣고 다지며 사춤사갈량은 30% 정도)

ⓛ 기초 콘크리트가 흙과 섞이지 않도록 한다. (기초 콘크리트 타설시 흙의 혼입을 방지하기 위해 사용한다.)
ⓒ 기초 또는 바닥의 방습 및 배수처리에 이용된다.
ⓔ 콘크리트의 두께를 절약(밑창 콘크리트 절약)할 수 있다. (버림 콘크리트의 양의 절약)
ⓜ 이완된 지표면을 다진다.

(2) 모래지정

① 기초 및 지반이 연약하고 2m 이내에 굳은 층이 있을 경우에 사용하는 방법으로 연약층을 파내고 모래를 넣어 물다짐을 한다.
② 모래는 장기 허용압축강도가 20~40t/m² 정도로 큰 편이어서 잘 다져 지정으로 쓸 경우 효과적 이다.

(3) 자갈지정

① 모래나 잡석 대신 자갈 또는 쇄석을 5~10cm 정도의 두께로 깔고 충분히 다져 시공한다.
② 배수를 목적으로하며 연약점토지반에는 사용하지 않고 굳은 지반에 사용한다.
③ 자갈을 깔고 난 후 바이브로 래머 등으로 다진다.
④ 잘 다진 자갈 위에 밑창 콘크리트를 타설한다.

(4) 긴 주춧돌지정

① 지름 30cm 정도의 토관을 기초 저면에 설치하며 한옥건축에서는 주춧돌로 화강석을 사용한다.
 - 잡석지정이나 자갈지정 위에 30cm 정도의 관에 콘크리트를 채운 것이나 긴 추춧돌을 세운다.
② 간단한 건축물이나 비교적 지반이 깊은 경우에 사용하는 방법이다.

(5) 밑창 콘크리트 지정(버림 콘크리트 지정)

밑창 콘크리트: 기초 밑에 얇게 치는 콘크리트

① 잡석, 자갈지정 위에 두께 6cm 정도의 무근콘크리트로 평평하게 타설한다(시멘트 : 모래 : 자갈을 1 : 3 : 6의 비율로 배합).
② 콘크리트 설계기준강도는 15MPa 이상의 것을 두께 5~6cm 정도로 설계한다.
③ 주요 목적으로는 먹매김의 바탕, 철근 조립 및 거푸집 설치 용이, 잡석의 이동 방지, 바깥 방수의 바탕에 이용 등이 있다.
 - 잡석이나 자갈위 기초부분의 먹매김을 위해 사용한다.

라 말뚝지정

(1) 말뚝의 종류 및 특징

(가) 말뚝의 종류

1) 기능상의 분류
   ① 지지말뚝　　　　② 마찰말뚝

2) 재료상의 분류
   ① 나무말뚝　　　　② 기성콘크리트말뚝
   ③ 제자리콘크리트말뚝　④ 철제말뚝

> • 지지말뚝: 말뚝의 끝이 경질 지반에 도달해 기둥과 같은 역할을 하는 말뚝
> • 마찰말뚝: 말뚝이 주변 지반의 마찰력에 의해 위로부터의 하중을 지탱하는 말뚝

(나) 말뚝지정의 설명
   ① 나무말뚝은 소나무, 낙엽송 등 부패에 강한 생나무를 주로 사용한다.
   ② 제자리 콘크리트 말뚝으로는 심플렉스 파일, 컴프레솔 파일, 페데스탈 파일 등이 있다.
   ③ 강재말뚝은 중량이 가볍고, 휨저항이 크며 길이조절이 가능하다.
   ④ 무리말뚝의 말뚝 한 개가 받는 지지력은 단일말뚝의 지지력보다 감소되는 것이 보통이다.

(다) 말뚝설치 공법

1) 타입공법 : 디젤해머, 유압해머, 드롭해머 등으로 말뚝을 타입하는 공법 (소음, 진동 발생)
   ① 타격공법　　　　② 진동공법

2) 매입공법 : 무소음, 무진동공법
   ① 선굴착공법(프리보링공법) : 상부지층에 조밀층이 있어 타입이 어려운 경우 상부지층을 선굴착 후 말뚝 삽입(경타 혹은 압입)
   ② 중굴(속파기) 공법 : 말뚝 중공부에 오거를 삽입하고 오거로 지반을 굴착하면서 말뚝 관입
   ③ 워터 제트(water jet) 공법 : 모래층 또는 진흙층 등에 고압으로 물을 분사시켜 수압에 의해 지반을 무르게 만든 다음 말뚝을 박는 공법
   ④ 압입공법 : 회전, 진동 압입

> 기성 콘크리트 말뚝설치 공법 중 진동공법: 상하방향으로 진동이 발생하는 vibro hammer(진동식 말뚝 타격기)를 사용하여 말뚝을 관입, 인발하는 공법
> ① 정확한 위치에 타입이 가능하다.
> ② 타입은 물론 인발도 가능하고 말뚝머리의 손상이 적다.
> ③ 경질지반에서는 충분한 관입깊이를 확보하기 어렵다.(연약지반에 적합)
> ④ 사질지반에서는 진동에 의한 다짐이 이루어짐으로 마찰저항이 증가하여 관입이 어렵다.

(2) 기성콘크리트말뚝

(가) 기성콘크리트 말뚝

공장에서 미리 만들어진 말뚝을 구입하여 사용하는 방식이다.
- 일반적으로 타격공법이 적용되어 소음, 진동, 파일결함 등이 발생 가능성이 높다.

(예문) 독립 기초판(3.0m×3.0m) 하부에 말뚝머리지름이 40cm인 기성콘크리트 말뚝을 9개 시공하려고 할 때 말뚝의 중심 간격은?

(풀이) 기성콘크리트 말뚝의 중심 간격: 말뚝간격은 2.5d 이상 또는 75cm 중 큰 값을 택한다.

(중심 간격의 기준: 말뚝머리 지름의 2.5배 이상 또한 750mm 이상)

⇨ 말뚝의 중심 간격
 = 2.5 × 40cm = 100cm

말뚝 세우기(기성말뚝)
〈표준시방서-KCS 11 50 15 : 2021〉
말뚝의 연직도나 경사도는 1/50 이내로 하고, 말뚝박기 후 평면상의 위치가 설계도면의 위치로부터 D/4(D는 말뚝의 바깥지름)와 100mm 중 큰 값 이상으로 벗어나지 않아야 한다.

$10\text{kgf/cm}^2 ≒ 1\text{MPa}$

① 타격공법의 적용함으로 인한 말뚝머리 파손으로 이음부위에 문제점이 발생한다.
② 재료의 균질성이 우수하다.
③ 자재하중이 크므로 운반과 시공에 각별한 주의가 필요하다.
④ 시공과정상의 항타로 인하여 자재균열의 우려가 높다.
⑤ 말뚝간격은 2.5d 이상 또는 75cm 중 큰 값을 택한다.
 (중심간격의 기준 : 말뚝머리지름의 2.5배 이상 또한 750mm 이상)
⑥ 적재 장소는 시공장소와 가깝고 배수가 양호하고 지반이 견고한 곳이어야 한다.
⑦ 2단 이하로 저장하고 말뚝받침대는 동일선상에 위치하여야 파손이 적다.

(나) 기성콘크리트 말뚝의 표기

 (예) PHC-A · 450-12(PHC A종 ϕ450mm, 12m)
 ① 프리텐션방식의 고강도 콘크리트 말뚝(PHC : pretensioned High strength Concrete Pile)
 ② 종류 : A종
 ③ 말뚝바깥지름 450mm
 ④ 말뚝길이 12m

(다) PHC 파일(원심력 고강도 프리스트레스트 콘크리트말뚝)

프리텐션방식에 의한 원심력을 이용하여 제조된 콘크리트 압축강도 80MPa 이상의 고강도 콘크리트 말뚝이며 타격력에 대한 저항력과 휨에 대한 저항력 크다.
① 고강도콘크리트에 프리스트레스를 도입하여 제조한 말뚝이다.
② 설계기준강도 80MPa(800kgf/cm^2) 이상의 것을 말한다.
③ 강재는 특수 PC강선을 사용한다.
④ 견고한 지반까지 항타가 가능하며 지지력 증강에 효과적이다.
⑤ 재령 1~2일에 사용가능하다.
⑥ 선단부의 구조는 중굴공법(속파기)에서 완전 개방형을 사용한다.
 (Preboring 공법 : 폐쇄형 또는 개방형을 사용)
⑦ 양생은 고온고압 증기양생을 이용한다.

 ＊ 기성콘크리트 말뚝 : RC말뚝(Reinforced Concrete pile), PC말뚝(Prestressed Concrete pile)

※ PC말뚝(Prestressed Concrete pile) : 프리스트레스를 도입하여 제작한 콘크리트 말뚝으로 말뚝을 절단할 때 내부응력에 가장 큰 영향을 받는 말뚝(말뚝을 절단하면 PC강선이 절단되어 내부응력을 상실)

(3) 제자리 콘크리트 말뚝(현장 타설 콘크리트 말뚝)

(가) 제자리 콘크리트 말뚝(현장 타설 콘크리트 말뚝)의 분류

1) 관입공법

① 심플렉스 파일(simplex pile) : 굳은 지반에는 강관을 소정의 깊이까지 박고 콘크리트를 투입 후 무거운 추로 다지면서 외관을 뽑아 올리며, 연약한 지반에는 얇은 철판의 내관으로 콘크리트를 다지면서 외관을 빼내는 공법

② 콤프레솔 파일(compressol pile) : 1.0~2.5t 정도의 세 가지 추를 사용하여 구멍을 뚫고 잡석과 콘크리트를 교대로 투입하면서 추로 다지는 콘크리트 말뚝으로 지하수가 적은 굳은 지반에 짧은 말뚝으로 사용한다

③ 페데스탈 파일(pedestal pile) : 내·외관을 소정의 깊이까지 박은 후 내관을 빼내고, 외관 내에 콘크리트를 투입하여 내관으로 다지면서 점차 외관도 뽑아 올려 구근형의 콘크리트를 만든다

④ 레이몬드 파일(raymond pile) : 내·외관을 소정의 깊이까지 박은 후에 내관을 빼낸 후, 외관에 콘크리트를 부어 넣어 지중에 콘크리트말뚝을 형성하는 것

> 레이몬드 파일: 외관에 심대(core)를 넣어 박은 후 심대를 빼내고 콘크리트를 넣는 공법

⑤ 이코스 파일 공법(ICOS pile) : 말뚝보다는 지수벽을 만드는 공법으로 천공기로 굴착하여 벤토나이트용액을 넣어 주변 토사의 붕괴를 방지하고 콘크리트를 부어 넣어 말뚝을 만든다.
  - 지수 흙막이 벽으로 말뚝구멍을 하나 걸름으로 뚫고 콘크리트를 부어 넣어 만든 후, 말뚝과 말뚝 사이에 다음 말뚝구멍을 뚫어 흙막이 벽을 완성하는 공법

⑥ 프랭키 파일(franky pile) : 심대 끝에 주철제 원주형의 마개가 달린 외관을 추로 쳐서 지중에 박고 마개와 추를 빼낸 후 콘크리트를 부어 넣어 구조를 만들고 외관을 빼낸다.

2) 굴착공법

① 어스드릴(earth drill)공법
② 베노토 말뚝(benoto pile)공법
③ 리버스서큘레이션(reverse circulation pile)공법-R.C.D (Reverse Circuation Drill)공법

④ 프리팩트 말뚝(prepacked pile)공법-주열공법

(나) 어스드릴(earth drill)공법

회전식 버킷(drilling bucket)을 이용하여 흙을 파내는 현장 타설 말뚝공법 – 기초굴착 방법 중 굴착공에 철근망을 삽입하고 콘크리트를 타설하여 말뚝을 형성하는 공법으로 안정액으로 벤토나이트 용액을 사용하고 표층부에서만 케이싱을 사용하는 것

1) 장점
① 진동소음이 적은 편이다.
② 좁은 장소에서의 작업이 가능하고 지하수가 없는 점성토에 적합하다.
③ 기계가 비교적 소형으로 굴착속도가 빠르다.

2) 단점
① 안정액이 관리되지 못하면 지지력과 콘크리트의 강도저하 굴착공 벽이 붕괴될 우려가 있다.
② 버킷 바닥의 토사수납구에 큰 자갈이 있거나 붕괴하기 쉬운 모래층에서의 시공이 곤란하다
③ slime 처리가 불확실하여 말뚝의 초기 침하 우려가 있다.

(다) 베노토 말뚝(benoto pile)공법(all casing 공법)

케이싱 튜브를 사용하여 공벽을 보호하면서 굴착하는 현장타설 말뚝기초 공법으로 기계굴착 공법 중에서 신뢰성이 높은 공법임.
① 기계가 고가이고 대형이며 굴착속도가 늦다.
② 케이싱을 지반에 압입해 가면서 관 내부 토사를 특수한 버킷으로 굴착 배토한다(케이싱 튜브를 통하여 해머 그래브로 토사를 배토).
③ 말뚝구멍의 굴착 후에는 철근콘크리트 말뚝을 제자리 치기한다.
④ 여러 지질에 안전하고 정확하게 시공할 수 있다.

(라) R.C.D (Reverse Circuation Drill)공법

역순환 굴착공법(Reverse Circuation Drill Method)으로서 현장타설 말뚝 중 가장 대구경으로 가장 깊은 심도까지 굴착 시공할 수 있다.
① 순환수와 함께 지반을 굴착하고 배출시키면서 공내에 철근망을 삽입, 콘크리트를 타설하여 말뚝기초를 형성하는 현장 타설 말뚝공법
② 굴착토사와 안정액 및 공수내의 혼합물을 드릴 파이프 내부를 통해 강제로 역순환시켜 지상으로 배출하는 공법

㉠ 점토, 실트층 등에 적용한다.
　　　㉡ 시공심도는 통상 30~70m까지로 한다.
　　　㉢ 시공직경은 0.9~3m 정도까지로 한다. (지름 0.8~3.0m, 심도 60m 이상의 말뚝을 형성한다.)
　　③ 드릴 로드 끝에서 물을 빨아올리면서 말뚝구멍을 굴착하는 공법이다.
　　④ 세사층 굴착이 가능하나 드릴파이프 직경보다 큰 호박돌이 존재할 경우 굴착이 곤란하다.

(마) 프리팩트 말뚝(prepacked pile)공법

　1) 주열식 공법(CIP공법 : Cast In Concrete Pile)
　　현장타설말뚝 또는 기성말뚝 등을 연속적으로 배치하여 주열식 벽체를 형성하는 공법(어스오거(earth auger)로 천공 후 철근망과 자갈을 채운 후 모르타르를 주입하여 제자리말뚝을 형성하는 공법)
　　① 주열식 강성체로서 토류벽 역할을 한다.
　　② 소음 및 진동이 적다.
　　④ 협소한 장소에도 시공이 가능하다.
　　⑤ 거의 모든 지반에 적용이 가능하다.
　　⑥ 굴착을 깊게 할 경우 수직도가 떨어진다.

　2) PIP말뚝(Packed In Place pile)
　　어스오거(earth auger)로 소정의 깊이까지 파고, 오거를 뽑아 올리면서 오거중심관 선단을 통하여 프리팩트 모르타르를 주입하고 오거를 뽑아낸 후 조립된 철근 또는 형강 등을 모르타르 속에 삽입하여 만드는 현장 타설 모르타르 말뚝

　3) MIP말뚝(Mixed In Place pile)
　　믹싱헤드로 주입 모르타르를 사수하면서 굴착하여 모르타르와 주변 흙과 섞어서 기둥을 만드는 공법

(바) 심초공법(caisson type pile method)
　　수직갱을 주로 인력으로 굴착하고 굴착 측면의 유지는 파형강판과 링(ring)을 사용하여 깊은 콘크리트 기초를 시공하는 공법이다.

(4) 강재말뚝(H형강, 강관말뚝)지정

　1) 장점
　　① 강한 타격에도 견디며 다져진 중간지층의 관통도 가능하다.

CIP(Cast in place pile)말뚝의 강성을 확보하기 위한 방법
① 철근은 설계도에 따라 정확하게 가공·배근하고, 주근과 띠근을 철선으로 결속하여 조립한다.
② 공벽붕괴방지를 위한 케이싱을 설치하고 구멍을 뚫어야 하며, 콘크리트 타설 후에 양생되기 전에 인발한다.
③ 구멍깊이는 풍화암 이하까지 뚫어 말뚝선단이 충분한 지지력이 나오도록 시공한다.
④ 콘크리트 타설 시 재료분리가 발생하지 않도록 한다.

② 지지력이 크고 이음이 안전하고 강하며 확실하므로 장척말뚝에 적당하다.(깊은 지지층까지 도달시킬 수 있다.)
  - 자재의 이음 부위가 안전하여 소요길이의 조정이 자유롭다.(재질이 균일하고 절단과 이음이 쉽다.)
③ 상부구조와의 결합이 용이하다.
④ 길이의 조절이 쉽고 강도에 비해 경량이기 때문에 운반과 시공이 용이하다.
⑤ 휨감성이 크고 수평하중과 충격력에 대한 저항이 크다.

2) 단점
① 재료비가 고가이다.
② 말뚝의 부식 방지에 대한 대책이 필요하다.(부식에 의한 내구성 저하)
  - 지중에서의 부식 우려가 높다.

(5) 말뚝의 이음방법

장부식 이음, 충전식 이음, 볼트식 이음, 용접식 이음
  - 용접식 이음 : 가장 강성이 우수하고 안전하여 많이 사용하는 이음 방법, 부식의 우려

① 장부식 이음(band식) : 이음부에 밴드를 채워서 이음
  - 단시간 내 시공가능하나 타격 시 구부러지기 쉽고 강성이 약하여 연결부위 파손율이 높다.

② 충전식 이음 : 말뚝 이음부의 철근을 따내어 용접한 후 상하부 말뚝을 연결하는 steel sleeve를 설치하고 콘크리트를 충전하는 방법
  - 압축 및 인장에 저항할수 있으며 내식성이 우수하다. 이음부의 길이는 말뚝직경의 3배 이상이다.

③ 볼트식 이음 : 말뚝의 이음부에 볼트를 사용하여 시공하는 방법
  - 시공이 간단하고 이음내력이 우수하나 가격이 비교적 고가이며, 볼트의 내식성의 문제와 타격시 변형우려가 있다.

④ 용접식 이음 : 상하부 말뚝의 철근을 용접하고 외부에 보강철판을 용접하는 이음 방법
  - 설계와 시공이 우수하고 강성이 우수하나 이음부의 부식 우려가 있다.

> 말뚝 재하시험 주요목적
> ① 말뚝길이의 결정
> ② 말뚝 관입량 결정
> ③ 지지력 추정

(6) 말뚝기초 재하시험

말뚝의 안정성 검토를 위해 하중을 가하여 지지력을 확인하는 시험

1) 정(적)재하시험 : 하중-침하관계로부터 지지력을 평가

- 수직재하시험, 수평재하시험
2) 동(적)재하시험(end of initial driving test) : 말뚝 머리에 변형률계(strain transducer)와 가속도계(accelerometer)를 부착하고 말뚝 머리에 타격력을 가함으로써 발생하는 응력파(stress wave)를 분석하여 말뚝의 지지력을 측정하는 기술
   - 말뚝 항타 시 말뚝과 지반간의 상호작용, 말뚝 재료의 건전도, 항타 장비의 적합성, 말뚝의 정적 지지력

(7) 철근콘크리트 말뚝머리와 기초와의 집합
① 두부를 커팅기계로 정리할 경우 본체에 균열이 생기지 않는 기계를 사용하여 소요길이를 확보한다.
② 말뚝머리 길이가 짧은 경우는 기초저면까지 보강하여 시공한다.
③ 말뚝머리 철근은 기초에 30cm 이상의 길이로 정착한다.
④ 말뚝머리와 기초와의 확실한 정착을 위해 파일앵커링을 시공한다.

> **워터 젯(water jet) 공법**
> 말뚝 설치공법 중 모래층 또는 진흙층 등에 고압으로 물을 분사시켜 수압에 의해 지반을 무르게 만든 다음 말뚝을 박는 공법

2. 기초 구조

가 기초의 분류

(1) 얕은 기초와 깊은 기초
① 얕은 기초(직접기초) : 독립기초, 복합기초, 연속기초, 온통기초, 캔틸래버 기초
② 깊은 기초(간접기초) : 말뚝기초, 피어기초, 케이슨기초

(2) 지정형식상 분류
① 직접기초 : 기초판이 직접 지반에 전달하는 형식의 기초(얕은기초, 온통기초)
② 말뚝기초 : 기초판에 말뚝을 박은 기초(지지말뚝, 마찰말뚝)
③ 피어기초 : 피어(pier)로써 지지되는 기초
④ 잠함기초 : 피어기초의 일종(케이슨공법)

(3) 기초슬래브의 형식에 따른 분류

① 독립기초 : 단일 기둥을 받치는 기초
② 복합기초 : 2개 이상의 기둥을 한 개의 기초판으로 받치는 기초
③ 연속기초(줄기초) : 연속된 기초판이 벽 또는 1열기둥을 받치는 기초
④ 온통기초 : 건물하부 전체를 받치는 기초
⑤ 일체식 기초 : 하중에 의한 기초지반면의 침하를 최소한으로 하기 위하여 기초에서 파낸 흙의 무게가 건물 전체의 무게와 동일하도록 지하실 깊이를 정하는 기초
⑥ 캔틸레버기초(cantilever footing) : 대지경계선 등에 인접한 경우 푸팅의 돌출부를 적게 하기 위한 기초

나 잠함기초

지상에서 구조체를 미리 축조하여 침하시킨 기초

(1) 개방잠함공법(open caisson method)

지상에서 지하 구조체를 미리 축조하여 바깥벽 밑에 끝날을 붙여 지반을 파내어 구조체의 자중으로 지하 경질지반까지 침하시키는 공법(잠함의 외주벽이 흙막이 역할을 하므로 공기단축을 기대 할 수 있다.)

1) 시공순서

   지하 구조체 지상에서 구축 → 하부 중앙흙 굴착 → 구조체 자중침하 → 중앙부 기초구축 → 구조체 정착 → 주변기초 구축

2) 특징

   ① 기후의 영향을 받지 않는다.
   ② 지하수가 많은 지반에는 침하가 잘되지 않는다(지하수위 낮추기 위한 대책 필요).
   ③ 소음발생이 적다.
   ④ 중앙 부분을 먼저 파서 기초를 구축하고 주변의 기초를 구축한다.
   ⑤ 부지활용도가 높다.

(2) 용기잠함기초(pneumatic caisson)

용수량이 많고 깊은 기초를 구축할 때 쓰이는 공법으로 압축공기를 잠함속에 넣어 물, 토사 등의 유입을 방지하면서 굴착 작업을 하며 구조체가 소기의 지반에 도달하면 작업실에 콘크리트를 채워 넣어 기초를 구축한다.

> **케이슨(caisson)**
> 공사착수 전에 지상 또는 지중(地中)에 속 빈 원통이나 지하실의 일부가 되는 구조물을 만들고, 그 밑바닥의 흙을 파내어 자중 또는 하중을 이용하여 소정의 지층(地層)까지 침하시키고 밑바닥에 콘크리트를 타설하여 설치하는 기초형식의 구조물

다 피어(pier)기초공사

구조물의 하중을 굳은 지반에 전달하기 위하여 수직공을 굴착한 후 현장 콘크리트를 타설하여 만들어진 주상(柱狀)의 기초
① 중량구조물을 설치하는 데 있어서 지반이 연약하거나 말뚝으로도 수직지지력이 부족하고 그 시공이 불가능한 경우와 기초지반의 교란을 최소화해야 할 경우에 채용한다.
② 굴착된 흙을 직접 탐사할 수 있고 지지층의 상태를 확인할 수 있다.
③ 피어기초를 채용한 국내의 초고층 건축물에는 63빌딩이 있다.
④ 말뚝에서와 같이 소음이 생기지 않으므로 도심지 공사에 적합하다
⑤ 악조건의 기후일 경우 공사기간이 상당히 길어질 수 있다.

라 언더피닝(under pinning)공법

인접한 기존 건축물의 기초지점을 보강 또는 그곳에 새로운 기초를 삽입하거나, 지지면을 더 깊은 지반에 옮기는 공법으로 기존 건축물을 보호하기 위한 공법
1) 공법의 종류 : 2중 널말뚝 공법, 강재말뚝 공법, 약액주입법, 차단벽공법, 웰포인트(well point)공법, 피트(pit)공법, 현장콘크리트말뚝공법
2) 기초보강공사 중 언더피닝(under pinning)공법으로 보강해야 할 경우
  ① 기존건물에 근접하여 구조물을 구축할 경우
  ② 기존건물에 파일머리보다 깊은 구조물을 건설할 경우
  ③ 지하수면의 이동이 발생하거나 파일두부가 파손되어 지층내력이 약화된 경우
  ④ 지하구조물 밑에 지중구조물을 설치할 때
  ⑤ 기존구조물의 근접한 굴착 시 구조물의 침하나 경사를 미연에 방지할 경우
  ⑥ 기존구조물의 지지력 부족으로 건물에 침하나 경사가 생겼을 때 이것을 복원하는 경우

> 언더피닝공법
> 기존건물에 근접하여 구조물을 구축할 때 기존건물의 균열 및 파괴를 방지할 목적으로 지하에 실시하는 보강공법

CHAPTER 03 항목별 우선순위 문제 및 해설

01 기초공사에 있어 지정에 관한 설명 중 옳지 않은 것은?

① 긴 주춧돌 지정 – 지름 30cm 정도의 토관을 기초 저면에 설치하고, 한옥건축에서는 주춧돌로 화강석을 사용한다.
② 밑창 콘크리트 지정 – 콘크리트 설계기준강도는 15MPa 이상의 것을 두께 5~6cm 정도로 설계한다.
③ 잡석지정 – 수직지지력이나 수평지지력에 대한 효과가 매우 크다.
④ 모래지정 – 모래는 장기 허용압축강도가 20~40t/m² 정도로 큰 편이어서 잘 다져 지정으로 쓸 경우 효과적이다.

해설 보통지정
1) 잡석지정
① 15~30cm 정도의 막돌 또는 호박돌을 옆세워 간다(전단력 유지 목적).
② 잡석 사이에 사춤자갈를 넣고 다진다(사춤사갈량은 30% 정도).
③ 잡석지정은 터파기시에 흙을 안정화 시키고 침하를 방지하는 역할을 하나 허용지지력을 향상시키는 효과는 기대할 수 없다.

02 말뚝지정 중 강재말뚝에 대한 설명으로 옳지 않은 것은?

① 자재의 이음 부위가 안전하여 소요길이의 조정이 자유롭다.
② 기성콘크리트말뚝에 비해 중량으로 운반이 쉽지 않다.
③ 지중에서의 부식 우려가 높다.
④ 상부구조물과의 결합이 용이하다.

해설 강재말뚝(H형강, 강관말뚝)지정
① 지지력이 크고 이음이 안전하고 강하며 확실하므로 장척말뚝에 적당하다(깊은 지지층까지 도달시킬 수 있다).
   – 자재의 이음 부위가 안전하여 소요길이의 조정이 자유롭다(재질이 균일하고 절단과 이음이 쉽다).
② 길이의 조절이 쉽고 강도에 비해 경량이기 때문에 운반과 시공이 용이하다.
③ 말뚝의 부식 방지에 대한 대책이 필요하다.(부식에 의한 내구성 저하)
   – 지중에서의 부식 우려가 높다.

03 말뚝의 이음 공법 중 강성이 가장 우수한 방식은?

① 장부식 이음
② 충전식 이음
③ 리벳식 이음
④ 용접식 이음

해설 용접식 이음
상하부 말뚝의 철근을 용접하고 외부에 보강철판을 용접하는 이음 방법
– 설계와 시공이 우수하고 강성이 우수하나 이음부의 부식 우려가 있다.

04 기초굴착 방법 중 굴착공에 철근망을 삽입하고 콘크리트를 타설하여 말뚝을 형성하는 공법으로 안정액으로 벤토나이트 용액을 사용하고 표층부에서만 케이싱을 사용하는 것은?

① 리버스 서큘레이션 공법
② 베노토공법
③ 심초공법
④ 어스드릴공법

해설 어스드릴(earth drill)공법
회전식 버킷(drilling bucket)을 이용하여 흙을 파내는 현장 타설 말뚝공법
– 기초굴착 방법 중 굴착공에 철근망을 삽입하고 콘크리트를 타설하여 말뚝을 형성하는 공법으로 안정액으로 벤토나이트 용액을 사용하고 표층부에서만 케이싱을 사용하는 것(진동소음이 적은 편이다.)

정답 01.③ 02.② 03.④ 04.④

05 순환수와 함께 지반을 굴착하고 배출시키면서 공내에 철근망을 삽입, 콘크리트를 타설하여 말뚝기초를 형성하는 현장타설 말뚝공법은?

① S.I.P(Soil cement Injected Pile)
② D.R.A(Double Rod Auger)
③ R.C.D(Reverse Circulation Drill)
④ S.I.G(Super Injection Grouting)

해설 R.C.D(Reverse Circuation Drill) 공법
역순환 굴착공법(Reverse Circuation Drill Method)으로서 현장타설 말뚝중 가장 대구경으로 가장 깊은 심도까지 굴착 시공할 수 있다.
– 순환수와 함께 지반을 굴착하고 배출시키면서 공내에 철근망을 삽입, 콘크리트를 타설하여 말뚝기초를 형성하는 현장타설 말뚝공법

06 말뚝기초 재하시험의 종류가 아닌 것은?

① 표준관입재하시험
② 동재하시험
③ 수직재하시험
④ 수평재하시험

해설 말뚝기초 재하시험
말뚝의 안정성 검토를 위해 하중을 가하여 지지력을 확인하는 시험
1) 정재하시험 : 하중–침하관계로부터 지지력을 평가
   – 수직재하시험, 수평재하시험
2) 동재하시험(end of initial driving test) : 말뚝 머리에 변형률계(strain transducer)와 가속도계(accelerometer)를 부착하고 말뚝 머리에 타격력을 가함으로써 발생하는 응력파(stress wave)를 분석하여 말뚝의 지지력을 측정하는 기술

07 기초의 종류 중 기초슬래브의 형식에 따른 분류가 아닌 것은?

① 독립기초   ② 연속기초
③ 복합기초   ④ 직접기초

해설 기초슬래브의 형식에 따른 분류
① 독립기초 : 단일 기둥을 받치는 기초
② 복합기초 : 2개 이상의 기둥을 한 개의 기초판으로 받치는 기초
③ 연속기초(줄기초) : 연속된 기초판이 벽 또는 1열 기둥을 받치는 기초
④ 온통기초 : 건물 하부 전체를 받치는 기초
⑤ 일체식기초 : 하중에 의한 기초지반면의 침하를 최소한으로 하기 위하여 기초에서 파낸 흙의 무게가 건물 전체의 무게와 동일하도록 지하실 깊이를 정하는 기초
⑥ 캔틸레버기초 : 대지경계선 등에 인접한 경우 푸팅의 돌출부를 적게 하기 위한 기초

08 피어기초공사에 대한 설명으로 옳지 않은 것은?

① 중량구조물을 설치하는 데 있어서 지반이 연약하거나 말뚝으로도 수직지지력이 부족하고 그 시공이 불가능한 경우와 기초지반의 교란을 최소화 해야 할 경우에 채용한다.
② 굴착된 흙을 직접 탐사할 수 있고 지지층의 상태를 확인 할 수 있다.
③ 무진동, 무소음공법이며, 여타 기초형식에 비하여 공기 및 비용이 적게 소요된다.
④ 피어기초를 채용한 국내의 초고층 건축물에는 63빌딩이 있다.

해설 피어기초공사
구조물의 하중을 굳은 지반에 전달하기 위하여 수직공을 굴착한 후 현장 콘크리트를 타설하여 만들어진 주상의 기초
① 말뚝에서와 같이 소음이 생기지 않으므로 도심지 공사에 적합하다.
② 악조건의 기후일 경우 공사기간이 상당히 길어질 수 있다.

정답 05. ③ 06. ① 07. ④ 08. ③

09 Under Pinning 공법을 적용하기에 부적합한 경우는?

① 인접 지상구조물의 철거 시
② 지하구조물 밑에 지중구조물을 설치할 때
③ 기존구조물의 근접한 굴착 시 구조물의 침하나 경사를 미연에 방지할 경우
④ 기존구조물의 지지력 부족으로 건물에 침하나 경사가 생겼을 때 이것을 복원하는 경우

해설 **언더피닝(Under pinning) 공법**
인접한 기존 건축물의 기초지점을 보강 또는 그곳에 새로운 기초를 삽입하거나, 지지면을 더 깊은 지반에 옮기는 공법으로 기존 건축물을 보호하기 위한 공법

10 개방잠함공법(Open caisson method)에 대한 설명으로 옳은 것은?

① 건물외부 작업이므로 기후의 영향을 많이 받는다.
② 지하수가 많은 지반에는 침하가 잘되지 않는다.
③ 소음발생이 크다.
④ 실의 내부 갓 둘레부분을 중앙 부분보다 먼저 판다.

해설 **개방잠함공법(Open caisson method)**
지상에서 지하 구조체를 미리 축조하여 바깥벽 밑에 끝날을 붙여 지반을 내어 구조체의 자중으로 지하 경질지반까지 침하시키는 공법
① 기후의 영향을 받지 않는다.
② 지하수가 많은 지반에는 침하가 잘되지 않는다(지하수위 낮추기 위한 대책 필요).
③ 소음발생이 적다
④ 중앙 부분을 먼저 파서 기초를 구축하고 주변의 기초를 구축한다.
⑤ 부지활용도가 높다.

정답 09. ① 10. ②

Chapter 04 철근콘크리트공사

1. 콘크리트공사

가 콘크리트 재료

(1) 골재

(가) 골재에 관한 설명

① 콘크리트나 모르타르를 만들 때에 물, 시멘트와 함께 혼합하는 모래, 자갈 및 부순돌 기타 유사한 재료를 골재라고 한다.
② 골재는 견고하고, 밀도가 크고, 내구성이 커서 풍화가 잘 되지 않아야 한다.
③ 골재는 청정, 견경(堅硬), 내구성 및 내화성이 있어야 한다.
④ 골재의 입형은 편평, 세장(細長)하지 않은 구형의 입상(粒狀)이 좋다. (납작한 것, 길쭉한 것, 예각으로 된 것은 좋지 않다.)
⑤ 콘크리트 중 골재가 차지하는 용적은 절대용적으로 65~80%를 넘지 않도록 한다.
⑥ 일반적으로 골재의 강도는 시멘트 페이스트 강도 이상(콘크리트 중에 경화한 모르타르의 강도 이상)이 되어야 한다.
⑦ 골재의 불순물(먼지, 점토덩어리, 실트, 부식토, 석탄 등의 유기물 및 화학염류 등으로 골재에 유해물)이 많으면 골재의 부착력과 시멘트의 수화작용이 나빠지고 강도, 재구성, 안정성 등을 해친다.
⑧ 골재는 물리적·화학적으로 안정되어야 한다.

- 견경(hardness): 단단하고 강함
- 편평(flatness): 넓고 평평함
- 세장: 가늘고 김
- 입상: 골재의 모양

(나) 골재의 수분함량

① 절건상태 : 100~110℃에서 건조한 상태로 함수율이 0인 상태
② 기건상태 : 공기중에 건조하여 내부는 수분을 약간 포함한 상태(공기건조상태)
③ 표건상태 : 표면수는 없지만 내부는 포화상태로 함수되어 있는 골재의 상태(표면건조 내부포수상태)
④ 습윤상태 : 내부도 포화상태이고 표면도 젖은 상태

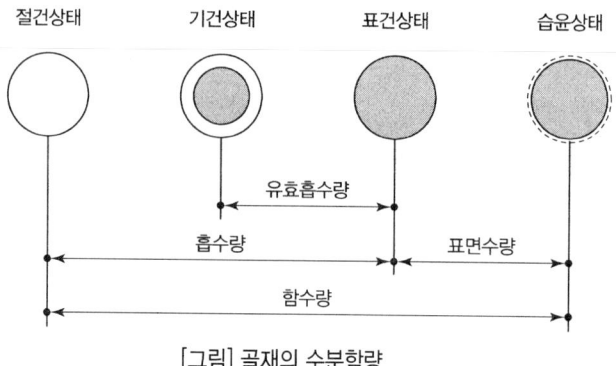

[그림] 골재의 수분함량

(다) 초경량 골재

① 퍼라이트
② 버미큘라이트
③ 부석

> **물의 중량**
>
> 예 콘크리트 배합 시 시멘트 15포대(600kg)가 소요되고 물 시멘트비가 60%일 경우) = 시멘트의 중량 × 물 시멘트비 = 600 × 0.6 = 360kg
> (*물 시멘트비(중량비, W/C) = 물의 중량/시멘트의 중량)
> (*시멘트 중량 = 15포대 × 40kg = 600kg(1포대 40kg))

(라) 굵은 골재의 최대치수〈건축공사표준시방서〉

구조물의 종류	굵은 골재의 최대치수(mm)
일반적인 경우	20 또는 25
단면이 큰 경우	40
무근콘크리트	40, 부재 최소 치수의 1/4을 초과해서는 안 됨.

(마) 골재의 저장〈콘크리트표준시방서〉

1) 잔골재 및 굵은 골재에 있어 종류와 입도가 다른 골재는 각각 구분하여 따로 따로 저장한다. 특히, 원석의 종류나 제조 방법이 다른 부순 모래는 분리하여 저장한다.

2) 골재의 받아들이기, 저장 및 취급에 있어서는 대소의 알이 분리하지 않도록, 먼지, 잡물 등이 혼입되지 않도록, 또 굵은 골재의 경우에는 골재 알이 부서지지 않도록 설비를 정비하고 취급작업에 주의한다.

3) 골재의 저장설비에는 적당한 배수시설을 설치하고 그 용량을 적절히 하여 표면수가 균일한 골재를 사용할 수 있도록, 또 받아들인 골재를 시험한 후에 사용할 수 있도록 한다.

4) 겨울에 동결되어 있는 골재나 빙설이 혼입되어 있는 골재를 그대로 사용하지 않도록 적절한 방지대책을 수립하고 골재를 저장한다.

5) 여름철에는 적당한 상옥시설을 하거나 살수를 하는 등 고온 상승 방지를 위한 적절한 시설을 하여 저장한다.

> 상옥시설: 옥상이 있는 시설

(2) 시멘트

(가) 시멘트의 종류

시멘트의 종류는 포틀랜드 시멘트, 혼합 시멘트, 특수 시멘트, 백색포틀랜드 시멘트로 크게 나눔.

① 혼합 시멘트 : 고로 시멘트, 실리카 시멘트, 플라이애시 시멘트
② 특수 시멘트 : 알루미나 시멘트, 팽창 시멘트

(나) KS L 5201(포틀랜드 시멘트)에 규정되어 있는 포틀랜드 시멘트의 종류

1) 보통 포틀랜드 시멘트(1종 시멘트) : 일반 건축·토목공사 등 공사현장 어느 곳에서나 사용되는 시멘트

2) 중용열 포틀랜드 시멘트(2종 시멘트) : 수화열 발생을 억제시키므로 구조물의 균열을 방지한 시멘트
 - 교량, 옹벽, 댐공사 등의 대용량 콘크리트(mass concrete)에 사용되고 방사선 차폐용에 적합

3) 조강 포틀랜드 시멘트(3종 시멘트) : 수화속도가 빨라 초기강도가 높다.

4) 저열 포틀랜드 시멘트(4종 시멘트) : 중용열 시멘트보다 분말도가 낮아 수화열을 낮춘 시멘트로서 외기온도가 높은 서중 콘크리트 등에 적용성이 우수

5) 내황산염 시멘트(5종 시멘트) : 알칼리 함량이 낮고 황산염에 강하며 수화열이 낮은 시멘트로서, 해수·폐수·기타 산성 용액에 의한 침해반응이 일어날 우려가 있는 곳에 적당한 시멘트(원자력 발전소, 화학약품 생산공장, 폐수처리장 등)

> 중용열 포틀랜드 시멘트
> 수화속도를 지연시켜 수화열을 작게 한 시멘트로, 건조 수축이 작고 내황산염이 크며, 건축용 매스콘크리트 등에 사용 되는 시멘트
> ① 시멘트 중 안전성이 좋고 발열량이 적으며 내침식성, 내구성이 좋다. (초기강도가 작다)
> ② 시멘트의 수화반응에서 발생하는 수화열이 가장 낮은 시멘트
> ③ 수축이 작고 화학저항성이 일반적으로 크다.
> ④ 단기강도는 보통포틀랜드시멘트보다 낮다.(초기강도가 작고 장기강도가 크다.)
> ⑤ 모르타르의 공극 충전 효과가 크다.

(3) 혼화재료

(가) 혼화재료

시멘트, 물, 골재를 제외한 재료로 콘크리트의 성질을 개선하기 위해 첨가하는 재료

1) 혼화제(混和劑) : 약품적인 것으로 소량을 사용해서 소요의 효과를 얻을 수 있는 혼화재료(시멘트량의 1% 정도 이하로 배합계산에서 그 자체의 용적을 무시)
 - 물리, 화학적 작용에 의해 경화 전후의 콘크리트 성질을 개선할 목적으로 사용
 - 작용 : 기포작용(AE제), 분산작용(감수제)-유동성, 흡윤작용(감수제)

① 공기연행제(AE제) : 콘크리트 내부에 미세한 독립기포를 발생시켜 콘크리트의 작업성(워커빌리티 개선) 및 동결융해 저항성을 향상시키는 혼화제(AE제는 시공연도를 향상시키고 단위수량을 감소시킨다.)

② 감수제, AE감수제 : 계면활성 작용으로 시멘트입자를 분산, 습윤시켜 유동성을 증가시켜 워커빌리티를 향상시키고, 단위수량을 감소시킨다(계면활성제 + 응결경화 시간조절(표준형, 지연형, 촉진형)).

③ 고성능 감수제 : 시멘트 입자의 분산성능이 높아 응결지연이나 강도저하가 없이 단위 수량을 대폭적으로 감소시킬 수 있는 혼화제(저기포성, 저응결지연성이므로 다량사용이 가능하고 단위수량 대폭감소로 고강도를 얻을 수 있다.)

④ 유동화제 : 혼합된 콘크리트에 첨가하여 다시 섞어 유동성을 증대시키는 혼화제

⑤ 응결·경화 조정제 : 응결, 경화 지연제, 촉진제(지연제는 서중콘크리트, 매스콘크리트 등에 석고를 혼합하여 응결을 지연시키고 촉진제는 응결을 촉진시켜 콘크리트의 조기강도를 크게 한다.)

⑥ 기포제 : 안정된 기포를 물리적인 수법으로 도입하여 단위용적 중량은 경감시키고 단열효과 증진시킨다.

⑦ 방청제 : 콘크리트 중의 염화물에 의한 철근부식의 억제 작용한다.

2) 혼화재(混和材) : 사용량이 비교적 많고 그 자체의 용적을 배합계산에 고려(시멘트량의 5% 정도 이상)

① 콘크리트의 워커빌리티 향상, 수화열 감소, 수축저감, 알칼리성의 감소 등을 목적으로 혼합사용하는 재료

② 플라이애시(fly-ash), 고로슬래그, 실리카흄(silica fume), 팽창재, 수축저감재, 착색재, 포졸란

③ 포졸란 반응이 있는 것은 플라이애시, 고로슬래그, 규산백토 등이 있다.

④ 인공산으로는 플라이애시, 고로슬래그, 소성점토 등이 있다.

(나) 공기연행제(AE제)

콘크리트 내부에 미세한 독립기포를 발생시켜 콘크리트의 작업성(워커빌리티 개선) 및 동결융해 저항성을 향상시키는 혼화제(AE제는 시공연도를 향상시키고 단위수량을 감소시킨다.)

- AE제 사용목적 : 동결융해 저항성의 증대, 워커빌리티(시공연도) 개선으로 시공이 용이, 내구성 및 수밀성의 증대, 재료분리, bleeding 감소, 단위 수량 감소, 쇄석 사용 시 현저한 수밀성 개선, 응경시간 조절(표준형, 지연형, 촉진형), 건축수축감소

포졸란(pozzolan): 혼화재의 일종으로 수경성이 없으나 콘크리트 중의 물에 용해되어 있는 수산화칼슘(석회)과 화합하여 경화하는 성질의 것으로 실리카질 물질을 함유하고 있는 미분말 상태의 재료(플라이애시, 고로 슬래그, 실리카 흄 등)

- 포졸란을 사용한 콘크리트의 효과: 시공연도 증진, 블리딩 및 재료 분리가 감소, 조기강도 감소하나 장기강도 증가, 해수 등에 대한 화학적 저항 증진, 수밀성 향상

포졸란 반응: 물과 반응하여 경화될 수 없는 물질이 석회(수산화칼슘)와 반응하여 수중에서 경화되는 현상

연행공기(entrained air): 콘크리트 속에 인위적으로 공극을 형성되게 해서 만들어진 공기

(다) AE제를 콘크리트 비빔할 때 투입했을 경우 콘크리트의 공기량
- AE제를 넣을수록 공기량은 증가하고 공기량이 증가할수록 슬럼프는 증대되며 강도 및 내구성은 저하된다.
① AE제에 의한 공기량은 기계비빔이 손비빔보다 증가한다.
② AE제에 의한 공기량은 진동을 주면 감소한다.
③ AE제에 의한 공기량은 온도가 높아질수록 감소한다.
④ AE제에 의한 공기량은 자갈의 입도에는 거의 영향이 없고, 잔골재의 입도에는 영향이 크다. (0.5~1mm 정도의 모래일 때 공기량은 가장 증대하고 굵은 모래를 사용할 수록 공기량은 감소한다.)
⑤ 공기량은 잔골재의 미립분이 많을수록 증가한다.
⑥ 공기량은 비빔시간이 3~5분까지는 증대하고 그 이상은 감소한다.

> **콘크리트의 시공성에 영향을 주는 요인 중 공기량**
> ① 공기에 의해 발생한 공극으로 콘크리트 강도저하(공기량과 강도는 반비례)
> ② 공기량 1% 증가 시 슬럼프 : 2% 증가, 압축강도 : 4~6% 감소
> ③ AE 콘크리트의 공기량은 보통 3~6%를 표준으로 한다.

(라) 실리카 흄(silica fume)
규소합금 제조시 발생하는 폐가스를 집진하여 얻어진 부산물의 초미립자(1㎛ 이하)로서 고강도 콘크리트를 제조하는데 사용하는 혼화재
- 콘크리트에 사용시 시멘트 입자 사이의 공극을 채워 고강도와 내구성을 얻을 수 있도록 함.

(마) 알루미늄 분말
발포제의 한 종류로 시멘트와의 화학반응에 의해 특수한 가스를 발생시켜 기포가 생기는 혼화제
- 알루미늄 분말이 강알칼리인 시멘트 페이스트에 알루미늄이 녹으면서 알루민산염이 되어 발생된 수소가스가 연속기포를 생성함.

＊ 화강암의 표면에 묻은 시멘트 모르타르를 제거하기 위하여 사용되는 것 : 염산
- 화강암의 표면에 묻은 시멘트 모르타르를 제거하기 위하여 염산을 30배 희석하여 사용한다.

나 콘크리트 배합

(1) 콘크리트 배합을 결정하는 직접적 요소
① 물시멘트비 ② 단위시멘트량 ③ 슬럼프 값

(2) 콘크리트 성질을 나타내는 용어

1) **콘크리트의 워커빌리티**(workability, 시공연도, 施工練度) : 반죽 질기 여하에 따르는 작업의 난이 정도 및 재료의 분리에 저항하는 정도를 나타내는 아직 굳지 않은 콘크리트의 성질을 말함(콘크리트의 재료분리현상 없이 거푸집 내부에 쉽게 타설할 수 있는 정도를 나타내는 것).
   - 콘크리트의 워커빌리티에 영향을 미치는 요인 : 슬럼프, 슬럼프 플로, 시멘트의 성질과 양, 골재의 입도와 모양, 혼화 재료의 종류와 양, 물-시멘트 비, 공기량, 배합비율, 콘크리트의 온도 등

   ※ slump flow : 슬럼프 테스트의 일종으로 콘크리트를 시험용 평판에 부은 다음 퍼진 지름을 재서 기록한 치수

2) **컨시스턴시**(consistency) : 반죽 질기(묽기 정도를 나타내는 것으로 보통 슬럼프 값으로 표시)
   - 주로 수량의 다소에 따르는 반죽의 되고 진 정도를 나타내는 굳지 않은 콘크리트의 성질

3) **피니셔빌리티**(finishability) : 굳지 않은 콘크리트 성질의 하나로 마감 작업의 용이성의 정도를 표시

4) **플라스티시티**(plasticity) : 굳지 않은 콘크리트의 성질로 거푸집에 잘 채워질 수 있는지의 난이 정도를 표시

5) **펌퍼빌리티**(pumpability) : 펌프용 콘크리트의 워커빌리티를 판단하는 하나의 척도로 사용되며 펌프에 의한 콘크리트의 압송능력

6) **블리딩**(bleeding) 현상 : 콘크리트 타설 후 비교적 가벼운 물이나 미세한 물질 등이 상승되고, 상대적으로 무거운 골재나 시멘트 등이 침하하는 현상(콘크리트 타설 후 물이나 미세한 불순물이 분리 상승하여 콘크리트 표면에 떠오르는 현상)

7) **레이턴스**(laitance) : 블리딩으로 인하여 콘크리트나 모르타르의 표면에 떠올라서 가라앉은 미세한 물질

   ※ 콘크리트 크리프(creep) 현상 : 콘크리트 하중의 변함가 없어도 일정한 지속하중에 의해 시간이 경과하면서 변형이 점차 증가하는 현상(콘크리트 구조물의 장기 변형)

(3) 굳지 않은 콘크리트의 물성 중 반죽질기의 측정방법(consistency 시험)

① 슬럼프(slump)시험
② 리몰딩(remolding)시험
③ 관입시험(eindringsprufung)
④ 비비(vee bee)시험

굳지 않은 콘크리트의 품질 측정에 관한 시험: 슬럼프 시험, 블리딩 시험, 공기량 시험
(*블레인 공기투과 시험: 시멘트 등 분체(粉體)의 분말도를 측정하는 시험)

⑤ 다짐 계수 시험(compacting factor test)
⑥ 플로우(flow)시험

(4) 슬럼프시험

(가) 슬럼프시험(slump test)

콘크리트의 유동성과 묽기 시험
- 콘크리트의 유동성 측정시험. 반죽질기(컨시스턴시)를 측정하는 방법으로 가장 일반적으로 사용(콘크리트 타설 시 작업의 용이성을 판단하는 방법)
① 슬럼프 시험기구는 강제평판, 슬럼프 테스트 콘(밑면의 안지름이 20cm, 윗면의 안지름이 10cm, 높이가 30cm인 절두 원추형), 다짐막대, 측정기기로 이루어진다.
② 슬럼프 콘에 비빈 콘크리트를 같은 양의 3층으로 나누어 25회씩 다지면서 채운다. (전체 75회=25×3)
③ 슬럼프는 슬럼프 콘을 들어올려 강제평판으로부터 콘크리트가 무너져 내려앉은 높이까지의 거리를 cm 단위(0.5cm의 정밀도)로 표시한 것이다.

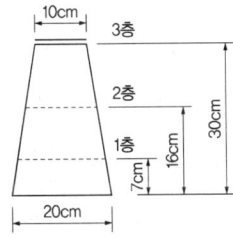 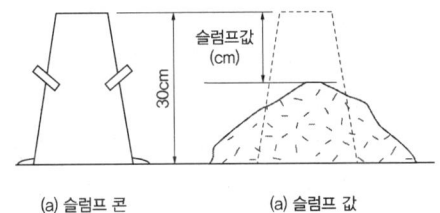

(a) 슬럼프 콘   (a) 슬럼프 값

[그림] 슬럼프시험

[표] 보통콘크리트의 슬럼프시험 결과

슬럼프	좋음	나쁨
15~18cm	균등한 슬럼프, 충분한 점성 있다. 무너져 내리지만 점성이 있다.	점성이 없고 부분적으로 무너진다. 무너져서 푸석푸석 허물어진다.

슬럼프	좋음	나쁨
20~22cm	미끈하게 넓혀지고 골재의 분리가 없다.	밑기슭은 시멘트풀이 흘러내린다. 골재가 분리되어 위에 뜬다.

(나) 슬럼프 허용오차 기준

슬럼프 값	25mm	50~65mm	80mm 이상
허용오차	±10mm	±15mm	±25mm

(다) 콘크리트의 슬럼프 기준

① 베이스 콘크리트의 슬럼프 기준 : 150mm 이하(표준 100mm)

② 유동화 콘크리트의 슬럼프 기준 : 210mm 이하(표준 180mm)

③ 유동화 콘크리트의 베이스 콘크리트부터의 슬럼프 증가량 : 최대 100mm 이하(표준 80mm)

(5) 콘크리트 강도

(가) 콘크리트 강도에 영향을 주는 요소

콘크리트 강도는 일반적으로 표준 양생한 재령 28일의 압축강도를 기준으로 함.

1) 강도에 영향을 주는 주된 요인 : 사용재료의 품질, 배합, 공기량, 시공방법, 양생방법, 양생온도, 재령 (① 양생 온도와 습도 ② 콘크리트 재령 및 배합(물·시멘트 비) ③ 타설 및 다지기)

① 진동다짐한 콘크리트의 경우가 그렇지 않은 경우의 콘크리트보다 강도가 커진다.

② 공기연행제는 콘크리트의 시공연도를 좋게 한다.

③ 물시멘트 비가 커지면 콘크리트의 강도가 작아진다.

④ 양생온도가 높을수록 콘크리트의 강도발현이 촉진되고 초기강도는 커진다.

2) 콘크리트 강도에 가장 큰 영향을 주는 것 : 물·시멘트 비(W/C)

- 콘크리트를 배합할 때 물과 시멘트의 중량 백분율

> 재령: 재료가 만들어지고 부터의 경과일수

콘크리트 압축강도 등

1) 콘크리트 압축강도(壓縮强度, compressive strength)
   압축 파괴 시의 단면에 있어서의 수직 응력인 압축 하중을 시험편의 단면적으로 나눈 값(kgf/mm^2, kgf/cm^2)
   - 압축강도 = 최대하중(P)/시험편의 단면적(A) (* 단면적 = $\pi D^2/4$)

   ✱ 경화된 콘크리트의 강도 비교
      압축강도 > 전단강도 > 휨강도 > 인장강도

〈단위〉
- kgf = 힘 또는 무게의 단위로 질량 1kg의 물체를 $9.8m/s^2$의 속도로 움직이는 힘(= $9.8kg \times m/s^2$ = 9.8N)
- N = 국제적인 힘의 단위로 질량 1kg의 물체를 $1m/s^2$의 속도로 움직이는 힘(= 1/9.8kgf)
- Pa = 단위 면적당 작용하는 힘인 압력의 단위로 $1N/m^2$
  ✱ $1kgf/cm^2 = 9.8N/cm^2 = 9.8N/0.0001m^2 = 98,000N/m^2 = 98,000Pa$
    $= 0.098MPa = 약 0.1MPa$
    ($1kgf = 9.8N$, $cm^2 = 0.0001m^2$, $1Pa = 1N/m^2$, $Pa = 0.000001MPa$)

2) 인장강도(引張强度, tensile strength)
   [극한 강도(極限强度, ultimate strength), 파괴 강도(破壞强度, breaking strength)]
   인장시험에서 파단까지 가해진 최대 하중을 시험 전 시험편의 단면적으로 나눈 값
   - 인장강도 = 최대하중(P)/시험편의 단면적(A) (* 단면적 = $\pi D2/4$)

3) 할렬 인장강도(割裂引張强度, splitting tensile strength) - 쪼갬인장강도
   원주시험체를 옆으로 뉘어놓고 직경방향으로 하중을 가하는 할렬시험에 의하여 구한 콘크리트의 강도
   - 인장강도 (할렬 인장강도) = $2P/\pi dl$
     (P : 최대하중, d : 시험편 지름, l : 시험편 길이)

4) 응력(應力, stress) : 하중(외력)이 재료에 가했을 때 이에 대응하여 재료 내에 생기는 저항력을 응력이라 함. 응력은 하중을 가하는 방향에 따라 수직응력(압축 응력, 인장 응력), 전단 응력, 휨 응력 등으로 나누어짐.
   - 인장응력 = 단위면적당 작용하는 힘(의지하는 체중)/단위면적

크리프(Creep)에 영향을 주는 요인(증가 원인)
① 재령이 짧을 경우
② 단면의 치수가 작을 경우
③ 재하시기가 빠를 경우
④ 단위 시멘트량이 많을 경우
⑤ 물·시멘트비가 클수록 (강도가 낮을수록)
⑥ 응력이 클수록
⑦ 대기 중 습도가 낮을수록 (건조 정도가 높을수록)
⑧ 대기 중 온도가 높을수록
※ 그리프(creep) 현상
   일정한 지속하중에 있는 콘크리트가 하중은 변함이 없는데도 불구하고 시간이 경과하면서 변형이 점차 증가하는 현상

호칭강도 : 레디믹스트 콘크리트 발주 시 구입자가 지정하는 강도

(나) 콘크리트의 측압

1) 콘크리트의 측압

콘크리트 타설 시 기둥, 벽체에 가해지는 콘크리트 수평방향의 압력. 콘크리트의 타설 높이가 증가함에 따라 측압이 증가하나 일정높이 이상이 되면 측압은 감소(생콘크리트 측압은 붓기 속도, 붓기 높이, 시공 부위에 따라 계산한다.)
① 거푸집 수밀성이 클수록 측압이 커진다.

② 철근량이 적을수록 측압이 커진다.
③ 부어넣기 빠를수록 측압이 커진다.
④ 외기의 온·습도가 낮을수록 측압은 크다.
⑤ 슬럼프가 클수록 측압이 커진다.
⑥ 콘크리트의 단위 중량(밀도)이 클수록 측압이 커진다.
⑦ 거푸집 표면이 평활할수록 측압이 커진다.
⑧ 거푸집의 수평단면이 클수록 크다.
⑨ 시공연도(workability)가 좋을수록 측압이 커진다
⑩ 거푸집의 강성이 클수록 크다.
⑪ 다짐이 좋을수록 측압이 커진다.
⑫ 벽 두께가 두꺼울수록 측압은 커진다.
⑬ 조강시멘트 등을 활용하면 측압은 작아진다.
⑭ 부배합이 빈(貧)배합보다 측압이 크다.
⑮ 경화속도가 늦을수록 증가한다.

- 부배합: 시멘트 함유량이 많은 콘크리트 배합
- 빈배합: 시멘트 함유량이 적은 콘크리트 배합

2) 콘크리트측압에 영향을 미치는 인자
① 콘크리트의 컨시스턴시
② 콘크리트의 타설 속도
③ 대기의 온도 및 습도
④ 콘크리트의 슬럼프
⑤ 콘크리트 타설 높이
⑥ 굳지 않은 콘크리트의 다지기 방법 등

✱ 겨울철 공사 중인 건축물의 벽체 콘크리트 타설시 거푸집이 터져서 콘크리트가 쏟아지는 사고가 발생하였다. 이 사고의 발생원인으로 가장 타당 한 것 : 콘크리트 타설속도가 빨랐다.
  - 외기의 온·습도가 낮을수록 측압은 크므로 온도에 맞추어 타설속도 조절(겨울철 온도가 낮아 경화 시간이 김)

(다) KS F 4009에서 규정한 강도시험
① 콘크리트의 강도 시험 횟수는 450m³를 1로트(lot)로 하여 150m³ 당 1회의 비율로 한다.
② 1회의 시험 결과는 3개의 공시체를 제작하여 시험한 평균값으로 한다. (공시체의 제작 횟수는 콘크리트 1검사 로트가 450m³(150m³당 1회)임으로 3조(9개)를 제작)
  - 450m³의 콘크리트를 타설할 경우 강도시험용 1회의 공시체는 150 m³ 마다 제작

(라) 철근콘크리트 구조물의 내구성 저하 요인

염해, 중성화, 동결 융해, 알칼리 골재 반응, 건조수축, 화학적 부식 등

1) 중성화(탄산화) 현상 : 수산화석회는 시간이 경과와 함께 콘크리트의 표면으로 부터 공기 중의 탄산가스의 영향을 받아서 서서히 탄산석회로 변화하여 알칼리성을 상실하는데 이와 같은 현상

   ① 중성화로 인해 철근표면을 감싸고 있던 부동태 피막이 파괴되면서 철근의 부식이 시작됨.
   ② 중성화로 인한 구조물의 손상 : 부착강도 저하, 체적팽창에 의한 균열발생, 내구성 저하

2) 염해 : 콘크리트 내부의 염분이 철근의 부식을 촉진시켜 구조체의 균열, 박락(剝落) 등의 손상을 입히는 현상

3) 동결융해 : 수분의 동결팽창에 따라 조직에 미세한 균열이 발생

4) 알칼리골재 반응 : 시멘트 중의 알칼리 성분과 골재 등의 실리카 광물질이 화학반응에 의하여 팽창균열을 하는 반응

5) 화학적 부식 : 콘크리트 구성 재료들 간의 화학반응과 외부 환경에 의한 화학반응으로 콘크리트 강도가 저하

> 중성화(탄산화) 현상
> 조강 포틀랜드시멘트를 사용하면 탄산화를 늦출 수 있다.

(마) 콘크리트의 건조수축을 크게 하는 요인

① 동일한 단위수량에서 시멘트량이 많은 경우 건조수축이 크다.
② 시멘트의 분말도가 높을수록 건조수축이 크다.
③ 흡수량이 많은 골재일수록 건조수축이 크다.
④ 온도가 높을수록 습도가 낮을수록 건조수축이 크다.

다 콘크리트 타설

(1) 철근콘크리트 공사의 일정계획에 영향을 주는 주요요인

① 건축물의 규모 및 대지주변 상황
② 자재 수급 여건
③ 요구 품질 및 정밀도 수준
④ 거푸집의 존치기간 및 전용 횟수
⑤ 강우, 강설, 바람 등의 기후 조건

(2) 콘크리트 타설

(가) 콘크리트 타설 작업

① 콘크리트 타설은 기둥→벽체→계단→보→바닥판의 순서로 한다.

콘크리트 타설 작업
① 이어치기 기준시간이 경과되면 콜드조인트의 발생 가능성이 높다.
② 타설한 콘크리트를 거푸집 안에서 횡 방향으로 이동시켜서는 안된다.
③ 콘크리트는 그 표면이 한 구획 내에서는 거의 수평이 되도록 타설하는 것을 원칙으로 한다.
④ 콘크리트 타설의 1층 높이는 다짐능력을 고려하여 결정하여야 한다.

콘크리트 타설장비
① 펌프카(Pump Car)
② 진동기(Vibrator)
③ 콘크리트호퍼 등
④ 피니셔(Finisher): 콘크리트 포장의 마무리를 하는 기계. 바닥미장기
⑤ 콘크리트 플레이싱 붐(Concrete Placing Boom (CPB)): 고층건물의 타설용
⑥ 콘크리트 분배기(Concrete distributor): 회전축이 있는 배관을 이용하여 붐의 반경 내에 타설하는 기계

진동기
1개소당 진동시간은 다짐할 때 시멘트풀이 표면 상부로 약간 부상하기까지가 적절하다.

펌프카 압송장치의 구조방식
① 압축공기의 압력에 의한 방식
② 피스톤으로 압송하는 방식
③ 튜브 속의 콘크리트를 짜내는 방식

② 콘크리트 타설은 운반거리가 먼 곳부터 타설을 시작한다.
③ 콘크리트를 타설할 때는 재료의 분리가 일어나지 않도록 타설 높이를 낮게 한다.
④ 진동기가 철근 등에 직접 접촉하지 않도록 한다(철근에 진동을 주면 부착력 감소).
⑤ 콘크리트를 수직으로 낙하시킨다.
⑥ 콜드 조인트가 생기지 않도록 한다.
  * **콜드 조인트**(cold joint) : 콘크리트 공사의 시공과정 중 휴식시간 등으로 응결하기 시작한 콘크리트에 새로운 콘크리트를 이어칠 때 일체화가 저해되어 생기는 줄눈(계획되지 않은 줄눈)
⑦ 콘크리트의 재료분리를 방지하기 위하여 횡류(橫流), 즉 옆에서 흘려 넣지 않도록 한다.
⑧ 한 구획의 타설이 시작되면 콘크리트가 일체가 되도록 연속적으로 부어 넣는다.
⑨ 타설 위치에 가까운 곳까지 펌프, 버킷 등으로 운반하여 타설한다.

(나) 콘크리트 타설에 앞서 거푸집에 물뿌리기를 하는 가장 큰 이유

콘크리트에 대한 거푸집의 수분흡수를 방지하기 위하여 물뿌리기를 함.

(3) 콘크리트 타설 설비

(가) 진동기

1) 콘크리트의 진동다짐 진동기의 사용
  ① 진동기는 될 수 있는 대로 수직방향(연직방향)으로 사용한다.
  ② 묽은 반죽에서 진동다짐은 별 효과가 없다.
  ③ 진동의 효과는 봉의 직경, 진동수, 진폭 등에 따라 다르며, 진동수가 큰 것일수록 다짐효과가 크다.
  ④ 진동기를 뺄 때는 천천히 빼내 자국이 남지 않도록 한다.
  ⑤ 진동기의 선단을 철근에 접촉시키지 않는다.(부착력 감소)
  ⑥ 진동기는 하층 콘크리트에 10cm 정도 삽입하여 상하층 콘크리트를 일체화시킨다.
  ⑦ 내부진동기는 슬럼프가 15cm 이하일 때 사용하는 것이 좋다.
 2) 진동기를 사용하는 가장 큰 목적 : 콘크리트의 밀실화 유지
    - 콘크리트를 거푸집에 빠짐없이 충전시킨다.

(나) 슈트

콘크리트를 타설하는 데 사용하는 것으로 콘크리트가 흘러내려 가는 유도로로서, 길이는 가능한 짧게하고 굴곡이 없도록 하며, 된비빔 콘크리트에

서는 사용하기 어렵다.
- 버킷 : 이송용기, 호퍼 : 콘크리트를 배출하는 출구

(다) 트레미(tremi)관

지하굴착공사 중 깊은 구멍속이나 수중에서 콘크리트타설시 재료가 분리되지 않게 타설할 수 있는 기구

(라) 콘크리트 타워에 의한 콘크리트 타설 설비

① 콘크리트 타워(concrete tower) : 콘크리트를 높은 곳에 타설하기 위한 리프트
② 콘크리트 버킷(concrete bucket) : 믹서에서 나온 콘크리트를 현장에 운반하여 배출하는 용기
③ 타워호퍼(tower hopper) : 콘크리트 타워에서 콘크리트를 담아 올리기 위한 호퍼
④ 플로어호퍼(floor hopper) : 콘크리트 버킷 등에서 배출되는 레미콘을 일시적으로 저장해 두기 위한 호퍼
⑤ 경사 슈트(skewed chute) : 콘크리트 운반용의 경사진 홈통 모양의 설비

(4) 콘크리트 타설에서 이어붓기

(가) 콘크리트 타설 시 이음부

① 보, 바닥슬래브 및 지붕슬래브의 수직타설 이음부는 스팬(span)의 중앙 부근에 주근과 직각방향으로 설치한다.
② 기둥 및 벽의 수평 타설 이음부는 바닥슬래브, 보의 하단에 설치하거나 바닥슬래브, 보, 기초보의 상단에 설치한다.
③ 캔틸레버 보 및 캔틸레버 슬래브는 이어 붓지 않는다
④ 바닥판의 중앙에 작은 보가 있을 때는 중앙부에서 작은 보 너비의 2배 정도 떨어진 곳에 한다.
⑤ 벽은 개구부 등의 끊기 좋고 또는 이음 자리 막기와 떼어 내기에 편리한 곳에 수직 또는 수평으로 한다
⑥ 아치의 이음은 아치 축에 직각으로 한다.
⑦ 기둥의 이음은 기초판, 연결보 또는 바닥판의 위에 수평으로 한다.
⑧ 콘크리트의 타설이음면은 레이턴스나 취약한 콘크리트 등을 제거하여 새로 타설하는 콘크리트와 일체가 되도록 처리한다.
⑨ 타설이음부의 콘크리트는 살수 등에 의해 습윤시킨다. 다만, 타설이음면의 물은 콘크리트 타설 전에 고압공기 등에 의해 제거한다.

비비기로부터 타설이 끝날 때까지의 시간 〈표준시방서〉
콘크리트는 신속하게 운반하여 즉시 타설하고, 충분히 다져야 한다. 비비기로부터 타설이 끝날 때까지의 시간은 원칙적으로 외기온도가 25℃ 이상일 때는 1.5시간, 25℃ 미만일 때에는 2시간을 넘어서는 안 된다.

경간(徑間, span)
각 지점 사이의 거리

캔틸레버(cantilever) 보
한쪽 끝이 고정되고 다른 끝은 받쳐지지 않은 보

| 콘크리트 공사 시 시공이음 〈콘크리트표준시방서〉
① 시공이음은 될 수 있는 대로 전단력이 작은 위치에 설치하고, 부재의 압축력이 작용하는 방향과 직각이 되도록 하는 것이 원칙이다.
② 외부의 염분에 의한 피해를 받을 우려가 있는 해양 및 항만 콘크리트 구조물 등에 있어서는 시공이음부를 되도록 두지 않는 것이 좋다. 부득이 시공이음부를 설치할 경우에는 만조위로부터 위로 0.6m와 간조위로부터 아래로 0.6m 사이인 감조부 부분을 피하여야 한다.
③ 이음부의 시공에 있어서는 설계에 정해져 있는 이음의 위치와 구조는 지켜져야 한다.
④ 수밀을 요하는 콘크리트에 있어서는 소요의 수밀성이 얻어지도록 적절한 간격으로 시공이음부를 두어야 한다.

⑩ 콘크리트의 어어치기는 원칙적으로 응력이 적은 곳에서 한다.
(보나 바닥판의 이음은 그 간 사이의 중앙부에서 수직으로 한다. 기둥은 슬래브 상단에서 이어친다.)

(나) 철근 콘크리트 타설에서 이어붓기 시간간격
① 외기온도 25℃ 이상 : 2시간 이내(120분)
② 외기온도 25℃ 이하 : 2.5시간 이내(150분)

(다) 콘크리트의 이음(줄눈)
① 콜드 조인트(cold joint) : 콘크리트 공사의 시공과정 중 휴식시간 등으로 응결하기 시작한 콘크리트에 새로운 콘크리트를 이어칠 때 일체화가 저해되어 생기는 줄눈(계획되지 않은 줄눈)
 - 시공과정상 불가피하게 콘크리트를 이어치기할 때 발생하는 시공불량 이음부
② construction joint(시공줄눈) : 한 번에 시공이 불가능해서 생기는 줄눈(미리 계획한 줄눈).공사 전 계획이 잘못되어 생기는 결함.
③ control joint(조절줄눈) : 바닥판의 수축에 의하여 표면균열을 방지하기 위한 줄눈
 - 결함 부위로 균열의 집중을 유도하기 위해 균열이 생길만한 구조물의 부재에 미리 결함부위를 만들어 두는 것(시공 시 타설부터 분리해서 계획한 줄눈)
④ expansion joint (신축줄눈) : 온도 변화에 따른 팽창, 수축 혹은 부동침하, 진동 등에 의한 신축팽창을 흡수시킬 목적으로 설치하는 줄눈

(5) 초고층 건물의 콘크리트 타설

초고층 건물의 수직상승높이를 고려하여 고압장비(콘크리트 펌프) 및 고압배관의 적용(수직높이로 발생할수 있는 문제점은 길어진 배관에서의 막힘현상(pipe jam))
① 초고층 건물의 콘크리트 타설은 피스톤 압송방식
② 파이프 압송 도중 압력손실요인 및 필요압력을 산정하여 적절한 압송장비 선택(압송펌프의 능력)
③ 콘크리트 압력을 견디고 관내 막힘현상을 방지하기 위해 여유로운 배관라인을 설치(고압배관)

(6) 콘크리트 양생(보양)

(가) 콘크리트 양생작업(보양)

① 콘크리트 타설 후 소요기간까지 경화에 필요한 조건을 유지시켜주는 작업이다.
② 양생 기간 중에 예상되는 진동, 충격, 하중 등의 유해한 작용으로부터 보호하여야 한다.
③ 동해를 방지하기 위해 5℃ 이상을 유지한다.
④ 콘크리트 표면의 건조에 의한 내부 콘크리트 중의 수분 증발방지를 위해 습윤 양생을 실시한다.
⑤ 콘크리트 타설 후 경화를 시작할 때까지 직사광선이나 바람에 의해 수분이 증발하지 않도록 보호해야 한다(표면이 빨리 건조하여 발생하는 균열 방지).
⑥ 콘크리트 표면이 경화하면 콘크리트 위에 sheet 및 거적으로 적셔서 덮거나 살수를 하여 습윤상태를 유지한다.
⑦ 습윤 양생 시 거푸집 판이 건조될 우려가 있는 경우에는 살수하여야 한다.

(나) 콘크리트 보양(양생)

① 일광의 직사, 풍우, 강설에 대하여 콘크리트의 노출면을 보호한다.
② 수화작용이 충분히 일어나도록 항상 습윤상태를 유지한다(*수화작용 : 시멘트와 물이 만나서 반응할때 열이나는 현상).
③ 콘크리트를 부어넣은 후 1일간은 원칙적으로 그 위를 보행해서는 안 된다.
④ 평균기온이 연속적으로 2일 이상 5℃ 미만인 경우, 담당원 또는 책임 기술자의 지시에 따라 가열보온 양생을 고려해야 한다.
  * 콘크리트를 양생하는 데 있어서 양생분(養生粉)을 뿌리는 목적 : 혼합수(混合水)의 증발을 막기 위해서

(다) 콘크리트의 양생(curing)방법

습윤 양생, 증기 양생, 피막양생, 전기 양생
① 습윤 양생 : 충분한 강도가 나도록하고 수축균열을 적게 하기 위하여 살수방법(살수보양)과 수중에 넣어 양생하는 방법(수중보양)이 사용. 콘크리트 상태를 습윤상태로 유지하여 양생
② 증기양생 : 단시일 내에 소요강도를 내기 위하여 고온 또는 고온·고압 증기로 양생하는 것이며, 초기 강도가 크게 발휘되어 거푸집을 가장 빨리 제거할 수 있다.

③ 피막(皮膜) 양생 : 콘크리트 표면에 피막양생제(비닐유제, 아스팔트유제)를 살포하여 얇은 피박을 형성함으로써 수분증발을 억제하는 방법으로 포장 콘크리트 양생에 사용
④ 전기 양생 : 콘크리트에 저압 교류를 흘려 발생되는 전기저항에 의하여 생기는 열을 이용해서 양생하는 방법

(7) 콘크리트 공사와 관련된 장비

① 콘크리트기계 : 콘크리트 믹서, 콘크리트 플랜트(콘크리트 제조 설비), 콘크리트 펌프, 진동기
② 포장기계 : 콘크리트 피니셔, 콘크리트 스프레더, 콘크리트 커터
㉠ 콘크리트 스프레더(concrete spreader) : 콘크리트 포장공사를 할 때 콘크리트를 포설하는 기계
㉡ 콘크리트 피니셔(concrete finisher) : 콘크리트 포장공사를 할 때 콘크리트 표면을 평탄하고 균일하게 다듬는 기계
　＊ 콘크리트 포장공사를 할 때 콘크리트 스프레더가 깔아놓은 콘크리트를 콘크리트 피니셔가 표면을 평탄하고 균일하게 다듬는다.

라 콘크리트 결함 등과 검사

(1) 콘크리트 공사에서 발생하는 결함

① 재료분리
② 콜드조인트의 발생
③ 동해에 의한 콘크리트 강도 저하

(2) 콘크리트 균열

(가) 콘크리트 균열의 원인(재료적 성질에 기인)

① 알칼리 골재반응
② 콘크리트의 중성화
③ 시멘트의 수화열
　- 배합으로 기인 : 혼화재료의 불균일한 배합, 장시간 비비기, 현장가수(加水)

(나) 콘크리트 균열 발생의 원인

1) 경화 전 균열

① 진동 또한 충격
② 소성수축(plastic shrinkage)

콘크리트의 양생

- 오토클레이브양생: 콘크리트의 소요강도를 단기간에 확보하기 위하여 고온·고압에서 양생하는 방법(고온, 고압의 가마(autoclave) 속에 콘크리트를 넣어 촉진 양생한 것)
- 봉함양생(sealed curing): 콘크리트 표면에서 수분의 출입이 없는 상태를 유지하여 양생

③ 소성침하(plastic settlement)
④ 수화열
⑤ 거푸집 변형이나 충격

2) 경화 후 균열
① 건조 수축
② 탄화수축변형(carbonation shrinkage)
③ 크리이프(creep)
④ 알칼리-골재 반응
⑤ 온도
⑥ 철근의 부식
⑦ 동결융해
⑧ 사용하중(service load)
⑨ 물리적 및 화학적 원인에 의한 균열

(3) 콘크리트 공사의 염해

(가) 철근콘크리트 공사의 염해방지대책

 ＊ 염해 : 콘크리트 내부에 축적된 염분이 철근의 부식을 촉진시켜 구조체의 균열, 박락 등의 손상을 일으키는 현상)

① 콘크리트의 밀실화 : 수밀콘크리트를 만들고 콜드조인트가 없게 시공한다.
 - 물시멘트비(W/C)가 50% 이상이면 투수계수가 급격히 증가한다.
② 염해에 유용한 혼화재료를 사용 : 플라이애시. 고로슬래그 등을 사용한다.
 - 콘크리트 중의 염소이온량을 적게 한다.
③ 철근피복두께 증가 : 철근피복두께를 충분히 확보한다.
④ 콘크리트 표면처리 : 침투성 부식억제제, 방수제 등
⑤ 방청제 사용 : 에폭시 코팅제 도포(에폭시 수지 도장 철근을 사용한다.)

(나) 굳지 않은 콘크리트의 염화물량 제한

콘크리트에 포함된 염화물량은 염소이온량으로서 $0.30kg/m^3$ 이하로 한다. 부득이 이것을 초과할 경우는 철근 방청상 유효한 대책을 세우는 것으로 하고 그 방법은 특기시방에 따른다. 다만, 이 경우에도 염화물량은 염소 이온량으로서 $0.60kg/m^3$를 넘어서는 안 된다.

 - 철근의 부식을 때문에 염화물의 제한을 두며 염화물에 의하여 철근 부식이 일어나면 콘크리트는 내구성이 현저하게 떨어진다.

(4) 콘크리트 구조물 검사방법

(가) 콘크리트 구조물의 비파괴 검사방법

① 슈미트해머법(반발경도로 강도 추정)
② 방사선 투과법
③ 초음파법
④ 인발법
⑤ 코어 채취법
⑥ 탄성파법

> **참고**
>
> ✽ 강도를 추정하는 측정 방법 : 슈미트해머법(반발경도로 강도 추정), 초음파법, 인발법, 코어 채취법
> ✽ 밀도, 철근의 위치, 피복두께 추정 : 방사선 투과법
> ✽ 결함 및 균열검사 : 탄성파법
> ✽ 슈미트해머 시험(반발경도법) : 콘크리트의 압축강도를 측정하기 위한 비파괴 시험 방법으로서 가장 일반적으로 사용되고 있는 방법

(나) 콘크리트의 강도를 계산 시 실시하는 보정(슈미트 해머를 이용하여 측정 후)

① 타격방향에 따른 보정
② 콘크리트 습윤상태에 따른 보정
③ 압축응력에 따른 보정
④ 재령에 따른 보정

(5) 구조물에 고려해야 하는 하중

① 시공 하중 : 차량 등에 의해 최초 설계 하중보다 큰 하중이 시공 중에 구조물에 가해지는 하중
② 충격 및 진동 하중 : 콘크리트 타설 등에서 발생하는 하중
③ 온도 하중 : 구조물의 시공과정에서 발생하는 구조물의 팽창 또는 수축과 관련된 하중으로, 신축량이 큰 긴 경간, 연도, 원자력발전소 등을 설계할 때나 또는 일교차가 큰 지역의 구조물에 고려해야 하는 하중
④ 이동 하중 : 이동하면서 구조물에 응력을 미치는 연직 하중

(6) 콘크리트 구조물의 보수 · 보강법

① 외장적 보수 공법 : 표면처리 공법, 충진(충전) 공법
  - 표면처리공법 : 미세한 균열 위에 도막을 형성하여 방수성과 내구성을 향상시키는 공법

- 충전공법 : 균열을 따라 콘크리트를 V형이나 U형으로 절단하여 보수재를 충전하는 공법
② 구조 보강 공법 : 주입공법, 강재보강공법, 단면증대 공법, 복합재료 보강공법
- 주입공법 : 균열부에 수지계 또는 시멘트계의 재료를 주입하여 방수성, 내구성을 향상시키는 공법

마 특수 콘크리트 등

(1) 경량콘크리트(lightweight concrete)

보통의 콘크리트보다 중량이 작은 콘크리트이며 경량골재를 사용한 것과 기포제를 사용하여 만든 기포콘크리트등이 있다. (경량콘크리트는 자중이 적고, 단열효과가 우수하다.)
- 건축물의 중량경감을 목적 (* 종류 : 보통 경량콘크리트, 기포콘크리트, 톱밥콘크리트)

1) 특징
① 기건비중은 2.0 이하, 단위중량은 1700kg/m^3 정도(단위중량은 1400~2000kg/m^3 정도)이다.
② 열전도율이 작고 단열성은 우수하다.
③ 경량이어서 인력에 의한 취급이 용이하고, 가공도 쉽다.
④ 내화성과 방음효과가 크며, 흡음률도 보통 콘크리트보다 크다.
⑤ 흡수량이 크므로 동해에 대한 저항성이 약하며 물과 접하는 지하실 등의 공사에는 부적합하다.
⑥ 다공질로서 강도가 작고 건조수축이 크다.
⑦ 시공이 번거롭다.

2) 종류

보통 경량콘크리트, 기포콘크리트, 톱밥콘크리트
① 경량골재콘크리트 : 경량골재를 사용하여 만든 콘크리트
② 기포콘크리트 : 콘크리트 안에 다량의 기포(氣泡)를 포함하여 경량화한 콘크리트
③ 톱밥콘크리트 : 톱밥을 골재로 하고 만들어진 콘크리트(못을 박을 수 있음)
④ 신더콘크리트(cinder concrete) : 석탄재를 골재로 사용한 콘크리트
⑤ 다공질콘크리트(porous concrete) : 굵은 골재로만 만들어진 콘크리트(무세골재 콘크리트)

(2) 중량콘크리트

방사성 차폐용으로 사용되는 콘크리트로 철광석이나 중정석같은 비중이 큰 골재를 사용해서 만든 콘크리트

(3) 매스콘크리트

수화열이 적은 시멘트를 사용

(4) 경량골재콘크리트

경량골재를 사용하여 만든 콘크리트
① 슬럼프 값은 180mm 이하로 한다.
② 물-시멘트비의 최대값은 60%로 한다.
③ 경량골재는 배합 전에 충분히 습윤하게 하고 표면건조 내부포수 상태에 가까운 상태에서 사용하는 것을 원칙으로 한다.
④ 보와 바닥판의 콘크리트는 벽이나 기둥의 콘크리트가 충분히 안정된 후에 부어 넣어야 한다.
⑤ 경량골재 콘크리트는 공기연행 콘크리트로 하는 것을 원칙으로 한다.

(5) 한중콘크리트

(가) 한중콘크리트의 특징

하루의 평균기온이 4℃ 이하로 예상될 때는 한중콘크리트로 시공하여야 한다.
① 콘크리트의 비빔온도는 기상조건 및 시공조건 등을 고려하여 정한다.
② 골재는 가능한 가열하지 않으며 가열해야 할 경우는 65℃ 이하가 되도록 한다.
③ 재료를 가열하는 경우 시멘트는 가열금지하고, 물을 가열하는 것을 원칙으로 하며, 골재는 직접 불꽃에 대어 가열한다.
④ 타설 시의 콘크리트 온도는 5℃ 이상, 20℃ 미만으로 한다.
⑤ 빙설이 혼입된 골재, 동결상태의 골재는 원칙적으로 비빔에 사용하지 않는다.
  - 동결한 골재나 눈·얼음이 포함된 골재는 사용해서는 안 된다.
⑥ 물 시멘트비는(W/C)는 60% 이하로 한다.
⑦ 시멘트는 믹서 내 재료의 온도가 40℃ 이하가 될 때 투입한다.
⑧ AE제, AE 감수제 등을 사용하고 공기량을 크게 한다.

(나) 한중콘크리트의 양생 종료 때의 소요압축강도의 표준(MPa)

※ 한중콘크리트 : 하루의 평균기온이 4℃ 이하로 예상될 때는 한중콘크

한중 콘크리트

① 한중 콘크리트에는 공기연행콘크리트를 사용하는 것을 원칙으로 한다.
② 단위수량은 초기동해를 적게 하기 위하여 소요의 워커빌리티를 유지할 수 있는 범위 내에서 되도록 적게 정하여야 한다.
③ 타설할 때의 콘크리트의 온도는 5~20℃의 범위에서 정하여야 한다. 기상조건이 가혹한 경우나 부재 두께가 얇을 경우에는 필 때의 콘크리트의 최저온도는 10℃ 정도를 확보하여야 한다.
④ 콘크리트를 타설할 마무리 된 지반은 콘크리트 타설까지의 사이에 동결하지 않도록 시트 등으로 덮어 놓아야 한다. 이미 지반이 동결되어 있는 경우에는 적당한 방법으로 이것을 녹인 후 콘크리트를 타설하여야 한다.
⑤ 타설이 끝난 콘크리트는 양생을 시작할 때까지 콘크리트 표면의 온도가 급랭할 가능성이 있으므로, 콘크리트를 타설한 후 즉시 시트나 적당한 재료로 표면을 덮는다.

리트로 시공하여야 한다.

구조물의 노출	얇은 경우	보통의 경우	두꺼운 경우
(1) 계속해서 또는 자주 물로 포화되는 부분	15MPa	12MPa	10MPa
(2) 보통의 노출상태에 있고 (1)에 속하지 않은 부분	5MPa	5MPa	5MPa

(6) 서중콘크리트

하루 평균 기온이 25℃를 초과하는 경우에 시공

① 콘크리트 온도 상승으로 단위수량이 증가하여 강도 및 내구성이 저하한다.
② 슬럼프 로스가 발생한다(운반 중의 슬럼프 저하).
③ 콘크리트의 응결이 촉진되어 콜드조인트(cold joint)의 발생한다.
④ 수분의 급격한 증발에 의한 균열의 발생 등 위험성이 증가한다.
⑤ 연행공기량이 감소한다.
⑥ 부어넣을 때의 콘크리트 온도는 35도 이하로 한다.
⑦ 혼화제는 AE감수제 지연형 또는 감수제 지연형을 사용한다.

> 서중콘크리트
> 슬럼프 저하 등 워커빌리티의 변화가 생기기 쉬우며 동일 슬럼프를 얻기 위한 단위수량이 많아 콜드조인트가 생기는 문제점을 갖고 있는 콘크리트

(7) 수밀콘크리트

물이 침투하지 못하도록 특별히 밀실하게 만든 콘크리트(수밀성이 높고 투수성이 작은 콘크리트)

- 방수성이 뛰어나고, 전류와 풍화에 강하며, 내화학성, 염해, 중성화, 알카리골재반응, 동결융해 등에 강한 저항성을 가지고 있다.

① 틈새가 없는 질이 우수한 거푸집을 사용한다.
② 물-결합재비는 50% 이하를 표준으로 한다(55~60% 이상이 되면 콘크리트의 수밀성은 감소).
③ 가급적 이어붓기를 하지 않는 것이 좋다.
④ 양생을 충분히 하는 것이 좋다(습윤 양생).
⑤ 배합은 콘크리트 소요의 품질이 얻어지는 범위 내에서 단위수량 및 물-결합재비는 되도록 작게 하고, 단위 굵은 골재량은 되도록 크게 한다.
⑥ 소요 슬럼프는 되도록 작게 하여 180mm를 넘지 않도록 한다. (타설이 용이할 때는 120mm 이하로 한다.)
⑦ 연속 타설 시간 간격은 외기온도가 25℃를 넘었을 경우에는 1.5시간, 25℃ 이하일 경우에는 2시간을 넘어서는 안 된다.
⑧ 거푸집 조립에 사용하는 긴 결철물은 콘크리트 경화 후 그 부분에서 누수가 발생하지 않는 것을 사용한다.

(8) AE콘크리트(Air-Entrained concrete)

배합 시 AE제를 사용한 콘크리트
① 공기량이 많을수록 slump는 증가한다.
② 공기량이 1% 증가함에 따라 콘크리트의 압축강도는 4~6% 정도 감소한다.
③ AE제 사용으로 워커빌리티를 개선하고 동결융해 저항성을 크게 한다.

(9) 서머콘(thermo-con)

자갈, 모래 등의 골재를 사용하지 않고 시멘트와 물 그리고 발포제를 배합하여 만드는 일종의 경량콘크리트이다.
① 노출콘크리트 : 제물치장 콘크리트이며, 주로 바닥공사 마무리를 하는 것으로 콘크리트를 부어 넣은 후 그 콘크리트가 경화하지 않은 시간에 흙손으로 마감하는 것이다.
② 진공콘크리트 : 콘크리트가 경화하기 전에 진공 매트(vacuum mat)로 수분과 공기를 흡수하여 내구성을 향상시킨 것이다.
③ 숏크리트 : 건나이트(gunite)라고도 하며 모르타르를 압축공기로 분사하여 바르는 것이다.

(10) 제치장 콘크리트(exposed concrete)

외장을 하지 않고 노출된 콘크리트면 그대로를 마감면으로 하는 콘크리트
① 타설 콘크리트면 자체가 치장이 되게 마무리한 자연 그대로의 콘크리트를 말한다.
② 재료의 절약은 물론 구조물 자중을 경감할 수 있다.
③ 구조체의 정확도 확보가 힘들고 보수가 어렵다.
④ 거푸집이 견고하고 흠이 없도록 정확성을 기해야 하기 때문에 상당한 비용과 노력비가 증대한다.

(11) 숏크리트(shotcrete)

모르타르 혹은 콘크리트를 호스를 사용하여 압축공기로 시공면에 뿜는 공법으로 건나이트(gunite)라고도 한다.
- 숏크리트는 소요의 강도, 내구성, 수밀성고 함께 강재를 보호하는 성질을 가지고, 품질의 변동이 적은 것이어야 한다.

  ✽ 숏크리트공법 : 소일네일링 공법 후 시공한다.

(12) PC공법(공업화 공법; Precast Concrete)

공장에서 생산한 콘크리트 건축 부재를 현장에서 조립하는 공법으로 품질

제물치장(facing): 콘크리트 면을 마무리 면으로 하는 것

밑창 콘크리트: 지반 위에 밑면을 평탄하게 할 목적으로 60mm 정도의 두께로 강도가 낮은 콘크리트를 타설하여 만든 것. 기초하부의 먹매김을 용이하게 함.

프리팩트 콘크리트(프리플레이스트 콘크리트)
- 거푸집 내에 자갈을 먼저 채우고, 공극부에 유동성이 좋은 모르타르를 주입해서 일체의 콘크리트가 되도록 한 공법
- 유동성은 높고 재료분리가 적으며 수중구조물, 방사선차폐용, 고밀도콘크리트, 보수·보강 및 매스 콘크리트 등에 적용한다.

의 균등화, 대량생산 가능
① 프리패브 공법이기 때문에 현장에서의 공정이 단축된다.
② 기상의 영향을 덜 받는다.
③ 각 부품의 접합부가 일체화되기가 어렵다.
  ＊ 프리패브 공법(Prefabricated Construction) : 건축부재를 공장에서 생산하고 현장에서 조립, 설치하는 공법으로 공기단축, 비용절감, 생산성을 향상하고 품질을 균등화할 수 있음. PC공법이 있음.
④ PC공법의 종류
  ㉠ WPC공법 : 벽식 프리캐스트 철근콘크리트조를 시공하는 공법으로 중층의 공동주택에 폭넓게 채용되는 PC공법
  ㉡ HPC공법 : H형강과 프리캐스트 콘크리트판을 사용한 조립 공법의 일종
  ㉢ RPC공법 : 철근콘크리트조 라멘구조의 PC공법
  ㉣ Half PC공법 : 대형 구조물의 PC화를 위하여 개발한 것

(13) 프리스트레스트 콘크리트(PS 콘크리트; Prestressed Concrete)

압축의 프리스트레스를 주어 콘크리트의 인장강도를 증가시키도록 한 것
– 프리스트레싱할 때의 콘크리트 압축강도는 프리스트레스트를 준 직후 콘크리트에 일어나는 최대 압축응력의 1.7배 이상이어야 한다. 또한 프리텐션 방식에 있어서의 콘크리트 압축강도는 30MPa 이상이어야 한다.

(14) 레미콘 회사에서 현장으로의 콘크리트 운송방법(레미콘의 종류)

① 센트럴 믹스트 콘크리트(central mixed concrete) : 믹싱플랜트에서 완전히 비빈 것을 트럭믹서에 실어 운반 중에 교반하면서 현장까지 가는 가장 일반적 공급 방식
② 쉬링크 믹스트 콘크리트(shrink mixed concrete) : 믹싱플랜트에서 어느 정도 비빈 것을 트럭믹서에 실어 운반도중 완전히 비벼 만드는 것
③ 트랜싯 믹스트 콘크리트(transit mixed concrete) : 플랜트에서 계량된 각각의 재료를 트럭믹서에 투입하여 운반시간 동안에 혼합수를 가하여 교반 혼합하여 배달 공급하는 방식
  ＊ 레디믹스트 콘크리트 운반 차량에 특수보온시설을 하여야 할 외기온도 기준 : 30℃ 이상 또는 0℃ 이하

프리플레이스트 콘크리트의 서중시공 〈콘크리트표준시방서〉
(1) 서중에서 시공할 경우에는 주입 모르타르의 온도 상승, 지나치게 빠른 팽창 및 유동성 저하 등이 일어나지 않도록 하여야 한다.
(2) 모르타르의 비벼진 온도가 25℃를 넘을 경우, 주입 모르타르의 유동성이 급격히 저하되는 경향이 있어 주입관이나 수송관이 막히기 쉽고 굵은 골재 속의 주입 모르타르의 유동경사가 커져서 재료분리가 생기기 쉬우며, 지나치게 빠른 모르타르의 팽창으로 인하여 콘크리트의 품질이 저하하기 쉽기 때문에 다음 사항에 유의하여 주입 모르타르의 과대 팽창 및 유동성의 저하를 방지해야 한다.
① 애지테이터 안의 모르타르 저류시간(貯留時間)을 짧게 한다.
② 비빈 후 즉시 주입한다.
③ 수송관 주변의 온도를 낮추어 준다.
④ 응결을 지연시키며 유동성을 크게 한다.
⑤ 유동성과 유동경사의 관리를 엄격히 하며 주입의 중단을 막는다.
⑥ 유동성을 유지시킬 수 있는 혼화제를 추가 혼입한다. 다만 책임기술자가 품질확인 후 시행하여야 한다.
※ 프리플레이스트 콘크리트(preplaced concrete, 프리팩트 콘크리트) : 미리 거푸집 속에 특정한 입도를 가지는 굵은 골재를 거푸집에 채워놓고 그 간극에 모르타르를 주입하여 제조한 콘크리트

2. 철근공사

가 철근의 가공

(1) 철근의 종류(구조용)

철근의 종류는 원형철근 2종, 이형철근 5종이 있다.
① 원형철근(SR) : 표면에 리브 또는 마디 등의 돌기가 없는 원형 단면의 철근
② 이형철근(SD) : 표면에 마디와 리브의 돌기로 이루어져 있는 철근
  - 원형철근보다 콘크리트와의 부착력이 크며 콘크리트에 균열이 생길 때는 균열 폭이 작아지는 장점
③ 피아노 선(piano wire) : 프리스트레스 콘크리트에 사용

> **참고**
>
> ※ 고강도 이형철근 : 특수강을 재료로 한 고강도 철근으로 보통 철근보다 인장력이 크다.
> ※ 스테인리스철근 : 주로 해안구조물과 교량의 상판, 난간벽체 등의 지지구조물, 내구성이 요구되는 건축물 등에 쓰이며, 탄소강 철근에 비해 내식성이 5~10배 정도 좋은 철근
> ※ 메탈라스(metal lath) : 철판을 찢어서 늘린 철망. 미장의 바탕재로 사용하고 콘크리트 이어치기할 때 표면을 거칠게 처리하기 위해서 메탈라스를 사용
> ※ 건설공사 현장의 철근재료 실험항목 : 인장강도시험, 휨시험, 연신율시험 등

(2) 철근보관 및 취급

① 철근저장은 물이 고이지 않고 배수가 잘되는 곳이어야 한다.
② 철근저장 시 철근의 종별, 규격별, 길이별로 적재한다.
③ 저장장소가 바닷가 해안 근처일 경우에는 창고 속에 보관하도록 한다.
④ 철근고임대 및 간격재는 온도변화에 따른 변형이나 파손방지를 위하여 겨울에 동결되거나 여름에 직사일광을 받지 않도록 저장하며, 필요시 박스단위로 포장하여 보관한다.

(3) 철근의 공작도(shop drawing) 작성요령

① 공작도란 철근구조도에 의거하여 현장에서 실제 철근 작업을 편리하게 시공하기 위하여 작성된 것이다.
  - 철근의 절단·구부리기 등의 공작을 하기 위하여 철근 모양, 각 부의 치수, 구부림 위치·지름·길이·대수 등을 명확히 기입
② 기초 상세도는 다른 부위와 접속되는 철근의 정착 및 다른 부재와의 관계를 명확히 기입한다.

③ 기둥 및 벽 상세도는 층높이에 맞추어 적당한 이음 위치를 정하고 띠철근의 지름, 길이 등을 기입한다.
④ 보 상세도에서 큰 보는 동일 보의 수량, 주근·늑근의 지름·형상·길이·배치간격 등 기입한다.
⑤ 바닥판 상세도는 기둥중심선을 기준으로 보, 벽, 계단, 개구부 등의 위치를 명시한다.

(4) 철근의 가공

(가) 철근의 가공작업
① 한 번 구부린 철근은 다시 펴서 사용해서는 안 된다.
② 철근은 시어 커터(shear cutter)나 전동톱에 의해 절단한다.
   - 절단 가공은 절단기, 전동톱 및 시어커터 등의 기계적 방법에 의하여야 한다.
③ 철근의 구부림 가공은 배근시공도에 따르며 절곡기를 사용한다.
④ 철근은 열을 가하여 절단하거나 절곡해서는 안 된다.
   - 철근은 담당원의 특별한 지시가 없는 한 가열가공은 금하고 상온에서 냉간 가공한다.
⑤ 철근 가공은 현장가공과 공장가공으로 나눌 수 있다.
   - 공장가공은 현장가공보다 운반비가 높은 경우가 많다.
   - 공장가공은 현장가공에 비해 절단손실을 줄일 수 있다.
⑥ 표준갈고리를 가공할 때에는 정해진 크기 이상의 곡률 반지름을 가져야 한다.

(나) 현장에서 철근공사와 관련된 사항
① 철근공사 착공 전 구조도면과 구조계산서를 대조하는 확인작업 수행
② 도면 오류를 파악한 후 정정을 요구하거나 철근상세도를 구조평면도에 표시하여 승인 후 시공
③ 품질이 규격값 이하이거나 6% 이상의 단면결손 철근의 사용배제
④ 한 번 구부린 철근은 다시 펴서 사용해서는 안 된다.
   (철근 금지사항 : 다시 펴서 재사용하는 행위, 조립된 철근을 현장에서 굽히는 행위, 열을 가하는 행위)

(다) 철근가공 시 갈고리(hook)의 설치
1) 원형철근 말단부에 원칙적으로 hook을 만듦
2) 이형철근
   ① 늑근(stirrup)과 대근(hoop)
   ② 기둥 및 보의 돌출부분 철근(지중보 제외)

철근 가공 기준 〈건축공사 표준시방서〉

가. 철근은 철근가공조립도에 표시된 형상과 치수에 꼭 일치하도록 재질을 해치지 않는 방법으로 가공해야 한다.
나. 철근배근도에 철근의 구부리는 내면 반지름이 표시되어 있지 않은 때에는 콘크리트 구조설계기준에 규정된 구부림의 최소 내면 반지름 이상으로 철근을 구부려야 한다.
다. 철근은 상온에서 가공하는 것을 원칙으로 한다.

- 늑근: 보의 주근을 수직면으로 둘러 감은 철근
- 대근: 기둥의 주근을 수평면으로 둘러 감은 철근

③ 굴뚝 철근
④ 피복 콘크리트가 파괴되기 쉬운 보, 기둥의 단부
⑤ 단순보 지지단
⑥ 캔틸레버(cantilever) 보 등
  (* tie bar(띠철근)는 대근, 보조대근을 총칭한다.)

(5) 철근공사의 철근트러스 일체화 공법의 특징
① 현장조립의 거푸집공사를 공장제 기성품으로 대체
② 1개 부재가 합판 거푸집에 비해 넓은 면적을 덮을 수 있어 안전성 제고
③ 공장제 기성품으로 가설작업장의 면적이 감소
④ support 감소, 지보공수량 감소로 작업이 안전

나 철근의 조립과 정착

(1) 철근의 조립

(가) 일반적인 건축물의 철근조립 순서

기초철근 → 기둥철근 → 벽철근 → 보철근 → 바닥(슬라브)철근 → 계단철근

① 철근콘크리트(RC조) 철근 조립순서 : 기초 → 기둥 → 벽 → 보 → 슬래브 → 계단
② 철골 철근콘크리트(SRC조) 철근 조립순서 : 기초 → 기둥 → 보 → 벽 → 슬래브 → 계단

> **기초철근 배근(조립)순서**
> ① 거푸집 위치 먹줄치기 ② 철근간격 표시
> ③ 직교철근 배근   ④ 대각선철근 배근
> ⑤ 스페이서(spacer) 설치 ⑥ 기둥 주근 설치
> ⑦ 기둥 띠근 끼우기

(나) 철근 선조립(pre-fab) 공법

철근을 기둥, 보 등의 부위별로 공장 또는 현장에서 미리 조립해 두고 현장의 소정 위치에 설치하는 공법

① 시공정밀도 향상, 공기단축, 작업의 단순화, 구조체 공사의 시스템화 할 수 있다.
② 시공순서 : 시공도 → 공장 절단 → 가공 → 이음·조립 → 운반 → 현장 부재양중 → 이음·설치

철근공사 시 철근의 조립
〈콘크리트표준시방서〉
① 철근이 바른 위치를 확보할 수 있도록 결속선으로 결속하여야 한다.
② 철근을 조립한 다음 장기간 경과한 경우에는 콘크리트의 타설 전에 다시 조립검사를 하고 청소하여야 한다.
③ 경미한 황갈색의 녹이 발생한 철근은 일반적으로 콘크리트와의 부착을 해치지 않으므로 사용할 수 있다.
④ 철근의 피복두께를 정확하게 확보하기 위해 적절한 간격으로 고임재 및 간격재를 배치하여야 한다.
⑤ 거푸집에 접하는 고임재 및 간격재는 콘크리트 제품 또는 모르타르 제품을 사용하여야 한다.

조립용 철근(Erection bar)
철근을 조립할 때 철근의 위치를 확보하기 위하여 쓰는 보조적인 철근으로 부재에 가해지는 하중을 부담하는 주철근과는 달리 구조적인 역할없이 주철근의 조립에 불가피하게 사용되는 철근

(2) 철근의 정착

(가) 철근의 정착(철근 매립 길이)

① 철근을 정착하지 않으면 구조체가 큰 외력을 받을 때 철근과 콘크리트가 분리될 수 있다.

② 철근의 정착은 기둥이나 보의 중심에서 벗어난 위치에 둔다.

③ 정착길이는 보통콘크리트 : 압축철근 25d, 인장철근 40d(경량콘크리트 : 압축철근 30d, 인장철근 50d)

위치	보통콘크리트	경량콘크리트
압축철근 및 작은 인장력을 받는 곳	철근지름의 25배 이상	철근지름의 30배 이상
큰 인장력을 받는 곳(인장철근)	철근지름의 40배 이상	철근지름의 50배 이상

④ 큰 인장력을 받는 곳일수록 철근의 정착 길이는 길다.

⑤ 정착길이는 후크(hook) 중심 간의 거리로 하며 후크의 길이는 정착길이에 포함하지 않는다.

(나) 철근의 정착 위치

① 기둥 주근 : 기초판
② 보 주근 : 기둥 또는 큰 보
③ 보 밑 기둥이 없을 때 : 보 상호간
④ 지중보 주근 : 기초 또는 기둥
⑤ 벽 철근 : 기둥, 보, 바닥
⑥ 바닥 철근 : 보 또는 벽체
⑦ 작은 보의 주근 : 큰 보
⑧ 벽체의 주근 : 기둥, 큰 보

(다) 슬라브에서 철근배근을 가장 많이 하는 순서

① 단변 방향의 주열대 > ② 단변 방향의 주간대 > ③ 장변 방향의 주열대 > ④ 장변 방향의 주간대

※ 단변(짧은 변)방향의 철근 : 주근 // 장변(긴 변)방향의 철근 : 배력근(부근)
① 주열대 : 휨 모멘트에 대하여 위험한 단면 // 주간대(중간대) : 그 외의 부분
② 하중부담이 많은 주열대에 철근을 촘촘히 배근한다.

(3) 철근의 간격(보의 경우)

① 보의 축 방향 철근의 수평간격은 25mm 이상
② 굵은 골재 최대치수의 4/3배 이상
③ 철근 지름의 1.5배 이상 중 최대값으로 결정

보의 주근
철근 콘크리트 구조에서 휨에 의해 발생하는 인장력에 대하여 축 방향의 배치된 철근으로 보의 처짐을 방지하는 역할을 함.
(* 보 하부 주근의 처짐: 철근 배근의 오류 중에서 구조적으로 가장 위험한 것)

슬라브의 배근
① 슬라브에서의 힘의 작용: 장변 방향보다 단변 방향으로 더 많은 힘이 분배되므로 단변 방향으로 주근을 배근
② 2방향 슬라브: 가로, 세로 두 철근이 힘을 받는 2방향 슬라브로 주근과 배력근이 교차하여 배치된다.
③ 1방향 슬라브: 한쪽 방향의 철근이 힘을 받는 슬라브로 주근은 한 방향으로만 배치되고 수직 방향으로 온도철근만 배치된다.
④ 2방향 슬라브는 정사각형이거나, 장변의 길이가 단변의 2배까지인 슬라브이다.(2배 이상은 1방향 슬래브)
⑤ 건조수축 또는 온도 변화에 의하여 콘크리트 균열이 발생하는 것을 방지하기 위해 수축·온도철근을 배근한다.
⑥ 2방향 슬라브는 단변 방향의 철근을 주근으로 본다.
⑦ 2방향 슬라브는 주열대와 중간대의 배근방식이 다르다.

> **예문** 철근콘크리트 공사에 있어서 철근이 D19, 굵은 골재의 최대치수는 25mm일 때 철근과 철근의 순 간격은?
>
> **해설** 철근의 간격(보의 경우) : 보의 축 방향 철근의 수평간격은 25mm 이상, 굵은 골재 최대치수의 4/3배 이상, 철근 지름의 1.5배 이상 중 최대값으로 결정
> ⇨ ① 굵은 골재의 최대치수는 25mm × 4/3 = 33.3mm
> ② 철근 지름 19mm × 1.5 = 28.5mm
> ③ 25mm
> ⇨ 정답 33.3mm 이상

고임재(Bar Support) 및 간격재(Spacer): 조립된 철근 상호간의 간격 유지 및 피복 두께의 확보, 충격, 진동에 의한 배근의 흩어짐 방지 등

(4) 철근 고임재 및 간격재의 배치표준

부위	종류	수량 또는 배치
기초	강재, 콘크리트	8개/4m² 20개/16m²
지중보	강재, 콘크리트	간격은 1.5m 단부는 1.5m 이내
벽, 지하외벽	강재, 콘크리트	상단 보 밑에서 0.5m 중단은 상단에서 1.5m 이내 횡간격은 1.5m 단부는 1.5m 이내
기둥	강재, 콘크리트	상단은 보 밑 0.5m 이내 중단은 주각과 상단의 중간 기둥 폭 방향은 1m 미만 2개, 1m 이상 3개
보	강재, 콘크리트	간격은 1.5m 단부는 1.5m 이내
슬라브	강재, 콘크리트	간격은 상·하부 철근 각각 가로 세로 1m

다 철근의 이음

(1) 철근콘크리트 공사에서의 철근 이음

① 이음의 위치는 응력이 큰 곳을 피하고 엇갈리게 잇는다.
② 일반적으로 이음을 할 때는 이음의 위치가 같은 위치에 집중하지 않도록 한다.
③ 철근 이음에는 겹침 이음, 용접 이음, 기계적 이음 등이 있다.
④ 철근 이음은 힘의 전달이 연속적이고, 응력집중 등 부작용이 생기지 않아야 한다.
⑤ 주근의 이음은 인장력이 가장 작은 곳에 두어야 한다.
⑥ 지름이 다른 주근을 잇는 경우에는 작은 주근의 지름을 기준으로 한다.
⑦ 큰 보의 경우 하부 주근의 이음 위치는 보 경간의 양단부이다.

(2) 철근의 이음방법

1) 겹침 이음 : 결속선으로 2개소 이상 결속하여 이음. 일반적으로 많이 사용
2) 가스압접 이음 : 철근단면을 가스불꽃 등 사용하여 가열하고 기계적 압력을 가하여 접합한 맞댐 이음
3) 기계식 이음 : 나사식 이음, 충전식 이음, 압착식 이음
   ① 나사식(커플러) 이음 : 철근에 숫나사를 만들어 커플러(coupler) 양단을 너트(nut)로 조여 이음
   ② 충전식 이음 : 철근 양단부를 슬리브(sleeve)에 넣고 에폭시, 모르타르 등의 그라우트(grout)재를 충전하여 이음하는 방식
   ③ 압착(grip joint) 이음 : 철근 양단부를 슬리브에 넣고 유압잭으로 압착하여 이음하는 방식
   ④ cad welding 이음 : 철근에 슬리브를 끼워 연결하고 슬리브 구멍에 화약과 합금혼합물을 충진한 후 순간폭발로 부재를 녹여 이음하는 공법
4) 용접 이음 : 용접에 의하여 접합된 이음

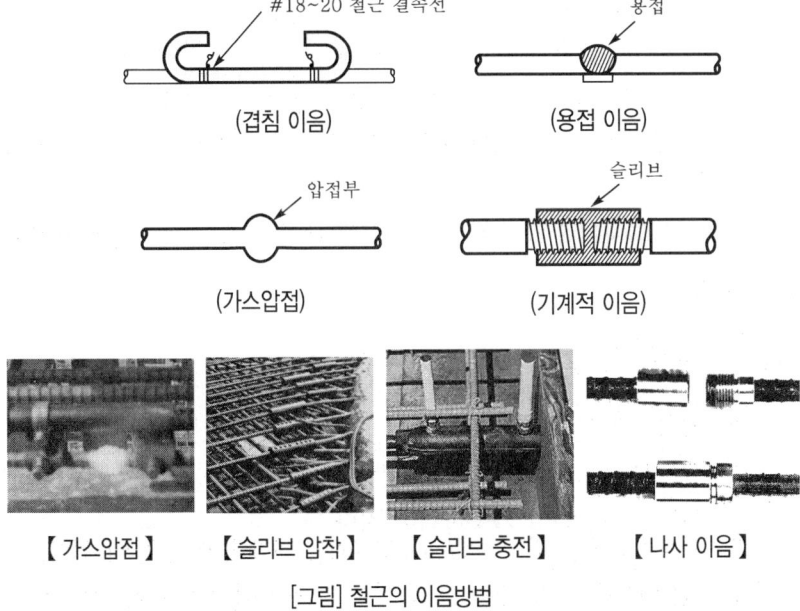

[그림] 철근의 이음방법

※ 철근이음공법 중 지름이 큰 철근을 이음할 경우 철근의 재료를 절감하기 위하여 활용하는 공법 : 가스압접 이음, 맞댐용접 이음, 나사식 커플링 이음

철근의 이음〈건축공사 표준시방서〉
가. 철근배근도에 표시되어 있지 않은 곳에 철근의 이음을 둘 경우에는 그 이음의 위치와 방법은 건축구조설계기준에 따라 정하여야 한다.
나. D35를 초과하는 철근은 겹침 이음을 할 수 없다. 다만, 서로 다른 크기의 철근을 압축부에서 겹침 이음하는 경우 D35 이하의 철근과 D35를 초과하는 철근은 겹침 이음을 할 수 있다.
다. 장래의 이음에 대비하여 구조물로부터 노출시켜 놓은 철근은 손상이나 부식을 받지 않도록 보호하여야 한다.

슬리브: 길쭉한 원통 모양의 부품

철근이음의 종류에 따른 검사시기와 횟수의 기준
(1) 가스압접 이음
   ① 외관검사: 전체개소에 대해 시행
   ② 초음파탐사검사: 1검사 로트마다 30개소 발취
   ③ 인장시험: 1검사 로트마다 3개
(2) 기계적 이음
   ① 외관검사: 전체개소에 대해 시행
   ② 인장시험: 설계도서에 의함.
(3) 용접 이음
   ① 외관검사: 모든 이음부위마다
   ② 인장시험: 500개소마다 시행

철근 이음의 기계적 이음 검사 항목 〈콘크리트표준시방서〉
① 이음위치
② 외관검사
③ 인장시험
* 가스압접이음의 검사항목: ① 이음위치, ② 외관검사, ③ 초음파탐사검사, ④ 인장시험

> **용접 설명**
> - 플럭스(flux) : 용접 시 용접봉의 피복제 역할을 하는 분말상의 재료
> - 라멜라 테어링(lamellar tearing) : 압연강판의 층 사이에 균열이 생기는 현상
> - 맞댄용접 : 둥근 경량형강 등 부재 간 홈이 벌어진 상태에서 용접하는 방법
> - 위핑 홀(weeping hole) : 용접부에 생기는 미세한 구멍

(3) 철근 가스압접 이음

(가) 가스압접 이음

철근단면을 산소·아세틸렌가스 등 사용하여 가열하고 기계적 압력을 가하여 접합한 맞댐 이음

1) 가스압접에 대한 설명
  ① 접합 온도는 대략 1200~1300℃이다.
  ② 압접 작업은 철근을 완전히 조립하기 전에 행한다.
  ③ 철근의 지름이나 종류가 다른 것을 압접하지 않는다.
    ㉠ 상호 철근지름 편차가 6mm 초과 시
    ㉡ 철근의 재질이 서로 다른 경우
    ㉢ 철근의 항복점이나 강도가 다른 경우
  ④ 기둥, 보 등의 압접 위치는 한 곳에 집중되지 않게 한다.
  ⑤ 접합 전에 압접 면을 그라인더로 평탄하게 가공해야 한다.
  ⑥ 이음공법 중 접합강도가 아주 큰 편이며 성분원소의 조직변화가 적다.
  ⑦ 이음 위치는 인장력이 가장 적은 곳에서 하고 한 곳에 집중해서는 안 된다.

2) 가스압접 이음 장점
  ① 철근조립부가 단순하게 정리되어 콘크리트 타설이 용이하다.
  ② 겹친 이음이 없어 경제적이다.
  ③ 철근의 조직변화가 적다.
  ④ 가공이 단순하고 가공면적이 적다.

3) 가스압접 이음 단점
  ① 불량부분의 검사가 어렵다.
  ② 숙련공이 필요하다.
  ③ 바람, 기온, 강우 등 기후의 영향을 받는다.
  ④ 화재의 위험이 있다.

(나) 철근 가스압접 이음 시 외관 검사 결과 불합격된 압접부의 조치 내용
① 압접 면의 엇갈림이 규정 값을 초과했을 때는 압접부를 잘라내고 재압접한다.
② 철근중심축의 편심량이 규정 값을 초과했을 때는 압접부를 떼어내고 재압접한다.
③ 형태가 심하게 불량하거나 또는 압접부에 유해하다고 인정되는 결함이 생긴 경우는 압접부를 잘라내고 재압접한다.
④ 심하게 구부러졌을 때는 재가열하여 수정한다.
⑤ 압접부 지름 또는 길이가 규정 값 미만일 때는 재가열하여 수정한다.

(4) cad welding 이음
철근에 슬리브를 끼워 연결하고 슬리브 구멍에 화약과 합금혼합물을 충진한후 순간폭발로 부재를 녹여 이음하는 공법

1) 장점
① 기후에 영향이 적고, 화재위험 감소
② 예열 및 냉각이 필요 없고, 용접 시간이 짧음.
③ 인장 및 압축에 대한 전달내력 확보용이
④ 각종 이형철근에 적용범위가 넓음.

2) 단점
① 육안검사가 불가능
② 철근의 규격이 다른 경우 사용불가

라 철근 피복두께 등

(1) 철근의 최소 피복두께 확보 목적
① 내구성 확보
② 구조내력 확보
③ 콘크리트 산화막에 의한 철근의 부식방지
④ 화재, 염해, 중성화 등으로부터의 보호(내화성 확보, 습기 및 콘크리트 중성화로 철근부식 방지)
⑤ 철근과 콘크리트의 부착응력 확보
⑥ 철근의 좌굴 방지
⑦ 철근내부응력에 의한 균열방지
⑧ 시공 시 콘크리트의 유동성 확보(골재의 유동)

(2) 철근 피복두께

① 철근을 피복하는 목적은 내구성, 내화성, 콘크리트 타설 시 유동성 확보 등에 있다.
② 철근 피복두께는 콘크리트의 표면에서 최외단에 배치된 철근 표면까지의 최단거리이다.
③ 흙에 접하는 D16 이하의 철근을 사용한 내력벽의 최소피복두께는 40mm이다.
④ 과다한 피복두께는 콘크리트 균열을 유발시켜 구조물의 사용수명을 감소시킨다.
⑤ 철근에 대한 콘크리트 최소 피복두께

(3) 철근의 최소 피복두께(콘크리트 구조설계기준의 최소피복두께)

표면조건		부재	철근	피복두께
수중에서 치는 콘크리트		모든 부재		100mm
흙에 접함	흙에 접하여 콘크리트를 친 후 영구히 흙에 묻혀 있는 콘크리트	모든 부재		80mm
	흙에 접하거나 옥외의 공기에 직접 노출되는 콘크리트	모든 부재	D29 이상	60mm
		모든 부재	D25 이하	50mm
		모든 부재	D16 이하	40mm
흙에 접하지 않음	옥외의 공기나 흙에 직접 접하지 않는 콘크리트	슬래브, 벽체, 장선	D35 초과	40mm
			D35 이하	20mm
		보, 기둥		40mm
		쉘, 절판부재		20mm

3. 거푸집공사

가 거푸집의 설치

(1) 거푸집의 역할(거푸집이 콘크리트 구조체의 품질에 미치는 영향과 역할)

① 콘크리트를 일정한 형상과 치수로 유지시킨다.
② 콘크리트의 수분누출을 방지한다.(콘크리트 수화반응의 원활한 진행을 보조)
③ 콘크리트에 대한 외기의 영향을 방지한다.
④ 철근의 피복두께를 확보한다.

> **거푸집공사의 발전방향**
> ① 대형 패널 위주의 거푸집 제작(거푸집의 대형화)
> ② 설치의 단순화를 위한 유닛(unit)화
> ③ 높은 전용 횟수
> ④ 부재의 경량화, 부재단면의 효율화
> ⑤ 공장제작, 조립
> ⑥ 기계를 사용한 운반, 설치

강관틀비계〈가설공사 표준시방서〉
주틀의 기둥관 1개당의 수직하중의 한도는 견고한 기초 위에 설치하게 될 경우에는 24.5kN(2500kgf)으로 한다.

(2) 콘크리트 타설 시 거푸집 붕괴사고 방지를 위한 검토 · 확인사항
① 콘크리트 타설계획 수립 철저
② 콘크리트 측압 파악
③ 조임철물 배치간격 검토
④ 거푸집의 안전성 검토
⑤ 동바리의 긴장도 유지
⑥ 콘크리트의 단기 집중타설 여부 검토

(3) 거푸집동바리 및 거푸집 안전설계
〈거푸집동바리 및 거푸집 안전설계 지침〉-거푸집의 구조계산 시 고려사항
4. 설계기준
4.2 하중의 계산
(1) 하중의 계산은 구조물의 종류, 형상 및 규모와 기온, 풍속, 지상에서의 높이, 타설속도 등 현장조건을 반영
(2) 하중은 연직하중, 수평하중, 콘크리트의 측압 등을 적용
(3) 연직하중은 철근콘크리트 자중 및 거푸집 부재의 자중인 고정하중과 콘크리트 타설 중 필요로 하는 장비 등의 작업하중과 장비의 이동 및 콘크리트 타설 중의 충격 등의 충격하중을 반영
(4) 수평하중은 (3)항에서 계산된 연직하중이 타설 중에 편심하중 등으로 인하여 수평분력이 작용할 경우 또는 거푸집 측면으로 예기치 못한 하중이 작용할 경우 등을 반영
(5) 거푸집의 설계에는 콘크리트의 측압을 고려하여야 함.
  (* 거푸집 구조설계 시 고려해야 하는 연직하중에서 무시해도 되는 요소 : 거푸집 중량)

(4) 거푸집공사(form work)에 대한 설명

① 거푸집은 일반적으로 콘크리트를 부어넣어 콘크리트 구조체를 형성하는 거푸집널과 이것을 정확한 위치로 유지하는 동바리, 즉 지지틀의 총칭이다.

② 콘크리트 표면에 모르타르, 플라스터 또는 타일붙임 등의 마감을 할 경우에는 마감 재료의 부착성이 요구되므로 철제 거푸집(metal form)을 사용하는 것은 적합하지 않다(미장 모르타르가 부착되지 않아 박락의 원인).

　– 철제 거푸집(metal form) : 철판, 앵글 등으로 제작한 거푸집으로 평활하고 광택 있는 면을 얻을 수 있음.

③ 거푸집공사비는 건축공사비에서의 비중이 높으므로, 설계단계부터 거푸집공사의 개선과 합리화 방안을 연구하는 것이 바람직하다.

④ 폼타이(form tie)는 콘크리트를 부어넣을 때 거푸집이 벌어지거나 우그러들지 않게 연결, 고정하는 긴결재이다.

※ 콘크리트 $1m^3$당 필요한 거푸집의 개략 면적 : $6~8m^2$(보통의 철근콘크리트 구조)

(5) 거푸집공사에 사용되는 주요부재

(가) 거푸집공사에 사용되는 자재와 역할

① 거푸집공사에 사용되는 주요부재를 거푸집판, 장선, 보강재, 동바리, 긴결재 등이 있다.

② 거푸집판은 콘크리트와 직접 접촉하여 구조물의 표면 형태를 조성한다.

③ 장선은 거푸집판의 변형을 방지하며 콘크리트의 측압 또는 하중을 거푸집판으로부터 전달받는다.

④ 폼타이(긴결재)는 벽거푸집의 양면을 조여 주며, 컬럼밴드는 기둥거푸집의 변형을 방지한다.

(나) 거푸집 긴결재 및 부속철물 등

① 긴결재(form tie) : 콘크리트의 측압에 거푸집널이 이동, 변형되지 않도록 거푸집널을 서로 연결 고정하는 것

　– 폼타이, 컬럼밴드(column band), 세퍼레이터 등을 의미하며, 거푸집을 고정하여 작업 중의 콘크리트 측압을 최종적으로 부담하여 지지하는 역할(보통 못, 꺾쇠, 철선, 볼트, 세퍼레이터, 스페이스 등과 특수 고안된 것 그리고 금속 제품 등의 총칭)

② 격리재(separator) : 긴결재로 긴결할 때 거푸집널 상호간의 간격을 유지하기 위해 거푸집널 사이에 고정시키는 것
- 비교적 간단한 구조의 합판거푸집을 적용할 때 사용되며 측압력을 부담하지 않고 단지 거푸집의 간격만 유지시켜주는 역할(보통 철근제, 파이프제를 사용)

③ 간격재(spacer) : 철근과 거푸집의 간격을 일정하게 유지시켜 철근의 피복 두께를 일정하게 유지시키는 것

④ 박리제(form oil) : 거푸집의 해체를 용이하게 하기 위하여 거푸집 면에 도포하는 기름류로 동식물유, 비눗물, 중유, 석유, 아마유, 파라핀유 등을 사용

> **참고**
> * 플랫타이(flat tie) : 유로폼에서 거푸집과 거푸집 사이의 일정한 간격으로 유지하게 하는 것
> * 컬럼밴드(column band) : 기둥 거푸집의 고정 및 측압 버팀용으로 사용하는 것
> * 인서트(insert) : 구조물 등을 달아 매기 위하여 콘크리트를 부어넣기 전에 미리 묻어 넣은 고정철물

거푸집 박리제 시공 시 유의사항
① 박리제의 도포 전에 거푸집면의 청소를 철저히 한다.
② 콘크리트 색조에는 영향이 없는지 확인 후 사용한다.
③ 콘크리트 타설시 거푸집의 온도 및 탈형 시간을 준수한다.

캠버(camber) : 보, 슬래브 및 트러스 등에서 그의 정상적 위치 또는 형상으로부터 처짐을 고려하여 상향으로 들어 올리는 것 또는 들어 올린 크기(치올림, 만곡)

캠버(camber)값
처짐을 고려 미리 보, 슬래브의 중앙부를 1/300~1/500 치켜 올림

드롭헤드(Drop Head)
철재거푸집(euro form)에서 사용되는 철물로 지주를 제거하지 않고 슬래브 거푸집만 제거할 수 있도록 한 철물

나 거푸집의 해체

(1) 거푸집널의 해체

기초, 보의 측면, 기둥, 벽의 거푸집널은 24시간 이상 양생한 후에 콘크리트 압축강도가 5MPa 이상 도달하였음을 시험에 의하여 확인된 경우에 해체할 수 있다. 거푸집널 존치기간 중 평균 기온이 10℃ 이상인 경우는 콘크리트 재령이 6일 이상 경과하면 압축강도시험을 하지 않고도 해체할 수 있다.

(2) 거푸집 해체작업 시 주의사항

① 지주를 바꾸어 세우는 동안에는 그 상부작업을 제한하여 하중을 적게 하고, 집중하중을 받는 부분의 지주는 그대로 둔다.
② 거푸집 해체작업장 주위에는 관계자 외 출입을 금지한다.
③ 제거한 거푸집은 재사용을 위해 묻어 있는 콘크리트를 제거한다.
④ 진동, 충격 등을 주지 않고 콘크리트가 손상되지 않도록 순서에 맞게 거푸집을 제거한다.
⑤ 구조물의 손상을 고려하여 제거 시 찢어져 남은 거푸집 쪽널은 제거하여야 한다.

(3) 거푸집 존치기간에 영향을 주는 요인

① 시멘트의 종류
② 구조물의 타설 부위
③ 기온
④ 콘크리트 압축강도
⑤ 양생온도

(4) 거푸집 해체시기

(가) 압축강도를 시험할 경우 거푸집 해체시기〈콘크리트 표준시방서〉

① 확대기초, 보, 기둥 및 벽 등의 측면 : 콘크리트 압축강도 5MPa 이상 (압축강도 $50 kgf/cm^2$)

② 슬래브(바닥판 밑) 및 보의 밑면
  ㉠ 단층구조의 경우 : 설계기준 압축강도의 2/3배 이상 또는 최소 14MPa 이상 ($140 kgf/cm^2$)
  ㉡ 다층구조의 경우 : 설계기준 압축강도 이상

(나) 콘크리트의 압축강도를 시험하지 않을 경우 거푸집널의 해체 시기〈콘크리트 표준시방서〉

기초, 보의 측면, 기둥, 벽의 거푸집널의 해체는 시험에 의해 (표준시방서)의 값을 만족할 때 시행하여야 한다. 특히, 내구성이 중요한 구조물에서는 콘크리트의 압축강도가 10MPa 이상일 때 거푸집널을 해체할 수 있다. 거푸집널 존치기간 중 평균기온이 10℃ 이상인 경우는 콘크리트 재령이 [표]의 재령 이상 경과하면 압축강도 시험을 하지 않고도 해체할 수 있다.

[표] 기초, 보, 기둥 및 벽의 측면 거푸집널 존치기간을 정하기 위한 콘크리트의 재령(일)

평균기온	20℃ 이상	20℃ 미만 10℃ 이상
조강 포틀랜드 시멘트	2일	3일
보통 포틀랜드 시멘트 고로 슬래그 시멘트 특급 포틀랜드 포졸란 시멘트 A종 플라이 애시 시멘트 A종	4일	6일
고로 슬래그 시멘트 1급 포틀랜드 포졸란 시멘트 B종 플라이 애시 시멘트 B종	5일	8일

(5) 거푸집공사 중 거푸집 해체상의 검사(거푸집 해체 시 확인사항)

① 수직, 수평부재의 존치기간 준수 여부
② 소요의 강도 확보 이전에 지주의 교환 여부
③ 거푸집 해체용 압축강도 확인시험 실시 여부

  ※ 거푸집 시공 후 검사 : 각종 배관 슬리브, 매설물, 인서트, 단열재 등 부착 여부

＊ 거푸집 검사에 있어 받침기둥(지주의 안전하중)검사
  ① 서포트에 대한 수직 여부 및 간격
  ② 서포트에 대한 편심, 처짐, 나사의 느슨해진 정도
  ③ 서포트 하부의 들뜸 부위 쐐기 누락 및 수평연결대 등에 대해서 면밀히 검사

다 거푸집의 종류

(1) system 거푸집

작은 부재를 사용 시마다 조립, 해체하지 않고 거푸집 부재와 지지물 등을 일체화, 대형화한 거푸집
① 골조공사의 정밀도 확보와 시공 단순화로 공기 단축 등의 효과
② 슬라이딩 폼(sliding form, slip form), 갱 폼(gang form), 클라이밍 폼(climbing form), 플라잉 폼(flying form), 터널 폼(tunnel form), 와플 폼(waffle form) 등

> 벽체전용 시스템 거푸집:
> 슬라이딩 폼(sliding form, slip form), 갱 폼(gang form), 클라이밍 폼(climbing form)

(2) 거푸집 공법

1) 유로 폼(euro form)

가장 초보적인 단계의 시스템 거푸집으로서 건물의 평면 형상이 규격화되어 표준형태의 거푸집을 변형시키지 않고 조립함으로써 현장제작에 소요되는 인력을 줄여 생산성을 향상시키고 자재의 전용횟수를 증대시키는 목적으로 사용되는 거푸집 패널
- 합판거푸집에 비해 정밀도가 높고 타 거푸집과의 조합이 대체로 쉽다.

2) 알루미늄 거푸집

① 녹이 슬지 않고, 콘크리트 표면이 미려하다.
② 전용횟수가 높아 고층공사 시 경제적이다
③ 재질이 알루미늄으로 100% 회수 가능하다.
④ 알루미늄 거푸집의 주요 시공 부위는 내부 벽체, 슬래브, 계단실 벽체이며, 슬래브 필러 시스템에 있어서 해체가 간편하다.
⑤ 자재의 초기 투자비용이 많이 든다.

> 알루미늄 거푸집
> ① 패널과 패널 간 연결 부위의 품질이 우수하다.
> ② 기존 재래식 공법과 비교하여 건축폐기물을 억제하는 효과가 있다.
> ③ 패널의 무게를 경량화하여 안전하게 작업이 가능하다.

3) 클라이밍폼(climbing form)

거푸집과 벽체 마감공사를 위한 비계틀을 일체화한 거푸집(벽 전체용 거푸집)으로 고층 구조물의 내부코어시스템에 가장 적당한 시스템 거푸집이다.

> 클라이밍 폼: 유압을 이용하여 인양
> ① 갱 폼에 비해 복잡한 형태의 견고한 시스템
> ② ACS(auto climbing form), RCS(rail climbing form)

4) 플라잉 폼(flying form)

바닥전용 거푸집으로서 테이블 폼(table form)이라고도 부르며 거푸집판, 장선, 멍에, 서포트 등을 일체로 제작하여 수평, 수직 방향으로 이동하는 시스템 거푸집

① 갱폼과 조합하여 사용 가능하고 시공 정밀도와 전용성 우수하며 처짐 및 외력에 대한 안정성이 우수하다.
② 대형바닥거푸집으로써 인력절감과 공기단축, 고소작업자의 안전성 확보 등의 장점이 있다.

5) 트레블링 폼(travelling form)

해체 및 이동에 편리하도록 제작한 시스템화된 이동식 거푸집으로써 건축분야에서 쉘, 아치, 돔같은 건축물에도 적용되는 거푸집(수평이동 거푸집) - 터널, 교량, 지하철 등에 주로 적용되는 거푸집

> **트래블링 폼**
> 수평으로 연속된 구조물에 적용되며 해체 및 이동에 편리하도록 제작된 이동식 거푸집공법이다.

6) 갱 폼(gang form)

거푸집, 철재 서포트, 작업틀을 일체화한 거푸집으로 주로 외벽의 두꺼운 벽체, 옹벽, 피어기초에 이용(대형벽체거푸집)

① 조립, 분해 없이 탈형만 함에 따라 시간이 단축되고 인력절감이 가능하다.
② 콘크리트 이음부위(joint)감소로 마감이 단순해지고 비용이 절감된다.
③ 주요부재의 재사용이 가능하며 전용성 우수하고 외력에 대한 안정성 우수하다.
④ 중량이 크므로 운반시 대형 중장비 필요하고 거푸집 제작 시간이 필요하다.
　㉠ 타워크레인, 이동식 크레인같은 양중장비가 필요하다.
　㉡ 공사초기 제작기간이 길고 투자비가 큰 편이다.
　㉢ 경제적인 전용횟수는 30~40회 정도이다.
⑤ 제작장소 및 해체 후 보관장소가 필요하다.

> **갱 폼**
> 타워크레인 등의 시공장비에 의해 한 번에 설치하고 탈형만 하므로 사용할 때마다 부재의 조립 및 분해를 반복하지 않아 평면상 상하부 동일 단면의 벽식 구조인 아파트 건축물에 적용 효과가 큰 대형 벽체거푸집

7) 터널 폼(tunel form)

벽식 철근콘크리트 구조를 시공할 경우 벽과 바닥(슬래브)의 콘크리트 타설을 한 번에 가능하게 하기 위하여, 벽체용 거푸집과 슬래브 거푸집을 일체로 제작하여 한 번에 설치하고 해체할 수 있도록 한 거푸집

① 거푸집의 전용횟수는 약 200회 정도이다.
② 노무 절감, 공기단축이 가능하다.
③ 조립과 해체가 쉬워 변형이 없고, 콘크리트면이 평활하다.

④ 이 폼의 종류에는 트윈 쉘(twin shell)과 모노 쉘(mono shell)이 있다.
　㉠ 모노 쉘(mono shell form) : n형으로 제작(1개)하여 동일한 스팬의 구조체에 사용
　㉡ 트윈 쉘(twin shell form) : ㄱ자형의 거푸집(2개)을 맞대어 이음하는 방식

8) 슬라이딩 폼(sliding form), 스립 폼(slip form)

평면 형상이 일정하고 돌출부가 없는 높은 구조물에 시공이음 없이 균일한 형상으로 시공하기 위해 거푸집을 끌어 올리면서 연속하여 콘크리트를 타설하는 공법(요오크(york), 유압잭, 로드이용)

① 요오크로 서서히 끌어 올리며 연속적으로 콘크리트를 부어 넣어 일체성을 확보할 수 있다.
② 공기단축이 가능하다.
③ 곡물창고, 굴뚝, 사일로, 교각 및 상하 단면이 같은 기둥 등의 공사에 사용한다.
④ 내외부에 비계발판을 설치할 필요가 없다.
⑤ 복잡한 구조물이나 돌출부가 있는 곳에는 사용하지 못한다.
⑥ 1일 5~10m 정도 수직시공이 가능하므로 시공속도가 빠르다.
⑦ 형상 및 치수가 정확하며 시공오차가 적다.

> **슬라이딩 폼**
> ① 마감 작업이 동시에 진행되므로 공정이 단순화된다.
> ② 구조물 형태에 따른 사용 제약이 있다.
> ③ 활동(滑動) 거푸집이라고도 한다.

9) 워플폼(waffle form)

무량판 구조 또는 평판구조에서 2방향 장선 바닥판 구조가 가능하도록 특수 상자 모양의 기성재 거푸집

> 무량판 구조: 보가 없이 기둥과 슬라브만으로 하중을 견딜 수 있도록 한 구조

10) ACS(Automatic Climbing System)거푸집

① 거푸집에 부착된 유압장치 시스템을 이용하여 상승한다.
② 초고층 건축물 시공 시 코어 선행 시공에 유리하다.

11) 섬유재(textile)거푸집

콘크리트 타설 직후 불필요한 물을 제거하기 위해 거푸집 표면에 섬유를 붙임

① 탈수효과로 표면강도가 증가한다.
② 경화시간이 단축된다.
③ 동결융해 저항성이 향상된다.
④ 통기효과로 인한 블리딩 감소 및 잉여수의 배출로 미관이 좋아진다.

무지주 공법: 받침기둥이 필요 없는 가설 수평 지지보로 충고가 높은 슬래브 거푸집 하부에 적용하여 하층의 작업공간을 확보
① 보우빔(bow beam): 트러스형태의 경량가설보로 수평조절이 불가능
② 페코빔(pecco beam): 수평조절이 가능하고 전용성이 우수
③ 철근일체형 데크플레이트(deck plate)

12) 보우빔(bow beam)

하층의 작업공간을 확보하기 위하여 받침 기둥이 필요없는 가설 수평 지지보(무지주공법)

　＊ 수평 지지보 : 받침 기둥을 쓰지 않고 보를 걸어서 거푸집 널을 지지하는 것. 수평조절이 불가능한 보우빔(bow beam)과 수평조절이 가능 한 페코빔(pecco beam)이 있다.

① 충고가 높고 큰 스팬에 유리하다.
② 무폼타이 거푸집이다.
③ 구조적으로 안전성이 확보된다.
④ 지주가 없어 하부를 작업공간으로 활용할 수 있다.
⑤ 철골공사에 적용된다.

13) 메탈라스(metal lath) 폼

주로 이음이 필요한 지중보 등에서 특수 리브라스(rib lath)와 목재프레임을 부속철물로 고정하고 콘크리트를 타설함으로써 거푸집 해체작업이 필요 없는 공법

14) 무폼타이 거푸집(tie-less formwork)

지하 합벽거푸집에서 측압에 대비하여 버팀대를 삼각형으로 일체화한 공법

① 벽의 양면에 거푸집 설치가 어려운 경우 한 면에만 거푸집을 설치하여 폼타이 없이 측압을 지지하도록 한 거푸집 공법
② 브레이스 프레임(brace frame)를 사용

솔져시스템(soldier system)
• 합벽지지대, 무폼타이 거푸집(Brace Frame 공법)
• 합벽지지대(Brace Frame for Single Sided Wall): 긴 결재를 사용하지 않고 바닥에 선매립된 앙카 볼트를 이용하여 합벽거푸집을 지지하는 콘크리트 측압 지지성능이 우수한 트러스형 강재지지대
(*합벽: 뒤 흙 부분에 거푸집을 설치하지 않고 만드는 벽)

CHAPTER 04 항목별 우선순위 문제 및 해설

01 콘크리트 공사의 일정계획에 영향을 주는 주요 요인이 아닌 것은?

① 건축물의 규모
② 거푸집의 존치기간 및 전용횟수
③ 시공도(Shop Drawing) 작성 기간
④ 강우, 강설, 바람 등의 기후 조건

해설 철근콘크리트 공사의 일정계획에 영향을 주는 주요요인
① 건축물의 규모 및 대지주변 상황
② 자재 수급 여건
③ 요구 품질 및 정밀도 수준
④ 거푸집의 존치기간 및 전용횟수
⑤ 강우, 강설, 바람 등의 기후 조건

02 콘크리트 공사에서 사용되는 혼화재료 중 혼화제에 속하지 않는 것은?

① 공기연행제   ② 감수제
③ 방청제   ④ 팽창재

해설 혼화재료 : 시멘트, 물, 골재를 제외한 재료로 콘크리트의 성질을 개선하기 위해 첨가하는 재료
1) 혼화제(混和劑)
  ① 물리, 화학적 작용에 의해 경화 전후의 콘크리트 성질을 개선할 목적으로 사용
  ② 공기연행제(AE제), 감수제, 유동화제, 응결·경화조정제, 기포제, 방청제
2) 혼화재(混和材)
  ① 콘크리트의 워커빌리티 향상, 수화열 감소, 수축저감, 알칼리성의 감소 등을 목적으로 혼합 사용하는 재료
  ② 플라이애시(Fly-ash), 고로슬래그, 실리카흄(Silica Fume), 팽창재, 수축저감재, 착색재, 포졸란

03 혼화제인 AE제를 콘크리트 비빔할 때 투입했을 경우 콘크리트의 공기량에 대한 설명 중 옳지 않은 것은?

① AE제에 의한 공기량은 기계비빔이 손비빔보다 증가한다.
② AE제에 의한 공기량은 진동을 주면 감소한다.
③ AE제에 의한 공기량은 온도가 높아질수록 증가한다.
④ AE제에 의한 공기량은 자갈의 입도에는 거의 영향이 없고, 잔골재의 입도에는 영향이 크다.

해설 공기연행제(AE제)
콘크리트 내부에 미세한 독립기포를 발생시켜 콘크리트의 작업성(워커빌리티 개선) 및 동결융해 저항성을 향상시키는 혼화제(AE제는 시공연도를 향상시키고 단위수량을 감소시킨다.)
- AE제에 의한 공기량은 온도가 높아질수록 감소한다.

04 콘크리트 골재에 대한 설명 중 옳지 않은 것은?

① 골재는 청정, 견경, 내구성 및 내화성이 있어야 한다.
② 골재에 포함된 부식토, 석탄 등의 유기물은 콘크리트의 경화를 방해하여 콘크리트 강도를 떨어뜨리게 한다.
③ 실트, 점토, 운모 등의 미립분은 골재와 시멘트의 부착을 좋게 한다.
④ 골재의 강도는 콘크리트 중에 경화한 모르타르의 강도 이상이 요구된다.

해설 골재에 관한 설명
③ 골재의 불순물(먼지, 점토덩어리, 실트, 부식토, 석탄 등의 유기물 및 화학염류 등으로 골재에 유해물)이 많으면 골재의 부착력과 시멘트의 수화작용이 나빠지고 강도, 재구성, 안정성 등을 해친다.

정답 01. ③ 02. ④ 03. ③ 04. ③

05 재료분리를 일으키지 않고 타설, 다지기 등의 작업이 용이하게 될 수 있는 정도를 나타내는 굳지 않은 콘크리트의 성질을 말하는 것은?

① 워커빌리티
② 피니셔빌리티
③ 펌퍼빌리티
④ 플라스티시티

해설 **콘크리트의 워커빌리티(Workability, 시공연도(施工練度))** : 반죽질기 여하에 따르는 작업의 난이 정도 및 재료의 분리에 저항하는 정도를 나타내는 아직 굳지 않은 콘크리트의 성질을 말함(콘크리트의 재료분리현상 없이 거푸집 내부에 쉽게 타설 할 수 있는 정도를 나타내는 것)

06 거푸집의 콘크리트 측압에 대한 설명으로 옳은 것은?

① 묽은 콘크리트일수록 측압이 작다.
② 온도가 낮을수록 측압은 작다.
③ 콘크리트의 붓기 속도가 빠를수록 측압이 크다.
④ 거푸집의 강성이 클수록 측압이 작다.

해설 **콘크리트의 측압**
콘크리트 타설 시 기둥, 벽체에 가해지는 콘크리트 수평방향의 압력. 콘크리트의 타설높이가 증가함에 따라 측압이 증가하나 일정높이 이상이 되면 측압은 감소
① 거푸집 수밀성이 클수록 측압이 커진다.
② 철근량이 적을수록 측압이 커진다.
③ 부어넣기 빠를수록 측압이 커진다.
④ 외기의 온·습도가 낮을수록 측압은 크다.
⑤ 슬럼프가 클수록 측압이 커진다.
⑥ 콘크리트의 단위 중량(밀도)이 클수록 측압이 커진다.
⑦ 거푸집 표면이 평활할수록 측압이 커진다.
⑧ 거푸집의 수평단면이 클수록 크다.
⑨ 시공연도(workability)가 좋을수록 측압이 커진다
⑩ 거푸집의 강성이 클수록 크다.
⑪ 다짐이 좋을수록 측압이 커진다.
⑫ 벽 두께가 두꺼울수록 측압은 커진다.

07 콘크리트 타설에 관한 설명 중 옳지 않은 것은?

① 부어넣기는 기둥(벽) → 보 → 슬래브 순으로 한다.
② 한 구획의 타설이 시작되면 콘크리트가 일체가 되도록 연속적으로 부어 넣는다.
③ 비비는 장소 또는 플로어호퍼에서 가까운 곳부터 부어 넣는다.
④ 콘크리트의 자유낙하 높이는 콘크리트가 분리되지 않도록 가능한 한 낮게 타설한다.

해설 **콘크리트 타설**
① 콘크리트 타설은 기둥 → 벽체 → 계단 → 보 → 바닥판의 순서로 한다.
② 콘크리트 타설은 운반거리가 먼 곳부터 타설을 시작한다.
③ 콘크리트를 타설할 때는 재료의 분리가 일어나지 않도록 타설높이를 낮게 한다.

08 콘크리트 타설 후 진동다짐에 대한 설명으로 틀린 것은?

① 진동기는 하층 콘크리트에 10cm 정도 삽입하여 상하층 콘크리트를 일체화 시킨다.
② 진동기는 가능한 연직방향으로 찔러 넣는다.
③ 진동기를 빼낼 때는 서서히 뽑아 구멍이 남지 않도록 한다.
④ 된비빔 콘크리트의 경우 구조체의 철근에 진동을 주어 진동효과를 좋게 한다.

해설 **콘크리트의 진동다짐 진동기의 사용**
① 진동기는 될 수 있는 대로 수직방향(연직방향)으로 사용한다.
② 묽은 반죽에서 진동다짐은 별 효과가 없다.
③ 진동의 효과는 봉의 직경, 진동수, 진폭 등에 따라 다르며, 진동수가 큰 것일수록 다짐효과가 크다.
④ 진동기를 뺄 때는 천천히 빼내 자국이 남지 않도록 한다.

정답 05.① 06.③ 07.③ 08.④

⑤ 진동기의 선단을 철근에 접촉시키지 않는다.
⑥ 진동기는 하층 콘크리트에 10cm 정도 삽입하여 상하층 콘크리트를 일체화시킨다.

09 콘크리트 타설 시 이음부에 관한 설명으로 옳지 않은 것은?

① 보, 바닥슬래브 및 지붕슬래브의 수직 타설이음부는 스팬의 중앙부근에 주근과 수평방향으로 설치한다.
② 기둥 및 벽의 수평 타설이음부는 바닥슬래브, 보의 하단에 설치하거나 바닥슬래브, 보, 기초보의 상단에 설치한다.
③ 콘크리트의 타설이음면은 레이턴스나 취약한 콘크리트 등을 제거하여 새로 타설하는 콘크리트와 일체가 되도록 처리한다.
④ 타설이음부의 콘크리트는 살수 등에 의해 습윤시킨다. 다만, 타설이음면의 물은 콘크리트 타설 전에 고압공기 등에 의해 제거한다.

[해설] **콘크리트 타설 시 이음부**
① 보, 바닥슬래브 및 지붕슬래브의 수직타설이음부는 스팬의 중앙부근에 주근과 직각방향으로 설치한다.

10 결함부위로 균열의 집중을 유도하기 위해 균열이 생길만한 구조물의 부재에 미리 결함부위를 만들어 두는 것을 무엇이라 하는가?

① 신축줄눈   ② 침하줄눈
③ 시공줄눈   ④ 조절줄눈

[해설] **콘크리트의 이음(줄눈)**
① 콜드 조인트(cold joint) : 콘크리트 공사의 시공과정 중 휴식시간 등으로 응결하기 시작한 콘크리트에 새로운 콘크리트를 이어칠 때 일체화가 저해되어 생기는 줄눈(계획되지 않은 줄눈)
② construction joint(시공줄눈) : 한 번에 시공이 불가능해서 생기는 줄눈(미리 계획한 줄눈)
③ control joint(조절줄눈) : 바닥판의 수축에 의하여 표면균열을 방지하기 위한 줄눈

- 결함부위로 균열의 집중을 유도하기 위해 균열이 생길만한 구조물의 부재에 미리 결함부위를 만들어 두는 것
④ expansion joint(신축줄눈) : 온도변화에 따른 팽창, 수축 혹은 부동침하, 진동 등에 의한 신축팽창을 흡수시킬 목적으로 설치하는 줄눈

11 다음 중 경량콘크리트의 특징이 아닌 것은?

① 자중이 적고 건물중량이 경감된다.
② 강도가 작다.
③ 건조수축이 적다.
④ 내화성이 크고 열전도율이 적으며 방음효과가 크다.

[해설] **경량콘크리트(lightweight concrete)**
보통의 콘크리트보다 중량이 작은 콘크리트이며 경량골재를 사용한 것과 기포제를 사용하여 만든 기포콘크리트 등이 있다.
- 경량콘크리트는 자중이 적고, 단열효과가 우수하나 다공질로서 강도가 작고 건조수축이 크다.

12 서중 콘크리트 공사에 대한 설명으로 옳은 것은?

① 서중콘크리트란 일 평균 기온 20도를 초과하는 시기에 시공되는 콘크리트를 말한다.
② 서중콘크리트는 초기강도 발현이 빠르기 때문에 장기 강도가 높다.
③ 부어넣을 때의 콘크리트 온도는 40도 이하로 한다.
④ 혼화제는 AE감수제 지연형 또는 감수제 지연형을 사용한다.

[해설] **서중콘크리트** : 하루 평균 기온이 25℃를 초과하는 경우에 시공
① 콘크리트 온도 상승으로 단위수량이 증가하여 강도 및 내구성이 저하한다.
② 슬럼프 로스가 발생한다(운반 중의 슬럼프 저하).
③ 콘크리트의 응결이 촉진되어 콜드조인트(cold joint)의 발생한다.

정답 09. ① 10. ④ 11. ③ 12. ④

④ 수분의 급격한 증발에 의한 균열의 발생 등 위험성이 증가한다.
⑤ 연행공기량이 감소한다.
⑥ 부어넣을 때의 콘크리트 온도는 35℃ 이하로 한다.
⑦ 혼화제는 AE감수제 지연형 또는 감수제 지연형을 사용한다.

13 특수콘크리트에 관한 설명 중 옳지 않은 것은?

① 한중콘크리트는 동해를 받지 않도록 시멘트를 가열하여 사용한다.
② 경량콘크리트는 자중이 적고, 단열효과가 우수하다.
③ 중량콘크리트는 방사선 차폐용으로 사용된다.
④ 매스콘크리트는 수화열이 적은 시멘트를 사용한다.

해설 **한중콘크리트**
하루의 평균기온이 4℃ 이하로 예상될 때는 한중콘크리트로 시공하여야 한다.
① 재료를 가열하는 경우 시멘트는 가열금지하고, 물를 가열하는 것을 원칙으로 하며, 골재는 직접 불꽃에 대어 가열한다.

14 철근콘크리트 공사에서 철근의 정착위치에 관한 설명으로 틀린 것은?

① 기둥의 주근은 벽에 정착
② 지중보의 주근은 기초 또는 기둥에 정착
③ 벽철근은 기둥, 보, 바닥판에 정착
④ 바닥판 철근은 보 또는 벽체에 정착

해설 **철근의 정착 위치**
① 기둥 주근 : 기초 또는 바닥판
② 보 주근 : 기둥 또는 큰 보
③ 보 밑 기둥이 없을 때 : 보 상호간
④ 지중보 주근 : 기초 또는 기둥
⑤ 벽 철근 : 기둥, 보, 바닥
⑥ 바닥 철근 : 보 또는 벽체
⑦ 작은 보의 주근 : 큰 보
⑧ 벽체의 주근 : 기둥, 큰 보

15 흙에 접하는 내력벽에 쓰이는 D16 이하 철근의 최소 피복두께는?

① 30mm
② 40mm
③ 50mm
④ 60mm

해설 철근의 최소 피복두께(콘크리트 구조설계기준의 최소피복두께)

표면조건		부재	철근	피복두께
흙에 접함	흙에 접하여 콘크리트를 친 후 영구히 흙에 묻혀 있는 콘크리트	모든 부재		80mm
	흙에 접하거나 옥외의 공기에 직접 노출되는 콘크리트	모든 부재	D29 이상	60mm
		모든 부재	D25 이하	50mm
		모든 부재	D16 이하	40mm

16 철근공사에 사용하고 있는 철근의 이음방법이 아닌 것은?

① 기계식 이음
② 갈고리 이음
③ 겹침 이음
④ 용접 이음

해설 **철근의 이음방법**
1) 겹침 이음 : 결속선으로 2개소 이상 결속하여 이음. 일반적으로 많이 사용
2) 가스압접 이음 : 철근단면을 가스불꽃 등 사용하여 가열하고 기계적 압력을 가하여 용접한 맞댐이음
3) 기계식 이음 : 나사식 이음, 충전식 이음, 압착식 이음
4) 용접 이음

정답 13.① 14.① 15.② 16.②

17 가스압접에 관한 설명 중 옳지 않은 것은?
① 접합온도는 대략 1200~1300℃이다.
② 압접 작업은 철근을 완전히 조립하기 전에 행한다.
③ 철근의 지름이나 종류가 다른 것을 압접하는 것이 좋다.
④ 기둥, 보 등의 압접 위치는 한 곳에 집중되지 않도록 한다.

[해설] **가스압접 이음**
철근단면을 산소·아세틸렌 가스 등을 사용하여 가열하고 기계적 압력을 가하여 용접한 맞댐 이음
③ 철근의 지름이나 종류가 다른 것을 압접하지 않는다.
  - 상호 철근지름 편차가 6mm 초과 시
  - 철근의 재질이 서로 다른 경우
  - 철근의 항복점이나 강도가 다른 경우

18 거푸집 구조설계 시 고려해야 하는 연직하중에서 무시해도 되는 요소는?
① 작업 하중
② 거푸집 중량
③ 콘크리트 자중
④ 타설 충격 하중

[해설] **거푸집동바리 및 거푸집 안전설계**
① 하중은 연직하중, 수평하중, 콘크리트의 측압 등을 적용
② 연직하중은 철근콘크리트 자중 및 거푸집 부재의 자중인 고정하중과 콘크리트 타설 중 필요로 하는 장비 등의 작업하중과 장비의 이동 및 콘크리트 타설 중의 충격 등의 충격하중을 반영

19 폼타이, 컬럼밴드 등을 의미하며, 거푸집을 고정하여 작업 중의 콘크리트 측압을 최종적으로 부담하는 것은?
① 박리제   ② 간격재
③ 격리재   ④ 긴결재

[해설] **긴결재(form tie)**
콘크리트의 측압에 거푸집널이 이동, 변형되지 않도록 거푸집널을 서로 연결 고정하는 것
- 폼타이, 컬럼밴드(column band), 세퍼레이터 등을 의미하며, 거푸집을 고정하여 작업 중의 콘크리트 측압을 최종적으로 부담하여 지지하는 역할(보통 못, 꺽쇠, 철선, 볼트, 세퍼레이터, 스페이스 등과 특수 고안된 것 그리고 금속 제품 등의 총칭)

20 철근콘크리트 공사에서 일반적으로 거푸집 존치기간 가장 긴 부분은?
① 보옆   ② 기둥
③ 외벽   ④ 바닥판밑

[해설] **압축강도를 시험할 경우 거푸집 해체시기(콘크리트 표준시방서)**
① 확대기초, 보, 기둥 및 벽 등의 측면 : 콘크리트 압축강도 5MPa 이상(압축강도 50kgf/cm^2)
② 슬래브(바닥판 밑) 및 보의 밑면
  ㉠ 단층구조의 경우 : 설계기준 압축강도의 2/3배 이상 또는 최소 14MPa 이상(140kgf/cm^2)
  ㉡ 다층구조의 경우 : 설계기준 압축강도 이상

21 벽식 철근콘크리트 구조를 시공할 경우, 벽과 바닥의 콘크리트 타설을 한 번에 가능하게 하기 위하여 벽체용 거푸집과 슬래브거푸집을 일체로 제작하여 한 번에 설치하고 해체할 수 있도록 한 시스템 거푸집은?
① 갱폼   ② 클라이밍폼
③ 슬립폼   ④ 터널폼

[해설] **터널폼(tunel form)**
① 거푸집의 전용횟수는 약 200회 정도이다.
② 노무 절감, 공기단축이 가능하다.
③ 조립과 해체가 쉬워 변형이 없고, 콘크리트면이 평활하다.
④ 이 폼의 종류에는 트윈 쉘(twin shell)과 모노 쉘(mono shell)이 있다.
  ㉠ 모노 쉘(mono shell form) : ∩형으로 제작(1개)하여 동일한 스팬의 구조체에 사용
  ㉡ 트윈 쉘(twin shell form) : ㄱ자형의 거푸집(2개)을 맞대어 이음하는 방식

정답 17.③ 18.② 19.④ 20.④ 21.④

22 다음 각 거푸집 공법에 대한 설명으로 옳지 않은 것은?

① 클라이밍 폼(climbing form) - 대형바닥거푸집으로써 인력절감과 공기단축, 고소작업자의 안전성 확보 등의 장점이 있다.
② 갱 폼(gang form) - 대형벽체거푸집으로써 인력절감 및 재사용이 가능한 장점이 있다.
③ 유로 폼(euro form) - 합판거푸집에 비해 정밀도가 높고 타 거푸집과의 조합이 대체로 쉽다.
④ 트래블링 폼(traveling form) - 해체 및 이동에 편리하도록 제작한 시스템화 된 이동성 거푸집공법이다.

해설 거푸집 공법
① 클라이밍폼(climbing Form) : 거푸집과 벽체 마감공사를 위한 비계틀을 일체화한 거푸집(벽전체용 거푸집)으로 고층 구조물의 내부 코어시스템에 가장 적당한 시스템 거푸집이다.
② 플라잉 폼(flying form) : 바닥전용 거푸집으로서 테이블 폼(table form)이라고도 부르며 거푸집판, 장선, 멍에, 서포트 등을 일체로 제작하여 수평, 수직 방향으로 이동하는 시스템 거푸집

정답 22. ①

Chapter 05 철골공사

1. 철골작업

가 일반구조용 압연강재 SS275(변경 전 SS400)

(SS : Steel-Structure의 약자, 275 : 항복강도가 400MPa 이상)

① 특징 : 탄소함유량이 적어(0.2~0.3% 정도) 열처리가 되지 않기 때문에 열처리 없이 사용

② 항복점 또는 항복강도(fy) 기준값
　㉠ 강재의 두께 16mm 이하 : 275MPa 이상
　㉡ 16mm 초과 ~ 40mm 이하 : 265MPa 이상
　㉢ 40mm 초과 ~ 100mm 이하 : 245MPa 이상
　㉣ 100mm 초과 : 235MPa 이상

> **memo**
>
> 일반구조용 형강: KS D 3503의 SS400(Fy=235Mpa)에 적합한 것
>
> 철강재 SN 355 B에서 기호의 의미
> ① S : Steel
> ② N : 건축 구조용 압연강재
> ③ 355 : 최저 항복강도 355N/mm^2
> ④ B : 용접성에 있어 중간 정도의 품질

나 철골 가공

(1) 철골부재 절단

　(가) 철골부재 절단 방법 : ① 전단 절단 ② 톱 절단 ③ 가스 절단
　　1) 절단면의 상태가 양호한 순서 : 톱 절단 > 전단 절단 > 가스 절단
　　2) 톱 절단 : 철골부재 절단 방법 중 가장 정밀한 절단 방법으로 앵글 커터(angle cutter), 프릭션 소(friction saw) 등으로 작업하는 것 (판두께 13mm 초과 형강이나 정밀 절단 시 사용)
　(나) 철골부재 공장제작에서 강재의 절단 방법 : ① 기계 절단법 ② 가스 절단법 ③ 프라즈마 절단법

(2) 철골 부재 조립 시 구멍 뚫기

　① 펀칭(punching) : 부재두께 13mm 이하일 때 사용한다.
　② 송곳뚫기(drilling) : 부재두께 13mm 이상, 주철재이거나 기밀성이 요구되는 곳에서 사용한다.(드릴뚫기)
　　- 고력볼트용 구멍뚫기는 드릴뚫기로 하고, 볼트, 앵커볼트는 드릴뚫기를 원칙으로 한다.

| 철골부재의 절단 및 가공조립에 사용되는 기계
① 메탈터치(metal touch) 부위 가공 - 페이싱머신(facing machine), 플레이트 쉐어링기(plate shearing) 등의 절삭가공기를 사용하여 부재 상호간에 충분히 밀착토록 함
② 형강류 절단 - 해크소(hack saw)
③ 판재류 절단 - 플레이트 쉐어링기(plate shearing)
④ 볼트접합부 구멍 가공 - 드릴(drill), 펀치(punch) 리머(reamer)

와셔(washers): 볼트 및 너트의 고정시킬 부분 사이에 들어가는 고리 모양의 부품으로 압력을 분산함

고장력 볼트 접합방식
① 마찰접합: 볼트의 강력한 체결력에 의한 압축력으로 발생한 마찰력으로 접합
② 지압접합: 볼트와 접합부재와의 지압에 의한 접합(보통의 볼트 접합방법)

지압(bearing): 두 개의 접합재가 압축력을 받아 서로 누르고 있는 힘

고장력 볼트의 호칭지름: 볼트의 경우 바깥지름(나사산), 너트는 안지름(나사의 골)으로 함(M12: 볼트 나사산까지 지름 12mm)

조임방법
① 1차 조임: 토크 값을 목푯값의 약 70% 정도로 조임
② 본조임
• 토크관리법: 표준볼트 장력의 100%를 얻을 수 있도록 조정된 조임 기구로 조임(임팩트 렌치)
• 너트회전법: 1차 조임 완료 후를 기점으로 너트를 120°(M12는 60°) 회전시켜 조임

가볼트: 본조임 또는 현장조임까지의 설치기구의 변형, 도괴를 방지하기 위해 사용한 볼트

---

③ 리밍(reaming) : 구멍의 위치가 다소 다를 때 구멍을 맞추기 위한 수정, 정리작업이며 구멍의 최대편심거리는 1.5mm 이하로 한다. 3장 이상 부재가 겹칠 때 구멍지름보다 1.5mm 작게 뚫은 후 리머(reamer)로 조정한다(구멍가심).

  ＊ 금매김 : 강재면에 강필로 볼트구멍 위치와 절단 개소 등을 그리는 일

다 고장력(고력) 볼트접합

(1) 고장력 볼트접합에 관한 설명

① 고력볼트 세트의 구성은 고력볼트 1개, 너트 1개 및 와셔 2개로 구성한다.
② 접합방식의 종류는 마찰접합, 지압접합, 인장접합이 있다.
③ 볼트의 호칭지름에 의한 분류는 M12, M16, M20, M22, M24, M27, M30로 한다.
④ 고장력 볼트란 항복강도 700MPa 이상, 인장강도 900MPa 이상인 볼트다.
⑤ 조임은 토크관리법과 너트회전법에 따른다.
⑥ 현장에서의 시공설비가 간편하다.
⑦ 접합부재 상호간의 마찰력에 의하여 응력이 전달된다.
⑧ 불량개소의 수정이 용이하고 이음부분의 강도가 크다.
⑨ 작업 시 화재의 위험이 적다.

(2) 고장력 볼트 이음

고장력 볼트 이음에서 가볼트는 중볼트 등을 사용하고, 소요 볼트의 1/3 정도 또한 2개 이상을 웨브와 플랜지에 균형 있게 배치한다.

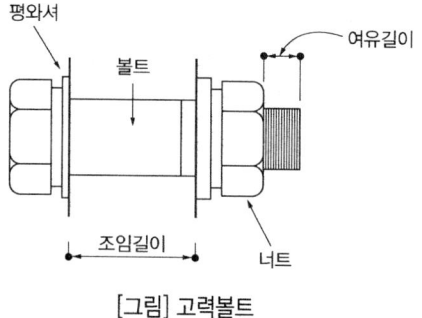

[그림] 고력볼트

(3) 고력볼트, 볼트 및 앵커볼트의 공칭축 직경에 대한 구멍지름

종류	구멍지름(D, mm)	공칭축 직경(d, mm)
고력볼트	d+2.0	d<27
	d+3.0	d≥27
볼트	d+0.5	-
앵커볼트	d+5.0	-

(4) T.S Bolt를 체결작업할 때의 유의사항
① 부재와 부재의 접합면은 완전히 밀착되어야 한다.
② 용접과 볼트를 병행이음할 경우에는 용접 완료 후에 체결한다(원칙적으로 용접과 볼트는 병용사용 안 됨).
③ 볼트의 표면온도가 250℃ 이상일 경우 기계적 성질에 변할 수 있으므로 볼트 주변에서 용접 시 주의한다.

(5) 지압형 고장력볼트
고력볼트 접합에서 축부(軸部)가 굵게 되어 있어 볼트 구멍에 빈틈이 남지 않도록 고안된 볼트

> **참고**
> ※ TC볼트 : 6각형의 핀테일(pintail)과 브레이크 넥(break neck)의 회전 방향력으로 조이는 방법
> ※ PI볼트 : 표준 너트와 짧은 너트가 브레이크 넥으로 결합되어 있는 것
> ※ 그립볼트 : 볼트를 조임 건(gun)으로 당겨 압착시키는 유압식 공법

> **철골공사와 관련된 용어**
> ① 메탈터치(metal touch) : 철골기둥의 이음부를 가공하여 상하부 기둥 밀착을 좋게 하고 축력을 하부 기둥 밀착면에 직접 전달시키는 이음방법
> ② 밀 스케일(mill scale) : 압연 강재가 냉각될 때 표면에 생기는 산화철의 표피
> ③ 토크렌치(torque wrench) : 고력볼트와 같이 일정한 값 이상의 연결력을 요하는 볼트의 연결 또는 검사에 사용
> ④ 임팩트렌치(impact wrench) : 압축공기를 사용하여 볼트를 강력하게 조이는데 사용
> ⑤ 너트 회전법 : 고력 볼트의 축력의 양을 너트의 회전량으로 판정하는 시험법
> ⑥ 스터드 볼트(stud bolt) : 양쪽 끝 모두 수나사로 되어 있는 나사
> ⑦ 데크 플레이트(deck plate) : 철골구조물에 콘크리트슬래브를 설치하기 위한 구조재료로서 거푸집을 대용할 수 있는 것
> ⑧ 액세스플로어(access floor) : 콘크리트 슬래브와 바닥 마감 사이에 전선, 통신선의 배선을 원활하게 하기 위한 공간을 둔 이중 바닥

강 구조 건축물의 현장조립 시 볼트시공
① 볼트 조임 작업 전에 마찰접합면의 흙, 먼지 또는 유해한 도료, 유류, 녹, 밀스케일 등 마찰력을 저감시키는 불순물을 제거해야 한다.
② 마찰 내력을 저감시킬 수 있는 틈이 있는 경우에는 끼움판을 삽입해야 한다.
③ 현장 조임은 1차 조임, 마킹, 2차 조임(본조임), 육안검사의 순으로 한다.
④ 1군의 볼트 조임 순서는 접합부의 중심으로부터 바깥쪽으로 순차적으로 체결한다.

TS Bolt(torque shear bolt): 강 구조물, 철골 구조물, 교량 구조물에 많이 사용

특수형 고장력 볼트의 종류
① 볼트축 전단형(TS볼트, TC볼트): torque control 볼트로서 일정한 조임 토크치에서 볼트축이 절단되도록 고안된 고력볼트
② 너트 전단형(PI Nut식 볼트): 2겹의 특수너트를 이용한 것으로 일정한 조임 토크치에서 너트가 절단되도록 한 볼트
③ Grip형 고력볼트: 일반 고장력 볼트를 개량한 것으로 조임이 확실한 방식의 고력볼트
④ 지압형 고장력 볼트: 직경보다 약간 작은 볼트 구멍에 끼워 너트를 강하게 조이는 방식의 고력 볼트

핀테일: 조임의 안정 상태 이후에는 절단되는 부재(브레이크 넥 부분에서 파단됨)

데크 플레이트(deck plate)
철골구조물에 콘크리트슬래브를 설치하기 위한 구조재료로서 거푸집을 대용할 수 있는 것으로 종류에는 거푸집용과 구조용이 있다. 합판거푸집보다 공사 기간과 비용을 줄일 수 있고 안정성이 높다.
① 기존의 거푸집에 비해 경량이므로 다루기 쉽고 설치가 용이하다.
② 별도의 동바리가 필요하지 않다.
③ 철근트러스형은 데크 플레이트와 주근이 일체화되어 있고 내화피복이 불필요하다.
④ 시공환경이 깨끗하고 안전사고 위험이 적다.

그루브(開先): 용접하려고 하는 부재 사이의 홈

모살 용접
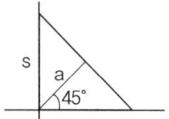
$Ae = \ell e \times a$
① $\ell e = \ell - 2s$
② $a = 0.7s$

⑨ 커튼 월(curtain wall) : 하중을 지지하고 있지 않은 바깥벽
⑩ 익스팬션 조인트(expansion joint) : 건축 구조물의 온도변화에 따른 팽창, 수축 혹은 부동침하, 진동 등에 의해 균열 발생 등이 예상되는 부위에 설치하는 이음부
⑪ Mill sheet : 철골공사에서 강재의 기계적 성질, 화학성분, 외관 및 치수공차 등 재원과 제조회사 확인으로 제품의 품질 확보를 위해 공인된 시험기관에서 발행하는 검사증명서

라 용접접합

(1) 용접의 분류

(가) 용접의 형식에 의한 분류

① 맞댄 용접(butt welding) : 부재를 서로 마주대어 용접(그루브 용접(groove weld)).
 – 단면 형식(앞벌림 모양) : V, I, J, U, K, H, X형
 * 그루브(groove) : 철골 부재 간 사이를 트이게 한 홈인 개선(開先)부
② 모살 용접 : 부재를 엇갈리게 대어하는 용접으로서 접합하고자 하는 모재의 면과 목두께의 방향이 45° 또는 거의 45°의 각을 이루는 용접(필릿 용접(fillet weld)).
 ㉠ 모살 용접의 유효면적(Ae)은 유효길이(ℓe)에 유효목두께(a)를 곱한 것으로 한다.
 ㉡ 모살 용접의 유효길이(ℓe)는 모살 용접의 총길이(ℓ)에서 2배의 모살 사이즈(s)를 공제한 값으로 해야 한다.
 ㉢ 모살 용접의 유효목두께(a)는 모살 사이즈(s)의 0.7배로 한다.
 ㉣ 구멍모살과 슬롯 모살 용접의 유효길이는 목두께의 중심을 잇는 용접 중심선의 길이로 한다.

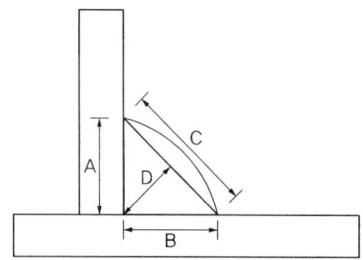

[그림] 모살 용접 목두께(D), 다리길이(B)

(나) 용접방식 중 용접기구에 의한 분류

① 아크 수동 용접

② 일렉트로 슬래그 용접

③ 일렉트로 가스아크 용접

④ 서브머즈드 아크 용접

⑤ 가스 압접 등

✻ 서브머지드 아크(submerged arc) 용접 : 모재 표면 위에 플럭스를 살포하여 플럭스 속에 용접봉을 꽂아 넣는 자동 아크 용접

> **철골 용접접합에 대한 용어설명**
>
> ① 위핑(whipping, weeping) : 용접 방향에 대하여 가로로 왔다갔다 움직여 용착금속을 녹여 붙이는 방법(용접부 과열로 인한 언더컷을 예방)
> ② 위빙(weaving) : 용접 방향과 직각으로 용접봉 끝을 움직여 용착나비를 증가시키는 운봉법. 용착나비 증가 목적.(blow hole 방지)
> – 용접봉의 용접 방향에 대하여 서로 엇갈리게 움직여서 금속을 용착시키는 운봉방식
> ③ 앤드 탭(end tab) : 모재 양쪽에 모재와 같은 개선 형상을 가진 판
> ④ 뒷댐재 : 루트 간격 아래에 판을 부착한 것
> ⑤ 루트(root) : 용접부의 바닥과 부재면이 교차하는 점(용접부 단면에 있어 밑바닥부분)
> ⑥ 레그(leg) : 모살 용접의 한쪽 용접면의 폭
> ⑦ 스캘럽(scallop) : 철골부재 용접 시 이음 및 접합 부위의 용접선이 교차되어 용접된 부위가 열영향을 받아 취약해지기 때문에 모재에 부채꼴 모양의 모따기를 한 것(부채꼴 노치(notch)를 만들어 용접선이 교차하지 않도록 설계)
> ⑧ spatter(스패터) : 용접 작업 중 용접봉으로부터 튀어나온 용융 금속입자가 식어 굳은 것(용접 시 튀어나온 슬래그가 굳은 현상)
> ⑨ slag(슬래그) : 용접봉의 피복재가 녹아 용접금속 표면에 부상하여 굳은 것
> – 용접부에 잔류하는 산화물 등의 비금속 물질이 용접금속 속에 녹아 있는 것
> ⑩ 가우징(gouging) : 용접부의 깊은 홈을 파는 방법. 불완전 용접부의 제거, 용접부의 밑면 파내기 등에 이용
> – 가스가우징(gas gouging) : 철골공사에서 산소아세틸렌 불꽃을 이용하여 강재의 표면에 홈을 따내는 방법

> 플럭스(flux): 용접 작업에서 접합부를 깨끗이 하고 접합 시 산화물의 발생을 방지하여 접합을 확실하게 하는 조성제(助成劑)이다. (용접 시 용접봉의 피복제 역할을 하는 분말상의 재료)

(2) 용접접합의 장 · 단점

1) 장점

① 접합부의 강성이 크고 응력 전달이 확실하다.

② 덧판 및 접합형강이 불필요하므로 중량을 줄일 수 있다.

③ 무소음, 무진동 방법이다.

④ 단면결손이 없어 이음효율이 높다.(강재량을 절약할 수 있다.)
⑤ 외관상 보기가 좋다.
⑥ 일체성, 수밀성이 크다

2) 단점

① 용접공의 숙련도에 따라 품질이 좌우된다.
② 용접열에 의한 모재의 변형이 발생한다.
③ 일체구조가 되므로 응력이 집중되기 쉽다.
④ 불량용접 검사가 어렵다.(접합부의 품질검사가 어렵다.)
⑤ 기후나 기온에 따라 영향을 받는다.
⑥ 강재의 재질적인 영향이 크다.

(3) 용접 시 주의사항

(가) 철골부재 용접 시 주의사항(1)

① 용접한 모재의 표면에 녹, 페인트, 유분 등은 제거하고 작업한다.
② 기온이 0℃ 이하로 될 때에는 용접하지 않도록 하고 0~15℃일 때에는 100mm 이내의 부분은 36℃ 정도 예열하여 용접한다.
③ 용접 시 발생하는 가스 등으로 질식 또는 중독되지 않도록 환기 또는 기타 필요한 조치를 해야 한다.
④ 용접할 소재는 수축변형 및 마무리에 대한 고려로서 치수에 여분을 두어야 한다.
⑤ 용접으로 인하여 모재에 균열이 생긴 때에는 원칙적으로 모재를 교환한다.
⑥ 용접자세는 부재의 위치를 조절하여 될 수 있는 대로 아래보기로 한다.(용접자세는 하향 자세로 하는 것이 좋다.)
⑦ 수축량이 큰 부분부터 최초로 용접하고 수축량이 작은 부분은 최후에 용접한다.
⑧ 감전방지를 위해 안전홀더를 사용한다.

(나) 철골부재 용접 시 주의사항(2)

① 항상 용접열의 분포가 균등하도록 조치하고 일시에 다량의 열이 한 곳에 집중되지 않도록 해야 한다.
② 용접자세는 가능한 한 회전지그를 이용하여 아래보기 또는 수평자세로 한다.
③ 아크 발생은 필히 용접부 내에서 일어나도록 해야 한다.
④ 부재이음에는 원칙적으로 용접과 볼트는 병용사용은 안 되나 불가피하

강 구조 부재의 용접 시 예열
① 모재의 표면온도가 0℃ 미만인 경우는 적어도 20℃ 이상 예열한다.
② 이종금속 간에 용접을 할 경우는 예열과 층간온도는 상위등급을 기준으로 하여 실시한다.
③ 버너로 예열하는 경우에는 개선면에 직접 가열해서는 안 된다.
④ 온도관리는 용접선에서 75mm 떨어진 위치에서 표면온도계 또는 온도쵸크 등에 의하여 온도관리를 한다.

게 병용할 경우에는 용접 후에 볼트를 조이는 것을 원칙으로 한다.
(다) 현장 용접 시 발생하는 화재에 대한 예방조치
① 용접기의 완전한 접지(earth)를 한다.
② 용접 부분 부근의 가연물이나 인화물을 치운다.
③ 불꽃이 비산하는 장소에 주의한다.

(4) 철골공사의 용접결함 종류

1) 비드 외관불량 : 용접봉의 조작으로 인해 용접금속 표면에 생기는 띠 모양을 비드(bead)라 하며 비드 폭과 띠 모양이 불균일하여 허용치를 넘게 되면 외관불량이 됨.
2) spatter(스패터) : 용접 작업 중 용접봉으로부터 튀어나온 용융 금속입자가 식어 굳은 것(용접 시 튀어나온 슬래그가 굳은 현상)
3) crack(균열) : 용접 금속에 금이 간 상태
4) 피트(pit) 및 블로우 홀(blow hole) : 용접 시 용접금속 내에 흡수된 가스가 표면에 나와 생성하는 작은 구멍을 피트라 하며 내부에 그대로 잔류된 기공이 블로우 홀임
5) slag 혼입(슬래그 감싸기) : 슬래그 일부가 용접금속 내에 혼입

   ✻ slag(슬래그) : 용접봉의 피복재가 녹아 용접금속 표면에 부상하여 굳은 것
6) 크레이터(crater) : 용접 마지막에 아크를 급히 절단함으로 생기는 우묵히 패인 부분
7) 언더 컷(under cut) : 용접 시 모재가 녹아 용착금속에 채워지지 않고 홈으로 남게 된 것
   - 비드(bead)의 가장자리에서 모재가 깊이 먹어들어 간 모양으로 된 것
8) 용입 부족 : 용착금속이 채워지지 않고 홈으로 남게 된 부분
9) fish eye(피시 아이) : 블로우 홀 및 혼입된 슬래그가 모여 둥근 은색반점이 생기는 결함
10) 오버랩(over lap) : 용접 시 용착금속이 모재에 융합되지 않고 겹쳐진 결함
11) throat(목두께) 부족 : 모살 용접에서 용접덧살 두께가 부족하여 발생한 결함
12) 각장부족 : 모살 용접에서 용착면의 길이가 부족하여 발생한 결함
13) lamellar tearing(라멜라 테어링) : 철골부재의 용접 이음에 의해 압연강판 두께 방향으로 강한 인장구속 발생할 때 용접금속의 국부적인 수축으

Slag 혼입(슬래그 감싸기)
Slag 일부가 용접금속 내에 혼입(용접봉의 피복재 심선과 모재가 변하여 생긴 회분이 용착금속 내에 혼입된 것)

로 압연강판의 층(lamination) 사이에 계단 모양의 박리균열이 발생하는 현상

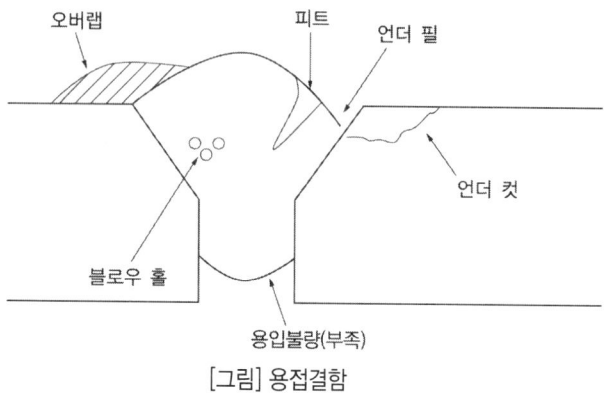

[그림] 용접결함

(5) 철골조 용접 공작에서 용접봉의 피복재 역할

① 함유원소를 이온화하여 아크를 안정시킨다.
② 용착금속에 함금원소를 가한다.
③ 용융금속의 탈산, 정련을 한다.
④ 표면의 냉각, 응고 속도를 낮춘다.
⑤ 산화, 질화 등의 변질을 방지한다.
⑥ 대기 중의 산소나 질소의 침입을 방지한다.

- 탈산: 용융 상태에 있는 금속 안에 녹아있는 산소를 제거하는 일
- 정련: 순도를 높임
- 질화: 질산으로 산화 분해하는 것

마 철골용접부의 검사방법

(1) 용접부의 검사항목

① 용접 전 검사항목 : 외관검사, 트임새 모양, 모아대기법, 구속법, 자세의 적부
② 용접 중 검사 : 전류검사, 운봉검사, 용접봉검사
③ 용접 후 검사 : 육안검사, 절단검사, 비파괴검사

> **철골공사에서 현장 용접부 검사 중 용접 전 검사**
> ① 개선(開先) 정도 검사 : 부재 간격, 개선 각도, 루트 간격, 개선 내의 청소 등에 관한 검사
> ② 개선면의 오염검사 : 개선면에 녹 발생 등을 검사
> ③ 가부착 상태 검사 : 용접 대상의 임시 부착 상태가 정확한지 검사

(2) 비파괴검사법

(가) 비파괴검사법의 종류 구분

1) 표면결함 검출을 위한 비파괴시험방법

① 외관검사(VT : Visual Test)

② 침투탐상검사(PT : Penetrant Testing) : 시험체 표면에 개구해 있는 결함에 침투한 침투액을 흡출시켜 결함지시 모양을 식별

③ 자분탐상검사(MT : Magnetic Particle Testing) : 표면 또는 표층에 결함이 있을 경우 누설자속을 이용하여 육안으로 결함을 검출하는 시험법

④ 와류탐상검사(ET : Eddy Current Test) : 금속 등의 도체에 교류를 통한 코일을 접근시켰을 때 결함이 존재하면 코일에 유기되는 전압이나 전류가 변하는 것을 이용한 검사방법

2) 내부결함 검출을 위한 비파괴시험방법

① 초음파탐상검사(UT : Ultrasonic Testing) : 용접부의 내부 결함 검출을 위하여 실시하는 검사로서 빠르고 경제적이어서 현장에서 주로 사용하는 초음파를 이용한 비파괴검사법
  - 두께가 두꺼운 철골구조물 용접 결함확인을 위한 비파괴검사 중 모재의 결함 및 두께측정이 가능

② 방사선투과검사(RT : Radiograpic Testing) : 가장 널리 사용되는 검사방법으로 방사선을 투과하여 재료 및 용접부의 내부 결함검사

  ✽ 음향방출시험(AET : Acoustic Emission Testing), 누설검사(LT : Leak Testing)

(나) 철골용접 부위의 비파괴검사에 대한 설명

① 방사선검사는 필름의 밀착성이 좋지 않은 건축물에서는 검출이 어렵다.

② 침투탐상검사는 액체의 모세관현상을 이용한다.

③ 초음파탐상검사는 인간이 들을 수 없는 20kHz를 넘는 주파수를 갖는 음파를 이용한다.

  ✽ 초음파(超音波, ultrasonics wave) : 사람이 들을 수 있는 음파의 주파수(16Hz~20kHz의 범위)보다 커서 청각으로 들을수 없는 음파(주파수가 20kHz를 넘는 음파))

④ 외관검사는 용접을 한 용접공이나 용접관리 기술자가 한다.

지시(Indication, 指示)
비파괴검사에서 검사 장치에 표시된 도형, 수치 또는 시험체 위에 나타난 모양. 방사선투과시험에서 판독이 요구되는 투과사진 상의 흔적 또는 모양, MT에서는 자분모양, PT에서는 지시 모양이라고 함

(다) 초음파탐상법의 특징
① 검사 속도가 빠른 편이다.
② 필름을 사용하지 않음으로 기록성이 없다.
③ 인체에 위험을 미치지 않는다.
④ 용접부 내부 전범위에 걸쳐 검사가 가능하다
⑤ 미소한 blow hole의 검출이 어렵다.

바 철골 구조의 내화 피복공법

(가) 습식공법

① 타설공법 : 아직 굳지 않은 경량콘크리트나 기포 모르타르 등을 강재 주위에 거푸집을 설치하여 타설한 후 경화시켜 철골을 내화피복하는 공법이다(콘크리트, 경량콘크리트).
— 임의의 치수와 형상의 내화피복이 가능하다.
② 조적공법 : 콘크리트 블록, 벽돌, 석재 등으로 철골 주위에 쌓는 공법이다(콘크리트, 경량콘크리트 블록, 돌, 벽돌).
③ 미장공법 : 철골부재에 메탈라스(metal lath) 및 용접철망을 부착하고 단열 모르타르로 미장하는 공법이다
— 피복된 철골의 형상에 대해 제약이 적고 큰 면적의 내화피복을 소수인으로 단시간에 시공할 수 있는 공법
④ 도장공법 : 내화페인트로 피복하는 공법이다.
⑤ 뿜칠공법 : 철골표면에 접착제를 혼합한 내화피복재를 뿜어서 내화피복을 한다(뿜칠 암면, 습식 뿜칠 암면, 뿜칠 모르타르).
㉠ 큰 면적의 내화피복을 단시간에 시공할 수 있다.
㉡ 락울(rockwool)뿜칠 공법

(나) 건식공법

① 성형판 붙임공법 : 내화단열성이 우수한 각종 성형판을 철골 주위에 접착제와 철물 등을 설치하고 그 위에 붙이는 공법으로 주로 기둥과 보의 내화피복에 사용된다(PC판, ALC판, 무기섬유강화 석고보드).
② 멤브레인 공법 : 암면흡음판을 철골에 붙여 시공하는 공법이다.
③ 세라믹울 피복공법

> 미장공법, 뿜칠공법을 통한 강 구조 부재의 내화피복 시공 시 검사 : 시공면적 5m² 당 1개소 단위로 핀 등을 이용하여 두께를 확인

사 녹막이 칠

(1) 녹막이 칠을 하지 않아도 되는 부분
① 콘크리트에 매립되는 부분
② 핀, 롤러 등 밀착하는 부분과 회전면 등 절삭 가공한 부분(현장에서 깎기 마무리가 필요한 부분)
③ 현장용접을 하는 부위 및 그 곳에 인접하는 양측 100mm 이내(용접부에서 50mm), 그리고 초음파 탐상검사에 지장을 미치는 범위
④ 고력볼트 마찰접합부의 마찰면
⑤ 조립에 의하여 면맞춤 되는 부분
⑥ 폐쇄형 단면을 한 부재의 밀폐된 면

> 녹막이 칠: 바탕 만들기한 강재표면은 녹이 생기기 쉽기 때문에 즉시 녹막이 칠을 하여야 한다.

(2) 경량철골공사의 녹막이도장
① 경량 철골구조물에 이용되는 강재는 판두께가 얇아서 녹에 따른 구조내력의 저하가 현저하기 때문에 반드시 녹막이 조치를 해야 한다.
② 강재는 물의 고임에 의해 부식하기 쉽기 때문에 부재배치에 충분히 주의하고, 필요에 따라 물구멍을 설치하는 등 부재를 건조상태로 유지하도록 한다.
③ 녹막이도장의 도막은 노화, 타격 등에 의해 화학적, 기계적으로 열화되기 때문에 구조물은 항상 건전한 상태로 유지하도록 재도장 등의 도장계획을 세운다.
④ 재도장이 곤란한 건축물 및 녹이 발생하기 쉬운 환경에 있는 건축물의 녹막이는 녹막이 용융아연도금이 필요하다.

> 녹막이 도장작업의 중지
> ① 도장작업 장소의 온도가 5℃ 미만 또는 상대습도가 80% 이상일 때
> ② 도장작업 시 또는 도막이 마르기 전에 눈, 비, 강풍, 결로 등에 의하여 수분이나 분진 등이 도막에 부착될 우려가 있을 때(안개)
> ③ 기온이 높아 강재 표면온도가 50℃ 이상이 되어 도막에 기포가 생길 우려가 있을 때

(3) 방청도장 제한사항

1) 도장하지 않는 부위
① 현장용접 부위 및 그 곳에 인접하는 양측 100mm 이내 및 초음파탐상에 지장을 주는 범위
② 고력볼트 마찰접합부의 마찰면

2) 원칙적으로 도장하지 않으나 특기시방에 의해 도장 가능한 부위
① 콘크리트에 매립되는 부위
② pin, roller 등 밀착하는 부위
③ 회전, 조립에 의해 접합되는 부위
④ 밀폐되는 내면
⑤ 밀착시키기 위해 깎아 마무리한 부위

⑥ base plate면
⑦ deck plate 등을 관통하여 stud를 용접하는 경우의 flange 윗면

3) 일반적으로 보수도장을 하는 부위
① 현장접합에 의한 볼트류의 두부, 너트(nut), 와셔(washer)
② 현장용접을 한 부위
③ 현장에서 접합 재료의 손상 부위와 도장을 안 한 부위
④ 운반 또는 양중 시에 생긴 손상 부위

> **철골구조에서 최상층으로부터 4개 층까지의 내화 요구시간 기준**
>
> 바닥, 벽(칸막이 벽, 내력벽, 연소의 우려가 있는 부분의 비내력벽), 기둥, 도리, 지붕 : 1시간

주각(柱脚): 기둥의 최하부로서 기둥이 받는 힘을 기초에 전함

> **철골공사와 관련된 전반적인 사항에 대한 설명**
>
> ① 윙플레이트는 철골기둥과 보를 연결하는 데 사용한다(주각의 응력을 베이스 플레이트로 전달하기 위한 플레이트).
> ② 고력볼트의 접합은 마찰접합, 지압접합, 인장접합이 있다.
> ③ 용접의 품질은 용접공의 기능도에 따라 좌우된다.
> ④ 내화 피복 습식공법은 타설공법, 뿜칠공법, 미장공법이 있다(습식공법은 PC판, ALC판 등을 활용).

2. 철골세우기

가 현장 세우기

(1) 철골공사 현장에 자재 반입 시 치수검사 항목

① 기둥 폭 및 층 높이 검사
② 휨 정도 및 뒤틀림 검사
③ 브래킷의 길이 및 폭, 각도 검사
  ※ 고력볼트 접합부 검사 : 설치 후의 검사

강 구조공사 시 볼트의 현장 시공에 관한 설명
① 볼트 조임 작업 전에 마찰접합면의 녹, 밀스케일 등은 마찰력 확보를 위하여 제거한다.
② 마찰내력을 저감시킬수 있는 틈이 있는 경우에는 끼움판을 삽입해야 한다.
③ 현장 조임은 1차 조임, 마킹, 2차 조임(본조임), 육안검사의 순으로 한다.
④ 1군의 볼트 조임은 중앙부에서 가장자리의 순으로 한다.

(2) 기초상부 고름질 방법

① 전면바름 마무리법 : 기둥 저면의 주위를 3cm 이상 넓게 하여 모르타르를 바르고 기둥을 세우는 방법
② 나중채워넣기 중심바름법 : 기둥 저면의 중심부만 지정 높이만큼 수평으로 바르고 기둥을 세운 후 모르타르를 채워넣는 방법

③ 나중채워넣기 십자(+)바름법 : 기둥 저면에서 대각선 방향 +자형으로 지정 높이만큼 모르타르를 바르고 기둥을 세운 후 모르타르를 채워넣는 방법
④ 나중채워넣기법 : 베이스플레이트(base plate) 중앙에 구멍을 내고 4귀에 철판을 괴어 수평조절하고 기둥을 세운 후 모르타르를 채워넣는 방법

> **철골공사에서 베이스 플레이트 설치 기준**
>
> 1) 이동식 공법에 사용하는 모르타르는 무수축 모르타르로 한다.
> 2) 앵커볼트 설치 시 베이스플레이트 위치의 콘크리트는 설계도면 레벨보다 30~50mm 낮게 타설한다(베이스 모르타르 두께는 30~50mm 이내).
>   - 베이스 판은 수평이 되도록 하여야 하며 이것이 어려울 경우 30~50mm 낮게 타설한 후 다음 3가지 방법으로 모르타르 바름
>   ① 고름 모르타르 공법 : 전면 바름 공법. 30mm 정도 더 넓게 바름. 모르타르와 베이스 플레이트 밀착이 곤란. 소규모 구조물에 적합
>   ② 부분 그라우팅 공법 : 중심 바른 후 뒤채움 공법. 중앙부에 모르타르 바른 후 기둥세우고 잔여부분 그라우팅.
>   ③ 전면 그라우팅 공법 : 주각을 앵크볼트, 너트로 레벨조정 후 라이너(쐐기)로 높이 유지. 무수축 모르타르 또는 평창모르타르로 그라우팅. 대규모 공법에 적합.
> 3) 베이스플레이트 설치 후 그라우팅 처리한다.
> 4) 베이스 모르타르의 양생은 철골 설치 전 3일 이상 양생한다.

(3) 앵커볼트 매입공법

① 고정매입공법 : 소정의 위치에 미리 고정시켜 매입한다(대규모 공사에 사용).
② 가동매입공법(可動埋入工法) : 나중에 상단부분을 수정할 수 있게 깔대기 등을 대어 콘크리트 타설 시 윗부분을 비워두는 공법이다. 콘크리트가 경화된 다음 위치를 측정해서 수정을 요할 경우 상단부 남은 부위의 앵커 볼트를 조정한 다음 무수축 고강도 전용 모르타르로 충전한다(중규모 공사–부분수정가능).
  - 나중매입공법 : 기초콘크리트 타설 전 앵커볼트가 매입될 부분을 미리 비워두고 콘크리트가 경화된 후 앵커 볼트를 조정한 다음 무수축 고강도 전용 모르타르로 충전하는 공법으로 중요하거나 대단위 공사에는 적용치 않고 경미한 공사 등에 적용하는 것이 좋다.

판보(플레이트 보, plate girder)
웨브재인 강판(웨브 플레이트)에 플랜지 강판(플랜지 플레이트)을 접합(용접, 리벳접합)하여 단면을 I형으로 조립한 보로 하중, 스팬에 따라 자유롭게 증감할 수 있고 여러 가지 보강재를 사용한다.

〈판보의 보강재〉
① 스티프너(stiffner) : 웨브판의 좌굴을 막기 위해 사용(* 웨브 부분은 전단력에, 플랜지 부분은 휨 모멘트에 저항)
② 커버 플레이트(cover plate) : 플랜지판의 휨내력을 보강하기 위해 플랜지의 바깥쪽에 덧대는 강판
③ 필러 플레이트(filler plate) : 두께가 다른 철골 부재를 접합을 할 때 두께를 조정하기 위해 삽입하는 얇은 강판

• 윙 플레이트: 철골 주각부에 부착되는 강판으로 기둥과 보 등을 연결하는데 사용. 주각의 응력을 베이스 플레이트에 전달하기 위한 플레이트

강 구조용 강재의 절단 및 개선 가공
① 주요 부재의 강판 절단은 주된 응력의 방향과 압연 방향을 일치시켜 절단함을 원칙으로 한다.
② 절단할 강재의 표면에 녹, 기름, 도료가 부착되어 있는 경우에는 제거 후 절단해야 한다.
③ 용접선의 교차 부분 또는 한 부재를 다른 부재에 접합시킬 때 불필요한 접촉을 피하기 위하여 모퉁이 따기를 할 경우에는 10mm 이상 둥글게 해야 한다.
④ 스캘럽(scallop) 가공은 절삭 가공기 또는 부속 장치가 달린 수동가스 절단기를 사용한다.

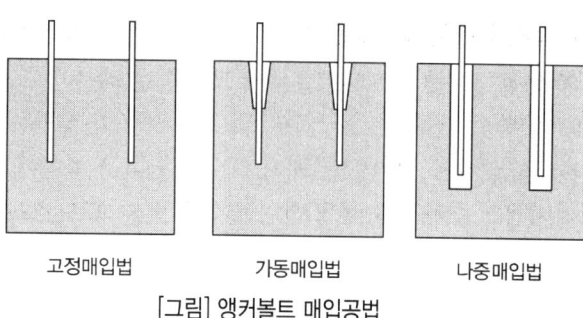
[그림] 앵커볼트 매입공법

(4) 철골기둥 세우기(철골 세우기)의 순서

기둥 중심선 먹매김 → 기초 볼트 위치 재점검 → 베이스 플레이트 레벨 조정용 라이너 플레이트(liner plate)고정 → 기둥 세우기 → 주각 모르타르 채움

> 라이너 플레이트(liner plate)
> 금속면에 사이에 끼워 넣어 접촉상태를 조정하는 금속판

(5) 철골 세우기 공사에 있어 주의할 사항

① 기둥은 독립되지 않도록 바로 보로 연결한다.
② 가조임 볼트의 개수는 본조임 개수의 1/3~1/2 또는 2개 이상으로 한다.
③ 조립된 철골이 변형, 도괴되는 위험에 대비하여 수직, 수평방향에 가새로 보강한다.
④ 작업 중에는 강재를 끌거나 굴리는 것은 피해야 하며, 이미 세워놓은 부재에 부딪히지 않도록 해야 한다.
⑤ 세우기 장비는 철골구조의 형태 및 총중량을 고려한다.
⑥ 철골 세우기는 가조립 후 변형 바로잡기를 한다.

  ※ 철골공사에서 철골세우기 계획을 수립할 때 철골제작공장과 협의해야 할 사항
   ① 반입 시간의 확인
   ② 반입 부재수의 확인
   ③ 부재 반입의 순서

(6) 철골공사에서 기둥 축소량(column shortening)

철골기둥의 높이 증가와 하중의 증가로 인해 수직하중이 증대되어 발생되는 기둥의 수축량이다(기둥·벽 등 수직부재가 하중을 받아 수축하는 것).

① 탄성 변형과 비탄성 변형
  ㉠ 탄성 변형(shortening) : 구조물의 상부하중에 의해 발생하는 변위
  ㉡ 비탄성 변형(shortening) : 구조물의 응력이나 하중의 차이에 의해 발생하는 변위

② 기둥축소에 따른 영향으로 슬래브, 보와 같은 수평 부재의 초기 위치가 변화된다.
③ 방지대책으로 전체 건물의 층을 몇 절로 등분하여 변위 차이를 최소화한다.
④ 방지대책으로 가조립 후에 변위 발생을 판단하고 본조립을 실시한다.

나 철골 세우기용 기계설비

(1) 가이데릭(guy derrick)
360°회전 가능하고 건축공사의 철골조립작업 및 항만하역설비에 사용되는 고정 회전식 기계

(2) 스티프레그 데릭(stiff-leg derrick) – 삼각데릭
회전 범위가 270°이며 가이데릭의 사용이 불가능한 좁은 장소에서의 사용에 적합하며 수평이동이 용이하고 건물의 층수가 적을 때 또는 당김줄을 마음대로 맬 수 없을 때 가장 유리한 기계설비

(3) 진폴(gin pole)
소규모 철골공사와 중량재료를 달아 올리는 데 편리함. 하나의 철제나 나무를 기둥으로 세우고 윈치나 사람의 힘을 이용해 하물을 인양

(4) 타워크레인(tower crane), 트럭크레인, 크롤러크레인
– 타워크레인(tower crane) : 360°회전되고 고층건물에 가장 적합한 것

다 강관 구조공사

(1) 강관파이프 구조공사
① 폐쇄형 단면으로 강도의 방향성이 없다.
② 휨 강성 및 비틀림 강성이 크다.
③ 국부좌굴, 가로좌굴에 유리하다.
④ 경량이며 외관이 경쾌하다.
⑤ 이음부 및 관 끝의 절단가공이 어렵다.
⑥ 접합이음이 복잡하다.

(2) 강관구조에 대한 설명 – 콘크리트 충전강관구조(CFT)
① 일반형강에 비하여 강관을 부재로 사용하는 경우 폐단면 부재이므로 좌굴에 유리하다.

강 구조물 제작 시의 마킹(금긋기) 〈강 구조 공사 표준시방서〉

(1) 강판 위에 주요 부재를 마킹할 때에는 주된 응력의 방향과 압연 방향을 일치시켜야 한다.
(2) 마킹을 할 때에는 구조물이 완성된 후에 구조물의 부재로서 남을 곳에는 원칙적으로 강판에 상처를 내어서는 안 된다.
(3) 주요부재의 강판에 마킹할 때에는 펀치(punch) 등을 사용하지 않아야 한다.
(4) 마킹 시 용접열에 의한 수축 여유를 고려하여 최종 교정, 다듬질 후 정확한 치수를 확보할 수 있도록 조치해야 한다.
(5) 마킹검사는 띠철이나 형판 또는 자동가공기(CNC)를 사용하여 정확히 마킹 되었는가를 확인하고 재질, 모양, 치수 등에 대한 검토와 마킹이 현도에 의한 띠철, 형판대로 되어있는가를 검사해야 한다.
(6) 강재의 마킹
① 강판에는 공사번호와 현도 목록에 따른 정리번호를 기재해야 한다.
② 강판 절단이나 형강 절단 등, 외형 절단을 선행하는 부재는 미리 부재 모양별로 마킹 기준을 정해야 한다.

② 콘크리트 충전 시 내부의 콘크리트와 외부 강관의 역학적 거동에서 합성구조라 볼 수 있다.
③ 콘크리트 충전 시 별도의 거푸집이 필요 없다.
④ 접합부 용접기술이 발달한 일본 등에서 활성화되어 있다.

> **참고**
>
> ※ 래프터(rafter)-서까래 : 경량형 강공사에 사용되는 부재 중 지붕에서 지붕내력을 받는 경사진 구조부재로서 트러스와 달리 하현재가 없는 것(하현재가 필요 없고 상현재로 구성) – 하현재가 있는 것 : 스터드, 헤더, 브레이싱
> – 트러스의 상하에 있는 부재를 현재(弦材)라 하며 위쪽의 현재가 상현재(上弦材), 아래쪽 현재가 하현재(下弦材)이다.
> ※ 스터드(stud) : 철골보와 콘크리트 슬래브를 연결하는 쉬어 커넥터(shear connector, 전단 연결재)의 역할을 하는 부재

경량철골(금속제) 천장틀 공사 시 반자틀의 적정한 간격: 900mm 정도(1,000mm 내외)

*반자틀(carrying channel): 달대 또는 반자받이에 설치하여 반자널을 붙이기 위해 격자형으로 짜맞추는 틀

(예문) 철골조 건물의 연면적이 5000m²일 때 이 건물 철골재의 무게 산출량은? (단, 단위면적당 강재사용량은 0.1~0.15ton/m²이다.)

(풀이) 철골재의 무게 산출 표준: 철골조 건물은 연면적(m²당)에 대하여 0.10~0.15ton 산출
⇨ 연면적 5000m²의 건물 철골재의 무게 산출량
= (5000 × 0.1) ~ (5000 × 0.15)
= 500 ~ 750ton

예문 그림과 같이 H-400×400×30×50인 형강재의 길이가 10m일 때 이 형강의 계산 중량으로 가장 가까운 값은? (단, 철의 비중은 7.85ton/m³)

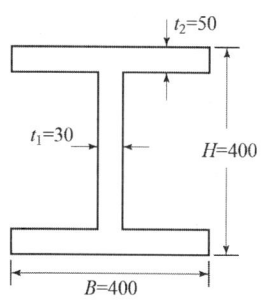

해설 형강의 중량

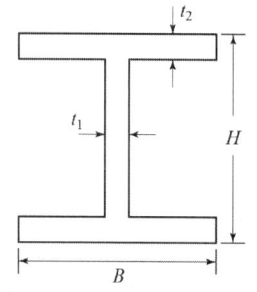

※ H-Beam(H형강) 규격
: H – H(웨브 높이) × B(플랜지 너비) × t_1(웨브 두께) × t_2(플랜지 두께)
(* 단위 mm, H는 H-Beam(H형강))
※ 철의 비중은 7.85ton/m³

⇨ 규격 H – 400 × 400 × 30 × 50이고 길이가 10m인 형강의 개산 중량
① 플랜즈(flange)의 중량(* mm로 단위 전환)
: 0.4m(너비) × 10m(길이) × 0.05m(두께) × 2(상·하부) × 7.85ton = 3.14ton
② 웨브(web)의 중량 : 0.4m × 10m × 0.03m × 7.85ton = 0.942ton
③ 형강의 계산 중량 : ① + ② = 4.082ton ≒ 4ton

※ 〈H-Beam 단위중량표에 의하면〉
규격 H – 458 × 417 × 30 × 50의 단위 중량은 415kg/m이므로 길이가 10m 형강의 중량은 415kg × 10m = 4,150kg = 4.15ton

CHAPTER 05 항목별 우선순위 문제 및 해설

01 철골부재 절단 방법 중 가장 정밀한 절단 방법으로 앵글 커터(angle cutter), 프릭션 소(friction saw) 등으로 작업하는 것은?

① 가스 절단 ② 전단 절단
③ 톱 절단 ④ 전기 절단

해설 철골부재 절단 방법
① 전단 절단 ② 톱 절단 ③ 가스 절단
- 톱 절단 : 철골부재 절단 방법 중 가장 정밀한 절단 방법

02 철골공사 중 고력볼트 접합에 관한 설명으로 옳지 않은 것은?

① 고력볼트 세트의 구성은 고력볼트 1개, 너트 1개 및 와셔 2개로 구성한다.
② 접합방식의 종류는 마찰접합, 지압접합, 인장접합이 있다.
③ 볼트의 호칭지름에 의한 분류는 D16, D20, D22, D24로 한다.
④ 조임은 토크관리법과 너트회전법에 따른다.

해설 고력볼트 접합에 관한 설명
③ 볼트의 호칭지름에 의한 분류는 M12, M16, M20, M22, M24, M27, M30로 한다.

03 철골공사의 용접 작업 시 맞댄 용접의 앞벌림 모양과 관련이 없는 것은?

① I자형 ② U자형
③ Z자형 ④ H자형

해설 맞댄 용접(butt welding) : 부재를 서로 마주대어 용접. 그루브 용접(groove weld)
- 단면 형식(앞벌림 모양) : V, I, J, U, K, H, X형

04 용접봉의 용접 방향에 대하여 서로 엇갈리게 움직여서 금속을 용착시키는 운봉방식은?

① 언더컷(undercut)
② 오버랩(overlap)
③ 위빙(weaving)
④ 크랙(crack)

해설 위빙(weaving) : 용접방향과 직각으로 용접봉 끝을 움직여 용착나비를 증가시키는 운봉법. 용착나비증가 목적(blow hole 방지)
- 용접봉의 용접 방향에 대하여 서로 엇갈리게 움직여서 금속을 용착시키는 운봉방식

05 철골공사에서의 용접 작업 시 유의사항으로 옳지 않은 것은?

① 용접자세는 하향 자세로 하는 것이 좋다.
② 수축량이 작은 부분부터 용접하고 수축량이 큰 부분은 최후에 용접한다.
③ 용접 전에 용접 모재 표면의 수분, 슬래그, 도료 등 용접에 지장을 주는 불순물을 제거한다.
④ 감전방지를 위해 안전홀더를 사용한다.

해설 철골부재 용접 시 주의사항
② 수축량이 큰 부분부터 최초로 용접하고 수축량이 작은 부분은 최후에 용접한다.

06 철골공사에서 산소아세틸렌 불꽃을 이용하여 강재의 표면에 홈을 따내는 방법은?

① Gas gouging
② Blow hole
③ Flux
④ Weaving

정답 01. ③ 02. ③ 03. ③ 04. ③ 05. ② 06. ①

해설 가우징(gouging)
용접부의 깊은 홈을 파는 방법. 불완전 용접부의 제거, 용접부의 밑면 파내기 등에 이용
- 가스가우징(gas gouging) : 철골공사에서 산소아세틸렌 불꽃을 이용하여 강재의 표면에 홈을 따내는 방법

07 철골공사에서 발생할 수 있는 용접불량에 해당하지 않는 것은?

① 스캘럽(scallop)
② 언더 컷(under cut)
③ 오버랩(over lap)
④ 피트(pit)

해설 철골공사의 용접결함 종류
1) 피트(pit) 및 블로우 홀(blow hole) : 용접 시 용접금속 내에 흡수된 가스가 표면에 나와 생성하는 작은 구멍을 pit라 하며 내부에 그대로 잔류된 기공이 blow hole임.
2) 언더 컷(under cut) : 용접 시 모재가 녹아 용착금속에 채워지지 않고 홈으로 남게 된 것
3) 오버랩(overlap) : 용접 시 용착금속이 모재에 융합되지 않고 겹쳐진 결함
* 스캘럽(scallop) : 철골부재 용접 시 이음 및 접합부위의 용접선이 교차되어 용접된 부위가 열영향을 받아 취약해지기 때문에 모재에 부채꼴 모양의 모따기를 한 것(부채꼴 노치(notch)를 만들어 용접선이 교차하지 않도록 설계)

08 용접 착수 전 검사항목에 속하지 않는 것은?

① 트임새 모양
② 모아대기법
③ 운봉
④ 구속법

해설 용접 전 검사 항목 : 트임새 모양, 모아대기법, 구속법, 자세의 적부

09 철골공사에서 용접작업 종료 후 용접부의 안전성을 확인하기 위해 실시하는 비파괴 검사의 종류에 해당하지 않는 것은?

① 방사선 검사
② 침투 탐상 검사
③ 반발 경도 검사
④ 초음파 탐상 검사

해설 비파괴 검사법의 종류 구분
1) 표면결함 검출을 위한 비파괴시험방법
① 외관검사
② 침투탐상검사(PT : Penetrant Testing)
③ 자분탐상검사(MT : Magnetic Particle Testing)
④ 와류탐상검사(ET : Eddy Current Test)
2) 내부결함 검출을 위한 비파괴시험방법
① 초음파탐상검사(UT : Ultrasonic Testing)
② 방사선투과검사(RT : Radiograpic Testing)

10 공장에서 철골작업 중 녹막이 칠을 하지 않아도 되는 부분이 아닌 것은?

① 콘크리트 매립되는 부분
② 현장에서 깎기 마무리가 필요한 부분
③ 현장용접 부위 및 그곳에 인접하는 양측 50cm 이내
④ 고력볼트 마찰접합부의 마찰면

해설 녹막이 칠을 하지 않아도 되는 부분
① 콘크리트에 매립되는 부분
② 핀, 롤러 등 밀착하는 부분과 회전면 등 절삭 가공한 부분(현장에서 깎기 마무리가 필요한 부분)
③ 현장용접을 하는 부위 및 그 곳에 인접하는 양측 100mm 이내(용접부에서 50mm), 그리고 초음파 탐상검사에 지장을 미치는 범위
④ 고력볼트 마찰접합부의 마찰면
⑤ 조립에 의하여 면맞춤 되는 부분
⑥ 폐쇄형 단면을 한 부재의 밀폐된 면

11 철골 도장작업 중 보수도장이 필요한 부위가 아닌 것은?

① 현장용접 부위
② 현장접합 재료의 손상부위
③ 조립상 표면접합이 되는 부위
④ 현장접합에 의한 볼트류의 두부, 너트, 와셔

해설 일반적으로 보수도장을 하는 부위
① 현장접합에 의한 볼트류의 두부, 너트(nut), 와셔(washer)
② 현장 용접을 한 부위
③ 현장에서 접합 재료의 손상 부위와 도장을 안 한 부위
④ 운반 또는 양중 시에 생긴 손상 부위

12 철골구조의 베이스 플레이트를 완전 밀착시키기 위한 기초상부고름법에 속하지 않는 것은?
① 고정매입법
② 전면바름법
③ 나중채워넣기중심바름법
④ 나중채워넣기법

해설 기초상부고름질방법
① 전면바름마무리법 : 기둥 저면의 주위를 3cm 이상 넓게 하여 모르타르를 바르고 기둥을 세우는 방법
② 나중채워넣기중심바름법 : 기둥 저면의 중심부만 지정 높이만큼 수평으로 바르고 기둥을 세운 후 모르타르를 채워넣는 방법
③ 나중채워넣기십자(+)바름법 : 기둥 저면에서 대각선 방향 +자형으로 지정 높이만큼 모르타르를 바르고 기둥을 세운 후 모르타르를 채워넣는 방법
④ 나중채워넣기법 : 베이스플레이트(base plate) 중앙에 구멍을 내고 4귀에 철판을 괴어 수평조절하고 기둥을 세운 후 모르타르를 채워넣는 방법

13 철골공사 시 앵커볼트 매입공법에 해당하지 않는 것은?
① 고정매입 공법
② 가동매입 공법
③ 나중매입 공법
④ 중심매입 공법

해설 앵커볼트 매입공법
① 고정매입공법 : 소정의 위치에 미리 고정시켜 매입한다(대규모 공사에 사용).
② 가동매입공법(可動埋入工法) : 나중에 상단부분을 수정할 수 있게 깔대기 등을 대어 콘크리트 타설 시 윗부분을 비워두는 공법
– 나중매입공법 : 기초콘크리트 타설 전 앵커볼트가 매입될 부분을 미리 비워두고 콘크리트가 경화된 후 앵커 볼트를 조정한 다음 무수축 고강도 전용 모르타르로 충전하는 공법

14 철골조립 및 설치에 있어서 사용되는 기계와 거리가 먼 것은?
① 진폴(Gin-pole)
② 윈치(Winch)
③ 타워크레인(Tower crane)
④ 리버스 서큘레이션 드릴(Reverse circulation drill)

해설 철골세우기용 기계설비
1) 가이데릭(guy derrick) : 360° 회전 가능하고 건축공사의 철골조립작업 및 항만하역설비에 사용되는 고정 회전식 기계
2) 스티프레그 데릭(stiff-leg derrick)-삼각데릭 : 회전범위가 270°이며 가이데릭의 사용이 불가능한 좁은 장소에서의 사용에 적합하며 수평이동이 용이하고 건물의 층수가 적을 때 또는 당김줄을 마음대로 맬 수 없을 때 가장 유리한 기계설비
3) 진폴(gin pole) : 소규모 철골공사와 중량재료를 달아 올리는데 편리함. 하나의 철제나 나무를 기둥으로 세우고 윈치나 사람의 힘을 이용해 하물을 인양
4) 타워크레인(tower crane), 트럭크레인

정답 12. ① 13. ④ 14. ④

Chapter 06 조적공사

1. 벽돌공사

가 벽돌(brick)

(1) 벽돌의 종류

① 보통벽돌 : 점토에 제점제(除粘劑)로서 모래를 넣고 색조조절을 위해 석회를 가하여 소성한 것(KS L 4201)
② 시멘트벽돌 : 시멘트와 골재를 배합하여 성형·제작한 것(KS F 4004) 압축강도는 80kgf/cm² 이상이어야 함.
③ 내화벽돌 : 내화점토를 원료로 소성한 벽돌로서 내화도는 1,500~2,000℃의 범위이다.
④ 경량벽돌 : 점토, 목탄가루, 톱밥 등으로 혼합, 성형한 후 소성한 것으로 보통벽돌보다 가벼운 벽돌이다(단열과 방음성이 우수).

(2) 벽돌의 크기

① 기준형 : 210mm(길이) × 100mm(너비) × 60mm(두께)
② 표준형 : 190 × 90 × 57mm
③ 내화벽돌 : 230 × 114 × 65mm

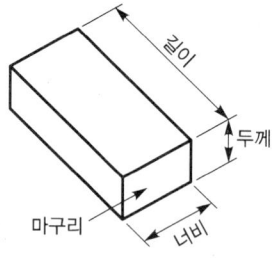

[그림] 벽돌의 크기

memo

1.5B=290mm
(줄눈 10mm 포함)

(3) 벽돌의 두께

0.5B(90mm), 1.0B(190mm), 1.5B(290mm), 2.0B(390mm), 2.0B(490mm)

형태				
쌓기 종류	0.5B(반장)	1.0B(한장)	1.5B(한장반)	2.0B(두장)
벽체 두께	9cm	19cm	19+1+9=29cm	19+1+19=39cm

(4) 벽돌의 마름질

온장으로 사용하지 않고 깨뜨려 쓰는 것(나누기)

① 칠오토막 : 온장을 4등분하여 3/4부분 사용(75%)

② 이오토막 : 온장을 4등분하여 1/4부분 사용(25%)

③ 반절 : 벽돌을 긴 방향으로 절반을 토막낸 것

④ 반토막 : 벽돌을 짧은 방향으로 절반을 토막낸 것

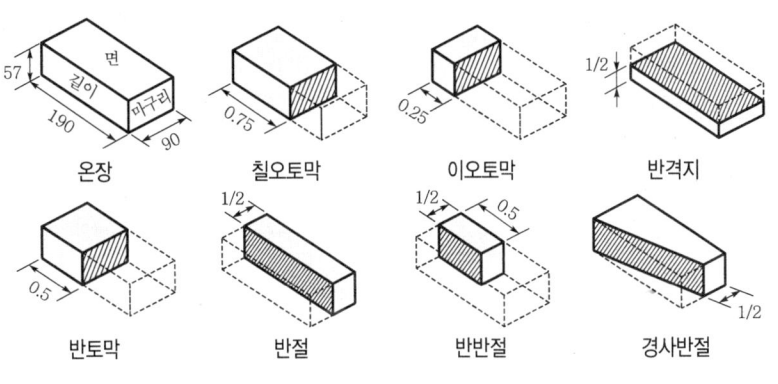

[그림] 벽돌의 마름질

(5) 벽돌의 품질을 결정하는 데 가장 중요한 사항

흡수율 및 압축강도

- 벽돌의 품질 : 흡수율 및 압축강도(점토벽돌에 대한 표준은 KS L 4201)

품질	종류		
	1종	2종	3종
흡수율(%)	10	13	15
압축강도(N/mm^2)	24.5 이상	20.59 이상	10.78 이상

나 벽돌쌓기

(1) 벽돌쌓기 종류

1) 마구리쌓기 : 벽체 입면에 마구리면이 나오게 쌓는 방법(원형굴뚝, 사일로 등)

   ※ 마구리 : 벽돌 길쭉한 토막의 양쪽머리 면

2) 내쌓기 : 내어쌓기로 벽체면보다 돌출되게 벽돌을 내어 쌓는 방법
   ① 벽돌을 내쌓기할 때 일반적으로 이용되는 벽돌쌓기 방법 : 마구리쌓기
   ② 벽돌 벽면 중간에서 내쌓기를 할 때에는 2켜씩 1/4 B 또는 1켜씩 1/8 B 내쌓기로 하고 맨 위는 2켜 내쌓기로 한다.

3) 길이쌓기 : 벽체 입면에 길이만 나오게 쌓는 방법(가장 얇은 벽돌쌓기 방법)

4) 세워쌓기 : 길이 방향으로 세워 쌓는 방법

5) 옆세워쌓기 : 마구리 방향으로 세워 쌓는 방법

6) 영롱쌓기 : 벽돌 벽면에 구멍을 내어 쌓는 방식으로 장식적인 효과를 내는 벽돌쌓기

7) 엇모쌓기 : 벽면에 변화감을 주고자 벽돌을 45도 각도로 모서리가 면에 나 오도록 쌓는 방법

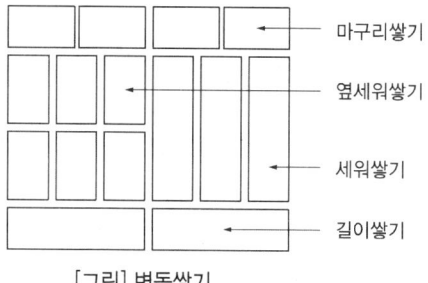

[그림] 벽돌쌓기

(2) 벽돌쌓기 방식

입면(立面): 입체의 정면이나 측면 등으로 부터 수평으로 본 모양

1) 영식쌓기(영국식) : 한 켜는 마구리쌓기, 다음 켜는 길이쌓기로 하는 것으로 통줄눈이 생기지 않고 모서리 끝에 이오토막이나 반절을 사용하는 가장 튼튼한 쌓기방법(벽돌쌓기에서 도면 또는 공사시방서에서 정한 바가 없을 때에 적용하는 쌓기법)

2) 화란식쌓기(네덜란드식) : 영국식과 동일한 방법으로 쌓고 길이쌓기 켜의 모서리에 칠오토막을 사용한다. 일하기 쉽고 모서리가 견고함으로 우리나라에서 일반적으로 사용하며 벽돌 벽면에 무늬 등을 넣기 쉽다.

3) 불식쌓기(프랑스식) : 매 켜에 길이쌓기와 마구리쌓기를 병행하여 쌓는 방식으로 외관이 미려하나 구조적 강도가 필요치 않은 곳에 유리하므로 치장용으로 사용하고 반토막을 많이 사용한다.
4) 미식쌓기(미국식) : 치장벽돌을 사용하여 벽체의 앞면 5~6켜까지는 길이쌓기로 하고 그 위 한 켜는 마구리쌓기로 하여 본 벽돌 벽에 물려 쌓는 벽돌쌓기 방식(뒷면은 영식쌓기, 표면은 치장벽돌 사용)

(3) 벽돌쌓기 시공
① 교차부쌓기 : 직교하는 벽돌 벽의 한 편을 나중쌓기로 할 때에는 그 부분에 벽돌 물림자리를 벽돌 한 켜 걸름으로 1/4B를 들여 쌓는다.
② 기초쌓기 : 기초쌓기는 1/4B씩 1켜 또는 2켜 내어 쌓는다.
③ 내쌓기 : 벽돌 벽면 중간에서 내쌓기를 할 때에는 2켜씩 1/4B 또는 1켜씩 1/8B 내쌓기로 하고 맨 위는 2켜 내쌓기로 한다.
④ 공간쌓기 : 도면 또는 특기시방에서 정한 바가 없을 때에는 바깥 쪽을 주벽체로 하고 안쪽은 반장쌓기로 한다.

(4) 벽돌공사에 관한 주의사항
① 벽돌쌓기 전에 충분히 물을 축여 모르타르 부착이 좋아지도록 한다.
 – 붉은 벽돌은 하루 전에 물을 충분히 젖게 하여 표면습도 유지토록 하고 시멘트 벽돌은 쌓기 전 물을 축이지 아니한다. (내화벽돌은 흙·먼지 등을 청소하고 물축이기는 하지 않고 사용한다.)
② 벽돌쌓기법은 도면 또는 공사시방서에서 정한 바가 없을 때에는 영식쌓기 또는 화란식쌓기로 한다.
③ 가로 줄눈의 바탕 모르타르는 일정한 두께로 평편히 펴 바르고, 벽돌을 내리 누르 듯 규준틀과 벽돌나누기에 따라 정확히 쌓는다.
④ 세로 줄눈의 모르타르는 벽돌 마구리면에 충분히 발라 쌓도록 한다. (세로줄눈은 통줄눈이 되지 않도록 한다.)
⑤ 하루 벽돌의 쌓는 높이는 1.2m(18켜 정도)를 표준으로 하고 최대 1.5m(22켜 정도) 이내로 한다.
⑥ 연속되는 벽면의 일부를 트이게 하여 나중쌓기로 할 때에는 그 부분을 층단 들여쌓기로 한다.
⑦ 벽돌 벽이 블록벽과 서로 직각으로 만날 때는 연결철물을 만들어 블록 3단마다 보강하며 쌓는다.
⑧ 사춤(줄눈) 모르타르는 일반적으로 3~5켜마다 한다. (원칙적으로는 매켜마다 해야 한다.)

> 벽돌쌓기: 가로 및 세로줄눈의 너비는 도면 또는 공사시방서에서 정한 바가 없을 때에는 10mm를 표준으로 한다.

> 사춤: 담이나 벽의 갈라진 틈을 메우는 일

⑨ 벽돌 벽이 콘크리트 기둥(벽)이나 슬래브 하부면과 만날 때는 그 사이에 모르타르를 충전한다.
⑩ 벽돌은 품질, 등급별로 정리하여 사용하는 순서별로 쌓아 둔다.
⑪ 규준틀에 의하여 벽돌나누기를 정확히 하고 토막 벽돌이 생기지 않게 한다.
⑫ 벽돌 벽은 균일한 높이로 쌓아 올라간다.
  ※ 소규모 건축물의 구조기준에 따라 조적조로 담을 쌓을 경우 최대 높이 기준 : 3m 이하

> 조적식 구조인 내력벽으로 둘러싸인 부분의 바닥면적
> 〈건축물의 구조기준 등에 관한 규칙〉
> 제31조(내력벽의 높이 및 길이)
> ① 조적식 구조인 건축물 중 2층 건축물에 있어서 2층 내력벽의 높이는 4미터를 넘을 수 없다.
> ② 조적식 구조인 내력벽의 길이는 10미터를 넘을 수 없다.
> ③ 조적식 구조인 내력벽으로 둘러싸인 부분의 바닥면적은 80제곱미터를 넘을 수 없다.

(5) 내화벽돌쌓기
① 내화벽돌은 벽돌쌓기에 준하여 쌓고, 통줄눈이 생기지 않게 한다.
② 내화벽돌은 흙·먼지 등을 청소하고 물축이기는 하지 않고 사용한다.
③ 내화 모르타르는 덩어리진 것을 풀어 사용하고 물반죽을 하여 잘 섞어 사용한다.
④ 내화벽돌의 줄눈 나비는 도면 또는 공사시방서에 따르고 그 지정이 없을 때에는 가로 세로 6mm를 표준으로 한다.

(6) 벽돌쌓기 공사에 있어 내력벽 쌓기
① 벽돌쌓기 공사에 있어 내력벽 쌓기의 경우 세워쌓기나 옆쌓기는 피하는 것이 좋다.
  - 내력벽은 상부 구조물의 하중을 기초에 전달하는 벽
② 세로줄눈은 막힌줄눈이 되지 않도록 하고 한 켜 걸름으로 수직일직선상에 오도록 배치한다.
  - 막힌줄눈이 상부하중을 밑으로 균등하게 전달

> 조적조의 벽체 상부에 철근 콘크리트 테두리 보를 설치하는 가장 중요한 이유
> 조적조의 벽체와 일체가 되어 건물의 강도를 높이고 하중을 균등하게 전달하기 위하여 설치
> (* 테두리보: 조적벽 내력벽의 상부에 철근콘크리트로 벽체를 보강하고, 지붕, 바닥판(slab) 등의 하중을 지탱하여 주는 보)

(7) 한냉기 및 극한기의 시공
① 벽돌쌓기에 있어서 기온이 4℃ 이하로 강하하거나 그렇게 될 우려가 있을 때에는 쌓아올림 켜수(段數), 기타 필요한 사항에 대하여 담당원의 지시를 받는다. 기온이 4℃ 이상 40℃ 이하가 되도록 모래나 물을 데운다.
② 또 기온이 영하 7℃ 이하일 때에도 모르타르의 온도가 4℃에서 40℃ 사이가 되도록 모래나 물을 데우고 비빔판 위의 모르타르의 온도는 동결온도보다 높도록 한다. 벽돌 및 쌓기용 재료의 표면온도는 영하 7℃ 이하가 되지 않도록 한다.
  - 울타리와 보조열원, 전기담요, 적외선 발열램프 등을 이용하여 조적조를 동결온도 이상으로 유지하여야 한다.

다 줄눈

(1) 조적조의 줄눈

1) 두께 : 10mm 기준(내화벽돌 : 6mm)

2) 조적조의 줄눈
   ① 막힌줄눈 : 응력분산에 유리, 막힌줄눈이 원칙
   ② 통줄눈 : 모양은 미려하나 강도가 약함. 보강블록조와 치장용으로만 사용함.
   ③ 치장줄눈 종류 : 평줄눈, 민줄눈, 빗줄눈, 오목줄눈, 내민줄눈, 볼록줄눈, 둥근줄눈, 역(엇)빗줄눈
      ㉠ 평줄눈 : 벽돌, 블록 등 조적공사에서 일반적으로 가장 많이 이용되는 치장줄눈. 거친 질감을 강조
      ㉡ 빗줄눈 : 위쪽이 경사지어 들어간 것. 방수상 가장 우수
      ㉢ 역(엇)빗줄눈 : 아래쪽이 경사지어 들어간 것
      ㉣ 민줄눈 : 벽면과 같은 면이 되게 한 모르타르 줄눈. 형태가 고르고 깨끗한 벽돌면에 사용
      ㉤ 오목줄눈 : 단면형상이 곡면인 오목한 줄눈. 침수방지에 유효
      ㉥ 볼록줄눈 : 민줄눈 위에 다시 볼록 나오게 한 줄눈, 여성적 선의 흐름을 강조
      ㉦ 내민줄눈 : 벽면이 고르지 않을 때 효과가 확실
      ㉧ 둥근줄눈 : 면이 깨끗한 벽돌 벽에 사용

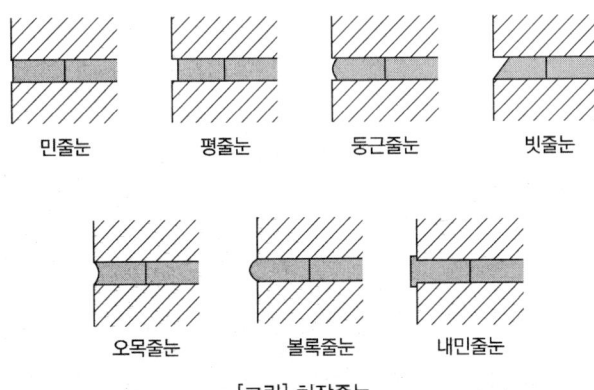

[그림] 치장줄눈

(2) 치장줄눈용 모르타르 용적배합비

모르타르의 종류		용적배합비(잔골재/결합재)
줄눈 모르타르	벽 용	2.5~3.0
	바닥용	3.0~3.5
붙임 모르타르	벽 용	1.5~2.5
	바닥용	0.5~1.5
깔모르타르	바탕용	2.5~3.0
	바닥용	3.0~6.0
안채움 모르타르		2.5~3.0
치장줄눈용 모르타르		0.5~1.5

라 백화현상 및 벽돌 벽의 균열

(1) 조적조 백화(efflorescence)현상

백화는 주로 모르타르로 흡수된 수분에 의해 벽돌 내부에 포함된 염류가 녹아나와 벽돌 표면에 하얗게 남거나 벽돌 표면 밑에 남아 외부의 결을 파괴시켜 미관을 해치게 됨.

1) 백화의 형성 요인 : 백화가 대체적으로 발생하는 부분은 창문 인방, 처마부분 같은 취약부분, 지반에 가까운 부위에서의 틈새로 유입되는 수분에 의해 발생

2) 백화의 방지대책
   ① 물-시멘트비를 작게 한다.
   ② 흡수율이 작은 소성이 잘 된 벽돌을 사용한다. (10% 이하의 흡수율을 가진 양질의 벽돌을 사용한다.)
   ③ 줄눈 모르타르에 방수제를 혼합한다.(파라핀도료 같은 혼화제 사용)
   ④ 벽면의 돌출 부분에 차양, 루버 등을 설치한다. (벽돌면 상부에 빗물막이를 설치한다.)
   ⑤ 쌓기 후 전용발수제를 발라 벽면에 수분흡수를 방지한다.
   ⑥ 수용성 염류가 적은 소재를 사용한다.

(2) 벽돌 벽의 균열

(가) 균열원인

1) 계획 및 설계상으로 인한 결함
   ① 기초의 부동침하
   ② 문꼴(개구부) 크기의 불합리 및 불균형 배치

- 인방: 출입구, 창의 바로 위로 벽을 받치기 위해 걸쳐진 수평 부재
- 루버(louver): 폭이 좁은 판을 일정 간격으로 비스듬히 수평으로 배열하여 빗물을 막고 환기도 가능케 함
- 전용발수제: 주로 벽면에 도포에 물을 튕겨내는 효과를 냄

③ 불균형 하중, 큰 집중하중, 횡력 및 충격 잘 받는 구조로 설계된 부분
④ 벽돌 벽체 강도 부족
⑤ 건물의 평면, 입면의 불균형 및 벽의 불합리한 배치

2) 재료 선정 및 시공상의 결함
① 벽돌 및 모르타르의 강도 부족
② 온도 및 습도에 의한 재료의 신축성
③ 이질재와의 접합부 불완전 시공
④ 칸막이 벽(장막벽) 상부의 모르타르 다져 넣기 부족
⑤ 모르타르, 회반죽 바름의 신축 및 들뜨기
⑥ 온도 변화와 신축을 고려한 조절줄눈(control joint) 설치 미흡

(나) 벽돌 벽의 균열 방지대책
① 건물의 평면·입면의 불균형을 초래하지 않는다.
② 벽돌 벽의 길이, 높이에 비해 두께가 부족하거나 벽체 강도가 부족하지 않도록 한다.
③ 온도변화와 신축을 고려한 control joint를 설치한다.
④ 모르타르의 강도는 벽돌강도 이상이어야 한다(벽돌·모르타르 자체의 강도를 증진).
⑤ 설계과정에서 구조적 안전성을 확보와 시공과정에서 철저한 품질관리를 한다.

(3) 벽돌치장면의 청소방법
① 물 세척 : 벽돌 치장면에 부착된 모르타르 등의 오염은 물과 솔을 사용하여 제거하며 필요에 따라 온수를 사용하는 것이 좋다.
② 세제 세척 : 세제 세척은 물 또는 온수에 중성세제를 사용하여 세정한다.
③ 산 세척 : 매입 철물 등을 부식시킬 수 있기 때문에 일반적으로 사용하지 않는다. 산 세척은 다른 방법으로 오염물을 제거하기 곤란한 장소에 적용하고, 그 범위는 가능한 작게 한다. 오염물을 제거한 후 충분히 물 세척을 한다.

마 적산방법

(1) 벽돌의 소요매수

[표] 벽돌쌓기 기준량(m²당)

벽돌규격(mm) \ 벽두께	0.5B	1.0B	1.5B	2.0B
기준형 : 210×100×60mm	65매	130매	195매	260매
표준형 : 190×90×57mm	75매	149매	224매	298매
내화벽돌 : 230×114×65mm	61매(59)	122매(118)	183매(177)	244매(236)

① 기준형, 표준형은 정량으로 표시된 양이며, 할증률은 붉은 벽돌은 3%, 시멘트벽돌은 5%로 함.
② 내화벽돌은 할증률 3%가 포함된 양이며, ( ) 안은 정미량(*할증이 포함되지 않는 수량)을 표시함.
③ 줄눈나비는 10mm일 때를 기준으로 함.

예문 벽돌 벽 두께 1.0B, 벽높이 2.5[m], 길이 8[m]인 벽면에 소요되는 점토벽돌의 매수는 얼마인가? (단, 규격은 190 × 90 × 57[mm], 할증은 3[%]로 하며, 소수점 이하 결과는 올림하여 정수매로 표기)

① 2980매　② 3070매　③ 3278매　④ 3542매

해설 점토벽돌의 매수
2.5m × 길이 8m × 149매(두께 1.0B의 기준량) × 1.03(할증) = 3069.4 ≒ 3070매

→ 정답 ②

---

(2) 모르타르 소요량

모르타르 소요량 = (정미량/1,000) × 단위수량

(*모르타르는 표준품셈에서 할증이 포함되지 않음)

[표] 단위수량표(벽돌 1,000매를 기준으로 한 모르타르량(m³))

두께	표준형 : 190×90×57mm	기준형 : 210×100×60mm
0.5B	0.25	0.3
1.0B	0.33	0.37
1.5B	0.35	0.4

> **예문** 기본벽돌(190×90×57)을 기준으로 1.5B 쌓기할 때 벽돌 2,000매 쌓는 데 필요한 모르타르량으로 옳은 것은?
>
> ① $0.35m^3$ ② $0.7m^3$ ③ $0.45m^3$ ④ $0.8m^3$
>
> **해설** 모르타르 소요량 = (정미량/1,000) × 단위수량
>   = (2,000/1,000)×$0.35m^3$ = $0.7m^3$
>
> ➪ 정답 ②

2. 블록공사

가 블록(block)

(1) 속빈 콘크리트블록의 규격 중 기본블록치수(mm)

390(길이)×190(높이)×190/ 150/ 120/ 100 (두께)

[표] 속빈콘크리트 블록의 등급

구분	기건비중	전단면[1]에 대한 압축강도 [N/m^2(kgf/cm^2)]	흡수율 (%)	투수성[2] (ml/m^3-H)
A종 블록	1.7 미만	4.0(41) 이상	-	-
B종 블록	1.9 미만	6.0(61) 이상	-	-
C종 블록	-	8.0(82) 이상	10 이하	10 이하

주) 1) 전단면적이란 가압면(길이×두께)으로서, 속빈부분 및 양 끝의 오목하게 들어간 부분의 면적도 포함한다.
    2) 투수성은 방수 블록에만 작용한다.

(2) 블록쌓기 전 과정

시공도 작성 → 규준틀 작성 → 가설형틀 설치 → 블록의 선별 및 마름질하기 → 블록나누기 → 비계발판 설치

   ※ 블록쌓기 시공순서 : ① 접착면 청소 ② 세로규준틀 설치 ③ 규준쌓기 ④ 중간부쌓기 ⑤ 줄눈누르기 및 파기 ⑥ 치장줄눈

(3) 블록쌓기에 관한 설명

① 블록은 깨끗한 건조 상태로 저장되어야 하고, 담당원의 승인 없이는 물축임을 해서는 안 된다.

블록의 수량 산출

블록의 수량은 $1m^2$에 소요되는 블록량을 기준으로 산출(줄눈의 폭은 10mm)

- 기본형(390mm×190mm ×190mm 등)의 $1m^2$당 블록 매수 : 13매
- 예) 길이 10m, 높이 3.6m 인 벽체의 블록 수량 :
 길이 10m×높이 3.6m× 13매($1m^2$당 블록 매수) =468매

마름질: 치수에 맞추어 자르는 일

단순조적 블록 공사 시 방수 및 방습처리〈건축공사표준시방서〉

① 블록 벽체가 지반면에 접촉하는 부분에는 수평 방습층을 두고 그 위치·재료 및 공법은 도면 또는 공사시방에 따르고, 그 정함이 없을 때에는 마루 밑이나 콘크리트 바닥판 밑에 접근되는 가로줄눈의 위치에 두고 액체방수 모르타르를 10mm 두께로 블록 윗면 전체에 바른다.

② 물빼기 구멍은 콘크리트의 윗면에 두거나 물끊기·방습층 등의 바로 위에 둔다. 그 구멍의 크기·간격·재료 및 구성방법 등은 도면 또는 공사시방에 따른다. 도면 또는 공사시방에서 정한바가 없을 때에는 지름 10mm 이내, 간격 120cm(3켜 정도)마다 1개소로 한다. 또한 블록 빈속의 밑창에 모르타르를 바깥쪽으로 약간 경사지게 펴 깔고 블록을 쌓거나 10mm 정도의 물흘림 홈을 두어 블록의 빈속에 고인 물이 물빼기 구멍으로 흘러내리게 한다.

③ 물빼기 구멍에는 다른 지시가 없는 한 직경 6mm, 길이 10cm 되는 폴리에틸렌 플라스틱 튜브를 만들어 집어넣는다.

② 블록에 붙은 흙·먼지 기타 더러운 것은 제거하고 모르타르 접착면은 적당히 물로 축여 모르타르의 경화수가 부족하지 않도록 한다.

③ 블록은 빈속의 경사(taper)에 의한 살두께가 큰 편을 위로 하여 쌓는다(구조적으로 안전).

④ 하루의 쌓기 높이는 1.5m(블록 7켜 정도) 이내를 표준으로 한다.

⑤ 블록보강용 메시는 #8~#10철선을 사용하며 블록의 너비보다 한 치수 작은 것을 사용한다.

⑥ 모르타르의 배합비는 1:3이고, 모르타르의 강도는 블록강도의 1.3~1.5배이다.

⑦ 개구부의 상부에 인방보를 설치할 경우 좌우 지지벽이 20cm 이상 물리도록 한다. (인방블록은 창문틀의 좌우 옆 턱에 200mm 이상 물린다.)

⑧ 블록을 쌓은 후 줄눈은 방수를 위하여 같은 깊이로 줄눈파기를 하고 배합비 1:1의 모르타르로 치장줄눈을 하여야 한다.

⑨ 수평줄눈 모르타르는 블록 상단 전면에 바르고 수직줄눈은 한쪽 접촉면에 미리 모르타르를 충분히 부착시켜 쌓는다.

⑩ 특별한 시방이 없으면 가로줄눈 및 세로줄눈의 두께는 10mm가 되게 하고 세로줄눈은 통줄눈을 피하고, 막힌 줄눈으로 한다.

⑪ 보강블록조는 통줄눈으로 하는 것이 시공상 유리하다.

⑫ 보강근은 모르타르 또는 그라우트를 사춤하기 전에 배근하고 고정한다.

⑬ 모서리 등 기준이 되는 부분을 정확하게 쌓은 다음 수평실을 친다.

⑭ 치장줄눈을 할 때에는 줄눈이 완전히 굳기 전에 줄눈파기를 하여 치장줄눈을 바른다.

나 철근콘크리트 보강블록쌓기

(1) 보강블록구조

속빈 콘크리트 블록 개체의 속빈 부분 또는 수직 단면간의 공동부에 철근을 매입하고 그라우팅하여 내력벽으로 한 블록구조(블록의 빈속을 철근과 콘크리트로 보강하여 내력벽을 만드는 것이다.)

(2) 보강블록조에 대한 설명

① 블록의 모르타르 접착면은 적당히 물축이기를 하여 경화에 지장이 없도록 한다.

② 블록의 공동에 보강근을 배치하고 콘크리트를 다져넣기 때문에 세로줄눈은 통줄눈으로 하는 것이 좋다.
③ 세로근은 원칙으로 기초·테두리보에서 위층의 테두리보까지 잇지 않고 배근하여 그 정착길이는 철근 지름(d)의 40배 이상으로 한다. (벽의 세로근은 원칙적으로 이음을 만들지 않고 기초와 테두리보에 정착시킨다.)
④ 가로근은 배근 상세도에 따라 가공하되, 그 단부는 180°의 갈구리로 구부려 배근한다.
 - 가로근을 이을 때에는 이음 길이를 25d 이상으로 한다.
⑤ 철근은 굵은 것보다 가는 철근을 많이 넣는 것이 좋다.
⑥ 보강근이 들어간 부분은 블록 2단마다 콘크리트나 모르타르를 충분히 충전시켜 철근이 녹스는 것을 방지한다.
⑦ 1일 쌓기 높이는 1.5m(6~7켜) 이내가 되도록 한다.
⑧ 블록은 살두께가 두꺼운 쪽을 위로 하여 쌓는다.
⑨ 블록 쌓기 시 되도록 고저차가 없도록 수평이 되게 쌓아 올린다.

철근콘크리트 보강 블록공사
① 보강 블록조 쌓기에서 세로줄눈은 통줄눈으로 하는 것이 시공상 유리하다.
② 블록을 쌓을 때 지나치게 물축이기 하면 팽창수축으로 벽체에 균열이 생기기 쉬우므로, 접착면에 적당히 물축여 모르타르 경화강도에 지장이 없도록 한다.
③ 보강블록공사 시 철근은 굵은 것보다 가는 철근을 많이 넣는 것이 좋다.
④ 벽체를 일체화시키기 위한 철근콘크리트조의 테두리보의 춤은 내력벽 두께의 1.5배 이상으로 한다.

다 ALC 블록공사

(1) ALC 블록공사의 비내력벽쌓기〈건축공사표준시방서〉
① 슬래브나 방습턱 위에 고름 모르타르를 10~20mm 두께로 깐 후 첫단 블록을 올려놓고 고무망치 등을 이용하여 수평을 잡는다.
② 쌓기 모르타르는 교반기를 사용하여 배합하며 1시간 이내에 사용해야 한다.
③ 줄눈의 두께는 1~3mm 정도로 한다.
④ 블록 상·하단의 겹침길이는 블록길이의 1/3~1/2을 원칙으로 하고 100mm 이상으로 한다. 단, 보강블록쌓기의 경우에는 공사시방서에 따른다.
⑤ 블록은 각 부분이 가급적 균등한 높이로 쌓아가며 하루 쌓기높이는 1.8m를 표준으로 하고 최대 2.4m 이내로 한다.
⑥ 모서리 및 교차부쌓기는 끼어쌓기를 원칙으로 하여 통줄눈이 생기지 않도록 한다. 직각으로 만나는 벽체의 한 편을 나중 쌓을 때는 층단쌓기로 하며 부득이 한 경우 담당원의 승인을 얻어 층단으로 켜거름 들여쌓기로 하거나 이음보 강철물을 사용한다.
⑦ 공간쌓기의 경우 공사시방서 또는 도면에서 규정한 사항이 없으면 바깥쪽을 주벽체로 하고 내부공간은 50~90mm 정도로 하고, 수평거리 900mm, 수직거리 600mm마다 철물연결재로 긴결시킨다.

보강블록 공사 시 벽 가로근의 시공
① 가로근은 배근 상세도에 따라 가공하되, 그 단부는 180°의 갈구리로 구부려 배근한다.
② 모서리에 가로근의 단부는 수평방향으로 구부려서 세로근의 바깥쪽으로 두르고, 정착길이는 공사시방서에 정한 바가 없는 한 40d 이상으로 한다.
③ 창 및 출입구 등의 모서리 부분에 가로근의 단부를 수평방향으로 정착할 여유가 없을 때에는 갈구리로 하여 단부 세로근에 걸고 결속선으로 결속한다.
④ 개구부 상하부의 가로근을 양측 벽부에 묻을 때의 정착길이는 40d 이상으로 한다.

(2) ALC(Autoclaved Light-weight Concrete)

기포를 발생시켜 증기 양생하여 가공한 경량 기포 콘크리트

① 다공질이기 때문에 흡수율이 높고, 동결융해저항이 낮다.
② 열전도율은 보통콘크리트의 약 1/10로서 단열성이 우수하다.
③ 불연재인 동시에 내화재료이다.
④ 경량으로 인력에 의한 취급이 가능하고, 필요에 따라 현장에서 절단 및 가공이 용이하다.
⑤ 다공질로서 강도가 작다.
⑥ 건조수축률이 작으므로 균열 발생이 적다.

* 장막벽(curtain wall, 帳幕壁) : 구조의 하중을 분담하지 않는 바깥벽(비내력벽)
  • 금속커튼월 공사의 작업 흐름
    기준먹매김 – 구체 부착철물의 설치 – 커튼월 설치 및 보양 – 부속재료의 설치 – 유리 설치

지하실 방수공법

1) 안방수 : 지하실 내부에 방수층을 형성하는 공법
   ① 시공이 간단하고 하자발견, 보수가 용이하다.
   ② 구체공사 완료 후 방수공사를 진행한다.
   ③ 방수공사의 신뢰성이 작다.
   ④ 시멘트액체방수, 도막방수 등이 적용된다.
2) 바깥방수 : 지하실 외부에 방수층을 형성하는 공법
   ① 시공이 곤란하고 하자 발견, 보수가 어렵다.
   ② 구체공사와 함께 방수공사를 진행한다.
   ③ 방수공사의 신뢰성이 높다.
   ④ 아스팔트방수, 시트방수 등이 적용된다.
   ⑤ 바탕처리를 따로 만들어야 한다.
   ⑥ 안방수에 비해 비용이 고가이다.
   ⑦ 시공방법이 복잡하여 공기가 많이 소요된다.

---

3. 석공사

가 돌쌓기

(1) 암석의 종류

• 화성암: 마그마가 식어서 형성된 암석
• 수성암: 퇴적, 침전되어 생긴 암석

① 화성암 : 화강암, 안산암, 현무암
② 수성암 : 응회암, 사암, 석회암, 점판암
③ 변성암 : 점판암, 편마암, 대리석, 사문암

(2) 석재 사용상 주의사항

① 1m³ 이상 되는 석재는 높은 곳에 사용하지 않는다(취급상 최대 1m³ 이내로 하고 중량이 큰 것은 높은 곳에 사용하지 말 것).
② 인장강도가 약하므로 압축력을 받는 곳에 사용한다.
③ 되도록 흡수율이 낮은 석재를 사용한다(압축강도 $50kgf/cm^2$ 이상, 흡수율 30% 이하의 것 사용).
④ 가공 시 예각은 피한다(예각부(銳角部)가 생기면 결손되기 쉽고 풍화방지에 나쁨).
⑤ 동일건축물에는 동일석재로 시공하도록 한다.
⑥ 석재를 다듬어 사용할 때는 그 질이 균질한 것을 사용하여야 한다.
⑦ 외부나 바닥에 사용할 때는 내수성 및 내구성에 주의하여야 한다.
⑧ 외벽 특히 콘크리트표면 첨부용 석재(도로포장용 석재)는 연석 사용을 피한다.

(3) 석재의 시공(석재붙임공법)

(가) 습식공법

구조체와 석재 사이를 연결철물과 모르타르의 채움에 의해 일체화시키는 공법(모르타르를 석재의 후면에 주입시켜 고정시키는 방법)

(나) 건식공법

습식공법의 단점을 개선하기 위해 개발된 공법으로 모르타르를 사용하지 않고 볼트류의 철물로만 고정시키는 방법

1) 앵커(Anchor)긴결공법 : 구조체에 각종 앵커, 볼트, 연결철물을 사용하여 석재를 붙여 나가는 공법

① 연결철물의 장착을 위한 세트 앵커용 구멍을 45mm 정도 천공하고 캡이 구조체보다 5mm 정도 깊게 삽입하여 외부의 충격에 대처한다.
② 석재는 앵커, 볼트, 연결철물(fastener)을 사용하여 고정한다.
③ 연결철물은 석재의 상하 및 양단에 설치하여 하부의 것은 지지용으로, 상부의 것은 고정용으로 사용한다.
④ 판석재와 철재가 직접 접촉하는 부분에는 적절한 완충재를 사용하고 줄눈에는 실링재를 사용하여 마무리한다.

※ 돌붙임 앵커 긴결공법 중 파스너(연결철물, fastener)설치방식
① 싱글 파스너(single fastener)방식 : 오차조정이 어려움. 정밀한 골조 바탕 필요
② 더블 파스너(double fastener)방식 : 오차조정이 쉽고 가장 많이 적용하는 방식

- 강재 트러스(truss) 지지공법: 철재 트러스에 석재를 설치하는 공법
- G.P.C 공법: 화강석 판재 뒷면에 고정철물(shear connector)로 고정시킨 후 콘크리트를 타설하여 양생한 패널(석재 패널)

2) 강재 트러스(truss) 지지공법 : 미리 조립된 강재 트러스(truss)에 석재를 지상에서 짜 맞춘 후 현장에서 조립으로 설치해 나가는 공법

3) G.P.C 공법(Granite veneer Precast Concrete) : 석재와 콘크리트를 일체화시킨 P.C를 제작하여 건축물의 외벽에 부착하는 공법

(다) 건식공법의 장단점

① 동결, 백화현상이 없다.
② 고층건물에 유리하다.
③ 겨울철공사가 가능하다.
④ 시공속도가 빠르다.
⑤ 구조체와 긴결이 어렵다.

(라) 석공사의 건식석재공사에 대한 설명(1)

① 석재의 건식 붙임에 사용되는 모든 구조재 또는 긴결 철물은 녹막이 처리를 한다.
② 석재의 색상, 석질, 가공형상, 마감 정도, 물리적 성질 등이 동일한 것으로 한다.
③ 건식 석재 붙임에 사용되는 앵커볼트, 너트, 와셔 등은 부식이 없는 알루미늄이나 스테인리스 제품을 사용한다.
④ 화강석 특유의 무늬를 제외한 눈에 띄는 반점 등을 제거한다.
⑤ 석재 건식에 사용하는 줄눈은 실링재를 사용하여야 한다.

(마) 석공사에서 건식공법 시공에 대한 설명(2)

- 하지철물: 외벽공사에서 지지해주는 철물
- 실런트: 액상의 실(seal) 재료
- open joint: 틈새를 두고 접합

① 하지철물의 부식 문제와 내부 단열재 설치문제 등이 나타날 수 있다.
  - 하지철물의 길이, 두께 등 부식 문제와 내부 단열재 설치문제 등 풍하중, 지진하중에 대한 구조계산을 충분히 검토하여 작업한다.
② 백화현상 발생 등의 결함을 보완하기 위해 모르타르 대신 볼트와 철물로 판석을 고정시키는 방법으로 시공하며 주로 외장공사에 사용된다.
③ 실런트(sealant) 유성분에 의한 석재면의 오염문제는 비오염성 실런트로 대체하거나, open joint공법으로 대체하기도 한다.
  - 실런트(sealant) 시공 시 경화시간, 기상조건에 따른 영향을 받으며 오염이나 누수에 우려가 있어 정밀 시공이 요구된다.
④ 강재트러스, 트러스지지공법 등 건식공법은 시공 정밀도가 우수하고, 작업능률이 개선되며, 공기단축이 가능하다.

(바) 건식 석재공사(건축공사표준시방서)
① 건식 석재공사는 석재의 하부는 지지용으로, 석재의 상부는 고정용으로 설치하되 상부 석재의 고정용 조정판에서 하부 석재와의 간격을 1mm로 유지하며, 촉구멍 깊이는 기준보다 3mm 이상 더 깊이 천공하여 상부 석재의 중량이 하부 석재로 전달되지 않도록 한다.
② 석재의 색상·석질·가공형상·마감 정도·물리적 성질 등이 동일한 것으로 한다.
③ 건식 석재 붙임공사에는 석재 두께 30mm 이상을 사용하며, 구조체에 고정하는 앵글은 석재의 중량에 의하여 하부로 밀려나지 않도록 심페드를 구조체와 앵글 사이에 끼우고 단단히 너트를 조인다.
④ 건식 석재 붙임공사에 사용되는 모든 구조재 또는 트러스 철물은 반드시 녹막이처리하고 강재의 선택은 시공도에 따른다.
⑤ 건식 석재붙임에 사용되는 앵커(앵글, 조정판), 근각볼트, 너트, 와셔, 핀, 데파볼트, 캡(슬리브) 등은 이 시방서 석공사 일반 철물에 준하여 사용한다.
⑥ 석재 내부의 마감면에서 결로가 생기는 경우가 많으므로 습기가 응집될 우려가 있는 부위의 줄눈에는 눈물구멍 또는 환기구를 설치하도록 한다.

> 석재용 심패드: 앵글과 벽체 사이에 끼워 사용하며 줄눈의 일정 간격 유지에 사용 (* 패드: 충격, 손상 방지 용등으로 덧대는 것, 완충재를 말함)

(4) 돌쌓기방식
① 완자쌓기 : 네모돌을 수평줄눈이 부분적으로만 연속되게 쌓고, 일부 상하 세로줄눈이 통하게 쌓는 돌쌓기방식(다듬은돌 허튼층쌓기)
② 마름돌쌓기 : 직사각형 모양으로 가공한 돌을 일정한 규칙에 따라 쌓아 올리는 방법
③ 막돌쌓기 : 자연석, 둥근돌 및 막돌을 사용하여 거의 다듬지 않고 쌓는 방식
④ 바른층쌓기 : 일정한 규격의 석재를 수평 줄눈에 맞추어 쌓는 방법(켜쌓기)
⑤ 허튼층쌓기 : 불규칙한 돌을 줄눈을 맞추지 않고 자연스럽게 쌓는 방법 (막쌓기)
  * 거친돌쌓기, 다듬돌쌓기

(5) 석축쌓기 공법
① 궤쌓기(布積. 켜쌓기. 바른층쌓기. coursed masonry) : 수평 줄눈이 동일한 높이의 직선으로 되는 돌쌓기방식

② 골쌓기(谷積, uncoursed masonry) : 줄눈을 파상(波狀)으로 불규칙하게 쌓는 방식이며 일반적으로 많이 이용된다.
③ 메쌓기(空積, 건성쌓기, 건쌓기, dry masonry) : 모르타르을 사용하지 않고 서로 물리도록 다듬어 쌓는 방식
④ 찰쌓기(練積, wet masonry) : 줄눈 및 뒤채움의 일부에 시멘트 모르타르 및 콘크리트를 사용한 돌쌓기방식

나 대리석, 인조석, 테라조공사

(1) 대리석 붙이기
① 대리석은 대리석은 산에 약하고 풍화되기 쉬움으로 외장용으로 부적당하다.
② 대리석 붙이기 연결철물은 10#~20#의 황동쇠선을 사용한다.
③ 대리석 붙이기 최하단은 충격에 쉽게 파손되므로 충진재를 넣는다.
④ 대리석은 시멘트 모르타르로 붙이면 알칼리성분에 의하여 변색·오염될 수 있다.

(2) 판석재 돌붙이기의 안전시공과 관련한 주의사항
① 돌붙이는 모체(콘크리트벽, 조적벽체 등)의 균열 및 바탕면의 상태가 양호한지 점검한다.
② 판석재 돌붙이기는 하부가 충격에 약하여 파손되기 쉬우므로 모르타르 사춤을 실시한다.
③ 판석재 돌붙이기는 비계발판 위에 한 곳에 높이 쌓아 놓고 작업하지 않는다(비계기둥 간의 적재하중은 400킬로그램을 초과하지 않도록 할 것).
④ 건식붙임공법의 경우는 패스너(fastener)가 돌무게를 충분히 견딜 수 있는 구조로 해야 한다.

CHAPTER 06 항목별 우선순위 문제 및 해설

01 한 켜는 길이로 쌓고 다음켜는 마구리쌓기로 하는 것으로 통줄눈이 생기지 않고 모서리벽 끝에 이오토막을 사용하는 가장 튼튼한 쌓기 방식은?

① 영식쌓기
② 화란식쌓기
③ 불식쌓기
④ 미식쌓기

해설 영식쌓기(영국식)
한 켜는 마구리쌓기, 다음 켜는 길이쌓기로 하는 것으로 통줄눈이 생기지 않고 모서리 끝에 이 오토막이나 반절을 사용하는 가장 튼튼한 쌓기 방법

02 벽돌을 내쌓기 할 때 일반적으로 이용되는 벽돌쌓기 방법은?

① 길이쌓기
② 마구리쌓기
③ 옆세워쌓기
④ 길이세워쌓기

해설 벽돌의 내쌓기
내어 쌓기로 벽체면보다 돌출되게 벽돌을 내어 쌓는 방법
- 벽돌을 내쌓기 할 때 일반적으로 이용되는 벽돌쌓기 방법: 마구리쌓기

03 벽돌쌓기에서 도면 또는 공사시방서에서 정한 바가 없을 때에 적용하는 쌓기법으로 옳은 것은?

① 미식 쌓기
② 영롱 쌓기
③ 불식 쌓기
④ 영식 쌓기

해설 벽돌쌓기법
도면 또는 공사시방서에서 정한 바가 없을 때에는 영식 쌓기 또는 화란식 쌓기로 한다.

04 벽돌공사에서 직교하는 벽돌 벽의 한 편을 나중쌓기로 할 때에는 그 부분에 벽돌물림자리를 벽돌 한 켜 걸름으로 어느 정도 들여 쌓는가?

① 1/8 B
② 1/4 B
③ 1/2 B
④ 1 B

해설 벽돌쌓기
① 교차부쌓기 : 직교하는 벽돌 벽의 한편을 나중쌓기로 할 때에는 그 부분에 벽돌 물림자리를 벽돌 한 켜 걸름으로 1/4B를 들여 쌓는다.

05 벽돌, 블록 등 조적공사에서 일반적으로 가장 많이 이용되는 치장줄눈 형태는?

① 평줄눈
② 볼록줄눈
③ 오목줄눈
④ 민줄눈

해설 치장줄눈 종류
평줄눈, 민줄눈, 빗줄눈, 오목줄눈, 내민줄눈, 볼록줄눈, 둥근줄눈, 역(엇)빗줄눈
- 평줄눈 : 벽돌, 블록 등 조적공사에서 일반적으로 가장 많이 이용되는 치장줄눈. 거친 질감을 강조

06 조적조 백화(efflorescence)현상의 방지법으로 옳지 않은 것은?

① 물-시멘트비를 증가시킨다.
② 흡수율이 작은 소성이 잘된 벽돌을 사용한다.
③ 줄눈 모르타르에 방수제를 혼합한다.
④ 벽면의 돌출 부분에 차양, 루버 등을 설치한다.

정답 01.① 02.② 03.④ 04.② 05.① 06.①

해설 조적조 백화(efflorescence)현상
백화는 주로 몰탈로 흡수된 수분에 의해 벽돌 내부에 포함된 염류가 녹아나와 벽돌 표면에 하얗게 남거나 벽돌 표면 밑에 남아 외부의 결을 파괴시켜 미관을 해치게 됨.
1) 백화의 방지대책
   ① 물-시멘트비를 작게 한다.

07 블록쌓기에 대한 설명으로 옳지 않은 것은?
① 보강근은 모르타르 또는 그라우트를 사춤하기 전에 배근하고 고정한다.
② 블록은 살두께가 작은 편을 위로 하여 쌓는다.
③ 인방블록은 창문틀의 좌우 옆 턱에 200mm 이상 물린다.
④ 모서리 등 기준이 되는 부분을 정확하게 쌓은 다음 수평실을 친다.

해설 블록쌓기에 관한 설명
② 블록은 빈속의 경사(taper)에 의한 살두께가 큰 편을 위로 하여 쌓는다(구조적으로 안전).

08 철근콘크리트 보강 블록공사에 대한 설명 중 옳지 않은 것은?
① 보강근이 들어간 부분은 블록 2단마다 콘크리트나 모르타르를 충분히 충전시켜 철근이 녹스는 것을 방지한다.
② 블록쌓기 시 되도록 고저차가 없도록 수평이 되게 쌓아 올린다.
③ 벽의 세로근은 원칙적으로 이음을 만들지 않고 기초와 테두리보에 정착시킨다.
④ 블록의 빈속을 철근과 콘크리트로 보강하여 장막벽을 구성하는 것이다.

해설 보강 블록구조
속빈 콘크리트 블록 개체의 속빈 부분 또는 수직 단면 간의 공동부에 철근을 매입하고 그라우팅하여 내력벽으로 한 블록구조

④ 블록의 빈속을 철근과 콘크리트로 보강하여 내력벽을 만드는 것이다.
* 장막벽(帳幕壁, curtain wall) : 구조의 하중을 분담하지 않는 바깥벽

09 석재 사용상의 주의사항 중 옳지 않은 것은?
① 동일건축물에는 동일석재로 시공하도록 한다.
② 석재를 다듬어 사용할 때는 그 질이 균질한 것을 사용하여야 한다.
③ 인장 및 휨모멘트를 받는 곳에 보강용으로 사용한다.
④ 외벽, 도로포장용 석재는 연석 사용을 피한다.

해설 석재 사용상 주의사항
③ 인장강도가 약하므로 압축력을 받는 곳에 사용한다.

10 석재붙임을 위한 앵커긴결공법에서 일반적으로 사용하지 않는 재료는?
① 앵커
② 볼트
③ 연결철물
④ 모르타르

해설 석재붙임공법
1) 습식 공법 : 구조체와 석재 사이를 연결철물과 모르타르 채움에 의해 일체화시키는 공법
2) 건식공법
   ① 앵커(anchor)긴결공법 : 구조체에 각종 앵커, 볼트, 연결철물을 사용하여 석재를 붙여 나가는 공법
   ② 강재 트러스(truss) 지지공법 : 미리 조립된 강재 트러스(truss)에 석재를 지상에서 짜 맞춘 후 현장에서 조립으로 설치해 나가는 공법
   ③ G.P.C 공법(Granite veneer Precast Concrete) : 석재와 콘크리트를 일체화시킨 P.C를 제작하여 건축물의 외벽에 부착하는 공법

정답 07. ② 08. ④ 09. ③ 10. ④

11 석공사의 건식석재공사에 대한 설명 중 틀린 것은?

① 석재의 건식 붙임에 사용되는 모든 구조재 또는 긴결 철물은 녹막이 처리를 한다.
② 석재의 색상, 석질, 가공형상, 마감 정도, 물리적 성질 등이 동일한 것으로 한다.
③ 건식 석재 붙임에 사용되는 앵커볼트, 너트, 와셔 등은 주철제를 사용한다.
④ 화강석 특유의 무늬를 제외한 눈에 띄는 반점 등을 제거한다.

해설 석공사의 건식석재공사에 대한 설명
③ 건식 석재 붙임에 사용되는 앵커볼트, 너트, 와셔 등은 부식이 없는 알루미늄이나 스테인리스 제품을 사용한다.

정답 11. ③

PART 05

건설재료학

✏️ **항목별 이론 요약 및 우선순위 문제**
1. 목재
2. 점토재 및 석재
3. 시멘트 및 콘크리트
4. 금속재
5. 합성수지, 도료 및 접착제
6. 미장재 및 방수, 기타재료
   (*건설재료 일반)

Chapter 01 목재

1. 목재일반

가 목재의 일반적인 성질

① 열전도도가 낮아 여러 가지 보온재료로 사용된다. (보온성이 뛰어나다)
② 목재는 섬유 방향에 따라서 전기전도율은 다르다.
③ 전기저항성은 함수율에 따라 다르다.
④ 가공은 쉽지만 부패하기 쉽다.
⑤ 수분을 흡수하면 변형이 커지나, 온도에 대한 신축이 적다.
⑥ 보통 사용상태에서는 목재의 흡습팽창은 열팽창에 비해 영향이 크다.
⑦ 목재의 기건 상태에서의 함수율은 13~17% 정도이다.
⑧ 인화성이 강하다. (가연성이다.)
⑨ 목재의 화재 착화점(着火點)은 약 450℃ 정도이다. (인화점 : 약 260℃)
⑩ 비중이 큰 목재는 일반적으로 강도가 크다.
⑪ 비중에 비해 강도가 크다. (비강도(比强度)가 크다 : 목재는 비중이 작으면서 강도가 높다.)
⑫ 재질 및 섬유방향에 따라 강도 차이가 있다. (평형 방향＞직각 방향)
⑬ 목재의 섬유 방향의 강도는 인장＞압축＞전단 순이다.

  ＊ 진동 감속성이 크고, 음의 흡수 및 차단성이 크다.
  ＊ 섬유포화점 이하에서 함수율 변동에 따라 변형이 크다.
  ＊ 콘크리트 등 다른 건축재료에 비해 내구성이 약하다.
  ＊ 목재의 역학적 성질에 영향을 미치는 요인 : 함수율, 비중, 힘의 작용방향, 옹이 등

> memo
>
> 목재의 섬유방향: 목재의 길이 방향(평형 방향)
>
> 기건 상태: 대기 중의 습도와 평형인 목재의 수분 함유 상태

나 목재의 조직

(1) 목재의 세포

섬유, 물관, 수선, 수지관

① 섬유(목세포) : 수액의 통로가 되며 수목에 견고성을 주는 역할을 한다.
  - 목세포는 가늘고 긴 모양으로 침엽수에서는 가도관(헛물관) 역할을 한다.

- 침엽수에 있어서 가도관 역할을 하는 목세포는 수목 전체적의 90~97% 정도를 차지하고 1~4mm 정도이다.

② 물관 : 활엽수에만 있고 양분과 수분의 통로가 되며 나무의 종류를 구별하는 표준이다.
- 도관은 활엽수에만 있는 관으로 변재에서 수액을 운반하는 역할을 한다.(*도관과 가도관은 둘 다 물관)

③ 수선세포 : 배열이 수간(줄기)에 직각방향으로 되어 있고 물관과 같이 양분과 수분의 통로가 된다.
- 수선은 침엽수에서는 가늘어 잘 보이지 않으나 활엽수에는 뚜렷한 무늬로 잘 나타난다.

④ 수지관 : 수지의 분비, 이동, 저장의 역할을 하고 침엽수에 많다.

수지(樹脂)관: 나무진이 통과하는 세포의 틈

(2) 목재의 구조

① 수심 : 나무의 가장 중심이 되는 단단한 부분

② 심재(heart wood) : 성장이 멈춘 부분으로 수심에 가까운 짙은 색깔을 띠는 부분
  ㉠ 심재는 수심의 주위에 둘러져 있는, 생활기능이 줄어든 세포의 집합이다.
  ㉡ 목질이 단단하여 나무줄기를 지탱해 주고 건조에 따른 변형이 적다.
  ㉢ 심재는 변재보다 비중, 강도, 내구성, 내후성이 크고 신축성이 작다.

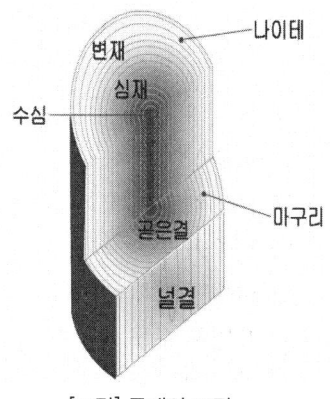

[그림] 목재의 조직

③ 변재(sap wood) : 껍질에 가까운 비교적 옅은 색깔을 띠는 부분
- 성장하는 세포로 목질이 연하며 물과 양분을 유통시키고 저장하는 역할을 한다.(심재 외측과 수피 내측 사이에 있는 생활 세포의 집합)

④ 나이테 : 나무를 가로로 잘랐을 때 자른 면에 나타나는 둥근테
  ㉠ 춘재(春材) : 봄, 여름에 자란 세포로 세포가 크며 세포막이 얇고 유연함.
  ㉡ 추재(秋材) : 가을과 겨울에 자란 세포로 세포가 작으며 세포막이 두껍고 견고함.
  ㉢ 추재의 세포막은 춘재의 세포막보다 두껍고 조직이 치밀하다.

⑤ 수피 : 수간(줄기)의 둘레에 씌워져 있는 껍질

다 목재의 함수와 신축

(1) 목재의 함수상태

(가) 목재 중의 수분

① 자유수 : 세포 내강에 자유로이 존재하는 수분(세포 사이에 형성되어 있는 수분)
② 결합수 : 세포벽에 구성성분과 결합되어 존재하는 수분(세포 자체의 수분) – 수축, 팽창에 영향을 줌.
③ 목재의 함유 수분 중 자유수는 목재의 중량에는 영향을 끼치지만 목재의 물리적 성질과는 관계가 없다.

> 세포 내강(內腔): 섬유 또는 세포의 벽으로 둘러싸인 빈 공간

(나) 함수상태에 따른 목재 구분

① 포수상태 : 목재 내부가 수분으로 포화된 상태(최대 함수율 상태)
② 생재상태 : 입목 또는 벌목 직후의 상태. 세포내강에 자유수가 채워져 있고 세포벽에 결합수가 충만한 상태(목재에서 흡착수만이 최대한도로 존재하고 있는 상태)
③ 섬유 포화점 상태 : 자유수가 완전히 건조된 상태

  ※ 생재가 자연상태에서 건조 되면 자유수가 먼저 건조되고 자유수가 완전히 건조된 후 결합수가 건조되기 시작함.

  ㉠ 섬유 포화점의 함수율은 25~36%이며 평균 30%임.(중량비로 30% 정도)
  ㉡ 섬유포화점 이상의 함수상태에서는 함수율의 증감에도 신축을 일으키지 않는다. (세포벽에 근본적으로 변화가 없기 때문에 함수율 변화는 목재의 강도, 수축 등과 같은 목재의 물리적 성질에는 거의 영향을 미치지 않음)
  ㉢ 목재의 함수율이 섬유포화점 이하가 되면 목재의 수축이 시작된다. (강도가 증가하고 인성(靭性-질긴 성질)이 감소한다.)

④ 기건상태 : 통상 대기의 온도·습도와 평형한 목재의 수분 함유상태. 건조가 섬유포화점을 지나 기건상태까지 진행
   – 함수율은 약 15%(13~17%) 정도
⑤ 전건상태 : 결합수가 전혀 존재하지 않는 상태. 함수율을 0%로 봄.

• 전건상태에 이르면 강도는 섬유포화점 상태에 비해 3배로 증가한다.

(2) 함수율

목재의 건조중량(전건중량)에 대한 수분중량의 비율

$$함수율(\%) = \frac{(목재의\ 건조\ 전\ 중량 - 건조\ 후\ 전건중량)}{건조\ 후\ 전건중량} \times 100$$

> **예문** 건조 전 중량 5kg인 목재를 건조시켜 전건중량이 4kg이 되었다면 이 목재의 함수율은 몇 %인가?
> ① 8%   ② 20%   ③ 25%   ④ 40%
>
> **해설** 함수율(%) = $\dfrac{(\text{목재의 건조전 중량} - \text{건조후 전건중량})}{\text{건조후 전건중량}} \times 100$
>
> $= \dfrac{(5\text{kg} - 4\text{kg})}{4\text{kg}} \times 100 = 25\%$
>
> ➪ 정답 ③

(3) 목재의 신축

(가) 목재의 신축에 관한 설명(목재의 용적 변화, 팽창수축)

① 섬유포화점 이상의 함수상태에서는 함수율의 증감에도 신축을 일으키지 않으며 섬유포화점 이하가 되면 목재의 수축이 시작된다.
② 일반적으로 목재의 밀도(비중)가 클수록 신축이 크다.
③ 변재는 심재보다 신축이 크다.
④ 섬유 방향(목재의 길이 방향)은 거의 수축하지 않으며 곧은결 방향의 1/20 정도이다.
⑤ 곧은결(연륜에 직각) 방향의 신축이 널결(연륜에 접선) 방향의 신축보다 작으며 곧은결 방향은 널결 방향의 1/2 정도이다.
  (* 면의 종류에 따른 수축 평창의 크기 : 섬유방향 < 곧은결 < 널결)
⑥ 급속하게 건조된 목재는 완만히 건조된 목재보다 수축이 크다.

(나) 목재의 수분·습기의 변화에 따른 팽창수축을 감소시키는 방법

① 사용하기 전에 충분히 건조시켜 균일한 함수율이 된것을 사용할 것
② 가능한 곧은결 목재를 사용할 것(곧은결이 무늬결보다 수축률이 작음)
③ 고온으로 건조한 목재를 사용할 것
④ 파라핀·크레오소트 등을 침투시켜 사용할 것

라 목재의 비중

(1) 비중의 설명

① 목재는 세포막질, 공극, 수분으로 구성되어 있는 다공질이기 때문에 공극을 함유하지 않는 비중을 진비중이라 하고, 공극을 함유한 용적중량을 통상비중이라 한다.
② 진비중은 실질중량/실질용량을 말하고 수종에 관계없이 1.54로 하여 통용되고 있다.

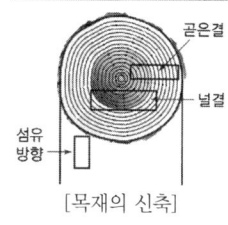

[목재의 신축]

- 곧은결: 나이테에 직각방향으로 켠 목재면에 나타나는 나뭇결로 일반적으로 외관이 아름답고 수축변형이 적으며 마모율도 낮다.
- 널결: 나이테에 접선방향(평행방향)으로 켠 목재면에 나타나는 물결 모양의 무늬결.

③ 일반적으로 목재의 비중은 기건상태에서 0.3~1.0 정도이다.
④ 목재의 영 계수는 비중에 비례하고, 무거운 것일수록 단단하다고 할 수 있다.
⑤ 목재의 비중은 수분의 양, 변재와 심재, 목재의 종류에 따라 다르며 일반적으로는 수분의 양이 많거나 심재의 양이 많을수록 크다.

> **영 계수(Young's modulus)**
> 물질의 수축, 신장 변형에 대한 저항의 크기. 영률이 크면 단단하고 압축이 잘 안 되며 복원력이 큰 물질.(물질의 늘어나고 변형되는 정도를 나타내는 탄성률)

(2) 공극률

$$공극률(\%) = \{1 - (절대건조비중/1.54)\} \times 100$$

① 기건비중 : 통상 대기의 온도·습도와 평형한 목재의 수분 함유 상태의 비중
② 절대건조비중 : 결합수가 전혀 존재하지 않는 상태의 비중
③ 진비중 : 공극을 함유하지 않는 비중으로 1.54 정도

> **예문** 목재의 절대건조비중이 0.8일 때 이 목재의 공극률은?
> ① 약 42%   ② 약 48%   ③ 약 52%   ④ 약 58%
>
> **해설** 목재의 공극률
> 공극률(%) = {1 - (절대건조비중/1.54)} × 100
> = {1 - (0.8 / 1.54)} × 100 = 48.05 = 48%
> ➪ 정답 ②

마 목재의 강도

(1) 목재의 강도에 관한 설명

– 응력 방향이 섬유 방향의 평행인 경우 강도의 순서
 (* 압축강도를 100으로 보고 강도의 상호관계를 표시함)
 : 인장강도(150) 〉 휨강도(120) 〉 압축강도(100) 〉 전단강도(18)

① 목재 섬유에 평행 방향의 인장강도는 직각 방향(7~20)에 비해 상당히 크다.(압축, 인장, 휨강도가 평형 방향으로 모두 크다)
 – 강도와 탄성은 가력(加力) 방향과 섬유 방향과의 관계에 따라 현저한 차이가 있다.
 – 목재를 기둥으로 사용할 때 일반적으로 목재는 섬유의 평행 방향으로 압축력을 받는다.
② 목재의 경도는 면 중에서 마구리면이 약간 크고 곧은결면과 널결면은 별로 차이가 없다.
③ 목재의 전단강도는 섬유의 평행 방향이 직각 방향과 거의 차이가 없다.

> **목재의 압축강도**
> ① 기건비중이 클수록 압축강도는 증가한다.
> ② 가력 방향이 섬유 방향과 평행일 때의 압축강도가 직각일 때의 압축강도보다 크다.
> ③ 섬유포화점 이상에서의 함수율 변화는 목재의 강도, 수축 등과 같은 목재의 물리적 성질에는 거의 영향을 미치지 않는다.
> ④ 옹이가 있으면 압축강도는 저하되고 옹이 지름이 클수록 더욱 감소한다.

④ 목재의 휨강도는 옹이의 크기와 위치에는 영향을 많이 받는다.(옹이가 클수록 강도의 감소율이 크다.)
- 목재의 인장강도 시험 시 죽은 옹이의 면적을 뺀 것을 재단면으로 가정한다.

⑤ 목재의 강도는 일반적으로 비중에 비례한다.
⑥ 심재가 변재보다, 활엽수가 침엽수보다, 추재가 춘재보다 강도가 크다.
⑦ 섬유포화점 이상의 함수상태에서는 함수율의 증감에도 신축을 일으키지 않는다. (세포벽에 근본적으로 변화가 없기 때문에 함수율 변화는 목재의 강도, 수축 등과 같은 목재의 물리적 성질에는 거의 영향을 미치지 않음.)
- 목재의 함수율이 섬유포화점 이하가 되면 목재의 수축이 시작되고 강도가 증가한다.

(2) 목재의 비강도(比强度)

목재의 강도와 비중과의 비(비중은 작으면서 강도가 높은 것)
목재(12.0MPa) > 강재(11.0MPa) > 석재(5.0MPa) > 콘크리트(3.0MPa)

바 목재의 열적 성질에 관한 설명

① 겉보기비중이 작은 목재일수록 열전도율은 작다.
② 섬유에 평행한 방향의 열전도율이 섬유 직각방향의 열전도율보다 크다.
③ 목재는 불에 타는 단점이 있으나 열전도율이 낮아 여러 가지 용도로 사용되고 있다.
④ 가벼운 목재일수록 착화되기 쉽다.

> **목재의 치수 표시**
>
> 목재의 치수 표시법에는 제재치수(dressed size), 제재정치수, 마무리치수(finishing size)가 있다.
> (* 제재 치수 : 제재소에서 톱으로 제재된 목재의 실제 치수, 제재정치수 : 제재목을 지정치수대로 한 것)
> ① 목공사에 있어서 목재의 단면치수는 제재치수로 한다.
> ② 구조재, 수장재는 제재치수로 하되 특기가 있으면 제재정치수 또는 마무리 치수로 한다.
> ③ 창호재와 가구재 치수는 마무리치수로 한다.

겉보기 비중: 내부 공극의 부피까지 포함한 부피에 대한 비중

2. 목재의 관리

가 목재의 분류

(1) 목재의 종류(외장수의 분류)

(가) 침엽수 : 연하고 탄력성과 질기며 구조재로 쓰인다.
- 소나무, 전나무, 낙엽송, 잣나무, 은행나무 등

(나) 활엽수 : 침엽수에 비해 재질이 강한것이 많아 경재(硬材)이며 무늬가 아름다워 가구재나 장식재로 많이 사용된다.
- 오동나무, 느티나무, 벗나무, 단풍나무, 동백나무, 참나무 등

> 목재에 관한 설명
> ① 활엽수는 침엽수에 비해 경도가 크다.
> ② 제재 시 취재율은 침엽수(침엽수는 70%, 활엽수는 50% 이상)가 높다.
> ③ 활엽수는 침엽수에 비해 건조시간이 많이 소요되는 편이다.

(2) 용도에 따른 분류(침엽수 중)

① 구조재 : 소나무
② 장식용재(치장재·창호재·수장재) : 전나무, 잣나무, 가문비나무

> 수장 공사: 건축물 내부의 마무리에 관한 공사

나 목재의 흠(결점)의 종류

① 옹이 : 나무의 줄기에서 가지가 뻗어 나간 곳에 생기는 결점으로 가지가 줄기의 조직에 말려들어간 것
② 송진구멍 : 목질 틈서리에 송진이 모인 것
③ 혹 : 섬유가 집중되어 불룩하게 된 부분으로 뒤틀리기 쉬우며 가공하기도 어려움
④ 껍질박이(입피) : 수목이 성장도중 세로방향의 외상으로 수피가 말려 들어 간 것
⑤ 갈라짐(할렬) : 목재가 건조과정에서 방향에 따른 수축률의 차이로 나이테에 직각방향으로 갈라지는 결함
⑥ 지선 : 목재의 수지가 흘러나온 곳에 생기는 흠으로 가공을 어렵게 하거나 가공 후에 얼룩이 지는 것
⑦ 썩음발이(썩정이) : 여러가지 작업 중에 주로 생기는 상처가 변색되거나 부패균의 침투에 의해 썩어 섬유 조직이 분해되어 버리는 것
⑧ 컴프레션페일러(compression failure 압축파괴) : 벌채 시의 충격이나 그 밖의 생리적 원인으로 인하여 세로축에 직각으로 섬유가 절단된 형태를 의미하는 것
⑨ 미숙재 : 미숙재는 성숙재보다 비중이 더낮고 강도적 성질도 더 낮아지게 된다.

⑩ 수지낭 : 액상 또는 고형 수지 물질을 축적하고 있는 수지주머니

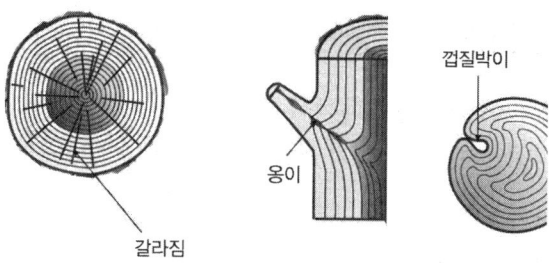

[그림] 목재의 흠

다 목재의 건조

(1) 목재의 건조 목적

① 목재수축에 의한 손상 방지
② 목재강도의 증가
③ 균류에 의한 부식 방지
④ 도장이나 약재처리가 용이
⑤ 도료, 주입제 및 접착제의 효과 증대

(2) 목재의 건조방법

(가) 천연건조의 특성 : 건조장에 목재를 쌓아두고, 대기의 온도, 습도와 바람을 이용하여 건조하는 방법

① 시설비가 적게 들고, 특수한 기술이 요구되지 않아 작업이 비교적 간단하다.
② 비교적 균일한 건조가 가능하다.
③ 열기건조를 하기전에 예비 건조로서의 효과가 크다.
④ 계절, 기후와 입지 등 자연 조건의 영향을 받으며, 건조 소요 시간이 길고, 장시간을 건조하더라도 기건 함수율 이하로는 건조할 수 없다.
⑤ 넓은 잔적(桟積, stack, piling)장소(건조장)가 필요하다.

  ※ 침수 건조법 : 생목을 수중에 약 3~4주간 정도 침수시켜 수액을 뺀 후 대기에 건조시키는 방법으로 건조시간을 단축시킬 수 있다.

(나) 열기 건조 : 건조실의 온도, 습도와 풍속 등의 건조 조건을 인공적으로 조절하면서 건조하는 방법

① 건조를 빨리 할 수 있으며 낮은 함수율까지 건조할 수 있다.

> 잔적: 목재의 관리, 건조 등이 용이하도록 질서 있게 쌓은 목재더미

② 기후, 장소와 입지 조건 등의 제약이 없다.
③ 시설비가 많이 들고 특수한 건조 기술이 요구된다.

> **목재의 건조법**
> ① 자연건조법(대기건조법)
> ② 인공건조법 : 증기건조법, 열기건조법(송풍건조법), 훈연건조법, 진공건조법, 고주파건조법, 침재건조법, 약제건조법(* 증기건조법이 많이 쓰임)

(3) 목재의 자연건조 시 주의사항

① 마구리면의 균열을 방지하기 위해 마구리를 일광에 노출시키지 않고 공기의 유통이 잘 되도록 하여 건조시킨다.
② 목재 상호간의 간격을 충분히 하고 지면에서는 20cm 이상 높이의 굄목을 놓고 쌓는다.
③ 건조를 균일하게 하기 위해 때때로 상하 좌우로 환적한다.
④ 뒤틀림을 막기 위해 오림목을 고루 괴어둔다.

(4) 목재의 건조속도

① 습도가 높을수록 건조속도는 늦어진다.
② 온도가 높을수록 건조속도가 빠르다.
③ 목재의 비중이 작을수록 건조속도는 빠르다.
④ 목재의 두께가 두꺼울수록 건조속도는 늦어진다.
⑤ 풍속이 빠를수록 건조속도는 빠르다.

라 목재의 부패

(1) 목재의 부패조건

① 온도 : 대부분의 부패균은 섭씨 약 20~40℃ 사이에서 가장 활동이 왕성하고 4℃ 이하 55℃ 이상에서는 거의 번식하지 못한다.
② 습도 : 부패균의 활동은 습도는 약 90% 이상에서 가장 활발하고 약 20% 이하로 건조시키면 번식이 중단된다.
 - 목재의 증기 건조법은 살균효과도 있다.
③ 공기 : 부패균은 호기성으로 수중에 잠겨진 목재는 부패되지 않는다.
④ 영양분 : 부패균은 목재의 섬유세포를 영양분으로 번식 및 성장하므로 방부제 등으로 처리한다.

 ※ 목재를 수중에 완전 침수시키는 목적 : 부패되지 않게 하기 위하여
  - 부패균은 호기성으로 수중에 잠겨진 목재는 부패되지 않는다.

목재의 건조
① 인공건조 : 목재를 건조하기 위해 습도, 온도, 압력 등을 인공적으로 조절하여 짧은 시간(통상 약 2~3주 정도)에 건조하는 방법
② 마구리 부분은 급격히 건조되면 갈라지기 쉬우므로 페인트 등으로 도장한다.
③ 고주파건조법은 고주파 에너지를 열에너지로 변화시켜 발열현상을 이용하여 건조한다.

(* 물속에 담가 둔 목재, 땅속 깊이 묻은 목재 등은 산소부족으로 균의 생육이 정지되고 썩지 않는다.)

(2) 목재 방부제의 종류

(가) 수용성 방부제

물을 용매로 하여 수용액으로 사용. 무기화합물을 몇 종류 혼합하거나 또는 수용성 유기화합물을 혼합하여 상승작용(난용성, 점착성)을 높임

① 황산동 1% 용액 : 방부성은 좋으나 철재를 부식시키며 인체에 유해하다.

② 염화아연 4% 용액 : 방부효과는 우수하나 목질부를 약화시키고 비내구성이다.

③ 염화 제2수은 1% 용액 : 방부효과는 우수하나 철재의 부식과 인체에 유해하다.

④ 불화소다 2% 용액 : 방부효과가 우수하고 철재나 인체에 무해하며 페인트 도장도 가능하나 내구성이 부족하고 값이 비싸다.

(나) 유성 및 유용성 방부제

유용성 방부제는 물에 용해되지 않는 살균력이 강한 화합물을 경유, 등유, 중유, 석탄계 용매 등의 유기용제에 용해시킨 목재 방부제이며 유성 방부제는 유효 성분 자체가 유상화합물 또는 그 혼합물이다.

– 유성 및 유용성 방부제는 방부효과가 좋아 습윤한 장소에서 사용 가능하다.

1) 크레오소트유(creosote oil) : 목재의 방부제 중 독성이 적으나 자극적인 냄새가 난다. 처리재는 갈색으로 가격이 저렴하여 많이 사용되는 것(목재용 유성방부제의 대표적인 것)

① 우수한 방부 효과를 발휘하며 내후성(耐候性)도 높고, 침투성도 양호하기 때문에 야외에서 토양에 접하는 목재의 방부제로 철도 침목 및 야외용 토목용재에 사용

② 크레오소트유는 방부성은 우수하나 악취가 있고 흑갈색이므로 외관이 미려하지 않아 토대, 기둥 등에 주로 사용된다.

2) 콜타르(coaltar) : 석탄을 고온건류(高溫乾溜)할 때 부산물로 생기는 검은 유상 액체로 방부도료(防腐塗料) 등으로 사용(그 위에 페인트칠이 어려움으로 보이지 않는 곳이나 가설재에 사용한다.)

① 건유에 의하여 얻어진 것은 경유를 가하여 증류하고, 수분을 제거하여 정제한다.

② 인화점은 60~160℃이며, 흑색 또는 흙갈색을 띤다.

③ 방부제로도 이용되나, 크레오소트유에 비하여 효과가 떨어진다.
④ 일광에 의한 산화나 중합은 아스팔트보다 강하고 연성은 작다.
3) 아스팔트 : 가열 용해하여 목재에 도포하면 방부성은 크나 그 위에 페인트칠이 어려움으로 보이지 않는 곳에만 사용한다.
4) 유성페인트 : 목재에 도포하면 방습, 방부효과가 있고 착색이 자유로우므로 외관을 미화하는 데 효과적이다.
5) 펜타클로르페놀(PCP : Penta Chloro Phenol) : PCP는 방부력이 매우(가장) 우수하나, 자극적인 냄새가 나고 인체에 대한 독성이 강하여 사용되지 않는다(사용이 규제). - 유용성 방부제
   - 목재의 유용성 방부제로서 무색제품이며 방부제 위에 페인트칠도 가능(열이나 약재에도 안정)

(3) 목재의 방부법

① 침지법 : 목재를 방부제 용액중에 담가 산소를 차단하여 방부처리 함, 가장 효과가 좋다.
② 도포법 : 목재를 충분히 건조시킨 후 방부액을 표면에 바르는 것. 가장 간단한 방법이다.
③ 표면탄화법 : 목재의 표면을 조금 태워 방부처리 하는 것(균에게 양분 제공하는 표면 그을림)
④ 약제 주입법 : 방부액을 목재에 주사하는 방법
   ㉠ 가압주입법 : 압력용기 속에 목재를 넣어서 처리하는 방법으로 가장 신속하고 효과적인 것(목재의 방부제 처리법 중 가장 침투깊이가 깊어 방부효과가 크고 내구성이 양호한 것)
   ㉡ 상압주입법, 생리적주입법

마 목재의 내화

(1) 목재의 내화성

① 목재의 발화 온도는 450℃ 이상이다(발화(착화)점 약 450℃, 인화점 약 260℃).
② 수종에 따라 차이가 있으나 밀도가 큰 수종일수록 착화가 어렵다.
③ 수산화나트륨 도포도 목재의 방화에 효과적이다.
④ 목재의 대단면화는 안전한 목재 방화법이다.
   - 목재의 대단면은 화재시 온도상승이 어렵다(겉 표면만 탄다, 열전도율이 낮다).

대단면: 단면이 큰 목재

목재의 내연성 및 방화

(1) 목재의 방화: 목재 표면에 불연소성 피막을 도포 또는 형성시켜 화염의 접근을 방지하는 조치를 한다.
(2) 목재의 화재 시 온도별 대략적인 상태 변화: 목재의 발화 온도는 450℃ 이상(발화점 약 450℃, 착화점 약 260℃)
① 목재가 열에 닿으면 먼저 수분이 증발하고 160℃ 이상이 되면 소량의 가연성 가스가 유출된다.
② 목재는 450℃에서 장시간 가열하면 자연발화하게 되는데, 이 온도를 발화점이라고 한다.

(2) 내화공법

① 난연처리 : 방화제 주입 등(개설법, 가압법, 침지법, 도포법)
② 불연성 막이나 층에 의한 피복(표면처리) : 방화페인트 등의 도포, 모르타르등 피복
③ 대단면화 : 목재의 대단면은 화재시 온도상승이 어렵다.

(3) 목재의 방화제

① 도료 : 방화 페인트, 규산나트륨(물유리), 플라스터 등
② 주입제 : 제2인산암모늄, 황산암모늄, 인산나트륨, 염화암모늄, 염화칼슘, 탄산칼륨, 탄산나트륨, 붕산암모늄 등

3. 목재의 가공제품

가 합판

(1) 합판의 특징

원목을 얇게 잘라내어 결을 교차하도록 겹쳐 쌓아 압착하여 제작
① 방향에 따른 강도차가 적다.(균일한 강도를 얻을 수 있다. – 방향성이 없다.)
② 곡면가공을 하여도 균열이 생기지 않는다.
③ 여러 가지 아름다운 무늬를 얻을 수 있다.
④ 함수율 변화에 의한 수축 · 팽창의 변형이 적다.
⑤ 균일한 크기로 제작 가능하다.
⑥ 흡음효과를 낼 수 있다.

(2) 베니어 제조방법 – 합판, 베니어합판

(*베니어(veneer) : 목재를 아주 얇게 켠 판)
① 로터리 베니어(rotary veneer) : 원목을 회전시키면서 둘레를 따라 깎아내는 것
  – 넓은 단판을 얻을 수 있고 원목의 낭비가 적다.
② 하프 라운드 베니어(half round veneer) : 하프 라운드로 깎아낸 단판
③ 소드 베니어(sawed veneer) : 각재의 원목을 엷게 톱으로 자른 단판
④ 슬라이스드 베니어(sliced veneer) : 원목을 적당한 각재로 만들어 칼로 엷게 절단하여 만든 베니어

나 집성목재

(1) 집성목재(glue-laminated timber, glulam)의 특징

제재판재 또는 소각재 등의 각판재를 서로 섬유 방향(나무결 방향)을 평행하게 길이·너비 및 두께 방향으로 겹쳐 접착제로 붙여서 만든 목재로 보(beam)나 기둥, 아치(arches)로도 사용한다. (응력에 따라 필요로 하는 단면의 목재를 만들 수 있다.)

① 요구된 치수, 형태의 재료를 비교적 용이하게 제조할 수 있다.
② 충분히 건조된 건조재를 사용하므로 비틀림 변형 등이 생기지 않는다.
③ 목재의 강도를 인공적으로 자유롭게 조절할 수 있다.
④ 외관이 미려한 박판 또는 치장합판, 프린트합판을 붙여서 원하는 규격의 구조재, 마감재, 화장재를 겸용한 인공목재의 제조가 가능하다.

> 집성목재(Glulam)
> ① 옹이, 균열 등의 결점을 제거하거나 분산시켜 균질의 인공목재로 사용할 수 있다.
> ② 직경이 작은 목재들을 접착하여 장대제로 활용할 수 있다.

(2) 수장용 집성재(KS F 3118)의 품질기준 항목

① 접착강도
② 함수율
③ 굽음, 뒤말림 및 뒤틀림
④ 홈가공, 모서리가공 및 절삭가공
⑤ 표면균열에 대한 저항성
⑥ 치장단판의 두께

> 화장재(化粧材): 건물의 바깥 벽에 좋은 모양을 내기 위해 사용하는 목재

> **구조용 집성재의 접착강도 시험**
> ① 침지 박리 시험 ② 삶음 박리 시험
> ③ 감압 가압 시험 ④ 블록 전단 시험

다 파티클 보드(particle board)

목재를 작은 조각으로 하여 충분히 건조시킨 후 합성수지와 같은 유기질의 접착제를 첨가하여 열압 제판한 목재 가공품

① 강도와 섬유 방향에 따른 방향성이 없고 변형이 적으며 방부, 방화제를 첨가하여 방부, 방화성을 크게 할 수 있다.
② 흡음성과 단열성이 좋다.
② 선반, 마룻널, 칸막이, 가구 등에 쓰인다.

> 파티클 보드: 목재 및 기타 식물 섬유질의 소편(particle, 절삭편 또는 파쇄편 등)에 합성수지 접착제를 도포하여 가열압착 성형한 판상 제품

라 M.D.F(Medium Density Fiberboard)

목재 조각을 고온, 고압하에 특수 접착제와 함께 열압 성형한 섬유판(fiberboard)로서, 그 비중이 0.4~0.8의 것을 말한다.
① 가공성 및 접착성이 우수하여 깔끔한 마감에 사용된다.
② 다른 보드류에 비하여 곡면가공이 용이하다.
③ 합판과 같이 목재의 결함인 수축, 팽창이 거의 없다.
④ 샌드위치 판넬이나 파티클 보드 등 보드류 제품에 비해 무겁다.
⑤ 습기에 약한 결점이 있다.
⑥ 목재나 합판에 비해 충격에 약하다.

마 코펜하겐 리브(copenhagen rib)

① 코펜하겐 방송국의 벽에 음향효과를 내기 위해 최초로 사용한 것
② 두께 50mm, 나비 100mm 정도의 긴 판재의 표면을 리브로 가공한 것
③ 집회장, 강당, 영화관, 극장 등의 천장 또는 내벽에 붙여 음향조절의 효과 및 장식의 효과를 주는 데 주로 사용한다.

> 리브(rib): 홍예(반원형으로 쌓은 구조물)의 뼈대가 되는 부재

바 파키트리 블록(parquetry block)

마루판 재료 중 파키트리 보드를 3~5장씩 상호 집합하여 각판으로 만들어 방습처리한 것으로 모르타르나 철물을 사용하여 콘크리트 마루 바닥용으로 사용되는 것
(* 파키트리 보드 : 경목재판(硬木材, 활엽수의 단단한 목재)을 일정 규격으로 하여 제혀쪽매로 한 판재)

> 제혀쪽매: 널 한쪽에 혀를 내민 모양으로 모를 내고 반대 목재에 홈을 파서 물리는 방법

마루판으로 사용
① 플로링 보드   ② 파키트리 패널   ③ 파키트리 블록

사 그외 가공제품

(1) 경질섬유판 : 밀도가 0.8g/cm³ 이상으로 강도 및 경도가 비교적 큰 보드(board)로 수장판으로 사용된다.
  ① 펄프를 접착제로 제판하여 양면을 열압 건조시킨 것으로 비중이 0.8 이상이며 수장판으로 사용하는 것
  ② 식물 섬유를 주원료로 하여 성형한 판이며 연질, 반경질 섬유판에 비하여 강도가 우수하다.

(2) 반경질섬유판 : 하드 텍스라고도 불리우며 목재의 결점이 분산되어 높은 강도를 얻을 수 있다.
(3) 연질섬유판 : 밀도가 $0.4g/cm^3$ 미만으로 소프트 텍스(soft tex), 어큐우스틱 타일(acoustic tile) 이라고도 불리우며 천장 흡음재료 사용된다.
(4) 무늬목(wood veneer) : 아름다운 원목을 종이처럼 얇게 벗겨내 합판 등의 표면에 부착시켜 장식재로 사용된다.
(5) 플로어링블록(flooring block) : 목질계로 만든 바닥 마감재로 판재를 3장 또는 5장씩 접합하여 만든 정방형 또는 직사각형의 블록(block)이다.
(6) 코르크판(cork board) : 유공판으로 단열성·흡음성 등이 있어 천장 등에 흡음재로 사용된다.

OSB(Oriented Strand Board) 직사각형으로 자른 얇은 나뭇조각을 서로 직각으로 겹쳐지게 배열하고 방수성 수지로 강하게 압축 가공한 보드로 강도가 높다.

CHAPTER 01 항목별 우선순위 문제 및 해설

01 목재 조직에 관한 설명으로 옳지 않은 것은?
① 추재의 세포막은 춘재의 세포막보다 두껍고 조직이 치밀하다.
② 변재는 심재보다 수축이 크다.
③ 변재는 수심의 주위에 둘러져 있는, 생활기능이 줄어든 세포의 집합이다.
④ 침엽수의 수지구는 수지의 분비, 이동, 저장의 역할을 한다.

해설 변재(sap wood) : 껍질에 가까운 비교적 옅은 색깔을 띠는 부분
- 성장하는 세포로 목질이 연하며 물과 양분을 유통시키고 저장하는 역할을 한다.

02 목재의 비중에 대한 설명 중 옳은 것은?
① 공극을 함유하지 않는 비중을 통상비중이라 하고, 공극을 함유한 용적중량을 진비중이라 한다.
② 진비중은 실질용량/실질중량을 말하고 수종에 관계없이 1.54로 하여 통용되고 있다.
③ 일반적으로 목재의 비중은 절건상태의 겉보기 비중으로 나타내며 0.1~0.3 정도의 것이 많다.
④ 목재의 영계수는 비중에 비례하고, 무거운 것일수록 단단하다고 할 수 있다.

해설 목재의 비중
① 목재는 세포막질, 공극, 수분으로 구성되어 있는 다공질이기 때문에 공극을 함유하지 않는 비중을 진비중이라 하고, 공극을 함유한 용적중량을 통상비중이라 한다.
② 진비중은 실질중량/실질용량을 말하고 수종에 관계없이 1.54로 하여 통용되고 있다.
③ 일반적으로 목재의 비중은 기건상태에서 0.3~1.0 정도이다.

03 목재의 절대건조비중이 0.8일 때 이 목재의 공극률은?
① 약 42%   ② 약 48%
③ 약 52%   ④ 약 58%

해설 목재의 공극률
공극률(%) = {1 − (절대건조비중/1.54)} × 100
① 기건비중 : 통상 대기의 온도·습도와 평형한 목재의 수분 함유 상태의 비중
② 절대건조비중 : 결합수가 전혀 존재하지 않는 상태의 비중
③ 진비중 : 공극을 함유하지 않는 비중으로 1.54 정도
⇨ 공극률 = {1 − (0.8 / 1.54)} × 100
 = 48.05 ≒ 48%

04 목재의 강도에 관한 설명 중 옳지 않은 것은?
① 목재의 제강도 중 섬유 평행방향의 인장강도가 가장 크다.
② 목재를 기둥으로 사용할 때 일반적으로 목재는 섬유의 평행방향으로 압축력을 받는다.
③ 함수율이 섬유포화점 이상으로 클 경우 함수율 변동에 따른 강도변화가 크다.
④ 목재의 인장강도 시험 시 죽은 옹이의 면적을 뺀 것을 재단면으로 가정한다.

해설 목재의 강도
③ 섬유포화점 이상의 함수상태에서는 함수율의 증감에도 신축을 일으키지 않는다(세포벽에 근본적으로 변화가 없기 때문에 함수율 변화는 목재의 강도, 수축 등과 같은 목재의 물리적 성질에는 거의 영향을 미치지 않음).

05 목재 섬유포화점의 범위는 대략 얼마인가?
① 약 5~10%   ② 약 15~20%
③ 약 25~30% ④ 약 35~40%

정답 01.③ 02.④ 03.② 04.③ 05.③

해설 **섬유 포화점 상태** : 자유수가 완전히 건조된 상태
(* 생재가 자연상태에서 건조되면 자유수가 먼저 건조되고 자유수가 완전히 건조된 후 결합수가 건조되기 시작함.
㉠ 섬유 포화점의 함수율은 25~36%이며 평균 30%임.
㉡ 섬유포화점 이상의 함수상태에서는 함수율의 증감에도 신축을 일으키지 않는다.
㉢ 목재의 함수율이 섬유포화점이하가 되면 목재의 수축이 시작된다.

06 건조 전 중량 5kg인 목재를 건조시켜 전건중량이 4kg이 되었다면 이 목재의 함수율은 몇 %인가?

① 8%   ② 20%
③ 25% ④ 40%

해설 함수율 : 목재의 건조중량에 대한 수분중량의 비율
함수율(%) = {(목재의 건조 전 중량 − 건조 후 전건중량) / 건조 후 전건중량} × 100
= {(5kg − 4kg)/4kg} × 100 = 25%

07 다음 중 목재의 결점이 아닌 것은?

① 옹이   ② 도관
③ 껍질박이 ④ 지선

해설 목재의 흠(결점)의 종류
① 옹이 : 나무의 줄기에서 가지가 뻗어 나간 곳에 생기는 결점으로 가지가 줄기의 조직에 말려들어간 것
② 껍질박이(입피) : 수목이 성장도중 세로방향의 외상으로 수피가 말려들어 간 것
③ 지선 : 목재의 수지가 흘러나온 곳에 생기는 흠으로 가공을 어렵게 하거나 가공 후에 얼룩이 지는 것
* 도관은 활엽수에만 있는 관으로 변재에서 수액을 운반하는 역할을 함

08 목재를 건조시키는 목적에 해당하지 않는 것은?

① 목재의 자중을 가볍게 한다.
② 부패나 충해를 방지한다.
③ 변형을 증가시킨다.
④ 도장을 용이하게 한다.

해설 목재의 건조 목적
① 목재수축에 의한 손상 방지
② 목재강도의 증가
③ 균류에 의한 부식 방지
④ 도장이나 약재처리가 용이
⑤ 도료, 주입제 및 접착제의 효과 증대

09 목재의 방부제에 해당하지 않는 것은?

① 황산구리 1%의 수용액
② 불화소다
③ 테레핀유
④ 염화아연

해설 목재 방부제의 종류(수용성 방부제)
① 황산동 1% 용액
② 염화아연 4% 용액
③ 염화 제2수은 1% 용액
④ 불화소다 2% 용액

10 화재에 의한 목재의 가연 발생을 막기 위한 방화법 중 옳지 않은 것은?

① 유성페인트 도포
② 난연처리
③ 불연성 막에 의한 피복
④ 대 단면화

해설 내화공법
① 난연처리 : 방화제 주입
② 불연성 막에 의한 피복(표면처리) : 방화페인트도포, 모르타르 등 피복
③ 대단면화 : 목재의 대단면은 화재 시 온도상승이 어렵다.

11 목재 제품 중 합판에 대한 설명으로 옳지 않은 것은?

① 방향에 따른 강도차가 적다.
② 곡면가공을 하여도 균열이 생기지 않는다.
③ 여러 가지 아름다운 무늬를 얻을 수 있다.
④ 함수율 변화에 의한 신축변형이 크다.

정답 06. ③ 07. ② 08. ③ 09. ③ 10. ① 11. ④

[해설] **합판**
원목을 얇게 잘라내어 결을 교차하도록 겹쳐 쌓아 압착하여 제작
④ 함수율 변화에 의한 수축·팽창의 변형이 적다.

12 목재 또는 기타 식물질을 절삭 또는 파쇄하여 소편으로 하여 충분히 건조시킨 후 합성수지 접착제와 같은 유기질의 접착제를 첨가하여 열압 제판한 것은?

① 연질 섬유판   ② 단판 적층재
③ 플로어링 보드   ④ 파티클 보드

[해설] **파티클 보드(particle board)**
목재를 작은 조각으로 하여 충분히 건조시킨 후 합성수지와 같은 유기질의 접착제를 첨가하여 열압 제판한 목재 가공품

13 목재 가공품 중 판재와 각재를 접착하여 만든 것으로 보, 기둥, 아치, 트러스 등의 구조 부재로 사용되는 것은?

① 파키토 패널   ② 집성목재
③ 파티클 보드   ④ 코펜하겐 리브

[해설] **집성목재(glulam)**
제재판재 또는 소각재 등의 각판재를 서로 섬유 방향(나무결 방향)을 평행하게 길이·너비 및 두께 방향으로 겹쳐 접착제로 붙여서 만든 목재로 보(beam)나 기둥, 아치(arches)로도 사용

정답 12. ④ 13. ②

Chapter 02 점토재 및 석재

1. 점토재

가 일반적인 사항

(1) 점토의 종류
  ① 잔류 점토(1차 점토) : 암석이 풍화한 위치에 남아 있는 점토로서 입자가 크며 가소성이 적다.
  ② 침적 점토(2차 점토) : 바람이나 물에 의해 멀리 운반되어 침적되므로 입자는 미세하고 가소성이 크다.

(2) 점토의 종류별 특성과 용도
  ① 자토는 백색으로 내화성이 있고 가소성이 부족하며 도자기 원료로 쓰인다.
  ② 석기 점토는 유색의 치밀하고 견고한 구조로 내화도가 높으며 유색도기의 원료로 쓰인다.
  ③ 석회질 점토는 백색이며 용해되기가 쉽다.
  ④ 내화 점토는 회백색 또는 담색이며 내화벽돌, 유약원료로 쓰인다.
  ⑤ 사질 점토 : 적갈색이며 용해되기가 쉽다
      – 사질 점토 : 점토광물 중 적갈색으로 내화성이 부족하고 보통벽돌, 기와, 토관의 원료로 사용

(3) 점토의 성분
  ① 점토의 주성분은 실리카, 알루미나이다.
  ② Fe_2O_3(산화철) 등의 부성분이 많으면 제품의 건조 수축이 크다.
  ③ 점토의 주성분은 SiO_2(실리카, 이산화규소, 규산), Al_2O_3(알루미나), Fe_2O_3(산화철), CaO(석회), MgO(마그네시아) 등이다.
  ④ 화학적으로 순수한 점토를 카올린(kaolin), 구워진 점토분말을 샤모트(chamotte)라고 한다.

memo

가소성(소성): 외력을 제거해도 원래의 상태로 되돌아오지 않은 성질

(4) 점토의 일반적 성질

① 입도는 보통 2μm 이하의 미립자나 모래알 정도의 조립을 포함한 것도 있다.
② 불순 점토일수록 비중이 작고 알루미나분이 많을수록 크다.
③ 순수한 점토일수록 용융점이 높고 강도도 크다.
④ 압축강도가 인장강도보다 크다. (압축강도는 인장강도의 약 5배 정도이다.)
⑤ 점토는 불순물이 많을수록 흡수율이 크며, 강도와 비중은 감소한다.
⑥ 색상은 철산화물 또는 석회물질에 의해 나타내며, 철산화물이 많으면 적색이 되고, 석회물질이 많으면 황색을 띠게 된다.
⑦ 소성 색상은 철화합물, 망간화합물, 소성온도등에 따라 달라지며 적벽돌의 색은 점토에 함유된 산화철이 영향을 준 것이다.
⑧ 소성수축은 점토 내 휘발분의 양, 조직, 용융도 등이 영향을 준다.
   (* 수축은 건조수축과 소성수축으로 구분한다.)
⑨ 인장강도는 점토의 조직에 관계하며 입자의 크기가 큰 영향을 준다.
⑩ 점토를 가공 소성하여 냉각하면 금속성의 강성을 나타낸다(저온에서 소성된 제품은 화학변화를 일으키기 쉽다).

(5) 점토의 가소성

(* 가소성(可塑性, plasticity-소성) : 가소성은 어떤 힘을 받아 형태가 변한 뒤에 힘을 없애도 원래의 형태로 돌아가지 않는 성질이며, 탄성이란 힘이 제거되었을 때 원래의 형태로 되돌아오는 성질)

① 점토 제품의 성형에 있어 가장 중요한 성질 : 가소성
② 점토제품의 성형에서 가소성 조절용으로 규석, 규사, 모래, 샤모트(chamotte) 등을 사용한다.
③ 가소성 점토는 요업 제품을 성형할 때 가소성이나 점성을 높이기 위하여 사용하는 점토이다.
④ 가소성은 점토입자가 미세할수록 좋아진다.(양질 점토일수록 가소성이 좋다.)
⑤ 가소성이 너무 큰 경우에는 모래 또는 샤모트 등을 혼합하여 조절한다.

나 점토제품

(1) 점토제품 제조

(가) 점토제품 제조방법

1) 건식제법 : 3~10%의 수분을 함유한 분말을 프레스로 성형(프레스 성형)

- 입도(grading, 粒度): 골재의 크고 작은 입자의 혼합 비율
- 입자(particle, 粒子): 거의 눈에 보이지 않을 정도의 아주 작은 물체
- 미립자: 직경이 마이크로미터로 측정되는 작은 입자
- 입경: 입자의 지름

점토에 관한 설명
① 가소성: 양질의 점토는 습윤 상태에서 현저한 가소성을 나타낸다.
② 강도: 점토의 압축강도는 인장강도의 약 5배 정도이다.
③ 소성온도: 점토의 성분이나 제품의 종류에 따라 차이가 크며, 범위는 800~1500℃이다.
④ 점토를 소성하면 용적, 비중 등의 변화가 일어나며 강도가 현저히 증대된다.

점토제품의 품질시험
① 기와: 흡수율과 휨강도, 동파검사
② 타일: 흡수율
③ 벽돌: 흡수율과 압축강도
④ 내화벽돌: 내화도

- 습식제법에 비해 타일의 치수정밀도가 좋고 단순 형상의 것에 적당하며 모자이크타일 및 내장타일 등은 건식제법에 의해 제조된다.
2) 습식제법 : 물과 반죽한 원료를 오거머신(auger machine)에서 뽑아내어 성형(사출 성형)
- 복잡한 형상의 것에 적당하고 외장타일, 바닥타일 등은 습식제법에 의해 제조된다.

> 오거머신: 흙을 이기기 위한 기계

(나) 점토제품 제조에 관한 설명
① 원료조합에는 필요한 경우 제점제를 첨가한다.
② 반죽과정에서는 수분이나 경도를 균질하게 한다.
③ 숙성과정에서는 반죽이 무른 경우 작은 덩어리로 만들어 수분이 빨리 증발하도록 한다.
④ 성형은 건식, 반건식, 습식 등으로 구분한다.

> 제점제(除粘劑): 점성을 제거 함. 점토에 적정량을 배합하면 건조, 소성 시에 수축을 적게 하여 도자기의 변형과 균열을 방지(주로 규석 사용)

(다) 점토제품의 원료와 역할
① 점토제품의 성형에서 가소성 조절용 : 규석, 규사, 모래, 샤모트(chamotte) 등을 사용
② 용융성 조절용 : 장석, 석회석, 알칼리성 물질 등 사용(식염, 붕사)
③ 내화성 증대용 : 고령토질 재료
④ 점성 조절제 : 샤모트(Chamotte)
⑤ 표면 시유제 : 연단, 식염, 석회석, 아연화, 고토, 붕산, 붕사 등

> 시유(glazing, 施釉): 표면에 유약을 입히는 일. 초벌을 마치고 재벌하기 전 유약을 바르는 일

(라) 점토제품에서의 SK번호
점토제품의 소성온도를 표시하는 것(제겔(seger)콘)
- 연화온도가 낮은 쪽에서부터 차례로 SK(독일어 Segel Kegeld의 약자) 번호가 표시되며 SK 0.22~SK 42에 이른다.

> 연화(softening, 軟化)온도: 유동하기 시작하는 온도

(2) 점토제품의 분류

종류	흡수율(%)	소성온도(℃)	제품	비고
토기	20 이상	790~1000	기와, 벽돌, 토관	다공질로서 투과성이 있고 유약을 바르지 않았다.
도기	10	1100~1230	내장타일, 테라코타	경도도 높고 흡수율이 적으나 자기보다는 못하다.
석기	3~10	1160~1350	바닥타일, 외장타일	불투과성이며 강도와 내산성이 크다.
자기	0~1	1230~1430	고급타일, 위생도기	흡수성이 극히 작고 경도와 강도가 가장 크다.

> 점토기와 중 훈소와(훈와, 그을음기와)
> 건조제품을 가마에 넣고 연료로 장작이나 솔잎 등을 써서 검은 연기로 그을려 만든 기와(표면은 흑회색이고 방수성이 있으며 강도가 높다.)

※ 점토소성제품의 특징 : 화학적 저항성, 내후성이 우수하다.
※ 점토소성제품의 흡수성이 큰 것부터 순서 : 토기 〉 도기 〉 석기 〉 자기

(3) 건축용 세라믹 제품

① 다공벽돌은 내부의 무수히 많은 구멍으로 인해 절단, 못치기 등의 가공성이 우수하다.
② 테라코타는 건축물의 패러핏, 주두 등의 장식에 사용되는 공동의 대형 점토제품이다.
③ 위생도기는 장석점토와 철분이 적은 납석·규석·샤모트 등의 배합물을 사용한다.
④ 일반적으로 모자이크타일 및 내장타일은 건식법, 외장타일은 습식법에 의해 제조된다.

※ 세라믹(Ceramics) : 비금속 또는 무기질 재료를 성형한 후 높은 온도에서 만든 제품(대개 도자기류)

(4) 벽돌

(가) 점토 벽돌(KS L 4201)의 성능 시험방법과 관련된 항목

① 겉모양 ② 치수 ③ 흡수율 ④ 압축강도

※ 내화벽돌의 내화도 표시 : 1종(제겔콘번호 SK34 이상), 2종(32 이상), 3종(30 이상), 4종(26 이상)

(나) 벽돌의 크기

① 기준형 : 210mm(길이)×100mm(너비)×60mm(두께)
② 표준형 : 190×90×57mm
③ 내화벽돌 : 230×114×65mm

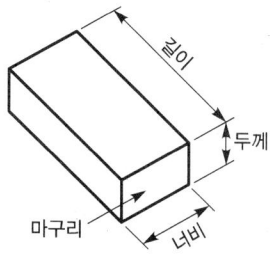

[그림] 벽돌의 크기(표준형)

(다) 보통벽돌

점토에 제점제(除粘劑)로서 모래를 넣고 색조조절을 위해 석회를 가하여 소성한 것(KS L 4201)

① 제조공정은 점도조절-혼합-원료배합-성형-건조-소성의 단계이다.
② 소성온도는 900~1000℃이다.(내화벽돌 : 1500~2000℃)
③ 적색 또는 적갈색을 띠는 것은 점토 중에 포함된 산화철분에 기인한다.
④ 압축강도는 1종의 경우 22.54N/mm² 이상이다.

(라) 과소품(過燒品)벽돌의 특징

지나치게 구워진 벽돌
① 형태가 고르지 못하다.
② 흡수율이 적고 압축강도가 강하다.
③ 균열이 많이 보인다.
④ 색채가 흙갈색이고 고르지 못하다.
⑤ 기초쌓기나 특수한 장식용으로 사용한다.

(마) 특수벽돌의 종류

① 내화벽돌 : 내화점토를 원료로 하여 소성한 벽돌로서 내화도는 1,500~2,000℃의 범위이다.
② 다공벽돌 : 점토에 톱밥, 겨, 탄가루 등을 혼합, 소성한 것으로 방음, 흡음성이 좋다.
③ 이형벽돌 : 형상, 치수가 규격에서 정한 바와 다른 벽돌로서 특수한 구조체에 사용될 목적으로 제조된다.
  - 아치벽돌, 원형벽체를 쌓는데 쓰이는 원형벽돌, 팔모벽돌, 둥근모벽돌 등
④ 포도벽돌 : 도로, 옥상, 마룻바닥의 포장용으로 사용되는 벽돌로 흡수율이 작고, 마모, 충격, 동결 등에 대한 저항성이 강하다
  - 경질이며 흡습성이 적은 특성이 있으며 도로나 마룻바닥에 까는 두꺼운 벽돌로서 원료로 연와토 등을 쓰고 식염유로 시유소성한 벽돌
⑤ 오지벽돌 : 벽돌에 오지물을 칠해 소성한 벽돌로서, 건물의 내외장 또는 장식물의 치장에 쓰인다.
⑥ 검정벽돌 : 불완전 연소된 탄소로 소성벽돌에 착색하여 생산되는 전통벽돌로 치장용으로 사용(전벽돌)
⑦ 광재벽돌 : 광재를 주원료로 한 벽돌(석탄재와 시멘트로 만든 벽돌)
⑧ 날벽돌 : 굳지 않은 날 흙의 벽돌

  ※ 중공벽돌 : 내부에 몇 개의 구멍을 가진 벽돌로 단열, 방음을 위해 방음벽, 단열벽 등에 사용되며, 경량으로 칸막이 벽에도 사용되는 것

내화벽돌
① 표준형(보통형) 벽돌의 크기는 230×114×65 mm이다.
② 내화벽돌은 SK 26번 (1580℃) 이상의 내화도를 지닌 벽돌이다.
③ 내화벽돌의 종류에 따라 내화 모르타르도 반드시 그와 동질의 것을 사용하여야 한다.

치장벽돌: 외부에 노출되는 마감용 벽돌로서 벽돌면의 색깔, 형태, 표면의 질감 등의 효과를 얻기 위한 벽돌

오지물: 유약(釉藥). 도자기 표면에 바르는 약품

광재(slag): 슬래그. 제철 과정에서 발생하는 찌꺼기

(바) KS L 4201에 따른 점토벽돌(Clay brick)의 물리적 성능

품질	종류		
	1종	2종	3종
흡수율(%)	10	13	15
압축강도(N/mm^2)	24.50 이상	20.59 이상	10.78 이상

* MPa = 1,000,000Pa = 1,000,000N/m^2 = 1N/mm^2 ⇨ 1MPa = 1N/mm^2
* 재활용 점토백돌(KS I 3013) : 1종 22.54N/mm^2 이상

(사) 벽돌의 소요매수

〈벽돌쌓기 기준량(m^{2}당)〉

벽돌규격(mm) \ 벽두께	0.5B	1.0B	1.5B	2.0B
기준형 : 210×100×60mm	65매	130매	195매	260매
표준형 : 190×90×57mm	75매	149매	224매	298매
내화벽돌 : 230×114×65mm	61매(59)	122매(118)	183매(177)	244매(236)

① 기준형, 표준형은 정량으로 표시된 양이며 할증률은 붉은 벽돌은 3%, 시멘트벽돌은 5%로 함.
② 내화벽돌은 할증률 3%가 포함된 양이며 ( )안은 정미량을 표시함.
③ 줄눈나비는 10mm일때를 기준으로 함.

> 정미량: 실질량. 할증이 포함되지 않은 수량. 설계도상의 수량

예문 벽돌벽 두께 1.5B, 벽면적 40m^2 쌓기에 소요되는 붉은 벽돌(190×90×57)의 소요량은? (단, 할증률 고려)

① 8850장 ② 8960장 ③ 9229장 ④ 9408장

해설 붉은 벽돌의 매수
40m^2 × 224매(두께 1.5B의 기준량) × 1.03(할증) = 9228.8 ≒ 9229매

⇨ 정답 ③

(아) 조적조 백화(efflorescence)현상

백화는 주로 모르타르로 흡수된 수분에 의해 벽돌 내부에 포함된 염류가 녹아나와 벽돌 표면에 하얗게 남거나 벽돌 표면 밑에 남아 외부의 결을 파괴시켜 미관을 해치게 됨.

1) 백화의 형성 요인

　백화가 대체적으로 발생하는 부분은 창문 인방, 처마부분 같은 취약부분, 지반에 가까운 부위에서의 틈새로 유입되는 수분에 의해 발생

　① 타일 등의 시유(施釉)소성한 제품은 시멘트 중의 경화제가 백화의 주된 요인이 된다.

　② 작업성이 나쁠수록 모르타르의 수밀성이 저하되어 투수성이 커지게 되고, 투수성이 커지면 백화 발생이 커지게 된다.

　③ 점토제품의 흡수율이 크면 모르타르 중의 함유수를 흡수하여 백화 발생의 요인이 된다.

　④ 물·시멘트 비가 크게 되면 잉여수가 증대되고, 이 잉여수가 증발할 때 가용 성분의 용출을 발생시켜 백화 발생의 원인이 된다.

2) 백화의 방지 대책

　① 물·시멘트 비를 작게한다.

　② 흡수율이 작은 소성이 잘 된 벽돌을 사용한다.(10% 이하의 흡수율을 가진 양질의 벽돌을 사용한다.)

　③ 줄눈 모르타르에 방수제를 혼합한다.(단위시멘트량을 적게하고 줄눈용 모르타르를 사용하는 것이 효과적)

　④ 벽면의 돌출 부분에 차양, 루버 등을 설치한다.(벽돌면 상부에 빗물막이를 설치한다.)

　⑤ 쌓기 후 전용발수제를 발라 벽면에 수분흡수를 방지 한다.

　⑥ 수용성 염류가 적은 소재를 사용한다.

(5) 타일

(가) 타일의 종류

　① 스크래치 타일 : 표면에 긁힌 모양을 낸 것으로 외장용으로 사용

　② 보더 타일(border tile) : 가늘고 길게 되어 길이가 나비의 3배 이상인 타일로 욕실 벽면 등 내장용으로 사용

　③ 아란덤 타일 : 원료에 점토를 쓰지 않고 카보런덤 가루를 구어서 만든 것

　④ 클링커 타일(clinker tile)

　　㉠ 고온으로 소성한 석기질 타일로서 표면은 거칠게 요철무늬를 넣어 외부바닥용 미끄럼 방지에 효과적이며 내구성이 풍부하다

　　㉡ 식염유를 바른 진한 다갈색 타일로서 다른 타일에 비해 두께가 두껍고 홈줄을 넣은 외부 바닥용 특수 타일

> 보더 타일: 테두리에 사용하는 가늘고 긴 타일

> 모자이크 타일: 모자이크를 위해 사용하는 타일. 보통 자기질을 사용하며, 여러 가지 모양과 색이 있고 크기는 5.5cm 이하의 것
> (* 자기질 타일(자기 타일) : 바닥용으로 사용하는 대부분의 타일)

- 폴리싱 타일: 표면을 연마하여 고광택을 유지하도록 만든 시유타일로 대형 타일에 많이 사용되며, 천연화강석의 색깔과 무늬가 표면에 나타나게 만들 수 있는 것(포세린 타일: 무광택, 미끄럽지 않음)
- 태피스트리 타일(tapestry tile): 표면에 여러 가지 직물무늬 모양이 나타나게 만든 타일로서 무늬, 형상 또는 색상이 다양하여 주로 내장타일로 쓰임(타일 표면에 무늬를 넣어 입체화시킨 타일)

(나) 타일에 관한 설명

① 타일은 점토 또는 암석의 분말을 성형, 소성하여 만든 박판제품을 총칭한 것이다.
② 타일은 용도에 따라 내장타일, 외장타일, 바닥타일 등으로 분류할 수 있다.
③ 일반적으로 모자이크타일 및 내장타일은 건식성형, 외장타일, 바닥타일 등은 습식성형에 의해 제조된다.
  ㉠ 건식성형: 3~10%의 수분을 함유한 분말을 프레스로 성형(프레스 성형)
  ㉡ 습식성형: 물과 반죽한 원료를 오거머신에서 뽑아내어 성형(사출 성형)
④ 타일의 백화현상은 수산화석회와 공기 중 탄산가스의 반응으로 나타난다.
⑤ 도기질 제품으로 내장 타일이 있고 석기질 제품으로 클링커타일이 있다.

(6) 테라코타(terra-cotta)

건축물의 패러핏, 주두 등의 장식에 사용되는 공동의 대형 점토제품이다.

① 도토(陶土) 등을 반죽하여 형틀에 넣고 성형하여 소성한 속이 빈 대형의 점토제품이다.
② 석재보다 가볍다.
③ 압축강도는 화강암의 1/2 정도이다.
④ 화강암보다 내화도가 높으며 대리석보다 풍화에 강하다.

도토(陶土): 자토(瓷土), 도자기의 원료가 되는 점토

2. 석재

가 석재의 일반적 성질

(1) 건축용 석재의 장단점

(가) 장점

① 압축강도가 크다.
② 내구성, 내수성 및 내마모성이 우수하다.
③ 색조와 광택에 있어 외관이 장중 미려하다.
④ 종류가 다양하고 산지나 조직에 따라 다르다.

(나) 단점
　① 밀도가 크고 가공하기가 어렵다.
　② 내화성이 약하다.
　③ 인장강도가 약하다
　④ 비중이 크므로 운반 및 시공이 어렵다.
　⑤ 길고 큰 재료(장대재)를 얻기 어렵다

(2) 석재의 일반적 강도
　① 석재의 강도는 중량에 비례한다.
　② 석재의 함수율이 클수록 강도는 저하된다.
　③ 석재의 강도의 크기는 대체로 압축강도 〉 휨강도 〉 인장강도이다.
　　- 인장강도는 압축강도의 1/10~1/30 정도이다.
　④ 석재의 구성입자가 작을수록 압축강도가 크다.

　✽ 석재의 압축강도의 크기
　　화강암 〉 대리석 〉 안산암 〉 점판암 〉 사문암 〉 사암 〉 응회암 〉 부석

　✽ 건축재료 중 압축강도가 일반적으로 가장 큰 것부터 작은 순서
　　화강암 - 참나무 - 보통콘크리트 - 시멘트벽돌

　✽ 흡수율은 동결과 융해에 대한 내구성의 지표가 된다. 내화성은 공극률이 클수록 크다.

일반석재시험방법
1) 비중 시험: 분쇄하여 비중병으로 측정
2) 흡수율 시험: 풍화, 파괴, 내구성과 관련
3) 공극률 시험: 전 공극과 겉보기 체적의 비
4) 강도시험: ① 압축시험 ② 휨시험 ③ 마모시험 (마모 저항이 큰 석재 필요)

(3) 석재의 비중(specific gravity)

진비중은 건조석재를 분쇄하여 분상으로 한 후 비중병을 써서 측정한다. 비중시험은 KS F 2518에 의하되 공시체는 치수 5~8cm에 가까운 시험편으로 다음 식으로 계산한다.

$$비중 = A / (B - C)$$

A : 공시체를 건조로(105±2℃) 속에서 무게의 변화가 없을 때까지 건조했을 때의 절대건조 공기 중 중량
B : 공시체를 48시간 이상 증류수나 여과수에 침수 후 표면건조 포화상태의 공기 중 중량
C : 공시체의 수중중량

(4) 석재의 화학적 성질
석재는 산화작용이나 용해작용에 의해서 조직이 파괴된다.
　① 조암광물 중에서 장석이나 방해석은 주성분인 칼슘이므로 물과 공기 함유된 산류의 침식을 쉽게 받아 파괴될 수 있다.

(예문) 공시체(천연산 석재)를 (105±2)℃로 24시간 건조한 상태의 질량이 100g, 표면건조포화상태의 질량이 110g, 물속에서 구한 질량이 60g일 때 이 공시체의 표면건조포화상태의 비중은?

(풀이) 석재의 비중(Specific gravity)=A/(B−C)
⇨ 비중=100/(110−60)=2

② 황철광, 갈철광과 같은 금속함유 광물은 산류를 취급하는 곳에서의 바닥재로 사용을 피해야 한다.

③ 규산분을 많이 함유한 석재는 내산성이 크고, 석회분을 포함한 것은 내산성이 적으므로 대리석, 사문암 등을 내장재로 사용하는 것이 바람직하다.

> **석재 백화현상의 원인**
> ① 빗물처리가 물충분한 경우
> ② 줄눈시공이 불충분한 경우
> ③ 석재 배면으로부터의 누수에 의한 경우

(5) 석재가 열을 받았을 때 파괴되는 가장 주된 원인

① 열전도율이 낮으므로 인한 열의 불균일한 분포로 열응력 발생하기 쉽기 때문이다.

② 조암광물의 종류에 따른 열팽창계수의 차이 때문이다.

③ 조암광물 중 열에 약한 부분이 먼저 녹아 전체가 붕괴된다(화강암 : 600℃에서 붕괴).

(6) 조암 광물

암석을 이루는 주요 광물로 석영, 장석, 흑운모, 각섬석, 휘석, 감람석 등을 조암 광물이라 함.

(7) 석재의 조직(암석의 구조)

암석은 암석 특유의 규칙적인 배열을 가진 균열이 발달

① 절리 : 암석 특유의 천연적으로 갈라진 금을 말하며 일반적으로 수직적인 방향성을 갖는다. 규칙적인 것과 불규칙적인 것이 있다.(주상절리: 육각형 내지 다각형인 기둥 모양의 절리)

② 층리 : 퇴적암 및 변성암 등의 퇴적 구조에서 나타나는 퇴적할 당시의 지표면과 방향이 거의 평행한 절리를 말한다,

③ 석리 : 암석을 구성하고 있는 조암광물의 집합상태에 따라 생기는 모양으로 암석조직상의 갈라진 금이다.

④ 편리 : 변성암에 생기는 절리로서 방향이 불규칙하고 얇은 판자모양으로 갈라지는 성질을 말한다.

⑤ 석목 : 암석이 가장 쪼개지기 쉬운 면을 말하며 절리보다 불분명하지만 방향이 대체로 일치되어 있다.

열응력: 물체가 열팽창, 수축이 억제된 상태에서 온도 변화와 불균일한 온도 분포에 의해 물체 내부에 생기는 변형력

열팽창 계수: 열팽창에 의한 물체의 팽창 비율. 단위 온도 변화에 의한 치수 변화의 크기
① 선(線)팽창 계수: 온도 1℃ 변화할 때 길이 변화의 비율
② 체적팽창 계수: 온도 1℃ 변화할 때 체적 변화의 비율

(8) 암석의 종류

(가) 화성암(火成岩)

마그마가 식어서 형성된 암석으로 화강암, 안산암, 현무암, 감람석, 부석

① 화산암(火山岩) : 마그마가 지표 또는 지표 부근에서 급격하게 식어 굳어진 암석이며 광물 입자의 크기가 작은 세립질 조직으로 현무암, 안산암, 유문암이 있다.

② 심성암(深成岩) : 용암이나 지하 깊은곳에서 천천히 식어 만들어진 암석이며 광물 입자의 크기가 큰 조립질 조직으로 화강암, 반려암, 섬록암이 있다.
 - 현정질 조직(phaneritic texture) : 육안으로 화성암의 파면을 볼 때 알갱이들이 구별되어 보이는 것(화강암)

(나) 수성암 : 응회암, 사암, 석회암, 점판암

① 쇄설암 : 풍화, 침식, 화산 작용 등에 의한 쇄설물이 퇴적된 퇴적암(점판암, 사암, 역암, 응회암)

② 유기암 : 유기물의 침전에 의해 생기는 암석(석회암, 백운암, 규조토)

(다) 변성암 : 점판암, 편마암, 대리석, 트래버틴, 사문석, 석면

나 석재의 종류 및 특성

(1) 화강암

(가) 화강암의 특성

내구성 및 강도가 크고 외관이 수려하나 함유광물의 열팽창계수가 달라 내화성이 약한 석재로 외장재, 내장재, 구조재, 도로 포장재, 콘크리트 골재 등에 사용되는 것
 - 건축 내·외장재로 많이 쓰이며 견고하고 대형재가 생산되므로 구조재로 사용된다.

① 바탕색과 반점이 미려하므로 내·외장재로 쓰인다.
② 결정체의 크고 작음에 따라 외관과 강도가 다르다.
③ 경도가 크기 때문에 세밀한 조각 등에 적당하지 않다.
④ 내화성이 약하다.
⑤ 절리의 거리가 비교적 커서 큰 판재를 생산할 수 있다.
⑥ 화강암은 화성암으로 응회암보다 흡수율이 작다.
⑦ 화강암의 내구연한은 75~200년 정도로서 다른 석재에 비하여 비교적 수명이 길다.

(나) 화강암의 색상
① 화강암의 주성분은 석영, 장석, 운모등이며 색은 장석의 색조에 의해 주로 좌우되며 석영에는 크게 영향을 받지 않는다.
② 화강암의 색상은 주성분 함유율의 혼합에서 생기는 흑색, 백색, 분홍색의 반점무늬가 있고 전반적인 색상은 밝은 회백색이다.
③ 화강암이 흑운모, 각섬석, 휘석 등을 포함하게 되면 검은색을 띠고 산화철을 포함하면 미홍색을 띤다.

(2) 안산암
성질은 화강암과 비슷하나 빛깔이 좋지 않고 가공성이 낮지만 강도와 내구성이 커서 주로 구조재로 사용

(3) 현무암
입자가 잘거나 치밀하며 색은 검은색·암회색이고 석질이 견고하여 토대석·석축으로 쓰이는 석재

(4) 감람석
크롬, 철광으로 된 흑록색의 치밀한 석질의 화성암으로서, 변질된 사문석은 건축 장식재로 이용된다.

> 사문암: 감람석이나 섬록암이 변질된 암석

(5) 점판암
석재 중 박판으로 채취할 수 있어 슬레이트 등에 사용
① 점토가 압력을 받아 경화된 것으로 얇은 판으로 채취할 수 있으며 화강암보다 내구성은 떨어진다.
② 천연 슬레이트로 만들어 지붕재료, 벽재료로 사용된다.

(6) 사암
사암 중 일반적으로 규산질 사암이 가장 강하고 내구성이 크나 가공이 어렵다.

(7) 응회암
다공질이고 내화도가 높으므로 특수 장식재나 경량골재, 내화재 등에 사용된다.
① 가공은 용이하고 흡수성이 높으며, 내수성이 크나 강도가 높지 않아 건축용으로는 부적당하다.
② 응회암은 연질이므로 보통 콘크리트용 쇄석의 원석으로 부적당하다.

(8) 석회암

석질이 치밀하나 내화성이 부족하며 석회, 시멘트의 원료로 사용된다.
- 석회암이 열에 약한 이유 : 주성분이 열분해되기 때문이며 주성분인 탄산칼슘이 600~800℃에서 열분해하여 분체화 된다.

(9) 대리석

석회암이 변화되어 결정화한 것으로 치밀, 견고하고 색채와 반점 등 외관이 아름다우며 갈면 광택이나 실내 장식재와 조각재로 사용되는 석재
① 대리석은 강도가 매우 높지만 내화성이 낮고 풍화되기 쉬우며 산에 약하기 때문에 실외용으로 적합하지 않다.
② 주성분은 탄산석회, 탄소질, 산화철, 각섬석, 휘석 등을 함유한다.
* 테라조는 대리석을 종석으로한 인조석의 일종이다.

(10) 트래버틴(travertine)

① 석질이 불균일하고 다공질이다.
② 특수 내장재로서 사용한다(장식 석재).
③ 변성암으로 황갈색의 반문과 아치가 있다.
④ 대리석의 일종으로 탄산석회를 포함한 물에서 침전, 생성된 것이다

> 트래버틴: 대리석의 일종으로 다공질이며 황갈색의 반문이 있고 갈면 광택이 나서 우아한 실내장식에 사용

(11) 사문암

암녹색 바탕에 흑백색의 아름다운 무늬가 있고, 경질이나 풍화성이 있어 외장재보다는 내장 마감용 석재로 이용되는 것
- 감람석 또는 섬록암이 변질된 것으로 외벽보다는 실내장식용으로 사용되는 석재

(12) 석면(asbestos)

사문암 또는 각섬암이 열과 압력을 받아 변질하여 섬유 모양의 결정질이 된 것으로 단열재·보온재 등으로 사용되었으나, 인체 유해성으로 사용이 규제되고 있는 것

(13) 질석(vermiculite)

운모계 광석을 800~1,000℃ 정도로 가열 팽창시켜 체적이 5~6배로 된 다공질 경석으로 시멘트와 배합하여 콘크리트블록, 벽돌 등을 제조하는 데 사용

> 납석(Kaolin): 내화벽돌의 주원료 광(주로 내화재로 사용되고, 도자기 재료, 시멘트 첨가제, 페인트, 아스팔트 및 고무공업용 충전재 등에 이용)

(14) 규석

타일의 소지(素地) 중 규산을 화학성분으로 한 석영·수정 등의 광물로서 도자기 속에 넣으면 점성을 제거하는 효과가 있으며, 소지 속에서 미분화하는 것(점정제로 사용)

> 소지(possession): 소유. 대상이 가지고 있는 것

✱ 팽창질석 – 단열보온재, 중정석 – X선 차단 콘크리트용 골재로 사용

다 석재 가공 및 석재 제품

(1) 석재의 용도에 의한 구분

(가) 마감용

외장용으로는 화강암, 안산암 등이 있고, 내장용에는 대리석, 사문암 등이 있다.

① 외장용 : 화강암, 안산암, 점판암
② 내장용 : 대리석, 사문암

(나) 구조용 : 화강암, 안산암, 사암

(2) 석재 사용상 주의사항

① $1m^3$ 이상 되는 석재는 높은 곳에 사용하지 않는다(취급상 최대 $1m^3$ 이내로 하고 중량이 큰 것은 높은 곳에 사용하지 말 것).
② 인장강도가 약하므로 압축력을 받는 곳에 사용한다.(구조재로 사용 시 직압력재로 사용)
③ 가능한 흡수율이 낮은 석재를 사용한다(압축강도 $50kgf/cm^2$ 이상, 흡수율 30% 이하의 것 사용).
④ 가공 시 예각은 피한다(예각부(銳角部)가 생기면 결손되기 쉽고 풍화 방지에 나쁨).
⑤ 동일건축물에는 동일석재로 시공하도록 한다.
⑥ 석재를 다듬어 사용할 때는 그 질이 균질한 것을 사용하여야 한다.
⑦ 외부나 바닥에 사용할 때는 내수성 및 내구성에 주의하여야 한다.
⑧ 외벽 특히 콘크리트표면 첨부용 석재(도로포장용 석재)는 연석 사용을 피한다.

• 예각: 직각보다 작은 각
• 둔각: 직각보다 큰 각

(3) 석재의 가공작업

혹두기 – 정다듬 – 도드락다듬 – 잔다듬 – 갈기

① 혹두기 : 쇠메를 이용하여 석재표면의 돌출 부분을 깨어내는 것

② 정다듬 : 혹두기 면을 정으로 편평하게 고를 것
③ 도드락다듬 : 도드락 망치로 표면을 다듬는것
④ 잔다듬 : 연질의 석재를 다듬을 때 쓰는 방법으로 양날 망치로 정다듬한 면을 일정방향으로 찍어 다듬는 돌표면 마무리 방법
⑤ 물갈기 : 잔다듬한 면를 숫돌로 가는 것(물이나 모래 이용)

(4) 석재 제품

1) 펄라이트 : 흑요석 등을 분쇄해서 고열로 가열 팽창시킨 경량골재
2) 석면(asbestos) : 사문암 또는 각섬암이 열과 압력을 받아 변질하여 섬유모양의 결정질이 된 것으로 단열재·보온재 등으로 사용되었으나, 인체 유해성으로 사용이 규제되고 있는 것
3) 암면(rock wool, 락크 울) : 현무암 등을 고열로 용융, 고압공기로 불어날려 냉각, 섬유화한 것
   - 암면은 단열재로 사용하며 암석으로부터 인공적으로 만들어진 내열성이 높은 광물섬유를 이용하여 만드는 제품으로 골재로 사용할 수 없다.
4) 고압벽돌 : 생석회 분말과 모래를 혼합하여 고압으로 압축한 석회벽돌
5) 질석(vermiculite) : 운모계 광석을 800~1,000℃ 정도로 가열 팽창시켜 체적이 5~6배로 된 다공질 경석으로 시멘트와 배합하여 콘크리트블록, 벽돌 등을 제조하는 데 사용(원예용으로 사용)
6) 모조석(imitation stone, 인조석) : 백색시멘트와 종석, 안료를 혼합하여 천연석과 유사한외관을 가진 인조석으로 만든 것으로서 의석 또는 캐스트스톤(cast stone)이라고 하는 것
   - 테라조(terazzo) : 대리석 가루에 백색 시멘트를 혼합하여 경화시킨 인조석의 일종
      (* 대리석, 사문암, 화강석 등의 쇄석을 종석으로 하여 포틀랜드시멘트 또는 백색 시멘트를 혼합한 것으로 종석의 종류에 따라 인조석 및 테라조로 구분한다.)

> **인조석 및 석재가공제품에 관한 설명**
> ① 테라조(terazzo)는 대리석, 사문암 등의 종석을 백색시멘트나 수지로 결합시키고 가공하여 생산한다.
> ② 에보나이트는 주로 가구용 테이블 상판, 실내벽면 등에 사용된다.
> ③ 초경량 스톤패널은 로비(lobby) 및 엘리베이터의 내장재 등으로 사용된다.
> ④ 패블스톤(pebble stone. 조약돌과 자연석을 절삭하여 일정한 두께로 가공)은 조약돌의 질감을 낸다.

CHAPTER 02 항목별 우선순위 문제 및 해설

01 점토에 관한 설명 중 틀린 것은?
① 점토의 색상은 철산화물 또는 석회물질에 의해 나타난다.
② 점토의 가소성은 점토입자가 미세할수록 좋다.
③ 압축강도와 인장강도는 거의 비슷하다.
④ 소성수축은 점토 내 휘발분의 양, 조직, 용융도 등이 영향을 준다.

해설 점토에 관한 설명
③ 압축강도가 인장강도보다 크다(약 5배 정도).

02 점토 제품의 성형에 있어 가장 중요한 성질은?
① 흡수성   ② 점성
③ 가소성   ④ 강성

해설 점토 제품의 성형에 있어 가장 중요한 성질 : 가소성
① 점토제품의 성형에서 가소성 조절용으로 규석, 규사, 모래, 샤모트(chasmotte) 등을 사용한다.
② 가소성 점토는 요업 제품을 성형할 때 가소성이나 점성을 높이기 위하여 사용하는 점토
* 가소성(可塑性, plasticity-소성) : 가소성은 어떤 힘을 받아 형태가 변한 뒤에 힘을 없애도 원래의 형태로 돌아가지 않는 성질이며, 탄성이란 힘이 제거되었을 때 원래의 형태로 되돌아오는 성질

03 표준형 벽돌의 벽돌치수로서 옳은 것은?(단, 단위는 mm)
① 190×90×57
② 210×90×57
③ 210×100×60
④ 230×100×70

해설 벽돌의 크기
① 기준형 : 210mm(길이)×100mm(너비)×60mm(두께)
② 표준형 : 190×90×57mm
③ 내화벽돌 : 230×114×65mm

04 다음 점토제품 중 소성온도가 가장 높고 소재의 흡수성이 가장 작은 것은?
① 토기   ② 도기
③ 자기   ④ 석기

해설 도자기의 분류

종류	흡수율(%)	소성온도(℃)	제품
토기	20 이상	790~1000	기와, 벽돌, 토관
도기	10	1100~1230	내장타일, 테라코타
석기	3~10	1160~1350	바닥타일, 외장타일
자기	0~1	1230~1430	고급타일, 위생도기

05 각종 벽돌에 대한 설명 중 틀린 것은?
① 내화벽돌은 내화점토를 원료로 하여 소성한 벽돌로서 내화도는 1,500~2,000℃의 범위이다.
② 다공벽돌은 점토에 톱밥, 겨, 탄가루 등을 혼합, 소성한 것으로 방음, 흡음성이 좋다.
③ 이형벽돌은 형상, 치수가 규격에서 정한 바와 다른 벽돌로서 특수한 구조체에 사용될 목적으로 제조된다.
④ 포도벽돌은 벽돌에 오지물을 칠해 소성한 벽돌로서, 건물의 내외장 또는 장식물의 치장에 쓰인다.

해설 특수벽돌의 종류
① 포도벽돌 : 도로, 옥상, 마룻바닥의 포장용으로 사용되는 벽돌로 흡수율이 작고, 마모, 충격, 동결 등에 대한 저항성이 강하다
② 오지벽돌 : 벽돌에 오지물을 칠해 소성한 벽돌로서, 건물의 내외장 또는 장식물의 치장에 쓰인다.

정답 01.③ 02.③ 03.① 04.③ 05.④

06 점토제품 시공 후 발생하는 백화에 관한 설명으로 옳지 않은 것은?

① 타일 등의 시유소성한 제품은 시멘트 중의 경화제가 백화의 주된 요인이 된다.
② 작업성이 나쁠수록 모르타르의 수밀성이 저하되어 투수성이 커지게 되고, 투수성이 커지면 백화 발생이 커지게 된다.
③ 점토제품의 흡수율이 크면 모르타르 중의 함유수를 흡수하여 백화 발생을 억제한다.
④ 물·시멘트 비가 크게 되면 잉여수가 증대되고, 이 잉여수가 증발할 때 가용 성분의 용출을 발생시켜 백화 발생의 원인이 된다.

해설 조적조 백화(efflorescence)현상
백화는 주로 모르타르로 흡수된 수분에 의해 벽돌 내부에 포함된 염류가 녹아나와 벽돌 표면에 하얗게 남거나 벽돌 표면 밑에 남아 외부의 결을 파괴시켜 미관을 해치게 됨.
③ 점토제품의 흡수율이 크면 모르타르 중의 함유수를 흡수하여 백화 발생의 요인이 된다.

07 석재에 관한 설명으로 옳지 않은 것은?

① 대리석은 석회암이 변화되어 결정화된 것으로 치밀, 견고하고 외관이 아름답다.
② 화강암은 건축 내·외장재로 많이 쓰이며 견고하고 대형재가 생산되므로 구조재로 사용된다.
③ 응회석은 다공질이고 내화도가 높으므로 특수 장식재나 경량골재, 내화재 등에 사용된다.
④ 안산암은 크롬, 철광으로 된 흑록색의 치밀한 석질의 화성암으로 건축 장식재로 이용된다.

해설 석재에 관한 설명
① 안산암 : 성질은 화강암과 비슷하나 빛깔이 좋지 않고 가공성이 낮지만 강도와 내구성이 커서 주로 구조재로 사용
② 감람석 : 크롬, 철광으로 된 흑록색의 치밀한 석질의 화성암으로서, 변질된 사문석은 건축 장식재로 이용된다.

08 석재의 일반적 강도에 관한 설명으로 옳지 않은 것은?

① 석재의 강도는 중량에 비례한다.
② 석재의 함수율이 클수록 강도는 저하된다.
③ 석재의 강도의 크기는 휨강도>압축강도>인장강도이다.
④ 석재의 구성입자가 작을수록 압축강도가 크다.

해설 석재의 일반적 강도
③ 석재의 강도의 크기는 대체로 압축강도 > 휨강도 > 인장강도이다.

09 화강암에 대한 설명 중 옳지 않은 것은?

① 바탕색과 반점이 미려하므로 내·외장재로 쓰인다.
② 결정체의 크고 작음에 따라 외관과 강도가 다르다.
③ 경도가 크기 때문에 세밀한 조각 등에 적당하지 않다.
④ 내화도가 커서 고열을 받는 곳에 적당하다.

해설 화강암 : 내구성 및 강도가 크고 외관이 수려하나 함유광물의 열팽창계수가 달라 내화성이 약한 석재로 외장, 내장, 구조재, 도로포장재, 콘크리트 골재 등에 사용되는 것
④ 내화성이 약하다.

정답 06.③ 07.④ 08.③ 09.④

10 석회암이 변화되어 결정화한 것으로 치밀, 견고하고 색채와 반점이 아름다우며 갈면 광택이나 실내장식재와 조각재로 사용되는 석재는?

① 응회암　② 사암
③ 사문암　④ 대리석

해설 대리석
석회암이 변화되어 결정화한 것으로 치밀, 견고하고 색채와 반점이 아름다우며 갈면 광택이나 실내장식재와 조각재로 사용되는 석재
- 대리석은 강도가 매우 높지만 내화성이 낮고 풍화되기 쉬우며 산에 약하기 때문에 실외용으로 적합하지 않다.

11 다음 석재 중 외장용으로 가장 부적합한 것은?

① 대리석　② 화강석
③ 안산암　④ 점판암

해설 석재의 용도에 의한 구분
1) 마감용
　① 외장용 : 화강암, 안산암, 점판암
　② 내장용 : 대리석, 사문암
2) 구조용 : 화강암, 안산암, 사암

12 연질의 석재를 다듬을 때 쓰는 방법으로 양날 망치로 정다듬한 면을 일정 방향으로 찍어 다듬는 돌표면 마무리 방법은?

① 잔다듬
② 도드락다듬
③ 혹두기
④ 거친갈기

해설 석재의 가공작업
혹두기 - 정다듬 - 도드락다듬 - 잔다듬 - 갈기
① 혹두기 : 쇠메를 이용하여 석재표면의 돌출 부분을 깨어내는 것
② 정다듬 : 혹두기 면을 정으로 편평하게 고를 것
③ 도드락다듬 : 도드락 망치로 표면을 다듬는것
④ 잔다듬 : 연질의 석재를 다듬을 때 쓰는 방법으로 양날 망치로 정다듬한 면을 일정방향으로 찍어 다듬는 돌표면 마무리 방법
⑤ 물갈기 : 잔다듬한 면를 숫돌로 가는 것(물이나 모래 이용)

정답 10.④ 11.① 12.①

Chapter 03 시멘트 및 콘크리트

1. 시멘트

가 시멘트의 제조 및 주요화합물

(1) 시멘트의 제조공정

주원료의 분쇄 → 혼합 → 가열 및 소성(클링커 광물로 변화과정) → 석고 첨가 : 클링커(clinker)분쇄 → 미분쇄 → 시멘트

※ 클링커(clinker) : 시멘트의 원료를 소성로에서 소성하여 제조된 것으로서 석고를 첨가하여 분쇄하면 시멘트가 됨.

(2) 시멘트 제조 시 클링커(clinker)에 석고를 첨가하는 주된 이유

시멘트와 물의 반응이 초기에 급속하게 일어나지 않도록 응결속도의 조절

(3) 포틀랜드 시멘트 주요화합물의 특징(시멘트 클링커 화합물)

화합물	화학 조성	수화 열속도	수화열	단기 강도 발현	종국 강도	화학 저항성	건조 수축
아리트 (alite) C_3S	규산 3칼슘 ($3CaO \cdot SiO_2$)	빠름 (수시간)	중 (120kcal/g)	빠름(수일)	높다 (수백kgf/cm^2)	중	중
베리트 (belite) C_2S	규산 2칼슘 ($2CaO \cdot SiO_2$)	늦음 (수일)	낮음 (60kcal/g)	늦음(수주)	높다 (수백kgf/cm^2)	약간 높음	적음
알루미네이트 (aluminate) C_3A	알루민산 3칼슘 ($3CaO \cdot Al_2O_3$)	순간적임	대단히 높음 (200kcal/g)	대단히 빠름(1일)	낮다 (수십kgf/cm^2)	낮음	큼
페라이트 (ferrite) C_4AF	알루민산 철4칼슘 ($4CaO \cdot Al_2O_3 \cdot Fe_2O_3$)	대단히 빠름 (수분)	중 (100kcal/g)	대단히 빠름(1일)	낮다 (수십kgf/cm^2)	높음	적음

(4) 시멘트 클링커 화합물에 대한 설명

① 규산 제3칼슘(C_3S)은 아리트라고도 부르며 수화반응이 비교적 빠르고

시멘트의 초기강도(3~28일 강도)를 가지게 한다.
② C_3S양이 많을수록 조강성을 나타낸다.
③ C_2S의 양이 많을수록 강도의 발현이 서서히 된다.
④ 재령 1년에서 C_4AF의 강도는 매우 낮다.
⑤ 시멘트의 수축률을 감소시키기 위해서는 C_3A를 감소시켜야 한다.

나 시멘트의 특성

(1) 응결

시멘트에 약간의 물을 첨가하여 혼합시키면 가소성 있는 페이스트(풀)가 얻어지나 시간이 지나면 유동성을 잃고 응고하는 현상

(가) 응결(setting)과 경화(hardening)

시멘트의 수화반응에 따라서 일어나는 물리적, 화학적 현상으로 시멘트 풀이 시간이 경과함에 따라 수화에 의하여 유동성과 점성을 상실하고 고화하는 현상을 응결(1~10시간 사이)이라고 하고 그 이후 과정을 경화라고 함.

(나) 응결시간의 규격(보통 포틀랜드 시멘트 응결시간)
- 한국산업표준(KS)에서 시결은 1시간 이상, 종결은 10시간 이내에 규정
- 일반적인 시험값은 시결이 1시간 30분~3시간이고, 종결은 2시간 30분~5시간으로 나타남.

(2) 풍화

시멘트가 공기 중의 수분을 흡수하여 일어나는 수화작용을 의미함(동시에 공기 중의 탄산가스를 흡수)
- 시멘트가 풍화되면 강열감량이 많아지고, 비중이 작아지며, 응결이 늦어지고, 강도가 저하된다.

(3) 강열감량(强熱減量, ignition loss)

시멘트등의 재료에 강한 열을 가했을 때 중량의 손실량(작열감량)
① 시멘트를 950±50℃로 60분간 강열을 가했을 때의 감량을 말하며 풍화와 중성화 정도를 파악하는 척도이다.
② 시멘트의 풍화가 진행되면 강열감량이 커지고 강열감량이 많을수록 강도가 저하된다.
③ 풍화한 시멘트는 응결 지연, 강도저하, 이상 응결, 비중저하, 강열감량이 증가한다.

시멘트에 관한 설명
① 시멘트의 강도는 시멘트의 조성, 물 시멘트비, 재령 및 양생조건 등에 따라 다르다.
② 응결시간은 분말도가 미세한 것일수록 또는 수량이 작을수록 짧아진다.
③ 시멘트의 풍화란 시멘트가 습기를 흡수하여 생성된 수산화칼슘과 공기 중의 탄산가스가 작용하여 탄산칼슘을 생성하는 작용을 말한다.)
④ 시멘트의 분말도는 단위중량에 대한 표면적, 즉 비표면적에 의하여 표시되며, 브레인법에 의해 측정된다.
⑤ 시멘트의 안정성 측정은 오토클레이브 팽창도 시험방법으로 행한다.

경화
시멘트가 시간의 경과에 따라 조직이 굳어져 최종 강도에 이르기까지 강도가 서서히 커지는 상태

(4) 시멘트의 분말도

① 분말도가 클수록 시멘트 분말이 미세하다.
② 분말도가 클수록 접촉하는 표면적이 큼으로 수화반응이 촉진된다.(수밀성이 크다.)
③ 분말도가 클수록 초기강도가 크다.
④ 분말도가 너무 크면 풍화되기 쉽고 또한 사용후 균열이 발생하기 쉽다.
⑤ 블리딩이 적고 시공연도가 좋다.
⑥ 분말도는 시멘트의 성능 중 수화반응, 블리딩, 초기강도 등에 크게 영향을 준다.
⑦ 시멘트의 분말도 시험으로는 체분석법, 피크노메타법, 브레인법(대표적) 등이 있다.
⑧ 비표면적(단위중량에 대한 표면적)이 클수록 수화반응이 빠르기 때문에 초기강도의 발현이 빠르다.

> 시멘트의 분말도: 시멘트의 고운 정도. 고울수록 분말도가 높다.(시멘트의 분말도는 단위중량에 대한 표면적: 비표면적)

> 브레인법(blaine): 분체의 비표면적 측정법. 일정량의 공기가 분체층을 통해 흡입되는 시간으로 측정

(5) 시멘트의 수화반응

(가) 수화속도에 영향을 미치는 인자
① 시멘트의 화학성분
② 분말도
③ 양생온도
④ 습도
⑤ 물·시멘트 비
⑥ 혼화재료

> 시멘트의 수화반응: 시멘트와 물과의 화학반응. 시간이 지날수록 점차 유동성이 줄고 응고현상이 일어나는 것(시멘트와 물이 반응할 때는 열이 발생: 수화열)

(나) 시멘트의 수화반응속도에 영향을 주는 요인에 대한 설명
① 시멘트의 화학성분 : 시멘트의 화학성분 중 C_3A성분이 수화반응속도가 빠르며 수화를 지연시키기 위해 석고를 혼입한다.
② 분말도 : 분말도가 클수록 수화반응속도가 빠르다.
③ 온도 : 양생온도 높을수록 수화반응속도가 빠르다.
④ 습도 : 습도가 높을수록 수화반응속도가 빠르다.
⑤ 물·시멘트 비(W/C) : 초기에는 수화에 큰 영향이 없으나 후기에는 물·시멘트 비가 클수록 수화반응속도가 빠르다.
⑥ 혼화제

(6) 시멘트에 대한 각 특성과 관련된 시험

① 비중시험 - 르 샤틀리에 비중병
② 분말도시험 - 브레인(blaine) 공기투과장치(시멘트의 비표면적을 구

하는 블레인 시험), 표준체에 의한 방법
③ 안정성시험 – 오토클레이브 팽창도시험
④ 수화열시험 – 열량계(calorimeter)
⑤ 응결시험 – 비카(vicat)침 시험법, 길모어(gillmore)침 시험방법

(7) 시멘트의 저장(표준시방서)

① 시멘트는 방습적인 구조로 된 사일로 또는 창고에 품종별로 구분하여 저장하여야 한다.
② 시멘트를 저장하는 사일로는 시멘트가 바닥에 쌓여서 나오지 않는 부분이 생기지 않도록 한다.
③ 포대시멘트가 저장 중에 지면으로부터 습기를 받지 않도록 하기 위해서는 창고의 마룻바닥과 지면 사이에 어느 정도의 거리가 필요하며, 현장에서의 목조창고를 표준으로 할 때, 그 거리를 0.3m로 하면 좋다.
④ 포대시멘트를 쌓아서 저장하면 그 질량으로 인해 하부의 시멘트가 고결할 염려가 있으므로 시멘트를 쌓아올리는 높이는 13포대 이하로 하는 것이 바람직하다. 저장 기간이 길어질 우려가 있는 경우에는 7포 이상 쌓아 올리지 않는 것이 좋다.
⑤ 저장 중에 약간이라도 굳은 시멘트는 공사에 사용하지 않아야 한다. 3개월 이상 장기간 저장한 시멘트는 사용하기에 앞서 재시험을 실시하여 그 품질을 확인한다.
⑥ 시멘트의 온도가 너무 높을 때는 그 온도를 낮춘 다음 사용한다. 시멘트의 온도는 일반적으로 50℃ 정도 이하를 사용하는 것이 좋다.

다 시멘트의 종류 및 성질

(1) 시멘트의 종류

시멘트의 종류는 포틀랜드 시멘트, 혼합 시멘트, 특수 시멘트, 백색 포틀랜드 시멘트로 크게 나눔.
- 혼합 시멘트 : 고로(슬래그) 시멘트, 실리카 시멘트, 플라이 애시 시멘트, 포졸란 시멘트
- 특수 시멘트 : 알루미나 시멘트, 팽창 시멘트, 초속경 시멘트(백색 시멘트)

① 중용열 시멘트 : 수화열을 적게 할 목적이며 균열 방지 기능이 있고 장기강도를 증진시킨 시멘트로 댐, 터널 공사 등에 이용된다.
② 초속경 시멘트 : 2~3시간 만에 보통 시멘트의 7일 강도를 발현하고 겨

울철 공사나 긴급공사에 사용된다.
③ 조강 시멘트 : $C_3S(3CaO \cdot SiO_2)$가 다량 혼입되어 있고 보통 시멘트보다 발열성이 높아 경화 및 강도 증진율이 빠른 시멘트
④ 백색 시멘트 : 건물 내·외면의 마감, 각종 인조석 제조에 사용된다.
⑤ 플라이 애시 시멘트 : 건조수축이 보통 포틀랜드 시멘트에 비하여 적다.

(2) KS L 5201(포틀랜드 시멘트)에 규정되어 있는 포틀랜드 시멘트의 종류

1) 보통 포틀랜드 시멘트(1종 시멘트) : 일반 건축·토목공사 등 공사현장 어느 곳에서나 사용되는 시멘트
2) 중용열 포틀랜드 시멘트(2종 시멘트) : 수화열 발생을 억제시키므로 구조물의 균열을 방지한 시멘트
3) 조강 포틀랜드 시멘트(3종 시멘트) : 수화속도가 빨라 초기강도가 높다.
   - 수화열량이 많으며 초기의 강도 발현이 가능하므로 긴급공사, 동절기 공사에 주로 사용되는 시멘트
4) 저열 포틀랜드 시멘트(4종 시멘트) : 중용열 시멘트보다 분말도가 낮아 수화열을 낮춘 시멘트로서 외기온도가 높은 서중콘크리트 등에 적용성이 우수
5) 내황산염 시멘트(5종 시멘트) : 알칼리 함량이 낮고 황산염에 강하며 수화열이 낮은 시멘트로서, 해수·폐수·기타 산성 용액에 의한 침해반응이 일어날 우려가 있는 곳에 적당한 시멘트(원자력 발전소, 화학약품 생산공장, 폐수처리장 등)-온천지대나 하수도공사

(3) 보통 포틀랜드 시멘트(1종 시멘트)

일반 건축·토목공사 등 공사현장 어느 곳에서나 사용되는 시멘트

(가) 보통 포틀랜드 시멘트의 특성
   - 주성분은 SiO_2(실리카, 이산화규소, 규산), Al_2O_3(알루미나), Fe_2O_3(산화철), CaO(석회), MgO(마그네시아) 등이다.
   - 구성 : 석회 60~67%, 실리카 17~25%, 알루미나 3~8%, 산화철 0.5~6%, 마그네시아 0.1~4%로 구성
   - 포틀랜드 시멘트의 주원료 : 석회석과 점토
① 시멘트의 분말도가 수화속도에 큰 영향을 준다. (시멘트의 분말도가 높으면 응결, 경화 속도가 빠르다.)
② 온도와 습도가 높으면 응결시간이 빠르고 경화도 빠르다.
③ 혼합 용수가 많으면 응결, 경화가 느리다.

초속경 시멘트의 특징: 2~3시간 만에 보통시멘트의 7일 강도를 발현하고 겨울철 공사나 긴급공사에 사용된다.
① 주수 후 2~3시간 내에 $100kgf/cm^2$ 이상의 압축강도를 얻을 수 있다.
② 건조수축 및 블리딩이 거의 없다.
③ 긴급공사 및 동절기 공사에 주로 사용된다.
④ 장기간에 걸친 강도증진 및 안정성이 높다.

저열 포틀랜드 시멘트
① 대규모 지하구조물, 댐 등 매스콘크리트의 수화열에 의한 균열발생을 억제하고 장기 강도 발현성이 우수한 벨라이트(베리트(belite), C_2S)의 비율을 높인 시멘트
② 수화 발열량이 적어 수화열에 의한 균열의 억제에 효과적이고 장기강도 발현성이 우수하다.

보통 포틀랜드 시멘트
① 시멘트의 안정성 측정법으로 오토클레이브 팽창도 시험방법이 있다.
② 시멘트의 비중은 소성온도나 성분에 따라 다르며, 동일 시멘트인 경우에 풍화한 것일수록 작아진다.
③ 시멘트의 비표면적이 너무 크면 풍화하기 쉽고 수화열에 의한 축열량이 커진다.

(나) 보통 포틀랜드 시멘트의 비중

① 일반적으로 3.15 정도이다.
② 르 샤틀리에의 비중병으로 측정된다.
③ 동일한 시멘트의 경우에 풍화한 것일수록 비중이 작아진다.
 - 클링커의 소성이 불충분할 때, 혼합물이 섞여있을 때, 저장기간이 길었을 때, 시멘트의 품질이 떨어질 때 비중이 작아진다.

✽ KS L 5201에 따른 보통 포틀랜드 시멘트의 28일 압축강도(MPa) 기준
 - 1종 : 42.5MPa 이상, 2종 : 32.5MPa 이상

(4) 중용열 포틀랜드 시멘트(2종 시멘트)

수화열 발생을 억제시키므로 구조물의 균열을 방지한 시멘트(수화속도를 지연시켜 수화열을 작게 한 시멘트로, 건조 수축이 작고 내황산염이 크며, 건축용 매스콘크리트 등에 사용되는 시멘트)

 - C_3S나 C_3A가 적고, 장기 강도를 지배하는 C_2S를 많이 함유한 시멘트이다.

① 교량, 옹벽, 댐공사 등의 대용량 콘크리트(mass concrete)에 사용되고 방사선 차폐용에 적합
② 시멘트 중 안전성이 좋고 발열량이 적으며 내침식성, 내구성이 좋다. (초기 강도가 작다.)
③ 시멘트의 수화반응에서 발생하는 수화열이 가장 낮은 시멘트
④ 수축이 작고 화학 저항성이 일반적으로 크다.
⑤ 단기 강도는 보통 포틀랜드 시멘트보다 낮다.

(5) 조강 포틀랜드 시멘트(3종 시멘트)

수화속도가 빨라 초기강도가 높다.
① 수화열량이 많으며 초기의 강도 발현이 가능하므로 긴급공사, 동절기 공사에 주로 사용되는 시멘트
② 규산3석회 성분과 석고 성분이 많고 콘크리트 제조 시 수명성과 내화학성이 높아진다.
③ 분말도가 크다.
④ 수축이 커진다.

(6) 백색 포틀랜드 시멘트

소량의 안료를 첨가하여 건축물의 내외장면의 마감, 각종 인조석 제조, 현장타설 착색 콘크리트로 사용하는 시멘트

― 포틀랜드 시멘트의 알루민산철3석회를 적게 하여 백색을 띤 시멘트

(7) 고로(高爐) 시멘트

팽창균열이 없고 화학 저항성이 높아 해수·공장폐수·하수 등에 접하는 콘크리트에 적합하고 수화열이 적어 매스콘크리트에 적합한 시멘트(포틀랜드 시멘트 클링커에 고로 슬래그를 첨가한 것)

― 포틀랜드 시멘트 클링커에 철용광로에서 나온 슬래그를 급랭하여 혼합하고 이에 응결시간 조절용 석고를 첨가하여 분쇄한 것

① 화학 저항성이 높아 해수, 공장폐수, 하수 등에 접하는 콘크리트에 적합하다.
― 해수에 대한 내식성이 크다.
② 초기 강도는 작으나 장기 강도는 크다.
③ 잠재 수경성의 성질을 가지고 있다.
― 고로 슬래그 자체는 경화하는 성질이 미약하나 알칼리에 의해서 경화(잠재 수경성)한다.
④ 수화열량이 적어 매스콘크리트용으로 사용이 가능하다.
⑤ 내열성이 크고 수밀성이 양호하다.

(8) 실리카 시멘트(silica cement)

수중, 유수 중의 콘크리트시공에 적당하다.
① 블리딩이 감소하고, 워커빌리티를 증가시킨다.
② 초기강도는 약간 작으나 장기강도는 크다.
③ 건조수축은 약간 증대하지만 화학 저항성 및 내수, 내해수성이 우수하다.
④ 알칼리골재반응에 의한 팽창의 저지에 유효하다.
⑤ 수밀성(水密性)이 좋다.
⑥ 저온에서는 응결이 느려진다.
⑦ 주로 단면이 큰 구조물, 해안공사 등에 사용된다.

✽ 고로 시멘트와 실리카 시멘트는 보통 포틀랜드 시멘트보다 수화작용이 느려서 초기 강도가 작다.
✽ 알루미나 시멘트, 고로 시멘트, 실리카 시멘트는 내해수성이 크다.

(9) 플라이 애시 시멘트

보통 포틀랜드 시멘트에 비하여 초기 수화열이 낮고, 장기 강도 증진이 크며, 화학 저항성이 큰 시멘트로 매스 콘크리트용에 적합한 것

― 플라이애시(Fly-ash) : 콘크리트에 플라이 애시(석탄의 재)를 첨가하면 콘크리트 양생 시간은 다소 길어지지만 유동성 개선(워커빌리티,

---

고로(高爐)시멘트
① 수화열이 낮고 수축률이 적어 댐이나 항만공사 등에 적합하다.
② 응결시간이 느리기 때문에 특히 겨울철 공사에 주의를 요한다.
③ 다량으로 사용하게 되면 콘크리트의 화학 저항성 및 수밀성, 알칼리골재반응 억제 등에 효과적이다.
④ 보통포틀랜드시멘트에 비하여 비중이 작고 풍화되기 쉽다.

잠재수경성: 포졸란계 물질은 물에 경화되지 않으나 석회(수산화칼슘)와 반응하여 수중에서 경화됨
(*포졸란 반응: 물과 반응하여 경화될 수 없는 물질이 석회(수산화칼슘)와 반응하여 수중에서 경화되는 현상)

플라이 애시 시멘트: 화력발전소 등에서 완전 연소한 미분탄의 회분과 포틀랜드 시멘트를 혼합한 것

펌퍼빌리티 개선), 장기 강도 증진, 수화열 감소, 알칼리 골재반응 억제, 황산염에 대한 저항성, 콘크리트 수밀성 향상 등의 장점이 있다.

(10) 알루미나 시멘트(KSL 5205)

알루미나질 원료(알루미늄 원광인 보크사이트) 및 석회질 원료로 만든 시멘트

① 강도 발현속도가 매우 빠르다(1일에 보통시멘트의 28일 강도 발현).
  ㉠ one day cement
  ㉡ 조기강도가 매우 커서 긴급공사 시 사용한다.
② 수화작용 시 발열량이 매우 커서 -10℃의 한중 공사(동기공사)에 이용된다.
  - 발열량이 매우 크므로 물·시멘트 비(W/C)를 40% 이하로 사용하고 철근부식에 유의해야 한다.
③ 해수, 화학약품 등의 저항이 크고(해안공사) 내화성이 우수하다.

  ✽ 시멘트를 조기강도가 큰 것으로부터 작은 순서대로 열거 : 알루미나 시멘트 - 보통 포틀랜드 시멘트 - 고로 시멘트

  ✽ 댐 등 단면이 큰 구조물에 적용하는 시멘트(매스콘크리트용)
    ① 중용열 포틀랜드 시멘트
    ② 고로 시멘트
    ③ 플라이 애시 시멘트

(11) 폴리머 시멘트

> 폴리머 시멘트 콘크리트
> 콘크리트의 방수성, 내약품성, 변형성능의 향상을 목적으로 다량의 고분자 재료를 혼입시킨 시멘트의 콘크리트
> ① 방수성 및 수밀성이 우수하고 동결융해에 대한 저항성이 양호하다.
> ② 휨, 인장강도 및 신장능력이 우수하다.
> ③ 접착력이 우수하여 모르타르, 강재, 목재 등의 각종 재료와 잘 접착한다.
> ④ 워커빌리티가 우수하다.

폴리머(다량의 고분자재료)를 혼합하여 콘크리트의 성능을 개선시키기 위하여 만들어진 시멘트

① 방수성, 내약품성, 변형성이 좋고 내화성(내열성)이 나쁘다.
② 접착력과 워커빌리티가 우수하다.
③ 고강도이며 내충격성, 동결융해방지의 효과가 있고 경량화 가능하다.

(12) 팽창 시멘트

P.S.콘크리트 부재 제작 시 프리스트레스(prestress)를 도입시키기 위해 개발된 시멘트

라 시멘트 제품

(1) 목모보드 등 시멘트 제품

① 목모보드(WWB) : 목재의 단열성과 경량의 특성에 시멘트의 난연성이 조합된 제품

- 섬유와 시멘트를 고온고압으로 압축하여 성형한 제품으로 뛰어난 흡음성과 난연성을 가짐.
  ② 테라조판 : 시멘트, 펄라이트를 주원료로 하고 섬유 등으로 오토 클레이브 양생 및 상압 양생하여 판재로 만든 제품
  ③ 섬유 강화 시멘트판 : 대리석, 화강암 등의 부순골재, 안료, 시멘트 등을 혼합한 콘크리트로 성형하고 경화한 후 표면을 연마하고 광택을 내어 마무리한 제품
  ④ 가압 시멘트판 기와(pressed cement roof tile) : 시멘트와 모래를 주원료로 하여 가압 성형한 시멘트판 기와 제품

> 오토클레이브(autoclave) 양생: 고온, 고압의 가마 속에 콘크리트를 넣어 촉진 양생하는 것

(2) 속빈 콘크리트 블록

1) 속빈 콘크리트 블록(KS F 4002)이 성능을 평가하는 시험항목
   ① 기건 비중 시험
   ② 전단면적에 대한 압축강도 시험
   ③ 투수성 시험
   ④ 흡수율 시험

2) 속빈 콘크리트 블록의 전 단면적에 대한 압축강도 규정
   ① A종 블록 : 4MPa 이상
   ② B종 블록 : 6MPa 이상
   ② C종 블록 : 8MPa 이상

(3) 프리캐스트 콘크리트 파일(precast concrete pile) : 기성 콘크리트 말뚝

① 원심력 철근 콘크리트 파일(KS F 4301)
② 프리텐션방식 원심력 PC말뚝(KS F 4303)
③ 프리텐션방식 원심력 고강도 콘크리트 말뚝(KS F 4306)

   ✱ 제자리 콘크리트 말뚝(현장 타설 콘크리트 말뚝)
      ① 컴프레솔 파일   ② 프랭키 파일
      ③ 심플렉스 파일   ④ 페데스탈 파일
      ⑤ 레이몬드 파일

(4) PC말뚝(Prestressed Concrete pile)

프리스트레스를 도입하여 제작한 콘크리트 말뚝으로 말뚝을 절단할 때 내부응력에 가장 큰 영향을 받는 말뚝(말뚝을 절단하면 PC강선이 절단되어 내부응력을 상실)
   - 보통 철근 대신 고강도 피아노선을 사용하여 단면을 작게 하면서 큰 응력을 받게 한 콘크리트

(5) 바닥강화재의 사용목적

금강사, 규사, 철분, 광물성 골재, 시멘트 등을 주재료로 하여 콘크리트 등의 시멘트계 바닥 바탕의 내마모성, 내화학성 및 분진방지성 등의 증진을 목적으로 마감하는 경우
- 지하주차장, 차량통로, 외부계단 등 차량 및 보행통로에 적용

> 듀리졸(durisol): 목모시멘트판을 보다 향상시킨 것으로서 폐기목재의 삭편을 화학처리하여 비교적 두꺼운 판 또는 공동 블록 등으로 제작하여 마루, 지붕, 천장, 벽 등의 구조체에 사용. 시멘트 제품으로 내화·단열·흡음용으로 사용

2. 콘크리트용 골재

가 골재의 일반사항

(1) 골재에 관한 설명

① 콘크리트나 모르타르를 만들 때에 물, 시멘트와 함께 혼합하는 모래, 자갈 및 부순돌 기타 유사한 재료를 골재라고 한다.
② 골재는 견고하고, 밀도가 크고, 내구성이 커서 풍화가 잘 되지 않아야 한다.
③ 골재는 청정, 견경(堅硬), 내구성 및 내화성이 있어야 한다.
④ 골재의 입형은 편평, 세장(細長)하지 않은 구형의 입상이 좋다.(납작한 것, 길쭉한 것, 예각으로 된 것은 좋지 않다.)
　㉠ 골재는 밀실한 콘크리트를 만들 수 있는 입형(粒形)과 입도(粒度)를 갖는 것이 좋다.
　㉡ 골재는 시멘트 페이스트와의 부착이 강한 표면구조를 가져야 한다.
⑤ 콘크리트 중 골재가 차지하는 용적은 절대용적으로 65~80%를 넘지 않도록 한다.
⑥ 일반적으로 골재의 강도는 시멘트 페이스트 강도 이상(콘크리트 중에 경화한 모르타르의 강도 이상)이 되어야 한다.
⑦ 골재의 불순물(먼지, 점토덩어리, 실트, 부식토, 석탄 등의 유기물 및 화학염류 등으로 골재에 유해물)이 많으면 골재의 부착력과 시멘트의 수화작용이 나빠지고 강도, 재구성, 안정성 등을 해친다.
⑧ 골재는 물리적·화학적으로 안정되어야 한다.
⑨ 알칼리 골재반응은 골재 중의 실리카질 광물이 시멘트 중의 알칼리성분과 화학적으로 반응하는 것이다.
⑩ 일반적으로 비중이 큰 것은 공극, 흡수율이 적으므로 동결에 의한 손실도 적고 내구성이 크다.
　- 골재는 비중이 작은 것일수록 공극과 내부균일 많다.

> 골재
> ① 연속적인 입도분포를 가진 것
> ② 표면이 거칠고 구형에 가까운 것
>
> • 견경(hardness): 단단하고 강함
> • 편평(flatness): 넓고 평평함
> • 세장(細長): 가늘고 김
> • 입상(粒狀): 골재의 모양
> • 입형(粒形): 골재의 형상
> • 입도(grading, 粒度): 골재의 크고 작은 입자의 혼합 비율

> 알칼리 골재반응: 생성물을 만들고 물을 흡수하여 팽창하게 됨

⑪ 깬자갈은 시멘트 페이스트와의 부착력 증가하므로 동일한 시공연도의 보통 콘크리트보다 강도가 커진다.
- 부순자갈의 실적률은 그 입형 때문에 강자갈의 실적률보다 적다.

(2) 골재의 입도와 최대 치수
① 골재의 입도는 골재의 입자 크기의 분포 정도를 나타낸다.
- 골재(모래, 자갈)의 크고 작은 입자들의 혼합 비율
② 입도분포(입형과 입도)가 좋은 골재는 실적률이 크고 동일 슬럼프를 얻기 위한 단위수량이 작다.
③ 골재의 입도를 수치적으로 나타내는 지표로서는 조립률이 이용된다.
④ 콘크리트용 골재의 입형은 편평, 세장(細長)하지 않은 것이 좋다.
⑤ 단위용적당 굵은 골재의 최대 치수가 지나치게 크면 재료 분리 현상이 커진다.
⑥ 골재의 최대 치수는 철근치수와 배근간격에 따라 결정된다

(3) 철근콘크리트에 사용하는 굵은 골재의 최대 치수를 정하는 가장 중요한 이유 : 콘크리트가 철근 사이를 자유롭게 통과할 수 있도록 하기 위해서

나 골재의 실적률 및 조립률

(1) 실적률
골재의 단위용적 중의 실적용적을 백분율로 나타낸 값(일정 용기 내에 골재가 차지하는 실제 용적의 비율)
(* 공극률 : 골재의 단위용적 중의 공극을 백분율로 나타낸 값)
① 실적률은 골재 입형(粒形)의 양부(良否)를 평가하는 지표이다.
② 입형과 입도가 좋은 골재는 실적률이 크고 동일 슬럼프를 얻기 위한 단위수량이 작다.
③ 실적률이 클수록 골재의 입도분포가 적당하여 시멘트 페이스트량이 적게 든다.
④ 실적률이 큰 골재를 사용하면 시멘트 페이스트량이 적게 든다.
⑤ 부순자갈의 실적률은 그 입형 때문에 강자갈의 실적률보다 적다.
⑥ 실적률 산정 시 골재의 밀도는 절대건조상태의 밀도를 말한다.
⑦ 골재의 단위용적질량이 동일하면 골재의 밀도가 클수록 실적률도 작다.

골재의 입도분포가 적정하지 않을 때 콘크리트에 나타날 수 있는 현상
① 유동성, 충전성이 불충분해서 재료분리가 발생할 수 있다.
② 경화콘크리트의 강도가 저하될 수 있다.
③ 콘크리트의 곰보 발생의 원인이 될 수 있다.
(* 골재의 입도분포가 적정: 단위용적중량 및 강도가 커지고 시멘트 절약. 수밀성, 내구성, 내마모성이 좋음)

체가름 시험
골재의 입도분포를 측정하기 위한 시험

- 실적률: 단위 용적당 공극을 제외한 골재만이 차지하는 체적의 비율(=단위용적질량(중량)/절건밀도)
- 공극률=1-실적률

- 단위용적중량(질량): $1m^3$당 골재의 무게. 일반적으로 $1600~1700kg/m^3$ 정도
- 절건 밀도: 절건 상태의 밀도(콘크리트용 골재의 밀도는 절건 상태의 밀도를 기준으로 함)

콘크리트용 골재 중 깬자갈
① 깬자갈의 원석은 안삼암·화강암 등이 많이 사용된다.
② 깬자갈을 사용한 콘크리트는 동일한 워커빌리티의 보통자갈을 사용한 콘크리트보다 단위수량이 일반적으로 약 10% 정도 많이 요구된다.
③ 깬자갈은 시멘트 페이스트와의 부착력이 증가하므로 동일한 시공연도의 보통 콘크리트보다 강도가 커진다.
④ 콘크리트용 굵은 골재로 깬자갈을 사용할 때는 한국산업표준(KS F 2527)에서 정한 품질에 적합한 것으로 한다.

> **예문** 굵은 골재의 단위용적중량이 1.7kg/L, 절건밀도가 $2.65g/cm^3$일 때, 이 골재의 공극률은?
> ① 25% ② 28% ③ 36% ④ 42%
>
> **해설** 공극률(空隙率)
> $v(\%) = (1 - W/\rho) \times 100 = (1 - 1,700/2,650) \times 100 = 35.8 ≒ 36\%$
> [① $1.7kg/L = 1,700kg/m^3$ (*$1m^3 = 1,700L$), ② $2.65g/cm^3 = 2,650kg/m^3$]
> (* $2.65g/cm^3 = 0.00265kg/cm^3 = 0.00265kg/-1,000,000m^3 = 2,650kg/m^3$)
>
> * 골재의 실적률과 공극률(空隙率)
> ① 실적률(實積率): 골재의 단위 용적(m^3) 중의 실적 용적을 백분율로 나타낸 값(일정 용기내에 골재가 차지하는 실제 용적의 비율)
> $$d(\%) = W/\rho \times 100$$
> [d: 실적률(%), v: 공극률(%), ρ: 비중, 절건밀도(g/cm^3), W: 단위 용적 중량(kg/L)]
> ② 공극률(空隙率): 골재의 단위 용적(m^3) 중의 공극을 백분율로 나타낸 값
> $$v(\%) = (1 - W/\rho) \times 100$$
> ➡ 정답 ③

(2) 깬자갈을 사용한 콘크리트가 동일한 시공연도의 보통 콘크리트 보다 유리한 점: 시멘트 페이스트와의 부착력 증가하므로 강도가 커진다.
  – 부순자갈의 실적률은 그 입형 때문에 강자갈의 실적률보다 적다.

(3) 실적률이 큰 골재로 이루어진 콘크리트의 특성
  ① 시멘트 페이스트의 양이 적어져 콘크리트 제조 시 경제성이 높다.(단위 시멘트량을 줄일 수 있다.)
  ② 내구성과 강도가 증대된다.
  ③ 콘크리트의 마모저항의 증대를 기대할 수 있다.
  ④ 투수성, 흡습성의 감소를 기대할 수 있다.
  ⑤ 건조수축 및 수화열이 감소된다.

(4) 골재의 조립률(fineness modulus)

조립률: 체가름 시험을 하였을 때 각 체에 남는 누계량의 전체 시료에 대한 질량백분율의 합을 100으로 나눈 값)

골재의 입도를 수치적으로 나타내는 지표로서는 조립률이 이용된다.
(* 입도: 골재(모래, 자갈)의 크고 작은 입자들의 혼합 비율)
① 모래보다 자갈의 조립률이 크다.
② 잔골재(모래)의 조립률이 2.6~3.1, 굵은 골재(자갈) 조립률이 6~8이면 입도가 좋은 편이다.
③ 같은 골재라도 입경(粒經)이 크면 조립률은 커진다.
④ 조립률을 구하기 위해서 체가름 시험방법을 활용한다.

프리플레이스트 콘크리트에서 주입용 코르타르에 쓰이는 모래의 조립률(FM값) 범위: 1.4~2.2

다 골재의 선정

(1) 경량골재
① 천연 경량골재 : 화산자갈, 경석, 용암
② 인공 경량골재 : 팽창점토, 팽창혈암
③ 공업 부산물 경량골재 : 팽창슬래그, 석탄재

> **참고**
> * 경량골재 : 경석, 화산자갈, 응회암, 용암, 진주암(펄라이트), 질석, 팽창성 혈암, 팽창성 점토, 플라이 애시, 팽창 슬래그, 석탄 찌꺼기 등
>   - 암면(岩綿, rock wool) : 골재로 사용할 수 없음. 안산암, 현무암 등의 암석을 원료로 하여 만든 섬유로 내화성(耐火性)이 우수하며 열전도율은 작고 흡음률(吸音率)이 높아 건축물의 흡음재나 단열재로 사용
> * 중량골재 : 비중이 큰 골재로 자철광, 중정석, 갈철광 등

(2) 세골재의 선정 – 해사(바다모래)
해사를 사용하는 경우 염분이 철근을 부식시켜 콘크리트에 균열이 생기게 하여 내구성을 저하시켜 수명을 짧게 하므로 부득이 사용할 경우에는 염분의 제거를 충분히 하여 염화물의 허용한도 이내의 것을 사용한다.
① 콘크리트 중의 전 염화물 이온량은 원칙적으로 $0.30kg/m^3$ 이하로 규정
② 충분히 물에 씻어 사용하여야 한다.

(3) KS F 2527에 규정된 콘크리트용 부순 굵은 골재(콘크리트용 부순돌의 품질기준)
① 절대건조비중(시험항목) : 2.5 이상(규정치)
② 흡수율 : 3% 이하
③ 안정성 : 12% 이하
④ 마모감량 : 40% 이하
⑤ 씻기시험에서 손실된 양 : 1.0% 이하

(4) KS F 2526에 따른 콘크리트용 골재의 유해물 함유량(질량 백분율 %) 허용값
① 굵은 골재 기준의 점토덩어리 : 0.25%
② 굵은 골재 기준의 연한석편 : 5.0%
③ 잔골재 기준의 점토덩어리 : 1.0%
④ 잔골재 기준의 석탄 및 갈탄(콘크리트의 표면이 중요한 부분) : 0.5%

방사선 차폐용 콘크리트에 사용되는 골재
중정석, 갈철광, 자철광 등의 비중이 보통 골재보다 큰 골재(중량골재)

(예문) 콘크리트의 배합 설계 시 굵은 골재의 절대용적이 $500cm^3$, 잔골재의 절대용적이 $300cm^3$라 할 때 잔골재율(%)은?
(풀이) 잔골재율(Sand aggregate, S/a): 콘크리트 속의 골재 전체 용적에 대한 잔골재 전체 용적의 중량 백분율

잔골재율 = $\dfrac{잔골재의\ 절대용적}{전체골재의\ 절대용적} \times 100\%$

⇨ 잔골재율(S/a)
= (300/800)×100=37.5%

고로슬래그 쇄석(부순돌)
① 철을 생산하는 과정에서 용광로에서 생기는 광재(슬래그)를 공기 중에서 서서히 냉각시켜 경화된 것을 파쇄하여 입도를 고른 것이다.
② 다른 암석을 사용한 콘크리트보다 고로슬래그 쇄석을 사용한 콘크리트가 건조수축이 작아서 균열을 감소시킨다.
③ 투수성은 보통골재를 사용한 콘크리트보다 크다.
④ 다공질이기 때문에 흡수율이 높다.

⑤ 잔골재 기준의 염화물(염화물 이온량) : 0.022% – 염화나트륨((NaCl) 환산량 : 약 0.04%에 상당

(5) 프리플레이스트 콘크리트(preplaced concrete)에 사용되는 골재

① 굵은 골재의 최소 치수는 15mm 이상, 굵은 골재의 최대 치수는 부재단면 최소 치수의 1/4 이하, 철근 콘크리트의 경우 철근 순간격의 2/3 이하로 하여야 한다.
② 굵은 골재의 최대 치수와 최소 치수와의 차를 적게 하면 굵은 골재의 실적률이 작아지고 주입모르타르의 소요량이 많아진다.
③ 대규모 프리플레이스트 콘크리트를 대상으로 할 경우, 굵은 골재의 최소 치수를 크게 하는 것이 효과적이다.
④ 골재의 적절한 입도 분포를 위해 일반적으로 굵은 골재의 최대 치수는 최소 치수의 2~4배 정도로 한다.

* 프리플레이스트 콘크리트(preplaced concrete) : 거푸집 속에 굵은 골재를 미리 넣은 후에 모르타르로 채워 구조체를 형성하는 콘크리트로 중량 골재나 굵은 골재를 사용하며 수중 콘크리트의 타설에 쓰인다.

> 프리스트레스트 콘크리트 고강도 강선을 사용하여 인장응력을 미리 부여함으로써 큰 응력을 받을 수 있도록 제작된 것

라 골재의 함수

(1) 골재의 함수상태

① 함수량 : 습윤상태의 골재의 내외에 함유하는 전체 수량을 말한다.
② 흡수량 : 표면건조 내부포수상태의 골재 중에 포함하는 수량을 말한다.
③ 유효흡수량 : 기건상태와 표건상태의 골재 내에 함유된 수량과의 차를 말한다.
④ 표면수량 : 함수량과 흡수량의 차를 말한다.

(2) 골재의 수분함량

① 절건상태 : 100~110℃에서 건조한 상태로 함수율이 0인 상태
② 기건상태 : 공기 중에 건조하여 내부는 수분을 약간 포함한 상태(공기건조상태)
③ 표건상태 : 표면수는 없지만 내부는 포화상태로 함수되어 있는 골재의 상태(표면건조 내부포수상태)
  – 표건상태가 콘크리트 배합설계에 있어서 기준이 되는 골재의 함수상태이다. (표건상태가 골재의 평형 함수량을 나타내고, 골재의 비중은 표건상태에서 더 정확히 결정되기 때문이다.)
④ 습윤상태 : 내부도 포화상태이고 표면도 젖은 상태

> **참고**
>
> ✱ 골재의 단위용적질량을 계산할 때 기준이 되는 골재의 상태(굵은 골재가 아닌 경우) : 절대건조상태
> - 경량골재는 규정에 적합한 소요의 단위중량을 가져야 하고, 변동폭이 작은 것이어야 한다. 단위중량시험은 KS F 2505(골재의 단위무게시험방법)에 규정되어 있는 지킹시험방법에 따라 실시하며, 그 시험치는 재료를 절대건조상태로 하여 표시한다.

이년데이트(inundate) 현상: 절건 상태와 습윤 상태에서 모래의 용적이 동일한 현상
① 잔골재(모래)가 절건 상태에서는 부피가 최소가 되고,
② 기건 상태에서 모래 사이의 표면장력으로 간격이 벌어져 부피가 최대가 되며(샌드벌킹 현상),
③ 습윤 상태에서는 물의 압력으로 절건 상태와 습윤 상태에서 모래의 용적이 동일한 상태(이년데이트 상태)가 된다.
(모래에 물다짐을 하는 이유)

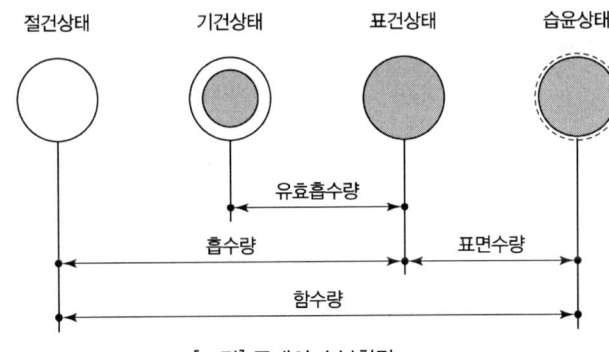

[그림] 골재의 수분함량

(가) 흡수율

$$흡수율 = \frac{표건상태중량 - 절건상태중량}{절건상태중량} \times 100$$

(나) 표면수율 : 표면수량이 어느 정도인지 구한 값

$$표면수율 = \frac{(습윤상태 - 표건상태)}{표건상태} \times 100$$

> **예문** 자갈 시료의 표면수를 포함한 질량이 2,100g이고 표면 건조 내부포화상태의 질량이 2,090g이며 절대건조상태의 질량이 2,070g이라면 흡수율과 표면수율은 약 몇 %인가?
>
> ① 흡수율 : 0.48%, 표면수율 : 0.48%
> ② 흡수율 : 0.48%, 표면수율 : 1.45%
> ③ 흡수율 : 0.97%, 표면수율 : 0.48%
> ④ 흡수율 : 0.97%, 표면수율 : 1.45%
>
> **해설** 흡수율과 표면수율
>
> 1) $흡수율 = \frac{표건상태중량 - 절건상태중량}{절건상태중량} \times 100$
> $= \frac{(2090 - 2070)}{2070} \times 100 = 0.966 = 0.97\%$

> 2) 표면수율 : 표면수량이 어느 정도인지 구한 값
>
> $$표면수율 = \frac{(습윤상태 - 표건상태)}{표건상태} \times 100$$
> $$= \frac{(2100 - 2090)}{2090} \times 100 = 0.478 = 0.48\%$$
>
> ⇨ 정답 ③

3. 혼화재료 종류 및 특성

가 혼화재료

시멘트, 물, 골재를 제외한 재료로 콘크리트의 성질을 개선하기 위해 첨가하는 재료

(1) 혼화제(混和劑)

약품적인 것으로 소량을 사용해서 소요의 효과를 얻을 수 있는 혼화재료 (시멘트량의 1% 정도 이하로 배합계산에서 그 자체의 용적을 무시)

- 물리, 화학적 작용에 의해 경화 전후의 콘크리트 성질을 개선할 목적으로 사용
- 작용 : 기포작용(AE제), 분산작용(감수제)-유동성, 흡윤작용(감수제)

1) 공기연행제(AE제) : 콘크리트 내부에 미세한 독립기포를 발생시켜 콘크리트의 작업성(워커빌리티 개선) 및 동결융해 저항성을 향상시키는 혼화제(AE제는 시공연도를 향상시키고 단위수량을 감소시킨다.)

2) 감수제, AE감수제 : 계면활성 작용으로 시멘트입자를 분산, 습윤시켜 유동성을 증가시켜 워커빌리티를 향상시키고, 단위수량을 감소시킨다. (계면활성제 + 응결경화 시간조절(표준형, 지연형, 촉진형))
   - 작업성능이나 동결융해 저항성능의 향상(단위수량 감소, 단위시멘트량 감소, 시공연도 개선, 내구성, 수밀성 증대)

3) 고성능 감수제 : 시멘트 입자의 분산 성능이 높아 응결지연이나 강도저하가 없이 단위 수량을 대폭적으로 감소시킬 수 있는 혼화제(저기포성, 저응결지연성이므로 다량사용이 가능하고 단위수량 대폭감소로 고강도를 얻을 수 있다.)

4) 유동화제 : 혼합된 콘크리트에 첨가하여 유동성을 증대시키는 혼화제
   - 유동화제의 주성분 : ① 나프탈렌설폰산염계 축합물, ② 멜라민설폰산염계 축합물, ③ 변성 리그닌설폰산계 축합물

5) 응결·경화 조정제 : 응결, 경화 지연제, 촉진제(지연제는 서중콘크리트, 매스콘크리트 등에 석고를 혼합하여 응결을 지연시키고 촉진제는 응결을 촉진시켜 콘크리트의 조기강도를 크게 한다.)
   - 지연제 : 시멘트의 경화시간을 지연시키는 용도의 것으로 서중콘크리트, 매스콘크리트, 장거리용 레미콘, 연속 타설을 요하는 곳 등에 사용하며 과잉 사용할 경우 경화 불량이 발생한다(리그닌설폰산, 리그닌설폰산염, 옥시카르본산, 옥시카르본산염, 당류, 인산염).
6) 기포제 : 안정된 기포를 물리적인 수법으로 도입하여 단위용적중량 경감하고 단열효과 증진시킨다.
7) 방청제 : 콘크리트 중의 염화물에의한 철근부식의 억제 작용한다(아초산염).
8) 증점제 - 점성, 응집작용 등을 향상시켜 재료분리를 억제

   ✽ 발포제 : 시멘트에 혼입시켜 화학반응에 의해 발생하는 가스를 이용하여 기포를 발생시키는 혼화제이다.

(2) 혼화재(混和材)

사용량이 비교적 많고 그 자체의 용적을 배합계산에 고려(시멘트량의 5% 정도 이상)
(혼화재료 중 사용량이 비교적 많아서 그 자체의 부피가 콘크리트 등의 비비기 용적에 계산되는 재료)

- 콘크리트의 워커빌리티 향상, 수화열 감소, 수축저감, 알칼리성의 감소 등을 목적으로 혼합사용하는 재료
- 플라이 애시(fly-ash), 고로 슬래그, 실리카 흄(silica fume), 팽창재, 수축저감재, 착색재, 포졸란

1) 플라이 애시(fly-ash) : 콘크리트에 플라이 애시(석탄의 재)를 첨가하면 콘크리트 양생 시간은 다소 길어지지만 유동성 개선(워커빌리티, 펌퍼빌리티 개선), 장기강도 증진, 수화열 감소, 알칼리 골재반응 억제, 황산염에 대한 저항성, 콘크리트 수밀성 향상 등의 장점이 있다.
2) 고로 슬래그 : 선철을 제조하는 과정에서 발생하는 슬래그로 수화열 억제, 알칼리골재반응 억제, 황산염에 대한 저항성 등의 효과가 있다.
3) 실리카 흄(silica fume) : 시멘트 혼화재로써 규소합금 제조 시 발생하는 폐가스를 집진하여 얻어진 부산물의 초미립자($1\mu m$ 이하)로서 고강도 콘크리트를 제조하는 데 사용하는 혼화재
   ① 콘크리트에 사용 시 시멘트 입자 사이의 공극을 채워 고강도 고내구성을 얻을 수 있도록 함

② 블리딩과 재료분리의 감소, 콘크리트의 점착력 증가, 화학적 저항성 증대, 수화열 감소, 수밀성 향상 등의 효과
4) 팽창재(expansive producing admixtures) : 콘크리트의 건조수축, 구조물의 균열 및 변형을 방지할 목적으로 사용되는 혼화재료
- 콘크리트의 건조수축 시 발생하는 균열을 보완, 개선하기 위하여 콘크리트 속에 다량의 거품을 넣거나 기포를 발생시키기 위해 첨가하는 혼화재료

나 주요 혼화재료 특성

(1) 공기연행제(AE제)

콘크리트 타설 중 재료분리에 대한 대책: AE제나 플라이애시 등을 사용

콘크리트 내부에 미세한 독립기포를 발생시켜 콘크리트의 작업성(워커빌리티 개선) 및 동결융해 저항성을 향상시키는 혼화제(AE제는 시공연도를 향상시키고 단위수량을 감소시킨다.)
- AE제 사용목적 : 동결융해 저항성의 증대, 워커빌리티(시공연도) 개선으로 시공이 용이, 내구성 및 수밀성의 증대, 재료분리, bleeding 감소, 단위 수량 감소, 쇄석 사용 시 현저한 수밀성 개선, 응결시간 조절 (표준형, 지연형, 촉진형)

① AE제에 의해 콘크리트 속에 생기는 미세한 독립 기포의 공기를 연행 공기(entrained air)라 한다.
- 연행공기를 발생시켜 볼베어링 효과가 나타나도록 한다.
② AE제를 사용함으로써 콘크리트의 블리딩이 감소된다.
③ AE제만 사용하는 것보다는 감수제를 병용하면 워커빌리티 개선에 더욱 효과가 크다.
④ AE제를 사용하면 동결융해 작용에 대한 내동해성이 증가한다.
⑤ 동결융해작용에 의한 마모에 대하여 저항성을 증대시킨다.
⑥ 일정한 물시멘트비의 콘크리트에 AE제를 넣으면 시공연도를 증진시키는 이점은 있으나 강도는 약간 저하한다.

(2) 계면(표면)활성제

성질이 다른 두 물질의 표면 장력(表面張力)을 감소시키는 물질
- 계면활성 작용 : ① 기포작용 ② 분산작용 ③ 습윤작용 ④ 침투작용 ⑤ 보호작용

(3) 포졸란(pozzolan)계 혼화재

플라이애시, 고로 슬래그, 실리카 흄 등

- 콘크리트 내의 공극을 채워서 조직을 치밀하게 하는 공극 충전에 이용되는 재료로 가장 적합한 것

(4) 플라이 애시(fly-ash)

콘크리트에 플라이 애시(석탄의 재)를 첨가하면 콘크리트 양생 시간은 다소 길어지지만 유동성 개선(워커빌리티, 펌퍼빌리티 개선), 장기강도 증진, 수화열 감소, 알칼리 골재반응 억제, 황산염에 대한 저항성, 콘크리트 수밀성 향상 등의 장점이 있다.

① 입자가 구형이므로 유동성이 증가되어 단위 수량을 감소시키므로 콘크리트의 워커빌리티의 개선, 펌핑성을 향상시킨다.
② 콘크리트 내부의 알칼리를 감소시키기 때문에 중성화를 촉진시킬 염려가 있다.
③ 콘크리트 수화초기 시의 발열량을 감소시키고 장기적으로 시멘트의 석회와 결합하여 장기 강도를 증진시키는 효과가 있다.
④ 알칼리골재반응에 의한 팽창의 저지시키고 수밀성을 향상시킨다.
⑤ 초기 재령에서 콘크리트 강도를 저하시킨다.

> 콘크리트 중성화(탄산화): 콘크리트 중의 알칼리 성분이 공기 중의 탄산가스(CO_2)와 반응하여 중성으로 변화되는 현상으로 철근콘크리트의 강도저하 및 내부 철근의 부식을 진행시킨다.

(5) 콘크리트의 혼화재료와 그 작용의 조합

① 염화칼슘 - 응결 경화 촉진, 철근에 작용하는 염화물의 부식억제
② 포졸란 - 시공연도 증진, 콘크리트의 강도, 해수 등에 대한 화학적 저항성, 수밀성 등의 성질을 개선
③ 알루미늄 분말 - 발포, 경량
④ 슬래그 분말 - 장기강도 증진

  ※ 콘크리트의 응결 및 경화를 촉진시키기 위해 사용하는 것 : 염화칼슘, 규산소다, 염화나트륨 등

(6) 고로 슬래그 분말을 시멘트 혼화재로 사용한 콘크리트의 성질

① 초기 강도는 낮지만 슬래그의 잠재 수경성 때문에 장기 강도는 크다.
  - 고로 슬래그 자체는 경화하는 성질이 미약하나 알칼리에 의해서 경화(잠재수경성)한다.
② 해수, 하수 등의 화학적 침식에 대한 저항성이 크다.
③ 슬래그 수화에 의한 포졸란 반응으로 공극 충전효과 및 알칼리 골재반응 억제효과가 크다.
④ 건조수축이 커 균열발생 우려가 있다.

  ※ 경량콘크리트의 골재로서 슬래그(slag)를 사용하기 전 물축임하는 이유 : 시멘트가 수화하는 데 필요한 수량을 확보하기 위해

> - 잠재수경성: 포졸란계 물질은 물에 경화되지 않으나 석회(수산화칼슘)와 반응하여 수중에서 경화됨 (* 포졸란 반응: 물과 반응하여 경화될 수 없는 물질이 석회(수산화칼슘)와 반응하여 수중에서 경화되는 현상)
> - 수경성: 물과 반응하여 경화
> - 기경성: 공기 중에서 경화

4. 콘크리트

가 콘크리트 일반사항

(1) 콘크리트 제조에 사용되는 일반적인 구성재료

시멘트, 물, 잔골재, 굵은 골재, 혼화재료 등
① 콘크리트 = 모르타르 + 굵은 골재
② 모르타르(mortar) = 시멘트 풀 + 잔골재
③ 시멘트 풀 = 시멘트 + 물

> **참고**
> ※ 콘크리트의 단위 시멘트량 최소값 : 270kg/m³

> **참고**
> ※ 1m³ 무게(대략의 값)
> ① 물(4도) 1ton ② 시멘트모르타르 2.1ton
> ③ 무근콘크리트 2.3ton ④ 철근콘크리트 2.4ton
> ⑤ 강(steel) 7.85ton

(2) 콘크리트 배합(mix proportion)

① 시방배합 : 시방서 또는 책임기술자에 의해 표시된 배합
② 현장배합 : 실제 현장골재의 표면수·흡수량 및 입도 상태를 고려하여 시방배합을 현장 상태에 적합하게 보정하는 배합
③ 중량배합 : 콘크리트 1m³ 제조 시 각 재료의 양을 중량(kgf/cm³)으로 나타낸 배합으로 실험실 배합 및 레미콘 배합은 중량배합이 원칙이다.
④ 용적배합 : 콘크리트 1m³ 제조 시 각 재료의 양을 절대용적(L/m³)으로 나타낸 배합이다(시멘트 : 잔골재 : 굵은 골재의 비율을 1 : 2 : 4, 1 : 3 : 6 등으로 표시).

물·시멘트 비 구하기

> **예문** 다음은 특정 콘크리트의 절대용적배합을 나타낸 것이다. 이 콘크리트의 물·시멘트 비는?(단, 시멘트의 밀도는 3.15g/cm³이다.)
>
> 단위수량(kg/m³) : 180, 절대용적(L/m³) : 시멘트 95, 모래 305, 자갈 380
>
> ① 50% ② 55% ③ 60% ④ 65%

> **해설** 물·시멘트 비(중량비, W/C) = (물의 중량/시멘트중량) × 100
> = (180/299.25) × 100 = 60.15 ≒ 60%
> ① 물의 중량 = 180kg
> ② 시멘트중량 = 95 × 3.15 = 299.25kg
> ⇨ 정답 ③

＊ 1. 물, 시멘트 각 $1m^3$ 경우 중량 : 비중(밀도) = 중량/부피(체적)
→ 중량 = 비중 × 부피
① 물의 비중 = 1, 물의 중량 = 1 × 1000 = 1000kg
② 시멘트의 비중 = 3.15, 시멘트의 중량 = 3.15 × 1000 = 3150kg
(＊ 물의 단위중량 : $1ton/m^3$, 시멘트의 단위중량 : $3.15ton/m^3$)

2. 물과 관련된 단위
① $1m^3$ = 1,000kg = 1ton
② $1cm^3$ = 1cc = 1mL = 1g
③ 1L = 1kg

물의 중량 구하기

> **예문** 물 시멘트 비 65%로 콘크리트 $1m^3$를 만드는 데 필요한 물의 양으로 적당한 것은?(단, 콘크리트 $1m^3$당 시멘트 8포대이며, 1포대는 40kg임)
> ① $0.1m^3$ ② $0.2m^3$ ③ $0.3m^3$ ④ $0.4m^3$
>
> **해설** 물의 중량
> ① 시멘트 중량 = 8포대 × 40kg = 320kg(1포대 40kg)
> ② 물의 중량 = 시멘트의 중량 × 물·시멘트 비 = 320 × 0.65 = 208kg
> = $0.208m^3$ ≒ $0.2m^3$
> (＊ 물·시멘트 비(중량비, W/C) = 물의 중량/시멘트중량)
> (＊ $1m^3$ = 1000kg)
> ⇨ 정답 ②

(3) 콘크리트가 가지는 장점

① 압축강도가 크고 인장강도가 작다.(철근은 인장강도가 크다.)
② 내구성 및 내화성이 좋다.
③ 자유로운 형태를 구현할 수 있다.
④ 재료의 확보가 용이하다.
⑤ 강과의 접착력과 방청력이 좋다.

(4) 콘크리트에 관한 설명

① 콘크리트의 강도는 대체로 물·시멘트 비에 의해 결정된다.
② 콘크리트는 화재를 당하면 강도가 저하된다.

콘크리트의 신축이음(Expansion Joint)재료에 요구되는 성능 조건
① 콘크리트의 수축에 순응할 수 있는 탄성
② 콘크리트에 잘 밀착하는 밀착성
③ 우수한 내구성 및 내부식성
④ 콘크리트 이음사이의 충분한 수밀성
※ Expansion joint(신축이음): 온도 변화에 따른 팽창, 수축 혹은 부동침하, 진동 등에 의한 신축팽창을 흡수시킬 목적으로 설치하는 줄눈

- 콘크리트 강도는 약 260℃ 이상이 되면 시멘트 페이스트 경화체 중의 결합수가 소실되는 등으로 점차 저하되고, 500℃에서는 상온강도의 약 40% 이하로 저하한다.
③ 콘크리트는 알칼리성이므로 철근콘크리트의 경우 철근을 방청하는 큰 장점이 있다.
④ 콘크리트는 온도가 내려가면 경화가 늦으므로 동절기에 타설할 경우에는 충분히 양생하여야 한다.
⑤ 일정한 물·시멘트 비의 콘크리트에 공기연행제를 넣으면 시공연도를 증진시키는 이점은 있으나 강도는 약간 저하한다.
⑥ 물·시멘트 비가 큰 콘크리트는 중성화가 빨라진다.

나 굳지 않은 콘크리트의 성질

(1) 콘크리트의 워커빌리티

(가) 콘크리트의 워커빌리티(workability. 시공연도, 施工練度)

반죽질기 여하에 따르는 작업의 난이 정도 및 재료의 분리에 저항하는 정도를 나타내는 아직 굳지 않은 콘크리트의 성질을 말함(콘크리트의 재료분리현상 없이 거푸집 내부에 쉽게 타설할 수 있는 정도를 나타내는 것).
- 콘크리트의 워커빌리티에 영향을 미치는 요인 : 슬럼프, 슬럼프 플로, 시멘트의 성질과 양, 골재의 입도와 모양, 혼화 재료의 종류와 양, 물-시멘트 비, 공기량, 배합비율, 콘크리트의 온도 등
- 워커빌리티 측정법 : 슬럼프시험, 다짐계수시험, 비비시험, 구관입시험, 리몰딩시험, 플로우(flow)시험
- 워커빌리티는 정성적인 것으로 하며 정량적인 수치로 표현하는 것이 어렵다.
① 과도하게 비빔시간이 길면 시멘트의 수화를 촉진하여 워커빌리티가 나빠진다.
② 단위수량이 증가하면 워커빌리티는 좋아지지만 재료의 분리가 발생하기 쉽다.
 - 단위수량을 너무 증가시키면 재료분리가 생기기 쉽기 때문에 워커빌리티가 좋아진다고 볼 수 없다.
③ AE제를 혼입하면 워커빌리티가 좋게 된다.
④ 깬자갈이나 깬모래를 사용할 경우 워커빌리티가 나빠지므로 잔골재를 많이 하고 단위수량을 증가시키면 워커빌리티가 좋아진다. (강자갈을 사용하면 워커빌리티가 좋아진다.)

구관입시험(ball penetration test): 강재의 켈리볼을 관입시켜 관입량 측정

⑤ 일반적으로 부(富)배합의 경우는 빈(貧)배합의 경우보다 워커빌리티가 좋다.
⑥ 골재의 입도가 적당하면 워커빌리티가 좋다.
⑦ 시멘트의 성질에 따라 워커빌리티가 달라진다.

(나) 콘크리트의 시공연도 시험방법
① 슬럼프(slump)시험
② 리몰딩(remolding)시험
③ 관입시험 (eindringsprufung)
④ 비비(vee bee)시험
⑤ 다짐 계수 시험 (compacting factor test)
⑥ 플로우(flow)시험

(2) 컨시스턴시(consistency)
반죽질기(단위수량에 지배되는 묽기 정도를 나타내는 것으로 보통 슬럼프 값으로 표시)
① 주로 수량의 다소에 따르는 반죽의 되고 진 정도를 나타내는 굳지 않은 콘크리트의 성질
② 컨시스턴시는 주로 수량에 의해서 변화하는 콘크리트의 유동성의 정도를 의미한다.
③ 같은 슬럼프를 나타내는 컨시스턴시의 것이라도 워커빌리티가 동일하다고는 할 수 없다.

(3) 피니셔빌리티(finishability)
굳지 않은 콘크리트 성질의 하나로 굵은 골재의 최대 치수, 잔골재율, 잔골재 입도 등에 의한 마감 작업의 용이성의 정도를 표시

(4) 플라스티시티(plasticity)
굳지 않은 콘크리트의 성질로 거푸집에 잘 채워질 수 있는지의 난이 정도를 표시

> 플라스티시티(plasticity): 용이하게 거푸집에 충전시킬 수 있으며 거푸집을 제거하면 서서히 형태가 변화하나, 재료가 분리되지 않아 굳지 않는 콘크리트의 성질

(5) 펌퍼빌리티(pumpability)
펌프용 콘크리트의 워커빌리티를 판단하는 하나의 척도로 사용되며 펌프에 의한 콘크리트의 압송능력

(6) 블리딩(bleeding)현상
(가) 블리딩(bleeding)현상
콘크리트 타설 후 비교적 가벼운 물이나 미세한 물질 등이 상승되고, 상대

적으로 무거운 골재나 시멘트 등이 침하하는 현상(콘크리트 타설 후 물이나 미세한 불순물이 분리 상승하여 콘크리트 표면에 떠오르는 현상)

① AE제, 감수제의 사용은 블리딩량을 저감시키는 데 효과가 있다.
  - AE콘크리트는 보통콘크리트에 비하여 블리딩 현상이 적다.
② 블리딩과 콘크리트 마감면 근처의 침하균열(침강균열)과는 관련이 있다.(콘크리트 면이 침하되어 콘크리트 균열의 원인이 된다.)
  - 침하균열(침강균열) : 묽은 비빔 콘크리트에서는 블리딩이 크고 이에 상당하는 침하가 생기고 침하에 의해 상단 철근 등의 상부를 따라 콘크리트 표면에 균열이 발생한다.
③ 물·시멘트 비가 클수록 블리딩은 증가한다.
④ 콘크리트의 컨시스턴시가 클수록 블리딩은 증대한다.
⑤ 콘크리트 표면에 발생하는 백색의 미세한 침전 물질은 블리딩에 의해 발생한다.

(나) 콘크리트의 블리딩 현상에 의한 성능 저하
  ① 골재와 시멘트 페이스트의 부착력 저하
  ② 철근과 시멘트 페이스트의 부착력 저하
  ③ 콘크리트의 수밀성 저하

(7) 레이턴스(laitance)

블리딩으로 인하여 콘크리트나 모르타르의 표면에 떠올라서 가라앉은 미세한 물질

- 레이턴스(laitance) 현상으로 연속되는 콘크리트와의 부착력이 떨어진다.

(8) 슬럼프시험(slump test)

콘크리트의 유동성과 묽기 시험

- 콘크리트의 유동성 측정시험. 반죽질기(컨시스턴시)를 측정하는 방법으로 가장 일반적으로 사용(콘크리트 타설 시 작업의 용이성을 판단하는 방법)

① 슬럼프 시험기구는 강제평판, 슬럼프 테스트 콘(밑면의 안지름 이 20cm, 윗면의 안지름이 10cm, 높이가 30cm인 절두 원추형), 다짐막대, 측정기기로 이루어진다.
② 슬럼프 콘에 비빈 콘크리트를 같은 양의 3층으로 나누어 25회씩 다지면서 채운다(전체 75회=25×3).
③ 슬럼프는 슬럼프 콘을 들어올려 강제평판으로부터 콘크리트가 무너져

내려앉은 높이까지의 거리를 cm단위(0.5cm의 정밀도)로 표시한 것이다.

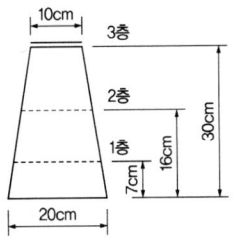
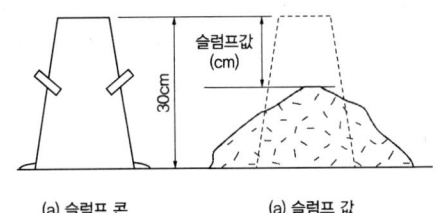

(a) 슬럼프 콘   (a) 슬럼프 값

[그림] 슬럼프시험

(9) 콘크리트 재료분리의 원인
① 콘크리트의 플라스티시티(plasticity)가 작은 경우
② 굵은 골재의 최대 치수가 지나치게 큰 경우
 - 잔골재율이 큰 경우에는 재료분리의 원인이 되지 않는다.
③ 단위수량이 지나치게 큰 경우

다 콘크리트의 주요 성질

(1) 콘크리트 강도와 영향을 주는 요소

(가) 콘크리트 강도

콘크리트 강도는 일반적으로 표준 양생한 재령 28일의 압축강도를 기준으로 함.
- 경화된 콘크리트의 강도 비교 : 압축강도 > 전단강도 > 휨강도 > 인장강도
 ① 인장강도 : 압축강도의 1/10~1/13
 ② 휨강도 : 압축강도의 1/5~1/8
 ③ 전단강도 : 압축강도의 1/4~1/6

(나) 콘크리트 강도에 영향을 주는 요소

1) 강도에 영향을 주는 주된 요인 : 사용재료의 품질, 콘크리트 재령 및 배합(물·시멘트 비), 공기량, 시공방법, 양생방법, 양생 온도와 습도, 재령, 타설 및 다지기
 ① 물·시멘트 비가 일정할 때 공기량 증가에 따른 콘크리트 강도는 감소한다.
 ② 물·시멘트 비가 일정할 때 빈배합콘크리트(lean concrete)가 부배합의 경우보다 높은 강도를 낼 수 있다(빈배합콘크리트 : 골재-시멘

콘크리트 압축강도에 영향을 주는 요소
① 양생 온도가 높을수록 콘크리트의 초기 강도는 높아진다.
② 일반적으로 물-시멘트 비가 같으면 시멘트의 강도가 큰 경우 압축강도가 크다.
③ 동일한 재료를 사용하였을 경우에 물-시멘트비가 작을수록 압축강도가 크다.
④ 습윤양생을 실시하게 되면 일반적으로 압축강도는 증진된다.

배합강도: 콘크리트의 배합을 정할 때 목표로 하는 압축강도로 품질의 편차 및 양생온도 등을 고려하여 설계기준강도에 할증한 것
* 설계기준강도는 설계서의 강도이며, 호칭강도는 레디 믹스트 콘크리트에서 구입자가 요구하는 강도로 일반적으로 같은 강도를 말한다.

• **부배합**: 시멘트 함유량이 많은 콘크리트 배합
• **빈배합**: 시멘트 함유량이 적은 콘크리트 배합(골재가 많음)

트비가 큰 배합의 콘크리트).
③ 물·시멘트 비가 일정할 때 굵은 골재의 최대 치수가 클수록 콘크리트의 강도는 저하된다.
④ 콘크리트 비빔방법 중 손비빔보다 기계 비빔으로 하는 것이 강도가 커진다.

2) 콘크리트 강도에 가장 큰 영향을 주는 것 : 물·시멘트 비(W/C)
 – 콘크리트를 배합할 때 물과 시멘트의 중량 백분율

> ✽ 재료의 굵기, 절단, 마모 등에 대한 저항성을 나타내는 용어 : 경도(硬度) – 경도는 단단하고 무른 정도를 나타내는 말

> 열팽창 계수: 열팽창에 의한 물체의 팽창 비율. 단위 온도 변화에 의한 치수 변화의 크기
> ① 선(線)팽창계수: 온도 1℃ 변화할 때 길이 변화의 비율
> ② 체적팽창계수: 온도 1℃ 변화할 때 체적 변화의 비율

(2) 콘크리트의 열팽창 계수(일반적인 콘크리트 구조물에 쓰이는 열팽창계수 : 콘크리트 표준시방서) : $1 \times 10^{-5}\,℃$

✽ 온도 변화에 대한 저항성 : 골재의 선팽창계수에 의해 영향을 받을 수 있는 콘크리트의 성질
 – 선팽창계수 : 물체가 온도 1℃ 변화에 따른 길이 변화의 비율

(3) 콘크리트의 열적 성질 및 내구성에 관한 설명
① 콘크리트의 열팽창계수는 상온의 범위에서 $1 \times 10^{-5}/℃$ 전후이며 500℃에 이르면 가열 전에 비하여 약 40%의 강도 발현을 나타낸다.
② 콘크리트의 내동해성을 확보하기 위해서는 흡수율이 적은 골재를 이용하는 것이 좋다.
③ 콘크리트에 염화물이온이 일정량 이상 존재하면 철근표면의 부동태피막이 파괴되어 철근부식을 유발하기 쉽다.
④ 공기량이 동일한 경우 경화콘크리트의 기포간극계수가 작을수록 내동해성은 증가된다.

(4) 수밀성(水密性, watertightness)
투수성이나 투습성이 적은 성질(물에 대해 밀실한 성질)
① 물·시멘트 비 : 물·시멘트 비를 작게 할수록 수밀성이 커진다.
② 골재 최대 치수 : 골재의 최대 치수가 작을수록 수밀성은 커진다.
③ 양생방법 : 초기 재령에서 건조하면 수밀성은 작아진다.
④ 혼화재료 : 혼화재나 혼화제를 사용하면 수밀성이 좋아진다.

(5) 콘크리트 크리프(creep) 현상
콘크리트 하중의 변함가 없어도 일정한 지속하중에 의해 시간이 경과하면서 변형이 점차 증가하는 현상(콘크리트 구조물의 장기변형)

① 시멘트 페이스트가 묽을수록 크리프는 크다.
② 작용응력이 클수록 크리프는 크다.
③ 재하재령이 빠를수록 크리프는 크다.
④ 물·시멘트 비가 클수록 크리프는 크다.
⑤ 부재의 단면치수가 작을수록 크다. (구조부재 치수가 클수록 적다.)
⑥ 온도가 높을수록, 상대습도가 낮을수록 크다.
⑦ 하중이 클수록 크다.
⑧ 단위 시멘트량이 많을수록 증가한다.
⑨ 부재의 건조 정도가 높을수록 크다.

(6) 콘크리트의 중성화(탄산화) 현상

탄산가스와 반응하여 알칼리성을 소실하는 현상(콘크리트에 함유된 알칼리성 수산화칼슘이 탄산가스와 반응하여 탄산칼슘으로 변화하는 현상)으로 철근콘크리트의 강도저하 및 내부 철근의 부식을 진행시킨다.

- $Ca(OH)_2$(수산화칼슘) + CO_2(이산화탄소, 탄산가스) → $CaCO_3$(탄산칼슘) + H_2O ↑
- 콘크리트의 중성화 시험을 위해 사용하는 것 : 콘크리트의 파단면에 1%의 페놀프탈레인 용액을 분무하여 변색의 여부를 관찰

> 콘크리트의 중성화(탄산화) 현상
> ① 탄산가스의 농도, 온도, 습도 등 외부환경조건도 탄산화 속도에 영향을 준다.
> ② 탄산화된 부분은 페놀프탈레인액을 분무해도 착색되지 않는다.

(가) 중성화
① pH가 12~13의 알칼리성인 콘크리트가 pH 8.5~10의 중성을 띠게 되는 현상을 말한다.
② 콘크리트의 중성화는 주로 공기 중의 이산화탄소 침투에 기인하는 것이다.
③ 중성화가 진행되어도 콘크리트의 강도는 거의 변화가 없으나, 중성화되면 철근이 부식하기 쉽게 된다.
④ 콘크리트의 중성화에 영향을 미치는 요인으로는 물·시멘트 비, 시멘트의 골재의 종류, 혼화재료의 사용유무 등이 있다. (물·시멘트 비가 크면 클수록 중성화의 진행 속도는 빠르다.)

> 콘크리트 중성화(탄산화): pH 8.5~10
> ① 철근의 부식, 팽창압 발생(약 2.5배까지 체적팽창)→콘크리트 균열→균열로 물과 이산화탄소 침투→열화(노후화) 급격히 진행
> ② pH(수소이온 농도지수): 물질의 산성이나 알칼리성의 정도를 나타내는 수치로서 0~14까지 있으며 수치가 높을수록 산성도가 낮음

(나) 중성화 방지대책
① 물·시멘트 비(W/C)를 낮춘다.
② 단위 시멘트량을 증대시킨다.
③ AE감수제나 고성능감수제를 사용하여 수밀성을 증대시킨다.
④ 내부에 공극 및 기포가 없는 치밀한 콘크리트를 만든다.
⑤ 가능한 피복두께를 늘린다.
⑥ 도장, 미장, 타일, 방수 등 마감재로 시공한다.

라 콘크리트의 결함발생 및 대책

(1) 콘크리트의 건조수축
① 시멘트의 제조성분에 따라 수축량이 다르다.
  - 시멘트의 분말도가 높을수록 건조수축량은 증가한다.
    (* 시멘트의 분말도가 클수록 초기 콘크리트강도 발현이 빠르다.)
② 골재의 성질에 따라 수축량이 다르다.
  - 골재의 압축성이 양호할수록, 굵은 골재의 크기가 클수록(부재치수가 클수록), 잔골재의 사용량이 적을수록 건조수축량은 감소한다.
  - 골재의 탄성계수가 크고 경질인 만큼 작아진다.
③ 시멘트량의 다소에 따라 수축량이 다르다.
  - 단위시멘트량이 증가할수록 건조수축은 커진다.
④ 된비빔일수록 수축량이 적다.
  - 물·시멘트 비가 적을수록, 단위수량이 적을수록 건조수축량은 감소한다.
⑤ 골재 중에 포함한 미립분이나 점토는 건조 수축을 증가시킨다.
⑥ 콘크리트의 습윤양생기간은 건조수축에 영향을 미치지 못한다.

(2) 응결이 진행된 시멘트를 콘크리트에 사용함에 따른 결과
① 강도의 저하 ② 단위수량의 증가
③ 균열 발생 ④ 슬럼프의 증가

(3) 매스콘크리트의 균열방지대책
① 저발열성 시멘트를 사용한다.
② 파이프 쿨링을 한다.
③ 굵은 골재는 최대 치수를 크게 한다.
④ 물·시멘트 비를 낮춘다.
⑤ 콘크리트의 온도상승을 적게 한다.
⑥ 급격한 온도 변화를 피한다.

> 파이프 쿨링(pipe cooling): 매스콘크리트에서 수화열에 의한 온도 상승을 방지하기 위해서 콘크리트 중에 미리 설치된 파이프에 냉수를 통하게 해서 냉각하는 방법

(4) 동절기 공사의 콘크리트 초기 동해를 방지하는 방법
① 적정량의 연행공기를 넣어준다.
② 보온양생을 충분히 한다.
③ 조강 포틀랜드 시멘트를 사용한다.
④ 물·시멘트 비를 작게 한다.

(5) 콘크리트의 동결과 융해에 대한 저항성을 높이는 방법
① AE제, AE감수제를 사용한다.
② 물·시멘트 비를 줄인다.
③ 수밀한 콘크리트를 만든다.
④ 단위수량을 줄인다.

> **콘크리트의 성질에 관한 설명**
> ① 화재 시 결합수를 방출하므로 강도가 저하된다.
> ② 수밀 콘크리트를 만들려면 된비빔 콘크리트를 사용한다.
> ③ 수밀성이 큰 콘크리트는 중성화작용이 적어진다.
> ④ 철근과 콘크리트의 열팽창 계수는 거의 비슷하다.

마 콘크리트의 종류 및 사용

(1) 경량기포콘크리트(ALC : Autoclaved Light-weight Concrete)
기포를 발생시켜 증기 양생하여 가공한 경량 기포 콘크리트
   - 기포제 : 알루미늄 분말, 알루미늄 페이스트
① 다공질이기 때문에 흡수율이 높고, 동결융해저항이 낮다.
② 열전도율은 보통 콘크리트의 약 1/10로서 단열성이 우수하다.(20℃ 기건상태에서 단열성이 가장 우수하다.)
③ 불연재인 동시에 내화재료이다.(내화구조로 사용 가능하다.)
④ 경량으로 인력에 의한 취급이 가능하고, 필요에 따라 현장에서 절단 및 가공이 용이하다.
⑤ 다공질로서 강도가 낮아 주로 비내력용으로 사용된다.(경량이고 다공질이어서 가공 시 톱을 사용할 수 있다.)
⑥ 높은 흡음·차음성이 있다.
⑦ ALC의 제반 물리적 특성은 일반적으로 비중과 밀접한 관계가 있다.
   - 절건상태에서 비중이 0.45~0.55 정도이다(기건비중 : 0.5~0.6).
⑧ 보통 콘크리트에 비하여 중성화의 우려가 높다.
⑨ 보통 콘크리트와 마찬가지로 압축강도에 비해서 휨 강도나 인장강도는 상당히 약한 수준이다.
⑩ 대형판 제조가 가능하다.

> 경량기포콘크리트: 규산질, 석회질 원료를 주원료로 하여 기포제와 발포제를 첨가하여 만든다.

(2) 중량콘크리트
방사성 차폐용으로 사용되는 콘크리트로 철광석이나 중정석같은 비중이 큰 골재를 사용해서 만든 콘크리트

(3) 매스콘크리트(mass concrete)

구조체가 큰 콘크리트(두께가 두꺼운 콘크리트)로 수화열에 의해 내부와 표면에 온도차가 생겨 균열이 생길 수 있으므로 수화열이 적은 시멘트를 사용하고 혼합재로서 플라이 애시(fly ash) 등의 포졸란(pozzolana)을 사용한다.

① 수화열이 적은 시멘트(저발열성 시멘트)를 사용한다. – 중용열 포틀랜드시멘트를 사용한다.

※ 중용열 포틀랜드시멘트 : 수화열이 낮고(수화열을 중용열로 억제) 수축량이 적음.

② 파이프 쿨링을 실시한다.
③ 포졸란계 혼화재를 사용한다.
④ 온도균열지수에 의한 균열발생을 검토한다.

(4) AE콘크리트(air-entrained concrete)

AE제를 사용하여 성질을 개선한 콘크리트
① 공기량이 많을수록 슬럼프는 증가한다.
② 공기량이 1% 증가함에 따라 플레인 콘크리트와 동일 물·시멘트 비인 경우 콘크리트의 압축강도는 4~6% 정도 감소한다.
③ AE제 사용으로 워커빌리티를 개선하고 동결융해 저항성 크게 한다.
④ 블리딩 등의 재료분리가 적다.

※ 플레인 콘크리트(plain concrete) : 철근을 넣지 않은 콘크리트

(5) 서중콘크리트

하루 평균 기온이 25℃를 초과하는 경우에 시공
① 콘크리트 온도 상승으로 단위수량이 증가하여 강도 및 내구성이 저하한다.
  – 시멘트는 고온의 것을 사용하지 않아야 하고 골재 및 물은 가능한 한 낮은 온도의 것을 사용한다.
② 슬럼프 로스가 발생한다(운반 중의 슬럼프 저하).
③ 콘크리트의 응결이 촉진되어 콜드조인트(cold joint)의 발생한다.
④ 수분의 급격한 증발에 의한 균열의 발생 등 위험성이 증가한다.
  – 콘크리트를 부어 넣은 후 수분의 급격한 증발이나 직사광선에 의한 온도 상승을 막고 습윤상태가 유지되도록 양생한다.
⑤ 연행공기량이 감소한다.
⑥ 부어넣을 때의 콘크리트 온도는 35도 이하로 한다.
⑦ 혼화제는 AE감수제 지연형 또는 감수제 지연형을 사용한다.

(6) 한중콘크리트의 특징

하루의 평균기온이 4℃ 이하로 예상될 때는 한중콘크리트로 시공하여야 한다.

① 콘크리트의 비빔온도는 기상조건 및 시공조건 등을 고려하여 정한다.
② 골재는 가능한 가열하지 않으며 가열해야 할 경우는 65℃ 이하가 되도록 한다.
③ 재료를 가열하는 경우 시멘트는 가열금지하고, 물을 가열하는 것을 원칙으로 하며, 골재는 직접 불꽃에 대어 가열한다.
④ 타설 시의 콘크리트 온도는 5℃ 이상, 20℃ 미만으로 한다.
⑤ 빙설이 혼입된 골재, 동결 상태의 골재는 원칙적으로 비빔에 사용하지 않는다.
 - 동결한 골재나 눈·얼음이 포함된 골재는 사용해서는 안 된다.
⑥ 물·시멘트 비는(W/C) 60% 이하로 한다.
⑦ 시멘트는 믹서 내 재료의 온도가 40℃ 이하가 될 때 투입한다.
⑧ 공기연행제(AE제), AE 감수제 등을 사용하고 공기량을 크게 한다.
 - 한중콘크리트에는 공기연행 콘크리트를 사용하는 것을 원칙으로 한다.
⑨ 단위수량은 초기 동해를 적게 하기 위하여 소요의 워커빌리티를 유지할 수 있는 범위 내에서 되도록 적게 정하여야 한다.
⑩ 배합강도 및 물-결합재 비는 적산온도 방식에 의해 결정할 수 있다.

(7) 수밀콘크리트

물이 침투하지 못하도록 특별히 밀실하게 만든 콘크리트 (수밀성이 높고 투수성이 작은 콘크리트)

- 방수성이 뛰어나고, 전류와 풍화에 강하며, 내화학성, 염해, 중성화, 알카리골재반응, 동결융해 등에 강한 저항성을 가지고 있다.

① 틈새가 없는 질이 우수한 거푸집을 사용한다.
② 물-결합재비는 50% 이하를 표준으로 한다(55~60% 이상이 되면 콘크리트의 수밀성은 감소).
③ 가급적 이어붓기를 하지 않는 것이 좋다.
④ 양생을 충분히 하는 것이 좋다(습윤 양생).
⑤ 배합은 콘크리트 소요의 품질이 얻어지는 범위 내에서 단위수량 및 물-결합재비는 되도록 작게 하고, 단위 굵은 골재량은 되도록 크게 한다.
⑥ 소요 슬럼프는 되도록 작게 하여 180mm를 넘지 않도록 한다. (타설이 용이할 때는 120mm 이하로 한다.)
⑦ 연속 타설 시간 간격은 외기온도가 25℃를 넘었을 경우에는 1.5시간, 25℃ 이하일 경우에는 2시간을 넘어서는 안 된다.

⑧ 거푸집 조립에 사용하는 긴 결철물은 콘크리트 경화 후 그 부분에서 누수가 발생하지 않는 것을 사용한다.
⑨ 콘크리트의 워커빌리티를 개선시키기 위해 공기연행제, 공기연행감수제 또는 고성능 공기연행감수제를 사용하는 경우라도 공기량은 4% 이하가 되게 한다.

(8) 조습성 콘크리트

> 조습(air conditioning): 온도와 습도를 어떤 조건으로 조정

환경문제 해결에 부응하는 특수 콘크리트 중 제올라이트(zeolite) 등을 콘크리트에 적용하여 습도상승 등을 억제하는 콘크리트(습도, 온도상승을 억제 : 도서관, 미술관 등의 구조물)

(9) 유리섬유보강 콘크리트(gfrc)

① 시멘트모르타르 또는 시멘트페이스트에 보강재로 내알칼리성 유리섬유를 넣어 만든다.
② 고강도이기 때문에 경량화가 가능하다.
③ 내충격성이고 내화성이 뛰어나다.
④ 유리섬유의 혼입율은 스프레이법의 경우 10%(보통 5%) 정도이다.
⑤ 패널은 마감을 겸한 반영구적 거푸집으로도 사용할 수 있다.

✱ 콘크리트 구조물의 강도 보강용 섬유소재(섬유보강 콘크리트)
① 나일론 섬유   ② 유리섬유   ③ 탄소섬유
④ 아라미드 섬유   ⑤ 폴리프로필렌계 섬유

건설 구조용으로 사용하고 있는 각 재료에 관한 설명

① 레진 콘크리트: 불포화에스테르수지, 에폭시수지 등을 액상으로 하여 모래, 자갈 등의 골재와 섞어 만든 콘크리트로 보통 콘크리트에 비해 강도, 내구성, 내약품성이 뛰어남
② 섬유보강콘크리트: 콘크리트의 인장강도와 균열에 대한 저항성을 높이고 인성을 대폭 개선시킬 목적으로 만든 복합재료이다.
③ 폴리머 함침 콘크리트: 미리 성형한 콘크리트에 액상의 폴리머원료를 침투시켜 그 상태에서 고결시킨 콘크리트이다.
④ 폴리머 시멘트 콘크리트: 시멘트와 폴리머를 혼합하여 결합재로 사용한 콘크리트이다.

철근콘크리트구조의 부착강도

① 최초 시멘트페이스트의 점착력에 따라 발생한다.
② 콘크리트 압축강도가 증가함에 따라 일반적으로 증가한다.
③ 피복두께가 클수록 증가하고 물·시멘트 비가 적을수록 증가한다.
④ 이형철근의 부착강도가 원형철근보다 크다.
⑤ 가는 철근을 여러 개가 굵은 철근을 적게 사용하는 것보다 표면적이 증대되어 부착강도가 증가한다.

CHAPTER 03 항목별 우선순위 문제 및 해설

01 시멘트 클링커 화합물에 대한 설명으로 옳지 않은 것은?

① C_3S양이 많을수록 조강성을 나타낸다.
② C_2S의 양이 많을수록 강도의 발현이 서서히 된다.
③ 재령 1년에서 C_4AF의 강도는 매우 낮다.
④ 시멘트의 수축률을 감소시키기 위해서는 C_3A를 증가시켜야 한다.

해설 포틀랜드 시멘트 주요화합물의 특징(시멘트 클링커 화합물)

화합물	아리트 (alite) C_3S	베리트 (belite) C_2S	알루미네이트 (aluminate) C_3A	페라이트 (ferrite) C_4AF
단기 강도 발현	빠름 (수일)	늦음 (수주)	대단히 빠름 (1일)	대단히 빠름 (1일)
종국 강도	높다 (수백kgf/cm²)	높다 (수백kgf/cm²)	낮다 (수십kgf/cm²)	낮다 (수십kgf/cm²)
건조 수축	중	적음	큼	적음

02 포틀랜드 시멘트의 화학성분 중 가장 많은 부분을 차지하는 성분은?

① 석회(CaO) ② 실리카(SiO_2)
③ 알루미나(Al_2O_3) ④ 산화철(Fe_2O_3)

해설 보통 포틀랜드 시멘트(1종 시멘트)
일반 건축·토목공사 등 공사현장 어느 곳에서나 사용되는 시멘트
① 주성분은 SiO_2(실리카, 이산화규소, 규산), Al_2O_3 (알루미나), Fe_2O_3(산화철), CaO(석회), MgO(마그네시아) 등이다.
② 석회 60~67%, 실리카 17~25%, 알루미나 3~8%, 산화철 0.5~6%, 마그네시아 0.1~4%로 구성

03 다음 시멘트 중 댐 등 단면이 큰 구조물에 적용하기 어려운 것은?

① 중용열 포틀랜드 시멘트
② 고로 시멘트
③ 플라이 애시 시멘트
④ 조강 포틀랜드 시멘트

해설 댐 등 단면이 큰 구조물에 적용하는 시멘트
① 중용열 포틀랜드 시멘트(2종 시멘트)
② 플라이 애시 시멘트
③ 고로 시멘트
* 조강 포틀랜드 시멘트(3종 시멘트) : 수화열량이 많으며 초기의 강도 발현이 가능하므로 긴급공사, 동절기 공사에 주로 사용되는 시멘트

04 보통 포틀랜드 시멘트와 비교한 고로 시멘트의 특징으로 옳지 않은 것은?

① 장기 강도가 크다.
② 해수나 하수 등에 대한 저항성이 우수하다.
③ 미분말로서 초기 강도 발현이 용이하다.
④ 초기 수화열이 낮다.

해설 고로 시멘트
팽창균열이 없고 화학 저항성이 높아 해수·공장폐수·하수 등에 접하는 콘크리트에 적합하고 수화열이 적어 매스콘크리트에 적합한 시멘트
③ 초기 강도는 작으나 장기 강도는 크다.

05 건축물의 내외장면의 마감, 각종 인조석, 현장 타설 착색 콘크리트로 사용하는 시멘트는?

① 고로 시멘트
② 실리카 시멘트
③ 중용열 포틀랜드 시멘트
④ 백색 포틀랜드 시멘트

정답 01.④ 02.① 03.④ 04.③ 05.④

[해설] **백색 포틀랜드 시멘트**
건축물의 내외장면의 마감, 각종 인조석, 현장타설 착색 콘크리트로 사용하는 시멘트
- 포틀랜드 시멘트의 알루민산철3석회를 적게 하여 백색을 띤 시멘트

06 다음 중 시멘트 풍화의 척도로 사용되는 것은?

① 강열감량
② 불용해 잔분
③ 수경률
④ 규산율

[해설] **강열감량**(强熱減量, ignition loss)
시멘트 등의 재료에 강한 열을 가했을 때 중량의 손실량(작열감량)
① 시멘트를 950±50°C로 60분간 강열을 가했을 때의 감량을 말하며 풍화와 중성화 정도를 파악하는 척도이다.
② 시멘트의 풍화가 진행되면 강열감량이 커지고 강열 감량이 많을수록 강도가 저하된다.
③ 풍화한 시멘트는 응결 지연, 강도 저하, 이상 응결, 비중 저하, 감열 감량이 증가한다.

07 시멘트의 분말도에 관한 설명 중 옳지 않은 것은?

① 시멘트의 분말이 미세할수록 수화반응이 느리게 진행하여 강도의 발현이 느리다.
② 분말이 과도하게 미세하면 풍화되기 쉽고 또한 사용 후 균열이 발생하기 쉽다.
③ 시멘트의 분말도 시험으로는 체분석법, 피크노메타법, 브레인법 등이 있다.
④ 분말도는 시멘트의 성능 중 수화반응, 블리딩, 초기 강도 등에 크게 영향을 준다.

[해설] **시멘트의 분말도**
① 분말도가 클수록 시멘트 분말이 미세하다.
② 분말도가 클수록 접촉하는 표면적이 크므로 수화반응이 촉진된다.
③ 분말도가 클수록 초기 강도가 크다.

08 시멘트의 비표면적을 구하는 블레인시험은 무엇을 측정하기 위한 것인가?

① 비중
② 수화속도
③ 안전성
④ 분말도

[해설] **시멘트에 대한 각 특성과 관련된 시험**
① 비중시험 – 르 샤틀리에 비중병
② 분말도시험 – 브레인(blaine) 공기투과장치(시멘트의 비표면적을 구하는 블레인 시험), 표준체에 의한 방법
③ 안정성 시험 – 오토클레이브 팽창도시험
④ 수화열 시험 – 열량계(calorimeter)
⑤ 응결 시험 – 비카(vicat)침 시험법, 길모어(gillmore)침 시험방법

09 콘크리트용 골재의 요구성능에 관한 설명으로 옳지 않은 것은?

① 골재의 강도는 경화한 시멘트페이스트 강도보다 클 것
② 골재의 표면은 매끄러울 것
③ 골재의 입형이 둥글고 입도가 고를 것
④ 먼지 또는 유기불순물을 포함하지 않을 것

[해설] **골재에 관한 설명**
② 골재는 표면이 거칠고 구형에 가까운 것이 좋다.

10 실적률이 큰 골재로 이루어진 콘크리트의 특성이 아닌 것은?

① 시멘트 페이스트의 양이 커져 콘크리트 제조 시 경제성이 낮다.
② 내구성이 증대된다.
③ 투수성, 흡습성의 감소를 기대할 수 있다.
④ 건조수축 및 수화열이 감소된다.

[해설] **실적률이 큰 골재로 이루어진 콘크리트의 특성**
(* 실적률 : 골재의 단위용적 중의 실적용적을 백분율로 나타낸 값)
① 시멘트 페이스트의 양이 적어져 콘크리트 제조시 경제성이 높다.

정답 06.① 07.① 08.④ 09.② 10.①

11 철근콘크리트 구조용 골재로 해사를 사용할 경우 우선 조치하여야 할 사항은?

① 해사를 충분히 건조시킨 후 사용한다.
② 물·시멘트 비를 증가시킨다.
③ 조골재를 많이 넣어 잔골재율을 낮춘다.
④ 해사를 충분히 물에 씻어 사용한다.

해설 세골재의 선정 – 해사(바다모래)
해사를 사용하는 경우 염분이 철근을 부식시켜 콘크리트에 균열이 생기게 하여 내구성을 저하시켜 수명을 짧게 하므로 부득이 사용할 경우에는 염분의 제거를 충분히 하여 염화물의 허용 한도 이내의 것을 사용한다.
① 콘크리트 중의 전 염화물 이온량은 원칙적으로 0.30 kg/m^3 이하로 규정
② 충분히 물에 씻어 사용하여야 한다.

12 콘크리트 배합설계에 있어서 기준이 되는 골재의 함수 상태는?

① 절건상태　　② 기건상태
③ 표건상태　　④ 습윤상태

해설 골재의 수분함량
① 절건상태 : 100~110℃에서 건조한 상태로 함수율이 0인 상태
② 기건상태 : 공기 중에 건조하여 내부는 수분을 약간 포함한 상태(공기건조상태)
③ 표건상태 : 표면수는 없지만 내부는 포화상태로 함수되어 있는 골재의 상태
　- 표건상태가 콘크리트 배합설계에 있어서 기준이 되는 골재의 함수 상태이다.(표건상태가 골재의 평형 함수량을 나타내고, 골재의 비중은 표건상태에서 더 정확히 결정되기 때문이다.)
④ 습윤상태 : 내부도 포화상태이고 표면도 젖은 상태

13 콘크리트 혼화재 중 하나인 플라이 애시가 콘크리트에 미치는 작용에 관한 설명으로 옳지 않은 것은?

① 콘크리트 내부의 알칼리성을 감소시키기 때문에 중성화를 촉진시킬 염려가 있다.
② 콘크리트 수화초기 시의 발열량을 감소시키고 장기적으로 시멘트의 석회와 결합하여 장기 강도를 증진시키는 효과가 있다.
③ 입자가 구형이므로 유동성이 증가되어 단위수량을 감소시키므로 콘크리트의 워커빌리티의 개선, 펌핑성을 향상시킨다.
④ 알칼리골재반응에 의한 팽창을 증가시키고 콘크리트의 수밀성을 약화시킨다.

해설 플라이 애시(Fly-ash)
콘크리트에 플라이 애시(석탄의 재)를 첨가하면 콘크리트 양생 시간은 다소 길어지지만 유동성 개선(워커빌리티, 펌퍼빌리티 개선), 장기강도 증진, 수화열 감소, 알칼리 골재반응 억제, 황산염에 대한 저항성, 콘크리트 수밀성 향상 등의 장점이 있다.
④ 알칼리골재반응에 의한 팽창의 저지시키고 수밀성을 향상시킨다.

14 AE제를 사용한 콘크리트에 대한 설명으로 옳지 않은 것은?

① AE제를 쓰지 않아도 생기는 공기를 entrained air라 한다.
② AE제를 사용함으로써 콘크리트의 블리딩이 감소된다.
③ AE제만 사용하는 것보다는 감수제를 병용하면 워커빌리티 개선에 더욱 효과가 크다.
④ AE제를 사용하면 동결융해 작용에 대한 내동해성이 증가한다.

해설 공기연행제(AE제)
콘크리트 내부에 미세한 독립기포를 발생시켜 콘크리트의 작업성(워커빌리티 개선) 및 동결융해 저항성을 향상시키는 혼화제(AE제는 시공연도를 향상시키고 단위수량을 감소시킨다.)
① AE제에 의해 콘크리트 속에 생기는 미세한 독립 기포의 공기를 entrained air(연행공기)라 한다.

15 콘크리트의 건조수축 시 발생하는 균열을 보완, 개선하기 위하여 콘크리트 속에 다량의 거품을 넣거나 기포를 발생시키기 위해 첨가하는 혼화재는?

① 고로 슬래그 ② 플라이 애시
③ 팽창재 ④ 실리카 흄

해설 **팽창재**(expansive producing admixtures)
콘크리트의 건조수축, 구조물의 균열 및 변형을 방지할 목적으로 사용되는 혼화재료
- 콘크리트의 건조수축 시 발생하는 균열을 보완, 개선하기 위하여 콘크리트 속에 다량의 거품을 넣거나 기포를 발생시키기 위해 첨가하는 혼화재료

16 굳지 않은 콘크리트의 성질을 표시하는 용어 중 컨시스턴시에 의한 부어넣기의 난이도 정도 및 재료분리에 저항하는 정도를 나타내는 것은?

① 플라스티시티 ② 피니셔빌리티
③ 펌퍼빌리티 ④ 워커빌리티

해설 **콘크리트의 워커빌리티**(workability, 시공연도, 施工練度) : 반죽질기 여하에 따르는 작업의 난이 정도 및 재료의 분리에 저항하는 정도를 나타내는 아직 굳지 않은 콘크리트의 성질을 말함(콘크리트의 재료분리현상 없이 거푸집 내부에 쉽게 타설 할 수 있는 정도를 나타내는 것).

17 콘크리트 슬럼프 시험에 관한 설명 중 옳지 않은 것은?

① 슬럼프 콘의 치수는 윗지름 10cm, 밑지름 30cm, 높이가 20cm이다.
② 수밀한 철판을 수평으로 놓고 슬럼프 콘을 놓는다.
③ 혼합한 콘크리트를 1/3씩 3층으로 나누어 채운다.
④ 매 회마다 표준철봉으로 25회 다진다.

해설 **슬럼프시험**(Slump test) : 콘크리트의 유동성과 묽기 시험

- 콘크리트의 유동성 측정시험. 반죽질기(컨시스턴시)를 측정하는 방법으로 가장 일반적으로 사용(콘크리트 타설 시작업의 용이성을 판단하는 방법)
① 슬럼프 시험기구는 강제평판, 슬럼프 테스트 콘(밑면의 안지름이 20cm, 윗면의 안지름이 10cm, 높이가 30cm인 절두 원추형), 다짐막대, 측정기기로 이루어진다.

18 콘크리트의 중성화에 대한 저감대책으로 옳지 않은 것은?

① 물·시멘트 비(W/C)를 낮춘다.
② 단위시멘트량을 증대시킨다.
③ 혼합 시멘트를 사용한다.
④ AE감수제나 고성능감수제를 사용한다.

해설 **중성화 방지대책**
① 물·시멘트 비(W/C)를 낮춘다.
② 단위시멘트량을 증대시킨다.
③ AE감수제나 고성능감수제를 사용하여 수밀성을 증대시킨다.
④ 내부에 공극 및 기포가 없는 치밀한 콘크리트를 만든다.
⑤ 가능한 피복두께를 늘린다.
⑥ 도장, 미장, 타일, 방수 등 마감재로 시공한다.

19 콘크리트구조물의 크리프 현상에 대한 설명 중 옳지 않은 것은?

① 하중이 클수록 크다.
② 단위수량이 작을수록 크다.
③ 부재의 건조 정도가 높을수록 크다.
④ 구조부재 치수가 클수록 적다.

해설 **콘크리트 크리프**(creep) **현상**
콘크리트 하중의 변함이 없어도 일정한 지속하중에 의해 시간이 경과하면서 변형이 점차 증가하는 현상(콘크리트 구조물의 장기 변형)
① 시멘트 페이스트가 묽을수록 크리프는 크다.
② 물·시멘트 비가 클수록 크리프는 크다.
③ 하중이 클수록 크다.
④ 부재의 건조 정도가 높을수록 크다.
⑤ 부재의 단면치수가 작을수록 크다.(구조부재 치수가 클수록 적다.)

정답 15. ③ 16. ④ 17. ① 18. ③ 19. ②

20 ALC에 대한 설명 중 옳지 않은 것은?
① ALC의 제반 물리적 특성은 일반적으로 비중과 밀접한 관계가 있다.
② 보통콘크리트에 비하여 중성화의 우려가 높다.
③ 보통콘크리트와 마찬가지로 압축강도에 비해서 휨 강도나 인장강도는 상당히 약한 수준이다.
④ 흡수율이 낮아 동결, 융해에 대한 저항성이 크다.

해설 **경량기포콘크리트**(ALC : Autoclaved Light-weight Concrete) : 기포를 발생시켜 증기 양생하여 가공한 경량 기포 콘크리트
④ 다공질이기 때문에 흡수율이 높고, 동결융해저항이 낮다.

정답 20. ④

Chapter 04 금속재

1. 금속재의 특징

가. 금속의 성질

(1) 금속의 주요한 특징
① 금속은 일반적으로 결정 구조를 갖고 있다.
② 강도와 탄성계수가 크다.
③ 비중이 큰 편이다.
④ 금속은 열전도율, 전기전도율이 크다.
⑤ 금속은 일반적으로 소성가공이 가능하고 전성, 연성이 풍부하다.
⑥ 강도와 경도 및 내마모성이 크다.
⑦ 순수한 금속일수록 저온에서의 전자이동이 쉬워져 부식이 발생된다.

(2) 강의 기계적 성질
① 구조용 강재에 인장력을 가하게 되면 응력-변형도(stress-strain curve)의 선도(線圖)를 얻을 수 있다.
② 탄성구간의 기울기를 탄성계수라 한다.
③ 강재를 압축할 경우 압축강도는 항복점 부근까지는 인장인 경우와 강도가 같으나, 그 이후는 압축이 진행됨에 따라 최대하중은 인장인 경우보다 낮아진다.
④ 강은 250℃ 부근에서 인장강도가 최대로 되나 반대로 연신율, 단면수축률은 극소로 된다.

(3) 일반 구조용 강재의 응력-변형률 곡선
① 비례한도(proportional limit) : 물체에 가한 응력에 비례하여 물체가 변형되는 최대 한계점
② 탄성한도(elastic limit) : 응력을 제거했을 때 물체가 원상태로 돌아올 수 있는 최대 한계점
   - 탄성한도(한계)를 넘어서면 탄성을 잃어버리고 소성변형을 일으키기 시작(탄성한도를 초과하면 원상태로 회복 불가능)

---

memo

강재(鋼材)의 일반적인 성질
① 열과 전기의 양도체이다.
② 광택을 가지고 있으며, 빛에 불투명하다.
③ 경도가 높고 내마멸성이 크다.
④ 일반적으로 소성가공이 가능하고 전성, 연성이 풍부하다.

연신율: 재료가 늘어나는 비율

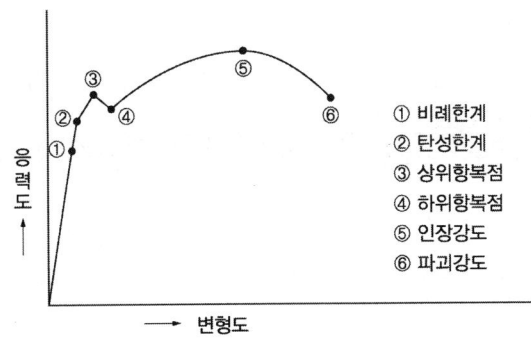

③ 항복점(yield point) : 응력이 증가하지 않아도 물체가 계속 변형되는 점(소성영역)
  - 탄성에서 소성으로 변하는 경계
④ 극한강도(ultimate strength) : 물체가 견딜 수 있는 최대의 응력(인장강도)
  - 극한강도를 지나면 내부 조직이 엉성해져 단면적이 급격히 줄어드는 넥킹(necking)이 일어나고 강도가 급격히 약해지며 끊어지게 됨.
⑤ 파괴강도(breaking strength) : 극한강도를 넘어 파괴되기까지에 나타나는 공칭응력(公稱應力, nominal stress)의 최대값(파단강도)

항복점
① 냉간성형한 강재는 항복점이 명확하지 않다.
② 상위항복점 이후에 하위항복점이 나타난다.

(4) 재료의 기계적 성질을 나태내는 용어
① 탄성(彈性, elasticity) : 외력을 제거하면 원래의 상태로 되돌아오는 성질
② 소성(塑性, plasticity. 가소성) : 외력을 제거해도 원래의 상태로 되돌아 오지 않는 성질
③ 경성(硬性, hardness) : 전단력, 마모 등에 대한 저항성으로 재료의 단단한 정도
④ 강성(强性, rigidity) : 외력을 받았을 때 변형에 저항하는 성질
⑤ 연성(延性, ductility) : 재료가 외력에 의해 파괴됨이 없이 가늘고 길게 늘어지는 성질
⑥ 전성(展性, malleability, 가단성) : 재료가 외력에 의해 파괴됨이 없이 넓은 판으로 얇게 펴지는 성질
⑦ 인성(靭性, toughness) : 외력을 받았을 때 파괴되지 않고 견딜 수 있는 성질(질긴 성질)
⑧ 취성(脆性, brittleness) : 작은 변형에도 파괴되는 성질

(5) 파괴 현상

① 피로 파괴 : 재료에 하중이 반복하여 작용할 때 정적 강도보다 낮은 강도에서 파괴되는 것

② 충격 파괴 : 재료에 충격하중이 작용할 때의 파괴

③ 정적 파괴 : 비교적 느린 속도로 하중이 작용할 때의 파괴

※ 정적강도(보통 재료의 강도) : 인장, 압축, 전단, 휨 및 비틀림 등의 정적 부하에 대한 재료의 저항을 총칭

④ 크리프 파괴 : 크리프에 의한 파괴

※ 크리프(creep) : 한계하중 이하의 하중이라도 일정 하중을 지속적으로 가하며 시간의 경과에 따라 변형이 증가하고 결국은 파괴에 이르게 되는 현상

⑤ 연성 파괴 : 강재는 일반적으로 연신율과 단면수축률이 생기면서 파단한다.

⑥ 취성 파괴 : 강재의 경우 저온에서 인장할 때 또는 결함부가 있게 되면 연신율과 단면수축률이 없이 파단되는 현상(결함부에 의해 급격히 파괴)

※ 크리프 계수 = 크리프 변형량 / 탄성 변형량
(크리프(creep) 현상 : 일정한 지속하중에 의해 시간이 경과하면서 변형이 점차 증가하는 현상(재료의 장기변형))

> **예문** 어떤 재료의 초기 탄성변형량이 2.0cm이고 크리프(creep) 변형량이 4.0cm라면 이 재료의 크리프 계수는 얼마인가?
> ① 0.5 ② 1.0 ③ 2.0 ④ 4.0
> **해설** 크리프 계수 = 크리프 변형량 / 탄성 변형량 = 4 / 2 = 2.0
> ⇨ 정답 ③

(6) 고온에서의 강재의 강도(인장강도, 항복강도)와 강성의 변화(*강재는 내화성이 낮다.)

① 약 130~200℃까지는 큰 변화가 없으나 200℃가 초과하면 온도가 증가함에 따라 강도와 강성이 저하된다.

② 500℃ 이상이면 상당한 변화가 시작되고, 600℃(500~600℃)에서는 인장강도와 항복강도는 상온에서의 강도에 절반 정도 감소된다.

③ 250~300℃에서는 강재의 크리프 현상도 증가된다.

(7) 금속의 이온화 경향

이온화 경향이 크다는 것은 이온화하기 쉬운 것이며 산화되기 쉽다는 것

이온(ion): 전자를 잃거나 얻어 전하를 띠는 입자

- 이온화 경향이 큰 금속 : Mg(마그네슘) 〉 Al(알루미늄) 〉 Zn(아연) 〉 Fe(철) 〉 Ni(니켈) 〉 Sn(주석)

(8) 열 및 전기 전도율

은(100%) 〉 구리(94%) 〉 금(67%) 〉 알루미늄(57%) 〉 니켈(20.5%) 〉 철(17%) 〉 크롬(7.8%)

> **열관류(熱貫流, heat transmission)**
> 재료의 열에 관한 성질 중 '재료표면에서의 열전달 → 재료 속에서의 열전도 → 재료표면에서의 열전달'과 같은 열이동의 3과정

(9) 철강의 부식 및 방식

① 철강의 표면은 대기중의 습기나 탄산가스와 반응하여 녹을 발생시킨다.
② 철강은 물과 공기에 번갈아 접촉되면 부식되기 쉽다.
③ 일반적으로 알칼리에는 부식되지 않으나 산에는 부식된다.
④ 방식법에는 철강의 표면을 Zn(아연), Sn(주석), Ni(니켈) 등과 같은 내식성이 강한 금속으로 도금하는 방법이 있다.

(10) 금속부식에 대한 대책

① 가능한 한 이종 금속은 이를 인접, 접속시켜 사용하지 않을 것
② 균질한 것을 선택하고 사용할 때 큰 변형을 주지 않도록 할 것
③ 큰 변형을 준 것은 가능한 한 풀림하여 사용할 것
④ 표면을 평활하고 깨끗이 하며 가능한 한 건조 상태로 유지할 것
⑤ 부분적인 녹은 빨리 제거할 것
⑥ 기밀 또는 수밀성 보호피막을 만들 것
⑦ 방식법에는 철강의 표면을 Zn(아연), Sn(주석), Ni(니켈) 등과 같은 내식성이 강한 금속으로 도금하는 방법이 있다.

> **철재의 표면 부식방지 처리법**
> ① 유성페인트, 광명단을 도포
> ② 시멘트 모르타르로 피복
> ③ 아스팔트, 콜타르를 도포

나 철강의 제조

(1) 철강제조공정 : 제선 → 제강 → 압연(rolling)

(가) 제선(製銑)

용광로에 철광석, 코크스, 석회석을 넣고 코크스를 연소시켜 철광석을 녹

여 선철을 만드는 과정(석회석은 불순물 제거 용도)

(나) 제강(製鋼)법

선철의 불순물과 탄소량을 제거하고 합금 원소를 첨가하여 강을 제조하는 방법

① 평로제강법 : 가장 많이 사용하며 바닥이 낮고 넓은 평로를 이용하여 선철을 용해
② 전기로제강법 : 전열를 이용하여 선철을 용해
③ 전로제강법 : 용해된 선철을 전로에 주입하고 공기를 순풍하여 탄소와 불순물을 제거시켜 강을 만드는 방법
④ 도가니제강법 : 도가니로를 제강에 사용함.

> 전로(轉爐, convertor): 용광로에서 나온 선철을 강으로 바꾸는(전화하는) 노(爐)

(다) 강재의 탄소(C) 함유량

1) 강재의 탄소(C) 함유량 : 탄소 함유량이 많을수록 강도와 경도가 증대되나 신도(연신율)는 감소된다.
(* 연신율 : 인장시험 때 재료가 늘어나는 비율)

① 인장강도가 최대일 경우의 탄소 함유량 : 탄소가 0.8~1.0% 함유할 때 최대로 증대되고 그 이상이면 감소된다.
② 경도가 최대일 경우의 탄소 함유량 : 탄소가 0.9% 함유 시 최대로 되며 그 이상이면 일정하다.

2) 강(鋼)에 함유된 탄소 성분이 강재 성질에 끼치는 영향
   ① 강도의 증감
   ② 경도의 증감
   ③ 인장강도의 증감
   ④ 연율(신율)의 증감

3) 강의 물리적 성질 중 탄소함유량이 증가함에 따라 나타나는 현상
   ① 탄소 함유량이 많을수록 강도와 경도가 증대되나 신도(연신율)는 감소된다.(항복점이 커진다)
   ② 인성과 연성이 낮아진다.
   ③ 비중과 팽창계수, 내식성은 낮아진다.
   ④ 비열(比熱)과 전기저항이 커진다.
   ⑤ 용접성이 나빠진다.

> 비열: 물질 1g을 온도 1℃ 높이는 데 필요한 열량

4) 탄소 함유량에 따른 분류
   – 주조성이 좋은 철의 순서(주조성은 탄소함유량 많으면 좋다.)
   : 주철(1.7% 이상) > 강(0.04~1.7%) > 순철(0.04% 이하)

① 주철/선철(Cast Iron/Pig Iron) : 탄소(C)가 1.7% 이상(통상 1.7%~4.5%)
② 강(Steel) : 탄소(C)가 0.04%~1.7%이며 가장 많이 사용하며 강도가 크고 열처리(탄소강, 합금강, 스테인레스강, 공구강 등)
③ 순철(연철)(Iron) : 탄소(C)가 0.04% 이하이면 연철로 분류하고, 순철(pure iron)은 최초로 용광로에서 만들어진 철로 Fe(철)가 99.99% 이상

(2) 강의 가공

(가) 강의 가공과 처리

① 소정의 성질을 얻기 위해 가열과 냉각을 조합 반복하여 행한 조작을 열처리라고 한다.
② 열처리에는 담금질, 뜨임, 불림, 풀림 등의 처리방식이 있다.(가공 중에 생긴 변형은 뜨임질, 풀림 등에 의해서 제거)
③ 압연은 구조용 강재의 가공에 주로 쓰인다.
④ 압출가공은 재료의 움직이는 방향에 따라 전방압출과 후방압출로 분류할 수 있다.

(나) 열처리방법

담금질, 뜨임, 불림, 풀림 등의 처리방식이 있음.

① 담금질(quenching) : 고온으로 가열하여 소정의 시간동안 유지한 후에 냉수, 온수 또는 기름에 담가 냉각하는 처리로 강도 및 경도, 내 마모성의 증진을 목적으로 실시하는 강의 열처리법
② 뜨임(tempering) : 담금질한 강에 적당한 인성을 부여하기 위해 적당한 온도까지 가열하여 다시 냉각
③ 풀림(annealing) : 내부응력을 제거하고 연하게 만들어주기 위해 적당한 온도로 가열하였다가 천천히 냉각
④ 불림(normalizing) : 조직을 개선하고 결정을 미세화하기 위해 800~1,000℃로 가열하여 소정의 시간까지 유지한 후에 대기 중에서 냉각시키는 처리

(다) 압연(壓延, rolling)

회전하는 롤(원주형의 공구) 사이에 재료를 통과시켜 성형하는 가공법
– 철골부재로 쓰이는 형강의 주조방법 : 압연법

> 풀림(annealing)
> 강의 열처리 방법 중 결정을 미립화하고 균일하게 하기 위해 800~1000℃까지 가열하여 소정의 시간까지 유지한 후에 로(爐)의 내부에서 서서히 냉각하는 방법

2. 금속재의 종류

(1) 일반구조용 압연강재(SS(Steel-Structure)재, 연강)

구조용 강재는 일반구조와 기계구조용 강재로 나누고 일반구조용은 일반적으로 열처리를 하지 않고 건설용으로 많이 사용(건축물에 쓰이는 H형강(H-beam)이 대표적)

- 일반구조용 압연강재의 시험항목
  ① 인장강도 시험　　② 휨 시험
  ③ 연신율 시험　　　④ 항복강도 시험
  ⑤ 경도 시험

(2) 구조용 비자성강(非磁性鋼, non-magnetic steel)

초고층 인텔리전트 빌딩이나, 핵융합로 등과 같이 강력한 자기장이 발생할 가능성이 있는 철골 구조물에서의 강재나, 철근콘크리트용 봉강으로 사용되는 것

(3) 경량 형강에 대한 설명

① 단면이 작은 얇은 강판을 냉간성형하여 만든 것이다.
② 조립, 도장, 가공이나 배관, 배선을 위하여 측면에 적당한 구멍을 뚫은 것도 있다(응력상 지장이 없음).
③ 가설구조물 등에 많이 사용된다.
④ 휨 내력은 우수하나 판 두께가 얇아 국부좌굴이나 녹막이 등에 주의할 필요가 있다.

(4) 스테인리스강(stainless steel)

(가) 스테인리스강

크롬·니켈 등을 함유하며 탄소량이 적고 내식성, 내열성이 뛰어나며 건축 재료로 다방면에 사용되는 특수강

① 철(Fe)에 크롬을 첨가한 고합금강이고 크롬(Cr)의 첨가량이 증가할수록 내식성이 좋아진다.
  - 내식성을 향상시키기 위해 크롬 합유
② 강도가 높고 열에 대한 저항성이 크다.
③ 전기저항성이 크고 열전도율이 낮다.
④ 표면이 아름답고 청결감이 좋다.

구조용 강재
① 구조용 탄소강은 보통 저탄소강이다.
② 구조용강 중 연강은 철근 또는 철골재로 사용된다.
③ 구조용 강재의 대부분은 압연강재이다.

TMC 강재
부재 두께의 증가에 따른 강도 저하, 용접성 확보 등에 대응하기 위해 열간압연 시 냉각조건을 조절하여 냉각속도에 의해 강도를 상승시킨 구조용 특수 강재

- 냉간가공: 재결정온도(720℃) 이하에서 가공
- 열간가공: 재결정온도보다 높은 온도에서 가공

(나) 스테인리스 강재의 종류

① STS 304 : 스테인리스 강재의 종류 중에서 건축재로 가장 많이 사용되고 내외장과 설비 등 모든 용도에 적합
  - 녹이 발생할 가능성이 있는 곳에 사용하고 염산, 황산에 약함.
② STS 316(STS 304에 몰리브덴 첨가) : 내식성이 뛰어남.
③ STS 430(18 크롬) : STS 304 보다 내식성이 떨어지므로 외장 등 녹 발생 장소 피함.
④ STS 410(13 크롬) : 내식성이 떨어지므로 건축재로서 사용이 많지 않음.

> **티타늄과 그 합금**
>
> 은백색의 굳은 금속원소로서 불순물이 포함되면 강해지는 경향이 있으며, 스테인리스강보다 우수한 내식성을 갖는 합금(티타늄 합금은 항공기의 부품으로 사용)

(5) 납(Pb, 연(鉛))

(가) 납(Pb, 연(鉛))의 성질

① 청백색의 광택이 있고, 비중이 11.4로 아주 크고 연질이다.
② 전성과 연성은 크나 인장강도가 작다. (전연성·가공성·주조성이 풍부하다.)
③ 납은 내산성이나 알칼리에 침식되므로 콘크리트와의 접촉은 피한다. (연은 산에는 강하나 알칼리에는 약하다.)
  - 콘크리트 중에 매입할 경우 적당히 표면을 피복할 필요가 있다.
④ 납은 방사선 투과도가 낮아서(방사선을 잘 흡수하므로) 병원 방사선실의 차폐용 벽체 등 X선 사용개소에 방호용으로 이용된다.
⑤ 증류수에 용해되고 인체에 유독하여 수도관에는 사용할 수 없다.
⑥ 공기 중에서 탄산연($PbCO_3$) 등이 표면에 생겨 내부를 보호한다.

(나) 연관

납으로 만들어진 관으로 납은 내산성이나 알칼리에 침식되므로 콘크리트와의 접촉은 피한다.
  - 콘크리트 중에 매입할 경우 적당히 표면을 피복할 필요가 있다(수도관, 가스관, 배수관 등에 사용).

(6) 구리(copper(Cu), 동(銅))

① 동은 전연성이 풍부하므로 가공하기 쉽다.

② 열과 전기의 전도율도 양호하다.
③ 동은 건조한 공기 중에서는 산화하지 않으나, 습기가 있거나 탄산가스가 있으면 녹이 발생한다.
④ 동은 맑은 물에는 침식(侵蝕)되지 않으나 해수에는 침식된다.
⑤ 동은 대기 중에서 내구성이 있으나 암모니아에 침식된다.
⑥ 동(銅)은 박판으로 제작하여 지붕재료로 이용된다.
⑦ 철강보다 내식성이 우수하다.

> 침식(侵蝕): 금속이 액체 또는 기체에 의해 마모되는 것(부식되는 것)

(7) 황동(brass, 놋쇠)

구리(Cu)와 아연(Zn)의 합금이다.
① 구리에 비하여 기계적 성질이 우수하고, 연성, 전성이 풍부하여 가공성과 주조성이 좋다.
② 구리에 비하여 내식성이 좋아 가공재, 전기 부품, 기계 부품, 일용품, 장식품 등에 사용하나 산·알칼리 및 암모니아에 침식되기 쉽다.
③ 청동에 비하여 가격이 싸고 색깔이 아름답다.

(8) 청동(bronze)

구리(Cu)와 주석(Sn)의 합금으로 내식성이 크며 주조하기 쉽고 표면에 특유의 아름다운 청록색을 가지고 있어 건축장식철물 또는 미술공예 재료에 사용되는 것
- 내식성이 좋으며 황동에 비하여 마멸이 덜되고 주조성이 좋아 밸브 및 베어링 등에도 사용한다.

(9) 아연(Zn)

① 건조한 공기 중에서는 거의 산화되지 않고 습한 공기 중에는 표면에 탄산염의 피막이 생겨 내부의 부식을 방지한다.
② 묽은 산류에 쉽게 용해되며 알칼리, 해수에 침식된다.(산과 알칼리에 약하다.)
③ 불순물을 함유하게 되면 광택이 저하된다.
④ 아연은 이온화 경향이 크고 철에 의해 침식된다.
⑤ 아연판은 철과 접촉하면 침식되므로 아연 못을 사용한다.
⑥ 아연은 인장강도나 연신율이 낮기 때문에 열간 가공하여 결정을 미세화하여 가공성을 높일 수 있다.
⑦ 주용도는 철판의 아연도금(함석판)이다.

> 함석판
> 얇은 철판에 아연을 도금한 것으로 아연도금 철판이라고도 하며, 외관미가 좋고 내식성(耐蝕生)·내구성(耐久性)이 우수하다.

(10) 주석(Sn)

① 주석은 전성과 연성이 뛰어나서 주조성, 단조성이 좋아 각종 금속과 합금화가 쉽다.
② 주석은 인체에 무해하며 유기산에 침식되지 않는다.

(11) 알루미늄(Al)

(가) 알루미늄(Al)의 성질

① 알루미늄의 비중은 철의 약 1/3이다(알루미늄 비중은 2.7).
 - 연질이고 강도가 낮다. 융점은 640~660℃ 정도이다. (알루미늄은 융점이 낮기 때문에 용해주조도가 좋다.)
② 열 및 전기전도성이 크고, 반사율이 높다. (열팽창률이 작다. 전기와 열의 양도체이다.)
③ 전성과 연성이 좋아 가공이 쉽고 주조도 가능하다.
④ 순도가 높은 알루미늄은 맑은 물에 대해 내식성이 크고 전연성이 크다. (순도가 높은 알루미늄일수록 내식성과 전·연성이 좋다.)
⑤ 내화성이 약하고 산·알칼리 및 해수에 침식되기 쉽다.
⑥ 알루미늄의 응력-변형곡선은 강재와 같은 명확한 항복점이 없다.
⑦ 알루미늄과 강판을 접촉하여 사용하면 알루미늄 판이 부식된다.
⑧ 알루미늄은 콘크리트에 접하거나 흙 중에 매몰된 경우에는 부식되기 쉽다.(콘크리트에 접하는 면에서 방식처리를 요한다)
⑨ 온도가 상승함에 따라 인장강도가 급격히 감소하고 600℃에 거의 0이 된다.
⑩ 독성이 없으며 무취하고 위생적이다.

> 알루미늄(Al)의 부식률
> 대기 중의 습도와 염분 함류량, 불순물의 양과 질 등에 관계되며 0.08mm/년 정도이다.

(나) 알루미늄 창호(aluminium sash)에 대한 설명

① 강재창호에 비하여 경량이다. (비중이 철의 1/3 정도이다.)
② 가공이 쉽고 기밀성이 우수하다.
③ 녹슬지 않아 유지관리가 쉽다. (도장 등 색상의 자유도가 있다.)
④ 강재창호에 비하여 내화성이 약하다.
⑤ 알칼리에 약하므로 콘크리트에 접하면 부식되기 쉽다.
⑥ 이종 금속과 접촉하면 부식된다.
⑦ 강성이 적고 열에 의한 팽창·수축이 크다.

　※ 습기가 있는 콘크리트나 모르타르에 알루미늄 새시를 직접 닿지 않도록 하는 이유
　 - 산, 알칼리, 해수 등에 쉽게 침식되어서

(12) 가단주철

주철의 최대 장점인 주조성을 가지며 또한 결점인 취성을 제거하여 강과 같이 단조할 수 있는 제품으로 듀벨, 창호철물, 파이프 등에 사용되는 것 (백주철을 장시간 동안 열처리하여 인성을 높인 주철)

> 두벨: 보의 이음 부분에서 볼트와 함께 보강철물로 사용되는 것

(13) 기타 금속의 성질

① 대부분의 구조용 특수강에는 니켈을 함유한다.
② 구조용 특수강은 탄소강에 니켈·망간 등을 첨가하여 강인성을 높인 것이다.
③ 강의 합금인 내후성강은 부식되는 정도가 보통 강의 1/3~1/10 정도이다.
  - 내후성강(耐候性鋼) : 부식에 저항성을 가지게 만든 금속으로 건축이나 교량 등에 사용
④ 티탄(타이타늄, Titan)은 산성에 강하므로 지붕재에 이용된다.

3. 금속철물

(1) 코너비드(corner bead)

미장공사에서 벽, 기둥 등의 모서리를 보호하기 위하여 미장바름질을 할 때 붙이는 보호용 철물

(2) 조이너(joiner)

천장, 벽 등에 보드류를 붙이고 그 이음새를 감추고 누르는 데 쓰이는 것으로 아연도금 철판제·경금속제·황동제의 얇은 판을 프레스한 제품

> 조이너: 보드의 이음새 부분에 부착하는 가는 막대 모양의 줄눈재

(3) 인서트(insert)

콘크리트 표면 등에 어떤 구조물 등을 달아 매기 위하여 콘크리트를 부어 넣기 전에 미리 묻어 넣은 고정 철물로 주철제 또는 철판 가공품

(4) 메탈라스(metal lath)

연강판에 일정한 간격으로 그물눈(마름모꼴의 구멍)을 내고 늘여 철망 모양으로 만든 것으로 천장·벽 등의 모르타르바름(미장) 바탕용으로 사용되는 재료

(5) 펀칭메탈(punching metal)

실내의 라디에이터 커버, 환기구멍 등에 사용되는 금속 가공 제품

(6) 익스펜디드 메탈(expanded Metal)
얇은 강판에 마름모꼴의 구멍을 연속적으로 뚫어 그물처럼 만든 것으로 천장, 벽 등의 미장 바탕에 쓰이는 것

(7) 듀벨(dowel)
보의 이음 부분에 볼트와 함께 보강철물로 사용되는 것으로 두 부재 사이의 전단력에 저항하는 목구조용 철물

(8) 와이어메시(wire mesh)
콘크리트 다짐바닥, 콘크리트 도로포장의 균열 방지를 위해 사용

(9) 논슬립
계단, 바닥 등에 설치하는 미끄럼방지 장치

(10) 데크 플레이트
콘크리트 슬래브의 거푸집 패널 또는 바닥판 및 지붕판으로 사용

(11) 창호철물에 대한 설명
1) 피벗 힌지(pivot hinge) : 경첩대신 촉을 사용하여 여닫이문을 회전시킨다.
2) 나이트 래치(night latch) : 외부에서는 열쇠, 내부에서는 작은 손잡이를 틀어 열 수 있는 실린더장치로 된 것이다.
3) 크레센트(crescent) : 미서기창 및 여닫이창에 달아 돌려서 잠그는 창문잠금장치이다.
4) 레버터리 힌지(lavatory hinge) : 스프링 힌지의 일종으로 공중용 화장실 등에 사용된다.
5) 도어체인 : 문이 일정 한도 이상 열리지 않도록 문에 단 쇠사슬
6) 플로어 힌지 : 금속제 용수철과 완충유와의 조합작용으로 열린 문이 자동으로 닫혀지게 하는 것으로 바닥에 설치되며, 일반적으로 무게가 큰 중량창호(강화유리문)에 사용
   - 창호용 철물 중 경첩으로 유지할 수 없는 무거운 자재 여닫이문에 쓰이는 철물
7) 도어체크(door check) : 여닫이문의 상부에 설치하여 문을 열면 열려진 여닫이문이 저절로 닫히게 하는 장치
8) 지도리 : 장부가 구멍에 들어 끼어 돌게 만든 철물로서 회전창에 사용되는 것(돌쩌귀나 문장부 등)

드라이브핀
일종의 못박기총을 사용하여 콘크리트나 강재 등에 박는 특수못

줄눈대(metallic joiner)
인조석 갈기 및 테라조 현장갈기 등에 사용되는 구획용 철물

CHAPTER 04 항목별 우선순위 문제 및 해설

01 강재의 인장시험에서 탄성에서 소성으로 변하는 경계는?

① 비례한계점 ② 변형경화점
③ 항복점   ④ 인장강도점

[해설] 항복점(yield point)
응력이 증가하지 않아도 물체가 계속 변형되는 점(소성 영역)
- 탄성에서 소성으로 변하는 경계

02 다음 중 주조성이 좋은 철의 순으로 옳게 나열된 것은?

① 주철 〉 강 〉 순철
② 강 〉 주철 〉 순철
③ 주철 〉 순철 〉 강
④ 순철 〉 강 〉 주철

[해설] 주조성이 좋은 철의 순서(주조성은 탄소함유량 많으면 좋다) : 주철(1.7% 이상) 〉 강(0.04~1.7%) 〉 순철(0.04% 이하)

03 강재는 탄소 함유량에 따라 각종 성질이 변한다. 인장강도가 최대일 경우의 탄소 함유량은?

① 0.2~0.3%   ② 0.5~0.7%
③ 0.8~1.0%   ④ 1.3~1.5%

[해설] 강재의 탄소(C) 함유량
탄소 함유량이 많을수록 강도와 경도가 증대되나 신도(연신율)는 감소된다.
(* 연신율 : 인장시험 때 재료가 늘어나는 비율)
① 인장강도가 최대일 경우의 탄소 함유량 : 탄소가 0.8~1.0% 함유할 때 최대로 증대되고 그 이상이면 감소된다.
② 경도가 최대일 경우의 탄소 함유량 : 탄소가 0.9% 함유 시 최대로 되며 그 이상이면 일정하다.

04 다음 중 열 및 전기 전도율이 가장 큰 금속은?

① 알루미늄 ② 크롬
③ 니켈   ④ 구리

[해설] 전기 전도율
은(100%) 〉 구리(94%) 〉 금(67%) 〉 알루미늄(57%) 〉 니켈(20.5%) 〉 철(17%) 〉 크롬(7.8%)

05 다음 중 이온화 경향이 가장 큰 금속은?

① Al   ② Mg
③ Zn   ④ Ni

[해설] 금속의 이온화 경향
이온화 경향이 크다는 것은 이온화하기 쉬운 것이며 산화되기 쉽다는 것
- 이온화 경향이 큰 금속 : Mg(마그네슘) 〉 Al(알루미늄) 〉 Zn(아연) 〉 Fe(철) 〉 Ni(니켈) 〉 Sn(주석)

06 금속부식에 대한 대책으로 틀린 것은?

① 가능한 한 이종 금속은 이를 인접, 접속시켜 사용하지 않을 것
② 균질한 것을 선택하고 사용할 때 큰 변형을 주지 않도록 할 것
③ 큰 변형을 준 것은 가능한 한 풀림하여 사용할 것
④ 표면을 거칠게 하고 가능한 한 습윤상태로 유지할 것

[해설] 금속부식에 대한 대책
④ 표면을 평활하고 깨끗이 하며 가능한 한 건조 상태로 유지할 것

07 강재의 열처리 방법이 아닌 것은?

① 단조   ② 불림
③ 담금질   ④ 뜨임질

정답 01. ③ 02. ① 03. ③ 04. ④ 05. ② 06. ④ 07. ①

해설 열처리방법
① 담금질(quenching) : 고온으로 가열하여 소정의 시간 동안 유지한 후에 냉수, 온수 또는 기름에 담가 냉각하는 처리로 강도 및 경도, 내 마모성의 증진을 목적으로 실시하는 강의 열처리법
② 뜨임(tempering) : 담금질한 강에 적당한 인성을 부여하기 위해 적당한 온도까지 가열하여 다시 냉각
③ 풀림(annealing) : 내부응력을 제거하고 연하게 만들어주기 위해 적당한 온도로 가열하였다가 천천히 냉각
④ 불림(normalizing) : 조직을 개선하고 결정을 미세화하기 위해 800~1,000℃로 가열하여 소정의 시간까지 유지한 후에 대기 중에서 냉각시키는 처리

08 크롬·니켈 등을 함유하며 탄소량이 적고 내식성, 내열성이 뛰어나며 건축 재료로 다방면에 사용되는 특수강은?
① 동강(Copper steel)
② 주강(Steel casting)
③ 스테인리스강(Stainless steel)
④ 저탄소강(Low Carbon Steel)

해설 스테인리스강(stainless steel) : 크롬·니켈 등을 함유하며 탄소량이 적고 내식성, 내열성이 뛰어나며 건축 재료로 다방면에 사용되는 특수강
① Fe에 크롬을 첨가한 고합금강이고 크롬(Cr)의 첨가량이 증가할수록 내식성이 좋아진다.
 - 내식성을 향상시키기 위해 크롬 합유
② 강도가 높고 열에 대한 저항성이 크다.
③ 전기저항성이 크고 열전도율이 낮다.
④ 표면이 아름답고 청결감이 좋다.

09 구리와 주석의 합금으로 내식성이 크며 주조하기 쉽고 표면에 특유의 아름다운 청록색을 가지고 있어 건축장식철물 또는 미술공예 재료에 사용되는 것은?
① 황동   ② 청동
③ 양은   ④ 적동

해설 청동(bronze) : 구리(CU)와 주석(Sn)의 합금으로 내식성이 크며 주조하기 쉽고 표면에 특유의 아름다운 청록색을 가지고 있어 건축장식철물 또는 미술공예 재료에 사용되는 것
 - 내식성이 좋으며 황동에 비하여 마멸이 덜되고 주조성이 좋아 밸브 및 베어링 등에 사용한다.

10 알루미늄에 관한 설명으로 옳지 않은 것은?
① 250~300℃에서 풀림한 것은 콘크리트 등의 알칼리에 침식되지 않는다.
② 비중은 철의 1/3 정도이다.
③ 전연성이 좋고 내식성이 우수하다.
④ 온도가 상승함에 따라 인장강도가 급격히 감소하고 600℃에 거의 0이 된다.

해설 알루미늄(Al)
① 알루미늄의 비중은 철의 약 1/3이다(알루미늄 비중은 2.7).
 - 연질이고 강도가 낮다.
② 알루미늄은 콘크리트에 접하거나 흙 중에 매몰된 경우에는 부식되기 쉽다.
③ 알루미늄과 강판을 접촉하여 사용하면 알루미늄 판이 부식된다.

11 미장공사에서 코너비드가 사용되는 곳은?
① 계단 손잡이   ② 기둥의 모서리
③ 거푸집 가장자리 ④ 화장실 칸막이

해설 코너비드(corner bead)
미장공사에서 외벽 꺾인 부분(모서리)의 파손방지와 꺾인 면의 선을 일정하게 유지하기 위한 철물

12 천장, 벽 등에 보드류를 붙이고 그 이음새를 감추고 누르는 데 쓰이는 것으로 아연도금 철판제·경금속제·황동제의 얇은 판을 프레스한 제품은?
① 줄눈대   ② 조이너
③ 코너비드   ④ 인서트

해설 조이너(joiner)
천장, 벽 등에 보드류를 붙이고 그 이음새를 감추고 누르는 데 쓰이는 것으로 아연도금 철판제·경금속제·황동제의 얇은 판을 프레스한 제품
 - 보드의 이음새 부분에 부착하는 가는 막대모양의 줄눈재

정답 08. ③ 09. ② 10. ① 11. ② 12. ②

Chapter 05 합성수지, 도료 및 접착제

memo

플라스틱 건설재료의 현장 적용 시 고려사항 〈건축공사표준시방서-플라스틱공사 일반〉
3. 공법
3.1 일반사항
가. 열가소성(熱可塑性) 플라스틱재는 열팽창계수가 크므로 경질판의 정착에 있어서는 열에 의한 신축(伸縮)의 여유를 고려해야 한다. 아크릴, 폴리에틸렌 평판은 10℃의 온도차에 대하여 1m마다 1~1.5mm, 비닐평판에서는 0.7~0.8mm의 신축 여유를 두는 것을 표준을 한다.
나. 열가소성 재료는 열에 따른 경도의 변화가 있으므로 50℃(단시간 60℃) 이상 넘지 않도록 한다.
라. 마감부분에 사용하는 경우 표면의 흠, 얼룩, 변형이 생기지 않도록 하고 필요에 따라 종이, 천 등으로 적당히 양생한다.
마. 양생한 후 부드러운 헝겊에 물, 비눗물, 휘발유 등을 적셔서 청소한다.
바. 아크릴재에는 도료용 용제(초산에스터, 아세톤)가 묻지 않도록 하고 공사한 부분에는 청소 후 특정의 대전방지제(帶電防止濟)로 마무리한다.

1. 합성수지

가 플라스틱(합성수지) 재료의 일반적인 성질

① 플라스틱은 일반적으로 투명 또는 백색의 물질이므로 적합한 안료나 염료를 첨가함에 따라 상당히 광범위하게 채색이 가능하다.
② 플라스틱의 내수성 및 내투습성은 폴리초산비닐 등을 제외하고 극히 양호하다.
③ 플라스틱은 상호간 계면접착이 잘되며, 금속, 콘크리트, 목재, 유리 등 다른 재료에도 잘 부착된다.
④ 플라스틱은 일반적으로 전기절연성이 상당히 양호하고 내산성, 내알카리성, 내약품성이 우수하다.
⑤ 마모가 적고 탄력성이 커서 바닥재료로 사용하고 성형성, 가공성이 좋다.
⑥ 내열성, 내후성, 내화성이 적고 비교적 저온에서 연화, 연질된다.
⑦ 전성, 연성이 크고 피막이 강하다. (비강도가 콘크리트에 비해 크다.)
⑧ 플라스틱은 열에 의한 팽창 및 수축이 크다.
⑨ 플라스틱은 인장강도가 압축강도보다 작다.

나 합성수지의 종류

(가) 열가소성수지(thermosoftening plastic)

고온에서 유동성을 가지며 가열하여 녹여서 가공하고 냉각하면 굳는 수지 (재활용이 가능)

- 초산비닐수지, 염화비닐수지 또는 폴리염화비닐(PVC)수지, 아크릴수지, 폴리에틸렌수지, 폴리프로필렌수지, 폴리스티렌수지, ABS수지, 폴리아미드(나일론)수지, 플루오르수지, 스타렌 수지, 셀룰로오스 수지, 폴리카보네이트, 폴리아미르, PET, 합성고무, 폴리아세탈, 셀룰로이드 등

(나) 열경화성수지(thermosetting resin)

경화되면 연화되거나 녹지 않는 수지로 내열성, 내약품성이 풍부하고 경도가 높다
- 페놀수지, 요소수지, 멜라민수지, 에폭시수지, 불포화 폴리에스테르수지, 실리콘수지, 폴리우레탄수지, 알키드수지, 푸란수지 등

다 종류별 특징 등

(1) 열가소성수지(thermosoftening plastic)

(가) 염화비닐수지 또는 폴리염화비닐(PVC)수지

합성수지 중 PVC라 불리우며 내산성, 내알칼리성 및 내후성이 우수하고 판재, 타일, 시트, 파이프 등의 각종 성형품과 도료 등으로 사용(사용온도는 -10~60℃이다.)
- 염화비닐수지는 열가소성수지에 속한다.

(나) 아크릴수지(열가소성수지)

① 가열하면 연화 또는 융해하여 가소성이 되고, 냉각하면 경화하는 재료이다.
② 분자구조가 쇄상구조(chain structure)로 이루어져 있다.
③ 아크릴수지는 투명도가 높아 유기유리로 불린다.
④ 아크릴수지의 성형품은 색조가 선명하고 광택이 있어 아름다우나 내용제성이 약하므로 상처나기 쉽다.
⑤ 투명도가 높고 착색이 자유로워 채광판, 도어판, 칸막이판 등에 이용한다.(무색 투명하여 상온에서도 절단·가공이 용이)

(다) 폴리에틸렌수지(열가소성수지)

① 상온에서 유백색의 불투명 내지는 반투명의 탄성이 있는 열가소성수지로서 비중은 1보다 작다.
② 내약품성, 전기절연성, 성형성이 우수하다.
③ 얇은 시트로 이용한다(두께가 얇은 시트를 만들어 건축용 방수재료로 이용되며 내화학성의 파이프로도 활용).

(라) 폴리스티렌수지

발포제로서 보드상으로 성형하여 단열재로 널리 사용되며 건축벽 타일, 천장재, 전기용품, 냉장고 내부상자 등에 쓰이는 열가소성수지
① 투명성, 기계적 강도, 내수성은 좋지만 내충격성이 약하다.

사. 열가소성 평판의 곡면가공은 반지름을 판 두께의 30배 이하로 하고, 구부리거나 휠 때는 가열가공(110~130℃)을 원칙으로 한다. 열경화성재로 두께 2mm 이상의 경우는 가소성(可塑性) 수지를 사용하거나 성형 시에 필요한 곡률(曲律)을 갖도록 하고 현장에서 가열 가공해서는 안 된다.

3.2 일반공법
아. 접착
4) 열경화성 접착제는 경화제 및 촉진제를 가하여 사용할 경우, 사용 중에는 심한 발열이나 경화가 없도록 혼합 시의 규정량을 엄수하고 적정량의 배합을 한다.

② 열가소성수지 제품으로 전기절연성, 가공성이 우수하며 발포제품은 저온 단열재로서 널리 사용

(마) 메타크릴수지

열가소성수지의 일종으로 다른 플라스틱 투명 수지보다 투명도가 대단히 높은 광투과율을 갖고 있고 내후성, 강성이 좋기 때문에 항공기의 방풍 유리, 차량용 부품, 조명기구, 건축용 재료, 표시 장치의 창 등 넓은 용도로 사용된다.

(2) 열경화성수지(thermosetting resin)

(가) 페놀수지

내열성·내수성이 양호하여 파이프, 덕트 등에 사용된다.

(나) 요소수지

내수합판의 접착제로 널리 사용되며 도료, 마감재, 장식재로 쓰인다.

(다) 멜라민수지

① 수지성형품 중에서 표면경도가 크고 아름다운 광택을 지니면서 착색이 자유롭고 내열성이 우수한 수지이다.
② 강도, 전기절연, 내후성 등이 우수하며 견고하고 내수성, 내용제성이다.
③ 마감재, 치장판, 전기부품 등에 활용되는 수지이다.

(라) 에폭시수지

경화 시 휘발성이 없으므로 용적의 감소가 극히 적다.
① 경화에 있어 반응수축이 매우 작고 또한 휘발물을 발생하지 않는다.
② 에폭시수지는 내수성, 내약품성, 전기절연성이 우수하여 건축 분야에 널리 사용되고 금속도료 및 접착제로 쓰인다.

(마) 폴리에스테르수지

건축용으로는 글라스 섬유(유리 섬유)로 강화된 평판 또는 판상제품으로 주로 사용되며 욕조 및 레진 콘크리트 등에도 이용되는 열경화성 수지
① 전기절연성이 우수하다.
② 폴리에스테르수지 : 비행기, 차량 구조재, 건축창호, 욕조, 절연용부품, 접착제, 도료, 파이프 등에 사용된다.
(*포화폴리에스테르수지(알키드수지)와 불포화 폴리에스테르수지(FRP)가 있다.)

합성수지 재료
① 요소수지는 무색이어서 착색이 자유롭고 내수성이 크다.
② 폴리에스테르수지는 내열성이 우수하고 특히 내약품성이 뛰어나다.
③ 실리콘수지는 내약품성, 내후성이 좋다.

용제: 물질을 용해시키기 위해 사용
① 고체를 녹이거나 액체를 묽게 하는 것
② 유동성을 얻기 위해 첨가하는 것

레진 콘크리트: 불포화에스테르수지, 에폭시수지 등을 액상으로 하여 모래, 자갈 등의 골재와 섞어 만든 콘크리트로 보통 콘크리트에 비해 강도, 내구성, 내약품성이 뛰어남

③ 불포화 폴리에스테르수지는 유리섬유로 보강하여 사용되는 경우가 많다.
④ 유리섬유 강화폴리에스테르판(FRP) : 보통 F.R.P 판이라고 하며, 내외장재, 가구재 등으로 사용되며 구조재로도 사용 가능한 것 – 폴리에스테르강화판(polyester plate)
  ㉠ 불포화 폴리에스테르수지(열경화성 수지)에 유리섬유를 보강한 피복재로 강도가 우수하고 열 수축이 없다(평판 또는 판상 제품으로 주로 사용).
  ㉡ 유리 섬유를 폴리에스테르수지에 불규칙하게 혼입하고 상온 가압하여 성형한 판으로 설비재·내외수장재로 쓰이는 것

(바) 실리콘수지

내열성이 크고 발수성을 나타내어 방수제로 쓰이며 저온에서도 탄성이 있어 개스킷(gasket), 패킹(packing)의 원료로 쓰이는 합성수지
① 실리콘수지는 내열성, 내한성이 우수한 수지로 콘크리트의 발수성 방수도료에 적당하다.
② 실리콘수지는 전기적 성능이 우수하며 내약품성·내후성이 좋다.

(사) 폴리우레탄수지(polyurethane resin)

열가소성 수지 중 내마모성이 있어 우레탄고무, 도료 접착제로 사용되는 수지
– 내마모성, 내약품성, 밀착성이 좋다.

(3) 열변형온도(HDT, Heat deflection temperature)

플라스틱에 일정한 하중을 줄 때 온도상승에 따른 변형이 나타나는 온도
– 폴리염화비닐(PVC) : 50~70℃, 폴리스티렌(PS) : 60~95℃, 폴리카보네이트(PC) : 135~145℃, 폴리에틸렌(PE) : 40~85℃, 폴리프로필렌(PP) : 100~110℃, ABS수지 : 70~105℃

라 합성수지 제품

(1) 합성수지계 바닥 재료

1) 유지계 : 리놀륨 타일(linoleum tile), 리노타일
2) 고무계 : 고무타일, 시트(고무시트)
   – 시트 : 황화고무를 주재료로 한 시트 형상의 바닥재료(고무시트)
3) 비닐수지계 : 비닐타일, 플라스틱 시트(plastic sheet)
   – 비닐타일 : 염화비닐을 주원료로 하여 만든 타일형상의 바닥재

포화: 일정 조건하에서 어떤 물질이 용매에 더 이상 용해되지 않은 상태(*불포화: 계속 용해되는 상태)

실리콘(silicon)수지
① 실리콘수지는 내열성, 내한성이 우수하여 -60~260℃의 범위에서 안정하다.
② 탄성을 지니고 있고, 내후성도 우수하다.
③ 발수성이 있기 때문에 건축물, 전기 절연물 등의 방수에 쓰인다.

발수성: 습윤에 저항하는 능력

폴리우레탄수지(polyurethane resin): 도막방수재 및 실링재로서 이용이 증가하고 있는 합성수지로서 기포성 보온재료로도 사용된다.

PVC바닥재
- PVC(폴리염화비닐)를 소재로 제작된 바닥재로 내수성이 좋음(습기에 강함)
- 햇빛에 오래 노출되면 재료가 늘어나므로 그늘진 곳에 보관함

4) 아스팔트계 : 아스팔트 타일, 쿠마론인덴수지(coumarone indene resin) 타일
 - 명색계 쿠마론인덴수지 타일 : 콜타르를 증류하여 얻은 용제를 주원료로 하여 만든 타일 형상의 바닥재

(2) 리놀륨(linoleum)

리녹신에 수지, 고무물질, 코르크분말 등을 섞어 마포(hemp cloth) 등에 발라 두꺼운 종이 모양으로 압연·성형한 제품
 - 아마인유의 산화물인 리녹신에 수지, 고무질 물질 등을 섞어 만든 시트 형상의 바닥재

(3) 탄성우레탄수지 바름바닥

바닥마감재로 적당한 탄성이 있고, 내마모성, 흡습성이 있어 아파트, 학교, 병원 복도 등에 사용되는 것

(4) 에폭시 도장(에폭시 바닥재)

① 내마모성은 우수하고 수축, 팽창이 거의 없다.
② 내약품성, 내수성, 접착력이 우수하다.
③ 자외선에 특히 약하며 실내 바닥재로 주로 사용한다.
④ Non-Slip 효과가 있다.

(5) 비닐 레더(vinyl leather)

염화비닐 수지에 가소제, 안료, 안정제를 혼합하여 만든 인조 피혁
① 색채, 모양, 무늬 등을 자유롭게 할 수 있다.
② 면포로 된 것은 찢어지지 않고 튼튼하다.
③ 두께는 0.5~1mm이고, 길이는 10m 두루마리로 만든다.
④ 소파의 커버, 신발류, 가방, 가구 등에 사용된다.

- 가소제: 고온에서 성형, 가공을 용이하게 하는 물질(가소성을 증가)
- 안정제: 열, 빛에 대해 저항력을 주기 위해 첨가

(6) 비닐벽지

① 시공이 용이하다.
② 오염이 되더라도 청소가 용이하다(물청소 가능).
③ 통기성 부족으로 결로의 우려가 있다.
④ 타 벽지에 비해 경제적으로 가격이 싸다.
⑤ 색상과 디자인이 다양하다.

(7) 비닐 시트

염화비닐과 질산비닐을 주원료로 하여 석면, 펄프 등을 충전제로 하고 안료를 혼합하여 롤러로 성형 가공한 것으로 폭 90cm, 두께 2.5mm 이하의 두루마리형으로 되어 있는 것

> 충전제: 첨가제

(8) 폴리프로필렌섬유

고강도 콘크리트 건축물의 폭렬방지 대책으로 콘크리트에 혼입하여 사용하는 섬유(취성적 파괴를 방지)

(9) 폴리에스테르섬유의 특징

① 강도와 신도를 제조공정상에서 조절할 수 있다.
② 영계수가 커서 주름이 생기지 않는다.
③ 다른 섬유와 혼방성이 풍부하다.
④ 양모와 흡사한 성질이 있다.

> - 신도: 연신율
> - 영 계수(Young's modulus): 물질의 수축, 신장 변형에 대한 저항의 크기. 영률이 크면 단단하고 압축이 잘 안 되며 복원력이 큰 물질(물질의 늘어나고 변형되는 정도를 나타내는 탄성률)
> - 혼방성(blending): 성질이 다른 섬유를 조합하여 짤 수 있는 성질로서 장단점을 상호 보완

2. 도료

가 도료의 일반

(1) **도료의 원료** : 수지(접착제), 안료, 첨가제, 용제

① 수지 : 천연수지와 합성수지(플라스틱)로 구분이 한다.
② 안료 : 물 및 대부분의 유기용제에 녹지 않는 분말상의 착색제
    - 도장재료의 주요 구성요소 중 도막에 색을 주거나 기계적인 성질을 보강하는 역할의 불용성 요소
③ 첨가제 : 가소제(성형을 쉽게하고 노후방지 및 내구성을 향상), 건조제, 강화제, 침강 방지제 등
④ 용제 : 도료의 도막을 형성하는 데 필요한 유동성을 얻기 위하여 첨가하는 것

> - 강화제(보강제): 화학적 성질을 강화(보강)하기 위한 물질
> - 침강 방지제: 용매와 첨가제들이 분리되지 않도록(용매가 분리되지 않도록) 하기 위한 물질

(2) **건조제** : 도료의 첨가제

① 상온에서 기름에 용해되는 건조제 : 일산화연, 연단, 이산화망간, 리사지, 초산염, 붕산망간, 수산망간
② 가열하여 기름에 용해되는 건조제 : 납, 망간, 코발트의 수지산 또는 지방산의 염류

(3) 도료의 건조과정에 의해 분류

① 자연건조형 : 바니시, 락카, 에멀션 도로, 비닐수지 도료
② 가열건조형 : 아미노알키드수지도료, 아크릴도료, 멜라민도료

(4) 도장공사에 사용되는 초벌도료에 대한 설명

① 도장면과의 부착성을 높이고 재벌, 정벌 칠하기 작업이 원활하도록 만드는 것이 초벌도료이다.
② 철재면 초벌도료는 방청도료이다.
③ 콘크리트, 모르타르 벽면에는 수성페인트로 초벌칠을 한다.
④ 목재면의 초벌도료는 목재면의 흡수성을 막고, 부착성을 증진시키고, 아울러 수액이나 송진 등의 침출을 방지한다.

• 정벌바름: 최종 마무리 도장(*초벌 – 재벌 – 정벌)

(5) 도장결함

(가) 흐름 현상(sagging running)

수직면으로 도장하였을 경우 도장 직후에 도막이 흘러내려 두껍게 되는 현상
① 너무 두껍게 도장하였을 때
② 신나(thinner)의 지나친 희석으로 점도가 낮을 때
③ 저온으로 건조시간이 길 때
④ 에어리스(airless) 도장 시 팁이 크거나 2차압이 낮아 분무가 잘 안되었을 때

• 에어리스 스프레이 도장: 공기가 없이 페인트만으로 분사되는 방식

(나) 피막(skinning) 현상

도료의 저장 중 또는 용기 내 방치 시 도료의 표면에 피막이 형성되는 현상
① 피막방지제의 부족이나 건조제가 과잉일 경우 : 피막방지제와 건조제의 균형
② 용기 내에 공간이 커서 산소의 양이 많을 경우(산화반응) : 알맞은 용기 사용, 질소 치환
③ 사용 잔량을 뚜껑을 열어둔 채 방치하였을 경우 : 밀봉 보관

(다) 주름발생 현상(wrinkle)

건조 과정에서 도막에 주름이 생기는 현상
① 도막이 두껍지 않도록 적당한 도막 두께로 도장한다.
② 하도의 건조가 불충분 하지 않도록 충분히 건조 후 도장한다.
③ 직사광선이나 급격한 가열이 되지 않도록 도포 후 즉시 직사광선을 쬐이지 않는다.

• 하도: 방수작업에서 첫 번째 바름
 (* 하도→중도→상도)

(라) 시딩(seeding) 현상

도료의 저장 중 온도의 상승 및 저하의 반복작용에 의해 도료 내에 작은 결정이 무수히 발생하며 도장 시 도막에 좁쌀 모양이 생기는 현상

나 도료의 종류별 특징

(1) 페인트(paint)

(가) 수성페인트(water paint)

① 수성페인트의 재료로 아교·전분·카세인 등이 활용된다.
② 무광택이며 내알칼리성이다.
③ 물의 첨가로 독성 및 화재발생의 위험에 안전한 도료이다.

(나) 에멀션 페인트(emulsion paint) : 수성페인트의 일종

① 수성페인트의 일종인 에멀션 페인트는 수성페인트에 합성수지와 유화제를 섞은 것이다.
② 내수성, 내구성이 좋고 내·외부에 사용된다.
③ 오염이나 낙서로 인한 표면 얼룩을 물걸레 등으로 쉽게 제거할 수 있다.

(다) 유성페인트(oil paint)

① 안료, 건성유, 건조제, 희석제를 혼합한 도료이다.
② 아마인유 등의 건조성 지방유를 가열 연화시켜 건조제를 첨가한 것을 보일유라 한다.
  - 보일유와 안료를 혼합한 것이 유성페인트이다.
③ 광택이 좋고 내수성, 내후성, 내마멸성이 우수하여 건물의 외벽이나 욕실·부엌 등에 사용한다.
④ 건조가 느리고 알칼리에 약하다.
  (* 신너(thinner)는 라카, 유성도료의 희석제로 사용한다.)

(라) 에나멜 페인트(enamel paint)

① 유성바니시와 안료를 섞어 만든 유색의 불투명 도료이다.
② 유성페인트보다 도막이 두껍고 튼튼하다.
③ 색채, 광택이 좋고 내수성, 내열성, 내유성, 내약품성이 우수하다.

(2) 합성수지도료(수지성페인트)

합성수지와 안료 및 휘발성 용제를 혼합한 것으로 건조 시간이 빠르고 도

도료의 종류
① 래커에나멜: 목재와 철재 양쪽 모두에 사용되고 콘크리트면에 부적합
② 유성페인트: 목재와 철재 양쪽 모두에 사용되고 플라스터, 회반죽, 모르타르, 콘크리트 벽면에 부적합
③ 에나멜페인트: 목재와 철재 양쪽 모두에 사용되고 플라스터, 모르타르 등의 벽면에 부적합
④ 합성수지도료: 목재와 철재 양쪽 모두에 사용되고 플라스터, 회반죽, 모르타르, 콘크리트 벽면에 부적합
⑤ 유성바니시: 목재와 철재 부분에 사용되고 플라스터 등에 부적합
⑥ 휘발성 바니시(주정바니시, 수지바니시): 목재, 실내 장식품 등에 사용되고 금속, 외부용 등으로 부적합

수성페인트: 안료를 적은 양의 물로 용해하여 수용성 교착재와 혼합한 분말 상태의 도료

• 건성유: 물감의 건조를 빠르게 하기 위해 사용
• 희석제: 점도 조절용으로 사용되는 용제

• 내유성: 기름 침투에 대한 저항성

막이 단단하며 유성페인트와 비교하여 내알칼리성, 내산성이 우수하다. (합성수지페인트 : 콘크리트나 플라스터면에 사용)

– 합성수지도료 : 페놀수지도료, 비닐수지도료(초산비닐도료, 염화비닐도료), 에폭시수지도료, 멜라민수지도료

✱ 합성수지 에멀션페인트 : 콘크리트 면에 주로 사용하는 도장재료

(가) 에폭시수지 도료

충격 및 마모에 강하고 외부 피복용 도료로 사용된다.

– 부착력, 내구력, 방청성, 내마모성, 내충격성, 내약품성 및 내유성이 우수하여 각종 철재 시설물의 방청용으로 사용된다.

(나) 염화비닐수지도료

폴리염화비닐을 주성분으로 하여 만든 도료이며 내수성, 내산성, 내알칼리성, 내약품성이 우수하다.

① 콘크리트 표면도장에 적합한 도료이다.

② 염화비닐수지바니시, 염화비닐수지에나멜, 염화비닐수지프라이머가 있다.

– 염화비닐수지에나멜 : 자연에서 용제가 증발하여 표면에 피막이 형성되어 굳는 도료

(3) 바니시(varnish, 니스)

목재 등의 표면처리에 사용되는 투명한 도료(휘발성 바니시와 유성 바니시로 구분)

① 바니시는 합성수지, 아스팔트, 안료 등에 건성유나 용제를 첨가한 것이다.(바니시는 수지류를 건성유 또는 휘발성 용제로 용해한 것이다.)

② 휘발성 바니시에는 락(lock), 래커(lacquer) 등이 있다.

③ 휘발성 바니시는 건조가 빠르나 도막이 얇고 부착력이 약하다.

④ 유성 바니시는 투명 도료로 내후성이 낮아 옥외에는 쓰이지 않고 목재 내부용으로 사용된다.

– 유성 바니시 : 유용성 수지를 건조성 기름에 가열·용해하여 이것을 휘발성 용제로 희석한 것으로 광택이 있고 강인하며 내구·내수성이 큰 도장재료

(4) 셀락(shellac)니스

목부의 옹이땜, 송진막이, 스밈막이 등에 사용되나, 내후성이 약한 도장재이다.

도료의 사용 부위별 페인트
① 목재면 목재용 – 래커 페인트
② 모르타르면 – 실리콘 페인트
③ 외부 철재구조물 – 조합 페인트
④ 내부 철재구조물 – 에나멜 페인트

에폭시수지 도료: 충격 및 마모에 강하고 외부 피복용 도료로 사용된다.
① 부착력, 내구력, 방청성, 내마모성, 내충격성, 내약품성 및 내유성이 우수하여 각종 철재 시설물의 방청용으로 사용된다.
② 건축물에 통상 사용되는 도료 중 내후성, 내알칼리성, 내산성 및 내수성이 가장 좋은 도료

(5) 래커(lacquer)

니트로셀룰로오스, 수지, 가소제 등을 용제로 녹인 도료로 건조가 대단히 빠르며 내후성, 내수성, 내약품성, 내마모성이 우수하다. 안료를 넣지 않고 투명한 것을 클리어(투명) 래커라 하고, 안료(착색제)를 넣은 것을 래커 에나멜이라 한다.

- 클리어 래커(clear lacquer, 투명래커) : 목재의 무늬나 바탕의 특징을 잘 나타낼 수 있는 마무리 도료

    ※ 가소제는 건조된 도막에 탄성, 교착성 등을 줌으로써 내구력을 증가시키는 데 쓰이는 도막형성 부요소이다.

> 가소제: 고온에서 성형, 가공을 용이하게 하는 물질 (가소성을 증가)

> 클리어 래커
> 도료 중 주로 목재면의 투명도장에 쓰이고 오일 니스에 비하여 도막이 얇으나 견고하며, 담색으로서 우아한 광택이 있고 내부용으로 쓰이는 것

(6) 합성수지 스프레이 코팅제

알키드수지 · 아크릴수지 · 에폭시수지 · 초산비닐수지를 용제에 녹여서 착색제를 혼입하여 만든 재료로 내화학성, 내후성, 내식성 및 치장효과가 있는 내 · 외장 도장재료

※ 알키드 수지를 활용한 도료는 건조 초기의 내수성이 떨어지며 내알칼리성이 좋지 못하다.

(7) 본타일

합성수지와 체질 안료를 혼합한 입체 무늬 모양을 내는 뿜칠용 도료로서 콘크리트나 모르타르 바탕에 도장하는 도료

> 체질안료(무채색 안료): 플라스틱, 도료 등의 광학적 성질, 기계적 성질, 유동성을 개선하기 위해 사용

(8) 드라이비트용 도료

① 수용성 아크릴 수지와 천연골재가 주원료이다.
② 단열성이 우수하고, 부착성이 좋다.
③ 내수성, 내약품성, 내구성이 우수하다.

(9) 기타

1) 캐슈(cashew) : 열대성 식물인 캐슈의 과실 껍질에 함유되어 있는 액을 주원료로 한 유성도료
2) 아스팔트 페인트 : 방수, 방청, 전기절연용으로 사용
3) 징크로메이트 : 알루미늄판이나 아연철판의 초벌용으로 사용

> 형광 도료(螢光塗料, fluorescent paint)
> 형광체 안료를 전색제와 혼합시킨 도료로 인쇄, 광고, 간판, 교통신호, 안전표지 등에 많이 사용됨.

(10) 방청 도료 및 안료

(가) 방청 도료

광명단(연단) 도료, 징크로메이트, 워시프라이머, 알루미늄분 도료(알루미늄 페인트), 역청질 페인트, 산화철 도료, 크롬산연 도료, 규산염도료, 에칭프라이어

> 방청: 녹을 방지

(나) 녹방지용 안료(방청)

광명단(연단, 적연), 징크로메이트, 크롬산아연(아연황), 아연분말, 아산화납 등

(11) 퍼티 및 코킹재

(가) 페인트 퍼티

연백(鉛白): 백색 안료로서 사용

건성유에 연백 또는 안료를 더하여 만든 것으로 주로 유성페인트의 바탕 만들기에 사용되는 퍼티

(* 퍼티(putty) : 접합재로 유리판을 고정하거나 목공품의 균열을 막거나 도장 하지의 간극, 균열 메우기 등에 사용)

(나) 건축용 코킹재

균열보수, 줄눈 등의 틈을 메우는 밀폐재로 사용되고 유연성과 내구성이 있어야 하며 각종 재료에 잘 접착 되어야 한다.

– 실링재와 같은 뜻의 용어로 부재의 접합부에 충전하여 접합부를 기밀하고 수밀하게 하는 재료

① 수축률이 작다.
② 내부의 점성이 지속된다.
③ 내산·내알칼리성이 있다.
④ 각종 재료에 접착이 잘 된다.

> **건축용 뿜칠마감재의 조성에 관한 설명**
>
> ① 안료 : 내알칼리성, 내후성, 착색력, 색조의 안정
> ② 유동화제 : 재료를 유동화시키는 재료(물이나 유기용제 등)
> ③ 골재 : 치수안정성을 향상시키고 흡음성, 단열성 등의 성능개선(모래, 석분, 펄프입자, 질석 등)
> ④ 결합재 : 골재의 간격을 채워서 결합하는 데 쓰이는 재료(점토, 시멘트, 풀, 석회 등)

3. 접착제

가 접착제 사용 시 주의사항 및 요구되는 성능

(1) 접착제를 사용할 때의 주의사항

① 피착제의 표면은 가능한 한 습기가 없는 건조 상태로 한다.
② 용제, 희석제를 사용할 경우 과도하게 희석시키지 않도록 한다.

③ 용제성의 접착제는 도포 후 용제가 휘발한 적당한 시간에 접착시킨다.
④ 접착처리 후 일정한 시간 동안에는 접착면을 압축하여 접착이 잘되도록 한다.

(2) 건축용 접착제에 기본적으로 요구되는 성능
① 경화 시 체적수축 등의 변형을 일으키지 않을 것
② 취급이 용이하고 사용 시 유동성이 있을 것
③ 장기 하중에 의한 크리프가 없을 것
④ 진동, 충격의 반복에 잘 견딜 것

나 접착제 종류 및 특징

(1) 페놀수지 접착제
수용형, 용제형, 분말형 등이 있으며 목재, 금속, 플라스틱 및 이종재(異種材)간의 접착에 사용되는 합성수지 접착제(페놀수지 접착제는 용제형과 에멀견형이 있고 멜라민, 초산비닐 등과 공중합시킨 것도 있다.)
① 접착력, 내열성, 내수성이 우수하다.
② 기온 20℃ 이하에서는 충분한 접착력을 발휘하기 어렵다.
③ 완전히 경화하면 적동색을 띤다.

(2) 요소수지 접착제
① 값이 싸고 접착력이 우수하다.
② 다른 접착제와 비교하여 내수성이 부족하다.
③ 요소수지 접착제는 요소와 포름알데히드를 사용하여 만들며 목공용에 적당하며 내수합판의 제조에 사용된다.
④ 목재접합, 합판제조 등에 사용한다.

(3) 멜라민수지 접착제
멜라민수지 접착제는 열경화성수지 접착제로 내수성이 우수하여 내수합판용으로 사용된다.
① 열경화성 접착제로 멜라민과 포름알데히드로 제조된다.
② 내수성이 크고, 열에 대해 안정성이 있다.
③ 순백색 또는 투명백색이므로 착색의 염려가 없다.
④ 멜라민수지 접착제는 고무나 유리접착 등에 사용하지 않고 주로 목재의 접합에 사용한다(내수 합판용에 사용).

(4) 에폭시수지 접착제

주제와 경화제를 혼합하여 사용하는 2성분형이 대부분으로 금속, 플라스틱, 도자기, 콘크리트의 접합에 이용되고 내구력, 내수성, 내약품성이 매우 우수 하여 만능형 접착제로 불리는 것

① 급경성이며 내화학성이 크다.
② 기본 점성이 크며 내수성, 내습성, 내약품성, 전기절연성이 모두 우수하고 접착력이 크다.
③ 에폭시수지 접착제는 금속, 석재, 도자기, 유리, 콘크리트, 플라스틱재 등의 접착에 모두 사용된다.
  - 특히 알루미늄과 같은 경금속 접착에 사용되는 접착제
④ 내산성, 내알칼리성이 우수하여 콘크리트의 콘크리트의 균열 보수나 금속의 접착에도 사용된다.
⑤ 경화제가 필요하다.(접착제의 성능을 지배하는 것은 경화제라고 할 수 있다.)
⑥ 접착할 때 압력을 가할 필요가 없다.

> 에폭시수지 접착제: 비스페놀과 에피클로로하이드린의 반응에 의해 얻을 수 있다.

(5) 실리콘수지 접착제

① 내수성이 대단히 크고 내열성, 전기절연성이 우수하다(아교, 카세인, 혈액알부민보다 내수성이 강함).
② 실리콘수지 접착제는 유리섬유판, 피혁류(가죽) 등 거의 모든 재료 접착 가능하다.

(6) 초산비닐수지 접착제(비닐수지 접착제)

① 종류는 용제형과 에멀견형이 있고 초산비닐수지 에멀젼은 목공용으로 사용된다.
② 내수성, 내열성이 좋지않고, 내알칼리성이 낮다.
③ 비닐수지 접착제는 값이 저렴하고 작업성이 좋으며, 에멀견형은 카세인의 대용품으로 사용된다.

> 비닐수지
> 염화비닐수지와 초산비닐수지 등이 있고, 염화비닐수지는 타일, 시트, 발포제, 파이프 등에 사용되고, 초산비닐수지는 도료, 접착제에 사용됨.

(7) 치오콜

접착제 중 고무상의 고분자물질로서 내유성 및 내 약품성이 우수하며 줄눈재, 구멍메움재로 사용되는 것

(8) 니트릴고무계 접착제

연질염화비닐을 접착하기에 가장 적합한 접착제

(9) 단백질계 접착제

아교, 카세인, 알부민, 탈지대두 단백질(식물성 단백질)

1) 아교 : 동물의 가죽, 힘줄, 뼈를 이용하여 만든 접착제이다.
   - 접착력은 좋은 편이나 내수성이 부족한 편이다.
2) 카세인(casein) : 우유를 주원료로 하여 만든 접착제이다.
   - 접착력은 좋지만 내수성이 부족하고 목재용으로 사용한다.
3) 알부민 : 혈액에 함유된 단백질인 알부민에 의한 것
4) 탈지대두 단백질 : 지방을 뺀 콩가루에 포함된 단백질인 리그닌에 의한 것

(10) 아스팔트 접착제

① 아스팔트 접착제는 아스팔트를 주체로 하여 이에 용제를 가하고 광물질 분말을 첨가한 풀 모양의 접착제이다.
② 접착성이 양호하고 습기를 방지(내수성)한다.
③ 화학약품에 대한 내성이 크다.
④ 아스팔트 타일, 시트, 루핑 등의 접착용으로 사용한다.

(11) 목재 접착제

① 초산비닐수지 에멀션 목재 접착제 : 습도와 물을 특별히 고려할 필요가 없는 장소에 설치하는 목재 창호용 접착제
② 요소수지 목재 접착제 : 약간 습도가 높은 장소에 설치하는 목재 창호용 접착제
③ 페놀수지 목재 접착제 : 외벽 등 습도와 물기를 고려해야할 장소에 설치하는 목재 창호용 접착제

천연 접착제
아교, 카세인(casein), 알부민, 전분 접착제

CHAPTER 05 항목별 우선순위 문제 및 해설

01 플라스틱재료의 일반적인 성질에 대한 설명 중 옳은 것은?

① 산이나 알칼리, 염류 등에 대한 저항성이 강재보다 약하다.
② 전기저항성이 불량하여 절연재료로 사용할 수 없다.
③ 내수성 및 내투습성이 좋지 않아 방수 피막제 등으로 사용이 불가능하다.
④ 상호간 계면 접착이 잘되며 금속, 콘크리트, 목재, 유리 등 다른 재료에도 잘 부착된다.

해설 플라스틱(합성수지) 재료의 일반적인 성질
① 플라스틱은 일반적으로 전기절연성이 상당히 양호하고 내산성, 내알카리성, 내약품성이 우수하다.
② 플라스틱의 내수성 및 내투습성은 폴리초산비닐 등을 제외하고 극히 양호하다.
③ 플라스틱은 상호간 계면접착이 잘되며, 금속, 콘크리트, 목재, 유리 등 다른 재료에도 잘 부착된다.

02 열가소성 수지(thermoplastic resin)에 해당하는 것은?

① 페놀수지   ② 아크릴수지
③ 멜라민수지   ④ 폴리우레탄수지

해설 합성수지
1) 열가소성수지(thermosoftening plastic) : 고온에서 유동성을 가지며 가열하여 녹여서 가공하고 냉각하면 굳는 수지(재활용이 가능)
   – 초산비닐수지, 염화비닐수지, 아크릴 수지, 폴리에틸렌수지, 폴리염화비닐(PVC)수지, 폴리프로필렌수지, 폴리스티렌수지, ABS수지, 폴리아미드(나일론)수지, 플루오르수지, 스타렌 수지, 셀룰로오스 수지, 폴리카보네이트, 폴리아미르, PET, 합성고무, 폴리아세탈, 셀룰로이드 등
2) 열경화성 수지(thermosetting resin) : 경화되면 연화되거나 녹지 않는 수지로 내열성, 내약품성이 풍부하고 경도가 높다.

– 페놀수지, 요소수지, 멜라민수지, 에폭시수지, 불포화 폴리에스테르수지, 실리콘수지, 폴리우레탄수지, 알키드수지, 푸란수지 등 실링제

03 수지성형품 중에서 표면경도가 크고 아름다운 광택을 지니면서 착색이 자유롭고 내열성이 우수한 수지로 마감재, 전기부품 등에 활용되는 수지는?

① 멜라민수지   ② 에폭시수지
③ 폴리우레탄수지   ④ 실리콘수지

해설 멜라민수지
① 수지성형품 중에서 표면경도가 크고 아름다운 광택을 지니면서 착색이 자유롭고 내열성이 우수한 수지이다.
② 강도, 전기절연, 내후성 등이 우수하며 견고하고 내수성, 내용재성이다.
③ 견고하고 내수성, 내용재성이다.
④ 마감재, 전기부품 등에 활용되는 수지이다.

04 다음 열가소성 수지 중 투명도가 가장 높은 것은?

① 아크릴수지
② 염화비닐수지
③ 폴리에틸렌수지
④ 폴리스티렌수지

해설 아크릴수지
① 가열하면 연화 또는 융해하여 가소성이 되고, 냉각하면 경화하는 재료이다.
② 분자구조가 쇄상구조로 이루어져 있다.
③ 아크릴수지는 투명도가 높아 유기유리로 불린다.
④ 아크릴수지의 성형품은 색조가 선명하고 광택이 있어 아름다우나 내용제성이 약하므로 상처나기 쉽다.
⑤ 착색이 자유로워 채광판, 도어판, 칸막이판 등에 이용한다.

정답 01. ④ 02. ② 03. ① 04. ①

05 투명성, 기계적 강도, 내수성은 좋지만 내충격성이 약하며, 발포제를 사용하여 넓은 판으로 만들어 단열재로서 널리 사용되며, 장식품과 일용품으로도 성형하여 사용되는 열가소성 수지는?

① 염화비닐수지 ② 폴리스티렌수지
③ 실리콘수지   ④ 요소수지

해설 폴리스티렌수지 : 발포제로서 보드상으로 성형하여 단열재로 널리 사용되며 건축벽 타일, 천장재, 전기용품, 냉장고 내부상자 등에 쓰이는 열가소성 수지
- 투명성, 기계적 강도, 내수성은 좋지만 내충격성이 약하다.

06 상온에서 유백색의 탄성이 있는 열가소성수지로서 얇은 시트로 이용되는 것은?

① 폴리에틸렌수지
② 요소수지
③ 실리콘수지
④ 폴리우레탄수지

해설 폴리에틸렌수지(열가소성수지)
① 상온에서 유백색의 불투명 내지 반투명의 탄성이 있는 열가소성수지로서 비중은 1보다 작다.
② 내약품성, 전기절연성, 성형성이 우수하다.
③ 얇은 시트로 이용한다.

07 폴리에스테르수지에 관한 설명 중 틀린 것은?

① 전기절연성이 우수하다.
② 도료, 파이프 등에 사용된다.
③ 건축용으로는 판상제품으로 주로 사용된다.
④ 불포화 폴리에스테르수지는 열가소성 수지이다.

해설 폴리에스테르수지 : 건축용으로는 글라스 섬유로 강화된 평판 또는 판상제품으로는 주로 사용되며 욕조 및 레진 콘크리트 등에도 이용되는 열경화성수지
① 전기절연성이 우수하다.
② 폴리에스테르수지 : 비행기, 차량구조재, 건축창호, 절연용부품, 접착제, 도료, 파이프 등에 사용된다. (*포화폴리에스테르 수지(알키드수지)와 불포화 폴리에스테르수지(FRP)가 있다.)
③ 불포화 폴리에스테르수지(열경화성 수지)

08 다음 바닥마감재 중 유지계 바닥재료는?

① 리놀륨타일
② 아스팔트 타일
③ 비닐바닥타일
④ 고무타일

해설 합성수지계 바닥 재료
1) 유지계 : 리놀륨 타일(linoleum tile), 리노타일
2) 고무계 : 고무타일, 시트(고무시트)
3) 비닐수지계 : 비닐타일, 플라스틱 시트(plastic sheet)
4) 아스팔트계 : 아스팔트 타일, 쿠마론인덴수지 타일
* 리놀륨(linoleum) : 아마인유의 산화물인 리녹신에 수지, 고무질 물질 등을 섞어 만든 시트형상의 바닥재

09 다음 중 도료의 도막을 형성하는 데 필요한 유동성을 얻기 위하여 첨가하는 것은?

① 안료   ② 가소제
③ 수지   ④ 용제

해설 도료의 원료 : 수지(접착제), 안료, 첨가제, 용제
① 수지 : 천연수지와 합성수지(플라스틱)로 구분이 한다.
② 안료 : 물 및 대부분의 유기용제에 녹지 않는 분말상의 착색제
③ 첨가제 : 가소제(성형을 쉽게하고 노후방지 및 내구성을 향상), 건조제, 강화제, 침강 방지제 등
④ 용제 : 도료의 도막을 형성하는 데 필요한 유동성을 얻기 위하여 첨가하는 것

10 다음 중 방청도료와 가장 거리가 먼 것은?

① 알루미늄 페인트
② 역청질 페인트
③ 워시 프라이머
④ 오일 서페이스

정답 05. ② 06. ① 07. ④ 08. ① 09. ④ 10. ④

해설 **방청 도료**
광명단(연단) 도료, 징크로메이트, 워시프라이머, 알루미늄분 도료(알루미늄 페인트), 역청질 페인트, 산화철도료, 크롬산연 도료, 규산염 도료

11 다음 중 수성페인트에 대한 설명으로 옳지 않은 것은?

① 수성페인트의 일종인 에멀션 페인트는 수성페인트에 합성수지와 유화제를 섞은 것이다.
② 수성페인트를 칠한 면은 외관은 온화하지만 독성 및 화재발생의 위험이 있다.
③ 수성페인트의 재료로 아교·전분·카세인 등이 활용된다.
④ 광택이 없으며 회반죽면 또는 모르타면의 칠에 적당하다.

해설 **수성페인트(water paint)**
① 수성페인트의 재료로 아교·전분·카세인 등이 활용된다.
② 무광택이며 내알칼리성이다.
③ 물의 첨가로 독성 및 화재발생의 위험에 안전한 도료이다.

12 유용성 수지를 건조성 기름에 가열·용해하여 이것을 휘발성 용제로 희석한 것으로 광택이 있고 강인하며 내구·내수성이 큰 도장재료는?

① 유성페인트   ② 유성바니시
③ 에나멜페인트 ④ 스테인

해설 **바니시(varnish)-니스** : 목재 등의 표면 처리에 사용되는 투명한 도료(휘발성 바니시와 유성 바니시로 구분)
① 바니시는 합성수지, 아스팔트, 안료 등에 건성유나 용제를 첨가한 것이다.
② 휘발성 바니시에는 락(lock), 래커(lacquer) 등이 있다.
③ 휘발성 바니시는 건조가 빠르나 도막이 얇고 부착력이 약하다.
④ 유성 바니시는 투명도료로 내후성이 낮아 옥외에는 쓰이지 않고 목재 내부용으로 사용된다.

- 유성 바니시 : 유용성 수지를 건조성 기름에 가열·용해하여 이것을 휘발성 용제로 희석한 것으로 광택이 있고 강인하며 내구·내수성이 큰 도장재료

13 유성페인트나 바니시와 비교한 합성수지도료의 전반적인 특성에 관한 설명으로 옳지 않은 것은?

① 도막이 단단하지 못한 편이다.
② 건조 시간이 빠른 편이다.
③ 내산, 내알칼리성을 가지고 있다.
④ 방화성이 더 우수한 편이다.

해설 **합성수지도료(수지성페인트)** : 합성 수지와 안료 및 휘발성 용제를 혼합한 것으로 건조 시간이 빠르고 도막이 단단하며 유성페인트와 비교하여 내알칼리성, 내산성이 우수하다.
- 합성수지도료 : 페놀수지도료, 비닐수지도료(초산비닐도료, 염화비닐도료), 에폭시수지도료, 멜라민수지도료

14 목재접합, 합판제조 등에 사용되며, 다른 접착제와 비교하여 내수성이 부족하고 값이 저렴한 접착제는?

① 요소수지 접착제
② 푸란수지 접착제
③ 에폭시수지 접착제
④ 실리콘수지 접착제

해설 **요소수지 접착제**
① 값이 싸고 접착력이 우수하다.
② 다른 접착제와 비교하여 내수성이 부족하다.
③ 목재접합, 합판제조 등에 사용한다.

15 수용형, 용제형, 분말형 등이 있으며 목재, 금속, 플라스틱 및 이들 이종재(異種材) 간의 접착에 사용되는 합성수지 접착제는?

① 페놀수지 접착제
② 요소수지 접착제

정답 11. ② 12. ② 13. ① 14. ① 15. ①

③ 카세인 접착제
④ 폴리에스테르수지 접착제

해설 **페놀수지 접착제** : 수용형, 용제형, 분말형 등이 있으며 목재, 금속, 플라스틱 및 이들 이종재(異種材) 간의 접착에 사용되는 합성수지 접착제
- 접착력, 내열성, 내수성이 우수하다.

16 다음 접착제 중에서 내수성이 가장 강한 것은?
① 아교 ② 카세인
③ 실리콘수지 ④ 혈액알부민

해설 **실리콘수지 접착제**
① 내수성, 내열성, 전기절연성이 우수하다(아교, 카세인, 혈액알부민보다 내수성이 강함).
② 유리섬유판, 피혁류 등 거의 모든 재료 접착 가능하다.

17 에폭시수지 접착제에 대한 설명 중 옳지 않은 것은?
① 금속제 접착에 적당한 재료이다.
② 접착할 때 압력을 가할 필요가 없다.
③ 경화제가 불필요하다.
④ 내산, 내알칼리, 내수성이 우수하다.

해설 **에폭시수지 접착제**
① 급경성이며 내화학성이 크다.
② 접착력이 크고 내수성이 우수하다.
③ 금속, 석재, 도자기의 접착에 사용이 가능하다.
④ 내산성, 내알칼리성이 우수하여 콘크리트의 콘크리트의 균열 보수나 금속의 접착에도 사용된다.
⑤ 경화제가 필요하다.
⑥ 접착할 때 압력을 가할 필요가 없다.

정답 16. ③ 17. ③

Chapter 06 미장재 및 방수, 기타재료(*건설재료 일반)

1. 미장재

가 미장재료의 경화(기경성과 수경성)

(1) 기경성(氣硬性) 재료

공기 중에서 경화하는 재료
- 돌로마이트 플라스터(마그네시아석회), 회반죽, 진흙, 소석회, 아스팔트 모르타르, 인조석 바름

① 돌로마이트(dolomite) 플라스터 : 공기 중의 탄산가스와 반응하여 화학 변화를 일으켜 경화한다.
② 회반죽은 공기 중의 탄산가스와의 화학반응으로 경화된다.

(2) 수경성(水硬性) 재료

물과 반응하여 경화하는 재료
- 시멘트 모르타르, 석고 플라스터(순석고, 혼합석고), 보드용 석고 플라스터, 경석고 플라스터(킨즈시멘트)

① 시멘트 모르타르는 물과의 화학반응으로 경화한다.

나 미장재의 종류 및 특성

(1) 시멘트 모르타르

외벽용 타일 붙임재료로 가장 적합

① 시멘트 모르타르는 시멘트를 결합재로 하고 모래를 골재로 하여 이를 물과 혼합하여 사용하는 수경성 미장재료이다.
② 다른 미장재료보다 강도가 크며 내구성, 내화성, 내수성도 크다.
③ 시공이 간편하여 미장재료 중 가장 많이 사용한다.

(2) 특수 모르타르

① 합성수지혼화모르타르 : 광택 및 특수 치장용으로 사용
② 질석모르타르 : 시멘트에 질석을 섞은 경량 모르타르로 단열성과 흡음

---

memo

플라스터(plaster): 석고 또는 석회, 물 등을 성분으로 하여 마르면 경화되는 성질의 것으로 벽, 천장 등에 도장하는 데 사용되는 풀 형태의 건축재료
(* 시멘트 프라스터(풀) =시멘트+물)

성이 우수하다(경량모르타르).
- 질석을 모르타르에 혼입한 것으로 내화 피복용 바름재로 쓰인다.
③ 석면모르타르 : 균열방지용
④ 바라이트(barite) 모르타르 : 방사선 차단 재료(방사선 방호용으로 사용)

(3) 석고와 석고 플라스터

(가) 석고
① 석고의 화학성분은 황산칼슘이다.
② 회반죽에 석고를 약간 혼합하면 수축 균열을 방지할 수 있다.
③ 무수석고에 경화 촉진제로서 화학처리한 것을 경석고 플라스터라 한다.
④ 석고는 물과 반응하여 경화되는 수경성 재료이다.
⑤ 이수석고($CaSO_4 \cdot 2H_2O$)는 물을 첨가해도 경화하지 않는다.
  ㉠ 석고 : 물을 함유하고 있는 원료석고인 이수석고(二水石膏, 결정석고)에 열을 가하면 일부의 결정수를 잃어 반수(半水)석고(소석고)가 되고 더많은 열을 가하면 전체 결정수를 잃어 무수(無水)석고(경석고)가 된다.
  ㉡ 반수석고는 쉽게 물과 반응하여 안정된 이수석고가 된다.

> **참고**
>
> ※ 석고보드 : 천장, 내벽마감재의 보드 중 내습성은 좋지 않지만 방화성과 차음성이 우수한 것
> - 경량이고 시공이 간단하며 단열성, 방화성, 차음성, 보온성이 우수하나 내습성이 좋지 않아 흡습되면 강도가 저하된다.

(나) 석고 플라스터
① 일반적으로 소석고를 주재료로 한다.
② 경화가 빠르고 튼튼하며 수축균열이 잘 생기지 않는다.
 - 시멘트 모르타르, 회반죽, 돌로마이트 플라스터 등보다 경화속도가 빠르다.
③ 건조 시 무수축성의 성질을 가진다(수축균열이 잘 생기지 않음).
 - 경화, 건조 시 치수 안정성이 우수하다.
④ 가열하면 결정수를 방출하므로 온도상승이 억제된다.
⑤ 내화성을 갖는다.
⑥ 물에 용해되는 성질이 있어 물을 사용하는 장소에는 부적합하다.

결정수: 물질의 결정 속에 일정한 비율로 들어있는 물

반수석고: 반수석고는 가수 후 20~30분에 급속 경화한다.

(다) 석고 플라스터 종류

　　－ 석고를 주원료로 하고 혼화재, 접착제, 응결시간 조절재 등을 혼합한 플라스터이다.

　①　순석고 플라스터
　②　소석고 플라스터, 혼합석고 플라스터 : 약알칼리성이며 석고라스 보드의 부착에 적합 하지않다. (부착력이 약하다.)
　③　보드용 석고플라스터 : 석고보드에 대한 부착을 좋게하는 플라스터로 약산성이며 석고라스 보드에 적합하다. (부착력이 강하다.)
　④　경석고 플라스터

(4) 경석고 플라스터(킨즈시멘트, keen's cement)

미장재료 중 강도가 크고, 응결시간이 길며 부착은 양호하나 강재를 녹슬게 하는 성분도 포함된 것(무수석고를 주성분으로 하는 플라스터)

①　소석고보다 응결속도가 느리다.(미장재료 중 균열발생이 적다.)
②　표면 강도가 크고 광택이 있다.
③　습윤 시 팽창이 크다.
④　다른 석고계의 플라스터와 혼합을 피해야 한다.
⑤　여물(hair)이 필요 없다.

> **참고**
>
> ＊ 여물(hair) : 균열방지. 발생하는 균열을 여물로 분산, 경감
> 　①　회반죽 등에 균열방지를 위하여 섞어가는 섬유질 물질
> 　②　여물(hair)이 필요 : ㉠ 돌로마이트 플라스터 ㉡ 회반죽 ㉢ 회사벽
> 　③　바름에 있어서 재료에 끈기를 주어 흘러내림을 방지한다.
> 　④　흙손질을 용이하게 하는 효과가 있다.
> 　⑤　바름 중에는 보수성을 향상시키고, 바름 후에는 건조에 따라 생기는 균열을 방지한다.
> 　⑥　여물의 섬유는 질기고 가늘며 부드러운 백색인 것일수록 양질의 제품이다.
> ＊ 백반 : 킨즈시멘트 제조 시 무수석고의 경화를 촉진시키기 위해 사용하는 혼화재료

(5) 석회와 회반죽

(가) 석회(생석회, 소석회)

①　생석회(CaO, 산화 칼슘) : 석회석을 900~1200℃로 소성하면 생성되는 것
②　소석회($Ca(OH)_2$, 수산화 칼슘) : 생석회가 물에 용해되면 물과 반응하여 생성되는 것

경석고 플라스터
균열저항성이 매우 큼

미장재료의 균열방지 위한 보강재료
①　여물: 백모(마닐라삼), 종이(한지, 닥나무의 섬유 등), 무명, 짚
②　수염: 잘 건조되고 질긴 청마, 종려털 또는 마닐라 삼
③　종려털 및 종려잎: 섬유가 튼튼한 것
④　기타 섬유류: 품질이 확인된 것

회사벽: 석회와 모래, 백토를 주재료로 제작한 벽

(나) 소석회의 주요 품질평가항목

분말도 잔량, 점도계수, 경도계수, 안전성 시험

(다) 회반죽

소석회에 모래, 해초풀, 여물 등을 혼합하여 바르는 미장재료로서 목조 바탕, 콘크리트블록 및 벽돌 바탕 등에 사용되는 것(회반죽바름은 기경성 재료)

① 소석회에 모래, 해초풀, 여물 등을 혼합하여 바르는 미장재료이다.
  ㉠ 회반죽 바름에 사용하는 해초풀은 채취 후 1~2년 경과된 것이 좋다.(염분제거가 쉽기 때문이다.)
  ㉡ 회반죽에 여물을 넣는 가장 주된 이유는 균열을 방지하기 위해서이다.(발생하는 균열은 여물로 분산·경감시킨다.)
② 경화건조에 의한 수축률은 미장바름 중 큰 편이다.
③ 다른 미장재료에 비해 건조에 걸리는 시일이 길다.

(6) 돌로마이트 플라스터(dolomite plaster) : 기경성 재료

- 돌로마이트 석회에 모래, 여물을 혼합한 재료로 때로는 시멘트를 사용할 때도 있다.
① 대기 중의 탄산가스(이산화탄소)와 반응하여 화학 변화를 일으켜 경화한다.
② 소석회보다 점성이 커서(작업성이 좋음) 풀이 필요하지 않아 변색, 냄새, 곰팡이가 없다.(냄새, 곰팡이가 없어 변색될 염려가 없다.)
③ 경화 시에 수축률이 커서 균열이 쉽게 발생 한다.(건조수축이 큰 특징이 있다.) - 여물을 혼합하여도 건조수축이 크기 때문에 수축 균열이 발생
④ 응결시간이 길다.
⑤ 회반죽에 비하여 조기강도 및 최종 강도가 크다.

(7) 공기의 유통이 좋지 않은 지하실과 같이 밀폐된 방에 사용하는 미장마무리 재료

① 혼합석고 플라스터
② 시멘트 모르타르
③ 경석고 플라스터

* 마그네시아 시멘트 : 산화마그네슘과 염화마그네슘(간수($MgCl_2$))을 섞어서 만든 시멘트
  ① 응결이 빨라서 사용하기에 편리하고 착색이 용이하며 미려(美麗)한 건축 재료로 사용된다.

② 염류로 인하여 백화가 발생하며 철을 부식시키고 수축성에 의해 균열이 발생한다.
③ 미장 바름 재료로 외벽에 칠하거나 뿜어서 쓴다.

✱ 미장재료 중 시공 후 강재의 초기 부식을 유발하는 재료
① 마그네시아 시멘트, ② 경석고 플라스터, ③ 보드용 석고 플라스터

다 미장바름

(1) 미장바름 일반

(가) 수경성 미장재료를 시공할 때 주의사항
① 물을 공급하여 양생한다.
② 습기가 있는 장소에서 시공이 유리하다.
③ 경화 시 직사일광 건조를 피한다.

(나) 미장바탕의 일반적인 성능조건(미장바탕이 갖추어야 할 조건)
① 미장층보다는 강도가 클 것
② 미장층보다 강성이 클 것
③ 미장층과 유효한 접착강도를 얻을 수 있을 것
④ 미장층의 경화, 건조에 지장을 주지 않을 것
⑤ 미장바름의 종류 및 마감두께에 알맞는 표면 상태로서, 유해한 요철, 접합부의 어긋남, 균열 등이 없어야 한다.
⑥ 미장바름의 종류에 화학적으로 적합한 재질로서, 녹물에 의한 오손, 화학반응, 흡수 등에 의한 바름층의 약화가 생기지 않아야 한다.

✱ 미장공사에서 바탕청소의 주된 목적 : 바름층과의 접착력 향상

(다) 시멘트 모르타르나 석회, 또는 석고 등을 흙손을 사용하여 바를 경우의 주의사항
① 바탕조정은 아주 중요한 작업이므로 가능한 한 바탕면에 물축이기를 하거나 전면을 거칠게 긁어 놓는다.
② 재료배합은 원칙적으로 바탕에 가까운 바름층일수록 부배합, 정벌바름에 가까울수록 빈배합으로 한다.
③ 재료의 비빔에는 기계비빔과 손비빔이 있으며 균일할 때까지 충분하게 섞는다.
④ 바름면의 흙손작업은 갈라지거나 들뜨는 것을 방지하기 위하여 바름층이 굳기 전에 끝낸다.

미장바탕의 조건: 미장 층과 유해한 화학반응을 하지 않고 미장 층의 시공에 적합한 흡수성을 가질 것

미장재료의 구성재료에 관한 설명
① 부착재료는 마감과 바탕재료를 붙이는 역할을 한다.
② 무기혼화재료는 시공성 향상 등을 위해 첨가된다.
③ 풀재는 점도, 부착력(교착력) 증진을 위해 첨가된다.(해초풀)
④ 여물재는 균열방지를 위해 첨가된다.

시멘트 모르타르 바름두께 표준
① 내벽 18mm
② 바닥 24mm
③ 천장 15mm

(라) 미장바름에 쓰이는 착색제
  1) 미장바름에 쓰이는 착색제에 요구되는 성질
    ① 물에 녹지 않아야 한다.
    ② 내알칼리성이어야 한다.
    ③ 입자가 작아야 한다.
    ④ 미장재료에 나쁜 영향을 주지 않는 것이어야 한다.
    ⑤ 산화, 변색이 없어야 한다.
  2) 미장용 혼화재료 중 착색재 : 합성산화철, 카본블랙, 이산화망간, 산화크롬
    (*급결제 : 염화칼슘, 규산소다)

(마) 기타
  1) 석공사에서 촉 구멍 고정
    - 촉 구멍은 틈이 없도록 모르타르로 채운다. 단, 구멍이 작아서 모르타르를 채울 여지가 없는 경우는 납 또는 유황을 주입해서 고정한다.
  2) 대리석을 붙이기 할 때 사용되는 모르타르 : 석고 모르타르
    - 시멘트 모르타르의 알칼리 성분이 대리석의 변색을 줄 수 있기 때문에 시멘트 모르타르는 사용하지 않는다.
  3) 초벌바름 : 바탕과의 접착을 주목적으로 하며, 바탕의 요철을 완화시키는 바름공정

(2) 기성 배합 모르타르바름
  ① 현장에서의 시공이 간편하다.
  ② 공장에서 미리 배합하므로 재료가 균질하다.
  ③ 접착력 강화제가 혼입되기도 한다.
  ④ 주로 바름 두께가 얇은 경우에 많이 쓰인다.

  ✻ 시멘트 모르타르바름의 작업성이나 부착력 향상을 위해 첨가하는 혼화제
    ① 메틸 셀룰로스(CMC) ② 합성수지에멀션 ③ 고무계 라텍스

(3) 펄라이트 모르타르바름
  (* 펄라이트 : 진주암 또는 흑요석을 분쇄해서 고열로 가열 팽창시킨 경량골재)
  ① 재료는 진주암 또는 흑요석을 소성 팽창시킨 것이다.
  ② 펄라이트는 비중 0.3 정도의 백색입자이다.
  ③ 내화피복재 바름으로 쓰인다.
  ④ 균열 발생 가능성이 있다.

종석: 인조석을 만드는 데 사용되는 여러 가지 종류의 작은 암석

• 섬유상: 섬유처럼 가늘고 긴 모양
• 입상(粒狀): 골재의 모양

얼레빗: 빗살이 굵은 반원형의 큰 빗

(4) 테라조바름

바닥 바름재로서 백시멘트와 안료를 사용하며 종석으로서 화강암, 대리석 등을 사용하고 갈기로 마감을 하는 것
- 테라조 현장 바름은 주로 바닥에 쓰이고 벽에는 공장제품 테라조판을 붙인다.

(5) 섬유벽바름

① 주원료는 섬유상(纖維狀) 또는 입상(粒狀)물질과 이들의 혼합재이다.
② 목질섬유, 합성수지 섬유, 암면 등이 쓰인다.
③ 시공이 용이하기 때문에 기존 벽에 덧칠하기도 한다.
④ 내구성이 약하나 균열발생이 적고 방음, 단열성이 크며 시공이 용이하다.

(6) 리신바름(lithin coat)

돌로마이트에 화강석 부스러기, 색모래, 안료 등을 섞어 정벌바름하고 충분히 굳지 않은 때에 표면에 거친솔, 얼레빗 같은 것으로 긁어 거친 면으로 마무리한 것

✽ 흙바름재의 외바탕에 바름하는 재래식 재료 : ① 진흙 ② 새 벽흙 ③ 짚여물
(* 새 벽흙(기존 것은 뜯어내고 다시 흙으로 바름) : 흙으로 마감되는 벽)

2. 방수

가 멤브레인(membrane) 방수

불투수성 피막을 이용한 방수
① 아스팔트 방수
② 개량 아스팔트 시트 방수
③ 합성고분자 시트 방수
④ 도막 방수

나 도막 방수재료

에폭시 도막방수
내약품성, 내마모성이 우수하여 화학공장의 방수층을 겸한 바닥 마무리로 가장 적합한 것

(1) 도막 방수

도료상태의 방수재를 바탕면에 여러 번 칠하여 얇은 수지피막을 만들어 방수효과를 얻는 것으로 에멀션형, 용제형, 에폭시계 형태의 방수공법

(2) KS F 3211(건설용 도막 방수제)에서 주요 원료에 따른 방수재의 종류

① 우레탄 고무계 방수재
② 아크릴 고무계 방수재
③ 클로로프렌 고무계 방수재
④ 실리콘 고무계 방수재
⑤ 고무 아스팔트계 방수재

(3) 도막 방수에 사용되는 재료

고무 아스팔트계 도막재, 우레탄 고무계 도막재, 아크릴 고무계 도막재, 아크릴 수지계 도막재, 클로로프렌 고무계 도막재, FRP 도막재. 실리콘 고무계 도막재

(4) 도막 방수재료의 특징

① 복잡한 부위의 시공성이 좋다.
② 신속한 작업 및 접착성이 좋다.
③ 바탕면의 미세한 균열에 대한 저항성이 있다.
④ 누수 시 결함 발견이 용이하고 국부적으로 보수가 가능하다.

다 아스팔트 방수재료

(1) 석유 아스팔트

(가) 스트레이트 아스팔트(straight asphalt)

석유계 아스팔트로 점착성, 방수성은 우수하지만 연화점이 비교적 낮고 내후성 및 온도에 의한 변화정도가 커 지하실 방수공사이외에 사용하지 않는 것

① 연화점이 비교적 낮고 온도에 의한 변화가 크다.
② 신장성, 점착성, 방수성이 풍부하다.
③ 주로 지하실 방수공사에 사용되며, 아스팔트 펠트, 아스팔트 루핑 방수재료의 원료로 사용된다.

(나) 블로운 아스팔트(blown asphalt)

중유를 가열하여 정제한 것으로 스트레이트 아스팔트에 비해 감온성(感溫性)이 적으며 연화점이 높고 안전하여 보통 옥상 방수에 이용된다.

(다) 컷백 아스팔트(cutback asphalt)

상온에서 반고체 상태인 도로포장용 아스팔트 시멘트를 가열하여 사용해

우레탄고무계 도막재: 지붕 및 일반바닥에 가장 일반적으로 사용되는 것으로 주제와 경화제를 일정 비율 혼합하여 사용하는 2성분형과 주제와 경화제가 이미 혼합된 1성분형으로 나누어지는 도막방수재

도막 방수
① 복잡한 형상에도 시공이 용이하다.
② 시트 간의 접착이 좋다.
③ 내약품성이 우수하다.
④ 균일한 두께의 시공이 곤란하다.

아스팔트
(1) 천연아스팔트: 석유의 경질분이 태양열이나 지열 등에 의해 증발된 뒤 잔류물의 형태의 아스팔트로 레이크 아스팔트(Lake asphalt), 록크 아스팔트(Rockasphalt), 샌드아스팔트(Sand asphalt), 아스팔타이트(Asphaltite) 등

• 아스팔타이트(Asphaltite): 암석의 균열 등에 석유가 스며들어 오랜 세월에 걸쳐 아스팔트로 변질된 것

(2) 석유 아스팔트: 석유류 제품 제조과정에서 얻어지는 제품으로 스트레이트 아스팔트(Straight asphalt), 블로운 아스팔트(Blown asphalt), 아스팔트 시멘트(Asphalt Cement), 컷백 아스팔트(Cutback asphalt), 유화 아스팔트(Emulsified asphalt), 개질아스팔트(Modified asphalt) 등

감온성: 온도반응성

블로운 아스팔트: 신장성과 점착성도 스트레이트 아스팔트보다 적다.

야 하는 불편을 개선하기 위해 휘발성의 석유 용제와 섞어서 액체 상태로 만들어 점도를 낮게 하고 유동성을 좋게 한 아스팔트

(2) 아스팔트계 방수재료

(가) 아스팔트 프라이머(asphalt primer)

블로운 아스팔트를 용제에 녹인 것으로 액상을 하고 있으며 아스팔트 방수의 바탕처리재로 이용되는 것(아스팔트가 잘 부착될 수 있도록 하는 것)
- 솔, 롤러 등으로 용이하게 도포할 수 있도록 아스팔트를 휘발성 용제에 용해한 비교적 저점도의 액체로서 방수시공의 첫 번째 공정에 쓰는 바탕처리재

(나) 아스팔트 펠트(asphalt felt)

유기천연섬유 또는 석면섬유를 결합한 원지에 연질의 스트레이트 아스팔트를 침투시킨 것이다(아스팔트방수 중간층재로 이용).
- 목면, 마사, 양모, 폐지 등을 혼합하여 만든 원지에 스트레이트 아스팔트를 침투시킨 두루마리 제품으로 흡수성이 크기 때문에 단독으로 사용하는 경우 방수효과가 적어 주로 아스팔트방수의 중간층 재료로 이용

(다) 아스팔트 루핑(asphalt roofing)

아스팔트 펠트의 양면에 블로운 아스팔트를 가열·용융시켜 피복한 것이다.

(라) 아스팔트 컴파운드(asphalt compound)

블로운 아스팔트의 내열성, 내한성 등의 성능을 개량하기 위해 동물섬유나 식물섬유와 광물질 분말을 혼합하여 유동성을 증대시킨 것이다.

(3) 아스팔트 방수공사의 바탕처리

① 바탕면을 충분히 건조시킬 것
② 바탕면에 물흘림 경사를 충분히 둘 것
③ 구석, 모서리 등을 둥글게 처리할 것

(4) 아스팔트 제품

(가) 아스팔트 코팅(asphalt coating)

블로운 아스팔트(blown asphalt)를 휘발성 용제에 녹이고 광물분말 등을 가하여 만든 것으로 방수, 접합부 충전 등에 쓰이는 아스팔트 제품

(나) 아스팔트 에멀젼(asphalt emulsion, 아스팔트 유제)

유화제를 써서 아스팔트를 미립자로 수중에 분산시킨 다갈색 액체로서 깬자갈의 점결제 등으로 쓰이는 아스팔트 제품

멤브레인 방수공사와 관련된 용어(건축공사표준시방서)
① 멤브레인(membrane) 방수층: 불투수성 피막을 형성하여 방수하는 공사를 총칭하며, 아스팔트 방수층·개량 아스팔트시트 방수층·합성고분자 시트 방수층·도막 방수층이 이에 해당한다.
② 절연용 테이프: 바탕과 방수층 사이의 국부적인 응력집중을 막기 위한 바탕 면 부착 테이프
③ 프라이머: 방수층과 바탕을 견고하게 밀착시킬 목적으로 바탕 면에 최초로 도포하는 액상 재료
④ 개량 아스팔트: 합성고무 또는 플라스틱을 첨가하여 성질을 개량한 아스팔트
⑤ 루핑류: 아스팔트 방수층을 형성하기 위해 사용하는 시트형상의 재료

• 아스팔트 싱글(Asphalt shingle): 두꺼운 아스팔트 루핑을 4각형 또는 6각형 등으로 절단하여 경사지붕재로 사용되는 것
 * 일반 아스팔트 싱글: 단위 중량이 $10.3 kg/m^2$ 이상 $12.5 kg/m^2$ 미만인 것
• 아스팔트 블록: 아스팔트 모르타르를 벽돌형으로 만든 것으로 화학공장의 내약품 바닥마감재로 이용된다.

점결제: 점착성을 주어 성형성을 높임

(5) 방수공사에서 아스팔트 품질 결정요소

① 침입도 : 유연한 역청질 재료의 반죽질기(consistency)를 표시한 것 (아스팔트의 경도를 나타내는 기준)
- 온도가 25도인 시료를 용기 내에 넣고 100g의 표준 침을 낙하시켜 5초 동안 관입하는 깊이를 말하며, 관입깊이 0.1mm를 침입도 1이라고 함.

② 신도 : 아스팔트의 늘어나는 정도

③ 연화점(軟化點, softening point) : 아스팔트를 가열하여 무르게 되는 온도

④ 점도 : 끈적거림의 정도

⑤ 감온성(感溫性, thermo-sensitivity) : 아스팔트는 온도에 의한 반죽질기가 현저하게 변화하는데 이러한 변화가 일어나기 쉬운 정도

> **예문** 역청재료의 침입도 시험에서 중량 100g의 표준 침이 5초 동안에 10mm 관입했다면 이 재료의 침입도는?
> ① 1 ② 10 ③ 100 ④ 1000
>
> **해설** 침입도 : 유연한 역청질 재료의 반죽질기(consistency)를 표시한 것(아스팔트의 경도를 나타내는 기준)
> - 온도가 25도인 시료를 용기 내에 넣고 100g의 표준 침을 낙하시켜 5초 동안 관입하는 깊이를 말하며, 관입깊이 0.1mm를 침입도 1이라고 함.
>   ⇨ 10mm 관입했을 때의 침입도 = 10mm ÷ 0.1mm = 100
>   ⇨ 정답 ③

침입도
① 침입도는 역청질 재료의 끈기나 굳기 따위를 나타내는 척도의 하나이다.
② 역청재료의 침입도 값과 비례하는 것은 역청재의 온도이다.

KS F 4052(방수 공사용 아스팔트)의 사용 용도에 따른 4종류
① 1종: 보통의 감온성을 갖고 있으며 비교적 연질로서 실내 및 지하 구조 부분에 사용
② 2종: 1종보다 감온성이 적고 일반 지역의 경사가 완만한 옥내 구조부에 사용
③ 3종: 2종보다 감온성이 적으며 일반 지역의 노출 지붕 또는 기온이 비교적 높은 지역의 지붕에 사용
④ 4종: 감온성이 아주 적으며 취화점이 –20℃ 이하이기 때문에 일반 지역 이외에 주로 한랭 지역의 지붕, 기타 부분에 사용

라 실(seal)재 : 퍼티, 코킹, 실링재, 실런트 등의 총칭

(1) 실(seal)재에 대한 설명

① 건축물의 프리패브 공법, 커튼월 공법 등의 공장생산화가 추진되면서 더욱 주목받기 시작한 재료이다.

② 기밀성과 수밀성이 풍부하고 접착력이 좋아 건축물의 창호나 조인트의 충전재로 사용한다.

③ 옥외에서 태양광선이나 풍우의 영향을 받아도 소기의 기능을 유지할 수 있어야 한다.

(2) 퍼티(putty)

접합재로 유리판을 고정하거나 목공품의 균열을 막거나 도장 하지의 간극, 균열 메우기 등에 사용
- 탄산칼슘, 연백, 아연화 등의 충전재를 건성유로 반죽한 것을 말한다.

(3) 건축용 코킹재

균열보수, 줄눈 등의 틈을 메우는 밀폐재로 사용되고 유연성과 내구성이 있어야 하며 각종 재료에 잘 접착 되어야 한다(실링재와 같은 뜻의 용어로 부재의 접합부에 충전하여 접합부를 기밀하고 수밀하게 하는 재료).

① 유성 코킹재 : 석면, 탄산칼슘 등의 충전재와 천연유지 등을 혼합한 것을 말하며 접착성, 가소성이 풍부하다.
② 아스팔트성 코킹재 : 블로운 아스팔트에 합성수지, 합성고무나 광물분말을 배합하여 만들어진 코킹재로 고온에 강하며 창유리 등의 새시 설치에 사용된다.

(4) 2액형 실링재

휘발성분이 거의 없어 충전 후의 체적 변화가 적고 온도 변화에 따른 안정성도 우수하다.

(5) 개스킷

이음매을 메우기 위하여 끼워 넣는 패킹(packing)

(6) 초고층 건축물의 외벽시스템에 적용되고 있는 커튼월의 연결부 줄눈에 사용되는 실링재의 요구 성능

① 줄눈을 구성하는 각종부재에 잘 부착하는 것(부재와의 접착성, 내구성, 내후성, 내약품성이 있을 것)
② 줄눈 주변부에 오염현상을 발생시키지 않는 것
③ 줄눈부의 방수기능을 잘 유지하는 것
④ 줄눈에 발생하는 무브먼트(movement)에 잘 순응하는 것
⑤ 온도나 습도에 의한 변형이 없을 것

(7) 본드 브레이커(bond breaker)

U자형 줄눈에 충전하는 실링재를 밑면에 접착시키지 않기 위해 붙이는 테이프로 3면접착에 의한 파단을 방지하기 위한 것

마 벤토나이트(bentonite) 방수재료

① 팽윤(澎潤, swelling) 특성을 지닌 가소성이 높은 광물이다(팽창성, 점착성, 농후성, 윤활성).
② 슬러리 월(surry wall) 안정액으로 사용 : 지하연속벽 공사 중 불투수 차수벽의 건설에 사용한다.

- 실링재: 퍼티, 코킹, 실런트 등의 총칭으로서 건축물의 프리패브 공법, 커튼월 공법 등의 공장 생산화가 추진되면서 주목받기 시작한 재료
- 개스킷(gasket): 수밀성, 기밀성 확보를 위하여 유리와 새시의 접합부, 패널의 접합부 등에 사용되는 재료로서 내후성이 우수하고 부착이 용이한 특징이 있으며, 형상이 H형, Y형, ㄷ형으로 나누어지는 것

- 팽윤: 부푸는(팽창하는) 현상
- 안정액: 굴착공사 중 굴착 벽면의 붕괴 방지 및 지반 안정을 위해 사용

③ 콘크리트 시공 조인트용 수팽창 지수재로 사용된다.
④ 연약지반 개량재로 사용 : 콘크리트 믹서를 이용하여 혼합한 벤토나이트와 토사를 롤러로 전압(轉壓)하여 연약한 지반을 개량한다.
⑤ 지하외벽 방수 시트로 사용한다.

> 수팽창지수재: 시공 이음부에 설치하여 누수 방지. 물과 접촉 시 팽창함으로써 수팽창 압력을 유지하여 틈새를 밀폐시켜 지수효과를 나타내는 재료

3. 기타재료

가 단열재료

(1) 단열재 일반

(가) 단열재의 구비조건
① 어느 정도의 기계적인 강도가 있을 것
② 열전도율이 낮고 비중이 작을 것
③ 내화성 및 내부식성이 좋을 것
④ 흡수율이 낮을 것(투기성이 작을 것)
⑤ 장시간 사용에도 변질이 없을 것
⑥ 시공성이 좋을 것

> 천장 마감재의 요구성능
> ① 내구성 ② 내화성
> ③ 흡음성 ④ 차음성
> ⑤ 단열성 ⑥ 내부식성
> ⑦ 경제성 ⑧ 시공성

(나) 단열재의 특성에서 전열의 3요소
열은 전도, 대류, 복사 등의 현상으로 이동하므로 이러한 열의 이동을 방지하는 것이 단열이다.
① 전도   ② 대류   ③ 복사

(다) 단열재료의 성질
① 단열은 열의 이동을 최소화시키는 것이며 단열의 성능을 높기 위해서는 열전도율이 낮추어야 한다.
② 재료의 단열성에 영향을 미치는 요인 : 재료의 두께, 재료의 밀도, 재료의 표면 상태
  ㉠ 같은 두께인 경우 경량재료가 단열에 더 효과적이다.
  ㉡ 상대밀도의 높음에 따라 열전도율이 증가함으로써 밀도가 낮은 재료가 단열에 효과적이다(다공질의 재료 등).
③ 대부분 단열재는 흡음성이 우수하므로 흡음재료로 사용된다.

> 단열재에 관한 설명
> ① 열관류율이 높은 재료는 단열성이 낮다.
> ② 단열재는 보통 다공질의 재료가 많다.

(라) 단열재의 단열성능
단열재료는 열전도율이 낮을수록 단열성능이 좋다.
 - 단열재료에 습기나 물기가 침투하면 열전도율이 높아져 단열성능이 나빠진다.

(2) 단열재의 종류

(가) 무기질 단열재

열에 강하고 접합부 시공성이 우수하나 흡습성이 큼.
- 유리면, 암면, 세라믹 파이버, 펄라이트 판, 규산 칼슘판, 경량 기포콘크리트(ALC판넬)
- 유리면 : 송풍 덕트 등에 감아서 열손실을 막는 용도로 쓰이는 것

① 유리질 단열재 : 유리면(glass wool)
② 광물질 단열재 : 석면, 암면(rock wool), 펄라이트판 등
③ 금속질 단열재 : 규산질, 알루미나질, 마그네시아질
④ 탄소질 단열재 : 탄소질 섬유, 탄소분말

(나) 유기질 단열재

흡습성이 적고 시공성이 우수하지만 열에 약함.
① 연질 섬유판, 폴리스틸렌 폼, 셀룰로즈 섬유판, 경질 우레탄 폼
② 발포폴리스티렌(스티로폼), 발포폴리우레탄, 발포염화 비닐 등

> 유기물: 탄소(C)의 화합물. 탄소를 중심으로 수소를 비롯한 몇 가지로 이루어진 물질(탄소를 함유한 재료)
> ① 생명체만이 가지고 있거나 생명체에서만 만들어진 물질
> ② 연료는 대부분 유기물, 금속물질은 무기물임.

(3) 단열재의 종류별 특성

(가) 락크 울(rock wool, 암면)

암면은 단열재로 사용하며 암석으로부터 인공적으로 만들어진 내열성이 높은 광물섬유를 이용하여 만드는 제품으로 단열성, 흡음성이 뛰어나며 골재로 사용할 수 없다.

(나) 세라믹 파이버(ceramics fibers, 세라믹섬유)

1,000℃ 이상의 고온에서도 견디는 단열재료(섬유)로 본래 공업용 가열로의 내화 단열재로 사용되었으나 최근에는 철골의 내화 피복재로 쓰이는 단열재(세라믹계 섬유)
- 세라믹 파이버의 원료는 실리카와 알루미나이며, 알루미나의 함유량을 늘이면 내열성이 상승한다.

(다) 규산 칼슘판

무기질 단열재료 중 규산질 분말과 석회분말을 오토클레이브 중에서 반응시켜 얻은 젤(gel)에 보강섬유를 첨가하여 프레스 성형하여 만드는 것
- 규산칼슘판 단열재 : 내열성과 내파손성이 우수하여 철골내화피복으로 사용되는 것

> 오토클레이브(autoclave): 고온, 고압에서 화학 처리하는 용기

(라) 유리섬유(glass fiber)

① 고온에 견디며, 불에 타지 않는다.

② 화학적 내구성이 있기 때문에 부식하지 않는다.
③ 전기절연성이 크다.
④ 내마모성이 작고, 부서지거나 부러지기 쉽다.
⑤ 강도(특히 안장강도)가 강하다.
⑥ 단열재, 방음재, 보온재, 전기절연재 등으로 사용한다.

(마) 기타 단열재

1) 경질 우레탄폼 : 방수성, 내투습성이 뛰어나기 때문에 방습층을 겸한 단열재로 사용된다.
2) 펄라이트 판 : 경량이며 내수성, 내열성, 단열성이 있어 단열, 보온, 흡음재료로 사용한다.
3) 셀룰로오스 섬유판 : 천연의 목질섬유를 원료로 하며, 단열성이 우수하여 주로 건축물이 외벽 단열재 바름에 사용된다.

> **석고보드**
> 천장, 내벽마감재의 보드 중 내습성은 좋지 않지만 방화성과 차음성이 우수한 것
> - 경량이고 시공이 간단하며 단열성, 방화성, 차음성, 보온성이 우수하나 내습성이 좋지 않아 흡습되면 강도가 저하된다.
> 〈석고보드공사〉
> ① 속고보드는 두께 9.5mm 이상의 것을 사용한다.
> ② 석고보드용 평머리못 및 기타 설치용 철물은 용융아연 도금 또는 유니크롬 도금이 된 것으로 한다.
> ③ 목조 바탕의 띠장 간격은 200mm 내외로 한다.
> ④ 경량철골 바탕의 칸막이벽 등에서는 기둥, 샛기둥의 간격을 450mm 내외로 한다.

나 흡음재료

(1) 흡음재료의 특성

(가) 다공질 재료

재료내부의 공기진동에 의하여 흡음되며 고음역의 흡음효과를 발휘한다.
- 재료로는 암면, 유리섬유, 연질섬유판, 흡음텍스 등이 있다.

(나) 판상재료

뒷면의 공기층에 강제진동으로 흡음효과를 발휘하며 대체로 저음역에서 효과가 크다.
- 재료로는 석고보드, 섬유판, 합판, 플라스틱판 등 있다.

펄라이트 보온재
진주석 또는 흑요석 등을 800~1200℃로 소성한 후에 분쇄하여 가열 팽창하면 만들어지는 작은 입자(구상 입자)에 접착제 및 무기질 섬유를 균등하게 혼합하여 성형한 제품

경질 우레탄폼 단열재
: 현장 발포식 단열재
① 공사현장에서 발포시공이 가능하다.
② 발포 즉시 부피가 팽창하여 기밀하게 시공할 수 있다.
③ 발포부터 경화까지 시공시간이 짧아 공사기간을 단축할 수 있다.
④ 냉동창고, 컨테이너같은 고성능 단열이 필요한 사업시설 등에 다양하게 사용된다.(초저온 장치용 보냉제로 사용된다.)

석고보드
① 신축변형과 균열의 위험이 없다.
② 부식이 안 되고 충해를 받지 않는다.

샛기둥(사이기둥): 기둥 사이를 약 45cm 간격으로 배치하는 기둥

(다) 유공재료

일반적으로 중간 음역에 효과가 크다.
- 재료로는 유공합판, 유공석고보드, 유공금속판, 유공플라스틱판 등이 있다.

(2) 차음 재료의 요구성능

① 비중이 크고 밀도가 클 것
② 음의 투과손실이 클 것(음의 투과손실이 큰 재료가 차음성능이 좋음)
③ 다공질 재료는 흡음률이 크기 때문에 차음성능은 떨어진다.(차음량이 큰 것은 흡음률이 작다.)

(3) 건물의 바닥 충격음을 저감시키는 방법

① 유리면 등의 완충재를 바닥공간 사이에 넣는다.
② 부드러운 표면마감재를 사용하여 충격력을 작게 한다.
③ 바닥을 띄우는 이중바닥으로 한다.
④ 바닥슬래브의 두께를 증가 또는 밀도를 높여 중량을 크게 한다.

다 유리

(1) 유리의 특성

(가) 유리에 발생하는 풍화작용
① 풍우 등이 반복되는 충격작용
② 공중의 탄산가스나 암모니아, 황화수소, 아황산가스 등에 의한 표면 변색, 감모(減耗) 발생

(나) 화재 시 유리가 파손되는 원인
① 열팽창 계수가 크기 때문이다.
② 급가열 시 부분적 면내(面內) 온도차가 커지기 때문이다.
③ 열전도율이 작기 때문이다.

(2) 스팬드럴 유리(spandrel glass)

① 건축물의 외벽 층간이나 내·외부 장식용 유리로 사용한다.
② 판유리 한쪽 면에 세라믹질의 도료를 도장한 후 고온에서 융착, 반강화한 것으로 내구성이 뛰어나다.
③ 색상이 다양하고 중후한 질감을 갖고 있으며 건축물의 모양에 따라 선택의 폭이 넓다.
④ 열처리를 하여 일반 유리보다 높은 강도를 가지며 열에 강하다.

유리의 주성분: 이산화규소(SiO_2)
• 이산화 규소(SiO_2): 규소의 산화물로, 규산(silica)이라고도 한다.

감모: 줄어들거나 닳음

강화유리
① 유리를 600℃ 이상의 연화점까지 가열하여 특수한 장치로 균등히 공기를 내뿜어 급랭시킨 것으로 강하고 또한 파괴되어도 세립상으로 되는 유리
② 유리 표면에 강한 압축응력층을 만들어 파괴강도를 증가시킨 것이다.(현장에서 절단 가공할 수 없다.)
③ 강도는 플로트 판유리에 비해 3~5배 정도이다.
④ 주로 출입문이나 계단 난간, 안전성이 요구되는 칸막이 등에 사용된다.
※ 강화유리의 검사항목
 ① 파쇄시험
 ② 쇼트백시험
 ③ 내충격성시험
 ④ 투영시험

(3) 로이(low-E) 유리

적외선을 반사하는 도막을 코팅하여 방사율을 낮춘 고단열 유리로 일반적으로 복층 유리로 제조되는 것

① 열적외선을 반사하는 은소재 도막으로 코팅하여 방사율과 열관류율을 낮추고 가시광선 투과율을 높인 유리
② 복층 유리 조합으로 단열성능이 우수하다.
③ 열깨짐의 위험이 있으므로 유리 표면에 페인트 도장을 하거나 종이, 테이프 등을 부착하지 않는다.

(4) 복층 유리(pair glass, 2중 유리)

일반 유리에 비해 단열과 방음 효과가 크고 유리창 표면의 결로 현상이나 성에 방지 효과도 우수한 유리이다.
(*유리의 결로현상 : 실내외의 온도 차이로 유리에 이슬이 맺히는 현상)
- 복층 유리 : 방음, 단열, 결로방지 효과가 우수한 유리

(5) 프리즘(prism) 유리

투사광선이 굴절 분산되어 프리즘의 역할을 할 수 있도록 만든 유리제품으로 주로 지하실 또는 지붕 등의 채광용으로 적합하다.
- 투사광선의 방향을 변화시키거나 집중 또는 확산시킬 목적으로 만든 이형 유리제품

(6) 망입 유리

유리 내부에 금속망을 삽입하고 압착 성형한 판유리로서 깨어지는 경우에도 파편이 튀지 않고 연소(延燒)도 방지할 수 있는 유리(파손방지, 도난방지, 방화, 방재목적으로 사용) - 그물 유리

(7) 에칭 유리(etching glass)

① 유리에 문양이나 그림, 글씨 등을 조각하여 장식용으로 사용하는 유리
② 유리면에 부식액의 방호막을 붙이고 이 막을 모양에 맞게 오려내고 그 부분에 유리부식액을 발라 소요 모양으로 만들어 장식용으로 사용하는 유리(유리가 불화수소에 부식하는 성질을 이용하여 5mm 이상 판 유리에 그림, 문자 등을 조각)

(8) 열선 흡수 유리

① 여름철 냉방부하를 감소시킨다.
② 자외선에 의한 상품 등의 변색을 방지한다.

복층 유리: 2장 이상의 판유리 등을 나란히 넣고, 그 틈새에 대기압에 가까운 압력의 건조한 공기를 채우고 그 주변을 밀봉·봉착한 유리

방사율: 물체가 에너지를 발산하거나 흡수하는 능률

특수유리와 사용장소
① 무늬유리: 판유리에 장식 효과를 주어 만들어진 반투명유리. 일반주택의 창문, 현관·욕실의 문, 건축의 내·외장재 등
② 자외선투과유리: 자외선의 투과도를 향상시킨 유리. 병원의 일광욕실, 온실, 병원의 창
③ 강화유리: 판유리를 특수 열 처리하여 내부 인장 응력에 견디는 압축응력 층을 유리 표면에 만들어 파괴강도를 증가시킨 유리. 형틀없는 문, 강화유리문, 도난방지용 창유리
* 접합유리: 2장 이상의 판유리 사이에 강하고 투명하면서 접착성이 강한 플라스틱 필름을 삽입하여 제작한 안전유리

망입 유리의 제조 시 사용되는 금속선
철선, 놋쇠(황동)선, 알루미늄선 등

③ 눈부심 현상이 적다.
④ 채광을 요구하는 진열장에 이용된다.

(9) 자외선 흡수 유리

일반적으로 철, 크롬, 망간 등의 산화물을 혼합하여 제조한 것으로 염색품의 색이 바래는 것을 방지하고 채광을 요구하는 진열장 등에 이용되는 유리

(10) 붕규산 유리

내열성이 좋아서 내열식기에 사용하기에 가장 적합한 유리(주로 주방용기로 사용)

(11) 소다석회 유리(soda-lime glass)

생산되는 유리 중 가장 일반적인 형태로 판유리, 창유리, 유리병 및 일반용기, 식기류 등의 광범위한 용도로 사용

(12) 배강도 유리

① 플로트 판유리를 연화점 부근(약 700℃)까지 가열 후 양 표면에 냉각공기를 흡착시켜 유리의 표면에 20 이상 60(N/mm^2) 이하의 압축응력층을 갖도록 한 가공유리.
② 내풍압 강도, 열깨짐 강도 등은 동일한 두께의 플로트 판유리의 2배 이상의 성능을 가진다.(반강화 유리)

(13) 유리공사에 사용되는 자재

① 흡습제: 작은 기공을 수억 개 갖고 있는 입자로 기체분자를 흡착하는 성질에 의해 밀폐공간에 건조상태를 유지하는 재료이다.
② 세팅 블록: 새시 하단부의 유리끼움용 부재료로서 유리의 자중을 지지하는 고임재이다.
③ 단열간봉: 복층유리에서 유리의 간격을 일정하게 유지하는 역할을 하면서 내부에 주입한 가스가 새어나가거나 외부의 습기가 침투하는 것을 막아주는 것을 간봉으로, 기존 알루미늄간봉의 열전달 저항률을 개선시켜 유리 단부의 결로방지 성능을 높이고 단열성능을 향상시킨 것이다.
④ 백업재: 실링 시공인 경우에 부재의 측면과 유리면 사이에 연속적으로 충전하여 유리를 고정하는 재료이다.

유리의 열파손: 유리의 중앙부와 주변부와의 온도 차이로 인해 응력이 발생하여 파손되는 현상
① 열의 흡수가 유리한 색유리에 많이 발생한다.
② 유리의 중앙부와 주변부와의 온도 차이가 큰 동절기의 맑은 날 오전에 많이 발생한다.
③ 두께가 두꺼울수록 열팽창응력이 크다.
④ 균열은 프레임에 직각방향으로 시작하여 경사지게 진행된다.

4. 건설재료 일반

가 건축재료의 분류

(1) 생산방법에 의한 분류(천연재료, 인공재료)

① 천연재료 : 석재, 골재, 목재, 점토 등
② 인공재료 : 콘크리트, 콘크리트제품, 금속제품, 석유화학제품 등

(2) 화학적 조성에 의한 분류(무기재료, 유기재료)

① 무기재료 : 탄소를 함유하지 않은 재료
　㉠ 금속재료 : 철강, 알루미늄, 구리, 아연, 합금류 등
　㉡ 비금속재료 : 석재, 시멘트, 유리, 콘크리트, 세라믹 등
② 유기재료 : 탄소를 함유한 재료
　㉠ 천연재료 : 목재, 역청재료(아스팔트 등), 섬유류 등
　㉡ 합성수지 : 플라스틱, 도료, 접착재 등

> 유기물: 탄소(C)의 화합물. 탄소를 중심으로 수소를 비롯한 몇 가지로 이루어진 물질(탄소를 함유한 재료)
> ① 생명체만이 가지고 있거나 생명체에서만 만들어진 물질
> ② 연료는 대부분 유기물, 금속물질은 무기물임.

나 건축 구조재료의 요구성능

(1) 건축 구조재료의 요구성능

① 역학적 성능 : 강도, 강성, 내피로성, 인성, 연성, 전성, 변형, 탄성계수 등 외력에 관련된 성능
　- 건축재료의 요구성능 중 마감재료에서 필요성이 적은 항목
② 물리적 성능 : 비중, 비열, 내열성, 열전도율, 열팽창계수, 용융점, 인화점, 발화점, 함수율, 흡음률, 차음률 등 재료의 조직 및 성분에 관련된 성능
③ 화학적 성능 : 산, 알칼리 및 약품 등 화학물질에 의한 변질, 부식, 용해 등에 관련된 성능
④ 방화 및 내화 성능 : 연소성, 인화성, 발연성, 용융성 등 화재와 관련된 성능
⑤ 내구 성능 : 내마모성, 내후성, 내식성 등 재료의 내구성과 관련된 성능

> 발연성: 연소 시에 연기를 발생하는 성질

(2) 재료의 기계적 성질을 나타내는 용어(역학적 성능)

① 탄성(彈性, elasticity) : 외력을 제거하면 원래의 상태로 되돌아오는 성질
② 소성(塑性, plasticity, 가소성) : 외력을 제거해도 원래의 상태로 되돌아오지 않는 성질

③ 경성(硬性, hardness) : 전단력, 마모 등에 대한 저항성으로 재료의 단단한 정도
④ 강성(强性, rigidity) : 외력을 받았을 때 변형에 저항하는 성질
⑤ 연성(延性, ductility) : 재료가 외력에 의해 파괴됨이 없이 가늘고 길게 늘어지는 성질
⑥ 전성(展性, malleability, 가단성) : 재료가 외력에 의해 파괴됨이 없이 넓은 판으로 얇게 펴지는 성질
⑦ 인성(靭性, toughness) : 외력을 받았을 때 파괴되지 않고 견딜 수 있는 성질(질긴 성질)
⑧ 취성(脆性, brittleness) : 작은 변형에도 파괴되는 성질

(3) 물리적 성능

비중, 비열, 내열성, 열전도율, 열팽창계수, 용융점, 인화점, 발화점, 함수율, 흡음률, 차음률 등 재료의 조직 및 성분에 관련된 성능

1) 비중 : 물체의 무게가 같은 부피의 물의 무게와의 비
2) 비열 : 질량 1kg의 물체의 온도를 1℃ 올리는 데 필요한 열량
3) 열팽창계수
   ① 온도의 변화에 따라 물체가 팽창·수축하는 비율을 말한다.
   ② 길이에 관한 비율인 선(線)팽창계수와 용적에 관한 체적 팽창계수가 있다.
   ③ 일반적으로 체적팽창계수는 선팽창계수의 3배이다.
4) 용융점 : 물질이 고체에서 액체로 변할 때의 온도

다 파괴현상

① 피로 파괴 : 재료에 하중이 반복하여 작용할 때 정적 강도보다 낮은 강도에서 파괴되는 것
② 충격 파괴 : 재료에 충격하중이 작용할 때의 파괴
③ 정적 파괴 : 비교적 느린 속도로 하중이 작용할 때의 파괴

   ※ 정적 강도(보통 재료의 강도) : 인장, 압축, 전단, 휨 및 비틀림 등의 정적 부하에 대한 재료의 저항을 총칭

④ 크리프 파괴 : 크리프에 의한 파괴

   ※ 크리프(creep) : 한계하중 이하의 하중이라도 일정 하중을 지속적으로 가하며 시간의 경과에 따라 변형이 증가하고 결국은 파괴에 이르게 되는 현상

⑤ 연성파괴 : 강재는 일반적으로 연신율과 단면수축률이 생기면서 파단한다.

⑥ 취성파괴 : 강재의 경우 저온에서 인장할 때 또는 결함부가 있게 되면 연신율과 단면수축률이 없이 파단되는 현상 (결함부에 의해 급격히 파괴)

라 불연재료 등

(1) 불연재료(난연1급)
화재 시 가열에 대하여 연소되지 않고 방화상 유해한 변형, 균열 등 기타 손상을 일으키지 않으며, 유해한 연기나 가스를 발생하지 않는 재료
- 콘크리트, 석재, 벽돌, 철강, 유리, 알루미늄, 모르타르, 기와 등

(2) 준불연재료(난연2급)
화재에 약간은 타는 부분이 발생하며 불연재료와 달리 약간의 연기가 나오지만 유독가스가 나지 않는 재료(불연재료에 준하는 방화성능을 지닌 건축 재료)
- 석고보드, 목모 시멘트판, 펄프 시멘트판, 일반 석고보드 등

(3) 난연재료(난연3급)
불에 잘 타지 않는 성질을 가진 재료로 건설교통부령이 정하는 기준에 적합한 재료
- 난연 합판, 난연 플라스틱 등

마 건설자재 인증제도

최근 에너지저감 및 자연친화적인 건축물의 확대정책에 따라 에너지저감, 유해물질저감, 자원의 재활용, 온실가스 감축 등을 유도하기 위한 건설자재 인증제도

① 환경표지인증 : 건설자재의 환경성에 대한 일정기준을 정하여 에너지 절약, 유해물질 저감, 자원의 절약 등을 유도하기 위하여 제품에 부여하는 인증제도

② GR(Good Recycle) : 재활용 제품에 대한 소비자의 구매 욕구를 유발하여 지구 환경 보존과 자원 재창출 효과를 극대화(우수 재활용 제품 인증)

③ 탄소성적표지 인증제도 : 제품·서비스의 온실가스 배출량을 라벨형태로 제품에 부착하여 배출량 정보를 공개하고, 저탄소 상품의 인증을 통해 기후변화 대응 및 저탄소 녹색 생산·소비를 지원하는 탄소 라벨링 제도

CHAPTER 06 항목별 우선순위 문제 및 해설

01 미장재료의 경화에 대한 설명 중 옳지 않은 것은?

① 회반죽은 공기 중의 탄산가스와의 화학 반응으로 경화된다.
② 이수석고($CaSO_4 \cdot 2H_2O$)는 물을 첨가해도 경화하지 않는다.
③ 돌로마이트 플라스터는 물과의 화학반응으로 경화한다.
④ 시멘트 모르타르는 물과의 화학반응으로 경화한다.

해설 미장재료의 경화(기경성과 수경성)
1) 기경성(氣硬性) 재료 : 공기 중에서 경화하는 재료
 - 돌로마이트 플라스터(마그네시아석회), 회반죽, 진흙, 소석회, 아스팔트 모르타르
 ① 돌로마이트(dolomite) 플라스터 : 공기 중의 탄산가스와 반응하여 화학 변화를 일으켜 경화한다.
 ② 회반죽은 공기 중의 탄산가스와의 화학반응으로 경화된다.

02 다음 중 외벽용 타일 붙임재료로 가장 적합한 것은?

① 시멘트 모르타르
② 아크릴 에멀젼
③ 합성고무 라텍스
④ 에폭시 합성고무 라텍스

해설 시멘트 모르타르 : 외벽용 타일 붙임재료로 가장 적합
① 다른 미장재료보다 강도가 크며 내구성, 내화성, 내수성도 크다.
② 시공이 간편하여 미장재료 중 가장 많이 사용한다.

03 다음 미장재료 중 건조 시 무수축성의 성질을 가진 재료는?

① 시멘트 모르타르
② 돌로마이트 플라스터
③ 회반죽
④ 석고 플라스터

해설 석고 플라스터
① 일반적으로 소석고를 주재료로 한다.
② 경화가 빠르고 튼튼하며 수축균열이 잘 생기지 않는다.
③ 건조 시 무수축성의 성질을 가진다(수축균열이 잘 생기지 않음).
 - 경화, 건조 시 치수 안정성을 갖는다.
④ 내화성을 갖는다.
⑤ 물에 용해되는 성질이 있어 물을 사용하는 장소에는 부적합하다.

04 미장재료 중 강도가 크고, 응결시간이 길며 부착은 양호하나 강재를 녹슬게 하는 성분도 포함하는 것은?

① 돌로마이트 플라스터
② 스탁코
③ 회반죽
④ 경석고 플라스터

해설 경석고 플라스터
미장재료 중 강도가 크고, 응결시간이 길며 부착은 양호하나 강재를 녹슬게 하는 성분도 포함된 것
① 소석고보다 응결속도가 느리다.
② 표면 강도가 크고 광택이 있다.
③ 습윤 시 팽창이 크다.
④ 다른 석고계의 플라스터와 혼합을 피해야 한다.

05 소석회에 모래, 해초풀, 여물 등을 혼합하여 바르는 미장재료로서 목조바탕, 콘크리트블록 및 벽돌 바탕 등에 사용되는 것은?

① 회반죽
② 돌로마이트 플라스터

정답 01. ③ 02. ① 03. ④ 04. ④ 05. ①

③ 석고 플라스터
④ 시멘트 모르타르

해설 회반죽
소석회에 모래, 해초풀, 여물 등을 혼합하여 바르는 미장재료로서 목조바탕, 콘크리트블록 및 벽돌 바탕 등에 사용되는 것(회반죽바름은 기경성 재료)
① 소석회에 모래, 해초풀, 여물 등을 혼합하여 바르는 미장재료이다.
② 경화건조에 의한 수축률은 미장바름 중 큰 편이다.
③ 다른 미장재료에 비해 건조에 걸리는 시일이 길다.

06 돌로마이트 플라스터에 대한 설명으로 옳지 않은 것은?

① 풀이 필요하지 않아 변색, 냄새, 곰팡이가 없다.
② 소석회에 비해 점성이 낮으며, 약산성이므로 유성페인트 마감을 할 수 있다.
③ 응결시간이 길다.
④ 회반죽에 비하여 조기강도 및 최종강도가 크다.

해설 돌로마이트 플라스터(dolomite plaster)
① 대기 중의 탄산가스(이산화탄소)와 반응하여 화학변화를 일으켜 경화한다.
② 소석회보다 점성이 커서 풀이 필요하지 않아 변색, 냄새, 곰팡이가 없다.
③ 경화 시에 수축률이 커서 균열이 크게 생긴다.
④ 응결시간이 길다.
⑤ 회반죽에 비하여 조기강도 및 최종강도가 크다.

07 펄라이트 모르타르바름에 대한 설명으로 틀린 것은?

① 재료는 진주암 또는 흑요석을 소성 팽창시킨 것이다.
② 펄라이트는 비중 0.3 정도의 백색입자이다.
③ 내화피복재바름으로 쓰인다.
④ 균열이 거의 발생하지 않는다.

해설 펄라이트 모르타르바름
(* 펄라이트 : 진주암 또는 흑요석을 분쇄해서 고열로 가열 팽창시킨 경량골재)
④ 균열 발생 가능성이 있다.

08 KS F 3211(건설용 도막 방수재)에서 주요 원료에 따른 방수재의 종류에 해당하지 않는 것은?

① 우레탄 고무계 방수재
② 아크릴 고무계 방수재
③ 에폭시 수지계 방수재
④ 고무 아스팔트계 방수재

해설 KS F 3211(건설용 도막 방수제)에서 주요 원료에 따른 방수재의 종류
① 우레탄 고무계 방수재
② 아크릴 고무계 방수재
③ 클로로프렌 고무계 방수재
④ 실리콘 고무계 방수재
⑤ 고무 아스팔트계 방수재

09 양모, 마사, 폐지 등을 원료로 하여 만든 원지에 연질의 스트레이트 아스팔트를 가열·용융시켜 충분히 흡수시킨 후 회전로에서 건조와 함께 두께를 조정하여 롤형으로 만든 것은?

① 아스팔트 루핑
② 알루미늄 루핑
③ 아스팔트 펠트
④ 개량 아스팔트 루핑

해설 아스팔트 펠트(asphalt felt)
유기천연섬유 또는 석면섬유를 결합한 원지에 연질의 스트레이트 아스팔트를 침투시킨 것이다(아스팔트방수 중간층재로 이용).
- 목면, 마사, 양모, 폐지 등을 혼합하여 만든 원지에 스트레이트 아스팔트를 침투시킨 두루마리 제품으로 흡수성이 크기 때문에 단독으로 사용하는 경우 방수효과가 적어 주로 아스팔트방수의 중간층 재료로 이용

정답 06.② 07.④ 08.③ 09.③

10 지하실 방수공사에 사용되며, 아스팔트 펠트, 아스팔트 루핑 방수재료의 원료로 사용되는 것은?

① 스트레이트 아스팔트
② 블로운 아스팔트
③ 아스팔트 컴파운드
④ 아스팔트 프라이머

해설 **스트레이트 아스팔트(straight asphalt)**
석유계 아스팔트로 점착성, 방수성은 우수하지만 연화점이 비교적 낮고 내후성 및 온도에 의한 변화정도가 커 지하실 방수공사 이외에 사용하지 않는 것
① 연화점이 비교적 낮고 온도에 의한 변화가 크다.
② 신장성, 점착성, 방수성이 풍부하다.
③ 주로 지하실 방수공사에 사용되며, 아스팔트 펠트, 아스팔트 루핑 방수재료의 원료로 사용된다.

11 방수공사에서 아스팔트 품질 결정요소와 가장 거리가 먼 것은?

① 침입도   ② 신도
③ 연화점   ④ 마모도

해설 **방수공사에서 아스팔트 품질 결정요소**
① 침입도 : 유연한 역청질 재료의 반죽질기(consistency)를 표시한 것(아스팔트의 경도를 나타내는 기준)
② 신도 : 아스팔트의 늘어나는 정도
③ 연화점(軟化點, softening point) : 아스팔트를 가열하여 무르게 되는 온도
④ 점도 : 끈적거림의 정도
⑤ 감온성(感溫性, thermo-sensitivity) : 아스팔트는 온도에 의한 반죽질기가 현저하게 변화하는데 이러한 변화가 일어나기 쉬운 정도

12 다음 중 실(seal)재가 아닌 것은?

① 코킹재   ② 퍼티
③ 개스킷   ④ 트래버틴

해설 **실(seal)재** : 퍼티, 코킹, 실링재, 실런트 등의 총칭
① 퍼티(putty) : 접합재로 유리판을 고정하거나 목공품의 균열을 막거나 도장 하지의 간극, 균열 메우기 등에 사용)
② 건축용 코킹재 : 균열보수, 줄눈 등의 틈을 메우는 밀폐재로 사용되고 유연성과 내구성이 있어야 하며 각종 재료에 잘 접착 되어야 한다(실링재와 같은 뜻의 용어로 부재의 접합부에 충전하여 접합부를 기밀수밀하게 하는 재료).
③ 개스킷 : 이음매을 메우기 위하여 끼워 넣는 패킹(packing)

13 다음 중 단열재가 구비해야 할 조건으로 옳지 않은 것은?

① 어느 정도의 기계적인 강도가 있을 것
② 열전도율이 낮고 비중이 클 것
③ 내화성 및 내부식성이 좋을 것
④ 흡수율이 낮을 것

해설 **단열재의 구비조건**
② 열전도율이 낮고 비중이 작을 것

14 다음 중 유기질 단열재료가 아닌 것은?

① 연질 섬유판
② 세락믹 파이버
③ 폴리스틸렌 폼
④ 셀룰로즈 섬유판

해설 **단열재의 종류**
1) 무기질 단열재 : 유리면, 암면, 세라믹 파이버, 펄라이트 판, 규산 칼슘판, 경량 기포콘크리트(ALC 판넬)
2) 유기질 단열재
① 연질 섬유판, 폴리스틸렌 폼, 셀룰로즈 섬유판, 경질 우레탄 폼
② 발포폴리스티렌(스티로폼), 발포폴리우레탄, 발포염화 비닐 등

15 흡음재료의 특성에 대한 설명으로 옳은 것은?

① 유공판재료는 재료내부의 공기진동으로 고음역의 흡음효과를 발휘한다.
② 판상재료는 뒷면의 공기층에 강제진동으로 흡음효과를 발휘한다.

정답 10. ① 11. ④ 12. ④ 13. ② 14. ② 15. ②

③ 다공질재료는 적당한 크기나 모양의 관통구멍을 일정간격으로 설치하여 흡음효과를 발휘한다.
④ 유공판재료는 연질섬유판, 흡음텍스가 있다.

해설 흡음재료의 특성
1) 다공질 재료 : 재료내부의 공기진동에 의하여 흡음되며 고음역의 흡음효과를 발휘한다.
   - 재료로는 암면, 유리섬유, 연질섬유판, 흡음텍스 등이 있다.
2) 판상재료 : 뒷면의 공기층에 강제진동으로 흡음효과를 발휘하며 대체로 저음역에서 효과가 크다.
   - 재료로는 석고보드, 섬유판, 합판, 플라스틱판 등이 있다.
3) 유공재료 : 일반적으로 중간 음역에 효과가 크다.
   - 재료로는 유공합판, 유공석고보드, 유공금속판, 유공플라스틱판 등이 있다.

16 건물의 바닥 충격음을 저감시키는 방법에 대한 설명으로 틀린 것은?
① 유리면 등의 완충재를 바닥공간 사이에 넣는다.
② 부드러운 표면마감재를 사용하여 충격력을 작게 한다.
③ 바닥을 띄우는 이중바닥으로 한다.
④ 바닥슬래브의 중량을 작게 한다.

해설 건물의 바닥 충격음을 저감시키는 방법
④ 바닥슬래브의 두께를 증가 또는 밀도를 높여 중량을 크게 한다.

17 건축재료의 화학조성에 의한 분류 중, 무기재료에 포함되지 않는 것은?
① 콘크리트   ② 철강
③ 목재   ④ 석재

해설 건축재료의 화학적 조성에 의한 분류(무기재료, 유기재료)
① 무기재료 : 탄소를 함유하지 않은 재료
   ㉠ 금속재료 : 철강, 알루미늄, 구리, 아연, 합금류 등

㉡ 비금속재료 : 석재, 시멘트, 유리, 콘크리트, 세라믹 등
② 유기재료 : 탄소를 함유한 재료
   ㉠ 천연재료 : 목재, 역청재료(아스팔트 등), 섬유류 등
   ㉡ 합성수지 : 플라스틱, 도료, 접착재 등

18 건축 구조재료의 요구성능에는 역학적 성능, 화학적 성능, 내화 성능 등이 있는데 그 중 역학적 성능에 해당하지 않는 것은?
① 내열성   ② 강도
③ 강성   ④ 내피로성

해설 건축 구조재료의 요구성능
① 역학적 성능 : 강도, 강성, 내피로성, 인성, 연성, 전성, 변형, 탄성계수 등 외력에 관련된 성능
② 물리적 성능 : 비중, 비열, 내열성, 열전도율, 열팽창계수, 용융점, 인화점, 발화점, 함수율, 흡음률, 차음률 등 재료의 조직 및 성분에 관련된 성능
③ 화학적 성능 : 산, 알칼리 및 약품등 화학물질에 의한 변질, 부식, 용해등에 관련된 성능
④ 방화 및 내화 성능 : 연소성, 인화성, 발연성, 용융성 등 화재와 관련된 성능
⑤ 내구 성능 : 내마모성, 내후성, 내식성 등 재료의 내구성과 관련된 성능

19 재료의 기계적 성질 중 작은 변형에도 파괴되는 성질을 무엇이라 하는가?
① 강성   ② 소성
③ 탄성   ④ 취성

해설 재료의 기계적 성질을 나태내는 용어
① 탄성(彈性, elasticity) : 외력을 제거하면 원래의 상태로 되돌아오는 성질
② 소성(塑性, plasticity, 가소성) : 외력을 제거해도 원래의 상태로 되돌아 오지 않는 성질
③ 강성(强性, rigidity) : 외력을 받았을 때 변형에 저항하는 성질
④ 취성(脆性, brittleness) : 작은 변형에도 파괴되는 성질

정답 16. ④ 17. ③ 18. ① 19. ④

PART 06

건설안전기술

✏️ **항목별 이론 요약 및 우선순위 문제**

1. 건설공사 안전개요
2. 건설공구 및 장비
3. 양중 및 해체공사의 안전
4. 건설재해 및 대책
5. 건설 가(假) 시설물 설치 기준
6. 건설 구조물공사 안전
7. 운반, 하역작업

Chapter 01 건설공사 안전개요

1. 지반의 안전성

가 흙의 특성

① 흙은 흙의 종류에 따라 응력-변형률 관계가 다르게 정의된다.
② 흙의 성질은 본질적으로 비균질, 비등방성이다.
③ 흙의 거동은 연약지반에 하중이 작용하면 시간의 변화에 따라 압밀침하가 발생한다.
④ 검토 대상이 되는 흙은 지표면 밑에 있기 때문에 지반의 구성과 공학적 성질은 시추를 통해서 자세히 판명된다.

나 흙의 투수계수에 영향을 주는 인자

① 공극비 : 공극비가 클수록 투수계수는 크다.
② 포화도 : 포화도가 클수록 투수계수는 크다.
③ 유체의 점성계수 : 점성계수가 클수록 투수계수는 작다.
④ 유체의 밀도 및 농도 : 유체의 밀도가 클수록 투수계수는 크다.
⑤ 물의 온도가 클수록 투수계수는 크다.
⑥ 흙 입자의 모양과 크기

> **참고**
>
> * 투수계수(透水係數) : 토양이나 암석 등에서 물빠짐 정도를 나타내는 계수
> * 흙의 구성요소
>
>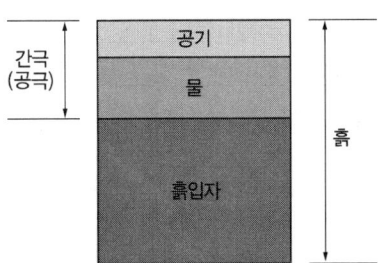
>
> ① 흙의 공극비(간극비, void ratio) : 흙입자의 부피(체적)에 대한 공극(간극)의 체적의 비 (간극은 물과 공기로 구성)
> ② 포화도(degree saturation) : 간극의 용적에 대한 간극속의 물의 용적

memo

비균질
질이 일정하지 않음

비등방성
물체의 물리적 성질이 방향에 따라 다른 성질

토중수(soil water)
① 화학수는 원칙적으로 이동과 변화가 없고 공학적으로 토립자와 일체로 보며 100℃ 이상 가열해도 분리가 되지 않는 물이다.
② 자유수(중력수)는 빗물이나 지표의 물이 지하에 투수되는 물로 이동이 자유롭다.
③ 모관수는 모관작용에 의해 지하수면 위쪽으로 솟아 올라온 물이다.
④ 흡착수는 흙 입자의 표면에 흡착된 물로 비등점이 높고 빙점이 낮으며 표면장력이 크다. 110±5℃ 이상으로 가열해야 분리된다.

흙의 공극비(간극비 void ratio)
$= \dfrac{공기 + 물의\ 체적}{흙의\ 체적}$

* 흙의 구성요소:
 공기＋물＋흙 입자(간극은 물과 공기로 구성)
* 흙의 포화도에 따른 흙의 비중과 함수비의 관계:
 Gs(흙의 비중)×w(함수율)=S(흙의 포화도)×e(공극비)
 → 공극비 = (함수비×비중)/포화도

다 지반의 조사

(1) 지반조사의 목적

대상지반의 지층분포와 토질, 암석 및 암반 등 지반의 공학적 성질을 명확히 파악하여 구조물의 계획, 설계, 시공 및 유지관리 업무를 수행하는 데 필요한 제반 지반정보를 제공하거나 건설 재료원의 적합성 및 매장량을 확인하기 위하여 실시

① 토질의 성질 파악 ② 지층의 분포 파악 ③ 지하수위 및 피압수 파악 등

> 피압수 : 불투수층(점토지반) 사이에 높은 압력을 갖는 지하수
> ① 압력의 수두 차에 의해 건물의 기초 저면이 뜨는 부력발생
> ② 굴착 시 흙이 제거되므로 지하수 용출
> ③ 굴착벽면의 부풀음으로 공벽붕괴 발생(제자리 콘크리트 말뚝 등)

(2) 지반조사 시험방법

1) 보링(boring) : 대상구간의 지층확인, 시료채취, 지하수위 관측 등을 목적으로 지반에 구멍을 뚫는 지반조사 방법

- 보링은 지질이나 지층의 상태를 비교적 깊은 곳까지도 정확하게 확인할 수 있다.

① 오거 보링(auger boring) : 어스 오거(earth auger) 사용. 깊이 10m 이내의 점토층에 적합하다.

② 충격식 보링(percussion boring) : 경질층을 깊이 천공 가능(암반에 적용 가능)하며 비트(percussion bit)의 상하 충격으로 파쇄, 천공한다.

③ 회전식보링(rotary boring) : 불교란시료 채취, 암석 채취 등에 많이 쓰이고 토사를 분쇄하지 않고 연속적으로 채취할 수 있으므로 지반의 조사방법 중 지질의 상태를 가장 정확히 파악할 수 있는 보링방법이다.(비교적 자연상태로 채취)

④ 수세식 보링(세척식. wash boring) : 30m까지의 연질층에 주로 쓰인다. 물을 뿜어 파진 흙으로 토질판별

> 보링
> 지반을 강관으로 천공하고 토사를 채취 후 여러 가지 시험을 시행하여 지반의 토질 분포, 흙의 층상과 구성 등을 알수 있는 지반조사 방법
>
> 오거(auger)
> 흙속에 구멍을 뚫는 도구. 여러 모양의 비트를 로드 선단에 부착, 회전하여 흙을 지상으로 끌어올리면서 천공(주로 스쿠르식)
>
> 비트(bit)
> 와이어로프 또는 로드의 선단에 부착하여 굴착, 천공하는 공구
>
> 로드(rod)
> 비트에 회전을 주는 전도체로서 파이프 모양의 것 (강봉)

2) 사운딩(sounding) : 보링이나 지표면에서 시험기구로 흙의 저항을 측정하고 물리적 성질을 측정하는 일련의 방법

① 사운딩 시험은 일반적으로 로드선단에 부착한 저항체를 지중에 매입하여 관입, 압입, 회전, 인발 등의 힘을 가하여 그 저항치에서 지반의 특성을 조사하는 방법

② 종류 : 표준관입시험, 콘관입시험, 베인전단시험 등

(3) 지반조사 종류

(가) 표준관입시험(SPT: Standard Penetration Test)

보링공(hole)을 이용하여 로드 끝에 표준 샘플러를 설치하고 무게 63.5kg의 해머를 76cm의 높이에서 자유낙하시킨 타격으로 30cm 관입시키는 데

필요로 하는 타격횟수 N을 측정하여 토층의 경연(硬軟)을 조사하는 원위치 시험임.
① N치(N-value)는 지반을 30cm 굴진하는 데 필요한 타격횟수를 의미한다.
② 63.5kg 무게의 추를 76cm 높이에서 자유낙하하여 타격하는 시험이다.
③ 50/3의 표기에서 50은 타격횟수, 3은 굴진수치를 의미한다.
④ 사질지반에 적용하며, 점토지반에서는 편차가 커서 신뢰성이 떨어진다.
  - 사질토 이외에 연약점성토층, 자갈층, 풍화암층을 대상으로 적용할 때 주의 필요

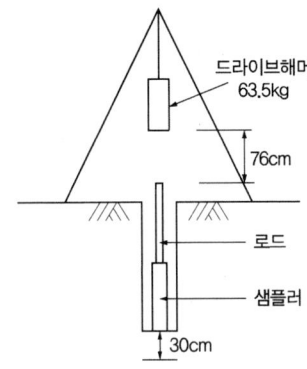

[그림] 표준관입시험

⑤ N치는 지반특성을 판별 또는 결정하거나 지반구조물을 설계하고 해석하는 데 활용된다.
  - N치가 클수록 토질이 밀실

사질토에서의 N값	모래의 상대밀도	사질토에서의 N값	모래의 상대밀도
0~4	매우 느슨	30~50	조밀
4~10	느슨	50 이상	대단히 조밀
10~30	보통		

✻ 토질시험 중 사질토 시험에서 얻을 수 있는 값
  ① 내부마찰각 ② 액상화 평가 ③ 탄성계수 ④ 지반의 상대밀도 ⑤ 간극비
  ⑥ 침하에 대한 허용지지력

(나) 베인테스트(VT: Vane Test) : 로드의 선단에 설치한 +자형 날개를 지반 속에 삽입하고 이것을 회전시켜 점토의 전단 강도를 측정하는 시험
  ① 토질시험 중 연약한 점토 지반의 점착력을 판별하기 위하여 실시하는 현장시험
  ② 흙의 전단강도, 흙 moment를 측정하는 시험
  ③ 깊이 10m 이내에 있는 연약점토의 전단강도를 구하기 위한 가장 적당한 시험

(예문) 1. 지내력시험을 한 결과 침하곡선이 그림과 같이 항복 상황을 나타냈을 때 이 지반의 단기하중에 대한 허용 지내력은 얼마인가? (단, 허용지내력은 m²당 하중의 단위를 기준으로 함)

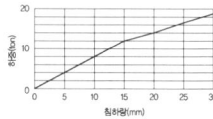

① 6ton/m²
② 7ton/m²
③ 12ton/m²
④ 14ton/m²

➪ 정답: ③

(예문) 2. 지반을 구성하는 흙의 지내력시험을 한 결과 총 침하량이 2cm가 될 때까지의 하중(P)이 32tf이다. 이 지반의 허용 지내력을 구하면? (단, 이때 사용된 재하판은 40cm×40cm임)

① 50 tf/m²
② 100 tf/m²
③ 150 tf/m²
④ 200 tf/m²

(풀이) 지반의 허용 지내력
단기허용지내력
=32tf/0.16m²(0.4m×0.4m)
=200tf/m²

※ 장기허용지내력(단기허용 지내력의 1/2)
=200 tf/m²×1/2
=100tf/m²

➪ 정답: ④

(다) 평판재하시험

시공중인 건축물 부지의 기초가 설치될 지반을 대상으로 직접하중을 가하여 시험대상 부지의 허용지지력 및 예상침하량을 측정하기 위해 실시

지내력 시험

지반의 지내력을 시험하기 위하여 기초 바닥면에 재하판을 설치하고 하중을 가하여 침하량을 측정(재하판에 하중을 가하여 20mm(2cm)침하될 때까지의 하중을 구함)

① 시험은 예정 기초 저면에서 행한다.
② 재하판은 정방형(각형) 또는 원형으로 크기는 45×45cm로 하며, 면적 2,000cm² (0.2m²)의 것을 표준으로 한다.
③ 매 회의 재하는 1톤 이하 또는 예정 파괴 하중의 1/5 이하로 한다.
④ 침하 증가가 2시간동안 0.1mm 이하일 때는 침하가 정지된 것으로 보고 재하중을 가한다.
⑤ 단기 하중에 대한 허용 지내력은 총 침하량이 20mm에 도달하였을 때까지의 하중을 적용한다.
  ㉠ 침하량이 20mm 이하라도 하중-침하량 곡선이 항복상태를 보이면 항복하중를 단기 하중에 대한 허용 지내력으로 한다.
  ㉡ 항복하중은 원칙적으로 하중-침하량 곡선의 변곡점(최대곡률점)에 대한 하중으로 한다.
⑥ 장기 하중에 대한 허용 지내력은 단기 하중 허용 지내력의 절반(1/2)이다.
  - 장기 하중 허용지내력은 단기 하중 허용 지내력의 1/2, 총 침하 하중의 1/2, 침하 정지 상태의 하중 1/2, 파괴(극한)하중의 1/3중 작은 값으로 한다.

아터버그한계(atterberg limit) 시험

토질시험으로 액체 상태의 흙이 건조되어 가면서 액성, 소성, 반고체, 고체 상태로의 변화하는 한계와 관련된 시험(세립토의 성질을 나타내는 지수로 활용)

- 흙의 연경도(consistency) : 점착성이 있는 흙의 함수량을 변화시킬 때 액성, 소성, 반고체, 고체의 상태로 변화하는 흙의 성질을 말하며 각각의 변화 한계를 아터버그 한계(atterberg limit)라고 한다.

① 액성한계 : 소성 상태와 액체 상태의 경계가 되는 함수비
② 소성한계 : 반고체 상태와 소성 상태의 경계가 되는 함수비
③ 수축한계 : 반고체 상태와 고체 상태의 경계가 되는 함수비

소성지수(Ip)

소성 상태를 갖는 함수비 범위
소성 지수(I_p) = 액성 한계(W_L) – 소성 한계(W_P)

- 흙의 소성 : 점성토 등이 수분을 흡수하여 흐트러지지 않고 모양을 쉽게 변형할 수 있는 상태
  (여기에 수분이 첨가되면 액성 상태가 되며 액성 상태는 "유효응력=0"가 되는 상태로서 지지력이 거의 없어 죽과 같은 상태)

(4) 지반조사 보고서
① 지반공학적 조건
② 표준관입시험치, 콘관입저항치 결과분석
③ 건설할 구조물 등에 대한 지반특성 등
＊ 시공예정인 흙막이 공법은 보고서에 미포함

(5) 지반조사의 간격 및 깊이에 대한 내용
① 조사간격은 지층상태, 구조물 규모에 따라 정한다.
② 지층이 복잡한 경우에는 기 조사한 간격 사이에 보완 조사를 실시한다.
③ 절토, 개착, 터널 구간은 기반암의 심도 2m까지 확인한다.
④ 조사깊이는 액상화 문제가 있는 경우에는 모래층 하단에 있는 단단한 지지층까지 조사한다.

(6) 지반조사 중 흙막이 구조물의 종류에 맞는 형식을 선정하기 위한 조사항목

(가) 예비조사 단계
① 인근 지반의 지반조사자료나 시공자료의 수집
② 기상조건변동에 따른 영향 검토
③ 주변의 환경(하천, 지표지질, 도로, 교통 등)
④ 인접구조물의 크기, 기초의 형식 및 그 상황조사

(나) 본조사 단계
① 흙막이 벽 축조 여부 판단 및 굴착에 따른 안정이 충분히 확보될 수 있는지 여부
② 보일링이나 히빙 발생 여부

> **건설공사 시 계측관리의 목적**
> ① 지역의 특수성과 토질의 일반적인 특성 파악을 목적으로 한다.
> ② 시공 중 위험에 대한 정보제공을 목적으로 한다.
> ③ 설계 시 예측치와 시공 시 측정치와의 비교를 목적으로 한다.
> ④ 향후 거동 파악 및 대책 수립을 목적으로 한다.
> ⑤ 민원 발생 시 분쟁 해결 정보 확인

라 지반의 이상 현상 및 안전대책

(1) **동상 현상(frost heave)** : 물이 결빙되는 위치에 지속적으로 유입되는 조건에서 온도가 하강함에 따라 토중수가 얼어 생성된 결빙의 크기가 계속 커져 지표면이 부풀어 오르는 현상(토중수가 얼어 부피가 약 9% 정도 증대)

| 모관 상승고
| 물이 토양 내 공극을 통해 상승할 수 있는 최고 높이 (모관(毛管): 가는 관)

(가) 흙의 동상 현상을 재배하는 인자 : ① 동결(온도)지속시간 ② 모관 상승고의 크기 ③ 흙의 투수성 ④ 지하수위

(나) 흙의 동상 방지대책
① 동결되지 않는 흙으로 치환하는 방법
② 흙속의 단열재료(석탄재, 코크스)를 매입하는 방법
③ 지표의 흙을 화학약품으로 처리하는 방법
④ 조립토층을 설치하여 모관수의 상승을 방지시키는 방법
  - 모관수 상승방지를 위하여 지하수위 윗층에 차단막을 설치(soil cement, asphalt 등으로 모관수 차단)
⑤ 배수구를 설치하여 지하수위를 저하시키는 방법

| 모관수
| 토양 내에 장기간 존재하는 활동 수분

| 연화현상 대책(배수)
| ① 지하수 차단
| ② 단열층 설치
| ③ 치환

(2) **연화 현상(frost boil)** : 추운 겨울철에 땅이 얼었다 녹을 때 흙 속으로 수분이 들어가 지반이 연약화되는 현상

(3) **압밀침하(consolidation settlement)** : 물로 포화된 점토에 다지기를 하면 압축하중으로 지반이 침하하는데 이로 인하여 간극수압이 높아져 물이 배출되면서 흙의 간극이 감소하는 현상

(4) **액상화 현상(liquefaction)** : 포화된 느슨한 모래가 진동이나 지진 등의 충격을 받으면 입자들이 재배열되어 약간 수축하며 큰 과잉간극수압을 유발하게 되고 그 결과로 유효응력과 전단강도가 크게 감소되어 모래가 유체처럼 흐르는 현상(모래질 지반에서 포화된 가는 모래에 충격을 가하면 모래가 약간 수축하여 정(+)의 공극수압이 발생하며, 이로 인하여 유효응력이 감소하여 전단강도가 떨어져 순간 침하가 발생하는 현상)

> **액상화 현상 방지를 위한 안전대책**
> ① 입도가 불량한 재료를 입도가 양호한 재료로 치환
> ② 지하수위를 저하시키고 포화도를 낮추기 위해 deep well을 사용
> ③ 밀도를 증가하여 한계 간극비 이하로 상대밀도를 유지하는 방법 강구

* 예민비(sensitivity) : 예민비란 흙의 비빔(이김)으로 인하여 약해지는 정도를 표시한 것

(5) **히빙(heaving) 현상**

(가) 히빙(heaving) 현상 : 연약한 점토지반의 토공사에서 흙막이 밖에 있는 흙이 안으로 밀려 들어와 내측 흙이 부풀어 오르는 현상(흙막이 벽체 내·외의 토사의 중량차에 의해 발생)

① 배면의 토사가 붕괴된다.
② 지보공이 파괴된다.
③ 굴착저면이 솟아오른다.

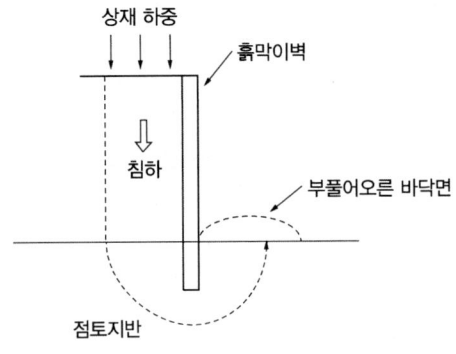

[그림] 히빙(heaving) 현상

(나) 히빙(Heaving) 현상 방지대책
① 흙막이 벽체의 근입 깊이를 깊게 한다(경질지반까지 연장).
② 흙막이 배면의 표토를 제거하여 토압을 경감시킨다.
③ 흙막이 벽체 배면의 지반을 개량하여 흙의 전단강도를 높인다.
④ 소단(비탈면의 중간에 설치하는 작은 계단)굴착을 실시하여 소단부 흙의 중량이 바닥을 누르게 한다.
⑤ 굴착면에 토사 등으로 하중을 가한다.
⑥ well point(웰포인트), deep well(깊은우물)공법으로 지하수위를 저하시킨다.
⑦ 시멘트, 약액주입공법으로 그라우팅(grounting)실시한다.
⑧ 굴착방식을 개선 한다(아일랜드 컷 방식으로 개선한다).

(6) 보일링(boiling) 현상

(가) 보일링 현상 : 투수성이 좋은 사질지반에서 흙파기 공사를 할 때 흙막이벽 배면의 지하수위가 굴착저면보다 높아 굴착저면 위로 모래와 지하수가 솟아 오르는 현상

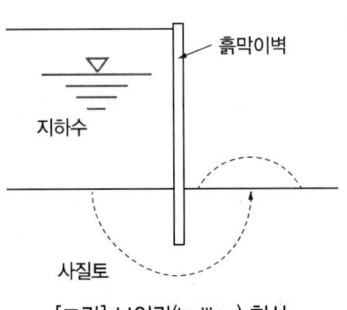

[그림] 보일링(boiling) 현상

(나) 형상 및 발생 원인
① 이 현상이 발생하면 흙막이 벽의 지지력이 상실된다.

② 연약 사질토 지반에서 주로 발생한다.
③ 지반을 굴착 시 굴착부와 지하수위 차가 있을 때 주로 발생한다.
   - 지하수위가 높은 지반을 굴착할 때 주로 발생한다.
④ 흙막이벽의 근입장 깊이가 부족할 경우 발생한다.
⑤ 굴착저면에서 액상화 현상에 기인하여 발생한다.
⑥ 시트파일(sheet pile) 등의 저면에 분사 현상이 발생한다.

> **분사(quick sand) 현상**
>
> 주로 모래지반에서 일어나는 현상으로 상향침투수압에 의해 흙입자가 물과 함께 유출되는 현상
> - 분사, 보일링, 파이핑현상은 연속적으로 일어나는 현상으로 분사현상이 진행되어 심해지면 보일링현상, 보일링현상이 더 진행되면 파이핑현상이 나타남.

> **파이핑(piping) 현상**
>
> 보일링현상이 진전되어 물의 통로가 생기면서 파이프 모양으로 구멍이 뚫려 흙이 세굴되면서 지반이 파괴되는 현상

(다) 보일링(boiling) 현상 방지대책

① 흙막이벽의 근입장 깊이 연장
   ㉠ 토압에 의한 근입 깊이보다 깊게 설치
   ㉡ 경질지반까지 근입장 도달
② 차수성 높은 흙막이 설치
   ㉠ sheet pile, 지하연속벽 등의 차수성이 높은 흙막이 설치
   ㉡ 흙막이벽 배면 그라우팅
③ 지하수위 저하
   ㉠ well point, deep well 공법으로 지하수위 저하
   ㉡ 시멘트, 약액주입공법 등으로 지수벽 형성

> **벌킹(bulking)**
>
> 비점성의 사질토가 건조 상태에서 물을 흡수할 경우 물의 표면장력에 의해 입자 배열이 변화하여 체적이 팽창하는 현상
> - 물의 표면장력이 흙입자의 이동을 막고 조밀하게 다져지는 것을 방해하는 현상

보일링 방지대책
- 흙막이 벽 주위에서 배수시설을 통해 수두차를 적게 한다.
- 굴착 저면보다 깊은 지반을 불투수로 개량한다.
- 굴착 및 투수층에 피트(pit)를 만든다.

(7) 연약지반의 개량공법

(가) 점성토 개량공법

① 치환공법

② 재하공법(압밀공법) : 여성토(preloading)공법, 압성토(surcharge)공법, 사면재하선단공법

③ 탈수공법 : 샌드드레인(sand drain) 공법, 페이퍼드레인(paper drain) 공법, 팩드레인공법, 생석회 말뚝(chemico pile) 공법

④ 배수공법 : (웰포인트공법), deep well 공법

⑤ 고결공법 : 동결공법, 소결공법

(나) 사질토 개량공법

① 진동다짐(vibro flotation) 공법

② 모래다짐말뚝공법

③ 동다짐(압밀)공법

④ 웰포인트공법

✽ 흙의 다짐효과 : 전단강도 증가, 투수성 감소(간극축소), 압축성 감소, 흙의 밀도 증가, 지반의 지지력 증대
  - 동상현상(동상 영향조건 개선), 팽창작용, 수축 작용 등이 감소

> **관련 공법**
>
> ① 웰포인트(well point)공법 : 사질토 지반 탈수공법
>   ㉠ 사질 지반, 모래 지반에서 사용하는 가장 경제적인 지하수위 저하공법
>   ㉡ 지중에 필터가 달린 흡수기를 1~2m 간격으로 설치하고 펌프로 지하수를 빨아올림으로써 지하수위를 낮추는 공법
> ② deep well(깊은우물)공법 : 지름 0.3 ~ 1.5m 정도의 우물을 굴착하여 이 속에 우물측관을 삽입하여 속으로 유입하는 지하수를 펌프로 양수하여 지하수위를 낮추는 방법
> ③ under pinning(기초보강공사) 공법 : 설계 시 예치치 못했던 하중 증가, 증개축공사로 보강공사가 필요할 때 기존 구조물은 그대로 두고 기초를 보강, 증설하는 공법
> ④ vertical drain(약액주입) 공법 : 화학약액을 지중으로 주입, 고결시켜 지반 강도의 증가와 지반의 투수성을 감소시키기 위한 공법

(다) 사질토와 점성토의 차이점

① 흙의 내부 마찰각은 사질토가 점성토보다 크다.

② 지지력은 사질토가 점성토보다 크다.

③ 점착력은 사질토가 점성토보다 작다.

④ 장기침하량은 사질토가 점성토보다 작다(초기 침하량은 점착력이 없는 사질토가 크다).

여성토 공법
예상 하중보다 많은 양을 사전에 성토하여 침하를 촉진하고 전단강도를 증가시켜 잔류 침하를 적게 하는 공법

압성토 공법
지지력이 부족한 연약지반에 성토를 하면 과다한 침하를 일으켜 성토부의 측방에 융기가 되므로 융기하는 부위에 하중을 가하여 균형을 취하는 공법

웰포인트(well point)공법
지하수위 상승으로 포화된 사질토 지반의 액상화 현상을 방지하기 위한 가장 직접적이고 효과적인 대책

2. 건설업 산업안전보건관리비 계상 및 사용기준

가 산업안전보건관리비의 계상〈산업안전보건법〉

제72조(건설공사 등의 산업안전보건관리비 계상 등)
① 건설공사발주자가 도급계약을 체결하거나 건설공사 도급인(건설공사 발주자로부터 건설공사를 최초로 도급받은 수급인은 제외)이 건설공사 사업계획을 수립할 때에는 산업재해 예방을 위하여 사용하는 비용(산업안전보건관리비)을 도급금액 또는 사업비에 계상(計上)하여야 한다.
② 고용노동부장관은 산업안전보건관리비의 효율적인 사용을 위하여 다음 각호의 사항을 정할 수 있다.
  1. 사업의 규모별·종류별 계상 기준
  2. 건설공사의 진척 정도에 따른 사용비율 등 기준
  3. 그 밖에 산업안전보건관리비의 사용에 필요한 사항

> ※ 산업안전보건관리비 사용명세서 보존〈산업안전보건법 시행규칙〉
> 제89조(산업안전보건관리비의 사용)
> ② 건설공사도급인은 법에 따라 산업안전보건관리비를 사용하는 해당 건설공사의 금액이 4천만 원 이상인 때에는 고용노동부장관이 정하는 바에 따라 매월(건설공사가 1개월 이내에 종료되는 사업의 경우에는 해당 건설공사가 끝나는 날이 속하는 달을 말한다) 사용명세서를 작성하고, 건설공사 종료 후 1년 동안 보존해야 한다.

나 계상기준〈건설업 산업안전보건관리비 계상 및 사용기준〉

제2조(정의)
 2. 산업안전보건관리비 대상액 : 공사원가계산서 구성항목 중 직접재료비, 간접재료비와 직접 노무비를 합한 금액(발주자가 재료를 제공할 경우에는 해당 재료비를 포함)

제3조(적용범위) 총공사금액 2천만 원 이상인 공사에 적용한다(단가계약에 의하여 행하는 공사에 대해서는 총 계약금액을 기준으로 적용한다).

제4조(계상의무 및 기준)
① 발주자가 도급계약 체결을 위한 원가계산에 의한 예정가격을 작성하거나, 자기공사자가 건설공사 사업 계획을 수립할 때에는 다음에 따라 산정한 금액 이상의 산업안전보건관리비를 계상하여야 한다

(발주자가 재료를 제공하거나 일부 물품이 완제품의 형태로 제작·납품되는 경우에는 해당 재료비 또는 완제품 가액을 대상액에 포함하여 산출한 산업안전보건관리비와 해당 재료비 또는 완제품 가액을 대상액에서 제외하고 산출한 산업안전보건관리비의 1.2배에 해당하는 값을 비교하여 그 중 작은 값 이상의 금액으로 계상한다).

1. 대상액이 5억 원 미만 또는 50억 원 이상인 경우: 대상액에 별표 1(공사종류 및 규모별 산업안전보건관리비 계상기준표)에서 정한 비율을 곱한 금액
2. 대상액이 5억 원 이상 50억 원 미만인 경우: 대상액에 별표 1에서 정한 비율을 곱한 금액에 기초액을 합한 금액
3. 대상액이 명확하지 않은 경우: 도급계약 또는 자체사업계획상 책정된 총공사금액의 10분의 7에 해당하는 금액을 대상액으로 하고 제1호 및 제2호에서 정한 기준에 따라 계상

④ 하나의 사업장 내에 건설공사 종류가 둘 이상인 경우(분리발주한 경우를 제외)에는 공사금액이 가장 큰 공사종류를 적용한다.
⑤ 발주자 또는 자기공사자는 설계변경 등으로 대상액의 변동이 있는 경우 별표 1의3(설계변경 시 산업안전보건관리비 조정·계상방법)에 따라 지체없이 산업안전보건관리비를 조정 계상하여야 한다. 다만, 설계변경으로 공사금액이 800억 원 이상으로 증액된 경우에는 증액된 대상액을 기준으로 재계상한다.

> 설계변경 시 산업안전보건관리비 조정·계상 방법[별표 1의3]
> 1. 설계변경에 따른 안전관리비는 다음 계산식에 따라 산정한다.
>   - 설계변경에 따른 안전관리비=설계변경 전의 안전관리비+설계변경으로 인한 안전관리비 증감액
> 2. 제1호의 계산식에서 설계변경으로 인한 안전관리비 증감액은 다음 계산식에 따라 산정한다.
>   - 설계변경으로 인한 안전관리비 증감액=설계변경 전의 안전관리비×대상액의 증감 비율
> 3. 제2호의 계산식에서 대상액의 증감 비율은 다음 계산식에 따라 산정한다. 이 경우, 대상액은 예정가격 작성 시의 대상액이 아닌 설계변경 전·후의 도급계약서 상의 대상액을 말한다.
>   - 대상액의 증감 비율=[(설계변경 후 대상액−설계변경 전 대상액)/설계변경 전 대상액]×100%

산업안전보건관리비의 계상방법

① 공사내역이 구분되어 있는 경우 : 대상액으로 비율결정
산업안전보건관리비 = 대상액(재료비 + 직접노무비)×비율

② 공사내역이 구분되어 있고, 대상액이 5억 원~50억 원 미만인 경우
산업안전보건관리비 = 대상액(재료비 + 직접노무비)×비율 + 기초액(C)

③ 재료를 발주자가 제공(관급)하거나 완제품의 형태로 제작 또는 납품되어 설치되는 경우
  ㉠ 산업안전보건관리비 = 대상액[재료비(관급자재비 및 사급자재비 포함) + 직접노무비]×비율
  ㉡ 산업안전보건관리비 = 대상액[재료비(사급자재비 포함) + 직접노무비] × 비율×1.2배
  ㉢ 계산 후 "㉠ > ㉡"이나 "㉠ < ㉡"이면 작은 금액으로 산정 (1.2배를 초과할 수 없다)

④ 공사내역이 구분되어 있지 않은 경우 : 대상액으로 비율결정
  ㉠ 대상액 = 총공사금액×70%
  ㉡ 산업안전보건관리비 = 대상액(총공사금액×70%)×비율 (+기초액(C))

> **예문** 사급자재비가 30억 원, 직접노무비가 35억 원, 관급자재비가 20억 원인 빌딩신축공사를 할 경우 계상해야 할 산업안전보건관리비는 얼마인가? (단, 공사종류는 건축공사임)
>
> **해설** 산업안전보건관리비의 계상방법
> 재료를 발주자가 제공하거나 완제품형태로 제작 또는 납품 설치되는 경우
> ① (30억 + 20억 + 35억) × 2.37% = 201,450,000원
> ② (30억 + 35억) × 2.37% × 1.2 = 184,860,000원
> ⇨ 따라서 산업안전보건관리비는 184,860,000원

[별표 1] 공사종류 및 규모별 산업안전보건관리비 계상기준표 (단위 : 원)

구분 공사종류	대상액 5억 원 미만인 경우 적용비율(%)	대상액 5억 원 이상 50억 원 미만인 경우 적용비율(%)	대상액 5억 원 이상 50억 원 미만인 경우 기초액	대상액 50억 원 이상인 경우 적용비율(%)	보건관리자 선임 대상 건설공사의 적용비율(%)
건축공사	3.11%	2.28%	4,325,000원	2.37%	2.64%
토목공사	3.15%	2.53%	3,300,000원	2.60%	2.73%
중건설공사	3.64%	3.05%	2,975,000원	3.11%	3.39%
특수건설공사	2.07%	1.59%	2,450,000원	1.64%	1.78%

다 사용기준

제7조(사용기준)

① 도급인과 자기공사자는 산업안전보건관리비를 산업재해예방 목적으로 다음 각 호의 기준에 따라 사용하여야 한다.

1. 안전관리자·보건관리자의 임금 등

가. 안전관리 또는 보건관리 업무만을 전담하는 안전관리자 또는 보건관리자의 임금과 출장비 전액

나. 안전관리 또는 보건관리 업무를 전담하지 않는 안전관리자 또는 보건관리자의 임금과 출장비의 각각 2분의 1에 해당하는 비용

다. 안전관리자를 선임한 건설공사 현장에서 산업재해 예방 업무만을 수행하는 작업지휘자, 유도자, 신호자 등의 임금전액

라. 별표 1의2(관리감독자 안전보건업무 수행 시 수당지급 작업)에 해당하는 작업을 직접 지휘·감독하는 직·조·반장 등 관리감독자의 직위에 있는 자가 법령(관리감독자의 업무 등)에서 정하는 업무를 수행하는 경우에 지급하는 업무수당(임금의 10분의 1 이내)

(예문) 건설업 산업안전보건 관리비 중 계상비용에 해당하지 않는 것은?
① 외부비계, 작업발판 등의 가설구조물 설치 소요비
② 근로자 건강관리비
③ 건설재해예방 기술지도비
④ 개인보호구 및 안전장구 구입비

⇨ 정답: ①

2. 안전시설비 등
   가. 산업재해 예방을 위한 안전난간, 추락방호망, 안전대 부착설비, 방호장치(기계·기구와 방호장치가 일체로 제작된 경우, 방호장치 부분의 가액에 한함) 등 안전시설의 구입·임대 및 설치를 위해 소요되는 비용
   나. 법령에 따른 스마트 안전장비 구입·임대비용에 해당하는 비용(계상된 산업안전보건관리비 총액의 10분의 1을 초과할 수 없다.) : 25년 1월 1일부터 70% 비용, 26년 1월 1일부터 전체 비용 적용
   다. 용접 작업 등 화재 위험작업 시 사용하는 소화기의 구입·임대 비용

3. 보호구 등
   가. 법령에 따른 보호구의 구입·수리·관리 등에 소요되는 비용
   나. 근로자가 가목에 따른 보호구를 직접 구매·사용하여 합리적인 범위 내에서 보전하는 비용
   다. (제1호 가목부터 다목까지의 규정에 따른) 안전관리자 등의 업무용 피복, 기기 등을 구입하기 위한 비용
   라. (제1호 가목에 따른) 안전관리자 및 보건관리자가 안전보건 점검 등을 목적으로 건설공사 현장에서 사용하는 차량의 유류비·수리비·보험료

4. 안전보건진단비 등
   가. 유해위험방지계획서의 작성 등에 소요되는 비용
   나. 안전보건진단에 소요되는 비용
   다. 작업환경 측정에 소요되는 비용
   라. 그 밖에 산업재해예방을 위해 법에서 지정한 전문기관 등에서 실시하는 진단, 검사, 지도 등에 소요되는 비용

5. 안전보건교육비 등
   가. 법의 규정에 따라 실시하는 의무교육이나 이에 준하여 실시하는 교육을 위해 건설공사 현장의 교육 장소 설치·운영 등에 소요되는 비용
   나. 가목 이외 산업재해 예방 목적을 가진 다른 법령상 의무교육을 실시하기 위해 소요되는 비용
   다. 법령에 따른 안전보건교육 대상자 등에게 구조 및 응급처치에 관한 교육을 실시하기 위해 소요되는 비용

라. 안전보건관리책임자, 안전관리자, 보건관리자가 업무수행을 위해 필요한 정보를 취득하기 위한 목적으로 도서, 정기 간행물을 구입하는 데 소요되는 비용

마. 건설공사 현장에서 안전기원제 등 산업재해 예방을 기원하는 행사를 개최하기 위해 소요되는 비용. 다만, 행사의 방법, 소요된 비용 등을 고려하여 사회통념에 적합한 행사에 한한다.

바. 건설공사 현장의 유해·위험요인을 제보하거나 개선방안을 제안한 근로자를 격려하기 위해 지급하는 비용

6. 근로자 건강장해예방비 등

가. 법·영·규칙에서 규정하거나 그에 준하여 필요로 하는 각종 근로자의 건강장해 예방에 필요한 비용

나. 중대재해 목격으로 발생한 정신질환을 치료하기 위해 소요되는 비용

다. 「감염병의 예방 및 관리에 관한 법률」에 따른 감염병의 확산 방지를 위한 마스크, 손소독제, 체온계 구입비용 및 감염병병원체 검사를 위해 소요되는 비용

라. 법에 따른 휴게시설을 갖춘 경우 온도, 조명 설치·관리기준을 준수하기 위해 소요되는 비용

마. 건설공사 현장에서 근로자 심폐소생을 위해 사용되는 자동심장충격기(AED) 구입에 소요되는 비용

7. 법령에 따른 건설재해예방전문지도기관의 지도에 대한 대가로 자기공사자가 지급하는 비용

8. 「중대재해 처벌 등에 관한 법률」 시행령에 해당하는 건설사업자(토목건축공사업에 대해 평가하여 공시된 시공능력의 순위가 상위 200위 이내인 건설사업자)가 아닌 자가 운영하는 사업에서 안전보건 업무를 총괄·관리하는 3명 이상으로 구성된 본사 전담조직에 소속된 근로자의 임금 및 업무수행 출장비 전액(계상된 산업안전보건관리비 총액의 20분의 1을 초과할 수 없다.)

9. 법령에 따른 위험성평가 또는 「중대재해 처벌 등에 관한 법률 시행령」에 따라 유해·위험요인 개선을 위해 필요하다고 판단하여 산업안전보건위원회 또는 노사협의체에서 사용하기로 결정한 사항을 이행하기 위한 비용(계상된 산업안전보건관리비 총액의 10분의 1을 초과할 수 없다.)

② 제1항에도 불구하고 도급인 및 자기공사자는 다음의 어느 하나에 해당하는 경우에는 산업안전보건관리비를 사용할 수 없다(제1항제2호나목 및 다목, 제1항제6호나목부터 라목, 제1항제9호의 경우에는 그러하지 아니하다).
  1. 「(계약예규)예정가격작성기준」 제19조(경비)제3항 중 각 호(단, 제14호(산업안전보건관리비)는 제외한다)에 해당되는 비용 (*공사원가중 경비에 해당되는 비용)
  2. 다른 법령에서 의무사항으로 규정한 사항을 이행하는 데 필요한 비용
  3. 근로자 재해예방 외의 목적이 있는 시설·장비나 물건 등을 사용하기 위해 소요되는 비용
  4. 환경관리, 민원 또는 수방대비 등 다른 목적이 포함된 경우
③ 도급인 및 자기공사자는 별표 3(공사진척에 따른 산업안전보건관리비 사용기준)에서 정한 공사진척에 따른 산업안전보건관리비 사용기준을 준수하여야 한다.

[별표 3] 공사진척에 따른 산업안전보건관리비 사용기준

공정률	50퍼센트 이상 70퍼센트 미만	70퍼센트 이상 90퍼센트 미만	90퍼센트 이상
사용기준	50퍼센트 이상	70퍼센트 이상	90퍼센트 이상

※ 공정률은 기성공정률을 기준으로 한다.

[별표 1의2] 관리감독자 안전보건업무 수행 시 수당지급 작업
1. 건설용 리프트·곤돌라를 이용한 작업
2. 콘크리트 파쇄기를 사용하여 행하는 파쇄작업 (2미터 이상인 구축물 파쇄에 한정한다)
3. 굴착 깊이가 2미터 이상인 지반의 굴착작업
4. 흙막이지보공의 보강, 동바리 설치 또는 해체작업
5. 터널 안에서의 굴착작업, 터널거푸집의 조립 또는 콘크리트 작업
6. 굴착면의 깊이가 2미터 이상인 암석 굴착 작업
7. 거푸집지보공의 조립 또는 해체작업
8. 비계의 조립, 해체 또는 변경작업
9. 건축물의 골조, 교량의 상부구조 또는 탑의 금속제의 부재에 의하여 구성되는 것(5미터 이상에 한정한다)의 조립, 해체 또는 변경작업
10. 콘크리트 공작물(높이 2미터 이상에 한정한다)의 해체 또는 파괴 작업
11. 전압이 75볼트 이상인 정전 및 활선작업

12. 맨홀작업, 산소결핍장소에서의 작업
13. 도로에 인접하여 관로, 케이블 등을 매설하거나 철거하는 작업
14. 전주 또는 통신주에서의 케이블 공중가설작업

라 확인

<u>제9조(사용내역의 확인)</u>

① 도급인은 산업안전보건관리비 사용내역에 대하여 공사 시작 후 6개월마다 1회 이상 발주자 또는 감리자의 확인을 받아야 한다. 다만, 6개월 이내에 공사가 종료되는 경우에는 종료 시 확인을 받아야 한다.
② 제1항에도 불구하고 발주자, 감리자 및 근로감독관은 산업안전보건관리비 사용내역을 수시 확인할 수 있으며, 도급인 또는 자기공사자는 이에 따라야 한다.
③ 발주자 또는 감리자는 산업안전보건관리비 사용내역 확인 시 기술지도 계약 체결, 기술지도 실시 및 개선 여부 등을 확인하여야 한다.

> ※ **건설재해예방 전문지도기관의 지도를 받아야 하는 경우**〈산업안전보건법 시행령〉
> <u>제59조(기술지도 계약체결대상 건설공사 및 체결시기)</u>
> 공사금액 1억 원 이상 120억 원(「건설산업기본법 시행령」의 토목공사업에 속하는 공사는 150억 원) 미만인 공사를 하는 자와 「건축법」에 따른 건축허가의 대상이 되는 공사를 하는 자를 말한다. 다만, 다음 각호의 어느 하나에 해당하는 공사를 하는 자는 제외한다.
> 1. 공사 기간이 1개월 미만인 공사
> 2. 육지와 연결되지 아니한 섬지역(제주특별자치도는 제외한다)에서 이루어지는 공사
> 3. 안전관리자의 자격을 가진 사람을 선임(같은 광역 자치단체의 지역 내에서 같은 사업주가 경영하는 셋 이하의 공사에 대하여 공동으로 안전관리자 자격을 가진 사람 1명을 선임한 경우를 포함한다)하여 안전관리자의 업무만을 전담하도록 하는 공사
> 4. 유해·위험방지계획서를 제출하여야 하는 공사

제8조(목적 외 사용금액에 대한 감액 등)
발주자는 도급인이 법 위반하여 다른 목적으로 사용하거나 사용 하지 않은 안전관리비에 대하여 이를 계약금액에서 감액조정하거나 반환을 요구할 수 있다.

3. 사전안전성검토(유해위험방지계획서)

가 제출대상공사〈산업안전보건법 시행령〉

제42조(유해위험방지계획서 제출 대상)
다음의 어느 하나에 해당하는 공사를 말한다. (건설공사)
1. 다음의 어느 하나에 해당하는 건축물 또는 시설 등의 건설·개조 또는 해체 공사
    - 가. 지상높이가 31미터 이상인 건축물 또는 인공구조물
    - 나. 연면적 3만제곱미터 이상인 건축물
    - 다. 연면적 5천제곱미터 이상인 시설로서 다음의 어느 하나에 해당하는 시설
        1) 문화 및 집회시설(전시장 및 동물원·식물원은 제외한다)
        2) 판매시설, 운수시설(고속철도의 역사 및 집배송시설은 제외한다)
        3) 종교시설
        4) 의료시설 중 종합병원
        5) 숙박시설 중 관광숙박시설
        6) 지하도상가
        7) 냉동·냉장 창고시설
2. 연면적 5천제곱미터 이상인 냉동·냉장 창고시설의 설비공사 및 단열공사
3. 최대 지간(支間)길이(다리의 기둥과 기둥의 중심사이의 거리)가 50미터 이상인 다리의 건설 등 공사
4. 터널의 건설 등 공사
5. 다목적댐, 발전용댐, 저수용량 2천만톤 이상의 용수 전용 댐 및 지방상수도 전용 댐의 건설 등 공사
6. 깊이 10미터 이상인 굴착공사

나 제출시기 및 제출서류〈산업안전보건법 시행규칙〉

제42조(제출서류 등)
① **제조업** 유해·위험방지계획서에 다음의 서류를 첨부하여 해당 작업 시작 15일 전까지 공단에 2부를 제출하여야 한다.
1. 건축물 각 층의 평면도
2. 기계·설비의 개요를 나타내는 서류
3. 기계·설비의 배치도면

정밀안전점검 등 〈건설공사 안전관리 업무수행 지침 (국토교통부 고시)〉

제21조(안전점검의 실시시기)
① 시공자는 자체안전점검 및 정기안전점검의 실시시기 및 횟수를 다음 각 호의 기준에 따라 안전점검계획에 반영하고 그에 따라 안전점검을 실시하여야 한다.
1. 자체안전점검: 건설공사의 공사기간동안 매일 공종별 실시
2. 정기안전점검: 정기안전점검 실시시기를 기준으로 실시. 다만, 발주자는 안전관리계획의 내용을 검토할 때 건설공사의 규모, 기간, 현장여건에 따라 점검 시기 및 횟수를 조정할 수 있다.
② 정밀안전점검은 정기안전점검결과 건설공사의 물리적·기능적 결함 등이 발견되어 보수·보강 등의 조치를 취하기 위하여 필요한 경우에 실시한다.
③ 초기점검은 건설공사를 준공하기 전에 실시한다.
④ 공사재개 전 안전점검은 건설공사를 시행하는 도중 그 공사의 중단으로 1년 이상 방치된 시설물이 있는 경우 그 공사를 재개하기 전에 실시한다.

    4. 원재료 및 제품의 취급, 제조 등의 작업방법의 개요
    5. 그 밖에 고용노동부장관이 정하는 도면 및 서류
③ **건설공사** 유해·위험방지계획서에 별표 10의 서류를 첨부하여 해당 공사의 착공 전날까지 공단에 2부를 제출하여야 한다(이 경우 해당 공사가 「건설기술진흥법」에 따른 안전관리계획을 수립하여야 하는 건설공사에 해당하는 경우에는 유해·위험방지계획서와 안전관리계획서를 통합하여 작성한 서류를 제출할 수 있다).

[별표 10] 유해·위험방지계획서 첨부서류
1. 공사 개요 및 안전보건관리계획
    가. 공사 개요서
    나. 공사현장의 주변 현황 및 주변과의 관계를 나타내는 도면(매설물 현황을 포함)
    다. 건설물, 사용 기계설비 등의 배치를 나타내는 도면
    라. 전체 공정표
    마. 산업안전보건관리비 사용계획
    바. 안전관리 조직표
    사. 재해 발생 위험 시 연락 및 대피방법

다 확인

제46조(확인)
① 유해·위험방지계획서를 제출한 사업주(*제조업)는 해당 건설물·기계·기구 및 설비의 시운전단계에서, (*건설업) 사업주는 건설공사 중 6개월 이내마다 다음의 사항에 관하여 공단의 확인을 받아야 한다.
    1. 유해·위험방지계획서의 내용과 실제공사 내용이 부합하는지 여부
    2. 유해·위험방지계획서 변경내용의 적정성
    3. 추가적인 유해·위험요인의 존재 여부

※ **유해·위험방지계획서 검토자의 자격 요건〈산업안전보건법 시행규칙〉**
제43조(유해·위험 방지 계획서의 건설안전분야 자격 등)
다음의 어느 하나에 해당하는 사람을 말한다.
1. 건설안전 분야 산업안전지도사
2. 건설안전기술사 또는 토목·건축 분야 기술사
3. 건설안전산업기사 이상으로서 건설안전 관련 실무경력이 7년(건설안전기사는 5년) 이상인 사람

CHAPTER 01 항목별 우선순위 문제 및 해설

01 지반의 투수계수에 영향을 주는 인자에 해당하지 않는 것은?

① 토립자의 단위중량
② 유체의 점성계수
③ 토립자의 공극비
④ 유체의 밀도

해설 흙의 투수계수에 영향을 주는 인자
① 공극비 : 공극비가 클수록 투수계수는 크다.
② 포화도 : 포화도가 클수록 투수계수는 크다.
③ 유체의 점성계수 : 점성계수가 클수록 투수계수는 작다.
④ 유체의 밀도 및 농도 : 유체의 밀도가 클수록 투수계수는 크다.
⑤ 물의 온도가 클수록 투수계수는 크다.
⑥ 흙 입자의 모양과 크기

02 흙을 크게 분류하면 사질토와 점성토로 나눌 수 있는데 그 차이점으로 옳지 않은 것은?

① 흙의 내부 마찰각은 사질토가 점성토보다 크다.
② 지지력은 사질토가 점성토보다 크다.
③ 점착력은 사질토가 점성토보다 작다.
④ 장기침하량은 사질토가 점성토보다 크다.

해설 사질토와 점성토의 차이점
① 흙의 내부 마찰각은 사질토가 점성토보다 크다.
② 지지력은 사질토가 점성토보다 크다.
③ 점착력은 사질토가 점성토보다 작다.
④ 장기침하량은 사질토가 점성토보다 작다(초기 침하량은 점착력이 없는 사질토가 크다).

03 흙의 연경도에서 반고체 상태와 소성상태의 한계를 무엇이라 하는가?

① 액성한계
② 소성한계
③ 수축한계
④ 반수축한계

해설 흙의 연경도(consistency)
① 액성한계 : 소성 상태와 액체 상태의 경계가 되는 함수비
② 소성한계 : 반고체 상태와 소성 상태의 경계가 되는 함수비
③ 수축한계 : 반고체 상태와 고체 상태의 경계가 되는 함수비

04 표준관입시험에 대한 내용으로 옳지 않은 것은?

① N치(N-value)는 지반을 30cm 굴진하는 데 필요한 타격횟수를 의미한다.
② 50/3의 표기에서 50은 굴진수치, 3은 타격횟수를 의미한다.
③ 63.5kg 무게의 추를 76cm 높이에서 자유낙하 하여 타격하는 시험이다.
④ 사질지반에 적용하며, 점토지반에서는 편차가 커서 신뢰성이 떨어진다.

해설 표준관입시험(SPT, Standard Penetration Test)
50/3의 표기에서 50은 타격횟수, 3은 굴진수치를 의미한다.

05 흙막이공의 파괴 원인 중 하나인 보일링 (boiling) 현상에 관한 설명으로 틀린 것은?

① 지하수위가 높은 지반을 굴착할 때 주로 발생한다.
② 연약 사질토 지반에서 주로 발생한다.
③ 시트파일(sheet pile) 등의 저면에 분사현상이 발생한다.
④ 연약 점토지반에서 굴착면의 융기로 발생한다.

정답 01.① 02.④ 03.② 04.② 05.④

해설 보일링(boiling) 현상
투수성이 좋은 사질지반에서 흙파기 공사를 할 때 흙막이벽 배면의 지하수위가 굴착저면보다 높아 굴착저면 위로 모래와 지하수가 부풀어 오르는 현상

06 다음 중 히빙(heaving)현상 방지대책으로 틀린 것은?

① 소단굴착을 실시하여 소단부 흙의 중량이 바닥을 누르게 한다.
② 흙막이 벽체 배면의 지반을 개량하여 흙의 전단강도를 높인다.
③ 부풀어 솟아오르는 바닥면의 토사를 제거한다.
④ 흙막이 벽체의 근입깊이를 깊게 한다.

해설 히빙(heaving)현상 방지대책
굴착면에 토사 등으로 하중을 가한다(부풀어 솟아오르는 바닥면의 토사를 제거하지 않는다).

07 흙의 동상을 방지하기 위한 대책으로 틀린 것은?

① 물의 유통을 원활하게 하여 지하수위를 상승시킨다.
② 모관수의 상승을 차단하기 위하여 지하수위 상층에 조립토층을 설치한다.
③ 지표의 흙을 화학약품으로 처리한다.
④ 흙속에 단열재료를 매입한다.

해설 흙의 동상방지대책
① 동결되지 않는 흙으로 치환하는 방법
② 흙속의 단열재료(석탄재, 코우크스)를 매입하는 방법
③ 지표의 흙을 화학약품으로 처리하는 방법
④ 조립토층을 설치하여 모관수의 상승을 방지시키는 방법
 - 모관수 상승방지를 위하여 지하수위 윗층에 차단막을 설치(soil cement, asphalt 등으로 모관수 차단)
⑤ 배수구를 설치하여 지하수위를 저하시키는 방법

08 점토질 지반의 침하 및 압밀 재해를 막기 위하여 실시하는 지반개량 탈수공법으로 적당하지 않은 것은?

① 샌드드레인 공법
② 생석회 공법
③ 진동 공법
④ 페이퍼드레인 공법

해설 연약지반의 개량공법
(가) 점성토 개량공법
 ① 치환공법
 ② 재하공법(압밀공법) : 여성토(pre loading)공법, 압성토(surcharge)공법, 사면재하선단공법
 ③ 탈수공법 : 샌드드레인(sand drain) 공법, 페이퍼드레인(paper drain)공법, 팩드레인공법, 생석회 말뚝(chemico pile) 공법
 ④ 배수공법 : (well point 공법), deep well 공법
 ⑤ 고결공법 : 동결공법, 소결공법
(나) 사질토 개량공법
 ① 진동다짐(vibro flotation) 공법
 ② 모래다짐말뚝공법
 ③ 동다짐(압밀)공법
 ④ 웰 포인트공법

09 사급자재비가 30억, 직접노무비가 35억, 관급자재비가 20억인 빌딩신축공사를 할 경우 계상해야 할 산업안전보건관리비는 얼마인가? (단, 공사종류는 건축공사임)

① 184,860,000원 ② 201,450,000원
③ 183,850,000원 ④ 189,800,000원

해설 산업안전보건관리비의 계상방법
재료를 발주자가 제공하거나 완제품 형태로 제작 또는 납품 설치되는 경우
① [재료비(관급자재비 및 사급자재비 포함) + 직접노무비]×비율
② [재료비(사급자재비 포함) + 직접노무비]×비율×1.2
⇒ ①과 ② 중 작은 금액 적용
⇨ 재료를 발주자가 제공하거나 완제품 형태로 제작 또는 납품 설치되는 경우
 ① (30억 + 20억 + 35억)×2.37% = 201,450,000원
 ② (30억 + 35억)×2.37%×1.2 = 184,860,000원
 따라서 산업안전보건관리비는 184,860,000원

정답 06. ③ 07. ① 08. ③ 09. ①

10 산업안전보건관리비 중 안전관리자 등의 인건비 및 각종 업무수당 등의 항목에서 사용할 수 없는 내역은?

① 교통 통제를 위한 교통정리 신호수의 인건비
② 공사장 내에서 양중기·건설기계 등의 움직임으로 인한 위험으로부터 주변 작업자를 보호하기 위한 유도자의 인건비
③ 안전관리 업무를 전담하는 안전관리자 임금
④ 고소작업대 작업 시 낙하물 위험예방을 위한 하부통제 등 공사현장의 특성에 따라 근로자 보호만을 목적으로 배치된 유도자의 인건비

해설 **안전보건관리비 사용기준**
1. 안전관리자·보건관리자의 임금 등
가. 안전관리 또는 보건관리 업무만을 전담하는 안전관리자 또는 보건관리자의 임금과 출장비 전액
나. 안전관리 또는 보건관리 업무를 전담하지 않는 안전관리자 또는 보건관리자의 임금과 출장비의 각각 2분의 1에 해당하는 비용
다. 안전관리자를 선임한 건설공사 현장에서 산업재해 예방 업무만을 수행하는 작업지휘자, 유도자, 신호자 등의 임금 전액

11 유해·위험방지계획서를 제출해야 할 대상 공사의 조건으로 옳지 않은 것은?

① 터널 건설 등의 공사
② 최대지간 길이가 50[m] 이상인 교량건설 등 공사
③ 다목적댐·발전용댐 및 저수용량 2천만 톤 이상의 용수전용댐, 지방상수도 전용 댐 건설 등의 공사
④ 깊이가 5[m] 이상인 굴착공사

해설 **유해·위험방지계획서 제출대상 건설공사**
깊이 10미터 이상인 굴착공사

정답 10. ① 11. ④

Chapter 02 건설공구 및 장비

1. 건설장비

가 굴삭장비

(1) 파워셔블(power shovel)

장비 자체보다 높은 장소의 땅을 굴착하는 데 적합한 장비. 적재, 석산작업에 편리(산지에서의 토공사 및 암반으로부터의 점토질까지 굴착할 수 있는 건설장비)

(2) 백호우(backhoe) – 굴착기

(가) 백호우(backhoe) : 장비가 위치한 지면보다 낮은 장소를 굴착하는 데 적합한 장비

- 단단한 토질의 굴삭이 가능하고 Trench, Ditch, 배관작업 등에 편리 (토질의 구멍파기나 도랑파기에 이용)

* 지반보다 6m 정도 깊은 경질 지반의 기초파기에 적합한 굴착 기계

(나) 백호우(Backhoe)의 운행방법

① 경사로나 연약지반에서는 타이어식 보다는 무한궤도식이 안전하다.
② 작업계획서를 작성하고 계획에 따라 작업을 실시하여야 한다.
③ 작업장소의 지형 및 지반상태 등에 적합한 제한속도를 정하고 운전자로 하여금 이를 준수하도록 하여야 한다.
④ 작업 중 승차석 외의 위치에 근로자를 탑승시켜서는 안 된다(버킷이나 다른 부수장치 등에 사람을 태우지 않는다).
⑤ 운전 반경 내에 사람이 있을 때는 회전을 중지한다.
⑥ 장비의 주차 시 버킷을 지면에 놓아야 한다.
⑦ 유압계통 분리 시에는 반드시 붐을 지면에 놓고 엔진을 정지시킨 다음 유압을 제거한 후 실시한다.

(다) 백호우의 전부장치

① 붐(boom) : 상승 및 하강
② 암(arm) : 굽히기 및 펴기
③ 버킷(bucket) : 오므리기 및 펴기

---

memo

셔블계 굴착기계
① 파워 셔블(power shovel)
② 크램쉘(clam shell)
③ 드래그라인(dragline)
④ 백호우(backhoe)

파워셔블
디퍼(dipper, 준설기 등에서 토사를 담는 버킷)를 아래에서 위로 조작하여 굴착하는 셔블계 굴착기의 종류

shovel
셔블/쇼벨

> **참고**
>
> * 굴착기(백호우)는 땅이나 암석 따위를 파내는 기계이다. 일본식 용어인 굴삭기로도 불려진다. 굴착기 중 유압으로 움직이는 기계 삽을 단 자동차 형태인 것을 특히 삽차(-車)라고 하며, 프랑스의 상표에서 온 포클레인(poclain)이라는 말도 일반 명사화되어 널리 쓰인다. 영어권에서는 엑스카베이터(excavator)라고 한다.
> * 리퍼(ripper) : 백호우에 설치하여 아스팔트 포장도로의 노반의 파쇄굴착 또는 토사중에 있는 암석제거에 사용
> * 굴착과 싣기를 동시에 할 수 있는 토공기계 : 셔블, 백호우

(3) 드래그라인(dragline)

셔블계 굴착기의 일종. 긴 붐 상단에 매달린 버킷을 와이어로 끌어당겨 흙을 끌어내리거나 굴착, 싣기를 하는 기계

- 장비가 위치한 저면보다 낮은데 적합하고 백호우처럼 단단한 토질을 굴삭할 수 없으나 굴삭 반경 크므로 수중 굴삭 (하천 개수), 모래 채취 등에 많이 사용

(4) 크램쉘(clam shell)

(가) 크램쉘 : 좁은 장소의 깊은 굴삭에 효과적. 정확한 굴삭과 단단한 지반의 작업은 어려움(좁은 곳의 수직파기를 할 때 사용)

- 수중굴착 공사에 가장 적합한 건설기계

(나) 크램쉘의 용도

① 잠함 안의 굴착에 사용된다.
② 수면하의 자갈, 실트 혹은 모래를 굴착하고 준설선에 많이 사용한다.
③ 건축구조물의 기초 등 정해진 범위의 깊은 굴착에 적합하다.
④ 교량 하부공사의 정통(井筒)침하 작업에 사용하면 유리하다.
⑤ 높은 깔대기에 재료를 투입할 때, 콘크리트 배치플랜트(concrete batch plant) 등에 사용한다.

나 운반장비

(1) 스크레이퍼(scraper)

굴착, 싣기, 운반, 흙깔기 등의 작업을 하나의 기계로서 연속적으로 행할 수 있으며 비행장과 같이 대규모 정지작업에 적합하고 피견인식, 자주식으로 구분할 수 있는 차량계 건설 기계(굴착, 싣기, 운반, 정지작업)

- 100~150m의 중거리 정지공사에 적합

크램쉘
양개식(兩開式) 버킷을 로프에 매달아 낙하시켜 토사를 굴착하는 기계

(2) 모터 그레이더(motor grader)

엔진이나 유압에 의해 주행할 수 있는 그레이더로 고무타이어의 전륜과 후륜 사이에 토공판(블레이드, blade)을 부착하여 주로 노면을 평활하게 깎아 내는 작업을 수행(정지작업용 장비)
- 굴착과 싣기를 동시에 할 수 있는 토공기계

(3) 불도저(bulldozer)

(가) 불도저(bulldozer) : 땅을 다지거나 지면을 고르고 편평하게 하는 작업, 그리고 도로 공사 등에 널리 쓰이는 중장비(일반적으로 거리 60m 이하의 배토작업에 사용) – 굴착, 운반, 정지작업

(나) 불도저의 종류

1) 힌지 도저 : 앵글도저보다 큰 각으로 움직일 수 있어 흙을 깎아 옆으로 밀어내면서 전진하므로 제설, 제토작업 및 다량의 흙을 전방으로 밀어가는 데 적합한 불도저

2) 앵글 도저(angle dozer) : 블레이드의 길이가 길고 낮으며 블레이드의 좌우를 전후로 25~30도의 각도로 바꿀 수 있어 흙을 측면으로 보낼 수 있고 경사지에서 절토작업, 제설작업, 파이프 매설작업 등에 주로 사용
- 브레이드면(배토판)이 진행방향 중심선에 대해 어느 각도(보통 30°)로 경사시켜 부착되어 있다.

3) 틸트 도저(tilt dozer) : 블레이드의 좌우를 상하로 25~30도 경사를 지어 작업할 수 있도록 조절가능하며, 주로 굳은땅, 얼어붙은 땅 등을 파는 작업과 배수로 및 제방경사 작업을 하는 데 사용
- 배토판의 잇날은 상하 약 30cm만큼 고저차를 가질 수 있는 기계

4) 레이크 도저 : 갈퀴형태의 배토판을 부착한 건설장비로서 나무뿌리 제거용이나 지상청소에 사용하는 데 적합

다 다짐장비 등

(1) 롤러(roller)

(가) 탬핑롤러 : 철륜 표면에 다수의 돌기를 붙여 접지면적을 작게 하여 접지압을 증가시킨 롤러로서 고함수비 점성토 지반의 다짐작업에 적합한 롤러

- 돌기가 전압층에 매입되어 풍화암을 파쇄하고 흙 속의 간극수압을 제거

(나) 진동 롤러(vibrating roller) : 아스팔트콘크리트 등의 다지기에 효과적으로 사용(앞에는 쇠바퀴, 뒤에는 타이어가 부착된 롤러기로 쇠바퀴가 진동을 주면서 다짐)

(다) 탠덤롤러(tandem roller) : 두꺼운 흙을 다지는 데 적합
- 앞뒤 두 개의 차륜이 있으며(2축 2륜), 각각의 차축이 평행으로 배치된 것으로 찰흙, 점성토 등의 두꺼운 흙을 다짐 하는 데 적당하나 단단한 각재를 다지는 데는 부적당하며, 머캐덤 롤러 다짐 후의 아스팔트 포장에 사용된다(앞, 뒤에 각 하나의 쇠바퀴가 부착된 롤러).

(라) 머캐덤롤러(macadam roller) : 아스팔트 포장의 초기다짐하며 함수량이 적은 토사를 얇게 다질 때 유효

(마) 타이어롤러 : 사질토나 사질점성토 등 도로 공사에 많이 사용하고 대규모 토공에 적합

> 아스팔트 포장 시 롤러기 작업순서
> ① 아스팔트 포설
> ② 머캐덤 롤러로 1차 다짐
> ③ 타이어 롤러로 2차 다짐
> ④ 탠덤 롤러로 아스팔트 마무리 전압작업

> 머캐덤 롤러
> 앞쪽에 한 개의 조향륜 롤러와 뒤축에 두 개의 롤러가 배치(2축 3륜)된 것으로 하층 노반다지기, 아스팔트 포장에 주로 쓰이는 장비

2. 안전수칙〈산업안전보건기준에 관한 규칙〉

가 차량계 건설기계의 안전수칙

(1) 차량계 건설기계의 정의

제196조(차량계 건설기계의 정의)
차량계 건설기계 : 동력원을 사용하여 특정되지 아니한 장소로 스스로 이동할 수 있는 건설기계로서 (다음의) 별표 6에서 정한 기계를 말한다.

[별표 6] 차량계 건설기계
1. 도저형 건설기계(불도저, 스트레이트도저, 틸트도저, 앵글도저, 버킷도저 등)
2. 모터그레이더
3. 로더(포크 등 부착물 종류에 따른 용도 변경 형식을 포함)
4. 스크레이퍼
5. 크레인형 굴착기계(크램쉘, 드래그라인 등)
6. 굴착기(브레이커, 크러셔, 드릴 등 부착물 종류에 따른 용도 변경 형식을 포함)
7. 항타기 및 항발기
8. 천공용 건설기계(어스드릴, 어스오거, 크롤러드릴, 점보드릴 등)

9. 지반 압밀침하용 건설기계(샌드드레인머신, 페이퍼드레인머신, 팩드레인머신 등)
10. 지반 다짐용 건설기계(타이어롤러, 매커덤롤러, 탠덤롤러 등)
11. 준설용 건설기계(버킷준설선, 그래브준설선, 펌프준설선 등)
12. 콘크리트 펌프카
13. 덤프트럭
14. 콘크리트 믹서 트럭
15. 도로포장용 건설기계(아스팔트 살포기, 콘크리트 살포기, 아스팔트 피니셔, 콘크리트 피니셔 등)
16. 골재 채취 및 살포용 건설기계(쇄석기, 자갈채취, 골재살포기 등)
17. 제1호부터 제15호까지와 유사한 구조 또는 기능을 갖는 건설기계로서 건설작업에 사용하는 것

(2) 사전조사 및 작업계획서의 작성

제38조(사전조사 및 작업계획서의 작성 등)
① 근로자의 위험을 방지하기 위하여 (다음의) 별표 4에 따라 해당 작업, 작업장의 지형·지반 및 지층 상태 등에 대한 사전조사를 하고 그 결과를 기록·보존하여야 하며, 조사결과를 고려하여 작업계획서를 작성하고 그 계획에 따라 작업을 하도록 하여야 한다.

[별표 4] 사전조사 및 작업계획서 내용(제38조제1항관련)
3. 차량계 건설기계를 사용하는 작업
 - 사전조사 내용
  해당 기계의 전락(轉落), 지반의 붕괴 등으로 인한 근로자의 위험을 방지하기 위한 해당 작업장소의 지형 및 지반 상태
 - 작업계획서 내용
  가. 사용하는 차량계 건설기계의 종류 및 성능
  나. 차량계 건설기계의 운행경로
  다. 차량계 건설기계에 의한 작업방법

  ※ 작업 시작 전 점검사항〈산업안전보건기준에 관한 규칙〉
    - 차량계 건설기계를 사용하여 작업을 할 때 : 브레이크 및 클러치 등의 기능

(3) 차량계 건설기계의 안전수칙

제98조(제한속도의 지정 등)
① 차량계 하역운반기계, 차량계 건설기계(최대제한속도가 시속 10킬로미터 이하인 것은 제외)를 사용하여 작업을 하는 경우 미리 작업장소의

지형 및 지반 상태 등에 적합한 제한속도를 정하고, 운전자로 하여금 준수하도록 하여야 한다.

② 궤도작업차량을 사용하는 작업, 입환기(입환작업에 이용되는 열차)로 입환작업을 하는 경우에 작업에 적합한 제한속도를 정하고, 운전자로 하여금 준수하도록 하여야 한다.

> 입환(入換)작업
> 열차 차량을 분리하거나 결합, 전선(선로 바꿈) 등의 작업

제197조(전조등의 설치)
차량계 건설기계에 전조등을 갖추어야 한다(작업을 안전하게 수행하기 위하여 필요한 조명이 있는 장소에서 사용하는 경우에는 그러하지 아니하다).

제198조(낙하물보호구조)
토사 등이 떨어질 우려가 있는 등 위험한 장소에서 차량계 건설기계[불도저, 트랙터, 굴착기, 로더(loader: 흙 따위를 퍼 올리는 데 쓰는 기계), 스크레이퍼(scraper: 흙을 절삭·운반하거나 펴 고르는 등의 작업을 하는 토공기계), 덤프트럭, 모터그레이더(motor grader: 땅 고르는 기계), 롤러(roller: 지반 다짐용 건설기계), 천공기, 항타기 및 항발기로 한정]를 사용하는 경우에는 해당 차량계 건설기계에 견고한 헤드가드를 갖추어야 한다.

제199조(전도 등의 방지)
차량계 건설기계를 사용하는 작업할 때에 그 기계가 넘어지거나 굴러떨어짐으로써 근로자가 위험해질 우려가 있는 경우에는 유도하는 사람을 배치하고 지반의 부동침하 방지, 갓길의 붕괴 방지 및 도로 폭의 유지 등 필요한 조치를 하여야 한다.

제200조(접촉 방지)
① 차량계 건설기계를 사용하여 작업을 하는 경우에는 운전 중인 해당 차량계 건설기계에 접촉되어 근로자가 부딪칠 위험이 있는 장소에 근로자를 출입시켜서는 아니 된다(유도자를 배치하고 해당 차량계 건설기계를 유도하는 경우에는 그러하지 아니하다).

제201조(차량계 건설기계의 이송)
차량계 건설기계를 이송하기 위하여 화물자동차 등에 싣거나 내리는 작업을 할 때에 발판·성토 등을 사용하는 경우의 해당 차량계 건설기계의 전도 또는 전락에 의한 위험을 방지하기 위한 준수사항
1. 싣거나 내리는 작업은 평탄하고 견고한 장소에서 할 것
2. 발판을 사용하는 경우에는 충분한 길이·폭 및 강도를 가진 것을 사용하고 적당한 경사를 유지하기 위하여 견고하게 설치할 것

3. 마대·가설대 등을 사용하는 경우에는 충분한 폭 및 강도와 적당한 경사를 확보할 것

제202조(승차석 외의 탑승금지)
차량계 건설기계를 사용하여 작업을 하는 경우 승차석이 아닌 위치에 근로자를 탑승시켜서는 아니 된다.

제203조(안전도 등의 준수)
차량계 건설기계를 사용하여 작업을 하는 경우 그 차량계 건설기계가 넘어지거나 붕괴될 위험 또는 붐·암 등 작업장치가 파괴될 위험을 방지하기 위하여 그 기계의 구조 및 사용상 안전도 및 최대사용하중을 준수하여야 한다.

제204조(주용도 외의 사용 제한)
차량계 건설기계를 그 기계의 주된 용도에만 사용하여야 한다(근로자가 위험해질 우려가 없는 경우에는 그러하지 아니하다).

제205조(붐 등의 강하에 의한 위험 방지)
차량계 건설기계의 붐·암 등을 올리고 그 밑에서 수리·점검작업 등을 하는 경우 붐·암 등이 내려옴으로써 발생하는 위험을 방지하기 위하여 해당 작업에 종사하는 근로자에게 안전지주 또는 안전블록 등을 사용하도록 하여야 한다.

제206조(수리 등의 작업 시 조치)
차량계 건설기계의 수리나 부속장치의 장착 및 제거작업을 하는 경우 그 작업을 지휘하는 사람을 지정하여 다음의 사항을 준수하도록 하여야 한다.
1. 작업순서를 결정하고 작업을 지휘할 것
2. 안전지주 또는 안전블록 등의 사용상황 등을 점검할 것

나 항타기 및 항발기의 안전수칙

(1) 조립 시 점검

제207조(조립·해체 시 점검사항)
② 항타기 또는 항발기를 조립·해체하는 경우의 점검사항
    1. 본체 연결부의 풀림 또는 손상의 유무
    2. 권상용 와이어로프·드럼 및 도르래의 부착상태의 이상 유무
    3. 권상장치의 브레이크 및 쐐기장치 기능의 이상 유무

4. 권상기의 설치상태의 이상 유무
5. 리더(leader)의 버팀 방법 및 고정상태의 이상 유무
6. 본체·부속장치 및 부속품의 강도가 적합한지 여부
7. 본체·부속장치 및 부속품에 심한 손상·마모·변형 또는 부식이 있는지 여부

(2) 무너짐의 방지

<u>제209조(무너짐의 방지)</u>
동력을 사용하는 항타기 또는 항발기에 대하여 무너짐을 방지하기 위한 준수사항

1. 연약한 지반에 설치하는 경우에는 아웃트리거·받침 등 지지구조물의 침하를 방지하기 위하여 깔판·받침목 등을 사용할 것
2. 시설 또는 가설물 등에 설치하는 경우에는 그 내력을 확인하고 내력이 부족하면 그 내력을 보강할 것
3. 아웃트리거·받침 등 지지구조물이 미끄러질 우려가 있는 경우에는 말뚝 또는 쐐기 등을 사용하여 해당 지지구조물을 고정시킬 것
4. 궤도 또는 차로 이동하는 항타기 또는 항발기에 대해서는 불시에 이동하는 것을 방지하기 위하여 레일 클램프(rail clamp) 및 쐐기 등으로 고정시킬 것
5. 버팀대만으로 상단부분을 안정시키는 경우에는 버팀대는 3개 이상으로 하고 그 하단 부분은 견고한 버팀·말뚝 또는 철골 등으로 고정시킬 것

(3) 권상용 와이어로프의 준수사항

<u>제210조(이음매가 있는 권상용 와이어로프의 사용 금지)</u>
항타기 또는 항발기의 권상용 와이어로프로 다음의 어느 하나에 해당하는 것을 사용해서는 안 된다.

가. 이음매가 있는 것
나. 와이어로프의 한 꼬임[스트랜드(strand)]에서 끊어진 소선(素線)의 수가 10퍼센트 이상
다. 지름의 감소가 공칭지름의 7퍼센트를 초과하는 것
라. 꼬인 것
마. 심하게 변형되거나 부식된 것
바. 열과 전기충격에 의해 손상된 것

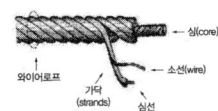
와이어로프의 구성

<u>제211조(권상용 와이어로프의 안전계수)</u>
항타기 또는 항발기의 권상용 와이어로프의 안전계수가 5 이상이 아니면

이를 사용해서는 아니 된다.

<u>제212조(권상용 와이어로프의 길이 등)</u>
항타기 또는 항발기에 권상용 와이어로프를 사용하는 경우의 준수사항
1. 권상용 와이어로프는 추 또는 해머가 최저의 위치에 있을 때 또는 널말뚝을 빼내기 시작할 때를 기준으로 권상장치의 드럼에 적어도 2회 감기고 남을 수 있는 충분한 길이일 것
2. 권상용 와이어로프는 권상장치의 드럼에 클램프·클립 등을 사용하여 견고하게 고정할 것
3. 권상용 와이어로프에서 추·해머 등과의 연결은 클램프·클립 등을 사용하여 견고하게 할 것

(4) 도르래의 부착

<u>제216조(도르래의 부착 등)</u>
① 항타기나 항발기에 도르래나 도르래 뭉치를 부착하는 경우에는 부착부가 받는 하중에 의하여 파괴될 우려가 없는 브라켓·샤클 및 와이어로프 등으로 견고하게 부착하여야 한다.
② 항타기 또는 항발기의 권상장치의 드럼축과 권상장치로부터 첫 번째 도르래의 축 간의 거리를 권상장치 드럼폭의 15배 이상으로 하여야 한다.
③ 도르래는 권상장치의 드럼 중심을 지나야 하며 축과 수직면상에 있어야 한다.

(5) 사용 시의 조치 등

<u>제217조(사용 시의 조치 등)</u>
① 압축공기를 동력원으로 하는 항타기나 항발기를 사용하는 경우의 준수사항
  1. 해머의 운동에 의하여 공기호스와 해머의 접속부가 파손되거나 벗겨지는 것을 방지하기 위하여 그 접속부가 아닌 부위를 선정하여 공기호스를 해머에 고정시킬 것
  2. 공기를 차단하는 장치를 해머의 운전자가 쉽게 조작할 수 있는 위치에 설치할 것
② 항타기나 항발기의 권상장치의 드럼에 권상용 와이어로프가 꼬인 경우에는 와이어로프에 하중을 걸어서는 아니 된다.
③ 항타기나 항발기의 권상장치에 하중을 건 상태로 정지하여 두는 경우에는 쐐기장치 또는 역회전방지용 브레이크를 사용하여 제동하는 등 확실하게 정지시켜 두어야 한다.

※ 건설기계에 관한 설명
① 철골세우기용 건설기계 : 가이 데릭, 스티프레그 데릭(stiffleg derrick, 삼각 데릭), 타워크레인, 진폴
   - 진 폴(gin pole) : 하나의 기둥으로 세우고 기둥의 정상부에 체인 블록 또는 활차 장치 부착하여 하물을 인양
② 백호우(backhoe) : 장비가 위치한 지면보다 낮은 장소를 굴착하는 데 적합한 장비(지반보다 6m 정도 깊은 경질지반의 기초파기에 적합한 굴착 기계)
③ 항타기 및 항발기에서 버팀대만으로 상단부분을 안정시키는 경우에는 버팀대는 3개 이상으로 하고 그 하단 부분은 견고한 버팀·말뚝 또는 철골 등으로 고정시킬 것
④ 불도저의 규격은 작업가능상태의 중량(톤)으로 표시한다.

※ 안전인증대상 기계·기구 등의 방호장치〈산업안전보건법 시행령〉
제74조(안전인증대상 기계 등)
1. 다음에 해당하는 기계 및 설비
   가. 프레스
   나. 전단기(剪斷機) 및 절곡기(折曲機)
   다. 크레인
   라. 리프트
   마. 압력용기
   바. 롤러기
   사. 사출성형기(射出成形機)
   아. 고소(高所) 작업대
   자. 곤돌라

※ 유해하거나 위험한 기계 등에 대한 방호조치〈산업안전보건법 시행규칙 제98조〉
기계·기구에 설치하여야 할 방호장치는 다음과 같다.
1. 예초기 : 날접촉 예방장치
2. 원심기 : 회전체 접촉 예방장치
3. 공기압축기 : 압력방출장치
4. 금속절단기 : 날접촉 예방장치
5. 지게차 : 헤드 가드, 백레스트(backrest), 전조등, 후미등, 안전벨트
6. 포장기계 : 구동부 방호 연동장치

무한궤도식 장비와 타이어식(차륜식) 장비의 차이점
① 타이어식은 장거리 이동이 쉽고 기동성이 좋다.
② 타이어식은 승차감과 주행성이 좋고 변속이 빠르다.
③ 무한궤도식은 습지, 경사지반, 기복이 심한 곳에서 작업이 유리하다.

CHAPTER 02 항목별 우선순위 문제 및 해설

01 차량계 건설기계에 해당하지 않는 것은?
① 불도저 ② 콘크리트 펌프카
③ 드래그 셔블 ④ 가이데릭

해설 차량계 건설기계
1. 도저형 건설기계(불도저, 스트레이트도저, 틸트도저, 앵글도저, 버킷도저 등)
2. 모터그레이더
3. 로더(포크 등 부착물 종류에 따른 용도 변경 형식을 포함한다)
4. 스크레이퍼
5. 크레인형 굴착기계(크램쉘, 드래그라인 등)
6. 굴착기(브레이커, 크러셔, 드릴 등 부착물 종류에 따른 용도 변경 형식을 포함한다)
7. 항타기 및 항발기
8. 천공용 건설기계(어스드릴, 어스오거, 크롤러드릴, 점보드릴 등)
9. 지반 압밀침하용 건설기계(샌드드레인머신, 페이퍼드레인머신, 팩드레인머신 등)
10. 지반 다짐용 건설기계(타이어롤러, 매커덤롤러, 탠덤롤러 등)
11. 준설용 건설기계(버킷준설선, 그래브준설선, 펌프준설선 등)
12. 콘크리트 펌프카
13. 덤프트럭
14. 콘크리트 믹서 트럭
15. 도로포장용 건설기계(아스팔트 살포기, 콘크리트 살포기, 아스팔트 피니셔, 콘크리트 피니셔 등)

02 장비가 위치한 지면보다 낮은 장소를 굴착하는 데 적합한 장비는?
① 백호우 ② 파워셔블
③ 트럭크레인 ④ 진폴

해설 백호우(backhoe)
장비가 위치한 지면보다 낮은 장소를 굴착하는데 적합한 장비
- 단단한 토질의 굴삭이 가능하고 trench, ditch, 배관작업 등에 편리

03 기계가 위치한 지면보다 높은 장소의 땅을 굴착하는 데 적합하며 산지에서의 토공사 및 암반으로부터의 점토질까지 굴착할 수 있는 건설장비의 명칭은?
① 파워셔블
② 불도저
③ 파일드라이버
④ 크레인

해설 파워셔블(power shovel)
장비 자체보다 높은 장소의 땅을 굴착하는 데 적합한 장비, 적재, 석산작업에 편리

04 토공기계 중 크램쉘(clam shell)의 용도에 대해 가장 잘 설명한 것은?
① 단단한 지반에 작업하기 쉽고 작업속도가 빠르며 특히 암반굴착에 적합하다.
② 수면하의 자갈, 실트 혹은 모래를 굴착하고 준설선에 많이 사용한다.
③ 상당히 넓고 얕은 범위의 점토질 지반 굴착에 적합하다.
④ 기계위치보다 높은 곳의 굴착, 비탈면 절취에 적합하다.

해설 크램쉘(clam shell)
① 좁은 장소의 깊은 굴삭에 효과적. 정확한 굴삭과 단단한 지반의 작업은 어려움(수중굴착 공사에 가장 적합한 건설기계)
② 수면하의 자갈, 실트 혹은 모래를 굴착하고 준설선에 많이 사용한다.
③ 건축구조물의 기초 등 정해진 범위의 깊은 굴착에 적합하다.
④ 교량 하부공사의 정통(井筒)침하 작업에 사용하면 유리하다.

정답 01.④ 02.① 03.① 04.②

05 아래에서 설명하는 불도저의 명칭은?

> 블레이드의 길이가 길고 낮으며 블레이드의 좌우를 전후로 25° ~ 30° 각도로 회전시킬 수 있어 흙을 측면으로 보낼 수 있는 불도저

① 틸트 도저 ② 스트레이트 도저
③ 앵글 도저 ④ 터나 도저

[해설] 앵글 도저
블레이드가 길고 낮으며 블레이드의 좌우를 전후로 25~30도 각을 지을 수 있고 경사지에서 절토작업, 제설작업, 파이프 매설작업 등에 주로 사용

06 다음 중 철골건립용 기계에 해당하지 않는 것은?

① 트렌처
② 타워크레인
③ 가이데릭
④ 진폴

[해설] 철골공사 건립용 기계 : ① 타워크레인 ② 가이데릭 ③ 삼각데릭 ④ 진폴
- 진 폴(gin pole) : 하나의 기둥으로 세우고 기둥의 정상부에 체인 블록 또는 활차 장치를 부착하여 하물을 인양
* 트렌처(trencher) : 다수의 굴착용 버킷을 부착하고 이동하면서 도랑을 파는 기계

07 항타기 또는 항발기의 사용 시 준수사항으로 옳지 않은 것은?

① 해머의 운동에 의하여 증기호스 또는 공기호스와 해머의 접속부가 파손되거나 벗겨지는 것을 방지하기 위하여 그 접속부가 아닌 부위를 선정하여 증기호스 또는 공기호스를 해머에 고정시킬 것
② 증기나 공기를 차단하는 장치를 작업지휘자가 쉽게 조작할 수 있는 위치에 설치할 것
③ 항타기나 항발기의 권상장치의 드럼에 권상용 와이어로프가 꼬인 경우에는 와이어로프에 하중을 걸어서는 아니 된다.
④ 항타기나 항발기의 권상장치에 하중을 건 상태로 정지하여 두는 경우에는 쐐기장치 또는 역회전방지용 브레이크를 사용하여 제동하는 등 확실하게 정지시켜 두어야 한다.

[해설] 항타기나 항발기를 사용하는 경우의 준수사항
증기나 공기를 차단하는 장치를 해머의 운전자가 쉽게 조작할 수 있는 위치에 설치할 것

08 차량계 건설기계를 사용하여 작업하고자 할 때 작업계획서에 포함되어야 할 사항에 해당하지 않는 것은?

① 사용하는 차량계 건설기계의 종류 및 성능
② 차량계 건설기계의 운행경로
③ 차량계 건설기계에 의한 작업방법
④ 차량계 건설기계의 유지보수방법

[해설] 차량계 건설기계를 사용하는 작업의 작업계획서 내용
가. 사용하는 차량계 건설기계의 종류 및 성능
나. 차량계 건설기계의 운행경로
다. 차량계 건설기계에 의한 작업방법

09 차량계 건설기계 작업시 기계의 전도, 전락 등에 의한 근로자의 위험을 방지하기 위한 유의사항과 거리가 먼 것은?

① 변속기능의 유지
② 갓길의 붕괴방지
③ 도로의 폭 유지
④ 지반의 부동침하방지

[해설] 전도 등의 방지
유도하는 사람을 배치하고 지반의 부동침하 방지, 갓길의 붕괴 방지 및 도로 폭의 유지 등 필요한 조치를 하여야 함

정답 05.③ 06.① 07.② 08.④ 09.①

10 굴착기계의 운행 시 안전대책으로 옳지 않은 것은?

① 버킷에 사람의 탑승을 허용해서는 안 된다.
② 운전반경 내에 사람이 있을 때 회전은 10rpm 이하의 느린 속도로 하여야 한다.
③ 장비의 주차 시 경사지나 굴착작업장으로부터 충분히 이격시켜 주차한다.
④ 전선밑에서는 주의하여 작업하여야 하며, 전선과 안전 장치의 안전간격을 유지하여야 한다.

해설 **차량계 건설기계의 안전수칙**
차량계 건설기계를 사용하여 작업을 하는 경우에는 운전 중인 해당 차량계 건설기계에 접촉되어 근로자가 부딪칠 위험이 있는 장소에 근로자를 출입시켜서는 아니 된다(유도자를 배치하고 해당 차량계 건설기계를 유도하는 경우에는 그러하지 아니하다).

정답 10. ②

Chapter 03 양중 및 해체공사의 안전

1. 해체용 기구의 종류 및 취급안전

가 해체용 기구의 종류

(1) **압쇄기** : 압쇄기와 대형 브레이커(breaker)는 굴착기, 파워서블 등에 설치하여 사용
   ① 압쇄기에 의한 파쇄작업순서는 상층에서 하층으로 진행하며, 슬래브, 보, 벽체, 기둥의 순으로 진행
   ② 소음, 진동 등이 발생하지 않아 도심 내에서 작업 적합

(2) **대형 브레이커(breaker)** : 소음이 많은 결점이 있지만 파쇄력이 큼.
   ① 수직 및 수평의 테두리 끊기 작업에도 사용할 수 있다.
   ② 공기식보다 유압식이 많이 사용된다.
   ③ 셔블(shovel)에 부착하여 사용하며 일반적으로 하향 작업에 적합하다.
   ④ 고층건물에서는 건물 위에 기계를 놓아서 작업할 수 있다.

(3) **철제 해머(hammer)** : 철제 해머(hammer)는 크레인 등에 설치하여 사용
   - 소규모건물에 적합, 소음과 진동이 큼.

(4) **핸드 브레이커(hand breaker)** : 작은 부재의 파쇄에 유리하고 소음, 진동 및 분진이 발생되므로 작업원은 보호구를 착용하여야 하고, 특히 작업원의 작업시간을 제한하여야 함.
   ① 해체물이 소형일 때 사용가능
   ② 작업원의 작업 시간을 제한하고 적절한 휴식을 요함.
   ③ 작업 자세는 끌의 부러짐을 방지하기 위하여 하향 수직방향 유지(하향 45도 방향으로 유지해서는 안 됨)

> **핸드 브레이커 <해체공사표준안전작업지침>**
> 제7조(핸드브레이커) 압축공기, 유압의 급속한 충격력에 의거 콘크리트 등을 해체할 때 사용하는 것으로 다음 각호의 사항을 준수하여야 한다.
> 1. 끌의 부러짐을 방지하기 위하여 작업자세는 하향 수직방향으로 유지하도록 하여야 한다.
> 2. 기계는 항상 점검하고, 호스의 꼬임·교차 및 손상 여부를 점검하여야 한다.

> 록잭(Rock Jack)공법
> 파쇄하고자 하는 구조물에 구멍을 천공하여 이 구멍에 가력봉(加力棒)을 삽입하고 가력봉에 유압을 가압하여 천공한 구멍을 확대시킬 때 생기는 팽창압에 의해서 구조물을 파쇄하는 공법. 구멍을 확대시키는 기구로 록잭(rock jack)을 사용함.

(5) 절단기(톱) 등

(가) 절단기 : 진동, 분진이 거의 없음.
  ① 철도의 고가교 해체시 가장 적절한 기구
  ② 절단톱의 회전날에는 접촉방지 커버를 설치하여야 함

(나) 기타 : 잭, 팽창재

나 해체용 기구의 취급안전〈산업안전보건기준에 관한 규칙〉

(1) 작업계획서의 작성

제38조(사전조사 및 작업계획서의 작성 등)
① 근로자의 위험을 방지하기 위하여 (다음의) 별표 4에 따라 해당 작업, 작업장의 지형·지반 및 지층 상태 등에 대한 사전조사를 하고 그 결과를 기록·보존하여야 하며, 조사결과를 고려하여 작업계획서를 작성하고 그 계획에 따라 작업을 하도록 하여야 한다.

[별표 4] 사전조사 및 작업계획서 내용(제38조제1항관련)
10. 건물 등의 해체작업
  - 사전조사 내용
    해체건물 등의 구조, 주변 상황 등
  - 작업계획서 내용
    가. 해체의 방법 및 해체 순서도면
    나. 가설설비·방호설비·환기설비 및 살수·방화설비 등의 방법
    다. 사업장 내 연락방법
    라. 해체물의 처분계획
    마. 해체작업용 기계·기구 등의 작업계획서
    바. 해체작업용 화약류 등의 사용계획서
    사. 그 밖에 안전·보건에 관련된 사항

(2) 해체용 기계·기구의 취급

① 해머는 적절한 직경과 종류의 와이어로프로 매달아 사용해야 한다.
② 압쇄기는 셔블(shovel)에 부착설치하여 사용한다.
③ 차체에 무리를 초래하는 중량의 압쇄기 부착을 금지한다.
④ 철 해머는 이동식 크레인에 부착하여 사용한다.

다 해체공사

(1) 해체공사에 대한 설명〈해체공사표준안전작업지침〉
① 압쇄기와 대형 브레이커(breaker)는 셔블 등에 설치하여 사용한다.
② 철제 해머(hammer)는 크레인 등에 설치하여 사용 한다.
③ 절단 톱의 회전날에는 접촉방지 커버를 설치하여야 한다.
④ 핸드 브레이커(hand breaker) 사용 시 작업 자세는 하향 수직방향으로 유지하도록 하여야 한다.

> 콘크리트 구조물에 적용하는 해체작업 공법
> 충격공법, 연삭공법, 유압공법, 발파공법 등

(2) 해체공사에 있어서 발생되는 진동공해에 대한 설명
① 진동수의 범위는 1~90Hz이다.
② 일반적으로 연직진동이 수평진동보다 크다.
③ 진동의 전파거리는 예외적인 것을 제외하면 진동원에서부터 100m 이내이다.
④ 지표에 있어 진동의 크기는 일반적으로 지진의 진도계급이라고 하는 미진에서 강진의 범위에 있다.

> 연직진동(vertical vibration)
> 중력 축 방향으로 생기는 진동. 상하진동

 ※ 해체공사에 따른 직접적인 공해방지대책을 수립해야 되는 대상
   ① 소음 및 분진 ② 폐기물 ③ 지반침하 ④ 분진

(3) 발파공법으로 해체작업 시 화약류 취급상 안전기준〈해체공사표준안전작업지침〉

<u>제6조(화약류)</u>
콘크리트 파쇄용 화약류 취급 시의 준수사항
1. 화약류에 의한 발파파쇄 해체 시에는 사전에 시험발파에 의한 폭력, 폭속, 진동치 속도 등에 파쇄능력과 진동, 소음의 영향력을 검토하여야 한다.
2. 소음, 분진, 진동으로 인한 공해대책, 파편에 대한 예방대책을 수립하여야 한다.
3. 화약류 취급에 대하여는 법, 총포도검화약류단속법 등 관계법에서 규정하는 바에 의하여 취급하여야 하며 화약저장소 설치기준을 준수하여야 한다.
4. 시공순서는 화약취급절차에 의한다.

> 해체공사 시 작업용 기계·기구의 취급 안전기준〈해체공사표준안전작업지침〉
> ① 철제 해머와 와이어로프의 결속은 경험이 많은 사람으로서 선임된 자에 한하여 실시하도록 하여야 한다.
> ② 팽창제 천공간격은 콘크리트 강도에 의하여 결정되나 30 내지 70㎝ 정도를 유지하도록 한다.
> ③ 쐐기타입기로 해체 시 천공구멍은 타입기 삽입부분의 직경과 거의 같아야 한다.
> ④ 화염방사기로 해체작업 시 용기 내 압력은 온도에 의해 상승하기 때문에 항상 40℃ 이하로 보존해야 한다.

2. 양중기의 종류 및 안전수칙〈산업안전보건기준에 관한 규칙〉

가 양중기

(1) 양중기의 종류

제132조(양중기)

① 양중기란 다음의 기계를 말한다.
1. 크레인[호이스트(hoist)를 포함]
2. 이동식 크레인
3. 리프트(이삿짐운반용 리프트의 경우에는 적재하중이 0.1톤 이상인 것으로 한정)
4. 곤돌라
5. 승강기

② 제1항 각호의 기계의 뜻은 다음 각호와 같다.
1. 크레인 : 동력을 사용하여 중량물을 매달아 상하 및 좌우[수평 또는 선회(旋回)를 말함]로 운반하는 것을 목적으로 하는 기계 또는 기계 장치
   - 호이스트 : 훅이나 그 밖의 달기구 등을 사용하여 화물을 권상 및 횡행 또는 권상동작만을 하여 양중하는 것
3. 리프트 : 동력을 사용하여 사람이나 화물을 운반하는 것을 목적으로 하는 기계설비
   가. 건설용 리프트: 동력을 사용하여 가이드레일(운반구를 지지하여 상승 및 하강 동작을 안내하는 레일)을 따라 상하로 움직이는 운반구를 매달아 사람이나 화물을 운반할 수 있는 설비 또는 이와 유사한 구조 및 성능을 가진 것으로 건설현장에서 사용하는 것
   나. 산업용 리프트: 동력을 사용하여 가이드레일을 따라 상하로 움직이는 운반구를 매달아 화물을 운반할 수 있는 설비 또는 이와 유사한 구조 및 성능을 가진 것으로 건설현장 외의 장소에서 사용하는 것
   다. 자동차정비용 리프트: 동력을 사용하여 가이드레일을 따라 움직이는 지지대로 자동차 등을 일정한 높이로 올리거나 내리는 구조의 리프트로서 자동차 정비에 사용하는 것
   라. 이삿짐운반용 리프트: 연장 및 축소가 가능하고 끝단을 건축물 등에 지지하는 구조의 사다리형 붐에 따라 동력을 사용하여

움직이는 운반구를 매달아 화물을 운반하는 설비로서 화물자동차 등 차량 위에 탑재하여 이삿짐 운반 등에 사용하는 것

4. 곤돌라 : 달기발판 또는 운반구, 승강장치, 그 밖의 장치 및 이들에 부속된 기계부품에 의하여 구성되고, 와이어로프 또는 달기 강선에 의하여 달기발판 또는 운반구가 전용 승강장치에 의하여 오르내리는 설비

5. 승강기 : 건축물이나 고정된 시설물에 설치되어 일정한 경로에 따라 사람이나 화물을 승강장으로 옮기는 데에 사용되는 설비

   가. 승객용 엘리베이터: 사람의 운송에 적합하게 제조·설치된 엘리베이터

   나. 승객화물용 엘리베이터: 사람의 운송과 화물 운반을 겸용하는 데 적합하게 제조·설치된 엘리베이터

   다. 화물용 엘리베이터: 화물 운반에 적합하게 제조·설치된 엘리베이터로서 조작자 또는 화물취급자 1명은 탑승할 수 있는 것(적재용량이 300킬로그램 미만인 것은 제외)

   라. 소형화물용 엘리베이터: 음식물이나 서적 등 소형 화물의 운반에 적합하게 제조·설치된 엘리베이터로서 사람의 탑승이 금지된 것

   마. 에스컬레이터: 일정한 경사로 또는 수평로를 따라 위·아래 또는 옆으로 움직이는 디딤판을 통해 사람이나 화물을 승강장으로 운송시키는 설비

(2) 양중기의 안전장치

<u>제134조(방호장치의 조정)</u>

① 다음의 양중기에 과부하방지장치, 권과방지장치(捲過防止裝置), 비상정지장치 및 제동장치, 그 밖의 방호장치[(승강기의 파이널 리미트 스위치(final limit switch), <u>속도조절기</u>, 출입문 인터 록(inter lock) 등을 말한다]가 정상적으로 작동될 수 있도록 미리 조정해 두어야 한다.

   1. 크레인
   2. 이동식 크레인
   3. 리프트
   4. 곤돌라
   5. 승강기

> **권과방지장치**
> 크레인의 와이어로프가 일정 한계 이상 감기지 않도록 작동을 자동으로 정지시키는 장치(크레인의 와이어로프가 감기면서 붐 상단까지 후크가 따라 올라올 때 더 이상 감기지 않도록 하여 크레인 작동을 자동으로 정지시키는 안전장치)

(3) 운전위치의 이탈금지

제41조(운전위치의 이탈금지)

① 다음의 기계를 운전하는 경우 운전자가 운전위치를 이탈하게 해서는 아니 된다.
  1. 양중기
  2. 항타기 또는 항발기(권상장치에 하중을 건 상태)
  3. 양화장치(화물을 적재한 상태)

(4) 크레인

(가) 크레인 해지장치의 사용

제137조(해지장치의 사용)

훅걸이용 와이어로프 등이 훅으로부터 벗겨지는 것을 방지하기 위한 장치(해지장치)를 구비한 크레인을 사용하여야 하며, 그 크레인을 사용하여 짐을 운반하는 경우에는 해지장치를 사용하여야 한다.

※ 크레인의 훅 해지장치(hedge apparatus of crane hook)

(나) 건설물 등과의 사이 통로 등

제144조(건설물 등과의 사이 통로)

① 주행 크레인 또는 선회 크레인과 건설물 또는 설비와의 사이에 통로를 설치하는 경우 그 폭을 0.6미터 이상으로 하여야 한다(그 통로 중 건설물의 기둥에 접촉하는 부분에 대해서는 0.4미터 이상으로 할 수 있다).

제145조(건설물 등의 벽체와 통로의 간격 등)

다음의 간격은 0.3미터 이하로 하여야 한다(근로자가 추락할 위험이 없는 경우에는 그 간격을 0.3미터 이하로 유지하지 아니할 수 있다).

1. 크레인의 운전실 또는 운전대를 통하는 통로의 끝과 건설물 등의 벽체의 간격
2. 크레인 거더(girder)의 통로 끝과 크레인 거더의 간격
3. 크레인 거더의 통로로 통하는 통로의 끝과 건설물 등의 벽체의 간격

(다) 크레인을 사용하여 작업을 하는 경우 준수 사항

제146조(크레인 작업 시의 조치)

① 크레인을 사용하여 작업을 하는 경우 다음의 조치를 준수하고, 그 작업에 종사하는 관계 근로자가 그 조치를 준수하도록 하여야 한다.
  1. 인양할 하물(荷物)을 바닥에서 끌어당기거나 밀어내는 작업을 하지 아니할 것

2. 유류드럼이나 가스통 등 운반 도중에 떨어져 폭발하거나 누출될 가능성이 있는 위험물 용기는 보관함(또는 보관고)에 담아 안전하게 매달아 운반할 것
3. 고정된 물체를 직접 분리·제거하는 작업을 하지 아니할 것
4. 미리 근로자의 출입을 통제하여 인양 중인 하물이 작업자의 머리 위로 통과하지 않도록 할 것
5. 인양할 하물이 보이지 아니하는 경우에는 어떠한 동작도 하지 아니할 것(신호하는 사람에 의하여 작업을 하는 경우는 제외)

(라) 작업 시작 전 점검사항

[별표 3] 작업 시작 전 점검사항
4. 크레인을 사용하여 작업을 하는 때
  가. 권과방지장치·브레이크·클러치 및 운전장치의 기능
  나. 주행로의 상측 및 트롤리(trolley)가 횡행하는 레일의 상태
  다. 와이어로프가 통하고 있는 곳의 상태
5. 이동식 크레인을 사용하여 작업을 할 때
  가. 권과방지장치나 그 밖의 경보장치의 기능
  나. 브레이크·클러치 및 조정장치의 기능
  다. 와이어로프가 통하고 있는 곳 및 작업장소의 지반상태
* 6. 리프트(자동차 정비용 리프트를 포함)를 사용하여 작업을 할 때
  가. 방호장치·브레이크 및 클러치의 기능
  나. 와이어로프가 통하고 있는 곳의 상태

(마) 기타 크레인의 작업

1) 건설용 양중기에 대한 설명
  ① 삼각데릭은 인접시설에 장해가 없는 상태에서 270° 회전이 가능하다.
    - 가이데릭(guy derrick) : 360° 회전 가능한 고정 선회식의 기중기
  ② 이동식 크레인(crane)에는 트럭 크레인, 크롤러 크레인 등이 있다.
    ㉠ 트럭 크레인(truck crane) : 주행체가 트럭인 자주크레인
    ㉡ 크롤러 크레인(crawler crane) : 주행부에 크롤러 벨트(무한궤도)를 사용한 자주크레인
    ㉢ 휠 크레인(wheel crane) : 트럭 크레인 등과 같이 양중(場重) 장치를 자동차에 설치한 이동식 기중기이며 트럭 크레인과 다른 점은 주행 운전실과 크레인 운전실이 하나로 되어 있음.(바퀴로 이동함으로 기동성이 좋음)
    ㉣ 카고우 크레인(cargo crane) : 짐을 싣고 운송

자주식 크레인(mobile crane) 크레인에 차륜 또는 크롤러를 갖추고 스스로 이동할 수 있는 크레인)

2) 크롤러 크레인 사용시 준수사항

크롤러 크레인(crawler crane)은 게다 크레인이라고도 하며 무한궤도인 크롤러를 사용한 건설용 크레인

① 운반에는 수송차가 필요하다.
② 붐의 조립, 해체장소를 고려해야 한다.
③ 크롤러의 폭을 넓게 할 수 있는 형을 사용할 경우에는 최대 폭을 고려하여 계획한다.
④ 크레인을 단단하고 평평한 바닥위에 놓고 반드시 수평이어야 한다.

3) 크레인 등 건설장비의 가공전선로 접근 작업시 안전대책

① 장비 사용현장의 장애물, 위험물 등을 점검 후 작업을 위한 계획을 수립한다.
② 장비 사용을 위한 신호수를 선정한다.
③ 장비의 조립, 준비 시부터 가공선로에 대한 감전방지 수단을 강구한다(가공선로를 정전시킨 후 단락 접지를 해야 하나, 정전작업이 곤란한 경우 가공선로에 방호구를 설치).
④ 상기 조치를 취하지 못할 경우, 안전 이격거리를 유지하고 작업한다. (전압 50kV 이하 : 이격거리 3m, 154kV : 4.3m, 345kV : 6.8m)
⑤ 가공전선로 아래 작업하는 건설장비는 이격거리를 지키기 위하여 붐대가 일정한도이상 올라가지 않도록 하는 등의 조치를 한다.
⑥ 가급적 자재를 가공전선로 아래에 보관하지 않도록 한다.

4) 이동식 크레인으로 잔교상에서 작업할 경우 유의 사항(건설기계표준안전작업지침)

① 잔교강도를 담당자와 협의 확인하여야 한다.
② 작업반경에 대해 과하중이 되지 않는지 확인하여야 한다.
③ 아우트리거 또는 크롤러가 잔교의 기둥밖으로 나오지 않도록 하고 부득이 한 경우 충분히 보강하여야 한다.
④ 잔교상을 이동할 경우에는 조용히 운전하여야 한다.

(5) 타워크레인

(가) 타워크레인의 지지

<u>제142조(타워크레인의 지지)</u>

① 타워크레인을 자립고(自立高) 이상의 높이로 설치하는 경우 건축물 등의 벽체에 지지하도록 하여야 한다(지지할 벽체가 없는 등 부득이한 경우에는 와이어로프에 의하여 지지할 수 있다).

잔교
접안 구조물과 선박을 연결시키는 다리

타워 크레인(Tower Crane)을 선정 단계: 사양 및 기종 결정
① 최대인양하중
② 작업반경
③ 크레인 크기 (붐의 높이 등)
④ 운전방식
⑤ 기타 기계장치 내구성
⑥ 크레인 기종
⑦ 수직이동 방법 및 자립고
⑧ 크레인 안정성
⑨ 유지보수성
⑩ 비용

② 타워크레인을 벽체에 지지하는 경우의 준수사항
  1. 「산업안전보건법 시행규칙」에 따른 서면심사에 관한 서류 또는 제조사의 설치작업설명서 등에 따라 설치할 것
  2. 제1호의 서면심사 서류 등이 없거나 명확하지 아니한 경우에는 「국가기술자격법」에 따른 건축구조·건설기계·기계안전·건설안전 기술사 또는 건설안전분야 산업안전지도사의 확인을 받아 설치하거나 기종별·모델별 공인된 표준방법으로 설치할 것
  3. 콘크리트구조물에 고정시키는 경우에는 매립이나 관통 또는 이와 같은 수준 이상의 방법으로 충분히 지지되도록 할 것
  4. 건축 중인 시설물에 지지하는 경우에는 그 시설물의 구조적 안정성에 영향이 없도록 할 것
③ 타워크레인을 와이어로프로 지지하는 경우의 준수사항
  1. 제2항제1호 또는 제2호의 조치를 취할 것
  2. 와이어로프를 고정하기 위한 전용 지지프레임을 사용할 것
  3. 와이어로프 설치각도는 수평면에서 60도 이내로 하되, 지지점은 4개소 이상으로 하고, 같은 각도로 설치할 것
  4. 와이어로프와 그 고정부위는 충분한 강도와 장력을 갖도록 설치하고, 와이어로프를 클립·샤클(shackle) 등의 고정기구를 사용하여 견고하게 고정시켜 풀리지 않도록 하며, 사용 중에는 충분한 강도와 장력을 유지하도록 할 것
  5. 와이어로프가 가공전선(架空電線)에 근접하지 않도록 할 것

(나) 작업계획서 내용

[별표 4] 사전조사 및 작업계획서 내용
1. 타워크레인을 설치·조립·해체하는 작업
  - 작업계획서 내용
    가. 타워크레인의 종류 및 형식
    나. 설치·조립 및 해체순서
    다. 작업도구·장비·가설설비(假設設備) 및 방호설비
    라. 작업인원의 구성 및 작업근로자의 역할 범위
    마. 제142조에 따른 지지 방법

(6) 건설작업용 리프트

(가) 리프트의 설치

제46조(승강설비의 설치)

높이 또는 깊이가 2미터를 초과하는 장소에서 작업하는 경우 해당 작업에 종사하는 근로자가 안전하게 승강하기 위한 건설용 리프트 등의 설비를 설치하여야 한다.

제152조(무인작동의 제한)

① 운반구의 내부에만 탑승조작장치가 설치되어 있는 리프트를 사람이 탑승하지 아니한 상태로 작동하게 해서는 아니 된다.

② 리프트 조작반(盤)에 잠금장치를 설치하는 등 관계 근로자가 아닌 사람이 리프트를 임의로 조작함으로써 발생하는 위험을 방지하기 위하여 필요한 조치를 하여야 한다.

제153조(피트 청소 시의 조치)

리프트의 피트 등의 바닥을 청소하는 경우 운반구의 낙하에 의한 근로자의 위험을 방지하기 위하여 다음의 조치를 하여야 한다.

1. 승강로에 각재 또는 원목 등을 걸칠 것
2. 각재(角材) 또는 원목 위에 운반구를 놓고 역회전방지기가 붙은 브레이크를 사용하여 구동모터 또는 윈치(winch)를 확실하게 제동해 둘 것

(나) 리프트 조립 또는 해체작업할 때 작업을 지휘하는 자가 이행하여야 할 사항

제156조(조립 등의 작업)

① 리프트의 설치·조립·수리·점검 또는 해체 작업을 하는 경우 다음의 조치를 하여야 한다.
  1. 작업을 지휘하는 사람을 선임하여 그 사람의 지휘하에 작업을 실시할 것
  2. 작업을 할 구역에 관계 근로자가 아닌 사람의 출입을 금지하고 그 취지를 보기 쉬운 장소에 표시할 것
  3. 비, 눈, 그 밖에 기상상태의 불안정으로 날씨가 몹시 나쁜 경우에는 그 작업을 중지시킬 것

② 작업을 지휘하는 사람에게 다음의 사항을 이행하도록 하여야 한다.
  1. 작업방법과 근로자의 배치를 결정하고 해당 작업을 지휘하는 일
  2. 재료의 결함 유무 또는 기구 및 공구의 기능을 점검하고 불량품을 제거하는 일
  3. 작업 중 안전대 등 보호구의 착용 상황을 감시하는 일

(7) 바람에 의한 붕괴를 방지

(가) 폭풍에 의한 이탈 방지

<u>제140조(폭풍에 의한 이탈 방지)</u>
순간풍속이 초당 30미터를 초과하는 바람이 불어올 우려가 있는 경우 옥외에 설치되어 있는 주행 크레인에 대하여 이탈방지장치를 작동시키는 등 이탈 방지를 위한 조치를 하여야 한다.

<u>제143조(폭풍 등으로 인한 이상 유무 점검)</u>
순간풍속이 초당 30미터를 초과하는 바람이 불거나 중진(中震) 이상 진도의 지진이 있은 후에 옥외에 설치되어 있는 양중기를 사용하여 작업을 하는 경우에는 미리 기계 각 부위에 이상이 있는지를 점검하여야 한다.

(나) 리프트

<u>제154조(붕괴 등의 방지)</u>
① 지반침하, 불량한 자재사용 또는 헐거운 결선(結線) 등으로 리프트가 붕괴되거나 넘어지지 않도록 필요한 조치를 하여야 한다.
② 순간풍속이 초당 35미터를 초과하는 바람이 불어올 우려가 있는 경우 건설용 리프트(지하에 설치되어 있는 것은 제외)에 대하여 받침의 수를 증가시키는 등 그 붕괴 등을 방지하기 위한 조치를 하여야 한다.

(다) 승강기

<u>제161조(폭풍에 의한 무너짐 방지)</u>
순간풍속이 초당 35미터를 초과하는 바람이 불어 올 우려가 있는 경우 옥외에 설치되어 있는 승강기에 대하여 받침의 수를 증가시키는 등 승강기가 무너지는 것을 방지하기 위한 조치를 하여야 한다.

(라) 타워크레인

<u>제37조(악천후 및 강풍 시 작업 중지)</u>
① 비·눈·바람 또는 그 밖의 기상상태의 불안정으로 인하여 근로자가 위험해질 우려가 있는 경우 작업을 중지하여야 한다.
② 순간풍속이 초당 10미터를 초과하는 경우 타워크레인의 설치·수리·점검 또는 해체 작업을 중지하여야 하며, 순간풍속이 초당 <u>15미터</u>를 초과하는 경우에는 타워크레인의 운전작업을 중지하여야 한다.

나 양중기의 와이어로프

(1) 안전계수(안전율)

안전계수 = 절단하중/최대사용하중 = 인장강도/최대허용응력

* 안전율 : 안전의 정도를 표시하는 것으로서 재료의 파괴응력도와 허용응력도의 비율을 의미하는 것

$$\text{안전율} = \frac{\text{인장강도}}{\text{인장응력}} = \frac{\text{파단하중}}{\text{안전하중}} = \frac{\text{최대응력}}{\text{허용응력}} = \frac{\text{파괴응력도}}{\text{인장응력도}}$$

> **참고**
>
> * 정격하중 : 중량물 운반 시 크레인에 매달아 올릴 수 있는 최대 하중으로 부터 달아올리기 기구의 중량에 상당하는 하중을 제외한 하중(최대하중에서 후크(hook), 와이어로프 등 달기구의 중량을 공제한 하중)
>   - 제133조(정격하중 등의 표시) 〈산업안전보건기준에 관한 규칙〉
>   사업주는 양중기(승강기는 제외한다) 및 달기구를 사용하여 작업하는 운전자 또는 작업자가 보기 쉬운 곳에 해당 기계의 정격하중, 운전속도, 경고표시 등을 부착하여야 한다. 다만, 달기구는 정격하중만 표시한다.
> * 적재하중 : 구조물이나 운반기계의 구조·재료에 따라서 적재할 수 있는 최대하중

(2) 와이어로프 등 달기구의 안전계수

<u>제163조(와이어로프 등 달기구의 안전계수)</u>

① 양중기의 와이어로프 등 달기구의 안전계수(달기구 절단하중의 값을 그 달기구에 걸리는 하중의 최대값으로 나눈 값)가 다음의 구분에 따른 기준에 맞지 아니한 경우에는 이를 사용해서는 아니 된다.

1. 근로자가 탑승하는 운반구를 지지하는 달기 와이어로프 또는 달기 체인의 경우: 10 이상
2. 화물의 하중을 직접 지지하는 달기 와이어로프 또는 달기 체인의 경우: 5 이상
3. 훅, 샤클, 클램프, 리프팅 빔의 경우: 3 이상
4. 그 밖의 경우: 4 이상

(3) 와이어로프 등의 사용 금지

<u>제166조(이음매가 있는 와이어로프 등의 사용 금지)</u>

1. 다음의 어느 하나에 해당하는 와이어로프를 사용해서는 아니 된다.
   가. 이음매가 있는 것
   나. 와이어로프의 한 꼬임[스트랜드(strand)]에서 끊어진 소선(素線)의 수가 10퍼센트 이상인 것

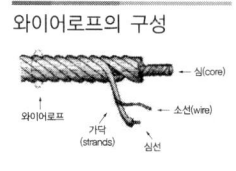

와이어로프의 구성

다. 지름의 감소가 공칭지름의 7퍼센트를 초과하는 것
라. 꼬인 것
마. 심하게 변형되거나 부식된 것
바. 열과 전기충격에 의해 손상된 것
2. 다음 각 목의 어느 하나에 해당하는 달기 체인을 사용해서는 아니된다.
　가. 달기 체인의 길이가 달기 체인이 제조된 때의 길이의 5퍼센트를 초과한 것
　나. 링의 단면지름이 달기 체인이 제조된 때의 해당 링의 지름의 10퍼센트를 초과하여 감소한 것
　다. 균열이 있거나 심하게 변형된 것

와이어로프에 걸리는 하중

2가닥 줄걸이의 각도 변화와 하중

$$장력 = \frac{\frac{W(중량)}{2}}{\cos\frac{\theta(2줄\ 사이의\ 각도)}{2}}$$

[예문] 그림과 같이 무게 500kg의 화물을 인양하려고 한다. 이때 와이어로프 하나에 작용되는 장력(T)은 약 얼마인가?

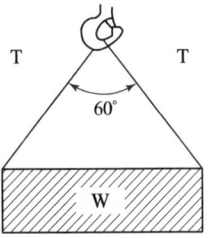

[해설] 와이어로프에 걸리는 하중 : 2가닥 줄걸이의 각도 변화와 하중

$$장력 = \frac{\frac{W(중량)}{2}}{\cos\frac{\theta(2줄\ 사이의\ 각도)}{2}}$$
$$= (500/2)/\cos(60/2) = 288.675 ≒ 289kg$$

CHAPTER 03 항목별 우선순위 문제 및 해설

01 산업안전보건법령상 양중 장비에 대한 다음 설명 중 옳지 않은 것은?

① 승용승강기란 사람의 수직 수송을 주목적으로 한다.
② 화물용승강기는 화물의 수송을 주목적으로 하며 사람의 탑승은 원칙적으로 금지된다.
③ 리프트는 동력을 이용하여 화물을 운반하는 기계설비로서 사람의 탑승은 금지된다.
④ 크레인은 중량물을 상하 및 좌우 운반하는 기계로서 사람의 운반은 금지된다.

해설 리프트
동력을 사용하여 사람이나 화물을 운반하는 것을 목적으로 하는 기계설비

02 리프트(Lift)의 안전장치에 해당하지 않는 것은?

① 권과방지장치 ② 비상정지장치
③ 과부하방지장치 ④ 속도조절기

해설 리프트의 안전장치
과부하방지장치, 권과방지장치(捲過防止裝置), 비상정지장치 및 제동장치

03 건설작업용 리프트에 대하여 바람에 의한 붕괴를 방지하는 조치를 한다고 할 때 그 기준이 되는 최소 풍속은?

① 순간 풍속 30m/sec 초과
② 순간 풍속 35m/sec 초과
③ 순간 풍속 40m/sec 초과
④ 순간 풍속 45m/sec 초과

해설 리프트의 바람에 의한 붕괴를 방지
순간풍속이 초당 35미터를 초과하는 바람이 불어올 우려가 있는 경우 건설작업용 리프트(지하에 설치되어 있는 것은 제외한다)에 대하여 받침의 수를 증가시키는 등 그 붕괴 등을 방지하기 위한 조치를 하여야 한다.

04 크레인을 사용하여 양중작업을 하는 때에 안전한 작업을 위해 준수하여야 할 내용으로 틀린 것은?

① 인양할 하물(荷物)을 바닥에서 끌어당기거나 밀어 정위치 작업을 할 것
② 가스통 등 운반 도중에 떨어져 폭발 가능성이 있는 위험물용기는 보관함에 담아 매달아 운반할 것
③ 인양 중인 하물이 작업자의 머리 위로 통과하지 않도록 할 것
④ 인양할 하물이 보이지 아니하는 경우에는 어떠한 동작도 하지 아니할 것

해설 크레인을 사용하여 작업을 하는 경우 준수 사항
1. 인양할 하물(荷物)을 바닥에서 끌어당기거나 밀어내는 작업을 하지 아니할 것
2. 유류드럼이나 가스통 등 운반 도중에 떨어져 폭발하거나 누출될 가능성이 있는 위험물 용기는 보관함(또는 보관고)에 담아 안전하게 매달아 운반할 것
3. 고정된 물체를 직접 분리·제거하는 작업을 하지 아니할 것
4. 미리 근로자의 출입을 통제하여 인양 중인 하물이 작업자의 머리 위로 통과하지 않도록 할 것
5. 인양할 하물이 보이지 아니하는 경우에는 어떠한 동작도 하지 아니할 것(신호하는 사람에 의하여 작업을 하는 경우는 제외)

정답 01.③ 02.④ 03.② 04.①

05 철근 콘크리트 해체용 장비가 아닌 것은?
① 철 해머 ② 압쇄기
③ 램머 ④ 핸드브레이커

[해설] 해체용 기구의 종류
(1) 압쇄기 : 압쇄기와 대형 브레이커(breaker)는 굴착기, 파워셔블 등에 설치하여 사용
(2) 대형 브레이커(breaker) : 소음이 많은 결점이 있지만 파쇄력이 큼.
(3) 철제 해머(hammer) : 철제 해머(hammer)는 크레인 등에 설치하여 사용
(4) 핸드 브레이커(hand breaker) : 작은 부재의 파쇄에 유리하고 소음, 진동 및 분진이 발생되므로 작업원은 보호구를 착용하여야 하고 특히 작업원의 작업시간을 제한하여야 함.
(5) 절단기(톱) 등
 (가) 절단기 : 진동, 분진이 거의 없음.
 (나) 기타 : 잭, 팽창재

06 가설공사와 관련된 안전율에 대한 정의로 옳은 것은?
① 재료의 파괴응력도와 허용응력도의 비율이다.
② 재료가 받을 수 있는 허용응력도이다.
③ 재료의 변형이 일어나는 한계응력도이다.
④ 재료가 받을 수 있는 허용하중을 나타내는 것이다.

[해설] 안전율 : 안전의 정도를 표시하는 것으로서 재료의 파괴응력도와 허용응력도의 비율을 의미하는 것

$$안전율 = \frac{인장강도}{인장응력} = \frac{파단하중}{안전하중} = \frac{최대응력}{허용응력} = \frac{파괴응력도}{인장응력도}$$

07 화물용 승강기를 설계하면서 와이어로프의 안전하중은 10ton이라면 로프의 가닥수를 얼마로 하여야 하는가? (단, 와이어로프 한 가닥의 파단강도는 4ton이며, 화물용 승강기의 와이어로프의 안전율은 6으로 한다.)
① 10가닥 ② 15가닥
③ 20가닥 ④ 30가닥

[해설] 로프의 가닥수
안전율 = 파단하중/안전하중
⇒ 안전율이 6이면 파단하중은 60ton임 : 6 = 60/10
따라서 와이어로프 한 가닥의 파단강도는 4ton 임으로 로프의 가닥수는 15가닥(60 ÷ 4 = 15가닥)

08 양중기에서 화물을 직접 지지하는 달기 와이어로프의 안전계수는 최소 얼마 이상으로 하여야 하는가?
① 2 ② 3
③ 5 ④ 10

[해설] 와이어로프 등 달기구의 안전계수
1. 근로자가 탑승하는 운반구를 지지하는 달기 와이어로프 또는 달기 체인의 경우: 10 이상
2. 화물의 하중을 직접 지지하는 달기 와이어로프 또는 달기 체인의 경우: 5 이상
3. 훅, 샤클, 클램프, 리프팅 빔의 경우: 3 이상
4. 그 밖의 경우: 4 이상

09 현장에서 양중작업 중 와이어로프의 사용금지 기준이 아닌 것은?
① 이음매가 없는 것
② 와이어로프의 한 꼬임에서 끊어진 소선의 수가 10% 이상인 것
③ 지름의 감소가 공칭지름의 7%를 초과하는 것
④ 심하게 변형 또는 부식된 것

[해설] 와이어로프 등의 사용 금지
가. 이음매가 있는 것
나. 와이어로프의 한 꼬임에서 끊어진 소선(素線)의 수가 10퍼센트 이상인 것
다. 지름의 감소가 공칭지름의 7퍼센트를 초과하는 것
라. 꼬인 것
마. 심하게 변형되거나 부식된 것
바. 열과 전기충격에 의해 손상된 것

정답 05. ③ 06. ① 07. ② 08. ③ 09. ①

Chapter 04 건설재해 및 대책

1. 추락재해 및 대책〈산업안전보건기준에 관한 규칙〉

가 방호 및 방지설비

(1) 추락방호망

근로자가 추락할 위험 및 위험발생의 우려가 있는 장소에 설치

(가) 방망의 구조 및 치수〈추락재해방지표준안전작업지침〉

<u>제3조(구조 및 치수)</u> 방망은 망, 테두리로프, 달기로프, 시험용사로 구성되어진 것으로서 각 부분은 다음에 정하는 바에 적합하여야 한다.
1. 소재 : 합성섬유 또는 그 이상의 물리적 성질을 갖는 것이어야 한다.
2. 그물코 : 사각 또는 마름모로서 그 크기는 10센티미터 이하이어야 한다.
3. 방망의 종류 : 매듭방망으로서 매듭은 원칙적으로 단매듭을 한다.
4. 테두리로프와 방망의 재봉 : 테두리로프는 각 그물코를 관통시키고 서로 중복됨이 없이 재봉사로 결속한다.
5. 테두리로프 상호의 접합 : 테두리로프를 중간에서 결속하는 경우는 충분한 강도를 갖도록 한다.
6. 달기로프의 결속 : 달기로프는 3회 이상 엮어 묶는 방법 또는 이와 동등 이상의 강도를 갖는 방법으로 테두리로프에 결속하여야 한다.
7. 시험용사는 방망 폐기 시 방망사의 강도를 점검하기 위하여 테두리로프에 연하여 방망에 재봉한 방망사이다.

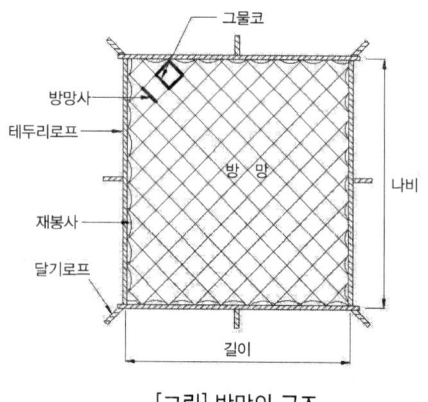

[그림] 방망의 구조

(나) 추락방호망의 설치기준〈산업안전보건기준에 관한 규칙〉

제42조(추락의 방지)

① 근로자가 추락하거나 넘어질 위험이 있는 장소[작업발판의 끝·개구부(開口部) 등을 제외] 또는 기계·설비·선박블록 등에서 작업을 할 때에 근로자가 위험해질 우려가 있는 경우 비계(飛階)를 조립하는 등의 방법으로 작업발판을 설치하여야 한다.

② 작업발판을 설치하기 곤란한 경우 다음의 기준에 맞는 추락방호망을 설치하여야 한다(추락방호망을 설치하기 곤란한 경우에는 근로자에게 안전대를 착용하도록 하는 등 추락위험을 방지하기 위하여 필요한 조치를 하여야 한다).

1. 추락방호망의 설치위치는 가능하면 작업면으로부터 가까운 지점에 설치하여야 하며, 작업면으로부터 망의 설치지점까지의 수직거리는 10미터를 초과하지 아니할 것
2. 추락방호망은 수평으로 설치하고, 망의 처짐은 짧은 변 길이의 12퍼센트 이상이 되도록 할 것
3. 건축물 등의 바깥쪽으로 설치하는 경우 추락방호망의 내민 길이는 벽면으로부터 3미터 이상 되도록 할 것(그물코가 20밀리미터 이하인 추락방호망을 사용한 경우에는 낙하물방지망을 설치한 것으로 본다.)

※ 개정 2017.12.28. 용어개정 : 안전방망 → 추락방호망

(다) 추락방호망의 인장강도(방망사의 신품에 대한 인장강도)〈추락재해방지표준안전작업지침〉

※ (　　)는 방망사의 폐기 시 인장강도

그물코의 크기 (단위 : 센티미터)	방망의 종류(단위 : 킬로그램)	
	매듭없는 방망	매듭 방망
10	240(150)	200(135)
5		110(60)

① 지지점의 강도는 600kg의 외력에 견딜 수 있는 강도로 함.
② 테두리로프, 달기로프 인장강도는 1,500kg 이상이어야 함.

(라) 방망의 사용방법〈추락재해방지표준안전작업지침〉

1) 허용낙하높이

제7조(허용낙하높이) 작업발판과 방망 부착위치의 수직거리(낙하높이)는 〈표 4〉 및 (그림 2), (그림 3)에 의해 계산된 값 이하로 한다.

제42조(추락의 방지)

④ 사업주는 작업발판 및 추락방호망을 설치하기 곤란한 경우에는 근로자로 하여금 3개 이상의 버팀대를 가지고 지면으로부터 안정적으로 세울 수 있는 구조를 갖춘 이동식 사다리를 사용하여 작업을 하게 할 수 있다. 이 경우 사업주는 근로자가 다음 각 호의 사항을 준수하도록 조치해야 한다.

1. 평탄하고 견고하며 미끄럽지 않은 바닥에 이동식 사다리를 설치할 것
2. 이동식 사다리의 넘어짐을 방지하기 위해 다음 각 목의 어느 하나 이상에 해당하는 조치를 할 것
   가. 이동식 사다리를 견고한 시설물에 연결하여 고정할 것
   나. 아웃트리거(outrigger, 전도방지용 지지대)를 설치하거나 아웃트리거가 붙어있는 이동식 사다리를 설치할 것
   다. 이동식 사다리를 다른 근로자가 지지하여 넘어지지 않도록 할 것
3. 이동식 사다리의 제조사가 정하여 표시한 이동식 사다리의 최대사용하중을 초과하지 않는 범위 내에서만 사용할 것
4. 이동식 사다리를 설치한 바닥면에서 높이 3.5미터 이하의 장소에서만 작업할 것
5. 이동식 사다리의 최상부 발판 및 그 하단 디딤대에 올라서서 작업하지 않을 것. 다만, 높이 1미터 이하의 사다리는 제외한다.
6. 안전모를 착용하되, 작업 높이가 2미터 이상인 경우에는 안전모와 안전대를 함께 착용할 것
7. 이동식 사다리 사용 전 변형 및 이상 유무 등을 점검하여 이상이 발견되면 즉시 수리하거나 그 밖에 필요한 조치를 할 것

〈표 4〉 방망의 허용 낙하높이

높이 종류/조건	낙하높이(H1)		방망과 바닥면 높이(H2)		방망의 처짐길이(S)
	단일방망	복합방망	10센티미터 그물코	5센티미터 그물코	
L<A	$\frac{1}{4}(L+2A)$	$\frac{1}{5}(L+2A)$	$\frac{0.85}{4}(L+3A)$	$\frac{0.95}{4}(L+3A)$	$\frac{1}{4}(L+2A)\times 1/3$
L≥A	3/4L	3/5L	0.85L	0.95L	3/4L×1/3

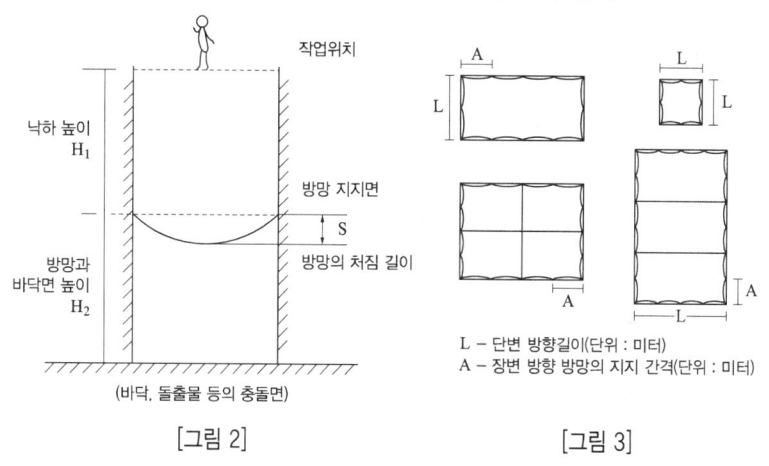

* L과 A의 관계

[그림 2]　　　　[그림 3]

L – 단변 방향길이(단위 : 미터)
A – 장변 방향 방망의 지지 간격(단위 : 미터)

> **예문** 추락재해를 방지하기 위하여 10cm 그물코인 방망을 설치할 때 방망과 바닥면 사이의 최소 높이는? (단, 설치된 방망의 단변 방향 길이 L=2m, 장변 방향 방망의 지지간격 A=3m이다.)
>
> **해설** 방망의 허용낙하높이
> ⇨ L<A : H_2=(0.85/4)×(L+3A)=(0.85/4)×(2+9)=2.4m

2) 지지점의 강도〈추락재해방지표준안전작업지침〉

<u>제8조(지지점의 강도)</u> 지지점의 강도는 다음에 의한 계산값 이상이어야 한다.

1. 방망 지지점은 600킬로그램의 외력에 견딜 수 있는 강도를 보유하여야 한다(연속적인 구조물이 방망 지지점인 경우의 외력이 다음 식에 계산한 값에 견딜 수 있는 것은 제외한다).

$$F = 200B$$

F : 외력(단위 : 킬로그램), B : 지지점 간격(단위 : m)

> **예문** 추락방호망의 달기로프를 지지점에 부착할 때 지지점의 간격이 1.5m인 경우 지지점의 강도는 최소 얼마 이상이어야 하는가? (단, 연속적인 구조물이 방망 지지점인 경우)
>
> **해설** 지지점의 강도〈추락재해방지표준안전작업지침〉
> F=200B [F는 외력(단위 : 킬로그램), B는 지지점 간격(단위 : m)]
> ⇨ F=200B=200×1.5=300kg

(마) 방망의 정기시험〈추락재해방지표준안전작업지침〉

<u>제10조(정기시험)</u> 정기시험 등은 다음에 정하는 바에 의하여 행한다.
1. 방망의 정기시험은 사용개시 후 1년 이내로 하고, 그 후 6개월마다 1회씩 정기적으로 시험용사에 대해서 등속인장시험을 하여야 한다.
2. 방망의 마모가 현저한 경우나 방망이 유해가스에 노출된 경우에는 사용 후 시험용사에 대해서 인장시험을 하여야 한다.

(바) 방망에 표시해야 할 사항〈추락재해방지표준안전작업지침〉
① 제조자명
② 제조년월
③ 재봉 치수
④ 그물코
⑤ 신품인 때의 방망의 강도

(2) 안전난간〈산업안전보건기준에 관한 규칙〉

<u>제13조(안전난간의 구조 및 설치요건)</u>
근로자의 추락 등의 위험을 방지하기 위하여 안전난간을 설치하는 경우 다음의 기준에 맞는 구조로 설치해야 한다.
1. 상부 난간대, 중간 난간대, 발끝막이판 및 난간기둥으로 구성할 것.
2. 상부 난간대는 바닥면·발판 또는 경사로의 표면으로부터 90센티미터 이상 지점에 설치하고, 상부 난간대를 120센티미터 이하에 설치하는 경우에는 중간 난간대는 상부 난간대와 바닥면 등의 중간에 설치해야 하며, 120센티미터 이상 지점에 설치하는 경우에는 중간 난간대를 2단 이상으로 균등하게 설치하고 난간의 상하 간격은 60센티미터 이하가 되도록 할 것(난간기둥 간의 간격이 25센티미터 이하인 경우에는 중간 난간대를 설치하지 않을 수 있다.)
3. 발끝막이판은 바닥면 등으로부터 10센티미터 이상의 높이를 유지할 것
4. 난간기둥은 상부 난간대와 중간 난간대를 견고하게 떠받칠 수 있도록 적정한 간격을 유지할 것

추락재해에 대한 예방차원에서 고소작업의 감소를 위한 근본적인 대책
지붕트러스의 일체화 또는 지상에서 조립 등

5. 상부 난간대와 중간 난간대는 난간 길이 전체에 걸쳐 바닥면 등과 평행을 유지할 것
6. 난간대는 지름 2.7센티미터 이상의 금속제 파이프나 그 이상의 강도가 있는 재료일 것
7. 안전난간은 구조적으로 가장 취약한 지점에서 가장 취약한 방향으로 작용하는 100킬로그램 이상의 하중에 견딜 수 있는 튼튼한 구조일 것

* 발끝막이판 : 폭목(toe board)

(3) 개구부 등의 방호 조치

제43조(개구부 등의 방호 조치)

① 작업발판 및 통로의 끝이나 개구부로서 근로자가 추락할 위험이 있는 장소에는 안전난간, 울타리, 수직형 추락방망 또는 덮개 등의 방호 조치를 충분한 강도를 가진 구조로 튼튼하게 설치하여야 하며, 덮개를 설치하는 경우에는 뒤집히거나 떨어지지 않도록 설치하여야 한다. 이 경우 어두운 장소에서도 알아볼 수 있도록 개구부임을 표시하여야 한다.

② 난간 등을 설치하는 것이 매우 곤란하거나 작업의 필요상 임시로 난간 등을 해체하여야 하는 경우 기준에 맞는 추락방호망을 설치하여야 한다(추락방호망을 설치하기 곤란한 경우에는 근로자에게 안전대를 착용하도록 하는 등 추락할 위험을 방지하기 위하여 필요한 조치를 하여야 한다).

(4) 지붕 위에서의 위험 방지

제45조(지붕 위에서의 위험 방지)

① 근로자가 지붕 위에서 작업을 할 때에 추락하거나 넘어질 위험이 있는 경우에는 다음의 조치를 해야 한다.
   1. 지붕의 가장자리에 안전난간을 설치할 것
   2. 채광창(skylight)에는 견고한 구조의 덮개를 설치할 것
   3. 슬레이트 등 강도가 약한 재료로 덮은 지붕에는 폭 30센티미터 이상의 발판을 설치할 것

② 작업 환경 등을 고려할 때 안전난간 설치가 곤란한 경우에는 추락방호망을 설치해야 한다(작업 환경 등을 고려할 때 추락방호망을 설치하기 곤란한 경우에는 근로자에게 안전대를 착용하도록 하는 등 추락 위험을 방지하기 위하여 필요한 조치를 해야 한다).

케틀(kettle), 호퍼(hopper), 피트(pit) 등의 울타리를 설치 〈산업안전보건기준에 관한 규칙〉
제48조(울타리의 설치) 근로자에게 작업 중 또는 통행 시 전락(轉落)으로 인하여 근로자가 화상·질식 등의 위험에 처할 우려가 있는 케틀(kettle), 호퍼(hopper), 피트(pit) 등이 있는 경우에 그 위험을 방지하기 위하여 필요한 장소에 높이 90센티미터 이상의 울타리를 설치하여야 한다.

(5) 보호구의 지급

제32조(보호구의 지급 등)

① 다음의 어느 하나에 해당하는 작업을 하는 근로자에 대해서는 다음의 구분에 따라 그 작업조건에 맞는 보호구를 작업하는 근로자 수 이상으로 지급하고 착용하도록 하여야 한다.

1. 물체가 떨어지거나 날아올 위험 또는 근로자가 추락할 위험이 있는 작업: 안전모
2. 높이 또는 깊이 2미터 이상의 추락할 위험이 있는 장소에서 하는 작업 : 안전대(安全帶)
3. 물체의 낙하·충격, 물체에의 끼임, 감전 또는 정전기의 대전(帶電)에 의한 위험이 있는 작업: 안전화
4. 물체가 흩날릴 위험이 있는 작업: 보안경
5. 용접 시 불꽃이나 물체가 흩날릴 위험이 있는 작업: 보안면
6. 감전의 위험이 있는 작업: 절연용 보호구
7. 고열에 의한 화상 등의 위험이 있는 작업: 방열복
8. 선창 등에서 분진(粉塵)이 심하게 발생하는 하역작업: 방진마스크
9. 섭씨 영하 18도 이하인 급냉동어창에서 하는 하역작업: 방한모·방한복·방한화·방한장갑

예문 로프길이 2m의 안전대를 착용한 근로자가 추락으로 인한 부상을 당하지 않기 위한 지면으로부터 안전대 고정점까지의 높이(H)의 기준은? (단, 로프의 신율 30%, 근로자의 신장 180cm)

해설 안전대의 사용〈추락재해방지표준안전작업지침〉
(1) 추락 시에 로프를 지지한 위치에서 신체의 최하사점까지의 거리: h
  h = 로프의 길이 + 로프의 신장 길이 + 작업자 키의 1/2
(2) 로프를 지지한 위치에서 바닥면까지의 거리: H
(3) H > h가 되어야만 한다.
 제17조(안전대의 사용) 안전대 사용은 다음 각호에 정하는 사용방법에 따라야 한다.
 사. 추락 시에 로프를 지지한 위치에서 신체의 최하사점까지의 거리를 h라 하면, h = 로프의 길이 + 로프의 신장 길이 + 작업자 키의 1/2이 되고, 로프를 지지한 위치에서 바닥면까지의 거리를 H라 하면 H > h가 되어야만 한다.
 ⇨ 정답 ① h = 2m + (2m × 30%) + (1.8m × 1/2) = 3.5m
   ② H > 3.5m

| 안전모(자율안전확인)의 시험방법 〈보호구 자율안전확인 고시〉
① 전 처리
② 착용 높이 측정
③ 내관통성 시험
④ 충격흡수성 시험
⑤ 난연성 시험
⑥ 턱끈풀림
⑦ 측면 변형 시험

수직구명줄〈보호구 안전인증 고시〉
수직구명줄이란 로프 또는 레일 등과 같은 유연하거나 단단한 고정줄로서 추락발생 시 추락을 저지시키는 추락방지대를 지탱해주는 줄모양의 부품을 말한다.

---

* 안전대를 보관하는 장소의 환경조건〈추락재해방지표준안전작업지침〉
<u>제20조(보관)</u> 안전대의 보관장소
1. 직사광선이 닿지 않는 곳
2. 통풍이 잘되며 습기가 없는 곳
3. 부식성 물질이 없는 곳
4. 화기 등이 근처에 없는 곳

* 안전그네〈보호구 안전인증 고시〉
- 신체지지의 목적으로 전신에 착용하는 띠 모양의 것으로 상체 등 신체 일부분만 지지하는 것은 제외한다.

* 추락재해를 방지하기 위한 고소작업 감소대책(철골작업)
- 철골기둥과 빔을 일체 구조화 : 철골기둥과 빔을 일체화시켜 크레인으로 조립하는 방법

2. 낙하, 비래재해 대책〈산업안전보건기준에 관한 규칙〉

가 낙하물에 의한 위험의 방지

<u>제14조(낙하물에 의한 위험의 방지)</u>
② 작업으로 인하여 물체가 떨어지거나 날아올 위험이 있는 경우 낙하물 방지망, 수직보호망 또는 방호선반의 설치, 출입금지구역의 설정, 보호구의 착용 등 위험을 방지하기 위하여 필요한 조치를 하여야 한다.
③ 낙하물 방지망 또는 방호선반을 설치하는 경우의 준수사항
  1. 높이 10미터 이내마다 설치하고, 내민 길이는 벽면으로부터 2미터 이상으로 할 것
  2. 수평면과의 각도는 20도 이상 30도 이하를 유지할 것

나 투하설비

<u>제15조(투하설비 등)</u>
높이가 3미터 이상인 장소로부터 물체를 투하하는 경우 적당한 투하설비를 설치하거나 감시인을 배치하는 등 위험을 방지하기 위하여 필요한 조치를 하여야 한다.

CHAPTER 04 항목별 우선순위 문제 및 해설 (1)

01 추락에 의한 위험을 방지하기 위한 추락방호망의 설치기준으로 옳지 않은 것은?

① 추락방호망의 설치위치는 가능하면 작업면으로부터 가까운 지점에 설치할 것
② 건축물 등의 바깥쪽으로 설치하는 경우 망의 내민길이는 벽면으로부터 2m 이상이 되도록 할 것
③ 추락방호망은 수평으로 설치하고, 망의 처짐은 짧은 변 길이의 12% 이상이 되도록 할 것
④ 작업면으로부터 망의 설치지점까지의 수직거리는 10m를 초과하지 아니할 것

[해설] 추락방호망의 설치기준
건축물 등의 바깥쪽으로 설치하는 경우 추락방호망의 내민 길이는 벽면으로부터 3미터 이상 되도록 할 것

02 추락방호망 설치 시 그물코의 크기가 10cm인 매듭 있는 방망의 신품에 대한 인장강도 기준으로 옳은 것은?

① 100kgf 이상   ② 200kgf 이상
③ 300kgf 이상   ④ 400kgf 이상

[해설] 추락방호망의 인장강도(방망사의 신품에 대한 인장강도)
※ ( )는 방망사의 폐기 시 인장강도

그물코의 크기 (단위 : 센티미터)	방망의 종류(단위 : 킬로그램)	
	매듭없는 방망	매듭 방망
10	240(150)	200(135)
5		110(60)

03 추락재해 방지를 위한 방망이 그물코 규격 기준으로 옳은 것은?

① 사각 또는 마름모로서 크기가 5센티미터 이하
② 사각 또는 마름모로서 크기가 10센티미터 이하
③ 사각 또는 마름모로서 크기가 15센티미터 이하
④ 사각 또는 마름모로서 크기가 20센티미터 이하

[해설] 방망의 구조 및 치수
– 그물코 : 사각 또는 마름모로서 그 크기는 10센티미터 이하이어야 한다.

04 추락방호망의 달기로프를 지지점에 부착할 때 지지점의 간격이 1.5m 인 경우 지지점의 강도는 최소 얼마 이상이어야 하는가?

① 200kg   ② 300kg
③ 400kg   ④ 500kg

[해설] 지지점의 강도
F = 200B
여기서, F : 외력(단위 : 킬로그램)
B : 지지점간격(단위 : m)
⇨ F = 200B = 200 × 1.5 = 300kg

05 건물 외부에 낙하물 방지망을 설치할 경우 수평면과의 가장 적절한 각도는?

① 5° 이상, 10° 이하
② 10° 이상, 15° 이하
③ 15° 이상, 20° 이하
④ 20° 이상, 30° 이하

[해설] 낙하물에 의한 위험의 방지
1. 높이 10미터 이내마다 설치하고, 내민 길이는 벽면으로부터 2미터 이상으로 할 것
2. 수평면과의 각도는 20도 이상 30도 이하를 유지할 것

정답 01.② 02.② 03.② 04.② 05.④

06 투하설비 설치와 관련된 아래 표의 ( )에 적합한 것은?

> 사업주는 높이가 ( )미터 이상인 장소로부터 물체를 투하하는 때에는 적당한 투하설비를 설치하거나 감시인을 배치하는 등 위험방지를 위하여 필요한 조치를 하여야 한다.

① 1 ② 2
③ 3 ④ 4

해설 투하설비
높이가 3미터 이상인 장소로부터 물체를 투하하는 경우 적당한 투하설비를 설치하거나 감시인을 배치하는 등 위험을 방지하기 위하여 필요한 조치를 하여야 한다.

07 안전난간의 구조 및 설치요건에 대한 기준으로 옳지 않은 것은?

① 상부난간대는 바닥면·발판 또는 경사로의 표면으로 부터 90cm 이상 지점에 설치할 것
② 발끝막이판은 바닥면 등으로부터 10cm 이상의 높이를 유지할 것
③ 난간대는 지름 1.5cm 이상의 금속제 파이프나 그 이상의 강도를 가진 재료일 것
④ 안전난간은 구조적으로 가장 취약한 지점에서 가장 취약한 방향으로 작용하는 100kg 이상의 하중에 견딜 수 있는 튼튼한 구조일 것

해설 안전난간
난간대는 지름 2.7센티미터 이상의 금속제 파이프나 그 이상의 강도가 있는 재료일 것

08 작업발판 및 통로의 끝이나 개구부로서 근로자가 추락할 위험이 있는 장소에 대한 방호조치와 거리가 먼 것은?

① 안전난간 설치
② 울타리 설치
③ 투하설비 설치
④ 수직형 추락방망 설치

해설 개구부 등의 방호 조치
작업발판 및 통로의 끝이나 개구부로서 근로자가 추락할 위험이 있는 장소에는 안전난간, 울타리, 수직형 추락방망 또는 덮개 등의 방호 조치를 충분한 강도를 가진 구조로 튼튼하게 설치

09 슬레이트, 선라이트 등 강도가 약한 재료로 덮은 지붕 위에서의 작업 중 위험방지를 위하여 필요한 발판의 폭 기준은?

① 10cm 이상 ② 20cm 이상
③ 25cm 이상 ④ 30cm 이상

해설 지붕 위에서의 위험 방지
슬레이트 등 강도가 약한 재료로 덮은 지붕 위에는 폭 30센티미터 이상의 발판을 설치할 것

10 높이 또는 깊이 2m 이상의 추락할 위험이 있는 장소에서의 작업에 필수적으로 지급되어야 하는 보호구는?

① 안전대 ② 보안경
③ 보안면 ④ 방열복

해설 보호구의 지급
- 높이 또는 깊이 2미터 이상의 추락할 위험이 있는 장소에서 하는 작업: 안전대(安全帶)

정답 06. ③ 07. ③ 08. ③ 09. ④ 10. ①

3. 붕괴재해 및 대책

가 토석 및 토사붕괴의 원인

(1) 토석 및 토사붕괴의 원인〈굴착공사표준안전작업지침〉

(가) 외적 원인
① 사면, 법면의 경사 및 기울기의 증가
② 절토 및 성토 높이의 증가
③ 공사에 의한 진동 및 반복 하중의 증가
④ 지표수 및 지하수의 침투에 의한 토사 중량의 증가
⑤ 지진, 차량, 구조물의 하중 작용
⑥ 토사 및 암석의 혼합층 두께

(나) 내적 원인
① 절토 사면의 토질·암질
② 성토 사면의 토질 구성 및 분포
③ 토석의 강도 저하

> **참고**
> ✽ 일반적으로 사면의 붕괴 위험이 가장 큰 것
>   – 사면의 수위가 급격히 하강할 때 : 흙의 지지력이 약화돼 붕괴위험
> ✽ 사면의 붕괴 형태의 종류 : 사면선단 파괴, 사면 내 파괴, 바닥면 파괴의 형식

법면
경사면 중에서 인위적인 것에 의해 생기는 면

절토공사 중 발생하는 비탈면붕괴의 원인
① 건조로 인하여 점성토의 점착력 상실
② 점성토의 수축이나 팽창으로 균열 발생
③ 공사 진행으로 비탈면의 높이와 기울기 증가

(2) 유한사면의 붕괴 유형〈사면붕괴형태(토사사면)〉

(가) 무한사면 : 직선활동–완만한 사면에 이동이 서서히 발생(✽ 활동하는 토층의 깊이가 사면의 높이에 비해 비교적 작은 경우)

(나) 유한사면(✽ 활동하는 토층의 깊이가 사면의 높이에 비해 비교적 큰 경우)
① 원호활동: 지반 파괴 활동면의 형태가 원형으로 가정
   ㉠ 사면저부 붕괴 : 토질이 비교적 연약하고 경사가 완만한 경우(사면 기울기가 비교적 완만한 점성토에서 주로 발생)
   ㉡ 사면선단 붕괴 : 비점착성 사질토의 급경사에서 발생(사면의 하단을 통과하는 활동면을 따라 파괴되는 사면 파괴)
   ㉢ 사면 내 붕괴 : 하부지반이 비교적 단단한 경우(사면경사가 53°보다 급하면 발생한다.) – 얕은 표층의 붕괴

② 대수선나선활동 : 토층의 성상이 불균일
③ 복합곡선활동 : 연약한 얕은 토층이 얕은 곳에 위치할 때

나 토석 및 토사붕괴시 조치사항〈산업안전보건기준에 관한 규칙〉

(1) 붕괴 조치사항〈굴착공사표준안전작업지침〉

토석 붕괴의 위험이 있는 사면에서 작업할 경우의 행동
① 동시작업의 금지 : 붕괴토석의 최대 도달거리(5m) 내 굴착공사, 배수관 매설, 콘크리트 타설 등을 할 경우에는 적절한 보강대책을 강구
② 대피공간의 확보 : 피난통로 확보
③ 2차 재해의 방지

(2) 붕괴 예방조치

제338조(굴착작업 사전조사 등)
굴착작업을 할 때에 토사 등의 붕괴 또는 낙하에 의한 위험을 미리 방지하기 위하여 다음의 사항을 점검해야 한다.
1. 작업장소 및 그 주변의 부석·균열의 유무
2. 함수(含水)·용수(湧水) 및 동결의 유무 또는 상태의 변화

제339조(굴착면의 붕괴 등에 의한 위험 방지)
① 지반 등을 굴착하는 경우에는 굴착면의 기울기를 다음 별표의 기준에 맞도록 하여야 한다.

[별표] 굴착면의 기울기 기준

지반의 종류	굴착면의 기울기
모래	1 : 1.8
연암 및 풍화암	1 : 1.0
경암	1 : 0.5
그 밖의 흙	1 : 1.2

비고 1. 굴착면의 기울기는 굴착면의 높이에 대한 수평거리의 비율

② 비가 올 경우를 대비하여 측구(側溝)를 설치하거나 굴착경사면에 비닐을 덮는 등 빗물 등의 침투에 의한 붕괴재해를 예방하기 위하여 필요한 조치를 하여야 한다.

굴착면의 기울기 및 높이의 기준〈굴착공사 표준안전작업지침〉

제26조(기울기 및 높이의 기준)
② 사질의 지반(점토질을 포함하지 않은 것)은 굴착면의 기울기를 1:1.5 이상으로 하고 높이는 5미터 미만으로 하여야 한다.
③ 발파 등에 의해서 붕괴하기 쉬운 상태의 지반 및 매립하거나 반출시켜야 할 지반의 굴착면이 기울기는 1:1 이하 또는 높이는 2미터 미만으로 하여야 한다.

토공사에서 성토용 토사의 일반조건(성토 재료의 구비조건)

① 다져진 흙의 전단강도가 크고 압축성이 작을 것(전단강도 및 지지력이 크고 비압축성의 양질의 것)
② 입도가 양호 할 것(성토 재료의 입자의 고른 정도) (* 입자가 고르지 못하면 간극비가 커서 단위수량이 증가되어 강도의 저하 등 내구성에 영향을 줌)
③ 시공장비의 주행성이 확보될 수 있을 것(장비주행성. Trafficablity)
④ 필요한 다짐정도를 쉽게 얻을 수 있을 것(다짐이 용이)

제340조(지반의 붕괴 등에 의한 위험방지)
굴착작업시 토사 등의 붕괴 또는 낙하에 의하여 근로자에게 위험을 미칠 우려가 있는 경우에는 미리 흙막이 지보공의 설치, 방호망의 설치 및 근로자의 출입 금지 등 그 위험을 방지하기 위하여 필요한 조치를 하여야 한다.

(3) 굴착공사 비탈면붕괴 방지대책

① 적절한 경사면의 기울기를 계획하여야 함(굴착면 기울기 기준 준수)
② 경사면의 기울기가 당초 계획과 차이가 발생되면 즉시 재검토 하여 계획을 변경시켜야 함.
③ 활동할 가능성이 있는 토석은 제거하여야 함.
④ 경사면의 하단부에 압성토 등 보강공법으로 활동에 대한 저항 대책을 강구
　　– 비탈면하단을 성토함.
⑤ 말뚝 (강관, H형강, 철근콘크리트)을 타입하여 강화
⑥ 지표수와 지하수의 침투를 방지
　㉠ 지표수의 침투를 막기 위해 표면배수공을 한다.
　㉡ 지하수위를 낮추기 위해 수평배수공을 한다.
⑦ 비탈면 상부의 토사를 제거하여 비탈면의 안전성 유지

> **토공사에서 성토재료의 일반조건**
> ① 다져진 흙의 전단강도가 크고 압축성이 작을 것
> ② 함수율이 낮은 토사일 것
> ③ 시공장비의 주행성이 확보될 수 있을 것
> ④ 필요한 다짐 정도를 쉽게 얻을 수 있을 것

비탈면 붕괴를 방지하기 위한 방법
① 비탈면 상부는 토사제거
② 지하 배수공 시공
③ 비탈면 하부의 성토
④ 비탈면 내부 수압의 감소 유도

수평배수구
사면 내에 형성되는 지하수위를 낮추기 위해 설치하는 배수구

(4) 사전조사 및 작업계획서 작성

굴착작업에서 지반의 붕괴 또는 매설물, 기타 지하공작물의 손괴 등에 의하여 근로자에게 위험을 미칠 우려가 있을 때 작업장소 및 그 주변에 대한 사전 지반조사

[별표 4] 사전조사 및 작업계획서 내용
　6. 굴착작업
　　– 사전조사 내용
　　　가. 형상·지질 및 지층의 상태
　　　나. 균열·함수(含水)·용수 및 동결의 유무 또는 상태
　　　다. 매설물 등의 유무 또는 상태
　　　라. 지반의 지하수위 상태

- 작업계획서 내용
    - 가. 굴착방법 및 순서, 토사 반출 방법
    - 나. 필요한 인원 및 장비 사용계획
    - 다. 매설물 등에 대한 이설·보호대책
    - 라. 사업장 내 연락방법 및 신호방법
    - 마. 흙막이 지보공 설치방법 및 계측계획
    - 바. 작업지휘자의 배치계획
    - 사. 그 밖에 안전·보건에 관련된 사항

(5) 인력굴착 작업〈굴착공사 표면안전작업지침〉

<u>제7조(절토)</u> 절토 시의 준수사항
1. 상부에서 붕락 위험이 있는 장소에서의 작업은 금하여야 한다.
2. 상·하부 동시작업은 금지하여야 하나 부득이한 경우 다음의 조치를 실시한 후 작업하여야 한다.
   - 가. 견고한 낙하물 방호시설 설치
   - 나. 부석제거
   - 다. 작업장소에 불필요한 기계 등의 방치 금지
   - 라. 신호수 및 담당자 배치
3. 굴착면이 높은 경우는 계단식으로 굴착하고 소단의 폭은 수평거리 2미터정도로 하여야 한다.
4. 사면경사 1 : 1 이하이며 굴착면이 2미터 이상일 경우는 안전대 등을 착용하고 작업해야 하며 부석이나 붕괴하기 쉬운 지반은 적절한 보강을 하여야 한다.
5. 급경사에는 사다리 등을 설치하여 통로로 사용하여야 하며 도괴하지 않도록 상·하부를 지지물로 고정시키며 장기간 공사 시에는 비계 등을 설치하여야 한다.

(6) 채석작업

채석작업
골재용 쇄석이나 건축용 석재 등의 암석을 채취하기 위한 작업 또는 채석장에서 이루어지는 암석의 가공, 운반 작업

<u>제370조(지반붕괴 위험방지)</u>
채석작업을 하는 경우 지반의 붕괴 또는 토사 등의 낙하로 인하여 근로자에게 발생할 우려가 있는 위험을 방지하기 위하여 다음의 조치를 해야 한다.
1. 점검자를 지명하고 당일 작업 시작 전에 작업장소 및 그 주변 지반의 부석과 균열의 유무와 상태, 함수·용수 및 동결상태의 변화를 점검할 것
2. 점검자는 발파 후 그 발파 장소와 그 주변의 부석 및 균열의 유무와 상태를 점검할 것

[별표 4] 사전조사 및 작업계획서 내용
9. 채석작업
- 사전조사 내용
  지반의 붕괴·굴착기계의 전락(轉落) 등에 의한 근로자에게 발생할 위험을 방지하기 위한 해당 작업장의 지형·지질 및 지층의 상태
- 작업계획서 내용
  가. 노천굴착과 갱내굴착의 구별 및 채석방법
  나. 굴착면의 높이와 기울기
  다. 굴착면 소단(小段)의 위치와 넓이
  라. 갱내에서의 낙반 및 붕괴방지 방법
  마. 발파방법
  바. 암석의 분할방법
  사. 암석의 가공장소
  아. 사용하는 굴착기계·분할기계·적재기계 또는 운반기계의 종류 및 성능
  자. 토석 또는 암석의 적재 및 운반방법과 운반경로
  차. 표토 또는 용수(湧水)의 처리방법

(7) 잠함 또는 우물통의 내부 굴착작업 안전

제376조(급격한 침하로 인한 위험 방지)
잠함 또는 우물통의 내부에서 근로자가 굴착작업을 하는 경우에 잠함 또는 우물통의 급격한 침하에 의한 위험을 방지하기 위한 준수사항
1. 침하관계도에 따라 굴착방법 및 재하량(載荷量) 등을 정할 것
2. 바닥으로부터 천장 또는 보까지의 높이는 1.8미터 이상으로 할 것

제377조(잠함 등 내부에서의 작업)
① 잠함, 우물통, 수직갱, 그 밖에 이와 유사한 건설물 또는 설비의 내부에서 굴착작업을 하는 경우의 준수사항
  1. 산소 결핍 우려가 있는 경우에는 산소의 농도를 측정하는 사람을 지명하여 측정하도록 할 것
  2. 근로자가 안전하게 오르내리기 위한 설비를 설치할 것
  3. 굴착 깊이가 20미터를 초과하는 경우에는 해당 작업장소와 외부와의 연락을 위한 통신설비 등을 설치할 것
② 측정 결과 산소 결핍이 인정되거나 굴착 깊이가 20미터를 초과하는 경우에는 송기(送氣)를 위한 설비를 설치하여 필요한 양의 공기를 공급해야 한다.

제378조(작업의 금지)

다음의 어느 하나에 해당하는 경우에 잠함등의 내부에서 굴착작업을 하도록 해서는 아니 된다.

1. 오르내리기 위한 설비, 통신설비, 송기를 위한 설비에 고장이 있는 경우
2. 잠함 등의 내부에 많은 양의 물 등이 스며들 우려가 있는 경우

※ 산소 결핍

제618조(정의)
1. 밀폐공간 : 산소결핍, 유해가스로 인한 질식·화재·폭발 등의 위험이 있는 장소
4. 산소결핍 : 공기 중의 산소농도가 18퍼센트 미만인 상태
5. 산소결핍증 : 산소가 결핍된 공기를 들이마심으로써 생기는 증상

---

(8) 가설도로

제379조(가설도로)

공사용 가설도로를 설치하는 경우의 준수사항

1. 도로는 장비와 차량이 안전하게 운행할 수 있도록 견고하게 설치할 것
2. 도로와 작업장이 접하여 있을 경우에는 방책 등을 설치할 것
3. 도로는 배수를 위하여 경사지게 설치하거나 배수시설을 설치할 것
4. 차량의 속도제한 표지를 부착할 것

(9) 발파작업의 위험방지

(가) 발파의 작업기준

제348조(발파의 작업기준)

발파작업에 종사하는 근로자의 준수사항

1. 얼어붙은 다이나마이트는 화기에 접근시키거나 그 밖의 고열물에 직접 접촉시키는 등 위험한 방법으로 융해되지 않도록 할 것
2. 화약이나 폭약을 장전하는 경우에는 그 부근에서 화기를 사용하거나 흡연을 하지 않도록 할 것
3. 장전구(裝塡具)는 마찰·충격·정전기 등에 의한 폭발의 위험이 없는 안전한 것을 사용할 것
4. 발파공의 충진재료는 점토·모래 등 발화성 또는 인화성의 위험이 없는 재료를 사용할 것
5. 점화 후 장전된 화약류가 폭발하지 아니한 경우 또는 장전된 화약류의 폭발 여부를 확인하기 곤란한 경우에는 다음의 사항을 따를 것
    가. 전기뇌관에 의한 경우에는 발파모선을 점화기에서 떼어 그 끝을 단락시켜 놓는 등 재점화되지 않도록 조치하고 그 때부터 5분 이상 경

과한 후가 아니면 화약류의 장전장소에 접근시키지 않도록 할 것
　나. 전기뇌관 외의 것에 의한 경우에는 점화한 때부터 15분 이상 경과한 후가 아니면 화약류의 장전장소에 접근시키지 않도록 할 것
6. 전기뇌관에 의한 발파의 경우 점화하기 전에 화약류를 장전한 장소로부터 30미터 이상 떨어진 안전한 장소에서 전선에 대하여 저항측정 및 도통(導通)시험을 할 것

(나) 터널공사에서 발파작업 시 안전대책(터널공사표준안전작업지침-NATM공법)

<u>제7조(발파작업)</u> 발파작업시의 준수사항

1. 발파는 선임된 발파책임자의 지휘에 따라 시행하여야 한다.
2. 발파작업에 대한 특별시방을 준수하여야 한다.
3. 굴착단면 경계면에는 모암에 손상을 주지 않도록 시방에 명기된 정밀폭약(FINEX Ⅰ, Ⅱ) 등을 사용하여야 한다.
4. 지질, 암의 절리 등에 따라 화약량을 충분히 검토하여야 하며 시방기준과 대비하여 안전조치를 하여야 한다.
5. 발파책임자는 모든 근로자의 대피를 확인하고 지보공 및 복공에 대하여 필요한 조치의 방호를 한 후 발파하도록 하여야 한다.
6. 발파 시 안전한 거리 및 위치에서의 대피가 어려울 때에는 전면과 상부를 견고하게 방호한 임시대피장소를 설치하여야 한다.
7. 화약류를 장진하기 전에 모든 동력선 및 활선은 장진기기로 부터 분리시키고 조명회선을 포함한 모든 동력선은 발원점으로부터 최소한 15m 이상 후방으로 옮겨 놓도록 하여야 한다.
8. 발파용 점화회선은 타동력선 및 조명회선으로부터 분리되어야 한다.
9. 발파전 도화선 연결상태, 저항치 조사 등의 목적으로 도통시험을 실시하여야 하며 발파기 작동상태를 사전 점검하여야 한다.
10. 발파 후에는 충분한 시간이 경과한 후 접근하도록 하여야 하며 다음 각 목의 조치를 취한 후 다음 단계의 작업을 행하도록 하여야 한다.
　가. 유독가스의 유무를 재확인하고 신속히 환풍기, 송풍기 등을 이용 환기시킨다.
　나. 발파책임자는 발파 후 가스배출 완료 즉시 굴착면을 세밀히 조사하여 붕락 가능성의 뜬돌을 제거하여야 하며 용출수 유무를 동시에 확인하여야 한다.
　다. 발파단면을 세밀히 조사하여 필요에 따라 지보공, 록볼트, 철망, 뿜어 붙이기 콘크리트 등으로 보강하여야 한다.
　라. 불발화약류의 유무를 세밀히 조사하여야 하며 발견 시 국부 재발파, 수압에 의한 제거방식 등으로 잔류화약을 처리하여야 한다.

(다) 터널공사의 전기발파작업에 대한 설명〈터널공사표준안전작업지침-NATM공법〉

<u>제8조(전기발파)</u> 전기발파작업 시의 준수사항
1. 미지전류의 유무에 대하여 확인하고 미지전류가 0.01A 이상일 때에는 전기발파를 하지 않아야 한다.
2. 전기발파기는 충분한 기동이 있는지의 여부를 사전에 점검하여야 한다.
3. 도통시험기는 소정의 저항치가 나타나는가에 대해 사전에 점검하여야 한다.
4. 약포에 뇌관을 장치할 때에는 반드시 전기뇌관의 저항을 측정하여 소정의 저항치에 대하여 오차가 ±0.1Ω 이내에 있는가를 확인하여야 한다.
5. 발파모선의 배선에 있어서는 점화장소를 발파현장에서 충분히 떨어져 있는 장소로 하고 물기나 철관, 궤도 등이 없는 장소를 택하여야 한다.
6. 점화장소는 발파현장이 잘 보이는 곳이어야 하며 충분히 떨어져 있는 안전한 장소로 택하여야 한다.
7. 전선은 점화하기 전에 화약류를 충진한 장소로부터 30m 이상 떨어진 안전한 장소에서 도통시험 및 저항시험을 하여야 한다.
8. 점화는 충분한 허용량을 갖는 발파기를 사용하고 규정된 스위치를 반드시 사용하여야 한다.
9. 점화는 선임된 발파책임자가 행하고 발파기의 핸들을 점화할 때 이외는 시건장치를 하거나 모선을 분리하여야 하며 발파책임자의 엄중한 관리하에 두어야 한다.
10. 발파 후 즉시 발파모선을 발파기로부터 분리하고 그 단부를 절연시킨 후 재점화가 되지 않도록 하여야 한다.
11. 발파 후 30분 이상 경과한 후가 아니면 발파장소에 접근하지 않아야 한다.

(라) 건물기초에서 발파허용 진동치 규제 기준〈발파작업표준안전작업지침〉

구분	문화재	주택·아파트	상가 (금이 없는 상태)	철골콘크리트 빌딩 및 상가
건물기초에서의 허용진동치 [cm/sec]	0.2	0.5	1.0	1.0~4.0

(10) 트렌치 굴착〈굴착공사표준안전작업지침〉

<u>제8조(트렌치 굴착)</u> 굴착 시의 준수사항
4. 흙막이 지보공을 설치하지 않는 경우 굴착깊이는 1.5미터 이하로 하여야 한다.

6. 굴착폭은 작업 및 대피가 용이하도록 충분한 넓이를 확보하여야 하며, 굴착깊이가 2미터 이상일 경우에는 1미터 이상의 폭으로 한다.
7. 흙막이널판만을 사용할 경우는 널판길이의 1/3 이상의 근입장을 확보하여야 한다.
15. 굴착깊이가 1.5미터 이상인 경우는 사다리, 계단 등 승강설비를 설치하여야 한다.
16. 굴착된 도랑 내에서 휴식을 취하여서는 안 된다.
17. 매설물을 설치하고 뒷채움을 할 경우에는 30센티미터 이내마다 충분히 다지고 필요 시 물다짐 등 시방을 준수하여야 한다.
18. 작업도중 굴착된상태로 작업을 종료할 경우는 방호울, 위험 표지판을 설치하여 제3자의 출입을 금지시켜야 한다.

다 붕괴의 예측과 점검

(1) 흙속의 전단응력을 증대시키는 원인
① 외력(건물하중, 눈 또는 물)
② 함수비의 증가에 따른 흙의 단위체적 중량의 증가
③ 균열 내에 작용하는 수압 증가
④ 인장응력에 의한 균열 발생
⑤ 지진, 폭파 등에 의한 진동 발생
⑥ 자연 또는 인공에 의한 지하공동의 형성(씽크홀)
⑦ 굴착에 의한 흙의 일부 제거

> 전단응력(shearing stress)
> 흙의 자중이나 외력에 의해 흙 내부에서 전단응력 발생하고, 전단응력의 증가에 따라 변형이 증가하여 전단파괴가 일어남

(2) 흙의 전단방정식 : 흙의 내부마찰각(ϕ)과 점착력(C)을 흙의 전단강도(τ)라 함.
 - Coulomb의 전단방정식 $\tau = C + \sigma \tan\phi$
   (σ는 수직응력, $\sigma\tan\phi$는 마찰력)

※ 사면(slope)의 안정계산에 고려사항
① 흙의 단위중량 ② 흙의 점착력 ③ 흙의 내부 마찰각 ④ 사면의 경사각

(3) 흙의 안식각 등

(가) 흙의 안식각(angle of repose, 安息角) - 자연 경사각, 자연구배, 흙의 휴식각
흙 등을 쌓거나 깎아 내려 안정된 사면이 형성되었을 때 경사면이 수평면과 이루는 각(일반적으로 안식각은 30~35도임)

(나) 흙의 함수비(moisture content, 含水比) : 흙의 수분량을 건조중량에 대한 백분율로 나타낸 것(흙 입자 무게에 대한 물 무게의 비)

$$W = (W_w / W_s) \times 100 (\%)$$

(함수비 W, 물의 무게 W_w, 흙 입자의 무게(건조중량) W_s)

> **예문** 흙의 함수비 측정시험을 하였다. 먼저 용기의 무게를 잰 결과 10g이었다. 시료를 용기에 넣은 후에 총 무게는 40g, 그대로 건조시킨 후 무게는 30g이었다. 이 흙의 함수비는?
>
> **해설** 함수비(moisture content, 含水比)
> $W = (W_w / W_s) \times 100 (\%) = 10/20 \times 100 = 50\%$
> (함수비 W, 물의 무게 W_w, 흙 입자의 무게(건조중량) W_s)

(다) 아터버그 한계(atterberg limit)시험 : 토질시험으로 액체 상태의 흙이 건조되어 가면서 액성, 소성, 반고체, 고체 상태로의 변화하는 한계와 관련된 시험(세립토의 성질을 나타내는 지수로 활용)

> **흙의 연경도(consistency)**
>
> 점착성이 있는 흙의 함수량을 변화시킬 때 액성, 소성, 반고체, 고체의 상태로 변화하는 흙의 성질을 말하며 각각의 변화 한계를 아터버그(atterberg) 한계라고 한다.
> ① 액성한계 : 소성 상태와 액체 상태의 경계가 되는 함수비
> ② 소성한계 : 반고체 상태와 소성상태의 경계가 되는 함수비
> ③ 수축한계 : 반고체 상태와 고체 상태의 경계가 되는 함수비

(라) 소성지수(I_P) : 소성상태를 갖는 함수비 범위

  소성지수(I_P) = 액성한계(W_L) - 소성한계(W_P)

  - 흙의 소성 : 점성토 등이 수분을 흡수하여 흩트러지지 않고 모양을 쉽게 변형할 수 있는 상태(여기에 수분이 첨가 되면 액성상태가 되며 액성상태는 "유효응력=0"가 되는 상태로써 지지력이 거의 없어 죽과 같은 상태)

> **예문** 흙의 액성한계 $W_L = 48\%$, 소성한계 $W_P = 26\%$일 때 소성지수(I_P)는 얼마인가?
>
> **해설** 소성지수(I_P) : 소성상태를 갖는 함수비 범위
> ⇨ 소성지수(I_P) = 액성한계(W_L) - 소성한계(W_P) = 48% - 26% = 22%

라 비탈면 보호공법

(1) 사면 보호공법

(가) 사면을 보호하기 위한 구조물에 의한 보호 공법

① 현장타설 콘크리트 격자공 ② 블록공 ③ (돌, 블록) 쌓기공
④ (돌, 블록, 콘크리트) 붙임공 ⑤ 뿜어붙이기공

(나) 사면을 식물로 피복함으로써 침식, 세굴 등을 방지 : 식생공

(2) 사면 보강공법

말뚝공, 앵커공, 옹벽공, 절토공, 압성토공, 소일네일링(soil nailing)공

> **참고**
>
> ✽ 압성토공 : 비탈면 또는 비탈면 하단을 성토하여 붕괴를 방지하는 공법
> ✽ 소일네일링(soil nailing)공법 : 지반굴착 시 지반을 강화시키고 사면 및 흙막이벽면을 강화시키는 공법으로 인장력, 전단 및 휨모멘트에 저항할 수 있는 2~6m 가량의 네일(nail)을 프리스트레싱(prestressing) 없이 촘촘한 간격으로 원지반에 삽입해서 그라우팅(grounting)하고 숏크리트로 굴착면을 보호하여 지반안정 유지
> - 소일네일링(soil nailing)공법의 적용에 한계를 가지는 지반조건 : 소일네일링 공법은 일종의 지반 보강 공법으로 지반이 어느 정도 자립 해야 적용이 가능
>   ① 지하수와 관련된 문제가 있는 지반
>   ② 일반시설물 및 지하구조물, 지중매설물이 집중되어 있는 지반
>   ③ 잠재적으로 동결가능성이 있는 지층
>   ④ 사질 또는 점토질 성토재

(3) 사면지반 개량공법

① 주입공법 ② 이온 교환 공법 ③ 전기화학적 공법 ④ 시멘트안정 처리공법 ⑤ 석회안정처리 공법 ⑥ 소결공법

> **옹벽의 안정성**
>
> 옹벽이 외력에 대하여 안정하기 위한 검토 조건 : 전도에 대한 안정, 활동에 대한 안정, 지반지지력에 대한 안정(침하)
> ① 전도에 대한 안정 : 전도에 대한 저항모멘트는 횡토압에 의한 전도모멘트의 2.0배 이상이어야 한다.
> ② 활동에 대한 안정 : 활동에 대한 저항력은 옹벽에 작용하는 수평력의 1.5배 이상이어야 한다.
> ③ 지반 지지력에 대한 안정 : 지반에 작용하는 최대하중이 지반의 허용지지력 이하가 되도록 설계한다.

식생공
건설재해대책의 사면보호공법 중 식물을 생육시켜 그 뿌리로 사면의 표층토를 고정하여 빗물에 의한 침식, 동상, 이완 등을 방지하고, 녹화에 의한 경관조성을 목적으로 시공하는 것

소일네일링 공법
토사에 스틸 바(steel bar)를 넣고 전면을 쇼크리트(shotcrete)처리하여 보강하는 공법(토체를 일체화)

침투수가 옹벽의 안정에 미치는 영향
① 옹벽 배면의 지하수위 상승으로 주동토압 증가 (지지력 감소)
② 옹벽 바닥면에서의 양압력 증가
③ 수평 저항력(수동토압)의 감소
④ 포화 또는 부분 포화에 따른 뒷채움용 흙 무게의 증가
※ ⑦ 주동 토압(主動土壓): 옹벽에서 전면 방향으로 밀어주는 토압(일반적인 옹벽의 토압 상태)
ⓒ 수동 토압(受動土壓): 옹벽에서 배면 방향으로 밀어주는 토압(흙의 횡압 때문에 나타나는 흙의 저항력)
ⓒ 양압력(揚壓力): 바닥면에서 작용하는 상향 수압

마 흙막이 공법 〈산업안전보건기준에 관한 규칙〉

(1) 공법의 종류

(가) 흙막이 지지방식에 의한 분류

① 자립공법 ② 버팀대식공법 ③ 어스앵커공법 ④ 타이로드공법

(* 개착식 굴착방법 : ① 버팀대식공법 ② 어스앵커공법 ③ 타이로드공법)

(나) 구조방식에 의한 분류

① H-Pile 공법 ③ 널말뚝 공법 ③ 지하연속벽 공법(벽식, 주열식)
④ 탑다운공법(top down method)

(2) 주요 흙막이 공법

1) S.C.W공법(Soil Cement Wall) : 주열식 흙막이 벽체로써 천공 시 시멘트유액을 주입하면서 screw rod를 회전시켜 토사와 혼합하여 벽체를 형성한 후 일정한 간격으로 H-pile(또는 강관)을 삽입하여 흙막이벽체를 형성시키는 공법

2) 주열공법(cast in concrete pile) : 현장타설말뚝 또는 기성말뚝 등을 연속적으로 배치하여 주열식 벽체를 형성하는 공법

3) 지하연속벽공법(slurry wall method) : 안정액을 사용하여 굴착한 뒤 지중(地中)에 연속된 철근 콘크리트 벽을 형성하는 현장 타설 말뚝 공법

> **지하연속벽공법(slurry wall)의 특징**
> ① 진동과 소음이 적어 도심지 공사에 적합
> - 소음과 진동은 항타, 인발 등을 동반하는 공법에 비해 낮다.
> ② 높은 차수성과 벽체의 강성이 큼.
> - 시공 조인트의 처리를 잘하면 높은 차수성을 기대할 수 있다.
> ③ 지반조건에 좌우되지 않음.
> ④ 임의의 벽두께와 형상을 선택할 수 있다.

※ 언더피닝공법 : 인접구조물보다 깊은 위치에 근접하여 지하구조물을 건설할 경우에 인접건물의 기초 등을 보호하기 위해 실시하는 기초보강공법(인접한 기존 건물의 지반과 기초를 보강하는 공법)

(3) 흙막이 공법 선정 시 고려사항

① 흙막이 해체를 고려
② 안전하고 경제적인 공법 선택
③ 차수성이 높은 공법 선택
④ 지반성상에 적합한 공법 선택
⑤ 구축하기 쉬운 공법

S.C.W공법 : 지하 연속벽 공법의 하나로 토사에 직접 시멘트 페이스트를 혼합하여 지중 연속벽을 완성시키는 공법

(4) 흙막이 지보공 설비, 조립도

<u>제346조(조립도)</u>
① 흙막이 지보공을 조립하는 경우 미리 조립도를 작성하여 그 조립도에 따라 조립하도록 하여야 한다.
② 조립도는 흙막이판·말뚝·버팀대 및 띠장 등 부재의 배치·치수·재질 및 설치방법과 순서가 명시되어야 한다.

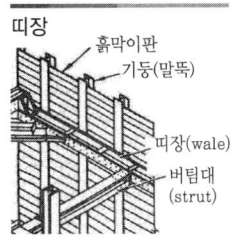

(5) 흙막이 지보공 붕괴 등의 위험 방지

<u>제347조(붕괴 등의 위험 방지)</u>
① 흙막이 지보공을 설치하였을 때에는 정기적으로 다음의 사항을 점검하고 이상을 발견하면 즉시 보수하여야 한다.
  1. 부재의 손상·변형·부식·변위 및 탈락의 유무와 상태
  2. 버팀대의 긴압(緊壓)의 정도
  3. 부재의 접속부·부착부 및 교차부의 상태
  4. 침하의 정도

> **흙막이 지보공의 안전조치**
> ① 조립도의 작성 및 작업순서 준수
> ② 지하매설물에 대한 조사 실시
> ③ 굴착배면에 배수로 설치
> ④ 흙막이 지보공에 대한 조사 및 점검 철저
> ⑤ 수평버팀대의 좌굴 방지 위한 조치
> ⑥ 배면토사 충진 철저 및 토사 유출 방지 조치
> ⑦ 계측관리로 이상 유무 확인

> **토류벽의 붕괴예방에 관한 조치**
> ① 웰 포인트(well point)공법 등에 의해 수위를 저하시킨다.
> ② 토류벽체의 근입 깊이를 깊게 한다.
> ③ 어스앵커(earth anchor)시공을 한다.
> ④ 토류벽 인접지반에 중량물 적치를 피한다.

(6) 흙막이 가시설 공사 시 사용되는 각 계측기 설치 및 사용목적

① 변형률계(strain gauge) : 흙막이 가시설의 버팀대(strut)의 변형을 측정하는 계측기(응력 변화를 측정하여 변형을 파악)
② 지하수위계(water level meter) : 토류벽 배면지반에 설치하여 지하수위의 변화를 측정하는 계측기

직접기초의 터파기 공법 : 개착(오픈 컷) 공법, 아일랜드 컷 공법, 트렌치 컷 공법
① 개착(오픈 컷, open cut) 공법 : 지표면에서 비교적 넓은 면적을 노출된 상태에서 굴착하는 굴착법
② 아일랜드 컷(island cut) 공법 : 중앙부를 선굴착하여 구조물을 축조하고 주변부를 굴착하여 구조물을 완성하는 공법
③ 트렌치 컷(trench cut) 공법 : 아일랜드 컷(island cut) 공법과 반대로 시공하는 공법

개착식 흙막이벽의 계측 내용
경사측정, 지하수위 측정, 변형률 측정 등
※ 내공변위 측정 : 내공변위 측정은 터널 라이닝의 상대변위 및 변위속도를 측정, 터널 내부의 붕괴예측 및 터널 주변의 굴착지반이나 구조물 설치로 인한 변위예측을 통해 안전을 도모하기 위한 것으로서, 크게 시공 중인 터널과 공용 중인 터널로 구분하여 실시하고 있음.

③ 간극수압계(piezometer) : 배면 연약지반에 설치하여 굴착에 따른 과잉 간극수압의 변화를 측정하여 안정성 판단
④ 하중계(load cell) : 록 볼트(rock bolt) 또는 어스 앵커(earth anchor)에 하중계를 설치하여 토류벽의 하중을 계측하고 시공설계조사와 안정도 예측(부재의 안정성 여부 판단)
　㉠ 버팀대(strut)의 축 하중 변화 상태를 측정하는 계측기
　㉡ 토류벽에 거치된 어스앵커의 인장력을 측정하기 위한 계측기
⑤ 지중경사계(inclino meter) : 토류벽 또는 배면지반에 설치하여 기울기 측정(지중의 수평 변위량 측정)－주변 지반의 변형 측정
⑥ 토압계(earth pressure mete) : 토류벽 배면에 설치하여 하중으로 인한 토압의 변화를 측정
⑦ 지중침하계(extension meter) : 토류벽 배면에 설치하여 지층의 침하상태를 파악(지중의 수평 변위량 측정－토류벽 기울기 측정)
⑧ 지표침하계(level and staff) : 토류벽 배면에 설치하여 지표면의 침하량 절대치의 변화를 측정(지표면 침하량 측정)
⑨ 기울기 측정기(tilt meter) : 인접건축물 벽면에 설치하여 구조물의 경사 변형 상태를 측정
⑩ 균열측정기(crack gauge) : 구조물의 균열을 측정
⑪ 응력계 : 강재구조물의 변형 정도를 측정하여 안전도 검토
* 내공변위계 : 일반적으로는 터널 벽면 사이 거리의 상대적 변화량을 계측

바 터널굴착

(1) 터널굴착공법의 종류

① 개착식(open cut) 터널공법 : 지표면에서 소정의 위치까지 파내려간 후 구조물을 축조하고 되메운 후 지표면을 원상태로 복구시키는 공법
② NATM 공법(New Austrian Tunneling Method) : 암반을 천공하고 화약을 충전하여 발파한 후 록 볼트를 설치하고 숏크리트를 타설하여 시공하는 터널공법(rock bolt와 shotcrete와 같은 보강재를 사용)
③ TBM 공법(tunnel boring machine method) : 원통형 터널굴착기(터널보링머신)로 뚫어가는 전단면굴착 공법
④ 실드공법(shield method) : 연약지반이나 대수지반(帶水地盤)에 터널을 만들 때 사용되는 굴착공법으로 철제로 된 실드라 불리는 원통형의 기계장치를 수직구 안에 투입시켜 터널을 구축하는 공법
⑤ 침매공법 : 지상에서 만든 구조물을 해저에 가라앉혀 연결시키는 공법

Load cell(하중계)
버팀보, 앵커 등의 축하중 변화상태를 측정하여 이들 부재의 지지효과 및 그 변화 추이를 파악하는 데 사용

(2) 사전조사 및 작업계획서 작성〈산업안전보건기준에 관한 규칙〉

터널굴착 작업시 시공계획에 포함되어야 할 사항

[별표 4] 사전조사 및 작업계획서 내용
7. 터널굴착공사
   - 사전조사 내용
     보링(boring) 등 적절한 방법으로 낙반·출수(出水) 및 가스폭발 등으로 인한 근로자의 위험을 방지하기 위하여 미리 지형·지질 및 지층상태를 조사
   - 작업계획서 내용
     가. 굴착의 방법
     나. 터널지보공 및 복공(覆工)의 시공방법과 용수(湧水)의 처리방법
     다. 환기 또는 조명시설을 설치할 때에는 그 방법

(3) 자동경보장치 작업 시작 전 점검

제350조(인화성 가스의 농도측정 등)
① 터널공사 등의 건설작업을 할 때에 인화성 가스가 발생할 위험이 있는 경우에는 폭발이나 화재를 예방하기 위하여 인화성 가스의 농도를 측정할 담당자를 지명하고, 그 작업을 시작하기 전에 가스가 발생할 위험이 있는 장소에 대하여 그 인화성 가스의 농도를 측정하여야 한다.
② 측정한 결과 인화성 가스가 존재하여 폭발이나 화재가 발생할 위험이 있는 경우에는 인화성 가스 농도의 이상 상승을 조기에 파악하기 위하여 그 장소에 자동경보장치를 설치하여야 한다.
④ 자동경보장치에 대하여 당일 작업 시작 전 다음의 사항을 점검하고 이상을 발견하면 즉시 보수하여야 한다.
   1. 계기의 이상 유무
   2. 검지부의 이상 유무
   3. 경보장치의 작동 상태

(4) 터널작업 중 낙반 등에 의한 위험방지

제351조(낙반 등에 의한 위험의 방지)
터널 등의 건설작업을 하는 경우에 낙반 등에 의하여 근로자가 위험해질 우려가 있는 경우에 터널 지보공 및 록볼트의 설치, 부석(浮石)의 제거 등 위험을 방지하기 위하여 필요한 조치를 하여야 한다.

소화설비 설치
제359조(소화설비 등)
사업주는 터널건설작업을 하는 경우에는 해당 터널 내부의 화기나 아크를 사용하는 장소 또는 배전반, 변압기, 차단기 등을 설치하는 장소에 소화설비를 설치하여야 한다.

(5) 조립도

제363조(조립도)
① 터널 지보공을 조립하는 경우에는 미리 그 구조를 검토한 후 조립도를 작성하고, 그 조립도에 따라 조립하도록 하여야 한다.
② 조립도에는 재료의 재질, 단면규격, 설치간격 및 이음방법 등을 명시하여야 한다.

(6) 터널 지보공 조립 또는 변경 시의 조치사항

제364조(조립 또는 변경 시의 조치)
터널 지보공을 조립하거나 변경하는 경우의 조치사항
1. 주재(主材)를 구성하는 1세트의 부재는 동일 평면 내에 배치할 것
2. 목재의 터널 지보공은 그 터널 지보공의 각 부재의 긴압 정도가 균등하게 되도록 할 것
3. 기둥에는 침하를 방지하기 위하여 받침목을 사용하는 등의 조치를 할 것
4. 강(鋼)아치 지보공의 조립은 다음의 사항을 따를 것
    가. 조립간격은 조립도에 따를 것
    나. 주재가 아치작용을 충분히 할 수 있도록 쐐기를 박는 등 필요한 조치를 할 것
    다. 연결볼트 및 띠장 등을 사용하여 주재 상호간을 튼튼하게 연결할 것
    라. 터널 등의 출입구 부분에는 받침대를 설치할 것
    마. 낙하물이 근로자에게 위험을 미칠 우려가 있는 경우에는 널판 등을 설치할 것
5. 목재 지주식 지보공은 다음의 사항을 따를 것
    가. 주기둥은 변위를 방지하기 위하여 쐐기 등을 사용하여 지반에 고정시킬 것
    나. 양끝에는 받침대를 설치할 것
    다. 터널 등의 목재 지주식 지보공에 세로방향의 하중이 걸림으로써 넘어지거나 비틀어질 우려가 있는 경우에는 양끝 외의 부분에도 받침대를 설치할 것
    라. 부재의 접속부는 꺾쇠 등으로 고정시킬 것
6. 강아치 지보공 및 목재지주식 지보공 외의 터널 지보공에 대해서는 터널 등의 출입구 부분에 받침대를 설치할 것

(7) 터널 지보공 점검사항

<u>제366조(붕괴 등의 방지)</u>
터널 지보공을 설치한 경우의 점검사항
1. 부재의 손상·변형·부식·변위 탈락의 유무 및 상태
2. 부재의 긴압 정도
3. 부재의 접속부 및 교차부의 상태
4. 기둥침하의 유무 및 상태

(8) 터널 굴착공사에서 뿜어 붙이기 콘크리트의 효과(숏크리트)

① 굴착지반이나 절개지 사면을 조기에 안정시킨다.
② 굴착면의 요철을 줄이고 응력집중을 완화시킨다.
③ 암반의 크랙(crack)을 보강한다.
④ rock bolt의 힘을 지반에 분산시켜 전달한다.
⑤ 굴착면을 덮음으로써 지반의 침식을 방지한다.

(9) 터널 계측관리 및 이상 발견 시 조치사항

① 접착불량, 혼합비율불량 등 불량한 뿜어붙이기 콘크리트가 발견되었을 시 신속히 양호한 뿜어붙이기 콘크리트로 대체하여 콘크리트 덩어리의 분리 낙하로 인한 재해를 예방하여야 한다.
② 록볼트의 축력이 증가하여 지압판이 휘게 되면 추가볼트를 시공한다.
③ 지중변위가 크게 되고 이완영역이 이상하게 넓어지면 추가볼트를 시공한다.
④ 계측관리의 구분은 일상계측과 대표계측으로 하며 계측빈도 기준은 측정 특성별로 별도 수립하여야 한다.

> 축력 : 길이 방향으로 부재를 수축, 인장 시키는 하중

암질의 판별 기준<터널공사표준안전작업지침-NATM공법>

굴착공사(발파공사) 중 암질변화구간 및 이상암질 출현 시에는 암질판별시험을 수행하는 데 이 시험의 기준
① R.Q.D(Rock Quality Designation, 암질지수): 암질의 상태를 나타내는 데 사용(%)
② R.M.R(Rock Mass Rating): 현장이나 시추자료에서 구할 수 있는 6가지 변수에 의해 암반을 분류하고 평가(%)
③ 탄성파속도(seismic velocity, 彈性波速度): 단단한 암석일수록 전달 속도가 빠름(kg/cm^2)
④ 일축압축강도(단축압축강도): 암석시료 축방향으로 하중을 가하여 파괴가 일어날 때의 응력(km/sec)

사 구축물 또는 이와 유사한 시설물의 위험방지

<u>제51조(구축물등의 안전 유지)</u>
구축물 등이 고정하중, 적재하중, 시공·해체 작업 중 발생하는 하중, 적설, 풍압(風壓), 지진이나 진동 및 충격 등에 의하여 전도·폭발하거나 무너지는 등의 위험을 예방하기 위하여 설계도면, 시방서(示方書), 「건축물의 구조기준 등에 관한 규칙」에 따른 구조설계도서, 해체계획서 등 설계도서를 준수하여 필요한 조치를 해야 한다.

<u>제52조(구축물등의 안전성 평가)</u>
구축물 등이 다음의 어느 하나에 해당하는 경우에는 구축물 등에 대한 구조검토, 안전진단 등의 안전성 평가를 하여 근로자에게 미칠 위험성을 미리 제거해야 한다.

1. 구축물 등의 인근에서 굴착·항타작업 등으로 침하·균열 등이 발생하여 붕괴의 위험이 예상될 경우
2. 구축물 등에 지진, 동해(凍害), 부동침하(不同沈下) 등으로 균열·비틀림 등이 발생했을 경우
3. 구축물 등이 그 자체의 무게·적설·풍압 또는 그 밖에 부가되는 하중 등으로 붕괴 등의 위험이 있을 경우
4. 화재 등으로 구축물 등의 내력(耐力)이 심하게 저하됐을 경우
5. 오랜 기간 사용하지 않던 구축물 등을 재사용하게 되어 안전성을 검토해야 하는 경우
6. 구축물 등의 주요구조부(「건축법」에 따른 주요구조부)에 대한 설계 및 시공 방법의 전부 또는 일부를 변경하는 경우
7. 그 밖의 잠재위험이 예상될 경우

※ 옹벽축조를 위한 굴착〈굴착공사표준안전작업지침〉
제14조(옹벽축조) 옹벽을 축조 시에는 불안전한 급경사가 되게 하거나 좁은 장소에서 작업을 할 때에는 위험을 수반하게 되므로 다음의 사항을 준수하여야 한다.
  1. 수평방향의 연속시공을 금하며, 블록으로 나누어 단위시공 단면적을 최소화하여 분단시공을 한다.
  2. 하나의 구간을 굴착하면 방치하지 말고 즉시 버팀 콘크리트를 타설하고 기초 및 본체구조물 축조를 마무리한다.
  3. 절취경사면에 전석, 낙석의 우려가 있고 혹은 장기간 방치할 경우에는 숏크리트, 록볼트, 넷트, 캔버스 및 모르터 등으로 방호한다.
  4. 작업위치의 좌우에 만일의 경우에 대비한 대피통로를 확보하여 둔다.

CHAPTER 04 항목별 우선순위 문제 및 해설 (2)

01 흙의 안식각과 동일한 의미를 가진 용어는?
① 자연 경사각
② 비탈면각
③ 시공 경사각
④ 계획 경사각

해설 흙의 안식각(安息角, angle of repose) - 자연 경사각, 자연구배, 흙의 휴식각
흙 등을 쌓거나 깎아 내려 안정된 사면이 형성되었을 때 경사면이 수평면과 이루는 각
(일반적으로 안식각은 30~35°임)

02 산업안전보건기준에 관한 규칙에 따른 암반 중 풍화암 굴착 시 굴착면의 기울기 기준으로 옳은 것은?
① 1 : 1.4
② 1 : 1.1
③ 1 : 1.0
④ 1 : 0.5

해설 굴착면의 기울기 기준

지반의 종류	굴착면의 기울기
모래	1 : 1.8
연암 및 풍화암	1 : 1.0
경암	1 : 0.5
그 밖의 흙	1 : 1.2

비고 1. 굴착면의 기울기는 굴착면의 높이에 대한 수평거리의 비율

03 흙의 액성한계 W_L = 48%, 소성한계 W_P = 26%일 때 소성지수(I_P)는 얼마인가?
① 18%
② 22%
③ 26%
④ 32%

해설 소성지수(I_P) : 소성상태를 갖는 함수비 범위
소성지수(I_P) = 액성한계(W_L) - 소성한계(W_P)
⇨ 소성지수(I_P) = 액성한계(W_L) - 소성한계(W_P)
= 48% - 26% = 22%

04 굴착면 붕괴의 원인과 가장 관계가 먼 것은?
① 사면경사의 증가
② 성토 높이의 감소
③ 공사에 의한 진동하중의 증가
④ 굴착높이의 증가

해설 토석 및 토사붕괴의 원인〈굴착공사표준안전작업지침〉
(가) 외적 원인
① 사면, 법면의 경사 및 기울기의 증가
② 절토 및 성토 높이의 증가
③ 공사에 의한 진동 및 반복 하중의 증가
④ 지표수 및 지하수의 침투에 의한 토사 중량의 증가
⑤ 지진, 차량, 구조물의 하중 작용
⑥ 토사 및 암석의 혼합층 두께
(나) 내적 원인
① 절토 사면의 토질·암질
② 성토 사면의 토질 구성 및 분포
③ 토석의 강도 저하

05 토석붕괴 방지방법에 대한 설명으로 옳지 않은 것은?
① 말뚝(강관, H형강, 철근콘크리트)을 박아 지반을 강화시킨다.
② 활동의 가능성이 있는 토석은 제거한다.
③ 지표수가 침투되지 않도록 배수시키고 지하수위 저하를 위해 수평보링을 하여 배수시킨다.
④ 활동에 의한 붕괴를 방지하기 위해 비탈면, 법면의 상단을 다진다.

해설 굴착공사 비탈면붕괴 방지대책
① 적절한 경사면의 기울기를 계획하여야 함(굴착면 기울기 기준 준수)
② 경사면의 기울기가 당초 계획과 차이가 발생되면 즉시 재검토하여 계획을 변경시켜야 함.
③ 활동할 가능성이 있는 토석은 제거하여야 함.

정답 01.① 02.③ 03.② 04.② 05.④

④ 경사면의 하단부에 압성토 등 보강공법으로 활동에 대한 저항 대책을 강구
  – 비탈면하단을 성토함.
⑤ 말뚝(강관, H형강, 철근콘크리트)을 타입하여 강화
⑥ 지표수와 지하수의 침투를 방지
  ㉠ 지표수의 침투를 막기 위해 표면배수공을 한다.
  ㉡ 지하수위를 내리기 위해 수평배수공을 한다.
⑦ 비탈면 상부의 토사를 제거하여 비탈면의 안전성 유지

06 유한사면에서 사면 기울기가 비교적 완만한 점성토에서 주로 발생되는 사면파괴의 형태는?

① 저부파괴
② 사면선단파괴
③ 사면내파괴
④ 국부전단파괴

해설 유한사면의 붕괴 유형〈사면붕괴형태(토사사면)〉
 – 사면저부 붕괴 : 토질이 비교적 연약하고 경사가 완만한 경우(사면 기울기가 비교적 완만한 점성토에서 주로 발생)

07 사면의 보호공법이 아닌 것은?

① 식생 공법
② 피복 공법
③ 낙석 방호 공법
④ 주입 공법

해설 비탈면보호공법
(1) 사면보호공법
 (가) 사면을 보호하기 위한 구조물에 의한 보호 공법
  ① 현장타설 콘크리트 격자공
  ② 블록공
  ③ (돌, 블록) 쌓기공
  ④ (돌, 블록, 콘크리트) 붙임공
  ⑤ 뿜어붙이기공
 (나) 사면을 식물로 피복함으로써 침식, 세굴 등을 방지 : 식생공
(2) 사면보강공법
 말뚝공, 앵커공, 옹벽공, 절토공, 압성토공, 소일네일링(soil nailing)공
(3) 사면지반 개량공법
 ① 주입공법 ② 이온 교환 공법 ③ 전기화학적 공법
 ④ 시멘트안정 처리공법 ⑤ 석회안정처리 공법
 ⑥ 소결공법

08 옹벽의 활동에 대한 저항력은 옹벽에 작용하는 수평력 보다 최소 몇 배 이상 되어야 안전한가?

① 0.5
② 1.0
③ 1.5
④ 2.0

해설 옹벽의 안정성
① 옹벽이 외력에 대하여 안정하기 위한 검토 조건 :
 ㉠ 전도에 대한 안정 ㉡ 활동에 대한 안정
 ㉢ 지반지지력에 대한 안정(침하)
② 전도에 대한 안정 : 전도에 대한 저항모멘트는 횡토압에 의한 전도모멘트의 2.0배 이상이어야 한다.
③ 활동에 대한 안정 : 활동에 대한 저항력은 옹벽에 작용하는 수평력의 1.5배 이상이어야 한다.
④ 지반 지지력에 대한 안정 : 지반에 작용하는 최대하중이 지반의 허용지지력 이하가 되도록 설계한다.

09 다음 중 흙막이벽 설치공법에 속하지 않는 것은?

① 강재 널말뚝 공법
② 지하연속법 공법
③ 어스앵커 공법
④ 트렌치컷 공법

해설 공법의 종류
(가) 흙막이 지지방식에 의한 분류
 ① 자립공법 ② 버팀대식공법 ③ 어스앵커공법
 ④ 타이로드공법
(나) 구조방식에 의한 분류
 ① H-Pile 공법 ③ 널말뚝 공법 ③ 지하연속벽 공법
 (벽식, 주열식) ④ 탑다운공법(top down method)

10 흙막이 지보공을 설치하였을 때 정기점검 사항에 해당하지 않는 것은?

① 검지부의 이상유무
② 버팀대의 긴압의 정도
③ 침하의 정도
④ 부재의 손상, 변형, 부식, 변위 및 탈락의 유무와 상태

정답 06.① 07.④ 08.③ 09.④ 10.①

해설 흙막이 지보공 설치 시 정기점검 사항
1. 부재의 손상·변형·부식·변위 및 탈락의 유무와 상태
2. 버팀대의 긴압(緊壓)의 정도
3. 부재의 접속부·부착부 및 교차부의 상태
4. 침하의 정도

11 흙막이 가시설 공사 시 사용되는 각 계측기 설치 목적으로 옳지 않은 것은?

① 지표침하계 – 지표면 침하량 측정
② 수위계 – 지반 내 지하수위의 변화 측정
③ 하중계 – 상부 적재하중 변화 측정
④ 지중경사계 – 지중의 수평 변위량 측정

해설 흙막이 가시설 공사 시 사용되는 각 계측기 설치 및 사용목적
– load cell(하중계) : 버팀대(strut)의 축하중 및 어스앵커(earth anchor)의 인장력 측정

12 터널작업에 있어서 자동경보장치가 설치된 경우에 이 자동경보장치에 대하여 당일의 작업 시작 전 점검하여야 할 사항이 아닌 것은?

① 계기의 이상 유무
② 검지부의 이상 유무
③ 경보장치의 작동 상태
④ 환기 또는 조명시설의 이상 유무

해설 자동경보장치 작업 시작 전 점검
1. 계기의 이상 유무
2. 검지부의 이상 유무
3. 경보장치의 작동상태

13 터널공사에서 발파작업 시 안전대책으로 틀린 것은?

① 발파전 도화선 연결 상태, 저항치 조사 등의 목적으로 도통시험 실시 및 발파기의 작동 상태를 사전에 점검
② 동력선은 발원점으로부터 최소 15m 이상 후방으로 옮길 것
③ 지질, 암의 절리 등에 따라 화약량 검토 및 시방기준과 대비하여 안전조치 실시
④ 발파용 점화회선은 타동력선 및 조명회선과 한곳으로 통합하여 관리

해설 터널공사에서 발파작업 시 안전대책
발파용 점화회선은 타동력선 및 조명회선으로부터 분리되어야 한다.

14 채석작업을 하는 경우 지반의 붕괴 또는 토석의 낙하로 인하여 근로자에게 발생할 우려가 있는 위험을 방지하기 위하여 취하여야 할 조치와 가장 거리가 먼 것은?

① 작업 시작 전 작업장소 및 그 주변 지반의 부석과 균열의 유무와 상태
② 함수·용수 및 동결상태의 변화 점검
③ 진동치 속도 점검
④ 발파 후 발파장소 점검

해설 채석작업 지반붕괴 위험방지 조치
1. 점검자를 지명하고 당일 작업 시작 전에 작업장소 및 그 주변 지반의 부석과 균열의 유무와 상태, 함수·용수 및 동결 상태의 변화를 점검할 것
2. 점검자는 발파 후 그 발파 장소와 그 주변의 부석 및 균열의 유무와 상태를 점검할 것

15 구축물이 풍압·지진 등에 의하여 붕괴 또는 전도하는 위험을 예방하기 위한 조치와 가장 거리가 먼 것은?

① 설계도서에 따라 시공했는지 확인
② 건설공사 시방서에 따라 시공했는지 확인
③ 「건축물의 구조기준 등에 관한 규칙」에 따른 구조기준을 준수했는지 확인
④ 보호구 및 방호장치의 성능점검 합격품을 사용했는지 확인

해설 구축물 또는 이와 유사한 시설물의 위험예방조치
설계도면, 시방서(示方書), 「건축물의 구조기준 등에 관한 규칙」에 따른 구조설계서, 해체계획서 등 설계도서를 준수하여 필요한 조치를 해야 함

정답 11.③ 12.④ 13.④ 14.③ 15.④

16 굴착작업 시 굴착깊이가 최소 몇 m 이상인 경우 사다리, 계단 등 승강설비를 설치하여야 하는가?

① 1.5m ② 2.5m
③ 3.5m ④ 4.5m

해설 트렌치 굴착 시의 준수사항
굴착깊이가 1.5미터 이상인 경우는 사다리, 계단 등 승강설비를 설치하여야 한다.

정답 16. ①

Chapter 05 건설 가(假) 시설물 설치 기준

1. 가설구조물의 특징(유의사항)

① 연결재가 적은 구조로 되기 쉽다.
② 부재의 결합이 간단하고 불안전한 결합이 되기 쉽다.
③ 구조상의 결함이 있는 경우 중대재해로 이어질 수 있다.
④ 사용부재가 과소단면이거나 결함재료를 사용하기 쉽다.
⑤ 조립의 정밀도가 낮아지거나 구조계산기준이 부족하여 구조적 문제점이 많을 수 있다.

2. 비계〈산업안전보건기준에 관한 규칙〉

가 비계의 일반사항

비계(飛階, scaffolding)란 건설현장에서 근로자가 지상 또는 바닥으로부터 손이 닿지 않는 높은 곳을 시공할 수 있도록 조립하여 사용하는 것으로 작업발판 및 작업통로를 설치하기 위함을 주목적으로 하는 가설구조물

① 비계의 부재 중 기둥과 기둥을 연결시키는 부재
  ㉠ 띠장 : 비계기둥에 수평으로 설치하는 부재
  ㉡ 장선 : 쌍줄비계에서 띠장 사이에 수평으로 걸쳐 작업발판을 지지하는 가로재
  ㉢ 가새 : 기둥의 상부와 다른 기둥 하부를 대각선으로 잇는 경사재로서 강관비계 조립 시 비계기둥과 띠장을 일체화하고 비계의 무너짐에 대한 저항력을 증대시키기 위해 비계 전면에 설치

---

memo

가설구조물이 갖추어야 할 구비요건(3요소)
① 경제성 : 설치 및 철거가 용이하고 현장의 적응성이 좋은 경제성
② 작업성 : 적정한 작업성
③ 안전성 : 추락, 도괴 등 재해에 대한 안전성

가설구조물의 구조적 안전성 확인〈건설기술진흥법 시행령〉
제101조의2(가설구조물의 구조적 안전성 확인)
① 건설사업자 또는 주택건설등록업자가 관계전문가로부터 구조적 안전성을 확인받아야 하는 가설구조물은 다음 각 호와 같다.
1. 높이가 31미터 이상인 비계
1의2. 브라켓(bracket) 비계
2. 작업발판 일체형 거푸집 또는 높이가 5미터 이상인 거푸집 및 동바리
3. 터널의 지보공(支保工) 또는 높이가 2미터 이상인 흙막이 지보공
4. 동력을 이용하여 움직이는 가설구조물
4의2. 높이 10미터 이상에서 외부작업을 하기 위하여 작업발판 및 안전시설물을 일체화하여 설치하는 가설구조물
4의3. 공사현장에서 제작하여 조립·설치하는 복합형 가설구조물
5. 그 밖에 발주자 또는 인·허가기관의 장이 필요하다고 인정하는 가설구조물

가설구조물의 문제점
① 추락, 도괴재해의 가능성이 크다.
② 부재의 결합이 간단하고 불안전한 결합이 되기 쉽다.
③ 구조물이라는 통상의 개념이 확고하지 않으며 조립의 정밀도가 낮다.

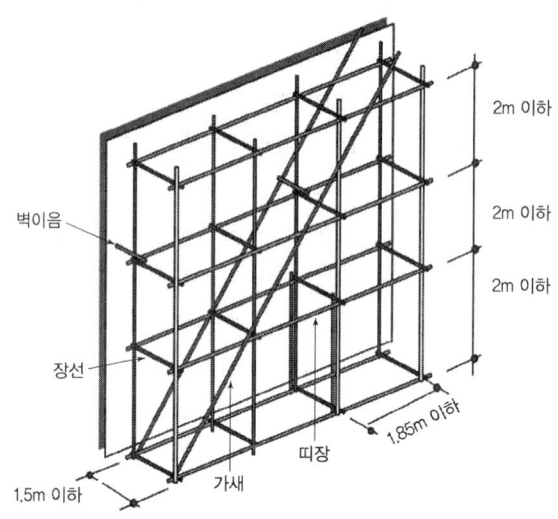

[그림] 비계의 설치

② 비계에서 벽 고정을 하고 기둥과 기둥을 수평재나 가새로 연결하는 가장 큰 이유 : 좌굴을 방지하기 위해

※ 클램프 : 비계 등을 조립하는 경우 강재와 강재의 접속부 또는 교차부를 연결시키기 위한 전용철물

나 비계의 작업발판 등

(1) 작업발판의 최대적재하중

제55조(작업발판의 최대적재하중)
① 비계의 구조 및 재료에 따라 작업발판의 최대적재하중을 정하고, 이를 초과하여 실어서는 아니 된다.

> **와이어로프 등 달기구의 안전계수**
>
> 제163조(와이어로프 등 달기구의 안전계수)
> ① 양중기의 와이어로프 등 달기구의 안전계수(달기구 절단하중의 값을 그 달기구에 걸리는 하중의 최대값으로 나눈 값)가 다음 각호의 구분에 따른 기준에 맞지 아니한 경우에는 이를 사용해서는 아니 된다.
>   1. 근로자가 탑승하는 운반구를 지지하는 달기 와이어로프 또는 달기 체인의 경우: 10 이상
>   2. 화물의 하중을 직접 지지하는 달기 와이어로프 또는 달기 체인의 경우: 5 이상
>   3. 훅, 샤클, 클램프, 리프팅 빔의 경우: 3 이상
>   4. 그 밖의 경우: 4 이상

(2) 비계 작업발판의 구조

제56조(작업발판의 구조)

비계(달비계, 달대비계 및 말비계는 제외)의 높이가 2미터 이상인 작업장소의 작업발판 설치기준

1. 발판재료는 작업할 때의 하중을 견딜 수 있도록 견고한 것으로 할 것
2. 작업발판의 폭은 40센티미터 이상으로 하고, 발판재료 간의 틈은 3센티미터 이하로 할 것.
3. 추락의 위험이 있는 장소에는 안전난간을 설치할 것(작업의 성질상 안전난간을 설치하는 것이 곤란한 경우, 작업의 필요상 임시로 안전난간을 해체할 때에 추락방호망을 설치하거나 근로자로 하여금 안전대를 사용하도록 하는 등 추락위험 방지 조치를 한 경우에는 그러하지 아니하다.)
4. 작업발판의 지지물은 하중에 의하여 파괴될 우려가 없는 것을 사용할 것
5. 작업발판재료는 뒤집히거나 떨어지지 않도록 둘 이상의 지지물에 연결하거나 고정시킬 것
6. 작업발판을 작업에 따라 이동시킬 경우에는 위험 방지에 필요한 조치를 할 것

(3) 비계 등의 조립 · 해체 및 변경

제57조(비계 등의 조립 · 해체 및 변경)

① 달비계 또는 높이 5미터 이상의 비계를 조립 · 해체하거나 변경하는 작업을 하는 경우의 준수사항

1. 근로자가 관리감독자의 지휘에 따라 작업하도록 할 것
2. 조립 · 해체 또는 변경의 시기 · 범위 및 절차를 그 작업에 종사하는 근로자에게 주지시킬 것
3. 조립 · 해체 또는 변경 작업구역에는 해당 작업에 종사하는 근로자가 아닌 사람의 출입을 금지하고 그 내용을 보기 쉬운 장소에 게시할 것
4. 비, 눈, 그 밖의 기상상태의 불안정으로 날씨가 몹시 나쁜 경우에는 그 작업을 중지시킬 것
5. 비계재료의 연결 · 해체작업을 하는 경우에는 폭 20센티미터 이상의 발판을 설치하고 근로자로 하여금 안전대를 사용하도록 하는 등 추락을 방지하기 위한 조치를 할 것

비계발판의 재료〈가설공사 표준안전 작업지침〉

제3조(비계발판)

3. 재료의 강도상 결점은 다음에 따른 검사에 적합하여야 한다.
   가. 발판의 폭과 동일한 길이 내에 있는 결점치수의 총합이 발판 폭의 1/4을 초과하지 않을 것
   나. 결점 개개의 크기가 발판의 중앙부에 있는 경우 발판 폭의 1/5, 발판의 갓 부분에 있을 때는 발판 폭의 1/7을 초과하지 않을 것
   다. 발판의 갓 면에 있을 때는 발판두께의 1/2을 초과하지 않을 것
   라. 발판의 갈라짐은 발판 폭의 1/2을 초과해서는 아니 되며 철선, 띠철로 감아서 보존할 것
4. 비계발판의 치수는 폭이 두께의 5~6배 이상이어야 하며 발판 폭은 40센티미터 이상, 두께는 3.5센티미터 이상, 길이는 3.6미터 이내이어야 한다.

6. 재료・기구 또는 공구 등을 올리거나 내리는 경우에는 근로자가 달줄 또는 달포대 등을 사용하게 할 것
② 강관비계 또는 통나무비계를 조립하는 경우 쌍줄로 하여야 한다(별도의 작업발판을 설치할 수 있는 시설을 갖춘 경우에는 외줄로 할 수 있다).

> **관리감독자의 유해・위험 방지 <산업안전보건기준에 관한 규칙>**
>
> [별표 2] 관리감독자의 유해・위험 방지
> - 작업의 종류
>   9. 달비계 또는 높이 5미터 이상의 비계(飛階)를 조립・해체하거나 변경하는 작업(해체작업의 경우 가목은 적용 제외)
> - 직무수행 내용
>   가. 재료의 결함 유무를 점검하고 불량품을 제거하는 일
>   나. 기구・공구・안전대 및 안전모 등의 기능을 점검하고 불량품을 제거하는 일
>   다. 작업방법 및 근로자 배치를 결정하고 작업 진행 상태를 감시하는 일
>   라. 안전대와 안전모 등의 착용 상황을 감시하는 일

(4) 비계의 점검 및 보수

제58조(비계의 점검 및 보수)

비, 눈, 그 밖의 기상 상태의 악화로 작업을 중지시킨 후 또는 비계를 조립・해체하거나 변경한 후에 그 비계에서 작업을 하는 경우에는 해당 작업을 시작하기 전에 다음의 사항을 점검하고, 이상을 발견하면 즉시 보수하여야 한다.

1. 발판 재료의 손상 여부 및 부착 또는 걸림 상태
2. 해당 비계의 연결부 또는 접속부의 풀림 상태
3. 연결 재료 및 연결 철물의 손상 또는 부식 상태
4. 손잡이의 탈락 여부
5. 기둥의 침하, 변형, 변위(變位) 또는 흔들림 상태
6. 로프의 부착 상태 및 매단 장치의 흔들림 상태

다 비계의 조립 및 구조

(1) 강관비계 및 강관틀비계

(가) 강관비계 조립

제59조(강관비계 조립 시의 준수사항)
강관비계를 조립하는 경우의 준수사항
1. 비계기둥에는 미끄러지거나 침하하는 것을 방지하기 위하여 밑받침철물을 사용하거나 깔판·받침목 등을 사용하여 밑둥잡이를 설치하는 등의 조치를 할 것
2. 강관의 접속부 또는 교차부(交叉部)는 적합한 부속철물을 사용하여 접속하거나 단단히 묶을 것
3. 교차 가새로 보강할 것
4. 외줄비계·쌍줄비계 또는 돌출비계에 대해서는 다음에서 정하는 바에 따라 벽이음 및 버팀을 설치할 것.
    가. 강관비계의 조립 간격은 (다음의) 별표 5의 기준에 적합하도록 할 것
    나. 강관·통나무 등의 재료를 사용하여 견고한 것으로 할 것
    다. 인장재(引張材)와 압축재로 구성된 경우에는 인장재와 압축재의 간격을 1미터 이내로 할 것
5. 가공전로(架空電路)에 근접하여 비계를 설치하는 경우에는 가공전로를 이설(移設)하거나 가공전로에 절연용 방호구를 장착하는 등 가공전로와의 접촉을 방지하기 위한 조치를 할 것

(나) 강관비계의 조립 간격(벽이음 및 버팀)

[별표 5] 강관비계의 조립간격

강관비계의 종류	조립간격(단위: m)	
	수직방향	수평방향
단관비계	5	5
틀비계(높이가 5m 미만인 것은 제외한다)	6	8

(다) 강관비계의 구조

제60조(강관비계의 구조)
강관을 사용하여 비계를 구성하는 경우의 준수사항
1. 비계기둥의 간격은 띠장 방향에서는 1.85미터 이하, 장선(長線) 방향에서는 1.5미터 이하로 할 것

2. 띠장 간격은 2.0미터 이하로 할 것
3. 비계기둥의 제일 윗부분으로부터 31미터되는 지점 밑부분의 비계기둥은 2개의 강관으로 묶어세울 것
4. 비계기둥 간의 적재하중은 400킬로그램을 초과하지 않도록 할 것

(라) 강관틀비계

<u>제62조(강관틀비계)</u>
강관틀비계를 조립하여 사용하는 경우의 준수사항
1. 비계기둥의 밑둥에는 밑받침 철물을 사용하여야 하며 밑받침에 고저차(高低差)가 있는 경우에는 조절형 밑받침철물을 사용하여 각각의 강관틀비계가 항상 수평 및 수직을 유지하도록 할 것
2. 높이가 20미터를 초과하거나 중량물의 적재를 수반하는 작업을 할 경우에는 주틀 간의 간격을 1.8미터 이하로 할 것
3. 주 틀 간에 교차 가새를 설치하고 최상층 및 5층 이내마다 수평재를 설치할 것
4. 수직방향으로 6미터, 수평방향으로 8미터 이내마다 벽이음을 할 것
5. 길이가 띠장 방향으로 4미터 이하이고 높이가 10미터를 초과하는 경우에는 10미터 이내마다 띠장 방향으로 버팀기둥을 설치할 것

(2) 달비계 : 와이어로프나 철선 등을 이용하여 상부지점에서 작업용 발판을 매다는 형식의 비계로서 건물 외장도장이나 청소 등의 작업에서 사용되는 비계

<u>제63조(달비계의 구조)</u>
곤돌라형 달비계를 설치하는 경우의 준수사항
1. 다음의 어느 하나에 해당하는 와이어로프를 달비계에 사용해서는 아니 된다.
   가. 이음매가 있는 것
   나. 와이어로프의 한 꼬임[스트랜드(strand)]에서 끊어진 소선(素線)의 수가 10퍼센트 이상인 것
   다. 지름의 감소가 공칭지름의 7퍼센트를 초과하는 것
   라. 꼬인 것
   마. 심하게 변형되거나 부식된 것
   바. 열과 전기충격에 의해 손상된 것

2. 다음 각 목의 어느 하나에 해당하는 달기 체인을 달비계에 사용해서는 아니 된다.
    가. 달기 체인의 길이가 달기 체인이 제조된 때의 길이의 5퍼센트를 초과한 것
    나. 링의 단면지름이 달기 체인이 제조된 때의 해당 링의 지름의 10퍼센트를 초과하여 감소한 것
    다. 균열이 있거나 심하게 변형된 것
4. 달기 강선 및 달기 강대는 심하게 손상·변형 또는 부식된 것을 사용하지 않도록 할 것
5. 달기 와이어로프, 달기 체인, 달기 강선, 달기 강대는 한쪽 끝을 비계의 보 등에, 다른 쪽 끝을 내민 보, 앵커 볼트 또는 건축물의 보 등에 각각 풀리지 않도록 설치할 것
6. 작업발판은 폭을 40센티미터 이상으로 하고 틈새가 없도록 할 것
7. 작업발판의 재료는 뒤집히거나 떨어지지 않도록 비계의 보 등에 연결하거나 고정시킬 것
8. 비계가 흔들리거나 뒤집히는 것을 방지하기 위하여 비계의 보·작업발판 등에 버팀을 설치하는 등 필요한 조치를 할 것
9. 선반 비계에서는 보의 접속부 및 교차부를 철선·이음철물 등을 사용하여 확실하게 접속시키거나 단단하게 연결시킬 것

* 달대비계 : 철골조립 공사 중에 볼트 작업을 하기 위해 주 체인을 철골에 매달아서 작업발판으로 이용하는 비계

> 제63조(달비계의 구조)
> ② 작업의자형 달비계를 설치하는 경우에는 다음의 사항을 준수해야 한다.
> 9. 달비계에 다음의 작업용 섬유로프 또는 안전대의 섬유벨트를 사용하지 않을 것
>   가. 꼬임이 끊어진 것
>   나. 심하게 손상되거나 부식된 것
>   다. 2개 이상의 작업용 섬유로프 또는 섬유벨트를 연결한 것
>   라. 작업높이보다 길이가 짧은 것

(3) 말비계 및 이동식 비계

(가) 말비계

제67조(말비계)

말비계를 조립하여 사용하는 경우의 준수사항
1. 지주부재(支柱部材)의 하단에는 미끄럼 방지장치를 하고, 근로자가 양측 끝부분에 올라서 작업하지 않도록 할 것
2. 지주부재와 수평면의 기울기를 75도 이하로 하고, 지주부재와 지주부재 사이를 고정시키는 보조부재를 설치할 것
3. 말비계의 높이가 2미터를 초과하는 경우에는 작업발판의 폭을 40센티미터 이상으로 할 것

(나) 이동식 비계

제68조(이동식 비계)

이동식 비계를 조립하여 작업을 하는 경우의 준수사항

1. 이동식 비계의 바퀴에는 뜻밖의 갑작스러운 이동 또는 전도를 방지하기 위하여 브레이크·쐐기 등으로 바퀴를 고정시킨 다음 비계의 일부를 견고한 시설물에 고정하거나 아웃트리거(outrigger)를 설치하는 등 필요한 조치를 할 것
2. 승강용사다리는 견고하게 설치할 것
3. 비계의 최상부에서 작업을 하는 경우에는 안전난간을 설치할 것
4. 작업발판은 항상 수평을 유지하고 작업발판 위에서 안전난간을 딛고 작업을 하거나 받침대 또는 사다리를 사용하여 작업하지 않도록 할 것
5. 작업발판의 최대적재하중은 250킬로그램을 초과하지 않도록 할 것

(다) 이동식 비계 조립 시 준수사항〈가설공사 표준안전 작업지침〉

제13조(이동식 비계)

이동식 비계를 조립하여 사용함에 있어서의 준수사항

1. 안전담당자의 지휘하에 작업을 행하여야 한다.
2. 비계의 최대높이는 밑변 최소폭의 4배 이하이어야 한다.

(4) 시스템 비계(*규격화, 부품화된 부재를 현장에서 조립)

제69조(시스템 비계의 구조)

시스템 비계를 사용하여 비계를 구성하는 경우의 준수사항

1. 수직재·수평재·가새재를 견고하게 연결하는 구조가 되도록 할 것
2. 비계 밑단의 수직재와 받침철물은 밀착되도록 설치하고, 수직재와 받침철물의 연결부의 겹침길이는 받침철물 전체길이의 3분의 1 이상이 되도록 할 것
3. 수평재는 수직재와 직각으로 설치하여야 하며, 체결 후 흔들림이 없도록 견고하게 설치할 것
4. 수직재와 수직재의 연결철물은 이탈되지 않도록 견고한 구조로 할 것
5. 벽 연결재의 설치간격은 제조사가 정한 기준에 따라 설치할 것

CHAPTER 05 항목별 우선순위 문제 및 해설 (1)

01 강관을 사용하여 비계를 구성할 때의 설치기준으로 옳지 않은 것은?

① 비계기둥의 간격은 띠장 방향에서는 1.85m 이하로 한다.
② 띠장간격은 1m 이하로 설치한다.
③ 비계기둥의 최고부로부터 31m되는 지점 밑부분의 비계기둥은 2본의 강관으로 묶어세운다.
④ 비계기둥간의 적재하중은 400kg을 초과하지 아니하도록 한다.

해설 **강관비계의 구조**
1. 비계기둥의 간격은 띠장 방향에서는 1.85미터 이하, 장선(長線) 방향에서는 1.5미터 이하로 할 것
2. 띠장 간격은 2.0미터 이하로 할 것

02 외줄비계·쌍줄비계 또는 돌출비계는 벽이음 및 버팀을 설치하여야 하는데 강관비계 중 단관비계로 설치할 때의 조립간격으로 옳은 것은? (단, 수직방향, 수평방향의 순서임)

① 4m, 4m
② 5m, 5m
③ 5.5m, 7.5m
④ 6m, 8m

해설 **강관비계의 벽이음에 대한 조립간격 기준**

강관비계의 종류	조립간격(단위: m)	
	수직방향	수평방향
단관비계	5	5
틀비계(높이가 5m 미만인 것은 제외한다)	6	8

03 시스템 비계를 사용하여 비계를 구성하는 경우에 준수하여야 할 기준으로 틀린 것은?

① 수직재·수평재·가새재를 견고하게 연결하는 구조가 되도록 할 것
② 비계 말단의 수직재와 받침철물은 밀착되도록 설치하고, 수직재와 받침철물의 연결부의 겹침길이는 받침 철물 전체 길의 4분의 1 이상이 되도록 할 것
③ 수평재는 수직재와 직각으로 설치하여야 하며, 체결 후 흔들림이 없도록 견고하게 설치할 것
④ 수직재와 수직재의 연결철물은 이탈되지 않도록 견고한 구조로 할 것

해설 **시스템 비계**
비계 밑단의 수직재와 받침철물은 밀착되도록 설치하고, 수직재와 받침철물의 연결부의 겹침길이는 받침철물 전체 길이의 3분의 1 이상이 되도록 할 것

04 다음은 달비계 또는 높이 5m 이상의 비계를 조립·해체하거나 변경하는 작업에 대한 준수사항이다. ( ) 안에 들어갈 숫자는?

> 비계재료의 연결·해체작업을 하는 경우에는 폭 ( ) 센티미터 이상의 발판을 설치하고 근로자로 하여금 안전대를 사용하도록 하는 등 추락을 방지하기 위한 조치를 할 것

① 15
② 20
③ 25
④ 30

해설 **비계 등의 조립·해체 및 변경**
비계재료의 연결·해체작업을 하는 경우에는 폭 20 센티미터 이상의 발판을 설치하고 근로자로 하여금 안전대를 사용하도록 하는 등 추락을 방지하기 위한 조치를 할 것

정답 01.② 02.② 03.② 04.②

05 강관틀비계를 조립하여 사용하는 경우 벽이음의 수직방향 조립간격은?

① 2m 이내마다
② 5m 이내마다
③ 6m 이내마다
④ 8m 이내마다

해설 강관틀비계
수직방향으로 6미터, 수평방향으로 8미터 이내마다 벽이음을 할 것

06 이동식 비계를 조립하여 작업을 하는 경우의 준수기준으로 옳지 않은 것은?

① 비계의 최상부에서 작업을 할 때에는 안전난간을 설치하여야 한다.
② 작업발판의 최대적재하중은 400kg을 초과하지 않도록 한다.
③ 승강용 사다리는 견고하게 설치하여야 한다.
④ 작업발판은 항상 수평을 유지하고 작업발판 위에서 안전난간을 딛고 작업을 하거나 받침대 또는 사다리를 사용하여 작업하지 않도록 한다.

해설 이동식 비계
작업발판의 최대적재하중은 250킬로그램을 초과하지 않도록 할 것

07 말비계를 조립하여 사용할 때에 준수하여야 할 기준으로 틀린 것은?

① 말비계의 높이가 2m를 초과할 경우에는 작업발판의 폭을 30cm 이상으로 할 것
② 지주부재와 수평면과의 기울기는 75° 이하로 할 것
③ 지주부재의 하단에는 미끄럼 방지장치를 할 것
④ 지주부재와 지주부재 사이를 고정시키는 보조부재를 설치할 것

해설 말비계
1. 지주부재(支柱部材)의 하단에는 미끄럼 방지장치를 하고, 근로자가 양측 끝부분에 올라서 작업하지 않도록 할 것
2. 지주부재와 수평면의 기울기를 75도 이하로 하고, 지주부재와 지주부재 사이를 고정시키는 보조부재를 설치할 것
3. 말비계의 높이가 2미터를 초과하는 경우에는 작업발판의 폭을 40센티미터 이상으로 할 것

08 비계의 높이가 2m 이상인 작업장소에 설치하는 작업발판의 설치기준으로 옳지 않은 것은?

① 작업발판의 폭은 40cm 이상으로 한다.
② 작업발판재료는 뒤집히거나 떨어지지 않도록 하나 이상의 지지물에 연결하거나 고정시킨다.
③ 발판재료 간의 틈은 3cm 이하로 한다.
④ 작업발판의 지지물은 하중에 의하여 파괴될 우려가 없는 것을 사용한다.

해설 비계 작업발판의 구조
작업발판재료는 뒤집히거나 떨어지지 않도록 둘 이상의 지지물에 연결하거나 고정시킬 것

09 관리감독자의 유해·위험 방지 업무에서 달비계 또는 높이 5m 이상의 비계를 조립·해체하거나 변경하는 작업과 관련된 직무수행 내용과 가장 거리가 먼 것은?

① 재료의 결함 유무를 점검하고 불량품을 제거하는 일
② 기구·공구·안전대 및 안전모 등의 기능을 점검하고 불량품을 제거하는 일
③ 작업방법 및 근로자 배치를 결정하고 작업 진행상태를 감시하는 일
④ 작업에 종사하는 근로자의 보안경 및 안전장갑의 착용 상황을 감시하는 일

정답 05. ③ 06. ② 07. ① 08. ② 09. ④

해설 관리감독자의 유해·위험 방지〈산업안전보건기준에 관한 규칙〉

[별표 2] 관리감독자의 유해·위험 방지
9. 달비계 또는 높이 5미터 이상의 비계(飛階)를 조립·해체하거나 변경하는 작업(해체작업의 경우 가목은 적용 제외)
 가. 재료의 결함 유무를 점검하고 불량품을 제거하는 일
 나. 기구·공구·안전대 및 안전모 등의 기능을 점검하고 불량품을 제거하는 일
 다. 작업방법 및 근로자 배치를 결정하고 작업 진행 상태를 감시하는 일
 라. 안전대와 안전모 등의 착용 상황을 감시하는 일

3. 작업통로〈산업안전보건기준에 관한 규칙〉

가 작업장의 출입구 등

(1) 작업장의 출입구

제11조(작업장의 출입구)
작업장에 출입구(비상구는 제외)를 설치하는 경우의 준수사항
1. 출입구의 위치, 수 및 크기가 작업장의 용도와 특성에 맞도록 할 것
2. 출입구에 문을 설치하는 경우에는 근로자가 쉽게 열고 닫을 수 있도록 할 것
3. 주된 목적이 하역운반기계용인 출입구에는 인접하여 보행자용 출입구를 따로 설치할 것
4. 하역운반기계의 통로와 인접하여 있는 출입구에서 접촉에 의하여 근로자에게 위험을 미칠 우려가 있는 경우에는 비상등·비상벨 등 경보장치를 할 것
5. 계단이 출입구와 바로 연결된 경우에는 작업자의 안전한 통행을 위하여 그 사이에 1.2미터 이상 거리를 두거나 안내표지 또는 비상벨 등을 설치할 것

(2) 비상구의 설치

제17조(비상구의 설치)
① 위험물질을 제조·취급하는 작업장과 그 작업장이 있는 건축물에 따른 출입구 외에 안전한 장소로 대피할 수 있는 비상구 1개 이상을 다음의 기준에 맞는 구조로 설치하여야 한다.
  1. 출입구와 같은 방향에 있지 아니하고, 출입구로부터 3미터 이상 떨어져 있을 것
  2. 작업장의 각 부분으로부터 하나의 비상구 또는 출입구까지의 수평거리가 50미터 이하가 되도록 할 것
  3. 비상구의 너비는 0.75미터 이상으로 하고, 높이는 1.5미터 이상으로 할 것
  4. 비상구의 문은 피난 방향으로 열리도록 하고, 실내에서 항상 열 수 있는 구조로 할 것
② 비상구에 문을 설치하는 경우 항상 사용할 수 있는 상태로 유지하여야 한다.

(3) 경보용 설비 또는 기구 설치

제19조(경보용 설비 등)
연면적이 400제곱미터 이상이거나 상시 50명 이상의 근로자가 작업하는 옥내작업장에는 비상시에 근로자에게 신속하게 알리기 위한 경보용 설비 또는 기구를 설치하여야 한다.

나 작업장 통로

(1) 작업장 통로의 설치

제21조(통로의 조명)
근로자가 안전하게 통행할 수 있도록 통로에 75럭스 이상의 채광 또는 조명시설을 하여야 한다.

제22조(통로의 설치)
① 작업장으로 통하는 장소 또는 작업장 내에 근로자가 사용할 안전한 통로를 설치하고 항상 사용할 수 있는 상태로 유지하여야 한다.
② 통로의 주요 부분에는 통로표시를 하고, 근로자가 안전하게 통행할 수 있도록 하여야 한다.
③ 통로면으로부터 높이 2미터 이내에는 장애물이 없도록 하여야 한다.

(2) 가설통로 등

(가) 가설통로의 구조

제23조(가설통로의 구조)
가설통로를 설치하는 경우의 준수사항
1. 견고한 구조로 할 것
2. 경사는 30도 이하로 할 것(계단을 설치하거나 높이 2미터 미만의 가설통로로서 튼튼한 손잡이를 설치한 경우에는 그러하지 아니하다).
3. 경사가 15도를 초과하는 경우에는 미끄러지지 아니하는 구조로 할 것
4. 추락할 위험이 있는 장소에는 안전난간을 설치할 것
5. 수직갱에 가설된 통로의 길이가 15미터 이상인 경우에는 10미터 이내마다 계단참을 설치할 것
6. 건설공사에 사용하는 높이 8미터 이상인 비계다리에는 7미터 이내마다 계단참을 설치할 것

통로발판 〈가설공사 표준안전 작업지침〉
제15조(통로발판) 통로발판을 설치하여 사용함에 있어서 다음의 사항을 준수하여야 한다.
1. 근로자가 작업 및 이동하기에 충분한 넓이가 확보되어야 한다.
2. 추락의 위험이 있는 곳에는 안전난간이나 철책을 설치하여야 한다.
3. 발판을 겹쳐 이음하는 경우 장선 위에서 이음을 하고 겹침길이는 20센티미터 이상으로 하여야 한다.
4. 발판 1개에 대한 지지물은 2개 이상이어야 한다.
5. 작업발판의 최대폭은 1.6미터 이내이어야 한다.
6. 작업발판 위에는 돌출된 못, 옹이, 철선 등이 없어야 한다.
7. 비계발판의 구조에 따라 최대 적재하중을 정하고 이를 초과하지 않도록 하여야 한다.

계단참
계단에서 진행 방향을 변경하거나 피난, 휴식 등의 목적으로 계단 중에 폭이 넓게 되어 있는 부분

(나) 경사로〈가설공사 표준안전 작업지침〉

<u>제14조(경사로)</u>

경사로를 설치, 사용함에 있어서의 준수사항

1. 시공하중 또는 폭풍, 진동 등 외력에 대하여 안전하도록 설계하여야 한다.

1) 목재 경사로   2) 철재 경사로

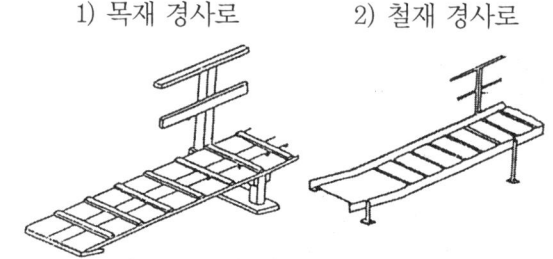

[그림] 목재 및 철재 경사로의 예

2. 경사로는 항상 정비하고 안전통로를 확보하여야 한다.
3. 비탈면의 경사각은 30도 이내로 하고 미끄럼막이 간격은 다음 표에 의한다.

경사각	미끄럼막이 간격	경사각	미끄럼막이 간격
30도	30센티미터	22도	40센티미터
29도	33센티미터	19도 20분	43센티미터
27도	35센티미터	17도	45센티미터
24도 15분	37센티미터	14도	47센티미터

4. 경사로의 폭은 최소 90센티미터 이상이어야 한다.
5. 높이 7미터 이내마다 계단참을 설치하여야 한다.
6. 추락방지용 안전난간을 설치하여야 한다.
7. 목재는 미송, 육송 또는 그 이상의 재질을 가진 것이어야 한다.
8. 경사로 지지기둥은 3미터 이내마다 설치하여야 한다.
9. 발판은 폭 40센티미터 이상으로 하고, 틈은 3센티미터 이내로 설치하여야 한다.
10. 발판이 이탈하거나 한쪽 끝을 밟으면 다른쪽이 들리지 않게 장선에 결속하여야 한다.
11. 결속용 못이나 철선이 발에 걸리지 않아야 한다.

(3) 사다리식 통로 등

(가) 사다리식 통로 등의 구조

<u>제24조(사다리식 통로 등의 구조)</u>
① 사다리식 통로 등을 설치하는 경우의 준수사항
1. 견고한 구조로 할 것
2. 심한 손상·부식 등이 없는 재료를 사용할 것
3. 발판의 간격은 일정하게 할 것
4. 발판과 벽과의 사이는 15센티미터 이상의 간격을 유지할 것
5. 폭은 30센티미터 이상으로 할 것
6. 사다리가 넘어지거나 미끄러지는 것을 방지하기 위한 조치를 할 것
7. 사다리의 상단은 걸쳐놓은 지점으로부터 60센티미터 이상 올라가도록 할 것
8. 사다리식 통로의 길이가 10미터 이상인 경우에는 5미터 이내마다 계단참을 설치할 것
9. 사다리식 통로의 기울기는 75도 이하로 할 것(고정식 사다리식 통로의 기울기는 90도 이하로 하고, 그 높이가 7미터 이상인 경우에는 바닥으로부터 높이가 2.5미터 되는 지점부터 등받이울을 설치할 것: 등받이울이 있어도 근로자 이동에 지장이 없는 경우)
10. 접이식 사다리 기둥은 사용 시 접혀지거나 펼쳐지지 않도록 철물 등을 사용하여 견고하게 조치할 것

(나) 이동식 사다리〈가설공사 표준안전 작업지침〉

<u>제20조(이동식 사다리)</u>
이동식사다리를 설치하여 사용함에 있어서의 준수사항
1. 길이가 6미터를 초과해서는 안 된다.
2. 다리의 벌림은 벽 높이의 1/4정도가 적당하다.
3. 벽면 상부로부터 최소한 60센티미터 이상의 연장길이가 있어야 한다.

(다) 미끄럼방지 장치〈가설공사 표준안전 작업지침〉

<u>제21조(미끄럼방지 장치)</u>
사다리를 설치하여 사용함에 있어서의 준수사항
1. 사다리 지주의 끝에 고무, 코르크, 가죽, 강스파이크 등을 부착시켜 바닥과의 미끄럼을 방지하는 안전장치가 있어야 한다.
2. 쐐기형 강스파이크는 지반이 평탄한 맨땅 위에 세울 때 사용하여야 한다.
3. 미끄럼방지 판자 및 미끄럼 방지 고정쇠는 돌마무리 또는 인조석 깔기 마감 한 바닥용으로 사용하여야 한다.

갱내통로 등의 위험 방지
〈산업안전보건기준에 관한 규칙〉
제25조(갱내통로 등의 위험 방지)
갱내에 설치한 통로 또는 사다리식 통로에 권상장치(卷上裝置)가 설치된 경우 권상장치와 근로자의 접촉에 의한 위험이 있는 장소에 판자벽이나 그 밖에 위험 방지를 위한 격벽(隔壁)을 설치하여야 한다.

4. 미끄럼방지 발판은 인조고무 등으로 마감한 실내용을 사용하여야 한다.

(4) 계단의 설치

제26조(계단의 강도)
① 계단 및 계단참을 설치하는 경우 매제곱미터당 500킬로그램 이상의 하중에 견딜 수 있는 강도를 가진 구조로 설치하여야 하며, 안전율[안전의 정도를 표시하는 것으로서 재료의 파괴응력도(破壞應力度)와 허용응력도(許容應力度)의 비율]은 4 이상으로 하여야 한다.
② 계단 및 승강구 바닥을 구멍이 있는 재료로 만드는 경우 렌치나 그 밖의 공구 등이 낙하할 위험이 없는 구조로 하여야 한다.

제27조(계단의 폭)
① 계단을 설치하는 경우 그 폭을 1미터 이상으로 하여야 한다(급유용·보수용·비상용 계단 및 나선형 계단이거나 높이 1미터 미만의 이동식 계단인 경우에는 그러하지 아니하다).
② 계단에 손잡이 외의 다른 물건 등을 설치하거나 쌓아 두어서는 아니 된다.

제28조(계단참의 높이)
높이가 3미터를 초과하는 계단에 높이 3미터 이내마다 진행방향으로 길이 1.2미터 이상의 계단참을 설치해야 한다.

제29조(천장의 높이)
계단을 설치하는 경우 바닥면으로부터 높이 2미터 이내의 공간에 장애물이 없도록 하여야 한다(급유용·보수용·비상용 계단 및 나선형 계단인 경우에는 그러하지 아니하다).

제30조(계단의 난간)
높이 1미터 이상인 계단의 개방된 측면에 안전난간을 설치하여야 한다.

4. 거푸집 및 동바리

가 거푸집 및 동바리 등의 조립

> **참고**
> * 거푸집 : 굳지 않은 콘크리트가 소정의 형상과 치수를 유지하며 소정의 강도에 이르기까지 지지하는 가설구조물의 총칭
> * 동바리 : 수평부재를 받쳐주고 상부 하중을 하부로 전달하는 기둥 같은 역할을 하는 압축부재

거푸집 작업에서 재료의 선정 시 고려사항
① 목재거푸집: 흠집 및 옹이가 많은 거푸집과 합판은 사용을 금지한다.
② 강재거푸집: 형상이 찌그러진 것은 교정한 후에 사용한다.
③ 지보공재: 변형, 부식이 없는 것을 사용한다.
④ 연결재: 충분한 강도가 있고 회수, 해체하기 쉬우며 조합 부품 수가 적은 것을 사용한다.

(1) 거푸집 및 동바리 조립도

<u>제331조(조립도)</u>
① 거푸집 및 동바리 등을 조립하는 경우에는 그 구조를 검토한 후 조립도를 작성하고, 그 조립도에 따라 조립하도록 해야 한다.
② 조립도에는 거푸집 및 동바리를 구성하는 부재의 재질·단면규격·설치간격 및 이음방법 등을 명시하여야 한다.

> 거푸집동바리의 구조검토 시 가장 선행되어야 할 작업: 가설물에 작용하는 하중 및 외력의 종류, 크기 산정

(2) 거푸집 및 동바리 등의 안전조치

<u>제331조의2(거푸집 조립 시의 안전조치)</u>
거푸집을 조립하는 경우에의 준수사항
1. 거푸집을 조립하는 경우에는 거푸집이 콘크리트 하중이나 그 밖의 외력에 견딜 수 있거나, 넘어지지 않도록 견고한 구조의 긴결재(콘크리트를 타설할 때 거푸집이 변형되지 않게 연결하여 고정하는 재료), 버팀대 또는 지지대를 설치하는 등 필요한 조치를 할 것
2. 거푸집이 곡면인 경우에는 버팀대의 부착 등 그 거푸집의 부상(浮上)을 방지하기 위한 조치를 할 것

<u>제332조(동바리 조립 시의 안전조치)</u>
동바리를 조립하는 경우에의 준수사항
1. 받침목이나 깔판의 사용, 콘크리트 타설, 말뚝박기 등 동바리의 침하를 방지하기 위한 조치를 할 것
2. 동바리의 상하 고정 및 미끄러짐 방지 조치를 할 것
3. 상부·하부의 동바리가 동일 수직선상에 위치하도록 하여 깔판·받침목에 고정시킬 것
4. 개구부 상부에 동바리를 설치하는 경우에는 상부하중을 견딜 수 있는 견고한 받침대를 설치할 것
5. U헤드 등의 단판이 없는 동바리의 상단에 멍에 등을 올릴 경우에는 해당 상단에 U헤드 등의 단판을 설치하고, 멍에 등이 전도되거나 이탈되지 않도록 고정시킬 것
6. 동바리의 이음은 같은 품질의 재료를 사용할 것
7. 강재의 접속부 및 교차부는 볼트·클램프 등 전용철물을 사용하여 단단히 연결할 것
8. 거푸집의 형상에 따른 부득이한 경우를 제외하고는 깔판이나 받침목은 2단 이상 끼우지 않도록 할 것
9. 깔판이나 받침목을 이어서 사용하는 경우에는 그 깔판·받침목을 단단히 연결할 것

제332조의2(동바리 유형에 따른 동바리 조립 시의 안전조치)
동바리를 조립할 때의 준수사항
1. 동바리로 사용하는 파이프 서포트의 경우
   가. 파이프 서포트를 3개 이상 이어서 사용하지 않도록 할 것
   나. 파이프 서포트를 이어서 사용하는 경우에는 4개 이상의 볼트 또는 전용철물을 사용하여 이을 것
   다. 높이가 3.5미터를 초과하는 경우에는 높이 2미터 이내마다 수평연결재를 2개 방향으로 만들고 수평연결재의 변위를 방지할 것
2. 동바리로 사용하는 강관틀의 경우
   가. 강관틀과 강관틀 사이에 교차가새를 설치할 것
   나. 최상단 및 5단 이내마다 동바리의 측면과 틀면의 방향 및 교차가새의 방향에서 5개 이내마다 수평연결재를 설치하고 수평연결재의 변위를 방지할 것
   다. 최상단 및 5단 이내마다 동바리의 틀면의 방향에서 양단 및 5개틀 이내마다 교차가새의 방향으로 띠장틀을 설치할 것
3. 동바리로 사용하는 조립강주의 경우: 조립강주의 높이가 4미터를 초과하는 경우에는 높이 4미터 이내마다 수평연결재를 2개 방향으로 설치하고 수평연결재의 변위를 방지할 것
4. 시스템 동바리(규격화·부품화된 수직재, 수평재 및 가새재 등의 부재를 현장에서 조립하여 거푸집을 지지하는 지주 형식의 동바리)의 경우
   가. 수평재는 수직재와 직각으로 설치해야 하며, 흔들리지 않도록 견고하게 설치할 것
   나. 연결철물을 사용하여 수직재를 견고하게 연결하고, 연결부위가 탈락 또는 꺾어지지 않도록 할 것
   다. 수직 및 수평하중에 대해 동바리의 구조적 안정성이 확보되도록 조립도에 따라 수직재 및 수평재에는 가새재를 견고하게 설치할 것
   라. 동바리 최상단과 최하단의 수직재와 받침철물은 서로 밀착되도록 설치하고 수직재와 받침철물의 연결부의 겹침길이는 받침철물 전체길이의 3분의 1 이상 되도록 할 것
5. 보 형식의 동바리[강제 갑판(steel deck), 철재트러스 조립 보 등 수평으로 설치하여 거푸집을 지지하는 동바리]의 경우
   가. 접합부는 충분한 걸침 길이를 확보하고 못, 용접 등으로 양끝을 지지물에 고정시켜 미끄러짐 및 탈락을 방지할 것
   나. 양끝에 설치된 보 거푸집을 지지하는 동바리 사이에는 수평연결재를 설치하거나 동바리를 추가로 설치하는 등 보 거푸집이 옆으로

넘어지지 않도록 견고하게 할 것

다. 설계도면, 시방서 등 설계도서를 준수하여 설치할 것

(3) 작업발판 일체형 거푸집

<u>제331조의3(작업발판 일체형 거푸집의 안전조치)</u>

① 작업발판 일체형 거푸집 : 거푸집의 설치·해체, 철근 조립, 콘크리트 타설, 콘크리트 면처리 작업 등을 위하여 거푸집을 작업발판과 일체로 제작하여 사용하는 거푸집으로서 다음의 거푸집을 말한다.

1. 갱 폼(gang form)
2. 슬립 폼(slip form)
3. 클라이밍 폼(climbing form)
4. 터널 라이닝 폼(tunnel lining form)
5. 그 밖에 거푸집과 작업발판이 일체로 제작된 거푸집

(가) 갱폼(gang form)

주로 고층 아파트와 같이 평면상 상·하부가 동일한 단면 구조물에서 외부 벽체 거푸집과 발판용 케이지를 일체로 하여 제작한 대형 거푸집(타워크레인 등으로 인양)

(나) 슬라이딩폼 : 로드(rod), 유압잭(jack) 등을 이용하여 거푸집을 연속적으로 이동시키면서 콘크리트를 타설할 때 사용되는 것으로 사일로(silo) 공사 등에 적합한 거푸집

- 슬립폼(slip form)은 슬라이딩폼의 일종

(다) 클라이밍폼(climbing form) : 거푸집과 벽체 마감공사를 위한 비계틀을 일체화한 거푸집(벽전체용 거푸집)으로 고층 구조물의 내부코어시스템에 가장 적당한 시스템 거푸집(유압을 이용하여 인양)

(라) 터널 폼(tunel form) : 벽식 철근콘크리트 구조를 시공할 경우 벽과 바닥의 콘크리트 타설을 한번에 가능하게 하기 위하여, 벽체용 거푸집과 슬래브 거푸집을 일체로 제작하여 한 번에 설치하고 해체할 수 있도록 한 거푸집

(4) 거푸집동바리 및 거푸집 안전설계〈거푸집동바리 및 거푸집 안전설계 지침〉

4. 설계기준

<u>4.2 하중의 계산</u>

(1) 하중의 계산은 구조물의 종류, 형상 및 규모와 기온, 풍속, 지상에서의 높이, 타설속도 등 현장조건을 반영하여야 한다.

무지주 공법 : 받침기둥이 필요 없는 가설 수평 지지보로 층고가 높은 슬래브 거푸집 하부에 적용하여 하층의 작업공간을 확보
① 보우빔(bow beam) : 트러스 형태의 경량가설보로 수평조절이 불가능
② 페코빔(pecco beam) : 수평조절이 가능하고 전용성이 우수
③ 철근일체형 데크플레이트(deck plate)

※ 솔져 시스템(soldier system) : 합벽지지대, 무폼타이거푸집(brace frame 공법)

- 합벽지지대(brace frame for single sided wall) : 긴 결재를 사용하지 않고 바닥에 선매립된 앵카 볼트를 이용하여 합벽거푸집을 지지하는 콘크리트 측압 지지성능이 우수한 트러스형 강재지지대 (합벽 : 뒤 흙 부분에 거푸집을 설치하지 않고 만드는 벽)

거푸집동바리에 작용하는 횡하중
① 풍하중, 지진 하중, 콘크리트 측압 등
② 횡방향 하중은 작업시의 진동이나 충격, 콘크리트의 편심타설이나 자재의 치우친 적재 등에 의한다.
(* 횡하중: 물체의 축에 수직으로 가하는 하중)

(2) 하중은 연직하중, 수평하중, 콘크리트의 측압 등을 적용하여야 한다.
(3) 연직하중은 철근콘크리트 자중 및 거푸집 부재의 자중인 고정하중과 콘크리트 타설 중 필요로 하는 장비 등의 작업하중과 장비의 이동 및 콘크리트 타설 중의 충격 등의 충격하중을 반영
(4) 수평하중은 (3)항에서 계산된 연직하중이 타설 중에 편심하중 등으로 인하여 수평분력이 작용할 경우 또는 거푸집 측면으로 예기치 못한 하중이 작용할 경우 등을 반영
(5) 거푸집의 설계에는 콘크리트의 측압을 고려하여야 함.
(6) 현장조건이 고층빌딩, 산악지역, 해안가, 수중 등 특수한 경우에는 현장의 특수성을 고려하여 풍하중, 수압 등을 거푸집 설계하중으로 반영
(7) 작업발판 일체형 거푸집인 경우에는 콘크리트 타설에 사용되는 장비 이외에 거푸집의 인양 등을 위해 설치된 장비들의 자중을 거푸집 설계하중으로 반영하여야 한다.

(5) 철근콘크리트 공사 시 거푸집의 필요조건
① 콘크리트의 하중에 대해 뒤틀림이 없는 강도를 갖출 것
② 콘크리트 내 수분 등에 대한 물빠짐을 방지할 수 있는 수밀성을 갖출 것
③ 최소한의 재료로 여러 번 사용할 수 있는 전용성을 가질 것
④ 거푸집은 조립·해체·운반이 용이하도록 할 것

거푸집 공사에 관한 설명
① 거푸집 조립 시 거푸집이 이동하지 않도록 거푸집 하단 기준목(거푸집 밑잡이)설치하여 기초 거푸집를 조립하고 외부에는 버팀대 등을 사용하여 고정한다.
② 거푸집 치수를 정확하게 하여 시멘트 모르타르가 새지 않도록 한다.
  – 형상 및 치수를 정확하게 하고 처짐, 배부름, 뒤틀림의 변형이 없도록 하며 외력이 충분히 견딜 수 있도록 견고히 조립한다.
③ 거푸집 해체가 쉽게 가능하도록 박리제 사용 등의 조치를 한다.
④ 측압에 대한 안전성을 고려한다.

(6) 거푸집 작업에서 연결재를 선정할 때 고려 사항
① 충분한 강도가 있는 것
② 회수·해체하기 쉬운 것
③ 조합 부품 수가 적은 것

나 거푸집의 해체

(1) 거푸집의 해체 작업
① 비교적 하중을 받지 않은 부분을 먼저 떼어낸 다음에 중요한 부분을 떼어내어야 한다. 연직부재의 거푸집은 수평부재의 거푸집보다 먼저 떼어내는 것인 원칙이다.
② 응력을 거의 받지 않는 거푸집은 24시간이 경과하면 떼어내도 좋다.
③ 라멘, 아치 등의 구조물은 콘크리트의 크리프로 인한 균열을 적게 하기 위하여 가능한 한 거푸집을 오래 두어야 한다.

④ 거푸집을 떼어내는 시기는 시멘트의 성질, 콘크리트의 배합, 구조물 종류와 중요성, 부재가 받는 하중, 기온등을 고려하여 신중하게 정해야 한다.

(2) 콘크리트 거푸집 해체 작업 시의 안전 유의사항

<u>제333조(조립·해체 등 작업 시의 준수사항)</u>

① 기둥·보·벽체·슬래브 등의 거푸집 및 동바리를 조립하거나 해체하는 작업을 하는 경우의 준수사항

1. 해당 작업을 하는 구역에는 관계 근로자가 아닌 사람의 출입을 금지할 것
2. 비, 눈, 그 밖의 기상상태의 불안정으로 날씨가 몹시 나쁜 경우에는 그 작업을 중지할 것
3. 재료, 기구 또는 공구 등을 올리거나 내리는 경우에는 근로자로 하여금 달줄·달포대 등을 사용하도록 할 것
4. 낙하·충격에 의한 돌발적 재해를 방지하기 위하여 버팀목을 설치하고 거푸집동바리 등을 인양장비에 매단 후에 작업을 하도록 하는 등 필요한 조치를 할 것

> 거푸집 및 동바리의 해체시기를 결정하는 요인
> ① 시방서 상의 거푸집 존치기간의 경과
> ② 콘크리트 강도시험 결과
> ③ 일정한 양생 기간의 경과
> ④ 동절기일 경우 적산온도

(3) 거푸집 해체 시 작업자가 이행해야 할 안전수칙〈콘크리트공사표준안전작업지침〉

<u>제9조(해체)</u>

거푸집의 해체작업을 하여야 할 때의 준수사항

1. 거푸집 및 지보공(동바리)의 해체는 순서에 의하여 실시하여야 하며 안전담당자를 배치하여야 한다.
2. 거푸집 및 지보공(동바리)은 콘크리트 자중 및 시공 중에 가해지는 기타 하중에 충분히 견딜만한 강도를 가질 때까지는 해체하지 아니하여야 한다.
3. 거푸집을 해체할 때에는 다음에 정하는 사항을 유념하여 작업하여야 한다.
   가. 해체작업을 할 때에는 안전모 등 안전 보호장구를 착용토록 하여야 한다.
   나. 거푸집 해체작업장 주위에는 관계자를 제외하고는 출입을 금지시켜야 한다.
   다. 상하 동시 작업은 원칙적으로 금지하여 부득이한 경우에는 긴밀히 연락을 위하며 작업을 하여야 한다.

라. 거푸집 해체 때 구조체에 무리한 충격이나 큰 힘에 의한 지렛대 사용은 금지하여야 한다.

마. 보 또는 스라브 거푸집을 제거할 때에는 거푸집의 낙하 충격으로 인한 작업원의 돌발적 재해를 방지하여야 한다.

바. 해체된 거푸집이나 각목 등에 박혀있는 못 또는 날카로운 돌출물은 즉시 제거하여야 한다.

사. 해체된 거푸집이나 각 목은 재사용 가능한 것과 보수하여야 할 것을 선별, 분리하여 적치하고 정리정돈을 하여야 한다.

4. 기타 제3자의 보호조치에 대하여도 완전한 조치를 강구하여야 한다.

좌굴(坐屈, critical buckling)
휨, 비틀림

좌굴하중

좌굴을 일으키기 시작하는 한계의 압력

1) 가설구조물의 좌굴(buckling)현상 : 단면적에 비해 상대적으로 길이가 긴 부재가 압축력에 의해 하중방향과 직각방향으로 변위가 생기는 현상(가늘고 긴 기둥 등이 압축력에 의해 휘어지는 현상)
   – 좌굴발생요인은 압축력, 단면보다 상대적으로 긴 부재
   (* 비계에서 벽 고정을 하고 기둥과 기둥을 수평재나 가새로 연결하는 가장 큰 이유 : 좌굴을 방지하기 위해)

2) 오일러(Euler)의 좌굴하중

$$P_{cr} = \frac{\pi^2 EI}{l^2}$$

[P_{cr} : 오일러 좌굴하중(kg), E : 탄성계수(kg/cm^2), l : 부재의 길이(cm), I : 단면 2차 모멘트(cm^4)]

[예문] 거푸집동바리 구조에서 높이가 $l = 3.5$m인 파이프서포트의 좌굴하중은?(단, 상부받이판과 하부받이판은 힌지로 가정하고, 단면2차 모멘트 $I = 8.31$cm^4, 탄성계수 $E = 2.1 \times 10^5$MPa)

① 14060N ② 15060N ③ 16060N ④ 17060N

[해설] 오일러(Euler)의 좌굴하중

$$P_{cr} = \frac{\pi^2 EI}{l^2} = \frac{3.14^2 \times (2.1 \times 10^6) \times 8.31}{350^2} = 1406 \text{kg} \rightarrow 14060\text{N}$$

[P_{cr} : 오일러 좌굴하중(kg), E : 탄성계수(kg/cm^2), l : 부재의 길이(cm), I : 단면 2차 모멘트(cm^4)]

① 탄성계수 $E=2.1\times10^5$MPa → 2.1×10^6kg/cm^2
   (1MPa=10.197162kgf/cm^2(약 10))
② 부재의 길이 $l = 3.5$m → 350cm
③ N으로 환산 1kgf=9.8N(약 10N) → 1406kg×10=14060N

➪ 정답 ①

CHAPTER 05 항목별 우선순위 문제 및 해설 (2)

01 작업장으로 통하는 장소 또는 작업장 내에 근로자가 사용하기 위한 안전한 통로를 설치할 때 그 설치기준으로 옳지 않은 것은?

① 통로에는 75럭스(Lux) 이상의 조명시설을 하여야 한다.
② 통로의 주요한 부분에는 통로표시를 하여야 한다.
③ 수직갱에 가설된 통로의 길이가 10m 이상일 때에는 7m 이내마다 계단참을 설치하여야 한다.
④ 경사가 15°를 초과하는 경우에는 미끄러지지 아니하는 구조로 하여야 한다.

해설 가설통로의 구조
수직갱에 가설된 통로의 길이가 15미터 이상인 경우에는 10미터 이내마다 계단참을 설치할 것

02 가설통로 중 경사로를 설치, 사용함에 있어 준수해야할 사항으로 옳지 않은 것은?

① 경사로의 폭은 최소 90센티미터 이상이어야 한다.
② 비탈면의 경사각은 45도 내외로 한다.
③ 높이 7미터 이내마다 계단참을 설치하여야 한다.
④ 추락방지용 안전난간을 설치하여야 한다.

해설 경사로의 설치 : 비탈면의 경사각은 30도 이내로 한다.

03 사다리식 통로에 대한 설치기준으로 틀린 것은?

① 발판의 간격을 일정하게 할 것
② 발판과 벽과의 사이는 15cm 이상의 간격을 유지할 것
③ 사다리식 통로의 길이가 10m 이상인 때에는 3m 이내 마다 계단참을 설치할 것
④ 사다리의 상단은 걸쳐놓은 지점으로부터 60cm 이상 올라가도록 할 것

해설 사다리식 통로 등의 구조
사다리식 통로의 길이가 10미터 이상인 경우에는 5미터 이내마다 계단참을 설치할 것

04 산업안전보건기준에 관한 규칙에 따라 계단 및 계단참을 설치하는 경우 매 m² 당 최소 얼마 이상의 하중에 견딜 수 있는 강도를 가진 구조로 설치하여야 하는가?

① 500kg ② 600kg
③ 700kg ④ 800kg

해설 계단의 설치
계단 및 계단참을 설치하는 경우 매제곱미터당 500킬로그램 이상의 하중에 견딜 수 있는 강도를 가진 구조로 설치

05 작업장 출입구 설치 시 준수해야 할 사항으로 옳지 않은 것은?

① 주된 목적이 하역운반기계용인 출입구에는 보행자용 출입구를 따로 설치하지 않을 것
② 출입구의 위치·수 및 크기가 작업장의 용도와 특성에 맞도록 할 것
③ 출입구에 문을 설치하는 경우에는 근로자가 쉽게 열고 닫을 수 있도록 할 것
④ 계단이 출입구와 바로 연결된 경우에는 작업자의 안전한 통행을 위하여 그 사이에 1.2m 이상 거리를 두거나 안내 표지 또는 비상벨 등을 설치할 것

정답 01. ③ 02. ② 03. ③ 04. ① 05. ①

해설 **작업장의 출입구**
주된 목적이 하역운반기계용인 출입구에는 인접하여 보행자용 출입구를 따로 설치할 것

06 거푸집동바리 등을 조립하는 경우에 준수해야 할 기준으로 옳지 않은 것은?

① 동바리의 상하고정 및 미끄러짐 방지조치를 하고, 하중의 지지상태를 유지할 것
② 강재와 강재와의 접속부 및 교차부는 볼트·클램프 등 전용철물을 사용하여 단단히 연결할 것
③ 파이프서포트를 제외한 동바리로 사용하는 강관은 높이 2m 이내마다 수평연결재를 2개 방향으로 만들고 수평연결재의 변위를 방지할 것
④ 동바리로 사용하는 파이프서포트는 4개 이상이어서 사용하지 않도록 할 것

해설 **거푸집동바리 등의 안전조치**
동바리로 사용하는 파이프 서포트에 대해서는 다음의 사항을 따를 것
가. 파이프 서포트를 3개 이상이어서 사용하지 않도록 할 것
나. 파이프 서포트를 이어서 사용하는 경우에는 4개 이상의 볼트 또는 전용철물을 사용하여 이을 것
다. 높이가 3.5미터를 초과하는 경우에는 높이 2미터 이내마다 수평연결재를 2개 방향으로 만들고 수평연결재의 변위를 방지할 것

07 시스템 동바리를 조립하는 경우 수직재와 받침철물 연결부의 겹침길이 기준으로 옳은 것은?

① 받침철물 전체길이 1/2 이상
② 받침철물 전체길이 1/3 이상
③ 받침철물 전체길이 1/4 이상
④ 받침철물 전체길이 1/5 이상

해설 **시스템동바리의 안전조치**
수직재와 받침철물의 연결부의 겹침길이는 받침철물 전체길이의 3분의 1 이상 되도록 할 것

08 거푸집의 일반적인 조립순서를 옳게 나열한 것은?

① 기둥→보받이 내력벽→큰 보→작은 보→내벽→외벽
② 외벽→보받이 내력벽→큰 보→작은 보→내력→기둥
③ 기둥→보받이 내력벽→작은 보→큰 보→내벽→외벽
④ 기둥→보받이 내력벽→바닥판→큰 보→내벽→외벽

해설 **거푸집의 일반적인 조립순서** : 기둥→보받이 내력벽→큰 보→작은 보→내벽→외벽

09 작업발판 일체형 거푸집에 해당하지 않는 것은?

① 갱폼(Gang Form)
② 슬립폼(Slip Form)
③ 유로폼(Euro Form)
④ 클라이밍폼(Climbing form)

해설 **작업발판 일체형 거푸집**
1. 갱 폼(gang form)
2. 슬립 폼(slip form)
3. 클라이밍 폼(climbing form)
4. 터널 라이닝 폼(tunnel lining form)
5. 그 밖에 거푸집과 작업발판이 일체로 제작된 거푸집

10 콘크리트 거푸집을 설계할 때 고려해야 하는 연직하중으로 거리가 먼 것은?

① 작업하중
② 콘크리트 자중
③ 충격하중
④ 풍하중

해설 **연직 하중**(vertical load, 鉛直荷重)
- 건물에 대하여 중력 방향으로 작용하는 하중.
- 철근콘크리트 자중 및 거푸집 부재의 자중인 고정하중과 콘크리트 타설 중 필요로 하는 장비 등의 작업하중과 장비의 이동 및 콘크리트 타설 중의 충격 등의 충격하중을 반영

정답 06.④ 07.② 08.① 09.③ 10.④

Chapter 06 건설 구조물공사 안전

1. 건설 구조물공사 안전

가 콘크리트의 타설작업의 안전〈산업안전보건기준에 관한 규칙〉

(1) 콘크리트의 타설작업시 준수사항

제334조(콘크리트의 타설작업)
콘크리트 타설작업을 하는 경우의 준수사항

1. 당일의 작업을 시작하기 전에 해당 작업에 관한 거푸집 및 동바리 등의 변형·변위 및 지반의 침하 유무 등을 점검하고 이상이 있으면 보수할 것
2. 작업 중에는 감시자를 배치하는 등의 방법으로 거푸집 및 동바리의 변형·변위 및 침하 유무 등을 확인해야 하며, 이상이 있으면 작업을 중지하고 근로자를 대피시킬 것
3. 콘크리트 타설작업 시 거푸집 붕괴의 위험이 발생할 우려가 있으면 충분한 보강조치를 할 것
4. 설계도서상의 콘크리트 양생기간을 준수하여 거푸집동바리 등을 해체할 것
5. 콘크리트를 타설하는 경우에는 편심이 발생하지 않도록 골고루 분산하여 타설할 것

(2) 콘크리트 타설시 안전수칙 준수〈콘크리트공사표준안전작업지침〉

제13조(타설)
콘크리트 타설 시 안전수칙 준수

1. 타설순서는 계획에 의하여 실시하여야 한다.
2. 콘크리트를 치는 도중에는 거푸집, 지보공 등의 이상 유무를 확인하여야 하고, 담당자를 배치하여 이상이 발생한 때에는 신속한 처리를 하여야 한다.
3. 타설속도는 건설부 제정 콘크리트 표준시방서에 의한다.
4. 손수레를 이용하여 콘크리트를 운반할 때에는 다음의 사항을 준수하여야 한다.

콘크리트 타설 작업 시 안전에 대한 유의사항
① 콘크리트를 치는 도중에는 지보공·거푸집 등의 이상 유무를 확인한다.
② 높은 곳으로부터 콘크리트를 타설할 때는 호퍼로 받아 거푸집 내에 꽂아 넣는 슈트를 통해서 부어 넣어야 한다.
③ 진동기를 많이 사용할수록 거푸집에 작용하는 측압은 커지므로 전동기는 적절히 사용되어야 하며, 지나친 진동은 거푸집 도괴의 원인이 될 수 있으므로 각별히 주의하여야 한다.
④ 콘크리트를 한 곳에만 치우쳐서 타설하지 않도록 주의한다.(편심이 발생하지 않도록 골고루 분산하여 타설할 것)

    가. 손수레를 타설하는 위치까지 천천히 운반하여 거푸집에 충격을 주지 아니하도록 타설하여야 한다.
    나. 손수레에 의하여 운반할 때에는 적당한 간격을 유지하여야 하고 뛰어서는 안 되며, 통로구분을 명확히 하여야 한다.
    다. 운반 통로에 방해가 되는 것은 즉시 제거하여야 한다.
5. 기자재 설치, 사용을 할 때에는 다음의 사항을 준수하여야 한다.
    가. 콘크리트의 운반, 타설기계를 설치하여 작업할 때에는 성능을 확인하여야 한다.
    나. 콘크리트의 운반, 타설기계는 사용 전, 사용 중, 사용 후 반드시 점검하여야 한다.
6. 콘크리트를 한 곳에만 치우쳐서 타설할 경우 거푸집의 변형 및 탈락에 의한 붕괴사고가 발생되므로 타설 순서를 준수하여야 한다.
7. 진동기는 적절히 사용되어야 하며, 지나친 진동은 거푸집 도괴의 원인이 될 수 있으므로 각별히 주의하여야 한다.

(3) 펌프카에 의한 콘크리트 타설 시 안전수칙〈콘크리트공사표준안전작업지침〉

<u>제14조(펌프카)</u>
펌프카에 의해 콘크리트를 타설할 때의 안전수칙 준수
1. 레디믹스트 콘크리트(이하 레미콘이라 함.) 트럭과 펌프카를 적절히 유도하기 위하여 차량안내자를 배치하여야 한다.
2. 펌프배관용 비계를 사전점검하고 이상이 있을 때에는 보강 후 작업하여야 한다.
3. 펌프카의 배관상태를 확인하여야 하며, 레미콘트럭과 펌프카와 호스 선단의 연결 작업을 확인하여야 하며 장비사양의 적정호스 길이를 초과하여서는 아니 된다.
4. 호스선단이 요동하지 아니하도록 확실히 붙잡고 타설하여야 한다.
5. 공기압송 방법의 펌프카를 사용할 때에는 콘크리트가 비산하는 경우가 있으므로 주의하여 타설하여야 한다.
6. 펌프카의 붐대를 조정할 때에는 주변 전선 등 지장물을 확인하고 이격거리를 준수하여야 한다.
7. 아웃트리거를 사용할 때 지반의 부동침하로 펌프카가 전도되지 아니하도록 하여야 한다.

(4) 콘크리트공사시 철근을 인력으로 운반할 때의 준수사항〈콘크리트공사 표준안전작업지침〉

<u>제12조(운반)</u>
1. 인력으로 철근을 운반할 때의 준수사항
   가. 1인당 무게는 25킬로그램 정도가 적절하며, 무리한 운반을 삼가하여야 한다.
   나. 2인 이상이 1조가 되어 어깨메기로 하여 운반하는 등 안전을 도모하여야 한다.
   다. 긴 철근을 부득이 한 사람이 운반할 때에는 한쪽을 어깨에 메고 한쪽끝을 끌면서 운반하여야 한다.
   라. 운반할 때에는 양끝을 묶어 운반하여야 한다.
   마. 내려 놓을 때는 천천히 내려놓고 던지지 않아야 한다.
   바. 공동 작업을 할 때에는 신호에 따라 작업을 하여야 한다.

(5) 철근의 가공〈콘크리트공사표준안전작업지침〉

<u>제11조(가공)</u>
철근가공 및 조립작업을 할 때의 준수사항
1. 철근가공 작업장 주위는 작업책임자가 상주하여야 하고 정리정돈되어 있어야 하며, 작업원 이외는 출입을 금지하여야 한다.
2. 가공 작업자는 안전모 및 안전보호장구를 착용하여야 한다.
3. 해머 절단을 할 때에는 다음에 정하는 사항에 유념하여 작업하여야 한다.
   가. 해머 자루는 금이 가거나 쪼개진 부분은 없는 가 확인하고 사용 중 해머가 빠지지 아니하도록 튼튼하게 조립되어야 한다.
   나. 해머 부분이 마모되어 있거나, 훼손되어 있는 것을 사용하여서는 아니 된다.
   다. 무리한 자세로 절단을 하여서는 아니 된다.
   라. 절단기의 절단 날은 마모되어 미끄러질 우려가 있는 것을 사용하여서는 아니 된다.
4. 가스절단을 할 때에는 다음에 정하는 사항에 유념하여 작업하여야 한다.
   가. 가스절단 및 용접자는 해당자격 소지자라야 하며, 작업 중에는 보호구를 착용하여야 한다.
   나. 가스절단 작업시 호스는 겹치거나 구부러지거나 또는 밟히지 않도록 하고 전선의 경우에는 피복이 손상되어 있는지를 확인하여야 한다.

다. 호스, 전선 등은 다른 작업장을 거치지 않는 직선상의 배선이어야 하며, 길이가 짧아야 한다.
라. 작업장에서 가연성 물질에 인접하여 용접작업할 때에는 소화기를 비치하여야 한다.

(6) 콘크리트 양생작업

① 콘크리트 타설 후 소요기간까지 경화에 필요한 조건을 유지시켜주는 작업이다.
② 양생 기간 중에 예상되는 진동, 충격, 하중 등의 유해한 작용으로부터 보호하여야 한다.
③ 콘크리트 타설후 경화를 시작할 때까지 직사광선이나 바람에 의해 수분이 증발하지 않도록 보호해야 한다(표면이 빨리 건조하여 발생하는 균열 방지).
④ 콘크리트 표면이 경화하면 콘크리트 위에 sheet 및 거적으로 적셔서 덮거나 살수를 하여 습윤상태를 유지한다.
⑤ 습윤양생 시 거푸집판이 건조될 우려가 있는 경우에는 살수하여야 한다.

* 콘크리트의 양생 방법 : ① 습윤 양생 ② 전기 양생 ③ 증기 양생 ④ 보온양생 ⑤ 피막양생

(7) 거푸집널의 해체

기초, 보의 측면, 기둥, 벽의 거푸집널은 24시간 이상 양생한 후에 콘크리트 압축강도가 5MPa 이상 도달하였음을 시험에 의하여 확인된 경우에 해체할 수 있다.

거푸집널 존치기간 중 평균 기온이 10℃ 이상인 경우는 콘크리트 재령이 6일 이상 경과하면 압축강도시험을 하지 않고도 해체할 수 있다.

※ 콘크리트의 압축강도를 시험하지 않을 경우 거푸집널의 해체 시기〈콘크리트 표준시방서〉

기초, 보의 측면, 기둥, 벽의 거푸집널의 해체는 시험에 의해 표준시방서의 값을 만족할 때 시행하여야 한다. 특히, 내구성이 중요한 구조물에서는 콘크리트의 압축강도가 10MPa 이상일 때 거푸집널을 해체할 수 있다.

거푸집널 존치기간 중 평균기온이 10℃ 이상인 경우는 콘크리트 재령이 [표]의 재령 이상 경과하면 압축강도 시험을 하지 않고도 해체할 수 있다.

[표] 기초, 보 옆, 기둥 및 벽의 거푸집널 존치기간을 정하기 위한 콘크리트의 재령(일)

평균기온	조강포틀랜드 시멘트	보통포틀랜드 시멘트 고로슬래그 시멘트 특급 포틀랜드 포졸란 시멘트 A종 플라이애쉬 시멘트 A종	고로슬래그 시멘트 1급 포틀랜드 포졸란 시멘트 B종 플라이애쉬 시멘트 B종
20도(섭씨) 이상	2	4	5
20도(섭씨) 미만 10도(섭씨) 이상	3	6	8

나 콘크리트 강도

(1) 콘크리트 강도에 영향을 주는 요소

콘크리트 강도는 일반적으로 표준양생한 재령 28일의 압축강도를 기준으로 함.

- 강도에 영향을 주는 주된 요인 : 사용재료의 품질, 배합, 공기량, 시공방법, 양생방법, 양생온도, 재령

① 양생 온도와 습도 ② 콘크리트 재령 및 배합(물·시멘트 비) ③ 타설 및 다지기

* 콘크리트 강도에 가장 큰 영향을 주는 것 : 물·시멘트 비

(2) 콘크리트 압축강도 등

(가) 콘크리트 압축강도(壓縮强度, compressive strength)

압축 파괴 시의 단면에 있어서의 수직 응력인 압축 하중을 시험편의 단면적으로 나눈 값(kgf/mm^2, kgf/cm^2)

- 압축강도=최대하중(P)/시험편의 단면적(A) (* 단면적=$\pi D^2/4$)

> **예문** 지름이 15cm이고 높이가 30cm인 원기둥 콘크리트 공시체에 대해 압축강도시험을 한 결과 460kN에 파괴되었다. 이때 콘크리트 압축강도는 몇 MPa인가?
>
> **해설** 콘크리트 압축강도(壓縮强度, compressive strength) : 압축 파괴 시의 단면에 있어서의 수직 응력인 압축 하중을 시험편의 단면적으로 나눈 값(kgf/mm^2, kgf/cm^2)
> 압축강도=최대하중(P)/시험편의 단면적(A) (* 단면적=$\pi D^2/4$)
> $= \dfrac{460}{\frac{\pi}{4} \times 0.15^2} = 26,030 kN/m^2 = 26,030 kPa = 26 MPa$ (15cm=0.15m)
> (* $1kgf/cm^2 = 9.8N/cm^2 = 9.8N/0.0001m^2 = 98,000N/m^2 = 98,000Pa = 0.098MPa$
>   = 약 0.1MPa)
> (1kgf=9.8N, $cm^2=0.0001m^2$, $1Pa=1N/m^2$, $Pa=0.000001MPa$)

* 경화된 콘크리트의 강도 비교 : 압축강도＞전단강도＞휨강도＞인장강도
* 일반적인 콘크리트의 압축강도 : 콘크리트 강도는 일반적으로 표준양생한 재령 28일의 압축강도를 기준으로 함.

> **단위**
> - kgf = 힘 또는 무게의 단위로 질량 1kg의 물체를 $9.8m/s^2$의 속도로 움직이는 힘
>   ($= 9.8kg \times m/s^2 = 9.8N$)
> - N = 국제적인 힘의 단위로 질량 1kg의 물체를 $1m/s^2$의 속도로 움직이는 힘
>   ($= 1/9.8kgf$)
> - Pa = 단위 면적당 작용하는 힘인 압력의 단위로 $1N/m^2$
> * $1kgf/cm^2 = 9.8N/cm^2 = 9.8N/0.0001m^2 = 98,000N/m^2 = 98,000Pa$
> $= 0.098MPa =$ 약 $0.1MPa$
>   ($1kgf = 9.8N$, $cm^2 = 0.0001m^2$, $1Pa = 1N/m^2$, $Pa = 0.000001MPa$)

(나) 인장 강도(引張强度, tensile strength)

[극한 강도(極限强度, ultimate strength), 파괴 강도(破壞强度, breaking strength)]

인장시험에서 파단까지 가해진 최대 하중을 시험 전 시험편의 단면적으로 나눈 값

- 인장강도＝최대하중(P)/시험편의 단면적(A) (* 단면적＝$\pi D^2/4$)

(다) 할렬 인장강도(割裂引張强度, splitting tensile strength) - 쪼갬 인장강도

원주시험체를 옆으로 뉘어놓고 직경 방향으로 하중을 가하는 할렬시험에 의하여 구한 콘크리트의 강도

- 인장강도(할렬 인장강도)＝$2P/\pi dl$

  (P : 최대하중, d : 시험편 지름, l : 시험편 길이)

> **예문** 지름이 10cm이고 높이가 20cm인 원기둥 콘크리트 공시체가 할렬 인장강도 시험에서 10,000kg에서 파괴되었다. 이때 콘크리트의 할렬 인장강도는 몇 kg/cm^2인가?
>
> **해설** 할렬 인장강도(割裂引張强度, splitting tensile strength) - 쪼갬 인장강도
> 원주시험체를 옆으로 뉘어놓고 직경방향으로 하중을 가하는 할렬시험에 의하여 구한 콘크리트의 강도
> 인장강도(할렬 인장강도)
> $= 2P/\pi dl$ (P : 최대하중, d : 시험편 지름, l : 시험편 길이)
> $= (2 \times 10,000)/(\pi \times 10 \times 20) = 31.8 kg/cm^2$

(3) 콘크리트의 측압 : 콘크리트 타설시 기둥, 벽체에 가해지는 콘크리트 수평 방향의 압력. 콘크리트의 타설높이가 증가함에 따라 측압이 증가하나 일정높이 이상이 되면 측압은 감소

① 거푸집 수밀성이 클수록 측압이 커진다.(거푸집의 투수성이 낮을수록 측압은 커진다.)
② 철근량이 적을수록 측압이 커진다.
③ 부어넣기 빠를수록 측압이 커진다.
④ 외기의 온·습도가 낮을수록 측압은 크다.
⑤ 슬럼프가 클수록 측압이 커진다.
⑥ 콘크리트의 단위 중량(밀도)이 클수록 측압이 커진다.
⑦ 거푸집 표면이 평활할수록 측압이 커진다.
⑧ 거푸집의 수평단면이 클수록 크다.
⑨ 시공연도(Workability)가 좋을수록 측압이 커진다.
⑩ 거푸집의 강성이 클수록 크다.
⑪ 다짐이 좋을수록 측압이 커진다.
⑫ 벽 두께가 두꺼울수록 측압은 커진다.

(4) 슬럼프시험(slump test) : 콘크리트의 유동성과 묽기 시험

콘크리트의 유동성 측정시험. 반죽질기(컨시스턴시)를 측정하는 방법으로 가장 일반적으로 사용(콘크리트 타설 시 작업의 용이성을 판단하는 방법)

① 슬럼프 시험기구는 강제평판, 슬럼프 테스트 콘(밑면의 안지름이 20cm, 윗면의 안지름이 10cm, 높이가 30cm인 절두 원추형), 다짐막대, 측정기기로 이루어진다.
② 슬럼프 콘에 비빈 콘크리트를 같은 양의 3층으로 나누어 25회씩 다지면서 채운다.
③ 슬럼프는 슬럼프 콘을 들어올려 강제평판으로부터 콘크리트가 무너져 내려앉은 높이까지의 거리를 cm단위(0.5cm의 정밀도)로 표시한 것이다.

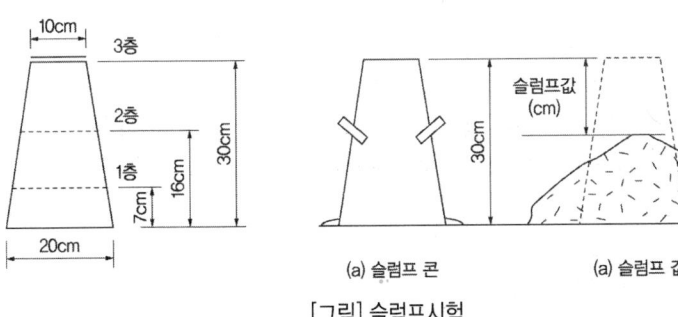

(a) 슬럼프 콘　　(a) 슬럼프 값

[그림] 슬럼프시험

굳지 않은 콘크리트의 성질

- 콘크리트의 워커빌리티(施工練度, workability, 시공연도)) : 반죽질기 여하에 따르는 작업의 난이 정도 및 재료의 분리에 저항하는 정도를 나타내는 아직 굳지 않은 콘크리트의 성질을 말함(콘크리트의 재료분리현상 없이 거푸집 내부에 쉽게 타설할 수 있는 정도를 나타내는 것).
- 컨시스턴시(Consistency) : 반죽질기(묽기 정도를 나타내는 것으로 보통 슬럼프 값으로 표시)
- finishability : 굳지 않은 콘크리트 성질의 하나로 마감 작업의 용이성의 정도를 표시

* 블리딩(bleeding)현상 : 콘크리트 타설 후 비교적 가벼운 물이나 미세한 물질 등이 상승되고, 상대적으로 무거운 골재나 시멘트 등이 침하하는 현상(콘크리트 타설 후 물이나 미세한 불순물이 분리 상승하여 콘크리트 표면에 떠오르는 현상)

* 레이턴스 (laitance) : 블리딩으로 인하여 콘크리트나 모르타르의 표면에 떠올라서 가라앉은 미세한 물질

콘크리트의 워커빌리티(workability)를 측정하는 시험 방법

① 슬럼프시험(slump test)
② 흐름시험(flow test)
③ 비비시험(wee bee test)
④ 다짐계수실험(compacting factor test)
⑤ 리몰딩시험(remolding test)
⑥ 캐리볼관입시험(kelly ball penetration test)

* 베인시험 : 연약점토의 점착력을 파악하고 전단강도를 구하는 시험

(5) 철근콘크리트 슬래브에 발생하는 응력에 대한 설명

① 전단력은 일반적으로 중앙부보다 단부에서 크게 작용한다.
② 중앙부 하부에는 인장응력이 발생한다.
③ 단부 하부에는 압축응력이 발생한다.
④ 휨응력은 일반적으로 슬래브의 중앙부에서 크게 작용한다.

* 응력(stress. 應力) : 하중(외력)이 재료에 가했을 때 이에 대응하여 재료 내에 생기는 변형력 또는 저항력을 응력이라 함. 응력은 하중을 가하는 방향에 따라 수직응력(압축 응력, 인장 응력), 전단 응력, 휨 응력 등으로 나누어짐.
 - 인장응력 = 단위면적당 작용하는 힘(의지하는 체중)/단위면적

* 콘크리트 타설을 위한 거푸집동바리 구조검토 순서〈거푸집동바리 구조검토 및 설치 안전작업지침〉
  ① 하중계산 : 거푸집동바리에 작용하는 하중 및 외력의 종류, 크기를 산정한다.
  ② 응력계산 : 하중·외력에 의하여 각 부재에 발생되는 응력을 구한다.
  ③ 단면계산 : 각 부재에 발생되는 응력에 대하여 안전한 단면을 결정한다.
* 콘크리트의 비파괴 검사방법 : 반발경도법, 자기법, 음파법, 전위법, AE법, 관입저항법, 인발법, 내시경법, 전자파법, 적외선법, 방사선법, 공진법
* PC말뚝(prestressed concrete pile) : 프리스트레스를 도입하여 제작한 콘크리트 말뚝으로 말뚝을 절단할 때 내부응력에 가장 큰 영향을 받는 말뚝(말뚝을 절단하면 PC강선이 절단되어 내부응력을 상실)

2. 철골공사 안전

가. 철골작업 시 작업의 제한〈산업안전보건기준에 관한 규칙〉

(1) 승강로의 설치

제381조(승강로의 설치)
근로자가 수직방향으로 이동하는 철골부재(鐵骨部材)에는 답단(踏段) 간격이 30센티미터 이내인 고정된 승강로를 설치하여야 하며, 수평방향 철골과 수직방향 철골이 연결되는 부분에는 연결작업을 위하여 작업발판 등을 설치하여야 한다.

(2) 가설통로의 설치

제382조(가설통로의 설치)
철골작업을 하는 경우에 근로자의 주요 이동통로에 고정된 가설통로를 설치하여야 한다(안전대의 부착설비 등을 갖춘 경우에는 그러하지 아니하다).

(3) 작업의 제한

제383조(작업의 제한)
다음의 어느 하나에 해당하는 경우에 철골작업을 중지하여야 한다.
1. 풍속이 초당 10미터 이상인 경우
2. 강우량이 시간당 1밀리미터 이상인 경우
3. 강설량이 시간당 1센티미터 이상인 경우

나 철골공사작업의 안전〈철골공사표준안전작업지침〉

(1) 설계도 및 공작도 확인

제3조(설계도 및 공작도 확인)

철골공사 전에 설계도 및 공작도에서 다음의 사항을 검토하여야 한다.

> 철골기둥, 빔 및 트러스 등의 철골구조물을 일체화 또는 지상에서 조립하는 이유 : 고소작업의 감소

6. 건립 후에 가설부재나 부품을 부착하는 것은 위험한 작업(고소작업 등)이 예상되므로 다음의 사항을 사전에 계획하여 공작도에 포함시켜야 한다.
   가. 외부비계받이 및 화물승강설비용 브라켓
   나. 기둥 승강용 트랩
   다. 구명줄 설치용 고리
   라. 건립에 필요한 와이어 걸이용 고리
   마. 난간 설치용 부재
   바. 기둥 및 보 중앙의 안전대 설치용 고리
   사. 방망 설치용 부재
   아. 비계 연결용 부재
   자. 방호선반 설치용 부재
   차. 양중기 설치용 보강재
7. 구조안전의 위험이 큰 다음의 철골구조물은 건립 중 강풍에 의한 풍압 등 외압에 대한 내력이 설계에 고려되었는지 확인하여야 한다.
   가. 높이 20미터 이상의 구조물
   나. 구조물의 폭과 높이의 비가 1:4 이상인 구조물
   다. 단면구조에 현저한 차이가 있는 구조물
   라. 연면적당 철골량이 50킬로그램/평방미터 이하인 구조물
   마. 기둥이 타이플레이트(tie plate)형인 구조물
   바. 이음부가 현장용접인 구조물

(2) 철골구조물의 건립기계 선정 및 건립 순서의 계획

제4조(건립계획)

철골건립계획수립에 있어서 다음의 사항을 검토하여야 한다.
2. 건립기계는 다음의 사항을 검토하여 적절한 것을 선정하여야 한다.
   가. 건립기계의 출입로, 설치장소, 기계조립에 필요한 면적, 이동식 크레인은 건물주위 주행통로의 유무, 타워크레인과 가이데릭 등 기초구조물을 필요로 하는 정치식 기계는 기초구조물을 설치할 수 있는 공간과 면적 등을 검토하여야 한다.

나. 이동식 크레인의 엔진소음은 부근의 환경을 해칠 우려가 있으므로 학교, 병원, 주택 등이 근접되어 있는 경우에는 소음을 측정 조사하고 소음진동 허용치는 관계법에서 정하는 바에 따라 처리하여야 한다.
　　다. 건물의 길이 또는 높이 등 건물의 형태에 적합한 건립기계를 선정하여야 한다.
　　라. 타워크레인, 가이데릭, 삼각데릭 등 정치식 건립기계의 경우 그 기계의 작업반경이 건물 전체를 수용할 수 있는지의 여부, 또 부움이 안전하게 인양할 수 있는 하중 범위, 수평거리, 수직높이 등을 검토하여야 한다.
3. 건립 순서를 계획할 때는 다음의 사항을 검토하여야 한다.
　　가. 철골 건립에 있어서는 현장건립순서와 공장제작 순서가 일치되도록 계획하고 제작검사의 사전실시, 현장운반계획 등을 확인하여야 한다.
　　나. 어느 한 면만을 2절점 이상 동시에 세우는 것은 피해야 하며, 1스팬 이상 수평 방향으로도 조립이 진행되도록 계획하여 좌굴, 탈락에 의한 도괴를 방지하여야 한다.
　　다. 건립기계의 작업반경과 진행 방향을 고려하여 조립 순서를 결정하고 조립 설치된 부재에 의해 후속 작업이 지장을 받지 않도록 계획하여야 한다.
　　라. 연속기둥 설치 시 기둥을 2개 세우면 기둥 사이의 보를 동시에 설치하도록 하며 그 다음의 기둥을 세울 때에도 계속 보를 연결시킴으로써 좌굴 및 편심에 의한 탈락 방지 등의 안전성을 확보하면서 건립을 진행시켜야 한다.
　　마. 건립 중 도괴를 방지하기 위하여 가 볼트 체결기간을 단축시킬 수 있도록 후속공사를 계획하여야 한다.
5. 강풍, 폭우 등과 같은 악천우 시에는 작업을 중지하여야 하며 특히 강풍시에는 높은 곳에 있는 부재나 공구류가 낙하비래하지 않도록 조치하여야 한다.
　　이때 작업을 중지해야 하는 악천후는 다음의 경우를 말한다.
　　가. 풍속 : 10분간의 평균풍속이 1초당 10미터 이상
　　나. 강우량 : 1시간당 1밀리미터 이상

(3) 앵커 볼트의 매립

제5조(앵커 볼트의 매립)

앵커 볼트의 매립에 있어서의 준수사항

1. 앵커 볼트는 매립 후에 수정하지 않도록 설치하여야 한다.
2. 앵커 볼트를 매립하는 정밀도는 다음 각 목의 범위 내이어야 한다.

   가. 기둥중심은 (그림 1)과 같이 기준선 및 인접기둥의 중심에서 5밀리미터 이상 벗어나지 않을 것

   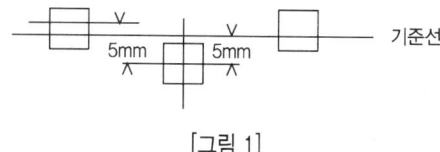

   [그림 1]

   나. 인접기둥 간 중심거리의 오차는 (그림 2)와 같이 3밀리미터 이하일 것

   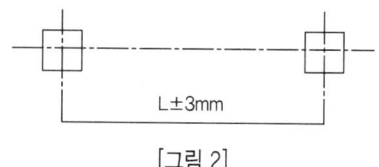

   [그림 2]

   다. 앵커 볼트는 (그림 3)과 같이 기둥중심에서 2밀리미터 이상 벗어나지 않을 것

   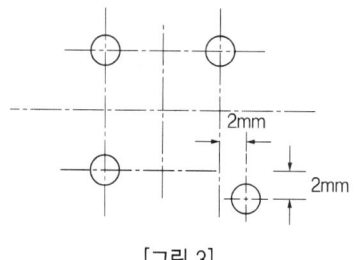

   [그림 3]

   라. 베이스 플레이트의 하단은 (그림 4)와 같이 기준 높이 및 인접기둥의 높이에서 3밀리미터 이상 벗어나지 않을 것

   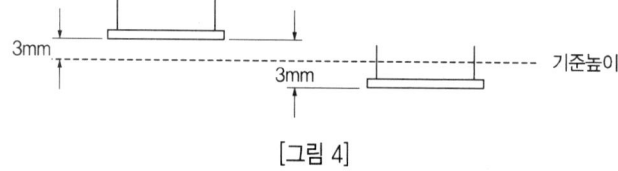

   [그림 4]

3. 앵커 볼트는 견고하게 고정시키고 이동, 변형이 발생하지 않도록 주의하면서 콘크리트를 타설해야 한다.

(4) 철골건립준비

<u>제7조(건립준비)</u>

철골건립준비를 할 때의 준수사항

1. 지상 작업장에서 건립준비 및 기계기구를 배치할 경우에는 낙하물의 위험이 없는 평탄한 장소를 선정하여 정비하고 경사지에서는 작업대나 임시발판 등을 설치하는 등 안전하게 한 후 작업하여야 한다.
2. 건립작업에 지장이 되는 수목은 제거하거나 이설하여야 한다.
3. 인근에 건축물 또는 고압선 등이 있는 경우에는 이에 대한 방호조치 및 안전조치를 하여야 한다.
4. 사용전에 기계기구에 대한 정비 및 보수를 철저히 실시하여야 한다.
5. 기계가 계획대로 배치되어 있는가, 윈치는 작업구역을 확인할 수 있는 곳에 위치하였는가, 기계에 부착된 앵커 등 고정장치와 기초구조 등을 확인하여야 한다.

(5) 철골보 인양

<u>제11조(보의 인양)</u>

철골보를 인양할 때의 준수사항

1. 인양 와이어 로프의 매달기 각도는 양변 60°를 기준으로 2열로 매달고 와이어 체결지점은 수평부재의 1/3기점을 기준하여야 한다.
2. 조립되는 순서에 따라 사용될 부재가 하단부에 적치되어 있을 때에는 상단부의 부재를 무너뜨리는 일이 없도록 주의하여 옆으로 옮긴 후 부재를 인양하여야 한다.
3. 크램프로 부재를 체결할 때는 다음의 사항을 준수하여야 한다.
    가. 크램프는 부재를 수평으로 하는 두 곳의 위치에 사용하여야 하며 부재 양단방향은 등간격이어야 한다.
    나. 부득이 한군데만을 사용할 때는 위험이 적은 장소로서 간단한 이동을 하는 경우에 한하여야 하며 부재길이의 1/3지점을 기준하여야 한다.
    다. 두 곳을 매어 인양시킬 때 와이어 로프의 내각은 60도 이하이어야 한다.
    라. 크램프의 정격용량 이상 매달지 않아야 한다.
    마. 체결작업 중 크램프 본체가 장애물에 부딪치지 않게 주의하여야 한다.
    바. 크램프의 작동상태를 점검한 후 사용하여야 한다.
4. 유도 로프는 확실히 매야 한다.
5. 인양할 때는 다음의 사항을 준수하여야 한다.
    가. 인양 와이어 로프는 후크의 중심에 걸어야 하며 후크는 용접의 경우 용접장 등 용접규격을 확인하여 인양 시 취성파괴에 의한 탈락을 방지하여야 한다.

나. 신호자는 운전자가 잘 보이는 곳에서 신호하여야 한다.
다. 불안정하거나 매단 부재가 경사가 지면 지상에 내려 다시 체결하여야 한다.
라. 부재의 균형을 확인하면 서서히 인양하여야 한다.
마. 흔들리거나 선회하지 않도록 유도 로프로 유도하며 장애물에 닿지 않도록 주의하여야 한다.

(6) 철골공사시의 안전작업방법 및 준수사항

① 10분간의 평균 풍속이 초당 10m 이상인 경우는 작업을 중지한다.
② 철골 부재 반입 시 시공순서가 빠른 부재는 상단부에 위치하도록 한다.
③ 구명줄 설치 시 1가닥의 구명줄을 여러 명이 동시에 사용하지 않도록 하여야 하며 구명줄을 마닐라 로프 직경 16mm를 기준하여 설치하고 작업방법을 충분히 검토하여야 한다.
④ 철골보의 두곳을 매어 인양시킬 때 와이어로프의 내각은 60° 이하이어야 한다.

(7) 재해방지 설비

제16조(재해방지 설비)

철골공사 중 재해방지를 위한 준수사항

1. 철골공사에 있어서는 용도, 사용장소 및 조건에 따라 〈표〉의 재해방지 설비를 갖추어야 한다.

	기 능	용도, 사용장소, 조건	설 비
추 락 방 지	안전한 작업이 가능한 작업대	높이 2미터 이상의 장소로서 추락의 우려가 있는 작업	비계, 달비계, 수평통로, 안전난간대
	추락자를 보호할 수 있는 것	작업대 설치가 어렵거나 개구부주위로 난간 설치가 어려운 곳	추락방지용 방망
	추락의 우려가 있는 위험 장소에서 작업자의 행동을 제한하는 것	개구부 및 작업대의 끝	난간, 울타리
	작업자의 신체를 유지시키는 것	안전한 작업대나 난간 설비를 할 수 없는 곳	안전대부착설비, 안전대, 구명줄

(8) 철골 용접작업 안전

(가) 철골용접 작업자의 전격 방지를 위한 주의사항

① 보호구와 복장을 구비하고, 기름기가 묻었거나 젖은 것은 착용하지 않을 것
② 작업 중지의 경우에는 스위치를 떼어 놓을 것
③ 전격 방지기를 부착하여 교류 용접기를 사용할 것
④ 좁은 장소에서의 작업에서는 신체를 노출시키지 않을 것
⑤ 우천, 강설 시에는 야외작업을 중단할 것
⑥ 절연 홀더(Holder)를 사용할 것

(나) 철골공사의 용접, 용단작업에 사용되는 가스등의 용기 취급 준수사항

<u>제234조(가스 등의 용기)</u>
금속의 용접·용단 또는 가열에 사용되는 가스 등의 용기를 취급하는 경우의 준수사항

1. 다음 각 목의 어느 하나에 해당하는 장소에서 사용하거나 해당 장소에 설치·저장 또는 방치하지 않도록 할 것
   가. 통풍이나 환기가 불충분한 장소
   나. 화기를 사용하는 장소 및 그 부근
   다. 위험물 또는 인화성 액체를 취급하는 장소 및 그 부근
2. 용기의 온도를 섭씨 40도 이하로 유지할 것
3. 전도의 위험이 없도록 할 것
4. 충격을 가하지 않도록 할 것
5. 운반하는 경우에는 캡을 씌울 것
6. 사용하는 경우에는 용기의 마개에 부착되어 있는 유류 및 먼지를 제거할 것
7. 밸브의 개폐는 서서히 할 것
8. 사용 전 또는 사용 중인 용기와 그 밖의 용기를 명확히 구별하여 보관할 것
9. 용해아세틸렌의 용기는 세워 둘 것
10. 용기의 부식·마모 또는 변형상태를 점검한 후 사용할 것

(다) 철골용접부의 결함을 검사하는 방법

① 외관(육안)검사(VT : Visual Test)
② 침투탐상검사(PT, Penetrant Testing) : 시험체 표면에 개구해 있는 결함에 침투한 침투액을 흡출시켜 결함지시 모양을 식별
③ 자분탐상검사(MT, Magnetic Particle Testing) : 표면 또는 표층에 결함이 있을 경우 누설자속을 이용하여 육안으로 결함을 검출하는 시험법

④ 와류탐상검사(ET, Eddy Current Test) : 금속 등의 도체에 교류를 통한 코일을 접근시켰을 때 결함이 존재하면 코일에 유기되는 전압이나 전류가 변하는 것을 이용한 검사방법

⑤ 초음파탐상검사(UT, Ultrasonic Testing) : 용접부의 내부결함 검출을 위하여 실시하는 검사로써 빠르고 경제적이어 서 현장에서 주로 사용하는 초음파를 이용한 비파괴 검사법
 - 두께가 두꺼운 철골구조물 용접 결함확인을 위한 비파괴검사 중 모재의 결함 및 두께측정이 가능

⑥ 방사선투과검사(RT, Radiograpic Testing) : 가장 널리 사용되는 검사방법으로 방사선을 투과하여 재료 및 용접부 의 내부결함 검사

✱ 음향방출시험(AET : Acoustic Emission Testing), 누설검사(LT : Leak Testing)

(라) 철골공사의 용접결함 종류

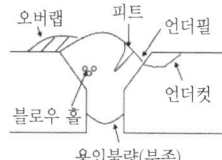

용접결함

1) 비드(bead) 외관불량 : 용접봉의 조작으로 인해 용접금속 표면에 생기는 띠모양을 비드라 하며 비드 폭과 띠 모양이 불균일하여 허용치를 넘게 되면 외관불량이 됨.

2) spatter(스패터) : 용접 작업중 용접봉으로부터 튀어나온 용융 금속입자가 식어 굳은 것

3) crack(균열) : 용접 금속에 금이 간 상태

4) pit(피트) 및 블로우 홀(blow hole) : 용접 시 용접금속 내에 흡수된 가스가 표면에 나와 생성하는 작은 구멍을 Pit라 하며 내부에 그대로 잔류된 기공이 Blow hole임.

5) slag(슬래그) 혼입 : 용접봉의 피복재가 녹아 용접금속 표면에 부상하여 굳은 것이며 slag 일부가 용접금속 내에 혼입

6) crater(크레이터) : 용접 마지막에 아크를 급히 절단함으로 생기는 우묵히 패인 부분

7) 언더 컷(under cut) : 용접 시 모재가 녹아 용착금속에 채워지지 않고 홈으로 남게 된 것

8) 용입부족 : 용착금속이 채워지지 않고 홈으로 남게된 부분

9) fish eye(피시 아이) : blow hole 및 혼입된 slag가 모여 둥근 은색반점이 생기는 결함

10) 오버랩(overlap) : 용접 시 용착금속이 모재에 융합되지 않고 겹쳐진 결함

11) throat(목두께) 부족 : 모살용접에서 용접덧살 두께가 부족하여 발생한 결함

12) 각장부족 : 모살용접에서 용착면의 길이가 부족하여 발생한 결함

13) lamellar tearing(라멜라 테어링) : 철골부재의 용접 이음에 의해 압연 강판 두께 방향으로 강한 인장 구속력이 발생할 때 용접금속의 국부적인 수축으로 압연강판의 층(lamination) 사이에 균열이 발생하는 현상

※ 가우징(gouging) : 용접부의 깊은 홈을 파는 방법. 불완전 용접부의 제거, 용접부의 밑면 파내기 등에 이용

3. 프리캐스트 콘크리트(PC: Precast Concrete)

가. 프리캐스트 부재의 임시보관〈프리캐스트 콘크리트 건축구조물 조립작업 안전지침〉

(* 프리캐스트 콘크리트 : 공장에서 제작된 일정한 형태의 콘크리트 부재. 현장타설 콘크리트의 반대 개념)

5.3 임시보관

(1) 부재는 가능한 수평으로 적재하여야 한다.

(2) 외장재가 부착된 부재 또는 벽체용 부재는 프레임(frame) 또는 수직 받침대를 이용하여 수직으로 적재하여야한다.

(3) 수직받침대 옆에 야적할 때에는 밑바닥에 수평으로 방호물을 설치하고 수직 받침대에 살짝 기대게 하여 안정된 상태로 야적하며 부재와 부재 사이에는 보호블록을 끼워 넣고 수직 받침대 양옆으로 대칭이 되게 야적하여 하중의 균형을 잡고 한쪽으로 기울어지지 않게 한다.

(4) 수평으로 적재하는 부재는 부재에 작용하는 하중이 고르게 분담될 수 있도록 가능한 두 지점에 받침목을 설치하고 받침목은 상하 일직선상에 위치하여야 하며 불량한 방법으로 부재를 적재하지 않도록 하여야 한다.

(5) 받침목의 위치는 양 끝에서 부재 전체 길이의 1/5되는 지점이 적당하다.

(6) 만일 세 지점 이상 지지가 필요할 경우 부재의 하중이 한 곳에 집중되지 않도록 받침목의 위치를 선정하여야 한다.

(7) 부재를 포개어 야적하는 경우 포개는 부재의 수는 부재 제작회사의 시방에 따라야 하며 시방에 정하는 바가 없을 때에는 구조검토를 실시하여 부재에 구조적 문제가 생기지 않는 범위 내에서 정하여야 한다.
(8) 부재의 제조번호, 기호 등을 식별하기 쉽게 야적한다.

나 건설현장에서의 PC(Precast Concrete)조립 시 안전대책

① 부재 조립은 현장조립도 및 작업계획서에 따라 차례대로 하여야 한다.
② 부재 조립 시 아래층에서의 작업을 금지하여 상하 동시 작업이 되지 않도록 하여야한다(인양 PC부재 아래에 근로자 출입을 금지한다).
③ 운전자는 부재를 달아 올린 채 운전대를 이탈해서는 안 된다(크레인에 PC부재를 달아 올린 채 주행해서는 안 된다).
④ 신호는 사전 정해진 방법에 의해서만 실시한다(신호수를 지정한다).
⑤ 크레인 사용 시 PC판의 중량을 고려하여 아우트리거를 사용한다.

※ PC(precast concrete)공법 : 공장에서 생산한 콘크리트 건축 부재를 현장에서 조립하는 공법으로 품질의 균등화, 대량생산 가능
  ① 기후의 영향을 받지 않아 동절기 시공이 가능하고, 공기를 단축할 수 있다. (기상의 영향을 덜 받는다.)
  ② 현장작업이 감소되고, 생산성이 향상되어 인력절감이 가능하다.(현장에서의 공정이 단축된다.)
  ③ 공장 제작이므로 콘크리트 양생 시 최적조건에 의한 양질의 제품생산이 가능하다.

CHAPTER 06 항목별 우선순위 문제 및 해설

01 콘크리트 타설 작업을 하는 경우에 준수해야 할 사항으로 옳지 않은 것은?

① 당일의 작업을 시작하기 전에 해당 작업에 관한 거푸집동바리 등의 변형·변위 및 지반의 침하 유무 등을 점검하고 이상이 있으면 보수할 것
② 작업 중에는 거푸집동바리 등의 변형·변위 및 침하 유무 등을 감시할 수 있는 감시자를 배치하여 이상이 있으면 작업을 빠른 시간 내 우선 완료하고 근로자를 대피시킬 것
③ 콘크리트 타설 작업 시 거푸집 붕괴의 위험이 발생할 우려가 있으면 충분한 보강조치를 할 것
④ 콘크리트를 타설하는 경우에는 편심이 발생하지 않도록 골고루 분산하여 타설할 것

해설 **콘크리트의 타설 작업 시 준수사항**
작업 중에는 감시자를 배치하는 등의 방법으로 거푸집 및 동바리의 변형·변위 및 침하 유무 등을 확인해야 하며, 이상이 있으면 작업을 중지하고 근로자를 대피시킬 것

02 콘크리트 타설 시 안전수칙으로 옳지 않은 것은?

① 타설 순서는 계획에 의하여 실시하여야 한다.
② 전동기는 최대한 많이 사용하여야 한다.
③ 콘크리트를 치는 도중에 거푸집, 지보공 등의 이상 유무를 확인하여야 한다.
④ 손수레로 콘크리트를 운반할 때에는 손수레를 타설하는 위치까지 천천히 운반하여 거푸집에 충격을 주지 아니하도록 타설하여야 한다.

해설 **콘크리트 타설 시 안전수칙 준수**
전동기는 적절히 사용되어야 하며, 지나친 진동은 거푸집 도괴의 원인이 될 수 있으므로 각별히 주의하여야 한다.

03 콘크리트 타설 시 거푸집 측압에 대한 설명으로 옳지 않은 것은?

① 기온이 높을수록 측압은 크다.
② 타설속도가 클수록 측압은 크다.
③ 슬럼프가 클수록 측압은 크다.
④ 다짐이 과할수록 측압은 크다.

해설 **콘크리트의 측압**
콘크리트 타설시기둥, 벽체에 가해지는 콘크리트 수평방향의 압력. 콘크리트의 타설높이가 증가함에 따라 측압이 증가하나 일정높이 이상이 되면 측압은 감소
① 거푸집 수밀성이 클수록 측압이 커진다.
② 철근량이 적을수록 측압이 커진다.
③ 부어넣기 빠를수록 측압이 커진다.
④ 외기의 온·습도가 낮을수록 측압은 크다.
⑤ 슬럼프가 클수록 측압이 커진다.
⑥ 다짐이 좋을수록 측압이 커진다.

04 콘크리트의 재료분리현상 없이 거푸집 내부에 쉽게 타설 할 수 있는 정도를 나타내는 것은?

① Workability
② Bleeding
③ Consistency
④ Finishability

해설 **콘크리트의 워커빌리티(Workability. 시공연도, 施工練度))** : 반죽질기 여하에 따르는 작업의 난이 정도 및 재료의 분리에 저항하는 정도를 나타내는 아직 굳지 않은 콘크리트의 성질을 말함(콘크리트의 재료분리현상 없이 거푸집 내부에 쉽게 타설할 수 있는 정도를 나타내는 것).

정답 01.② 02.② 03.① 04.①

05 콘크리트 유동성과 묽기를 시험하는 방법은?

① 다짐시험
② 슬럼프시험
③ 압축강도시험
④ 평판시험

해설 슬럼프시험(slump test)
콘크리트의 유동성 측정시험. 반죽질기(컨시스턴시)를 측정하는 방법으로 가장 일반적으로 사용(콘크리트 타설 시 작업의 용이성을 판단하는 방법)

06 지름이 15cm이고 높이가 30cm인 원기둥 콘크리트 공시체에 대해 압축강도시험을 한 결과 460kN에 파괴되었다. 이때 콘크리트 압축강도는?

① 16.2MPa
② 21.5MPa
③ 26MPa
④ 31.2MPa

해설 콘크리트 압축강도(壓縮强度, compressive strength)
압축 파괴 시의 단면에 있어서의 수직 응력인 압축 하중을 시험편의 단면적으로 나눈 값(kgf/mm^2, kgf/cm^2)
압축강도 = 최대하중(P)/시험편의 단면적(A)
(* 단면적 = $\frac{\pi D^2}{4}$)

$= \dfrac{460}{\dfrac{\pi}{4} \times 0.15^2} = 26,030 kN/m^2 = 26,030 kPa$

= 26MPa(15cm = 0.15m)
* $1kgf/cm^2 = 9.8N/cm^2 = 9.8N/0.0001m^2$
 = $98,000N/m^2$ = 98,000Pa = 0.098MPa
 = 약 0.1MPa
(1kgf = 9.8N, $cm^2 = 0.0001m^2$, $1Pa = 1N/m^2$, Pa = 0.000001MPa)

07 콘크리트 강도에 영향을 주는 요소로 거리가 먼 것은?

① 거푸집 모양과 형상
② 양생 온도와 습도
③ 타설 및 다지기
④ 콘크리트 재령 및 배합

해설 콘크리트 강도에 영향을 주는 요소
콘크리트 강도는 일반적으로 표준양생한 재령 28일의 압축강도를 기준으로 함.
– 강도에 영향을 주는 주된 요인 : 사용재료의 품질, 배합, 공기량, 시공방법, 양생방법, 양생온도, 재령
① 양생 온도와 습도
② 콘크리트 재령 및 배합
③ 타설 및 다지기

08 철근인력운반에 대한 설명으로 옳지 않은 것은?

① 운반할 때에는 중앙부를 묶어 운반한다.
② 긴 철근은 두 사람이 한 조가 되어 어깨 메기로 운반하는 것이 좋다.
③ 운반 시 1인당 무게는 25kg 정도가 적당하다.
④ 긴 철근을 한사람이 운반할 때는 한쪽을 어깨에 메고 한쪽 끝을 땅에 끌면서 운반한다.

해설 콘크리트공사시 철근을 인력으로 운반할 때의 준수사항
가. 1인당 무게는 25킬로그램 정도가 적절하며, 무리한 운반을 삼가하여야 한다.
나. 2인 이상이 1조가 되어 어깨메기로 하여 운반하는 등 안전을 도모하여야 한다.
다. 긴 철근을 부득이 한 사람이 운반할 때에는 한쪽을 어깨에 메고 한쪽끝을 끌면서 운반하여야 한다.
라. 운반할 때에는 양끝을 묶어 운반하여야 한다.
마. 내려놓을 때는 천천히 내려놓고 던지지 않아야 한다.
바. 공동 작업을 할 때에는 신호에 따라 작업을 하여야 한다.

09 철골작업 시 철골부재에서 근로자가 수직방향으로 이동하는 경우에 설치하여야 하는 고정된 승강로의 최소 답단 간격은 얼마 이내인가?

① 20[cm]
② 25[cm]
③ 30[cm]
④ 40[cm]

정답 05. ② 06. ③ 07. ① 08. ① 09. ③

해설 **승강로의 설치**
근로자가 수직방향으로 이동하는 철골부재(鐵骨部材)에는 답단(踏段) 간격이 30센티미터 이내인 고정된 승강로를 설치하여야 한다.

10 건립 중 강풍에 의한 풍압 등 외압에 대한 내력이 설계에 고려되었는지 확인하여야 하는 철골구조물의 기준으로 옳지 않은 것은?

① 높이 20[m] 이상의 구조물
② 구조물의 폭과 높이의 비가 1 : 4 이상인 구조물
③ 이음부가 공장 제작인 구조물
④ 연면적당 철골량이 50[kg/m²] 이하인 구조물

해설 **설계도 및 공작도 확인(철골구조물)**
가. 높이 20미터 이상의 구조물
나. 구조물의 폭과 높이의 비가 1:4 이상인 구조물
다. 단면구조에 현저한 차이가 있는 구조물
라. 연면적당 철골량이 50킬로그램/평방미터 이하인 구조물
마. 기둥이 타이플레이트(tie plate)형인 구조물
바. 이음부가 현장용접인 구조물

11 철골건립준비를 할 때 준수하여야 할 사항과 가장 거리가 먼 것은?

① 지상 작업장에서 건립준비 및 기계·기구를 배치할 경우에는 낙하물의 위험이 없는 평탄한 장소를 선정하여 정비하고 경사지에는 작업대나 임시발판 등을 설치하는 등 안전하게 한 후 작업하여야 한다.
② 건립작업에 다소 지장이 있다하더라도 수목은 제거하여서는 안 된다.
③ 사용 전에 기계·기구에 대한 정비 및 보수를 철저히 실시하여야 한다.
④ 기계에 부착된 앵커 등 고정장치와 기초구조 등을 확인하여야 한다.

해설 **철골건립준비**
건립작업에 지장이 되는 수목은 제거하거나 이설하여야 한다.

12 철골보 인양 시 준수해야 할 사항으로 옳지 않은 것은?

① 인양 와이어로프의 매달기 각도는 양변 60°를 기준으로 한다.
② 크램프로 부재를 체결할 때는 크램프의 정격용량 이상 매달지 않아야 한다.
③ 크램프는 부재를 수평으로 하는 한 곳의 위치에만 사용하여야 한다.
④ 인양 와이어로프는 후크의 중심에 걸어야 한다.

해설 **철골보 인양**
크램프로 부재를 체결할 때 크램프는 부재를 수평으로 하는 두 곳의 위치에 사용하여야 하며 부재 양단 방향은 등간격이어야 한다.

13 철골작업을 중지하여야 하는 조건에 해당하지 않는 것은?

① 풍속이 초당 10m 이상인 경우
② 지진이 진도 4 이상의 경우
③ 강우량이 시간당 1mm 이상의 경우
④ 강설량이 시간당 1cm 이상의 경우

해설 **철골작업의 중지**
1. 풍속이 초당 10미터 이상인 경우
2. 강우량이 시간당 1밀리미터 이상인 경우
3. 강설량이 시간당 1센티미터 이상인 경우

정답 10. ③ 11. ② 12. ③ 13. ②

Chapter 07 운반, 하역작업

1. 운반작업

가 취급, 운반의 원칙

① 직선 운반을 할 것
② 연속 운반을 할 것
③ 운반 작업을 집중하여 시킬 것
④ 생산을 최고로 하는 운반을 생각할 것
⑤ 최대한 시간과 경비를 절약할 수 있는 운반방법을 고려할 것

나 인력운반 작업에 대한 안전 준수사항

① 물건을 들어 올릴 때는 팔과 무릎을 이용하며 척추는 곧게 한다.
② 길이가 긴 물건은 앞쪽을 높게 하여 운반한다.
③ 보조기구를 효과적으로 사용한다.
④ 무거운 물건은 공동작업으로 실시한다.
⑤ 운반 시의 시선은 진행방향을 향하고 뒷걸음 운반을 하여서는 안 된다.
⑥ 어깨높이보다 높은 위치에서 하물을 들고 운반하여서는 안 된다.
⑦ 단독작업은 30kg 이하로 하고 장시간 작업은 작업자 체중의 40% 한도 내에서 취급한다.
⑧ 물건은 최대한 몸에서 붙어서 들어올린다.
⑨ 무거운 물건을 운반할 때 무게 중심이 높은 하물은 인력으로 운반하지 않는다.

> ※ **인력에 의한 하물 운반 시 준수사항〈운반하역 표준안전 작업지침〉**
> 제8조(운반) 운반할 때의 준수사항
> 1. 하물의 운반은 수평거리 운반을 원칙으로 하며, 여러 번 들어 움직이거나 중계운반, 반복운반을 하여서는 아니 된다.
> 2. 운반 시의 시선은 진행방향을 향하고 뒷걸음 운반을 하여서는 아니 된다.
> 3. 어깨높이보다 높은 위치에서 하물을 들고 운반하여서는 아니 된다.
> 4. 쌓여 있는 하물을 운반할 때에는 중간 또는 하부에서 뽑아내어서는 아니 된다.

---

memo

기계운반 작업으로의 실시
① 취급물이 중량인 작업
② 표준화되어 있어 지속적이고 운반량이 많은 작업
③ 단순하고 반복적인 작업

인력으로 하물을 인양할 때의 준수사항〈운반하역 표준안전 작업지침〉
제7조(인양) 하물을 인양할 때는 다음의 사항을 준수하여야 한다.
3. 인양할 때의 몸의 자세는 다음 각 목의 사항을 준수하여야 한다.
가. 한쪽 발은 들어올리는 물체를 향하여 안전하게 고정시키고 다른 발은 그 뒤에 안전하게 고정시킬 것
나. 등은 항상 직립을 유지하여 가능한 한 지면과 수직이 되도록 할 것
다. 무릎은 직각자세를 취하고 몸은 가능한 한 인양물에 근접하여 정면에서 인양할 것
라. 턱은 안으로 당겨 척추와 일직선이 되도록 할 것
마. 팔은 몸에 밀착시키고 끌어당기는 자세를 취하며 가능한 한 수평거리를 짧게 할 것
바. 손가락으로만 인양물을 잡아서는 아니 되며 손바닥으로 인양물 전체를 잡을 것
사. 체중의 중심은 항상 양 다리 중심에 있게 하여 균형을 유지할 것

다 중량물을 취급 작업의 작업계획서 내용

[별표 4] 사전조사 및 작업계획서 내용〈산업안전보건기준에 관한 규칙〉
11. 중량물의 취급 작업
　　가. 추락위험을 예방할 수 있는 안전대책
　　나. 낙하위험을 예방할 수 있는 안전대책
　　다. 전도위험을 예방할 수 있는 안전대책
　　라. 협착위험을 예방할 수 있는 안전대책
　　마. 붕괴위험을 예방할 수 있는 안전대책

2. 하역작업

가 차량계 하역운반기계〈산업안전보건기준에 관한 규칙〉

(1) 전도 등의 방지

제171조(전도 등의 방지)
차량계 하역운반기계 등을 사용하는 작업을 할 때에 그 기계가 넘어지거나 굴러떨어짐으로써 근로자에게 위험을 미칠 우려가 있는 경우에는 그 기계를 유도하는 사람을 배치하고 지반의 부동침하 및 갓길 붕괴를 방지하기 위한 조치를 해야 한다.

(2) 화물적재 시의 조치

제173조(화물적재 시의 조치)
① 사업주는 차량계 하역운반기계 등에 화물을 적재하는 경우의 준수사항
　1. 하중이 한쪽으로 치우치지 않도록 적재할 것
　2. 구내운반차 또는 화물자동차의 경우 화물의 붕괴 또는 낙하에 의한 위험을 방지하기 위하여 화물에 로프를 거는 등 필요한 조치를 할 것
　3. 운전자의 시야를 가리지 않도록 화물을 적재할 것
② 화물을 적재하는 경우에는 최대적재량을 초과해서는 아니 된다.

(3) 싣거나 내리는 작업

제177조(싣거나 내리는 작업)
차량계 하역운반기계 등에 단위화물의 무게가 100킬로그램 이상인 화물을 싣는 작업(로프 걸이 작업 및 덮개 덮기 작업을 포함) 또는 내리는 작업(로프 풀기 작업 또는 덮개 벗기기 작업을 포함)을 하는 경우에 해당 작업의 지휘자에게 다음의 사항을 준수하도록 하여야 한다.

화물의 적재 시 준수사항
〈산업안전보건기준에 관한 규칙〉
제393조(화물의 적재)
화물을 적재하는 경우에 다음의 사항을 준수하여야 한다.
1. 침하 우려가 없는 튼튼한 기반 위에 적재할 것
2. 건물의 칸막이나 벽 등이 화물의 압력에 견딜 만큼의 강도를 지니지 아니한 경우에는 칸막이나 벽에 기대어 적재하지 않도록 할 것
3. 불안정할 정도로 높이 쌓아 올리지 말 것
4. 하중이 한쪽으로 치우치지 않도록 쌓을 것

1. 작업순서 및 그 순서마다의 작업방법을 정하고 작업을 지휘할 것
2. 기구와 공구를 점검하고 불량품을 제거할 것
3. 해당 작업을 하는 장소에 관계 근로자가 아닌 사람이 출입하는 것을 금지할 것
4. 로프 풀기 작업 또는 덮개 벗기기 작업은 적재함의 화물이 떨어질 위험이 없음을 확인한 후에 하도록 할 것

> ※ **제174조(차량계 하역운반기계 등의 이송)**
> 차량계 하역운반기계 등을 이송하기 위하여 화물자동차에 싣거나 내리는 작업을 할 때에 발판·성토 등을 사용하는 경우에는 해당 차량계 하역운반기계 등의 전도 또는 전락에 의한 위험을 방지하기 위하여 다음의 사항을 준수하여야 한다.
> 1. 싣거나 내리는 작업은 평탄하고 견고한 장소에서 할 것
> 2. 발판을 사용하는 경우에는 충분한 길이·폭 및 강도를 가진 것을 사용하고 적당한 경사를 유지하기 위하여 견고하게 설치할 것
> 3. 가설대 등을 사용하는 경우에는 충분한 폭 및 강도와 적당한 경사를 확보할 것
> 4. 지정운전자의 성명·연락처 등을 보기 쉬운 곳에 표시하고 지정운전자 외에는 운전하지 않도록 할 것

(4) 탑승의 제한 등 안전조치

제86조(탑승의 제한)

⑦ 차량계 하역운반기계(화물자동차는 제외)를 사용하여 작업을 하는 경우 승차석이 아닌 위치에 근로자를 탑승시켜서는 아니 된다.

제98조(제한속도의 지정 등)

① 차량계 하역운반기계, 차량계 건설기계(최대제한속도가 시속 10킬로미터 이하인 것은 제외)를 사용하여 작업을 하는 경우 미리 작업장소의 지형 및 지반 상태 등에 적합한 제한속도를 정하고, 운전자로 하여금 준수하도록 하여야 한다.

제99조(운전위치 이탈 시의 조치)

① 차량계 하역운반기계 등, 차량계 건설기계의 운전자가 운전위치를 이탈하는 경우 해당 운전자의 준수사항
  1. 포크, 버킷, 디퍼 등의 장치를 가장 낮은 위치 또는 지면에 내려둘 것
  2. 원동기를 정지시키고 브레이크를 확실히 거는 등 차량계 하역운반기계등, 차량계 건설기계의 갑작스러운 이동을 방지하기 위한 조치를 할 것
  3. 운전석을 이탈하는 경우에는 시동키를 운전대에서 분리시킬 것. 다만, 운전석에 잠금장치를 하는 등 운전자가 아닌 사람이 운전하지 못하도록 조치한 경우에는 그러하지 아니하다.

(5) 지게차

(가) 지게차 사용 작업 시작 전 점검사항

[별표 3] 작업 시작 전 점검사항

9. 지게차를 사용하여 작업을 하는 때(제2편 제1장 제10절 제2관)
   가. 제동장치 및 조종장치 기능의 이상 유무
   나. 하역장치 및 유압장치 기능의 이상 유무
   다. 바퀴의 이상 유무
   라. 전조등·후미등·방향지시기 및 경보장치 기능의 이상 유무

(나) 지게차 헤드가드

제180조(헤드가드)

다음에 따른 적합한 헤드가드(head guard)를 갖추지 아니한 지게차를 사용해서는 안 된다.

1. 강도는 지게차의 최대하중의 2배 값(4톤을 넘는 값에 대해서는 4톤으로 한다)의 등분포정하중(等分布靜荷重)에 견딜 수 있을 것
2. 상부틀의 각 개구의 폭 또는 길이가 16센티미터 미만일 것
3. 운전자가 앉아서 조작하거나 서서 조작하는 지게차의 헤드가드는 한국산업표준에서 정하는 높이 기준 이상일 것

(6) 고소작업대

제186조(고소작업대 설치 등의 조치)

① 고소작업대를 설치하는 경우에는 다음에 해당하는 것을 설치하여야 한다.

1. 작업대를 와이어로프 또는 체인으로 올리거나 내릴 경우에는 와이어로프 또는 체인이 끊어져 작업대가 떨어지지 아니하는 구조여야 하며, 와이어로프 또는 체인의 안전율은 5 이상일 것
2. 작업대를 유압에 의해 올리거나 내릴 경우에는 작업대를 일정한 위치에 유지할 수 있는 장치를 갖추고 압력의 이상저하를 방지할 수 있는 구조일 것
3. 권과방지장치를 갖추거나 압력의 이상상승을 방지할 수 있는 구조일 것
4. 붐의 최대 지면경사각을 초과 운전하여 전도되지 않도록 할 것
5. 작업대에 정격하중(안전율 5 이상)을 표시할 것
6. 작업대에 끼임·충돌 등 재해를 예방하기 위한 가드 또는 과상승방지장치를 설치할 것

7. 조작반의 스위치는 눈으로 확인할 수 있도록 명칭 및 방향표시를 유지할 것

② 고소작업대를 설치하는 경우의 준수사항
   1. 바닥과 고소작업대는 가능하면 수평을 유지하도록 할 것
   2. 갑작스러운 이동을 방지하기 위하여 아웃트리거 또는 브레이크 등을 확실히 사용할 것

③ 고소작업대를 이동하는 경우의 준수사항
   1. 작업대를 가장 낮게 내릴 것
   2. 작업자를 태우고 이동하지 말 것(이동 중 전도 등의 위험예방을 위하여 유도하는 사람을 배치하고 짧은 구간을 이동하는 경우에는 제1호에 따라 작업대를 가장 낮게 내린 상태에서 작업자를 태우고 이동할 수 있다.)
   3. 이동통로의 요철상태 또는 장애물의 유무 등을 확인할 것

④ 고소작업대를 사용하는 경우의 준수사항
   1. 작업자가 안전모·안전대 등의 보호구를 착용하도록 할 것
   2. 관계자가 아닌 사람이 작업구역에 들어오는 것을 방지하기 위하여 필요한 조치를 할 것
   3. 안전한 작업을 위하여 적정수준의 조도를 유지할 것
   4. 전로(電路)에 근접하여 작업을 하는 경우에는 작업감시자를 배치하는 등 감전사고를 방지하기 위하여 필요한 조치를 할 것
   5. 작업대를 정기적으로 점검하고 붐·작업대 등 각 부위의 이상 유무를 확인할 것
   6. 전환스위치는 다른 물체를 이용하여 고정하지 말 것
   7. 작업대는 정격하중을 초과하여 물건을 싣거나 탑승하지 말 것
   8. 작업대의 붐대를 상승시킨 상태에서 탑승자는 작업대를 벗어나지 말 것. 다만, 작업대에 안전대 부착설비를 설치하고 안전대를 연결하였을 때에는 그러하지 아니하다.

(7) 화물자동차

제187조(승강설비)
바닥으로부터 짐 윗면까지의 높이가 2미터 이상인 화물자동차에 짐을 싣는 작업 또는 내리는 작업을 하는 경우에는 근로자의 추가 위험을 방지하기 위하여 해당 작업에 종사하는 근로자가 바닥과 적재함의 짐 윗면 간을 안전하게 오르내리기 위한 설비를 설치하여야 한다.

나 하역작업 등에 의한 위험방지

(1) 화물취급 작업

<u>제390조(하역작업장의 조치기준)</u>
부두·안벽 등 하역작업을 하는 장소에 다음의 조치를 하여야 한다.
1. 작업장 및 통로의 위험한 부분에는 안전하게 작업할 수 있는 조명을 유지할 것
2. 부두 또는 안벽의 선을 따라 통로를 설치하는 경우에는 폭을 90센티미터 이상으로 할 것
3. 육상에서의 통로 및 작업장소로서 다리 또는 선거(船渠) 갑문(閘門)을 넘는 보도(步道) 등의 위험한 부분에는 안전난간 또는 울타리 등을 설치할 것

> 제389조(화물 중간에서 화물 빼내기 금지)
> 차량 등에서 화물을 내리는 작업을 하는 경우에 해당 작업에 종사하는 근로자에게 쌓여 있는 화물 중간에서 화물을 빼내도록 해서는 아니 된다.

(2) 항만하역작업 : 항만하역작업 시 안전

<u>제394조(통행설비의 설치 등)</u>
갑판의 윗면에서 선창(船倉) 밑바닥까지의 깊이가 1.5미터를 초과하는 선창의 내부에서 화물취급작업을 하는 경우에 그 작업에 종사하는 근로자가 안전하게 통행할 수 있는 설비를 설치하여야 한다.

<u>제397조(선박승강설비의 설치)</u>
① 300톤급 이상의 선박에서 하역작업을 하는 경우에 근로자들이 안전하게 오르내릴 수 있는 현문(舷門) 사다리를 설치하여야 하며, 이 사다리 밑에 안전망을 설치하여야 한다.
② 현문 사다리는 견고한 재료로 제작된 것으로 너비는 55센티미터 이상이어야 하고, 양측에 82센티미터 이상의 높이로 방책을 설치하여야 하며, 바닥은 미끄러지지 않도록 적합한 재질로 처리되어야 한다.
③ 현문 사다리는 근로자의 통행에만 사용하여야 하며, 화물용 발판 또는 화물용 보관으로 사용하도록 해서는 아니 된다.

> 현문(舷門) 사다리(gang-way)
> 선박이 접안했을 때 육상과의 연결통로

> ※ 기계운반하역 시 걸이 작업의 준수사항〈운반하역 표준안전 작업지침〉
> 제22조(걸이)
> 걸이 작업의 준수사항
> 1. 와이어로프 등은 크레인의 후크 중심에 걸어야 한다.
> 2. 인양 물체의 안정을 위하여 2줄 걸이 이상을 사용하여야 한다.
> 3. 밑에 있는 물체를 걸고자 할 때에는 위의 물체를 제거한 후에 행하여야 한다.
> 4. 매다는 각도는 60도 이내로 하여야 한다.
> 5. 근로자를 매달린 물체위에 탑승시키지 않아야 한다.

CHAPTER 07 항목별 우선순위 문제 및 해설

01 중량물을 운반할 때의 바른 자세로 옳은 것은?

① 허리를 구부리고 양손으로 들어올린다.
② 중량은 보통 체중의 60%가 적당하다.
③ 물건은 최대한 몸에서 멀리 떼어서 들어올린다.
④ 길이가 긴 물건은 앞쪽을 높게 하여 운반한다.

해설 인력운반 작업에 대한 안전 준수사항
① 물건을 들어올릴 때는 팔과 무릎을 이용하며 척추는 곧게 한다.
② 길이가 긴 물건은 앞쪽을 높게 하여 운반한다.
③ 단독작업은 30kg 이하로 하고 장시간 작업은 작업자 체중의 40% 한도 내에서 취급한다.
④ 물건은 최대한 몸에서 붙어서 들어올린다.

02 취급·운반의 원칙으로 옳지 않은 것은?

① 운반 작업을 집중하여 시킬 것
② 곡선 운반을 할 것
③ 생산을 최고로 하는 운반을 생각할 것
④ 연속 운반을 할 것

해설 취급, 운반의 원칙
① 직선 운반을 할 것
② 연속 운반을 할 것
③ 운반 작업을 집중하여 시킬 것
④ 생산을 최고로 하는 운반을 생각할 것
⑤ 최대한 시간과 경비를 절약할 수 있는 운반방법을 고려할 것

03 산업안전보건기준에 관한 규칙에 따라 중량물을 취급하는 작업을 하는 경우에 작업계획서 내용에 포함되는 사항은?

① 해체의 방법 및 해체 순서도면
② 낙하위험을 예방할 수 있는 안전대책
③ 사용하는 차량계 건설기계의 종류 및 성능
④ 작업지휘자 배치계획

해설 중량물을 취급 작업의 작업계획서 내용
가. 추락위험을 예방할 수 있는 안전대책
나. 낙하위험을 예방할 수 있는 안전대책
다. 전도위험을 예방할 수 있는 안전대책
라. 협착위험을 예방할 수 있는 안전대책
마. 붕괴위험을 예방할 수 있는 안전대책

04 산업안전보건법상 차량계 하역운반기계 등에 단위화물의 무게가 100kg 이상인 화물을 싣는 작업 또는 내리는 작업을 하는 경우에 해당 작업 지휘자가 준수하여야 할 사항과 가장 거리가 먼 것은?

① 작업순서 및 그 순서마다의 작업방법을 정하고 작업을 지휘할 것
② 기구와 공구를 점검하고 불량품을 제거할 것
③ 대피방법을 미리 교육하는 일
④ 로프 풀기 작업 또는 덮개 벗기기 작업은 적재함의 화물이 떨어질 위험이 없음을 확인한 후에 하도록 할 것

해설 100kg 이상 화물의 싣거나 내리는 작업시 작업지휘자의 준수사항
1. 작업순서 및 그 순서마다의 작업방법을 정하고 작업을 지휘할 것
2. 기구와 공구를 점검하고 불량품을 제거할 것
3. 해당 작업을 하는 장소에 관계 근로자가 아닌 사람이 출입하는 것을 금지할 것
4. 로프 풀기 작업 또는 덮개 벗기기 작업은 적재함의 화물이 떨어질 위험이 없음을 확인한 후에 하도록 할 것

정답 01.④ 02.② 03.② 04.③

05 차량계 하역운반기계를 사용하는 작업에 있어 고려되어야 할 사항과 가장 거리가 먼 것은?

① 작업지휘자의 배치
② 유도자의 배치
③ 갓길 붕괴 방지 조치
④ 안전관리자의 선임

해설 **전도 등의 방지**
차량계 하역운반기계 등을 사용하는 작업을 할 때에 그 기계가 넘어지거나 굴러 떨어짐으로써 근로자에게 위험을 미칠 우려가 있는 경우에는 그 기계를 유도하는 사람을 배치하고 지반의 부동침하와 방지 및 갓길 붕괴를 방지하기 위한 조치를 하여야 한다.

06 건축물의 층고가 높아지면서, 현장에서 고소작업대의 사용이 증가하고 있다. 고소작업대의 사용 및 설치기준으로 옳은 것은?

① 작업대를 와이어로프 또는 체인으로 올리거나 내릴 경우에는 와이어로프 또는 체인의 안전율은 10 이상일 것
② 작업대를 올린 상태에서 항상 작업자를 태우고 이동할 것
③ 바닥과 고소작업대는 가능하면 수직을 유지하도록 할 것
④ 갑작스러운 이동을 방지하기 위하여 아웃트리거(outrigger) 또는 브레이크 등을 확실히 사용할 것

해설 **고소작업대**
1. 작업대를 와이어로프 또는 체인으로 올리거나 내릴 경우에는 와이어로프 또는 체인의 안전율은 5 이상일 것
2. 바닥과 고소작업대는 가능하면 수평을 유지하도록 할 것
3. 갑작스러운 이동을 방지하기 위하여 아웃트리거 또는 브레이크 등을 확실히 사용할 것
4. 작업대를 올린 상태에서 작업자를 태우고 이동하지 말 것

07 지게차 헤드가드에 대한 설명 중 옳은 것은?

① 상부틀의 각 개구의 폭 또는 길이가 20cm 미만일 것
② 앉아서 조작하는 경우 운전자의 좌석의 윗면에서 헤드가드 상부틀 아랫면까지의 높이는 2m 이상일 것
③ 서서 조작하는 경우 운전석의 바닥면에서 헤드가드의 상부틀 하면까지의 높이가 3m 이상일 것
④ 강도는 지게차의 최대하중의 2배의 값의 등분포 정하중에 견딜 수 있는 것일 것

해설 **지게차 헤드가드**
1. 강도는 지게차의 최대하중의 2배 값(4톤을 넘는 값에 대해서는 4톤으로 한다)의 등분포정하중(等分布靜荷重)에 견딜 수 있을 것
2. 상부틀의 각 개구의 폭 또는 길이가 16센티미터 미만일 것
3. 운전자가 앉아서 조작하거나 서서 조작하는 지게차의 헤드가드는 한국산업표준에서 정하는 높이 기준 이상일 것

08 차량계 하역운반기계의 안전조치사항 중 옳지 않은 것은?

① 최대제한속도가 시속 10km를 초과하는 차량계 건설기계를 사용하여 작업을 하는 경우 미리 작업장소의 지형 및 지반상태 등에 적합한 제한속도를 정하고, 운전자로 하여금 준수하도록 할 것
② 차량계 건설기계의 운전자가 운전위치를 이탈하는 경우 해당 운전자로 하여금 포크 및 버킷 등의 하역장치를 가장 높은 위치에 둘 것
③ 차량계 하역운반기계 등에 화물을 적재하는 경우 하중이 한쪽으로 치우치지 않도록 적재할 것
④ 차량계 건설기계를 사용하여 작업을 하는 경우 승차석이 아닌 위치에 근로자를 탑승시키지 말 것

정답 05.④ 06.④ 07.④ 08.②

해설 운전자가 운전위치를 이탈하는 경우의 준수사항
포크, 버킷, 디퍼 등의 장치를 가장 낮은 위치 또는 지면에 내려 둘 것

09 부두·안벽 등 하역작업을 하는 장소에서는 부두 또는 안벽의 선을 따라 통로를 설치하는 경우에는 폭을 최소 얼마 이상으로 해야 하는가?

① 70cm ② 80cm
③ 90cm ④ 100cm

해설 하역작업장의 조치기준
부두 또는 안벽의 선을 따라 통로를 설치하는 경우에는 폭을 90센티미터 이상으로 할 것

10 항만하역작업에서의 선박승강설비 설치기준으로 옳지 않은 것은?

① 200톤급 이상의 선박에서 하역작업을 하는 때에는 근로자들이 안전하게 승강할 수 있는 현문사다리를 설치하여야 한다.
② 현문사다리는 견고한 재료로 제작된 것으로 너비는 55cm 이상이어야 한다.
③ 현문사다리의 양측에는 82cm 이상의 높이로 방책을 설치하여야 한다.
④ 현문사다리는 근로자의 통행에만 사용하여야 하며 화물용 발판 또는 화물용 발판으로 사용하도록 하여서는 아니 된다.

해설 항만하역작업 시 안전
300톤급 이상의 선박에서 하역작업을 하는 경우에 근로자들이 안전하게 오르내릴 수 있는 현문(舷門)사다리를 설치하여야 하며, 이 사다리 밑에 안전망을 설치하여야 한다.

정답 09. ③ 10. ①

PART 07

CBT 최종모의고사

- 제1회 CBT 최종모의고사
- 제2회 CBT 최종모의고사
- 제3회 CBT 최종모의고사
- 제4회 CBT 최종모의고사
- 제5회 CBT 최종모의고사

※ 「CBT 최종모의고사」는 과년도 문제 유형을 복원 및 분석하여 자주 출제되는 문제를 저자가 엄선한 후 선택해 구성한 모의고사입니다.

제1회 CBT 최종모의고사

제1과목　산업안전관리론

01 산업안전보건법령상 용어와 뜻이 바르게 연결된 것은?

① "사업주대표"란 근로자의 과반수를 대표하는 자를 말한다.
② "도급인"이란 건설공사발주자를 포함한 물건의 제조·건설·수리 또는 서비스의 제공, 그 밖의 업무를 도급하는 사업주를 말한다.
③ "안전보건평가"란 산업재해를 예방하기 위하여 잠재적 위험성을 발견하고 그 개선대책을 수립할 목적으로 조사·평가 하는 것을 말한다.
④ "산업재해"란 노무를 제공하는 사람이 업무에 관계되는 건설물·설비·원재료·가스·증기·분진 등에 의하거나 작업 또는 그 밖의 업무로 인하여 사망 또는 부상하거나 질병에 걸리는 것을 말한다.

[해설] 산업안전보건법에 정의한 용어 〈산업안전보건법〉
제2조(정의)
5. "근로자대표"란 근로자의 과반수로 조직된 노동조합이 있는 경우에는 그 노동조합을, 근로자의 과반수로 조직된 노동조합이 없는 경우에는 근로자의 과반수를 대표하는 자를 말한다.
7. "도급인"이란 물건의 제조·건설·수리 또는 서비스의 제공, 그 밖의 업무를 도급하는 사업주를 말한다. 다만, 건설공사발주자는 제외한다.
8. "수급인"이란 도급인으로부터 물건의 제조·건설·수리 또는 서비스의 제공, 그 밖의 업무를 도급받은 사업주를 말한다.
12. "안전보건진단"이란 산업재해를 예방하기 위하여 잠재적 위험성을 발견하고 그 개선대책을 수립할 목적으로 조사·평가하는 것을 말한다.

02 버드(Bird)의 재해구성비율 이론상 경상이 10건일 때 중상에 해당하는 사고 건수는?

① 1　　　　② 30
③ 300　　　④ 600

[해설] 버드의 1 : 10 : 30 : 600 법칙
하인리히 이론을 수정하고, 사고 641건중 중상, 경상해(물적, 인적 사고), 물적 손실사고, 무상해·무손해 아차사고가 1 : 10 : 30 : 600 비율로 발생한다는 이론
⇨ 경상 10건/10 = 1배 → 중상 1 × 1배 = 1건

03 산업안전보건법령상 안전보건관리규정 작성에 관한 사항으로 (　)에 알맞은 기준은?

> 안전보건관리규정을 작성하여야 할 사업의 사업주는 안전보건관리규정을 작성하여야 할 사유가 발생한 날부터 (　)일 이내에 안전보건관리규정을 작성해야 한다.

① 7　　　　② 14
③ 30　　　④ 60

[해설] 안전보건관리규정의 작성 기한 〈산업안전보건법 시행규칙〉
제25조(안전보건관리규정의 작성)
② 안전보건관리규정을 작성해야 할 사유가 발생한 날부터 30일 이내에 안전보건관리규정을 작성해야 한다. 이를 변경할 사유가 발생한 경우에도 또한 같다.

정답 01. ④ 02. ① 03. ③

04 산업안전보건법령상 안전관리자를 2인 이상 선임하여야 하는 사업이 아닌 것은?

① 상시 근로자가 500명인 통신업
② 상시 근로자가 700명인 발전업
③ 상시 근로자가 600명인 식료품 제조업
④ 공사금액이 1000억이며 공사 진행률(공정률) 20%인 건설업

해설 사업장 종류, 규모에 따른 안전관리자 수

사업장 종류	규모(상시 근로자)	안전관리자 수
제조업, 운수업, 발전업 등	500명 이상	2명 이상
	50명 이상 500명 미만	1명 이상
통신업, 도매 및 소매업, 서비스업 등	1,000명 이상	2명 이상
	50명 이상 1,000명 미만	1명 이상
건설업(*규모에 따라 인원수 구분)	공사금액 800억 원 이상~1500억 원 미만(전체 공사기간 중 전·후 15에 해당하는 기간 동안은 1명 이상으로 함)	2명 이상
	120억 원(토목공사 150억 원)~800억 원 미만	1명 이상

05 안전관리조직의 형태에 관한 설명으로 옳은 것은?

① 라인형 조직은 100명 이상의 중규모 사업장에 적합하다.
② 스태프형 조직은 100명 이상의 중규모 사업장에 적합하다.
③ 라인형 조직은 안전에 대한 정보가 불충분하지만 안전지시나 조치에 대한 실시가 신속하다.
④ 라인·스태프형 조직은 1000명 이상의 대규모 사업장에 적합하나 조직원 전원의 자율적 참여가 불가능하다.

해설 안전관리 조직의 형태
(가) 라인형(Line) – 직계식
안전보건관리의 계획에서부터 실시에 이르기까지 생산라인을 통하여 이루어지도록 편성된 조직(※ 근로자 100인 미만 사업장에 적합)
(나) 스태프형(Staff) – 참모식
안전보건 업무를 관장하는 스태프를 별도로 구성·주관(※ 근로자 100인 이상~1,000인 미만 사업장에 적합)
(다) 라인-스태프 혼합형(Line-staff)
라인이 안전보건 업무를 주관·수행하고, 전문 스태프를 별도로 구성하여 안전보건대책 수립 및 라인의 안전보건업무 지도·지원(우리나라 산업안전보건법에 의해 권장)
(※ 근로자 1,000인 이상 사업장에 적합)
① 라인형과 스태프형의 장점을 취한 절충식 조직형태이며 대규모(1,000명 이상) 사업장에 적용
② 조직원 전원을 자율적으로 안전활동에 참여시킬 수 있음

06 산업안전보건법령상 산업안전보건위원회의 심의·의결을 거쳐야 하는 사항이 아닌 것은? (단, 그 밖에 필요한 사항은 제외한다.)

① 작업환경측정 등 작업환경의 점검 및 개선에 관한 사항
② 산업재해에 관한 통계의 기록 및 유지에 관한 사항
③ 안전장치 및 보호구 구입 시 적격품 여부 확인에 관한 사항
④ 사업장의 산업재해 예방계획의 수립에 관한 사항

해설 산업안전보건위원회의 심의·의결 사항
① 사업장의 산업재해 예방계획의 수립에 관한 사항
② 안전보건관리규정의 작성 및 변경에 관한 사항
③ 안전보건교육에 관한 사항
④ 작업환경측정 등 작업환경의 점검 및 개선에 관한 사항
⑤ 근로자의 건강진단 등 건강관리에 관한 사항
⑥ 산업재해의 원인 조사 및 재발 방지대책 수립에 관한 사항 중 중대재해에 관한 사항
⑦ 산업재해에 관한 통계의 기록 및 유지에 관한 사항
⑧ 유해하거나 위험한 기계·기구·설비를 도입한 경우 안전 및 보건 관련 조치에 관한 사항
⑨ 그 밖에 해당 사업장 근로자의 안전 및 보건을 유지·증진시키기 위하여 필요한 사항

정답 04. ① 05. ③ 06. ③

07 시설물의 안전 및 유지관리에 관한 특별법령상 안전등급별 정기안전점검 및 정밀안전진단 실시시기에 관한 사항으로 ( )에 알맞은 기준은?

안전등급	정기안전점검	정밀안전진단
A등급	(ㄱ)에 1회 이상	(ㄴ)에 1회 이상

① ㄱ : 반기, ㄴ : 4년
② ㄱ : 반기, ㄴ : 6년
③ ㄱ : 1년, ㄴ : 4년
④ ㄱ : 1년, ㄴ : 6년

해설 안전점검 등의 실시 시기 〈시설물의 안전 및 유지관리에 관한 특별법 시행령〉

안전등급	정기안전점검	정밀안전점검		정밀안전진단
		건축물	건축물 외 시설물	
A등급	반기에 1회 이상	4년에 1회 이상	3년에 1회 이상	6년에 1회 이상
B·C 등급		3년에 1회 이상	2년에 1회 이상	5년에 1회 이상

08 산업안전보건법령상 사업장에서 산업재해 발생 시 사업주가 기록·보존하여야 하는 사항이 아닌 것은? (단, 산업재해조사표와 요양신청서의 사본은 보존하지 않았다.)

① 사업장의 개요
② 근로자의 인적사항
③ 재해 재발방지 계획
④ 안전관리자 선임에 관한 사항

해설 산업재해가 발생한 때에 사업주가 기록·보존하여야 하는 사항 〈산업안전보건법 시행규칙〉
(산업재해조사표 사본을 보존하거나 요양신청서의 사본에 재해 재발방지 계획을 첨부하여 보존한 경우에는 제외)
1. 사업장의 개요 및 근로자의 인적사항
2. 재해 발생의 일시 및 장소
3. 재해 발생의 원인 및 과정
4. 재해 재발방지 계획

09 A 사업장의 현황이 다음과 같을 때, A 사업장의 강도율은?

- 상시 근로자 : 200명
- 요양재해건수 : 4건
- 사망 : 1명
- 휴업 : 1명(500일)
- 연 근로시간 : 2400시간

① 8.33
② 14.53
③ 15.31
④ 16.48

해설 강도율(Severity Rate of Injury ; S.R)
① 강도율은 근로시간 합계 1,000시간당 재해로 인한 근로손실일수를 나타냄(재해발생의 경중, 즉 강도를 나타냄)

② 강도율 $= \dfrac{\text{근로손실일수}}{\text{연근로시간수}} \times 1{,}000$

$= \dfrac{7500 + \left(500 \times \dfrac{300}{365}\right)}{200 \times 2400} \times 1000 = 16.48$

* 사망 시 근로손실일수 : 7,500명
* 입원 등으로 휴업시의 근로손실일수
 = 휴업일수(요양일수) × 300/365

10 재해사례연구의 진행단계로 옳은 것은?

ㄱ. 사실의 확인
ㄴ. 대책 수립
ㄷ. 문제점의 발견
ㄹ. 근본 문제점의 결정
ㅁ. 재해상황의 파악

① ㄷ → ㅁ → ㄱ → ㄹ → ㄴ
② ㄷ → ㅁ → ㄹ → ㄱ → ㄴ
③ ㅁ → ㄷ → ㄱ → ㄴ → ㄴ
④ ㅁ → ㄱ → ㄷ → ㄹ → ㄴ

해설 재해 사례 연구의 순서
(가) 전제조건 재해상황의 파악(5단계일 때) : 사례 연구의 전제조건인 재해상황 파악
(나) 제1단계 사실의 확인 : 작업의 개시에서 재해의 발생까지의 경과 가운데 재해와 관계있는 사실 및 재해요인으로 알려진 사실을 객관적으로 확인

정답 07.② 08.④ 09.④ 10.④

(다) 제2단계 문제점의 발견 : 파악된 사실로부터 각종 기준에서의 차이에 따른 문제점을 발견(직접원인)
(라) 제3단계 근본 문제점의 결정 : 문제점 가운데 재해의 중심이 된 근본적인 문제점을 결정하고 재해원인을 판단(기본원인)
(마) 제4단계 대책 수립 : 재해 사례를 해결하기 위한 대책을 세움

11 재해예방의 4원칙에 해당하지 않는 것은?
① 손실 적용의 원칙
② 원인 연계의 원칙
③ 대책 선정의 원칙
④ 예방 가능의 원칙

해설 하인리히의 재해예방 4원칙
① 손실우연의 원칙 : 재해발생 결과 손실(재해)의 유무, 형태와 크기는 우연적이다(사고의 발생과 손실의 발생에는 우연적 관계임. 손실은 우연에 의해 결정되기 때문에 예측할 수 없음. 따라서 예방이 최선).
② 원인연계(연쇄, 계기)의 원칙 : 재해의 발생에는 반드시 그 원인이 있으며 원인이 연쇄적으로 이어진다(손실은 우연 적이지만 사고와 원인의 관계는 필연적으로 인과관계가 있다).
③ 예방가능의 원칙 : 재해는 사전 예방이 가능하다(재해는 원칙적으로 원인만 제거되면 예방이 가능하다).
④ 대책선정(강구)의 원칙 : 사고의 원인이나 불안전 요소가 발견되면 반드시 안전대책이 선정되어 실시되어야 한다(재해예방을 위한 가능한 안전대책은 반드시 존재하고 대책선정은 가능하다. 안전대책이 강구되어야 함).

12 산업재해보상시험법령상 보험급여의 종류를 모두 고른 것은?

ㄱ. 장례비	ㄴ. 요양급여
ㄷ. 간병급여	ㄹ. 영업손실비용
ㅁ. 직업재활급여	

① ㄱ, ㄴ, ㄹ
② ㄱ, ㄴ, ㄷ, ㅁ
③ ㄱ, ㄷ, ㄹ, ㅁ
④ ㄴ, ㄷ, ㄹ, ㅁ

해설 산재보험급여(산업재해보상보험법령)
① 요양급여 – 병원비용
② 휴업급여 – 평균임금의 70%
③ 장해급여 – 1 ~ 14급
④ 간병급여
⑤ 유족급여 – 사망 시
⑥ 상병보상연금
⑦ 장례비
⑧ 직업재활급여

13 재해 예방을 위한 대책선정에 관한 사항 중 기술적 대책(Engineering)에 해당되지 않는 것은?
① 작업행정의 개선
② 환경설비의 개선
③ 점검 보존의 확립
④ 안전 수칙의 준수

해설 3E를 통한 대책의 적용(하비, 하베이, Harvey)
① 교육적(Education) 대책 : 교육, 훈련
② 기술적(Engineering) 대책 : 기술적 조치(작업환경개선, 환경설비개선, 점검 보존의 확립, 안전기준의 설정)
③ 독려적(단속)(Enforcement) 대책 : 감독, 규제. 관리 등(적합한 기준 선정, 안전규정 및 규칙 준수, 근로자의 기준 이해)

14 산업안전보건법령상 건설현장에서 사용하는 크레인의 안전검사의 주기는? (단, 이동식 크레인은 제외한다.)
① 최초로 설치한 날부터 1개월마다 실시
② 최초로 설치한 날부터 3개월마다 실시
③ 최초로 설치한 날부터 6개월마다 실시
④ 최초로 설치한 날부터 1년마다 실시

해설 안전검사의 주기 〈산업안전보건법 시행규칙〉
1. 크레인(이동식 크레인은 제외), 리프트(이삿짐운반용 리프트는 제외) 및 곤돌라 : 사업장에 설치가 끝난 날부터 3년 이내에 최초 안전검사를 실시하되, 그 이후부터 2년마다(건설현장에서 사용하는 것은 최초로 설치한 날부터 6개월마다)

정답 11.① 12.② 13.④ 14.③

15 산업안전보건법령상 안전검사 대상 기계가 아닌 것은?

① 리프트
② 압력용기
③ 컨베이어
④ 이동식 국소 배기장치

해설 안전검사 대상 유해·위험기계〈산업안전보건법 시행령〉
① 프레스
② 전단기
③ 크레인(정격 하중이 2톤 미만인 것은 제외)
④ 리프트
⑤ 압력용기
⑥ 곤돌라
⑦ 국소 배기장치(이동식은 제외)
⑧ 원심기(산업용만 해당)
⑨ 롤러기(밀폐형 구조는 제외)
⑩ 사출성형기[형 체결력(型 締結力) 294킬로뉴턴(KN) 미만은 제외]
⑪ 고소작업대[「화물자동차 또는 특수자동차에 탑재한 고소작업대(高所作業臺)로 한정]
⑫ 컨베이어
⑬ 산업용 로봇
⑭ 혼합기
⑮ 파쇄기 또는 분쇄기

16 산업안전보건기준에 관한 규칙상 공기압축기 가동 전 점검사항을 모두 고른 것은? (단, 그 밖에 사항은 제외한다.)

ㄱ. 윤활유의 상태
ㄴ. 압력방출장치의 기능
ㄷ. 회전부의 덮개 또는 울
ㄹ. 언로드밸브(unloading vaive)의 기능

① ㄷ, ㄹ   ② ㄱ, ㄴ, ㄹ
③ ㄱ, ㄴ, ㄹ   ④ ㄱ, ㄴ, ㄷ, ㄹ

해설 공기압축기 작업시작 전 점검사항〈산업안전보건기준에 관한 규칙 별표3〉
① 공기저장 압력용기의 외관 상태
② 드레인밸브(drain vaive)의 조작 및 배수
③ 압력방출장치의 기능
④ 언로드밸브(unloading vaive)의 기능
⑤ 윤활유의 상태
⑥ 회전부의 덮개 또는 울
⑦ 그 밖의 연결부위의 이상 유무

17 다음에서 설명하는 위험예지훈련 단계는?

- 위험요인을 찾아내는 단계
- 가장 위험한 것을 합의하여 결정하는 단계

① 현상 파악   ② 본질 추구
③ 대책 수립   ④ 목표 설정

해설 위험예지훈련 제4단계(4라운드) - 문제해결 4단계
① 제1단계(1R) 현상 파악 : 위험요인 항목 도출
② 제2단계(2R) 본질 추구 : 위험의 포인트 결정 및 지적확인(문제점을 발견하고 중요 문제를 결정)
③ 제3단계(3R) 대책 수립 : 결정된 위험 포인트에 대한 대책 수립
④ 제4단계(4R) 목표 설정 : 팀의 행동 목표 설정 및 지적확인(가장 우수한 대책에 합의하고, 행동 계획을 결정)

18 A 사업장에서는 산업재해로 인한 인적·물적 손실을 줄이기 위하여 안전행동 실천운동(5C운동)을 실시하고자 한다. 5C 운동에 해당하지 않는 것은?

① Control   ② Correctness
③ Cleaning   ④ Checking

해설 안전행동 실천운동(5C 운동)
① 복장단정(Correctness)
② 정리정돈(Clearance)
③ 청소청결(Cleaning)
④ 점검확인(Checking)
⑤ 전심전력(Concentration)

19 보호구 안전인증 고시상 안전대 충격흡수장치의 동하중 시험성능기준에 관한 사항으로 ( )에 알맞은 기준은?

정답 15. ④ 16. ④ 17. ② 18. ① 19. ①

- 최대전달충격력은 (ㄱ)kN 이하이어야 함
- 감속거리는 (ㄴ)mm 이하이어야 함

① ㄱ : 6.0, ㄴ : 1000
② ㄱ : 6.0, ㄴ : 2000
③ ㄱ : 8.0, ㄴ : 1000
④ ㄱ : 8.0, ㄴ : 2000

해설 안전대의 완성품 및 각 부품의 동하중 시험 성능기준
〈보호구 안전인증고시〉

구분	명칭	시험 성능 기준
동하중 성능	충격흡수 장치	1) 최대전달충격력은 6.0kN 이하이어야 함 2) 감속거리는 1,000mm 이하이어야 함

20 산업안전보건법령상 안전보건표지의 색채를 파란색으로 사용하여야 하는 경우는?

① 주의표지   ② 정지신호
③ 차량 통행표지 ④ 특정 행위의 지시

해설 안전·보건표지의 색채, 색도기준 및 용도 〈산업안전보건법 시행규칙〉

색채	색도기준	용도	사용례
빨간색	7.5R 4/14	금지	정지신호, 소화설비 및 그 장소, 유해행위의 금지
		경고	화학물질 취급장소에서의 유해·위험 경고
노란색	5Y 8.5/12	경고	화학물질 취급장소에서의 유해·위험경고 이외의 위험경고, 주의표지 또는 기계방호물
파란색	2.5PB 4/10	지시	특정 행위의 지시 및 사실의 고지
녹색	2.5G 4/10	안내	비상구 및 피난소, 사람 또는 차량의 통행표지
흰색	N9.5		파란색 또는 녹색에 대한 보조 색
검은색	N0.5		문자 및 빨간색 또는 노란색에 대한 보조 색

제2과목 산업심리 및 교육

21 모랄서베이(Morale Survey)의 주요 방법으로 적절하지 않은 것은?

① 관찰법   ② 면접법
③ 강의법   ④ 질문지법

해설 모랄 서베이의 방법
① 통계에 의한 방법 : 사고 상해율, 생산성, 지각, 조퇴, 이직 등을 분석하여 파악하는 방법
② 사례 연구법 : 경영 관리상의 여러 가지 제도에 나타나는 사례에 대해 연구함으로써 현상을 파악하는 방법
③ 관찰법 : 종업원의 근무 실태를 계속 관찰함으로써 문제점을 찾아내는 방법
④ 실험연구법 : 실험 그룹과 통제 그룹으로 나누고 정황, 자극을 주어 태도 변화를 조사하는 방법
⑤ 태도조사법(의견조사) : 질문지법, 면접법, 집단토의법, 투사법에 의해 의견을 조사하는 방법
* 모랄 서베이(Morale survey) : 근로자의 심리, 욕구를 파악하여 불만을 해소하고 노동의욕 고취(주로 질문지나 면접에 의한 태도, 의견조사가 중심)

22 호손(Hawthorne) 연구에 대한 설명으로 옳은 것은?

① 소비자들에게 효과적으로 영향을 미치는 광고 전략을 개발했다.
② 시간-동작연구를 통해서 작업도구와 기계를 설계했다.
③ 채용과정에서 발생하는 차별요인을 밝히고 이를 시정하는 법적 조치의 기초를 마련했다.
④ 물리적 작업환경보다 근로자들의 의사소통 등 인간관계가 더 중요하다는 것을 알아냈다.

해설 호손(Hawthorne) 연구
물리적 작업환경 이외의 심리적 요인(인간관계)이 생산성에 영향을 미친다는 것을 알아냈다.

정답 20.④ 21.③ 22.④

① 조명강도를 높이니 생산성이 향상되었으나 이후 조명강도를 낮추어도 생산성은 계속 증가하는 것을 확인함
② 작업자의 작업능률(생산성 향상)은 물리적인 작업조건보다 심리적 요인(인간관계)에 의해 영향을 미치게 된다는 것

23 지름길을 사용하여 대상물을 판단할 때 발생하는 지각의 오류가 아닌 것은?

① 후광효과　② 최근효과
③ 결론효과　④ 초두효과

해설 대상물에 대해 지름길을 사용하여 판단할 때 발생하는 지각의 오류
① 초두 효과(Primacy effect) : 가장 처음의 정보가 기억에 오래 남는 현상(첫인상)
② 최근 효과(Recency effect) : 가장 최근의 정보가 기억에 오래남는 현상(최빈효과, 마지막효과)
③ 후광효과(halo effect) : 한 가지 특성에 기초하여 그 사람의 모든 측면을 판단하는 인간의 경향성 (용모가 좋은 사람은 능력도 뛰어나고 성격도 좋을 것이라고 생각하게 되는 경향)
* 휴리스틱(Heuristics) : 제한된 정보만으로 즉흥적 · 직관적으로 판단 · 선택하는 의사결정 방식(판단의 지름길을 택함)

24 산업심리의 5대 요소가 아닌 것은?

① 동기　② 기질
③ 감정　④ 지능

해설 안전심리의 5대 요소
① 동기(motive) : 능동적인 감각에 의한 자극에서 일어난 사고의 결과로서 사람의 마음을 움직이는 원동력이 되는 것 이다.
② 기질(temper) : 감정적인 경향이나 반응에 관계되는 성격의 한 측면이다.
③ 감정(feeling) : 생활체가 어떤 행동을 할 때 생기는 주관적인 동요를 뜻한다.
④ 습성(habit) : 한 종에 속하는 개체의 대부분에서 볼 수 있는 일정한 생활양식으로 본능, 학습, 조건반사 등에 따라 형성된다.
⑤ 습관(custom) : 성장과정을 통해 형성된 특성 등

25 직무수행에 대한 예측변인 개발 시 작업표본(work sample)에 관한 사항 중 틀린 것은?

① 집단검사로 감독과 통제가 요구된다.
② 훈련생보다 경력자 선발에 적합하다.
③ 실시하는데 시간과 비용이 많이 든다.
④ 주로 기계를 다루는 직무에 효과적이다.

해설 직무수행에 대한 예측변인 개발 시 작업표본(work sample)의 제한점 : 실제 업무 상황에 대한 현재 업무 수행 능력을 평가할 수 있는 표본
① 주로 기계를 다루는 직무, 사물을 조작하는 직무에 효과적
② 훈련생보다 경력자 선발에 적합
③ 미래의 잠재능력보다 현재의 능력을 평가하고, 실시하는데 시간과 비용이 많이 듦

26 조직이 리더(leader)에게 부여하는 권한으로 부하직원의 처벌, 임금 삭감을 할 수 있는 권한은?

① 강압적 권한　② 보상적 권한
③ 합법적 권한　④ 전문성의 권한

해설 리더가 가지고 있는 세력(권한)의 유형
① 강압적 세력(coercive power) : 부하들이 바람직하지 않은 행동을 했을 때 처벌(견책, 임금삭감 등)할 수 있는 권한
② 보상적 세력(reward power) : 보상을 줄 수 있는 세력(승진, 휴가, 보너스 등)
③ 합법적 세력(legitimate power) : 조직의 공식적 권력구조에 의해 주어진 권한을 의미
④ 전문적 세력(expert power) : 리더가 전문적 기술, 독점적 정보 정도에 의해 전문적 권한이 결정
⑤ 참조적 세력, 준거적 세력(referent power, attraction power) : 리더의 생각과 목표를 동일시하거나 존경하고자 할 때의 권한

27 자동차 엑셀레이터와 브레이크 간 간격, 브레이크 폭, 소프트웨어 상에서 메뉴나 버튼의 크기 등을 결정하는데 사용할 수 있는 인간공학 법칙은?

정답 23. ③　24. ④　25. ①　26. ①　27. ①

① Fitts의 법칙   ② Hick의 법칙
③ Weber의 법칙   ④ 양립성 법칙

해설 피츠(Fitts) 법칙
인간의 손이나 발을 이동시켜 조작장치를 조작하는데 걸리는 시간을 표적까지의 거리와 표적 크기의 함수로 나타내는 모형
① 표적의 크기가 작고 이동거리(움직이는 거리)가 증가 할수록 이동시간(운동시간)이 증가함. 정확성이 많이 요구될수록 운동 속도가 느려지고, 속도가 증가하면 정확성이 줄어듦
② 자동차 가속 페달과 브레이크 페달 간의 간격, 브레이크 폭 등을 결정하는데 사용할 수 있는 가장 적합한 인간공학 이론

28 메슬로우(Maslow)의 욕구 5단계 중 안전욕구에 해당하는 단계는?

① 1단계   ② 2단계
③ 3단계   ④ 4단계

해설 매슬로우(Abraham Maslow)의 욕구 5단계 이론
(1) 1단계 생리적 욕구(Physiological Needs) : 인간의 가장 기본적인 욕구(의식주 및 성적 욕구 등)
(2) 2단계 안전의 욕구(Safety Needs) : 자기 보전적 욕구(안전과 보호, 경제적 안정, 질서 등)
(3) 3단계 사회적 욕구(Belonging and Love Needs) : 소속감, 애정욕구 등
(4) 4단계 존경의 욕구(Esteem Needs) : 다른 사람들로부터도 인정받고자 하는 욕구(존경받고 싶은 욕구, 자존심, 명예, 지위 등에 대한 욕구)
(5) 5단계 자아실현의 욕구(Self-actualization Needs) : 잠재적 능력을 실현하고자 하는 욕구

29 생체리듬에 관한 설명 중 틀린 것은?

① 감각의 리듬이 (−)로 최대가 되는 경우에만 위험일이라고 한다.
② 육체적 리듬은 "P"로 나타내며, 23일을 주기로 반복된다.
③ 감성적 리듬은 "S"로 나타내며, 28일을 주기로 반복된다.
④ 지성적 리듬은 "I"로 나타내며, 33일을 주기로 반복된다.

해설 생체리듬(Bio Rhythm)
인간의 생리적 주기 또는 리듬에 관한 이론

종류	곡선표시	영역	주기
육체 리듬 (Physical)	P, 청색, 실선	식욕, 소화력, 활동력, 지구력 등이 증가(신체적 컨디션의 율동적 발현)	23일
감성 리듬 (Sensitivity)	S, 적색, 점선	감정, 주의력, 창조력, 예감, 희로애락 등이 증가	28일
지성 리듬 (Intellectual)	I, 녹색, 일점쇄선	상상력, 사고력, 판단력, 기억력, 인지력, 추리능력 등이 증가	33일

* 위험일 : 안정기(+)와 불안정기(−)의 교차점

30 에너지대사율(RMR)의 따른 작업의 분류에 따라 중(보통)작업의 RMR 범위는?

① 0~2   ② 2~4
③ 4~7   ④ 7~9

해설 에너지 대사율(RMR, Relative Metabolic Rate)
1) 에너지 대사율 : 작업강도의 단위로서 산소호흡량을 측정하여 에너지 소모량을 결정하는 방식(작업의 강도를 객관적으로 측정하기 위한 지표)
2) 작업강도 구분
① 경(輕)작업 : 0 ~ 2RMR
② 보통(中)작업 : 2 ~ 4RMR
③ 중(重)작업 : 4 ~ 7RMR
④ 초중(超重)작업 : 7RMR 이상

31 조직 구성원의 태도는 조직성과와 밀접한 관계가 있는데 태도(attitude)의 3가지 구성요소에 포함되지 않는 것은?

① 인지적 요소   ② 정서적 요소
③ 성격적 요소   ④ 행동경향 요소

해설 태도(attitude)의 3가지 구성요소
① 인지적(cognitive) 요소 : 특정대상에 대한 주관적 지식, 신념요소
② 정서적(affective) 요소 : 대상에 대한 선호도를 표현하는 감정적인 요소(느낌)
③ 행동경향(behavioral) 요소 : 행동하려는 의도, 행동성향

정답 28. ② 29. ① 30. ② 31. ③

32 사고 경향성 이론에 관한 설명 중 틀린 것은?

① 사고를 많이 내는 여러 명의 특성을 측정하여 사고를 예방하는 것이다.
② 개인의 성격보다는 특정 환경에 의해 훨씬 더 사고가 일어나기 쉽다.
③ 어떠한 사람이 다른 사람보다 사고를 더 잘 일으킨다는 이론이다.
④ 사고경향성을 검증하기 위한 효과적인 방법은 다른 두 시기 동안에 같은 사람의 사고기록을 비교하는 것이다.

해설 **사고 경향성 이론**
통계적인 사실로서 사고 발생에 연결되기 쉬운 개인적인 성격(지속적인 개인의 심리적 특성)을 가지고 있는 사람이 있다는 이론

33 학습목적의 3요소가 아닌 것은?

① 목표(goal)
② 주제(subject)
③ 학습정도(level of learning)
④ 학습방법(methed of learning)

해설 **학습목적의 3요소** : 학습목적에 반드시 포함 사항
① 목표
② 주제
③ 학습정도 : 인지, 지각, 이해, 적용
　　　　　　(학습정도의 4요소)

34 학습된 행동이 지속되는 것을 의미하는 용어는?

① 회상(recall)
② 파지(retention)
③ 재인(recognition)
④ 기명(memorizing)

해설 **인간이 기억하는 과정**
기명 → 파지 → 재생 → 재인
(*재생이나 재인이 안 되면 망각)

① 기명(memorizing) : 사물의 인상을 마음속에 간직하는 것
② 파지(retention) : 과거의 학습경험을 통해서 학습된 행동이 현재와 미래에 지속되는 것
③ 재생(recall) : 사물의 보존된 인상을 다시 의식으로 떠오르는 것
④ 재인(recognition) : 과거에 경험하였던 것과 비슷한 상태에 부딪쳤을 때 떠오르는 것

35 알고 있는 지식을 심화시키거나 어떠한 자료에 대해 보다 명료한 생각을 갖도록 하는 경우 실시하는 교육방법으로 가장 적절한 것은?

① 구안법
② 강의법
③ 토의법
④ 실연법

해설 **토의식(discussion method)**
알고 있는 지식을 심화시키거나 어떠한 자료에 대해 보다 명료한 생각을 갖도록 하는 경우 실시하는 가장 적절한 교육방법
① 개방적인 의사소통과 협조적인 분위기 속에서 학습자의 적극적 참여가 가능하다.
② 집단 활동의 기술을 개발하고 민주적 태도를 배울 수 있다.
③ 준비와 계획 단계뿐만 아니라 진행 과정에서도 많은 시간이 소요된다.

36 산업안전보건법령상 근로자 안전보건교육 중 특별교육 대상 작업에 해당하지 않는 것은?

① 굴착면의 높이가 5m되는 지반 굴착작업
② 콘크리트 파쇄기를 사용하여 5m의 구축물을 파쇄하는 작업
③ 흙막이 지보공의 보강 또는 동바리를 설치하거나 해체하는 작업
④ 휴대용 목재가공기계를 3대 보유한 사업장에서 해당 기계로 하는 작업

해설 **특별안전보건교육 대상 작업** 〈산업안전보건법 시행규칙〉
④ 목재가공용 기계(둥근톱기계, 띠톱기계, 대패기계, 모떼기기계 및 라우터만 해당하며, 휴대용은 제외)를 5대 이상 보유한 사업장에서 해당 기계로 하는 작업

정답 32. ② 33. ④ 34. ② 35. ③ 36. ④

37 다음에서 설명하는 학습방법은?

> 학생이 생활하고 있는 현실적인 장면에서 당면하는 여러 문제들을 해결해 나가는 과정으로 지식, 기능, 태도, 기술 등을 종합적으로 획득하도록 하는 학습방법

① 롤 플레잉(Role Playing)
② 문제법(Problem Method)
③ 버즈 세션(Buzz Session)
④ 케이스 메소드(Case Method)

해설 문제법(Problem Method)
생활하고 있는 현실적인 장면에서 당면하는 여러 문제들에 대한 해결방법을 찾아내는 것으로 지식, 기능, 태도, 기술 등을 종합적으로 획득하도록 하는 학습방법

38 Kirkpatrick의 교육훈련 평가 4단계를 바르게 나열한 것은?

① 학습단계 → 반응단계 → 행동단계 → 결과단계
② 학습단계 → 행동단계 → 반응단계 → 결과단계
③ 반응단계 → 학습단계 → 행동단계 → 결과단계
④ 반응단계 → 학습단계 → 결과단계 → 행동단계

해설 교육훈련 평가 4단계(Kirkpatrick)
반응(만족도) → 학습(학업성취도) → 행동(현업적용도) → 결과(성과도)

39 Off JT(Off the Job Training)의 특징으로 옳은 것은?

① 전문 강사를 초빙하는 것이 가능하다.
② 개개인에게 적절한 지도훈련이 가능하다.
③ 직장의 실정에 맞게 실제적 훈련이 가능하다.
④ 훈련에 필요한 업무의 계속성이 끊어지지 않는다.

해설 OJT 교육과 Off JT 교육의 특징

OJT 교육의 특징	Off JT 교육의 특징
㉮ 개개인에게 적절한 지도훈련이 가능하다.	㉮ 다수의 근로자에게 조직적 훈련이 가능하다
㉯ 직장의 실정에 맞는 실제적 훈련이 가능하다.	㉯ 훈련에만 전념할 수 있다.
㉰ 즉시 업무에 연결될 수 있다.	㉰ 외부 전문가를 강사로 초빙하는 것이 가능하다.
㉱ 훈련에 필요한 업무의 지속성이 유지된다.	㉱ 특별교재, 교구, 시설을 유효하게 활용할 수 있다.
㉲ 효과가 곧 업무에 나타나며 결과에 따른 개선이 쉽다.	㉲ 타 직장의 근로자와 지식이나 경험을 교류할 수 있다.
㉳ 훈련 효과에 의해 상호 신뢰 및 이해도가 높아진다. (상사와 부하 간의 의사소통과 신뢰감이 깊게 된다.)	㉳ 교육 훈련 목표에 대하여 집단적 노력이 흐트러질 수도 있다.

40 산업안전보건법령상 타워크레인 신호작업에 종사하는 일용근로자의 특별교육 교육시간 기준은?

① 1시간 이상 ② 2시간 이상
③ 4시간 이상 ④ 8시간 이상

해설 사업 내 안전·보건교육

교육과정	교육대상	교육시간
라. 특별교육	1) 특별교육대상 작업에 종사하는 일용근로자(타워크레인 신호작업 제외)	2시간 이상
	2) 특별교육대상 작업 중 타워크레인 신호작업에 종사하는 일용근로자	8시간 이상

정답 37. ② 38. ③ 39. ① 40. ④

제3과목 인간공학 및 시스템안전공학

41 인간-기계시스템 설계과정 중 직무분석을 하는 단계는?

① 제1단계 : 시스템의 목표와 성능명세 결정
② 제2단계 : 시스템의 정의
③ 제3단계 : 기본 설계
④ 제4단계 : 인터페이스 설계

[해설] 인간-기계 시스템의 설계
(가) 제1단계 시스템의 목표 및 성능 명세 결정
(나) 제2단계 시스템의 정의
(다) 제3단계 기본설계
　　1) 인간·하드웨어·소프트웨어의 기능 할당
　　2) 인간 성능 요건 명세
　　3) 직무 분석
　　4) 작업 설계
(라) 제4단계 인터페이스(계면) 설계
(마) 제5단계 보조물(촉진물) 설계
(바) 제6단계 시험 및 평가

42 연구 기준의 요건과 내용이 옳은 것은?

① 무오염성 : 실제로 의도하는 바와 부합해야 한다.
② 적절성 : 반복 실험 시 재현성이 있어야 한다.
③ 신뢰성 : 측정하고자 하는 변수 이외의 다른 변수의 영향을 받아서는 안 된다.
④ 민감도 : 피실험자 사이에서 볼 수 있는 예상 차이점에 비례하는 단위로 측정해야 한다.

[해설] 인간공학 연구조사에 사용하는 기준의 요건
① 적절성 : 의도된 목적에 부합하여야 한다.
② 신뢰성 : 반복 실험 시 재현성이 있어야 한다.
③ 무오염성 : 측정하고자 하는 변수 이외의 다른 변수의 영향을 받아서는 안 된다.
④ 민감도 : 피실험자 사이에서 볼 수 있는 예상 차이점에 비례하는 단위로 측정해야 한다.

43 상황해석을 잘못하거나 목표를 잘못 설정하여 발생하는 인간의 오류 유형은?

① 실수(Slip)　　② 착오(Mistake)
③ 위반(Violation)　④ 건망증(Lapse)

[해설] 인간의 오류모형
(가) 착오(Mistake) : 상황해석을 잘못하거나 목표를 잘못 이해하고 착각하여 행하는 경우
(나) 실수(Slip) : 상황이나 목표의 해석을 제대로 했으나 의도와는 다른 행동을 하는 경우
(다) 건망증(Lapse) : 여러 과정이 연계적으로 일어나는 행동에서 일부를 잊어버리고 하지 않거나 또는 기억의 실패에 의하여 발생하는 오류
(라) 위반(Violation) : 정해진 규칙을 알고 있음에도 고의로 따르지 않거나 무시하는 행위

44 밝은 곳에서 어두운 곳으로 갈 때 망막에 시홍이 형성되는 생리적 과정인 암조응이 발생하는데 완전 암조응(Dark adaptation)이 발생하는데 소요되는 시간은?

① 약 3~5분　　② 약 10~15분
③ 약 30~40분　④ 약 60~90분

[해설] 순응(adaption, 조응)
갑자기 어두운 곳에 들어가거나 밝은 곳에 노출되면 어느 정도 시간이 지나야 사물의 형상을 알 수 있는데, 이러한 광도수준에 대한 적응을 말함
1) 암조응 : 인간의 눈이 일반적으로 완전 암조응에 걸리는 데 소요되는 시간은 30~40분 정도
2) 명조응 : 1~3분

45 1sone에 관한 설명으로 ( )에 알맞은 수치는?

> 1sone : (ㄱ)Hz, (ㄴ)dB의 음압수준을 가진 순음의 크기

① ㄱ : 1000, ㄴ : 1
② ㄱ : 4000, ㄴ : 1
③ ㄱ : 1000, ㄴ : 40
④ ㄱ : 4000, ㄴ : 40

정답 41. ③ 42. ④ 43. ② 44. ③ 45. ③

[해설] **음의 크기의 수준**
① dB(decibel) : 소음의 크기를 나타내는 단위
② Phon : 1,000Hz 순음의 음압수준(dB)을 나타냄
③ sone : 40dB의 음압수준을 가진 순음의 크기를 1sone이라 함
　＊ 1sone : 1,000Hz의 순음이 40dB일 때

46 경계 및 경보신호의 설계지침으로 틀린 것은?
① 주의를 환기시키기 위하여 변조된 신호를 사용한다.
② 배경소음의 진동수와 다른 진동수의 신호를 사용한다.
③ 귀는 중음역에 민감하므로 500~3000Hz의 진동수를 사용한다.
④ 300m 이상의 장거리용으로는 1000Hz를 초과하는 진동수를 사용한다.

[해설] **경계 및 경보신호의 설계지침**
④ 300m 이상의 장거리용 신호는 1000Hz를 이하의 진동수를 사용한다.

47 동작경제의 원칙과 가장 거리가 먼 것은?
① 급작스런 방향의 전환은 피하도록 할 것
② 가능한 관성을 이용하여 작업하도록 할 것
③ 두 손의 동작은 같이 시작하고 같이 끝나도록 할 것
④ 두 팔의 동작은 동시에 같은 방향으로 움직일 것

[해설] **동작경제의 3원칙(Barnes)**
(가) 신체의 사용에 관한 원칙(Use of the Human Body)
　1) 두 손의 동작은 동시에 시작해서 동시에 끝나도록 한다.
　2) 두 팔의 동작은 동시에 서로 반대방향으로 대칭적으로 움직이도록 한다.
　3) 가능한 한 관성(momentum)을 이용하여 작업을 하도록 하되, 작업자가 관성을 억제하여야 하는 경우에는 발생되는 관성을 최소한으로 줄인다.
　4) 손의 동작은 유연하고 연속적인 동작이 되도록 하며, 방향이 급작스럽게 크게 바뀌는 직선동작은 피해야 한다.
(나) 작업장의 배치에 관한 원칙(Arrangement of workplace)
(다) 공구 및 설비의 설계에 관한 원칙(Design of Tools and Equipment)

48 인간공학적 수공구 설계원칙이 아닌 것은?
① 손목을 곧게 유지할 것
② 반복적인 손가락 동작을 피할 것
③ 손잡이 접촉 면적을 작게 설계할 것
④ 조직(tissue)에 가해지는 압력을 피할 것

[해설] **수공구 설계의 기본원리**
③ 손잡이는 접촉면적을 가능하면 크게 한다.

49 NIOSH 지침에서 최대허용한계(MPL)는 활동한계(AL)의 몇 배인가?
① 1배　　　　② 3배
③ 5배　　　　④ 9배

[해설] **NIOSH 지침에서의 최대허용한계(MPL)와 활동한계(AL)** : 최대허용한계(MPL)는 활동한계(AL)의 3배
　＊ 최대허용한계(MPL : Maximum Permissible Limit) : 들어 올림에서의 최대한 허용되는 한도
　＊ 활동한계(AL : Action Limit) : 들어올리기 작업의 실행 한도

50 조작과 반응과의 관계, 사용자의 의도와 실제 반응과의 관계, 조종장치와 작동결과에 관한 관계 등 사람들이 기대하는 바와 일치하는 관계가 뜻하는 것은?
① 중복성　　　② 조직화
③ 양립성　　　④ 표준화

[해설] **양립성(compatibility)**
외부의 자극과 인간의 기대가 서로 모순되지 않아야 하는 것으로 제어장치와 표시장치 사이의 연관성이 인간의 예상과 어느 정도 일치하는가 여부(조작과 반응과의 관계, 사용자의 의도와 실제 반응과의 관계, 조종장치와 작동결과에 관한 관계 등 사람들이 기대하는 바와 일치하는 관계)

정답 46.④ 47.④ 48.③ 49.② 50.③

51 태양광선이 내리쬐는 옥외장소의 자연습구 온도 20℃, 흑구온도 18℃, 건구온도 30℃ 일 때 습구흑구온도지수(WBGT)는?

① 20.6℃ ② 22.5℃
③ 25.0℃ ④ 28.5℃

해설 **습구흑구온도**(WBGT : Wet Bulb Globe Temperature) **지수** : 수정감각온도를 지수로 간단하게 표시한 온열지수(실내외에서 활동하는 사람의 열적 스트레스를 나타내는 지수)
① 실외(태양광선이 있는 장소)
   : WBGT = 0.7WB + 0.2GT + 0.1DB
② 실내 또는 태양광선이 없는 실외
   : WBGT = 0.7WB + 0.3GT
⟨WB(Wet Bulb) : 습구온도, GT(Globe Temperature) : 흑구온도, DB(Dry Bulb) : 건구온도⟩
⇨ 실외(태양광선이 있는 장소)
   : WBGT = 0.7WB + 0.3GT + 0.1DB
   = (0.7×20) + (0.2×18) + (0.1×30)
   = 20.6℃

52 통화이해도 척도로서 통화 이해도에 영향을 주는 잡음의 영향을 추정하는 지수는?

① 명료도 지수
② 통화 간섭 수준
③ 이해도 점수
④ 통화 공진 수준

해설 **통화간섭수준**(speech interference level)
통화이해도 척도로서 통화 이해도에 영향을 주는 잡음의 영향을 추정하는 지수. 통화 이해도에 끼치는 소음의 영향을 추정하는 지수
※ 명료도 지수(articulation index) : 통화 이해도를 추정할 수 있는 근거로 명료도 지수를 사용하는데, 각 옥타브 대 의 음성과 소음의 dB 값에 가중치를 곱하여 합계를 구한 것

53 위험분석 기법 중 시스템 수명주기 관점에서 적용 시점이 가장 빠른 것은?

① PHA ② FHA
③ OHA ④ SHA

해설 시스템 수명단계(PHA와 FHA 기법의 사용단계)

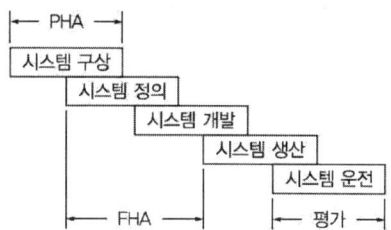

※ 예비위험분석(PHA : Preliminary Hazards Analysis)
: 모든 시스템 안전 프로그램에서의 최초단계 분석방법으로 시스템의 위험요소가 어떤 위험 상태에 있는가를 정성적으로 평가하는 분석 방법

54 인간-기계시스템에서의 여러 가지 인간에러와 그것으로 인해 생길 수 있는 위험성의 예측과 개선을 위한 기법은?

① PHA ② FHA
③ OHA ④ THERP

해설 THERP(Technique for Human Error Rate Prediction, **인간 과오율 예측기법**) : 인간의 과오(Human error)에 기인된 원인분석, 확률을 계산함으로써 제품의 결함을 감소시키고, 인간 공학적 대책을 수립하는데 사용되는 분석기법
① 작업자의 실수 확률을 예측하는 데 가장 적합한 기법
② 인간의 과오를 정량적으로 평가하고 분석

55 FTA(Fault Tree Analysis)에서 사용되는 사상기호 중 통상의 작업이나 기계의 상태에서 재해의 발생 원인이 되는 요소가 있는 것은?

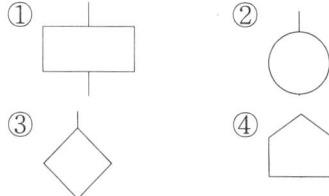

정답 51. ① 52. ② 53. ① 54. ④ 55. ④

해설 논리기호

구분	기호	명칭	설명
1	□	결함 사상	시스템분석에서 좀 더 발전시켜야 하는 사상(개별적인 결함사상) - 두 가지 상태 중 하나가 고장 또는 결함으로 나타나는 비정상적인 사상
2	○	기본 사상	더 이상 전개되지 않는 기본 사상 (더 이상의 세부적인 분류가 필요 없는 사상)
3	⌂	통상 사상	시스템의 정상적인 가동상태에서 일어날 것이 기대되는 사상(통상발생이 예상되는 사상) - 정상적인 사상
4	◇	생략 사상	불충분한 자료로 결론을 내릴 수 없어 더 이상 전개할 수 없는 사상

56 불(Bool) 대수의 정리를 나타낸 관계식 중 틀린 것은?

① $A \cdot 0 = 0$
② $A + 1 = 1$
③ $A + \overline{A} = 0$
④ $A(A + B) = A$

해설 불(Bool) 대수의 기본지수

$A+0=A$	$A+A=A$	$\overline{\overline{A}}=A$
$A+1=1$	$A+\overline{A}=1$	$A+AB=A$
$A \cdot 0=0$	$A \cdot A=A$	$A+\overline{A}B=A+B$
$A \cdot 1=A$	$A \cdot \overline{A}=0$	$(A+B) \cdot (A+C)=A+BC$

* $A(A+B) = A \cdot A + A \cdot B = A + A \cdot B = A(1+B)$
   $= A \leftarrow (A \cdot A = A)(1+B=1)$

57 FTA(Fault Tree Analysis)에 관한 설명으로 옳은 것은?

① 정성적 분석만 가능하다.
② 복잡하고 대형화된 시스템의 신뢰성 분석 및 안정성 분석에 이용되는 기법이다.
③ FT에 동일한 사건이 중복되어 나타나는 경우 상향식(Bottom-up)으로 정상 사건 T의 발생 확률을 계산할 수 있다.
④ 기초사건과 생략사건의 확률 값이 주어지게 되더라도 정상 사건의 최종적인 발생확률을 계산할 수 없다.

해설 결함수분석법(FTA, Fault tree analysis)의 특징
정상사상인 재해현상으로부터 기본사상인 재해원인을 향해 연역적으로 분석하는 방법
(* 연역적 평가기법 : 일반적 원리로부터 논리의 절차를 밟아서 각각의 사실이나 명제를 이끌어내는 것)
① 톱 다운(top-down) 접근방법
② 정량적, 연역적 분석방법(정량적 평가보다 정성적 평가를 먼저 실시한다.)
③ 논리기호를 사용한 특정사상에 대한 해석
④ 기능적 결함의 원인을 분석하는데 용이
⑤ 잠재위험을 효율적으로 분석
⑥ 복잡하고 대형화된 시스템의 신뢰성 분석에 사용 (소프트웨어나 인간의 과오 포함한 고장해석 가능)

58 화학설비에 대한 안정성 평가 중 정성적 평가방법의 주요 진단 항목으로 볼 수 없는 것은?

① 건조물   ② 취급물질
③ 입지 조건   ④ 공장 내 배치

해설 안전성평가의 6단계
(가) 제1단계 : 관계 자료의 작성준비
(나) 제2단계 : 정성적 평가
   1) 설계 관계
      ① 공장 내 배치
      ② 공자의 입지 조건
      ③ 건조물
      ④ 소방설비
(다) 제3단계 : 정량적 평가
   1) 평가항목
      ① 취급물질
      ② 화학설비 용량
      ③ 온도
      ④ 압력
      ⑤ 조작
(라) 제4단계 : 안전 대책
(마) 제5단계 : 재해 정보에 의한 재평가
(바) 제6단계 : FTA에 의한 재평가

정답 56. ③ 57. ② 58. ②

59 다음 시스템의 신뢰도 값은?

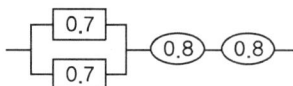

① 0.5824　　② 0.6682
③ 0.7855　　④ 0.8642

해설 **시스템의 신뢰도**
= {1 − (1 − 0.7)(1 − 0.7)} × 0.8 × 0.8 = 0.5824

60 n개의 요소를 가진 병렬 시스템에 있어 요소의 수명(MTTF)이 지수 분포를 따를 경우, 이 시스템의 수명으로 옳은 것은?

① $MTTF \times n$
② $MTTF \times \dfrac{1}{n}$
③ $MTTF(1 + \dfrac{1}{2} + \dfrac{1}{3} \cdots + \dfrac{1}{n})$
④ $MTTF(1 \times \dfrac{1}{2} \times \dfrac{1}{3} \cdots \times \dfrac{1}{n})$

해설 **MTTF(평균고장시간, Mean Time To Failure)**
고장 발생까지의 고장 시간의 평균치, 평균수명
1) 직렬계인 경우 체계(system)의 수명
 = $\dfrac{MTTF}{n}$
2) 병렬계인 경우 체계(system)의 수명
 = $MTTF(1 + \dfrac{1}{2} + \dfrac{1}{3} \cdots + \dfrac{1}{n})$

제4과목　건설시공학

61 시방서 및 설계도면 등이 서로 상이할 때의 우선순위에 대한 설명으로 옳지 않은 것은?

① 설계도면과 공사시방서가 상이할 때는 설계도면을 우선한다.
② 설계도면과 내역서가 상이할 때는 설계도면을 우선한다.
③ 표준시방서와 전문시방서가 상이할 때는 전문시방서를 우선한다.
④ 설계도면과 상세도면이 상이할 때는 상세도면을 우선한다.

해설 **설계도서 해석의 우선순위** 〈건축물의 설계도서 작성기준(국토해양부고시)〉
1. 공사시방서
2. 설계도면
3. 전문시방서
4. 표준시방서
5. 산출내역서
6. 승인된 상세시공도면
7. 관계법령의 유권해석
8. 감리자의 지시사항

62 예정가격범위 내에서 최저가격으로 입찰한 자를 낙찰자로 선정하는 낙찰자 선정 방식은?

① 최적격 낙찰제
② 제한적 최저가 낙찰제
③ 최저가 낙찰제
④ 적격 심사 낙찰제

해설 **최저가 낙찰제**
2개 업체 이상의 낙찰자 중 예정가격 범위 내에서 최저 가격으로 입찰한 자를 선정하는 방식
(* 최저가격으로 낙찰됨으로서 시공능력에 문제가 있는 부적격 업체가 낙찰되는 경우 부실시공의 우려가 있어 입찰참가자격 사전심사제도 등을 통하여 이 제도의 문제점을 보완)

63 설계도와 시방서가 명확하지 않거나 설계는 명확하지만 공사비 총액을 산출하기 곤란하고 발주자가 양질의 공사를 기대할 때 채택될 수 있는 가장 타당한 도급방식은?

① 실비정산 보수가산식 도급
② 단가 도급
③ 정액 도급
④ 턴키 도급

정답　59.① 60.③ 61.① 62.③ 63.①

해설 **공사비 지불방식에 따른 계약**
(가) 정액도급 : 공사비 총액을 확정하고 경쟁입찰에 의해 최저입찰자와 계약하는 방식
(나) 단가도급 : 공사종류마다 단가를 정하고 공사수량에 따라 도급 총급액을 산출하는 방식
(다) 실비청산보수가산도급 : 실비를 정산하고 미리 정해놓은 보수율을 가산하여 공사비를 지급 하는 방식(설계도와 시방서가 명확하지 않거나 또는 설계는 명확하지만 공사비 총액을 산출하기 곤란하고 발주자가 양질의 공사를 기대할 때에 채택될 수 있는 가장 타당한 방식)

64 착공단계에서의 공사계획을 수립할 때 우선 고려하지 않아도 되는 것은?

① 현장 직원의 조직편성
② 예정 공정표의 작성
③ 유지관리지침서의 변경
④ 실행예산편성

해설 **시공계획의 내용 및 순서**
① 현장원 편성
② 공정표 작성
③ 실행예산 편성
④ 하도급자 선정
⑤ 자재, 설비 운반(가설준비물), 자재계획(공종별 재료량 및 품셈)
⑥ 노무계획
⑦ 재해방지대책

65 지반개량공법 중 배수공법이 아닌 것은?

① 집수정공법
② 동결공법
③ 웰 포인트 공법
④ 깊은 우물 공법

해설 **배수공법** : 지하수를 처리하는데 사용
1) 깊은 우물(deep well)공법 : 깊이 7m 정도의 우물을 파고 이곳에 수중 모터펌프를 설치하여 지하수를 양수하는 배수 공법으로 지하용수량이 많고 투수성이 큰 사질지반에 적합한 것

2) 집수정(sump pit)공법 : 집수정을 설치하여(2~4m) 지하수가 고이게 한 다음 수중 펌프를 사용하여 외부로 배수시키는 방법
3) 웰포인트(well point)공법 : 사질토 지반 탈수공법. 파이프를 지중에 박아(1~3m의 간격) 지상의 집수장에 연결하고 펌프로 지중의 물을 배수
4) 전기침투공법 : 지중에 전기를 통하여 대전한 지하수를 전류의 이동과 함께 배수하는 공법

66 지하 연속벽 공법(slurry wall)에 관한 설명으로 옳지 않은 것은?

① 저진동, 저소음의 공법이다.
② 강성이 높은 지하구조체를 만든다.
③ 타 공법에 비하여 공기, 공사비 면에서 불리한 편이다.
④ 인접 구조물에 근접하도록 시공이 불가하여 대지이용의 효율성이 낮다.

해설 **지하연속벽공법(Slurry Wall)의 특징**
④ 인접건물의 경계선까지 시공이 가능하다.
* 지하연속벽공법(slurry wall method) : 안정액(slurry)을 사용하여 굴착한 뒤 지중(地中)에 연속된 철근 콘크리트 벽을 형성하는 현장 타설 말뚝 공법

67 강제 널말뚝(steel sheet pile)공법에 관한 설명으로 옳지 않은 것은?

① 무소음 설치가 어렵다.
② 타입 시 체적변형이 작아 항타가 쉽다.
③ 강제 널말뚝에는 U형, Z형, H형 등이 있다.
④ 관입, 철거 시 주변 지반침하가 일어나지 않는다.

해설 **강재 널말뚝(steel sheet pile) 공법**
강재의 널말뚝을 연속해서 박아 수밀성 있는 흙막이벽을 만들어 띠장, 버팀대로 지지하는 공법
① 무소음 설치가 어렵다(타입 시 직타로 인한 소음, 진동공해 발생 때문에 도심지에서는 무진동 유압장비에 의해 실시해야 한다.)

정답 64. ③ 65. ② 66. ④ 67. ④

② 타입 시에는 지반의 체적변형이 작아 항타가 쉽고, 이음부를 볼트나 용접접합에 의해서 말뚝의 길이를 자유로이 늘일 수 있다.
③ 이음구조로 된 U형, Z형, I(H)형 등의 강널말뚝을 연속하여 지중에 관입한다.
④ 관입, 철거 시 주변 지반침하가 일어날 수 있다.

68 철근콘크리트 말뚝머리와 기초와의 집합에 대한 설명으로 옳지 않은 것은?

① 두부를 커팅기계로 정리할 경우 본체에 균열이 생김으로 응력손실이 발생하여 설계내력을 상실하게 된다.
② 말뚝머리 길이가 짧은 경우는 기초저면까지 보강하여 시공한다.
③ 말뚝머리 철근은 기초에 30cm 이상의 길이로 정착한다.
④ 말뚝머리와 기초와의 확실한 정착을 위해 파일앵커링을 시공한다.

해설 철근콘크리트 말뚝머리와 기초와의 집합
두부를 커팅기계로 정리할 경우 본체에 균열이 생기지 않는 기계를 사용하여 소요길이를 확보한다.

69 기성콘크리트 말뚝에 표기된 PHC-A · 450-12의 각 기호에 대한 설명으로 옳지 않은 것은?

① PHC – 원심력 고강도 프리스트레스트 콘크리트말뚝
② A – A종
③ 450 – 말뚝바깥지름
④ 12 – 말뚝삽입 간격

해설 기성콘크리트 말뚝의 표기
(예) PHC-A · 450-12(PHC A종 φ 450mm 12m)
① 프리텐션방식의 고감도 콘크리트 말뚝(PHC : pretensioned High strength Concrete Pile) – 원심력 고강도 프리스트레스트 콘크리트말뚝
② 종류 : A종
③ 말뚝바깥지름 450mm
④ 말뚝길이 12m

70 AE콘크리트에 관한 설명으로 옳은 것은?

① 공기량은 기계비빔이 손비빔의 경우보다 적다.
② 공기량은 비벼놓은 시간이 길수록 증가한다.
③ 공기량은 AE제의 양이 증가할수록 감소하나 콘크리트의 강도는 증대한다.
④ 시공연도가 증진되고 재료분리 및 블리딩이 감소한다.

해설 AE콘크리트(air-entrained concrete)의 공기량
① AE제에 의한 공기량은 기계비빔이 손비빔보다 증가한다.
② AE제에 의한 공기량은 진동을 주면 감소한다.
③ AE제에 의한 공기량은 온도가 높아질수록 감소한다.
④ AE제를 넣을수록 공기량은 증가하고 공기량이 증가할수록 슬럼프는 증대되며 강도 및 내구성은 저하된다.
* 공기연행제(AE제) : 콘크리트 내부에 미세한 독립기포를 발생시켜 콘크리트의 작업성(워커빌리티 개선) 및 동결융해 저항성을 향상시키는 혼화제(AE제는 시공연도를 향상시키고 단위수량을 감소시키며 Bleeding이 감소)

71 콘크리트의 고강도화와 관계가 적은 것은?

① 물시멘트비를 작게 한다.
② 시멘트의 강도를 크게 한다.
③ 폴리머(polymer)를 함침(含浸)한다.
④ 골재의 입자분포를 가능한 한 균일 입자분포로 한다.

해설 콘크리트 강도에 영향을 주는 요소
콘크리트 강도는 일반적으로 표준양생한 재령 28일의 압축강도를 기준으로 함
1) 강도에 영향을 주는 주된 요인 : 사용재료의 품질, 배합, 공기량, 시공방법, 양생방법, 양생온도, 재령(양생 온도와 습도, 콘크리트 재령 및 배합(물·시멘트 비), 타설 및 다지기)
① 진동다짐한 콘크리트의 경우가 그렇지 않은 경우의 콘크리트보다 강도가 커진다.

정답 68.① 69.④ 70.④ 71.④

② 공기연행제는 콘크리트의 시공연도를 좋게 한다.
③ 물시멘트비가 커지면 콘크리트의 강도가 작아진다.
④ 양생온도가 높을수록 콘크리트의 강도발현이 촉진되고 초기강도는 커진다.

2) 콘크리트 강도에 가장 큰 영향을 주는 것 : 물·시멘트 비(W/C)

* 폴리머(고분자 화합물) 합침 콘크리트 : 강도의 증가, 조기강도 발현, 수밀성, 내구성, 내마모성, 동결융해 등의 성능의 개선

72 바닥판 거푸집의 구조계산 시 고려해야하는 연직하중에 해당하지 않는 것은?

① 작업하중
② 충격하중
③ 고정하중
④ 굳지 않은 콘크리트의 측압

해설 거푸집동바리 및 거푸집 안전설계 〈거푸집동바리 및 거푸집 안전설계 지침〉
(3) 연직하중 : 철근콘크리트 자중 및 거푸집 부재의 자중인 고정하중과 콘크리트 타설 중 필요로 하는 장비 등의 작업하중과 장비의 이동 및 콘크리트 타설 중의 충격 등의 충격하중을 반영

73 철근의 피복두께를 유지하는 목적이 아닌 것은?

① 부재의 소요 구조 내력 확보
② 부재의 내화성 유지
③ 콘크리트의 강도 증대
④ 부재의 내구성 유지

해설 철근의 피복두께 확보 목적
① 내화성 확보(화재로부터 철근 보호)
② 철근과 콘크리트의 부착응력 확보
③ 내구성 확보
④ 구조내력 확보
⑤ 습기 및 콘크리트 중성화에 의한 철근 부식 방지(방청)
⑥ 철근의 좌굴방지
⑦ 철근 내부의 응력에 의한 균열을 방지
⑧ 시공시 콘크리트의 유동성 확보(골재의 유동)

74 철근콘크리트에서 염해로 인한 철근 부식 방지대책으로 옳지 않은 것은?

① 콘크리트중의 염소 이온량을 적게 한다.
② 에폭시 수지 도장 철근을 사용한다.
③ 방청제 투입을 고려한다.
④ 물-시멘트비를 크게 한다.

해설 철근콘크리트공사의 염해방지대책
(* 염해 : 콘크리트내부에 축적된 염분이 철근의 부식을 촉진시켜 구조체의 균열, 박락 등의 손상을 일으키는 현상)
① 콘크리트의 밀실화 : 수밀콘크리트를 만들고 콜드조인트가 없게 시공한다(물시멘트비(W/C)가 50% 이상이면 투수계수가 급격히 증가한다).
② 염해에 유용한 혼화재료를 사용 : 플라이애쉬, 고로슬래그등을 사용한다(콘크리트중의 염소이온량을 적게 한다).
③ 철근피복두께 증가 : 철근피복두께를 충분히 확보한다.
④ 콘크리트 표면처리 : 침투성 부식억제제, 방수제 등
⑤ 방청제 사용 : 에폭시 코팅제 도포(에폭시 수지 도장 철근을 사용한다.)

75 거푸집공사(form work)에 관한 설명으로 옳지 않은 것은?

① 거푸집널은 콘크리트의 구조체를 형성하는 역할을 한다.
② 콘크리트 표면에 모르타르, 플라스터 또는 타일붙임 등의 마감을 할 경우에는 평활하고 광택있는 면이 얻어질 수 있도록 철제 거푸집(metal form)을 사용하는 것이 좋다.
③ 거푸집공사비는 건축공사비에서의 비중이 높으므로, 설계단계부터 거푸집 공사의 개선과 합리화 방안을 연구하는 것이 바람직하다.
④ 폼타이(form tie)는 콘크리트를 타설할 때, 거푸집이 벌어지거나 우그러들지 않게 연결, 고정하는 긴결재이다.

정답 72. ④ 73. ③ 74. ④ 75. ②

해설 거푸집 공사(form work)
② 콘크리트 표면에 모르타르, 플라스터 또는 타일 붙임 등의 마감을 할 경우에는 마감 재료의 부착성이 요구됨으로 철제 거푸집(metal form)을 사용하는 것은 적합하지 않다(미장 모르타르가 부착되지 않아 박락의 원인).
* 철제 거푸집(metal form) : 철판, 앵글 등으로 제작한 거푸집으로 평활하고 광택 있는 면을 얻을 수 있음

76 철골부재조립 시 구멍의 위치가 다소 다를 때 구멍을 맞추기 위한 작업은?

① 송곳뚫기(driling)
② 리이밍(reaming)
③ 펀칭(punching)
④ 리벳치기(riveting)

해설 철골 부재 조립 시 구멍 뚫기
① 펀칭(Punching) : 부재두께 13mm 이하일 때 사용한다.
② 송곳뚫기(Drilling) : 부재두께 13mm이상, 주철재이거나 기밀성이 요구되는 곳에서 사용한다.
 - 고력볼트용 구멍뚫기는 드릴뚫기로 하고 볼트, 앵커볼트는 드릴뚫기를 원칙으로 한다.
③ 리이밍(Reaming) : 구멍의 위치가 다소 다를 때 구멍을 맞추기 위한 수정, 정리 작업이며 구멍의 최대편심거리는 1.5mm 이하로 한다. 3장 이상 부재가 겹칠 때 구멍지름보다 1.5mm 작게 뚫은 후 리이머(Reamer)로 조정한다(구멍가심).

77 철골작업용 장비 중 절단용 장비로 옳은 것은?

① 프릭션 프레스(friction press)
② 플레이트 스트레이닝 롤(plate straining roll)
③ 파워 프레스(power press)
④ 핵 소우(hack saw)

해설 철골부재의 절단 및 가공조립에 사용되는 기계
① 메탈터치(metal touch)부위 가공 : 페이싱머신(facing machine), 플레이트 쉐어링기(plate shearing) 등의 절삭가공 기를 사용하여 부재상호 간에 충분히 밀착토록 함
② 형강류 절단 : 핵 소우(hack saw)
③ 판재류 절단 : 플레이트 쉐어링기(plate shearing)
④ 볼트접합부 구멍 가공 : 드릴(drill), 펀치(punch) 리이머(reamer)

78 철골공사의 용접접합에서 플럭스(flux)를 옳게 설명한 것은?

① 용접 시 용집봉의 피복제 역할을 하는 분말상의 재료
② 압연강판의 층 사이에 균열이 생기는 현상
③ 용접작업의 종단부에 임시로 붙이는 보조판
④ 용접부에 생기는 미세한 구멍

해설 플럭스(flux)
용접 시 용집봉의 피복제 역할을 하는 분말상의 재료(접합부를 깨끗이 하고, 산화를 방지하며 슬래그 제거를 촉진함)
* 라멜라 테어링(Lamellar Tearing) : 압연강판의 층 사이에 균열이 생기는 현상
* 맞댄용접 : 둥근 경량형강 등 부재간 홈이 벌어진 상태에서 용접하는 방법
* 위핑 홀(weeping hole) : 용접부에 생기는 미세한 구멍

79 조적식 구조에서 조적식 구조인 내력벽으로 둘러 쌓인 부분의 최대 바닥면적은 얼마인가?

① 60m^2
② 80m^2
③ 100m^2
④ 120m^2

해설 조적식 구조인 내력벽으로 둘러 쌓인 부분의 바닥면적
〈건축물의 구조기준 등에 관한 규칙〉
제31조(내력벽의 높이 및 길이)
③ 조적식 구조인 내력벽으로 둘러 쌓인 부분의 바닥면적은 80제곱미터를 넘을 수 없다.

정답 76. ② 77. ④ 78. ① 79. ②

80 조적 벽면에서의 백화방지에 대한 조치로서 옳지 않은 것은?

① 소성이 잘 된 벽돌을 사용한다.
② 줄눈으로 비가 새어들지 않도록 방수처리한다.
③ 줄눈모르타르에 석회를 혼합한다.
④ 벽돌벽의 상부에 비막이를 설치한다.

해설 백화의 방지 대책
① 물-시멘트비를 작게 한다.
② 흡수율이 작은 소성이 잘 된 벽돌을 사용한다(10% 이하의 흡수율을 가진 양질의 벽돌을 사용한다).
③ 줄눈 모르타르에 방수제를 혼합한다(파라핀 도료와 같은 혼화제를 사용).
④ 벽면의 돌출 부분에 차양, 루버 등을 설치한다(벽돌면 상부에 빗물막이를 설치한다).
⑤ 쌓기 후 전용발수제를 발라 벽면에 수분흡수를 방지 한다.
⑥ 수용성 염류가 적은 소재를 사용한다.
* 조적조 백화(efflorescence)현상 : 백화는 주로 모르타르로 흡수된 수분에 의해 벽돌 내부에 포함된 염류가 녹아나와 벽돌 표면에 하얗게 남기나 벽돌 표면 밑에 남아 외부의 결을 파괴시켜 미관을 해치게 됨.
– 백화의 형성 요인 : 백화가 대체적으로 발생하는 부분은 창문 인방, 처마부분 같은 취약부분, 지반에 가까운 부위에서의 틈새로 유입되는 수분에 의해 발생

[제5과목] 건설재료학

81 목재의 결점 중 벌채시의 충격이나 그 밖의 생리적 원인으로 인하여 세로축에 직각으로 섬유가 절단된 형태를 의미하는 것은?

① 수지낭
② 미숙재
③ 컴프레션페일러
④ 옹이

해설 컴프레션페일러(compression failure 압축파괴)
벌채시의 충격이나 그 밖의 생리적 원인으로 인하여 세로축에 직각으로 섬유가 절단된 형태를 의미하는 것
* 미숙재 : 미숙재는 성숙재보다 비중이 더 낮고 강도적 성질도 더 낮아지게 된다.
* 수지낭 : 액상 또는 고형 수지 물질을 축적하고 있는 수지주머니

82 다음 중 열전도율이 가장 낮은 것은?

① 콘크리트
② 코르크판
③ 알루미늄
④ 주철

해설 코르크판(Cork board)
유공판으로 단열성·흡음성 등이 있어 천장 등에 흡음재로 사용된다.

83 목재의 함수율과 섬유포화점에 관한 설명으로 옳지 않은 것은?

① 섬유포화점은 세포 사이의 수분은 건조되고, 섬유에만 수분이 존대하는 상태를 말한다.
② 벌목 직후 함수율이 섬유포화점까지 감소하는 동안 강도 또한 서서히 감소한다.
③ 전건상태에 이르면 강도는 섬유포화점 상태에 비해 3배로 증가한다.
④ 섬유포화점 이하에서는 함수율의 감소에 따라 인성이 감소한다.

해설 목재의 함수상태
② 목재의 함수율이 섬유포화점이하가 되면 목재의 수축이 시작된다(강도가 증가하고 인성(靭性-질긴 성질)이 감소한다).

정답 80. ③ 81. ③ 82. ② 83. ②

84 점토의 물리적 성질에 관한 설명으로 옳지 않은 것은?

① 점토의 인장강도는 압축강도의 약 5배 정도이다.
② 입자의 크기는 보통 $2\mu m$ 이하의 미립자지만 모래알 정도의 것도 약간 포함되어 있다.
③ 공극률은 점토의 입자 간에 존재하는 모공용적으로 입자의 형상, 크기에 관계한다.
④ 점토입자가 미세하고, 양지의 점토일수록 가소성이 좋으나, 가소성이 너무 클 때는 모래 또는 샤모트를 섞어서 조절한다.

해설 점토의 일반적 성질
① 압축강도가 인장강도보다 크다(압축강도는 인장강도의 약 5배 정도이다).
* 가소성(可塑性, plasticity-소성) : 가소성은 어떤 힘을 받아 형태가 변한 뒤에 힘이 없애도 원래의 형태로 돌아가지 않는 성질이며 탄성이란 힘이 제거되었을 때 원래의 형태로 되돌아오는 성질

85 점토제품 중 소성온도가 가장 고온이고 흡수성이 매우 작으며 모자이크 타일, 위생도기 등에 주로 쓰이는 것은?

① 토기   ② 도기
③ 석기   ④ 자기

해설 점토제품의 분류

종류	흡수율(%)	소성온도(℃)	제품	비고
토기	20 이상	790~1000	기와, 벽돌, 토관	다공질로서 투과성이 있고 유약을 바르지 않았다.
도기	10	1100~1230	내장타일, 테라코타	경도도 높고 흡수율이 적으나 자기보다는 못하다.
석기	3~10	1160~1350	바닥타일, 외장타일	불투과성이며 강도와 내산성이 크다.
자기	0~1	1230~1430	고급타일, 위생도기	흡수성이 극히 작고 경도와 강도가 가장 크다.

86 플라이애시시멘트에 대한 설명으로 옳은 것은?

① 수화할 때 불용성 규산칼슘 수화물을 생성한다.
② 화력발전소 등에서 완전 연소한 미분탄의 회분과 포틀랜드시멘트를 혼합한 것이다.
③ 재령 1~2시간 안에 콘크리트 압축강도가 20MPa에 도달할 수 있다.
④ 용광로의 선철제작 부산물을 급랭시키고 파쇄하여 시멘트와 혼합한 것이다.

해설 플라이애시시멘트
보통포틀랜드시멘트에 비하여 초기 수화열이 낮고, 장기 강도 증진이 크며, 화학 저항성이 큰 시멘트로 매스 콘크리트용에 적합한 것(화력발전소 등에서 완전연소한 미분탄의 회분과 포틀랜드시멘트를 혼합한 것)
* 플라이애시(Fly-ash) : 콘크리트에 플라이애시(석탄의 재)를 첨가하면 콘크리트 양생 시간은 다소 길어지지만 유동성 개선(워커빌리티, 펌퍼빌리티 개선), 장기강도 증진, 수화열 감소, 알칼리 골재반응 억제, 황산염에 대한 저항성, 콘크리트 수밀성 향상 등의 장점이 있다.

정답 84. ① 85. ④ 86. ②

87 골재의 함수상태에서 유효흡수량의 정의로 옳은 것은?

① 습윤상태와 절대건조상태의 수량의 차이
② 표면건조포화상태와 기건상태의 수량의 차이
③ 기건상태와 절대건조상태의 수량의 차이
④ 습윤상태와 표면건조포화상태의 수량의 차이

해설 골재의 함수상태
① 함수량 : 습윤상태의 골재의 내외에 함유하는 전체 수량을 말한다.
② 흡수량 : 표면건조 내부포수상태의 골재중에 포함하는 수량을 말한다.
③ 유효흡수량 : 기건상태와 표건상태의 골재 내에 함유된 수량과의 차를 말한다.
④ 표면수량 : 함수량과 흡수량의 차를 말한다.
※ 골재의 수분함량
 ① 절건상태 : 100~110℃에서 건조한 상태로 함수율이 0인 상태
 ② 기건상태 : 공기 중에 건조하여 내부는 수분을 약간 포함한 상태(공기건조상태)
 ③ 표건상태 : 표면수는 없지만 내부는 포화상태로 함수되어 있는 골재의 상태
 ④ 습윤상태 : 내부도 포화상태이고 표면도 젖은 상태

88 절대건조밀도가 2.6g/cm³이고, 단위용적질량이 1750kg/m³인 굵은 골재의 공극률은?

① 30.5%   ② 32.7%
③ 34.7%   ④ 36.2%

해설 공극률(空隙率)
$v(\%) = (1 - W/\rho) \times 100 = (1 - 1,750/2,600) \times 100$
$= 32.69 = 32.7\%$
[*2.6g/cm³ = 0.0026kg/cm³ = 0.0026kg/
−1,000,000m³ = 2,600kg/m³]
〈골재의 실적률과 공극률〉
① 실적률 : 골재의 단위 용적(m³) 중의 실적 용적을 백분율로 나타낸 값(일정 용기 내에 골재가 차지하는 실제 용적의 비율)

$d(\%) = W/\rho \times 100$
[d : 실적률(%), v : 공극률(%), ρ : 비중, 절건밀도(g/cm³), W : 단위 용적 중량(kg/L)]
② 공극률 : 골재의 단위 용적(m³) 중의 공극을 백분율로 나타낸 값
$v(\%) = (1 - W/\rho) \times 100$

89 일반 콘크리트 대비 ALC의 우수한 물리적 성질로서 옳지 않은 것은?

① 경량성   ② 단열성
③ 흡음·차음성   ④ 수밀성, 방수성

해설 경량기포콘크리트(ALC, Autoclaved Light-weight Concrete) : 기포를 발생시켜 증기 양생하여 가공한 경량 기포 콘크리트(오토클레이브(auto clave)에 포화증기 양생, 규산질, 석회질 원료를 주원료로 하여 기포제와 발포제를 첨가하여 만든다.)
① 경량으로 인력에 의한 취급이 가능하고, 필요에 따라 현장에서 절단 및 가공이 용이하다.
② 열전도율은 보통콘크리트의 약 1/10로서 단열성이 우수하다(동일용도의 건축자재 중 상대적으로 우수한 단열성능을 가지고 있다).
③ 높은 흡음·차음성이 있다.
④ 다공질이기 때문에 흡수율이 높고, 동결융해저항이 낮다.

90 고로슬래그 쇄석에 대한 설명으로 옳지 않은 것은?

① 철을 생산하는 과정에서 용광로에서 생기는 광재를 공기 중에서 서서히 냉각시켜 경화된 것을 파쇄하여 만든다.
② 투수성은 보통골재의 경우보다 작으므로 수밀콘크리트에 적합하다.
③ 고로슬래그 쇄석을 활용한 콘크리트는 다른 암석을 사용한 콘크리트보다 건조수축이 적다.
④ 다공질이기 때문에 흡수율이 크므로 충분히 살수하여 사용하는 것이 좋다.

정답 87.② 88.② 89.④ 90.②

해설 고로슬래그 쇄석(부순 돌)
① 철을 생산하는 과정에서 용광로에서 생기는 광재(슬래그)를 공기 중에서 서서히 냉각시켜 경화된 것을 파쇄하여 입도를 고른 것이다.
② 투수성은 보통골재를 사용한 콘크리트보다 크다.
③ 다른 암석을 사용한 콘크리트보다 고로슬래그 쇄석을 사용한 콘크리트가 건조수축이 작아서 균열을 감소시킨다.
④ 다공질이기 때문에 흡수율이 높다.

91 강재(鋼材)의 일반적인 성질에 관한 설명으로 옳지 않은 것은?

① 열과 전기의 양도체이다.
② 광택을 가지고 있으며, 빛에 불투명하다.
③ 경도가 높고 내마멸성이 크다.
④ 전성이 일부 있으나 소성변형 능력은 없다.

해설 강재(鋼材)의 일반적인 성질
④ 일반적으로 소성가공이 가능하고 전성, 연성이 풍부하다.

92 지름이 18mm인 강봉을 대상으로 인장시험을 행하여 항복하중 27kN, 최대하중 41kN을 얻었다. 이 강봉의 인장강도는?

① 약 106.3MPa ② 약 133.9MPa
③ 약 161.1MPa ④ 약 182.3MPa

해설 인장 강도(tensile strength)
인장강도 = 최대하중(P)/단면적(A)
(* 단면적 = $\pi D^2/4$)

$= \dfrac{41}{\dfrac{\pi}{4} \times 0.018^2} = 161,201 kN/m^2 = 161,201 kPa$

= 161.2MPa (*18mm = 0.018m)
($1mm^2 = 0.001m^2$, $1Pa = 1N/m^2$,
Pa = 0.000001MPa, kPa = 0.001MPa)

93 건축용 접착제로서 요구되는 성능에 해당되지 않는 것은?

① 진동, 충격의 반복에 잘 견딜 것
② 취급이 용이하고 독성이 없을 것
③ 장기부하에 의한 크리프가 클 것
④ 고화 시 체적수축 등에 의한 내부변형을 일으키지 않을 것

해설 건축용 접착제에 기본적으로 요구되는 성능
① 진동, 충격의 반복에 잘 견딜 것
② 취급이 용이하고 사용 시 유동성이 있을 것
③ 장기 하중에 의한 크리프가 없을 것
④ 경화시 체적수축 등의 변형을 일으키지 않을 것

94 열경화성수지가 아닌 것은?

① 페놀수지   ② 요소수지
③ 아크릴수지 ④ 멜라민수지

해설 합성수지
1) 열가소성수지(Thermosoftening plastic) : 고온에서 유동성을 가지며 가열하여 녹여서 가공하고 냉각하면 굳는 수지(재활용이 가능)
 - 초산비닐수지, 염화비닐수지, 아크릴 수지, 폴리에틸렌수지, 폴리염화비닐(PVC)수지, 폴리프로필렌수지, 폴리스티렌 수지, ABS수지 등
2) 열경화성 수지(Thermosetting resin) : 경화되면 연화되거나 녹지 않는 수지로 내열성, 내약품성이 풍부하고 경도가 높다
 - 페놀 수지, 요소수지, 멜라민 수지, 에폭시 수지, 불포화 폴리에스테르 수지, 실리콘 수지, 폴리우레탄 수지, 알키드 수지, 푸란수지 등

95 도장재료 중 물이 증발하여 수지입자가 굳는 융착건조경화를 하는 것은?

① 알키드수지 도료
② 애폭시수지 도료
③ 불소수지 도료
④ 합성수지 에멀션 페인트

해설 에멀션 페인트(emulsion paint) : 수성페인트의 일종
① 수성페인트의 일종인 에멀션 페인트는 수성페인트에 합성수지와 유화제를 섞은 것이다.
② 내수성, 내구성이 좋고 내, 외부에 사용된다.
③ 오염이나 낙서로 인한 표면 얼룩을 물걸레 등으로 쉽게 제거할 수 있다.

정답 91.④ 92.③ 93.③ 94.③ 95.④

96 아스팔트 방수시공을 할 때 바탕재와의 밀착용으로 사용하는 것은?
① 아스팔트 컴파운드
② 아스팔트 모르타르
③ 아스팔트 프라이머
④ 아스팔트 루핑

해설 아스팔트 프라이머(asphalt primer)
블로운 아스팔트를 용제에 녹인 것으로 액상을 하고 있으며 아스팔트 방수의 바탕처리재로 이용되는 것 (아스팔트가 잘 부착될 수 있도록 하는 것)
- 솔, 롤러 등으로 용이하게 도포할 수 있도록 아스팔트를 휘발성 용제에 용해한 비교적 저점도의 액체로써 방수시공의 첫 번째 공정에 쓰는 바탕처리재

97 재료의 단단한 정도를 나타내는 용어는?
① 연성   ② 인성
③ 취성   ④ 경도

해설 경성(硬性, hardness) : 전단력, 마모등에 대한 저항성으로 재료의 단단한 정도
* 연성(延性, ductility) : 재료가 외력에 의해 파괴됨이 없이 가늘고 길게 늘어지는 성질
* 인성(靭性, toughness) : 외력을 받았을 때 파괴되지 않고 견딜 수 있는 성질(질긴 성질)
* 취성(脆性, brittleness) : 작은 변형에도 파괴되는 성질

98 다음 중 건축용 단열재와 거리가 먼 것은?
① 유리면(glass wool)
② 암면(rock wool)
③ 테라코타
④ 펄라이트판

해설 단열재의 종류
1) 무기질 단열재 : 열에 강하고 접합부 시공성이 우수하나 흡습성이 큼
   - 유리면, 암면, 세라믹 파이버, 펄라이트 판, 규산칼슘판, 경량 기포콘크리트(ALC판넬)
2) 유기질 단열재 : 흡습성이 적고 시공성이 우수하지만 열에 약함
   - 연질 섬유판, 폴리스틸렌 폼, 셀룰로즈 섬유판, 경질 우레탄 폼
* 테라코타(terra-cotta) : 건축물의 패러핏, 주두 등의 장식에 사용되는 공동의 대형 점토제품

99 석고보드에 관한 설명으로 옳지 않은 것은?
① 부식이 잘되고 충해를 받기 쉽다.
② 단열성, 차음성이 우수하다.
③ 시공이 용이하여 천장, 칸막이 등에 주로 사용된다.
④ 내수성, 탄력성이 부족하다.

해설 석고보드
천장, 내벽마감재의 보드 중 내습성은 좋지 않지만 방화성과 차음성이 우수한 것
① 경량이고 시공이 간단하며 단열성, 방화성, 차음성, 보온성이 우수하나 내습성이 좋지 않아 흡습되면 강도가 저하된다(내수성, 탄력성이 부족하다).
② 신축변형과 균열의 위험이 없다.
③ 부식이 안 되고 충해를 받지 않는다.

100 미장재료에 관한 설명으로 옳은 것은?
① 보강재는 결합재의 고체화에 직접 관계하는 것으로 여물, 풀, 수염 등이 이에 속한다.
② 수경성 미장재료에는 돌로마이트 플라스터, 소석회가 있다.
③ 소석회는 돌로마이트 플라스터에 비해 점성이 높고, 작업성이 좋다.
④ 희반죽에 석고를 약간 혼합하면 수축균열을 방지할 수 있는 효과가 있다.

해설 미장재료
① 미장재료의 균열방지 위한 보강재료로 여물, 수염, 종려털 및 종려잎 등이 있다.
② 돌로마이트 플라스터, 소석회 등은 기경성 미장재료이다.
③ 돌로마이트 플라스터는 소석회에 비해 점성이 높고, 작업성이 좋다.
④ 희반죽에 석고를 약간 혼합하면 수축균열을 방지할 수 있는 효과가 있다.

정답 96.③ 97.④ 98.③ 99.① 100.④

제6과목 건설안전기술

101 유해·위험방지계획서 제출 시 첨부서류로 옳지 않은 것은?

① 공사현장의 주변 현황 및 주변과의 관계를 나타내는 도면
② 공사개요서
③ 전체공정표
④ 작업인부의 배치를 나타내는 도면 및 서류

[해설] 유해·위험방지계획서 첨부서류 〈산업안전보건법 시행규칙〉
1. 공사 개요 및 안전보건관리계획
   가. 공사 개요서
   나. 공사현장의 주변 현황 및 주변과의 관계를 나타내는 도면(매설물 현황을 포함)
   다. 건설물, 사용 기계설비 등의 배치를 나타내는 도면
   라. 전체 공정표
   마. 산업안전보건관리비 사용계획
   바. 안전관리 조직표
   사. 재해 발생 위험 시 연락 및 대피방법

102 다음은 산업안전보건법령에 따른 산업안전보건관리비의 사용에 관한 규정이다. ( ) 안에 들어갈 내용을 순서대로 옳게 작성한 것은?

> 건설공사도급인은 법에 따라 산업안전보건관리비를 사용하는 해당 건설공사의 금액이 4천만원 이상인 때에는 고용노동부장관이 정하는 바에 따라 ( ) 사용명세서를 작성하고, 건설공사 종료 후 ( ) 동안 보존해야 한다.

① 매월, 6개월
② 매월, 1년
③ 2개월 마다, 6개월
④ 2개월 마다, 1년

[해설] 산업안전보건관리비 사용명세서 보존 〈산업안전보건법 시행규칙〉
제89조(산업안전보건관리비의 사용)
② 건설공사도급인은 법에 따라 산업안전보건관리비를 사용하는 해당 건설공사의 금액이 4천만원 이상인 때에는 고용노동부장관이 정하는 바에 따라 매월(건설공사가 1개월 이내에 종료되는 사업의 경우에는 해당 건설공사가 끝나는 날이 속하는 달을 말한다) 사용명세서를 작성하고, 건설공사 종료 후 1년 동안 보존해야 한다.

103 산업안전보건법령에 따른 건설공사 중 다리건설공사의 경우 유해위험방지계획서를 제출하여야 하는 기준으로 옳은 것은?

① 최대 지간길이가 40m 이상인 다리의 건설등 공사
② 최대 지간길이가 50m 이상인 다리의 건설등 공사
③ 최대 지간길이가 60m 이상인 다리의 건설등 공사
④ 최대 지간길이가 70m 이상인 다리의 건설등 공사

[해설] 유해·위험방지계획서 제출대상 건설공사 〈산업안전보건법 시행령 제42조〉
1. 다음의 어느 하나에 해당하는 건축물 또는 시설 등의 건설·개조 또는 해체 공사
   가. 지상높이가 31미터 이상인 건축물 또는 인공구조물
   나. 연면적 3만제곱미터 이상인 건축물
   다. 연면적 5천제곱미터 이상인 시설로서 다음의 어느 하나에 해당하는 시설
      1) 문화 및 집회시설(전시장 및 동물원·식물원은 제외한다.)
      2) 판매시설, 운수시설(고속철도의 역사 및 집배송시설은 제외한다.)
      3) 종교시설
      4) 의료시설 중 종합병원
      5) 숙박시설 중 관광숙박시설
      6) 지하도상가

정답 101. ④ 102. ② 103. ②

7) 냉동·냉장 창고시설
2. 연면적 5천제곱미터 이상인 냉동·냉장 창고시설의 설비공사 및 단열공사
3. 최대 지간(支間)길이(다리의 기둥과 기둥의 중심사이의 거리)가 50미터 이상인 다리의 건설등 공사
4. 터널의 건설등 공사
5. 다목적댐, 발전용댐, 저수용량 2천만톤 이상의 용수 전용 댐 및 지방상수도 전용 댐의 건설등 공사
6. 깊이 10미터 이상인 굴착공사

104 항타기 또는 항발기의 사용 시 준수사항으로 옳지 않은 것은?

① 증기나 공기를 차단하는 장치를 작업관리자가 쉽게 조작할 수 있는 위치에 설치한다.
② 해머의 운동에 의하여 증기호스 또는 공기호스와 해머의 접속부가 파손되거나 벗겨지는 것을 방지하기 위하여 그 접속부가 아닌 부위를 선정하여 증기호스 또는 공기호스를 해머에 고정시킨다.
③ 항타기나 항발기의 권상장치의 드럼에 권상용 와이어로프가 꼬인 경우에는 와이어로프에 하중을 걸어서는 안 된다.
④ 항타기나 항발기의 권상장치에 하중을 건 상태로 정지하여 두는 경우에는 쐐기장치 또는 역회전방지용 브레이크를 사용하여 제동하는 등 확실하게 정지시켜 두어야 한다.

[해설] **항타기 또는 항발기 사용 시의 조치** 〈산업안전보건에 관한 규칙〉
제217조(사용 시의 조치 등)
① 증기나 압축공기를 동력원으로 하는 항타기나 항발기를 사용하는 경우에의 준수사항
  1. 해머의 운동에 의하여 증기호스 또는 공기호스와 해머의 접속부가 파손되거나 벗겨지는 것을 방지하기 위하여 그 접속부가 아닌 부위를 선정하여 증기호스 또는 공기호스를 해머에 고정시킬 것
  2. 증기나 공기를 차단하는 장치를 해머의 운전자가 쉽게 조작할 수 있는 위치에 설치할 것

105 안전계수가 4이고 2000MPa의 인장강도를 갖는 강선의 최대허용응력은?

① 500MPa ② 1000MPa
③ 1500MPa ④ 2000MPa

[해설] **강선의 최대허용응력**
안전계수 = 인장강도/최대허용응력
⇨ 최대허용응력 = 인장강도/안전계수 = 2000/4 = 500MPa

106 산업안전보건법령에 따른 양중기의 종류에 해당하지 않는 것은?

① 고소작업차
② 이동식 크레인
③ 승강기
④ 리프트(Lift)

[해설] **양중기의 종류** 〈산업안전보건기준에 관한 규칙〉
제132조(양중기)
① 양중기란 다음의 기계를 말한다.
  1. 크레인[호이스트(hoist)를 포함]
  2. 이동식 크레인
  3. 리프트(이삿짐운반용 리프트의 경우에는 적재하중이 0.1톤 이상인 것으로 한정)
  4. 곤돌라
  5. 승강기

107 토자붕괴원인으로 옳지 않은 것은?

① 경사 및 기울기 증가
② 성토높이의 증가
③ 건설기계 등 하중작용
④ 토사중량의 감소

[해설] **토석 및 토사붕괴의 원인** 〈굴착공사표준안전작업지침〉
(가) 외적 원인
  ① 사면, 법면의 경사 및 기울기의 증가
  ② 절토 및 성토 높이의 증가
  ③ 공사에 의한 진동 및 반복 하중의 증가
  ④ 지표수 및 지하수의 침투에 의한 토사 중량의 증가
  ⑤ 지진, 차량, 구조물의 하중 작용
  ⑥ 토사 및 암석의 혼합층 두께

정답 104.① 105.① 106.① 107.④

(나) 내적 원인
  ① 절토 사면의 토질·암질
  ② 성토 사면의 토질 구성 및 분포
  ③ 토석의 강도 저하

108 토사붕괴에 따른 재해를 방지하기 위한 흙막이 지보공 부재로 옳지 않은 것은?

① 흙막이판
② 말뚝
③ 턴버클
④ 띠장

해설 **흙막이 지보공 부재, 조립도** 〈산업안전보건기준에 관한 규칙〉
제346조(조립도)
② 조립도는 흙막이판·말뚝·버팀대 및 띠장 등 부재의 배치·치수·재질 및 설치방법과 순서가 명시되어야 한다.

109 터널공사에서 발파작업 시 안전대책으로 옳지 않은 것은?

① 발파전 도화선 연결상태, 저항치 조사 등의 목적으로 도통시험 실시 및 발파기의 작동상태에 대한 사전점검 실시
② 모든 동력선은 발원점으로부터 최소한 15m 이상 후방으로 옮길 것
③ 지질, 암의 절리 등에 따라 화약량에 대한 검토 및 시방기준과 대비하여 안전조치 실시
④ 발파용 점화회선은 타동력선 및 조명회선과 한곳으로 통합하여 관리

해설 **터널공사에서 발파작업 시 안전대책** 〈터널공사표준안전작업지침-NATM공법〉
제7조(발파작업) 발파작업시 준수사항
8. 발파용 점화회선은 타동력선 및 조명회선으로부터 분리되어야 한다.

110 지반 등의 굴착작업 시 연암의 굴착면 기울기로 옳은 것은?

① 1 : 0.3
② 1 : 0.5
③ 1 : 0.8
④ 1 : 1.0

해설 **굴착면의 기울기 기준** 〈산업안전보건기준에 관한 규칙〉

지반의 종류	굴착면의 기울기
모래	1 : 1.8
연암 및 풍화암	1 : 1.0
경암	1 : 0.5
그 밖의 흙	1 : 1.2

비고 1. 굴착면의 기울기는 굴착면의 높이에 대한 수평거리의 비율

111 작업 중이던 미장공이 상부에서 떨어지는 공구에 의해 상해를 입었다면 어느 부분에 대한 결함이 있었겠는가?

① 작업대 설치
② 작업방법
③ 낙하물 방지시설 설치
④ 비계설치

해설 **낙하물에 의한 위험의 방지** 〈산업안전보건기준에 관한 규칙〉
제14조(낙하물에 의한 위험의 방지)
② 작업으로 인하여 물체가 떨어지거나 날아올 위험이 있는 경우 낙하물 방지망, 수직보호망 또는 방호선반의 설치, 출입금지구역의 설정, 보호구의 착용 등 위험을 방지하기 위하여 필요한 조치를 하여야 한다.

112 추락 재해방지 설비 중 근로자의 추락재해를 방지 할 수 있는 설비로 작업발판 설치가 곤란한 경우에 필요한 설비는?

① 경사로
② 추락방호망
③ 고장사다리
④ 달비계

정답 108. ③ 109. ④ 110. ④ 111. ③ 112. ②

해설 **추락방호망의 설치기준** 〈산업안전보건기준에 관한 규칙〉
제42조(추락의 방지)
② 작업발판을 설치하기 곤란한 경우 기준에 맞는 추락방호망을 설치하여야 한다. 다만, 추락방호망을 설치하기 곤란한 경우에는 근로자에게 안전대를 착용하도록 하는 등 추락위험을 방지하기 위하여 필요한 조치를 하여야 한다.

113 가설구조물의 문제점으로 옳지 않은 것은?
① 도괴재해의 가능성이 크다.
② 추락재해 가능성이 크다.
③ 부재의 결합이 간단하나 연결부가 견고하다.
④ 구조물이라는 통상의 개념이 확고하지 않으며 조립의 정밀도가 낮다.

해설 **가설구조물의 문제점**
③ 부재의 결합이 간단하고 불안전한 결합이 되기 쉽다.

114 강관틀비계를 조립하여 사용하는 경우 준수해야 할 기준으로 옳지 않은 것은?
① 수직방향으로 6m, 수평방향으로 8m 이내마다 벽이음을 할 것
② 높이가 20m를 초과하거나 중량물의 적재를 수반하는 작업을 할 경우에는 주틀 간의 간격을 2.4m 이하로 할 것
③ 길이가 띠장 방향으로 4m 이하이고 높이가 10m를 초과하는 경우에는 10m 이내마다 띠장 방향으로 버팀기둥을 설치할 것
④ 주틀 간에 교차 가새를 설치하고 최상층 및 5층 이내마다 수평재를 설치할 것

해설 **강관틀비계** 〈산업안전보건기준에 관한 규칙〉
제62조(강관틀비계) 강관틀 비계를 조립하여 사용하는 경우의 준수사항
2. 높이가 20미터를 초과하거나 중량물의 적재를 수반하는 작업을 할 경우에는 주틀 간의 간격을 1.8미터 이하로 할 것

115 비계의 높이가 2m 이상인 작업 장소에 작업발판을 설치할 경우 준수하여야 할 기준으로 옳지 않은 것은?
① 작업발판의 폭은 30cm 이상으로 한다.
② 발판재료 간의 틈은 3cm 이하로 한다.
③ 추락의 위험성이 있는 장소에는 안전난간을 설치한다.
④ 발판재료는 뒤집히거나 떨어지지 않도록 2개 이상의 지지물에 연결하거나 고정시킨다.

해설 **비계 작업발판의 구조** 〈산업안전보건기준에 관한 규칙〉
제56조(작업발판의 구조) 비계의 높이가 2미터 이상인 작업 장소에의 작업발판 설치 기준
2. 작업발판의 폭은 40센티미터 이상으로 하고, 발판재료 간의 틈은 3센티미터 이하로 할 것

116 동바리의 침하를 방지하기 위한 직접적인 조치로 옳지 않은 것은?
① 수평연결재 사용 ② 받침목의 사용
③ 콘크리트의 타설 ④ 말뚝박기

해설 **동바리등의 안전조치** 〈산업안전보건기준에 관한 규칙〉
제332조(동바리 조립시의 안전조치) 동바리등을 조립하는 경우에의 준수사항
1. 받침목이나 깔판의 사용, 콘크리트 타설, 말뚝박기 등 동바리의 침하를 방지하기 위한 조치를 할 것

117 사다리식 통로 등의 구조에 대한 설치기준으로 옳지 않은 것은?
① 발판의 간격은 일정하게 할 것
② 발판과 벽과의 사이는 15cm 이상의 간격을 유지할 것
③ 사다리식 통로의 길이가 10m 이상인 때에는 7m 이내마다 계단참을 설치할 것
④ 사다리의 상단은 걸쳐놓은 지점으로부터 60m 이상 올라가도록 할 것

정답 113. ③ 114. ② 115. ① 116. ① 117. ③

[해설] **사다리식 통로 등의 구조** 〈산업안전보건법 시행규칙〉
제24조(사다리식 통로 등의 구조)
① 사다리식 통로 등을 설치하는 경우의 준수사항
  8. 사다리식 통로의 길이가 10미터 이상인 경우에는 5미터 이내마다 계단참을 설치할 것

118 가설통로를 설치하는 경우 준수해야할 기준으로 옳지 않은 것은?

① 경사는 30° 이하로 할 것
② 경사가 25°를 초과하는 경우에는 미끄러지지 아니하는 구조로 할 것
③ 건설공사에 사용하는 높이 8m 이상인 비계다리에는 7m 이내마다 계단참을 설치할 것
④ 수직갱에 가설된 통로의 길이가 15m 이상인 때에는 10m 이내마다 계단참을 설치할 것

[해설] **가설통로의 구조** 〈산업안전보건기준에 관한 규칙〉
제23조(가설통로의 구조) 가설통로를 설치하는 경우의 준수사항
  3. 경사가 15도를 초과하는 경우에는 미끄러지지 아니하는 구조로 할 것

119 콘크리트 타설작업을 하는 경우에 준수해야 할 사항으로 옳지 않은 것은?

① 당일의 작업을 시작하기 전에 해당 작업에 관한 거푸집동바리 등의 변형·변위 및 지반의 침하 유무 등을 점검하고 이상이 있으면 보수한다.
② 작업 중에는 거푸집동바리 등의 변형·변위 및 침하 유무 등을 감시할 수 있는 감시자를 배치하여 이상이 있으면 작업을 빠른 시간 내 우선 완료하고 근로자를 대피시킨다.
③ 콘크리트 타설작업 시 거푸집붕괴의 위험이 발생할 우려가 있으면 충분한 보강조치를 한다.
④ 콘크리트를 타설하는 경우에는 편심이 발생하지 않도록 골고루 분산하여 타설한다.

[해설] **콘크리트의 타설작업시 준수사항** 〈산업안전보건기준에 관한 규칙〉
제334조(콘크리트의 타설작업) 콘크리트 타설작업을 하는 경우에의 준수사항
  2. 작업 중에는 감시자를 배치하는 등의 방법으로 거푸집 및 동바리의 변형·변위 및 침하 유무 등을 확인해야 하며, 이상이 있으면 작업을 중지하고 근로자를 대피시킬 것

120 고소작업대를 설치 및 이동하는 경우에 준수하여야 할 사항으로 옳지 않은 것은?

① 와이어로프 또는 체인의 안전율은 3 이상일 것
② 붐의 최대 지면 경사각을 초과 운전하여 전도되지 않도록 할 것
③ 고소작업대를 이동하는 경우 작업대를 가장 낮게 내릴 것
④ 작업대에 끼임·충돌 등 재해를 예방하기 위한 가드 또는 과상승방지장치를 설치할 것

[해설] **고소작업대 설치** 〈산업안전보건기준에 관한 규칙〉
제186조(고소작업대 설치 등의 조치)
① 고소작업대를 설치하는 경우에는 다음에 해당하는 것을 설치하여야 한다.
  1. 작업대를 와이어로프 또는 체인으로 올리거나 내릴 경우에는 와이어로프 또는 체인이 끊어져 작업대가 떨어지지 아니하는 구조여야 하며, 와이어로프 또는 체인의 안전율은 5 이상일 것

정답 118. ② 119. ② 120. ①

제 2 회 CBT 최종모의고사

[제1과목] 산업안전관리론

01 A 사업장에서 중상이 10명 발생하였다면 버드(Bird)의 재해구성비율에 의한 경상해자는 몇 명인가?

① 50명
② 100명
③ 145명
④ 300명

해설 버드의 1 : 10 : 30 : 600 법칙
하인리히 이론을 수정하고, 사고 641건중 중상, 경상해(물적, 인적 사고), 물적 손실사고, 무상해·무손해 아차사고가 1 : 10 : 30 : 600 비율로 발생한다는 이론
– 중상 10명/1=10배
⇨ 경상 재해 10 × 10배 = 100명

02 산업안전보건법령상 중대재해의 범위에 해당하지 않는 것은?

① 사망자가 1명 발생한 재해
② 부상자가 동시에 10명 이상 발생한 재해
③ 2개월 이상의 요양이 필요한 부상자가 동시에 2명 이상 발생한 재해
④ 직업성 질병자가 동시에 10명 이상 발생한 재해

해설 중대재해
(1) 사망자가 1명 이상 발생한 재해
(2) 3개월 이상의 요양이 필요한 부상자가 동시에 2명 이상 발생한 재해
(3) 부상자 또는 직업성질병자가 동시에 10명 이상 발생한 재해

03 산업안전보건법령상 산업안전보건위원회에 관한 사항 중 틀린 것은?

① 근로자위원과 사용자위원은 같은 수로 구성된다.
② 산업안전보건회의의 정기 회의는 위원장이 필요하다고 인정할 때 소집한다.
③ 안전보건교육에 관한 사항은 산업안전보건위원회 심의·의결을 거쳐야 한다.
④ 상시근로자 50인 이상의 자동차 제조업의 경우 산업안전보건위원회를 구성·운영하여야 한다.

해설 산업안전보건위원회
1) 설치대상 사업
 ① 상시 근로자 100인 이상을 사용하는 사업장
 ② 건설업의 경우에는 공사금액이 120억 원 이상인 사업장
  [토목 공사업에 해당되는 경우에는 150억 원 이상인 사업장]
 ③ 상시 근로자 50인 이상을 사용하는 유해·위험사업(자동차 및 트레일러 제조업 등)
2) 구성 : 노사 동수로 구성
3) 회의 등 : 산업안전보건위원회의 회의는 정기회의와 임시 회의로 구분하되, 정기회의는 분기마다 위원장이 소집하며, 임시회의는 위원장이 필요하다고 인정할 때에 소집한다.

04 건설기술진흥법령상 안전관리계획을 수립해야 하는 건설공사에 해당하지 않는 것은?

① 15층 건축물의 리모델링
② 지하 15m를 굴착하는 건설공사
③ 항타 및 항발기가 사용되는 건설공사
④ 높이가 21m인 비계를 사용하는 건설공사

정답 01.② 02.③ 03.② 04.④

[해설] **건설기술진흥법상 안전관리계획을 수립해야 하는 건설공사** 〈건설기술진흥법 시행령〉
2. 지하 10미터 이상을 굴착하는 건설공사
4의2. 다음의 리모델링 또는 해체공사
  가. 10층 이상인 건축물의 리모델링 또는 해체공사
5. 다음의 어느 하나에 해당하는 건설기계가 사용되는 건설공사
  가. 천공기(높이가 10미터 이상인 것만 해당한다)
  나. 항타 및 항발기
  다. 타워크레인
5의2. 높이가 31미터 이상인 비계을 사용하는 건설공사

05 산업안전보건법령상 안전보건관리규정을 작성해야 할 사업의 종류를 모두 고른 것은? (단, ㄱ~ㅁ은 상시근로자 300명 이상의 사업이다.)

> ㄱ. 농업
> ㄴ. 정보 서비스업
> ㄷ. 금융 및 보험업
> ㄹ. 사회복지 서비스업
> ㅁ. 과학 및 기술 연구개발업

① ㄴ, ㄹ, ㅁ ② ㄱ, ㄴ, ㄷ, ㄹ
③ ㄱ, ㄴ, ㄷ, ㅁ ④ ㄱ, ㄷ, ㄹ, ㅁ

[해설] **안전보건관리규정을 작성하여야 할 사업의 종류 및 상시 근로자 수**

사업의 종류	상시 근로자 수
1. 농업 2. 어업 3. 소프트웨어 개발 및 공급업 4. 컴퓨터 프로그래밍, 시스템 통합 및 관리업 5. 정보서비스업 6. 금융 및 보험업 7. 임대업 : 부동산 제외 8. 전문, 과학 및 기술 서비스업(연구개발업은 제외한다) 9. 사업지원 서비스업 10. 사회복지 서비스업	300명 이상
11. 제1호부터 제10호까지의 사업을 제외한 사업	100명 이상

06 산업안전보건법령상 상시근로자 20명 이상 50명 미만인 사업장 중 안전보건관리담당자를 선임하여야 하는 업종이 아닌 것은? (단, 안전관리자 및 보건관리자가 선임되지 않은 사업장으로 한다.)

① 임업
② 제조업
③ 건설업
④ 환경 정화 및 복원업

[해설] **안전보건관리담당자의 선임**
상시근로자 20명 이상 50명 미만인 다음의 사업장에 1명 이상 선임
① 제조업
② 임업
③ 하수, 폐수 및 분뇨 처리업
④ 폐기물 수집, 운반, 처리 및 원료 재생업
⑤ 환경 정화 및 복원업
* 안전보건관리담당자 : 안전 및 보건에 관하여 사업주를 보좌하고 관리감독자에게 지도·조언하는 업무를 수행(안전관리자 또는 보건관리자가 있거나 선임해야 하는 경우 제외)

07 1000명 이상의 대규모 사업장에서 가장 적합한 안전관리조직의 형태는?

① 경영형   ② 라인형
③ 스태프형 ④ 라인-스태프형

[해설] **라인-스태프 혼합형(Line-staff, 직계-참모식)**
라인이 안전보건 업무를 주관·수행하고, 전문스태프를 별도로 구성하여 안전보건 대책 수립 및 라인의 안전보건업무 지도·지원(우리나라 산업안전보건법에 의해 권장)
(※ 근로자 1,000인 이상 사업장에 적합)

08 산업안전보건법령상 관계수급인 근로자가 도급인의 사업장에서 작업을 하는 경우 건설업 도급인의 작업장 순회점검 주기는?

① 1일에 1회 이상 ② 2일에 1회 이상
③ 3일에 1회 이상 ④ 7일에 1회 이상

정답 05. ② 06. ③ 07. ④ 08. ②

[해설] **도급사업 시의 작업장의 순회점검** 〈산업안전보건법 시행규칙〉: 건설업 2일에 1회 이상
제30조(도급사업 시의 안전·보건조치 등)
① 도급인인 사업주는 작업장을 다음의 구분에 따라 순회점검하여야 한다.
  1. 다음 각 목의 사업의 경우 : 2일에 1회 이상
     가. 건설업
     나. 제조업
     다. 토사석 광업
     라. 서적, 잡지 및 기타 인쇄물 출판업
     마. 음악 및 기타 오디오물 출판업
     바. 금속 및 비금속 원료 재생업
  2. 제1호 각 목의 사업을 제외한 사업의 경우 : 1주일에 1회 이상

09 다음의 재해사례에서 기인물과 가해물은?

> 작업자가 작업장을 걸어가던 중 작업장 바닥에 쌓여있던 자재에 걸려 넘어지면서 바닥에 머리를 부딪쳐 사망하였다.

① 기인물 : 자재, 가해물 : 바닥
② 기인물 : 자재, 가해물 : 자재
③ 기인물 : 바닥, 가해물 : 바닥
④ 기인물 : 바닥, 가해물 : 자재

[해설] **재해사례의 분석** : 사고형태 – 전도, 기인물 – 자재, 가해물 – 바닥
(가) 기인물 : 재해가 일어난 원인이 되었던 기계, 장치, 기타 물건 또는 환경(불안전한 상태에 있는 물체, 환경)
(나) 가해물 : 직접 사람에게 접촉되어 위해를 가한 물체
  * 예) 보행 중 작업자가 바닥에 미끄러지면서 주변의 상자와 머리를 부딪침
    ① 기인물 : 바닥
    ② 가해물 : 상자
    ③ 사고유형 : 전도
(다) 사고의 형태 : 물체(가해물)와 사람과의 접촉현상(재해형태)

10 산업재해통계업무처리규정상 산업재해통계에 관한 설명으로 틀린 것은?
① 총요양근로손실일수는 재해자의 총 요양기간을 합산하여 산출한다.
② 휴업재해자수는 근로복지공단의 휴업급여를 지급받은 재해자수를 의미하여, 체육행사로 인하여 발생한 재해는 제외된다.
③ 사망자수는 통상의 출퇴근에 의한 사망을 포함하여 근로복지공단의 유족급여가 지급된 사망자수를 말한다.
④ 재해자수는 근로복지공단의 유족급여가 지급된 사망자 및 근로복지공단에 최초 요양신청서를 제출한 재해자 중 요양 승인을 받은 자를 말한다.

[해설] **산업재해통계업무처리규정상 재해 통계 관련 용어** 〈산업재해통계업무처리규정〉
• "사망자수"는 근로복지공단의 유족급여가 지급된 사망자(지방고용노동관서의 산재미보고 적발 사망자를 포함)수를 말함. 다만, 사업장 밖의 교통사고(운수업, 음식숙박업은 사업장 밖의 교통사고도 포함)·체육행사·폭력행위·통상의 출퇴근에 의한 사망, 사고발생일로부터 1년을 경과하여 사망한 경우는 제외함

11 A 사업장의 상시근로자수가 1200명이다. 이 사업장의 도수율이 10.5이고 강도율이 7.5일 때 이 사업장의 총 요양근로손실일수(일)는? (단, 연근로시간수는 2400시간이다.)
① 21.6 ② 216
③ 2160 ④ 21600

[해설] **강도율**(Severity Rate of Injury ; S.R)
① 강도율은 근로시간 합계 1,000시간당 재해로 인한 근로손실일수를 나타냄(재해발생의 경중, 즉 강도를 나타냄)

정답 09. ① 10. ③ 11. ④

② 강도율 = $\frac{\text{근로손실일수}}{\text{연근로시간수}} \times 1,000$

⇨ 근로손실일수 = $\frac{\text{강도율} \times \text{연근로시간수}}{1000}$

= $\frac{7.5 \times (1200\text{명} \times 2400\text{시간})}{1000}$

= 21600일

12 산업재해의 기본원인으로 볼 수 있는 4M으로 옳은 것은?

① Man, Machine, Maker, Media
② Man, Management, Machine, Media
③ Man, Machine, Maker, Management
④ Man, Management, Machine, Material

해설 4M : Man, Management, Machine, Media
① 인적요인(Man) : 동료나 상사, 본인 이외의 사람
② 기계적요인(Machine) : 기계설비의 고장, 결함
③ 작업적요인(Media) : 작업정보, 작업환경
④ 관리적요인(Management) : 법규준수, 단속, 점검

13 재해의 원인 중 불안전한 상태에 속하지 않는 것은?

① 위험장소 접근
② 작업환경의 결함
③ 방호장치의 결함
④ 물적 자체의 결함

해설 **직접원인** : 불안전한 행동 · 불안전한 상태
1) 불안전한 행동(인적원인)
① 위험장소 접근
② 안전장치 기능 제거
③ 복장 · 보호구의 잘못(미) 사용
④ 기계 · 기구의 잘못 사용
2) 불안전한 상태(물적원인)
① 물 자체의 결함
② 안전 방호장치의 결함
③ 복장, 보호구의 결함
④ 기계의 배치, 작업장소의 결함

14 산업안전보건법령상 타워크레인 지지에 관한 사항으로 ( )에 알맞은 내용은?

타워크레인을 와이어로프로 지지하는 경우, 설치각도는 수평면에서 (ㄱ)도 이내로 하되, 지지점은 (ㄴ)개소 이상으로 하고, 같은 각도로 설치하여야 한다.

① ㄱ : 45, ㄴ : 3   ② ㄱ : 45, ㄴ : 4
③ ㄱ : 60, ㄴ : 3   ④ ㄱ : 60, ㄴ : 4

해설 **타워크레인의지지** 〈산업안전보건기준에 관한 규칙〉
제142조(타워크레인의지지)
③ 타워크레인을 와이어로프로 지지하는 경우의 준수사항
3. 와이어로프 설치각도는 수평면에서 60도 이내로 하되, 지지점은 4개소 이상으로 하고, 같은 각도로 설치할 것

15 산업안전보건법령상 안전보건진단을 받아 안전보건개선계획을 수립하여야 하는 대상을 모두 고른 것은?

ㄱ. 산업재해율이 같은 업종 평균 산업재해율의 2배 이상인 사업장
ㄴ. 사업주가 필요한 안전조치 또는 보건조치를 이행하지 아니하여 발생 한 중대재해가 발생한 사업장
ㄷ. 상시 근로자 1천 명 이상 사업장에서 직업성 질병자가 2명 이상 발생한 사업장

① ㄱ, ㄴ   ② ㄱ, ㄷ
③ ㄴ, ㄷ   ④ ㄱ, ㄴ, ㄷ

해설 **안전보건진단을 받아 안전보건개선계획을 수립 · 시행 명령을 할 수 있는 사업장** 〈산업안전보건법 시행령〉
① 산업재해율이 같은 업종 평균 산업재해율의 2배 이상인 사업장
② 사업주가 필요한 안전조치 또는 보건조치를 이행하지 아니하여 발생한 중대재해가 발생한 사업장
③ 직업성 질병자가 연간 2명 이상(상시 근로자 1천 명 이상 사업장의 경우 3명 이상) 발생한 사업장
④ 작업환경 불량, 화재 · 폭발 또는 누출사고 등으로 사회적 물의를 일으킨 사업장

정답 12. ② 13. ① 14. ④ 15. ①

16 산업안전보건법령상 명시된 안전검사대상 유해하거나 위험한 기계·기구·설비에 해당하지 않는 것은?

① 리프트 ② 곤돌라
③ 산업용 원심기 ④ 밀폐형 롤러기

해설 안전검사 대상 유해·위험기계〈산업안전보건법 시행령〉
① 프레스 ② 전단기
③ 크레인(정격 하중이 2톤 미만인 것은 제외)
④ 리프트 ⑤ 압력용기
⑥ 곤돌라 ⑦ 국소 배기장치(이동식은 제외)
⑧ 원심기(산업용만 해당)
⑨ 롤러기(밀폐형 구조는 제외)
⑩ 사출성형기[형 체결력(型 締結力) 294킬로뉴턴(KN) 미만은 제외]
⑪ 고소작업대[화물자동차 또는 특수자동차에 탑재한 고소작업대(高所作業臺)로 한정]
⑫ 컨베이어 ⑬ 산업용 로봇
⑭ 혼합기 ⑮ 파쇄기 또는 분쇄기

17 T.B.M 활동의 5단계 추진법의 진행순서로 옳은 것은?

① 도입 → 확인 → 위험예지훈련 → 작업지시 → 정비점검
② 도입 → 정비점검 → 작업지시 → 위험예지훈련 → 확인
③ 도입 → 작업지시 → 위험예지훈련 → 정비점검 → 확인
④ 도입 → 위험예지훈련 → 작업지시 → 정비점검 → 확인

해설 TBM 활동의 5단계 추진법
① 제1단계 도입 : 인사, 건강확인, 체조 등
② 제2단계 점검정비 : 복장, 보호구, 공구, 자재 등
③ 제3단계 작업지시 : 작업 내용과 작업 지시사항 전달
④ 제4단계 위험예지훈련 : one point위험 예지 훈련 실시
⑤ 제5단계 확인 : 지적 확인, Touch And Call

18 무재해운동의 이념 3원칙 중 잠재적인 위험요인을 발견·해결하기 위하여 전원이 협력하여 각자의 위치에서 의욕적으로 문제해결을 실천하는 원칙은?

① 무의 원칙 ② 선취의 원칙
③ 관리의 원칙 ④ 참가의 원칙

해설 무재해운동의 (이념) 3대원칙
① 무(zero)의 원칙 : 재해는 물론 일체의 잠재요인을 적극적으로 사전에 발견하고 파악, 해결함으로써 산업재해의 근원적인 요소들을 제거(뿌리에서부터 산업재해를 제거)
② 선취(안전제일, 선취해결)의 원칙 : 잠재위험요인을 사전에 미리 발견하고 파악, 해결하여 재해를 예방(위험요인을 행동하기 전에 예지하여 해결)
③ 참가의 원칙 : 근로자 전원이 참가하여 문제 해결 등을 실천

19 산업안전보건법령상 안전보건표지의 종류 중 안내표지에 해당되지 않는 것은?

① 금연 ② 들것
③ 세안장치 ④ 비상용기구

해설 안전보건표지 종류
(4) 안내표지 : 1. 녹십자표지 2. 응급구호표지 3. 들것 4. 세안장치 5. 비상용기구 6. 비상구 7. 좌측비상구 8. 우측비상구

20 보호구 안전인증 고시상 안전인증을 받은 보호구의 표시사항이 아닌 것은?

① 제조자명 ② 사용 유효기간
③ 안전인증 번호 ④ 규격 또는 등급

해설 보호구 안전인증 제품 표시의 붙임〈보호구 안전인증 고시〉
① 형식 또는 모델명
② 규격 또는 등급 등
③ 제조자명
④ 제조번호 및 제조연월
⑤ 안전인증 번호

정답 16. ④ 17. ② 18. ④ 19. ① 20. ②

제2과목 산업심리 및 교육

21 운동에 대한 착각현상이 아닌 것은?
① 자동운동 ② 항상운동
③ 유도운동 ④ 가현운동

해설 인간의 착각현상(운동의 시지각)
1) 가현운동(β 운동) : 객관적으로 정지하고 있는 대상물이 급속히 나타나거나 소멸하는 것으로 인하여 일어나는 운동으로 마치 대상물이 운동하는 것처럼 인식되는 현상(영화 영상의 방법)
2) 유도운동 : 두 대상 사이의 거리가 변화할 때 움직이지 않는 것이 움직이는 것처럼 느껴지는 현상으로 플랫폼의 열차가 출발할 때 반대편 열차가 움직이는 것 같은 현상
3) 자동운동 : 암실에서 정지된 소광점을 응시하면 광점이 움직이는 것 같이 보이는 현상

22 개인적 카운슬링(Counseling)의 방법이 아닌 것은?
① 설득적 방법 ② 설명적 방법
③ 강요적 방법 ④ 직접적인 충고

해설 개인적 카운슬링의 방법
① 직접적인 충고
② 설득적 방법
③ 설명적 방법

23 호손(Hawthorne) 실험의 결과 작업자의 작업능률에 영향을 미치는 주요 원인으로 밝혀진 것은?
① 작업조건 ② 인간관계
③ 생산기술 ④ 행동규범의 설정

해설 호손(Hawthorne) 연구
물리적 작업환경 이외의 심리적 요인(인간관계)이 생산성에 영향을 미친다는 것을 알아냈다.
① 조명강도를 높이니 생산성이 향상되었으나 이후 조명강도를 낮추어도 생산성은 계속 증가되는 것을 확인함
② 작업자의 작업능률(생산성 향상)은 물리적인 작업조건보다 심리적 요인(인간관계)에 의해 영향을 미치게 된다는 것

24 심리학에서 사용하는 용어로 측정하고자 하는 것을 실제로 적절히, 정확히 측정하는지의 여부를 판별하는 것은?
① 표준화 ② 신뢰성
③ 객관성 ④ 타당성

해설 직무 적성검사의 특징(심리검사의 구비조건, 심리검사의 특징)
① 타당성(Validity) : 측정하고자 하는 것을 실제로 측정하는 것
② 객관성(Objectivity) : 채점자의 편견, 주관성 배제. 측정의 결과에 대해 누가 보아도 일치되는 의견이 나올 수 있는 성질
③ 표준화(Standardization) : 검사자체의 일관성과 통일성의 표준화
④ 신뢰성 : 감사응답의 일관성(반복성). 측정하고자 하는 심리적 개념을 일관성 있게 측정하는 정도
⑤ 규준(Norms) : 검사결과를 해석하기 위한 비교의 틀

25 직무분석을 위한 정보를 얻는 방법과 거리가 가장 먼 것은?
① 관찰법 ② 직무수행법
③ 설문지법 ④ 서류함기법

해설 직무분석 방법
① 면접법 : 자료의 수집에 많은 시간과 노력이 들고, 정량화된 정보를 얻기가 힘들다.
② 관찰법 : 직무의 시작에서 종료까지 많은 시간이 소요되는 직무에는 적용이 곤란하다.
③ 설문지법 : 많은 사람들로부터 짧은 시간 내에 정보를 얻을 수 있고, 관찰법이나 면접법과는 달리 양적인 정보를 얻을 수 있다.
④ 중요사건법 : 중요사건에 대한 정보를 수집하므로 해당 직무에 대한 단편적인 정보를 얻을 수 있다.

정답 21.② 22.③ 23.② 24.④ 25.④

26 다음에서 설명하는 리더십의 유형은?

> 과업 완수와 인간관계 모두에 있어 최대한의 노력을 기울이는 리더십 유형

① 과업형 리더십　② 이상형 리더십
③ 타협형 리더십　④ 무관심형 리더십

해설 관리그리드(managerial grid) 이론에서의 리더의 행동유형과 경향 : 관리그리드(관리격자이론)는 관리격자(바둑판 모양)를 활용하여 두 가지(인간, 과업) 차원에 기초하여 리더십 이론을 전개(리더의 인간(=관계)에 대한 관심도와 생산(=과업)에 대한 관심에 따라 리더의 행동유형을 분류)
(1) 무관심형 : 생산과 인간에 대한 관심이 모두 낮은 무관심 유형
(2) 인기형 : 인간에 대한 관심은 매우 높고, 생산에 대한 관심은 낮은 유형
(3) 과업형 : 생산에 대한 관심은 매우 높고, 인간에 대한 관심은 낮음 유형
(4) 타협형 : 과업이 능률과 인간적 요소를 절충(중간형)
(5) 이상형 : 상호신뢰적이고 상호존경적 관계에서 구성원을 통한 과업달성

27 집단역학에서 소시오메트리(sociometry)에 관한 설명 중 틀린 것은?

① 소시오메트리 분석을 위해 소시오매트릭스와 소시오그램이 작성된다.
② 소시오매트릭스에서는 상호작용에 대한 정량적 분석이 가능하다.
③ 소시오메트리는 집단 구성원들 간의 공식적 관계가 아닌 비공식적인 관계를 파악하기 위한 방법이다.
④ 소시오그램은 집단 구성원들 간의 선호, 거부 혹은 무관심의 관계를 기호로 표현하지만, 이를 통해 다양한 집단 내의 비공식적 관계에 대한 역학 관계는 파악할 수 없다.

해설 소시오메트리(sociometry)
구성원 상호간의 선호도(호감과 혐오(거부))를 기초로 집단 내부의 동태적 상호관계를 분석하는 방법(집단 구성원들 간의 공식적 관계가 아닌 비공식적인 관계를 파악하기 위한 방법)
① 소시오메트리 연구조사에서 수집된 자료들은 소시오그램과 소시오메트릭스 등으로 분석한다.
② 소시오그램(sociogram) : 집단 내의 하위 집단들과 내부의 세부집단과 비세력 집단을 구분하여 도표로 알기 쉽게 표시(집단 내 구성원들 간의 선호, 무관심, 거부관계를 나타낸 도표)
③ 소시오매트릭스(sociomatrix) : 소시오그램에서 나타나는 집단 구성원들 간의 관계를 수치(표)에 의하여 계량적으로 분석(소시오그램을 수치에 의하여 분석하게 되는 경우)

28 생체리듬(Biorhythm)의 종류에 해당하지 않는 것은?

① Critical rhythm
② Physical rhythm
③ Intellectual rhythm
④ Sensitivity rhythm

해설 생체리듬(Bio Rhythm) : 인간의 생리적 주기 또는 리듬에 관한 이론

종류	곡선표시	영역	주기
육체 리듬 (Physical)	P, 청색, 실선	식욕, 소화력, 활동력, 지구력 등이 증가(신체적 컨디션의 율동적 발현)	23일
감성 리듬 (Sensitivity)	S, 적색, 점선	감정, 주의력, 창조력, 예감, 희로애락 등이 증가	28일
지성 리듬 (Intellectual)	I, 녹색, 일점쇄선	상상력, 사고력, 판단력, 기억력, 인지력, 추리능력 등이 증가	33일

29 사회행동의 기본 형태에 해당하지 않는 것은?

① 협력　② 대립
③ 모방　④ 도피

정답 26.② 27.④ 28.① 29.③

해설 사회행동의 기본 형태
(가) 협력(cooperation) : 조력, 분업
(나) 대립(opposition) : 공격, 경쟁
(다) 도피(escape) : 고립, 정신병, 자살
(라) 융합(accomodation) : 강제, 타협, 통합

30 어떤 과업을 성취할 수 있는 자신의 능력에 대한 스스로의 믿음을 나타내는 것은?

① 자아존중감(Self-esteem)
② 자기효능감(Self-efficacy)
③ 통제의착각(Illusion of control)
④ 자기중심적 편견(Egocentric bias)

해설 자기효능감과 자아존중감
① 자기효능감(self-efficacy) : 어떤 과업을 성취할 수 있는 자신의 능력에 대한 스스로의 믿음, 평가. 자신의 능력으로 성공적 수행이 가능하다는 자기 자신에 대한 신념이나 기대감(특정한 과업에 대한 스스로의 믿음과 관련된 개념)
② 자아존중감(self-esteem) : 자신이 가치가 있는 소중한 존재이고 긍정적인 존재로 평가(자기 자신에 대한 광범위하고 포괄적인 평가를 의미)

31 스트레스 반응에 영향을 주는 요인 중 개인적 특성에 관한 요인이 아닌 것은?

① 심리상태   ② 개인의 능력
③ 신체적 조건 ④ 작업시간의 차이

해설 스트레스 반응에 영향을 주는 요인 중 개인적 특성에 관한 요인 : 심리상태, 신체적 조건, 개인의 능력 등
(* 작업시간의 차이는 개인적 이유가 아님)

32 다음은 무엇에 관한 설명인가?

> 다른 사람으로부터의 판단이나 행동을 무비판적으로 받아들이는 것

① 모방(Imitation)
② 투사(Projection)
③ 암시(Suggestion)
④ 동일화(Identification)

해설 암시(Suggestion) : 다른 사람으로부터의 판단이나 행동을 무비판적으로 받아들이는 것
* 투사(Projection) : 자기 속에 억압된 것을 타인의 것으로 생각하는 것

33 학습정도(level of learning)의 4단계에 해당하지 않는 것은?

① 회상(to recall)
② 적용(to apply)
③ 인지(to recognize)
④ 이해(to understand)

해설 학습정도(level of learning)의 4단계(4요소)
① 인지(to acquaint)
② 지각(to know)
③ 이해(to understand)
④ 적용(to apply)

34 교육심리학의 연구방법 중 인간의 내면에서 일어나고 있는 심리적 사고에 대하여 사물을 이용하여 인간의 성격을 알아보는 방법은?

① 투사법   ② 면접법
③ 실험법   ④ 질문지법

해설 투사법
의식적으로 의견을 발표하도록 하여 인간의 내면에서 일어나고 있는 심리적 상태를 사물과 연관시켜 인간의 성격을 알아보는 방법

35 O.J.T(On the Job Training)의 특징이 아닌 것은?

① 효과가 곧 업무에 나타난다.
② 직장의 실정에 맞는 실체적 훈련이다.
③ 다수의 근로자에게 조직적 훈련이 가능하다.
④ 교육을 통한 훈련 효과에 의해 상호 신뢰이해도가 높아진다.

정답 30. ② 31. ④ 32. ③ 33. ① 34. ① 35. ③

해설 OJT 교육과 Off JT 교육의 특징

OJT 교육의 특징	Off JT 교육의 특징
㉮ 개개인에게 적절한 지도훈련이 가능하다. ㉯ 직장의 실정에 맞는 실제적 훈련이 가능하다. ㉰ 즉시 업무에 연결될 수 있다. ㉱ 훈련에 필요한 업무의 지속성이 유지된다. ㉲ 효과가 곧 업무에 나타나며 결과에 따른 개선이 쉽다. ㉳ 훈련 효과에 의해 상호 신뢰 및 이해도가 높아진다(상사와 부하 간의 의사소통과 신뢰감이 깊게 된다).	㉮ 다수의 근로자에게 조직적 훈련이 가능하다. ㉯ 훈련에만 전념할 수 있다. ㉰ 외부 전문가를 강사로 초빙하는 것이 가능하다. ㉱ 특별교재, 교구, 시설을 유효하게 활용할 수 있다. ㉲ 타 직장의 근로자와 지식이나 경험을 교류할 수 있다. ㉳ 교육 훈련 목표에 대하여 집단적 노력이 흐트러질 수도 있다.

36 산업안전보건법령상 2미터 이상인 구축물을 콘크리트 파쇄기를 사용하여 파쇄작업을 하는 경우 특별교육의 내용이 아닌 것은? (단, 그 밖에 안전·보건관리에 필요한 사항은 제외한다.)

① 작업안전조치 및 안전기준에 관한 사항
② 비계의 조립방법 및 작업 절차에 관한 사항
③ 콘크리트 해체 요령과 방호거리에 관한 사항
④ 파쇄기의 조작 및 공통작업 신호에 관한 사항

해설 콘크리트 파쇄기를 사용하여 하는 파쇄작업(2미터 이상인 구축물의 파쇄작업만 해당)
• 콘크리트 해체 요령과 방호거리에 관한 사항
• 작업안전조치 및 안전기준에 관한 사항
• 파쇄기의 조작 및 공통작업 신호에 관한 사항
• 보호구 및 방호장비 등에 관한 사항
• 그 밖에 안전·보건관리에 필요한 사항

37 산업안전보건법령상 일용근로자의 작업내용 변경 시 교육 시간의 기준은?

① 1시간 이상 ② 2시간 이상
③ 3시간 이상 ④ 4시간 이상

해설 사업 내 안전·보건교육

교육과정	교육대상	교육시간
다. 작업 내용 변경 시의 교육	일용근로자 및 근로계약기간이 1주일 이하인 기간제 근로자	1시간 이상
	그 밖의 근로자	2시간 이상

38 안전교육의 3단계 중 작업방법, 취급 및 조작행위를 몸으로 숙달시키는 것을 목적으로 하는 단계는?

① 안전지식교육 ② 안전기능교육
③ 안전태도교육 ④ 안전의식교육

해설 단계별 교육내용
(1) 지식교육(제1단계) : 강의, 시청각교육을 통한 지식의 전달과 이해
(2) 기능교육(제2단계) : 시범, 견학, 실습, 현장실습교육을 통한 경험 체득과 이해(작업방법, 취급 및 조작행위를 몸으로 숙달시키는 단계)
(3) 태도교육(제3단계) : 안전작업 동작지도, 생활지도 등을 통한 안전의 습관화

39 안전보건교육에 있어 역할 연기법의 장점이 아닌 것은?

① 흥미를 갖고, 문제에 적극적으로 참가한다.
② 자기 태도의 반성과 창조성이 생기고, 발표력이 향상된다.
③ 문제의 배경에 대하여 통찰하는 능력을 높임으로써 감수성이 향상된다.
④ 목적이 명확하고, 다른 방법과 병용하지 않아도 높은 효과를 기대할 수 있다.

정답 36. ② 37. ① 38. ② 39. ④

해설 역할연기법(Role playing)
참가자에 일정한 역할을 주어 실제적으로 연기를 시켜봄으로써 자기의 역할을 보다 확실히 인식할 수 있도록 체험학습을 시키는 교육방법(절충능력이나 협조성을 높여 태도의 변용에도 도움)
① 집단 심리요법의 하나로서 자기 해방과 타인 체험을 목적으로 하는 체험활동을 통해 대인관계에 있어서의 태도변용이나 통찰력, 자기이해를 목표로 개발된 교육기법
② 관찰에 의한 학습, 실행에 의한 학습, 피드백에 의한 학습, 분석과 개념화를 통한 학습
③ 인간관계 훈련에 주로 이용되고, 관찰능력을 높임으로 감수성이 향상되며, 자기의 태도에 반성과 창조성이 생기고, 의견 발표에 자신이 생기며 표현력이 풍부해진다.

40 프로그램 학습법(programmed self-instruction method)의 단점은?

① 보충학습이 어렵다.
② 수강생의 시간적 활용이 어렵다.
③ 수강생의 사회성이 결여되기 쉽다.
④ 수강생의 개인적인 차이를 조절할 수 없다.

해설 프로그램 학습법(programmed self-instruction method)
학생이 자기 학습속도에 따른 학습이 허용되어 있는 상태에서 학습자가 프로그램 자료를 가지고 단독으로 학습하도록 하는 교육방법(Skinner의 조작적 조건형성 원리에 의해 개발된 것으로 자율적 학습이 특징이다.)
(가) 장점
1) 학습자의 학습 과정을 쉽게 알 수 있다.
2) 지능, 학습속도 등 개인차를 충분히 고려할 수 있다.
3) 매 반응마다 피드백이 주어지기 때문에 학습자가 흥미를 가질 수 있다.
4) 수업의 모든 단계에서 적용이 가능하다.
5) 수강자들이 학습이 가능한 시간대의 폭이 넓다.
6) 한 강사가 많은 수의 학습자를 지도할 수 있다.

(나) 단점
1) 여러 가지 수업 매체를 동시에 다양하게 활용할 수 없다.
2) 한 번 개발된 프로그램 자료는 개조하기 어렵다.
3) 교육 내용이 고정화되어 있다.
4) 개발비가 많이 들어 쉽게 적용할 수 없다.
5) 수강생의 사회성이 결여되기 쉽다.

제3과목 인간공학 및 시스템안전공학

41 표시장치로부터 정보를 얻어 조종장치를 통해 기계를 통제하는 시스템은?

① 수동 시스템 ② 무인 시스템
③ 반자동 시스템 ④ 자동 시스템

해설 인간-기계 시스템의 구분
(가) 수동 시스템(manual system) : 작업자가 수공구등을 사용하여 신체적인 힘을 동력원으로 작업을 수행하는 것. 인간의 역할은 힘을 제공하고 기계를 제어하는 것(목수와 수공구)
(나) 기계화 시스템(mechanical system, 반자동 시스템) : 기계는 동력원을 제공하고 인간의 통제 하에서 제품을 생산(인간의 역할은 제어 기능, 조정 장치로 기계를 통제)
(다) 자동 시스템(automatic system) : 인간은 감시(monitoring), 경계(vigilance), 정비유지, 프로그램 등의 작업을 담당(설비 보전, 작업계획 수립, 모니터로 작업 상황 감시)

42 인간공학에 대한 설명으로 틀린 것은?

① 제품의 설계 시 사용자를 고려한다.
② 환경과 사람이 격리된 존재가 아님을 인식한다.
③ 인간공학의 목표는 기능적 효과, 효율 및 인간 가치를 향상시키는 것이다.
④ 인간의 능력 및 한계에는 개인차가 없다고 인지한다.

정답 40. ③ 41. ③ 42. ④

[해설] **인간공학에 대한 설명**
인간의 특성과 한계 능력을 공학적으로 분석, 평가하여 이를 복잡한 체계의 설계에 응용함으로 효율을 최대로 활용할 수 있도록 하는 학문 분야
④ 인간의 능력 및 한계에는 개인차가 있다고 인지한다.

43 음압수준이 60dB일 때 1000Hz에서 순음의 phon의 값은?

① 50phon ② 60phon
③ 90phon ④ 100phon

[해설] **음의 크기의 수준**
① Phon : 1,000Hz 순음의 음압수준(dB)을 나타냄
② sone : 40dB의 음압수준을 가진 순음의 크기를 1sone이라 함
 ⇨ 1,000Hz에서 음압수준(dB)이 60dB임으로 순음의 phon치는 60phon임

44 인간의 오류모형에서 상황해석을 잘못하거나 목표를 잘못 이해하고 착각하여 행하는 경우를 뜻하는 용어는?

① 실수(Slip) ② 착오(Mistake)
③ 건망증(Lapse) ④ 위반(Violation)

[해설] **인간의 오류모형**
(가) 착오(Mistake) : 상황해석을 잘못하거나 목표를 잘못 이해하고 착각하여 행하는 경우
(나) 실수(Slip) : 상황이나 목표의 해석을 제대로 했으나 의도와는 다른 행동을 하는 경우
(다) 건망증(Lapse) : 여러 과정이 연계적으로 일어나는 행동에서 일부를 잊어버리고 하지 않거나 또는 기억의 실패에 의하여 발생하는 오류
(라) 위반(Violation) : 정해진 규칙을 알고 있음에도 고의로 따르지 않거나 무시하는 행위

45 부품고장이 발생하여도 기계가 추후 보수 될 때까지 안전한 기능을 유지할 수 있도록 하는 기능은?

① fail-soft
② fail-active
③ fail-operational
④ fail-passive

[해설] **fail-safe**
작업방법이나 기계설비에 결함이 발생되더라도 사고가 발생되지 않도록 이중, 삼중으로 제어하는 것
(가) fail passive : 부품의 고장 시 정지 상태로 옮겨감
(나) fail operational : 병렬 또는 여분계의 부품을 구성한 경우. 부품의 고장이 있어도 다음 정기점검까지 운전이 가능 구조(운전상 제일 선호하는 방법)
(다) fail active : 부품이 고장 나면 경보가 울리는 가운데 짧은 시간동안 운전이 가능

46 James Reason의 원인적 휴먼에러 종류 중 다음 설명의 휴먼에러 종류는?

> 자동차가 우측 운행하는 한국의 도로에 익숙해진 운전자가 좌측 운행을 해야 하는 일본에서 우측 운행을 하다가 교통사고를 냈다.

① 고의 사고(Violation)
② 숙련 기반 에러(Skill based error)
③ 규칙 기반 착오(Rule based mistake)
④ 지식 기반 착오(Knowledge based mistake)

[해설] **원인적 휴먼에러 종류(James Reason) 중 mistake(착오)**
① 규칙 기반 착오(Rule based mistake)
 잘못된 규칙을 적용하거나 옳은 규칙이라도 잘못 적용하는 경우(한국의 자동차 우측통행을 좌측통행하는 일본에서 적용하는 경우)
② 지식 기반 착오(Knowledge based mistake)
 관련 지식이 없어서 지식처리과정이 어려운 경우(외국에서 교통표지의 문자을 몰라서 교통규칙을 위반한 경우)

정답 43.② 44.② 45.③ 46.③

47 A작업의 평균에너지소비량이 다음과 같을 때, 60분간의 총 작업시간 내에 포함되어야 하는 휴식시간(분)은?

- 휴식 중 에너지소비량 : 1.5kcal/min
- A 작업 시 평균 에너지소비량 : 6kcal/min
- 기초대사를 포함한 작업에 대한 평균 에너지소비량 상한 : 5kcal/min

① 10.3 ② 11.3
③ 12.3 ④ 13.3

해설 **휴식시간**
$R(분) = \dfrac{60(E-5)}{E-1.5}$ (60분 기준)
- E : 평균 에너지소비량(kcal/min)
- 작업 시 평균 에너지소비량 5(kcal/min)
- 휴식 시 평균 에너지소비량 1.5(kcal/min)
⇒ {(6 − 5) / (6 − 1.5)} × 60 = 13.3분

48 근골격계질환 작업분석 및 평가 방법인 OWAS의 평가요소를 모두 고른 것은?

| ㄱ. 상지 | ㄴ. 무게(하중) |
| ㄷ. 하지 | ㄹ. 허리 |

① ㄱ, ㄴ
② ㄱ, ㄷ, ㄹ
③ ㄴ, ㄷ, ㄹ
④ ㄱ, ㄴ, ㄷ, ㄹ

해설 OWAS(Ovako Working-posture Analysis System) 기법 : 작업 자세에 의하여 발생하는 작업자 신체의 유해한 정도를 허리(Back), 상지(Arms), 하지(Legs), 손으로 움직이는 대상의 무게 또는 힘(load/Use of Force)의 4개의 요소를 평가

49 다음 중 좌식작업이 가장 적합한 작업은?
① 정밀 조립 작업
② 4.5kg 이상의 중량물을 다루는 작업
③ 작업장이 서로 떨어져 있으며 작업장 간 이동이 잦은 작업
④ 작업자의 정면에서 매우 높거나 낮은 곳으로 손을 자주 뻗어야 하는 작업

해설 **작업유형에 따른 작업자세** 〈근골격계질환 예방을 위한 작업환경 개선 지침〉
(1) 서서하는 작업형태(입식 작업형태) : 작업 시 빈번하게 이동해야 하는 경우, 제한된 공간에서의 작업 중 힘을 쓰는 작업
(2) 입/좌식 작업형태 : 제한된 공간에서의 가벼운 작업 중 빈번하게 일어나야 하는 경우
(3) 앉아서 하는 작업형태(좌식 작업형태) : 제한된 공간에서의 가벼운 작업 중 일어나기가 거의 없는 경우(정밀 조립 작업)

50 양식 양립성의 예시로 가장 적절한 것은?
① 자동차 설계 시 고도계 높낮이 표시
② 방사능 사업장에 방사능 폐기물 표시
③ 청각적 자극 제시와 이에 대한 음성 응답
④ 자동차 설계 시 제어장치와 표시장치의 배열

해설 **양식 양립성**
청각적 자극 제시와 이에 대한 음성 응답 과업에서 갖는 양립성(과업에 따라 알맞은 자극-응답 양식의 조합)
* 양립성(compatibility) : 외부의 자극과 인간의 기대가 서로 모순되지 않아야 하는 것으로 제어장치와 표시장치 사이의 연관성이 인간의 예상과 어느 정도 일치하는가 여부

51 Q10 효과에 직접적인 영향을 미치는 인자는?
① 고온 스트레스
② 한랭한 작업장
③ 중량물의 취급
④ 분진의 다량발생

정답 47.④ 48.④ 49.① 50.③ 51.①

해설 **큐텐 값(Q10 value, temperature quotient)**
생체 반응이 온도에 의존하는 정도를 말하며, 온도가 10℃ 상승하였을 때에 반응속도를 비교하는 변수. Q10 효과에 직접적인 영향을 미치는 인자는 고온임

52 반사경 없이 모든 방향으로 빛을 발하는 점광원에서 3m 떨어진 곳의 조도가 300lux라면 2m 떨어진 곳에서 조도(lux)는?

① 375 ② 675
③ 875 ④ 975

해설 **조도** : 광원의 밝기에 비례하고, 거리의 제곱에 반비례하며, 반사체의 반사율과는 상관없이 일정한 값을 갖는 것

$$조도 = \frac{광도}{(거리)^2}, \; 광도 = 조도 \times (거리)^2$$

⇨ ① $300 \times 3^2 = 2700$
   ② $조도 \times 2^2 = 2700$
   조도 = 2700/4 = 675 lux

53 예비위험분석(PHA)에서 식별된 사고의 범주가 아닌 것은?

① 중대(critical)
② 한계적(marginal)
③ 파국적(catastrophic)
④ 수용가능(acceptable)

해설 **예비위험분석(PHA)의 식별된 4가지 사고 카테고리(Category)**
1) 파국적(Catastropic) : 사망, 시스템 손실
2) 중대(위기적, Critical) : 심각한 상해, 시스템 중대 손상
3) 한계적(Marginal) : 경미한 상해, 시스템 성능 저하
4) 무시(Negligible) : 무시할 수 있는 상처, 시스템 저하 없음
※ 예비위험분석(PHA : Preliminary Hazards Analysis) : 모든 시스템 안전 프로그램에서의 최초단계 분석방법으로 시스템의 위험요소가 어떤 위험 상태에 있는가를 정성적으로 평가하는 분석 방법

54 FMEA의 특징에 대한 설명으로 틀린 것은?

① 서브시스템 분석 시 FTA보다 효과적이다.
② 양식이 비교적 간단하고 적은 노력으로 특별한 훈련 없이 해석이 가능하다.
③ 시스템 해석기법은 정적적·귀납적 분석법 등에 사용된다.
④ 각 요소 간 영향 해석이 어려워 2가지 이상 동시 고장은 해석이 곤란하다.

해설 **FMEA의 장단점**
① 양식이 간단하여 특별한 훈련 없이 해석이 가능
② 논리성이 부족하고 각 요소 간 영향의 해석이 어렵기 때문에 동시에 2가지 이상의 요소가 고장 나는 경우에 해석 곤란
③ 해석의 영역이 물체에 한정되기 때문에 인적 원인의 해석이 곤란
④ 시스템 해석의 기법은 정성적, 귀납적 분석법 등이 사용
 * FMEA(Failure Mode and Effect Analysis, 고장형태와 영향분석) : 시스템에 영향을 미치는 모든 요소의 고장을 형태별로 분석하고 영향을 검토하는 것. 전형적인 정성적, 귀납적 분석방법

55 FTA에서 사용되는 논리게이트 중 입력과 반대되는 현상으로 출력되는 것은?

① 부정 게이트
② 억제 게이트
③ 배타적 OR 게이트
④ 우선적 AND 게이트

해설 **부정 게이트**

기호	설명
	입력에 반대 현상으로 출력

정답 52. ② 53. ④ 54. ① 55. ①

56 어떤 결함수를 분석하여 minimal cut set을 구한 결과 다음과 같았다. 각 기본사상의 발생확률을 q_i, $i=1, 2, 3$이라 할 때 정상사상의 발생확률함수로 맞는 것은?

$$k_1 = [1,2], \ k_2 = [1,3], \ k_3 = [2,3]$$

① $q_1q_2 + q_1q_2 - q_2q_3$
② $q_1q_2 + q_1q_3 - q_2q_3$
③ $q_1q_2 + q_1q_3 + q_2q_3 - q_1q_2q_3$
④ $q_1q_2 + q_1q_3 + q_2q_3 - 2q_1q_2q_3$

해설 정상사상의 발생확률함수
⟨minimal cut set : $(q_1q_2)(q_1q_3)(q_2q_3)$⟩
$T = 1 - (1 - q_1q_2)(1 - q_1q_3)(1 - q_2q_3)$
$\ = 1 - (1 - q_1q_3 - q_1q_2 + q_1q_2q_1q_3)(1 - q_2q_3)$
  ← 불 대수 $A \cdot A = A$
$\ = 1 - (1 - q_1q_2 - q_1q_3 + q_1q_2q_3)(1 - q_2q_3)$
$\ = 1 - (1 - q_2q_3 - q_1q_2 + q_1q_2q_2q_3 - q_1q_3 +$
  $q_1q_3q_2q_3 + q_1q_2q_3 - q_1q_2q_3q_2q_3)$
$\ = 1 - (1 - q_2q_3 - q_1q_2 + q_1q_2q_3 - q_1q_3 +$
  $q_1q_2q_3 + q_1q_2q_3 - q_1q_2q_3)$ ←간소화
$\ = 1 - (1 - q_2q_3 - q_1q_2 - q_1q_3 + 2q_1q_2q_3)$
$\ = 1 - 1 + q_2q_3 + q_1q_2 + q_1q_3 - 2q_1q_2q_3$
$\ = q_1q_2 + q_1q_3 + q_2q_3 - 2q_1q_2q_3$

57 그림과 같은 FT도에 대한 최소 컷셋(minimal cut sets)으로 옳은 것은? (단, Fussell의 알고리즘을 따른다.)

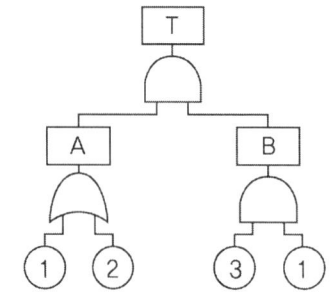

① {1, 2}　② {1, 3}
③ {2, 3}　④ {1, 2, 3}

해설 FT도에 대한 최소 컷셋(minimal cut sets)
$T = A \cdot B (A = ① + ②, B = ③ \cdot ①)$
$T = (① + ②) \cdot (③ \cdot ①)$
$\ \ = (①①③) + (①②③)$ ← 불 대수 $A \cdot A = A$
$* \ (①③) + (①②③)$
따라서 컷셋은 (① ③)
　　　　　　(① ② ③)
　　　미니멀 컷셋은 (① ③)

58 일반적인 화학설비에 대한 안전성 평가(safety assessment) 절차에 있어 안전대책 단계에 해당되지 않는 것은?

① 보전
② 위험도 평가
③ 설비적 대책
④ 관리적 대책

해설 안전성 평가의 6단계
(1) 제1단계 : 관계 자료의 작성 준비(관계 자료의 정비검토)
(2) 제2단계 : 정성적 평가
(3) 제3단계 : 정량적 평가
(4) 제4단계 : 안전 대책
　1) 설비에 관한대책 : 안전장치, 방재장치 등 설치
　2) 관리적 대책 : 적정한 인원배치, 안전교육훈련, 보전
(5) 제5단계 : 재해 정보에 의한 재평가
(6) 제6단계 : FTA에 의한 재평가

59 HAZOP기법에서 사용하는 가이드워드와 그 의미가 틀린 것은?

① Other than : 기타 환경적인 요인
② No/Not : 디자인 의도의 완전한 부정
③ Reverse : 디자인 의도의 논리적 반대
④ More/Less : 정량적인 증가 또는 감소

해설 HAZOP 기법에서 사용하는 가이드워드와 의미
* 유인어(guide word) : 간단한 말로서 창조적 사고를 유도하고 자극하여 이상(deviation)을 발견하고 의도를 한정하기 위해 사용하는 것

정답 56.④ 57.② 58.② 59.①

가이드 워드(유인어)	의미
No 또는 Not	설계 의도의 완전한 부정
As Well As	성질상의 증가
Part of	성질상의 감소
More/Less	정량적인(양) 증가 또는 감소
Other Than	완전한 대체의 사용
Reverse	설계 의도의 논리적인 역

60 시스템의 수명곡선(욕조곡선)에 있어서 디버깅(Debugging)에 관한 설명으로 옳은 것은?

① 초기 고장의 결함을 찾아 고장률을 안정시키는 과정이다.
② 우발 고장의 결함을 찾아 고장률을 안정시키는 과정이다.
③ 마모 고장의 결함을 찾아 고장률을 안정시키는 과정이다.
④ 기계 결함을 발견하기 위해 동작시험을 하는 기간이다.

해설 기계설비의 고장유형
(1) 초기 고장(감소형 고장)
설계상, 구조상 결함, 불량제조·생산과정 등의 품질관리 미비로 생기는 고장
① 점검 작업이나 시운전 작업 등으로 사전에 방지
② 디버깅 기간(debugging) : 기계의 결함을 찾아내 고장률을 안정시키는 기간
③ 번인기간(burn-in) : 장시간 가동하면서 고장을 제거하는 기간
(2) 우발 고장(일정형)
예측할 수 없을 때 생기는 고장으로 점검 작업이나 시운전 작업으로 재해를 방지할 수 없음
(3) 마모 고장(증가형)
장치의 일부가 수명을 다 해서 생기는 고장으로, 안전진단 및 적당한 보수에 의해서 방지

제4과목 건설시공학

61 건설사업이 대규모화, 고도화, 다양화, 전문화 되어감에 따라 종래의 단순 기술에 의한 시공만이 아닌 고부가가치를 추구하기 위하여 업무영역의 확대를 의미하는 것은?

① BTL   ② EC
③ BOT   ④ SOC

해설 EC(Engineering Construction)
건설사업이 대규모화, 고도화, 다양화, 전문화 되어감에 따라 종래의 단순 기술에 의한 시공만이 아닌 고부가가치를 추구하기 위하여 업무영역의 확대를 의미(사업발굴에서 유지관리까지 종합, 계획 관리하는 업무영역 확대)

62 네트워크 공정표에 사용되는 용어에 관한 설명으로 옳지 않은 것은?

① 크리티컬 패스(Critical path) : 개시 결합점에서 종료 결합점에 이르는 가장 긴 경로
② 더미(Dummy) : 결합점이 가지는 여유시간
③ 플로트(Float) : 작업의 여유시간
④ 패스(Path) : 네트워크 중에서 둘 이상의 작업이 이어지는 경로

해설 네트워크 공정표의 용어

용어	설명
Event, Node(○)	작업의 결합점, 개시점 또는 종료점
Dummy(⋯→)	더미는 점선화살표, 작업은 아님(가공작업). 결합점 사이를 연결해주며 공정표 작성에 도움
Path	네트워크 중 둘 이상의 작업을 잇는 경로
Float	작업의 여유시간
Activity(→)	프로젝트를 구성하는 하나의 개별단위 작업

정답 60. ① 61. ② 62. ②

용어	설명
Duration	소요시간. 작업을 수행하는 데 필요한 시간
Critical Path	주공정선. 최초작업개시부터 최종작업 완료의 경로중 소요일수가 가장 긴 경로
Slack	결합점이 가지는 여유시간

63 불량품, 결점, 고장 등의 발생건수를 현상과 원인별로 분류하고, 여러 가지 데이터를 항목별로 분류해서 문제의 크기 순서로 나열하여, 그 크기를 막대그래프로 표기한 품질관리 도구는?

① 파레토그램
② 특성요인도
③ 히스토그램
④ 체크시트

해설 파레토도 : 불량품, 결점, 고장 등의 발생건수를 현상과 원인별로 분류하고, 여러 가지 데이터를 항목별로 분류해서 문제의 크기 순서로 나열하여, 그 크기를 막대그래프로 표기한 품질관리 도구(영향도)
- 결함부나 기타 시공불량 등 항목을 구분하여 크기 순으로 나열한 것으로, 결함항목을 집중적으로 감소시키는데 효과

64 공사관리계약(ConstrucUon Management Contract) 방식의 장점이 아닌 것은?

① 시공 시 단계별 시공법을 적용할 수 있어 설계 및 시공기간을 단축시킬 수 있다.
② 설계과정에서 설계가 시공에 미치는 영향을 예측할 수 있어 설계도서의 현실성을 향상시킬 수 있다.
③ 기획 및 설계과정에서 발주자와 설계자 간의 의견대립 없이 설계대안 및 특수공법의 적용이 가능하다.
④ 대리인형 CM(CM for fee)방식은 공사비와 품질에 직접적인 책임을 지는 공사관리계약 방식이다.

해설 CM(Construction Management, 건설사업관리) 제도
건설공사의 기획단계, 설계단계, 구매 및 입찰단계, 시공단계, 유지관리단계 전체의 종합적 관리시스템을 의미(전문가 집단에 의해 효율적으로 관리)
① CM for Fee(대리인형, Agency형)
CM업자가 발주자의 대리인(Agency)인 역할로서 시공에 대한 책임은 없으며, 기획·설계·시공단계의 총괄적 관리업무만을 수행한다(프로젝트 전반에 걸쳐 발주자의 컨설턴트 역할을 수행한다).
② CM at Risk(시공자형)
위험형 CM은 CM업자가 관리적 업무 외에 시공까지 책임지는 형태로서 부실시공에 대한 위험을 책임져야 하는 계약방식이다.

65 지반개량 지정공사 중 응결공법이 아닌 것은?

① 프라스틱 드레인공법
② 시멘트 처리공법
③ 석회 처리공법
④ 심층혼합 처리공법

해설 지반개량 지정공사 중 응결공법 : 시멘트 처리공법, 석회 처리공법, 심층혼합 처리공법
(1) 생석회 파일공법 : 연약한 점토층에 생석회 파일을 박아 생석회가 물을 흡수하여 지반을 고결시키는 공법
(2) 그라우팅 공법(시멘트액 주입공법) : 사질지반의 지중에 시멘트페이스트 등의 주입재를 압입하여 지반을 고결시켜 지내력을 증가시키는 공법
(3) 심층혼합 처리공법 : 연약지반(점성토, 사질토, 유기질토)내에 석회나 시멘트 등을 심층의 지반 속에 교반·혼합하여 심층부까지 고결시키는 공법

66 다음 조건에 따른 백호의 단위시간당 추정 굴삭량으로 옳은 것은?

- 버켓용량 $0.5m^3$
- 사이클타임 20초
- 작업효율 0.9
- 굴삭계수 0.7
- 굴삭토의 용적변화계수 1.25

정답 63.① 64.④ 65.① 66.④

① 94.5m³   ② 80.5m³
③ 76.3m³   ④ 70.9m³

해설 굴삭기 작업량 산정식(쇼벨계 굴삭기 포함)

작업량 $Q = \dfrac{3600 \times q \times K \times f \times E}{C_m}$ (m³/hr)

(작업량 1시간 : 3600초)

[Q : 시간당 작업량(m³/hr), q : 버켓용량(m³), K : 굴삭계수, f : 굴삭토의 용적변화계수, E : 작업효율, C_m : 사이클 타임(초)]

⇨ $Q = \dfrac{3600초 \times 0.5 \times 0.7 \times 1.25 \times 0.9}{20}$

$= 70.87 ≒ 70.9\text{m}^3$

67 흙이 소성 상태에서 반고체 상태로 바뀔 때의 함수비를 의미하는 용어는?

① 예민비   ② 액성한계
③ 소성한계   ④ 소성지수

해설 아터버그 한계(Atterberg limit)시험

토질시험으로 액체 상태의 흙이 건조되어 가면서 액성, 소성, 반고체, 고체 상태로의 변화하는 한계와 관련된 시험(세립토의 성질을 나타내는 지수로 활용)
① 액성한계 : 소성 상태와 액체 상태의 경계가 되는 함수비
② 소성한계 : 반고체 상태와 소성상태의 경계가 되는 함수비
③ 수축한계 : 반고체 상태와 고체 상태의 경계가 되는 함수비

68 피어기초공사에 관한 설명으로 옳지 않은 것은?

① 중량구조물을 설치하는데 있어서 지반이 연약하거나 말뚝으로도 수직지지력이 부족하여 그 시공이 불가능한 경우와 기초지반의 교란을 최소화해야 할 경우에 채용한다.
② 굴착된 흙을 직접 탐사할 수 있고 지지층의 상태를 확인할 수 있다.
③ 진동과 소음이 발생하는 공법이긴 하여타 기초형식에 비하여 공기 및 비용이 적게 소요된다.
④ 피어기초를 채용한 국내의 초고층 건축물에는 63빌딩이 있다.

해설 피어기초공사
③ 말뚝에서와 같이 소음이 생기지 않으므로 도심지 공사에 적합하나 악조건의 기후일 경우 공사기간이 상당히 길어질 수 있다.
* 피어기초공사 : 구조물의 하중을 굳은 지반에 전달하기 위하여 수직공를 굴착한 후 현장 콘크리트를 타설하여 만들어진 주상의 기초

69 원심력 고강도 프리스트레스트 콘크리트말뚝의 이음방법 중 가장 강성이 우수하고 안전하여 많이 사용하는 이음방법은?

① 충전식이음   ② 볼트식이음
③ 용접식이음   ④ 강관말뚝이음

해설 말뚝의 이음방법 : 장부식이음, 충전식이음, 볼트식이음, 용접식이음
– 용접식이음 : 가장 강성이 우수하고 안전하여 많이 사용하는 이음 방법. 부식의 우려

70 통상적으로 스팬이 큰 보 및 바닥판의 거푸집을 걸때에 스팬의 캠버(camber)값으로 옳은 것은?

① 1/300~1/500
② 1/200~1/350
③ 1/150~/1250
④ 1/100~1/300

해설 캠버(camber)값
처짐을 고려 미리 보, 슬래브의 중앙부를 1/300~1/500 치켜 올림
* 캠버(camber) : 보, 슬래브 및 트러스 등에서 그의 정상적 위치 또는 형상으로부터 처짐을 고려하여 상향으로 들어 올리는 것 또는 들어 올린 크기(치올림, 만곡)

정답   67. ③   68. ③   69. ③   70. ①

71 외관 검사 결과 불합격된 철근 가스압접 이음부의 조치 내용으로 옳지 않은 것은?

① 심하게 구부러졌을 때는 재가열하여 수정한다.
② 압접면의 엇갈림이 규정값을 초과했을 때는 재가열하여 수정한다.
③ 형태가 심하게 불량하거나 또는 압접부에 유해하다고 인정되는 결함이 생긴 경우는 압접부를 잘라내고 재압접한다.
④ 철근중심축의 편심량이 규정값을 초과했을 때는 압접부를 떼어내고 재압접한다.

해설 철근 가스압접 이음 시 외관 검사 결과 불합격된 압접부의 조치 내용
② 압접면의 엇갈림이 규정값을 초과했을 때는 압접부를 잘라내고 재압접한다.
* 압접부 지름 또는 길이가 규정값 미만일 때는 재가열하여 수정한다.

72 철근공사에 대하여 옳지 않은 것은?

① 조립용 철근은 철근을 구부리기 할 때 철근의 위치를 확보하기 위하여 쓰는 보조적인 철근이다.
② 철근의 용접부에 순간최대풍속 2.7m/s 이상의 바람이 불 때는 철근을 용접할 수 없으며, 풍속을 2.7m/s 이하로 저감시킬 수 있는 방풍시설을 설치하는 경우에만 용접할 수 있다.
③ 가스압점이음은 철근의 단면을 산소-아세틸렌 불꽃 등을 사용하여 가열하고 기계적 압력을 가하여 용접한 맞대이음을 말한다.
④ D35를 초과하는 철근은 겹침이음을 할 수 없다. 다만, 서로 다른 크기의 철근을 압축부에서 겹침이음하는 경우 D35 이하의 철근과 D35를 초과하는 철근은 겹침이음을 할 수 있다.

해설 조립용 철근(Erection bar)
철근을 조립할 때 철근의 위치를 확보하기 위하여 쓰는 보조적인 철근으로 부재에 가해지는 하중을 부담하는 주철근과는 달리 구조적인 역할없이 주철근의 조립에 불가피하게 사용되는 철근

73 콘크리트의 측압에 영향을 주는 요소에 관한 설명으로 옳지 않은 것은?

① 콘크리트 타설속도가 빠를수록 측압은 커진다.
② 콘크리트 온도가 낮으면 경화속도가 느려 측압은 작아진다.
③ 벽 두께가 얇을수록 측압은 작아진다.
④ 콘크리트의 슬럼프값이 클수록 측압은 커진다.

해설 콘크리트의 측압
콘크리트 타설시 기둥, 벽체에 가해지는 콘크리트 수평방향의 압력. 콘크리트의 타설높이가 증가함에 따라 측압이 증가하나 일정높이 이상이 되면 측압은 감소(생콘크리트 측압은 붓기 속도, 붓기 높이, 시공부위에 따라 계산한다.)
① 거푸집 수밀성이 클수록 측압이 커진다.
② 철근량이 적을수록 측압이 커진다.
③ 부어넣기 빠를수록 측압이 커진다.
④ 외기의 온·습도가 낮을수록 측압은 크다.
⑤ 슬럼프가 클수록 측압이 커진다.
⑥ 콘크리트의 단위 중량(밀도)이 클수록 측압이 커진다.
⑦ 거푸집 표면이 평활할수록 측압이 커진다.
⑧ 거푸집의 수평단면이 클수록 크다.
⑨ 시공연도(Workability)가 좋을수록 측압이 커진다.
⑩ 거푸집의 강성이 클수록 크다.
⑪ 다짐이 좋을수록 측압이 커진다.
⑫ 벽 두께가 두꺼울수록 측압은 커진다.
⑬ 조강시멘트 등을 활용하면 측압은 작아진다.
⑭ 부(富)배합이 빈(貧)배합보다 측압이 크다.
⑮ 경화속도가 늦을수록 증가한다.

정답 71.② 72.① 73.②

74 매스 콘크리트(Mass concrete) 시공에 관한 설명으로 옳지 않은 것은?

① 매스 콘크리트의 타설온도는 온도균열을 제어하기 위한 관점에서 가능한 한 낮게한다.
② 매스 콘크리트 타설 시 기온이 높을 경우에는 콜드조인트가 생기기 쉬우므로 응결촉진제를 사용한다.
③ 매스 콘크리트 타설 시 침하발생으로 인한 침하균열을 예방을 하기 위해 재진동 다짐 등을 실시한다.
④ 매스 콘크리트 타설 후 거푸집 탈형 시 콘크리트 표면의 급랭을 방지하기 위해 콘크리트 표면을 소정의 기간 동안 보온해 주어야 한다.

해설 **매스콘크리트(mass concrete)**
구조체가 큰 콘크리트(두께가 두꺼운 콘크리트)로 수화열에 의해 내부와 표면에 온 도차가 생겨 균열이 생길수 있음으로 수화열이 적은 시멘트를 사용하고 혼합재로서 플라이애시(fly ash) 등의 포졸란(pozzolana)를 사용한다.

75 철근콘크리트 보에 사용된 굵은 골재의 최대치수가 25mm일 때, D22철근(동일 평면에서 평행한 철근)의 수평 순간격으로 옳은 것은? (단, 콘크리트를 공극 없이 칠 수 있는 다짐방법을 사용할 경우에는 제외)

① 22.2mm ② 25mm
③ 31.25mm ④ 33.3mm

해설 **철근의 간격(보의 경우)**
보의 축방향 철근의 수평간격은 25mm 이상, 굵은 골재 최대치수의 4/3배 이상, 철근 지름의 1.5배 이상 중 최댓값으로 결정
⇒ ① 굵은골재의 최대치수는
　　25mm × 4/3 = 33.3mm 〉
　② 철근 지름
　　22mm × 1.5 = 33mm 〉
　③ 25mm

76 필릿용접(Fillet Welding)의 단면상 이론 목두께에 해당하는 것은?

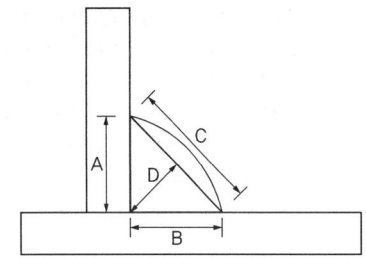

① A ② B
③ C ④ D

해설 **용접의 형식**
① 맞댄 용접(butt welding) : 부재를 서로 마주대어 용접. 그루브 용접(groove weld)
 – 단면 형식(앞벌림 모양) : V, I, J, U, K, H, X형
② 모살용접 : 부재를 엇갈리게 대어 용접으로 접합하고자 하는 두 부재의 면과 목두께가 45°의 각을 이루는 용접(필릿용접(fillet weld))

77 철골구조의 내화피복에 관한 설명으로 옳지 않은 것은?

① 조적공법은 용접철망을 부착하여 경량모르타르, 펄라이트 모르타르와 플라스터 등을 바름하는 공법이다.
② 뿜칠공법은 철골표면에 접착제를 혼합한 내화피복재를 뿜어서 내화피복을 한다.
③ 성형판 공법은 내화단열성이 우수한 각종 성형판을 철골주위에 접착제와 철물 등을 설치하고 그 위에 붙이는 공법으로 주로 기둥과 보의 내화피복에 사용된다.
④ 타설공법은 아직 굳지 않은 경량콘크리트나 기포모르타르 등을 강재주위에 거푸집을 설치하여 타설한 후 경화시켜 철골을 내화피복하는 공법이다.

정답 74.② 75.④ 76.④ 77.①

해설 **철골 구조의 내화 피복공법**
(1) 습식공법
① 타설공법 : 아직 굳지 않은 경량콘크리트나 기포모르타르 등을 강재주위에 거푸집을 설치하여 타설한 후 경화시켜 철골을 내화피복하는 공법이다(콘크리트, 경량콘크리트).
– 임의의 치수와 형상의 내화피복이 가능하다.
② 조적공법 : 콘크리트 블록, 벽돌, 석재 등으로 철골 주위에 쌓는 공법이다(콘크리트, 경량콘크리트 블록, 돌, 벽돌).
③ 미장공법 : 철골부재에 메탈라스(metal lath) 및 용접철망을 부착하고 단열모르타르로 미장하는 공법이다(피복된 철골의 형상에 대해 제약이 적고 큰 면적의 내화피복을 소수인으로 단시간에 시공할 수 있는 공법).
④ 도장공법 : 내화페인트로 피복하는 공법이다.
⑤ 뿜칠공법 : 철골표면에 접착제를 혼합한 내화피복재를 뿜어서 내화피복을 한다.(뿜칠 암면, 습식 뿜칠 암면, 뿜칠 모르타르)
– 큰 면적의 내화피복을 단시간에 시공할 수 있다.
(2) 건식공법
① 성형판 붙임공법 : 내화단열성이 우수한 각종 성형판을 철골 주위에 접착제와 철물 등을 설치하고 그 위에 붙이는 공법으로 주로 기둥과 보의 내화피복에 사용된다(PC판, ALC판, 무기섬유강화 석고보드).
② 멤브레인 공법 : 암면흡음판을 철골에 붙여 시공하는 공법이다.
③ 세라믹울 피복공법

78 강구조 공사 시 앵커링(anchoring)에 관한 설명으로 옳지 않은 것은?

① 필요한 앵커링 저항력을 얻기 위해서는 콘크리트에 피해를 주지 않도록 적절한 대책을 수립하여야 한다.
② 앵커볼트 설치 시 베이스플레이트 위치의 콘크리트는 설계도면 레벨보다 -30mm~-50mm 낮게 타설하고, 베이스플레이트 설치 후 그라우팅 처리한다.
③ 구조용 앵커볼트를 사용하는 경우 앵커볼트 간의 중심선은 기둥 중심선으로부터 3mm 이상 벗어나지 않아야 한다.
④ 앵커볼트로는 구조용 혹은 세우기용 앵커볼트가 사용되어야 하고, 나중매입공법을 원칙으로 한다.

해설 **앵커볼트의 설치**
앵커볼트로는 구조용 혹은 세우기용 앵커볼트가 사용되어야 하고, 고정매입공법을 원칙으로 한다.

79 벽돌공사 시 벽돌쌓기에 관한 설명으로 옳은 것은?

① 연속되는 벽면의 일부를 트이게 하여 나중쌓기로 할 때에는 그 부분을 층단 들여쌓기로 한다.
② 벽돌쌓기는 도면 또는 공사시방서에서 정한 바가 없을 때에는 미식 쌓기 또는 불식쌓기로 한다.
③ 하루의 쌓기 높이는 1.8m를 표준으로 한다.
④ 세로줄눈은 구조적으로 우수한 통줄눈이 되도록 한다.

해설 **벽돌공사에 관한 주의 사항**
② 벽돌쌓기법은 도면 또는 공사시방에서 정한 바가 없을 때에는 영식 쌓기 또는 화란식 쌓기로 한다.
③ 하루 벽돌의 쌓는 높이는 1.2m(18켜 정도)를 표준으로 하고 최대 1.5m(22켜 정도) 이내로 한다.
④ 세로줄눈의 모르타르는 벽돌 마구리면에 충분히 발라 쌓도록 한다(세로줄눈은 통줄눈이 되지 않도록 한다).

80 속빈 콘크리트블록의 규격 중 기본블록치수가 아닌 것은? (단, 단위 : mm)

① 390×190×190
② 390×190×150
② 390×190×100
④ 390×190×80

정답 78.④ 79.① 80.④

해설 속빈 콘크리트블록의 규격 중 기본블록치수(mm)
390(길이) × 190(높이) × 190/150/120/100(두께)

제5과목 건설재료학

81 목재의 역학적 성질에 대한 설명으로 옳지 않은 것은?

① 목재 섬유 평행방향에 대한 인장강도가 다른 여러 강도 중 가장 크다.
② 목재의 압축강도는 옹이가 있으면 증가한다.
③ 목재를 휨부재로 사용하여 외력에 저항할 때는 압축, 인장, 전단력이 동시에 일어난다.
④ 목재의 전단강도는 섬유간의 부착력, 섬유의 곧음, 수선의 유무 등에 의해 결정된다.

해설 목재의 역학적 성질
② 목재의 휨강도는 옹이의 크기와 위치에는 영향을 많이 받는다(옹이가 클수록 강도의 감소율이 크다).
- 목재의 인장강도 시험 시 죽은 옹이의 면적을 뺀 것을 재단면으로 가정한다.
* 목재의 강도 : 응력방향이 섬유방향의 평행인 경우 강도의 순서
인장강도(150) 〉 휨강도(120) 〉 압축강도(100) 〉 전단강도(18)

82 합판에 대한 설명으로 옳지 않은 것은?

① 단판을 섬유방향이 서로 평행하도록 홀수로 적층 하면서 접착시켜 합친 판을 말한다.
② 함수율 변화에 따라 팽창·수축의 방향성이 없다.
③ 뒤틀림이나 변형이 적은 비교적 큰 면적의 평면 재료를 얻을 수 있다.
④ 균일한 강도의 재료를 얻을 수 있다.

해설 합판
원목을 얇게 잘라내어 결을 교차하도록 겹쳐 쌓아 압착하여 제작
① 방향에 따른 강도차가 적다(균일한 강도를 얻을 수 있다).
② 곡면가공을 하여도 균열이 생기지 않는다.
③ 여러 가지 아름다운 무늬를 얻을 수 있다.
④ 함수율 변화에 의한 수축·팽창의 변형이 적다.
⑤ 균일한 크기로 제작 가능하다.

83 대리석의 일종으로 다공질이며 황갈색의 반문이 있고 갈면 광택이 나서 우아한 실내장식에 사용되는 것은?

① 테라죠　　② 트래버틴
③ 석면　　　④ 점판암

해설 트래버틴(travertine)
대리석의 일종으로 다공질이며 황갈색의 반문이 있고 갈면 광택이 나서 우아한 실내장식에 사용
① 석질이 불균일하고 다공질이다.
② 특수 내장재로서 사용한다(장식 석재).
③ 변성암으로 황갈색의 반문과 아치가 있다.
④ 대리석의 일종으로 탄산석회를 포함한 물에서 침전, 생성된 것이다.

84 외부에 노출되는 마감용 벽돌로써 벽돌면의 색깔, 형태, 표면의 질감 등의 효과를 얻기 위한 것은?

① 광재벽돌　　② 내화벽돌
③ 치장벽돌　　④ 포도벽돌

해설 치장벽돌
외부에 노출되는 마감용 벽돌로써 벽돌면의 색깔, 형태, 표면의 질감 등의 효과를 얻기 위한 벽돌

정답　81. ② 82. ① 83. ② 84. ③

85 점토의 성질에 관한 설명으로 옳지 않은 것은?

① 사질점토는 적갈색으로 내화성이 좋다.
② 자토는 순백색이며 내화성이 우수하나 가소성은 부족하다.
③ 석기점토는 유색의 견고치밀한 구조로 내화도가 높고 가소성이 있다.
④ 석회질점토는 백색으로 용해되기 쉽다.

해설 점토의 종류별 특성과 용도
① 자토는 백색으로 내화성이 있고 가소성이 부족하며 도자기 원료로 쓰인다.
② 석기점토는 유색의 치밀하고 견고한구조로 내화도가 높으며 유색도기의 원료로 쓰인다.
③ 석회질 점토는 백색이며 용해되기가 쉽다.
④ 내화점토는 회백색 또는 담색이며 내화벽돌, 유약원료로 쓰인다.
⑤ 사질 점토는 적갈색이며 용해되기가 쉽다(점토광물 중 적갈색으로 내화성이 부족하고 보통벽돌, 기와, 토관의 원료로 사용).

86 깬자갈을 사용한 콘크리트가 동일한 시공연도의 보통 콘크리트 보다 유리한 점은?

① 시멘트 페이스트와의 부착력 증가
② 단위수량 감소
③ 수밀성 증가
④ 내구성 증가

해설 콘크리트용 골재 중 깬자갈
깬자갈은 시멘트 페이스트와의 부착력 증가함으로 동일한 시공연도의 보통 콘크리트 보다 강도가 커진다.

87 콘크리트의 혼화재료 중 혼화제에 속하는 것은?

① 플라이애시
② 실리카흄
③ 고로슬래그 미분말
④ 고성능 감수제

해설 콘크리트의 혼화재료
(1) 혼화제(混和劑) : 약품적인 것으로 소량을 사용해서 소요의 효과를 얻을 수 있는 혼화재료(시멘트량의 1%정도 이하로 배합계산에서 그 자체의 용적을 무시)
  ① 물리, 화학적 작용에 의해 경화 전후의 콘크리트 성질을 개선할 목적으로 사용
  ② 공기연행제(AE제), 감수제 · AE감수제, 고성능 감수제, 유동화제, 응결 · 경화 조정제, 기포제, 방청제, 증점제
(2) 혼화재(混和材) : 사용량이 비교적 많고 그 자체의 용적을 배합계산에 고려(시멘트량의 5% 정도 이상)
  ① 콘크리트의 워커빌리티 향상, 수화열 감소, 수축저감, 알칼리성의 감소 등을 목적으로 혼합사용하는 재료
  ② 플라이애시(Fly-ash), 고로슬래그, 실리카흄(Silica Fume), 팽창재, 수축저감재, 착색재, 포졸란

88 콘크리트에 AE제를 첨가했을 경우 공기량 증감에 큰 영향을 주지 않는 것은?

① 혼합시간   ② 시멘트의 사용량
③ 주위온도   ④ 양생방법

해설 AE제를 콘크리트 비빔할 때 투입했을 경우 콘크리트의 공기량 : AE제를 넣을수록 공기량은 증가하고 공기량이 증가할수록 슬럼프는 증대되며 강도 및 내구성은 저하된다(AE 콘크리트의 공기량은 보통 3~6%를 표준으로 한다).
① AE제에 의한 공기량은 기계비빔이 손비빔보다 증가한다.
② AE제에 의한 공기량은 진동을 주면 감소한다.
③ AE제에 의한 공기량은 온도가 높아질수록 감소한다.
④ AE제에 의한 공기량은 자갈의 입도에는 거의 영향이 없고, 잔골재의 입도에는 영향이 크다(0.5~1mm 정도의 모래일 때 공기량은 가장 증대하고 굵은 모래를 사용할수록 공기량은 감소한다).
⑤ 공기량은 잔골재의 미립분이 많을수록 증가한다.
⑥ 공기량은 비빔시간이 3~5분까지는 증대하고 그 이상은 감소한다.

정답 85.① 86.① 87.④ 88.④

89 슬럼프 시험에 대한 설명으로 옳지 않은 것은?

① 슬럼프 시험 시 각 층을 50회 다진다.
② 콘크리트의 시공연도를 측정하기 위하여 행한다.
③ 슬럼프콘에 콘크리트를 3층으로 분할하여 채운다.
④ 슬럼프 값이 높을 경우 콘크리트는 묽은 비빔이다.

[해설] **슬럼프 시험(Slump test)** : 콘크리트의 유동성과 묽기 시험
① 콘크리트의 유동성 측정시험. 반죽질기(컨시스턴시)를 측정하는 방법으로 가장 일반적으로 사용(콘크리트 타설시 작업의 용이성을 판단하는 방법)
② 슬럼프 시험기구는 강제평판, 슬럼프 테스트 콘(밑면의 안지름이 20cm, 윗면의 안지름이 10cm, 높이가 30cm인 절두 원추형), 다짐막대, 측정기기로 이루어진다.
③ 슬럼프 콘에 비빈 콘크리트를 같은 양의 3층으로 나누어 25회씩 다지면서 채운다.
(전체 75회=25×3)
④ 슬럼프는 슬럼프 콘을 들어올려 강제평판으로부터 콘크리트가 무너져 내려앉은 높이까지의 거리를 cm단위(0.5cm의 정밀도)로 표시한 것이다.

90 골재의 실적률에 관한 설명으로 옳지 않은 것은?

① 실적률은 골재 입형의 양부를 평가하는 지표이다.
② 부순 자갈의 실적률은 그 입형 때문에 강자갈의 실적률보다 적다.
③ 실적률 산정 시 골재의 밀도는 절대건조 상태의 밀도를 말한다.
④ 골재의 단위용적질량이 동일하면 골재의 비중이 클수록 실적률도 크다.

[해설] **실적률** : 골재의 단위용적중의 실적용적을 백분율로 나타낸 값(일정 용기내에 골재가 차지하는 실제 용적의 비율)
(* 공극률 : 골재의 단위용적중의 공극을 백분율로 나타낸 값)
④ 골재의 단위용적질량이 동일하면 골재의 밀도가 클수록 실적률도 작다.

91 인조석 갈기 및 테라조 현장갈기 등에 사용되는 구획용 철물의 명칭은?

① 인서트(insert)
② 앵커볼트(anchor bolt)
③ 펀칭메탈(punching metal)
④ 줄눈대(metallic joiner)

[해설] **줄눈대(metallic joiner)**
인조석 갈기 및 테라조 현장갈기 등에 사용되는 구획용 철물

92 강의 열처리 방법 중 결정을 미립화하고 균일하게 하기 위해 800~1000℃까지 가열하여 소정의 시간까지 유지한 후에 로(爐)의 내부에서 서서히 냉각하는 방법은?

① 풀림   ② 불림
③ 담금질 ④ 뜨임질

[해설] **열처리방법**
담금질, 뜨임, 불림, 풀림 등의 처리방식이 있음
① 담금질(quenching) : 고온으로 가열하여 소정의 시간동안 유지한 후에 냉수, 온수 또는 기름에 담가 냉각하는 처리로 강도 및 경도, 내마모성의 증진을 목적으로 실시하는 강의 열처리법
② 뜨임(tempering) : 담금질한 강에 적당한 인성을 부여하기 위해 적당한 온도까지 가열하여 다시 냉각(불림하거나 담금질한 강을 다시 200~600℃로 가열한 후에 공기 중에서 냉각하는 처리를 말하며, 내부응력을 제거 하며 연성과 인성을 크게 하기 위해 실시)
③ 풀림(annealing) : 내부응력을 제거하고 연하게 만들어주기 위해 적당한 온도로 가열하였다가 천천히 냉각(강의 열처리 방법 중 결정을 미립화하고 균일하게 하기 위해 800~1000℃까지 가열하여 소정의 시간까지 유지한 후에 로(爐)의 내부에서 서서히 냉각하는 방법)

[정답] 89.① 90.④ 91.④ 92.①

④ 불림(normalizing) : 조직을 개선하고 결정을 미세화하기 위해 800~1,000℃로 가열하여 소정의 시간까지 유지한 후에 대기 중에서 냉각시키는 처리

93 합성수지의 종류 중 열가소성수지가 아닌 것은?

① 염화비닐 수지
② 멜라민 수지
③ 폴리프로필렌 수지
④ 폴리에틸렌 수지

[해설] 합성수지
1) 열가소성수지(Thermosoftening plastic) : 고온에서 유동성을 가지며 가열하여 녹여서 가공하고 냉각하면 굳는 수지(재활용이 가능)
   - 초산비닐수지, 염화비닐수지, 아크릴 수지, 폴리에틸렌수지, 폴리염화비닐(PVC)수지, 폴리프로필렌수지, 폴리스티렌 수지, ABS수지, 폴리아미드(나일론)수지, 플루오르수지, 스타렌 수지, 셀룰로오스 수지, 폴리카보네이트, 폴리아미르, PET, 합성고무, 폴리아세탈, 셀룰로이드 등
2) 열경화성 수지(Thermosetting resin) : 경화되면 연화되거나 녹지 않는 수지로 내열성, 내약품성이 풍부하고 경도가 높다
   - 페놀 수지, 요소수지, 멜라민 수지, 에폭시 수지, 불포화 폴리에스테르 수지, 실리콘 수지, 폴리우레탄 수지, 알키드 수지, 푸란수지 등

94 수성페인트에 대한 설명으로 옳지 않은 것은?

① 수성페인트의 일종인 에멀션 페인트는 수성페인트에 합성수지와 유화제를 섞은 것이다.
② 수성페인트를 칠한 면은 외관은 온화하지만 독성 및 화재발생의 위험이 있다.
③ 수성페인트의 재료로 아교·전분·카세인 등이 활용된다.
④ 광택이 없으며 회반죽면 또는 모르타르면의 칠에 적당하다.

[해설] 수성페인트(water paint)
안료를 적은 양의 물로 용해하여 수용성 교착제와 혼합한 분말상태의 도료
② 물의 첨가로 독성 및 화재발생의 위험에 안전한 도료이다.

95 PVC바닥재에 대한 일반적인 설명으로 옳지 않은 것은?

① 보통 두께 3mm 이상의 것을 사용한다.
② 접착제는 비닐계 바닥재용 접착제를 사용한다.
③ 바닥시트에 이용하는 용접봉, 용접액 혹은 줄눈재는 제조업자가 지정하는 것으로 한다.
④ 재료보관은 통풍이 잘 되고 햇빛이 잘 드는 곳에 보관한다.

[해설] PVC바닥재
- PVC(폴리염화비닐)를 소재로 제작된 바닥재로 내수성이 좋음(습기에 강함)
- 햇빛에 오래 노출되면 재료가 늘어남으로 그늘진 곳에 보관함

96 유리의 중앙부와 주변부와의 온도 차이로 인해 응력이 발생하여 파손되는 현상을 유리의 열파손이라 한다. 열파손에 관한 설명으로 옳지 않은 것은?

① 색유리에 많이 발생한다.
② 동절기의 맑은 날 오전에 많이 발생한다.
③ 두께가 얇을수록 강도가 약해 열팽창응력이 크다.
④ 균열은 프레임에 직각으로 시작하여 경사지게 진행된다.

[해설] 유리의 열파손
유리의 중앙부와 주변부와의 온도 차이로 인해 응력이 발생하여 파손되는 현상

정답 93.② 94.② 95.④ 96.③

① 열의 흡수가 유리한 색유리에 많이 발생한다.
② 유리의 중앙부와 주변부와의 온도 차이가 큰 동절기의 맑은 날 오전에 많이 발생한다.
③ 두께가 두꺼울수록 열팽창응력이 크다.
④ 균열은 프레임에 직각 방향으로 시작하여 경사지게 진행된다.

97 아스팔트를 천연아스팔트와 석유아스팔트로 구분할 때 천연아스팔트에 해당되지 않는 것은?

① 로크아스팔트
② 레이크아스팔트
③ 아스팔타이트
④ 스트레이트아스팔트

해설 아스팔트
(1) 천연아스팔트 : 석유의 경질분이 태양열이나 지열 등에 의해 증발된 뒤 잔류물의 형태의 아스팔트로 레이크 아스팔트(Lake asphalt), 록아스팔트(Rockasphalt), 샌드아스팔트(Sand asphalt), 아스팔타이트(Asphaltite) 등
(2) 석유 아스팔트 : 석유류제품 제조과정에서 얻어지는 제품으로 스트레이트 아스팔트(Straight asphalt), 블로운 아스팔트(Blown asphalt), 아스팔트 시멘트(Asphalt Cement), 컷백 아스팔트(Cutback asphalt), 유화 아스팔트(Emulsified asphalt), 개질 아스팔트(Modified asphalt)아스팔트 등

98 미장재료 중 회반죽에 관한 설명으로 옳지 않은 것은?

① 경화속도가 느린 편이다.
② 일반적으로 연약하고, 비내수성이다.
③ 여물은 접착력 증대를, 해초풀은 균열 방지를 위해 사용된다.
④ 소석회가 주원료이다.

해설 회반죽
소석회에 모래, 해초풀, 여물 등을 혼합하여 바르는 미장재료로서 목조바탕, 콘크리트블록 및 벽돌 바탕 등에 사용되는 것(회반죽 바름은 기경성 재료)

③ 회반죽에 여물을 넣는 가장 주된 이유는 균열을 방지하기 위해서다(발생하는 균열은 여물로 분산·경감시킨다).

99 단열재료에 관한 설명으로 옳지 않은 것은?

① 열전도율이 높을수록 단열성능이 좋다.
② 같은 두께인 경우 경량재료인 편이 단열에 더 효과적이다.
③ 일반적으로 다공질의 재료가 많다.
④ 단열재료의 대부분은 흡음성도 우수하므로 흡음재료로서도 이용된다.

해설 단열재료의 성질
① 단열은 열의 이동을 최소화 시키는 것이며 단열의 성능을 높기 위해서는 열전도율이 낮추어야 한다(열전도율이 낮은 것일수록 단열효과가 좋다).
② 재료의 단열성에 영향을 미치는 요인 : 재료의 두께, 재료의 밀도, 재료의 표면상태
  ㉠ 같은 두께인 경우 경량재료가 단열에 더 효과적이다.
  ㉡ 상대밀도의 높음에 따라 열전도율이 증가함으로 밀도가 낮은 재료가 단열에 효과적이다(다공질의 재료 등).
③ 대부분 단열재는 흡음성이 우수함으로 흡음재료로 사용된다.
④ 단열재는 보통 다공질의 재료가 많다.
⑤ 열관류율이 높은 재료는 단열성이 낮다.

100 각 미장재료별 경화형태로 옳지 않은 것은?

① 회반죽 : 수경성
② 시멘트 모르타르 : 수경성
③ 돌로마이트플라스터 : 기경성
④ 테라조 현장바름 : 수경성

해설 미장재료의 경화(기경성과 수경성)
(1) 기경성(氣硬性) 재료 : 공기 중에서 경화하는 재료
  - 돌로마이트 플라스터(마그네시아석회), 회반죽, 진흙, 소석회, 아스팔트 모르타르
(2) 수경성(水硬性) 재료 : 물과 반응하여 경화하는 재료

정답 97. ④ 98. ③ 99. ① 100. ①

- 시멘트 모르타르, 석고 플라스터(순석고, 혼합석고), 보드용 석고 플라스터, 경석고플라스터(킨즈시멘트)
* 돌로마이트 플라스터(dolomite plaster) : 풀 또는 여물을 사용하지 않고 물로 연화하여 사용하는 것으로 공기 중의 탄산가스와 결합하여 경화하는 미장재료(기경성 재료)

[제6과목] 건설안전기술

101 유해위험방지계획서를 고용노동부장관에게 제출하고 심사를 받아야 하는 대상 건설공사 기준으로 옳지 않은 것은?

① 최대 지간길이가 50m 이상인 다리의 건설등 공사
② 지상높이 25m 이상인 건축물 또는 인공구조물의 건설등 공사
③ 깊이 10m 이상인 굴착공사
④ 다목적댐, 발전용댐, 저수용량 2천만톤 이상의 용수 전용 댐 및 지방상수도 전용 댐의 건설등 공사

해설 유해·위험방지계획서 제출대상 건설공사 〈산업안전보건법 시행령 제42조〉
1. 다음 각 목의 어느 하나에 해당하는 건축물 또는 시설 등의 건설·개조 또는 해체 공사
   가. 지상높이가 31미터 이상인 건축물 또는 인공구조물
   나. 연면적 3만제곱미터 이상인 건축물
   다. 연면적 5천제곱미터 이상인 시설로서 다음의 어느 하나에 해당하는 시설
      1) 문화 및 집회시설(전시장 및 동물원·식물원은 제외한다)
      2) 판매시설, 운수시설(고속철도의 역사 및 집배송시설은 제외한다)
      3) 종교시설
      4) 의료시설 중 종합병원
      5) 숙박시설 중 관광숙박시설
      6) 지하도상가
      7) 냉동·냉장 창고시설
2. 연면적 5천제곱미터 이상인 냉동·냉장 창고시설의 설비공사 및 단열공사
3. 최대 지간(支間)길이(다리의 기둥과 기둥의 중심사이의 거리)가 50미터 이상인 다리의 건설등 공사
4. 터널의 건설등 공사
5. 다목적댐, 발전용댐, 저수용량 2천만톤 이상의 용수 전용 댐 및 지방상수도 전용 댐의 건설등 공사
6. 깊이 10미터 이상인 굴착공사

102 공사진척에 따른 공정율이 다음과 같을 때 안전관리비 사용기준으로 옳은 것은? (단, 공정율은 기성공정율을 기준으로 함)

공정률 : 70퍼센트 이상, 90퍼센트 미만

① 50퍼센트 이상 ② 60퍼센트 이상
③ 70퍼센트 이상 ④ 80퍼센트 이상

해설 공사진척에 따른 안전관리비 사용기준

공정률	50퍼센트 이상 70퍼센트 미만	70퍼센트 이상 90퍼센트 미만	90퍼센트 이상
사용기준	50퍼센트 이상	70퍼센트 이상	90퍼센트 이상

103 지하수위 상승으로 포화된 사질토 지반의 액상화 현상을 방지하기 위한 가장 직접적이고 효과적인 대책은?

① well point 공법 적용
② 동다짐 공법 적용
③ 입도가 불량한 재료를 입도가 양호한 재료로 치환
④ 밀도를 증가시켜 한계간극비 이하로 상대밀도를 유지하는 방법 강구

해설 웰포인트(well point)공법 : 사질토 지반 탈수공법
① 사질지반, 모래 지반에서 사용하는 가장 경제적인 지하수위 저하 공법
② 지중에 필터가 달린 흡수기를 1~2m 간격으로 설치하고 펌프로 지하수를 빨아올림으로써 지하수위를 낮추는 공법

정답 101.② 102.③ 103.①

③ 지하수위 상승으로 포화된 사질토 지반의 액상화 현상을 방지하기 위한 가장 직접적이고 효과적인 대책

104 건설현장에서 동력을 사용하는 항타기 또는 항발기에 대하여 무너짐을 방지하기 위하여 준수하여야 할 사항으로 옳지 않은 것은?

① 연약한 지반에 설치하는 경우에는 아웃트리거·받침 등 지지구조물의 침하를 방지하기 위하여 깔판·깔목 등을 사용할 것
② 시설 또는 가설물 등에 설치하는 경우에는 그 내력을 확인하고 내력이 부족하면 그 내력을 보강할 것
③ 궤도 또는 차로 이동하는 항타기 또는 항발기에 대해서는 불시에 이동하는 것을 방지하기 위하여 레일 클램프(rail clamp) 및 쐐기 등으로 고정시킬 것
④ 상단 부분을 버팀대·버팀줄로 고정하여 안정시키는 경우에는 그 하단 부분은 고정시키지 아니할 것

해설 항타기 또는 항발기의 무너짐의 방지 〈산업안전보건기준에 관한 규칙〉
제209조(무너짐의 방지) 동력을 사용하는 항타기 또는 항발기에 대하여 무너짐을 방지하기 위한 준수사항
5. 상단 부분은 버팀대·버팀줄로 고정하여 안정시키고, 그 하단 부분은 견고한 버팀·말뚝 또는 철골 등으로 고정시킬 것

105 차량계 건설기계를 사용하는 작업을 할 때에 그 기계가 넘어지거나 굴러떨어짐으로써 근로자가 위험해질 우려가 있는 경우에 필요한 조치로 가장 거리가 먼 것은?

① 지반의 부동침하 방지
② 안전통로 및 조도 확보
③ 유도하는 사람 배치
④ 갓길의 붕괴 방지 및 도로폭의 유지

해설 전도 등의 방지 〈산업안전보건기준에 관한 규칙〉
제199조(전도 등의 방지)
차량계 건설기계를 사용하는 작업할 때에 그 기계가 넘어지거나 굴러 떨어짐으로써 근로자가 위험해질 우려가 있는 경우에는 유도하는 사람을 배치하고 지반의 부동침하 방지, 갓길의 붕괴 방지 및 도로 폭의 유지 등 필요한 조치를 하여야 한다.

106 크레인의 와이어로프가 감기면서 붐 상단까지 후크가 따라 올라올 때 더 이상 감기지 않도록 하여 크레인 작동을 자동으로 정지시키는 안전장치로 옳은 것은?

① 권과방지장치   ② 후크해지장치
③ 과부하방지장치 ④ 속도조절기

해설 권과방지장치
승강기 강선이 일정 한계 이상 감기지 않도록 작동을 자동으로 정지시키는 장치(과다감기 방지 장치) – 크레인의 와이어로프가 감기면서 붐 상단까지 후크가 따라 올라올 때 더 이상 감기지 않도록 하여 크레인 작동을 자동으로 정지시키는 안전장치

107 터널공사의 전기발파작업에 관한 설명으로 옳지 않은 것은?

① 전선은 점화하기 전에 화약류를 충진한 장소로부터 30m 이상 떨어진 안전한 장소에서 도통시험 및 저항시험을 하여야 한다.
② 점화는 충분한 허용량을 갖는 발파기를 사용하고 규정된 스위치를 반드시 사용하여야 한다.
③ 발파 후 발파기와 발파모선의 연결을 유지한 채 그 단부를 절연시킨다.
④ 점화는 선임된 발파책임자가 행하고 발파기의 핸들을 점화할 때 이외는 시건장치를 하거나 모선을 분리하여야 하며 발파책임자의 엄중한 관리하에 두어야 한다.

정답 104.④ 105.② 106.① 107.③

해설 **터널공사의 전기발파작업에 대한 설명** 〈터널공사표준 안전작업지침-NATM공법〉
제8조(전기발파) 전기발파작업시 준수사항
10. 발파 후 즉시 발파모선을 발파기로부터 분리하고 그 단부를 절연시킨 후 재점화가 되지 않도록 하여야 한다.

108 발파구간 인접구조물에 대한 피해 및 손상을 예방하기 위한 건물기초에서의 허용진동치 (cm/sec) 기준으로 옳지 않은 것은? (단, 기존 구조물에 금이 가 있거나 노후구조물 대상일 경우 등은 고려하지 않는다.)

① 문화재 : 0.2cm/sec
② 주택, 아파트 : 0.5cm/sec
③ 상가 : 1.0cm/sec
④ 철골콘크리트 빌딩 : 0.8~1.0cm/sec

해설 **건물기초에서 발파허용 진동치 규제 기준** 〈발파작업 표준안전작업지침〉

구분	문화재	주택·아파트	상가(금이 없는 상태)	철골콘크리트 빌딩 및 상가
건물기초에서의 허용 진동치(cm/sec)	0.2	0.5	1.0	1.0~4.0

109 지반의 굴착 작업에 있어서 비가 올 경우를 대비한 직접적인 대책으로 옳은 것은?

① 측구 설치
② 낙하물 방지망 설치
③ 추락 방호망 설치
④ 매설물 등의 유무 또는 상태 확인

해설 **지반의 굴착 작업에서 비가 올 경우의 대책** 〈산업안전보건기준에 관한 규칙〉
제339조(굴착면의 붕괴 등에 의한 위험방지)
② 비가 올 경우를 대비하여 측구(側溝)를 설치하거나 굴착경사면에 비닐을 덮는 등 빗물 등의 침투에 의한 붕괴재해를 예방하기 위하여 필요한 조치를 하여야 한다.

110 굴착공사에 있어서 비탈면붕괴를 방지하기 위하여 실시하는 대책으로 옳지 않은 것은?

① 지표수의 침투를 막기 위해 표면배수공을 한다.
② 지하수위를 내리기 위해 수평배수공을 설치한다.
③ 비탈면 하단을 성토한다.
④ 비탈면 상부에 토사를 적재한다.

해설 **굴착공사 비탈면붕괴 방지대책**
① 적절한 경사면의 기울기를 계획하여야 함(굴착면 기울기 기준 준수)
② 경사면의 기울기가 당초 계획과 차이가 발생되면 즉시 재검토 하여 계획을 변경시켜야 함
③ 활동할 가능성이 있는 토석은 제거하여야 함
④ 경사면의 하단부에 압성토 등 보강공법으로 활동에 대한 저항 대책을 강구
⑤ 말뚝(강관, H형강, 철근콘크리트)을 타입하여 강화
⑥ 지표수와 지하수의 침투를 방지
  ㉠ 지표수의 침투를 막기 위해 표면배수공을 한다.
  ㉡ 지하수위를 내리기 위해 수평배수공을 한다.
⑦ 비탈면 상부의 토사를 제거하여 비탈면의 안전성 유지

111 다음은 산업안전보건법령에 따른 투하설비 설치에 관련된 사항이다. ( ) 안에 들어갈 내용으로 옳은 것은?

> 사업주는 높이가 ( )미터 이상인 장소로부터 물체를 투하하는 때에는 적당한 투하설비를 설치하거나 감시인을 배치하는 등 위험방지를 위하여 필요한 조치를 하여야 한다.

① 1 ② 2
③ 3 ④ 4

해설 **투하설비** 〈산업안전보건기준에 관한 규칙〉
제15조(투하설비 등)
높이가 3미터 이상인 장소로부터 물체를 투하하는 경우 적당한 투하설비를 설치하거나 감시인을 배치하는 등 위험을 방지하기 위하여 필요한 조치를 하여야 한다.

정답 108.④ 109.① 110.④ 111.③

112 건설현장에서 작업으로 인하여 물체가 떨어지거나 날아올 위험이 있는 경우에 대한 안전조치에 해당하지 않는 것은?

① 수직보호망 설치
② 방호선반 설치
③ 울타리설치
④ 낙하물 방지망 설치

해설 **낙하물에 의한 위험의 방지** 〈산업안전보건기준에 관한 규칙〉
제14조(낙하물에 의한 위험의 방지)
② 작업으로 인하여 물체가 떨어지거나 날아올 위험이 있는 경우 낙하물 방지망, 수직보호망 또는 방호선반의 설치, 출입금지구역의 설정, 보호구의 착용 등 위험을 방지하기 위하여 필요한 조치를 하여야 한다.

113 가설구조물의 특징으로 옳지 않은 것은?

① 연결재가 적은 구조로 되기 쉽다.
② 부재 결합이 간략하여 불안전 결합이다.
③ 구조물이라는 개념이 확고하여 조립의 정밀도가 높다.
④ 사용부재는 과소단면이거나 결함재가 되기 쉽다.

해설 **가설구조물의 특징(유의사항)**
③ 조립의 정밀도가 낮아지거나 구조계산기준이 부족하여 구조적 문제점이 많을 수 있다.

114 이동식 비계를 조립하여 작업을 하는 경우의 준수기준으로 옳지 않은 것은?

① 비계의 최상부에서 작업을 할 때에는 안전난간을 설치하여야 한다.
② 작업발판의 최대적재하중은 400kg을 초과하지 않도록 한다.
③ 승강용 사다리는 견고하게 설치하여야 한다.
④ 작업발판은 항상 수평을 유지하고 작업발판 위에서 안전난간을 딛고 작업을 하거나 받침대 또는 사다리를 사용하여 작업하지 않도록 한다.

해설 **이동식비계** 〈산업안전보건기준에 관한 규칙〉
제68조(이동식비계) 이동식비계를 조립하여 작업을 하는 경우의 준수사항
5. 작업발판의 최대적재하중은 250킬로그램을 초과하지 않도록 할 것

115 달비계에 사용하는 와이어로프의 사용금지 기준으로 옳지 않은 것은?

① 이음매가 있는 것
② 열과 전기 충격에 의해 손상된 것
③ 지름의 감소가 공칭지름의 7%를 초과하는 것
④ 와이어로프의 한 꼬임에서 끊어진 소선의 수가 7% 이상인 것

해설 **와이어로프의 사용금지 기준**
가. 이음매가 있는 것
나. 와이어로프의 한 꼬임[(스트랜드(strand))]에서 끊어진 소선(素線)의 수가 10퍼센트 이상인 것
다. 지름의 감소가 공칭지름의 7퍼센트를 초과하는 것
라. 꼬인 것
마. 심하게 변형되거나 부식된 것
바. 열과 전기충격에 의해 손상된 것

116 가설통로의 설치기준으로 옳지 않은 것은?

① 경사가 15°를 초과하는 때에는 미끄러지지 않는 구조로 한다.
② 건설공사에 사용하는 높이 8m 이상인 비계다리에는 7m 이내마다 계단참을 설치한다.
③ 수직갱에 가설된 통로의 길이가 15m 이상일 경우에는 15m 이내 마다 계단참을 설치한다.
④ 추락의 위험이 있는 장소에는 안전난간을 설치한다.

정답 112.③ 113.③ 114.② 115.④ 116.③

해설 **가설통로의 구조** 〈산업안전보건기준에 관한 규칙〉
제23조(가설통로의 구조) 가설통로를 설치하는 경우의 준수사항
5. 수직갱에 가설된 통로의 길이가 15미터 이상인 경우에는 10미터 이내마다 계단참을 설치할 것

117 건설현장에 동바리 설치 시 준수사항으로 옳지 않은 것은?

① 파이프서포트 높이가 4.5m를 초과하는 경우에는 높이 2m 이내마다 2개 방향으로 수평 연결재를 설치한다.
② 동바리의 침하 방지를 위해 받침목의 사용, 콘크리트 타설, 말뚝박기 등을 실시한다.
③ 강재와 강재의 접속부는 볼트 또는 클램프 등 전용철물을 사용한다.
④ 강관틀 동바리는 강관틀과 강관틀 사이에 교차가새를 설치한다.

해설 **동바리등의 안전조치** 〈산업안전보건기준에 관한 규칙〉
제332조의2(동바리 유형에 따른 동바리 조립 시의 안전조치) 동바리를 조립할 때의 준수사항
1. 동바리로 사용하는 파이프 서포트의 경우
   다. 높이가 3.5미터를 초과하는 경우에는 높이 2미터 이내마다 수평연결재를 2개 방향으로 만들고 수평연결재의 변위를 방지할 것

118 가설공사 표준안전 작업지침에 따른 통로발판을 설치하여 사용함에 있어 준수사항으로 옳지 않은 것은?

① 추락의 위험이 있는 곳에는 안전난간이나 철책을 설치하여야 한다.
② 작업발판의 최대폭은 1.6m 이내이어야 한다.
③ 비계발판의 구조에 따라 최대 적재하중을 정하고 이를 초과하지 않도록 하여야 한다.
④ 발판을 겹쳐 이음하는 경우 장선 위에서 이음을 하고 겹침길이는 10cm 이상으로 하여야 한다.

해설 **통로발판** 〈가설공사 표준안전 작업지침〉
제15조(통로발판) 통로발판을 설치하여 사용함에 있어서의 준수사항
3. 발판을 겹쳐 이음하는 경우 장선 위에서 이음을 하고 겹침길이는 20센티미터 이상으로 하여야 한다.

119 철골작업 시 철골부재에서 근로자가 수직방향으로 이동하는 경우에 설치하여야 하는 고정된 승강로의 최대 답단 간격은 얼마 이내인가?

① 20cm   ② 25cm
③ 30cm   ④ 40cm

해설 **승강로의 설치** 〈산업안전보건기준에 관한 규칙〉
제381조(승강로의 설치)
근로자가 수직방향으로 이동하는 철골부재(鐵骨部材)에는 답단(踏段) 간격이 30센티미터 이내인 고정된 승강로를 설치하여야 하며, 수평방향 철골과 수직방향 철골이 연결되는 부분에는 연결작업을 위하여 작업발판 등을 설치하여야 한다.

120 취급·운반의 원칙으로 옳지 않은 것은?

① 운반 작업을 집중하여 시킬 것
② 생산을 최고로 하는 운반을 생각할 것
③ 곡선 운반을 할 것
④ 연속 운반을 할 것

해설 **취급, 운반의 원칙**
① 직선 운반을 할 것
② 연속 운반을 할 것
③ 운반 작업을 집중하여 시킬 것
④ 생산을 최고로 하는 운반을 생각할 것
⑤ 최대한 시간과 경비를 절약할 수 있는 운반방법을 고려할 것

정답 117.① 118.④ 119.③ 120.③

제3회 CBT 최종모의고사

제1과목 산업안전관리론

01 버드(Bird)의 도미노 이론에서 재해발생과정 중 직접원인은 몇 단계인가?

① 1단계
② 2단계
③ 3단계
④ 4단계

해설 재해발생 모형(mechanism)

구분	버드
제1단계	제어(통제)의 부족(관리)
제2단계	기본원인(기원)
제3단계	직접원인(징후)
제4단계	사고
제5단계	상해

02 산업안전보건법령상 중대재해에 해당하지 않는 것은?

① 사망자 1명이 발생한 재해
② 12명의 부상자가 동시에 발생한 재해
③ 2명의 직업성 질병자가 동시에 발생한 재해
④ 5개월의 요양이 필요한 부상자가 동시에 3명 발생한 재해

해설 중대재해
(1) 사망자가 1명 이상 발생한 재해
(2) 3개월 이상의 요양이 필요한 부상자가 동시에 2명 이상 발생한 재해
(3) 부상자 또는 직업성질병자가 동시에 10명 이상 발생한 재해

03 산업안전보건법령상 다음 ( )에 알맞은 내용은?

> 안전보건관리규정 작성 대상 사업의 사업주는 안전보건관리규정을 작성해야 할 사유가 발생한 날부터 ( ) 이내에 안전보건관리규정의 세부 내용을 포함한 안전보건관리규정을 작성해야 한다.

① 10일   ② 15일
③ 20일   ④ 30일

해설 안전보건관리규정의 작성 기한 〈산업안전보건법 시행규칙〉
제25조(안전보건관리규정의 작성)
② 사업주는 안전보건관리규정을 작성해야 할 사유가 발생한 날부터 30일 이내에 안전보건관리규정을 작성해야 한다. 이를 변경할 사유가 발생한 경우에도 또한 같다.

04 산업안전보건법령상 상시근로자 20명 이상 50명 미만인 사업장 중 안전보건관리담당자를 선임하여야 할 업종이 아닌 것은?

① 임업
② 제조업
③ 건설업
④ 하수, 폐수 및 분뇨 처리업

해설 안전보건관리담당자의 선임
상시근로자 20명 이상 50명 미만인 다음의 사업장에 1명 이상 선임
① 제조업
② 임업
③ 하수, 폐수 및 분뇨 처리업
④ 폐기물 수집, 운반, 처리 및 원료 재생업
⑤ 환경 정화 및 복원업

정답 01. ③ 02. ③ 03. ④ 04. ③

* 안전보건관리담당자〈산업안전보건법〉 : 안전 및 보건에 관하여 사업주를 보좌하고 관리감독자에게 지도·조언하는 업무를 수행(안전관리자 또는 보건관리자가 있거나 선임해야 하는 경우 제외)

05 안전관리조직의 형태 중 직계식 조직의 특징이 아닌 것은?

① 소규모 사업장에 적합하다.
② 안전에 관한 명령지시가 빠르다.
③ 안전에 대한 정보가 불충분하다.
④ 별도의 안전관리 전담요원이 직접 통제한다.

해설 라인형(Line, 직계식)
안전보건관리의 계획에서부터 실시에 이르기까지 생산라인을 통하여 이루어지도록 편성된 조직
(※ 근로자 100인 미만 사업장에 적합)

장점	단점
① 안전에 대한 지시, 전달이 용이(신속히 수행) ② 명령 계통이 간단, 명료 ③ 참모식보다 경제적	① 안전에 관한 전문지식이 부족하고 기술의 축적이 미흡(안전에 대한 정보 불충분) ② 안전정보 및 신기술 개발이 어려움 ③ 라인에 과중한 책임이 물림

06 산업안전보건법령상 노사협의체에 관한 사항으로 틀린 것은?

① 노사협의체 정기회의는 1개월마다 노사협의체의 위원장이 소집한다.
② 공사금액이 20억 원 이상인 공사의 관계수급인의 각 대표자는 사용자 위원에 해당된다.
③ 도급 또는 하도급 사업을 포함한 전체 사업의 근로자대표는 근로자 위원에 해당된다.
④ 노사협의체의 근로자위원과 사용자위원은 합의하여 노사협의체에 공사금액이 20억 원 미만인 공사의 관계수급인 및 관계수급인 근로자대표를 위원으로 위촉할 수 있다.

해설 노사협의체 운영 〈산업안전보건법 시행령〉
회의는 정기회의와 임시회의로 구분하되, 정기회의는 2개월마다 노사협의체의 위원장이 소집하며, 임시회의는 위원장이 필요하다고 인정할 때에 소집(회의결과를 회의록으로 작성하여 보존)

07 산업안전보건법령상 안전보건관리책임자의 업무에 해당하지 않는 것은? (단, 그 밖의 고용노동부령으로 정하는 사항은 제외한다.)

① 근로자의 적정배치에 관한 사항
② 작업환경의 점검 및 개선에 관한 사항
③ 안전보건관리규정의 작성 및 변경에 관한 사항
④ 안전장치 및 보호구 구입 시 적격품 여부 확인에 관한 사항

해설 안전보건관리책임자의 업무
사업주는 사업장을 실질적으로 총괄하여 관리하는 사람에게 해당 사업장의 다음 각 호의 업무를 총괄하여 관리하도록 하여야 한다.
① 사업장의 산업재해 예방계획의 수립에 관한 사항
② 안전보건관리규정의 작성 및 변경에 관한 사항
③ 안전보건교육에 관한 사항
④ 작업환경측정 등 작업환경의 점검 및 개선에 관한 사항
⑤ 근로자의 건강진단 등 건강관리에 관한 사항
⑥ 산업재해의 원인 조사 및 재발 방지대책 수립에 관한 사항
⑦ 산업재해에 관한 통계의 기록 및 유지에 관한 사항
⑧ 안전장치 및 보호구 구입 시 적격품 여부 확인에 관한 사항
⑨ 그 밖에 근로자의 유해·위험 방지조치에 관한 사항으로서 고용노동부령으로 정하는 사항(위험성평가의 실시에 관한 사항과 안전보건규칙에 정하는 근로자의 위험 또는 건강장해의 방지에 관한 사항)

정답 05. ④ 06. ① 07. ①

08 건설기술진흥법령상 안전점검의 시기·방법에 관한 사항으로 ( )에 알맞은 내용은?

> 정기안전점검 결과 건설공사의 물리적·기능적 결함 등이 발견되어 보수·보강 등의 조치를 위하여 필요한 경우에는 ( )을/를 할 것

① 긴급점검 ② 정기점검
③ 특별점검 ④ 정밀안전점검

해설 정밀안전점검 시기 〈건설기술진흥법 시행령〉
제100조(안전점검의 시기·방법 등)
2. 정기안전점검 결과 건설공사의 물리적·기능적 결함 등이 발견되어 보수·보강 등의 조치를 위하여 필요한 경우에는 정밀안전 점검을 할 것

09 산업재해통계업무처리규정상 재해 통계 관련 용어로 ( )에 알맞은 용어는?

> ( )는 근로복지공단의 유족급여가 지급된 사망자 및 근로복지공단에 최초요양신청서(재진 요양신청이나 전원 요양신청서는 제외)를 제출한 재해자 중 요양승인을 받은 자(산재 미보고 적발 사망자 수를 포함)로 통상의 출퇴근으로 발생한 재해는 제외함.

① 재해자수
② 사망자수
③ 휴업재해자수
④ 임금근로자수

해설 산업재해통계업무처리규정상 재해 통계 관련 용어
〈산업재해통계업무처리규정〉
• 재해자수 : 근로복지공단의 유족급여가 지급된 사망자 및 근로복지공단에 최초요양신청서(재진 요양신청이나 전원 요양신청서는 제외)를 제출한 재해자 중 요양승인을 받은 자(지방고용노동관서의 산재 미보고 적발 사망자수를 포함)를 말함. 다만, 통상의 출퇴근으로 발생한 재해는 제외함

10 재해원인 중 간접원인이 아닌 것은?
① 물적 원인
② 관리적 원인
③ 사회적 원인
④ 정신적 원인

해설 재해발생의 원인
(가) 직접원인 : 불안전한 행동(인적 원인)·불안전한 상태(물적 원인)
(나) 간접원인
① 기술적 원인
② 교육적 원인
③ 신체적 원인
④ 정신적 원인
⑤ 작업관리상 원인 : 안전관리조직 결함, 설비 불량, 안전수칙 미제정, 작업준비 불충분(정리정돈 미실시), 인원배치 부적당, 작업지시 부적당(작업량 과다)

11 시몬즈(Simonds)의 재해손실비의 평가방식 중 비보험 코스트의 산정 항목에 해당하지 않는 것은?
① 사망 사고 건수
② 통원 상해 건수
③ 응급 조치 건수
④ 무상해 사고 건수

해설 시몬즈(R.H. Simonds) 방식에 의한 재해코스트
(1) 보험코스트 : 사업장에서 지출한 산재보험료
(2) 비보험코스트
① 휴업상해 : 영구 부분노동 불능, 일시 전노동 불능
② 통원상해 : 일시 부분노동 불능, 의사의 조치를 필요로 하는 통원상해
③ 구급(응급)조치상해 : 20달러 미만의 손실 또는 8시간 미만의 휴업이 되는 정도의 의료 조치 상해
④ 무상해 사고 : 의료조치를 필요로 하지 않는 정도의 극미한 상해사고나 무상해 사고(20달러 이상의 손실 또는 8시간 이상의 시간 손실을 가져온 사고)

정답 08.④ 09.① 10.① 11.①

12 재해조사 시 유의사항으로 틀린 것은?

① 피해자에 대한 구급 조치를 우선으로 한다.
② 재해조사 시 2차 재해 예방을 위해 보호구를 착용한다.
③ 재해조사는 재해자의 치료가 끝난 뒤 실시한다.
④ 책임추궁보다는 재발방지를 우선하는 기본태도를 가진다.

해설 재해조사시 유의사항
③ 조사는 신속하게 행하고, 긴급 조치하여 2차 재해의 방지를 도모한다.

13 다음의 재해에서 기인물과 가해물로 옳은 것은?

> 공구와 자재가 바닥에 어지럽게 널려 있는 작업통로를 작업자가 보행 중 공구에 걸려 넘어져 통로바닥에 머리를 부딪쳤다.

① 기인물 : 바닥, 가해물 : 공구
② 기인물 : 바닥, 가해물 : 바닥
③ 기인물 : 공구, 가해물 : 바닥
④ 기인물 : 공구, 가해물 : 공구

해설 재해사례의 분석 : 사고유형 – 전도, 기인물 – 공구, 가해물 – 바닥
(가) 기인물 : 재해가 일어난 원인이 되었던 기계, 장치, 기타물건 또는 환경(불안전한 상태에 있는 물체, 환경)
(나) 가해물 : 직접 사람에게 접촉되어 위해를 가한 물체
  * 예) 보행 중 작업자가 바닥에 미끄러지면서 주변의 상자와 머리를 부딪침
    ① 기인물 : 바닥
    ② 가해물 : 상자
    ③ 사고유형 : 전도
(다) 사고의 형태 : 물체(가해물)와 사람과의 접촉 현상(재해형태)

14 산업안전보건기준에 관한 규칙상 지게차를 사용하는 작업을 하는 때의 작업 시작 전 점검사항에 명시되지 않은 것은?

① 제동장치 및 조종장치 기능의 이상 유무
② 하역장치 및 유압장치 기능의 이상 유무
③ 와이어로프가 통하고 있는 곳 및 작업장소의 지반상태
④ 전조등·후미등·방향지시기 및 경보장치 기능의 이상 유무

해설 지게차 작업시작 전 점검사항 〈산업안전보건기준에 관한 규칙 별표3〉
가. 제동장치 및 조종장치 기능의 이상 유무
나. 하역장치 및 유압장치 기능의 이상 유무
다. 바퀴의 이상 유무
라. 전조등·후미등·방향지시기 및 경보장치 기능의 이상 유무

15 기계, 기구, 설비의 신설, 변경 내지 고장 수리 시 실시하는 안전점검의 종류로 옳은 것은?

① 특별점검 ② 수시점검
③ 정기점검 ④ 임시점검

해설 특별점검
비정기적인 특정 점검으로 안전강조 기간, 방화점검 기간에 실시하는 점검. 신설, 변경 내지는 고장, 수리 등을 할 경우의 부정기 점검
– 태풍, 폭우 등에 의한 침수, 지진 등의 천재지변이 발생한 경우나 이상사태 발생 시 관리자나 감독자가 기계·기구, 설비 등의 기능상 이상 유무에 대하여 점검하는 것(천재지변 발생 직후 기계설비의 수리 등을 할 경우 또는 중대재해 발생 직후 등에 행하는 안전점검)

16 산업안전보건법령상 안전인증대상기계에 해당하지 않는 것은?

① 크레인 ② 곤돌라
③ 컨베이어 ④ 사출성형기

정답 12. ③ 13. ③ 14. ③ 15. ① 16. ③

[해설] 안전인증대상 기계
① 프레스
② 전단기(剪斷機) 및 절곡기(折曲機)
③ 크레인
④ 리프트
⑤ 압력용기
⑥ 롤러기
⑦ 사출성형기(射出成形機)
⑧ 고소(高所) 작업대
⑨ 곤돌라

17 위험예지훈련 진행방법 중 대책수립에 해당하는 단계는?

① 제1라운드
② 제2라운드
③ 제3라운드
④ 제4라운드

[해설] 위험예지훈련 제4단계(4라운드) - 문제해결 4단계
① 제1단계(1R) 현상파악 : 위험요인 항목 도출
② 제2단계(2R) 본질추구 : 위험의 포인트 결정 및 지적확인(문제점을 발견하고 중요 문제를 결정)
③ 제3단계(3R) 대책수립 : 결정된 위험 포인트에 대한 대책 수립
④ 제4단계(4R) 목표설정 : 팀의 행동 목표 설정 및 지적확인(가장 우수한 대책에 합의하고, 행동계획을 결정)

18 다음 설명하는 무재해운동추진기법은?

> 피부를 맞대고 같이 소리치는 것으로서 팀의 일체감, 연대감을 조성할 수 있고 동시에 대뇌 피질에 좋은 이미지를 불어 넣어 안전활동을 하도록 하는 것

① 역할연기(Role Playing)
② TBM(Tool Box Meeting)
③ 터치 앤 콜(Touch and Call)
④ 브레인 스토밍(Brain Storming)

[해설] 터치 앤 콜(Touch and Call)
피부를 맞대고 같이 소리치는 것으로 전원의 스킨쉽(Skinship)이라 할 수 있음. 팀의 일체감, 연대감을 조성할 수 있고 대뇌 구피질에 좋은 이미지를 불어 넣어 안전활동을 하도록 하는 것임(현장에서 팀 전원이 각자의 왼손을 맞잡아 원을 만들어 팀 행동목표를 지적 확인하는 것을 말함)

19 산업안전보건법령상 안전보건표지의 용도 및 색도기준이 바르게 연결된 것은?

① 지시표지 : 5N 9.5
② 금지표지 : 2.5G 4/10
③ 경고표지 : 5Y 8.5/12
④ 안내표지 : 7.5R 4/14

[해설] 안전·보건표지의 색채, 색도기준 및 용도 〈산업안전보건법 시행규칙 별표10〉

색채	색도기준	용도
빨간색	7.5R 4/14	금지
		경고
노란색	5Y 8.5/12	경고
파란색	2.5PB 4/10	지시
녹색	2.5G 4/10	안내
흰색	N9.5	
검은색	N0.5	

20 보호구 안전인증 고시상 저음부터 고음까지 차음하는 방음용 귀마개의 기호는?

① EM
② EP-1
③ EP-2
④ EP-3

[해설] 귀마개 귀덮개 종류 및 등급 등

종류	등급	기호	성능
귀마개	1종	EP-1	저음부터 고음까지를 차음하는 것
	2종	EP-2	주로 고음을 차음하고, 저음(회화음 영역)은 차음하지 않음
귀덮개		EM	

정답 17. ③ 18. ③ 19. ③ 20. ②

제2과목 산업심리 및 교육

21 타일러(Taylor)의 과학적 관리와 거리가 가장 먼 것은?

① 시간-동작 연구를 적용하였다.
② 생산의 효율성을 상당히 향상시켰다.
③ 인간중심의 관점으로 일을 재설계한다.
④ 인센티브를 도입함으로써 작업자들을 동기화시킬 수 있다.

해설 테일러(F. W. Taylor)의 과학적 관리법
① 시간-동작 연구를 적용하여 작업의 절차나 작업량 설정
② 효과적 관리로 생산의 효율성을 상당히 향상
③ 목표 달성 시 인센티브를 도입함으로써 작업자들을 동기화
④ 전문적인 지식과 역량이 요구되는 일에는 부적합하며, 인간의 자율성과 창의성보다 효율성 강조
* 테일러(F. W. Taylor) : 시간연구와 동작연구를 통해서 근로자들에게 차별 성과급제를 적용하면 효율적이라고 주장한 과학적 관리법의 창시자

22 안전사고가 발생하는 요인 중 심리적인 요인에 해당하는 것은?

① 감정의 불안정
② 극도의 피로감
③ 신경계통의 이상
④ 육체적 능력의 초과

해설 사고요인이 되는 정신적인 요소(정신상태 불량으로 일어나는 안전사고 요인)
① 안전의식의 부족
② 주의력 부족
③ 방심과 공상
④ 방심과 공상
⑤ 그릇됨과 판단력 부족
⑥ 개성적 결함 : 지나친 자존심과 자만심, 다혈질 및 인내력의 부족, 약한 마음, 감정의 장기 지속성(감정의 불안정), 경솔성, 과도한 집착성 또는 고집, 배타성, 태만(나태), 도전적 성격, 사치성과 허영심

* 생리적 현상 : 극도의 피로, 근육운동의 부적합, 육체적 능력의 초과, 신경계통의 이상, 시력 및 청각의 이상

23 주의력의 특성과 그에 대한 설명으로 옳은 것은?

① 지속성 : 인간의 주의력은 2시간 이상 지속된다.
② 변동성 : 인간은 주의 집중은 내향과 외향의 변동이 반복된다.
③ 방향성 : 인간이 주의력을 집중하는 방향은 상하 좌우에 따라 영향을 받는다.
④ 선택성 : 인간의 주의력은 한계가 있어 여러 작업에 대해 선택적으로 배분된다.

해설 주의의 특성
① 방향성 : 한 지점에 주의를 집중하면 다른 곳에의 주의는 약해짐(동시에 2개 이상의 방향에 집중하지 못함)
② 변동성(단속성) : 장시간 주의를 집중하려 해도 주기적으로 부주의와의 리듬이 존재(장시간 동안 집중을 지속할 수 없음)
③ 선택성 : 여러 자극을 지각할 때 소수의 특정 자극에 선택적 주의를 기울이는 경향(인간은 한 번에 여러 종류의 자극을 지각·수용하지 못함을 말함)

24 작업자들에게 적성검사를 실시하는 가장 큰 목적은?

① 작업자의 협조를 얻기 위함
② 작업자의 인간관계 개선을 위함
③ 작업자의 생산능률을 높이기 위함
④ 작업자의 업무량을 최대로 할당하기 위함

해설 작업자들에게 적성검사를 실시하는 가장 큰 목적 : 작업자의 생산능률을 높이기 위함

정답 21.③ 22.① 23.④ 24.③

25 감각 현상이 하나의 전체적이고 의미 있는 내용으로 체계화되는 과정을 의미하는 것은?

① 유추(analogy)
② 게슈탈트(gestalt)
③ 인지(cognition)
④ 근접성(proximity)

해설 게슈탈트(Gestalt)의 법칙
형태를 지각하는 방법 혹은 그 법칙(군화의 법칙(群化의 法則))
- 감각 현상이 하나의 전체적이고 의미 있는 내용으로 체계화되는 과정을 의미하는 것

26 다음 설명의 리더십 유형은 무엇인가?

> 과업을 계획하고 수행하는 데 있어서 구성원과 함께 책임을 공유하고 인간에 대하여 높은 관심을 갖는 리더십

① 권위적 리더십
② 독재적 리더십
③ 민주적 리더십
④ 자유방임형 리더십

해설 레윈의 리더십의 유형
① 독재적 리더십(authoritative) : 일 중심형으로 업적에 대한 관심은 높지만 인간관계에 무관심한 리더십 타입(권위적, 권력형)
② 민주적 리더십(democratic) : 구성원들과 조직체의 공동목표, 상호의존관계 강조. 상호신뢰적이고 상호존경적 관계에서 구성원을 통한 과업달성
③ 자유방임적 리더십(laissez-faire) : 업적보다는 부하들의 의사결정

27 작업의 어려움, 기계설비의 결함 및 환경에 대한 주의력의 집중혼란, 심신의 근심 등으로 인하여 재해를 많이 일으키는 사람을 지칭하는 것은?

① 미숙성 누발자 ② 상황성 누발자
③ 습관성 누발자 ④ 소질성 누발자

해설 상황성 누발자(주변 상황)
① 작업이 어렵기 때문에
② 기계·설비의 결함이 있기 때문에
③ 심신에 근심이 있기 때문에
④ 환경상 주의력의 집중 혼란

28 허츠버그(Herzberg)의 2요인 이론 중 동기요인(motivator)에 해당하지 않는 것은?

① 성취   ② 작업 조건
③ 인정   ④ 작업 자체

해설 동기·위생이론에서 직무동기를 높이는 방법
1) 위생요인 : 급여의 인상, 감독, 관리규칙, 기업의 정책, 작업조건, 승진, 지위
2) 동기요인 : 상사로부터의 인정, 자율성 부여와 권한 위임, 직무에 대한 개인적 성취감, 책임감, 존경, 작업자체

29 작업의 강도를 객관적으로 측정하기 위한 지표로 옳은 것은?

① 강도율
② 작업시간
③ 작업속도
④ 에너지 대사율(RMR)

해설 에너지 대사율(RMR, Relative Metabolic Rate)
작업강도의 단위로서 산소호흡량을 측정하여 에너지 소모량을 결정하는 방식(작업의 강도를 객관적으로 측정하기 위한 지표)

30 지도자가 부하의 능력에 따라 차별적으로 성과급을 지급하고자 하는 리더십의 권한은?

① 전문성 권한   ② 보상적 권한
③ 합법적 권한   ④ 위임된 권한

해설 리더가 가지고 있는 세력(권한)의 유형
① 강압적 세력(coercive power) : 부하들이 바람직하지 않은 행동을 했을 때 처벌 할 수 있는 권한

정답 25. ② 26. ③ 27. ② 28. ② 29. ④ 30. ②

② 보상적 세력(reward power): 보상을 줄 수 있는 세력(승진, 휴가, 보너스 등)
③ 합법적 세력(legitimate power): 조직의 공식적 권력구조에 의해 주어진 권한을 의미
④ 전문적 세력(expert power): 리더가 전문적 기술, 독점적 정보 정도에 의해 전문적 권한이 결정
⑤ 참조적 세력, 준거적 세력(referent power, attraction power): 리더의 생각과 목표를 동일시하거나 존경하고자 할 때의 권한

31 알더퍼(Alderfer)의 ERG 이론에서 인간의 기본적인 3가지 욕구가 아닌 것은?

① 관계욕구   ② 성장욕구
③ 생리욕구   ④ 존재욕구

해설 알더퍼(Alderfer)의 ERG 이론
1) 생존(Existence) 욕구(존재욕구) : 매슬로우의 생리적 욕구, 물리적 측면의 안전 욕구
2) 관계(Relation) 욕구 : 매슬로우의 대인관계 측면의 안전 욕구, 사회적 욕구, 존경의 욕구
3) 성장(Growth) 욕구 : 매슬로우의 자아실현의 욕구

32 맥그리거(Douglas Mcgregor)의 X,Y이론 중 X이론과 관계 깊은 것은?

① 근면, 성실
② 물질적 욕구 추구
③ 정신적 욕구 추구
④ 자기통제에 의한 자율관리

해설 맥그리거(Douglas McGregor)의 X·Y 이론
상반되는 인간본질에 대한 가정을 중심으로 X·Y이론 제시

X 이론	Y 이론
인간은 본래 게으르고 태만하여 남의 지배 받기를 즐긴다.	인간은 부지런하고 근면, 적극적이며 자주적이다.
인간불신감	상호신뢰감
성악설	성선설
물질욕구(저차원 욕구)	정신욕구(고차원 욕구)
명령통제에 의한 관리	목표통합과 자기통제에 의한 자율관리
저개발국형	선진국형

33 다음 적응기제 중 방어적 기제에 해당하는 것은?

① 고립(isolation)
② 억압(repression)
③ 합리화(rationalization)
④ 백일몽(day-dreaming)

해설 적응기제(適應機制, Adjustment Mechanism)의 종류
자기 방어를 통해 내적 긴장을 감소시켜 환경에 적응토록 함
① 방어적 기제(행동)
  ㉠ 보상 ㉡ 합리화 ㉢ 투사 ㉣ 승화
② 도피적 기제(행동)
  ㉠ 고립 ㉡ 억압 ㉢ 퇴행 ㉣ 백일몽

34 학습지도의 원리와 거리가 가장 먼 것은?

① 감각의 원리   ② 통합의 원리
③ 자발성의 원리 ④ 사회화의 원리

해설 학습(교육)지도의 원리
① 직관의 원리 : 구체적 사물을 제시하거나 경험시킴으로써 효과를 볼 수 있다는 원리
② 자기활동의 원리(자발성의 원리) : 학습자 자신이 스스로 자발적으로 학습에 참여하는데 중점을 둔 원리
③ 개별화의 원리 : 학습자 각자의 요구와 능력 등에 알맞은 학습활동의 기회를 마련하여 주어야 한다는 원리
④ 사회화의 원리 : 학교에서 배운 것과 사회에서 경험한 것을 교류시키고 공동 학습을 통해서 협력적이고 우호적인 학습을 진행하는 원리
⑤ 통합의 원리 : 학습을 총합적인 전체로서 지도하는 원리. 동시학습원리

35 파악하고자 하는 연구과제에 대해 언어를 매개로 구조화된 질의응답을 통하여 교육하는 기법은?

① 면접(interview)
② 카운슬링(counseling)
③ CCS(Civil Commnunication Section)
④ ATP(American Telephone & Telegram Co.)

정답 31.③ 32.② 33.③ 34.① 35.①

해설 면접(interview)
파악하고자 하는 연구과제에 대해 언어를 매개로 구조화된 질의응답을 통하여 교육하는 기법

36 안전교육방법 중 새로운 자료나 교재를 제시하고, 거기에서의 문제점을 피교육자로하여금 제기하게 하거나, 의견을 여러 가지 방법으로 발표하게 하고, 다시 깊게 파고들어서 토의 하는 방법은?

① 포럼(Forum)
② 심포지엄(Symposium)
③ 버즈세션(Buzz Session)
④ 패널 디스커션(Panel Discussion)

해설 토의식 교육방법
(가) 포럼(Forum)
새로운 자료나 교재를 제시하고, 피교육자로 하여금 문제점을 제기하도록 하거나 의견을 여러 가지 방법으로 발표하게 하여 청중과 토론자간 활발한 의견 개진과 합의를 도출해가는 토의방법(깊이 파고들어 토의하는 방법)
(나) 심포지엄(Symposium)
몇 사람의 전문가에 의하여 과정에 관한 견해를 발표한 뒤 참가자로 하여금 의견이나 질문을 하게하는 토의법
(다) 패널 디스커션(Panel discussion)
패널 멤버(교육과제에 정통한 전문가 4~5명)가 피교육자 앞에서 자유로이 토의 하고 뒤에 피교육자 전원이 참가하여 사회자의 사회에 따라 토의하는 방법
(라) 버즈 세션(Buzz session)
6-6회의라고도 하며, 참가자가 다수인 경우에 전원을 토의에 참가시키기 위한 방법으로 소집단을 구성하여 회의를 진행시키는 방법

37 산업안전보건법령상 근로자 안전보건교육의 교육과정 중 건설 일용근로자의 건설업 기초 안전·보건교육 교육시간 기준으로 옳은 것은?

① 1시간 이상
② 2시간 이상
③ 3시간 이상
④ 4시간 이상

해설 사업 내 안전·보건교육

교육과정	교육대상	교육시간
건설업 기초안전·보건교육	건설 일용근로자	4시간

38 안전교육의 방법을 지식교육, 기능교육 및 태도교육 순서로 구분하여 맞게 나열한 것은?

① 시청각 교육 - 현장실습 교육 - 안전작업 동작지도
② 시청각 교육 - 안전작업 동작지도 - 현장실습 교육
③ 현장실습 교육 - 안전작업 동작지도 - 시청각 교육
④ 안전작업 동작지도 - 시청각 교육 - 현장실습 교육

해설 단계별 교육내용
(1) 지식교육(제1단계) : 강의, 시청각교육을 통한 지식의 전달과 이해
(2) 기능교육(제2단계) : 시범, 견학, 실습, 현장실습교육을 통한 경험 체득과 이해
(3) 태도교육(제3단계) : 안전작업 동작지도, 생활지도 등을 통한 안전의 습관화

39 O.J.T(On the Training)의 장점이 아닌 것은?

① 직장의 실정에 맞게 실제적 훈련이 가능하다.
② 교육을 통한 훈련효과에 의해 상호 신뢰이해도가 높아진다.
③ 대상자의 개인별 능력에 따라 훈련의 진도를 조정하기가 쉽다.
④ 교육훈련 대상자가 교육훈련에만 몰두할 수 있어 학습효과가 높다.

정답 36.① 37.④ 38.① 39.④

해설 OJT 교육과 Off JT 교육의 특징

OJT 교육의 특징	Off JT 교육의 특징
㉮ 개개인에게 적절한 지도훈련이 가능하다.	㉮ 다수의 근로자에게 조직적 훈련이 가능하다
㉯ 직장의 실정에 맞는 실제적 훈련이 가능하다.	㉯ 훈련에만 전념할 수 있다.
㉰ 즉시 업무에 연결될 수 있다.	㉰ 외부 전문가를 강사로 초빙하는 것이 가능하다.
㉱ 훈련에 필요한 업무의 지속성이 유지된다.	㉱ 특별교재, 교구, 시설을 유효하게 활용할 수 있다.
㉲ 효과가 곧 업무에 나타나며 결과에 따른 개선이 쉽다.	㉲ 타 직장의 근로자와 지식이나 경험을 교류할 수 있다.
㉳ 훈련 효과에 의해 상호 신뢰 및 이해도가 높아진다. (상사와 부하 간의 의사소통과 신뢰감이 깊게 된다.)	㉳ 교육 훈련 목표에 대하여 집단적 노력이 흐트러질 수도 있다.

40 산업안전보건법령상 명시된 건설용 리프트·곤돌라를 이용한 작업의 특별교육 내용으로 틀린 것은? (단, 그 밖에 안전·보건관리에 필요한 사항은 제외한다.)

① 신호방법 및 공동작업에 관한 사항
② 화물의 취급 및 작업 방법에 관한 사항
③ 방호 장치의 기능 및 사용에 관한 사항
④ 기계·기구에 특성 및 동작원리에 관한 사항

해설 건설용 리프트·곤돌라를 이용한 작업의 특별교육
〈산업안전보건법 시행규칙〉
• 방호장치의 기능 및 사용에 관한 사항
• 기계, 기구, 달기체인 및 와이어 등의 점검에 관한 사항
• 화물의 권상·권하 작업방법 및 안전작업 지도에 관한 사항
• 기계·기구에 특성 및 동작원리에 관한 사항
• 신호방법 및 공동작업에 관한 사항
• 그 밖에 안전·보건관리에 필요한 사항

제3과목 인간공학 및 시스템안전공학

41 인간공학적 연구에 사용되는 기준 척도의 요건 중 다음 설명에 해당하는 것은?

> 기준 척도는 측정하고자 하는 변수 외의 다른 변수들의 영향을 받아서는 안 된다.

① 신뢰성
② 적절성
③ 검출성
④ 무오염성

해설 인간공학 연구조사에 사용하는 기준의 요건
① 적절성 : 의도된 목적에 부합하여야 한다.
② 신뢰성 : 반복 실험시 재현성이 있어야 한다.
③ 무오염성 : 측정하고자 하는 변수 이외의 다른 변수의 영향을 받아서는 안 된다.
④ 민감도 : 피실험자 사이에서 볼 수 있는 예상 차이점에 비례하는 단위로 측정해야 한다.

42 인간공학의 목표와 거리가 가장 먼 것은?

① 사고 감소
② 생산성 증대
③ 안전성 향상
④ 근골격계질환 증가

해설 인간공학의 목표(차파니스)
(가) 첫째 : 안전성 향상과 사고방지(에러 감소)
(나) 둘째 : 기계조작의 능률성과 생산성 증대
(다) 셋째 : 쾌적성(안락감 향상)

43 불필요한 작업을 수행함으로써 발생하는 오류로 옳은 것은?

① Command error
② Extraneous error
③ Secondary error
④ Commission error

정답 40.② 41.④ 42.④ 43.②

해설 휴먼에러에 관한 분류
심리적 행위에 의한 분류(Swain의 독립행동에 관한 분류)
① omission error(생략 에러) : 필요한 작업 또는 절차를 수행하지 않는데 기인한 에러(부작위 오류)
② commission error(실행 에러) : 필요한 작업 또는 절차를 불확실하게 수행함으로써 기인한 에러(작위 오류)
③ extraneous error(과잉행동에러) : 불필요한 작업 또는 절차를 수행함으로써 기인한 에러
④ sequential error(순서에러) : 필요한 작업 또는 절차의 순서 착오로 인한 에러
⑤ time error(시간에러) : 필요한 직무 또는 절차의 수행의 지연(혹은 빨리)으로 인한 에러

44 작업장의 설비 3대에서 각각 80dB, 86dB, 78dB의 소음이 발생되고 있을 때 작업장의 음압 수준은?
① 약 81.3dB
② 약 85.5dB
③ 약 87.5dB
④ 약 90.3dB

해설 소음이 합쳐질 경우 음압수준
$SPL(dB) = 10\log(10^{A_1/10} + 10^{A_2/10} + 10^{A_3/10} + \cdots)$
(A_1, A_2, A_3 : 소음)
⇒ 전체 소음 = $10\log(10^8 + 10^{8.6} + 10^{7.8})$
= 87.49 ≒ 87.5dB

45 음량수준을 평가하는 척도와 관계없는 것은?
① dB
② HSI
③ phon
④ sone

해설 음의 크기의 수준
① dB(decibel) : 소음의 크기를 나타내는 단위.
② Phon : 1,000Hz 순음의 음압수준(dB)을 나타냄
③ sone : 40dB의 음압수준을 가진 순음의 크기를 1sone이라 함
* HSI : 항공분야의 수평자세 지시계(Horizontal Situation Indicator). 디지털 신호 처리(DSP)분야에서의 컬러 모델을 가리키며 Hue(색상), Saturation(채도), Intensity(명도)의 약자. 인간-시스템 인터페이스(human-system Interface)의 약자

46 정보를 전송하기 위해 청각적 표시장치보다 시각적 표시장치를 사용하는 것이 더 효과적인 경우는?
① 정보의 내용이 간단한 경우
② 정보가 후에 재참조되는 경우
③ 정보가 즉각적인 행동을 요구하는 경우
④ 정보의 내용이 시간적인 사건을 다루는 경우

해설 시각적 표시장치와 청각적 표시장치의 비교(정보전달)

시각적 표시장치 사용 유리	청각적 표시장치 사용 유리
① 정보의 내용이 복잡한 경우	① 정보의 내용이 간단한 경우
② 정보의 내용이 긴 경우	② 정보의 내용이 짧은 경우
③ 정보가 후에 다시 참조되는 경우	③ 정보가 후에 다시 참조되지 않는 경우
④ 정보가 공간적인 위치를 다루는 경우	④ 정보의 내용이 시간적인 사상(event 사건)을 다루는 경우(메시지가 그때의 사건을 다룬다.)
⑤ 정보의 내용이 즉각적인 행동을 요구하지 않는 경우	⑤ 정보의 내용이 즉각적인 행동을 요구하는 경우
⑥ 수신자의 청각 계통이 과부하 상태일 때	⑥ 수신자의 시각 계통이 과부하 상태일 때(시각장치가 지나치게 많다.)
⑦ 수신 장소가 너무 시끄러울 때	⑦ 수신 장소가 너무 밝거나 암조응 유지가 필요할 때
⑧ 직무상 수신자가 한곳에 머무르는 경우	⑧ 직무상 수신자가 자주 움직이는 경우

47 정신적 작업 부하에 관한 생리적 척도에 해당하지 않는 것은?
① 근전도
② 뇌파도
③ 부정맥 지수
④ 점멸융합주파수

해설 정신작업의 생리적 척도
심전도(ECG), 뇌전도(EEG), 플리커 검사(Flicker Fusion Frequency, 점멸융합주파수), 심박수, 부정맥 지수, 호흡수 등

정답 44.③ 45.② 46.② 47.①

* 부정맥 : 체계의 변화나 기능부전 등에 의해 초래되는 불규칙한 심박동. 일반적으로 정신적 부하가 증가하는 경우 부정맥 지수 값은 감소함
* 근전도(EMG, Electromyogram) : 근육활동의 전위차를 기록한 것(국부적 근육 활동의 척도로 운동기능의 이상을 진단)

48 근골격계부담작업의 범위 및 유해요인조사 방법에 관한 고시상 근골격계부담작업에 해당하지 않는 것은? (단, 상시작업을 기준으로 한다.)

① 하루에 10회 이상 25kg 이상의 물체를 드는 작업
② 하루에 총 2시간 이상 쪼그리고 앉거나 무릎을 굽힌 자세에서 이루어지는 작업
③ 하루에 총 2시간 이상 시간당 5회 이상 손 또는 무릎을 사용하여 반복적으로 충격을 가하는 작업
④ 하루에 4시간 이상 집중적으로 자료입력 등을 위해 키보드 또는 마우스를 조작하는 작업

해설 근골격계부담작업 〈근골격계부담작업의 범위〉
제1조(근골격계부담작업) .
11. 하루에 총 2시간 이상 시간당 10회 이상 손 또는 무릎을 사용하여 반복적으로 충격을 가하는 작업

49 부품 배치의 원칙 중 기능적으로 관련된 부품들을 모아서 배치한다는 원칙은?

① 중요성의 원칙
② 사용 빈도의 원칙
③ 사용 순서의 원칙
④ 기능별 배치의 원칙

해설 부품(공간)배치의 원칙
(가) 중요성(기능성)의 원칙 : 부품의 작동성능이 목표 달성에 긴요한 정도에 따라 우선순위를 결정
(나) 사용빈도의 원칙 : 부품이 사용되는 빈도에 따라 우선순위를 결정
(다) 기능별 배치의 원칙 : 기능적으로 관련된 부품을 모아서 배치
(라) 사용순서의 배치 : 사용순서에 맞게 배치

50 양립성의 종류가 아닌 것은?

① 개념의 양립성   ② 감성의 양립성
③ 운동의 양립성   ④ 공간의 양립성

해설 양립성(compatibility)
외부의 자극과 인간의 기대가 서로 모순되지 않아야 하는 것으로 제어장치와 표시장치 사이의 연관성이 인간의 예상과 어느 정도 일치하는가 여부
(가) 공간적 양립성 : 표시장치나 조정장치의 물리적 형태나 공간적인 배치의 양립성
(나) 운동적 양립성 : 표시장치, 조정장치등의 운동방향 양립성
(다) 개념적 양립성 : 어떠한 신호가 전달하려는 내용과 연관성이 있어야 하는 것
(라) 양식 양립성 : 청각적 자극 제시와 이에 대한 음성 응답 과업에서 갖는 양립성

51 실효 온도(effective temperature)에 영향을 주는 요인이 아닌 것은?

① 온도   ② 습도
③ 복사열   ④ 공기 유동

해설 실효 온도(effective temperature)에 영향을 주는 인자 : ① 온도 ② 습도 ③ 공기유동(대류)
* 실효온도(Effective Temperature) : 온도와 습도 및 공기 유동이 인체에 미치는 열효과를 하나의 수치로 통합한 경험적 감각지수로, 상대습도 100%일 때의 건구 온도에서 느끼는 것과 동일한 온감

52 물체의 표면에 도달하는 빛의 밀도를 뜻하는 용어는?

① 광도   ② 광량
③ 대비   ④ 조도

해설 조도
어떤 물체나 표면에 도달하는 빛의 밀도(빛 밝기의 정도, 대상면에 입사하는 빛의 양)

정답 48.③ 49.④ 50.② 51.③ 52.④

53 서브시스템 분석에 사용되는 분석방법으로 시스템 수명주기에서 ㉠에 들어갈 위험분석 기법은?

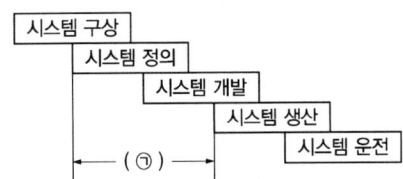

① PHA   ② FHA
③ FTA   ④ ETA

해설 시스템 수명단계(PHA와 FHA 기법의 사용단계)

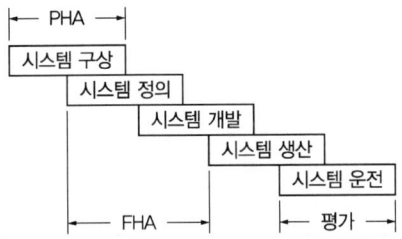

※ 결함 위험요인 분석(FHA : Fault Hazards Analysis) 분업에 의해 분담 설계한 서브시스템(subsystem) 간의 안전성 또는 전체 시스템의 안전성에 미치는 영향을 분석하는 방법

54 위험분석기법 중 고장이 시스템의 손실과 인명의 사상에 연결되는 높은 위험도를 가진 요소나 고장의 형태에 따른 분석법은?

① CA   ② ETA
③ FHA   ④ FTA

해설 위험도분석(CA, Criticality Analysis)
① 고장이 시스템의 손실과 인명의 사상에 연결되는 높은 위험도를 가진 요소나 고장의 형태에 따른 분석법
② 높은 고장 등급을 갖고 고장모드가 기기 전체의 고장에 어느 정도 영향을 주는가를 정량적으로 평가하는 해석 기법

55 FT도에 사용되는 다음 기호의 명칭은?

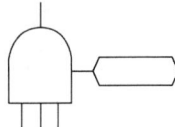

① 억제 게이트
② 조합 AND 게이트
③ 부정 게이트
④ 베타적 OR 게이트

해설 조합 AND 게이트
3개의 입력현상 중 임의의 시간에 2개가 발생하면 출력이 생긴다.

56 FT도에서 신뢰도는? (단, A발생확률은 0.01, B발생확률은 0.02이다.)

① 96.02%
② 97.02%
③ 98.02%
④ 99.02%

해설 시스템의 신뢰도
(1) T 사상의 발생 확률
 $T = 1 - (1-A)(1-B) = 1 - (1-0.01)(1-0.02)$
 $= 0.0298$
(2) 신뢰도 = 1 - 발생확률 = 1 - 0.0298 = 0.9702
 = 97.02%

57 불(Boole) 대수의 관계식으로 틀린 것은?

① $A + \overline{A} = 1$
② $A + AB = A$
③ $A(A+B) = A+B$
④ $A + \overline{A}B = A+B$

해설 불(Bool) 대수의 기본지수

$A+0=A$	$A+A=A$	$\overline{\overline{A}}=A$
$A+1=1$	$A+\overline{A}=1$	$A+AB=A$
$A \cdot 0 = 0$	$A \cdot A = A$	$A+\overline{A}B=A+B$
$A \cdot 1 = A$	$A \cdot \overline{A} = 0$	$(A+B)\cdot(A+C)=A+BC$

정답 53. ② 54. ① 55. ② 56. ② 57. ③

58 위험성평가 시 위험의 크기를 결정하는 방법이 아닌 것은?

① 덧셈법 ② 곱셈법
③ 뺄셈법 ④ 행렬법

해설 위험성평가 시 위험의 크기를 결정하는 방법(위험성 추정방법) : 행렬법, 곱셈법, 덧셈법, 분기법
* 곱셈법 : 재해발생 가능성과 중대성을 일정한 척도에 의해 수치화하여 곱셈하여 추정함
(가능성×중대성)

59 그림과 같은 시스템에서 부품 A, B, C, D의 신뢰도가 모두 r로 동일할 때 이 시스템의 신뢰도는?

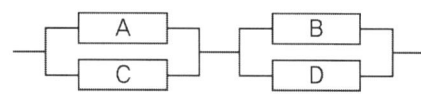

① $r(2-r^2)$ ② $r^2(2-r)^2$
③ $r^2(2-r^2)$ ④ $r^2(2-r)$

해설 시스템의 신뢰도 = (A, C) · (B, D)
신뢰도(A, C) = 1 − (1 − r)(1 − r) = 1 − (1 − 2r + r²)
= 2r + r²
신뢰도(B, D) = 1 − (1 − r)(1 − r) = 1 − (1 − 2r + r²)
= 2r + r²
⇒ 신뢰도 = (A, C) · (B, D) = (2r + r²)²
= 4r² + 4r³ + r⁴ = r²(4 + 4r + r²)
= r²(2 − r)²

60 프레스기어의 안전장치 수명은 지수분포를 따르며 평균 수명이 1000시간일 때 ㉠, ㉡에 알맞은 값은 약 얼마인가?

㉠ 새로 구입한 안전장치가 향후 500시간 동안 고장 없이 작동할 확률
㉡ 이미 1000시간을 사용한 안전장치가 향후 500시간 이상 견딜 확률

① ㉠ : 0.606, ㉡ : 0.606
② ㉠ : 0.606, ㉡ : 0.808
③ ㉠ : 0.808, ㉡ : 0.606
④ ㉠ : 0.808, ㉡ : 0.808

해설 기계의 신뢰도(고장 없이 작동할 확률)
$R = e^{-\lambda t} = e^{-\frac{t}{t_0}}$
λ : 고장률, t : 고장시간, t_0 : 평균수명
(평균고장시간 t_0인 요소가 t시간 동안 고장을 일으키지 않을 확률)
⇒ $R㉠ = e^{-\lambda t} = e^{-\frac{t}{t_0}} = e^{-\frac{500}{1000}} = 0.606$
$R㉡ = e^{-\lambda t} = e^{-\frac{t}{t_0}} = e^{-\frac{500}{1000}} = 0.606$

제4과목 건설시공학

61 공사용 표준시방서에 기재하는 사항으로 거리가 먼 것은?

① 재료의 종류, 품질 및 사용처에 관한 사항
② 검사 및 시험에 관한 사항
③ 공정에 따른 공사비 사용에 관한 사항
④ 보양 및 시공 상 주의사항

해설 시방서 기재 사항
① 일반적으로 시방서에는 사용재료의 재질, 품질, 치수, 시공 방법, 공법, 일반총칙사항(一般總則 事項 등을 표시)
② 사용재료의 품질시험방법, 각 부위별 시공방법, 각 부위별 사용재료, 각 부위별 사용 재료의 품질
③ 재료, 장비, 설비의 유형과 품질, 조립, 설치, 세우기의 방법, 시험 및 코드 요건
④ 시공방법 및 시공정밀도, 시방서의 적용범위 및 사전준비 사항
* 시방서(specification, 示方書 : 사양서)
건물을 설계하거나 시공할 시 도면상에서 나타낼 수 없는 세부 사항을 명시 한 문서

정답 58.③ 59.② 60.① 61.③

62 공사계약방식에서 공사실시 방식에 의한 계약제도가 아닌 것은?

① 일식도급
② 분할도급
③ 실비정산보수가산도급
④ 공동도급

해설 공사실시방식
(가) 일식도급(총도급) : 하나의 공사 전부를 도급자에게 일괄하여 시행하게 하는 도급 방식
(나) 분할도급 : 한 공사를 분할하여 도급하는 것
(다) 공동도급 : 규모가 큰 공사일 경우 2개 이상의 회사가 임시로 결합하여 연대책임으로 공사를 하고 공사 완성 후 해산하는 방식
* 실비청산보수가산도급 : 실비를 정산하고 미리 정해놓은 보수율을 가산하여 공사비를 지급 하는 방식 (공사비 지불방식에 따른 계약)

63 철거작업 시 지중장애물 사전조사항목으로 가장 거리가 먼 것은?

① 주변 공사장에 설치된 모든 계측기 확인
② 기존 건축물의 설계도, 시공기록 확인
③ 가스, 수도, 전기 등 공공매설물 확인
④ 시험굴착, 탐사 확인

해설 철거작업 시 지중장애물 사전조사항목
부지 내에 매설된 가스관, 상하수도관, 지하케이블, 건축물의 기초 등 지하매설물에 대한 조사

64 건축공사 시 각종 분할도급의 장점에 관한 설명으로 옳지 않은 것은?

① 전문공종별 분할도급은 설비업자의 자본, 기술이 강화되어 능률이 향상된다.
② 공정별 분할도급은 후속공사를 다른 업자로 바꾸거나 후속공사 금액의 결정이 용이하다.
③ 공구별 분할도급은 중소업자에 균등기회를 주고, 업자 상호간 경쟁으로 공사 기일 단축, 시공 기술향상에 유리하다.
④ 직종별, 공종별 분할도급은 전문직종으로 분할하여 도급을 주는 것으로 건축주의 의도를 철저하게 반영시킬 수 있다.

해설 분할도급의 장단점

구분	장점	단점
전문공종별 분할도급	설비업자의 자본, 기술이 강화되어 능률이 향상되며 공사 내용이 전문화되어 기업주와 시공자의 의사소통이 잘 되므로 공사의 우수성과 확실성 기대	공사 전체 관리가 복잡하고, 가설이나 시공 장비의 사용이 중복되어 공사비 증대의 우려
공정별 분할도급	예산배정이 편리하며 분할 발주도 가능	후속공사를 다른 업자로 바꾸거나 후속공사 금액의 결정이 곤란하며 도급자의 교체가 까다로움
공구별 분할도급	중소업자에 균등기회를 주고 업자 상호간 경쟁으로 공사기일 단축, 시공 기술향상에 유리하다.	공구마다 총괄도급으로 하므로 등록사무소가 복잡
직종별·공종별 분할도급	전문 직종으로 분할하여 도급을 주는 것으로 건축주의 의도를 철저하게 반영 가능	현장 종합관리가 어렵고 경비가 가산

65 지반조사 시 시추주상도 보고서에서 확인사항과 거리가 먼 것은?

① 지층의 확인
② Slime의 두께 확인
③ 지하수위 확인
④ N값의 확인

해설 토질주상도에 나타내는 항목
㉠ 지반조사일자 및 작성자, 지반조사지역
㉡ 보링방법
㉢ 지층의 확인
㉣ 지층두께 및 구성상태
㉤ 심도에 따른 토질 상태

정답 62. ③ 63. ① 64. ② 65. ②

ⓑ 지하수위 확인
ⓒ N값의 확인
ⓓ 시료채취
ⓔ 기타 시추작업 중 나타나는 관찰사항
* 시추주상도(試錐柱狀圖, drill log) - 토질주상도
  : 시추과정에서 얻어진 지질정보와 관찰결과를 정리한 도표(지층의 층별, 포함물질 및 층두께 등을 그림으로 나타낸 것)

66 웰포인트(well point)공법에 관한 설명을 옳지 않은 것은?

① 강제배수공법의 일종이다.
② 투수성이 비교적 낮은 사질실트층까지도 배수가 가능하다.
③ 흙의 안전성을 대폭 향상시킨다.
④ 인근 건축물의 침하에 영향을 주지 않는다.

해설 웰포인트공법에 관한 설명
④ 인근 건축물의 침하에 영향을 주는 경우가 있다.
※ 웰포인트(well point)공법 : 사질토 지반 탈수공법. 지중에 필터가 달린 흡수기를 1~2m 간격으로 설치하고 펌프를 통해 강제로 지하수를 빨아올림으로써 지하수위를 낮추는 공법

67 지하연속벽(Slurry wall) 굴착 공사 중 공벽 붕괴의 원인으로 보기 어려운 것은?

① 지하수위의 급격한 상승
② 안정액의 급격한 점도 변화
③ 물다짐하여 매립한 지반에서 시공
④ 공사 시 공법의 특성으로 발생하는 심한 진동

해설 지하연속벽(Slurry wall) 공법
④ 저소음, 저진동 공법으로 인접건물 근접 시공이 가능
※ 지하연속벽공법(slurry wall method) : 안정액(slurry)을 사용하여 굴착한 뒤 지중(地中)에 연속된 철근 콘크리트 벽을 형성하는 현장 타설 말뚝 공법

68 다음은 기성말뚝 세우기에 관한 표준시방서 규정이다. ( ) 안에 순서대로 들어갈 내용으로 옳게 짝지어진 것은? (단, 보기항의 D는 말뚝의 바깥지름임)

> 말뚝의 연직도나 경사도는 ( ) 이내로 하고, 말뚝박기 후 평면상의 위치가 설계도면의 위치로부터 ( )과/와 100mm 중 큰 값 이상으로 벗어나지 않아야 한다.

① 1/50, D/4
② 1/100, D/3
③ 1/150, D/4
④ 1/150, D/3

해설 말뚝 세우기(기성말뚝) 〈표준시방서〉
말뚝의 연직도나 경사도는 1/50 이내로 하고, 말뚝박기 후 평면상의 위치가 설계도면의 위치로부터 D/4(D는 말뚝의 바깥지름)와 100mm 중 큰 값 이상으로 벗어나지 않아야 한다.

69 R.C.D(리버스 서큘레이션 드릴)공법의 특징으로 옳지 않은 것은?

① 드릴파이프 직경보다 큰 호박돌이 있는 경우 굴착이 불가하다.
② 깊은 심도까지 굴착이 가능하다.
③ 시공속도가 빠른 장점이 있다.
④ 수상(해상)작업이 불가하다.

해설 R.C.D(Reverse Circuation Drill) 공법
역순환 굴착공법으로서 현장타설 말뚝 중 가장 대구경으로 가장 깊은 심도까지 굴착 시공할 수 있음
① 좁은 장소에서 효과적이고, 굴착속도가 빠르며, 수상(해상)시공이 가능
② 세사층 굴착이 가능하나 드릴파이프 직경보다 큰 호박돌이 존재할 경우 굴착이 곤란

70 일명 테이블 폼(table form)으로 불리는 것으로 거푸집널에 장선, 멍에, 서포트 등을 기계적인 요소로 부재화한 대형 바닥판거푸집은?

① 갱 폼(Gang form)
② 플라잉 폼(Flying form)

정답 66. ④ 67. ④ 68. ① 69. ④ 70. ②

③ 유로 폼(Euro form)
④ 트래블링 폼(Traveling form)

해설 플라잉 폼(flying form)
바닥전용 거푸집으로서 테이블 폼(table form)이라고도 부르며 거푸집판, 장선, 멍에, 서포트 등을 일체로 제작하여 수평, 수직 방향으로 이동하는 시스템 거푸집
- 갱폼과 조합하여 사용 가능하고 시공 정밀도와 전용성 우수하며 처짐 및 외력에 대한 안정성이 우수함

71 콘크리트 공사 시 철근의 정착위치에 관한 설명으로 옳지 않은 것은?

① 작은 보의 주근은 벽체에 정착한다.
② 큰 보의 주근은 기둥에 정착한다.
③ 기둥의 주근은 기초에 정착한다.
④ 지중보의 주근은 기초 또는 기둥에 정착한다.

해설 철근의 정착 위치
① 기둥 주근 : 기초 또는 바닥판
② 보 주근 : 기둥 또는 큰 보
③ 지중보 주근 : 기초 또는 기둥
④ 작은 보의 주근 : 큰 보

72 콘크리트에서 사용하는 호칭강도의 정의로 옳은 것은?

① 레디믹스트 콘크리트 발주 시 구입자가 지정하는 강도
② 구조계산 시 기준으로 하는 콘크리트의 압축강도
③ 재령 7일의 압축강도를 기준으로 하는 강도
④ 콘크리트의 배합을 정할 때 목표로 하는 압축강도로 품질의 표준편차 및 양생온도 등을 고려하여 설계기준강도에 할증한 것

해설 호칭강도 : 레디믹스트 콘크리트 발주 시 구입자가 지정하는 강도(설계기준강도에 타설 후 28일간 평균온도에 따른 보정 강도를 더한 강도)

73 다음은 표준시방서에 따른 철근의 이음에 관한 내용이다. 빈 칸에 공통으로 들어갈 내용으로 옳은 것은?

( )를 초과하는 철근은 겹침이음을 할 수 없다. 다만, 서로 다른 크기의 철근을 압축부에서 겹침이음하는 경우 ( ) 이하의 철근과 ( )를 초과하는 철근은 겹침이음을 할 수 있다.

① D29
② D25
③ D32
④ D35

해설 철근의 이음 〈건축공사 표준시방서〉
나. D35를 초과하는 철근은 겹침이음을 할 수 없다. 다만, 서로 다른 크기의 철근을 압축부에서 겹침이음하는 경우 D35이하의 철근과 D35를 초과하는 철근은 겹침이음을 할 수 있다.

74 슬라이딩 폼(Sliding form)에 관한 설명으로 옳지 않은 것은?

① 1일 5~10m 정도 수직시공이 가능하므로 시공속도가 빠르다.
② 타설작업과 마감작업을 병행할 수 없어 공정이 복잡하다.
③ 구조물 형태에 따른 사용 제약이 있다.
④ 형상 및 치수가 정확하며 시공오차가 적다.

해설 슬라이딩 폼에 관한 설명
② 공기단축이 가능하다(마감작업이 동시에 진행되므로 공정이 단순화된다).
* 슬라이딩 폼(sliding form), 스립 폼(slip form) : 평면형상이 일정하고 돌출부가 없는 높은 구조물에 시공이음 없이 균일한 형상으로 시공하기 위해 거푸집을 끌어 올리면서 연속하여 콘크리트를 타설하는 공법(요오크(york), 유압 잭, 로드 이용)

정답 71.① 72.① 73.④ 74.②

75 철근콘크리트 구조물(5~6층)을 대상으로 한 벽, 지하외벽의 철근 고임대 및 간격재의 배치표준으로 옳은 것은?

① 상단은 보 밑에서 0.5m
② 중단은 상단에서 2.0m 이내
③ 횡간격은 0.5m 정도
④ 단부는 2.0m 이내

해설 철근 고임재 및 간격재의 배치표준

부위	종류	수량 또는 배치
벽, 지하외벽	강재, 콘크리트	상단 보 밑에서 0.5m 중단은 상단에서 1.5m 이내 횡 간격은 1.5m 단부는 1.5m 이내

76 철골공사에서 발생하는 용접 결함이 아닌 것은?

① 피트(Pit)
② 블로우 홀(Blow hole)
③ 오버 랩(Over lap)
④ 가우징(Gouging)

해설 철골공사의 용접결함 종류
1) 피트(Pit) 및 블로우 홀(blow hole) : 용접시 용접금속 내에 흡수된 가스가 표면에 나와 생성하는 작은 구멍을 Pit라 하며 내부에 그대로 잔류된 기공이 Blow hole임
2) 오버랩(overlap) : 용접 시 용착금속이 모재에 융합되지 않고 겹쳐진 결함
* 가우징(gouging) : 용접부의 깊은 홈을 파는 방법. 불완전 용접부의 제거, 용접부의 밑면 파내기 등에 이용

77 강구조물 부재 제작 시 마킹(금긋기)에 관한 설명으로 옳지 않은 것은?

① 주요부재의 강판에 마킹할 때에는 펀치(punch) 등을 사용하여야 한다.
② 강판 위에 주요부재를 마킹할 때에는 주된 응력의 방향과 압연 방향을 일치시켜야 한다.
③ 마킹 할 때에는 구조물이 완성된 후에 구조물의 부재로서 남을 곳에는 원칙적으로 강판에 상처를 내어서는 안 된다.
④ 마킹 시 용접열에 의한 수축 여유를 고려하여 최종 교정, 다듬질 후 정확한 치수를 확보할 수 있도록 조치해야 한다.

해설 강구조물 제작 시의 마킹(금긋기) 〈강구조공사 표준시방서〉
① 주요부재의 강판에 마킹할 때에는 펀치(punch) 등을 사용하지 않아야 한다.

78 두께 110mm의 일반구조용 압연강재 SS275의 항복강도(f_y) 기준값은?

① 275MPa 이상
② 265MPa 이상
③ 245MPa 이상
④ 235MPa 이상

해설 일반구조용 압연강재 SS275의 항복점 또는 항복강도(f_y) 기준값
㉠ 강재의 두께 16mm 이하 : 275MPa 이상
㉡ 16mm 초과~40mm 이하 : 265MPa 이상
㉢ 40mm 초과~100mm 이하 : 245MPa 이상
㉣ 100mm 초과 : 235MPa 이상
* 일반구조용 압연강재 SS275(SS : Steel-Structure의 약자, 275 : 항복강도가 275MPa 이상)

79 벽돌쌓기법 중에서 마구리를 세워 쌓는 방식으로 옳은 것은?

① 옆세워 쌓기
② 허튼 쌓기
③ 영롱 쌓기
④ 길이 쌓기

해설 옆세워 쌓기 : 마구리방향으로 세워 쌓는 방법
* 영롱 쌓기 : 벽돌벽면에 구멍을 내어 쌓는 방식으로 장식적인 효과를 내는 벽돌쌓기

정답 75.① 76.④ 77.① 78.④ 79.①

80 벽길이 10m, 벽높이 3.6m인 블록벽체를 기본블록(390mm×190mm×150mm)으로 쌓을 때 소요되는 블록의 수량은? (단, 블록은 온장으로 고려하고, 줄눈 나비는 가로, 세로 10mm, 할증은 고려하지 않음)

① 412매　　② 468매
③ 562매　　④ 598매

해설 **블록의 수량 산출**
블록의 수량은 1m²에 소요되는 블록량을 기준으로 산출(줄눈의 폭은 10mm)
- 기본형(390mm×190mm×190mm 등)의 1m²당 블록 매수 : 13매
⇨ 블록의 수량
: 길이 10m × 높이 3.6m × 13매
(1m²당 블록 매수) = 468매

제5과목 건설재료학

81 목재의 내연성 및 방화에 대한 설명으로 옳지 않은 것은?

① 목재의 방화는 목재 표면에 불연소성 피막을 도포 또는 형성시켜 화염의 접근을 방지하는 조치를 한다.
② 방화재로는 방화페인트, 규산나트륨 등이 있다.
③ 목재가 열에 닿으면 먼저 수분이 증발하고 160℃ 이상이 되면 소량의 가연성 가스가 유출된다.
④ 목재는 450℃에서 장시간 가열하면 자연발화 하게 되는데, 이 온도를 화재위험온도라고 한다.

해설 **목재의 내연성 및 방화**
④ 목재는 450°C에서 장시간 가열하면 자연발화 하게 되는데, 이 온도를 발화점이라고 한다.

82 목재에 사용되는 크레오소트 오일에 대한 설명으로 옳지 않은 것은?

① 냄새가 좋아서 실내에서도 사용이 가능하다.
② 방부력이 우수하고 가격이 저렴하다.
③ 독성이 적다.
④ 침투성이 좋아 목재에 깊게 주입된다.

해설 **크레오소트유(Creosote Oil)**
목재의 방부제 중 독성이 적고 자극적인 냄새가 나며, 처리재는 갈색으로 가격이 저렴하여 많이 사용되는 것(목재용 유성 방부제의 대표적인 것)
① 우수한 방부 효과를 발휘하며 내후성(耐候性)도 높고, 침투성도 양호하기 때문에 야외에서 토양에 접하는 목재의 방부제로 철도 침목 및 야외용 토목용재에 사용된다.
② 크레오소트유는 방부성은 우수하나 악취가 있고 흑갈색이므로 외관이 미려하지 않아 토대, 기둥 등에 주로 사용된다.

83 중량 5kg인 목재를 건조시켜 전건중량이 4kg이 되었다. 건조 전 목재의 함수율은 몇 %인가?

① 20%　　② 25%
③ 30%　　④ 40%

해설 함수율 : 목재의 건조중량에 대한 수분중량의 비율
함수율(%) = {(목재의 건조전 중량 − 건조후 전건중량) / 건조후 전건중량} × 100
= {(5kg − 4kg)/4kg} × 100 = 25%

84 자기질 점토제품에 관한 설명으로 옳지 않은 것은?

① 조직이 치밀하지만, 도기나 석기에 비하여 강도 및 경도가 약한 편이다.
② 1230~1460℃ 정도의 고온으로 소성한다.
③ 흡수성이 매우 낮으며, 두드리면 금속성의 맑은 소리가 난다.
④ 제품으로는 타일 및 위생도기 등이 있다.

정답 80. ② 81. ④ 82. ① 83. ② 84. ①

[해설] 자기질 점토제품

흡수율(%)	소성온도(℃)	제품	비고
0~1	1230~1430	고급타일, 위생도기	흡수성이 극히 작고 경도와 강도가 가장 크다.

85 석재의 화학적 성질에 관한 설명으로 옳지 않은 것은?

① 규산분을 많이 함유한 석재는 내산성이 약하므로 산을 접하는 바닥은 피한다.
② 대리석, 사문암 등은 내장재로 사용하는 것이 바람직하다.
③ 조암광물 중 장석, 방해석 등은 산류의 침식을 쉽게 받는다.
④ 산류를 취급하는 곳의 바닥재는 황철광, 갈철광 등을 포함하지 않아야 한다.

[해설] **석재의 화학적 성질** : 석재는 산화작용이나 용해작용에 의해서 조직이 파괴된다.
① 규산분을 많이 함유한 석재는 내산성이 크고, 석회분을 포함한 것은 내산성이 적음으로 대리석, 사문암 등을 내장재 로 사용하는 것이 바람직하다.

86 수화열의 감소와 황산염 저항성을 높이려면 시멘트에 다음 중 어느 화합물을 감소시켜야 하는가?

① 규산 3칼슘   ② 알루민산 철4칼슘
③ 규산 2칼슘   ④ 알루민산 3칼슘

[해설] **수화열의 감소와 황산염 저항성을 높이려면 감소시켜야 하는 화합물** : 알루민산 3칼슘
* 포틀랜드 시멘트 주요화합물의 특징

화학 조성	알루민산 3칼슘
수화열	대단히 높음(200kcal/g)
수화 열속도	순간적임
단기 강도 발현	대단히 빠름(1일)
종국 강도	낮다(수십 kgf/cm^2)
화학 저항성	낮음

87 콘크리트 혼화재 중 하나인 플라이애시가 콘크리트에 미치는 작용에 관한 설명으로 옳지 않은 것은?

① 내황산염에 대한 저항성을 증가시키기 위하여 사용한다.
② 콘크리트 수화초기시의 발열량을 감소시키고 장기적으로 시멘트의 석회와 결합하여 장기강도를 증진시키는 효과가 있다.
③ 입자가 구형이므로 유동성이 증가되어 단위수량을 감소시키므로 콘크리트의 워커빌리티의 개선, 압송성을 향상시킨다.
④ 알칼리골재반응에 의한 팽창을 증가시키고 콘크리트의 수밀성을 약화시킨다.

[해설] 플라이애시가 콘크리트에 미치는 작용
④ 알칼리골재반응에 의한 팽창의 저지시키고 수밀성을 향상시킨다.
* 플라이애시(Fly-ash) : 콘크리트에 플라이애시(석탄의 재)를 첨가하면 콘크리트 양생 시간은 다소 길어지지만 유동성 개선(워커빌리티, 펌퍼빌리티 개선), 장기강도 증진, 수화열 감소, 알칼리 골재반응 억제, 황산염에 대한 저항성, 콘크리트 수밀성 향상 등의 장점이 있다.

88 콘크리트의 블리딩 현상에 의한 성능저하와 가장 거리가 먼 것은?

① 골재와 페이스트의 부착력 저하
② 철근와 페이스트의 부착력 저하
③ 콘크리트의 수밀성 저하
④ 콘크리트의 응결성 저하

[해설] **콘크리트의 블리딩 현상에 의한 성능저하**
① 철근과 콘크리트 부착강도 저하
② 콘크리트의 강도 및 수밀성 저하
③ 콘크리트의 균열 유발

정답 85.① 86.④ 87.④ 88.④

* 블리딩(bleeding)현상 : 콘크리트 타설 후 비교적 가벼운 물이나 미세한 물질 등이 상승되고, 상대적으로 무거운 골재나 시멘트 등이 침하하는 현상(콘크리트 타설 후 물이나 미세한 불순물이 분리 상승하여 콘크리트 표면에 떠오르는 현상)

89 목모시멘트판을 보다 향상시킨 것으로서 폐기목재의 삭편을 화학처리하여 비교적 두꺼운 판 또는 공동블록 등으로 제작하여 마루, 지붕, 천장, 벽 등의 구조체에 사용되는 것은?

① 펄라이트시멘트판
② 후형슬레이트
③ 석면슬레이트
④ 듀리졸(durisol)

해설 **듀리졸(durisol)**
목모시멘트판을 보다 향상시킨 것으로서 폐기목재의 삭편을 화학처리하여 비교적 두꺼운 판 또는 공동 블록 등으로 제작하여 마루, 지붕, 천장, 벽 등의 구조체에 사용. 시멘트 제품으로 내화·단열·흡음용으로 사용

90 대규모 지하구조물, 댐 등 매스콘크리트의 수화열에 의한 균열발생을 억제하기 위해 벨라이트의 비율을 중용열포틀랜드시멘트 이상으로 높인 시멘트는?

① 저열포틀랜드시멘트
② 보통포틀랜드시멘트
③ 조강포틀랜드시멘트
④ 내황산염포틀랜드시멘트

해설 **저열포틀랜드시멘트(4종 시멘트)**
중용열시멘트보다 분말도가 낮아 수화열을 낮춘 시멘트로서 외기온도가 높은 서중 콘크리트 등에 적용성이 우수
① 대규모 지하구조물, 댐 등 매스콘크리트의 수화열에 의한 균열발생을 억제하고 장기 강도 발현성이 우수한 벨라이트(베리트)의 비율을 높인 시멘트

② 수화 발열량이 적어 수화열에 의한 균열의 억제에 효과적이고 장기강도 발현성이 우수하다.

91 금속판에 관한 설명으로 옳지 않은 것은?

① 알루미늄 판은 경량이고 열반사도 좋으나 알칼리에 약하다.
② 스테인리스 강판은 내식성이 필요한 제품에 사용된다.
③ 함석판은 아연도철판이라고도 하며 외관미는 좋으나 내식성이 약하다.
④ 연판은 X선 차단효과가 있고 내식성도 크다.

해설 **함석판**
얇은 철판에 아연을 도금한 것으로 아연도철판이라고도 하며, 외관미가 좋고 내식성(耐蝕生)·내구성(耐久性)이 우수하다.

92 각 창호철물에 관한 설명으로 옳지 않은 것은?

① 피벗힌지(Pivot Hinge) : 경첩 대신 촉을 사용하여 여닫이문을 회전시킨다.
② 나이트래치(Night Latch) : 외부에서는 열쇠, 내부에서는 작은 손잡이를 틀어 열 수 있는 실린더장치로 된 것이다.
③ 크레센트(Crescent) : 여닫이문의 상하단에 붙여 경첩과 같은 역할을 한다.
④ 래버터리힌지(Lavatory Hinge) : 스프링 힌지의 일종으로 공중용 화장실 등에 사용된다.

해설 **창호철물에 대한 설명**
③ 크레센트(crescent) : 미서기창 및 여닫이창에 달아 돌려서 잠그는 창문잠금장치

93 발포제로서 보드상으로 성형하여 단열재로 널리 사용되며 천장재, 전기용품, 냉장고 내부상자 등으로 쓰이는 열가소성 수지는?

① 폴리스티렌수지 ② 폴리에스테르수지
③ 멜라민수지 ④ 메타크릴수지

해설 폴리스티렌수지
발포제로서 보드상으로 성형하여 단열재로 널리 사용되며 건축벽 타일, 천장재, 전기용품, 냉장고 내부상자 등에 쓰이는 열가소성 수지
- 투명성, 기계적 강도, 내수성은 좋지만 내충격성이 약하다.

94 열경화성 수지에 해당하지 않는 것은?

① 염화비닐 수지 ② 페놀 수지
③ 멜라민 수지 ④ 에폭시 수지

해설 합성수지
1) 열가소성수지(Thermosoftening plastic)
   고온에서 유동성을 가지며 가열하여 녹여서 가공하고 냉각하면 굳는 수지(재활용이 가능)
   - 초산비닐수지, 염화비닐수지, 아크릴 수지, 폴리에틸렌수지, 폴리염화비닐(PVC)수지 등
2) 열경화성 수지(Thermosetting resin)
   경화되면 연화되거나 녹지 않는 수지로 내열성, 내약품성이 풍부하고 경도가 높다
   - 페놀 수지, 요소수지, 멜라민 수지, 에폭시 수지, 불포화 폴리에스테르 수지, 실리콘 수지, 폴리우레탄 수지, 알키드 수지, 푸란수지 등

95 접착제를 동물질 접착제와 식물질 접착제로 분류할 때 동물질 접착제에 해당되지 않는 것은?

① 아교 ② 덱스트린 접착제
③ 카세인 접착제 ④ 알부민 접착제

해설 단백질계 접착제
(1) 아교 : 동물의 가죽, 힘줄, 뼈를 이용하여 만든 접착제이다.
(2) 카세인(casein) : 우유를 주원료로 하여 만든 접착제이다.
(3) 알부민 : 혈액에 함유된 단백질인 알부민에 의한 것
(4) 탈지대두 단백질 : 지방을 뺀 콩가루에 포함된 단백질인 리그닌에 의한 것

96 파손방지, 도난방지 또는 진동이 심한 장소에 적합한 망입(網入)유리의 제조 시 사용되지 않는 금속선은?

① 철선(철사)
② 황동선
③ 청동선
④ 알루미늄선

해설 망입유리의 제조 시 사용되는 금속선
철선, 놋쇠(황동)선, 알루미늄선 등
* 망입(網入)유리 : 유리 내부에 금속망을 삽입하고 압착 성형한 판유리로써 깨어지는 경우에도 파편이 튀지 않고 연소(延燒)도 방지할 수 있는 유리(파손방지, 도난방지, 방화목적으로 사용)

97 미장바탕의 일반적인 성능조건과 가장 거리가 먼 것은?

① 미장층보다 강도가 클 것
② 미장층과 유효한 접착강도를 얻을 수 있을 것
③ 미장층보다 강성이 작을 것
④ 미장층의 경화, 건조에 지장을 주지 않을 것

해설 미장바탕의 일반적인 성능조건
③ 미장층보다 강성이 클 것

98 다음의 미장재료 중 균열저항성이 가장 큰 것은?

① 회반죽 바름
② 소석고 플라스터
③ 경석고 플라스터
④ 돌로마이트 플라스터

정답 93.① 94.① 95.② 96.③ 97.③ 98.③

해설 **경석고 플라스터(킨즈시멘트, Keen's cement)**
미장재료 중 강도가 크고, 응결시간이 길며 부착은 양호하나 강재를 녹슬게 하는 성분도 포함된 것. 무수석고를 주성분으로 하는 플라스터이며 여물(hair)이 필요 없음.
① 소석고보다 응결속도가 느리다(미장재료 중 균열 발생이 적다. 균열저항성이 매우 큼).
② 표면 강도가 크고 광택이 있다.
③ 습윤 시 팽창이 크다.
④ 다른 석고계의 플라스터와 혼합을 피해야 한다.

99 콘크리트 바탕에 이음새 없는 방수 피막을 형성하는 공법으로, 도료상태의 방수재를 여러 번 칠하여 방수막을 형성하는 방수공법은?

① 아스팔트 루핑 방수
② 합성고분자 도막 방수
③ 시멘트 모르타르 방수
④ 규산질 침투성 도포 방수

해설 **도막방수**
도료상태의 방수재를 바탕면에 여러 번 칠하여 얇은 수지피막을 만들어 방수효과를 얻는 것으로 에멀션 형, 용제형, 에폭시계 형태의 방수공법

100 블로운 아스팔트(blown asphalt)를 휘발성 용제에 녹이고 광물분말 등을 가하여 만든 것으로 방수, 접합부 충전 등에 쓰이는 아스팔트 제품은?

① 아스팔트 코팅(asphalt coating)
② 아스팔트 그라우트(asphalt grout)
③ 아스팔트 시멘트(asphalt cement)
④ 아스팔트 콘크리트(asphalt concrete)

해설 **아스팔트 코팅(asphalt coating)**
블로운 아스팔트(blown asphalt)를 휘발성 용제에 녹이고 광물분말 등을 가하여 만든 것으로 방수, 접합부 충전 등에 쓰이는 아스팔트 제품

제6과목 건설안전기술

101 건설업 산업안전보건관리비 계상 및 사용기준에 따른 보호구등의 항목에서 안전관리비로 사용이 불가능한 경우는?

① 안전관리자 및 보건관리자가 안전보건 점검 등을 목적으로 건설공사 현장에서 사용하는 차량의 유류비·수리비·보험료
② 근로자에게 일률적으로 지급하는 보냉·보온장구
③ 근로자가 보호구를 직접 구매·사용하여 합리적인 범위 내에서 보전하는 비용
④ 안전관리자 등의 업무용 피복, 기기 등을 구입하기 위한 비용

해설 **안전관리비의 사용기준** 〈건설업 산업안전보건관리비 계상 및 사용기준〉
제7조(사용기준)
3. 보호구 등
가. 법령에 따른 보호구의 구입·수리·관리 등에 소요되는 비용
나. 근로자가 법령에 따른 보호구를 직접 구매·사용하여 합리적인 범위 내에서 보전하는 비용
다. 법령에 따른 안전관리자 등의 업무용 피복, 기기 등을 구입하기 위한 비용
라. 법령에 따른 안전관리자 및 보건관리자가 안전보건 점검 등을 목적으로 건설공사 현장에서 사용하는 차량의 유류비·수리비·보험료

102 흙막이벽 근입깊이를 깊게하고, 전면의 굴착부분을 남겨두어 흙의 중량으로 대항하게 하거나, 굴착 예정부분의 일부를 미리 굴착하여 기초콘크리트를 타설하는 등의 대책과 가장 관계가 깊은 것은?

① 파이핑현상이 있을 때
② 히빙현상이 있을 때
③ 지하수위가 높을 때
④ 굴착깊이가 깊을 때

정답 99.② 100.① 101.② 102.②

해설 히빙(Heaving)현상 방지대책
① 흙막이 벽체의 근입깊이를 깊게 한다(경질지반까지 연장).
② 흙막이 배면의 표토를 제거하여 토압을 경감시킨다.
③ 흙막이 벽체 배면의 지반을 개량하여 흙의 전단강도를 높인다.
④ 굴착저면에 토사 등으로 하중을 가한다(전면의 굴착부분을 남겨두어 흙의 중량으로 대항하게 하거나, 굴착 예정부분 의 일부를 미리 굴착하여 기초콘크리트를 타설한다. 부풀어 솟아오르는 바닥면의 토사를 제거하지 않는다).
※ 히빙(Heaving)현상 : 연약한 점토지반의 토공사에서 흙막이 밖에 있는 흙이 안으로 밀려 들어와 내측 흙이 부풀어 오르는 현상(흙막이 벽체 내외의 토사의 중량차에 의해 발생)

103 건설공사의 유해위험방지계획서 제출 기준일로 옳은 것은?

① 당해공사 착공 1개월 전까지
② 당해공사 착공 15일 전까지
③ 당해공사 착공 전날까지
④ 당해공사 착공 15일 후까지

해설 유해위험방지계획서 제출 기준일 〈산업안전보건법 시행규칙〉
- 건설공사 : 해당공사의 착공 전날까지 공단에 2부 제출

104 굴착과 싣기를 동시에 할 수 있는 토공기계가 아닌 것은?

① 트랙터 셔블(tractor shovel)
② 백호(back hoe)
③ 파워 셔블(power shovel)
④ 모터 그레이더(motor grader)

해설 굴착과 싣기를 동시에 할 수 있는 토공기계 : 셔블, 백호
* 모터그레이더 : 엔진이나 유압에 의해 주행할 수 있는 그레이더로 고무타이어의 전륜과 후륜 사이에 토공판(블레이드, blade)을 부착하여 주로 노면을 평활하게 깎아 내는 작업을 수행(정지작업용 장비)

105 옥외에 설치되어 있는 주행크레인에 대하여 이탈방지장치를 작동시키는 등 그 이탈을 방지하기 위한 조치를 하여야 하는 순간풍속에 대한 기준으로 옳은 것은?

① 순간풍속이 초당 10m를 초과하는 바람이 불어올 우려가 있는 경우
② 순간풍속이 초당 20m를 초과하는 바람이 불어올 우려가 있는 경우
③ 순간풍속이 초당 30m를 초과하는 바람이 불어올 우려가 있는 경우
④ 순간풍속이 초당 40m를 초과하는 바람이 불어올 우려가 있는 경우

해설 폭풍에 의한 이탈 방지 〈산업안전보건기준에 관한 규칙〉
제140조(폭풍에 의한 이탈 방지)
순간풍속이 초당 30미터를 초과하는 바람이 불어올 우려가 있는 경우 옥외에 설치되어 있는 주행 크레인에 대하여 이탈 방지 장치를 작동시키는 등 이탈방지를 위한 조치를 하여야 한다.

106 재해사고를 방지하기 위하여 크레인에 설치된 방호장치로 옳지 않은 것은?

① 공기정화장치   ② 비상정지장치
③ 제동장치   ④ 권과방지장치

해설 안전장치 〈산업안전보건기준에 관한 규칙〉
제134조(방호장치의 조정)
① 양중기에 과부하방지장치, 권과방지장치(捲過防止裝置), 비상정지장치 및 제동장치, 그 밖의 방호장치[(승강기의 파이널 리미트 스위치(final limit switch), 속도조절기, 출입문 인터록(interlock) 등]가 정상적으로 작동될 수 있도록 미리 조정해 두어야 한다.

107 사면지반 개량공법에 속하지 않는 것은?

① 전기 화학적 공법
② 석회 안정처리 공법
③ 이온 교환 공법
④ 옹벽 공법

정답 103. ③ 104. ④ 105. ③ 106. ① 107. ④

해설 비탈면 보호공법
(1) 사면 보호 공법
  (가) 사면을 보호하기 위한 구조물에 의한 보호 공법
    ① 현장타설 콘크리트 격자공
    ② 블록공
    ③ (돌, 블록) 쌓기공
    ④ (돌, 블록, 콘크리트) 붙임공
    ⑤ 뿜어 붙이기공
  (나) 사면을 식물로 피복함으로써 침식, 세굴 등을 방지 : 식생공
(2) 사면 보강공법
   말뚝공, 앵커공, 옹벽공, 절토공, 압성토공, 소일네일링(Soil Nailing)공
(3) 사면지반 개량공법
    ① 주입공법
    ② 이온 교환 공법
    ③ 전기화학적 공법
    ④ 시멘트안정 처리공법
    ⑤ 석회안정처리 공법
    ⑥ 소결공법

108 법면 붕괴에 의한 재해 예방조치로서 옳은 것은?
① 지표수와 지하수의 침투를 방지한다.
② 법면의 경사를 증가한다.
③ 절토 및 성토 높이를 증가한다.
④ 토질의 상태에 관계없이 구배조건을 일정하게 한다.

해설 토석 및 토사붕괴의 원인 〈굴착공사표준안전작업지침〉
(가) 외적 원인
    ① 사면, 법면의 경사 및 기울기의 증가
    ② 절토 및 성토 높이의 증가
    ③ 공사에 의한 진동 및 반복 하중의 증가
    ④ 지표수 및 지하수의 침투에 의한 토사 중량의 증가
    ⑤ 지진, 차량, 구조물의 하중 작용
    ⑥ 토사 및 암석의 혼합층 두께
(나) 내적 원인
    ① 절토 사면의 토질·암질
    ② 성토 사면의 토질 구성 및 분포
    ③ 토석의 강도 저하

109 흙막이 지보공을 설치하였을 때에 정기적으로 점검하고 이상을 발견하면 즉시 보수하여야 하는 사항과 거리가 먼 것은?
① 부재의 손상·변형·부식·변위 및 탈락의 유무와 상태
② 부재의 접속부·부착부 및 교차부의 상태
③ 침하의 정도
④ 설계상 부재의 경제성 검토

해설 흙막이 지보공 붕괴 등의 위험 방지 〈산업안전보건기준에 관한 규칙〉
제347조(붕괴 등의 위험 방지)
① 흙막이 지보공을 설치하였을 때에는 정기적 점검사항
   1. 부재의 손상·변형·부식·변위 및 탈락의 유무와 상태
   2. 버팀대의 긴압(緊壓)의 정도
   3. 부재의 접속부·부착부 및 교차부의 상태
   4. 침하의 정도

110 토공사에서 성토용 토사의 일반조건으로 옳지 않은 것은?
① 다져진 흙의 전단강도가 크고 압축성이 작을 것
② 함수율이 높은 토사일 것
③ 시공장비의 주행성이 확보될 수 있을 것
④ 필요한 다짐정도를 쉽게 얻을 수 있을 것

해설 토공사에서 성토용 토사의 일반조건(성토 재료의 구비 조건)
① 다져진 흙의 전단강도가 크고 압축성이 작을 것(전단강도 및 지지력이 크고 비압축성의 양질의 것)
② 입도가 양호 할 것(성토 재료의 입자의 고른 정도)
   (* 입자가 고르지 못하면 간극비가 커서 단위수량이 증가되어 강도의 저하 등 내구성에 영향을 줌)
③ 시공장비의 주행성이 확보될 수 있을 것(장비주행성, Trafficablity)
④ 필요한 다짐정도를 쉽게 얻을 수 있을 것(다짐이용이)

정답 108. ① 109. ④ 110. ②

111 근로자의 추락 등의 위험을 방지하기 위한 안전난간의 설치요건에서 상부난간대를 120cm 이상 지점에 설치하는 경우 중간난간대를 최소 몇 단 이상 균등하게 설치하여야 하는가?

① 2단　② 3단
③ 4단　④ 5단

해설 안전난간 〈산업안전보건기준에 관한 규칙〉
제13조(안전난간의 구조 및 설치요건)
2. 상부난간대는 바닥면·발판 또는 경사로의 표면(바닥면 등)으로부터 90센티미터 이상 지점에 설치하고, 상부난간대를 120센티미터 이하에 설치하는 경우에는 중간난간대는 상부난간대와 바닥면 등의 중간에 설치하여야 하며, 120센티미터 이상 지점에 설치하는 경우에는 중간 난간대를 2단 이상으로 균등하게 설치하고 난간의 상하 간격은 60센티미터 이하가 되도록 할 것.

112 작업발판 및 통로의 끝이나 개구부로서 근로자가 추락할 위험이 있는 장소에서 난간등의 설치가 매우 곤란하거나 작업의 필요상 임시로 난간등을 해체하여야 하는 경우에 설치하여야 하는 것은?

① 구명구
② 수직보호망
③ 석면포
④ 추락방호망

해설 개구부 등의 방호 조치 〈산업안전보건기준에 관한 규칙〉
제43조(개구부 등의 방호 조치)
① 사업주는 작업발판 및 통로의 끝이나 개구부로서 근로자가 추락할 위험이 있는 장소에는 안전난간, 울타리, 수직형 추락방망 또는 덮개 등의 방호 조치를 충분한 강도를 가진 구조로 튼튼하게 설치하여야 하며,
② 난간등을 설치하는 것이 매우 곤란하거나 작업의 필요상 임시로 난간등을 해체하여야 하는 경우 기준에 맞는 추락방 호망을 설치하여야 한다.

113 강관틀 비계를 조립하여 사용하는 경우 준수하여야 할 사항으로 옳지 않은 것은?

① 비계기둥의 밑둥에는 밑받침 철물을 사용할 것
② 높이가 20m를 초과하거나 중량물의 적재를 수반하는 작업을 할 경우에는 주틀 간의 간격을 1.8m 이하로 할 것
③ 주틀 간에 교차 가새를 설치하고 최하층 및 3층 이내마다 수평재를 설치할 것
④ 길이가 띠장 방향으로 4m 이하이고 높이가 10m를 초과하는 경우에는 10m 이내마다 띠장 방향으로 버팀기둥을 설치할 것

해설 강관틀비계 〈산업안전보건기준에 관한 규칙〉
제62조(강관틀비계) 강관틀 비계를 조립하여 사용하는 경우의 준수사항
3. 주틀 간에 교차 가새를 설치하고 최상층 및 5층 이내마다 수평재를 설치할 것

114 건설공사도급인은 건설공사 중에 가설구조물의 붕괴 등 산업재해가 발생할 위험이 있다고 판단되면 건축·토목 분야의 전문가의 의견을 들어 건설공사 발주자에게 해당 건설공사의 설계변경을 요청할 수 있는데, 이러한 가설구조물의 기준으로 옳지 않은 것은?

① 높이 20m 이상인 비계
② 작업발판 일체형 거푸집 또는 높이 6m 이상인 거푸집 동바리
③ 터널의 지보공 또는 높이 2m 이상인 흙막이 지보공
④ 동력을 이용하여 움직이는 가설구조물

해설 가설구조물의 구조적 안전성 확인 〈건설기술진흥법 시행령〉
제101조의2(가설구조물의 구조적 안전성 확인)
① 건설사업자 또는 주택건설등록업자가 관계전문가로부터 구조적 안전성을 확인받아야 하는 가설구조물
1. 높이가 31미터 이상인 비계

정답 111. ① 112. ④ 113. ③ 114. ①

115 비계의 높이가 2m 이상인 작업장소에 작업발판을 설치할 때 그 폭은 최소 얼마 이상이어야 하는가?

① 30cm　② 40cm
③ 50cm　④ 60cm

해설 비계 작업발판의 구조 〈산업안전보건기준에 관한 규칙〉
제56조(작업발판의 구조)
비계의 높이가 2미터 이상인 작업장소에의 작업발판 설치기준
2. 작업발판의 폭은 40센티미터 이상으로 하고, 발판재료 간의 틈은 3센티미터 이하로 할 것

116 사다리식 통로 등을 설치하는 경우 통로 구조로서 옳지 않은 것은?

① 발판의 간격은 일정하게 한다.
② 발판과 벽과의 사이는 15cm 이상의 간격을 유지한다.
③ 사다리의 상단은 걸쳐놓은 지점으로부터 60cm 이상 올라가도록 한다.
④ 폭은 40cm 이상으로 한다.

해설 사다리식 통로 등의 구조 〈산업안전보건법 시행규칙〉
제24조(사다리식 통로 등의 구조)
① 사다리식 통로 등을 설치하는 경우의 준수사항
5. 폭은 30센티미터 이상으로 할 것

117 작업장 출입구 설치 시 준수해야 할 사항으로 옳지 않은 것은?

① 출입구의 위치·수 및 크기가 작업장의 용도와 특성에 맞도록 한다.
② 출입구에 문을 설치하는 경우에는 근로자가 쉽게 열고 닫을 수 있도록 한다.
③ 주된 목적이 하역운반기계용인 출입구에는 보행자용 출입구를 따로 설치하지 않는다.
④ 계단이 출입구와 바로 연결된 경우에는 작업자의 안전한 통행을 위하여 그 사이에 1.2m 이상 거리를 두거나 안내 표지 또는 비상벨 등을 설치한다.

해설 작업장의 출입구 〈산업안전보건기준에 관한 규칙〉
제11조(작업장의 출입구)
작업장에 출입구를 설치하는 경우의 준수사항
3. 주된 목적이 하역운반기계용인 출입구에는 인접하여 보행자용 출입구를 따로 설치할 것

118 건설작업장에서 근로자가 상시 작업하는 장소의 작업면 조도기준으로 옳지 않은 것은? (단, 갱내 작업장과 감광재료를 취급하는 작업장의 경우는 제외)

① 초정밀작업 : 600럭스(lux) 이상
② 정밀작업 : 300럭스(lux) 이상
③ 보통작업 : 150럭스(lux) 이상
④ 초정밀, 정밀, 보통작업을 제외한 기타 작업 : 75럭스(lux) 이상

해설 근로자가 상시 작업하는 장소의 작업면 조도 〈산업안전보건기준에 관한 규칙〉

초정밀작업	정밀작업	보통작업	그 밖의 작업
750럭스(lux) 이상	300럭스(lux) 이상	150럭스(lux) 이상	75럭스(lux) 이상

119 철골건립준비를 할 때 준수하여야 할 사항으로 옳지 않은 것은?

① 지상 작업장에서 건립준비 및 기계기구를 배치할 경우에는 낙하물의 위험이 없는 평탄한 장소를 선정하여 정비하여야 한다.
② 건립작업에 다소 지장이 있다 하더라도 수목은 제거하거나 이설하여서는 안 된다.
③ 사용 전에 기계기구에 대한 정비 및 보수를 철저히 실시하여야 한다.
④ 기계에 부착된 앵카 등 고정장치와 기초구조 등을 확인하여야 한다.

정답 115. ②　116. ④　117. ③　118. ①　119. ②

[해설] 철골건립 준비시 준수하여야 할 사항 〈철골공사표준안전작업지침〉
제7조(건립준비)
철골건립준비를 할 때의 준수사항
2. 건립작업에 지장이 되는 수목은 제거하거나 이설하여야 한다.

120 산업안전보건법령에 따른 중량물 취급작업 시 작업계획서에 포함시켜야 할 사항이 아닌 것은?

① 협착위험을 예방할 수 있는 안전대책
② 감전위험을 예방할 수 있는 안전대책
③ 추락위험을 예방할 수 있는 안전대책
④ 전도위험을 예방할 수 있는 안전대책

[해설] **중량물의 취급 작업 시 작업계획서 내용** 〈산업안전보건법시행규칙 별표 4〉
가. 추락위험을 예방할 수 있는 안전대책
나. 낙하위험을 예방할 수 있는 안전대책
다. 전도위험을 예방할 수 있는 안전대책
라. 협착위험을 예방할 수 있는 안전대책
마. 붕괴위험을 예방할 수 있는 안전대책

정답 120. ②

제 4 회 CBT 최종모의고사

[제1과목] 산업안전관리론

01 하인리히의 도미노 이론에서 재해의 직접원인에 해당하는 것은?
① 사회적 환경
② 유전적 요소
③ 개인적인 결함
④ 불안전한 행동 및 불안전한 상태

해설 재해발생 모형(mechanism)

구분	하인리히
제1단계	사회적 환경, 유전적 요소(선천적 결함)
제2단계	개인적인 결함
제3단계	불안전행동 및 불안전상태(직접원인)
제4단계	사고
제5단계	상해

02 하인리히의 1 : 29 : 300 법칙에서 "29"가 의미하는 것은?
① 재해 ② 중상해
③ 경상해 ④ 무상해사고

해설 하인리히의 1 : 29 : 300 재해법칙
- 사고 330건이 발생했을 때 무상해사고 300건, 경상해 29건, 중상해 1건의 재해가 발생한다는 이론

03 산업안전보건법령상 건설업의 경우 안전보건관리규정을 작성하여야 하는 상시근로자 수 기준으로 옳은 것은?
① 50명 이상 ② 200명 이상
③ 100명 이상 ④ 300명 이상

해설 안전보건관리규정 작성 대상
상시 근로자 100명 이상(농업, 어업, 정보서비스업 등 10개 업종은 상시 근로자 300명 이상)

04 산업안전보건법령상 안전관리자의 업무에 명시되지 않은 것은?
① 사업장 순회점검, 지도 및 조치 건의
② 물질안전보건자료의 게시 또는 비치에 관한 보좌 및 지도·조언
③ 산업재해에 관한 통계의 유지·관리·분석을 위한 보좌 및 지도·조언
④ 해당 사업장 안전교육계획의 수립 및 안전교육 실시에 관한 보좌 및 지도·조언

해설 산업안전보건법령의 안전관리자 업무
안전에 관한 기술적인 사항에 관하여 사업주 또는 안전보건관리 책임자를 보좌하고 관리감독자에게 지도·조언하는 업무
① 산업안전보건위원회 또는 안전·보건에 관한 노사협의체에서 심의·의결한 업무와 해당 사업장의 안전보건관리규정 및 취업규칙에서 정한 업무
② 위험성평가에 관한 보좌 및 지도·조언
③ 안전인증대상기계등과 자율안전확인대상기계등 구입 시 적격품의 선정에 관한 보좌 및 지도·조언
④ 해당 사업장 안전교육계획의 수립 및 안전교육 실시에 관한 보좌 및 지도·조언
⑤ 사업장 순회점검·지도 및 조치의 건의
⑥ 산업재해 발생의 원인 조사·분석 및 재발 방지를 위한 기술적 보좌 및 지도·조언
⑦ 산업재해에 관한 통계의 유지·관리·분석을 위한 보좌 및 지도·조언
⑧ 법 또는 법에 따른 명령으로 정한 안전에 관한 사항의 이행에 관한 보좌 및 지도·조언
⑨ 업무수행 내용의 기록·유지
⑩ 그 밖에 안전에 관한 사항으로서 고용노동부장관이 정하는 사항

정답 01. ④ 02. ③ 03. ③ 04. ②

05 시설물의 안전 및 유지관리에 관한 특별법상 제1종 시설물에 명시되지 않은 것은?

① 고속철도 교량
② 25층인 건축물
③ 연장 300m인 철도 교량
④ 연면적이 70000m²인 건축물

해설 **제1종 시설물** 〈시설물의 안전 및 유지관리에 관한 특별법〉
제7조(시설물의 종류)
1. 제1종 시설물
가. 고속철도 교량, 연장 500미터 이상의 도로 및 철도 교량
마. 21층 이상 또는 연면적 5만제곱미터 이상의 건축물

06 산업안전보건법령상 산업안전보건위원회의 심의·의결사항으로 틀린 것은? (단, 그 밖에 해당 사업장 근로자의 안전 및 보건을 유지·증진시키기 위하여 필요한 사항은 제외한다.)

① 사업장 경영체계 구성 및 운영에 관한 사항
② 작업환경측정 등 작업환경의 점검 및 개선에 관한 사항
③ 안전보건관리규정의 작성 및 변경에 관한 사항
④ 유해하거나 위험한 기계·기구·설비를 도입한 경우 안전 및 보건 관련 조치에 관한 사항

해설 **산업안전보건위원회의 심의 또는 의결 사항**
① 사업장의 산업재해 예방계획의 수립에 관한 사항
② 안전보건관리규정의 작성 및 변경에 관한 사항
③ 안전보건 교육에 관한 사항
④ 작업환경측정 등 작업환경의 점검 및 개선에 관한 사항
⑤ 근로자의 건강진단 등 건강관리에 관한 사항
⑥ 산업재해의 원인 조사 및 재발 방지대책 수립에 관한 사항 중 중대재해에 관한 사항
⑦ 산업재해에 관한 통계의 기록 및 유지에 관한 사항
⑧ 유해하거나 위험한 기계·기구·설비를 도입한 경우 안전 및 보건 관련 조치에 관한 사항
⑨ 그 밖에 해당 사업장 근로자의 안전 및 보건을 유지·증진시키기 위하여 필요한 사항은 제외

07 산업안전보건법령상 안전보건개선계획의 제출에 관한 사항 중 ( )에 알맞은 내용은?

> 안전보건개선계획서를 제출해야 하는 사업주는 안전보건개선계획서 수립·시행 명령을 받은 날부터 ( )일 이내에 관할 지방고용노동관서의 장에게 해당 계획서를 제출해야 한다.

① 15
② 30
③ 60
④ 90

해설 **제출** : 안전보건개선계획서 수립·시행 명령을 받은 날부터 60일 이내에 관할 지방고용노동관서의 장에게 해당 계획서를 제출(전자 문서로 제출하는 것을 포함한다)해야 한다.
* 안전보건개선계획의 수립, 시행 명령 : 고용노동부장관은 산업재해 예방을 위하여 종합적인 개선조치를 할 필요가 있다고 인정할 때에는 사업주에게 그 사업장, 시설, 그 밖의 사항에 관한 안전보건개선계획의 수립·시행을 명할 수 있음

08 산업안전보건법령상 명예산업안전감독관의 업무에 속하지 않는 것은? (단, 산업안전보건위원회 구성 대상 사업의 근로자 중에서 근로자대표가 사업주의 의견을 들어 추천하여 위촉된 명예산업안전감독관의 경우)

① 사업장에서 하는 자체점검 참여
② 보호구의 구입 시 적격품의 선정
③ 근로자에 대한 안전수칙 준수 지도
④ 사업장 산업재해 예방계획 수립 참여

해설 **명예산업안전감독관의 업무** 〈산업안전보건법 시행령〉
제32조(명예산업안전감독관 위촉 등)
② 명예산업안전감독관의 업무(산업안전보건위원회 구성 대상 사업의 근로자 중에서 근로자대표가

정답 05.③ 06.① 07.③ 08.②

사업주의 의견을 들어 추천하여 위촉된 명예산업 안전감독관의 경우는 해당 사업장에서의 업무(제8호는 제외)로 한정)
1. 사업장에서 하는 자체점검 참여 및 「근로기준법」에 따른 근로감독관이 하는 사업장 감독 참여
2. 사업장 산업재해 예방계획 수립 참여 및 사업장에서 하는 기계·기구 자체검사 참석
3. 법령을 위반한 사실이 있는 경우 사업주에 대한 개선 요청 및 감독기관에의 신고
4. 산업재해 발생의 급박한 위험이 있는 경우 사업주에 대한 작업중지 요청
5. 작업환경측정, 근로자 건강진단 시의 참석 및 그 결과에 대한 설명회 참여
6. 직업성 질환의 증상이 있거나 질병에 걸린 근로자가 여러 명 발생한 경우 사업주에 대한 임시건강진단 실시 요청
7. 근로자에 대한 안전수칙 준수 지도
8. 법령 및 산업재해 예방정책 개선 건의
9. 안전·보건 의식을 북돋우기 위한 활동 등에 대한 참여와 지원
10. 그 밖에 산업재해 예방에 대한 홍보 등 산업재해 예방업무와 관련하여 고용노동부장관이 정하는 업무

09 연평균근로자수가 400명인 사업장에서 연간 2건의 재해로 인하여 4명의 사상자가 발생하였다. 근로자가 1일 8시간씩 연간 300일을 근무하였을 때 이 사업장의 연천인율은?

① 1.85   ② 4.4
③ 5   ④ 10

[해설] **연천인률** : 연천인율은 근로자 1,000명을 1년간 기준으로 한 재해자수의 비율

$$연천인률 = \frac{연간 재해자수}{연평균 근로자수} \times 1,000$$

$$\Rightarrow 연천인률 = \frac{4명}{400명} \times 1,000 = 10$$

10 산업재해보상보험법령상 명시된 보험급여의 종류가 아닌 것은?

① 장례비   ② 요양급여
③ 휴업급여   ④ 생산손실급여

[해설] **산재보험급여(산업재해보상보험법령)**
① 요양급여 – 병원비용
② 휴업급여 – 평균임금의 70%
③ 장해급여 – 1~14급
④ 유족급여 – 사망 시
⑤ 장례비
⑥ 간병급여
⑦ 상병보상연금
⑧ 직업재활급여

11 사고예방대책의 기본원리 5단계 중 3단계의 분석평가에 관한 내용으로 옳은 것은?

① 현장 조사
② 교육 및 훈련의 개선
③ 기술의 개선 및 인사조정
④ 사고 및 안전활동 기록 검토

[해설] **사고예방 대책의 5단계(하인리히의 이론)**
① 제1단계 안전관리조직(organization) : 안전조직을 통한 안전업무 수행
② 제2단계 사실의 발견(fact finding) : 현상파악
③ 제3단계 분석평가(analysis) : 재해분석, 안전성 진단 및 평가, 사고보고서 및 현장조사, 사고기록 및 인적·물적 조건의 분석, 작업공정의 분석 등을 통한 사고의 원인 규명
④ 제4단계 대책의 선정(수립)(selection of remedy)
⑤ 제5단계 대책의 적용(application of remedy)

12 산업재해 발생 시 조치 순서에 있어 긴급처리의 내용으로 볼 수 없는 것은?

① 현장 보존
② 잠재위험요인 적출
③ 관련 기계의 정지
④ 재해자의 응급조치

[해설] **산업재해가 발생시 조치사항(긴급처리)**
① 피재기계의 정지
② 피재자의 응급조치
③ 관계자에게 통보
④ 2차 재해 방지
⑤ 현장보존

정답 09. ④ 10. ④ 11. ① 12. ②

* 산업재해가 발생 시 조치순서
  ① 산업재해발생 ② 긴급처리
  ③ 재해조사   ④ 원인강구
  ⑤ 대책수립   ⑥ 대책 실시 계획
  ⑦ 실시   ⑧ 평가

13 재해사례연구의 진행단계로 옳은 것은?

> ㄱ. 대책 수립
> ㄴ. 사실의 확인
> ㄷ. 문제점의 발견
> ㄹ. 재해상황의 파악
> ㅁ. 근본 문제점의 결정

① ㄷ → ㄹ → ㄴ → ㅁ → ㄱ
② ㄷ → ㄹ → ㅁ → ㄴ → ㄱ
③ ㄹ → ㄴ → ㄷ → ㅁ → ㄱ
④ ㄹ → ㄷ → ㅁ → ㄴ → ㄱ

[해설] 재해 사례 연구의 순서
(가) 전제조건 재해상황의 파악(5단계일 때) : 사례연구의 전제조건인 재해상황 파악
(나) 제1단계 사실의 확인 : 작업의 개시에서 재해의 발생까지의 경과 가운데 재해와 관계있는 사실 및 재해요인으로 알려진 사실을 객관적으로 확인
(다) 제2단계 문제점의 발견 : 파악된 사실로부터 각종 기준에서의 차이에 따른 문제점을 발견(직접원인)
(라) 제3단계 근본 문제점의 결정 : 문제점 가운데 재해의 중심이 된 근본적인 문제점을 결정하고 재해원인을 판단(기본원인)
(마) 제4단계 대책 수립 : 재해 사례를 해결하기 위한 대책을 세움

14 기계·기구 또는 설비를 신설하거나 변경 또는 고장 수리 시 실시하는 안전점검의 종류는?

① 정기점검   ② 수시점검
③ 특별점검   ④ 임시점검

[해설] **특별점검** : 비정기적인 특정 점검으로 안전강조 기간, 방화점검 기간에 실시하는 점검. 신설, 변경 내지는 고장, 수리 등을 할 경우의 부정기 점검

– 태풍, 폭우 등에 의한 침수, 지진 등의 천재지변이 발생한 경우나 이상사태 발생 시 관리자나 감독자가 기계·기구, 설비 등의 기능상 이상 유무에 대하여 점검하는 것(천재지변 발생 직후 기계설비의 수리 등을 할 경우 또는 중대재해 발생 직후 등에 행하는 안전점검)

15 산업안전보건법령상 안전인증대상 기계 또는 설비에 속하지 않는 것은?

① 리프트   ② 압력용기
③ 곤돌라   ④ 파쇄기

[해설] 안전인증대상 기계등
① 프레스
② 전단기(剪斷機) 및 절곡기(折曲機)
③ 크레인
④ 리프트
⑤ 압력용기
⑥ 롤러기
⑦ 사출성형기(射出成形機)
⑧ 고소(高所) 작업대
⑨ 곤돌라

16 산업안전보건기준에 관한 규칙상 공기압축기를 가동할 때의 작업시작 전 점검사항에 해당하지 않는 것은?

① 윤활유의 상태
② 언로드밸브의 기능
③ 압력방출장치의 기능
④ 비상정지장치 기능의 이상 유무

[해설] **공기압축기 작업시작 전 점검사항** 〈산업안전보건기준에 관한 규칙 별표3〉
① 공기저장 압력용기의 외관 상태
② 드레인밸브(drain vaive)의 조작 및 배수
③ 압력방출장치의 기능
④ 언로드밸브(unloading vaive)의 기능
⑤ 윤활유의 상태
⑥ 회전부의 덮개 또는 울
⑦ 그 밖의 연결부위의 이상 유무

정답 13. ③ 14. ③ 15. ④ 16. ④

17 위험예지훈련의 문제해결 4단계(4R)에 속하지 않는 것은?

① 현상파악　② 본질추구
③ 대책수립　④ 후속조치

해설 위험예지훈련 제4단계(4라운드) - 문제해결 4단계
① 제1단계(1R) 현상파악 : 위험요인 항목 도출
② 제2단계(2R) 본질추구 : 위험의 포인트 결정 및 지적확인(문제점을 발견하고 중요 문제를 결정)
③ 제3단계(3R) 대책수립 : 결정된 위험 포인트에 대한 대책 수립
④ 제4단계(4R) 목표설정 : 팀의 행동 목표 설정 및 지적확인(가장 우수한 대책에 합의하고, 행동계획을 결정)

18 브레인스토밍(Brain Storming) 4원칙에 속하지 않는 것은?

① 비판수용　② 대량발언
③ 자유분방　④ 수정발언

해설 브레인 스토밍 4원칙
① 비판금지 : 타인의 의견에 대하여 장·단점을 비판하지 않음
② 자유분방 : 지정된 표현방식을 벗어나 자유롭게 의견을 제시
③ 대량발언 : 사소한 아이디어라도 가능한 한 많이 제시하도록 함
④ 수정발언 : 타인의 의견에 대하여는 수정하여 발표할 수 있음

19 산업안전보건법령상 안전보건표지의 색채와 색도기준의 연결이 옳은 것은? (단, 색도기준은 한국산업표준(KS)에 따른 색의 3속성에 의한 표시방법에 따른다.)

① 흰색 : N0.5
② 녹색 : 5G 5.5/6
③ 빨간색 : 5R 4/12
④ 파란색 : 2.5PB 4/10

해설 안전·보건표지의 색채, 색도기준 및 용도 〈산업안전보건법 시행규칙 별표10〉

색채	색도기준	용도
빨간색	7.5R 4/14	금지
		경고
노란색	5Y 8.5/12	경고
파란색	2.5PB 4/10	지시
녹색	2.5G 4/10	안내
흰색	N9.5	
검은색	N0.5	

20 보호구 안전인증 고시상 성능이 다음과 같은 방음용 귀마개(기호)로 옳은 것은?

> 저음부터 고음까지를 차음하는 것

① EP-1　② EP-2
③ EP-3　④ EP-4

해설 종류 및 등급

종류	등급	기호	성능
귀마개	1종	EP-1	저음부터 고음까지를 차음하는 것
	2종	EP-2	주로 고음을 차음하고, 저음(회화음 영역)은 차음하지 않음
귀덮개		EM	

제2과목　산업심리 및 교육

21 착각현상 중에서 실제로는 움직이지 않는데 움직이는 것처럼 느껴지는 심리적인 현상은?

① 진상　② 원근 착시
③ 가현운동　④ 기하학적 착시

해설 가현운동(β 운동)
객관적으로 정지하고 있는 대상물이 급속히 나타나거나 소멸하는 것으로 인하여 일어나는 운동으로 마치 대상물이 운동하는 것처럼 인식되는 현상 (영화 영상의 방법)
- 객관적으로는 움직이지 않는데도 움직이는 것처럼 느껴지는 심리적인 현상

22 호손(Hawthome) 실험의 결과 생산성 향상에 영향을 준 가장 큰 요인은?

① 생산 기술   ② 임금 및 근로시간
③ 인간 관계   ④ 조명 등 작업환경

해설 호손(Hawthorne) 연구
물리적 작업환경 이외의 심리적 요인(인간관계)이 생산성에 영향을 미친다는 것을 알아냈다.
① 조명강도를 높이니 생산성이 향상되었으나 이후 조명강도를 낮추어도 생산성은 계속 증가되는 것을 확인함
② 작업자의 작업능률(생산성 향상)은 물리적인 작업조건보다 심리적 요인(인간관계)에 의해 영향을 미치게 된다는 것

23 안전심리의 5대 요소에 관한 설명으로 틀린 것은?

① 기질이란 감정적인 경향이나 반응에 관계되는 성격의 한 측면이다.
② 감정은 생활체가 어떤 행동을 할 때 생기는 객관적인 동요를 뜻한다.
③ 동기는 능동적인 감각에 의한 자극에서 일어난 사고의 결과로서 사람의 마음을 움직이는 원동력이 되는 것이다.
④ 습성은 한 종에 속하는 개체의 대부분에서 볼 수 있는 일정한 생활양식으로 본능, 학습, 조건반사 등에 따라 형성된다.

해설 안전심리의 5대 요소
① 동기(motive) : 능동적인 감각에 의한 자극에서 일어난 사고의 결과로서 사람의 마음을 움직이는 원동력이 되는 것이다.
② 기질(temper) : 감정적인 경향이나 반응에 관계되는 성격의 한 측면이다.
③ 감정(feeling) : 생활체가 어떤 행동을 할 때 생기는 주관적인 동요를 뜻한다.
④ 습성(habit) : 한 종에 속하는 개체의 대부분에서 볼 수 있는 일정한 생활양식으로 본능, 학습, 조건반사 등에 따라 형성된다.
⑤ 습관(custom) : 성장과정을 통해 형성된 특성 등

24 직무수행평가에 대한 효과적인 피드백의 원칙에 대한 설명으로 틀린 것은?

① 직무수행 성과에 대한 피드백의 효과가 항상 긍정적이지는 않다.
② 피드백은 개인의 수행 성과뿐만 아니라 집단의 수행 성과에도 영향을 준다.
③ 부정적 피드백을 먼저 제시하고 그 다음에 긍정적 피드백을 제시하는 것이 효과적이다.
④ 직무수행 성과가 낮을 때, 그 원인을 능력 부족의 탓으로 돌리는 것보다 노력 부족 탓으로 돌리는 것이 더 효과적이다.

해설 직무수행평가에 대한 효과적인 피드백의 원칙
③ 긍정적 피드백을 먼저 제시하고 그 다음에 부정적 피드백을 제시하는 것이 효과적이다.

25 인간 착오의 메커니즘으로 틀린 것은?

① 위치의 착오
② 패턴의 착오
③ 느낌의 착오
④ 형(形)의 착오

해설 착오의 메커니즘(mechanism)
① 위치의 착오
② 패턴의 착오
③ 형(形)의 착오
④ 순서의 착오
⑤ 기억의 틀림
* 착오 : 위치, 순서, 패턴, 형상, 기억 오류 등 외부적 요인에 의해 나타나는 것

정답 22. ③ 23. ② 24. ③ 25. ③

26 어느 철강회사의 고로작업라인에 근무하는 A씨의 작업강도가 힘든 중작업으로 평가되었다면 해당되는 에너지대사율(RMR)의 범위로 가장 적절한 것은?

① 0~1   ② 2~4
③ 4~7   ④ 7~10

해설 에너지 대사율(RMR, Relative Metabolic Rate)
1) 에너지 대사율 : 작업강도의 단위로서 산소호흡량을 측정하여 에너지 소모량을 결정하는 방식
2) 작업강도 구분
① 경(輕)작업 : 0~2RMR
② 보통(中)작업 : 2~4RMR
③ 중(重)작업 : 4~7RMR
④ 초중(超重)작업 : 7RMR 이상

27 매슬로우(Maslow)의 욕구 5단계를 낮은 단계에서 높은 단계의 순서대로 나열한 것은?

① 생리적 욕구 → 안전 욕구 → 사회적 욕구 → 자아실현의 욕구 → 인정의 욕구
② 생리적 욕구 → 안전 욕구 → 사회적 욕구 → 인정의 욕구 → 자아실현의 욕구
③ 안전 욕구 → 생리적 욕구 → 사회적 욕구 → 자아실현의 욕구 → 인정의 욕구
④ 안전 욕구 → 생리적 욕구 → 사회적 욕구 → 인정의 욕구 → 자아실현의 욕구

해설 매슬로우(Abraham Maslow)의 욕구 5단계 이론
(1) 1단계 생리적 욕구(Physiological Needs)
인간의 가장 기본적인 욕구(의식주 및 성적 욕구 등)
(2) 2단계 안전의 욕구(Safety Needs)
자기 보전적 욕구(안전과 보호, 경제적 안정, 질서 등)
(3) 3단계 사회적 욕구(Belonging and Love Needs)
소속감, 애정욕구 등
(4) 4단계 존경의 욕구(Esteem Needs)
다른 사람들로부터도 인정받고자하는 욕구
(5) 5단계 자아실현의 욕구(Self-actualization Needs)
잠재적 능력을 실현하고자 하는 욕구

28 집단과 인간관계에서 집단의 효과에 해당하지 않는 것은?

① 동조효과   ② 견물효과
③ 암시효과   ④ 시너지효과

해설 집단과 인간관계에서 집단의 효과
① 동조효과   ② 견물(見物)효과   ③ 시너지효과
* 시너지 효과 : 집단이 가지는 효과로 두 개 이상의 서로 다른 개체가 힘을 합쳐 둘이 지닌 힘 이상의 효과를 내는 현상
* 동조 효과 : 집단의 압력에 의해 다수의 의견을 따르게 되는 현상

29 허시(Hersey)와 브랜차드(Blanchard)의 상황적 리더십 이론에서 리더십의 4가지 유형에 해당하지 않는 것은?

① 통제적 리더십   ② 지시적 리더십
③ 참여적 리더십   ④ 위임적 리더십

해설 허시와 브랜차드의 상황적 리더십
1) 참여적 리더십(Participating leadership) : 부하와의 원만한 관계 유지, 부하의 의견을 의사결정에 반영
2) 지시적 리더십(Telling leadership) : 일방적 의사소통, 리더 중심의 의사결정(주도적 리더)
3) 설득적 리더십(Selling leadership) : 쌍방적 의사소통, 공동의사결정(후원적 리더)
4) 위임적 리더십(Delegating leadership) : 부하들 자신의 자율적 행동, 자기 통제에 의존하는 리더(위양적(유도적)리더)

30 다음은 리더가 가지고 있는 어떤 권력의 예시에 해당하는가?

> 종업원의 바람직하지 않은 행동들에 대해 해고, 임금삭감, 견책등을 사용하여 처벌한다.

① 보상권력   ② 강압권력
③ 합법권력   ④ 전문권력

해설 리더가 가지고 있는 세력(권한)의 유형
① 강압적 세력(coercive power) : 부하들이 바람직하지 않은 행동을 했을 때 처벌 할 수 있는 권한
② 보상적 세력(reward power) : 보상을 줄 수 있는 세력(승진, 휴가, 보너스 등)
③ 합법적 세력(legitimate power) : 조직의 공식적 권력구조에 의해 주어진 권한을 의미
④ 전문적 세력(expert power) : 리더가 전문적 기술, 독점적 정보 정도에 의해 전문적 권한이 결정
⑤ 참조적 세력, 준거적 세력(referent power, attraction power) : 리더의 생각과 목표를 동일시하거나 존경하고자 할 때의 권한

31 스트레스(stress)에 영향을 주는 요인 중 환경이나 외적 요인에 해당하는 것은?

① 자존심의 손상
② 현실에의 부적응
③ 도전의 좌절과 자만심의 상충
④ 직장에서의 대인관계 갈등과 대립

해설 스트레스(stress) 중 환경이나 외부를 통해서 영향을 주는 요인
① 대인관계 갈등
② 죽음, 질병
③ 경제적 어려움

32 권한의 근거는 공식적이며, 지휘형태가 권위주의적이고 임명되어 권한을 행사하는 지도자로 옳은 것은?

① 헤드십(head ship)
② 리더십(leader ship)
③ 멤버십(member ship)
④ 매니저십(manager ship)

해설 헤드십(head-ship) : 임명된 지도자로서 권위주의적이고 지배적임
① 권한의 근거는 공식적이다.
② 권한행사는 임명된 헤드이다.
③ 지휘형태는 권위주의적이다.
④ 상사와 부하와의 관계는 지배적이다.
⑤ 부하와의 사회적 간격은 넓다(관계 원활하지 않음).

33 교육의 3요소를 바르게 나열한 것은?

① 교사 – 학생 – 교육재료
② 교사 – 학생 – 교육환경
③ 학생 – 교육환경 – 교육재료
④ 학생 – 부모 – 사회 지식인

해설 교육의 3요소
① 교육의 주체(교육자) – 강사
② 교육의 객체(피교육자) – 수강자(학습의 주체)
③ 교육의 매개체(교육 내용) – 교재, 시청각 매체

34 인간의 적응기제(Adjustment mechanism) 중 방어적 기제에 해당하는 것은?

① 보상
② 고립
③ 퇴행
④ 억압

해설 적응기제(適應機制, Adjustment Mechanism)의 종류
자기 방어를 통해 내적 긴장을 감소시켜 환경에 적응토록 함
① 방어적 기제(행동)
  ㉠ 보상 ㉡ 합리화 ㉢ 투사 ㉣ 승화
② 도피적 기제(행동)
  ㉠ 고립 ㉡ 억압 ㉢ 퇴행 ㉣ 백일몽

35 참가자 앞에서 소수의 전문가들이 과제에 관한 견해를 자유롭게 토의한 후 참가자 전원이 참가하여 사회자의 사회에 따라 토의하는 방법은?

① 포럼(forum)
② 심포지엄(symposium)
③ 버즈 세션(buzz session)
④ 패널 디스커션(panel discussion)

해설 토의식 교육방법
(가) 포럼(Forum) : 새로운 자료나 교재를 제시하고, 피교육자로 하여금 문제점을 제기하도록 하거나 의견을 여러 가지 방법으로 발표하게 하여 청중과 토론자간 활발한 의견 개진과 합의를 도출해가는 토의방법(깊이 파고들어 토의하는 방법)

정답 31. ④ 32. ① 33. ① 34. ① 35. ④

(나) 심포지엄(Symposium) : 몇 사람의 전문가에 의하여 과정에 관한 견해를 발표한 뒤 참가자로 하여금 의견이나 질문을 하게하는 토의법
(다) 패널 디스커션(Panel discussion) : 패널 멤버(교육과제에 정통한 전문가 4~5명)가 피교육자 앞에서 자유로이 토의 하고 뒤에 피교육자 전원이 참가하여 사회자의 사회에 따라 토의하는 방법
(라) 버즈 세션(Buzz session) : 6-6회의라고도 하며, 참가자가 다수인 경우에 전원을 토의에 참가시키기 위한 방법으로 소집단을 구성하여 회의를 진행시키는 방법

36 강의식 교육에 있어 일반적으로 가장 많은 시간이 소요되는 단계는?
① 도입 ② 제시
③ 적용 ④ 확인

해설 교육진행 4단계별 시간

교육진행 4단계	강의식(1시간)	토의식(1시간)
제1단계 : 도입(준비)	5분	5분
제2단계 : 제시(설명)	40분	10분
제3단계 : 적용(응용)	10분	40분
제4단계 : 확인(총괄, 평가)	5분	5분

* 강의식 교육 : 다수의 수강자를 짧은 교육시간에 비교적 많은 교육내용을 전수하기 위한 방법

37 다음의 내용에서 교육지도의 5단계를 순서대로 바르게 나열한 것은?

> ㉠ 가설의 설정
> ㉡ 결론
> ㉢ 원리의 제시
> ㉣ 관련된 개념의 분석
> ㉤ 자료의 평가

① ㉢ → ㉣ → ㉠ → ㉤ → ㉡
② ㉠ → ㉢ → ㉣ → ㉤ → ㉡
③ ㉢ → ㉠ → ㉤ → ㉣ → ㉡
④ ㉠ → ㉢ → ㉤ → ㉣ → ㉡

해설 교육지도의 5단계
① 제1단계 : 원리의 제시
② 제3단계 : 가설의 설정
③ 제5단계 : 결론
④ 제2단계 : 관련된 개념의 분석
⑤ 제4단계 : 자료의 평가

38 훈련에 참가한 사람들이 직무에 복귀한 후에 실제 직무수행에서 훈련효과를 보이는 정도를 나타내는 것은?
① 전이 타당도
② 교육 타당도
③ 조직간 타당도
④ 조직내 타당도

해설 교육프로그램의 타당도를 평가하는 항목
① 교육 타당도 : 교육목표의 달성을 나타내는 것
② 전이 타당도 : 교육에 의해 종업원들의 직무수행이 어느 정도나 향상되었는지를 나타내는 것 (훈련에 참가한 사람들이 직무에 복귀한 후에 실제 직무수행에서 훈련효과를 보이는 정도를 나타내는 것)
③ 조직내 타당도 : 같은 조직의 다른 집단에서도 교육효과를 나타내는 것
④ 조직간 타당도 : 다른 조직에서도 교육효과를 나타내는 것

39 안전태도교육 기본과정을 순서대로 나열한 것은?
① 청취 → 모범 → 이해 → 평가 → 장려・처벌
② 청취 → 평가 → 이해 → 모범 → 장려・처벌
③ 청취 → 이해 → 모범 → 평가 → 장려・처벌
④ 청취 → 평가 → 모범 → 이해 → 장려・처벌

정답 36. ② 37. ① 38. ① 39. ③

해설 태도교육을 통한 안전태도 형성요령(안전태도교육 과정의 올바른 순서)
① 청취한다.
② 이해, 납득시킨다.
③ 모범(시범)을 보인다.
④ 평가(권장)한다.
⑤ 칭찬한다.
⑥ 벌을 준다.

40 Off.J.T의 특징이 아닌 것은?
① 우수한 강사를 확보할 수 있다.
② 교재, 시설 등을 효과적으로 이용할 수 있다.
③ 개개인의 능력 및 적성에 적합한 세부 교육이 가능하다.
④ 다수의 대상자를 일괄적, 체계적으로 교육을 시킬 수 있다.

해설 OJT 교육과 Off JT 교육의 특징

OJT 교육의 특징	Off JT 교육의 특징
㉮ 개개인에게 적절한 지도훈련이 가능하다.	㉮ 다수의 근로자에게 조직적 훈련이 가능하다
㉯ 직장의 실정에 맞는 실제적 훈련이 가능하다.	㉯ 훈련에만 전념할 수 있다.
㉰ 즉시 업무에 연결될 수 있다.	㉰ 외부 전문가를 강사로 초빙하는 것이 가능하다.
㉱ 훈련에 필요한 업무의 지속성이 유지된다.	㉱ 특별교재, 교구, 시설을 유효하게 활용할 수 있다.
㉲ 효과가 곧 업무에 나타나며 결과에 따른 개선이 쉽다.	㉲ 타 직장의 근로자와 지식이나 경험을 교류할 수 있다.
㉳ 훈련 효과에 의해 상호 신뢰 및 이해도가 높아진다. (상사와 부하 간의 의사소통과 신뢰감이 깊게 된다.)	㉳ 교육 훈련 목표에 대하여 집단적 노력이 흐트러질 수도 있다.

제3과목 인간공학 및 시스템안전공학

41 인간공학에 대한 설명으로 틀린 것은?
① 인간-기계 시스템의 안전성, 편리성, 효율성을 높인다.
② 인간을 작업과 기계에 맞추는 설계 철학이 바탕이 된다.
③ 인간이 사용하는 물건, 설비, 환경의 설계에 적용된다.
④ 인간의 생리적, 심리적인 면에서의 특성이나 한계점을 고려한다.

해설 인간공학에 대한 설명
인간의 특성과 한계 능력을 공학적으로 분석, 평가하여 이를 복잡한 체계의 설계에 응용함으로 효율을 최대로 활용할 수 있도록 하는 학문 분야
- 인간공학이란 인간이 사용할 수 있도록 설계하는 과정(차파니스)

42 인간-기계 시스템에 관한 설명으로 틀린 것은?
① 자동 시스템에서는 인간요소를 고려하여야 한다.
② 자동차 운전이나 전기 드릴 작업은 반자동 시스템의 예시이다.
③ 자동 시스템에서 인간은 감시, 정비유지, 프로그램 등의 작업을 담당한다.
④ 수동 시스템에서 기계는 동력원을 제공하고 인간의 통제 하에서 제품을 생산한다.

해설 인간-기계 시스템의 구분
(가) 수동 시스템(manual system)
작업자가 수공구등을 사용하여 신체적인 힘을 동력원으로 작업을 수행하는 것, 인간의 역할은 힘을 제공하고 기계를 제어하는 것(목수와 수공구)

정답 40. ③ 41. ② 42. ④

(나) 기계화 시스템(mechanical system, 반자동 시스템) : 기계는 동력원을 제공하고 인간의 통제 하에서 제품을 생산(인간의 역할은 제어 기능, 조정 장치로 기계를 통제. 자동차 운전이나 전기 드릴 작업
(다) 자동 시스템(automatic system)
인간은 감시(monitoring), 경계(vigilance), 정비유지, 프로그램 등의 작업을 담당(설비 보전, 작업계획 수립, 모니터로 작업 상황 감시. 인간요소를 고려해야 함)

43 감각저장으로부터 정보를 작업기억으로 전달하기 위한 코드화 분류에 해당되지 않는 것은?

① 시각코드 ② 촉각코드
③ 음성코드 ④ 의미코드

해설 작업기억에서 일어나는 정보코드화
① 의미 코드화
② 음성 코드화
③ 시각 코드화
* 작업기억(working memory) : 감각기관을 통해 입력된 정보를 일시적으로 보유하고 단기적으로 기억하여 능동적으로 이해하고 조작하는 기능을 수행하는 단기적 기억

44 의도는 올바른 것이었지만, 행동이 의도한 것과는 다르게 나타나는 오류는?

① Slip ② Mistake
③ Lapse ④ Violation

해설 인간의 오류모형
(가) 착오(Mistake) : 상황해석을 잘못하거나 목표를 잘못 이해하고 착각하여 행하는 경우
(나) 실수(Slip) : 상황이나 목표의 해석을 제대로 했으나 의도와는 다른 행동을 하는 경우
(다) 건망증(Lapse) : 여러 과정이 연계적으로 일어나는 행동에서 일부를 잊어버리고 하지 않거나 또는 기억의 실패에 의하여 발생하는 오류
(라) 위반(Violation) : 정해진 규칙을 알고 있음에도 고의로 따르지 않거나 무시하는 행위

45 개선의 ECRS의 원칙에 해당하지 않는 것은?

① 제거(Eliminate)
② 결합(Combine)
③ 재조정(Rearrange)
④ 안전(Safety)

해설 ECRS의 원칙(작업방법의 개선원칙)
작업자 자신이 자기의 부주의 이외에 제반 오류의 원인을 생각함으로써 개선하도록 하는 과오원인 제거 기법
① 제거(Eliminate)
② 결합(Combine)
③ 재조정(Rearrange) – 재배치
④ 단순화(Simplify)

46 시각적 표시장치와 청각적 표시장치 중 시각적 표시장치를 선택해야 하는 경우는?

① 메시지가 긴 경우
② 메시지가 후에 재참조되지 않는 경우
③ 직무상 수신자가 자주 움직이는 경우
④ 메시지가 시간적 사상(event)을 다룬 경우

해설 시각적 표시장치와 청각적 표시장치의 비교(정보전달)

시각적 표시장치 사용 유리	청각적 표시장치 사용 유리
① 정보의 내용이 복잡한 경우	① 정보의 내용이 간단한 경우
② 정보의 내용이 긴 경우	② 정보의 내용이 짧은 경우
③ 정보가 후에 다시 참조되는 경우	③ 정보가 후에 다시 참조되지 않는 경우
④ 정보가 공간적인 위치를 다루는 경우	④ 정보의 내용이 시간적인 사상(event 사건)을 다루는 경우(메시지가 그 때의 사건을 다룬다.)
⑤ 정보의 내용이 즉각적인 행동을 요구하지 않는 경우	⑤ 정보의 내용이 즉각적인 행동을 요구하는 경우
⑥ 수신자의 청각 계통이 과부하 상태일 때	⑥ 수신자의 시각 계통이 과부하 상태일 때(시각장치가 지나치게 많다.)
⑦ 수신 장소가 너무 시끄러울 때	⑦ 수신 장소가 너무 밝거나 암조응 유지가 필요할 때
⑧ 직무상 수신자가 한곳에 머무르는 경우	⑧ 직무상 수신자가 자주 움직이는 경우

정답 43. ② 44. ① 45. ④ 46. ①

47 인간의 위치 동작에 있어 눈으로 보지 않고 손을 수평면상에서 움직이는 경우 짧은 거리는 지나치고, 긴 거리는 못 미치는 경향이 있는데 이를 무엇이라고 하는가?

① 사정효과(range effect)
② 반응효과(reaction effect)
③ 간격효과(distance effect)
④ 손동작효과(hand action effect)

해설 사정효과(Range effect)
① 눈으로 보지 않고 손을 수평면상에서 움직이는 경우 짧은 거리는 지나치고 긴 거리는 못 미치는 경향이 있는데 이를 사정효과라 함
② 조작자는 작은 오차에는 과잉 반응을, 큰 오차에는 과소 반응하는 경향이 있음

48 정신작업 부하를 측정하는 척도를 크게 4가지로 분류할 때 심박수의 변동, 뇌 전위, 동공 반응 등 정보처리에 중추신경계 활동이 관여하고 그 활동이나 징후를 측정하는 것은?

① 주관적(subjective) 척도
② 생리적(physiological) 척도
③ 주 임무(primary task) 척도
④ 부 임무(secondary task) 척도

해설 생리적(physiological) 척도
정신작업 부하를 측정하는 척도를 크게 4가지로 분류할 때 심박수의 변동, 뇌 전위, 동공 반응 등 정보처리에 중추신경계 활동이 관여하고 그 활동이나 징후를 측정하는 것

49 일반적으로 은행의 접수대 높이나 공원의 벤치를 설계할 때 가장 적합한 인체 측정 자료의 응용원칙은?

① 조절식 설계
② 평균치를 이용한 설계
③ 최대치수를 이용한 설계
④ 최소치수를 이용한 설계

해설 인체계측자료의 응용원칙
(1) 최대치수와 최소치수(극단적)
최대치수(거의 모든 사람이 수용할 수 있는 경우 : 문, 통로, 그네의 지지하중, 위험 구역 울타리 등)와 최소치수(선반의 높이, 조정 장치까지의 거리, 조작에 필요한 힘)를 기준으로 설계
(2) 조절범위(가변적, 조절식)
체격이 다른 여러 사람들에게 맞도록 조절하게 만든 것(의자의 상하 조절, 자동차 좌석의 전후 조절)
(3) 평균치를 기준으로 한 설계
최대치수와 최소치수, 조절식으로 하기 어려울 때 평균치를 기준으로 하여 설계
– 은행 창구나 슈퍼마켓의 계산대에 적용하기 적합한 인체 측정 자료의 응용원칙

50 중량물 들기 작업 시 5분간의 산소소비량을 측정한 결과 90ℓ의 배기량 중에 산소가 16%, 이산화탄소가 4%로 분석되었다. 해당 작업에 대한 산소소비량(ℓ/min)은 약 얼마인가? (단, 공기 중 질소는 79vol%, 산소는 21vol%이다.)

① 0.948 ② 1.948
③ 4.74   ④ 5.74

해설 산소소비량 측정
산소소비량 = (흡기 시 산소농도 : 21% × 흡기량) − (배기 시 산소농도% × 배기량)

① 공기의 성분은 질소 78.08%와 산소 20.95%, 그 외 이산화탄소 등으로 구성 : 일반적으로 공기 중 질소는 79%, 산소는 21%으로 계산
② $N_2\% = 100 - O_2\% - CO_2\%$

$$흡기량 = 배기량 \times \frac{(100 - O_2 - CO_2)}{79}$$

※ 에너지소비량, 에너지 가(價)(kcal/min)
= 분당산소소비량(ℓ) × 5kcal
(산소 1리터가 몸속에서 소비될 때 5kcal의 에너지가 소모됨)

⇨ 분당 산소소비량[ℓ/분]
= (분당 흡기량 × 21%) − (분당 배기량 × 16%)
= (18.23 × 0.21) − (18 × 0.16)
= 0.948[ℓ/분]

정답 47. ① 48. ② 49. ② 50. ①

① 분당 흡기량 = $\frac{(100-16-4)}{79} \times 18$
   = $18.227 = 18.23[\ell/분]$

② 분당 배기량 = $\frac{총배기량}{시간} = \frac{90}{5} = 18[\ell/분]$

51 자동차를 생산하는 공장의 어떤 근로자가 95dB(A)의 소음수준에서 하루 8시간 작업하며, 매 시간 조용한 휴게실에서 20분씩 휴식을 취한다고 가정하였을 때 8시간 시간가중평균(TWA)은? (단, 소음은 누적소음 노출량 측정기로 측정하였으며, OSHA에서 정한 95dB(A)의 허용시간은 4시간이라 가정한다.)

① 약 91dB(A) ② 약 92dB(A)
③ 약 93dB(A) ④ 약 94dB(A)

해설 **시간가중평균(TWA)**
누적소음 노출지수를 8시간 동안의 평균 소음수준 값으로 변환

① (누적)소음 노출지수
   $D(\%) = (\frac{C_1}{T_1} + \frac{C_2}{T_2} + \cdots + \frac{C_n}{T_n}) \times 100$
   [C : 노출된 총시간, T : 허용 노출 기준시간]
   ⇒ 누적소음 노출지수
   $D(\%) = (5.333/4) \times 100 = 133\%$
   [C = (40분×8)/60분 = 5.333, T = 4]

② TWA = 16.61 log(D/100) + 90dB(A)
   = 16.61 log(133/100) + 90
   = 92dB(A)

52 작업면상의 필요한 장소만 높은 조도를 취하는 조명은?

① 완화조명 ② 전반조명
③ 투명조명 ④ 국소조명

해설 **국소조명** : 작업면상의 필요한 장소만 높은 조도를 취하는 조명 방법
* 전반조명 : 실내 전체를 일률적으로 밝히는 조명 방법으로 실내전체가 밝아지므로 기분이 명랑해지고 눈의 피로가 적어져서 사고나 재해가 적어지는 조명 방식

53 Chapanis가 정의한 위험의 확률수준과 그에 따른 위험 발생률로 옳은 것은?

① 전혀 발생하지 않는(impossible) 발생빈도 : 10^{-8}/day
② 극히 발생할 것 같지 않는(extremely unlikely) 발생빈도 : 10^{-7}/day
③ 거의 발생하지 않은(remote) 발생빈도 : 10^{-6}/day
④ 가끔 발생하는(occasional) 발생빈도 : 10^{-5}/day

해설 **Chapanis의 위험분석**
① 발생이 불가능한 경우의 위험 발생률
   : impossible 〉 10^{-8}/day
② 거의 가능성이 없는 위험 발생률
   : extremely unlikely 〉 10^{-6}/day
③ 아주 적은 위험 발생률
   : remote 〉 10^{-5}/day
④ 가끔, 때때로의 위험 발생률
   : occasional 〉 10^{-4}/day
⑤ 꽤 가능성이 있는 위험 발생률
   : reasonably probable 〉 10^{-3}/day

54 서브시스템, 구성요소, 기능 등의 잠재적 고장 형태에 따른 시스템의 위험을 파악하는 위험 분석 기법으로 옳은 것은?

① ETA(Event Tree Analysis)
② HEA(Human Error Analysis)
③ PHA(Preliminary Hazard Analysis)
④ FMEA(Failure Mode and Effect Analysis)

해설 **FMEA(Failure Mode and Effect Analysis, 고장형태와 영향분석)** : 시스템에 영향을 미치는 모든 요소의 고장을 형태별로 분석하고 영향을 검토하는 것. 전형적인 정성적, 귀납적 분석방법
- 서브시스템, 구성요소, 기능 등의 잠재적 고장 형태에 따른 시스템의 위험을 파악하는 위험 분석 기법

정답 51. ② 52. ④ 53. ① 54. ④

55 FTA에서 사용하는 다음 사상기호에 대한 설명으로 옳은 것은?

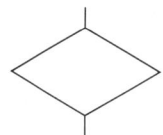

① 시스템 분석에서 좀 더 발전시켜야 하는 사상
② 시스템의 정상적인 가동상태에서 일어날 것이 기대되는 사상
③ 불충분한 자료로 결론을 내릴 수 없어 더 이상 전개할 수 없는 사상
④ 주어진 시스템의 기본사상으로 고장원인이 분석되었기 때문에 더 이상 분석할 필요가 없는 사상

해설 생략사상 : 불충분한 자료로 결론을 내릴 수 없어 더 이상 전개할 수 없는 사상

56 두 가지 상태 중 하나가 고장 또는 결함으로 나타나는 비정상적인 사상은?

① 톱사상   ② 결함사상
③ 정상적인 사상   ④ 기본적인 사상

해설 논리기호

구분	기호	명칭	설명
1		결함사상	시스템분석에서 좀더 발전시켜야 하는 사상(개별적인 결함사상) (두 가지 상태 중 하나가 고장 또는 결함으로 나타나는 비정상적인 사상)
2		기본사상	더 이상 전개되지 않는 기본 사상 (더 이상의 세부적인 분류가 필요 없는 사상)
4		통상사상	시스템의 정상적인 가동상태에서 일어날것이 기대 되는 사상(통상발생이 예상되는 사상)-정상적인 사상

57 결함수분석(FTA)에 의한 재해사례의 연구 순서로 옳은 것은?

> ㉠ FT(Fault Tree)도 작성
> ㉡ 개선안 실시계획
> ㉢ 톱 사상의 선정
> ㉣ 사상마다 재해 원인 규명 및 요인 규명
> ㉤ 개선 계획 작성

① ㉡ → ㉣ → ㉢ → ㉤ → ㉠
② ㉢ → ㉣ → ㉠ → ㉤ → ㉡
③ ㉣ → ㉤ → ㉢ → ㉠ → ㉡
④ ㉤ → ㉢ → ㉡ → ㉠ → ㉣

해설 결함수분석(FTA) 절차(FTA에 의한 재해사례의 연구 순서)
(가) 제1단계 : TOP 사상의 선정
(나) 제2단계 : 사상의 재해 원인 규명
(다) 제3단계 : FT(Fault Tree)도 작성
(라) 제4단계 : 개선 계획 작성
(마) 제5단계 : 개선안 실시계획

58 A사의 안전관리자는 자사 화학 설비의 안전성 평가를 실시하고 있다. 그 중 제2단계인 정성적 평가를 진행하기 위하여 평가 항목을 설계단계 대상과 운전관계 대상으로 분류하였을 때 설계관계 항목이 아닌 것은?

① 건조물
② 공장 내 배치
③ 입지조건
④ 원재료, 중간제품

해설 안전성평가의 6단계
(가) 제1단계 : 관계 자료의 작성 준비(관계 자료의 정비검토)
(나) 제2단계 : 정성적 평가
　　1) 설계 관계
　　　① 공장 내 배치
　　　② 공자의 입지 조건
　　　③ 건조물
　　　④ 소방설비

정답 55.③ 56.② 57.② 58.④

2) 운전 관계
① 원재료, 중간 제품 등
② 수송, 저장 등
③ 공정기기
④ 공정(공정 작업을 위한 작업규정 유무 등)
(다) 제3단계 : 정량적 평가
(라) 제4단계 : 안전 대책
(마) 제5단계 : 재해 정보에 의한 재평가
(바) 제6단계 : FTA에 의한 재평가

59 HAZOP 분석기법의 장점이 아닌 것은?
① 학습 및 적용이 쉽다.
② 기법 적용에 큰 전문성을 요구하지 않는다.
③ 짧은 시간에 저렴한 비용으로 분석이 가능하다.
④ 다양한 관점을 가진 팀 단위 수행이 가능하다.

해설 HAZOP 분석기법 장점
① 학습(배우기 쉬움) 및 적용(활용)이 쉽다.
② 기법 적용에 큰 전문성을 요구하지 않는다.
③ 다양한 관점을 가진 팀 단위 수행이 가능하고, 팀 단위 수행으로 다른 기법보다 정확하고 포괄적이다.
④ 시스템에서 발생 가능한 알려지지 않은(모든) 위험을 파악하는데 용이하다.
※ 단점 : 수행 시간이 많이 걸릴 수 있으며, 많은 노력이 요구 된다.

60 일정한 고장률을 가진 어떤 기계의 고장률이 시간당 0.008일 때 5시간 이내에 고장을 일으킬 확률은?
① $1+e^{0.04}$
② $1-e^{-0.004}$
③ $1-e^{0.04}$
④ $1-e^{-0.004}$

해설 기계의 신뢰도 및 불신뢰도
$R(t) = e^{-\lambda t}$ (λ : 고장률, t : 가동시간)
$= e^{-0.008 \times 5} = e^{-0.04}$
⇨ 고장 발생확률(불신뢰도)
$F(t) = 1 - R(t) = 1 - e^{-0.04}$

제4과목 건설시공학

61 공동도급방식의 장점에 해당하지 않는 것은?
① 위험의 분산
② 시공의 확실성
③ 이윤 증대
④ 기술 자본의 증대

해설 공동도급(Joint Venture)의 장점

구분	장점	단점
공동도급 (Joint Venture)	① 기술의 확충, 강화 및 경험의 증대 ② 기술, 자본 및 위험 부담 분산 ③ 융자력확대, 신용도증대 ④ 공사도급경쟁완화 ⑤ 공사시공이행 확실	① 현장관리의 어려움 (책임소재불명확) ② 경비증대가능

* 공동도급 : 1개 회사가 단독으로 도급을 수행하기에는 규모가 큰 공사일 경우 2개 이상의 회사가 임시로 결합하여 연대책임으로 공사를 하고 공사 완성 후 해산하는 방식

62 분할도급 발주 방식 중 지하철공사, 고속도로공사 및 대규모 아파트단지 등의 공사에 채용하면 가장 효과적인 것은?
① 직종별 공종별 분할도급
② 공정별 분할도급
③ 공구별 분할도급
④ 전문공종별 분할도급

해설 분할도급방식 : 한 공사를 분할하여 도급하는 것
① 전문공종별 분할도급 : 설비공사를 개별공사로 분리하여 발주하는 도급방식
② 공정별 분할도급 : 공정별로 나누어 발주하는 도급방식
③ 공구별 분할도급 : 아파트, 지하철공사, 고속도로공사 등 대규모공사에서 지역별로 공사를 구분하여 발주하는 도급방식
④ 직종별·공종별 분할도급 : 직영공사 방식에 가까운 것으로 전문적인 공사를 직종이나 공종별로 나누어 발주하는 도급방식

63 다음 네트워크 공정표에서 주공정선에 의한 총 소요공기(일수)로 옳은 것은? (단, 결함점 간 사이의 숫자는 작업일수임)

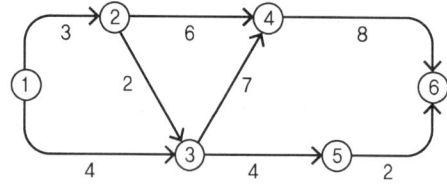

① 17일 ② 19일
③ 20일 ④ 22일

해설 총 소요공기(일수) : 20일
⇨ 착공 ① → ② → ③ → ④ → ⑥ 완공
(작업일수 : 3일 + 2일 + 7일 + 8일)
※ 네트워크 공정표의 주공정(Critical Path)
① TF가 0(Zero)인 작업을 주공정작업이라 하고, 이들을 연결한 공정을 주공정이라고 한다.
② 총 공기는 공사착수에서부터 공사완공까지의 소요시간의 합계이며, 최장시간이 소요되는 경로이다.
③ 주공정은 고정적이거나 절대적인 것이 아니고 공사 진행상황에 따라 가변적이다.

64 발주자가 직접 설계와 시공에 참여하고 프로젝트 관련자들이 상호 신뢰를 바탕으로 Team을 구성해서 프로젝트의 성공과 상호 이익 확보를 공동 목표로 하여 프로젝트를 추진하는 공사수행 방식은?

① PM방식(Project Management)
② 파트너링 방식(Partnering)
③ CM방식(Construction Management)
④ BOT방식(Build Operate Transfer)

해설 파트너링 방식(Partnering)
발주자가 직접 설계와 시공에 참여하고 프로젝트 관련자들이 상호 신뢰를 바탕으로 Team을 구성해서 프로젝트의 성공과 상호이익 확보를 공동 목표로 하여 프로젝트를 추진하는 공사수행 방식
– 파트너링을 통해 설계와 시공의 의사소통 개선, 능률향상, 비용절감, 공기단축 등의 효과를 볼 수 있음

65 모래지반 흙막이 공사에서 널말뚝의 틈새로 물과 토사가 유실되어 지반이 파괴되는 현상은?

① 히빙 현상(Heaving)
② 파이핑 현상(Poping)
③ 액상화 현상(Liquefaction)
④ 보일링 현상(Boiling)

해설 파이핑(piping) 현상
보일링 현상이 진전되어 물의 통로가 생기면서 파이프 모양으로 구멍이 뚫려 흙이 세굴되면서 지반이 파괴되는 현상
※ 보일링(boiling) 현상 : 투수성이 좋은 사질지반에서 흙막이 공사를 할때 흙막이벽 배면의 지하 수위가 굴착저면보다 높아 굴착저면 위로 모래와 지하수가 부풀어 오르는 현상

66 웰 포인트 공법(well point method)에 관한 설명으로 옳지 않은 것은?

① 사질지반보다 점토질 지반에서 효과가 좋다.
② 지하수위를 낮추는 공법이다.
③ 1~3m의 간격으로 파이프를 지중에 박는다.
④ 인접지 침하의 우려에 따른 주의가 필요하다.

해설 웰 포인트 공법에 관한 설명
④ 인접지반의 침하를 일으키는 경우가 있다.
* 웰포인트(well point)공법 : 사질토 지반 탈수공법. 기초파기 저면보다 지하수위가 높을 때의 배수공법으로 가장 적합(지중에 필터가 달린 흡수기를 1~3m 간격으로 설치하고 펌프를 통해 강제로 지하수를 빨아올림으로써 지하수위를 낮추는 공법)

67 지반개량공법 중 동다짐(Dynamic Compaction) 공법의 특징으로 옳지 않은 것은?

① 시공 시 지반진동에 의한 공해문제가 발생하기도 한다.

정답 63.③ 64.② 65.② 66.① 67.②

② 지반 내에 암괴 등의 장애물이 있으면 적용이 불가능하다.
③ 특별한 약품이나 자재를 필요로 하지 않는다.
④ 깊은 심도의 지반개량에 대해서는 초대형 장비가 필요하다.

해설 동다짐공법의 특징
② 지반 내에 암괴 등의 장애물이 있어도 적용이 가능하다.
* 동다짐(Dynamic Compaction)공법 : 지반개량공법중의 하나로 무거운 추를 상당 높이에서 자유낙하시켜 발생되는 충격 에너지와 진동에 의해 지반을 상당깊이까지 강제 다짐하여 밀도를 증가시켜 지반을 개량하는 공법

68 다음 각 기초에 관한 설명으로 옳은 것은?
① 온통기초 : 기둥 1개에 기초판이 1개인 기초
② 복합기초 : 2개 이상의 기둥을 1개의 기초판으로 받치게 한 기초
③ 독립기초 : 조직조의 벽을 지지하는 하부 기초
④ 연속기초 : 건물 하부 전체 또는 지하실 전체를 기초판으로 구성한 기초

해설 기초슬래브의 형식에 따른 분류
① 독립기초 : 단일 기둥을 받치는 기초
② 복합기초 : 2개 이상의 기둥을 한 개의 기초판으로 받치는 기초
③ 연속기초(줄기초) : 연속된 기초판이 벽 또는 1열 기둥을 받치는 기초
④ 온통기초 : 건물하부전체를 받치는 기초

69 기존에 구축된 건축물 가까이에서 건축공사를 실시할 경우 기존 건축물의 지반과 기초를 보강하는 공법은?
① 리버스 서큘레이션 공법
② 언더피닝 공법
③ 슬러리 월 공법
④ 탑다운 공법

해설 언더피닝(Under pinning)공법 : 인접한 기존 건축물의 기초지점을 보강 또는 그곳에 새로운 기초를 삽입하거나, 지지면을 더 깊은 지반에 옮기는 공법으로 기존 건축물을 보호하기 위한 공법

70 알루미늄 거푸집에 관한 설명으로 옳지 않은 것은?
① 경량으로 설치시간이 단축된다.
② 이음매(Joint)감소로 견출작업이 감소된다.
③ 주요 시공 부위는 내부벽체, 슬래브, 계단실 벽체이며, 슬래브 필러 시스템이 있어서 해체가 간편하다.
④ 녹이 슬지 않는 장점이 있으나 전용횟수가 매우 적다.

해설 알루미늄 거푸집에 관한 설명
④ 녹이 슬지 않고, 콘크리트 표면이 미려하며 전용횟수가 높아 고층공사 시 경제적이다.

71 다음 각 거푸집에 관한 설명으로 옳은 것은?
① 트래블링 폼(Travelling Form) : 무량판 시공시 2방향으로 된 상자형 기성재 거푸집이다.
② 슬라이딩 폼(Sliding Form) : 수평활동 거푸집이며 거푸집 전체를 그대로 떼어 다음 사용 장소로 이동시켜 사용할 수 있도록 한 거푸집이다.
③ 터널폼(Tunnel Form) : 한 구획 전체의 벽판과 바닥판을 ㄱ자형 또는 ㄷ자형으로 짜서 이동시키는 형태의 기성재 거푸집이다.
④ 워플폼(Waffle Form) : 거푸집 높이는 약 1m이고 하부가 약간 벌어진 원형 철판 거푸집을 요오크(yoke)로 서서히 끌어 올리는 공법으로 Silo 공사 등에 적당하다.

정답 68.② 69.② 70.④ 71.③

해설 거푸집에 관한 설명
(1) 트레블링 폼(Travelling Form)
해체 및 이동에 편리하도록 제작한 시스템화된 이동식 거푸집으로써 건축분야에서 쉘, 아치, 돔 같은 건축물에도 적용되는 거푸집(수평이동 거푸집)
(2) 슬라이딩 폼(sliding form), 스립 폼(slip form)
평면형상이 일정하고 돌출부가 없는 높은 구조물에 시공이음 없이 균일한 형상으로 시공하기 위해 거푸집을 끌어 올리면서 연속하여 콘크리트를 타설하는 공법(요오크(york), 유압잭, 로드 이용)
(3) 터널 폼(tunel form)
벽식 철근콘크리트 구조를 시공할 경우 벽과 바닥의 콘크리트 타설을 한 번에 가능하게 하기 위하여, 벽체용 거푸집과 슬래브 거푸집을 일체로 제작하여 한 번에 설치하고 해체할 수 있도록 한 거푸집
(4) 워플폼(waffle form)
무량판 구조 또는 평판구조에서 2방향 장선 바닥판 구조가 가능하도록 특수 상자모양의 기성재 거푸집

72 철근공사 시 철근의 조립과 관련된 설명으로 옳지 않은 것은?

① 철근이 바른 위치를 확보할 수 있도록 결속선으로 결속하여야 한다.
② 철근을 조립한 다음 장기간 경과한 경우에는 콘크리트의 타설 전에 다시 조립검사를 하고 청소하여야 한다.
③ 경미한 황갈색의 녹이 발생한 철근은 콘크리트와의 부착이 매우 불량하므로 사용이 불가하다.
④ 철근의 피복두께를 정확하게 확보하기 위해 적절한 간격으로 고임재 및 간격재를 배치하여야 한다.

해설 철근공사 시 철근의 조립 〈콘크리트표준시방서〉
③ 경미한 황갈색의 녹이 발생한 철근은 일반적으로 콘크리트와의 부착을 해치지 않음으로 사용할 수 있다.

73 콘크리트는 신속하게 운반하여 즉시 타설하고, 충분히 다져야 하는데 비비기로부터 타설이 끝날 때까지의 시간은 원칙적으로 얼마를 넘어서면 안 되는가? (단, 외기온도가 25℃ 이상일 경우)

① 1.5시간　② 2시간
③ 2.5시간　④ 3시간

해설 비비기로부터 타설이 끝날 때까지의 시간 〈표준시방서〉
콘크리트는 신속하게 운반하여 즉시 타설하고, 충분히 다져야 한다. 비비기로부터 타설이 끝날 때까지의 시간은 원칙적으로 외기온도가 25℃ 이상일 때는 1.5시간, 25℃ 미만일 때에는 2시간을 넘어서는 안 된다.

74 콘크리트 공사 시 시공이음에 관한 설명으로 옳지 않은 것은?

① 시공이음은 될 수 있는 대로 전단력이 작은 위치에 설치하고, 부재의 압축력이 작용하는 방향과 직각이 되도록 하는 것이 원칙이다.
② 외부의 염분에 의한 피해를 받을 우려가 있는 해양 및 항만 콘크리트 구조물 등에 있어서는 시공이음부를 최대한 많이 설치하는 것이 좋다.
③ 이음부의 시공에 있어서는 설계에 정해져 있는 이음의 위치와 구조는 지켜져야 한다.
④ 수밀을 요하는 콘크리트에 있어서는 소요의 수밀성이 얻어지도록 적절한 간격으로 시공이음부를 두어야 한다.

해설 콘크리트 공사 시 시공이음 〈콘크리트표준시방서〉
② 외부의 염분에 의한 피해를 받을 우려가 있는 해양 및 항만 콘크리트 구조물 등에 있어서는 시공이음부를 되도록 두지 않는 것이 좋다. 부득이 시공이음부를 설치할 경우에는 만조위로부터 위로 0.6m와 간조위로부터 아래로 0.6m 사이인 감조부 부분을 피하여야 한다.

정답 72.③ 73.① 74.②

75 콘크리트 구조물의 품질관리에서 활용되는 비파괴시험(검사) 방법으로 경화된 콘크리트 표면의 반발경도를 측정하는 것은?

① 슈미트해머 시험
② 방사선 투과 시험
③ 자기분말 탐상시험
④ 침투 탐상시험

해설 **슈미트해머 시험(반발경도법)**
콘크리트의 압축강도를 측정하기 위한 비파괴시험 방법으로서 가장 일반적으로 사용되고 있는 방법 (반발경도로 강도 추정)

76 용접작업 시 주의사항으로 옳지 않은 것은?

① 용접할 소재는 수축변형이 일어나지 않으므로 치수에 여분을 두지 않아야 한다.
② 용접할 모재의 표면에 녹·유분 등이 있으면 접합부에 공기포가 생기고 용접부의 재질을 약화키기므로 와이어 브러 시로 청소한다.
③ 강우 및 강설 등으로 모재의 표면이 젖어 있을 때나 심한 바람이 불 때는 용접하지 않는다.
④ 용접봉을 교환하거나 다층용접일 때는 슬래그와 스패터를 제거한다.

해설 **철골부재 용접 시 주의사항**
① 용접할 소재는 수축변형 및 마무리에 대한 고려로서 치수에 여분을 두어야 한다.

77 강재 중 SN 355 B에 관한 설명으로 옳지 않은 것은?

① 건축 구조물에 사용된다.
② 냉간 압연 강재 이다.
③ 강재의 두께가 6mm 이상 40mm 이하일 때 최소 항복강도가 $355N/mm^2$
④ 용접성에 있어 중간 정도의 품질을 갖고 있다.

해설 철강재 SN 355 B에서 기호의 의미
① S : Steel
② N : 건축 구조용 압연강재
③ 355 : 최저 항복강도 $355N/mm^2$
④ B : 용접성에 있어 중간 정도의 품질

78 철골세우기용 기계설비가 아닌 것은?

① 가이데릭
② 스티프레그데릭
③ 진폴
④ 드래그라인

해설 **철골세우기용 기계설비**
(1) 가이데릭(guy derrick) : 360° 회전 가능하고 건축공사의 철골조립작업 및 항만하역설비에 사용되는 고정 회전식 기계
(2) 스티프레그 데릭(stiff-leg derrick)-삼각데릭 : 회전범위가 270°이며 가이데릭의 사용이 불가능한 좁은 장소에서의 사용에 적합하며 수평이동이 용이하고 건물의 층수가 적을 때 또는 당김 줄을 마음대로 맬 수 없을 때 가장 유리한 기계설비
(3) 진폴(gin pole) : 소규모 철골공사와 중량재료를 달아 올리는데 편리함. 하나의 철제나 나무를 기둥으로 세우고 윈치나 사람의 힘을 이용해 하물을 인양
(4) 타워크레인(tower crane), 트럭크레인
  - 타워크레인(Tower Crane) : 360° 회전되고 고층건물에 가장 적합한 것

79 석재붙임을 위한 앵커긴결공법에서 일반적으로 사용하지 않는 재료는?

① 앵커
② 볼트
③ 모르타르
④ 연결철물

해설 **앵커(Anchor)긴결공법**
구조체에 각종 앵커, 볼트, 연결철물(fastener)을 사용하여 석재를 붙여 나가는(고정하는) 공법

80 석공사에 사용하는 석재 중에서 수성암계에 해당하지 않는 것은?

① 사암　　② 석회암
③ 안산암　④ 응회암

해설　암석의 종류
① 화성암 : 화강암, 안산암, 현무암
② 수성암 : 응회암, 사암, 석회암, 점판암
③ 변성암 : 점판암, 편마암, 대리석, 사문암

제5과목　건설재료학

81 목재를 작은 조각으로 하여 충분히 건조시킨 후 합성수지와 같은 유기질의 접착제를 첨가하여 열압 제판한 목재 가공품은?

① 파티클 보드(Paricle board)
② 코르크판(Cork board)
③ 섬유판(Fiber board)
④ 집성목재(Glulam)

해설　파티클 보드(Particle board)
목재를 작은 조각으로 하여 충분히 건조시킨 후 합성수지와 같은 유기질의 접착제를 첨가하여 열압 제판한 목재 가공품(목재 및 기타 식물 섬유질의 소편(Particle-절삭편 또는 파쇄편 등)에 합성수지 접착제를 도포하여 가열압착 성형한 판상제품)

82 목재 섬유포화점의 함수율은 대략 얼마 정도인가?

① 약 10%　② 약 20%
③ 약 30%　④ 약 40%

해설　섬유 포화점 상태
자유수가 완전히 건조된 상태(목재에서 흡착수만이 최대한도로 존재하고 있는 상태)
① 섬유 포화점의 함수율은 25~36%이며 평균 30%임(중량비로 30%정도)
② 섬유포화점 이상의 함수상태에서는 함수율의 증감에도 신축을 일으키지 않는다.
③ 목재의 함수율이 섬유포화점이하가 되면 목재의 수축이 시작된다.

83 점토의 성질에 관한 설명으로 옳지 않은 것은?

① 양질의 점토는 건조상태에서 현저한 가소성을 나타내며, 점토 입자가 미세할수록 가소성은 나빠진다.
② 점토의 주성분은 실리카와 알루미나이다.
③ 인장강도는 점토의 조직에 관계하며 입자의 크기가 큰 영향을 준다.
④ 점토제품의 색상은 철산화물 또는 석회물질에 의해 나타난다.

해설　점토의 일반적 성질
① 가소성은 점토입자가 미세할수록 좋아진다(양질 점토일수록 가소성이 좋다).
* 가소성(可塑性, plasticity-소성) : 가소성은 어떤 힘을 받아 형태가 변한 뒤에 힘을 없애도 원래의 형태로 돌아가지 않는 성질이며 탄성이란 힘이 제거되었을 때 원래의 형태로 되돌아오는 성질

84 주로 석기질 점토나 상당히 철분이 많은 점토를 원료로 사용하며, 건축물의 패러핏, 주두 등의 장식에 사용되는 공동의 대형 점토 제품은?

① 테라죠　② 도관
③ 타일　　④ 테라코타

해설　테라코타(terra-cotta)
건축물의 패러핏, 주두 등의 장식에 사용되는 공동의 대형 점토제품이다.
① 도토(陶土) 등을 반죽하여 형틀에 넣고 성형하여 소성한 속이 빈 대형의 점토제품이다.
② 석재보다 가볍다.
③ 압축강도는 화강암의 1/2 정도이다.
④ 화강암보다 내화도가 높으며 대리석보다 풍화에 강하다.

정답　80.③　81.①　82.③　83.①　84.④

85 KS L 4201에 따른 1종 점토벽돌의 압축강도는 최소 얼마 이상이어야 하는가?

① 9.80MPa 이상
② 14.70MPa 이상
③ 20.59MPa 이상
④ 24.50MPa 이상

해설 KS L 4201에 따른 점토벽돌(Clay brick)의 물리적 성능

품질	종류		
	1종	2종	3종
압축강도(N/mm^2)	24.50 이상	20.59 이상	10.78 이상

* $MPa = 1,000,000Pa = 1,000,000N/m^2$
  $= 1N/mm^2 \Rightarrow 1MPa = 1N/mm^2$

86 습윤상태의 모래 780g을 건조로에서 건조시켜 절대건조상태 720g으로 되었다. 이 모래의 표면수율은? (단, 이 모래의 흡수율은 5%이다.)

① 3.08% ② 3.17%
③ 3.33% ④ 3.52%

해설 표면수율 : 표면수량이 어느 정도인지 구한 값

$$표면수율 = \frac{습윤상태 - 표면건조상태}{표면건조상태} \times 100$$

$$= \frac{(780-756)}{756} \times 100 = 3.17\%$$

• 표건상태중량

$$흡수율 = \frac{표건상태중량 - 절건상태중량}{절건상태중량} \times 100$$

→ 표건상태중량
$$= \frac{흡수율 \times 절건상태중량}{100} + 절건상태중량$$
$$= \frac{(5 \times 720)}{100} + 720 = 756$$

87 콘크리트용 골재의 품질요건에 관한 설명으로 옳지 않은 것은?

① 골재는 청정·견경해야 한다.
② 골재는 소요의 내화성과 내구성을 가져야 한다.
③ 골재는 표면이 매끄럽지 않으며, 예각으로 된 것이 좋다.
④ 골재는 밀실한 콘크리트를 만들 수 있는 입형과 입도를 갖는 것이 좋다.

해설 골재에 관한 설명
③ 골재의 입형은 편평, 세장하지 않은 구형의 입상이 좋다(납작한 것, 길쭉한 것, 예각으로 된 것은 좋지 않다).
– 골재는 밀실한 콘크리트를 만들 수 있는 입형과 입도를 갖는 것이 좋다.

88 콘크리트용 골재 중 깬자갈에 관한 설명으로 옳지 않은 것은?

① 깬자갈의 원석은 안삼암·화강암 등이 많이 사용된다.
② 깬자갈을 사용한 콘크리트는 동일한 워커빌리티의 보통자갈을 사용한 콘크리트보다 단위수량이 일반적으로 약 10% 정도 많이 요구된다.
③ 깬자갈을 사용한 콘크리트는 강자갈을 사용한 콘크리트 보다 시멘트 페이스트와의 부착성능이 매우 낮다.
④ 콘크리트용 굵은 골재로 깬자갈을 사용할 때는 한국산업표준(KS F 2527)에서 정한 품질에 적합한 것으로 한다.

해설 콘크리트용 골재 중 깬자갈
③ 깬자갈은 시멘트 페이스트와의 부착력 증가함으로 동일한 시공연도의 보통 콘크리트 보다 강도가 커진다.

89 실적률이 큰 골재로 이루어진 콘크리트의 특성이 아닌 것은?

① 시멘트 페이스트의 양이 커져 콘크리트 제조 시 경제성이 낮다.
② 내구성이 증대된다.
③ 투수성, 흡습성의 감소를 기대할 수 있다.
④ 건조수축 및 수화열이 감소된다.

정답 85.④ 86.② 87.③ 88.③ 89.①

해설 실적률이 큰 골재로 이루어진 콘크리트의 특성
① 시멘트 페이스트의 양이 적어져 콘크리트 제조시 경제성이 높다(단위 시멘트량을 줄일 수 있다).
* 실적률 : 골재의 단위용적중의 실적용적을 백분율로 나타낸 값
* 공극률 : 골재의 단위용적중의 공극을 백분율로 나타낸 값

90 경량 기포콘크리트(autoclaved lightweight concrete)에 관한 설명으로 옳지 않은 것은?

① 보통콘크리트에 비하여 탄산화의 우려가 낮다.
② 열전도율은 보통콘크리트의 약 1/10 정도로 단열성이 우수하다.
③ 현장에서 취급이 편리하고 절단 및 가공이 용이하다.
④ 다공질이므로 흡수성이 높은 편이다.

해설 경량 기포콘크리트에 관한 설명
① 보통콘크리트에 비하여 중성화(탄산화)의 우려가 높다.
* 경량기포콘크리트(ALC, Autoclaved Light-weight Concrete) : 기포를 발생시켜 증기 양생하여 가공한 경량 기포 콘크리트(오토클레이브(auto clave)에 포화증기 양생. 규산질, 석회질 원료를 주원료로 하여 기포제와 발포제를 첨가하여 만든다.)

91 각종 금속에 관한 설명으로 옳지 않은 것은?

① 동은 건조한 공기 중에서는 산화하지 않으나, 습기가 있거나 탄산가스가 있으면 녹이 발생한다.
② 납은 비중이 비교적 작고 융점이 높아 가공이 어렵다.
③ 알루미늄은 비중이 철의 1/3정도로 경량이며 열·전기전도성이 크다.
④ 청동은 구리와 주석을 주체로 한 합금으로 건축장식부품 또는 미술공예 재료로 사용된다.

해설 연(鉛 : 납(Pb))의 성질
방사선 차폐성이 높아 병원의 방사선실 주변에 채용되는 재료
② 청백색의 광택이 있고, 비중이 11.4로 아주 크고 연질이다(전연성·가공성·주조성이 풍부하다).

92 일종의 못박기총을 사용하여 콘크리트나 강재 등에 박는 특수못을 의미하는 것은?

① 드라이브핀
② 인서트
③ 익스팬션볼트
④ 듀벨

해설 드라이브핀
못박기총을 사용하여 콘크리트나 강재 등에 박는 특수못

93 전기절연성, 내열성이 우수하고 특히 내약품성이 뛰어나며, 유리섬유로 보강하여 강화플라스틱(F.R.P)의 제조에 사용되는 합성수지는?

① 멜라민수지
② 불포화폴리에스테르수지
③ 페놀수지
④ 염화비닐수지

해설 폴리에스테르수지
건축용으로는 글라스 섬유로 강화된 평판 또는 판상제품으로는 주로 사용되며 욕조 및 레진 콘크리트 등에도 이용되는 열경화성 수지
① 불포화 폴리에스테르수지는 유리섬유로 보강하여 사용되는 경우가 많다.
  - 유리섬유 강화폴리에스테르판(FRP) : 불포화 폴리에스테르수지(열경화성 수지)에 유리섬유를 보강한 피복재로 강도가 우수하고 열수축이 없다(평판 또는 판상 제품으로 주로 사용).

정답 90. ① 91. ② 92. ① 93. ②

94 안료가 들어가지 않는 도료로서 목재면의 투명도장에 쓰이며, 내후성이 좋지 않아 외부에 사용하기에는 적당하지 않고 내부용으로 주로 사용하는 것은?

① 수성페이트
② 클리어래커
③ 래커에나멜
④ 유성에나멜

해설 클리어 래커(clear lacquer, 투명래커)
도료 중 주로 목재면의 투명도장에 쓰이고 오일 니스에 비하여 도막이 얇으나 견고하며, 담색으로서 우아한 광택이 있고 내부용으로 쓰이는 것(목재의 무늬나 바탕의 특징을 잘 나타낼 수 있는 마무리 도료)
- 안료가 들어가지 않는 도료로서 목재면의 투명도장에 쓰이며, 내후성이 좋지 않아 외부에 사용하기에는 적당하지 않고 내부용으로 주로 사용

95 비스페놀과 에피클로로히드린의 반응으로 얻어지며 주제와 경화제로 이루어진 2성분계의 접착제로서 금속, 플라스틱, 도자기, 유리 및 콘크리트 등의 접합에 널리 사용되는 접착제는?

① 실리콘수지 접착제
② 에폭시 접착제
③ 비닐수지 접착제
④ 아크릴수지 접착제

해설 에폭시수지 접착제
주제와 경화제로 이루어진 2성분형이 대부분으로 금속, 플라스틱, 도자기, 콘크리트의 접합에 이용되고 내구력, 내수성, 내약품성이 매우 우수 하여 만능형 접착제로 불리는 것(비스페놀과 에피클로로하이드린의 반응에 의해 얻을 수 있다)

96 2장 이상의 판유리 등을 나란히 넣고, 그 틈새에 대기압에 가까운 압력의 건조한 공기를 채우고 그 주변을 밀봉·봉착한 것은?

① 열선흡수유리 ② 배강도 유리
③ 강화유리 ④ 복층유리

해설 복층유리(Pair glass, 2중 유리)
일반 유리에 비해 단열과 방음효과가 크고 유리창 표면의 결로 현상이나 성에 방지 효과도 우수한 유리이다.
- 2장 이상의 판유리 등을 나란히 넣고, 그 틈새에 대기압에 가까운 압력의 건조한 공기를 채우고 그 주변을 밀봉·봉착 한 유리

97 미장재료의 구성재료에 관한 설명으로 옳지 않은 것은?

① 부착재료는 마감과 바탕재료를 붙이는 역할을 한다.
② 무기혼화재료는 시공성 향상 등을 위해 첨가된다.
③ 풀재는 강도증진을 위해 첨가된다.
④ 여물재는 균열방지를 위해 첨가된다.

해설 미장재료의 구성재료에 관한 설명
③ 풀재는 점도, 부착력(교착력) 증진을 위해 첨가된다(해초풀).

98 도료상태의 방수재를 바탕면에 여러 번 칠하여 얇은 수지피막을 만들어 방수효과를 얻는 것으로 에멀션형, 용제형, 에폭시계 형태의 방수공법은?

① 시트방수
② 도막방수
③ 침투성 도포방수
④ 시멘트 모르타르 방수

해설 도막방수
도료상태의 방수재를 바탕면에 여러 번 칠하여 얇은 수지피막을 만들어 방수효과를 얻는 것으로 에멀션 형, 용제형, 에폭시계 형태의 방수공법(복잡한 부위의 시공성이 좋다)

정답 94. ② 95. ② 96. ④ 97. ③ 98. ②

99 건축재료 중 마감재료의 요구성능으로 거리가 먼 것은?

① 화학적 성능   ② 역학적 성능
③ 내구성능   ④ 방화·내화 성능

해설 **역학적 성능**
강도, 강성, 내피로성, 인성, 연성, 전성, 변형, 탄성계수 등 외력에 관련된 성능
– 건축재료의 요구성능 중 마감재료에서 필요성이 적은 항목

100 미장재료 중 돌로마이트 플라스터에 대한 설명으로 옳지 않은 것은?

① 보수성이 크고 응결시간이 길다.
② 소석회에 모래, 해초풀, 여물 등을 혼합하여 바르는 미장재료이다.
③ 회반죽에 비하여 조기강도 및 최종강도가 크고 착색이 쉽다.
④ 여물을 혼입하여도 건조수축이 크기 때문에 수축 균열이 발생한다.

해설 **돌로마이트 플라스터(dolomite plaster)**
돌로마이트 석회에 모래, 여물을 혼합한 재료로 때로는 시멘트를 사용할 때도 있다.
* 회반죽 : 소석회에 모래, 해초풀, 여물 등을 혼합하여 바르는 미장재료로서 목조바탕, 콘크리트 블록 및 벽돌 바탕 등에 사용되는 것

제6과목 건설안전기술

101 건설업 중 유해위험방지계획서 제출 대상 사업장으로 옳지 않은 것은?

① 지상높이가 31m 이상인 건축물 또는 인공구조물, 연면적 30000m² 이상인 건축물 또는 연면적 5000m² 이상의 문화 및 집회시설의 건설공사
② 연면적 3000m² 이상의 냉동·냉장 창고시설의 설비공사 및 단열공사
③ 깊이 10m 이상인 굴착공사
④ 최대 지간길이가 50m 이상인 다리의 건설공사

해설 **유해·위험방지계획서 제출대상 건설공사** 〈산업안전보건법 시행령 제42조〉
1. 다음 각 목의 어느 하나에 해당하는 건축물 또는 시설 등의 건설·개조 또는 해체 공사
   가. 지상높이가 31미터 이상인 건축물 또는 인공구조물
   나. 연면적 3만제곱미터 이상인 건축물
   다. 연면적 5천제곱미터 이상인 시설로서 다음의 어느 하나에 해당하는 시설
      1) 문화 및 집회시설(전시장 및 동물원·식물원은 제외한다)
      2) 판매시설, 운수시설(고속철도의 역사 및 집배송시설은 제외한다)
      3) 종교시설
      4) 의료시설 중 종합병원
      5) 숙박시설 중 관광숙박시설
      6) 지하도상가
      7) 냉동·냉장 창고시설
2. 연면적 5천제곱미터 이상인 냉동·냉장 창고시설의 설비공사 및 단열공사
3. 최대 지간(支間)길이(다리의 기둥과 기둥의 중심 사이의 거리)가 50미터 이상인 다리의 건설등 공사
4. 터널의 건설등 공사
5. 다목적댐, 발전용댐, 저수용량 2천만톤 이상의 용수 전용 댐 및 지방상수도 전용 댐의 건설등 공사
6. 깊이 10미터 이상인 굴착공사

102 건설업 산업안전보건관리비 계상 및 사용기준은 산업재해보상 보험법의 적용을 받는 공사 중 총 공사금액이 얼마 이상인 공사에 적용하는가?

① 4천만원   ② 3천만원
③ 2천만원   ④ 1천만원

정답 99. ② 100. ② 101. ② 102. ③

[해설] **적용범위** 〈건설업 산업안전보건관리비 계상 및 사용기준〉
제3조(적용범위)
건설공사 중 총공사금액 2천만 원 이상인 공사에 적용한다.

103 건설업의 공사금액이 850억 원일 경우 산업안전보건법령에 따른 안전관리자의 수로 옳은 것은? (단, 전체 공사기간을 100으로 할 때 공사 전·후 15에 해당하는 경우는 고려하지 않는다.)

① 1명 이상　　② 2명 이상
③ 3명 이상　　④ 4명 이상

[해설] **사업장 종류, 규모에 따른 안전관리자 수**

사업장 종류	규모(상시 근로자)	안전관리자 수
건설업 (*규모에 따라 인원수 구분)	공사금액 800억 원 이상~1500억 원 미만(전체 공사기간 중 전·후 15에 해당하는 기간 동안은 1명 이상으로 함)	2명 이상
	120억 원(토목공사 150억 원)~800억 원 미만	1명 이상

104 미리 작업장소의 지형 및 지반상태 등에 적합한 제한속도를 정하지 않아도 되는 차량계 건설기계의 속도 기준은?

① 최대 제한 속도가 10km/h 이하
② 최대 제한 속도가 20km/h 이하
③ 최대 제한 속도가 30km/h 이하
④ 최대 제한 속도가 40km/h 이하

[해설] **제한속도의 지정** 〈산업안전보건기준에 관한 규칙〉
제98조(제한속도의 지정 등)
① 차량계 하역운반기계, 차량계 건설기계(최대제한속도가 시속 10킬로미터 이하인 것은 제외)를 사용하여 작업을 하는 경우 미리 작업장소의 지형 및 지반 상태 등에 적합한 제한속도를 정하고, 운전자로 하여금 준수하도록 하여야 한다.

105 장비가 위치한 지면보다 낮은 장소를 굴착하는 데 적합한 장비는?

① 트럭크레인　　② 파워셔블
③ 백호　　　　　④ 진폴

[해설] **백호(backhoe)** : 장비가 위치한 지면보다 낮은 장소를 굴착하는데 적합한 장비
- 단단한 토질의 굴삭이 가능하고 Trench, Ditch, 배관작업등에 편리. 수중굴착도 가능

106 크레인 등 건설장비의 가공전선로 접근 시 안전대책으로 옳지 않은 것은?

① 안전 이격거리를 유지하고 작업한다.
② 장비를 가공전선로 밑에 보관한다.
③ 장비의 조립, 준비 시부터 가공전선로에 대한 감전 방지 수단을 강구한다.
④ 장비 사용 현장의 장애물, 위험물 등을 점검 후 작업계획을 수립한다.

[해설] **크레인 등 건설장비의 가공전선로 접근 시 안전대책**
② 가급적 자재를 가공전선로 아래에 보관하지 않도록 한다.

107 흙막이 공법을 흙막이 지지방식에 의한 분류와 구조방식에 의한 분류로 나눌 때 다음 중 지지방식에 의한 분류에 해당하는 것은?

① 수평 버팀대식 흙막이 공법
② H-Pile 공법
③ 지하연속벽 공법
④ Top down method 공법

[해설] **흙막이 공법**
(가) 흙막이 지지방식에 의한 분류
　　① 자립공법　　② 버팀대식공법
　　③ 어스앵커공법　④ 타이로드공법
(나) 구조방식에 의한 분류
　　① H-Pile 공법
　　② 널말뚝 공법
　　③ 지하연속벽 공법(벽식, 주열식)
　　④ 탑다운공법(Top down method)

정답 103. ② 104. ① 105. ③ 106. ② 107. ①

108 다음 중 배면 연약지반에 설치하여 굴착에 따른 과잉 간극수압의 변화를 측정하여 안정성 판단하는 계측기는?

① Load Cell
② Inclinometer
③ Extensometer
④ Piezometer

해설 **Piezometer(간극수압계)**
배면 연약지반에 설치하여 굴착에 따른 과잉 간극수압의 변화를 측정하여 안정성 판단
* Load cell(하중계) : Rock Bolt 또는 Earth Anchor에 하중계를 설치하여 토류벽의 하중을 계측하여 시공설계조사 와 안정도 예측(부재의 안정성 여부 판단)
* 지중경사계(Inclino meter) : 토류벽 또는 배면지반에 설치하여 기울기 측정(지중의 수평 변위량 측정) – 주변 지반의 변형을 측정

109 터널 지보공을 조립하거나 변경하는 경우에 조치하여야 하는 사항으로 옳지 않은 것은?

① 목재의 터널 지보공은 그 터널 지보공의 각 부재에 작용하는 긴압 정도를 체크하여 그 정도가 최대한 차이나도록 할 것
② 강(鋼)아치 지보공의 조립은 연결볼트 및 띠장 등을 사용하여 주재 상호간을 튼튼하게 연결할 것
③ 기둥에는 침하를 방지하기 위하여 받침목을 사용하는 등의 조치를 할 것
④ 주재(主材)를 구성하는 1세트의 부재는 동일 평면 내에 배치할 것

해설 **터널 지보공 조립 또는 변경시의 조치사항** 〈산업안전보건기준에 관한 규칙〉
제364조(조립 또는 변경시의 조치)
터널 지보공을 조립하거나 변경하는 경우에의 조치사항
2. 목재의 터널 지보공은 그 터널 지보공의 각 부재의 긴압 정도가 균등하게 되도록 할 것

110 사면 보호 공법 중 구조물에 의한 보호 공법에 해당되지 않는 것은?

① 블록공
② 식생구멍공
③ 돌쌓기공
④ 현장타설 콘크리트 격자공

해설 **사면 보호 공법**
(가) 사면을 보호하기 위한 구조물에 의한 보호 공법
① 현장타설 콘크리트 격자공
② 블록공
③ (돌, 블록) 쌓기공
④ (돌, 블록, 콘크리트) 붙임공
⑤ 뿜칠공법
(나) 사면을 식물로 피복함으로써 침식, 세굴 등을 방지 : 식생공

111 다음은 안전대와 관련된 설명이다. 아래 내용에 해당되는 용어로 옳은 것은?

> 로프 또는 레일 등과 같은 유연하거나 단단한 고정줄로서 추락발생 시 추락을 저지시키는 추락방지대를 지탱해 주는 줄모양의 부품

① 안전블록 ② 수직구명줄
③ 죔줄   ④ 보조죔줄

해설 **수직구명줄** 〈보호구 안전인증 고시〉
수직구명줄이란 로프 또는 레일 등과 같은 유연하거나 단단한 고정줄로서 추락발생시 추락을 저지시키는 추락방지 대를 지탱해 주는 줄모양의 부품을 말한다.

112 추락방지망 설치 시 그물코의 크기가 10cm인 매듭 있는 방망의 신품에 대한 인장강도 기준으로 옳은 것은?

① 100kgf 이상 ② 200kgf 이상
③ 300kgf 이상 ④ 400kgf 이상

정답 108.④ 109.① 110.② 111.① 112.②

해설 **추락방지망의 인장강도**(방망사의 신품에 대한 인장강도) - ( )는 방망사의 폐기시 인장강도

그물코의 크기 (단위 : 센티미터)	방망의 종류(단위 : 킬로그램)	
	매듭 없는 방망	매듭 방망
10	240(150)	200(135)
5		110(60)

113 달비계의 구조에서 달비계 작업발판의 폭과 틈새기준으로 옳은 것은?

① 작업발판의 폭 30cm 이상, 틈새 3cm 이하
② 작업발판의 폭 40cm 이상, 틈새 3cm 이하
③ 작업발판의 폭 30cm 이상, 틈새 없도록 할 것
④ 작업발판의 폭 40cm 이상, 틈새 없도록 할 것

해설 **달비계** 〈산업안전보건기준에 관한 규칙〉
제63조(달비계의 구조)
달비계를 설치하는 경우의 준수사항
6. 작업발판은 폭을 40센티미터 이상으로 하고 틈새가 없도록 할 것

114 강관을 사용하여 비계를 구성하는 경우의 준수사항으로 옳지 않은 것은?

① 비계기둥의 간격은 띠장 방향에서는 1.85미터 이하, 장선(長繕) 방향에서는 1.5미터 이하로 할 것
② 띠장 간격은 2.0미터 이하로 할 것
③ 비계기둥 간의 적재하중은 400킬로그램을 초과하지 않도록 할 것
④ 비계기둥의 제일 윗부분으로부터 31미터되는 지점 밑부분의 비계기둥은 3개의 강관으로 묶어세울 것

해설 **강관비계의 구조** 〈산업안전보건기준에 관한 규칙〉
제60조(강관비계의 구조)
강관을 사용하여 비계를 구성하는 경우의 준수사항
3. 비계기둥의 제일 윗부분으로부터 31미터되는 지점 밑부분의 비계기둥은 2개의 강관으로 묶어세울 것

115 이동식비계 조립 및 사용 시 준수사항으로 옳지 않은 것은?

① 비계의 최상부에서 작업을 하는 경우에는 안전난간을 설치할 것
② 승강용사다리는 견고하게 설치할 것
③ 작업발판은 항상 수평을 유지하고 작업발판 위에서 작업을 위한 거리가 부족할 경우에는 받침대 또는 사다리를 사용할 것
④ 작업발판의 최대적재하중은 250kg을 초과하지 않도록 할 것

해설 **이동식비계** 〈산업안전보건기준에 관한 규칙〉
제68조(이동식비계)
이동식비계를 조립하여 작업을 하는 경우에의 준수사항
4. 작업발판은 항상 수평을 유지하고 작업발판 위에서 안전난간을 딛고 작업을 하거나 받침대 또는 사다리를 사용하여 작업하지 않도록 할 것

116 산업안전보건법령에 따른 작업발판 일체형 거푸집에 해당되지 않는 것은?

① 갱 폼(Gang Form)
② 슬립 폼(Slip Form)
③ 유로 폼(Euro Form)
④ 클라이밍 폼(Climbing Form)

해설 **작업발판 일체형 거푸집** 〈산업안전보건기준에 관한 규칙〉
제331조2(작업발판 일체형 거푸집의 안전조치)
① "작업발판 일체형 거푸집"이란 거푸집의 설치·해체, 철근 조립, 콘크리트 타설, 콘크리트 면 처리 작업 등을 위하여 거푸집을 작업발판과 일체로 제작하여 사용하는 거푸집
1. 갱 폼(gang form)
2. 슬립 폼(slip form)

정답 113. ④ 114. ④ 115. ③ 116. ③

3. 클라이밍 폼(climbing form)
4. 터널 라이닝 폼(tunnel lining form)
5. 그 밖에 거푸집과 작업발판이 일체로 제작된 거푸집

117 가설통로 설치에 있어 경사가 최소 얼마를 초과하는 경우에는 미끄러지지 아니하는 구조로 하여야 하는가?

① 15도 ② 20도
③ 30도 ④ 40도

해설 가설통로의 구조 〈산업안전보건기준에 관한 규칙〉
제23조(가설통로의 구조)
3. 경사가 15도를 초과하는 경우에는 미끄러지지 아니하는 구조로 할 것

118 거푸집 해체작업 시 유의사항으로 옳지 않은 것은?

① 일반적으로 수평부재의 거푸집은 연직부재의 거푸집보다 빨리 떼어낸다.
② 해체된 거푸집이나 각목 등에 박혀있는 못 또는 날카로운 돌출물은 즉시 제거하여야 한다.
③ 상하 동시 작업은 원칙적으로 금지하여 부득이한 경우에는 긴밀히 연락을 위하여 작업을 하여야 한다.
④ 거푸집 해체작업장 주위에는 관계자를 제외하고는 출입을 금지시켜야 한다.

해설 거푸집 해체작업 시 유의사항
① 일반적으로 연직부재의 거푸집은 수평부재의 거푸집보다 빨리 떼어낸다.
(거푸집 해체 순서 : 기둥 → 벽체 → 보 → 슬래브)

119 겨울철 공사중인 건축물의 벽체 콘크리트 타설 시 거푸집이 터져서 콘크리트가 쏟아지는 사고가 발생하였다. 이 사고의 발생 원인으로 추정 가능한 사안 중 가장 타당한 것은?

① 진동기를 사용하지 않았다.
② 철근 사용량이 많았다.
③ 콘크리트의 슬럼프가 작았다.
④ 콘크리트의 타설속도가 빨랐다.

해설 콘크리트의 측압
콘크리트 타설시 기둥, 벽체에 가해지는 콘크리트 수평방향의 압력. 콘크리트의 타설높이가 증가함에 따라 측압이 증가하나 일정높이 이상이 되면 측압은 감소
① 다짐이 좋을수록 측압이 커진다.
② 철근량이 적을수록 측압이 커진다.
③ 슬럼프가 클수록 측압이 커진다.
③ 부어넣기 빠를수록 측압이 커진다.

120 부두·안벽 등 하역작업을 하는 장소에서 부두 또는 안벽의 선을 따라 통로를 설치하는 경우에는 폭을 최소 얼마 이상으로 하여야 하는가?

① 85cm ② 90cm
③ 100cm ④ 120cm

해설 화물취급 작업 〈산업안전보건기준에 관한 규칙〉
제390조(하역작업장의 조치기준)
2. 부두 또는 안벽의 선을 따라 통로를 설치하는 경우에는 폭을 90센티미터 이상으로 할 것

정답 117. ① 118. ① 119. ④ 120. ②

제 5 회 CBT 최종모의고사

[제1과목] 산업안전관리론

01 다음 중 웨버(D.A.Weaver)의 사고발생 도미노이론에서 "작전적 에러"를 찾아내기 위한 질문의 유형과 가장 거리가 먼 것은?

① what ② why
③ where ④ whether

해설 작전적 에러
경영자, 감독자의 행동(의지부족, 목표설정미흡, 관리구조결함 등) ⇨ what, why, whether
(* 전술적 에러 : 불안전한 행동, 조작 ⇨ where)

02 사업장의 안전·보건관리계획 수립 시 유의사항으로 옳은 것은?

① 사고발생 후의 수습대책에 중점을 둔다.
② 계획의 실수 중에는 변동이 없어야 한다.
③ 계획의 목표는 점진적으로 수준을 높이도록 한다.
④ 대기업의 경우 표준계획서를 작성하여 모든 사업장에 동일하게 적용시킨다.

해설 안전보건관리계획 수립 시 고려 사항
① 타 관리계획과 균형이 되어야 한다.
② 안전보건의 저해요인을 확실히 파악해야 한다.
③ 계획의 목표는 점진적으로 높은 수준의 것으로 한다.
④ 경영층의 기본 방침을 명확하게 근로자에게 나타내야 한다.
⑤ 수립된 계획은 안전보건관리활동의 근거로 활용된다.

03 산업안전보건법령상 산업안전보건위원회의 심의·의결사항에 명시되지 않은 것은? (단, 그 밖에 해당 사업장 근로자의 안전 및 보건을 유지·증진시키기 위하여 필요한 사항은 제외)

① 사업장의 산업재해 예방계획의 수립에 관한 사항
② 산업재해에 관한 통계의 기록 및 유지에 관한 사항
③ 작업환경측정 등 작업환경의 점검 및 개선에 관한 사항
④ 안전장치 및 보호구 구입 시 적격품 여부 확인에 관한 사항

해설 산업안전보건위원회의 심의 또는 의결 사항
① 사업장의 산업재해 예방계획의 수립에 관한 사항
② 안전보건관리규정의 작성 및 변경에 관한 사항
③ 안전보건 교육에 관한 사항
④ 작업환경측정 등 작업환경의 점검 및 개선에 관한 사항
⑤ 근로자의 건강진단 등 건강관리에 관한 사항
⑥ 산업재해의 원인 조사 및 재발 방지대책 수립에 관한 사항 중 중대재해에 관한 사항
⑦ 산업재해에 관한 통계의 기록 및 유지에 관한 사항
⑧ 유해하거나 위험한 기계·기구·설비를 도입한 경우 안전 및 보건 관련 조치에 관한 사항
⑨ 그 밖에 해당 사업장 근로자의 안전 및 보건을 유지·증진시키기 위하여 필요한 사항은 제외

정답 01. ③ 02. ③ 03. ④

04 안전관리조직의 유형 중 라인형에 관한 설명으로 옳은 것은?

① 대규모 사업장에 적합하다.
② 안전지식과 기술축적이 용이하다.
③ 명령과 보고가 상하관계뿐이므로 간단 명료하다.
④ 독립된 안전참모 조직에 대한 의존도가 크다.

해설 라인형(Line, 직계식)
안전보건관리의 계획에서부터 실시에 이르기까지 생산라인을 통하여 이루어지도록 편성된 조직
(※ 근로자 100인 미만 사업장에 적합)

장점	단점
① 안전에 대한 지시, 전달이 용이(신속히 수행) ② 명령 계통이 간단, 명료 ③ 참모식보다 경제적	① 안전에 관한 전문지식이 부족하고 기술의 축적이 미흡(안전에 대한 정보 불충분) ② 안전정보 및 신기술 개발이 어려움 ③ 라인에 과중한 책임이 물림

05 건설기술진흥법령에 따른 건설사고조사위원회의 구성 기준 중 다음 ( ) 안에 알맞은 것은?

> 건설사고조사위원회는 위원장 1명을 포함한 ( )명 이내의 위원으로 구성한다.

① 9   ② 10
③ 11 ④ 12

해설 건설사고조사위원회의 구성·운영 〈건설기술진흥법 시행령〉
제106조(건설사고조사위원회의 구성·운영 등)
① 건설사고조사위원회는 위원장 1명을 포함한 12명 이내의 위원으로 구성한다.

06 산업안전보건법령상 해당 사업장의 연간 재해율의 같은 업종의 평균재해율의 2배 이상인 경우 사업주에게 관리자를 정수 이상으로 증원하게 하거나 교체하여 임명할 것을 명할 수 있는 자는?

① 시·도지사
② 고용노동부장관
③ 국토교통부장관
④ 지방고용노동관서의 장

해설 안전관리자 등의 증원·교체임명 명령 〈산업안전보건법 시행규칙〉
① 해당 사업장의 연간재해율이 같은 업종의 평균 재해율의 2배 이상인 경우
② 중대재해가 연간 2건 이상 발생한 경우(전년도 사망만인율이 같은 업종의 평균 사망만인율 이하인 경우는 제외)
③ 관리자가 질병이나 그 밖의 사유로 3개월 이상 직무를 수행할 수 없게 된 경우
④ 법령에 규정된 화학적 인자로 인한 직업성질병자가 연간 3명 이상 발생한 경우

07 시설물의 안전 및 유지관리에 관한 특별법상 다음과 같이 정의되는 것은?

> 시설물의 붕괴·전도 등으로 인한 재난 또는 재해가 발생할 우려가 있는 경우에 시설물의 물리적·기능적 결함을 신속하게 발견하기 위하여 실시하는 점검

① 긴급안전점검   ② 특별안전점검
③ 정밀안전점검   ④ 정기안전점검

해설 긴급안전점검 〈시설물의 안전 및 유지관리에 관한 특별법〉
제2조(정의)
7. "긴급안전점검"이란 시설물의 붕괴·전도 등으로 인한 재난 또는 재해가 발생할 우려가 있는 경우에 시설물의 물리적·기능적 결함을 신속하게 발견하기 위하여 실시하는 점검을 말한다.

정답 04.③ 05.④ 06.④ 07.①

08 산업안전보건법령상 관리감독자가 수행하는 안전 및 보건에 관한 업무에 속하지 않는 것은?

① 해당 작업의 작업장 정리·정돈 및 통로 확보에 대한 확인·감독
② 해당 작업에서 발생한 산업재해에 관한 보고 및 이에 대한 응급조치
③ 해당 사업장 안전교육계획의 수립 및 안전교육 실시에 관한 보좌 및 지도·조언
④ 관리감독자에게 소속된 근로자의 작업복·보호구 및 방호장치의 점검과 그 착용·사용에 관한 교육·지도

해설 관리감독자의 업무 〈산업안전보건법 시행령〉
① 사업장 내 관리감독자가 지휘·감독하는 작업과 관련된 기계·기구 또는 설비의 안전·보건 점검 및 이상 유무의 확인
② 관리감독자에게 소속된 근로자의 작업복·보호구 및 방호장치의 점검과 그 착용·사용에 관한 교육·지도
③ 해당 작업에서 발생한 산업재해에 관한 보고 및 이에 대한 응급조치
④ 해당 작업의 작업장 정리·정돈 및 통로 확보에 대한 확인·감독
⑤ 사업장의 안전관리자, 보건관리자, 안전보건관리담당자, 산업보건의의 지도·조언에 대한 협조 (전문기관 위탁인 경우 해당 담당자에 대한 협조)
⑥ 위험성평가에 관한 업무(유해·위험요인의 파악에 대한 참여, 개선조치의 시행에 대한 참여)
⑦ 그 밖에 해당작업의 안전 및 보건에 관한 사항으로서 고용노동부령으로 정하는 사항

09 하인리히의 재해 손실비 평가방식에서 간접비에 속하지 않는 것은?

① 요양급여
② 시설복구비
③ 교육훈련비
④ 생산손실비

해설 하인리히 방식에 의한 재해코스트 산정법
1) 직접비 : 산재보험급여(근로복지공단의 산재보상금)
2) 간접비 = 인적손실 + 생산손실 + 물적손실 + 기타손실(직접비를 제외한 모든 비용)

10 산업재해의 발생형태에 따른 분류 중 단순연쇄형에 속하는 것은? (단, ○는 재해발생의 각종 요소를 나타냄)

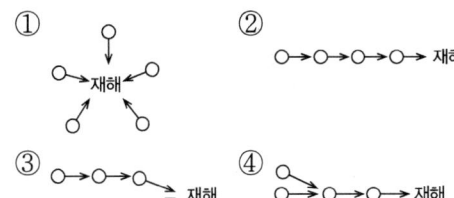

해설 산업 재해의 발생 유형(재해발생 3형태)
① 집중형(단순자극형) : 상호자극에 의해 순간적으로 재해가 발생
 – 일어난 장소나 그 시점에 일시적으로 요인이 집중하여 재해가 발생하는 경우
② 연쇄형 : 요소들 간에 연쇄적으로 진전해 나가는 형태(Ex. 도미노이론)
 – 단순연쇄형/ 복합연쇄형
③ 복합형 : 집중형과 연쇄형이 복합된 것이며 현대사회의 산업재해는 대부분 복합형
⇨ ① 집중형
  ② 단순연쇄형
  ③ 복합연쇄형
  ④ 복합형

11 작업자가 불안전한 작업대에서 작업 중 추락하여 지면에 머리가 부딪혀 다친 경우의 기인물과 가해물로 옳은 것은?

① 기인물 – 지면, 가해물 – 지면
② 기인물 – 작업대, 가해물 – 지면
③ 기인물 – 지면, 가해물 – 작업대
④ 기인물 – 작업대, 가해물 – 작업대

정답 08. ③ 09. ① 10. ② 11. ②

해설 재해사례의 분석
사고유형 – 추락, 기인물 – 작업대, 가해물 – 지면
(가) 기인물 : 재해가 일어난 원인이 되었던 기계, 장치, 기타물건 또는 환경(불안전한 상태에 있는 물체, 환경)
(나) 가해물 : 직접 사람에게 접촉되어 위해를 가한 물체
  * 예) 보행 중 작업자가 바닥에 미끄러지면서 주변의 상자와 머리를 부딪침
    ① 기인물 : 바닥
    ② 가해물 : 상자
    ③ 사고유형 : 전도
(다) 사고의 형태 : 물체(가해물)와 사람과의 접촉현상(재해형태)

12 하인리히의 사고예방대책 기본원리 5단계에 있어 "시정방법의 선정" 바로 이전 단계에서 행하여지는 사항으로 옳은 것은?

① 분석
② 사실의 발견
③ 안전조직 편성
④ 시정책의 적용

해설 사고예방 대책의 5단계(하인리히의 이론)
① 제1단계 : 안전관리조직(organization)
② 제2단계 : 사실의 발견(fact finding)
③ 제3단계 : 분석평가(analysis)
④ 제4단계 : 대책(시정책)의 선정(수립) (selection of remedy)
⑤ 제5단계 : 대책의 적용(application of remedy)

13 재해발생의 간접원인 중 교육적 원인에 속하지 않는 것은?

① 안전수칙의 오해
② 경험훈련의 미숙
③ 안전지식의 부족
④ 작업지시 부적당

해설 재해발생의 원인
(가) 직접원인 : 불안전한 행동·불안전한 상태
(나) 간접원인
  ① 기술적 원인
    ㉠ 구조, 재료의 부적합
    ㉡ 점검, 정비, 보존 불량
    ㉢ 건물, 기계장치의 설계 불량
  ② 교육적 원인 : 안전수칙의 오해, 경험훈련의 미숙, 안전지식의 부족
  ③ 신체적 원인
  ④ 정신적 원인
  ⑤ 작업관리상 원인 : 안전관리조직 결함, 설비 불량, 안전수칙 미제정, 작업지시 부적당(작업량 과다)

14 다음은 산업안전보건법령상 공정안전보고서의 제출 시기에 관한 기준 내용이다. ( ) 안에 들어갈 내용을 올바르게 나열한 것은?

> 사업주는 산업안전보건법 시행령에 따라 유해하거나 위험한 설비의 설치·이전 또는 주요 구조부분의 변경공사의 착공일 (㉠) 전까지 공정안전보고서를 (㉡) 작성하여 공단에 제출해야 한다.

① ㉠ 1일, ㉡ 2부
② ㉠ 15일, ㉡ 1부
③ ㉠ 15일, ㉡ 2부
④ ㉠ 30일, ㉡ 2부

해설 공정안전보고서의 제출 시기 〈산업안전보건법 시행규칙〉 제51조(공정안전보고서의 제출 시기)
사업주는 시행령에 따라 유해하거나 위험한 설비의 설치·이전 또는 주요 구조부분의 변경공사의 착공일 30일 전까지 공정안전보고서를 2부 작성하여 공단에 제출하여야 한다.

15 기계설비의 안전에 있어서 중요 부분의 피로, 마모, 손상, 부식 등에 대한 장치의 변화 유무 등을 일정 기간마다 점검하는 안전점검의 종류는?

① 수시점검
② 임시점검
③ 정기점검
④ 특별점검

정답 12.① 13.④ 14.④ 15.③

[해설] **정기점검**
일정시간마다 정기적으로 실시하는 점검으로, 기계, 기구, 시설 등에 대하여 주, 월, 또는 분기 등 지정된 날짜에 실시하는 점검
- 기계설비등의 안전에 있어서 중요 부분의 피로, 마모, 손상, 부식 등에 대한 장치의 변화 유무 등을 일정 기간마다 점검하는 안전점검

16 산업안전보건법령상 자율안전확인대상 기계 등에 해당하지 않는 것은?

① 연삭기　　② 곤돌라
③ 컨베이어　④ 산업용 로봇

[해설] **자율안전확인대상 기계**
① 연삭기 또는 연마기(휴대형은 제외)
② 산업용 로봇
③ 혼합기
④ 파쇄기 또는 분쇄기
⑤ 식품가공용기계(파쇄·절단·혼합·제면기만 해당)
⑥ 컨베이어
⑦ 자동차정비용 리프트
⑧ 공작기계(선반, 드릴기, 평삭·형삭기, 밀링만 해당)
⑨ 고정형 목재가공용기계(둥근톱, 대패, 루타기, 띠톱, 모떼기 기계만 해당)
⑩ 인쇄기

17 브레인스토밍(Brain Storming)의 원칙에 관한 설명으로 옳지 않은 것은?

① 최대한 많은 양의 의견을 제시한다.
② 누구나 자유롭게 의견을 제시할 수 있다.
③ 타인의 의견에 대하여 비판하지 않도록 한다.
④ 타인의 의견을 수정하여 본인의 의견으로 제시하지 않도록 한다.

[해설] **브레인 스토밍 4원칙**
① 비판금지 : 타인의 의견에 대하여 장·단점을 비판하지 않음
② 자유분방 : 지정된 표현방식을 벗어나 자유롭게 의견을 제시
③ 대량발언 : 사소한 아이디어라도 가능한 한 많이 제시하도록 함
④ 수정발언 : 타인의 의견에 대하여는 수정하여 발표할 수 있음
* 브레인 스토밍(brain-storming) : 6~12명의 구성원으로 타인의 비판 없이 자유로운 토론을 통하여 다량의 독창적인 아이디어를 이끌어내고, 대안적 해결안을 찾기 위한 집단적 사고기법(토의식 아이디어 개발 기법)

18 안전관리에 있어 5C 운동(안전행동 실천운동)에 속하지 않는 것은?

① 통제관리(Control)
② 청소청결(Cleaning)
③ 정리정돈(Clearance)
④ 전심전력(Concentration)

[해설] **안전행동 실천운동(5C 운동)**
① 복장단정(Correctness)
② 정리정돈(Clearance)
③ 청소청결(Cleaning)
④ 점검확인(Checking)
⑤ 전심전력(Concentration)

19 보호구 안전인증 고시에 따른 추락 및 감전 위험방지용 안전모의 성능시험대상에 속하지 않는 것은?

① 내유성　　② 내수성
③ 내관통성　④ 턱끈풀림

[해설] **안전모의 성능시험(기준)** 〈안전모의 의무안전인증기준〉
① 내관통성　② 충격흡수성
③ 내전압성　④ 내수성
⑤ 난연성　　⑥ 턱끈풀림

20 산업안전보건법령에 따른 안전보건표지의 종류 중 지시표지에 속하는 것은?

① 화기 금지　② 보안경 착용
③ 낙하물 경고　④ 응급구호표지

정답 16. ② 17. ④ 18. ① 19. ① 20. ②

해설 안전보건표지 종류
(3) 지시표지 : 1. 보안경 착용 2. 방독마스크 착용 3. 방진마스크 착용 4. 보안면 착용 5. 안전모 착용 6. 귀마개 착용 7. 안전화 착용 8. 안전장갑 착용 9. 안전복착용

2) commission error(실행 에러) : 필요한 작업 또는 절차를 불확실하게 수행함으로써 기인한 에러 – 작위 오류
3) extraneous error(과잉행동에러) : 불필요한 작업 또는 절차를 수행함으로써 기인한 에러
4) sequential error(순서에러) : 필요한 작업 또는 절차의 순서 착오로 인한 에러
5) time error(시간에러) : 필요한 직무 또는 절차의 수행의 지연(혹은 빨리)으로 인한 에러

[제2과목] 산업심리 및 교육

21 의식수준이 정상이지만 생리적 상태가 적극적일 때에 해당하는 것은?
① Phase 0   ② Phase Ⅰ
③ Phase Ⅲ ④ Phase Ⅳ

해설 의식의 레벨(Phase) 5단계 : 의식의 수준 정도
1) Phase 0 : 무의식 상태로 행동이 불가능한 상태 (수면)
2) Phase Ⅰ : 의식수준의 저하로 인한 피로와 단조로움의 생리적 상태. 사고발생 가능성이 높음(피로, 졸음, 술취함)
3) Phase Ⅱ : 의식은 정상이며 때때로 의식의 이완 상태(안정, 휴식, 정상적 작업)
4) Phase Ⅲ : 의식의 신뢰도가 가장 높은 상태. 명료한 상태(적극활동)
   – 의식수준이 정상이지만 생리적 상태가 적극적일 때에 해당
5) Phase Ⅳ : 과긴장 상태. 주의의 작용은 한곳에 집중되어서 판단이 불가능(패닉)

22 휴먼에러의 심리적 분류에 해당하지 않는 것은?
① 입력 오류(input error)
② 시간지연 오류(time error)
③ 생략 오류(omission error)
④ 순서 오류(sequential error)

해설 휴먼에러에 관한 분류 : 심리적 행위에 의한 분류 (Swain의 독립행동에 관한 분류)
1) omission error(생략 에러) : 필요한 작업 또는 절차를 수행하지 않는데 기인한 에러 – 부작위 오류

23 인간의 심리 중에는 안전수단이 생략되어 불안전 행위를 나타내는 경우가 있다. 안전수단이 생략되는 경우로 가장 적절하지 않은 것은?
① 의식과잉이 있을 때
② 교육훈련을 실시할 때
③ 피로하거나 과로했을 때
④ 부적합한 업무에 배치될 때

해설 안전수단이 생략되어 불안전행위를 나타내는 경우
① 의식과잉이 있을 때
② 피로하거나 과로했을 때
③ 주변의 영향이 있을 때
④ 부적합한 업무에 배치될 때

24 산업안전심리학에서 산업안전심리의 5대 요소에 해당하지 않는 것은?
① 감정   ② 습성
③ 동기   ④ 피로

해설 안전심리의 5대 요소
① 동기(motive) : 능동적인 감각에 의한 자극에서 일어난 사고의 결과로서 사람의 마음을 움직이는 원동력이 되는 것이다.
② 기질(temper) : 감정적인 경향이나 반응에 관계되는 성격의 한 측면이다.
③ 감정(feeling) : 생활체가 어떤 행동을 할 때 생기는 주관적인 동요를 뜻한다.
④ 습성(habit) : 한 종에 속하는 개체의 대부분에서 볼 수 있는 일정한 생활양식으로 본능, 학습, 조건반사 등에 따라 형성된다.
⑤ 습관(custom) : 성장과정을 통해 형성된 특성 등

정답 21. ③ 22. ① 23. ② 24. ④

25 선발용으로 사용되는 적성검사가 잘 만들어졌는지를 알아보기 위한 분석방법과 관련이 없는 것은?

① 구성타당도
② 내용타당도
③ 동등타당도
④ 검사 – 재검사 신뢰도

해설 타당도
① 준거관련 타당도(criterion–related validity) : 예측변인이 준거변인과 얼마나 관련되어 있느냐를 나타낸 타당도(검사도구의 측정결과가 준거가 되는 다른 측정결과와 관련이 있는 정도) – 기준타당도(경험)
  ㉠ 예측타당도(예언적 타당도) : 미래의 측정결과와 연관성(수능점수와 대학입학후 학과점수)
  ㉡ 동시타당도(공인(共因) 타당도) : 현재의 다른 측정결과와 연관성(유전자검사와 새로운 유전자 검사)
② 내용타당도(content validity) : 평가도구가 그것이 평가하려고하는 내용(목표)을 얼마나 충실히 측정하고 있는가를 논리적으로 분석·측정하려는 것
③ 구성개념타당도(construct validity, 구인타당도) : 인간의 정의적 특성을 이루고 있다고 가정한 구인(구성요인)들이 실제로 그 특성을 나타내고 있는지의 여부를 타당성 검증하는 것(수렴타당도, 변별타당도)
  – 측정하고자 하는 추상적 개념(이론)이 측정도구에 의해 제대로 측정되는지의 여부
④ 안면 타당도(face validity) : 피검사자들이 검사문항을 얼마나 친숙하게 느끼느냐에 의해 판단되는 것

26 다음 중 관계지향적 리더가 나타내는 대표적인 행동 특징으로 볼 수 없는 것은?

① 우호적이며 가까이 하기 쉽다.
② 집단구성원들을 동등하게 대한다.
③ 집단구성원들의 활동을 조정한다.
④ 어떤 결정에 대해 자세히 설명해준다.

해설 리더십 스타일
LPC척도(Least preferred co–worker, 설문지)로 리더의 특성을 과업동기와 관계동기로 나누어 측정함
① 관계지향적 리더(relationship–oriented style) : LPC점수가 높을수록 관계지향형 리더
  – 집단구성원들과 긴밀한 인간관계를 통한 과업목표 달성에 관심을 가짐(우호적이며 가까이 하기 쉽다, 어떤 결정에 대해 자세히 설명해준다, 집단구성원들을 동등하게 대한다.)
② 과업지향적 리더(task–oriented style) : LPC점수가 낮을수록 과업지향형 리더
  – 직무 수행 우선적인 관심을 가지며 집단구성원들에게 과업지향적 행동을 강조
  – 과업을 수행하기 위하여 리더는 권위적, 지시적, 성취 지향적인 특성을 가짐
* 피들러(Fiedler)의 상황리더십 이론 : 리더의 특성이나 행위가 주어진 상황조건에 따라 달라진다는 상황이론으로 리더의 성격적 특성과 리더십 상황의 호의도와의 적합성(match)정도에 따라 집단의 성과가 나타난다는 이론

27 상황성 누발자의 재해유발 원인과 가장 거리가 먼 것은?

① 기능 미숙 때문에
② 작업이 어렵기 때문에
③ 기계설비에 결함이 있기 때문에
④ 환경상 주의력의 집중이 혼란되기 때문에

해설 상황성 누발자(주변 상황)
① 작업이 어렵기 때문에
② 기계·설비의 결함이 있기 때문에
③ 심신에 근심이 있기 때문에
④ 환경상 주의력의 집중 혼란
* 미숙성 누발자 : 기능미숙, 환경에 익숙지 못함

28 인간의 동기에 대한 이론 중 자극, 반응, 보상의 3가지 핵심변인을 가지고 있으며, 표출된 행동에 따라 보상을 주는 방식에 기초한 동기이론은?

① 강화이론   ② 형평이론
③ 기대이론   ④ 목표성절이론

정답 25.③ 26.③ 27.① 28.①

해설 강화이론(스키너)
인간의 동기에 대한 이론 중 자극, 반응, 보상의 3가지 핵심변인을 가지고 있으며, 표출된 행동에 따라 보상을 주는 방식에 기초한 동기이론

29 생체리듬(biorhythm)에 대한 설명으로 옳은 것은?

① 각각의 리듬이 (-)에서의 최저점에 이르렀을 때를 위험일이라 한다.
② 감성적 리듬은 영문으로 S라 표시하며, 23일을 주기로 반복된다.
③ 육체적 리듬은 영문으로 P라 표시하며, 28일을 주기로 반복된다.
④ 지성적 리듬은 영문으로 I라 표시하며, 33일을 주기로 반복된다.

해설 생체리듬(Bio Rhythm) : 인간의 생리적 주기 또는 리듬에 관한 이론

종류	곡선표시	영역	주기
육체 리듬 (Physical)	P, 청색, 실선	식욕, 소화력, 활동력, 지구력 등이 증가(신체적 컨디션의 율동적 발현)	23일
감성 리듬 (Sensitivity)	S, 적색, 점선	감정, 주의력, 창조력, 예감, 희로애락 등이 증가	28일
지성 리듬 (Intellectual)	I, 녹색, 일점쇄선	상상력, 사고력, 판단력, 기억력, 인지력, 추리능력 등이 증가	33일

 * 위험일 : 안정기(+)와 불안정기(-)의 교차점

30 다음 중 리더십과 헤드십에 관한 설명으로 옳은 것은?

① 헤드십은 부하와의 사회적 간격이 좁다.
② 헤드십에서의 책임은 상사에 있지 않고 부하에 있다.
③ 리더십의 지휘형태는 권위주의적인 반면, 헤드십의 지휘형태는 민주적이다.
④ 권한행사 측면에서 보면 헤드십은 임명에 의하여 권한을 행사할 수 있다.

해설 리더십과 헤드십
(1) 리더십(Leadership) : 집단구성원에 의해 선출된 지도자의 지위, 임무
  ① 민주주의적 지휘행태
  ② 부하와의 좁은 사회적 간격
  ③ 밑으로 부터의 동의에 의한 권한 부여
  ④ 개인적 영향에 의한 부하와의 관계 유지
(2) 헤드십(head-ship) : 임명된 지도자로서 권위주의적이고 지배적임
  ① 권한의 근거는 공식적이다.
  ② 권한행사는 임명된 헤드이다.
  ③ 지휘형태는 권위주의적이다.
  ④ 상사와 부하와의 관계는 지배적이다.
  ⑤ 부하와의 사회적 간격은 넓다(관계 원활하지 않음).

31 다음 중 데이비스(K. Davis)의 동기부여 이론에서 "능력(ability)"을 올바르게 표현한 것은?

① 기능(skill)×태도(attitide)
② 지식(knowledge)×기능(skill)
③ 상황(situation)×태도(attitude)
④ 지식(knowledge)×상황(situation)

해설 데이비스(K. Davis)의 동기부여 이론(등식)
① 인간의 성과 × 물질의 성과 = 경영의 성과
② 지식(knowledge) × 기능(skill) = 능력(ability)
③ 상황(situation) × 태도(attitude) = 동기유발(motivation)
④ 인간의 능력(ability) × 동기유발(motivation) = 인간의 성과(human performance)

32 인간이 충족시키고자 추구하는 욕구에 있어 가장 강력한 욕구는?

① 생리적 욕구
② 안전의 욕구
③ 자아실현의 욕구
④ 애정 및 귀속의 욕구

해설 매슬로우(Abraham Maslow)의 욕구 5단계 이론
(1) 1단계 생리적 욕구(Physiological Needs) : 인간의 가장 기본적인 욕구(의식주 및 성적 욕구 등)

정답 29. ④ 30. ④ 31. ② 32. ①

─ 인간이 충족시키고자 추구하는 욕구에 있어 가장 강력한 욕구
(2) 2단계 안전의 욕구(Safety Needs) : 자기 보전적 욕구(안전과 보호, 경제적 안정, 질서 등)
(3) 3단계 사회적 욕구(Belonging and Love Needs) : 소속감, 애정욕구 등
(4) 4단계 존경의 욕구(Esteem Needs) : 다른 사람들로부터도 인정받고자하는 욕구(존경받고 싶은 욕구)
(5) 5단계 자아실현의 욕구(Self-actualization Needs) : 잠재적 능력을 실현하고자 하는 욕구

33 학습이론 중 S-R 이론에서 조건반사설에 의한 학습이론의 원리에 해당되지 않는 것은?

① 시간의 원리　② 일관성의 원리
③ 기억의 원리　④ 계속성의 원리

해설 조건반사설에 의한 학습이론의 원리
① 시간의 원리 : 조건자극(파블로프 개 실험의 종소리)은 무조건자극(음식물)과 시간적으로 동시에 혹은 조금 앞서서 주어야 한다는 것
② 강도의 원리 : 나중의 자극이 먼저의 자극보다 강도가 강하거나 동일하여야만 조건반사가 성립
③ 일관성의 원리 : 조건자극은 일관된 자극이어야 함
④ 계속성의 원리 : 자극과 반응 간에 반복되는 회수가 많을수록 효과가 있음
* 파블로프(Pavlov)의 조건반사설(반응설) : 후천적으로 얻게 되는 반사작용으로 행동을 발생시킨다는 것

34 안드라고지(Andragogy) 모델에 기초한 학습자로서의 성인의 특징과 가장 거리가 먼 것은?

① 성인들은 타인 주도적 학습을 선호한다.
② 성인들은 과제 중심적으로 학습하고자 한다.
③ 성인들은 다양한 경험을 가지고 학습에 참여한다.
④ 성인들은 왜 배워야 하는지에 대해 알고자 하는 욕구를 가지고 있다.

해설 엔드라고지 모델에 기초한 학습자로서의 성인의 특징
(* 엔드라고지 : 성인들의 학습을 돕기 위한 기술과 과학)
① 성인들은 왜 배워야 하는지에 대해 알고자 하는 욕구를 가지고 있다.
② 성인들은 자기 주도적으로 학습하고자 한다.
③ 성인들은 많은 다양한 경험을 가지고 학습에 참여한다.
④ 성인들은 학습을 하려는 강한 내·외적 동기를 가지고 있다.
⑤ 성인들은 문제 중심적으로 학습하고자 한다.
⑥ 성인들은 과제 중심적으로 학습하고자 한다.

35 구안법(project method)의 단계를 올바르게 나열한 것은?

① 계획 → 목적 → 수행 → 평가
② 계획 → 목적 → 평가 → 수행
③ 수행 → 평가 → 계획 → 목적
④ 목적 → 계획 → 수행 → 평가

해설 킬페트릭의 구안법(project method)
학습자 스스로 계획하고 구상하여 문제를 해결하고 지식과 경험을 종합적으로 체득시키려는 학습 지도 방법
① 학습 목표 설정(목적) → ② 계획 수립 → ③ 실행(활동) 또는 수행 → ④ 평가

36 산업안전보건법령상 근로자 안전·보건교육에서 채용 시 교육 및 작업내용 변경 시의 교육에 해당하는 것은?

① 사고 발생 시 긴급조치에 관한 사항
② 건강증진 및 질병 예방에 관한 사항
③ 유해·위험 작업환경 관리에 관한 사항
④ 작업공정의 유해·위험과 재해 예방대책에 관한 사항

해설 채용 시의 교육 및 작업내용 변경 시의 교육
• 산업안전 및 사고 예방에 관한 사항
• 산업보건 및 직업병 예방에 관한 사항
• 위험성 평가에 관한 사항

정답 33. ③ 34. ① 35. ④ 36. ①

- 산업안전보건법령 및 산업재해보상보험 제도에 관한 사항
- 직무스트레스 예방 및 관리에 관한 사항
- 직장 내 괴롭힘, 고객의 폭언 등으로 인한 건강장해 예방 및 관리에 관한 사항
- 기계·기구의 위험성과 작업의 순서 및 동선에 관한 사항
- 작업 개시 전 점검에 관한 사항
- 정리정돈 및 청소에 관한 사항
- 사고 발생 시 긴급조치에 관한 사항
- 물질안전보건자료에 관한 사항

37 안전교육 훈련의 기술교육 4단계에 해당하지 않는 것은?

① 준비단계
② 보습지도의 단계
③ 일을 완성하는 단계
④ 일을 시켜보는 단계

해설 기술교육(교시법)의 4단계
① preparation → ② presentation →
③ performance → ④ follow up

38 다음 설명에 해당하는 안전교육방법은?

> ATP라고도 하며, 당초 일부 회사의 톱 매니지먼트(top management)에 대하여만 행하여졌으나, 그 후 널리 보급 되었으며, 정책의 수립, 조작, 통제 및 운영 등의 교육내용을 다룬다.

① TWI(Training Within Industry)
② CCS(Civil Communication Section)
③ MTP(Management Training Program)
④ ATT(American Telephone & Telegram Co.)

해설 ATP(Administration Training Program) [CCS(Civil Communication Section)]
정책의 수립, 조직, 통제 및 운영으로 되어 있으며, 강의법에 토의법이 가미됨

39 새로운 기술과 학습에서는 연습이 매우 중요하다. 연습 방법과 관련된 내용으로 틀린 것은?

① 새로운 기술을 학습하는 경우에는 일반적으로 배분연습보다 집중연습이 더 효과적이다.
② 교육훈련과정에서는 학습자료를 한꺼번에 묶어서 일괄적으로 연습하는 방법을 집중연습이라고 한다.
③ 충분한 연습으로 완전학습한 후에도 일정량 연습을 계속하는 것을 초과학습이라고 한다.
④ 기술을 배울 때는 적극적 연습과 피드백이 있어야 부적절하고 비효과적 반응을 제거할 수 있다.

해설 새로운 기술과 학습에서의 연습 방법
① 새로운 기술을 학습하는 경우에는 일반적으로 집중연습보다 배분연습이 더 효과적이다.
* 전습법(집중연습) : 기술 과제를 한 번에 전체적으로 학습하는 방법
* 분습법(배분연습) : 기술 요소를 몇 부분으로 나누어 학습하는 방법

40 안전보건교육의 단계별 교육 중 태도교육의 내용과 가장 거리가 먼 것은?

① 작업동작 및 표준작업방법의 습관화
② 안전장치 및 장비 사용 능력의 빠른 습득
③ 공구·보호구 등의 관리 및 취급태도의 확립
④ 작업지시·전달·확인 등의 언어·태도의 정확화 및 습관화

해설 단계별 교육내용
(1) 지식교육(제1단계) : 강의, 시청각교육을 통한 지식의 전달과 이해
(2) 기능교육(제2단계) : 시범, 견학, 실습, 현장실습교육을 통한 경험 체득과 이해

정답 37. ③ 38. ② 39. ① 40. ②

(3) 태도교육(제3단계) : 작업동작지도, 생활지도 등을 통한 안전의 습관화
① 작업동작 및 표준작업방법의 습관화
② 공구·보호구 등의 관리 및 취급태도의 확립
③ 작업 전후의 점검, 검사요령의 정확화 및 습관화
④ 작업지시·전달·확인 등의 언어태도의 습관화 및 정확화

제3과목 인간공학 및 시스템안전공학

41 인간이 기계보다 우수한 기능이라 할 수 있는 것은? (단, 인공지능은 제외한다.)

① 일반화 및 귀납적 추리
② 신뢰성 있는 반복 작업
③ 신속하고 일관성 있는 반응
④ 대량의 암호화된 정보의 신속한 보관

해설 인간과 기계의 기능 비교

인간이 우수한 기능	기계가 우수한 기능
• 다양한 경험통한 의사결정 • 관찰을 통한 일반화하여 귀납적 추리 • 과부하 상황에서는 중요한 일에만 전념 • 원칙을 적용하여 다양한 문제를 해결하는 능력 • 어떤 운용방법이 실패할 경우 완전히 새로운 해결책(방법) 찾을 수 있음	• 암호화된 정보 신속하게 대량 보관 • 관찰을 통해서 특수화하고 연역적으로 추리 • 과부하시에도 효율적으로 작동 • 명시된 절차에 따라 신속하고, 정량적 정보처리 • 장시간 중량작업, 반복작업, 동시작업 수행 기능 • 장시간 일관성이 있는 작업을 수행

42 암호체계의 사용 시 고려해야 될 사항과 거리가 먼 것은?

① 정보를 암호화한 자극은 검출이 가능하여야 한다.
② 다 차원의 암호보다 단일 차원화된 암호가 정보 전달이 촉진된다.
③ 암호를 사용할 때는 사용자가 그 뜻을 분명히 알 수 있어야 한다
④ 모든 암호 표시는 감지장치에 의해 검출될 수 있고, 다른 암호 표시와 구별될 수 있어야 한다.

해설 시각적 암호, 부호, 기호를 사용할 때에 고려사항 (암호체계 사용상의 일반적인 지침)
① 암호의 검출성   ② 암호의 판별성
③ 부호의 양립성   ④ 부호의 의미
⑤ 암호의 표준화   ⑥ 다차원 암호의 사용

43 인간-기계 시스템에서 시스템의 설계를 다음과 같이 구분할 때 제3단계인 기본설계에 해당 되지 않는 것은?

| 1단계 : 시스템의 목표와 성능 명세 결정 |
| 2단계 : 시스템의 정의 |
| 3단계 : 기본설계 |
| 4단계 : 인터페이스설계 |
| 5단계 : 보조물 설계 |
| 6단계 : 시험 및 평가 |

① 화면 설계   ② 작업 설계
③ 직무 분석   ④ 기능 할당

해설 제3단계 – 기본설계
1) 인간·하드웨어·소프트웨어의 기능 할당
2) 인간 성능 요건 명세
3) 직무 분석
4) 작업 설계

44 신호검출이론(SDT)의 판정결과 중 신호가 없었는데도 있었다고 말하는 경우는?

① 긍정(hit)
② 누락(miss)
③ 허위(false alarm)
④ 부정(correct rejection)

정답 41. ① 42. ② 43. ① 44. ③

해설 신호검출이론(SDT : Signal Detection Theory)
소음(noise)이 신호 검출에 미치는 영향을 다루는 이론
① 신호와 소음을 쉽게 식별할 수 없는 상황에 적용된다.
② 신호와 소음이 중첩될 때 혼동이 일어나기 쉬우며, 신호의 유무를 판정함에 있어 4가지가 있다.
  - 긍정(hit), 허위(false alarm), 누락(miss), 부정(correct rejection)의 네 가지 결과로 나눌 수 있다.
  - 허위 : 신호가 없었는데도 있었다고 말하는 경우

45 촉감의 일반적인 척도의 하나인 2점 문턱값(two-point threshold)이 감소하는 순서대로 나열된 것은?

① 손가락 → 손바닥 → 손가락 끝
② 손바닥 → 손가락 → 손가락 끝
③ 손가락 끝 → 손가락 → 손바닥
④ 손가락 끝 → 손바닥 → 손가락

해설 2점 문턱값(two-point threshold) : 촉감의 일반적인 척도의 하나
  - 2점 문턱값이 감소하는 순서 : 손바닥 → 손가락 → 손가락 끝

46 다음 현상을 설명한 이론은?

> 인간이 감지할 수 있는 외부의 물리적 자극 변화의 최소범위는 표준자극의 크기에 비례한다.

① 피츠(Fitts) 법칙
② 웨버(Weber) 법칙
③ 신호검출이론(SDT)
④ 힉-하이만(Hick-Hyman) 법칙

해설 웨버(Weber)의 법칙(Weber비)
인간이 감지할 수 있는 외부의 물리적 자극 변화의 최소범위는 기준이 되는 자극(표준 자극)의 크기에 비례하는 현상을 설명한 이론

- 물리적 자극을 상대적으로 판단하는데 있어 특정감각의 변화감지역은 사용 되는 기준자극(표준자극) 크기에 비례

$$Weber비 = \frac{\Delta I}{I}$$

(ΔI : 변화감지역, I : 기준자극크기)

47 신체활동의 생리학적 측정법 중 전신의 육체적인 활동을 측정하는데 가장 적합한 방법은?

① Flicker측정
② 산소 소비량 측정
③ 근전도(EMG) 측정
④ 피부전기반사(GSR) 측정

해설 산소 소비량 측정
신체활동의 생리학적 측정법 중 전신의 육체적인 활동을 측정하는데 가장 적합한 방법
* 근전도(EMG, Electromyogram) : 근육활동의 전위차를 기록한 것. 국부적 근육 활동의 척도로 운동기능의 이상을 진단. 간헐적인 페달을 조작할 때 다리에 걸리는 부하를 평가하기에 가장 적당한 측정 변수

48 인체측정 자료를 장비, 설비 등의 설계에 적용하기 위한 응용원칙에 해당하지 않는 것은?

① 조절식 설계
② 극단치를 이용한 설계
③ 구조적 치수 기준의 설계
④ 평균치를 기준으로 한 설계

해설 인체계측자료의 응용원칙
(1) 최대치수와 최소치수(극단적) : 최대치수(거의 모든 사람이 수용 할수 있는 경우 : 문, 통로, 그네의 지지하중, 위험 구역 울타리 등)와 최소치수(선반의 높이, 조정 장치까지의 거리, 조작에 필요한 힘)를 기준으로 설계
(2) 조절범위(가변적, 조절식) : 체격이 다른 여러 사람들에게 맞도록 조절하게 만든 것(의자의 상하 조절, 자동차 좌석의 전후 조절)

정답 45.② 46.② 47.② 48.③

(3) 평균치를 기준으로 한 설계 : 최대치수와 최소치수, 조절식으로 하기 어려울 때 평균치를 기준으로 하여 설계

49 작업공간의 배치에 있어 구성요소 배치의 원칙에 해당하지 않는 것은?

① 기능성의 원칙
② 사용빈도의 원칙
③ 사용순서의 원칙
④ 사용방법의 원칙

해설 부품(공간)배치의 원칙
(가) 중요성(기능성)의 원칙 : 부품의 작동성능이 목표 달성에 긴요한 정도에 따라 우선순위를 결정
(나) 사용빈도의 원칙 : 부품이 사용되는 빈도에 따라 우선순위를 결정
(다) 기능별 배치의 원칙 : 기능적으로 관련된 부품을 모아서 배치
(라) 사용순서의 배치 : 사용순서에 맞게 배치

50 동작경제의 원칙에 해당하지 않는 것은?

① 공구의 기능을 각각 분리하여 사용하도록 한다.
② 두 팔의 동작은 동시에 서로 반대방향으로 대칭적으로 움직이도록 한다.
③ 공구나 재료는 작업동작이 원활하게 수행되도록 그 위치를 정해준다.
④ 가능하다면 쉽고도 자연스러운 리듬이 작업동작에 생기도록 작업을 배치한다.

해설 동작경제의 원칙(Barnes)
① 공구의 기능을 결합하여서 사용하도록 한다.

51 태양광이 내리쬐지 않는 옥내의 습구흑구 온도지수(WBGT) 산출 식은?

① $0.6 \times$ 자연습구온도 $+ 0.3 \times$ 흑구온도
② $0.7 \times$ 자연습구온도 $+ 0.3 \times$ 흑구온도
③ $0.6 \times$ 자연습구온도 $+ 0.4 \times$ 흑구온도
④ $0.7 \times$ 자연습구온도 $+ 0.4 \times$ 흑구온도

해설 습구흑구온도(WBGT : Wet Bulb Globe Temperature) 지수 : 수정감각온도를 지수로 간단하게 표시한 온열지수(실내외에서 활동하는 사람의 열적 스트레스를 나타내는 지수)
① 실외(태양광선이 있는 장소)
WBGT = 0.7WB + 0.2GT + 0.1DB
② 실내 또는 태양광선이 없는 실외
WBGT = 0.7WB + 0.3GT
〈WB(Wet Bulb) : 습구온도, GT(Globe Temperature) : 흑구온도, DB(Dry Bulb) : 건구온도〉

52 시각적 식별에 영향을 주는 각 요소에 대한 설명 중 틀린 것은?

① 조도는 광원의 세기를 말한다.
② 휘도는 단위 면적당 표면에 반사 또는 방출되는 광량을 말한다.
③ 반사율은 물체의 표면에 도달하는 조도와 광도의 비를 말한다.
④ 광도 대비란 표적의 광도와 배경의 광도의 차이를 배경 광도로 나눈 값을 말한다.

해설 조도
어떤 물체나 표면에 도달하는 빛의 밀도(빛 밝기의 정도, 대상면에 입사하는 빛의 양)

53 시스템안전 MIL-STD-882B 분류기준의 위험성 평가 매트릭스에서 발생빈도에 속하지 않는 것은?

① 거의 발생하지 않는(remote)
② 전혀 발생하지 않는(impossible)
③ 보통 발생하는(reasonably probable)
④ 극히 발생하지 않을 것 같은(extremely improbable)

정답 49. ④ 50. ① 51. ② 52. ① 53. ②

해설 미국방성 위험성평가 중 위험도(MIL-STD-882B)

분류	범주	해당 재난
파국적 (catastrophic)	category I	사망 또는 시스템 상실
위기적 (critical)	category II	중상, 직업병 또는 중요 시스템 손상
한계적 (marginal)	category III	경상, 경미한 직업병 또는 시스템의 가벼운 손상
무시 가능 (neglligible)	category IV	사소한 상처, 직업병 또는 시스템 손상

54 THERP(Technique for Human Error Rate Prediction)의 특징에 대한 설명으로 옳은 것을 모두 고른 것은?

> ㉠ 인간-기계 계(system)에서 여러 가지의 인간의 에러와 이에 의해 발생할 수 있는 위험성의 예측과 개선을 위한 기법
> ㉡ 인간의 과오를 정성적으로 평가하기 위하여 개발된 기법
> ㉢ 가지처럼 갈라지는 형태의 논리구조와 나무형태의 그래프를 이용

① ㉠, ㉡
② ㉠, ㉢
③ ㉡, ㉢
④ ㉠, ㉡, ㉢

해설 THERP(Technique for Human Error Rate Prediction, 인간 과오율 예측기법) : 인간의 과오(Human error)에 기인된 원인분석, 확률을 계산함으로써 제품의 결함을 감소시키고, 인간 공학적 대책을 수립하는데 사용되는 분석기법
① 작업자의 실수 확률을 예측하는 데 가장 적합한 기법
② 인간의 과오를 정량적으로 평가하고 분석
③ 가지처럼 갈라지는 형태의 논리구조와 나무형태의 그래프를 이용

55 FT도에서 시스템의 신뢰도는 얼마인가? (단, 모든 부품의 발생확률은 0.10이다.)

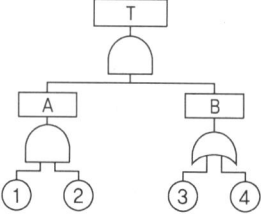

① 0.0033
② 0.0062
③ 0.9981
④ 0.9936

해설 시스템의 신뢰도
(1) T 사상의 발생 확률
T = A · B (A = ① · ②, B = ③ + ④)
A = ① · ② = 0.1 × 0.1 = 0.01
B = 1 − (1 − ③)(1 − ④) = 1 − (1 − 0.1)(1 − 0.1)
　 = 0.19
T = 0.01 × 0.19 = 0.0019
(2) 신뢰도 = 1 − 발생확률 = 1 − 0.0019 = 0.9981

56 컷셋(Cut Sets)과 최소 패스셋(Minimal Path Sets)의 정의로 옳은 것은?

① 컷셋은 시스템 고장을 유발시키는 필요 최소한의 고장들의 집합이며, 최소 패스셋은 시스템의 신뢰성을 표시한다.
② 컷셋은 시스템 고장을 유발시키는 기본 고장들의 집합이며, 최소 패스셋은 시스템의 불신뢰도를 표시한다.
③ 컷셋은 그 속에 포함되어 있는 모든 기본 사상이 일어났을 때 정상사상을 일으키는 기본사상의 집합이며, 최소 패스셋은 시스템의 신뢰성을 표시한다.
④ 컷셋은 그 속에 포함되어 있는 모든 기본 사상이 일어났을 때 정상사상을 일으키는 기본사상의 집합이며, 최소 패스셋은 시스템의 성공을 유발하는 기본 사상의 집합이다.

정답 54. ② 55. ③ 56. ③

해설 컷셋과 패스셋
(1) 컷셋(cut set) : 특정 조합의 모든 기본사상들이 동시에 결함을 발생하였을 때 정상사상(결함사상)을 일으키는 기본 사상의 집합(정상사상이 일어나기위한 기본사상의 집합)
(2) 최소 패스셋(minimal path set) : 어떤 고장이나 실수를 일으키지 않으면 재해가 발생하지 않는 것으로 시스템의 신뢰성을 표시하는 것

57 FTA에 의한 재해사례 연구순서 중 2단계에 해당하는 것은?

① FT 도의 작성
② 톱 사상의 선정
③ 개선계획의 작성
④ 사상의 재해원인을 규명

해설 결함수분석(FTA) 절차(FTA에 의한 재해사례의 연구 순서)
(가) 제1단계 : TOP 사상의 선정
(나) 제2단계 : 사상의 재해 원인 규명
(다) 제3단계 : FT(Fault Tree)도 작성
(라) 제4단계 : 개선 계획 작성
(마) 제5단계 : 개선안 실시계획

58 다음에서 설명하는 용어는?

> 유해·위험요인을 파악하고 해당 유해·위험요인에 의한 부상 또는 질병의 발생 가능성(빈도)과 중대성(강도)을 추정·결정하고 감소대책을 수립하여 실행하는 일련의 과정을 말한다.

① 위험성 결정
② 위험성 평가
③ 위험빈도 추정
④ 유해·위험요인 파악

해설 위험성 평가(risk assessment)
사업주가 스스로 유해·위험요인을 파악하고 해당 유해·위험요인의 위험성 수준을 결정 하여, 위험성을 낮추기 위한 적절한 조치를 마련하고 실행하는 과정〈사업장 위험성 평가〉

59 HAZOP 기법에서 사용하는 가이드워드와 그 의미가 잘못 연결된 것은?

① Part of : 성질상의 감소
② As well as : 성질상의 증가
③ Other than : 기타 환경적인 요인
④ More/Less : 정량적인 증가 또는 감소

해설 HAZOP 기법에서 사용하는 가이드워드와 의미
* 유인어(guide word) : 간단한 말로서 창조적 사고를 유도하고 자극하여 이상(deviation)을 발견하고 의도를 한정하기 위해 사용하는 것

가이드 워드(유인어)	의 미
No 또는 Not	설계 의도의 완전한 부정
As Well As	성질상의 증가
Part of	성질상의 감소
More/Less	정량적인(양) 증가 또는 감소
Other Than	완전한 대체의 사용
Reverse	설계 의도의 논리적인 역

60 설비보전 방법 중 설비의 열화를 방지하고 그 진행을 지연시켜 수명을 연장하기 위한 점검, 청소, 주유 및 교체 등의 활동은?

① 사후 보전   ② 개량 보전
③ 일상 보전   ④ 보전 예방

해설 일상보전
설비의 열화를 방지하고 그 진행을 지연시켜 수명을 연장하기 위한 설비의 점검, 청소, 주유 및 교체 등의 활동을 뜻하는 보전

[제4과목] 건설시공학

61 시공의 품질관리를 위한 7가지 도구에 해당되지 않는 것은?

① 파레토그램   ② LOB기법
③ 특성요인도   ④ 체크시트

정답 57. ④ 58. ② 59. ③ 60. ③ 61. ②

해설 전사적 품질관리(T.Q.C) 도구
① 히스토그램(histogram) : 자료의 분포 상태를 보기 쉽게 직사각형으로 나타낸 것으로 제품의 품질상태가 만족한 상태에 있는가의 여부를 판단하는데 사용(분포도)
② 파레토도(파레토그램) : 불량품, 결점, 고장 등의 발생건수를 현상과 원인별로 분류하고, 여러 가지 데이터를 항목별로 분류해서 문제의 크기 순서로 나열하여, 그 크기를 막대그래프로 표기한 품질관리 도구(영향도)
③ 특성요인도 : 결과에 원인이 어떻게 관계되고 있는가를 알아보기 위하여 작성(원인결과도)
④ 체크시트 : 불량수, 결점수 등 셀 수 있는 데이터를 분류하여 항목별로 나누었을 때 어디에 집중되어 있는가를 알기 쉽도록 한 그림 또는 표
⑤ 산점도 : 서로 대응되는 두 개의 짝으로 된 데이터를 그래프용지에 점으로 나타낸 것이다(산포도).
⑥ 층별 : 집단을 구성하고 있는 자료를 어떤 특징에 따라 몇 개의 부분집단으로 구분하는 것
⑦ 관리도 : 공정를 나타내는 그래프로서 공정을 관리상태로 유지하기 위하여 사용
* 전사적 품질관리(T.Q.C, Total Quality Control) : 제품의 설계단계부터 전 단계에 걸쳐 품질에 영향을 주는 모든 부분에 전사적으로 품질관리를 추진하는 활동

62 공사의 도급계약에 명시하여야 할 사항과 가장 거리가 먼 것은? (단, 첨부서류가 아닌 계약서 상 내용을 의미)

① 공사내용
② 구조설계에 따른 설계방법의 종류
③ 공사착수의 시기와 공사완성의 시기
④ 하자담보책임기간 및 담보방법

해설 공사의 도급계약에 명시하여야 할 사항 〈건설산업기본법시행령〉
제25조(공사도급계약의 내용)
1. 공사내용
2. 도급금액과 도급금액중 노임에 해당하는 금액
3. 공사착수의 시기와 공사완성의 시기
13. 인도를 위한 검사 및 그 시기
14. 공사완성후의 도급금액의 지급시기
15. 계약이행지체의 경우 위약금·지연이자의 지급 등 손해배상에 관한 사항
16. 하자담보책임기간 및 담보방법
17. 분쟁발생시 분쟁의 해결방법에 관한 사항

63 다음 설명에 해당하는 공정표의 종류로 옳은 것은?

> 한 공종의 작업이 하나의 숫자로 표기되고 컴퓨터에 적용하기 용이한 이점 때문에 많이 사용되고 있다. 각 작업은 node로 표기하고 더미의 사용이 불필요하며 화살표는 단순히 작업의 선후관계 만을 나타낸다.

① 횡선식 공정표   ② CPM
③ PDM   ④ LOB

해설 네트워크식 공정표(PDM : Precedence Diagram Method)
– 한 공종의 작업이 하나의 숫자로 표기되고 컴퓨터에 적용하기 용이한 이점 때문에 많이 사용되고 있다. 각 작업은 node로 표기하고 더미의 사용이 불필요하며 화살표는 단순히 작업의 선후관계만을 나타낸다.

64 주문받은 건설업자가 대상 계획의 기업, 금융, 토지조달, 설계, 시공 등을 포괄하는 도급계약방식을 무엇이라 하는가?

① 실비청산 보수가산도급
② 정액도급
③ 공동도급
④ 턴키도급

해설 턴키계약방식(Turn-key Contract)
주문받은 건설업자가 대상계획의 기업·금융, 토지조달, 설계, 시공, 기계기구 설치 등 주문자가 필요로 하는 모든 것을 조달하여 인도하는 방식. 설계와 시공을 일괄적으로 맡기는 방식이며 주로 대규모 공사에 채택

정답 62. ② 63. ③ 64. ④

65 흙막이 공법과 관련된 내용의 연결이 옳지 않은 것은?

① 버팀대공법 – 띠장, 지지말뚝
② 지하연속벽공법 – 안정액, 트레미관
③ 자립식공법 – 안내벽, 인터록킹 파이프
④ 어스앵커공법 – 인장재, 그라우팅

해설 **지하연속벽공법**
안내벽(guide wall) 설치, 인터록킹 파이프(stop end pipe) 설치

66 흙막이 공법 중 지하연속벽(slurry wall)공법에 대한 설명으로 옳지 않은 것은?

① 흙막이벽 자체의 강도, 강성이 우수하기 때문에 연약지반의 변형 및 이면침하를 최소한으로 억제할 수 있다.
② 차수성이 좋아 지하수가 많은 지반에도 사용할 수 있다.
③ 시공 시 소음, 진동이 작다.
④ 다른 흙막이벽에 비해 공사비가 적게 든다.

해설 **지하연속벽(slurry wall)공법에 대한 설명**
④ 장비가 고가이고 고도의 경험과 기술이 필요로 한다.
– 공사비가 비교적 높고 공기가 불리한 편이다.
* 지하연속벽공법(slurry wall method) : 안정액(slurry)을 사용하여 굴착한 뒤 지중(地中)에 연속된 철근 콘크리트 벽을 형성하는 현장 타설 말뚝 공법

67 건축물의 지하공사에서 계측관리에 관한 설명으로 틀린 것은?

① 계측관리의 목적은 위험의 징후를 발견하는 것이다.
② 계측관리의 중점관리사항으로는 흙막이 변위에 따른 배면지반의 침하가 있다.
③ 계측관리는 인적이 뜸하고 위험이 적은 안전한 곳에 설치하여 주기적으로 실시한다.
④ 일일점검항목으로는 흙막이벽체, 주변지반, 지하수위 및 배수량 등이 있다.

해설 **계측관리에 관한 설명**
③ 계측관리는 인적이 많고 위험이 큰 곳에 설치하여 주기적으로 실시한다.
* 계측관리 : 흙막이 붕괴, 지반침하, 인근구조물 균열 등을 예방하기 위한 계측관리

68 기초의 종류 중 지정형식에 따른 분류에 속하지 않는 것은?

① 직접기초
② 피어기초
③ 복합기초
④ 잠함기초

해설 **지정형식상 분류**
① 직접기초 : 기초판이 직접 지반에 전달하는 형식의 기초(얕은기초, 온통기초)
② 말뚝기초 : 기초판에 말뚝을 박은 기초(지지말뚝, 마찰말뚝)
③ 피어기초 : 피어(pier)로써 지지되는 기초
④ 잠함기초 : 피어기초의 일종(케이슨공법)

69 말뚝재하시험의 주요목적과 거리가 먼 것은?

① 말뚝길이의 결정
② 말뚝 관입량 결정
③ 지하수위 추정
④ 지지력 추정

해설 **말뚝기초 재하시험**
말뚝의 안정성 검토를 위해 하중을 가하여 지지력을 확인하는 시험
– 주요목적
① 말뚝길이의 결정
② 말뚝 관입량 결정
③ 지지력 추정

정답 65.③ 66.④ 67.③ 68.③ 69.③

70 벽식 철근콘크리트 구조를 시공할 경우, 벽과 바닥의 콘크리트 타설을 한 번에 가능하게 하기 위하여 벽체용 거푸집과 슬래브거푸집을 일체로 제작하여 한 번에 설치하고 해체할 수 있도록 한 시스템 거푸집은?

① 유로폼   ② 클라이밍폼
③ 슬립폼   ④ 터널폼

해설 터널폼(tunel form)
벽식 철근콘크리트 구조를 시공할 경우 벽과 바닥의 콘크리트 타설을 한 번에 가능하게 하기 위하여, 벽체용 거푸집과 슬래브 거푸집을 일체로 제작하여 한 번에 설치하고 해체할 수 있도록 한 거푸집(폼의 종류에는 트윈 쉘(twin shell)과 모노 쉘(mono shell)이 있다.)

71 갱 폼(Gang Form)에 관한 설명으로 옳지 않은 것은?

① 대형화 패널 자체에 버팀대와 작업대를 부착하여 유니트화 한다.
② 수직, 수평 분할 타설 공법을 활용하여 전용도를 높인다.
③ 설치와 탈형을 위하여 대형 양중장비가 필요하다.
④ 두꺼운 벽체를 구축하기에는 적합하지 않다.

해설 갱 폼(Gang form)
거푸집, 철재 서포트, 작업틀을 일체화한 거푸집으로 주로 외벽의 두꺼운 벽체, 옹벽, 피어 기초에 이용(대형벽체거푸집)
- 타워크레인 등의 시공장비에 의해 한 번에 설치하고 탈형만 하므로 사용할 때마다 부재의 조립 및 분해를 반복하지 않아 평면상 상하부 동일 단면의 벽식 구조인 아파트 건축물에 적용 효과가 큰 대형 벽체거푸집

72 철근콘크리트 공사 중 거푸집 해체를 위한 검사가 아닌 것은?

① 각종 배관슬리브, 매설물, 인서트, 단열재 등 부착 여부
② 수직, 수평부재의 존치기간 준수 여부
③ 소요의 강도 확보 이전에 지주의 교환 여부
④ 거푸집 해체용 콘크리트 압축강도 확인 시험 실시 여부

해설 거푸집공사 중 거푸집 해체상의 검사(거푸집 해체 시 확인 사항)
① 수직, 수평부재의 존치기간 준수 여부
② 소요의 강도 확보 이전에 지주의 교환 여부
③ 거푸집 해체용 압축강도 확인시험 실시 여부
* 거푸집 시공후 검사 : 각종 배관 슬리브, 매설물, 인서트, 단열재 등 부착 여부

73 철근의 피복두께 확보 목적과 가장 거리가 먼 것은?

① 내화성 확보
② 내구성 확보
③ 구조내력의 확보
④ 블리딩 현상 방지

해설 철근의 피복두께 확보 목적
① 내화성 확보(화재로부터 철근 보호)
② 철근과 콘크리트의 부착응력 확보
③ 내구성 확보
④ 구조내력 확보
⑤ 습기 및 콘크리트 중성화에 의한 철근 부식 방지(방청)
⑥ 철근의 좌굴방지
⑦ 철근 내부의 응력에 의한 균열을 방지
⑧ 시공시 콘크리트의 유동성 확보(골재의 유동)

74 유동화 콘크리트를 제조할 때 유동화제를 첨가하기 전 기본 배합 콘크리트인 베이스 콘크리트의 슬럼프 기준은? (단, 보통콘크리트의 경우)

① 150mm 이하   ② 180mm 이하
③ 210mm 이하   ④ 240mm 이하

정답 70. ④ 71. ④ 72. ① 73. ④ 74. ①

해설 **콘크리트의 슬럼프 기준**
① 베이스 콘크리트의 슬럼프 기준 : 150mm 이하 (표준 100mm)
② 유동화 콘크리트의 슬럼프 기준 : 210mm 이하 (표준 180mm)
③ 유동화 콘크리트의 베이스 콘크리트부터의 슬럼프 증가량 : 최대 100mm 이하(표준 80mm)

75 철근이음의 종류 중 나사를 가지는 슬리브 또는 커플러, 에폭시나 모르타르 또는 용융 금속 등을 충전한 슬리브, 클립이나 편체 등의 보조장치 등을 이용한 것을 무엇이라 하는가?

① 겹침이음   ② 가스압접 이음
③ 기계적 이음   ④ 용접이음

해설 **철근의 이음방법**
(1) 겹침이음 : 결속선으로 2개소이상 결속하여 이음. 일반적으로 많이 사용
(2) 가스압접이음 : 철근단면을 가스불꽃등 사용하여 가열하고 기계적 압력을 가하여 용접한 맞댐이음
(3) 기계식이음
  ① 나사식(커플러)이음
  ② 충전식이음 : 철근 양단부를 Sleeve에 넣고 에폭시, 모르타르 등의 Grout재를 충전하여 이음하는 방식
  ③ 압착식(grip joint)이음 : 철근 양단부를 Sleeve에 넣고 유압잭으로 압착하여 이음하는 방식
  ④ Cad Welding 이음 : 철근에 Sleeve를 끼워 연결하고 Sleeve 구멍에 화약과 합금혼합물을 충진한 후 순간폭발로 부재를 녹여 이음하는 공법
(4) 용접이음 : 용접에 의한 접합된 이음

76 강구조 부재의 용접 시 예열에 관한 설명으로 옳지 않은 것은?

① 모재의 표면온도가 0℃ 미만인 경우는 적어도 20℃ 이상 예열한다.
② 이종금속간에 용접을 할 경우는 예열과 층간온도는 하위등급을 기준으로 하여 실시한다.
③ 버너로 예열하는 경우에는 개선면에 직접 가열해서는 안 된다.
④ 온도관리는 용접선에서 75mm 떨어진 위치에서 표면온도계 또는 온도쵸크 등에 의하여 온도관리를 한다.

해설 **강구조 부재의 용접 시 예열**
② 이종금속간에 용접을 할 경우는 예열과 층간온도는 상위등급을 기준으로 하여 실시한다.

77 철골공사에서 발생할 수 있는 용접불량에 해당되지 않는 것은?

① 스캘럽(scallop)
② 언더컷(under cut)
③ 오버랩(over lap)
④ 피트(pit)

해설 **철골공사의 용접결함 종류**
1) 피트(Pit) 및 블로우 홀(blow hole) : 용접시 용접금속 내에 흡수된 가스가 표면에 나와 생성하는 작은 구멍을 Pit라 하며 내부에 그대로 잔류된 기공이 Blow hole임
2) 언더 컷(under cut) : 용접시 모재가 녹아 용착금속에 채워지지 않고 홈으로 남게 된 것
   - 비드(bead)의 가장자리에서 모재가 깊이 먹어들어 간 모양으로 된 것
3) 오버랩(overlap) : 용접시 용착금속이 모재에 융합되지 않고 겹쳐진 결함
* 스캘럽(scallop) : 철골부재 용접시 이음 및 접합부위의 용접선이 교차되어 용접된 부위가 열영향을 받아 취약해지기 때문에 모재에 부채꼴 모양의 모따기를 한 것(부채꼴 노치(notch)를 만들어 용접선이 교차하지 않도록 설계)

78 미장공법, 뿜칠공법을 통한 강구조부재의 내화피복 시공 시 시공면적 얼마 당 1개소 단위로 핀 등을 이용하여 두께를 확인하여야 하는가?

① $2m^2$ ② $3m^2$
③ $4m^2$ ④ $5m^2$

정답 75. ③ 76. ② 77. ① 78. ④

해설 미장공법, 뿜칠공법을 통한 강구조부재의 내화피복 시공 시 검사 : 시공면적 5m²당 1개소 단위로 핀 등을 이용하여 두께를 확인

79 보강블록공사 시 벽의 철근 배치에 관한 설명으로 옳지 않은 것은?

① 가로근을 배근 상세도에 따라 가공하되, 그 단부는 180°의 갈구리로 구부려 배근한다.
② 블록의 공동에 보강근을 배치하고 콘크리트를 다져 넣기 때문에 세로줄눈은 막힌줄눈으로 하는 것이 좋다.
③ 세로근은 기초 및 테두리보에서 위층의 테두리보까지 잇지 않고 배근하여 그 정착길이는 철근 직경의 40배 이상으로 한다.
④ 벽의 세로근은 구부리지 않고 항상 진동 없이 설치한다.

해설 보강 블록 쌓기
② 블록의 공동에 보강근을 배치하고 콘크리트를 다져넣기 때문에 세로줄눈은 통줄눈으로 하는 것이 좋다.

80 벽돌쌓기 시 사전준비에 관한 설명으로 옳지 않은 것은?

① 줄기초, 연결보 및 바닥 콘크리트의 쌓기 면은 작업 전에 청소하고, 우묵한 곳은 모르타르로 수평지게 고른다.
② 벽돌에 부착된 흙이나 먼지는 깨끗이 제거한다.
③ 모르타르는 지정한 배합으로 하되 시멘트와 모래는 건비빔으로 하고, 사용할 때에는 쌓기에 지장이 없는 유동성이 확보되도록 물을 가하고 충분히 반죽하여 사용한다.
④ 콘크리트 벽돌은 쌓기 직전에 충분한 물 축이기를 한다.

해설 벽돌쌓기 시 사전준비
붉은벽돌은 하루전에 물을 충분히 젖게 하여 표면 습도 유지토록하고 시멘트 벽돌은 쌓기 전 물을 축이지 아니한다(내화벽돌은 흙·먼지 등을 청소하고 물축이기는 하지 않고 사용한다).

제5과목 건설재료학

81 직사각형으로 자른 얇은 나뭇조각을 서로 직각으로 겹쳐지게 배열하고 방수성 수지로 강하게 압축 가공한 보드는?

① O.S.B   ② M.D.F
③ 플로어링블록   ④ 시멘트 사이딩

해설 OSB(Oriented strand board)
직사각형으로 자른 얇은 나뭇조각을 서로 직각으로 겹쳐지게 배열하고 방수성 수지로 강하게 압축 가공한 보드로 강도가 높다.

82 목재의 방부처리법과 가장 거리가 먼 것은?

① 약제도포법   ② 표면탄화법
③ 진공탈수법   ④ 침지법

해설 목재의 방부법
① 침지법 : 목재를 방부제 용액중에 담가 산소를 차단하여 방부처리 함, 가장 효과가 좋다.
② 도포법 : 목재를 충분히 건조시킨 후 방부액을 표면에 바르는 것. 가장 간단한 방법이다.
③ 표면탄화법 : 목재의 표면을 조금 태워 방부처리 하는 것(균에게 양분 제공하는 표면 그을림)
④ 약제 주입법 : 방부액을 목재에 주사하는 방법

83 목재 건조의 목적에 해당되지 않는 것은?

① 강도의 증진
② 중량의 경감
③ 가공성의 증진
④ 균류 발생의 방지

정답 79.② 80.④ 81.① 82.③ 83.③

해설 **목재의 건조 목적**
① 목재수축에 의한 손상 방지
② 목재강도의 증가
③ 균류에 의한 부식 방지
④ 도장이나 약재처리가 용이
⑤ 도료, 주입제 및 접착제의 효과 증대
⑥ 중량의 경감

84 세라믹 재료의 일반적인 특성에 관한 설명으로 옳지 않은 것은?
① 내열성, 화학저항성이 우수하다.
② 전·연성이 매우 뛰어나 가공이 용이하다.
③ 단단하고, 압축강도가 높다.
④ 전기절연성이 있다.

해설 **세라믹(ceramics)재료**
고온에서 구워 만든 비금속 무기질 고체 재료
② 고온에서만 소성변형이 일어남으로 전·연성이 낮다.

85 석재의 종류와 용도가 잘못 연결된 것은?
① 화산암 - 경량골재
② 화강암 - 콘크리트용 골재
③ 대리석 - 조각재
④ 응회암 - 건축용 구조재

해설 **응회암**
다공질이고 내화도가 높으므로 특수 장식재나 경량골재, 내화재 등에 사용된다.
- 흡수성이 높고, 내수성이 크나 강도가 높지 않아 건축용으로는 부적당하다.

86 콘크리트의 워커빌리티(workability)에 관한 설명으로 옳지 않은 것은?
① 과도하게 비빔시간이 길면 시멘트의 수화를 촉진하여 워커빌리티가 나빠진다.
② 단위수량을 너무 증가시키면 재료분리가 생기기 쉽기 때문에 워커빌리티가 좋아진다고 볼 수 없다.
③ AE제를 혼입하면 워커빌리티가 좋아진다.
④ 깬자갈이나 깬모래를 사용할 경우, 잔골재율을 작게 하고 단위수량을 감소시켜 워커빌리티가 좋아진다.

해설 **콘크리트의 워커빌리티**
④ 깬자갈이나 깬모래를 사용할 경우 워커빌리티가 나빠짐으로 잔골재를 많이 하고 단위수량을 증가시키면 워커빌리티가 좋아진다(강자갈을 사용하면 워커빌리티가 좋아진다).
* 콘크리트의 워커빌리티(Workability, 시공연도)
: 반죽질기 여하에 따르는 작업의 난이 정도 및 재료의 분리에 저항하는 정도를 나타내는 아직 굳지 않은 콘크리트의 성질을 말함(콘크리트의 재료분리현상 없이 거푸집 내부에 쉽게 타설 할 수 있는 정도를 나타내는 것)

87 한중 콘크리트의 배합에 관한 설명으로 옳지 않은 것은?
① 한중 콘크리트에는 일반콘크리트만을 사용하고, AE콘크리트의 사용을 금한다.
② 단위수량은 초기동해를 적게 하기 위하여 소요의 워커빌리티를 유지할 수 있는 범위 내에서 되도록 적게 정하여야 한다.
③ 물-결합재비는 원칙적으로 60% 이하로 하여야 한다.
④ 배합강도 및 물-결합재비는 적산온도방식에 의해 결정할 수 있다.

해설 **한중 콘크리트의 배합에 관한 설명**
① 공기연행제(AE제), AE 감수제 등을 사용하고 공기량을 크게 한다.
- 한중콘크리트에는 공기연행 콘크리트를 사용하는 것을 원칙으로 한다.
* 한중 콘크리트의 특징 : 하루의 평균기온이 4℃ 이하로 예상될 때는 한중콘크리트로 시공

정답 84. ② 85. ④ 86. ④ 87. ①

88 표면건조포화상태 질량 500g의 잔골재를 건조시켜, 공기 중 건조상태에서 측정한 결과 460g, 절대건조상태에서 측정한 결과 450g이었다. 이 잔골재의 흡수율은?

① 8% ② 8.8%
③ 10% ④ 11.1%

해설 흡수율

$$흡수율 = \frac{표건상태중량 - 절건상태중량}{절건상태중량} \times 100$$

$$= \frac{(500-450)}{450} \times 100 = 11.1\%$$

* 골재의 수분함량
  ① 절건상태 : 100~110℃에서 건조한 상태로 함수율이 0인 상태
  ② 기건상태 : 공기 중에 건조하여 내부는 수분을 약간 포함한 상태(공기건조상태)
  ③ 표건상태 : 표면수는 없지만 내부는 포화상태로 함수되어 있는 골재의 상태

89 콘크리트용 혼화제의 사용용도와 혼화제 종류를 연결한 것으로 옳지 않은 것은?

① AE 감수제 : 작업성능이나 동결융해 저항성능의 향상
② 유동화제 : 강력한 감수효과와 강도의 대폭적인 증가
③ 방청제 : 염화물에 의한 강재의 부식억제
④ 증점제 : 점성, 응집작용 등을 향상시켜 재료분리를 억제

해설 혼화제(混和劑)
② 유동화제 : 혼합된 콘크리트에 후 첨가하여 다시 섞어 유동성을 증대시키는 혼화제
* 혼화제(混和劑) : 약품적인 것으로 소량을 사용해서 소요의 효과를 얻을 수 있는 혼화재료(시멘트량의 1% 정도 이하로 배합계산에서 그 자체의 용적을 무시)
  – 물리, 화학적 작용에 의해 경화 전후의 콘크리트 성질을 개선할 목적으로 사용

90 고강도 강선을 사용하여 인장응력을 미리 부여함으로서 큰 응력을 받을 수 있도록 제작된 것은?

① 매스 콘크리트
② 프리플레이스트 콘크리트
③ 프리스트레스트 콘크리트
④ AE 콘크리트

해설 프리스트레스트 콘크리트
고강도 강선을 사용하여 인장응력을 미리 부여함으로서 큰 응력을 받을 수 있도록 제작된 것
* 프리플레이스트 콘크리트(Preplaced Concrete, 프리팩트 콘크리트) : 거푸집 속에 굵은 골재를 미리 넣은 후에 모르타르로 채워 구조체를 형성하는 콘크리트로 중량 골재나 굵은 골재를 사용하며 수중 콘크리트의 타설에 쓰인다.

91 금속의 부식방지를 위한 관리대책으로 옳지 않은 것은?

① 부분적으로 녹이 발생하면 즉시 제거할 것
② 큰 변형을 준 것은 가능한 한 풀림하여 사용할 것
③ 가능한 한 이종 금속을 인접 또는 접촉시켜 사용할 것
④ 표면을 평활하고 깨끗이 하며, 가능한 한 건조상태로 유지할 것

해설 금속부식에 대한 대책
③ 가능한 한 이종 금속은 이를 인접, 접속시켜 사용하지 않을 것

92 연강판에 일정한 간격으로 그물눈을 내고 늘여 철망모양으로 만든 것으로 옳은 것은?

① 메탈라스(metal lath)
② 와이어메시(wire mesh)
③ 인서트(insert)
④ 코너비드(comer bead)

정답 88. ④ 89. ② 90. ③ 91. ③ 92. ①

해설 **메탈라스(metal lath)**
연강판에 일정한 간격으로 그물눈(마름모꼴의 구멍)을 내고 늘여 철망모양으로 만든 것으로 천장·벽 등의 모르타르 바름(미장) 바탕용으로 사용되는 재료
* 코너비드(corner bead) : 미장공사에서 외벽 꺾인 부분의 파손방지와 꺾인 면의 선을 일정하게 유지하기 위한 철물

93 다음 중 방청도료에 해당되지 않는 것은?

① 광명단조합페인트
② 클리어 래커
③ 에칭프라이머
④ 징크로메이트 도료

해설 **방청도료**
광명단(연단) 도료, 징크로메이트, 워시프라이머, 알루미늄분 도료(알루미늄 페인트), 역청질 페인트, 산화철도료, 크롬산연 도료, 규산염 도료, 에칭프라이머
* 클리어 래커(clear lacquer, 투명래커) : 도료 중 주로 목재면의 투명도장에 쓰이고 오일 니스에 비하여 도막이 얇으나 견고하며, 담색으로서 우아한 광택이 있고 내부용으로 쓰이는 것(목재의 무늬나 바탕의 특징을 잘 나타낼 수 있는 마무리 도료)

94 플라스틱 제품 중 비닐 레더(vinyl leather)에 관한 설명으로 옳지 않은 것은?

① 색채, 모양, 무늬 등을 자유롭게 할 수 있다.
② 면포로 된 것은 찢어지지 않고 튼튼하다.
③ 두께는 0.5~1mm이고, 길이는 10m의 두루마리로 만든다.
④ 커튼, 테이블크로스, 방수막으로 사용된다.

해설 **비닐 레더에 관한 설명**
④ 소파의 커버, 신발류, 가방, 가구 등에 사용된다.
* 비닐 레더(vinyl leather) : 염화비닐 수지에 가소제, 안료, 안정제를 혼합하여 만든 인조 피혁

95 다음 각 도료에 관한 설명으로 옳지 않은 것은?

① 유성페인트 : 건조시간이 길고 피막이 튼튼하고 광택이 있다.
② 수성페인트 : 유성페인트에 비하여 광택이 매우 우수하고 내구성 및 내마모성이 크다.
③ 합성수지 페인트 : 도막이 단단하고 내산성 및 내알칼리성이 우수하다.
④ 에나멜페인트 : 건조가 빠르고, 내수성 및 내약품성이 우수하다.

해설 **도료에 관한 설명**
② 수성페인트 : 무광택이며 내알칼리성이다.

96 건축재료의 성질을 물리적 성질과 역학적 성질로 구분할 때 물체의 운동에 관한 성질인 역학적 성질에 속하지 않는 항목은?

① 비중   ② 탄성
③ 강성   ④ 소성

해설 **건축 구조재료의 요구성능**
① 역학적 성능 : 강도, 강성, 내피로성, 인성, 연성, 전성, 변형, 탄성계수 등 외력에 관련된 성능
  - 건축재료의 요구성능 중 마감재료에서 필요성이 적은 항목
② 물리적 성능 : 비중, 비열, 내열성, 열전도율, 열팽창계수, 용융점, 인화점, 발화점, 함수율, 흡음율, 차음률 등 재료의 조직 및 성분에 관련된 성능

97 블로운 아스팔트의 내열성, 내한성 등을 개량하기 위해 동물섬유나 식물섬유를 혼합하여 유동성을 증대시킨 것은?

① 아스팔트 펠트(Asphalt felt)
② 아스팔트 루핑(Asphalt roofing)
③ 아스팔트 프라이머(Asphalt primer)
④ 아스팔트 컴파운드(Asphalt compound)

정답 93.② 94.④ 95.② 96.① 97.④

해설 **아스팔트 컴파운드(Asphalt compound)**
블로운 아스팔트의 내열성, 내한성 등의 성능을 개량하기 위해 동물섬유나 식물섬유와 광물질 분말을 혼합하여 유동성을 증대시킨 것이다.

98 역청재료의 침입도 시험에서 중량 100g의 표준침이 5초 동안에 10mm 관입했다면 이 재료의 침입도는 얼마인가?

① 1
② 10
③ 100
④ 1000

해설 **침입도** : 유연한 역청질 재료의 반죽질기(consistency)를 표시한 것(아스팔트의 경도를 나타내는 기준)
- 온도가 25도인 시료를 용기내에 넣고 100g의 표준침을 낙하시켜 5초 동안 관입하는 깊이를 말하며, 관입깊이 0.1mm를 침입도 1이라고 함
⇨ 10mm 관입 했을 때의 침입도
= 10mm ÷ 0.1mm = 100

99 다음 미장재료 중 수경성 재료인 것은?

① 회반죽
② 회사벽
③ 석고 플라스터
④ 돌로마이트 플라스터

해설 **미장재료의 경화(기경성과 수경성)**
(1) 기경성(氣硬性) 재료 : 공기 중에서 경화하는 재료
  - 돌로마이트 플라스터(마그네시아석회), 회반죽, 진흙, 소석회, 아스팔트 모르타르
(2) 수경성(水硬性) 재료 : 물과 반응하여 경화하는 재료
  - 시멘트 모르타르, 석고 플라스터(순석고, 혼합석고), 보드용 석고 플라스터, 경석고플라스터(킨즈시멘트)

100 유리가 불화수소에 부식하는 성질을 이용하여 5mm 이상 판 유리면에 그림, 문자 등을 새긴 유리는?

① 스테인드유리
② 망입유리
③ 에칭유리
④ 내열유리

해설 **에칭유리(etching glass)**
유리면에 부식액의 방호막을 붙이고 이 막을 모양에 맞게 오려내고 그 부분에 유리부식액을 발라 소요 모양으로 만들어 장식용으로 사용하는 유리(유리가 불화수소에 부식하는 성질을 이용하여 5mm 이상 판 유리에 그림, 문자 등을 조각하여 장식용으로 사용하는 유리)

제6과목 건설안전기술

101 흙막이 가시설 공사 중 발생할 수 있는 보일링(Boiling) 현상에 관한 설명으로 옳지 않은 것은?

① 이 현상이 발생하면 흙막이 벽의 지지력이 상실된다.
② 지하수위가 높은 지반을 굴착할 때 주로 발생된다.
③ 흙막이벽의 근입장 깊이가 부족할 경우 발생한다.
④ 연약한 점토지반에서 굴착면의 융기로 발생한다.

해설 **형상 및 발생 원인**
④ 연약 사질토 지반에서 주로 발생한다.
* 보일링(boiling) 현상 : 투수성이 좋은 사질지반에서 흙파기 공사를 할 때 흙막이벽 배면의 지하수위가 굴착저면보다 높아 굴착저면 위로 모래와 지하수가 부풀어 오르는 현상(굴착부와 배면부의 지하수위의 수두차)

102 유해·위험방지 계획서 제출 시 첨부서류에 해당하지 않는 것은?

① 안전관리 조직표
② 전체 공정표
③ 공사현장의 주변현황 및 주변과의 관계를 나타내는 도면
④ 교통처리계획

정답 98.③ 99.③ 100.③ 101.④ 102.④

해설 유해·위험방지계획서 첨부서류 〈산업안전보건법 시행규칙〉
1. 공사 개요 및 안전보건관리계획
   가. 공사 개요서
   나. 공사현장의 주변 현황 및 주변과의 관계를 나타내는 도면(매설물 현황을 포함)
   다. 건설물, 사용 기계설비 등의 배치를 나타내는 도면
   라. 전체 공정표
   마. 산업안전보건관리비 사용계획
   바. 안전관리 조직표
   사. 재해 발생 위험 시 연락 및 대피방법

103 건축공사로서 대상액이 5억 원 이상 50억 원 미만 인 경우에 산업안전보건관리비의 비율(가) 및 기초액(나)으로 옳은 것은?

① (가) 2.28%, (나) 4,325,000원
② (가) 1.99%, (나) 5,499,000원
③ (가) 2.35%, (나) 5,400,000원
④ (가) 1.57%, (나) 4,411,000원

해설 공사종류 및 규모별 안전관리비 계상기준표(단위 : 원)

공사종류 \ 구분	대상액 5억 원 미만	대상액 5억 원 이상 50억 원 미만		대상액 50억 원 이상
		비율(X)	기초액(C)	
건축공사	3.11%	2.28%	4,325,000원	2.37%

104 차량계 건설기계를 사용하여 작업을 하는 경우 작업계획서 내용에 포함되지 않는 사항은?

① 사용하는 차량계 건설기계의 종류 및 성능
② 차량계 건설기계의 운행경로
③ 차량계 건설기계에 의한 작업방법
④ 차량계 건설기계 사용 시 유도자 배치 위치

해설 차량계 건설기계를 사용하는 작업의 작업계획서 내용 〈산업안전보건 기준에 관한 규칙〉
가. 사용하는 차량계 건설기계의 종류 및 성능
나. 차량계 건설기계의 운행경로
다. 차량계 건설기계에 의한 작업방법

105 건설작업용 타워크레인의 안전장치로 옳지 않은 것은?

① 권과 방지장치
② 과부하 방지장치
③ 비상정지 장치
④ 호이스트 스위치

해설 안전장치 〈산업안전보건기준에 관한 규칙〉
제134조(방호장치의 조정)
① 양중기에 과부하방지장치, 권과방지장치(捲過防止裝置), 비상정지장치 및 제동장치, 그 밖의 방호장치[(승강기의 파이널 리미트 스위치(final limit switch), 속도조절기, 출입문 인터록(inter lock) 등]가 정상적으로 작동될 수 있도록 미리 조정해 두어야 한다.

106 건설용 리프트의 붕괴 등을 방지하기 위해 받침의 수를 증가 시키는 등 안전조치를 하여야 하는 순간풍속 기준은?

① 초당 15미터 초과
② 초당 25미터 초과
③ 초당 35미터 초과
④ 초당 45미터 초과

해설 리프트 〈산업안전보건기준에 관한 규칙〉
제154조(붕괴 등의 방지)
② 순간풍속이 초당 35미터를 초과하는 바람이 불어올 우려가 있는 경우 건설작업용 리프트에 대하여 받침의 수를 증가시키는 등 그 붕괴 등을 방지하기 위한 조치를 하여야 한다.

정답 103. ① 104. ④ 105. ④ 106. ③

107 터널 지보공을 조립하는 경우에는 미리 그 구조를 검토한 후 조립도를 작성하고, 그 조립도에 따라 조립하도록 하여야 하는데 이 조립도에 명시하여야할 사항과 가장 거리가 먼 것은?

① 이음방법　　② 단면규격
③ 재료의 재질　④ 재료의 구입처

해설 터널 지보공의 조립도 〈산업안전보건기준에 관한 규칙〉
제363조(조립도)
② 터널 지보공의 조립도에는 재료의 재질, 단면규격, 설치간격 및 이음방법 등을 명시하여야 한다.

108 터널공사 시 자동경보장치가 설치된 경우에 이 자동경보장치에 대하여 당일 작업시작 전 점검하고 이상을 발견하면 즉시 보수하여야 하는 사항이 아닌 것은?

① 계기의 이상 유무
② 검지부의 이상 유무
③ 경보장치의 작동 상태
④ 환기 또는 조명시설의 이상 유무

해설 자동경보장치 작업 시작 전 점검 〈산업안전보건법 시행규칙〉
제350조(인화성 가스의 농도측정 등)
④ 자동경보장치에 대하여 당일 작업 시작 전의 점검사항
  1. 계기의 이상 유무
  2. 검지부의 이상 유무
  3. 경보장치의 작동상태

109 흙막이 가시설 공사 시 사용되는 각 계측기 설치 목적으로 옳지 않은 것은?

① 지표침하계 - 지표면 침하량 측정
② 수위계 - 지반 내 지하수위의 변화 측정
③ 하중계 - 상부 적재하중 변화 측정
④ 지중경사계 - 인접지반의 수평 변위량 측정

해설 흙막이 가시설 공사시 사용되는 각 계측기 설치 및 사용목적
① Water level meter(지하수위계) : 토류벽 배면지반에 설치하여 지하수위의 변화를 측정하는 계측기
② Load cell(하중계) : Rock Bolt 또는 Earth Anchor에 하중계를 설치하여 토류벽의 하중을 계측하여 시공설계조사와 안정도 예측(부재의 안정성 여부 판단)
③ 지중경사계(Inclino meter) : 토류벽 또는 배면지반에 설치하여 기울기 측정(지중의 수평 변위량 측정) - 주변 지반의 변형을 측정
④ 지표침하계(Level and staff) : 토류벽 배면에 설치하여 지표면의 침하량 절대치의 변화를 측정(지표면 침하량 측정)

110 지반의 종류가 암반 중 풍화암일 경우 굴착면 기울기 기준으로 옳은 것은?

① 1 : 0.3　　② 1 : 0.5
③ 1 : 1.0　　④ 1 : 1.5

해설 굴착면의 기울기 기준 〈산업안전보건기준에 관한 규칙〉

지반의 종류	굴착면의 기울기
모래	1 : 1.8
연암 및 풍화암	1 : 1.0
경암	1 : 0.5
그 밖의 흙	1 : 1.2

비고 1. 굴착면의 기울기는 굴착면의 높이에 대한 수평거리의 비율

111 다음 중 방망사의 폐기 시 인장강도에 해당하는 것은? (단, 그물코의 크기는 10cm이며 매듭없는 방망의 경우임)

① 50kg　　② 100kg
③ 150kg　　④ 20kg

해설 추락방지망의 인장강도(방망사의 신품에 대한 인장강도) - ( )는 방망사의 폐기시 인장강도

그물코의 크기 (단위 : 센티미터)	방망의 종류(단위 : 킬로그램)	
	매듭 없는 방망	매듭 방망
10	240(150)	200(135)
5		110(60)

정답　107. ④　108. ④　109. ③　110. ③　111. ③

112 작업으로 인하여 물체가 떨어지거나 날아올 위험이 있는 경우 필요한 조치와 가장 거리가 먼 것은?

① 투하설비 설치
② 낙하물 방지망 설치
③ 수직보호망 설치
④ 출입금지구역 설정

해설 **낙하물에 의한 위험의 방지** ⟨산업안전보건기준에 관한 규칙⟩
제14조(낙하물에 의한 위험의 방지)
② 작업으로 인하여 물체가 떨어지거나 날아올 위험이 있는 경우 낙하물 방지망, 수직보호망 또는 방호선반의 설치, 출 입금지구역의 설정, 보호구의 착용 등 위험을 방지하기 위하여 필요한 조치를 하여야 한다.

113 강관틀비계(높이 5m 이상)의 넘어짐을 방지하기 위하여 사용하는 벽이음 및 버팀의 설치간격 기준으로 옳은 것은?

① 수직방향 5m, 수평방향 5m
② 수직방향 6m, 수평방향 7m
③ 수직방향 6m, 수평방향 8m
④ 수직방향 7m, 수평방향 8m

해설 **강관비계의 벽이음에 대한 조립간격 기준** ⟨산업안전보건기준에 관한 규칙⟩

강관비계의 종류	조립간격(단위: m)	
	수직 방향	수평 방향
단관비계	5	5
틀비계(높이가 5m 미만인 것은 제외한다)	6	8

114 강관을 사용하여 비계를 구성하는 경우 준수해야 할 사항으로 옳지 않은 것은?

① 비계기둥의 간격은 띠장 방향에서는 1.85m 이하, 장선(長線) 방향에서는 1.5m 이하로 할 것
② 띠장 간격은 2.0m 이하로 할 것
③ 비계기둥의 제일 윗부분으로부터 31m 되는 지점 밑부분의 비계기둥은 3개의 강관으로 묶어세울 것
④ 비계기둥 간의 적재하중은 400kg을 초과하지 않도록 할 것

해설 **강관비계의 구조** ⟨산업안전보건기준에 관한 규칙⟩
제60조(강관비계의 구조)
3. 비계기둥의 제일 윗부분으로부터 31미터 되는 지점 밑부분의 비계기둥은 2개의 강관으로 묶어세울 것

115 다음은 산업안전보건법령에 따른 시스템 비계의 구조에 관한 사항이다. ( ) 안에 들어갈 내용으로 옳은 것은?

> 비계 밑단의 수직재와 받침철물은 밀착되도록 설치하고, 수직재와 받침철물의 연결부의 겹침 길이는 받침철물 전체 길이의 ( ) 이상이 되도록 할 것

① 2분의 1   ② 3분의 1
③ 4분의 1   ④ 5분의 1

해설 **시스템 비계** ⟨산업안전보건법 시행규칙⟩
제69조(시스템 비계의 구조)
2. 비계 밑단의 수직재와 받침철물은 밀착되도록 설치하고, 수직재와 받침철물의 연결부의 겹침길이는 받침철물 전체길이의 3분의 1 이상이 되도록 할 것

116 가설통로를 설치하는 경우 준수하여야 할 기준으로 옳지 않은 것은?

① 경사는 30° 이하로 할 것
② 경사가 15°를 초과하는 경우에는 미끄러지지 아니하는 구조로 할 것
③ 추락할 위험이 있는 장소에는 안전난간을 설치할 것
④ 수직갱에 가설된 통로의 길이가 15m 이상인 경우에는 7m 이내마다 계단참을 설치할 것

정답 112.① 113.③ 114.③ 115.② 116.④

해설 가설통로의 구조 〈산업안전보건기준에 관한 규칙〉
제23조(가설통로의 구조)
5. 수직갱에 가설된 통로의 길이가 15미터 이상인 경우에는 10미터 이내마다 계단참을 설치할 것

117 동바리 동을 조립하는 경우에 준수해야 할 기준으로 옳지 않은 것은?

① 동바리의 상하 고정 및 미끄러짐 방지 조치를 할 것
② 강재의 접속부 및 교차부는 볼트·클램프 등 전용철물을 사용하여 단단히 연결할 것
③ 동바리로 사용하는 파이프 서포트는 높이가 3.5미터를 초과하는 경우에는 높이 2미터 이내마다 수평연결재를 2개 방향으로 만들고 수평연결재의 변위를 방지할 것
④ 동바리로 사용하는 파이프 서포트는 4개 이상 이어서 사용하지 않도록 할 것

해설 동바리등의 안전조치 〈산업안전보건기준에 관한 규칙〉
제332조의2(동바리 유형에 따른 동바리 조립 시의 안전조치) 동바리를 조립할 때의 준수사항
1. 동바리로 사용하는 파이프 서포트의 경우
  가. 파이프 서포트를 3개 이상 이어서 사용하지 않도록 할 것

118 거푸집 및 동바리동을 조립 또는 해체하는 작업을 하는 경우의 준수사항으로 옳지 않은 것은?

① 재료, 기구 또는 공구 등을 올리거나 내리는 경우에는 근로자로 하여금 달줄·달포대 등의 사용을 금하도록 할 것
② 낙하·충격에 의한 돌발적 재해를 방지하기 위하여 버팀목을 설치하고 거푸집 및 동바리를 인양장비에 매단 후에 작업을 하도록 하는 등 필요한 조치를 할 것
③ 비, 눈, 그 밖의 기상상태의 불안정으로 날씨가 몹시 나쁜 경우에는 그 작업을 중지할 것
④ 해당 작업을 하는 구역에는 관계 근로자가 아닌 사람의 출입을 금지할 것

해설 거푸집 및 동바리등의 조립, 해체 작업시의 준수사항 〈산업안전보건기준에 관한 규칙〉
제333조(조립·해체 등 작업 시의 준수사항)
① 기둥·보·벽체·슬래브 등의 거푸집 및 동바리를 조립하거나 해체하는 작업을 하는 경우의 준수사항
  3. 재료, 기구 또는 공구 등을 올리거나 내리는 경우에는 근로자로 하여금 달줄·달포대 등을 사용하도록 할 것

119 콘크리트 타설 시 안전수칙으로 옳지 않은 것은?

① 타설순서는 계획에 의하여 실시하여야 한다.
② 진동기는 최대한 많이 사용하여야 한다.
③ 콘크리트를 치는 도중에는 거푸집, 지보공 등의 이상 유무를 확인하여야 한다.
④ 손수레로 콘크리트를 운반할 때에는 손수레를 타설하는 위치까지 천천히 운반하여 거푸집에 충격을 주지 아니하도록 타설하여야 한다.

해설 콘크리트 타설시 안전수칙 준수 〈콘크리트공사표준안전작업지침〉
제13조(타설)
콘크리트 타설시의 안전수칙
7. 전동기는 적절히 사용되어야 하며, 지나친 진동은 거푸집 도괴의 원인이 될 수 있으므로 각별히 주의하여야 한다.

정답 117.④ 118.① 119.②

120 화물을 적재하는 경우의 준수사항으로 옳지 않은 것은?

① 침하 우려가 없는 튼튼한 기반 위에 적재할 것
② 건물의 칸막이나 벽 등이 화물의 압력에 견딜 만큼의 강도를 지니지 아니한 경우에는 칸막이나 벽에 기대어 적재하지 않도록 할 것
③ 불안정한 정도로 높이 쌓아 올리지 말 것
④ 하중을 한쪽으로 치우치더라도 화물을 최대한 효율적으로 적재할 것

해설 화물의 적재시 준수사항 〈산업안전보건기준에 관한 규칙〉
제393조(화물의 적재)
화물을 적재하는 경우의 준수사항
4. 하중이 한쪽으로 치우치지 않도록 쌓을 것

정답 120. ④

건설안전기사 필기

정가 | 34,000원

지은이 | 성 영 선
펴낸이 | 차 승 녀
펴낸곳 | 도서출판 건기원

2018년 2월 28일 제1판 제1인쇄발행
2019년 2월 25일 제2판 제1인쇄발행
2020년 1월 10일 제3판 제1인쇄발행
2020년 12월 31일 제4판 제1인쇄발행
2022년 7월 25일 제5판 제1인쇄발행
2023년 5월 25일 제6판 제1인쇄발행
2024년 1월 31일 제7판 제1인쇄발행
2025년 1월 20일 제8판 제1인쇄발행

주소 | 경기도 파주시 연다산길 244(연다산동 186-16)
전화 | (02)2662-1874~5
팩스 | (02)2665-8281
등록 | 제11-162호, 1998. 11. 24

• 건기원은 여러분을 책의 주인공으로 만들어 드리며, 출판 윤리 강령을 준수합니다.
• 본 수험서를 복제·변형하여 판매·배포·전송하는 일체의 행위를 금하며, 이를 위반할 경우 저작권법 등에 따라 처벌받을 수 있습니다.

ISBN 979-11-5767-870-9 13530